최 신 판

Detail

PROFESSIONAL ENGINEER

건축시공기술사

건축시공기술사 **백 종 엽**

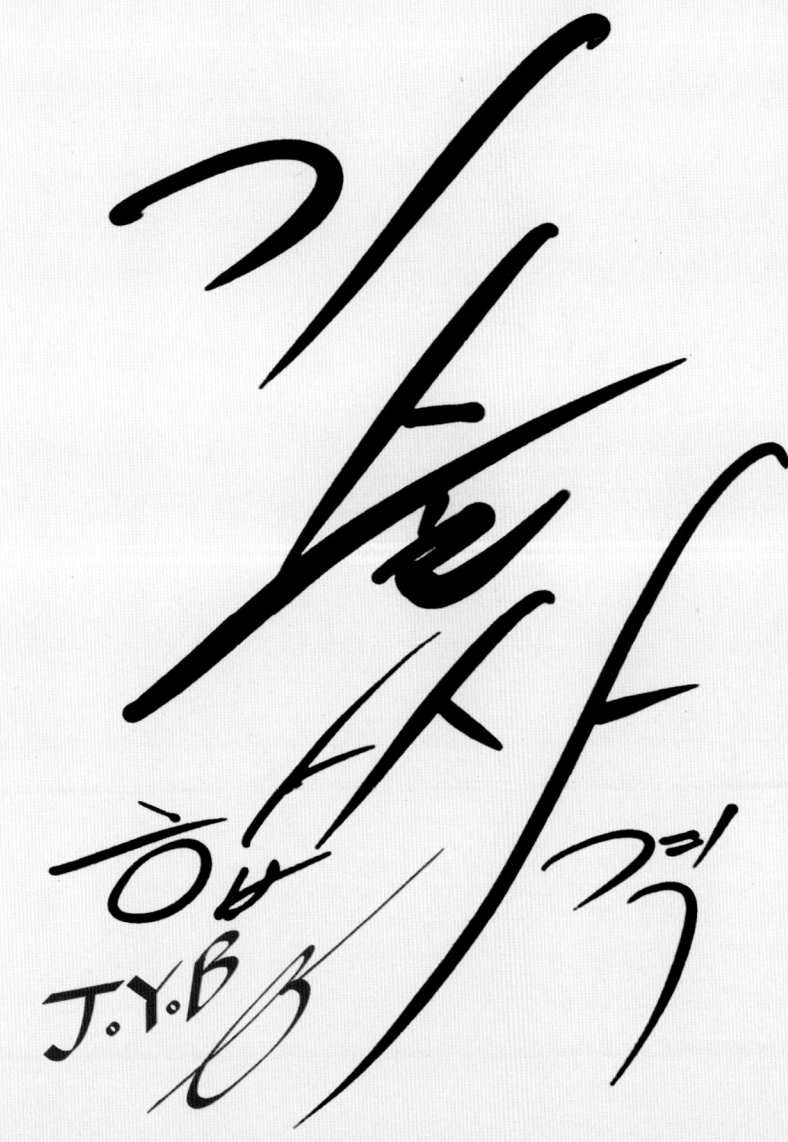

J.Y.B

"The Devil is in the details"(악마는 디테일에 있다)

★ core elements
- 예시: 예시를 보임으로써 전체의 의미를 분명하게 이해
- 비교: 성질이 다른 대상을 서로 비교하여 그 특징 파악
- 분류: 대상을 일정한 기준에 따라 유형으로 구분
- 분석: 하나의 대상을 나누어 부분으로 이루어진 대상을 분석
- 평가: 양적 및 질적인 특성을 파악한 후 방향을 설정
- 견해: 전제조건과 대안을 통하여 의견제시

Amateur는 Scale(범위)에 감탄하고, Pro는 Detail(세부요소)에 더 경탄합니다.
"The Devil is in the details"(악마는 디테일에 있다) & "God is in the details"(신은 디테일에 있다)

"악마는 디테일에 있다"의 어원은 "신은 디테일에 있다"라는 독일의 세계적인 건축가인 루트비히 미스 반데어로에(Ludwig Mies van der Rohe)가 성공비결에 관한 질문을 받을 때마다 내놓던 말입니다. 아무리 거대한 규모의 아름다운 건축물이라도 사소한 부분까지 최고의 품격을 지니지 않으면 결코 명작이 될 수 없다는 뜻입니다.

『명작의 조건은 Detail이며 장인(匠人: Master)정신은 Detail이 아름답다는 것입니다. 』 큰 틀에선 아무 문제가 없어 보이지만 Detail에선 그렇지가 않습니다. 사소하거나 별거 아닐 수 있는 세부사항이 명작을 만듭니다. 모든 학문의 기본(基本)은 기초(基礎)용어이며, 건축 기초용어는 기술사공부의 최소 기본학습입니다.

Detail 용어설명 1000 구성요소
- JYB 유형분류: 건축용어 유형분류 15가지 최초분류
- 용어정의 WWH 추출방법 제시
- 국가표준 KCS · KDS · KS · 건축법 · 건진법 · 건산법 시행령 시행규칙 교재에 기입
- 전체용어 1000개 중요도 분류: ★★★365개, ☆★★135개, ☆☆★200개, ☆☆☆300개
  (기초용어 하루 1개씩 365, 정의이해 135, 단어이해 200, 위치이해 300)

이 책을 만드는데 16년이란 세월동안 장인정신으로 모든 열정을 다해 Detail에 쏟아 부었습니다. 건축 일을 하는 모든 분들의 책꽂이에 놓여있는 건축 기본서가 되는 꿈을 꾸어봅니다.

『 나는 다가올 미래의 한 부분을 집필하는 행운을 얻었습니다. 그 과정은 꿈을 좇아 앞으로 나아가는 아름다운 여정이기도 했습니다. 나를 이끌어온 긴 시간들을 되돌아보며, 내게 뿌리를 주신 모든 분, 내게 날개를 달아주신 모든 분께 감사드립니다. 』

PE교재의 격을 올려주신 한솔아카데미 한병천 사장님, 이종권 전무님, 안주현 부장님, 강수정 실장님, 분수진 과장님, 그리고 전체 편집을 해주신 이다희님의 노고에 진심으로 감사드립니다.

그 꿈을 좇아 앞으로 나아가는 아름다운 여정의 시작이자 삶을 살아가는 이유가 되는 사랑하는 가족이 이 책을 만들어 주었습니다.

당신은 늘어나는 Detail과 함께 아름다운 여정을 함께 할 준비가 되었는가?

Day by day, in every way, I am getting better and better 건축시공기술사 백종엽

Detail 용어설명 1000 특징과 구성

2권 분권을 통한 간편성 UP

[상권 가설공사 ~ 커튼월공사]　　[하권 마감공사 ~ 총론]

2권으로 분권 구성하여 학습 스케줄에 따라 각 권으로 휴대

Part와 Process를 기본으로 목차 정리 체계화 분석

* 下권에 포함되어 있습니다.

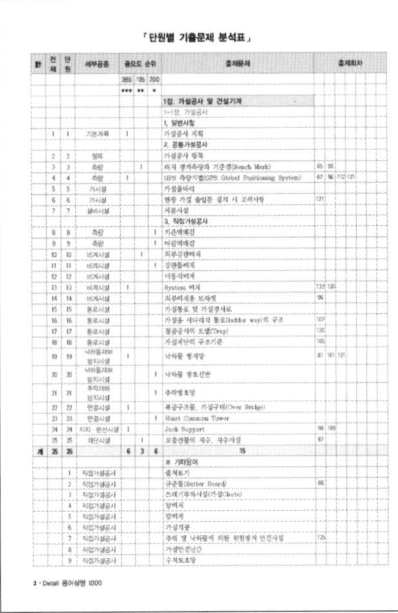

❶ 마법지 Part와 Process 일체화　　❷ 용어의 폴더체계를 4단계로 분류하여 목차 정리

❸ 1000개의 기본필수용어 선별

교재구성

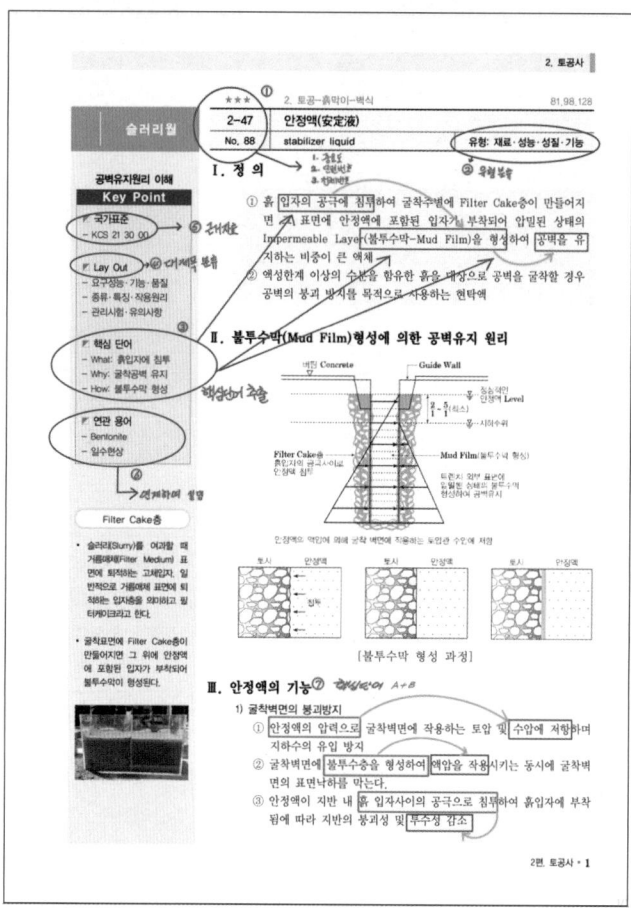

전체용어 1000개 중요도 분류: ★★★365개, ☆★★135개, ☆☆★200개, ☆☆☆300개
(기초용어 하루 1개씩 365, 정의이해 135, 단어이해 200, 위치이해 300)

❶ 중요도/ 단원번호/ 전체번호
전체 용어의 중요도 파악, 해당 단원의 용어
수량 파악, 전체용어 위치 파악

❸ 핵심단어 추출
가장 핵심단어 표시

❺ 국가표준
해당용어의 관련근거 표시

❼ 핵심단어 A+B
세부내용설명에서 핵심단어를 구분(A+B)하여 학습

❷ 유형분류
용어의 유형을 15가지 원칙으로 분류

❹ 대제목 분류
유형별 대제목 분류

❻ 연관용어
다른 용어에 연계하여 설명

건축용어 유형분류체계-JYB

❶ JYB(유형분류) – made by 백종엽 (학계 최초 건축용어 유형분류체계 완성)

유형	단어 구성체계 및 대제목 분류			
	I	II	III	IV
1. 공법(작업, 방법) ※ 핵심원리, 구성원리	이동, 양중, 고정, 조립, 접합, 부착, 설치, 세우기, 붙임, 쌓기(축조, 구축), 바름, 붙임, 보호, 뿜칠, 굴착, 천공, 삽입, 타설, 양생, 제거, 보강, 파괴, 해체			
	정의	핵심원리 구성원리	시공 Process 요소기술 적용범위 특징, 종류	시공 시 유의사항 중점관리 사항 적용 시 고려사항
2. 시설물(설치, 형식, 기능) ※ 구성요소, 설치방법	안내, 기능, 고정, 이음, 연결, 차단, 보호, 안전			
	정의	설치구조 설치기준 설치방법	설치 Process 규격·형식 기능·용도	설치 시 유의사항 중점관리 사항
3. 자재(부재, 형태) ※ 구성요소	설치, 기능, 역할, 구조, 형태, 가공, 이음, 틈, 고정, 부착, 접합, 조립, 두께, 비중, 단열, 변형, 강도, 강성, 경도, 연성, 인성, 취성, 탄성, 소성, 피로			
	정의	제작원리 설치방법 구성요소 접합원리	제작 Process 설치 Process 기능·용도 특징	설치 시 유의사항 중점관리 사항
4. 기능(부재, 역할) ※ 구성요소, 요구조건	연결, 차단, 억제, 보호, 유지, 개선, 보완, 전달, 분산, 침투, 형성, 지연, 구속, 막, 분해, 작용			
	정의	구성요소 요구조건 적용조건	기능·용도 특징·적용성	시공 시 유의사항 개선사항 중점관리 사항
5. 재료(성질, 성분, 형상) ※ 함유량, 요구성능	성질, 성분, 함유량, 비율, 형상, 크기, 중량, 비중, 농도, 밀도, 점도			
	정의	Mechanism 영향인자 작용원리 요구성능	용도·효과 특성, 적용대상 관리기준	선정 시 유의사항 사용 시 유의사항 적용대상
6. 성능(구성,성분, 용량) ※ 요구성능	효율, 시간, 속도, 용량, 물리 화학적 안정성, 비중, 유동성, 부착성, 내풍성, 수밀성, 기밀성, 차음성, 단열, 안전성, 내구성, 내진성, 내열성, 내피로성, 내후성			
	정의	Mechanism 영향요소 구성요소 요구성능	용도·효과 특성·비교 관리기준	고려사항 개선사항 유의사항 중점관리 사항
7. 시험(측정, 검사) Test, inspection ※ 검사, 확인, 판정	지지, 인발, 오차, 기울기, 응력, 누수, 부착, 습기, 소음, 공기, 농도, 비중, 두께, 강도, 압축, 인장, 휨, 전단, 비율, 결함(하자, 손상, 부실)관련			
	정의	시험방법 시험원리 시험기준 측정방법 측정원리 측정기준	시험항목 측정항목 시험 Process 종류, 용도	시험 시 유의사항 검사방법 판정기준 조치사항

유형	단어 구성체계 및 대제목 분류			
	I	II	III	IV
8. 현상(힘, 형태 형상 변화) 영향인자, Mechanism ※ 기능저해	중력, 풍력, 수압, 부력, 하중, 측압, 지진, 좌굴, 횡력, 크리프, 처짐, 변형, 응력, 저항, 상승, 쏠림, 파괴, 붕괴, 지연, 흐름			
	정의	Mechanism 영향인자 영향요소	문제점, 피해 특징 발생원인, 시기 발생과정	방지대책 중점관리 사항 복구대책 처리대책 조치사항
9. 현상(성질, 반응, 변화) 영향인자, Mechanism ※ 성능저해	성질, 반응, 수축, 팽창, 흡수, 분리, 감소, 건조, 부피, 부착, 증발, 증대, 물리화학적, 경화, 부식, 탄산화, 건조수축, 동해, 발열, 폭렬			
	정의	Mechanism 영향인자 영향요소 작용원리	문제점, 피해 특성, 효과 발생원인, 시기 발생과정	방지대책 중점관리 사항 저감방안 조치사항
10. 결함(하자, 손상, 부실) ※ 형태	표면, 내부, 형상(배부름, 터짐, 공극, 파손, 마모, 크기, 강도, 내구성, 열화, 부식, 수직도, Level, 두께, 비율			
	정의	Mechanism 영향인자 영향요소	문제점, 피해 발생형태 발생원인, 시기 발생과정 종류	방지기준 방지대책 중점관리 사항 복구대책 처리대책 조치사항
11. 기계, 장비, 기구 (성능, 제원) ※ 구성요소, 작동-Mechanism	구조, 기능, 제원, 용도(천공, 굴착, 굴착, 양중, 제거, 해체, 조립, 접합, 운반, 설치			
	정의	구성요소 구비조건 형식, 성능 제원	기능, 용도 특징	설치 시 유의사항 배치 시 유의사항 해체 시 유의사항 운용 시 유의사항
12. 구조(구성요소) ※ 구조원리, 작용-Mechanism	종류, 형태, 형식, 하중, 응력, 저항, 대응, 내력, 접합, 연결, 전달, 차단, 억제			
	정의	구조원리 구성요소	형태 형식 기준 종류	선정 시 유의사항 시공 시 유의사항 적용 시 고려사항
13. 기준, 지표, 지수 ※ 구분과 범위	운영, 관리, 정보, 유형, 범위, 영역, 절차, 단계, 평가, 유형, 구축, 도입, 개선, 심사			
	정의	구분, 범위 Process 기준	평가항목 필요성, 문제점 방식, 비교 분류	적용방안 개선방안 발전방향 고려사항
14. 제도(System) (공정, 품질, 원가, 안전, 정보, 생산) ※ 관리사항, 구성체계	운영, 관리, 정보, 유형, 범위, 영역, 절차, 단계, 평가, 유형, 구축, 도입, 개선, 심사, 표준			
	정의	구분, 범위 Process 기준	평가항목 필요성, 문제점 방식, 비교 분류	적용방안 개선방안 발전방향 고려사항
15. 항목(조사, 검사, 계획) ※ 관리사항, 구분 범위	구분, 범위, 절차, 유형, 평가, 구축, 도입, 개선, 심사			
	정의	구분, 범위 계획 Process 처리절차 처리방법	조사항목 필요성 조사/검사방식 분류	검토사항 고려사항 유의사항 개선방안

건축시공기술사 시험정보

1. 기본정보

1. 개요

건축의 계획 및 설계에서 시공, 관리에 이르는 전 과정에 관한 공학적 지식과 기술, 그리고 풍부한 실무경험을 갖춘 전문 인력을 양성하고자 자격제도 제정

2. 수행직무

건축시공 분야에 관한 고도의 전문지식과 실무경험에 입각한 계획, 연구, 설계, 분석, 시험, 운영, 시공, 평가 또는 이에 관한 지도, 감리 등의 기술업무 수행

3. 실시기관

한국 산업인력공단(http://www.q-net.or.kr)

2. 진로 및 전망

1. 우대정보

공공기관 및 일반기업 채용 시 및 보수, 승진, 전보, 신분보장 등에 있어서 우대받을 수 있다.

2. 가산점

- 건축의 계획 6급 이하 기술공무원: 5% 가산점 부여
- 5급 이하 일반직: 필기시험의 7% 가산점 부여
- 공무원 채용시험 응시가점
- 감리: 감리단장 PQ 가점

3. 자격부여

- 감리전문회사 등록을 위한 감리원 자격 부여
- 유해·위험작업에 관한 교육기관으로 지정신청하기 위한 기술인력, 에너지절약전문기업 등록을 위한 기술인력 등으로 활동

4. 법원감정 기술사 전문가: 법원감정인 등재

법원의 판사를 보좌하는 역할을 수행함으로서 기술적 내용에 대하여 명확한 결과를 제출하여 법원 판결의 신뢰성을 높이고, 적정한 감정료로 공정하고 중립적인 입장에서 신속하게 감정 업무를 수행
- 공사비 감정, 하자감정, 설계감정 등

5. 기술사 사무소 및 안전진단기관의 자격

3. 기술사 응시자격

(1) 기사 자격을 취득한 후 응시하려는 종목이 속하는 직무분야(고용노동부령으로 정하는 유사 직무분야를 포함한다. 이하 "동일 및 유사 직무분야"라 한다)에서 4년 이상 실무에 종사한 사람

(2) 산업기사 자격을 취득한 후 응시하려는 종목이 속하는 동일 및 유사 직무분야에서 5년 이상 실무에 종사한 사람

(3) 기능사 자격을 취득한 후 응시하려는 종목이 속하는 동일 및 유사 직무분야에서 7년 이상 실무에 종사한 사람

(4) 응시하려는 종목과 관련된 학과로서 고용노동부장관이 정하는 학과(이하 "관련학과"라 한다)의 대학졸업자 등으로서 졸업 후 응시하려는 종목이 속하는 동일 및 유사 직무분야에서 6년 이상 실무에 종사한 사람

(5) 응시하려는 종목이 속하는 동일 및 유사직무분야의 다른 종목의 기술사 등급의 자격을 취득한 사람

(6) 3년제 전문대학 관련학과 졸업자 등으로서 졸업 후 응시하려는 종목이 속하는 동일 및 유사 직무분야에서 7년 이상 실무에 종사한 사람

(7) 2년제 전문대학 관련학과 졸업자 등으로서 졸업 후 응시하려는 종목이 속하는 동일 및 유사 직무분야에서 8년 이상 실무에 종사한 사람

(8) 국가기술자격의 종목별로 기사의 수준에 해당하는 교육훈련을 실시하는 기관 중 고용노동부령으로 정하는 교육훈련기관의 기술훈련과정(이하 "기사 수준 기술훈련과정"이라 한다) 이수자로서 이수 후 응시하려는 종목이 속하는 동일 및 유사 직무분야에서 6년 이상 실무에 종사한 사람

(9) 국가기술자격의 종목별로 산업기사의 수준에 해당하는 교육훈련을 실시하는 기관 중 고용노동부령으로 정하는 교육훈련기관의 기술훈련과정(이하 "산업기사 수준 기술훈련과정"이라 한다) 이수자로서 이수 후 동일 및 유사 직무분야에서 8년 이상 실무에 종사한 사람

(10) 응시하려는 종목이 속하는 동일 및 유사 직무분야에서 9년 이상 실무에 종사한 사람

(11) 외국에서 동일한 종목에 해당하는 자격을 취득한 사람

건축시공기술사 시험 기본상식

1. 시험위원 구성 및 자격기준

(1) 해당 직무분야의 박사학위 또는 기술사 자격이 있는 자
(2) 대학에서 해당 직무분야의 조교수 이상으로 2년 이상 재직한 자
(3) 전문대학에서 해당 직무분야의 부교수이상 재직한자
(4) 해당 직무분야의 석사학위가 있는 자로서 당해 기술과 관련된 분야에 5년 이상 종사한자
(5) 해당 직무분야의 학사학위가 있는 자로서 당해 기술과 관련된 분야에 10년 이상 종사한 자
(6) 상기조항에 해당하는 사람과 같은 수준 이상의 자격이 있다고 인정 되는 자

> ※ 건축시공기술사는 기존 3명에서 5명으로 충원하여 $\frac{1}{n}$로 출제
> 단, 학원강의를 하고 있거나 수험서적(문제집)의 출간에 참여한 사람은 제외

2. 출제 방침

(1) 해당종목의 시험 과목별로 검정기준이 평가될 수 있도록 출제
(2) 산업현장 실무에 적정하고 해당종목을 대표할 수 있는 전형적이고 보편타당성 있는 문제
(3) 실무능력을 평가하는데 중점

> ※ 해당종목에 관한 고도의 전문지식과 실무경험에 입각한 계획, 설계, 연구, 분석, 시험, 운영, 시공, 평가 또는 이에 관한 지도, 감리 등의 기술업무를 행할 수 있는 능력의 유무에 관한 사항을 서술형, 단답형, 완결형 등의 주관식으로 출제하는 것임

3. 출제 Guide line

(1) 최근 사회적인 이슈가 되는 정책 및 신기술 신공법
(2) 학회지, 건설신문, 뉴스에서 다루는 중점사항
(3) 연구개발해야 할 분야
(4) 시방서
(5) 기출문제

4. 출제 방법

(1) 해당종목의 시험 종목 내에서 최근 3회차 문제 제외 출제
(2) 시험문제가 요구되는 난이도는 기술사 검정기준의 평균치 적용
(3) 1교시 약술형의 경우 한두개 정도의 어휘나 어구로 답하는 단답형 출제를 지양하고 간단히 약술할 수 있는 서술적 답안으로 출제
(4) 수험자의 입장에서 출제하되 출제자의 출제의도가 수험자에게 정확히 전달
(5) 국·한문을 혼용하되 필요한 경우 영문자로 표기
(6) 법규와 관련된 문제는 관련법규 전반의 개정여부를 확인 후 출제

5. 출제 용어

(1) 국정교과서에 사용되는 용어
(2) 교육 관련부처에서 제정한 과학기술 용어
(3) 과학기술단체 및 학회에서 제정한 용어
(4) 한국 산업규격에 규정한 용어
(5) 일상적으로 통용되는 용어 순으로 함
(6) 숫자: 아라비아 숫자
(7) 단위: SI단위를 원칙으로 함

6. 채점

❶ 교시별 배점

교시	유형	시간	출제문제		채점방식				합격기준
			시험지	답안지	배점	교시당	합계	채점	
1교시	약술형	100분	13문제	10문제 선택	10/6	100	300/180	A:60점 B:60점 C:60점	평균 60점
2교시		100분	6문제	4문제 선택	25/15	100	300/180	A:60점 B:60점 C:60점	평균 60점
3교시	서술형	100분	6문제	4문제 선택	25/15	100	300/180	A:60점 B:60점 C:60점	평균 60점
4교시		100분	6문제	4문제 선택	25/15	100	300/180	A:60점 B:60점 C:60점	평균 60점
합계		400분	31문제	22문제		1200		720점	60점

건축시공기술사 시험 기본상식

❷ 답안지 작성 시 유의사항

(1) 답안지는 표지 및 연습지를 제외하고 총7매(14면)이며, 교부받는 즉시 매수, 페이지 순서 등 정상여부를 반드시 확인하고 1매라도 분리되거나 훼손하여서는 안 됩니다.

(2) 시험문제지가 본인의 응시종목과 일치하는지 확인하고, 시행 회, 종목명, 수험번호, 성명을 정확하게 기재하여야 합니다.

(3) 수험자 인적사항 및 답안작성(계산식 포함)은 지워지지 않는 검은색 필기구만을 계속 사용하여야 합니다.(그 외 연필류·유색필기구·등으로 작성한 답항은 0점 처리됩니다.)

(4) 답안정정 시에는 두줄(=)을 긋고 다시 기재 가능하며, 수정테이프 또한 가능합니다.

(5) 답안작성 시 자(직선자, 곡선자, 탬플릿 등)를 사용할 수 있습니다.

(6) 문제의 순서에 관계없이 답안을 작성하여도 되나 주어진 문제번호와 문제를 기재한 후 답안을 작성하고 전문용어는 원어로 기재하여도 무방합니다.

(7) 요구한 문제수 보다 많은 문제를 답하는 경우 기재 순으로 요구한 문제수 까지 채점하고 나머지 문제는 채점대상에서 제외됩니다.

(8) 답안 작성 시 답안지 양면의 페이지 순으로 작성하시기 바랍니다.

(9) 기 작성한 문항 전체를 삭제하고자 할 경우 반드시 해당 문항의 답안 전체에 대하여 명확하게 X표시(X표시 한 답안은 채점대상에서 제외) 하시기 바랍니다.

(10) 수험자는 시험시간이 종료되면 즉시 답안작성을 멈춰야 하며, 종료시간 이후 계속 답안을 작성하거나 감독위원의 답안지 제출지시에 불응할 때에는 당회 시험을 무표 처리합니다.

(11) 각 문제의 답안작성이 끝나면 "끝"이라고 쓰고 다음 문제는 두 줄을 띄워 기재하여야 하며 최종 답안작성이 끝나면 그 다음 줄에 "이하여백"이라고 써야합니다

(12) 다음 각호에 1개라도 해당되는 경우 답안지 전체 혹은 해당 문항이 0점 처리 됩니다.

> [답안지 전체]
> 1) 인적사항 기재란 이외의 곳에 성명 또는 수험번호를 기재한 경우
> 2) 답안지(연습지 포함)에 답안과 관련 없는 특수한 표시를 하거나 특정인임을 암시하는 경우
> [해당 문항]
> 1) 지워지는 펜, 연필류, 유색 필기류, 2가지 이상 색 혼합사용 등으로 작성한 경우

❸ 채점대상

(1) 수험자의 답안원본의 인적사항이 제거된 비밀번호만 기재된 답안

(2) 1~4교시까지 전체답안을 제출한 수험자의 답안

(3) 특정기호 및 특정문자가 기입된 답안은 제외

(4) 유효응시자를 기준으로 전회 면접 불합격자들의 인원을 고려하여 답안의 Standard를 정하여 합격선을 정함

(5) 약술형의 경우 정확한 정의를 기본으로 1페이지를 기본으로 함

(6) 서술형의 경우 객관적 사실과 견해를 포함한 3페이지를 기본으로 함

건축시공기술사 현황 및 공부기간

❶ 자격보유

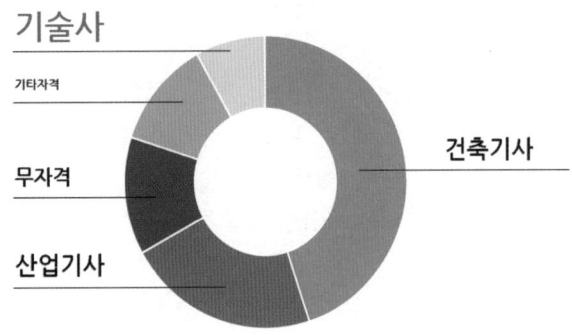

기술사

기타자격

무자격

산업기사

건축기사

❷ 공부기간 및 응시횟수

공부기간. 응시횟수도 중요하지만
얼마만큼. 어떻게 준비하느냐가 관건
하루 평균 3시간 공부기준

1~2회 응시	3~6회 응시	8~12회 응시
20%	**60%**	**20%**
1년미만	1~2년반	2~4년

❸ 기술사는 보험입니다

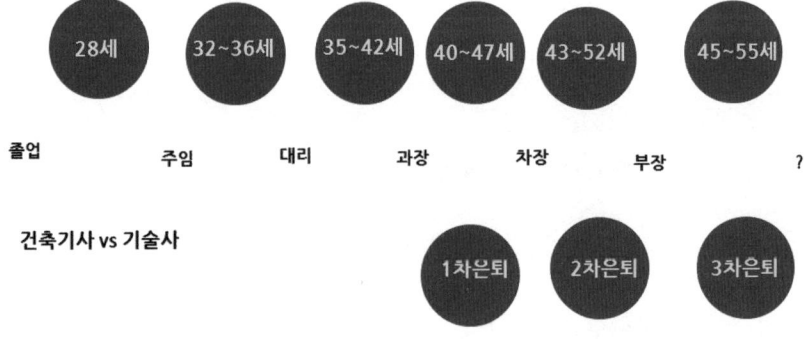

28세	32~36세	35~42세	40~47세	43~52세	45~55세
졸업	주임	대리	과장	차장	부장	?

건축기사 vs 기술사

1차은퇴　　2차은퇴　　3차은퇴

회사가 나를 필요로 하는 사람이 된다는것은?
건축인의 경쟁력은 무엇으로 말할 수 있는가?

답안작성 원칙과 기준 Detail

1. 작성원칙 Detail

❶ 기본원칙

1. 正確性 : 객관적 사실에 의한 원칙과 기준에 근거. 정확한 사전적 정의
2. 論理性 : 6하 원칙과 기승전결에 의한 형식과 짜임새 있는 내용설명
3. 專門性 : 체계적으로 원칙과 기준을 설명하고 상황에 맞는 전문용어 제시
4. 創意性 : 기존의 내용을 독창적이고, 유용한 것으로 응용하여 실무적이거나 경험적인 요소로 새로운 느낌을 제시
5. 一貫性 : 문장이나 내용이 서로 흐름에 의하여 긴밀하게 구성되도록 배열

❷ 6하 원칙 활용

1. When(계획~유지관리의 단계별 상황파악)
   • 전·중·후: 계획, 설계, 시공, 완료, 유지관리

2. Where(부위별 고려사항, 요구조건에 의한 조건파악)
   • 공장·현장, 지상·지하, 내부·외부, 노출·매립, 바닥·벽체, 구조물별·부위별, 도심지·초고층

3. Who(대상별 역할파악)
   • 발주자, 설계자, 건축주, 시공자, 감독, 협력업체, 입주자

4. What(기능, 구조, 요인: 유형·구성요소별 Part파악)
   • 재료(Main, Sub)의 상·중·하+바탕의 내·외부+사람(기술, 공법, 기준)+기계(장비, 기구)+힘(중력, 횡력, 토압, 풍압, 수압, 지진)+환경(기후, 온도, 바람, 눈, 비, 서중, 한중)

5. How(방법, 방식, 방안별 Part와 단계파악)
   • 계획+시공(전·중·후)+완료(조사·선정·준비·계획)+(What항목의 전·중·후)+(관리·검사)
   • Plan → Do → Check → Action
   • 공정관리, 품질관리, 원가관리, 안전관리, 환경관리

6. Why(구조, 기능, 미를 고려한 완성품 제시)
   • 구조, 기능, 미
   • 안전성, 경제성, 무공해성, 시공성
   • 부실과 하자
   ※ 답안을 작성할 시에는 공종의 우선순위와 시공순서의 흐름대로 작성
      (상황, 조건, 역할, 유형, 구성요소, Part, 단계, 중요Point)

❸ 답안작성 Tip

1. 답안배치 Tip
   • 구성의 치밀성
   • 여백의 미 : 공간활용
   • 적절한 도형과 그림의 위치변경

2. 논리성
   • 단답형은 정확한 정의 기입
   • 단답형 대제목은 4개 정도가 적당하며 아이템을 나열하지 말고 포인트만 기입
   • 논술형은 기승전결의 적절한 배치
   • 6하 원칙 준수
   • 핵심 키워드를 강조
   • 전후 내용의 일치
   • 정확한 사실을 근거로 한 견해제시

3. 출제의도 반영
   • 답안작성은 출제자의 의도를 파악하는 것이다.
   • 문제의 핵심키워드를 맨 처음 도입부에 기술
   • 많이 쓰이고 있는 내용위주의 기술
   • 상위 키워드를 활용한 핵심단어 부각
   • 결론부에서의 출제자의 의도 포커스 표현

4. 응용력
   • 해당문제를 통한 연관공종 및 전·후 작업 응용
   • 시공 및 관리의 적절한 조화

5. 특화
   • 교과서적인 답안과 틀에 박힌 내용 탈피
   • 실무적인 내용 및 경험
   • 표현능력

6. 견해 제시력
   • 객관적인 내용을 기초로 자신의 의견을 기술
   • 대안제시, 발전발향
   • 뚜렷한 원칙, 문제점, 대책, 판단정도

답안작성 원칙과 기준 Detail

❹ 공사관리 활용

1. 사전조사
- 설계도서, 계약조건, 입지조건, 대지, 공해, 기상, 관계법규

2. 공법선정
- 공기, 경제성, 안전성, 시공성, 친환경

3. Management
(1) 공정관리
- 공기단축, 시공속도, C.P관리, 공정Cycle, Mile Stone, 공정마찰

(2) 품질관리
- P.D.C.A, 품질기준, 수직·수평, Level, Size, 두께, 강도, 외관, 내구성

(3) 원가관리
- 실행, 원가절감, 경제성, 기성고, 원가구성, V.E, L.C.C

(4) 안전관리

(5) 환경관리
- 폐기물, 친환경, Zero Emission, Lean Construction

(6) 생산조달
- Just in time, S.C.M

(7) 정보관리: Data Base
- CIC, CACLS, CITIS, WBS, PMIS, RFID, BIM

(8) 통합관리
- C.M, P.M, EC화

(9) 하도급관리

(10) 기술력: 신공법

4. 7M
(1) Man: 노무, 조직, 대관업무, 하도급관리
(2) Material: 구매, 조달, 표준화, 건식화
(3) Money: 원가관리, 실행예산, 기성관리
(4) Machine: 기계화, 양중, 자동화, Robot
(5) Method: 공법선정, 신공법
(6) Memory: 정보, Data base, 기술력
(7) Mind: 경영관리, 운영

❺ magic 단어

1. 제도: 부실시공 방지

　　기술력, 경쟁력, 기술개발, 부실시공, 기간, 서류, 관리능력

　　　※ 간소화, 기준 확립, 전문화, 공기단축, 원가절감, 품질확보

2. 공법/시공

　　힘의 저항원리, 접합원리

　　　※ 설계, 구조, 계획, 조립, 공기, 품질, 원가, 안전

3. 공통사항

　(1) 구조

　　① 강성, 안정성, 정밀도, 오차, 일체성, 장Span, 대공간, 층고

　　② 하중, 압축, 인장, 휨, 전단, 파괴, 변형

　　　　※ 저항, 대응

　(2) 설계

　　　　※ 단순화

　(3) 기능

　　　　※ System화, 공간활용(Span, 층고)

　(4) 재료 : 요구조건 및 요구성능

　　　　※ 제작, 성분, 기능, 크기, 두께, 강도

　(5) 시공

　　　　※ 수직수평, Level, 오차, 품질, 시공성

　(6) 운반

　　　　※ 제작, 운반, 양중, 야적

4. 관리

　• 공정(단축, 마찰, 갱신)

　• 품질(품질확보)

　• 원가(원가절감, 경제성, 투입비)

　• 환경(환경오염, 폐기물)

　• 통합관리(자동화, 시스템화)

5. magic

　• 강화, 효과, 효율, 활용, 최소화, 최대화, 용이, 확립, 선정, 수립, 철저, 준수, 확보, 필요

❻ 실전 시험장에서의 마음가짐

(1) 자신감 있는 표현을 하라.
(2) 기본에 충실하라(공종의 처음을 기억하라)
(3) 문제를 넓게 보라(숲을 본 다음 가지를 보아라)
(4) 답을 기술하기 전 지문의 의도를 파악하라
(5) 전체 요약정리를 하고 답안구성이 끝나면 기술하라
(6) 마법지를 응용하라(모든 것은 전후 공종에 숨어있다.)
(7) 시간배분을 염두해 두고 작성하라
(8) 상투적인 용어를 남용하지 마라
(9) 내용의 정확한 초점을 부각하라
(10) 절제와 기교의 한계를 극복하라

모르는 문제가 출제될 때는 포기하지 말고 문제의 제목을 보고 해당공종과의 연관성을 찾아가는 것이 단 1점이라도 얻을 수 있는 방법이다.

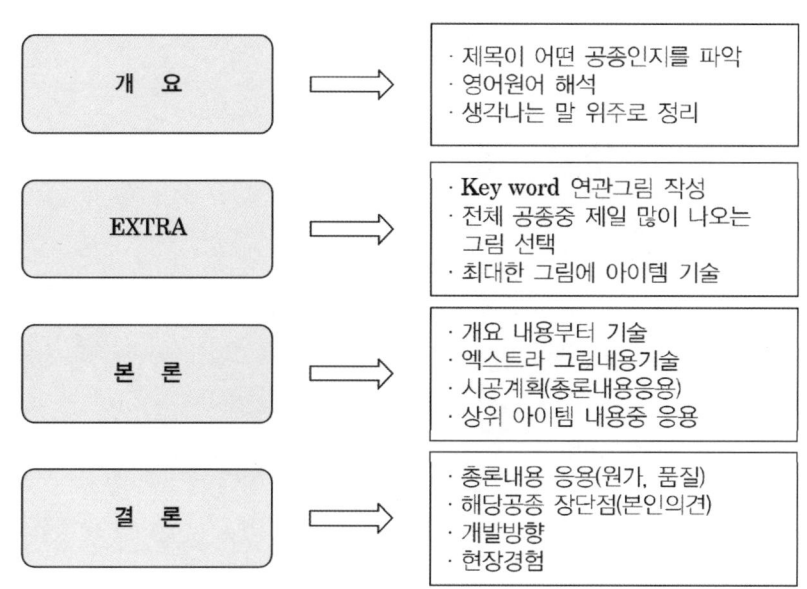

2. 작성기준 Detail

용어정의 WWH 추출법

Why (구조, 기능, 미, 목적, 결과물, 확인, 원인, 파악, 보강, 유지, 선정)
What (설계, 재료, 배합, 운반, 양중, 기후, 대상, 부재, 부위, 상태, 도구, 형식, 장소)
How (상태 · 성질변화, 공법, 시험, 기능, 성능, 공정, 품질, 원가, 안전, Level, 접합, 내구성)

JYB 유형분류체계

공법(작업, 방법)	현상(힘 형태 형상)
시설물(설치)	현상(성질 반응)
자재(부재)	결함(하자 손상)
기능(부재)	기계 장비(성능 제원)
재료(성질)	구조
성능(구성, 성분)	기준 지표
시험(측정, 검사)	관리(제도 시스템)
	항목(조사 검사 계획)

서술유형 15

1. 방법 방식 방안

2. 종류 분류

3. 특징(장·단점)

4. 기능 용도 활용

5. 필요성 효과

6. 목적

7. 구성체계 구성원리

8. 기준

9. 조사 준비 계획

10. 시험 검사 측정

11. Process

12. 요구조건 전제조건 대안제시

13. 고려사항 유의사항 주의사항

14. 원인 문제점 피해 영향 하자 붕괴

15. 방지대책, 복구대책, 대응방안, 개선방안, 처리방안, 조치방안, 관리방안, 해결방안, 품질
    확보, 저감방안, 운영방안

기술사 공부방법 Detail

❶ 관심

관심 > 흥미 > 익숙 > 변화 > 욕심 > 목표 > 정복

관심

결과물   전략
         분석   대화

흥미

❷ 자기관리

자기관리

미래의 내 모습은?
시간이 없음을 탓하지 말고, 열정이 없음을 탓하라.

그대가 잠을 자고 웃으며 놀고 있을 시간이 없어서가 아니라 뜨거운 열정이 없어서이다.

작든 크든 목적이 확고하게 정해져 있어야 그것의 성취를 위한 열정도 쏟을 수 있다.

- ● Positive Mental Attitude
- ● 간절해보자
- ● 목표.계획수립-2년단위 수정
- ● 주변정리-노력하는 사람
- ● 운동. 잠. 스트레스. 비타민

❸ 단계별 제한시간 투자

절대시간 500시간

● 시작후 2개월: 평일 9시~12시
　(Lay out-배치파악)
● 시작후 3개월: 평일 9시~1시
　(Part -유형파악)
● 시작후 6개월: 평일 9시~2시
　(Process-흐름파악)
● 빈Bar부터 역기는 단계별로

우리의 의식은 공부하고자 다짐하지만 잠재의식은 쾌락을 원한다.
시간제한을 두면 뇌가 긴장한다.
시간여유가 있을때는 딱히 떠오르지 않았던 영감이
시간제한을 두면 급히 가동한다.

❹ 마법지 암기가 곧 시작

Lay out(배치파악)　Process(흐름파악)　Memory(암기)　Understand(이해)　Application (응용)

● 공부범위 설정
● 공부방향 설정-단원의 목차.Part구분
● 구성원리 이해
● 유형분석
● 핵심단어파악
● 규칙적인 반복- 습관
● 폴더단위 소속파악-Part 구분 공부

우리의 의식은 공부하고자 다짐하지만 잠재의식은 쾌락을 원한다.
시간제한을 두면 뇌가 긴장한다.
시간여유가 있을때는 딱히 떠오르지 않았던 영감이
시간제한을 두면 급히 가동한다.

기술사 공부방법 Detail

❺ 주기적인 4회 반복학습(장기 기억력화)

<u>암기 vs 이해</u>　　　　<u>분산반복학습, 말하고 행동(몰입형: immersion)</u>

● 순서대로 진도관리
● 위치파악(폴더속 폴더)
● 대화를 통한 자기단점파악
● 주기적인 반복과 변화
● 10분 후. 1일 후. 일주일 후. 한달 후

-10분후에 복습하면 1일 기억(바로학습)

-다시 1일 후 복습하면 1주일 기억(1일복습)

-다시 1주일 후 복습하면 1개월 기억(주간복습)

- 다시 1달 후 복습하면 6개월 이상 기억(전체복습)

-우리가 말하고 행동한것의 90%
-우리가 말한것의 70%
-우리가 보고 들은것의 50%
-우리가 본것의 30%
-우리가 들은것의 20%
-우리가 써본것의10%
-우리가 읽은것의 5%

❻ 건축시공기술사의 원칙과 기준

1. 원칙
 (1) 기본원리의 암기와 이해 후 응용(6하 원칙에 대입)
 (2) 조사 + 재료 + 사람 + 기계 + 양생 + 환경 + 검사
 (3) 속도 + 순서 + 각도 + 지지 + 넓이, 높이, 깊이, 공간

2. 기준
 (1) 힘의 변화
 (2) 접합 + 정밀도 + 바탕 + 보호 + 시험
 (3) 기준제시 + 대안제시 + 견해제시

❼ 필수적으로 해야 할 사항

 (1) 논술노트 수량 – 50EA
 (2) 용어노트 수량 – 150EA
 (3) 논술 요약정리 수량 – 100EA
 (4) 용어 요약정리 수량 – 300EA
 (5) 필수도서 – 건축기술지침, 콘크리트공학(학회)

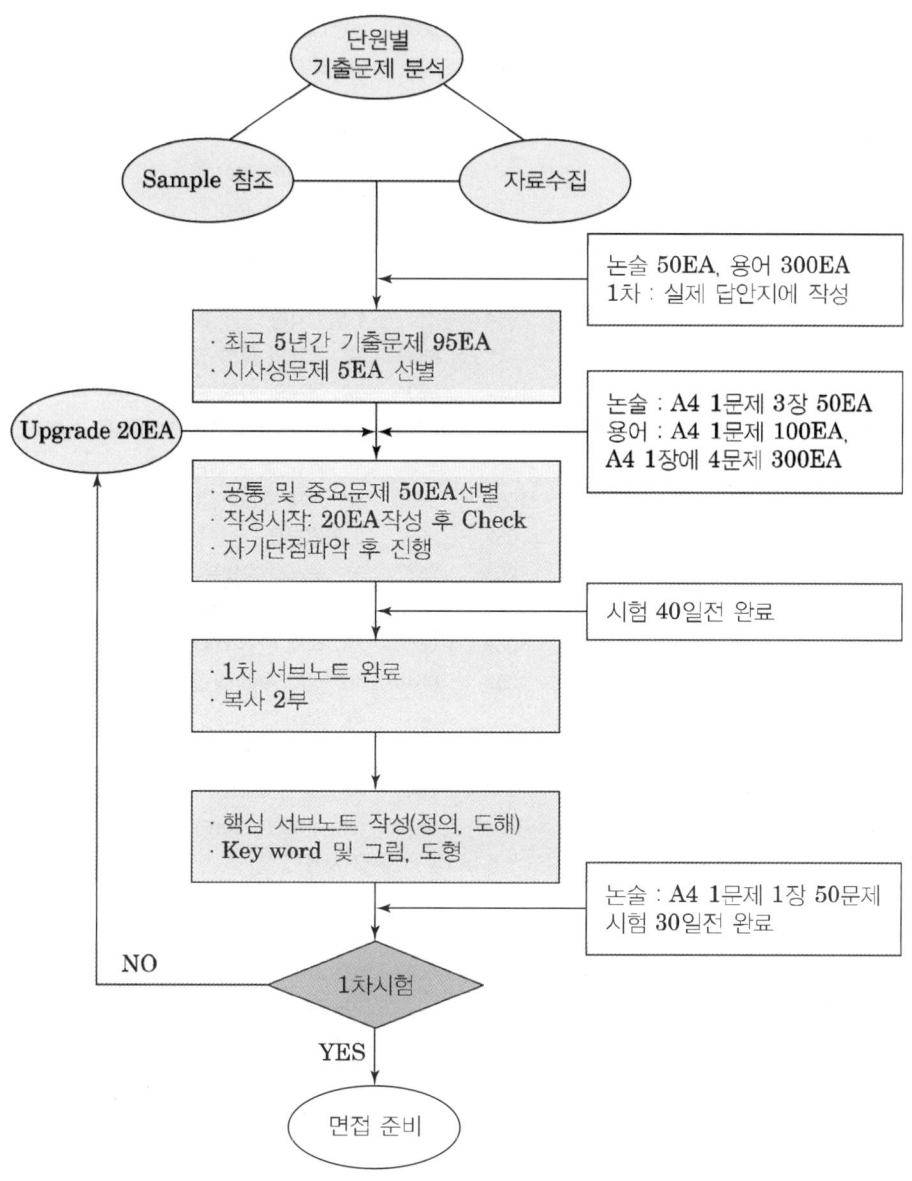

❽ 서브노트 작성과정

단원별 기출문제 분석

Sample 참조

자료수집

논술 50EA, 용어 300EA
1차 : 실제 답안지에 작성

· 최근 5년간 기출문제 95EA
· 시사성문제 5EA 선별

Upgrade 20EA

논술 : A4 1문제 3장 50EA
용어 : A4 1문제 100EA,
A4 1장에 4문제 300EA

· 공통 및 중요문제 50EA선별
· 작성시작: 20EA작성 후 Check
· 자기단점파악 후 진행

시험 40일전 완료

· 1차 서브노트 완료
· 복사 2부

· 핵심 서브노트 작성(정의, 도해)
· Key word 및 그림, 도형

논술 : A4 1문제 1장 50문제
시험 30일전 완료

NO

1차시험

YES

면접 준비

※ 서브노트는 책을 만든다는 마음으로 실제 답안으로 모범답안을 만들어 가는 연습을 통하여 각
공종별 핵심문제를 이해하고 응용할 수 있는 것이 중요 Point입니다.

Contents

下

9장 마감공사 및 실내환경

9-1장 쌓기 공법

(1) 조적공사

1 일반사항

0601	1. 콘크리트벽돌	1045
0602	2. 점토벽돌의 종류별 품질기준	1047
0603	3. 콘크리트(시멘트) 벽돌 압축강도시험	1048

2 공법 분류

0604	4. 벽돌의 쌓기방식	1049
0605	5. 콘크리트 블록	1051
0606	6. 보강 블록 공사	1052
0607	7. ALC블록공법	1054

3 시공

0608	8. 공간쌓기	1057
0609	9. 부축벽	1059
0610	10. Weeping Hole	1060
0611	11. Bond beam의 기능과 그 설치위치	1061
0612	12. 테두리보(wall girder)	1062
0613	13. 치장벽돌쌓기	1063
0614	14. 콘크리트 벽돌공사 균열원인 및 방지대책	1064
0615	15. 조적 백화	1067
	기타용어	1069
	1. 내화벽돌쌓기	
	2. Arch 쌓기	

9-2장 붙임 공법

(1) 타일공사

1 일반사항

0616	16. 타일재료	1073
0617	17. 전도성 타일	1075
0618	18. 타일 붙임재료	1076

2 공법분류

0619	19. 타일 공법분류	1078
0620	20. 떠붙임공법	1079
0621	21. 개량떠붙임 공법	1081
0622	22. 압착 공법	1083
0623	23. 개량압착 공법	1085
0624	24. 접착공법	1087
0625	25. 바닥 손붙임공법	1089
0626	26. 타일 거푸집 선부착공법, 타일 시트법	1091

3 시공

0627	27. 줄눈나누기(타일의 분할도)	1093
0628	28. 타일치장줄눈	1095
0629	29. 타일신축줄눈	1097
0630	30. Open time	1098
0631	31. 타일접착 검사법/ 부착력시험	1100
0632	32. 타일공사 하자원인과 대책	1101
	기타용어	1103
	1. 타일 판형붙이기	
	2. 동시줄눈 붙이기	
	3. 모자이크타일 붙이기	

(2) 석공사

1 일반사항

0633	33. 석재의 물성 및 결점	1106
0634	34. 석재의 가공 및 반입검사, 가공 시 결함	1108
0635	35. 사용부위를 고려한 바닥용 석재표면 마무리 종류 및 사용상 특성	1113
0636	36. 석재 혼드마감(Honded Surface)	1114

2 공법분류

0637	37. 석공사 공법분류	1116
0638	38. 석재 습식공법	1117
0639	39. 석재 반건식(절충공법)	1118
0640	40. 석재 Anchor긴결공법	1119
0641	41. Non-Grouting Double Fastener	1120
0642	42. 강제(鋼製) 트러스 지지공법	1121
0643	43. Steel Back Frame System	1122
0644	44. 석재의 Open joint공법	1123

3 시공

0645	45. 벽체 석재 줄눈공사	1124
0646	46. 석공사 하자 원인과 대책	1125
0647	47. 바닥석재 백화현상과 방지대책	1127
	기타용어	1129
	1. 테라조공사	
	2. 석재쌓기공사	

9-3장 바름 공법

(1) 미장공사

1 일반사항

0648	48. 미장용 골재의 품질기준	1133
0649	49. 미장혼화재료	1134
0650	50. 접착증강제	1135
0651	51. 미장공사에서 게이지비드와 조인트비드	1136
0652	52. Coner Bead	1137

2 공법분류

0653 53. 미장공사 공법분류 ……………… 1138
0654 54. 얇은 바름재 …………………… 1141
0655 55. 합성수지플라스터 바름/ 수지미장 ……… 1142
0656 56. 단열모르타르 ………………… 1144
0657 57. 경량 기포콘크리트 ……………… 1146
0658 58. 바닥온돌 경량기포콘크리트의 멀티폼 콘크리트 1147
0659 59. 방바닥 온돌미장 ………………… 1148
0660 60. 셀룰로스 섬유보강재 …………… 1151
0661 61. 셀프레벨링 모르타르 …………… 1152
0662 62. 바닥강화재 바름공법/ 하드너 ……… 1154
0663 63. 제물마감 ……………………… 1156
0664 64. 노출 바닥콘크리트공법 中 초평탄 콘크리트 … 1157

3 시공

0665 65. 미장공사 시공계획 ……………… 1158
0666 66. 시멘트모르타르 미장공사 하자 ……… 1161
0667 67. 무근콘크리트 슬래브 컬링(Curling) ……… 1164
       기타용어 ……………………… 1165
       1. 내식 모르타르
       2. Saw cutting

(2) 도장공사

1 일반사항

0668 68. 도장재료의 구성 및 특성/ 도장공사의 전색제 … 1167

2 공법분류

0669 69. 공법분류 ……………………… 1169
0670 70. 도장방법 ……………………… 1173
0671 71. 콘크리트, 모르타르부 도장 ……… 1175
0672 72. 철재부 도장 …………………… 1177
0673 73. 목재부 도장 …………………… 1181
0674 74. 천연페인트 …………………… 1184
0675 75. 수성도장 ……………………… 1185
0676 76. 래커도장 ……………………… 1187
0677 77. 바니시 도장 …………………… 1189
0678 78. 폴리우레탄 수지 도료 도장 ……… 1190
0679 79. 바닥재 도료 도장 ……………… 1191
0680 80. 에폭시도료 …………………… 1193
0681 81. 금속용사 공법 ………………… 1195
0682 82. 도장공사의 미스트 코트(Mist Coat) ……… 1197
0683 83. 지하주차장 뿜칠재 시공 ………… 1198

3 시공

0684 84. 도장공사 시공계획 ……………… 1199
0685 85. 도장공사 하자 ………………… 1201
       기타용어 ……………………… 1203
       1. MMA(methyl methacrylate)코팅

       2. 본타일
       3. 건축공사의 친환경 페인트(Paint)
       4. 불소수지 도장
       5. 방균도장
       6. 기타용어

9-4장 보호공법

(1) 방수공사

1 일반사항

0686 86. 방수공법 시공계획, 공법선정 ……… 1213
0687 87. 누수발생원인 및 방지대책 ……… 1218
0688 88. 수팽창 지수판 ………………… 1220
0689 89. 수팽창 지수재 ………………… 1222
0690 90. 아스팔트 재료의 침입도(Penetration Index) 1224
0691 91. 방수 시공 후 누수시험 ………… 1225

2 공법분류

2-1 재료별

0692 92. 공법분류 ……………………… 1226
0693 93. 아스팔트방수공사 ……………… 1227
0694 94. 개량아스팔트 시트방수공사 ……… 1229
0695 95. 합성고분자계 시트방수공사 ……… 1231
0696 96. 자착형 시트방수 ……………… 1235
0697 97. 점착유연형 시트 방수공사 ……… 1238
0698 98. 도막방수 ……………………… 1240
0699 99. 폴리우레아방수공사 …………… 1244
0700 100. 시트 및 도막 복합 방수공사 ……… 1245
0701 101. 시멘트모르타르계 방수/ 폴리머시멘트모르타
        르계 방수 ……………………… 1247
0702 102. 규산질계 도포방수공사 ………… 1251
0703 103. 금속판 방수공사 ……………… 1253
0704 104. 벤토나이트방수공사 …………… 1256

2-2 부위별

0705 105. 지하구조물에 적용되는 외벽 방수재료 … 1259
0706 106. 콘크리트 지붕층 슬래브 방수의 바탕처리 방법 ‥ 1263
0707 107. 옥상드레인 설계 및 시공 시 고려사항 … 1268
0708 108. 인공지반녹화 방수방근공사 ……… 1269
0709 109. 지하저수조 내부 방수 방식공사 ……… 1274
0710 110. 발수공사 ……………………… 1276
0711 111. 누수보수공사 ………………… 1279
       기타용어 ……………………… 1283
       1. 창호주위 누수 방지

9-5장 설치공사

(1) 목공사

Contents

1 재료

0712 112. 목재의 조직 및 성질 ························· 1288
0713 113. 목재의 함수율과 흡수율 ··················· 1290
0714 114. 목재의 섬유포화점 ························· 1292

2 품질관리

0715 115. 목재의 건조목적 및 방법 ··················· 1293
0716 116. 목재의 방부처리 ························· 1296
0717 117. 목재의 내화공법 ························· 1299

3 설치공법

0718 118. 목공사 ························· 1300
0719 119. 목재천장틀 ························· 1303

(2) 유리 및 실링공사

1 재료

0720 120. 유리공법의 분류와 요구성능 ··············· 1305
0721 121. 유리부품의 제작 ························· 1309
0722 122. 복층유리 ························· 1312
0723 123. 복층유리의 단열간봉(Spacer) ············· 1314
0724 124. 진공복층유리 ························· 1315
0725 125. 강화유리 ························· 1316
0726 126. 배강도유리 ························· 1319
0727 127. 열선 반사유리 ························· 1321
0728 128. 저방사 유리, 로이유리 ··················· 1323
0729 129. 접합유리 ························· 1325
0730 130. 망 판유리 및 선 판유리 ··················· 1327
0731 131. 유리블럭 ························· 1329

2 시공

0732 132. 유리설치 공법 ························· 1330
0733 133. 대형판유리 시공법 ························· 1334
0734 134. SSG(Structural Sealant Glazing System)공법 ······ 1337
0735 135. SPG(Structural Point Glazing), Dot Point
　　　　　Glazing ························· 1339

3 현상

0736 136. 유리의 자파(自破)현상 ··················· 1341
0737 137. 열파손 현상 ························· 1343

4 실링공사

0738 138. 실링공사 ························· 1344
0739 139. 백업재 및 본드 브레이커 ················· 1350
0740 140. 유리공사에서 Sealing 작업 시 Bite ······ 1351

(3) 창호공사

0741 141. 창호의 분류 및 하자 ························· 1352
0742 142. 소방관 진입창 ························· 1356
0743 143. 방화문의 품질관리, (60분 방화문) 시공상세도
　　　　　에 표기할 사항 ························· 1357
0744 144. 방화셔터 ························· 1363

0745 145. 방화유리문 ························· 1366
0746 146. 창호의 지지개폐철물 ························· 1368
0747 147. 창호공사의 Hardware Schedule ········· 1370

(4) 수장공사

0748 148. 드라이월 칸막이의 구성요소 ··············· 1372
0749 149. 경량철골천장 ························· 1373
0750 150. 시스템 천장 ························· 1376
0751 151. 도배공사 ························· 1377
0752 152. 온돌마루판 공사 ························· 1380
0753 153. Access Floor, OA Floor ················· 1382
0754 154. 주방가구 설치공사 ························· 1383
0755 155. 주방가구 상부장 추락안정성 시험 ········· 1388
기타용어 ························· 1389
1. 유리의 영상현상
2. 한옥목공사 KCS 41 33 02
3. 경골목공사KCS 41 33 023
4. 대단면목공사 KCS 41 33 04
5. 통나무목공사 KCS 41 33 05
6. 강화도어(강화 판유리 시공법)
7. PB(Particle Board)
8. MDF(Medium Density Fiberboard)
9. PW(Ply Wood)

9-6장 기타공사 및 특수재료

(1) 지붕공사

0756 156. 지붕공사 ························· 1397
0757 157. 거멀접기 ························· 1404
0758 158. 후레싱 ························· 1405

(2) 금속 및 잡철공사

1 금속

0759 159. 금속의 종류와 가공 ························· 1406
0760 160. 부식과 방식, 건축공사 중 금속의 부식 ·· 1408
0761 161. 이종금속 접촉부식 ························· 1409
0762 162. 강재 부식방지 방법 중 희생양극법 ········· 1410
0763 163. 매립철물(Embedded Plate) ················· 1411
0764 164. 난간공사 ························· 1412

2 잡철

0765 165. 바닥 배수 Trench ························· 1413
0766 166. 배수판(Plate)공법 ························· 1414

(3) 부대시설 및 특수공사

1 부대시설

0767 167. 주차장 진출입을 위한 램프시공 시 유의사항 ·· 1416
0768 168. 법면녹화 ························· 1418
0769 169. 방음벽 ························· 1420

2 특수공사

0770　170. Clean room(청정실) ················· 1422
0771　171. 공동주택 세대욕실의 층상배관 ············ 1426
0772　172. 외벽 PC Panel공사 ·················· 1427
0773　173. GPC(Granite Veneer Precast Concrete) 1428
0774　174. TPC공법 ························· 1429
0775　175. ALC패널(경량기포 콘크리트 패널) ········· 1431

(4) 특수재료

0776　176. 방염처리 ························ 1433
　　　기타용어 ························· 1435
　　　1. 공동구공사 KCS 41 80 09
　　　2. 보강토옹벽 KCS 11 80 10
　　　3. 합성수지

9-7장　실내환경

1 실내 열환경

0777　177. 열전도율 · 열관류율 ················ 1439
0778　178. 단열재의 종류 ···················· 1442
0779　179. 진공단열재 ······················ 1445
0780　180. 압출법 보온판 ···················· 1446
0781　181. 비드(Bead)법 보온판 ··············· 1447
0782　182. 단열공사 ······················· 1448
0783　183. 외단열 공사 ····················· 1451

0784　184. 결로 ·························· 1454
0785　185. 결로방지 성능기준 ················· 1458
0786　186. 열교, 냉교 ····················· 1461
0787　187. 방습층 ························ 1462
0788　188. 결로방지 단열공사 ················· 1466
0789　189. 공동주택의 비난방 부위 결로방지 방안 ····· 1469

2 실내 음환경

0790　190. 층간소음(경량충격음과 중량충격음) ······· 1471
0791　191. 층간소음 저감기술 ················· 1477
0792　192. 바닥충격음 차단 인정구조 ············· 1479
0793　193. Bang Machine ··················· 1480
0794　194. 뜬바닥 구조 ···················· 1482
0795　195. 흡음과 차음 ···················· 1483

3 실내 공기환경

0796　196. 실내 공기질 관리 ·················· 1485
0797　197. VOCs(Volatile Organic Compounds)저감방법 ·· 1487
0798　198. 건강친화형 주택(대형챔버법, 청정건강 주택) ·· 1490
0799　199. 새집증후군 해소를 위한 Bake out, Flush Out ·· 1492
0800　200. 공동주택 라돈 저감방안 ·············· 1493
　　　기타용어 ························· 1494
　　　1. 글라스울
　　　2. 미네랄울
　　　3. 폴리우레탄보드

10장　총론

10-1장　건설산업과 건축생산

1 건설산업의 이해

0801　1. 건설산업의 이해(Player, 주요경영혁신 기법) ·· 1499
0802　2. 건설산업의 ESG 경영 ················ 1503

2 건축생산 체계

0803　3. 생산체계 및 조직 ·················· 1506
0804　4. 건설사업관리에서의 RAM ·············· 1507

3 제도와 법규

0805　5. 건설관련 법(건산법, 건진법, 계약관리법, 사후
　　　평가,신기술지정제) ·················· 1508
0806　6. 건축법의 목적과 용어의 정의 ··········· 1512

0807　7. 건축물의 건축(허가, 신고, 착공신고, 사용승인) ·· 1516
0808　8. 구조내력, 건축물의 중요도계수 ··········· 1518
0809　9. 건축용 방화재료 ··················· 1521
0810　10. 화재확산 방지구조 ················· 1523
0811　11. 방화규정 ······················· 1525
0812　12. 피난규정 ······················· 1531
0813　13. 건설기술진흥법의 부실벌점 부과항목(건설업자,
　　　건설기술자 대상) ·················· 1537
0814　14. 부실과 하자의 차이점 ··············· 1540
　　　기타용어 ························· 1541
　　　1. 브레인스토밍(Brainstorming)
　　　2. 다중이용 건축물

Contents

10-2장 생산의 합리화-What

1 업무 Scope

1-1 CM

0815   15. CM(건설사업관리) ···················· 1545
0816   16. CM의 주요업무 ························· 1547
0817   17. XCM 계약방식 ························· 1549
0818   18. C.M for fee와 C.M at risk ·········· 1550
0819   19. CM at Risk에서의 GMP ·············· 1552
0820   20. Pre Construction ···················· 1553

1-2 Feasibility Stud & Risk management

0821   21. Feasibility Study ···················· 1555
0822   22. 건설위험관리에서 위험약화전략 ······· 1557

1-3 Constructability

0823   23. Constructability ····················· 1560

1-4 건설 VE & LCC(Life Cycle Cost)

0824   24. 건설 VE ······························· 1562
0825   25. VECP(Value Engineering Change Proposal) ·· 1565
0826   26. FAST(Function analyis System Technique) ·· 1567
0827   27. LCC(Life Cycle Cost) ················ 1569

2 관리기술

2-1 정보관리 및 4차산업혁명

0828   28. 정보관리 ······························· 1571
0829   29. WBS(Work Breakdown Structure) ········ 1572
0830   30. 정보의 통합화(CALS, 건설 CITIS, KISCON, CIC) 1574
0831   31. Data mining ························· 1577
0832   32. PMIS(Project Management Information System) 1579
0833   33. BIM(Building Information Modelling) ····· 1580
0834   34. BIM Library ························· 1588
0835   35. 개방형 BIM과 IFC ··················· 1590
0836   36. BIM LOD(Level of Development) ········ 1591
0837   37. Smart Construction 요소기술/ 4차산업혁명 1592
0838   38. Monte Carlo의 Simulation과 4D, 5D BIM ·· 1595
0839   39. 3D 프린팅 건축 ······················ 1596
0840   40. RFID(Radio Frequency Identification) ·· 1597
0841   41. Internet of Things(IOT) ·············· 1599
0842   42. 가상현실(VR), 증강현실(AR), 혼합현실(MR) 1600
0843   43. Drone ······························· 1601

2-2 생산 조달관리

0844   44. 건설공사의 생산성(Productivity)관리 ······ 1603
0845   45. SCM(Supply chain Management) ········· 1604
0846   46. Lean construction ··················· 1605
0847   47. Just In Time ························ 1607

3 친환경 · 에너지

3-1 친환경, 에너지 제도

0848   48. 지속가능건설 ·························· 1609
0849   49. ISO 14000 ·························· 1611
0850   50. 환경영향평가제도 ····················· 1613
0851   51. 탄소중립 포인트 제도 ················· 1615
0852   52. 환경관리비 ·························· 1617
0853   53. 장애물없는 생활환경인증 ·············· 1619
0854   54. 범죄예방 건축기준 ··················· 1620

3-2 친환경, 에너지 절약설계

0855   55. (EPI)에너지 성능지표, 에너지 절약계획서 ···· 1622
0856   56. 녹색건축 인증제(친환경건축물) ········· 1632
0857   57. Zero energy Building ················ 1636
0858   58. 에너지 효율 등급 인증제도 ············ 1638
0859   59. 공동주택성능등급의 표시 ·············· 1640
0860   60. 장수명 공동주택 인증제도 ············· 1642
0861   61. zero emission ······················ 1651
0862   62. LCA: Life Cycle Assessement, CO_2발생량 분석기법 ························· 1652
0863   63. 생태면적 ···························· 1653

3-3 친환경 에너지 절약기술

0864   64. BIPV 시스템 ························· 1658
0865   65. 이중외피(Double skin) ··············· 1661
0866   66. 지능형건축물(IB, Intelligent Building) ···· 1663

4 유지관리

4-1 일반사항

0867   67. 유지관리 계획 및 업무/ 시설물 안전점검 ···· 1665
0868   68. BEMS(Building energy management system) 1670
0869   69. FMS(Facility Management System) ······ 1672
0870   70. 재건축과 재개발 ····················· 1674
0871   71. 안전진단 ···························· 1682

4-2 유지관리기술

0872   72. 리모델링 ···························· 1687
0873   73. 보수보강 ···························· 1695
0874   74. 탄소섬유 Sheet 보강법 ·············· 1699
0875   75. 건축물관리법상 해체계획서 ············ 1701
0876   76. 분별해체 ···························· 1711
0877   77. 석면건축물의 위해성 평가 ············· 1712
0878   78. 석면조사 대상 및 해체 · 제거 작업 시 준수사항 1716
0879   79. 석면해체 사전허가제도 ··············· 1724
0880   80. 석면지도 ···························· 1725

기타용어 ···································· 1727

1. 관리적 감독 및 감리적 감토
2. UBC (Uniform Building Code)
3. GIS(Geographic Information System)
4. 한국형 녹색분류체계(K-택소노미 · taxonomy)
5. 석면해체 감리인 기준
6. 석면해체 · 제거 작업별 조치사항
7. 석면조사 및 안전성 평가

10-3장 건설 공사계약-Who

1 계약일반
1-1 계약서류
0881 81. 건설공사계약 및 명시사항, 계약의 주체 ·· 1735
0882 82. 추정가격과 예정가격 ··············· 1737
0883 83. 건설보증제도 및 건설계약제도상의 보증금 ··· 1739
1-2 계약방식
0884 84. 계약방식 ······················· 1741
0885 85. 공동도급 ······················· 1745
0886 86. 공동이행방식과 분담이행방식 ··········· 1747
0887 87. 주계약자형 공동도급 ··············· 1748
0888 88. Fast Track Method ·············· 1749
0889 89. 정액계약 ······················· 1750
0890 90. 실비정산 보수가산식 도급 ············ 1751
0891 91. Turn-key Base 방식(설계시공 일괄) ······ 1752
0892 92. Social Overhead Capital ········· 1753
0893 93. BTO(Build Transfer Opreate) ······ 1757
0894 94. BTO-a(BOA Build Operate Adjust)손익공유형 1759
0895 95. BTO-rs(Build Transfer Operate – risk sharing) 1760
0896 96. BTL(Build Transfer Lease) ········· 1761
0897 97. 성능발주방식 ···················· 1763
0898 98. IPD(Integrated Project Delivery) ···· 1764
0899 99. 직할시공제 ····················· 1766
0900 100. 총사업비 관리제도 ················ 1767
0901 101. Cost plus time 계약 ············· 1769
0902 102. Lane Rental 방식 ··············· 1770
0903 103. Incentive/ Disincentive ········· 1772
1-3 계약 변경
0904 104. 물가변동에 의한 계약금액조정 ········· 1773
0905 105. 설계변경 ······················ 1775
0906 106. 공사계약기간 연장사유 ············· 1777
0907 107. 건설공사비 지수 ················· 1778
0908 108. 단품슬라이딩 제도 ··············· 1780

2 입찰 낙찰
2-1 입찰
0909 109. 입찰 참가자격 제한-P.Q ············ 1781
0910 110. RFP: Request For Proposal ······· 1782
0911 111. Letter of intent ··············· 1783
0912 112. 건설공사의 입찰 ················· 1784
0913 113. 제한경쟁 입찰 ·················· 1786
0914 114. 기술제안 입찰 ·················· 1788
0915 115. 순수내역입찰 제도 ··············· 1790
0916 116. 물량내역 수정입찰 제도 ············ 1791
0917 117. 대안입찰 제도 ·················· 1793
2-2 낙찰
0918 118. 낙찰 ························· 1794
0919 119. 적격심사제도(적격낙찰) ············ 1796
0920 120. 종합평가낙찰제 ················· 1798
0921 121. 종합심사낙찰제 ················· 1800
0922 122. 최고가치 낙찰제도(Best value) ······· 1803
0923 123. Two Envelope System(TES) ········ 1804

3 관련제도
3-1 하도급관련
0924 124. 건설근로자 노무비구분관리 및 지급확인제도 1805
0925 125. NSC(Nominated-Sub-Contractor) ······· 1806
3-2 기술관련
0926 126. 시공능력평가제도 ················ 1807
0927 127. 직접시공의무제도 ················ 1808
3-3 기타
0928 128. P.F(Project Financing) ··········· 1809

4 건설 Claim
0929 129. 건설 Claim ···················· 1811
기타용어 ···················· 1814
  1. 연간단가계약
  2. 최대비용보증계약
  3. 공사비비례계약
  4. 일식도급계약
  5. 담합(Conference)
  6. 총액입찰, 내역입찰
  7. 전자입찰
  8. 상시입찰
  9. 우편입찰
  10. 부대입찰
  11. 기술형 입찰
  12. 최저가 낙찰제
  13. 저가 심의제
  14. 부찰제(제한적 평균가 낙찰제)
  15. 제한적 최저가 낙찰제

10-4장 건설공사관리-How

1 공사관리 일반
1-1 설계 및 기준
0930 130. 설계관리, 설계도서 ··············· 1821
0931 131. 시방서의 종류 및 포함되어야 할 주요사항 ·· 1823
0932 132. 건축표준시방서상의 현장관리 항목 ······· 1825
1-2 공사계획
0933 133. 사전조사/ 도심지공사의 착공 전 사전조사 ·· 1828
0934 134. 공사계획 및 현장관리 ············· 1830
0935 135. 풍수해 대비 현장관리 ············· 1833
0936 136. 동절기 현장관리 ················ 1835
1-3 외주관리

Contents

0937　137. 하도급 관리 및 부도처리 ················ 1837

2 공정관리

2-1 공정계획

0938　138. 공정계획(절대공기/공사기간 산정방법/공사가
　　　　　동률) ··························· 1840
0939　139. 최적시공속도 ······················ 1845
0940　140. 공정관리 절차서 ···················· 1846
0941　141. 공정관리의 Last Planner System ········ 1848

2-2 공정관리기법

0942　142. 공정관리기법 ······················ 1850
0943　143. PDM기법에서 Over lapping Relationship 1853
0944　144. Line Of Balance, Linear Scheduling method 1856
0945　145. Tact공정관리 ······················ 1858
0946　146. Network 공정표의 구성요소와 일정계산 ··· 1859
0947　147. C.P(주공정선)산정 ·················· 1862
0948　148. 네트워크 공정표에서의 간섭여유 ········ 1863
0949　149. 중간관리일(Milestone) ··············· 1864

2-3 공기조정

0950　150. MCX(최소비용촉진기법) ·············· 1865
0951　151. Cost slope(비용구배) ················ 1867
0952　152. Crash point(특급점) ················· 1868
0953　153. 보상가능지연 ······················ 1869
0954　154. 동시지연 ·························· 1871
0955　155. 진도관리(Follow up) ················· 1872
0956　156. 공정갱신에서 Progress Override기법 ··· 1875

2-4 자원계획과 통합관리

0957　157. 자원분배, 자원배당(Resource Allocation) ·· 1877
0958　158. EVMS(Earned Value Management System) 1880

3 품질관리

3-1 품질개론

0959　159. 품질관리 ·························· 1886
0960　160. 품질관리 중 발취 검사(Sample Inspection) ·· 1888

3-2 품질개선 도구

0961　161. 품질관리 7가지 tool ················ 1890

3-3 품질경영

0962　162. 품질경영-TQM, TQC ················ 1895
0963　163. 6-시그마 경영 ····················· 1897
0964　164. 품질보증(Quality Assurance) ·········· 1899
0965　165. PL법(제작물 책임법, 제조물 책임법) ······ 1901
0966　166. 품질비용 ·························· 1903
0967　167. 작업표준 ·························· 1905
0968　168. 건설자재 표준화의 필요성 ············ 1906
0969　169. MC(Modular Coordination) ··········· 1907

3-4 현장 품질관리

0970　170. 품질관리 및 시험계획서 ·············· 1909
0971　171. 현장시험실 규모 및 품질관리 기술인 배치기준 ·· 1911
0972　172. 건설산업기본법 상 현장대리인 배치기준 ·· 1913
0973　173. 건축현장에서 시험(Sample)시공 ·········· 1914

4 원가관리

4-1 원가 구성

0974　174. 원가 구성체계/건축공사 원가계산서 ···· 1915
0975　175. 원가산정 및 예측(비용견적)/ 실행예산 ··· 1918
0976　176. 건설소송에서 기성고 비율 ············ 1920

4-2 적산 및 견적

0977　177. 개산견적/ 적산에서의 수량개산법 ········ 1922
0978　178. 부위별 적산내역서/ 합성단가 ········· 1924
0979　179. 표준시장단가제도 ··················· 1925

4-3 원가관리기법

0980　180. MBO기법 ·························· 1927

5 안전관리

5-1 산업안전 보건법

0981　181. 산업안전 보건관리비 ················ 1928
0982　182. 건설업 기초안전보건교육 ············· 1930
0983　183. 안전인증 · 자율안전 확인 · 안전검사 · 자율검사
　　　　　프로그램인정 ···················· 1933
0984　184. 밀폐공간보건작업 프로그램 ··········· 1941
0985　185. 물질안전 보건자료(MSDS) ············ 1948
0986　186. 위험성평가 ························ 1951
0987　187. 유해위험 방지계획서 ················· 1959

5-2 건설기술 진흥법

0988　188. 건설기술진흥법상 안전관리비 ·········· 1961
0989　189. 안전관리 계획서 ···················· 1962
0990　190. 안전점검 ·························· 1964
0991　191. 지하안전평가 ······················ 1967
0992　192. 설계 안전성 검토 ··················· 1970
0993　193. 건설기술진흥법상 가설구조물의 구조적 안전성
　　　　　확인 대상 ······················· 1973

5-3 안전사고

0994　194. 중대재해처벌법, 안전보건관리체계 ······· 1974
0995　195. Tool box meeting ·················· 1978
0996　196. 스마트 인진관제시스템 ··············· 1980

6 환경관리

0997　197. 건설공해 ·························· 1981
0998　198. 소음 · 진동관리 ···················· 1982
0999　199. 비산먼지관리 ······················ 1984
1000　200. 폐기물관리 ························ 1986
　　　　기타용어 ·························· 1989
　　　　1. 준공도서
　　　　2. 공정관리 용어
　　　　3. 품질관리 용어
　　　　4. 원가관리 용어
　　　　5. 안전관리 용어
　　　　6. 환경관리 용어

09

마감공사 및 실내환경

9-1장 쌓기공법
9-2장 붙임공법
9-3장 바름공법
9-4장 보호공법
9-5장 설치공사
9-6장 기타공사 및 특수재료
9-7장 실내환경

Professional Engineer

마법지

1. 쌓기공법

- 일반사항
- 공법분류
- 시공
- 하자

2. 붙임공법

- 타일공사(일반사항, 분류, 시공, 하자)
- 석공사(일반사항, 분류, 시공, 하자)

3. 바름공법

- 미장공사(일반사항, 분류, 하자)
- 도장공사(일빈사항, 분류, 허지)

4. 방수공사

- 일반사항
- 재료별 공법
- 부위별 공법(지하, 지붕, 옥상 녹화)

마법지

5 설치공사

- 목공사(재료, 품질관리, 가공, 설치)
- 유리 및 실링공사(일반사항, 재료, 시공, 현상)
- 창호공사(요구성능, 종류)
- 수장공사

6 기타 · 특수재료

- 지붕공사
- 금속공사
- 기타공사(부대시설, 특수공사)
- 특수재료

7. 실내환경

- 열환경(단열 결로)
- 음환경(흡음 차음 층간소음)
- 실내공기환경

9-1장

쌓기공법

마법지

조적공사

1. 일반사항
   - 콘크리트 벽돌재료
   - 점토벽돌의 종류별 품질기준
   - 콘크리트(시멘트) 벽돌 압축강도시험
2. 공법분류
   - 벽돌의 쌓기방식
   - 공간쌓기(Cavity wall)
   - 보강콘크리트 블록 쌓기
   - ALC블록공법
3. 시공
   - 콘크리트 벽돌공사 균열원인 및 방지
   - 부축벽
   - Weeping Hole
   - Bond beam의 기능과 그 설치위치
   - 테두리보(wall girder)의 설치위치
   - 치장벽돌쌓기
   - 콘크리트 벽돌공사 균열원인 및 방지대책
   - 조적백화

☆☆★   1. 조적공사

일반사항

재료일반
Key Point

■ 국가표준
- KS F 4004

■ Lay Out
- 종류 · 품질기준
- 시험방법 · 검사방법
- 표시

■ 핵심 단어

■ 연관용어

Ⅰ. 정 의

시멘트, 물, 골재, 혼화재료를 계량하여 물/시멘트비 35% 이하로 진동 압축 등 콘크리트를 치밀하게 충전 후 있는 방법으로 성형하여 500℃를 표준으로 실내 양생하여 만든 벽돌

Ⅱ. 종류

1) 모양에 따른 구분
    ① 기본 벽돌: 모양 및 치수(길이, 높이, 두께)가 품질기준에 적합한 벽돌
    ② 이형벽돌: 기본벽돌 이외의 벽돌
2) 사용 용도 및 품질에 따른 구분
    ① 1종 벽돌: 옥외 또는 내력 구조에 주로 사용되는 벽돌
    ② 2종 벽돌: 옥내의 비내력 구조에 사용되는 벽돌

Ⅲ. 품질기준

1) 압축강도와 흡수율

구 분	압축강도(N/mm^2)	흡수율(%)
1종(낮은 흡수율, 내력구조) 외부	13 이상	7 이하
2종(아파트내부 칸막이, 비내력벽)옥내	8 이상	13 이하

• 기건 비중은 필요 시 이해당사자 간의 합의에 의하여 측정한다.

2) 겉모양
    • 벽돌은 겉모양이 균일하고 비틀림, 해로운 균열, 홈 등이 없어야 한다.

3) 치수 및 허용차

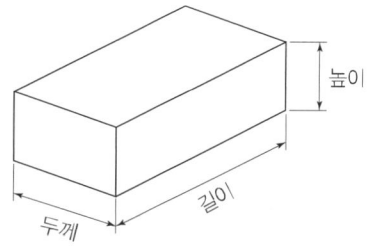

단위: mm

모양	길이	높이	두께	허용차
기본벽돌	190	57 90	90	± 2
이형벽돌	홈 벽돌, 둥근 모접기 벽돌과 같이 기본 벽돌과 동일한 크기인 것의 치수 및 허용차는 기본 벽돌에 준한다. 그 외의 경우는 당사자 사이의 협의에 따른다.			

일반사항

Ⅳ. 시험방법

1) 압축강도 시험

① 양생이 끝난 후 7일 이상 보존한 것

② 시험체를 2시간 이상 맑은 물속에 담가 흡수시켜 시험

③ 가압속도: 가압면의 단면적에 대하여 매초 약 $0.2N/mm^2$ ~$0.3N/mm^2$의 속도로 가압

④ 압축강도$(N/mm^2)=\dfrac{P}{A_1}$

2) 흡수율 시험

① 실온 15℃에서 25℃의 맑은 물속에 24시간 침지시킨 후, 즉시 물속에 꺼내어 철망 위에 놓고 1분간 물기를 뺀 후, 젖은 헝겊으로 표면을 닦아 내고 시험체의 표건 질량(m_0)을 측정한다.

② 시험체를 2시간 이상 맑은 물속에 담가 흡수시켜 시험

③ 100℃에서 110℃의 공기 건조기 안에서 24시간 건조시켜서 시험체의 절건 질량(m_1)을 측정한 후, 흡수율을 계산한다.

④ 흡수율$(\%)=\dfrac{m_0-m_1}{m_1}\times100$

• m_0: 시험체의 표건 질량(g), m_1: 시험체의 절건 질량(g)

3) 기건 비중 시험

① 기건 비중$=\dfrac{M}{V}$

• M: 시험체의 질량(g), V: 시험체의 순 체적(mL)

시험빈도:10만매당

• 겉모양치수
1조 10매 현장시험

• 압축강도, 흡수율
1조 3매 현장시험

Ⅴ. 검사 방법

① 겉모양, 치수 및 치수 허용차 검사는 1000,000개를 1로트로 하고, 1로트에서 무작위로 10개의 시료를 채취하여 품질기준에 적합하면 로트 전부를 합격으로 한다.

② 압축 강도, 흡수율 및 기건 비중 검사는 1000,000개를 1로트로 하고, 1로트에서 무작위로 각각 3개의 시료를 채취하여 품질기준에 합격하면 그 로트를 합격으로 한다.

Ⅵ. 표시

1) 제품의 표시

① 1종 벽돌에는 2줄, 2종 벽돌에는 1줄의 선을 표시

② 제조자명 또는 그 약호

③ 이형 벽돌의 경우, 길이×높이×두께

2) 납품서의 표시

① 제조 연월일 또는 로트 번호

② 종류

③ 제조자명 또는 그 약호

9-2	점토벽돌의 종류별 품질기준	
No. 602	Clay bricks	유형: 재료·성능·기준

일반사항

점토벽돌

Key Point

■ 국가표준
- KS L 4201

■ Lay Out
- 종류·품질

■ 핵심 단어

■ 연관용어

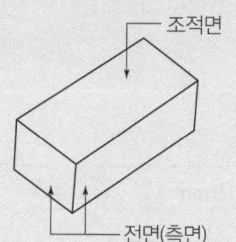

[일반형]

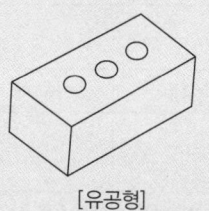

[유공형]

I. 정 의

암석이 오랜 동안에 풍화 또는 분해되어 생성된 무기질 점토 원료를 혼합하여 혼련, 성형, 건조, 소성시켜 만든 벽돌

II. 종류

용도에 따른 구분
- 1종, 2종

모양에 따른 구분
- 일반형
- 유공형: 구멍의 모양, 치수 및 구멍 수에 대하여는 규정이 없음

III. 품질

1) 겉모양
- 벽돌은 겉모양에 균열이나 사용상 결함이 없어야 한다.

2) 벽돌의 품질

품질	종류	
	1종	2종
흡수율(%)	10.0 이하	15.0 이하
압축강도(MPa)	24.50 이상	14.70 이상

- 흡수율 측정 시 벽돌 조적면에는 발수제를 도포하지 않는다.

3) 치수 및 허용차

항목	구분		
	길이 (mm)	너비 (mm)	두께 (mm)
치수	190	90	57
	205	90	75
	230	90	57
허용차	±5.0	±3.0	±2.5

- 벽돌 치수 이외의 규격은 당사자 간의 협의에 따르며, 품질 기준을 적용한다.

4) 검사방법
- 겉모양, 치수 및 치수 허용차, 압축강도 및 흡수율 검사는 50,000개를 1개로트로 한다.
- 1로트에서 무작위로 5개의 시료를 채취하여 시험 후 규정에 합격하면 그 로트를 합격으로 간주한다.

일반사항

시험

Key Point

■ 국가표준
- KS F 4004

■ Lay Out
- 시험순서 · 품질기준
- 시험 시 유의사항

■ 핵심 단어

■ 연관용어

9-3	콘크리트(시멘트) 벽돌 압축강도시험	
No. 603		유형: 시험 · 성능 · 기준

Ⅰ. 정 의

콘크리트로 제조된 190×90×57의 기본벽돌과 이형벽돌의 압축강도를 측정하는 시험

Ⅱ. 시험순서

- 시험체를 2시간 이상 맑은 물속에 담가 흡수시켜 시험 → 가압면의 단면적에 대하여 매초 약 $0.2N/mm^2 \sim 0.3N/mm^2$의 속도로 가압
- 압축강도$(N/mm^2) = \dfrac{P}{A_1}$
- P: 최대하중(N), A_1: 시험체 가압면의 단면적(mm^2)

Ⅲ. 품질기준

1) 압축강도와 흡수율

구 분	압축강도(N/mm^2)	흡수율(%)
1종(낮은 흡수율, 내력구조) 외부	13 이상	7 이하
2종(아파트내부 칸막이, 비내력벽)옥내	8 이상	13 이하

- 기건 비중은 필요 시 이해당사자 간의 합의에 의하여 측정한다.

2) 치수허용차

모양	길이	높이	두께	허용차
기본벽돌	190	57 90	90	± 2
이형벽돌	홈 벽돌, 둥근 모접기 벽돌과 같이 기본 벽돌과 동일한 크기인 것의 치수 및 허용차는 기본 벽돌에 준한다. 그 외의 경우는 당사자 사이의 협의에 따른다.			

Ⅳ. 시험 시 유의사항

① 양생이 끝난 후 7일 이상 보존
② 시험체는 가압 양면을 시험체 벽돌의 세로축에 직각이 되도록 평활하게 마무리
③ 압축 강도 시험은 중앙에 구접면을 갖는 전압장치를 사용하여 시험
④ 매초 단위로 일정 하중 가압

☆☆★   1. 조적공사

9-4	벽돌의 쌓기방식	
No. 604		유형: 공법

공법분류

쌓기방식
Key Point

☑ 국가표준

☑ Lay Out

☑ 핵심 단어

☑ 연관용어

미식쌓기

• 100회 기출

I. 정 의

조적조의 구조적 안전성, 소요의 강도, 내구성 등을 위해 사용 용도별 쌓는 방식을 결정한다.

II. 쌓기방식

1) 영식쌓기(English Bond)

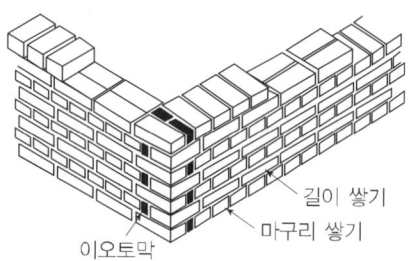

길이 쌓기
마구리 쌓기
이오토막

벽 길이면과 마구리면이 보이도록 한켜씩 번갈아 쌓기하고, 마구리 쌓기켜의 모서리 벽 끝에는 반절 또는 이오토막(1/4)을 사용하는 쌓기 방식

2) 화란식쌓기(Dutch Bond)

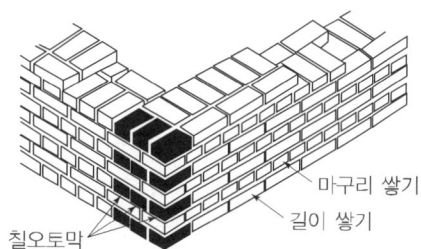

마구리 쌓기
길이 쌓기
칠오토막

길이면과 마구리면이 보이도록 한 켜씩 번갈아 쌓는 것은 영식 쌓기와 같으나, 길이 쌓기켜의 모서리 벽 끝에는 칠오토막(3/4)을 사용하는 쌓기 방식

3) 불식쌓기(French Bond)

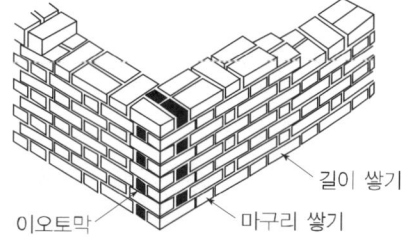

길이 쌓기
이오토막
마구리 쌓기

매 켜마다 길이쌓기와 마구리 쌓기가 번갈아 나오는 형식으로 통줄눈이 많이 생기고 토막벽돌이 많이 발생하는 쌓기 방식

4) 미식쌓기(American Bond)

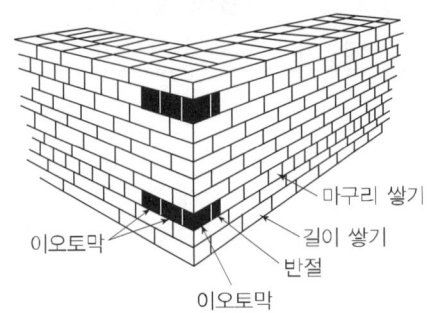

- 마구리 쌓기
- 길이 쌓기
- 반절
- 이오토막
- 이오토막

뒷면은 영식 쌓기하고 표면에는 치장 벽돌을 쌓는 것으로 5켜 까지는 길이쌓기로 하고 다음 한 켜는 마구리 쌓기로 하여 마구리 벽돌이 길이벽돌에 물려 쌓는 방식

5) 기본쌓기

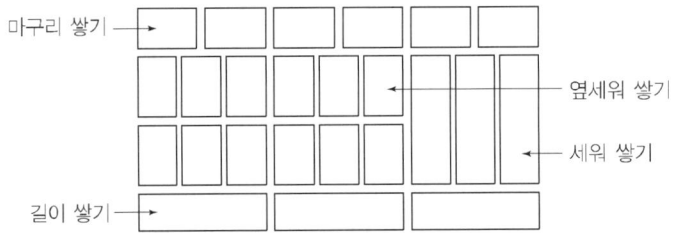

- 마구리 쌓기
- 옆세워 쌓기
- 세워 쌓기
- 길이 쌓기

┌─ 길이쌓기(Stretching Bond): 벽돌의 길이가 보이도록 쌓는 것
├─ 마구리쌓기(Heading Bond): 벽면에 마구리가 보이게 쌓는 것
└─ 옆 세워쌓기(Laid on Side): 마구리를 세워 쌓는 것

Ⅲ. 쌓기기준

① 줄눈: 가로 및 세로줄눈의 너비는 10mm를 표준으로 하고, 세로줄눈은 통줄눈이 되지 않도록 한다.

② 쌓기방식: 도면 또는 공사시방서에서 정한 바가 없을 때에는 영식 쌓기 또는 화란식 쌓기로 한다.

③ 가급적 동일한 높이로 쌓아 올라가고, 벽면의 일부 또는 국부적으로 높게 쌓지 않는다.

④ 하루 쌓기 높이: 1.2m(18켜)를 표준, 최대 1.5m(22켜)이하

⑤ 나중 쌓기: 층단 들여쌓기로 한다.

⑥ 직각으로 오는 벽체 한 편을 나중 쌓을 때: 켜 걸음 들여쌓기(대린 벽 물려쌓기)

⑦ 블록벽과 직각으로 만날 때: 연결철물을 만들어 블록 3단마다 보강

⑧ 연결철물: @450

⑨ 인방보: 양 끝을 블록에 200mm 이상 걸친다.

⑩ 치장줄눈: 줄눈 모르타르가 굳기 전에 줄눈파기를 하고 깊이는 6mm 이하로 한다.

⑪ 벽돌벽이 콘크리트 기둥(벽)과 슬래브 하부면과 만날 때는 그 사이에 모르타르를 충전하고, 필요 시 우레탄폼 등을 이용한다.

☆☆☆   1. 조적공사

9-5	콘크리트 블록	
No. 605	Concrete block	유형: 공법 · 재료

공법분류

쌓기방식
Key Point

■ 국가표준
– KCS 41 34 05
– KS F 4002

■ Lay Out
– 블록의 치수

■ 핵심 단어
– 속빈 콘크리트 블록

■ 연관용어

I. 정 의

블록은 일반적으로 속빈 콘크리트 블록을 지칭하며 보강근을 삽입하는 속빈부분이 있고, 블록 벽체로 외력을 부담한다.

II. 블록의 치수

1) 속빈 콘크리트 블록의 치수

시험항목	기준			
겉모양	겉모양이 균일하고, 비틀림, 해로운 균열 또는흠이 없어야 한다.			
치수(mm)	길이 (mm)	길이	높이	두께
		390	190	210, 190, 150, 100
	허용오차	±2		
압축강도(C종)	8N/MPa(82kg/cm²) 이상			
흡수율(C종)	10% 이하(24시간 수중침지법)			
이형블록	길이, 높이 및 두께의 최소 크기를 90 mm 이상으로 한다. 또 가로근 삽입 블록, 모서리 블록과 기본 블록과 동일한 크기인 것의 치수 및 허용치는 기본 블록에 따른다.			

속빈 콘크리트 블록

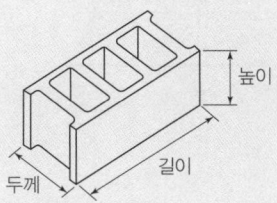

높이
길이
두께

블록은 일반적으로 속빈 콘크리트 블록을 지칭
보강근을 삽입하는 속빈 부분이 있으며, 블록 벽체로 외력을 부담

2) 속빈 부분 및 최소 살두께

속빈 부분 및 최소 살두께	속빈 부분		가로근을 삽입하는 속빈 부분	최소 살두께	
	세로근을 삽입하는 속빈 부분			조적 후 외부에 나타나는 부분	기타의 부분
블록의 종류	단면적 (mm²)	최소 너비 (mm)	최소 직경 (mm)		
두께 150 mm 이상의 블록	6,000 이상	70 이상	85 이상	25 이상	20 이상
두께 100mm 이하의 블록	3,000 이상	50 이상	50 이상	20 이상	20 이상

주 1) 2개의 블록을 쌓아서 생기는 속빈 부분(줄눈도 포함)에 대해서도 적용한다.
　 2) 속빈 부분의 모서리에 둥글기가 없는 것으로 보고 계산한다.

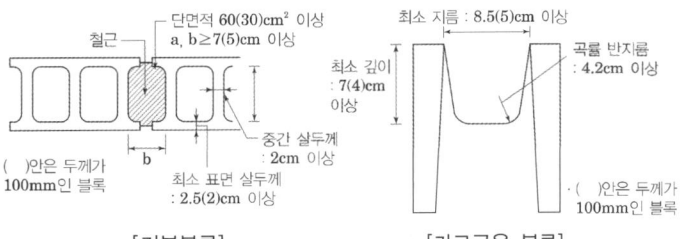

[기본블록]　　　　　　　　　　[가로근용 블록]

☆☆★   1. 조적공사

9-6	보강 블록 공사	
No. 606	Reinforced block structure	유형: 공법

I. 정 의

블록의 빈 속에 철근과 콘크리트로 보강하여 수직하중·수평하중에 대응할 수 있도록 한 블록구조

II. 보강블록 쌓기

1) 보강블록 구조도

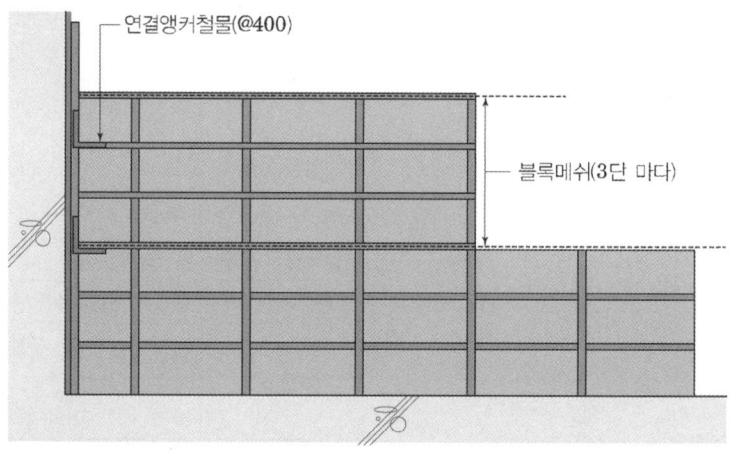

2) 보강블록 입면도

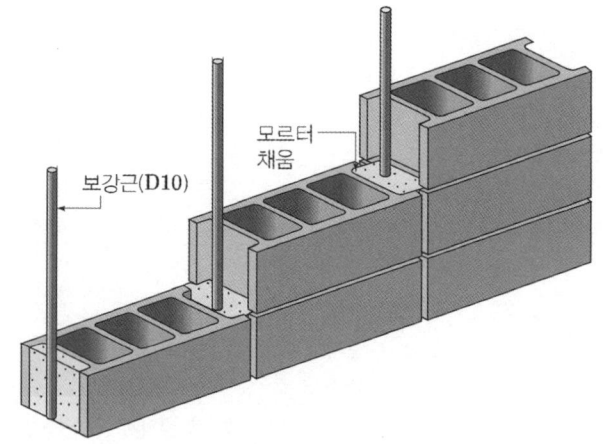

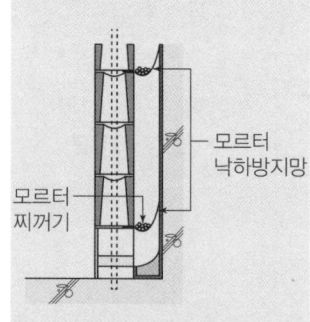

III. 벽 세로근

① 벽의 세로근은 구부리지 않고 항상 진동 없이 설치
② 기초판 철근 위의 정확한 위치에 고정시켜 배근
③ 기초 및 테두리보에서 위층의 테두리보까지 잇지 않고 배근하여 그 정착길이는 철근 직경(d)의 40배 이상으로 하며, 상단의 테두리보 등에 적정 연결철물로 세로근을 연결

④ 그라우트 및 모르타르의 세로 피복두께는 20mm 이상

⑤ 테두리보 위에 쌓는 박공벽의 세로근은 테두리보에 40d 이상 정착

⑥ 세로근 상단부는 180°의 갈구리를 내어 벽 상부의 보강근에 걸치고 결속선으로 결속

Ⅳ. 벽 가로근

① 가로근을 블록 조적 중의 소정의 위치에 배근하여 이동하지 않도록 고정

② 우각부, 역T형 접합부 등에서의 가로근은 세로근을 구속하지 않도록 배근하고 세로근과의 교차부를 결속선으로 결속

③ 가로근은 배근 상세도에 따라 가공하되 그 단부는 180°의 갈구리로 구부려 배근

④ 철근의 피복두께는 20mm 이상으로 하며, 세로근과의 교차부는 모두 결속선으로 결속

⑤ 모서리에 가로근의 단부는 수평방향으로 구부려서 세로근의 바깥쪽으로 두르고 정착길이는 40d 이상

⑥ 창 및 출입구 등의 모서리 부분에 가로근의 단부를 수평방향으로 정착할 여유가 없을 때에는 갈구리로 하여 단부 세로근에 걸고 결속선으로 결속

⑦ 개구부 상하부의 가로근을 양측 벽부에 묻을 때의 정착길이는 40d 이상

Ⅴ. 블록쌓기

① 콘크리트용 블록은 물축임 금지

② 보강 블록조와 라멘구조가 접하는 부분은 보강 블록조를 먼저 쌓고 라멘구조를 나중에 시공

③ 모르타르나 그라우트의 비빔시간은 기계믹서를 사용하는 경우 최소 5분 동안 비빈다.

④ 최초 물을 가해 비빈 후 모르타르는 2시간, 그라우트는 1시간을 초과하지 않은 것은 다시 비벼 쓸 수 있다.

⑤ 살두께가 큰 편을 위로 하여 쌓는다.

⑥ 하루의 쌓기 높이는 1.5m(블록 7켜 정도) 이내를 표준

⑦ 줄눈 모르타르는 쌓은 후 줄눈누르기 및 줄눈파기를 한다.

⑧ 줄눈은 10mm, 치장줄눈을 할 때에는 흙손을 사용하여 술눈이 완전히 굳기 전에 줄눈파기를 한다.

⑨ 모르타르 또는 그라우트를 사춤하는 높이는 3켜 이내

⑩ 하루의 작업종료 시의 세로줄눈 공동부에 모르타르 또는 그라우트의 타설높이는 블록의 상단에서 약 50mm 아래에 둔다.

⑪ 인방블록은 창문틀의 좌우 옆 턱에 200mm 이상 물리고, 400mm 정도로 한다.

블록 두께	설치 높이	쌓기 구분
4인치	3.6m 이하	단순블록쌓기
6인치	3.6m 초과 ~ 5.4m 이하	보강블록쌓기
8인치	5.4m 초과 ~ 6.8m 이하	6m이상 시 본드빔 설치

단순블록쌓기

• 메시: 매 3단
• 양단부 앵커 매 7단

9-7	ALC블록공법	
No. 607	Autoclaved Lightweight Concrete	유형: 공법·재료

쌓기방식

Key Point

■ 국가표준
- KS F 2701
- KCS 41 34 09

■ Lay Out
- 품질기준 · 비 내력벽 쌓기

■ 핵심 단어
- 규산질
- 발포제인 알루미늄 분말
- 다공질화
- 오토클레이브 양생
- 경량 기포콘크리트

■ 연관용어

I. 정 의

석회질 또는 규산질 원료를 분쇄한 것에 물을 섞어 반죽하고 발포제인 알루미늄 분말을 첨가하여 다공질화한 것을 오토클레이브 양생(온도 약 180℃, 압력: 0.98MPa)하여 만든 경량 기포콘크리트

II. 품질기준

1) 겉모양

블록은 사용상 해로운 휨, 균열, 움푹 팬곳, 기포, 얼룩, 깨진 곳 등이 없어야 한다.

2) 블록의 절건 비중 및 압축강도

구 분	절건 비중	압축강도(N/mm²)
0.5품	0.45 이상 0.55 이하	3 이상
0.6품	0.55 이상 0.65 이하	5 이상
0.7품	0.65 이상 0.75 이하	7 이상

3) 단열성

항 목		규정값
열저항값(m^2k/W)	0.5품	0.0053d 이상
	0.6품	0.0042d 이상
	0.7품	0.0036d 이상

• d: 패널의 제작 치수 두께(mm)

4) ALC 블록의 호칭 치수(mm)

높이	두께	길이
200 300 400	100	600
	125	
	150	
	200	
	250	

5) 검사

① 겉모양 및 치수의 검사는 1로트로부터 3개의 시험체를 샘플링하여 실시하고, 3개 모두 제작 치수에 적합하면 그로트를 합격으로 한다.

② 절건 비중 및 압축강도 검사는 1로트로부터 3개의 공시체를 샘플링하여 품질기준에 만족하는 경우 그 로트를 합격으로 한다.

③ 단열성 검사는 새롭게 설계, 개조 또는 생산 조건이 변경된 때의 제품에 대하여 형식 검사를 한다.

Ⅲ. 비내력벽 쌓기

1) 쌓기 Mortar

① 쌓기 모르타르는 교반기를 사용하여 배합하며, 1시간 이내에 사용해야 한다.

② 쌓기 모르타르는 블록의 두께와 동일한 폭을 갖는 전용 흙손을 사용하여 바른다. 또한, 시공 시 흘러나온 모르타르는 경화되기 전에 빨리 긁어낸다.

③ 줄눈의 두께는 1mm~3mm 정도로 한다.

2) 쌓기 기준

① 슬래브나 방습턱 위에 고름 모르타르를 10mm~20mm 두께로 깐 후 첫 단 블록을 올려놓고 고무망치 등을 이용하여 수평을 잡는다.

② 규정한 높이에 대한 허용차범위 +1mm, −3mm를 초과하는 경우 인접블록과 높이 편차를 맞춘 후 쌓기 모르타르를 사용

③ 블록 상·하단의 겹침길이는 블록길이의 1/3~1/2, 100mm 이상

④ 하루 쌓기 높이는 1.8m를 표준으로 하고, 최대 2.4m 이내

3) 부위별 쌓기

① 연속되는 벽면의 일부를 트이게 하여 나중쌓기로 할 때에는 그 부분을 층단 떼어 쌓기로 한다.

② 모서리 및 교차부 쌓기는 끼어쌓기를 원칙으로 하여 통줄눈이 생기지 않도록 한다.

③ 직각으로 만나는 벽체의 한편을 나중쌓을 때는 층단쌓기

④ 콘크리트 구조체와 블록벽이 만나는 부분 및 블록벽이 상호 만나는 부분에 대해서는 접합철물을 사용하여 보강

⑤ 공간쌓기의 경우 바깥쪽을 주벽체로 하고, 내부공간은 50mm~90mm 정도로 하고, 수평거리 900mm, 수직거리 600mm마다 철물연결재로 긴결시킨다.

4) 보강작업

① 모서리

• 통행이 빈번한 벽체의 모서리 부위는 면접기 또는 별도의 보강재로 보강

② 개구부

[인방보의 최소 걸침길이]

인방보 길이(mm)	2,000 이하	2,000~3,000	3,000 이하
최소 걸침길이(mm)	200	300	400

• ALC 인방보의 보강철근은 방청처리된 호칭지름 5mm 이상의 철근을 사용

• 문틀 세우기는 먼저 세우기를 원칙으로 하며, 문틀의 상·하단 및 중간에 600mm 이내마다 보강철물을 설치

비내력벽 벽체의 크기제한

• 높이: H≤6m
• 길이: L≤12m
• Control Joint: 8m 이내마다
• 외벽두께: 200mm 이상
• 내벽두께: 125mm 이상

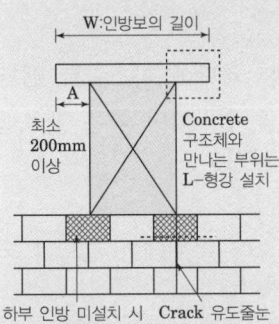

W:인방보의 길이

A

최소 200mm 이상

Concrete 구조체와 만나는 부위는 L-형강 설치

하부 인방 미설치 시 하부 양측에 블록 중심이 오도록(오차 ±100) 유리섬유 Mesh 보강 후 미장

Crack 유도줄눈을 설치하거나 Metal Lath 또는 보강근으로 보강

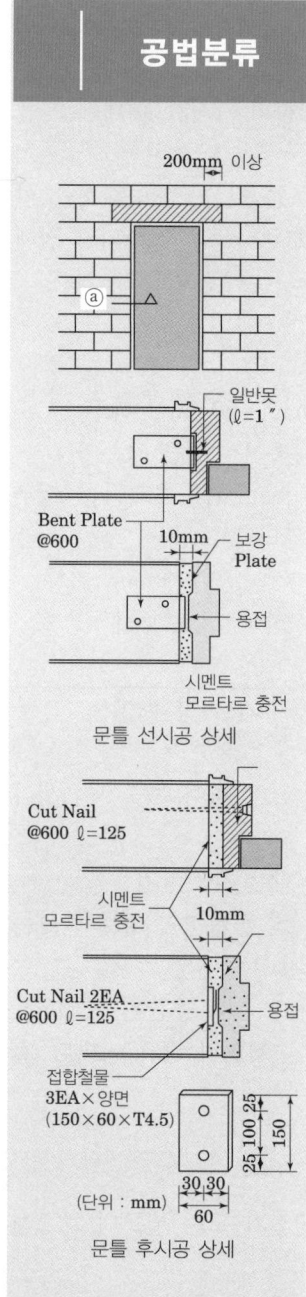

문틀 선시공 상세

문틀 후시공 상세

• 문틀 세우기를 나중 세우기로 할 때는 블록벽을 먼저 쌓고 문틀을 설치한 후 앵커로

③ 모서리

• 통행이 빈번한 벽체의 모서리 부위는 면접기 또는 별도의 보강재로 보강

5) 방수 및 방습

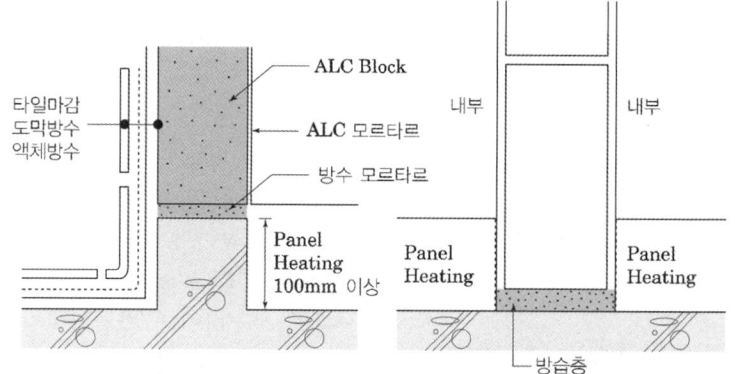

① 최하층 바닥 위에 첫 단 블록을 쌓을 때는 바닥에 아스팔트 펠트 등과 같이 방수성능이 우수하고 모르타르와 접착력이 좋은 재료를 사용하여 벽두께와 같은 폭으로 방습층을 설치

② 상시 물과 접하는 부분에는 방수턱을 설치

③ 방수턱은 방수전용 ALC블록으로 시공하고 코너부위에는 별도의 도막 방수를 실시

④ 시멘트 액체방수를 사용할 경우, 취약 부위 또는 균열발생의 우려가 있는 부위에는 부분적으로 도막방수를 추가·시공

6) 구멍뚫기, 홈파기 및 메우기

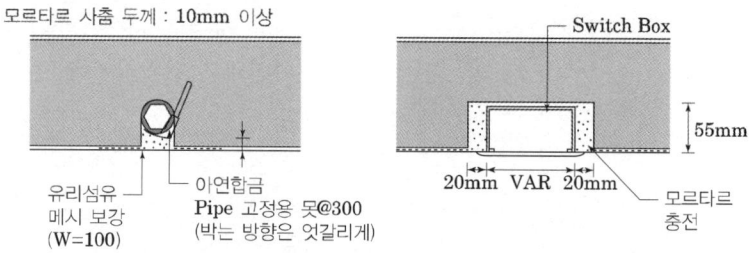

① 구멍뚫기, 홈파기 및 메우기작업은 벽체가 충분히 양생된 후 시행

② 홈파기 깊이는 파이프 매설 후 사춤 두께(충전 모르타르의 두께)가 최소 10mm 이상 확보

③ 배관이 완료된 부위는 충전용 모르타르를 바른 후 흙손으로 면처리하여 마감

④ 메워진 부위는 유리 섬유보강망(glass fiber mesh)으로 보강

★★★　　1. 조적공사

9-8	공간쌓기	
No. 608	Cavity wall	유형: 공법 · 기능

시공

시공일반
Key Point

■ 국가표준
- KCS 41 34 02

■ Lay Out
- 공간쌓기 · 쌓기 시 유의
  사항

■ 핵심 단어
- 공간을 두어 이중으로
  쌓는 방법

■ 연관용어

I. 정 의

① 벽돌벽, 블록벽, 석조벽 등을 쌓을 때 중간에 공간을 두어 이중으로
   쌓는 방법

② 벽돌쌓기에서는 방습 · 방열 · 방한 · 방서 등을 위하여 벽돌벽 중간
   에 공간을 두어 쌓는 것

II. 공간쌓기

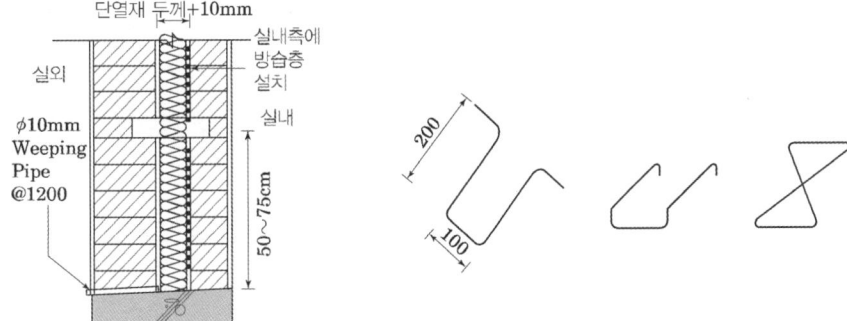

III. 쌓기 시 유의사항

1) 바깥쪽 쌓기

   ① 바깥쪽을 주벽체로 하고 안쪽은 반장쌓기로 한다.

   ② 필요 시 물빠짐 구멍(직경 10mm) 시공

2) 안쌓기

   ① 주벽체 시공 후 최소 3일 이상 경과 후 시공

   ② 0.5B 콘크리트 벽돌 쌓기

   ③ 안쌓기는 연결재를 사용하여 주 벽체에 튼튼히 연결

   ④ 벽돌을 걸쳐대고 끝에는 이오토막 또는 칠오토막을 사용한다.

   ⑤ 공간쌓기를 할 때에는 모르타르가 공간에 떨어지지 않도록 주의하
      여 쌓는다.

3) 연결재

   ① 연결철물 종류

   • #8 철선(아연도금 또는 적절한 녹막이 칠을 한 것)을 구부려 사용

   • #8 철선을 가스압접 또는 용접하여 井자형으로 된 철망형의 것을
     사용

   • 직경 6mm~9mm의 철근을 꺾쇠형으로 구부려 사용

   • 두께 2mm, 너비 12mm 이상의 띠쇠를 사용

시공

　　　　　• 직경 6mm, 길이 210mm 이상의 둥근 꺾쇠 또는 각형 꺾쇠를 사용
　　② 연결철물 배치기준
　　　　　• 수평거리 900mm 이하 수직거리 400mm 이하
　　　　　• 개구부 주위 300mm 이내에는 900mm 이하 간격으로 연결철물
　　　　　　을 추가 보강
　4) 공간쌓기용 연결철물
　　① 벽체 연결철물의 단부는 90°로 구부려 길이가 최소 50mm 이상
　　② 벽체면적 0.42m²당 적어도 직경 9.5mm의 연결철물 1개 이상 설치
　　③ 공간쌓기벽의 공간너비가 75mm 이상, 115mm 이하인 경우에는 벽
　　　　체면적 0.28m²당 적어도 직경 10mm의 연결철물을 1개 이상 설치
　5) 공간너비
　　공간 너비는 통상 50~70mm(단열재 두께 + 10mm)정도로 한다.

9-9	부축벽	
No. 609	Buttress wall	유형: 공법·기능

시공

시공일반
Key Point

■ 국가표준

■ Lay Out
- 시공개념·특징
- 시공방법·검상방법
- 표시

■ 핵심 단어
- What: 조적벽체
- Why: 측압
- How: 직각방향으로 돌출

■ 연관용어

I. 정 의

① 벽체에 작용하는 측압에 충분히 견딜 수 있도록 외벽에 대해서 직각방향으로 돌출하여 설치하는 보강용의 벽체 혹은 기둥 형태의 보강벽체

② 주로 벽돌벽 보강에 사용되며, 벽체가 수평력에 저항하여 전도되지 않도록 버티거나 부축하기 위한 벽체

II. 시공개념 및 특징

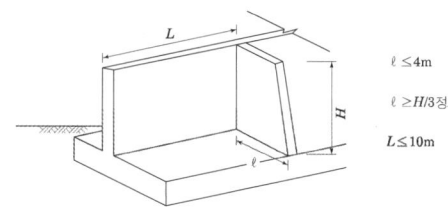

$\ell \leq 4m$
$\ell \geq H/3$정도
$L \leq 10m$

- 조적벽체의 횡하중에 대한 저항
- 상부의 집중하중이나 횡압력에 대한 저항
- 옹벽 후면에 보강용으로 설치
- 형태는 평면적으로 좌우대칭구조

III. 시공방법

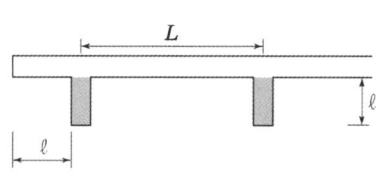

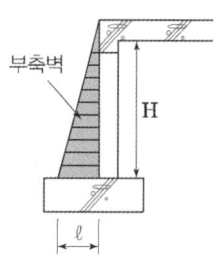

부축벽

① 부축벽의 길이는 층높이의 1/3 정도
② 단층에서는 1m 이상
③ 2층일 경우 2m 이상
④ 지붕트러스와 연결하여 기둥의 형태로 함
⑤ $\ell \leq 4m$, $\ell \geq H/3$, $L \leq 10m$

9-10	Weeping Hole	
No. 610		유형: 공법 · 기능

시공

시공일반
Key Point

☑ 국가표준

☑ Lay Out
- 설치부위 · 시공 시 유의
  사항

☑ 핵심 단어
- 외부로 배수하기 위해서
- 물빼기 구멍

☑ 연관용어

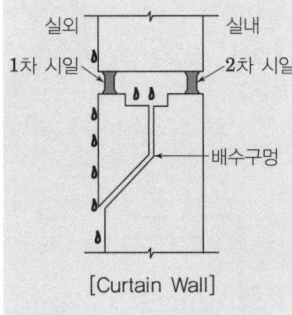

[Curtain Wall]

설치목적

• 침투수의 배출
• 결로수 배출
• 벽체의 수압상승 방지

I. 정 의

① 조적조의 공간 쌓기, 석축 · 옹벽의 배면 Curtain Wall Unit에서 침투수를 구조체 외부로 배수하기 위해서 구조체 뚫은 물빼기 구멍
② 구조체의 기능장애, 석축 · 옹벽에 걸리는 수압을 저감하는 효과를 얻기 위해 설치

II. Weeping hole을 설치부위

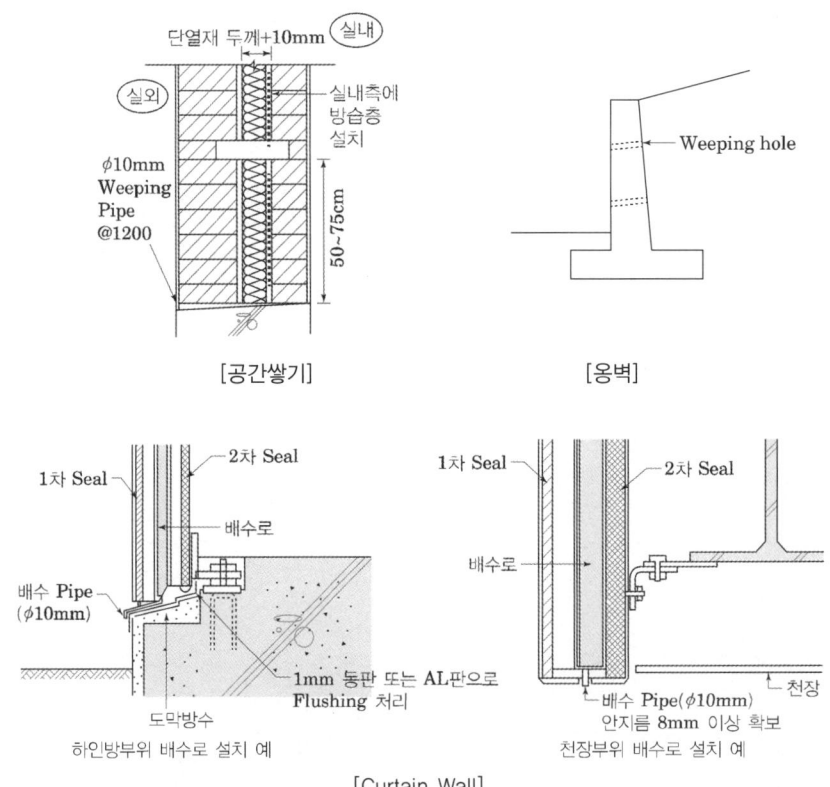

[공간쌓기]   [옹벽]

[Curtain Wall]

III. 시공 시 유의사항

① 지름 10mm, 간격 1.2m마다 1개소 설치
② 뒤채움 시 구멍이 막히지 않게 모르타르 시공 시 필터층 시공
③ 바닥마감 높이를 고려하여 시공
④ 문양거푸집의 경우 Design을 고려한 위치 선정

☆☆★	1. 조적공사		60
9-11	Bond beam의 기능과 그 설치위치		
No. 611		유형: 공법·기능	

시공

시공일반

Key Point

■ 국가표준
- KCS 41 34 02

■ Lay Out
- 설치부위·시공 시 유의
  사항
- 기능

■ 핵심 단어
- What: 조적벽체
- Why: 수직하중 및 집중
  하중을 균등히 분포
- How: 벽체를 일체화

■ 연관용어
- 테두리보
- 인방보

I. 정 의

① 조적조 벽체를 보강하여 벽체를 일체화하고 수직하중 및 집중하중을 균등히 분포시키기 위해서 조적벽체에 설치하는 철근 concrete 보

② 설치위치에 따라 조적조 상부에 둘러댄 테두리 보(wall girder), 기초판 상부에 설치하여 인접한 각 기초를 잇는 기초보, 벽돌 벽체의 매 높이 3.6m마다 설치하는 벽돌 보강보로 구분한다.

II. Bond Beam의 설치부위

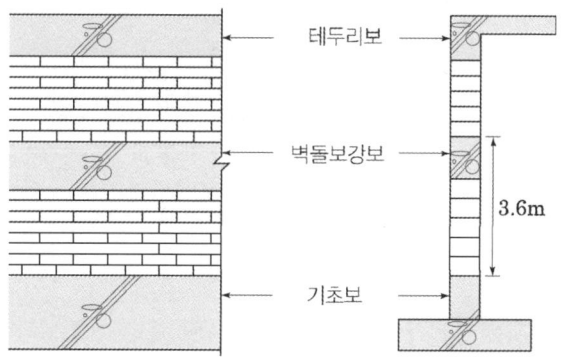

III. 시공 시 유의사항

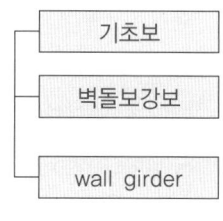

- 기초보 · 기초판 위에 설치, 조적벽체의 일체성 확보
- 벽돌보강보 · 벽체높이 3.6m 마다 설치하여 횡력저항
- wall girder · 벽체 상단에 설치하여 수평력에 저항 및 일체성 확보

IV. 기 능

① 벽체의 일체성 확보
② 벽체의 강성증대 및 균열방지
③ 하중의 균등한 분산효과
④ 수평하중에 저항
⑤ 상부 집중하중과 국부하중을 기초에 균등하게 전달하여 부동침하 방지

9-12	테두리보(wall girder)	
No. 612		유형: 공법·기능

시공

시공일반
Key Point

■ 국가표준
– KCS 41 34 02
– KCS 41 34 06
– 건축물의 구조기준 등에 관한 규칙

■ Lay Out
– 시공기준·설치방법

■ 핵심 단어
– What: 조적벽체
– Why: 수직하중 및 집중하중을 균등히 분포
– How: 벽체를 일체화

■ 연관용어
– 본드빔
– 인방보

Ⅰ. 정 의

① 조적조의 벽체를 보강하여 벽체를 일체화하고 수직하중 및 집중하중을 균등히 분포시키기 위해서 조적벽체 상부에 둘러댄 철골 혹은 철근 concrete 보

② 벽체 상부를 일체적으로 연결시켜 균열이나 갈라짐을 방지하고 수직하중 및 집중하중을 수평적으로 균등하게 전달하는 보

Ⅱ. 테두리보 시공기준

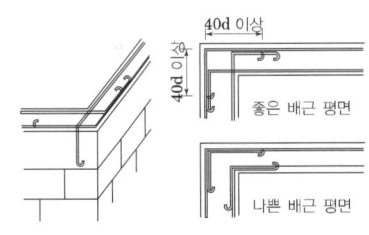

좋은 배근 평면

나쁜 배근 평면

• 각 층의 조적식 구조 또는 보강 블록 구조인 내력벽 위에 설치
• 테두리보의 춤은 벽두께의 1.5 이상인 철골구조 또는 철근콘크리트 구조
• 1층인 건축물로서 벽두께가 벽의 높이의 1/6 이상이거나 벽길이가 5m 이하인 경우에 목조의 테두리보 설치 가능

Ⅲ. 조적조 테두리보 설치방법

1) 벽돌공사

① 테두리보의 모서리 철근은 서로 직각으로 구부려 겹치거나 길이 $40d$ 이상 바깥에 오는 철근을 넘어 구부려 내리고 유효하게 정착

② 바닥판 및 차양 등을 철근콘크리트조로 할 때에는 이어붓기 자리 보강

③ 테두리보에 접합되는 목조보 및 철골보의 위치에는 고정철물을 정 묻어둔다.

④ 강재와의 접촉면에는 빈틈없이 모르타르를 채워 넣는다.

2) 블록공사

① 테두리보의 모서리 철근을 서로 직각으로 구부려 겹치거나 밑에 있는 블록의 빈 속에 접착시켜 그라우트 사춤을 한다.

② 테두리보의 안쪽에 있는 철근은 직교하는 테두리보의 바깥쪽까지 연장하여 걸도록 한다.

③ 테두리보의 바로 밑에 있는 블록의 빈속에는 철판 뚜껑 또는 모르타르 채우기를 한 블록을 사용

④ 테두리보로는 가로근을 배치

9-13	치장벽돌쌓기	
No. 613	Point joint	유형: 공법·기능

시공

시공일반

Key Point

■ **국가표준**
- KCS 41 34 02

■ **Lay Out**
- 시공기준·설치방법

■ **핵심 단어**
- 의장적 효과
- 줄눈파기
- 치장용 모르타르

■ **연관용어**
- 본드빔
- 인방보

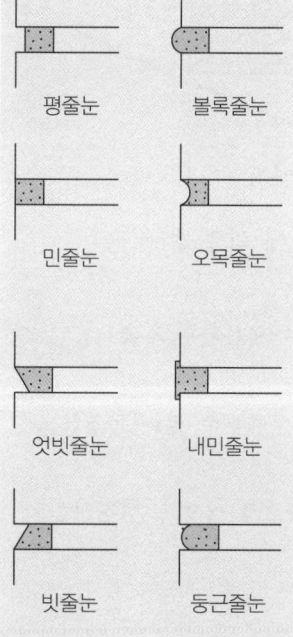

평줄눈 　 볼록줄눈

민줄눈 　 오목줄눈

엇빗줄눈 　 내민줄눈

빗줄눈 　 둥근줄눈

I. 정 의

① 의장적 효과를 위한 줄눈으로 돌·벽돌·block·tile 등의 각 개체를 겹쳐 쌓거나 붙인 다음 접착제인 mortar를 8~10mm 정도 줄눈파기하고 치장용 mortar로 마무리 하는 줄눈

② 방수 mortar 혹은 색조 mortar(착색제) 등을 사용하기도 하며 공사에 지장이 없는 한 가급적 빠른 시간 내에 실시한다.

II. 치장벽돌쌓기

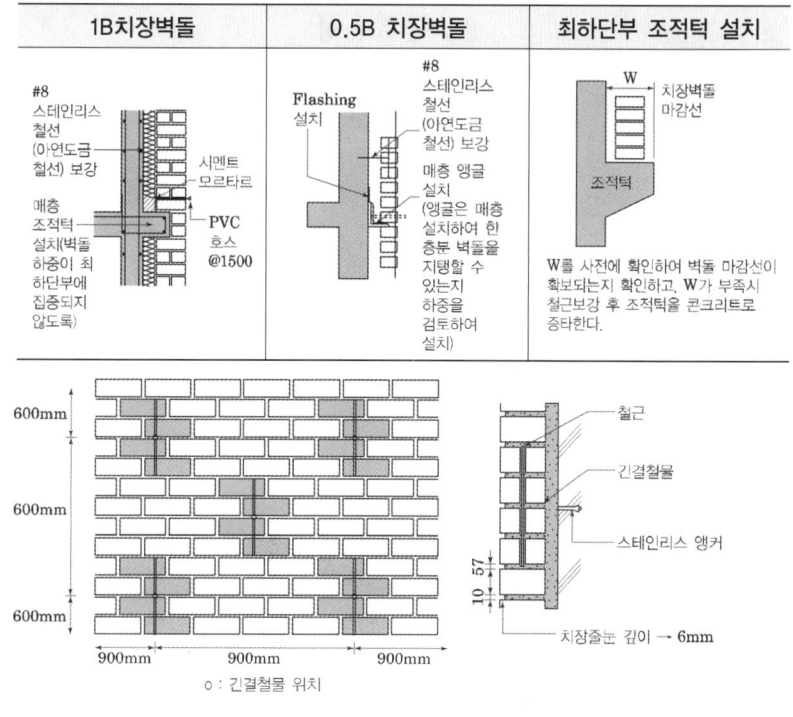

o : 긴결철물 위치

III. 시공 시 유의사항

① 줄눈 모르타르가 굳기 전에 줄눈파기를 한다.

② 벽돌 벽면을 청소 정리하고 빠른 시일 내에 빈틈 없이 바른다.

③ 치장줄눈의 깊이는 6mm

④ 치장줄눈의 배합비는 1:1 혹은 1:2

9-14	콘크리트 벽돌공사 균열원인 및 방지대책	
No. 614		유형: 공법·기준·결함

시공

하자
Key Point

■ 국가표준
 – KCS 41 34 02

■ Lay Out
 – 균열유형·발생원인
 – 방지대책

■ 핵심 단어

■ 연관용어

I. 정 의

① 설계상 오류, 돌·벽돌·block 등의 각 개체의 내구성 부족, 접착제 역할을 하는 mortar의 재료·비빔·시공·양생·보양 등의 불량, 시공관리 및 유지관리 소홀 등으로 발생

② 구조내력의 저하 및 누수, 백화에 의한 외부 의장효과 저하, 마감재의 손상, 곰팡이가 발생되므로 세밀한 품질관리 및 정밀시공을 하고 시공을 확실히 하여 하자를 사전에 방지해야 한다.

II. 균열유형

1) 균열발생 Mechanism

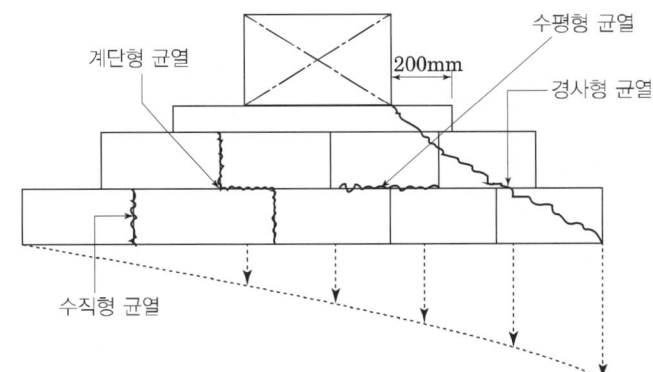

 • 재료·시공상의 부실·구조·환경적인 요소에 의해 발생

2) 균열발생 형태

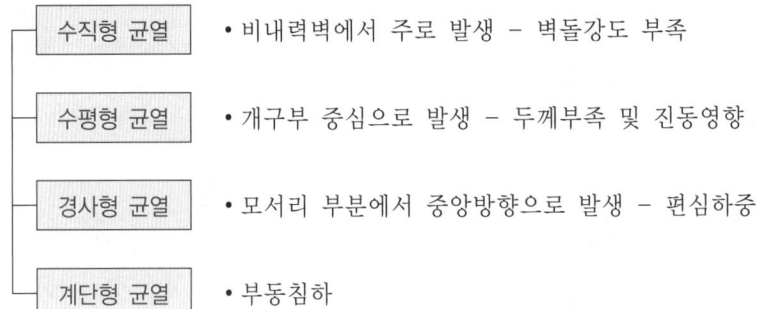

수직형 균열	• 비내력벽에서 주로 발생 – 벽돌강도 부족
수평형 균열	• 개구부 중심으로 발생 – 두께부족 및 진동영향
경사형 균열	• 모서리 부분에서 중앙방향으로 발생 – 편심하중
계단형 균열	• 부동침하

Ⅲ. 균열발생원인

시공

- 재료
  강도, 흡수율, 철물부식
- 시공
  쌓기기준
- 환경
  열팽창, 습윤팽창, 건조수축, 탄성변형, Creep, 철물부식, 동결팽창
- 거동
  하중, 충격, 부동침하

Ⅳ. 벽돌쌓기 기준 및 방지대책

1) 재료
   ① 성능확보: 벽돌의 강도 및 흡수율
   ② 연결철물의 재질 및 강도확보
   ③ 쌓기 모르타르

   | Mortar 배합비 | • 시멘트: 모래=1:3을 표준으로 함 |

   | 조적벽체 강도 | • 벽돌의 강도와 Mortar의 강도 중 낮은 강도 기준 |

   ※ 쌓기 전 물축임하고 내부 습윤, 표면 건조 상태에서 시공

2) 준비
   ① 공법선정 및 Sample시공
   ② 바탕처리 및 청소
   ③ 먹매김
   ④ 구조체 자체의 균열 방지

3) 쌓기 기준
   ① 줄눈: 가로 및 세로줄눈의 너비는 10mm를 표준으로 하고, 세로줄눈은 통줄눈이 되지 않도록 한다.
   ② 쌓기방식: 도면 또는 공사시방서에서 정한 바가 없을 때에는 영식 쌓기 또는 화란식 쌓기로 한다.
   ③ 가급적 동일한 높이로 쌓아 올라가고, 벽면의 일부 또는 국부적으로 높게 쌓지 않는다.
   ④ 하루 쌓기 높이: 1.2m(18켜)를 표준, 최대 1.5m(22켜)이하
   ⑤ 나중 쌓기: 층단 들여쌓기로 한다.
   ⑥ 직각으로 오는 벽체 한 편을 나중 쌓을 때: 켜 걸음 들여쌓기(대린벽 물려쌓기)
   ⑦ 블록벽과 직각으로 만날 때: 연결철물을 만들어 블록 3단마다 보강
   ⑧ 연결철물: @450

시공

⑨ 인방보: 양 끝을 블록에 200mm 이상 걸친다.

⑩ 치장줄눈: 줄눈 모르타르가 굳기 전에 줄눈파기를 하고 깊이는 6mm 이하로 한다.

⑪ 벽돌벽이 콘크리트 기둥(벽)과 슬래브 하부면과 만날 때는 그 사이에 모르타르를 충전하고, 필요시 우레탄폼 등을 이용한다.

4) 한중 시공

① 기온이 4℃ 이상, 40℃ 이하가 되도록 모래나 물을 데운다.

② 평균기온이 4℃~0℃: 내후성이 강한 덮개로 덮어서 보호

③ 평균기온이 0℃~-4℃: 내후성이 강한 덮개로 덮어서 24시간 보호

④ 평균기온이 -4℃~-7℃: 보온덮개보양 또는 방한시설 보호로 24시간 보호

⑤ 평균기온 -7℃ 이하: 울타리와 보조열원, 전기담요, 적외선 발열램프 등을 이용하여 조적조를 동결온도 이상으로 유지

★★★	1. 조적공사	
9-15	**조적 백화**	
No. 615	Efforescence	유형: 현상 · 결함

Key Point

■ 국가표준

■ Lay Out
- 메커니즘 · 종류 및 원인
- 방지대책
- 백화 후 처리

■ 핵심 단어
- 의장적 효과
- 줄눈파기
- 치장용 모르타르

■ 연관용어

하자
시공

I. 정 의

① 벽돌 벽체에 침투하는 빗물에 의해서 접착제인 mortar 중의 석회분과 벽돌의 황산나트륨이 공기중의 탄산 gas와 반응하여 경화체 표면에 침착하는 현상
② 본 구조체의 강성확보와 우수한 재료의 선정 및 적정한 시공법이 매우 중요하다.

II. 백화발생 Mechanism

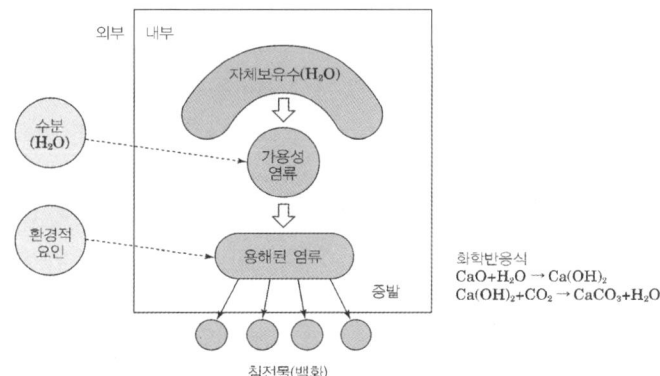

수분에 의해 모르타르성분이 표면에 유출될 때 공기 중의 탄산가스와 결합하여 발생

III. 백화의 종류 및 원인

1) 백화의 종류

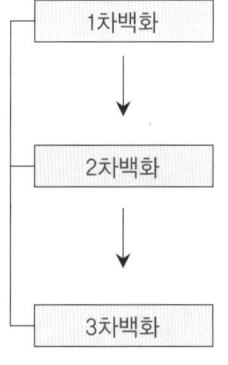

- 모르타르 자체보유수에 의해 발생, 시공 직후 비교적 넓은 부위에 생기고 시공 시 조건(온도, 골재)에 따라 좌우

- 건조한 시멘트 경화체 내에 외부로부터 우수나 지하수, 양생수 등이 침입하여 시멘트 경화체 속의 가용성분을 재용해시켜 나타나는 현상, 비교적 좁은 부위에 집중적으로 발생

- 발수제 도포 시 실런트나 왁스, 파라핀 등을 희석한 경우 표면의 광택발생과 함께 백화발생

시공

실리콘 발수제

• 유성 실리콘
신속하고 발수성이 우수하며, 건축물 표면이나 주위 환경에 영향을 작게 받음

• 수성 실리콘
액상 발수제로서 물에 희석하여 사용하므로 화재의 위험이 없으나 처리 후 경과 시간이 길다.

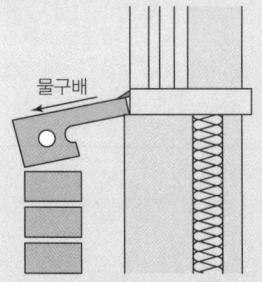

물구배

• 창호하부 벽돌 구배시공을 통하여 백화 예방

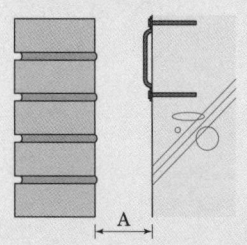

A

• Flexible Anchor를 통하여 벽체면에 평행한 힘에 대해서는 구조체와 벽체가 상이한 거동을 할 수 있도록 거동하여 균열을 방지하고 백화를 예방

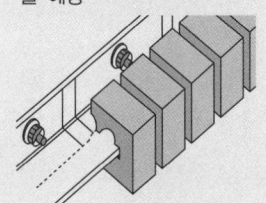

• 창호인방 ㄷ자형 이형벽돌

---

2) 원인

> • 재료
> 흡수율이 클 때, 모르타르에 수산화칼슘이 많을수록
> • 시공(물리적 조건)
> 균열발생 부위에서 침투하거나 동절기 시공으로 양생불량부위
> • 환경
> 저온 → 수화반응 지연, 다습 → 수분제공, 그늘진 곳 → 건조속도 경화

Ⅳ. 방지대책

1) 재료
   점토벽돌 흡수율 5~8% 이하, 발수제 선정
2) 준비
   ① 기상상태(동절기 및 장마철)를 고려한 시공계획
   ② 조적 모르타르가 치장면으로 흘러가지 않도록 물끊기 시공
3) 쌓기
   ① 균열방지를 위한 연결보강재 보강
   ② 창문틀 및 차양 등의 주위가 물이 스며들지 않게 밀실시공
   ③ 모르타르 밀실시공 및 줄눈 넣기 조기시공
   ④ 줄눈 채움 철저
   ⑤ 줄눈+방수제, 쌓기용 모르타르에 파라핀 에멀션 혼화제 혼입
   ⑥ 통풍구 및 배수구 막힘 주의
   ⑦ 시공 후 발수제 도포
   ⑧ 완료 후 물청소는 맑고 건조한 날
   ⑨ 건조 상태에서 식물성 기름이나 실리콘 오일로 얇게 피복

Ⅴ. 백화 후 처리

1) 발수제 도포
   • 백화원인의 근본적인 원인이 제거되지 않는 부분에는 발수제 도포
2) 발수처리
   • 1차 백화현상은 시간이 지나면 사라질 수 있지만 2차 백화현상이나 기후조건에 의한 백화현상은 쉽게 지워지지 않으며, 실리콘 발수제 등으로 처리하는 것이 좋다.
3) 실리콘 발수제 시공방법
   ① 줄눈의 균열틈이 0.5mm 이상인 경우 코팅처리
   ② 분사식 또는 붓 시공을 병행
   ③ 1회 용액이 완전 건조 전 2회 시공
   ④ 백화된 벽돌을 보수할 경우 수성실리콘에 물을 10~15배 혼합한 방수액을 칠하여 밀봉

☆☆☆

1	내화벽돌쌓기
	유형: 공법 · 기능

① 내화벽돌은 SK 26(1,580℃)이상의 내화도를 갖는 벽돌로서 굴뚝 · 제철소의 고로 · 도자기 가마의 연도 등에 사용하는 벽돌

② 내화점토를 원료로 하여 소성한 벽돌로서 1종 · 2종 · 3종 · 4종이 있고 기본 치수는 230×114×65이며 내화 mortar는 3종 이상으로 하되 그와 동질 혹은 그 이상의 것을 사용한다.

기타용어

내화벽돌쌓기

- 내화벽돌은 KCS 41 34 02(3.3)에 준하여 쌓고 통줄눈이 생기지 않게 한다.
- 내화벽돌은 흙 및 먼지 등을 청소하고 물축이기는 하지 않고 사용한다.
- 단열 모르타르는 덩어리진 것을 풀어 사용하고 물반죽을 하여 잘 섞어 사용한다.
- 내화벽돌의 줄눈너비는 도면 또는 공사시방서에 따르고, 그 지정이 없을 때에는 가로세로 6mm를 표준으로 한다.

[표준형 내화벽돌의 치수]

구분		치수(mm)					비고
		길이(l)	너비 W		두께 t		
기호	명칭		W_1	W_2	t_1	t_2	
D	보통형	230	114		65		
Y1	가로형	230	114		65	59	
Y2		230	114		65	50	
Y3		230	114		65	32	
T1	세로형	230	114		65	55	
T2		230	114		65	45	
T3		230	114		65	35	
B1	쐐기형	230	114	105	65		
B2		230	114	85	65		
B3		230	114	65	65		
허용차		±1.5% 이내	±1.5% 이내		±2% 이내		

☆☆☆

기타용어	2	Arch 쌓기
		유형: 공법·기능

① 부재의 축선과 직각방향으로 mortar를 줄눈에 맞추어 쌓고, mortar 줄눈은 모두 아치의 중심부에 모이도록 한다.

② Arch는 구조물의 상부에서 작용하는 수직압력이 arch의 재축방향(길이방향)으로 축선을 따라 좌우측으로 나누어져 부재에 압축력만이 전달되게 하는 구조

9-2장

붙임공법

Professional Engineer

마법지

타일공사

1. 일반사항
- 일반사항
- 전도성 타일(conductive tile)
- 타일바탕 및 붙임Mortar
- 타일용접착

2. 공법분류
- 타일 공법분류
- 떠붙임공법
- 개량떠붙임 공법
- 압착공법
- 개량압착 공법
- 접착공법
- 바닥 손붙임공법
- 타일 거푸집 선부착공법, 타일 시트법

3. 시공
- 줄눈나누기(타일의 분할도)
- 타일치장줄눈
- 가사(假死)시간 Open time
- 타일접착 검사법/부착력시험
- 타일공사 하자원인과 대책

9-16	타일재료	
No. 616		유형: 재료·기능·공법

일반사항

재료일반
Key Point

■ 국가표준
- KCS 41 48 01
- KS L 1001

■ Lay Out
- 분류
- 타일품질

■ 핵심 단어

■ 연관용어

원재료 종류별 특징

• 자기질
- 점토에 암석류를 다량 배합
  하여 고온에서 소성
- 투광이 있으며, 흡수율이 없
  고, 단단
• 도기질
- 점토류를 주원료로 소량의 암
  석류를 배합, 저온에서 소성
- 다공질로 흡수성이 많고 강
  도가 약하다.
- 투광성이 적고 두드리면 탁음

I. 정 의

Tile은 동해, 백화 등으로 박락 및 탈락 현상 등의 문제점이 있어 설계, 시공, 관리에 있어서 설치장소 및 마감정밀도에 따른 물성을 사전 점검하여 선정한다.

II. 분류

1) 원재료의 조성과 소성온도와의 관계

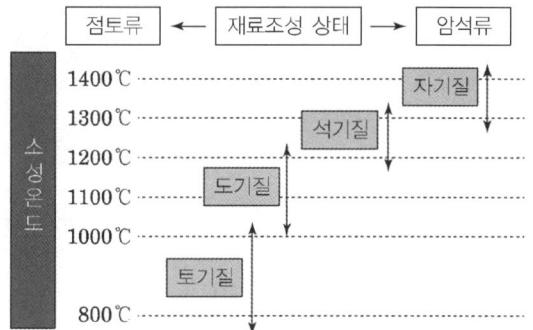

2) 종류별 기준 및 허용오차

구분	유약 유무	원료	흡수율 한도	타일의 특성
자기질	시유 무유	점토, 규석, 장석, 도석	3% 이하	완전 자기화: 흡수율 0%
				자기화: 내·외장, 바닥, 모자이크 타일
석기질	시유 무유	유색점토, 규석, 장석, 도석	5% 이하	반자기화: 내·외장, 바닥, 클링커 타일(흡수율 8% 이하)
도기질	시유	점토, 규석, 석회석, 도석	18% 이하	도기: 내장타일

3) 유약의 유무

시유 — • 재료를 섞고 몰드로 찍은 후 한번 구워 비스킷을 만든 후 유약을 바르고 다시 구운 타일

무유 — • 유약을 미리 배합 후 몰느로 찍어 가마에서 굽는다. (파스텔 타일, 폴리싱 타일)

① 파스텔 타일:소지에 안료를 혼합하여 고온소성한 색소지 자기질 무유타일, 흡수율 0%

② 폴리싱타일: 자기질 무유타일을 연마하여 대리석 질감과 흡사하게 만든타일

4) 제조과정에 의한 분류

```
┌─ 프레스성형 ─ • 3~10%의 수분을 함유한 분말을 프레스 금형에 넣고
│                200~300kg/m의 압력으로 찍어낸다.
│              • 평판형의 대량생산, 모자이크 타일, 뒷굽 홈이
│                1.5mm 이하, 부착력이 약하다.
│
└─ 사출성형 ──  • 기계로 찍어낸다.
                 2~14%의 수분을 함유한 소지이므로 프레스보다
                 강도가 높다. 뒷굽 홈이 Z형이고 홈의 길이가
                 3mm까지 가능
```

Ⅲ. 타일 품질

1) 겉모양

• 자기질 타일에서 표면의 넓이가 $15cm^2$ 이상인 경우에는 충분한 접착이 될 수 있도록 뒷굽을 붙인다.

2) 뒤틀림과 치수의 불규칙도

타일의 치수 (장변)	표면		표면	
	자기, 석기	도기	자기, 석기	도기
50<W≤105	1.2	0.9	0.9	0.6
105<W≤155	1.6	1.2	1.2	0.8
155<W≤355	2.0	1.5	1.5	1.0
355<W≤605	2.4	1.8	1.8	1.2

3) 뒷굽높이

타일크기	뒷굽 높이
$60cm^2$ 이상	1.5mm 이상
50mm각 이상	0.7mm 이상
50mm각 이하	0.5mm 이상

9-17	전도성 타일	
No. 617	conductive tile	유형: 재료 · 기능 · 공법

일반사항

재료일반
Key Point
■ 국가표준

■ Lay Out
– 용도
– 특징
– 생산규격

■ 핵심 단어

■ 연관용어

I. 정 의

① 정전기 등으로 인한 컴퓨터, 전기, 전자 제품 등의 고장으로 인한 피해를 사전에 방지하기 위하여 정전기 발생을 억제하는 tile
② 특수 망목 구조로 형성된 전도입자가 반영구적으로 정전기 피해로부터 보호해준다.

II. 용 도(application)

① 반도체 제조, 조립, 검사 공장
② 전기 전자 제품의 생산, 조립 공장
③ 컴퓨터실, 연구실, 실험실.
④ 크린룸, 전자 교환실, 통신실.
⑤ 병원, 수술실, 의약품 제조실
⑥ 폭발물 제조장, 가연성 가스 취급 장소
⑦ 인텔리전트 오피스, 공공 시설
⑧ 정전기에 의한 피해가 예상되는 장소

III. 특 징

구분	내용
1. 전도성 우수	• 전도성이 반영구적으로 유지됨
2. 먼지로 인한 오염방지 (Dust Control)	• 먼지의 집적은 중력과 전자기력의 두 요인으로 발생 • 먼지의 집적이 거의 없어 실내의 청결 및 오염의 제거에 필수적
3. 내구성 우수	• 내마모성, 내수성, 내약품성이 우수
4. 내하중성 우수	• 각종 기기의 이동, 운반차, 베드 등의 통행에도 이상이 없음
5. 안전성 우수	• 색채 안전성, 치수 안전성이 우수
6. 난연성 우수	• 난연성 타일로 화재의 위험을 방지

IV. 생산규격

① 2.0(T)×600×600mm
② 3.0(T)×600×600mm
③ 2.0(T)×610×610mm
④ 3.0(T)×610×610mm
⑤ 3.0(T)×900×900mm(주문생산)

☆☆★　　1. 타일공사

9-18	타일 붙임재료	
No. 618		유형: 재료·기능

일반사항

재료일반
Key Point

■ 국가표준
– KCS 41 48 01

■ Lay Out
– 용도
– 특징
– 생산규격

■ 핵심 단어

■ 연관용어

I. 정 의

① Tile 바탕은 구조체 표면을 tile 붙임에 적합하도록 불순물 및 이물질 제거, 청소, 접착제 바름 등의 tile 붙임전에 하는 선 작업이다.

② 붙임 Mortar는 tile 각 개체를 벽체에 붙여 일체화시키는 접착제 역할을 하는 재료이다.

II. 붙임 재료

1) 현장배합 붙임 모르타르

떠붙임 공법	압착공법	개량 압착공법
Mortar 배합 후 60분 이내에 시공 바른 후 5분 이내 접착	Mortar 배합 후 15분 이내에 시공 바른 후 30분 이내 접착	Mortar 배합 후 30분 이내 시공 바른 후 5분 이내 접착
건비빔한 후 3시간 이내에 사용, 물을 부어 반죽한 후 1시간 이내 사용		

2) 모르타르 표준배합(용적비)

구분			시멘트	백시멘트	모래	혼화제	비고
붙임용	벽	떠붙이기	1	–	3.0~4.0	–	1. 모래는 타일의 종류에 따라 입도분포를 조정한다. 2. 줄눈의 색은 담당원의 지시에 따른다.
		압착 붙이기	1	–	1.0~2.0	지정량	
		개량압착 붙이기	1	–	2.0~2.5	지정량	
		판형 붙이기	1	–	1.0~2.0	지정량	
	바닥	판형 붙이기	1	–	2.0	–	
		클링커 타일	1	–	3.0~4.0	–	
		일반 타일	1	–	2.0	–	
줄눈용	줄눈폭 5 mm 이상		1		0.5~2.0	지정량	
	줄눈폭 5 mm 이하	내 장	1		0.5~1.0	지정량	
		외 장	1		0.5~1.5	지정량	

Open Time

타일 바탕면에 접착제를 바른 후 타일을 붙이기에 적합한 상태가 유지 가능한 최대 한계시간이다.

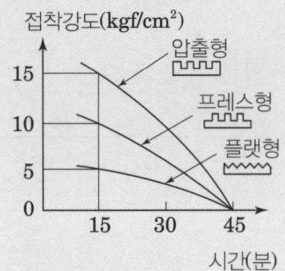

접착강도(kgf/cm²)
압출형
프레스형
플랫형
15
10
5
0
15　30　45
시간(분)
[가용시간, 가사시간]

일반사항

Ⅲ. 타일용 접착제

1) 본드 접착제의 용도

　① Type Ⅰ: 젖어있는 바탕에 부착하여 장기간 물의 영향을 받는 곳에 사용

　② Type Ⅱ: 건조된 바탕에 부착하여 간헐적으로 물의 영향을 받는 곳에 사용

　③ Type Ⅲ: 건조된 바탕에 부착하여 물의 영향을 받지 않은 곳에 사용

2) 시공 시 유의사항

　① 내장공사에 한하여 적용한다.

　② 바탕이 고르지 않을 때에는 접착제에 적절한 충전재를 혼합하여 바탕을 고른다.

　③ 붙임 바탕면을 여름에는 1주 이상, 기타 계절에는 2주 이상 건조시킨다.

　④ 이성분형 접착제를 사용할 경우에는 제조회사가 지정한 혼합비율대로 정확히 계량하여 혼합한다.

　⑤ 접착제의 1회 바름 면적은 $2m^2$ 이하로 하고 접착제용 흙손으로 눌러 바른다.

　⑥ Open time: 보통 15분 이내

　⑦ 타일 및 접착제 Maker, 계절, 바람에 따라 Open Time 조정

Ⅳ. 줄눈재료

- 줄눈용 타일시멘트　·타일시멘트+세골재+혼화제
- 내약품성 줄눈재　·시멘트+수지 라텍스 또는 고무 에멀젼 (폴리머 시멘트)
- 수지 줄눈재　·탄성이 있는 아크릴계, 에폭시계

공법분류

9-19	타일 공법분류	
No. 619		유형: 공법

붙임방식

Key Point

☑ 국가표준
– KCS 41 48 01

☑ Lay Out
– 종류
– 선정 시 고려사항

☑ 핵심 단어

☑ 연관용어

I. 정 의

Tile 공법분류는 건식과 습식으로 크게 분류되며 습식은 바탕처리와
붙임 Mortar 그리고 붙임방법 등에 의해 구분(분류)된다.

II. 붙임공법 종류

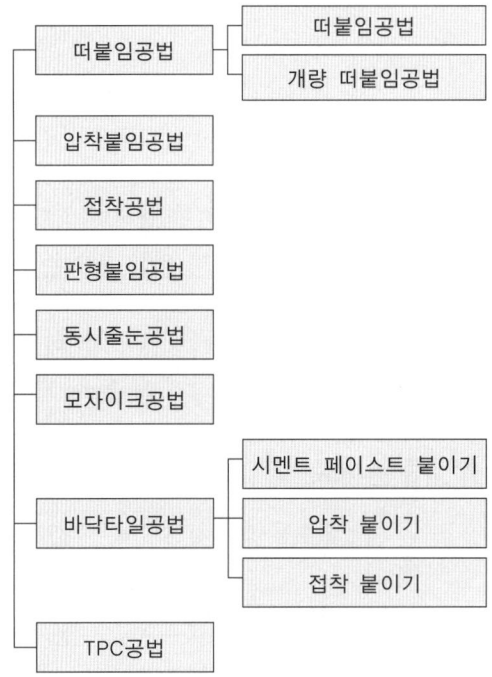

III. 타일 붙임 공법 선정 시 고려사항

① 박리를 발생시키지 않는 공법
② 백화가 생기지 않을 것
③ 마무리 정도가 좋을 것
④ Tile에 균열이 생기지 않을 것
⑤ 신뢰성 및 실적이 양호할 것
⑥ 하자발생률이 적을 것

★★★   1. 타일공사

9-20	떠붙임공법	
No. 620		유형: 공법

공법분류

붙임방식

Key Point

■ 국가표준
- KCS 41 48 01

■ Lay Out
- 공법개념
- 바탕 Mortar 바름기준
- 시공 시 유의사항

■ 핵심 단어
- 타일 뒤쪽에 붙이 모르
  타르를 올려놓고
- 두드리면서
- 하부에서 상부로 붙여 시

■ 연관용어
- 개량떠붙임

특징

• 접착강도의 편차가 적다.
• 붙임모르타르가 빈배합이므
  로 경화 시 수축에 의한 영
  향이 적다.
• 타일면을 평탄하게 조정할
  수 있다.
• 박리 하자가 적다.
• 숙련도가 필요하다.

1일 시공량

• 400~500매/인
• 시공높이: 1.2m/일

바탕면 정밀도

• ±3mm/2.4m

I. 정 의

① 바탕 Mortar 표면에 쇠빗질을 한 다음 타일 뒷쪽에 붙임 Mortar를 올려놓고 두드리면서 하부에서 상부로 붙여 올라가는 공법
② 뒷면에 공동부분이 생기면 박리와 백화의 원인이 되므로 박리를 막기 위해 뒷굽이 깊은 타일을 사용하고, 타일의 뒷면에 빈배합 모르타르를 놓고 붙이므로 숙련공이 요구된다.

II. 공법개념

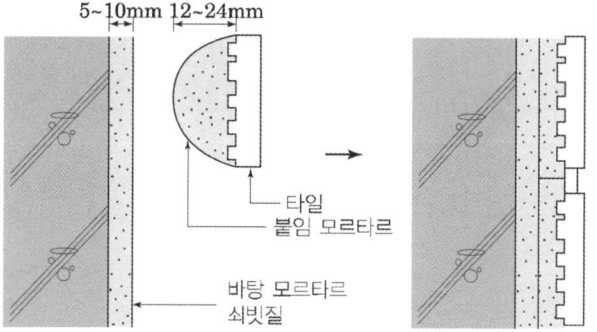

5~10mm 12~24mm

타일
붙임 모르타르

바탕 모르타르
쇠빗질

III. 바탕 Mortar 바름기준

• 바탕고르기 모르타르를 바를 때에는 2회에 나누어서 바른다.
• 바름두께가 10mm 이상일 경우에는 1회에 10mm 이하로 하여 나무흙손으로 눌러 바른다.
• 바탕 모르타르를 바른 후 타일을 붙일 때까지는 여름철(외기온도 25℃ 이상)은 3~4일 이상, 봄, 가을(외기온도 10℃ 이상, 20℃ 이하)은 1주일 이상의 기간을 두어야 한다.
• 타일붙임면의 바탕면의 정밀도: 벽의 경우는 2.4m당 ±3mm

IV. 시공 시 유의사항

① 줄눈나누기: 수준기, 레벨 및 다림추 등을 사용하여 기준선을 정한다.
② 마름질: 온장을 사용하도록 줄눈나누기
③ 줄눈 너비: 대형벽돌형 9mm, 대형(내부) 5~6mm, 소형 3mm, 모자이크 2mm
④ 징두리벽은 온장타일이 되도록 나누어야 한다.
⑤ 타일 측면이 노출되는 모서리 부위는 코너 타일을 사용하거나, 모서리를 가공하여 측면이 직접 보이지 않도록 한다.
⑥ 벽체는 중앙에서 양쪽으로 타일 나누기

⑦ 모르타르 배합: C/S=1/3~1/4의 빈배합, 모르타르는 건비빔한 후 3시간 이내에 사용

⑧ Open Time: 물을 부어 반죽한 후 1시간 이내 사용

⑨ 붙임모르타르 두께 12~24mm, 타일크기mm (108×60 이상)

⑩ 치장줄눈: 타일을 붙이고, 3시간이 경과한 후 줄눈파기를 하여 줄눈 부분을 충분히 청소하며, 24시간이 경과 한 뒤 붙임 모르타르의 경화 정도를 보아, 작업 직전에 줄눈 바탕에 물을 뿌려 습윤케 한다.

⑪ 신축줄눈: 바탕에까지 닿는 신축줄눈을 약 3m 간격으로 설치, 벽체 코너안쪽, 창틀주변 및 설비기구와 접촉부에 신축줄눈을 넣는다.

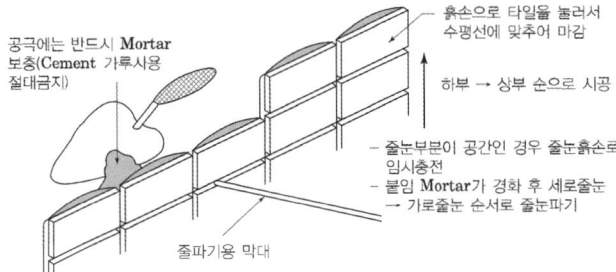

공극에는 반드시 Mortar 보충(Cement 가루사용 절대금지)

홁손으로 타일을 눌러서 수평선에 맞추어 마감

하부 → 상부 순으로 시공

- 줄눈부분이 공간인 경우 줄눈흙손로 임시충전
- 붙임 Mortar가 경화 후 세로줄눈 → 가로줄눈 순서로 줄눈파기

줄파기용 막대

☆☆★	1. 타일공사	
9-21	개량떠붙임 공법	
No. 621		유형: 공법

붙임방식
Key Point

■ 국가표준
- KCS 41 48 01

■ Lay Out
- 공법개념
- 바탕 Mortar 바름기준
- 시공 시 유의사항

■ 핵심 단어
- 바탕 모르타르를 초벌로 재벌로 두 번 발라 고르게 마감

■ 연관용어
- 떠붙임

특징

- 시공편차가 적고 양호한 접착강도 발형
- 공극과 백화가 발생하지 않음
- 떠붙임공법 만큼의 숙련도가 필요하지 않음

I. 정 의

① 바탕 Mortar를 초벌과 재벌로 두 번 발라 바탕을 고르게 마감한 다음 tile 뒷면에 7~9mm의 붙임 Mortar를 발라 붙이는 공법
② 떠붙임 공법의 단점을 개선한 공법으로 구조체 표면의 바탕면에 붙임 Mortar를 얇게 발라 바탕면을 평탄하게 마무리 한 후 시공하는 것으로, 떠붙임공법에 비해 작업진행이 빠르다.

II. 공법개념

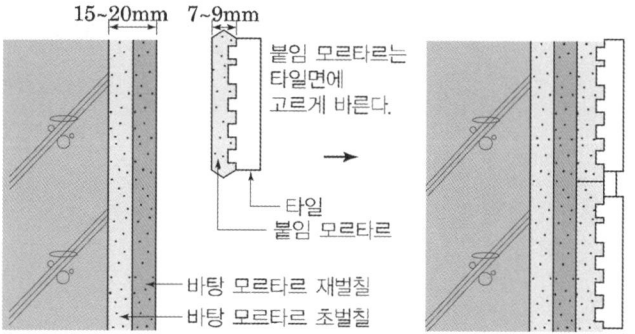

III. 바탕 Mortar 바름기준

- 바탕고르기 모르타르를 바를 때에는 2회에 나누어서 바른다.
- 바름두께가 10mm 이상일 경우에는 1회에 10mm 이하로 하여 나무흙손으로 눌러 바른다.
- 바탕 모르타르를 바른 후 타일을 붙일 때까지는 여름철(외기온도 25℃ 이상)은 3~4일 이상, 봄, 가을(외기온도 10℃ 이상, 20℃ 이하)은 1주일 이상의 기간을 두어야 한다.
- 타일붙임면의 바탕면의 정밀도: 벽의 경우는 2.4m당 ±3mm

IV. 시공 시 유의사항

① 줄눈나누기: 수준기, 레벨 및 다림추 등을 사용하여 기준선을 정한다.
② 마름질: 온장을 사용하도록 줄눈나누기
③ 줄눈 너비: 대형벽돌형 9mm, 대형(내부) 5~6mm, 소형 3mm, 모자이크 2mm
④ 징두리벽은 온장타일이 되도록 나누어야 한다.
⑤ 타일 측면이 노출되는 모서리 부위는 코너 타일을 사용하거나, 모서리를 가공하여 측면이 직접 보이지 않도록 한다.
⑥ 벽체는 중앙에서 양쪽으로 타일 나누기

공법분류

⑦ 모르타르 배합: C/S=1/2~1/3의 빈배합, 모르타르는 건비빔한 후 3시간 이내에 사용

⑧ Open Time: 물을 부어 반죽한 후 1시간 이내 사용

⑨ 붙임모르타르 두께 7~9 mm

⑩ 치장줄눈: 타일을 붙이고, 3시간이 경과한 후 줄눈파기를 하여 줄눈 부분을 충분히 청소하며, 24시간이 경과 한 뒤 붙임 모르타르의 경화 정도를 보아, 작업 직전에 줄눈 바탕에 물을 뿌려 습윤케 한다.

⑪ 신축줄눈: 바탕에까지 닿는 신축줄눈을 약 3m 간격으로 설치, 벽체 코너안쪽, 창틀주변 및 설비기구와 접촉부에 신축줄눈을 넣는다.

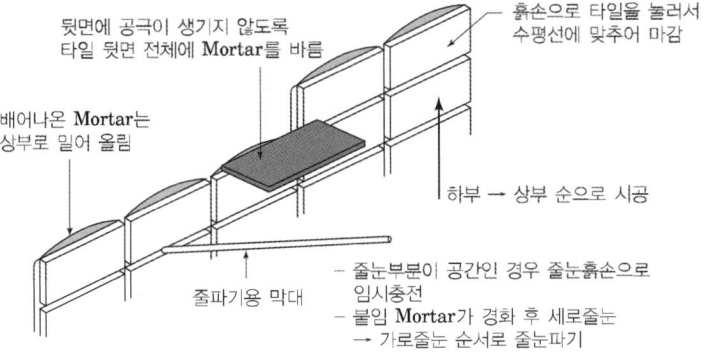

뒷면에 공극이 생기지 않도록
타일 뒷면 전체에 **Mortar**를 바름

흙손으로 타일을 눌러서
수평선에 맞추어 마감

배어나온 **Mortar**는
상부로 밀어 올림

하부 → 상부 순으로 시공

줄파기용 막대

- 줄눈부분이 공간인 경우 줄눈흙손으로 임시충전
- 붙임 **Mortar**가 경화 후 세로줄눈 → 가로줄눈 순서로 줄눈파기

☆★★   1. 타일공사

9-22	압착 공법	
No. 622		유형: 공법

공법분류

붙임방식

Key Point

■ **국가표준**
– KCS 41 48 01

■ **Lay Out**
– 공법개념
– 바탕 Mortar 바름기준
– 시공 시 유의사항

■ **핵심 단어**
– 바탕 모르타르를 초벌로 재벌로 두 번 발라 고르 게 마감

■ **연관용어**
– 개량압착

I. 정 의

① 바탕 Mortar를 15~20mm 2회로 나누어 시공한 다음 그 위에 붙임 Mortar를 5~7mm 바르고 자막대로 눌러가면서 위에서 아래로 붙여가는 공법

② Open time이 길면 접착력 저하로 인해 tile의 탈락이 발생된다.

II. 공법개념

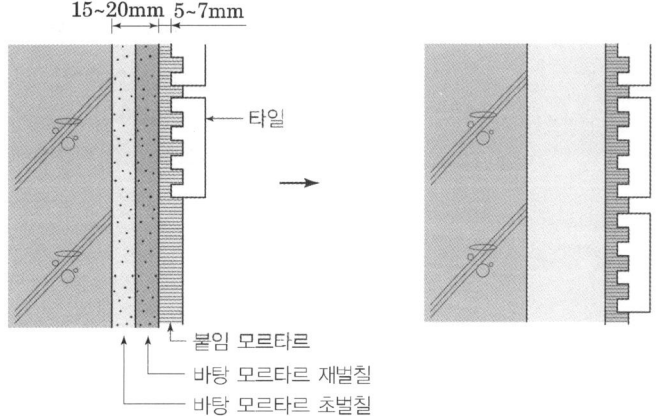

15~20mm 5~7mm

타일

붙임 모르타르
바탕 모르타르 재벌칠
바탕 모르타르 초벌칠

III. 바탕 Mortar 바름기준

• 바탕고르기 모르타르를 바를 때에는 2회에 나누어서 바른다.
• 바름두께가 10mm 이상일 경우에는 1회에 10mm 이하로 하여 나무 흙손으로 눌러 바른다.
• 바탕 모르타르를 바른 후 타일을 붙일 때까지는 여름철(외기온도 25℃ 이상)은 3~4일 이상, 봄, 가을(외기온도 10℃ 이상, 20℃ 이하)은 1주일 이상의 기간을 두어야 한다.
• 타일붙임면의 바탕면의 정밀도: 벽의 경우는 2.4m당 ±3mm

IV. 시공 시 유의사항

① 줄눈나누기: 수준기, 레벨 및 다림추 등을 사용하여 기준선을 정한다.
② 마름질: 온장을 사용하도록 줄눈나누기
③ 줄눈 너비: 대형벽돌형 9mm, 대형(내부) 5~6mm, 소형 3mm, 모자이크 2mm
④ 징두리벽은 온장타일이 되도록 나누어야 한다.
⑤ 타일 측면이 노출되는 모서리 부위는 코너 타일을 사용하거나, 모서리를 가공하여 측면이 직접 보이지 않도록 한다.

특징

• 타일과 붙임재와의 사이에 공극이 없어 백화가 발생하지 않음
• 시공능률이 양호
• 붙임모르타르 바른 후 방치하는 시간이 길어지면 시공 불량의 원인
• 붙임모르타르가 얇기 때문에, 바탕의 시공정밀도가 요구된다.

1회 붙임면적

• 1.2m² 이하

공법분류

⑥ 벽체는 중앙에서 양쪽으로 타일 나누기

⑦ 모르타르 배합: C/S=1/2~1/2.5의 빈배합, 모르타르는 건비빔한 후 3시간 이내에 사용

⑧ Open Time: 물을 부어 반죽한 후 15분 이내 사용

⑨ 붙임모르타르 두께는 타일 두께의 1/2 이상으로 하고, 5mm~7mm 타일크기mm (108×60 이상), 3~5mm 타일크기mm (108×60 이하)를 표준으로 하여 붙임 바탕에 바르고 자막대로 눌러 표면을 평탄하게 고른다.

⑩ 타일의 1회 붙임 면적은 $1.2m^2$ 이하

⑪ 벽면의 위에서 아래로 붙여 나간다.

⑫ 타일의 줄눈 부위에 모르타르가 타일 두께의 1/3 이상 올라오도록 한다.

⑬ 치장줄눈: 타일을 붙이고, 3시간이 경과한 후 줄눈파기를 하여 줄눈 부분을 충분히 청소하며, 24시간이 경과 한 뒤 붙임 모르타르의 경화 정도를 보아, 작업 직전에 줄눈 바탕에 물을 뿌려 습윤케 한다.

⑭ 신축줄눈: 바탕에까지 닿는 신축줄눈을 약 3m 간격으로 설치, 벽체 코너안쪽, 창틀주변 및 설비기구와 접촉부에 신축줄눈을 넣는다.

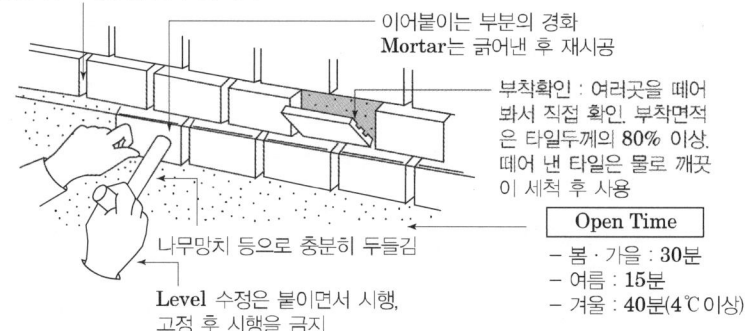

- 줄눈부위의 **Mortar**가 타일두께의 **1/3** 이상 올라오도록 시공
- 줄눈 위로 나온 는 굳기 전 제거

이어붙이는 부분의 경화
Mortar는 긁어낸 후 재시공

부착확인 : 여러곳을 떼어 봐서 직접 확인. 부착면적은 타일두께의 **80%** 이상. 떼어 낸 타일은 물로 깨끗이 세척 후 사용

나무망치 등으로 충분히 두들김

Level 수정은 붙이면서 시행, 고정 후 시행을 금지

Open Time
– 봄·가을 : **30분**
– 여름 : **15분**
– 겨울 : **40분**(4℃ 이상)

공법분류

☆☆★   1. 타일공사

9-23	개량압착 공법	
No. 623		유형: 공법

타일 공법분류
Key Point

■ 국가표준
- KCS 41 48 01

■ Lay Out
- 공법개념
- 바탕 Mortar 바름기준
- 시공 시 유의사항

■ 핵심 단어
- 타일 뒷면에도 3~4mm
  의 붙임Mortar를 전면에
  발라

■ 연관용어
- 압착

특징

- 접착성이 좋다.
- 타일과 붙임재와의 사이에
  공극이 없어 백화가 발생하
  지 않는다.

I. 정 의

① 바탕 Mortar를 15~20mm 2회로 나누어 시공한 다음 그 위에 붙임 Mortar를 4~6mm 바르고, 타일 뒷면에도 3~4mm의 붙임Mortar 를 전면에 발라 비벼 넣는 것처럼 눌러서 위에서 아래로 붙여가는 공법

② 타일에도 붙임 Mortar를 발라 뛰어난 접착강도를 발현시킨다.

II. 공법개념

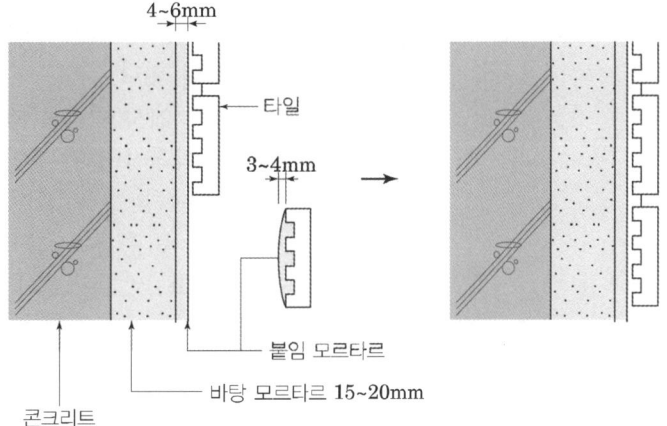

III. 바탕 Mortar 바름기준

- 바탕고르기 모르타르를 바를 때에는 2회에 나누어서 바른다.
- 바름두께가 10mm 이상일 경우에는 1회에 10mm 이하로 하여 나무 흙손으로 눌러 바른다.
- 바탕 모르타르를 바른 후 타일을 붙일 때까지는 여름철(외기온도 25℃ 이상)은 3~4일 이상, 봄, 가을(외기온도 10℃ 이상, 20℃ 이하) 은 1주일 이상의 기간을 두어야 한다.
- 타일붙임면의 바탕면의 정밀도: 벽의 경우는 2.4m당 ±3mm

IV. 시공 시 유의사항

① 줄눈나누기: 수준기, 레벨 및 다림추 등을 사용하여 기준선을 정한다.
② 마름질: 온장을 사용하도록 줄눈나누기
③ 줄눈 너비: 대형벽돌형 9mm, 대형(내부) 5~6mm, 소형 3mm, 모자이크 2mm
④ 징두리벽은 온장타일이 되도록 나누어야 한다.

공법분류

⑤ 타일 측면이 노출되는 모서리 부위는 코너 타일을 사용하거나, 모서리를 가공하여 측면이 직접 보이지 않도록 한다.

⑥ 벽체는 중앙에서 양쪽으로 타일 나누기

⑦ 모르타르 배합: C/S=1/2~1/2.5의 빈배합, 모르타르는 건비빔한 후 3시간 이내에 사용

⑧ Open Time: 물을 부어 반죽한 후 15분 이내 사용

⑨ 붙임 모르타르를 바탕면에 4mm~6mm로 바르고 자막대로 눌러 평탄하게 고른다.

⑩ 바탕면 붙임 모르타르의 1회 바름 면적은 $1.5m^2$ 이하로 하고, 붙임 시간은 모르타르 배합 후 30분 이내로 한다.

⑪ 타일 뒷면에 붙임 모르타르를 타일쪽 3mm~4mm 타일크기mm (108×60 이상), 바탕쪽 3~6mm 타일크기mm (108×60 이상)에 평탄하게 고바르, 즉시 타일을 붙이며 나무망치 등으로 충분히 두들겨 타일의 줄눈 부위에 모르타르가 타일 두께의 1/2 이상이 올라오도록 한다.

⑫ 벽면의 위에서 아래로 향해 붙여나가며 줄눈에서 넘쳐 나온 모르타르는 경화되기 전에 제거한다.

⑬ 치장줄눈: 타일을 붙이고, 3시간이 경과한 후 줄눈파기를 하여 줄눈부분을 충분히 청소하며, 24시간이 경과 한 뒤 붙임 모르타르의 경화 정도를 보아, 작업 직전에 줄눈 바탕에 물을 뿌려 습윤케 한다.

⑭ 신축줄눈: 바탕에까지 닿는 신축줄눈을 약 3m 간격으로 설치, 벽체 코너안쪽, 창틀주변 및 설비기구와 접촉부에 신축줄눈을 넣는다.

| 공법분류 | | |

☆☆★   1. 타일공사

9-24	접착공법	
No. 624		유형: 공법

붙임방식
Key Point

■ 국가표준
- KCS 41 48 01

■ Lay Out
- 공법개념
- 바탕 Mortar 바름기준
- 시공 시 유의사항

■ 핵심 단어
- 유기질 접착제

■ 연관용어
- 압착

특징

- 접착제는 Mortar 등과 비교할 때 연질이어서 바탕 움직임의 영향을 덜 받는다.
- 시공능률이 높다.
- 건식하자에 대한 시공이 유효하다.

I. 정 의

① 유기질 접착제를 비교적 얇게 바른 후, tile을 한 장씩 붙이는 공법
② 주제와 경화제의 2성분으로 이루어진 반응경화형 접착제의 경우 반드시 제조자가 지정한 비율을 준수한다.

II. 공법개념

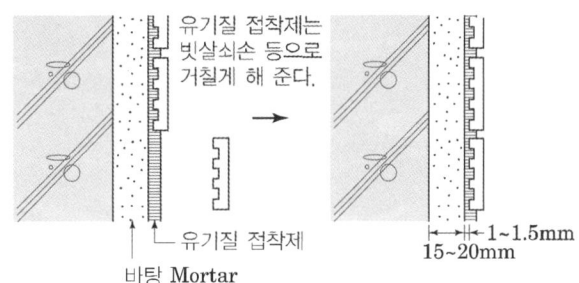

III. 바탕 Mortar 바름기준

- 바탕고르기 모르타르를 바를 때에는 2회에 나누어서 바른다.
- 바름두께가 10mm 이상일 경우에는 1회에 10mm 이하로 하여 나무흙손으로 눌러 바른다.
- 바탕 모르타르를 바른 후 타일을 붙일 때까지는 여름철(외기온도 25℃ 이상)은 3~4일 이상, 봄, 가을(외기온도 10℃ 이상, 20℃ 이하)은 1주일 이상의 기간을 두어야 한다.
- 타일붙임면의 바탕면의 정밀도: 벽의 경우는 2.4m당 ±3mm

IV. 시공 시 유의사항

① 줄눈나누기: 수준기, 레벨 및 다림추 등을 사용하여 기준선을 정한다.
② 마름질: 온장을 사용하도록 줄눈나누기
③ 줄눈 너비: 대형벽돌형 9mm, 대형(내부) 5~6mm, 소형 3mm, 모자이크 2mm
④ 징두리벽은 온장타일이 되도록 나누어야 한다.
⑤ 타일 측면이 노출되는 모서리 부위는 코너 타일을 사용하거나, 모서리를 가공하여 측면이 직접 보이지 않도록 한다.
⑥ 벽체는 중앙에서 양쪽으로 타일 나누기
⑦ 붙임 바탕면을 여름에는 1주 이상, 기타 계절에는 2주 이상 건조시킨다.
⑧ 바탕이 고르지 않을 때에는 접착제에 적절한 충전재를 혼합하여 바탕을 고른다.

⑨ 이성분형 접착제를 사용할 경우에는 제조회사가 지정한 혼합비율대로 정확히 계량하여 혼합한다.

⑩ Open Time: 15분 이내

⑪ 접착제의 1회 바름 면적은 $2m^2$ 이하로 하고 접착제용 흙손으로 눌러 바른다.

⑫ 치장줄눈: 타일을 붙이고, 3시간이 경과한 후 줄눈파기를 하여 줄눈 부분을 충분히 청소하며, 24시간이 경과 한 뒤 붙임 모르타르의 경화 정도를 보아, 작업 직전에 줄눈 바탕에 물을 뿌려 습윤케 한다.

⑬ 신축줄눈: 바탕에까지 닿는 신축줄눈을 약 3m 간격으로 설치, 벽체 코너안쪽, 창틀주변 및 설비기구와 접촉부에 신축줄눈을 넣는다.

☆☆☆   1. 타일공사

공법분류	9-25	바닥 손붙임공법	
	No. 625		유형: 공법

붙임방식

Key Point

■ **국가표준**
- KCS 41 48 01

■ **Lay Out**
- 공법개념
- 시공 시 유의사항

■ **핵심 단어**

■ **연관용어**
- 압착

I. 정 의

외부 바닥타일에 깔기 Mortar 붙임공법 적용 시 부실한 바탕조직에 흡수된 우수에 의해 겨울철 동결·융해로 타일바닥 탈락 등 하자가 발생하므로 외부 바닥타일은 압착 붙임공법을 원칙으로 한다.

II. 공법개념

1) 구배 Mortar 붙임공법

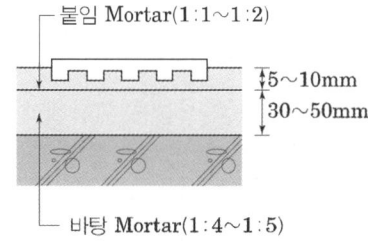

- 작은 규모의 물 구배가 필요한 바닥
- 마감정도가 양호
- 200mm 각 이하에 적합
- 필요한 물구배를 잡음
- 경화 후 붙임 Mortar를 갈고 타일을 붙임

2) 깔기 Mortar 붙임공법

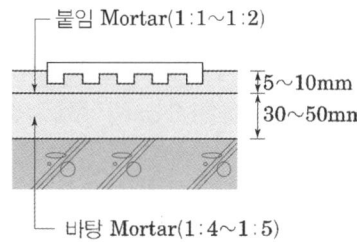

- 큰 타일의 시공에 적합
- 뒷굽의 높이가 일정하지 않은 타일
- Cement Paste를 뿌리면서 타일을 위치표시 실에 맞추어 붙임

3) 압착 붙임공법

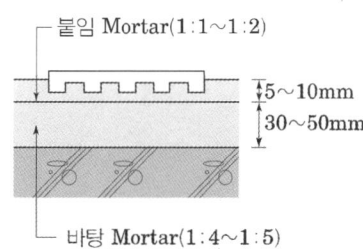

- 넓은 면적, 구배가 필요없는 장소
- 차도, 중보행 장소
- 동결의 위험이 있는 장소
- 작은 규모의 물 구배가
- 200mm 각 이하에 적합
- 바닥미장 또는 제물마감 콘크리트면 위에 직접 Mortar를 바르고 바탁타일을 붙임

III. 시공 시 유의사항

1) 시멘트 페이스트 붙이기

① 바탕 조정으로 타일 붙이기에 앞서 바탕면의 청소를 실시

② 타일 나누기는 기준먹으로 부터 마무리 먹매김을 실시

③ 기준타일 붙이기 순서는 직각의 기준을 잡기 위하여 줄눈 나눔에 따라 가로·세로 3m~4m 간격에 기준타일 붙임을 실시

바탕면의 정밀도

- 바탕면의 평활도는 바닥의 경우 3m당 ±3mm

④ 바탕 콘크리트면에 물뿌림한 후 깔개 모르타르를 기준타일 붙임 개소에 깔고 타일 폭 2배 정도의 폭에 평활하게 펴깐다.

⑤ 깔개 모르타르 경화 전에 시멘트 페이스트를 깔개 모르타르 위에 흘려 직접 미장하여 실에 붙어 있는 타일을 망치 손잡이 등을 사용하여 바닥면에 압착

⑥ 기준타일 붙이기를 실시한 구획 내에 깔개 모르타르를 펴고, 기준타일 사이에 수실을 붙이므로 기준타일 붙임과 동일하게 타일을 붙여 진행하며, 줄눈부에 두둑하게 올라온 시멘트 페이스트는 경화 전에 제거

2) 압착 붙이기

① 타일 붙이기는 1회 도막붙임 면적을 $2m^2$ 이내

② 붙임 모르타르를 바탕면측 3mm~4mm에 얼룩 없이 도포하여 평활하게 편 후, 붙임 모르타르는 비빔부터 시공완료까지 60분 이내에서 사용

③ 도막시공 시간은 여름철에는 20분, 겨울철에는 40분 이내

④ 타일 속면 전체에 붙임 모르타르를 3~5mm 정도의 두께를 평균으로 수직에서 바탕면에 눌러서 붙인다.

⑤ 동시에 해머 등으로 타일 주변부터 모르타르가 삐져나올 때까지 압착을 실시

3) 접착 붙이기

① 타일 붙임에 앞서 바탕면을 검사하여 건조된 것을 확인
타일 붙이기는 접착제 1회 도막붙임 면적은 $3m^2$ 이내

② 접착제는 우선 금속흙손을 사용하여 평활하게 도막붙임한 후, 지정된 줄눈흙손을 사용하여 필요한 높이로 한다.

공법분류

9-26	타일 거푸집 선부착공법, 타일 시트법	
No. 626		유형: 공법

붙임방식

Key Point

■ 국가표준
- KCS 41 48 01
- KCS 41 48 02

■ Lay Out
- 공법개념
- 타일고정방법
- 시공 시 유의사항

■ 핵심 단어

■ 연관용어
- No. 774 TPC

I. 정 의

현장에서 콘크리트 타설 시 거푸집의 내측면에 타일을 배치하고 고정한 다음 콘크리트를 타설하여 콘크리트와 일체화 시키는 공법

II. 공법개념

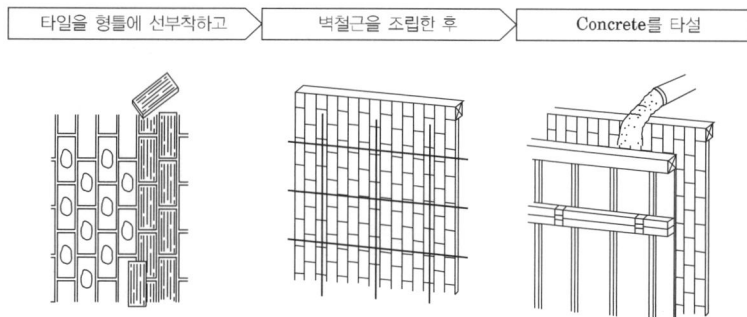

타일을 형틀에 선부착하고	→	벽철근을 조립한 후	→	Concrete를 타설

III. 타일 고정방법

1) Sheet 공법

Sheet공법은 45mm×45mm~90mm×90mm 정도의 모자이크 타일을 종이 또는 수지필름을 사용하여 만든 유닛을 바닥 거푸집 면에 양면테이프, 풀 등으로 고정시키고 콘크리트를 타설

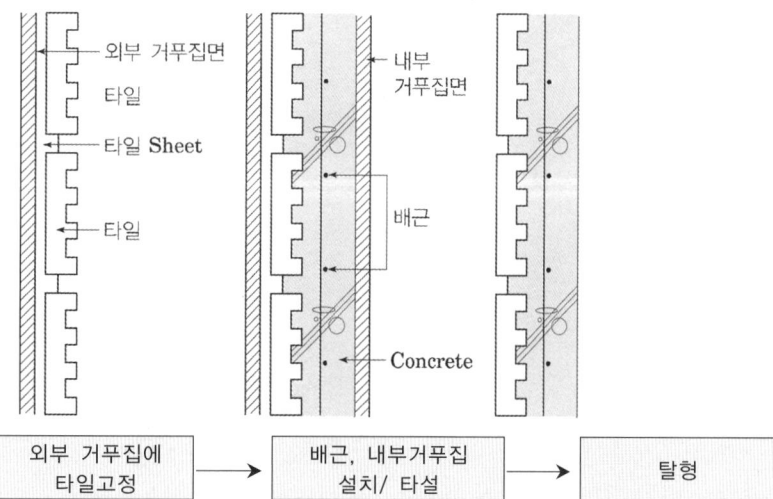

2) 타일 단체법

단체법(單體法)은 108mm×60mm 이상의 타일에 사용되는 것으로, 거푸집 면에 발포수지, 고무, 나무 등으로 만든 버팀목 또는 줄눈 칸막이를 설치하고, 타일을 한 장씩 붙이고 콘크리트 타설

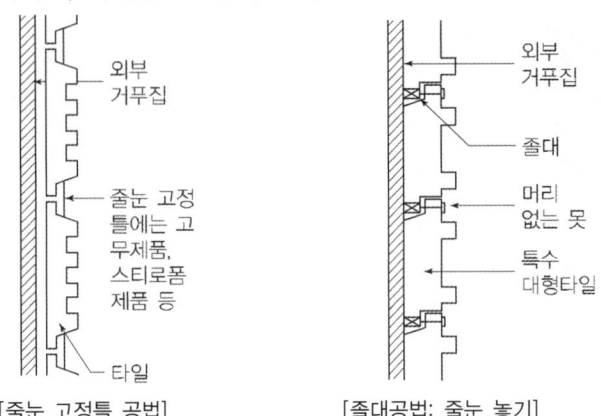

[줄눈 고정틀 공법]   [졸대공법: 줄눈 놓기]

Ⅳ. 시공 시 유의사항

① 타일고정 시 평활도 유지
② 콘크리트 타설 시 시멘트 페이스트 유출방지
③ 거푸집 이음부위 보강: 변형방지
④ 거푸집 크기와 타일크기에 맞추어 줄눈나누기 실시

9-27	줄눈나누기(타일의 분할도)	
No. 627		유형: 공법

시공

줄눈나누기
Key Point

■ 국가표준
- KCS 41 48 01

■ Lay Out
- 줄눈너비 표준
- 줄눈나누기 원칙
- 줄눈나누기 사례

■ 핵심 단어

■ 연관용어

I. 정 의

① tile시공 전 설계도면과 건축물의 각부 치수를 실사한 후, 줄눈나누기도를 통해 tile의 크기, 형상에 따른 줄눈의 형식과 폭을 고려하여 정한다.

② 바닥tile의 줄눈과 벽tile의 줄눈이 일치하도록 하며, tile의 크기에 따라 줄눈의 종류, 크기, 형상 및 색을 결정한다.

II. 줄눈너비 표준

Tile 구분	대형벽돌벽(외부)	대형(내부일반)	소형	모자이크
줄눈나비	9mm	5~6mm	3mm	2mm

III. Tile 줄눈나누기 원칙

① 줄눈나누기 및 tile 마름질은 수준기, level 및 다림추 등을 사용하여 기준선을 정한다.

② 될 수 있는 대로 온장을 사용하도록 줄눈나누기를 한다.

③ 창문선, 문선 등 개구부 둘레와 설비 기구류와의 마구리 줄눈너비는 10mm 정도로 한다.

④ 징두리벽은 온장tile이 되도록 나누어야 한다.

⑤ 벽체 tile이 시공되는 경우 바닥 tile은 벽체 tile을 먼저 붙인 후 시공한다.

⑥ 배수구, 급수전 주위 및 모서리는 tile 나누기 도면에 따라 미리 전기톱이나 물톱과 같은 것으로 마름질하여 시공한다.

⑦ 벽타일 붙이기에서 tile 측면이 노출되는 모서리 부위는 corner tile을 사용하거나, 모서리를 가공하여 측면이 직접 보이지 않도록 한다.

⑧ 벽체는 중앙에서 양쪽으로 tile 나누기를 하여 tile 나누기가 최적의 상태가 될 수 있도록 조절한다.

⑨ 벽 tile과 바닥 tile이 만나는 부분 상세 결정

⑩ 벽 tile과 바닥 tile의 제작치수 및 줄눈 폭을 확인(tile 규격이 제조업체 mold에 따라 다름)

⑪ Tile면에 설치되는 부착물 위치 확인

⑫ 벽 tile 나누기를 먼저 작형 후 바닥 tile 나누기를 한다.

시공

Ⅳ. Tile 나누기 사례

1) 욕실

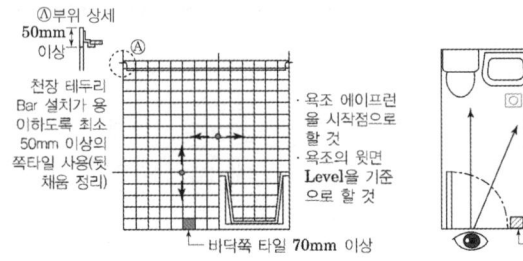 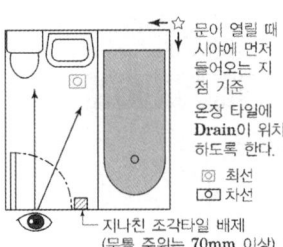

Ⓐ부위 상세

50mm 이상

천장 테두리 Bar 설치가 용이하도록 최소 50mm 이상의 쪽타일 사용(뒷채움 정리)

· 욕조 에이프런을 시작점으로 할 것
· 욕조의 윗면 **Level**을 기준으로 할 것

└ 바닥쪽 타일 70mm 이상

☆ 문이 열릴 때 시야에 먼저 들어오는 지점 기준
온장 타일에 **Drain**이 위치하도록 한다.

Ⓞ 최선
Ⓞ 차선

· 지나친 조각타일 배제 (문틀 주위는 **70mm** 이상)

2) Balcony

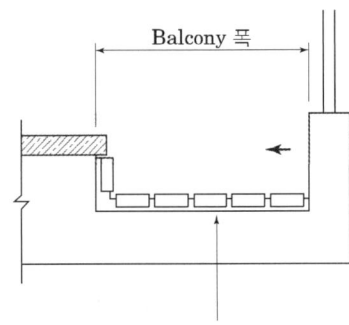

Balcony 폭

· 온장마감이 되도록 바깥쪽에서부터 시공 (단, 외부 새시 설치를 고려하여 안쪽부터 시공할 수도 있음)

3) 현관

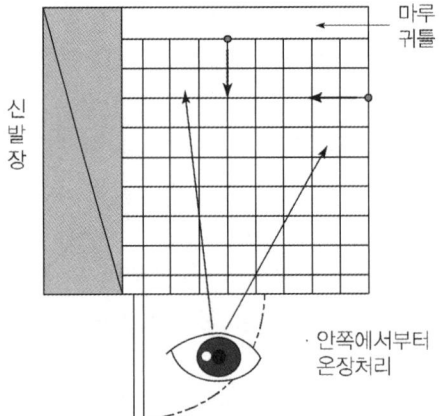

마루 귀틀

신발장

· 안쪽에서부터 온장처리

9-28	타일치장줄눈	
No. 628		유형: 공법

시공

치장줄눈
Key Point

■ 국가표준
- KCS 41 48 01

■ Lay Out
- 치장줄눈 형상
- 치장줄눈 시공
- 줄눈용 타일시멘트

■ 핵심 단어

■ 연관용어

Ⅰ. 정 의

① 건축물의 의장적 · 장식적 효과를 위한 줄눈으로, tile 뒷면에 우수의 침입을 방지하고 tile을 고정시켜 백화, 균열, 들뜸, 박리 박락(탈락), 등을 방지하기 위한 줄눈

② 방수 mortar 혹은 색조 mortar(착색제) 등을 사용하기도 하며 공사에 지장이 없는 한 가급적 빠른 시간 내에 실시한다.

Ⅱ. 줄눈형상

① 줄눈 Design

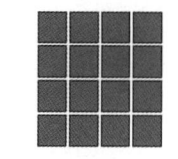

[통줄눈]

[막힌 줄눈]

[마름모 줄눈]

② 줄눈 홈의 형상

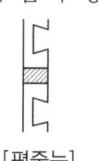

[평줄눈]

[파낸 줄눈]

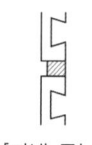

[오목 줄눈]

Ⅲ. 치장줄눈 시공

1) 줄눈폭 및 재료배합

줄눈 깊이 및 시공시기

• 타일 두께의 1/2 이하
• 타일 시공 후 48시간 이후 시공

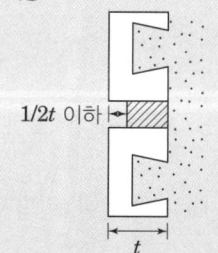

1/2t 이하

t

용도			줄눈폭	재료배합
바닥타일			3mm 이하	백시멘트
모자이크타일	옥내	굽도리 · 벽		
		바닥		
	옥외	벽		보통시멘트
		바닥	3~4mm	보통시멘트 1: 가는모래 0.5
외장타일	옥 외		6~10mm	보통시멘트 1: 가는모래 0.5
	옥 내		6~10mm	백시멘트 1: 쇄석분 1
바닥타일	옥 외		6~10mm	백시멘트 1: 쇄석분 1
	옥 내		6~10mm	보통시멘트 1: 중모래 2
바닥타일 · 크링커타일			10~15mm	보통시멘트 1: 중모래 2

시공

2) 줄눈 시공법

공 법	줄눈 폭	줄눈 깊이	시공 방법	사용 장소
바름 줄눈	5mm 이하	2mm 이하	고무흙손 사용, Tile 전면에 줄눈재를 발라서 줄눈 부분 충전	내·외장 Tile 바닥 Tile Mosaic Tile
채우기 줄눈	5mm 이상	Tile 두께 1/2 이하	줄눈흙손을 사용하여 줄눈 하나 하나를 충전하는 방법	외장 Tile 면이 거친 Tile

Ⅳ. 기성제 줄눈용 tile cement

- Maker에서 줄눈용으로 cement, 입도조정한 세골재, 혼화제를 공장 배합하여 유통되는 기성재 cement

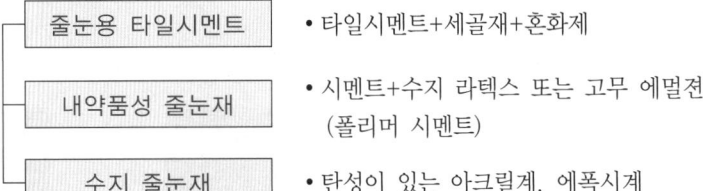

줄눈용 타일시멘트	• 타일시멘트+세골재+혼화제
내약품성 줄눈재	• 시멘트+수지 라텍스 또는 고무 에멀젼 (폴리머 시멘트)
수지 줄눈재	• 탄성이 있는 아크릴계, 에폭시계

① 재료 취급이 손쉽고 간편함
② 색상이 일정하고 균일함
③ 색상선택의 폭이 넓음
④ 내약품성 줄눈재 생산(폴리머 시멘트, 물유리계, 에폭시 수지 등)
⑤ 백화 유무를 확인 후 시공 실시

Ⅴ. 치장줄눈 시공 시 유의사항

① 타일을 붙이고, 3시간 경과한 후 줄눈파기를 한다.
② 줄눈부분을 충분히 청소한다.
③ 24시간이 경과한 뒤 붙임 mortar의 경화 정도를 살핀다.
④ 작업 직전에 줄눈 바탕에 물을 뿌려 습윤케 한다.
⑤ 치장줄눈의 폭이 5mm 이상일 때는 고무흙손으로 충분히 눌러 빈틈이 생기지 않게 시공한다.
⑥ 개구부나 바탕 mortar에 신축줄눈을 두었을 때는 적절한 실링재로서, 빈틈이 생기지 않도록 채운다.

9-29	타일신축줄눈	
No. 629		유형: 공법

시공

신축줄눈
Key Point

■ 국가표준
- KCS 41 48 01

■ Lay Out
- 신축줄눈의 마감
- 줄눈간격 및 폭
- 시공 시 유의사항

■ 핵심 단어

■ 연관용어

─── 설치위치 ───

• 이질바탕의 접합부분
• concrete를 수평방향으로
  이어붓기한 부분
• 수축균열이 생기기 쉬운 부분
• 붙임면이 넓은 부분

I. 정 의

① 외기온도에 따른 구조체와 Mortar의 신축 및 Mortar의 건조수축에 의해 타일의 부착력과 팽창응력 발생에 따른 타일의 박리를 막기 위하여 신축영향을 감소하는 기능을 한다.

② 신축줄눈의 설치방법은 바탕에까지 닿도록 하고 신축줄눈을 약 3m 간격으로 설치한다.

II. 신축줄눈의 마감

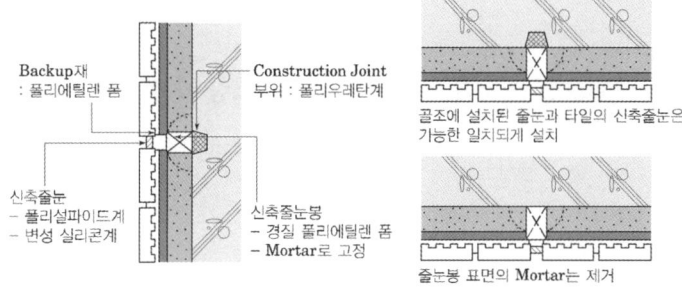

III. 줄눈간격 및 폭

수직		수평

```
┌ 간격 3m정도: 줄눈폭 6mm 이상      ┌ 줄눈폭: 10~20mm
├ 간격 4m정도: 줄눈폭 9mm 이상      └ 간격: 각층 수평 타설 이음부
└ 간격 5m정도: 줄눈폭 12mm 이상
```

IV. 시공 시 유의사항

① Sealing재를 충전시켜 만든 줄눈위치를 나타내도록 하여야 한다.

② mortar 바탕, tile 부속재료 설치시 줄눈의 위치를 설정한다.

③ 깊이는 바탕에 까지 닿고, 신축줄눈 간격을 약 3m 간격으로 설치한다.

④ tile을 붙이고 줄눈시공 후에는 줄눈 나누기를 하기 위해 톱 등으로 자르지 말아야 한다.

⑤ tile의 신축줄눈은 구조체의 신축줄눈과 일치하도록 한다.

9-30	Open time	
No. 630	붙임가능 시간	유형: 공법

시공

접착력
Key Point
■ 국가표준
- KCS 41 48 01

■ Lay Out
- 뒷굽모양에 따른 오픈타임과 접착강도
- 접착강도
- 공법별 오픈타임

■ 핵심 단어
- 타일 붙이기에 적합한 상태

■ 연관용어
- Pot Life
- Dry time

I. 정 의

① Open time(붙임시간): 구조체 표면의 바탕면 혹은 tile면에 접착 mortar나 접착제를 얇고 균일하게 발라 tile붙이기에 적합한 상태가 확보 가능한 최대 한계시간(타일 붙임재료 도포시점~타일 부착 시점)

② Pot Life(작업가능시간): 타일 붙임재료를 물과 혼합 후 정상적으로 사용가능한 시간

③ Dry time: cement 강도발현에 필요한 물이 부족하여 cement가 수화반응을 충분하게 할 수 없는 시간(시간영역)

II. 타일의 뒷굽모양에 따른 Open Time과 접착강도

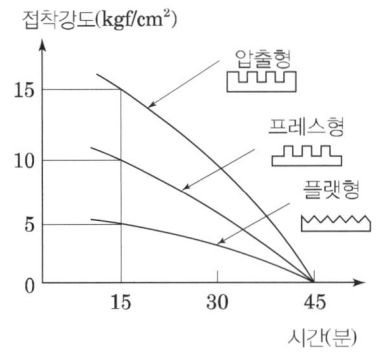

- Tile의 종류 및 tile의 뒷발 형태에 따라 다름
- open time은 탈락 사고 방지상 가장 중요한 인자
- 계절, 주위 환경, 바탕의 상태, 붙임 mortar의 특성, 온도·습도에 따라 달라짐
- 기준 접착강도인 $4kgf/cm^2$을 얻을 수 있어야 함

III. 접착강도

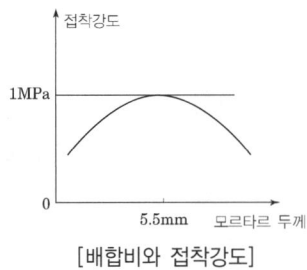

[배합비와 접착강도]

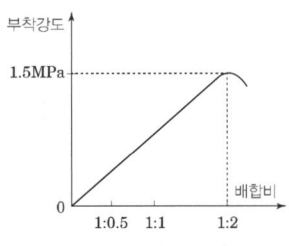

[모르타르 두께와 접착강도]

| 시공 |

Ⅳ. 공법별 Open Time

1) 떠붙임공법

　① 모르타를 배합: C/S=1/3~1/4의 빈배합, 모르타르는 건비빔한 후 3시간 이내에 사용

　② Open Time: 물을 부어 반죽한 후 1시간 이내 사용

2) 개량 떠붙임 공법

　① 모르타를 배합: C/S=1/2~1/3의 빈배합, 모르타르는 건비빔한 후 3시간 이내에 사용

　② Open Time: 물을 부어 반죽한 후 1시간 이내 사용

3) 압착 공법

　① 모르타를 배합: C/S=1/2~1/2.5의 빈배합, 모르타르는 건비빔한 후 3시간 이내에 사용

　② Open Time: 물을 부어 반죽한 후 15분 이내 사용

4) 개량 압착 공법

　① 모르타르 배합: C/S=1/2~1/2.5의 빈배합, 모르타르는 건비빔한 후 3시간 이내에 사용

　② Open Time: 물을 부어 반죽한 후 15분 이내 사용

5) 접착공법

　• Open Time: 15분 이내

6) 바닥타일

　① 압착공법: 60분 이내

　② 개량압착 공법: 60분 이내

　③ 접착공법: 15분 이내

★★★　　1. 타일공사　　　　　　　　　　　　88.111.122.125

9-31	타일접착 검사법/부착력시험	
No. 631		유형: 공법

접착력

Key Point

■ 국가표준
- KCS 41 48 01

■ Lay Out
- 시공 후 검사

■ 핵심 단어
- 접착강도 시험

■ 연관용어

초음파 방식

(마감면에서 7cm 이내 박리를 감지)
- 타결에 의한 진동해석 방식
- 연속가진 · 진동측정 방식
- 적외선 센서방식

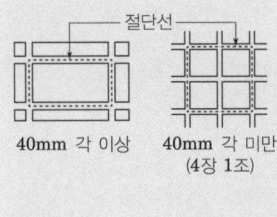

40mm 각 이상　　40mm 각 미만
　　　　　　　　　(4장 1조)

I. 정 의

① 타일의 박리 및 박리정도에 대해서 벽면 전체에 대하여 박리의 가능성이 높은 부위에 접착강도를 확인하는 시험
② 접착력의 확인방법(검사 및 시험)Tile 부착강도 시험방법은 타일의 박리 및 박리정도에 대해서 벽면 전체에 대하여 조사할 필요가 있으며 타음법, 타격법, 반발법, 초음파법 등이 있다.

II. Tile 시공후 검사

1) 시공 중 검사

눈높이 이상이 되는 부분과 무릎 이하 부분의 타일을 임으로 떼어 뒷면에 붙임 모르타르가 충분히 채워졌는지 확인

2) 타음법 - 줄눈 시공 후 2주 후 시행

① Test hammer로 tile을 타격하여 그 타음을 청각에 의해서 듣고, tile의 박리 유무와 종류를 판정
② 검사봉으로 타일면을 두들겨 그 발생음으로 박리의 유무 확인
③ 판정기준이 주관적이고, 판정원의 경험에 의존하나 간편하고, 뒷채움 중공여부 판정의 신빙성으로 가장 많이 사용
④ 판정자의 숙련도에 의해 판정결과에 편차 발생

3) 접착력 시험 - 줄눈 시공 후 4주 후 시행

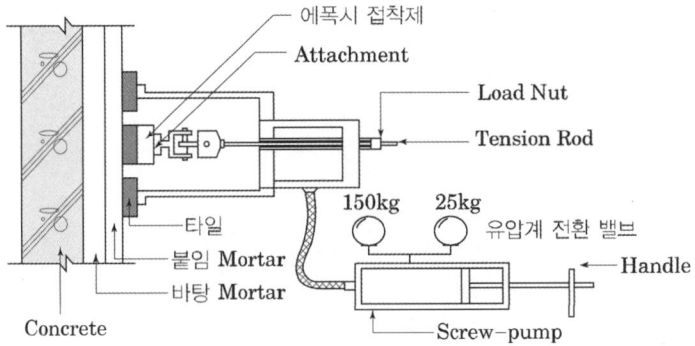

① 시험 수량: 타일면적 200m² 당, 공동주택은 10호당 1호에 한 장씩 시험
② 준비: 시험할 타일은 먼저 줄눈 부분을 콘크리트 면까지 절단하여 주위의 타일과 분리시킨다.
③ 시험타일 크기: Attachment(부속장치) 크기로 하되 그 이상은 180×60mm 크기로 타일이 시공된 바탕면까지 절단. 다만, 40mm 미만의 타일은 4매를 1개조로 하여 부속장치를 붙여 시험한다.
④ 접착력 시험결과 판정:타일 인장 부착강도가 0.39MPa 이상

★★★　1. 타일공사

시공	9-32	타일공사 하자원인과 대책	
	No. 632		유형: 공법·결함·하자

Ⅰ. 정 의

① Tile 표면의 오염 · 퇴색이나 tile자체의 균열, 들뜸(박리), 탈락 등의 각종 하자가 발생을 방지하기위해 하자의 원인과 대책에 대해 충분한 검토를 한다.

② 시공 전 붙임공법, 주변부 마감, 줄눈 나누기, 신출줄눈 간격, 수전 금구 위치 등이 표시된 시공도를 작성하고 재료 · 배합 · 시공을 철저히 한다.

Ⅱ. 하자유형

하자유형	내용	주요요인(부위.재료)
박리· 박락	바탕Mortar. 붙임 Mortar. 타일의 박리	바탕 Mortar의 두께 및 접착불량/ 거동
들뜸	바탕면과 Mortar사이 들뜸	바탕Mortar의 두께 및 접착불량/ 거동
균열	바탕면과 바탕 Mortar의 신축과 균열로 타일표면 균열	신축줄눈 미설치, 타일간 이격불량, 바탕면 균열 및 거동
백화	타일 표면과 줄눈사이	줄눈 재질 및 시기, 물끊기 누락
동해	동결융해로 타일표층의 들뜸	재료의 온도 및 양생온도

Ⅲ. 발생원인

- 재료
  타일 뒷굽 부족, 철물의 부식, 붙임모르타르의 조합 및 두께 불량
- 시공
  접착증강제 사용미숙, 두들김 횟수 불량, 오픈타임 미준수, 신축줄눈 미설치, 코너부위 및 이질재와 만나는 부위의 처리불량
- 환경
  동결융해에 의한 팽창, 방수불량으로 인한 누수양생온도
- 거동
  부동침하 및 진동에 의한 거동, 바탕면 균열

| 시공 |

Ⅳ. 방지대책

1) 재료

　타일 뒷굽, 흡수율, 강도, 뒷면 충전

2) 준비

　① 바탕면에 따른 공법선정

　② Sample시공: 뒷면 밀착률 확인 및 줄눈나누기, 시공성 판단

3) 바탕 Mortar 바름기준

- 바탕고르기 모르타르를 바를 때에는 2회에 나누어서 바른다.
- 바름두께가 10mm 이상일 경우에는 1회에 10mm 이하로 하여 나무 흙손으로 눌러 바른다.
- 바탕 모르타르를 바른 후 타일을 붙일 때까지는 여름철(외기온도 25℃ 이상)은 3~4일 이상, 봄, 가을(외기온도 10℃ 이상, 20℃ 이하)은 1주일 이상의 기간을 두어야 한다.
- 타일붙임면의 바탕면의 정밀도: 벽의 경우는 2.4m당 ±3mm

4) 시공 시 유의사항

　① 줄눈나누기: 수준기, 레벨 및 다림추 등을 사용하여 기준선을 정한다.

　② 마름질: 온장을 사용하도록 줄눈나누기

　③ 줄눈 너비: 대형벽돌형 9mm, 대형(내부) 5~6mm, 소형 3mm, 모자이크 2mm

　④ 징두리벽은 온장타일이 되도록 나누어야 한다.

　⑤ 타일 측면이 노출되는 모서리 부위는 코너 타일을 사용하거나, 모서리를 가공하여 측면이 직접 보이지 않도록 한다.

　⑥ 벽체는 중앙에서 양쪽으로 타일 나누기

　⑦ 모르타르 배합: C/S=1/3~1/4의 빈배합, 모르타르는 건비빔한 후 3시간 이내에 사용

　⑧ Open Time: 물을 부어 반죽한 후 1시간 이내 사용

　⑨ 붙임모르타르 두께 12~24 mm, 타일크기mm (108×60 이상)

　⑩ 치장줄눈: 타일을 붙이고, 3시간이 경과한 후 줄눈파기를 하여 줄눈 부분을 충분히 청소하며, 24시간이 경과 한 뒤 붙임 모르타르의 경화 정도를 보아, 작업 직전에 줄눈 바탕에 물을 뿌려 습윤케 한다.

　⑪ 신축줄눈: 바탕에까지 닿는 신축줄눈을 약 3 m 간격으로 설치, 벽체 코너안쪽, 창틀주변 및 설비기구와 접촉부에 신축줄눈을 넣는다.

5) 양생

　계절에 따른 양생, 진동 및 충격 금지

기타용어	☆☆☆		
	1	타일 판형붙이기	
			유형: 공법

① 낱장 붙이기와 같은 방법으로 하되 타일 뒷면의 표시와 모양에 따라 그 위치를 맞추어 순서대로 붙이고 모르타르가 줄눈 사이로 스며 나오도록 표본 누름판을 사용하여 압착한다.

② 줄눈 고치기는 타일을 붙인 후 15분 이내에 실시한다.

☆☆☆

	2	동시줄눈 붙이기	
			유형: 공법

① 구조체 표면을 평활하게 미장바름하고, 미장바름면 위에 붙임 mortar를 바른 후 hand vibrator로 진동하여 tile 주변에 mortar가 빠져 나오게 붙이는 공법이다.

② 압착 공법의 단점인 붙임 mortar의 건조현상을 개선하기 위해 hand vibrator의 충격으로 tile 주변에 붙임 mortar가 밀려서 빠져 나온 mortar로 줄눈시공을 하는 공법

③ 붙임 모르타르를 바탕면에 5mm~8mm로 바르고 자막대로 눌러 평탄하게 고른다.

④ 1회 붙임 면적은 $1.5m^2$ 이하로 하고 붙임 시간은 20분 이내로 한다.

⑤ 타일은 한 장씩 붙이고 반드시 타일면에 수직하여 충격 공구로 좌우, 중앙의 3점에 충격을 가해 붙임 모르타르 안에 타일이 박히도록 하며 타일의 줄눈 부위에 붙임 모르타르가 타일 두께의 2/3 이상 올라오도록 한다.

⑥ 충격 공구의 머리 부분은 대($\phi\,50\,mm$), 소($\phi\,20\,mm$) 중 한 가지를 선택하여 사용한다.

⑦ 타일의 줄눈 부위에 올라온 붙임 모르타르의 경화 정도를 보아 줄눈흙손으로 충분히 눌러 빈틈이 생기지 않도록 한다. 줄눈 부위에 붙임 모르타르가 충분히 올라오지 않았을 때는 붙임 모르타르를 채워 줄눈흙손으로 줄눈을 만든다.

⑧ 줄눈의 수정은 타일 붙임 후 15분 이내에 실시하고, 붙임 후 30분 이상이 경과했을 때에는 그 부분의 모르타르를 제거하여 다시 붙인다.

☆☆☆

기타용어	3	모자이크타일 붙이기	
			유형: 공법

① 구조체 표면에 평활하게 미장바름하고, 미장바름면 위에 cement paste 혹은 접착 mortar를 비교적 얇게 바른 후, 종이 혹은 섬유질 net를 쳐서 unit화한 tile을 붙이는 공법

② 압착공법과 같은 방법으로 붙이는 공법으로 작업속도가 빠르고 박리 · 박락이 적다.

③ 붙임 모르타르를 바탕면에 초벌과 재벌로 두 번 바르고, 총 두께는 4mm~6mm를 표준으로 한다.

④ 붙임 모르타르의 1회 바름 면적은 $2.0m^2$ 이하로 하고, 붙임 시간은 모르타르 배합 후 30분 이내로 한다.

⑤ 타일 뒷면의 표시와 모양에 따라 그 위치를 맞추어 순서대로 붙이고 모르타르가 줄눈 사이로 스며 나오도록 표본 누름판을 사용하여 압착한다.

⑥ 줄눈 고치기는 타일을 붙인 후 15분 이내에 실시한다.

마법지

석공사

1. 일반사항
   - 석재의 가공 및 반입검사
   - 사용부위를 고려한 바닥용 석재표면 마무리 종류 및 사용상 특성
   - 석재 혼드마감(Honded Surface)
2. 공법분류
   - 석공사 공법분류
   - 벽체 습식공법(온통사춤공법)
   - 바닥 습식공법(Mortar 깔기공법)
   - 반건식(절충공법)
   - Anchor긴결공법
   - Non-Grouting Double Fastener(석공사의 건식공법)
   - Metal Truss System
   - Back anchor공법
   - Steel Back Frame System
   - 석재의 Open joint공법
3. 시공
   - 석공사 시공계획
4. 하자
   - 석공사 하자원인과 대책

★★★　2. 석공사

9-33	석재의 물성 및 결점	
No. 633		유형: 재료 · 기준

일반사항

석재일반
Key Point

☑ 국가표준
- KCS 41 35 01
- KS F 2530

☑ Lay Out

☑ 핵심 단어

☑ 연관용어

I. 정 의

석재는 균열, 파손, 얼룩, 띠, 철분, 풍화, 산화 등의 결함이 없고, 특히 철분의 함유량이 적어야 하며, 가공 마무리한 규격이 정확하여야 한다.

II. 석재의 물리적 성질

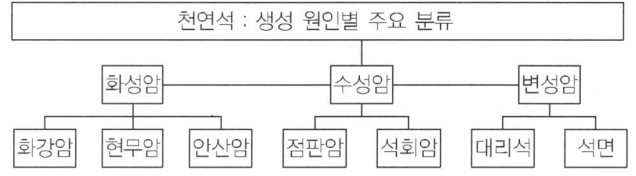

1) 암석의 물성기준

구분		흡수율 (최대%)	비중(최대 %)	압축강도 (N/mm²)	철분 함량(%)
화성암(화강암, 안산암)		0.5	2.6	130	4
변성암 (대리석, 사문암)	방해석	0.8	2.65	60	2
	백운석	0.8	2.9		
	사문석	0.8	2.7		
수성암 (점판암, 사암)	저밀도	13	1.8	20	5
	중밀도	8	2.2	30	5
	고밀도	4	2.6	60	4
	보통	21	2.3	20	5
	규질	4	2.5	80	4
	규암	2	2.6	120	4

2) 석재의 압축강도에 의한 분류(KS F 2530)

구분	압축강도(MPa)	참고값	
		흡수율(%)	겉보기 비중(g/cm²)
경석	50 이상	5 미만	약 2.5 이상
준경석	10이상~50 미만	5 이상~15 미만	약 2.5~2
연석	10 미만	15 이상	약 2 미만

석재의 등급

• 1등급
흐름(구름무늬, 얼룩), 점(흰점, 검은점), 띠(흰줄, 검은줄), 철분(녹물), 끊어지는 줄(균열, 짬), 산화, 풍화 등이 조금도 없는 석재
• 2등급
1등급의 기준에 결점이 심하지 않은 석재
• 3등급
시공의 실용상 지장이 없는 것

일반사항

3) 석재의 결점형태(KS F 2530)

결함종류	형태
구부러짐	석재의 표면 및 옆면의 구부러짐
균열	석재의 표면 및 옆면의 금 터짐
썩음	석재 중에 쉽게 떨어져 나갈 정도의 이질부분
빠진 조각	석재의 겉모양 면의 모서리 부분이 작게 깨진 것
오목	석재의 표면이 들어간 것
반점	석재의 표면에 부분적으로 생긴 반점 모양의 색 얼룩
구멍	석재표면 및 옆면에 나타난 구멍
물듦	석재표면에 다른 재료의 색깔이 붙은 것

9-34	석재의 가공 및 반입검사, 가공 시 결함	
No. 634		유형: 공법

일반사항

석재일반

Key Point

☑ 국가표준
- KCS 41 35 01
- KS F 2530

☑ Lay Out

☑ 핵심 단어

☑ 연관용어

석재의 등급

• 1등급
흐름(구름무늬, 얼룩), 점(흰점, 검은점), 띠(흰줄, 검은줄), 철분(녹물), 끊어지는 줄(균열, 짬), 산화, 풍화 등이 조금도 없는 석재
• 2등급
1등급의 기준에 결점이 심하지 않은 석재
• 3등급
시공의 실용상 지장이 없는 것

I. 정 의

화강석 표면마감의 종류는 화강석을 기계·기구 등을 사용하여 각기 다른 의장적 효과 및 장식적 효과를 얻는 것으로 나눌 수 있으며, 마감의 종류별로 마감의 정도와 마감의 방법을 잘 준수하여 품질을 확보한다.

II. 석재 가공 마무리의 종류 및 가공공정

1) 석재 수(手) 가공 마무리 종류 및 가공공정

가공공정 / 마무리 종류		흑두기		정다듬			도드락다듬			잔다듬			비 고
		큰흑	작은흑	거친정 15개	중간정 25개	고운정 70개	25눈	64눈	100눈	5~6 mm	3~4 mm	1.5~2mm	
흑두기	큰흑	①											쇠망치로 따낸다.
흑두기	작은흑		①										쇠망치와 날메로 따낸다.
정다듬	거친정		①	②									정으로 2.3회 쪼아 낸다.
정다듬	중간정		①	②	③								
정다듬	고운정		①	②	③	④							
도드락다듬	거친다듬		①	②	③	④	⑤						도드락 망치로 타격한다.
도드락다듬	중간다듬		①	②	③	④	⑤	⑥					
도드락다듬	고운다듬		①	②	③	④	⑤	⑥	⑦				
잔다듬	거친다듬		①	②	③*	④	⑤	⑥*	⑦*	⑧			일자형 잔다듬 망치로 타격한다.
잔다듬	중간다듬		①	②	③*	④	⑤	⑥*	⑦	⑧*	→+	⑨	
잔다듬	고운다듬		①	②	③	④	⑤	⑥	⑦	⑧	⑨	⑩	

주 1) ○ 내의 숫자는 가공순위를 표시한다.
　　2) 잔다듬 숫자는 잔다듬 망치의 날 간격임.
　　3) *표 공정은 생략하거나 +표의 공정으로 바꿀 때는 공사시방서에 따른다.
　　4) 수(手) 가공에 한정한다.
　　5) 석재의 두께는 80 mm 이상으로 한다.
　　6) 정다듬 숫자는 100×100 정 자국으로 표시한다.
　　7) 도드락다듬 눈(目) 숫자는 35×35면의 뿔 안의 숫자를 표시한다.

2) 석재의 물갈기 마감 공정

마감 종류	수동 물갈기	자동 물갈기
거친갈기	메탈 #60 (Matal Polishing Disc)	마석 #60
물갈기	레진 #1,500 (Resin Polishing Disc)	마석 #1,500
본갈기	레진 #3,000 (Resin Polishing Disc)	마석 #3,000
정갈기	광판 (광내기)	P.P (파우더)

1) 자동 물갈기 공정은 자동연마기 기계에 따라 마석번호가 상이할 수 있다
2) 국산 및 중국제 자동연마기 기계 기준임.

3) 석재 기계 가공 마무리 종류 및 가공공정

가공공정 마감종류		정다듬		도드락다듬			잔다듬	비 고
		버너	3날정	9눈	25눈	49눈	1.5~ 2 mm	
정다듬	면 고르기	①						버너로 표면을 벗겨낸다.
	1회		②					3날 정으로 타격
도드락 다듬	거친다듬	①		②				NB 10 도드락 망치로 타격한다.
	중간다듬	①		②	③			
	고은다듬	①		②	③	④		
잔다듬	1회	①		②	③	④	⑤	일자형 잔다듬 날로 타격한다.

주 1) ○ 내의 숫자는 가공순위를 표시함.
2) 원석을 할석, 버너한 후 가공한다.
3) 석재의 두께는 60mm 이상으로 한다.
4) 잔다듬 숫자는 잔다듬 망치의 날 간격임.

4) 버너마감
① 견본 결정
  • 석재의 종류, 색상, 결, 무늬, 가공형상 등은 마감 정도에 따라 결정
② 가공요령
  • 원석을 갱쏘(gang-saw) 또는 할석기(diamond blade saw)로 할석하여 표면을 버너 가공한 후 시공도에 의한 크기를 절단한다.
③ 면의 흠 집
  • 끊어지는 줄(균열, 짬), 철분(녹물), 산화, 풍화 등의 흠집이 없는 석재를 사용한다.
④ 버너 사용 요령
  • 버너 표면 마감요령은 액체산소(O_2)와 액화석유가스(LPG)에 의해 화염온도 약 1,800℃ ~2,500℃ 불꽃
  • 석재판과의 간격을 30mm~40mm 되도록 하여 좌우 또는 전진과 후진하여 표면을 1회 벗겨내도록 하되 중복하여 전진과 후진하여 벗겨내지 않는다.

- 수(手)작업 시 좌우, 전진후진을 병행하지 않는다.

⑤ 버너가공 후 처리

- 석재 표면에 열을 가하여 가공한 후 물 뿌리기를 하지 않는다.

⑥ 앵커구멍 뚫기

- 앵커구멍 뚫기는 석재 두께면과 같은 실 규격의 형판을 제작하여 석재 두께면 좌우 1/4 지점에 앵커 위치를 표시한 후 20mm의 깊이 및 각도를 일정하게 구멍을 뚫고 압축 공기를 불어넣어 구멍 안을 깨끗이 청소한다. 청소한 구멍은 먼지나 이물질이 들어가지 않도록 테이프 등으로 막아 둔다.

5) 가공 시 공통 유의사항

① 석재의 마주치는 면 및 모서리 마감은 너비 15mm 이상, 기타 보이지 않게 되는 부분은 30mm 이상 마무리한다.

② 몰딩 및 조각 등은 원석을 시공도에 의하여 할석한 후 정확히 가공한다.

③ 연결철물, 핀, 꺾쇠 등의 구멍 및 모서리 부분은 설치 전에 가공하며, 정밀도 확보를 위하여 공장 가공하는 것을 원칙으로 한다.

④ 손(手)갈기 마무리일 때에는 거친갈기, 물갈기, 본갈기 공정으로 마감한다.

⑤ 기계 가공 시 원석을 할석한 후 가공한다.

⑥ 바닥 깔기 공사는 된비빔 모르타르를 30mm 이상 깔고, 페이스트 반죽을 3mm 이상 두께로 깔고, 3mm ~ 5mm 이상 된비빔 모르타르에 주입된 후 고무망치를 이용하여 타격하여 설치한다.

⑦ 단위석재 간의 단차는 0.5mm 이내, 표면의 평활도는 10m당 5mm 이내가 되도록 설치한다.

⑧ 줄눈의 깊이는 석재 두께 50mm까지 10mm 이상, 석재 두께 50mm 이상의 경우는 15mm 이상 충전한다.

Ⅲ. 가공 종류별 유의사항

1) 혹떼기

거친 돌이나 마름돌의 돌출부 등을 쇠메로 쳐서 비교적 평탄하게 마무리하는 것

돌의 표면은 평탄하되 중간부가 우묵하지 않게 한다.

2) 정다듬

① 정으로 쪼아 평평하게 다듬은 것으로 거친 다듬, 중다듬, 고운 다듬으로 구분

② 정자국의 거리간격은 균등하고, 깊이는 일정해야 하며, 정다듬기는 보통 2~3회 정도

3) 도드락 다짐

　① 도드락 망치는 날의 면이 약 5cm 각에 돌기된 이빨이 돋힌 것

　② 정다듬 위에 더욱 평탄히 할 때 사용

4) 잔다듬

　① 날망치 날의 나비는 5cm 정도의 자귀모양의 공구

　② 잔다듬줄은 건물의 가중방향(加重方向)에 직각되게 한다.

5) 물갈기

　① 잔다듬한 면을 각종 숫돌, 수동기계 갈기하여 마무리하는 것

　② 갈기한 다음 광내기 마무리

IV. 석재의 가공 시 결함·원인·대책

결 함	제작공종	원 인	대 책
판의 두께가 일정하지 않음	Gang Saw 절단	절단 속도가 빠름	적정한 절단 속도의 선정 및 유지
얼룩·녹(철분)·황변현상 발생	Gang Saw 절단 후 판재 청소	절단 후 물씻기 부족 연마재의 물씻기 부족 세정제(인산, 초산 등) 사용	세정제 사용없이, 고압수로 물씻기
판재의 휨 현상	Burner 가공 후 처리	열을 가한 후 물뿌리기	석재 표면에 열을 가한 후 물뿌리기 금지
Crack으로 깨지는 현상	표면마감	판이 얇은 경우 Jet burner 마감 시 발생	두께 27mm 이상
구멍 뚫은 위치에 얼룩무늬나 황변현상 발생	꽂음촉, 꺽쇠 혹은 Shear connector 구멍 뚫기	깊이나 각도의 차이가 커서 유효두께 부족	깊이나 각도를 측정 기구로 검사
철분 녹의 발생	포장	Steel band에 의한 오염	옥내 보관, 석재와 bond 사이 완충재 사용
포장재에 의한 오염	포장	Cushion재 등의 얼룩 베어남	Cushion재의 오염시험
얼룩무늬나 황변현상 발생	시공	안료·발수제 사용에 의한 색깔 맞춤	안료·발수제에 의한 표면처리 금지
		이면 처리 재료나 접착 재료 도포 시 석재에 얼룩 발생	시방기준에 의한 배합비 준수 오염현상 없는 접착제 선정 바탕면을 완전히 건조 후 접착제 도포
백화현상 발생	시공	• 누수에 의한 수분이 석재 배면(背面)에 침투 • 줄눈 균열에 의한 누수	방수 정밀 시공 줄눈 충전 검사 석재 배면용 발수 처리 재료 도포

V. 석재의 검수 및 보관

```
┌─ 채석장 검수
├─ 현장검수
└─ 석재보관
```

• 사전에 채석장을 방문하여 가공기술 파악
• 동일 원석 확인
• 부재의 색상, 표면가공 상태, 이물질에 의한 오염여부, 규격확
• 반입된 석재는 규격별 위치별로 보관하며, 눈 및 비 등에 오염되지 않도록 조치
• 동절기에는 석재 꽂음촉 부위에 수분이 들어가 결빙되지 않도록 조치

VI. 표면오염 방지대책

1) 석재의 반입 및 보관
   ① 석재와 석재 사이는 보호용 cushion재 설치
   ② 석재끼리 마찰에 의한 파손 방지

2) 운반
   ① 운반시의 충격에 대해 면·모서리 등을 보양
   ② 면: 벽지·하드롱지·두꺼운 종이 등으로 보양
   ③ 모서리: 판자·포장지·거적 등으로 보양

3) 청소
   ① 석재면의 모르타르 등의 이물질은 물로 흘러내리지 않게 닦아 낸다.
   ② 염산·유산 등의 사용을 금한다.
   ③ 물갈기 면은 마른 걸레로 얼룩이지지 않게 닦아 낸다.

4) 작업 후 양생
   ① 1일 작업 후 검사가 완료되면 호분이나 벽지 등으로 보양
   ② 창대·문틀·바닥 등에는 모포 덮기·톱밥 등으로 보양한다.
   ③ 양생 중 보행금지를 위한 조치를 취한다.

5) Back up재
   ① 규격에 맞는 back up재 삽입
   ② Bond breaker 방지

6) Sealing 철저
   ① Sealing 시공과 masking tape의 정밀부착
   ② Sealing 재료 충전 후 경화될 때까지 표면 오염방지

7) 석재
   ① 석재의 강도·흡수율 등 재질이 동등하여야 한다.
   ② 가공한 석재 균열이 없어야 한다.
   ③ 운반 및 저장시 모서리 보양 철저

8) 석보양 철저
   ① 석재 시공 후 sheet·호분지 등으로 보양
   ② 석재 주변에서 용접 시 보양후에 작업을 실시

일반사항	9-35	사용부위를 고려한 바닥용 석재표면 마무리 종류 및 사용상 특성
	No. 635	유형: 공법·기능

석재일반

Key Point

☑ 국가표준

☑ Lay Out

☑ 핵심 단어

☑ 연관용어

I. 정 의

화강석 표면마감은 사용부위와 용도에 따라 기계·기구 등을 사용하여 각기 다른 의장적 효과 및 장식적 효과를 얻는 것으로 나눌 수 있다.

II. 표면 마무리 종류 및 사용상 특성

1) 정다듬, 도드락다듬, 잔다듬
   ① 날망치, 도드락망를 이용
   ② 역사적 유적지 바닥마감

2) 물갈기 광내기: 연마(물갈기, Polished)
   ① 유리표면 같은 형태
   ② 물청소를 하지 않는 실내 주방, 현관바닥, 복도, lobby
   ③ 왁스관리 및 건조 상태 유지

3) 물갈기 혼드가공 Honed Surface (반광, 반연마 #semiglossy)
   ① 무광혼드(#로우혼드), 유광혼드 400#600#800#(#하이혼드)
   ② 빛반사 없는 마감, 파스텔톤 느낌

4) 버너마감(Burner, Flamed)
   ① 판석의 표면을 액화산소와 천연가스(LPG)를 분사하여 발생된 화염으로 태워 판석표면의 광물을 튀겨내는 표면처리 방법
   ② 화염온도는 약 1,200 ~ 1,400℃ 정도, 열의 팽창을 이용하는 방법으로 석판의 균열 등이 우려 되므로 두께가 20cm 이하는 사용금지
   ③ 계단 및 경사로, 현관외부 입구 논슬립 용도, 와일드한 컨셉

5) 버너 & 브러쉬
   ① 버너마감의 탁해지는 색상보정
   ② #사틴(#부드러운표면)의 촉감을 위한 마감
   ③ 버너 후 브러쉬로 샌딩하듯 표면 돌가루와 거친 부분을 살짝 갈고 닦아내는 작업

6) 표면#워터젯(waterjet)마감
   ① #물버너 마감
   ② 고압의 물을 사용해서 표면 박피를 하는 것
   ③ 버너마감의 강한 열에 의한 색상퇴색 탄점을 보완
   ④ 비용의 증가와 설비 구비

7) 샌드블라스트(Sand blast)
   ① 판재의 두께가 얇거나 잔다듬 가공조건이 갖춰지지 않은 상황에서 사용
   ② 판석의 표면에 금강사를 고압으로 분사하여 석재 표면을 곱게 벗겨낸 마감

9-36	석재 혼드마감(Honded Surface)	
No. 636		유형: 공법·기능

일반사항

석재일반

Key Point

☑ 국가표준

☑ Lay Out

☑ 핵심 단어

☑ 연관용어

I. 정 의

① 화강석 표면마감에서 광도를 다르게 가공하는 것으로 연마의 중간 단계

② 무광혼드(#로우혼드), 유광혼드 400#600#800#(#하이혼드)로 구분되며, 빛반사 없는 마감, 파스텔톤 느낌을 낼 때 사용

II. 표면 마무리 종류 및 사용상 특성

1) 정다듬, 도드락다듬, 잔다듬

   ① 날망치, 도드락망를 이용

   ② 역사적 유적지 바닥마감

2) 물갈기 광내기: 연마(물갈기, Polished)

   ① 유리표면 같은 형태

   ② 물청소를 하지 않는 실내 주방, 현관바닥, 복도, lobby

   ③ 왁스관리 및 건조 상태 유지

3) 물갈기 혼드가공 Honed Surface (반광, 반연마 #semiglossy)

   ① 무광혼드(#로우혼드), 유광혼드 400#600#800#(#하이혼드)

   ② 빛반사 없는 마감, 파스텔톤 느낌

4) 버너마감(Burner, Flamed)

   ① 판석의 표면을 액화산소와 천연가스(LPG)를 분사하여 발생된 화염으로 태워 판석표면의 광물을 튀겨내는 표면처리 방법

   ② 화염온도는 약 1,200 ~ 1,400℃ 정도, 열의 팽창을 이용하는 방법으로 석판의 균열 등이 우려 되므로 두께가 20cm 이하는 사용금지

   ③ 계단 및 경사로, 현관외부 입구 논슬립 용도, 와일드한 컨셉

5) 버너 & 브러쉬

   ① 버너마감의 탁해지는 색상보정

   ② #사틴(#부드러운표면)의 촉감을 위한 마감

   ③ 버너 후 브러쉬로 샌딩하듯 표면 돌가루와 거친부분을 살짝 갈고 닦아내는 작업

6) 표면#워터젯(waterjet)마감

   ① #물버너 마감

   ② 고압의 물을 사용해서 표면 박피를 하는 것

   ③ 버너마감의 강한 열에 의한 색상퇴색 탄점을 보완

   ④ 비용의 증가와 설비 구비

일반사항

7) 샌드블라스트(Sand blast)
① 판재의 두께가 얇거나 잔다듬 가공조건이 갖춰지지 않은 상황에서 사용
② 판석의 표면에 금강사를 고압으로 분사하여 석재 표면을 곱게 벗겨 낸 마감

공법분류	★★★　　2. 석공사		
	9-37	석공사 공법분류	
	No. 637		유형: 공법 · 기준

I. 정 의

석재는 설치장소 및 마감정밀도에 따른 석재의 재질, 크기, 작용하중 및 풍압, 미관, 최종마감, 경제성 등을 고려하여 공법을 선정한다.

II. 공법분류

1) 습식

① 온통 사춤공법: 구조체와 석재 사이를 연결(긴결)철물로 연결한 후 구조체와의 사이에 간격 40mm를 표준으로 사춤 Mortar를 채워 넣어 부착시키는 공법

② 간이 사춤공법: 구조체와 석재 사이를 철선 및 탕개, 쐐기 등으로 고정한 후 구조체와의 사이에 Mortar를 사춤하는 공법으로 외부 화단 등 낮은 부분에 적용된다.

③ 바닥 깔기 Mortar 공법: 비빔 Mortar(시멘트:모래=1:3)를 바닥면에 40~70mm 정도 깔아놓고 Cement Paste를 뿌린 후 고무망치로 두들겨 시공하는 공법

2) 반건식

• 구조체와 석재를 황동선(D4~5mm)으로 긴결 후 긴결 철물 부위를 석고(석고 : 시멘트 = 1 : 1)로 고정시키는 공법

3) 건식

구분	공법	적용 System	고정 Anchor
고정방식	옹벽 Anchor긴결	옹벽에 직접고정	Pin Hole AL Extrusion System Back Anchor
	Truss Anchor긴결 & Back Frame System	Steel Back Frame System Back Frame Stick System	
		Metal Truss System Back Frame Unit System	AL Extrusion System Back Anchor
줄눈형태	Open Joint	Back Frame O.J 옹벽 O.J	AL Extrusion System Back Anchor
PC	GPC	(Unit System)	

• 구조체와 석재 사이를 fastener를 이용하여 구조체와 석재가 setting space(내부공간)가 있도록 설치 · 부착하는 석재붙임공법

공법분류	☆☆☆	2. 석공사	
	9-38	석재 습식공법	
	No. 638		유형: 공법 · 기능

습식

Key Point

■ 국가표준

■ Lay Out

■ 핵심 단어

■ 연관용어

I. 정 의

구조체와 석재 사이를 연결철물로 연결한 후 mortar를 채워 넣어 구조체
와 석재를 일체화시키는 공법

II. 공법분류

1) 온통 사춤공법 – 외벽

구조체와 석재 사이를 연결(긴결)철물로 연결한 후 구조체와의 사이에
간격 40mm를 표준으로 사춤 Mortar를 채워 넣어 부착시키는 공법

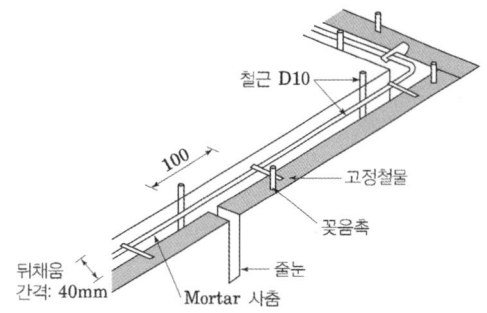

① 사춤 : 시멘트 : 모래 = 1 : 3비율
② 종방향 철근간격 @600mm
③ 횡방향 철근은 줄눈의 하단에 맞추어 설치

2) 간이사춤 공법 – 외벽

구조체와 석재 사이를 철선 및 탕개, 쐐기 등으로 고정한 후 구조체와의
사이에 Mortar를 사춤하는 공법으로 외부 화단 등 낮은 부분에 적용
된다.

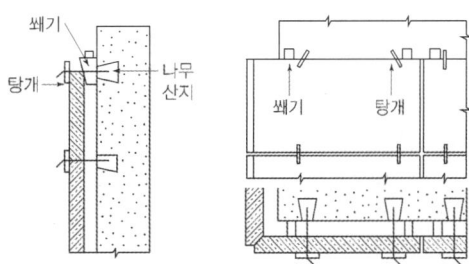

3) 깔기 Mortar 공법 – 바닥

건비빔 Mortar(시멘트 : 모래 = 1 : 3)를 바닥면에 40~70mm 정도 깔아
놓고 Cement Paste를 뿌린 후 고무망치로 두들겨 시공하는 공법

☆★★　　2. 석공사

9-39	석재 반건식(절충공법)	
No. 639		유형: 공법·기능

I. 정 의

구조체와 석재를 황동선(D4~5mm)으로 긴결 후 긴결 철물 부위를 석고(석고:시멘트=1:1)로 고정시키는 공법

II. 설치부위

1) 옹벽에 설치하는 경우

구조체와 석재 사이를 연결(긴결)철물로 연결한 후 구조체와의 사이에 간격 40mm를 표준으로 사춤 Mortar를 채워 넣어 부착시키는 공법

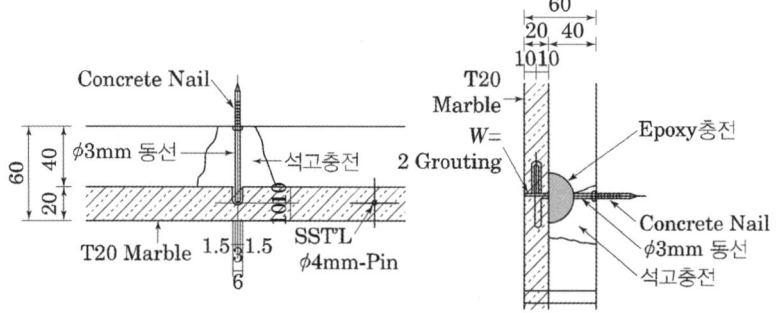

2) 경량벽체에 설치하는 경우

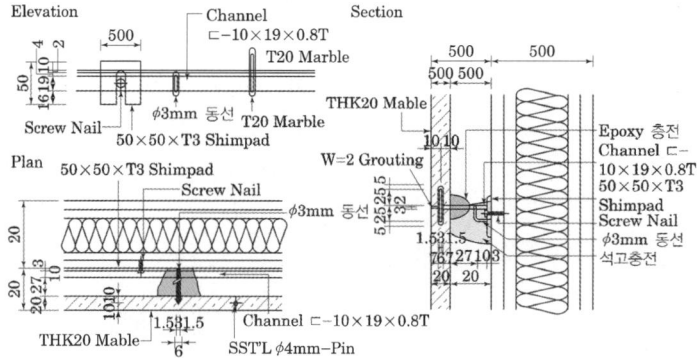

공법분류

공법분류

건식
Key Point

☑ 국가표준
- KCS 41 35 06

☑ Lay Out

☑ 핵심 단어

☑ 연관용어

중점관리 사항

건식 석재공사는 석재의 하부는 지지용으로, 석재의 상부는 고정용으로 설치하되 상부 석재의 고정용 조정판에서 하부 석재와의 간격을 1mm로 유지하며, 촉구멍 깊이는 기준보다 3mm 이상 더 깊이 천공하여 상부 석재의 중량이 하부 석재로 전달되지 않도록 한다.

★★★　2. 석공사

9-40	석재 Anchor 긴결공법	
No. 640		유형: 공법 · 기능

I. 정 의

구조체와 석재 사이를 anchor, fastener, pin(꽂음촉) 등으로 연결한 후 석재를 설치 · 부착하는 공법

II. Pin Hole공법(꽂음촉 공법)

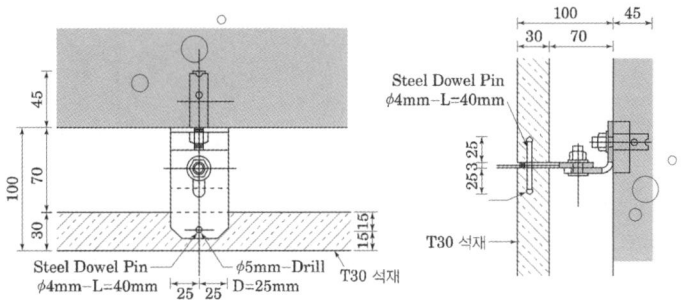

III. 시공 시 유의사항

① 상부 석재의 고정용 조정판에서 하부 석재와의 간격을 1mm로 유지
② 촉구멍 깊이는 기준보다 3mm 이상 더 깊이 천공하여 상부 석재의 중량이 하부 석재로 전달 금지
③ 석재 두께 30mm 이상을 사용
④ 줄눈에는 석재를 오염시키지 않는 부정형 1성분형 변성실리콘을 사용
⑤ 석재 내부의 마감면에서 결로방지를 위해 줄눈에 물구멍 또는 환기구를 설치
⑥ 발포성 단열재 설치 구조체에 석재를 설치 시 단열재 시공용 앵커를 사용
⑦ 구조체에 수평실을 쳐서 연결철물의 장착을 위한 세트 앵커용 구멍을 45mm 정도 천공하여 캡이 구조체 보다 5mm 정도 깊게 삽입
⑧ 연결철물은 석재의 상하 및 양단에 설치하여 하부의 것은 지지용으로, 상부의 것은 고정용으로 사용
⑨ 연결철물용 앵커와 석재는 핀으로 고정시키며 접착용 에폭시는 사용금지
⑩ 설치 시의 조정과 층간 변위를 고려하여 핀 앵커로 1차 연결철물(앵글)과 2차 연결철물(조정판)을 연결하는 구멍 치수를 변위 발생 방향으로 길게 천공된 것으로 간격을 조정
⑪ 판석재와 철재가 직접 접촉하는 부분에는 적절한 완충재(kerf sealant, setting tape 등)를 사용

9-41	Non-Grouting Double Fastener	
No. 641		유형: 부재·기능

I. 정 의

구조체와 석재 사이를 anchor, fastener, pin(꽂음촉) 등으로 연결한 후 석재를 설치·부착하는 공법

II. Fastener의 형식

1) Grouting 방식

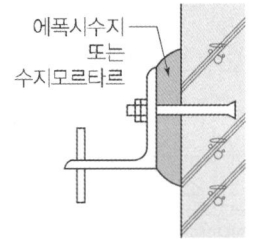
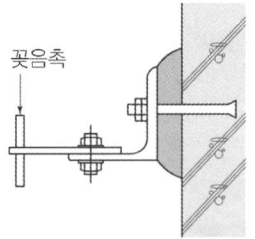

에폭시수지
또는
수지모르타르

꽂음촉

[Single Fastener]   [Double Fastener]

① Epoxy 수지 충전성이 문제가 되므로 층간변위가 크거나 고층의 경우 부적합
② Grouting 방식에서 Fastener의 위치를 결정하기 위한 위치 조정 bolt를 사용하는 경우가 있음

2) Non-Grouting

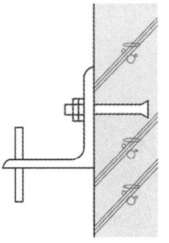
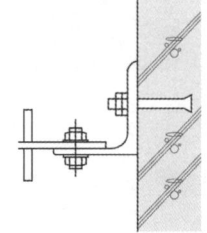

[Single Fastener]   [Double Fastener]

① Single fastener 방식: Fastener의 X축, Y축, Z축 방향 조정을 한 번에 해야 하므로 정밀도 조정이 어렵고, 조정 가능 범위가 작아 정밀한 구조체 바탕면이 필요하며 여러 종류의 fastener가 필요
② Double fastener 방식: Fastener의 slot hole로 오차 조정이 가능하므로 비교적 작업이 용이하며, 가장 많이 적용되고 있는 방식

9-42	강제(鋼製) 트러스 지지공법	
No. 642	Metal Truss System	유형: 공법·기능

공법분류

건식
Key Point

☑ 국가표준
- KCS 41 35 06

☑ Lay Out

☑ 핵심 단어

☑ 연관용어

I. 정 의

① Unit화된 구조물(Back Frame)에 석재를 현장의 지상에서 시공한 뒤 구조물과 일체가 된 유닛석재 패널을 조립식으로 설치하는 공법

② 강제(鋼製) 트러스와 구조체의 응력전달체계, 트러스와 트러스 사이에 설치될 창호의 하중에 의한 처짐 검토 등에 대한 Mock Up Test를 을 통하여 풍하중 등에 대한 안정성, 수밀성, 기밀성 등을 확인

II. Fastener의 형식

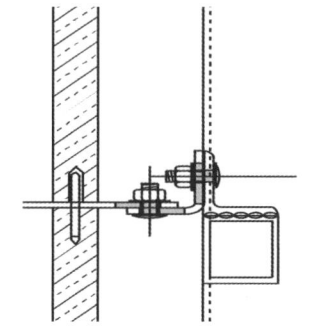

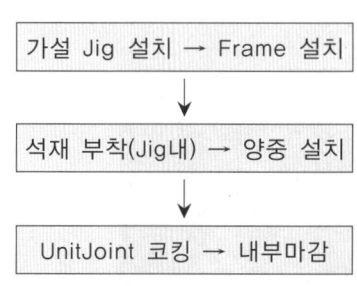

가설 Jig 설치 → Frame 설치

↓

석재 부착(Jig내) → 양중 설치

↓

UnitJoint 코킹 → 내부마감

III. 특 징

① Unit호된 석재 Panel을 외벽에 설치하므로 공사기간 단축

② 저층에서의 가설 Jig장 내 작업으로 위험요소 감소

IV. 시공 시 유의사항

① 강제 트러스와 구조체의 응력전달체계, 트러스와 트러스 사이에 설치될 창호의 하중에 의한 처짐 검토 등에 대한 구조검토

② Mock Up Test를 통하여 풍하중 등에 대한 안정성, 수밀성, 기밀성 등을 확인

③ 타워크레인에 의한 양중은 스프레더 빔, 와이어 등을 이용하여 트러스 부재가 기울이지거나 과도한 응력이 걸리지 않도록 한다.

④ 강제 트러스 용접부위 표면은 수분, 먼지, 녹슬음, 기름등 불순물을 제거 후 바탕처리를 하고 광명단 조합페인트로 녹막이 칠을 한다.

공법분류

★★★　　2. 석공사

9-43	Steel Back Frame System	
No. 643		유형: 공법 · 기능

건식
Key Point

☑ 국가표준

☑ Lay Out

☑ 핵심 단어

☑ 연관용어

I. 정 의

아연도금한 각 파이프를 구조체에 긴결시킨 후 수평재에 Angle과 Washer, Shim Pad를 끼우고 앵글을 상하 조정하여 너트로 고정시키고 조인다음 앵글에 조정판을 연결하고 고정 시키는 공법

II. Fastener의 형식

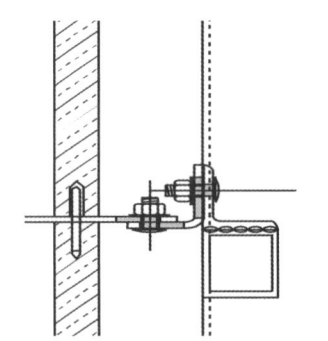

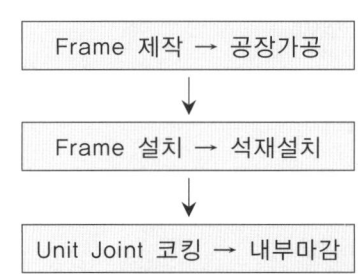

Frame 제작 → 공장가공

↓

Frame 설치 → 석재설치

↓

Unit Joint 코킹 → 내부마감

III. 특 징

① 설치공법: Pin Dowel 공법
② 줄눈공사: 석재 시공 후 Selant 처리
③ Frame의 Expansion Joint는 있으나 마감재에 비노출

IV. 시공 시 유의사항

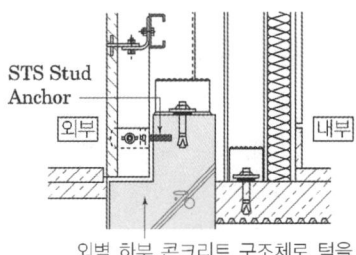

STS Stud Anchor
외부 　　 내부
외벽 하부 콘크리트 구조체로 턱을 조성

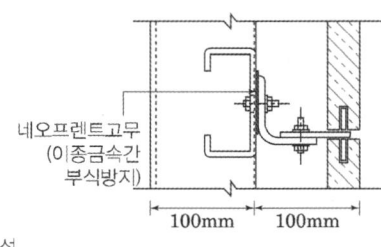

네오프렌트고무
(이종금속간 부식방지)
100mm　100mm

① 석재내부에 단열재를 설치하게 되므로 시공 후 우수에 의한 누수를 반드시 확인할 것
② 단열재는 석재면으로부터 간격을 멀리하고 맞대면은 은박지 등 방습지를 바름
③ 단열재 두께에 따른 시공성을 감안하여 상세결정
④ 이종금속간 부식방지 방안: Frame과 Fastener사이에는 네오프렌고무를 끼워 이질재의 이온전달에 의한 부식을 방지

공법분류	9-44	석재의 Open joint공법	
	No. 644		유형: 공법 · 기능

건식

Key Point

☑ 국가표준

☑ Lay Out

☑ 핵심 단어

☑ 연관용어

I. 정 의

석재의 외벽 건식공법에서 석재와 석재 사이의 줄눈(joint)을 sealant 로 처리하지 않고 틈을 통해서 물을 이동시켜 압력차이로 없애는 등압 이론을 이용하는 줄눈공법

II. 등압공간 및 기밀막의 구성요소

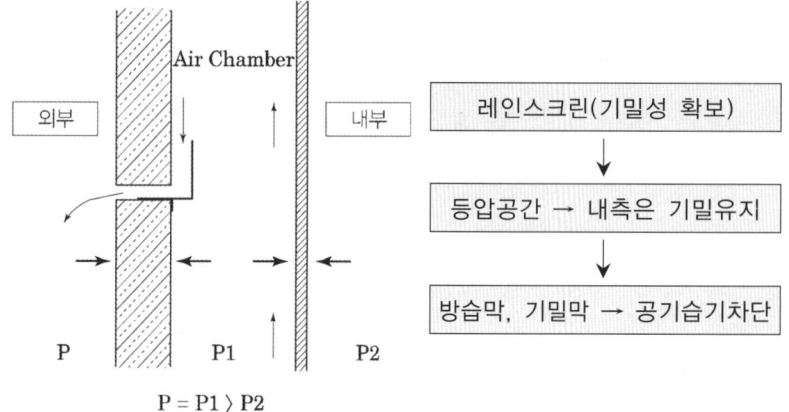

$$P = P1 \rangle P2$$

- 옹벽 O.J — 창호 Frame 주위에 공기의 유입을 차단시키는 Air-tightening 기능으로 기밀성 확보
- Back Frame O.J — Rain Screen을 설치하고 Mullion과 만나는 부위 Sealant 처리로 기밀성 확보

III. 주요 구성요소

1) Rain Screen
   ① 두께 1.0mm 아연도 강판을 사용
   ② 이음부위는 Sealant로 연결한 다음 두께 1.0mm의 일면 AL 호일 자착식 부틸 Sheet를 부착하여 기밀성 확보
2) Air Chamber
   - 외부로 열린 공기방
3) Vapour Barrier
   - 공기와 습기의 흐름을 차단할 수 있고 풍압을 견딜 수 있는 내부 방습 및 기밀막

9-45	벽체 석재 줄눈공사		
No. 645			유형: 공법·기능

시공

건식

Key Point

☑ 국가표준
- KCS 41 35 06

☑ Lay Out

☑ 핵심 단어

☑ 연관용어

I. 정 의

실링재는 접착성, 탄성, 내후성, 내약품성 등을 갖추어야 한다.

II. 벽체 석재 줄눈 크기

① 외부벽체: 6~12mm
② 내부 반건식: 3mm
③ 내부 건식: 4mm
④ 화단 벽체: 6~8mm

III. 시공순서

줄눈점검 및 청소 → Back Up재 설치 → 마스킹테이프 가설치 → 프라이머 도포 및 실런트 충전 → Tooling → 마스킹 테이프 제거

IV. 시공 시 유의사항

① 실리콘 실란트는 비오염성으로 오염된 산성비, 눈, 및 오존 등에 반영구적 내후성을 발휘하며 석재를 오염시키지 않는 부정형 1성분형(습기 경화형) 변성실리콘으로서 온도변화에 영향을 받지 않는 실리콘 실란트를 사용
② 실링재 작업 전 줄눈 주위의 페인트, 시멘트, 먼지, 기름, 철분 등을 제거
③ Back up재는 폴리에틸렌과 같이 수분을 흡수하지 않는 재질을 사용
④ Back up재는 줄눈 폭보다 2~3mm 정도 큰 것을 사용
⑤ 실링재 줄눈 깊이는 6~10mm 정도가 되도록 충전

★★★   2. 석공사

9-46	석공사 하자 원인과 대책	
No. 646		유형: 공법 · 하자

시공

하자
Key Point

■ 국가표준
- KCS 41 35 06

■ Lay Out

■ 핵심 단어

■ 연관용어

유형

• 파손/ 탈락/ 균열
• 변색/오염
• 줄눈불량
• 찍힘
• 이음부 불량
• 구배 불량

하자원인

• 재료
- 선정 및 가공
• 시공
- 운반, 보관, 골조 바탕면 간격 및 수직수평
• 환경
- 양생 및 보양, 동절기, 우기
• 거동
- 부동침하 및 진동에 의한 거동, 바탕면 균열

I. 정 의

① 건식공법 하자원인은 석재자체의 품질과, 잘못된 공법선정, 시공 중 부주의 그리고 부실한 양생 및 보양 등이다.
② 하자 발생의 원인을 이해하여 하자가 발생하지 않도록 확실한 시공을 하는 것이 가장 중요하다

II. 하중전달에 의한 석재 파손

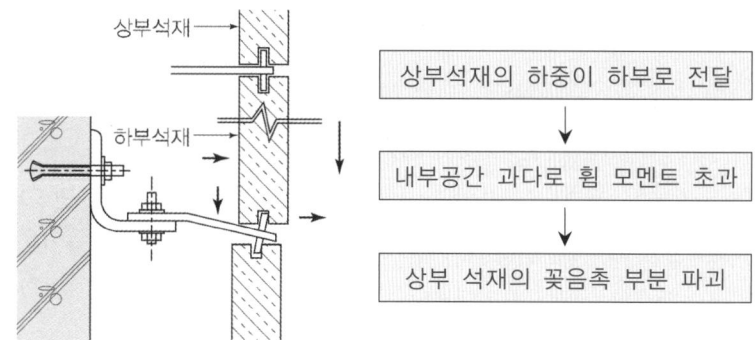

III. 방지대책

① 상부 석재의 고정용 조정판에서 하부 석재와의 간격을 1mm로 유지
② 촉구멍 깊이는 기준보다 3mm 이상 더 깊이 천공하여 상부 석재의 중량이 하부 석재로 전달 금지
③ 석재 두께 30mm 이상을 사용
④ 줄눈에는 석재를 오염시키지 않는 부정형 1성분형 변성실리콘을 사용
⑤ 석재 내부의 마감면에서 결로방지를 위해 줄눈에 물구멍 또는 환기구를 설치
⑥ 발포성 단열재 설치 구조체에 석재를 설치 시 단열재 시공용 앵커를 사용
⑦ 구조체에 수평실을 쳐서 연결철물의 장착을 위한 세트 앵커용 구멍을 45mm 정도 천공하여 캡이 구조체 보다 5mm 정도 깊게 삽입
⑧ 연결철물은 석재의 상하 및 양단에 설치하여 하부의 것은 지지용으로, 상부의 것은 고정용으로 사용
⑨ 연결철물용 앵커와 석재는 핀으로 고정시키며 접착용 에폭시는 사용금지
⑩ 설치 시의 조정과 층간 변위를 고려하여 핀 앵커로 1차 연결철물(앵글)과 2차 연결철물(조정판)을 연결하는 구멍 치수를 변위 발생 방향으로 길게 천공된 것으로 간격을 조정

시공

⑪ 판석재와 철재가 직접 접촉하는 부분에는 적절한 완충재(kerf sealant, setting tape 등)를 사용

Ⅵ. 표면오염 방지대책

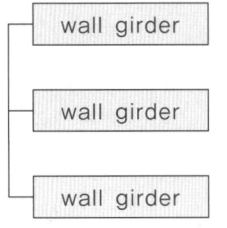

- 사전에 채석장을 방문하여 가공기술 파악
- 동일 원석 확인
- 부재의 색상, 표면가공 상태, 이물질에 의한 오염여부, 규격확
- 반입된 석재는 규격별 위치별로 보관하며, 눈 및 비 등에 오염되지 않도록 조치
- 동절기에는 석재 꽂음촉 부위에 수분이 들어가 결빙 되지 않도록 조치

1) 석재의 반입 및 보관
   ① 석재와 석재 사이는 보호용 cushion재 설치
   ② 석재끼리 마찰에 의한 파손 방지
2) 운반
   ① 운반시의 충격에 대해 면·모서리 등을 보양
   ② 면: 벽지·하드롱지·두꺼운 종이 등으로 보양
   ③ 모서리: 판자·포장지·거적 등으로 보양
3) 청소
   ① 석재면의 모르타르 등의 이물질은 물로 흘러내리지 않게 닦아 낸다.
   ② 염산·유산 등의 사용을 금한다.
   ③ 물갈기 면은 마른 걸레로 얼룩이지지 않게 닦아 낸다.
4) 작업 후 양생
   ① 1일 작업 후 검사가 완료되면 호분이나 벽지 등으로 보양
   ② 창대·문틀·바닥 등에는 모포 덮기·톱밥 등으로 보양한다.
   ③ 양생 중 보행금지를 위한 조치를 취한다.
5) Back up재
   ① 규격에 맞는 back up재 삽입
   ② Bond breaker 방지
6) Sealing 철저
   ① Sealing 시공과 masking tape의 정밀부착
   ② Sealing 재료 충전 후 경화될 때까지 표면 오염방지
7) 석재
   ① 석재의 강도·흡수율 등 재질이 동등하여야 한다.
   ② 가공한 석재 균열이 없어야 한다.
   ③ 운반 및 저장시 모서리 보양 철저
8) 석보양 철저
   ① 석재 시공 후 sheet·호분지 등으로 보양
   ② 석재 주변에서 용접 시 보양후에 작업을 실시

시공

☆★★	2. 석공사	
9-47	바닥석재 백화현상과 방지대책	
No. 647		유형: 결함 · 하자

하자
Key Point

☑ 국가표준
- KCS 41 35 01

☑ Lay Out

☑ 핵심 단어

☑ 연관용어

I. 정 의

바닥 석재 하부 모르타르의 물이 다공질 석재에 흡수된 후 수분이 증발할 때 시멘트의 가용성분이 석재표면으로 배어나오거나, 이물질이 공기 중의 탄산가스와 반응하여 석재표면에 들러붙는 현상

II. 바닥 석재 습식공법

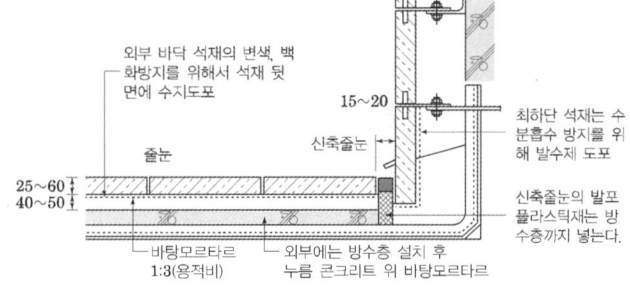

외부 바닥 석재의 변색, 백화방지를 위해서 석재 뒷면에 수지도포

15~20

최하단 석재는 수분흡수 방지를 위해 발수제 도포

줄눈

신축줄눈

신축줄눈의 발포 플라스틱재는 방수층까지 넣는다.

25~60
40~50

바탕모르타르 1:3(용적비)

외부에는 방수층 설치 후 누름 콘크리트 위 바탕모르타르

III. 시공 시 주의사항

① 바닥 깔기 공사는 된비빔 모르타르를 30mm 이상 깔고, 페이스트 반죽을 3mm 이상 두께로 깔고, 3mm~5mm 이상 된비빔 모르타르에 주입된 후 고무망치를 이용하여 타격하여 설치한다.

② 단위석재 간의 단차는 0.5mm 이내, 표면의 평활도는 10m당 5mm 이내가 되도록 설치한다.

③ 줄눈의 깊이는 석재 두께 50mm까지 10mm 이상, 석재 두께 50mm 이상의 경우는 15mm 이상 충전한다.

IV. 백화발생 원리

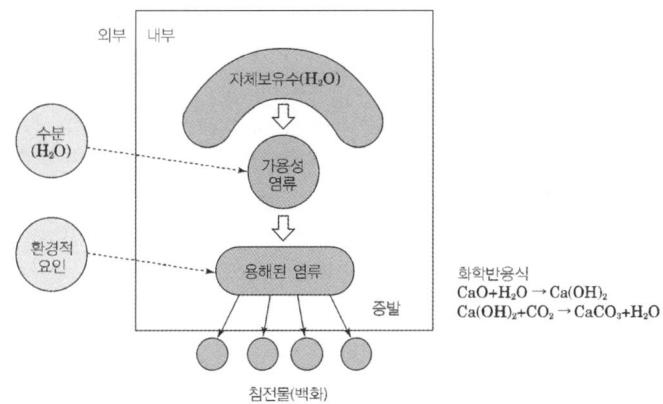

외부 / 내부

자체보유수(H_2O)

수분(H_2O)

가용성 염류

환경적 요인

용해된 염류

증발

화학반응식
$CaO + H_2O \rightarrow Ca(OH)_2$
$Ca(OH)_2 + CO_2 \rightarrow CaCO_3 + H_2O$

침전물(백화)

시공

Ⅴ. 시공 시 주의사항

1) 시공 중 원인

① 석재시공 시 모르타르 내에 물이 너무 많고, 양생기간 동안 마감면 위로 보행 시

② 바닥줄눈이 잘못 시공되었을 경우

③ 동절기 보양불량 및 양생기간이 짧을 경우

④ 바닥구배가 잘못되어 우수가 흘러가지 않고 고여 줄눈사이로 물이 침투될 경우

2) 시공 후 원인

① 겨울철에 외부에서 석재하부로 물이 스며들어 동결융해로 인하여 석재가 박락

② 석재의 균열로 물이 석재하부로 침투

Ⅵ. 백화방지대책

① 바닥 줄눈재 밀실시공 관리

② 동절기 가급적 시공지양

③ 외부에서 시공하는 경우 공사 후 최소 4일간 우천여부를 확인하고 우천대비 비닐 또는 천막지 보양

④ 바닥 시공 후 양생기간 동안 보행금지

	☆☆☆	
기타용어	1	테라조공사
		유형: 공법 · 재료

① 테라조 라 함은 화성암, 수성암, 변성암을 최대 15mm 이하의 크기로 부순 골재, 안료, 시멘트 등의 고착제와 함께 성형하고, 경화한 후 표면을 연마하여 광택을 내어 마무리한 것을 말한다.

② 원료는 잘 혼합하여 진동과 압축을 실시하여 성형하며, 성형 후 약 60℃에서 12시간 이상 증기 양생한다.

③ 연결철물 접속부는 연결철물과 같은 자재로 하고, 테라조 안에 매설한다. 단, 보강철선이 없는 경우에는 핀·연결철물 등을 위한 구멍 등을 가공한다.

④ 휨강도는 $4N/mm^2$ 이상으로 한다.

기타용어

☆☆☆

2	석재쌓기공사
	유형: 공법 · 재료

① 바탕면은 청소한 후 마주치는 면은 물축이기를 하고, 규준틀에 따라 수평실을 치고 모서리구석 등의 기준이 되는 위치에서부터 먹줄에 맞춰 정확히 설치한다.

② 하단의 석재를 쌓을 시 먹매김에 맞추어, 소정의 연결철물로 고정하고 석재 밑에 나무쐐기 등의 굄을 가설한 후 전면에 모르타르를 깔아 설치하되, 수평·수직을 유지하면서 일매지게 설치한다.

③ 인접 석재와 경사, 고저가 없이 턱이 지지 않도록 하며 줄눈이 일매지고 줄 바르게 설치한다.

④ 나무쐐기는 모르타르가 굳은 다음 반드시 빼내고 그 자리는 모르타르로 메운다.

⑤ 밑켜의 촉구멍에 모르타르를 충전하고, 위켜의 밑면 촉구멍에 모르타르를 채워 설치한 핀을 밑켜의 촉구멍에 끼우면서 위켜를 설치한다. 위켜를 설치하면서 밑켜의 석재에 충격을 주지 않도록 한다.

⑥ 모르타르를 넣을 때에는 마주치는 면은 물 축이기를 하고 줄눈에 색깔이 물들 우려가 없는 깨끗한 헝겊 등을 끼워대고 모르타르를 매 켜마다 빈틈이 없게 채워 넣는다.

⑦ 철물은 모르타르로 완전히 덮이도록 하고, 피복두께는 20mm 이상으로 하며, 긴결공법에 대하여 담당원의 승인을 받는다.

⑧ 1일의 쌓기 높이는 1m 이내를 표준으로 하고, 밑켜의 줄눈 모르타르 양생 후에 위켜를 쌓는다.

⑨ 연질석재 쌓기에서는 마주치는 면은 물축이기에 주의하여 석재에 흡수되어 모르타르 양생에 지장이 없도록 한다.

⑩ 아치·처마돌림띠 등의 시공 시에는 돌출 부위 또는 취약 부위를 튼튼한 지지틀로 받치고 연결철물, 볼트 등을 충분히 사용하여 견고하게 설치한다.

⑪ 설치가 끝난 후 모르타르가 충분히 양생하기 전에 줄눈에 끼운 헝겊 등을 제거한다.

⑫ 쌓기 도중에 오염된 개소는 즉시 청소하여 변색을 방지한다.

⑬ 1일 쌓기 완료 후, 누출된 모르타르를 제거한다.

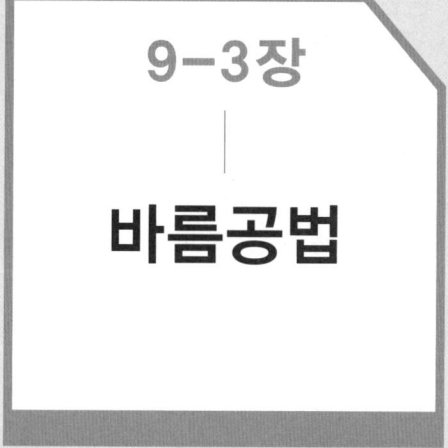

9-3장

바름공법

Professional Engineer

마법지

미장공사

1. 일반사항
- 일반사항
- 미장 접착증강제의 특성
- 미장공사에서 게이지비드(Gauge bead) 조인트비드(Joint bead)
- Coner Bead

2. 공법분류
- 공법분류
- 석고플라스터 바름
- 석회 및 회반죽 바름
- 내식모르타르
- 무수축 모르타르
- 얇은바름재 Thin wall coating재
- 수지미장
- 단열모르타르
- 경량 기포콘크리트
- 바닥온돌 경량기포콘크리트의 멀티폼(Multi Foam) 콘크리트
- 방바닥 온돌미장
- 셀룰로스 섬유보강재
- 셀프레벨링 모르타르 Self leveling mortar
- 바닥강화재바름공법/하드너

3. 시공
- 미장공사 시공계획
- 시멘트모르타르 미장공사 하자
- 무근콘크리트 슬래브 컬링(Curling)

☆☆☆　　1. 미장공사

9-48	미장용 골재의 품질기준	
No. 648		유형: 재료 · 성능 · 기준

재료
Key Point

■ 국가표준
- KCS 41 61 01

■ Lay Out
- 표준입도 · 종석알의 크기

■ 핵심 단어

■ 연관용어

미장용 경량발포 골재

미장용 경량발포 골재는 시험 또는 신뢰할 수 있는 자료에 의해 품질이 인정된 것으로 한다.

I. 정 의

① 모래는 유해한 양의 먼지, 흙, 유기불순물, 염화물 등을 포함하지 않아야 하며, 내화성 및 내구성에 나쁜 영향을 미치지 않는 것으로 한다.

② 모래의 표준입도로 하고, 최대 크기는 바름 두께에 지장이 없는 한 큰 것으로서, 바름두께의 반 이하로 한다.

II. 모래의 표준입도

체의 공칭치수 (mm) 입도의 종별	체를 통한 것의 질량백분율(%)					
	5	2.5	1.2	0.6	0.3	0.15
A종	100	80~100	50~90	25~65	10~35	2~10
B종	–	100	70~100	35~80	15~45	2~10
C종	–	–	100	45~90	20~60	5~15
D종	100	80~100	65~90	40~70	15~35	5~15

주 1) 0.15 mm 이하의 입자가 표의 값보다 작은 것은 그 입자 대신에 포졸란, 기타 무기질 분말을 적정량 혼합하여도 좋다.

　 2) 입도에 따른 모래의 용도는 다음에 따른다.

　　 A종: 바닥 모르타르 바름용, 시멘트 모르타르 초벌바름용, 돌로마이트 플라스터 바름의 초벌용, 재벌바름용, 회반죽바름의 초벌바름용, 고름질용, 재벌바름용

　　 B종: 시멘트 모르타르 바름의 정벌바름용, 석고플라스터의 초벌바름용, 고름질 및 재벌바름용, 회반죽바름의 초벌바름용, 고름질용, 재벌바름용 등

　　 C종: 시멘트 모르타르 바름의 정벌바름용, 시멘트 모르타르 얇게 바름용, 회반죽의 덧먹임용 등

　　 D종: 시멘트 모르타르의 압송 · 뿜칠용

III. 인조석 및 테라조 바름에서의 종석알의 크기

인조석 바름		테라조 바름	
5mm체 통과분	100%	15mm체 통과분	100%
1.7mm체 통과분	0	2.5mm체 통과분	0

주 1) 인조석 바름에서는 2.5mm체 통과분이 전량의 1/2 정도, 테라조 바름에서는 5mm체 통과분이 전량의 1/2 정도를 표준으로 한다.

　 2) 바닥심기용 콩자갈은 직경이 30mm 이상의 것으로 한다.

　 3) 종석은 지나치게 납작하거나 얇지 않은 것으로 한다.

• 종석은 바름 견본을 받아 종석재(대리석, 기타 쇄석), 색상 등을 검토하고, 종석의 크기는 체로 쳐서 정확한 입도인 것을 물 씻기하여 사용한다.

9-49	미장혼화재료	
No. 649		유형: 재료·성능·기준

일반사항

재료
Key Point

☑ 국가표준
– KCS 41 61 01

☑ Lay Out
– 혼화재의 종류

☑ 핵심 단어

☑ 연관용어

미장용 혼화재료

• 보수재료
– 모르타르 경화에 필요한 수
  분을 외부에 빼앗기는 것
  (Dry Out)을 방지
– 재료분리 방지

• 혼화재료
– 실리카계의 광물질 미분말
– 작업성 향상, 장기강도 증
  진, 투수성 저감

• 접착증강제
– 모르타르의 접착력을 증강시
  키는 효과
– 모르타르 비빔 후 30분 이
  내 사용

I. 정 의

미장혼화재료는 작업성 향상, 강도증진, 접착력 증강 등 사용용도에 따라 제조사의 사용방법을 준수하여 사용한다.

II. 혼화재료의 종류

1) 광물질계 혼화재
   ① 소석회는 KS L 9007, 돌로마이트 플라스터는 KS F 3508, 플라이애시는 KS L 5405, 고로슬래그 미분말은 KS F 2563에 적합한 것
   ② 그 외의 포졸란, 메타카올린, 석회석분, 규석분 등은 품질이 인정된 것

2) 합성수지계 혼화재
   ① 폴리머 분산제는 KS F 4916에 적합한 것
   ② 수용성 수지(메틸셀룰로오스 등) 및 재유화형 분말수지 등은 시험 또는 신뢰할 수 있는 자료에 의해서 품질이 인정된 것

3) 화학혼화제
   • AE제, 감수제, AE감수제, 고성능 AE감수제, 유동화제 등의 화학혼화제는 KS F 2560에 적합한 것

4) 화학혼화제
   • 방수제는 시험 또는 신뢰할 수 있는 자료에 의해 품질이 인정된 것

5) 회반죽용 풀
   ① 듬북(각우) 또는 은행초: 봄이나 가을에 채취하여 1년 정도 건조된 것으로서, 뿌리 및 줄기 등이 혼합되지 않도록 삶은 후 점성이 있는 액상으로 불용해성분이 질량으로 25% 이하
   ② 분말 듬북은 제조업자의 시방에 따른다.
   ③ 수용성 수지(메틸셀룰로오스 등)는 제조업자의 시방에 따른다.
   ④ 시멘트 혼입용 폴리머는 KS F 4916의 품질에 적합한 것

6) 외벽용 풀
   ① 흙벽용 풀은 청각채(해초류의 일종), 듬북, 은행초 등을 사용
   ② 회사벽용 풀은 듬북, 청각채, 곤약풀, 아교, 합성수지계 혼화제 등을 사용

7) 기성배합 혼화재료
   • 안료는 내열·내알칼리성의 무기질인 것을 주재료로 하고, 직사광이나 100℃ 이하의 온도에 의해 심하게 변색되지 않으며, 또한 금속을 부식시키지 않는 것

☆☆★   1. 미장공사

9-50	접착증강제	
No. 650		유형: 재료 · 성능 · 기준

재료
Key Point

☑ **국가표준**
- KCS 41 61 01

☑ **Lay Out**
- 접착증강제의 접착증대
  원리 · 시험
- 시공법

☑ **핵심 단어**

☑ **연관용어**

접착 증강제 사용방법

• 도포
- 일반적으로 물에 3배 희석
  해서 사용
- 모르타르 비빔 후 30분 이
  내에 사용

• Paste에 혼합
$$\frac{P(폴리머\ 중량)}{C(시멘트\ 중량)} = \frac{0.135}{1}$$

• Mortar에 혼합
$$\frac{P(폴리머\ 중량)}{C(시멘트\ 중량)} = \frac{0.075}{1}$$

• 특성
- 유연성 · 가소성이 있어 바닥
  변화에 대한 탄력성이 우수
- 모르타르(몰탈)의 흡수성을 저
  하시키고 접착력은 강화됨
- 내수성 · 내약품성 · 내산 · 내
  알칼리성이 매우 우수
- 악취 · 독성이 없고, 인체에
  무해

I. 정 의

① 미장재료의 부착력을 향상시킬 목적으로 concrete 표면에 도포하거나
  mortar 배합 시 혼합하는 합성수지 에멀션(emulsion)
② 합성수지 에멀션 실러는 기존 바탕면으로부터 흡습작용의 조정에
  의한 dry out 현상을 방지하고, 바탕면의 강화 혹은 마감 도장재와
  의 접착성 보강 목적으로 사용하는 미장 접착증강제

II. 접착증강제의 접착증대원리

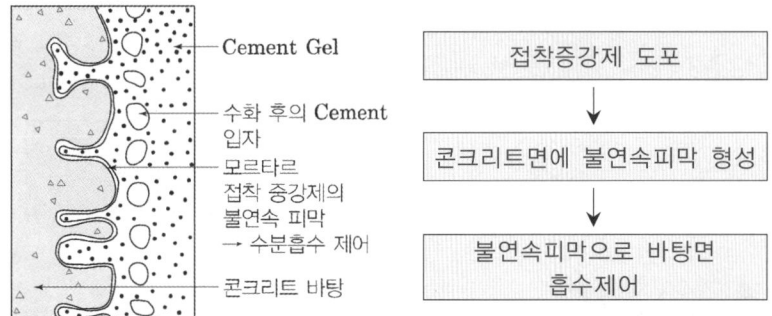

III. 시 험

① 인장접착강도 시험은 「상온 1일 양생」 → 「수중에 20mm 침지하여
  14일 양생」 → 「표준상태로 7일 방치」 한 상태에서 시험 실시
② 고형분의 함량은 KS M 5000-2113에 규정한 값 이상
③ 고형분(%)= $\dfrac{건조\ 후\ 시료무게}{건조\ 전\ 시료무게} \times 100$

IV. 시공법

구 분	도포공법	혼합공법
바탕 상태	건조상태(물축임 금지)	습윤상태(물축임)
혼 합	접착증강제+물	mortar+water
사용공구	Roller	쇠흙손
도포 면적	전면(全面) 도포	전면 도포
도포 두께	피막	바름두께 참조
특 징	화학제 침투에 의한 접착력 증가	물성 변화에 의한 접착력 증가
주의사항	5℃ 이하에서 보관금지 제품의 제조일자 확인 혼합공법(기타 포함)시 염분, 토분 섞인 골재 사용 금지	

9-51	미장공사에서 게이지비드와 조인트비드	
No. 651	Gauge bead와 Joint bead	유형: 재료·기능·기준

일반사항

재료

Key Point

☑ 국가표준

☑ Lay Out
– 시공도·기능
– 시공 시 유의사항

☑ 핵심 단어

☑ 연관용어
– 코너비드
– 스톱 비드
– 처마도리 비드
– 베이스 비드
– 인코너 비드

[게이지 비드]

[조인트 비드]

I. 정 의

① 게이지 비드: 미장면적이 넓을 때 벽면의 모르타르 마감두께를 조정하기 위해 설치하는 철물

② 조인트 비드: 미장벽면이 넓은 부분, 벽면 균열이 예상되는 부분에 설치하는 철물

③ 긴벽면 균열유도 및 라스가 부착되어 있으므로 균열방지, 미장하기 전 기준선 제공으로 균일한 미장 두께 유지를 유지할 수 있다.

II. 게이지비드와 조인트 비드 시공도

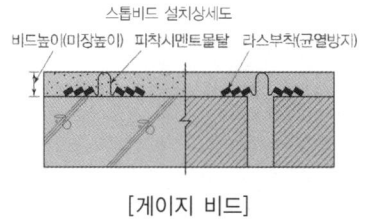

[게이지 비드]

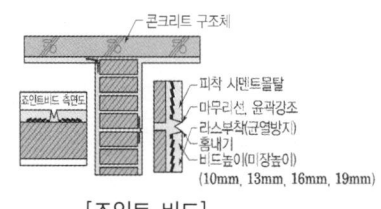

[조인트 비드]

III. 기능

① 마감두께 조정

② 미장면 균열이 예상되는 부분의 균열방지

③ 미장하기 전 기준선 제공

④ 마무리선 윤곽 강조로 깨끗한 마무리

IV. 시공 시 유의사항

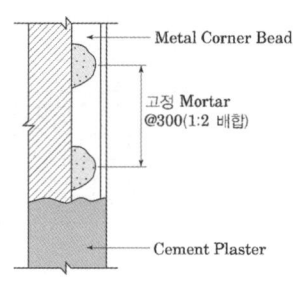

• 시공 전 수직수평 기준선을 정확히 한다.

• 공사중 충격에 의한 Bead의 위치변형 및 형태변화에 주의

• 고정 Mortar를 적절한 간격으로 설치하여 Bead가 탈락되는 일이 없도록 한다.

9-52	Coner Bead	
No. 652		유형: 재료 · 기능 · 기준

일반사항

재료
Key Point
- **국가표준**
  - KCS 41 61 01

- **Lay Out**
  - 코니비드 시공도 · 기능

- **핵심 단어**

- **연관용어**
  - 스톱 비드
  - 처마도리 비드
  - 베이스 비드
  - 인코너 비드

I. 정 의

① 기둥, 벽체 계단 난간, 보, 각, 모서리 부분 벽이나 천정 또는 돌출 모서리 양면각을 동시에 정확하게 마감하고 수직으로 시공하기 위하여 모서리에 대어 모서리가 손상되지 않도록 보호하는 철물
② 시공 후 흠이 생기거나 균열이 가지 않도록 하기 위하여 표준코너 비드를 사용

II. 코너비드 시공도

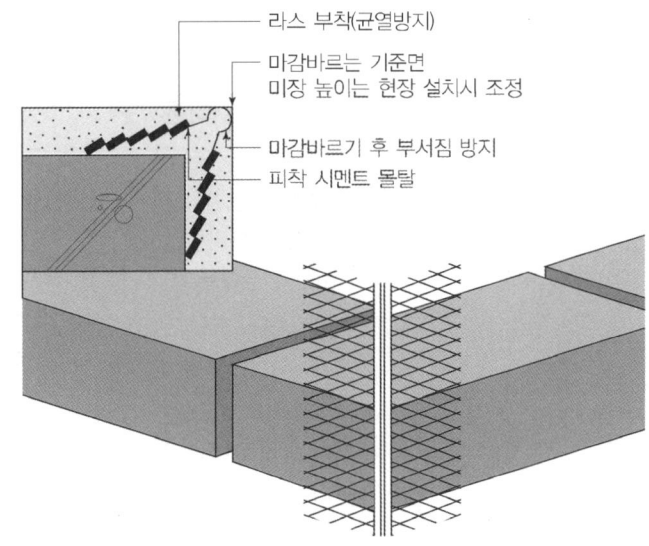

- 라스 부착(균열방지)
- 마감바르는 기준면 미장 높이는 현장 설치시 조정
- 마감바르기 후 부서짐 방지
- 피착 시멘트 몰탈

III. 기능

1) 아웃코너 비드
   - 모서리 양면각을 동시에 정확하게 마감
   - 수직으로 시공
   - 시공 후 흠이 생기거나 균열이 가지 않도록 하기 위하여 시공
2) 인코너 비드
   - 내모서리 Mortar 부서짐 방지
   - 내모서리의 마무리 윤곽 강조
   - 피착시공의 간편
   - 바르기 기준선 제공으로 두께 유지
   - 내측코너 바르기 기준선 제공 및 윤곽강조

[아웃코너 비드]

[인코너 비드]

★★★   1. 미장공사

9-53	미장공사 공법분류	
No. 653		유형: 공법 · 기준

공법분류

공법분류
Key Point

☑ 국가표준
- KCS 41 61 01

☑ Lay Out

☑ 핵심 단어

☑ 연관용어

용어

• 고름질: 바름두께 또는 마감두께가 두꺼울 때 혹은 요철이 심할 때 적정한 바름두께 또는 마감두께가 될 수 있도록 초벌 바름 위에 발라 붙여주는 것 또는 그 바름층

• 규준바름: 미장바름 시 바름면의 규준이 되기도 하고, 규준대 고르기에 닿는 면이 되기 위해 기준선에 맞춰 미리 둑모양 혹은 덩어리 모양으로 발라 놓은 것 또는 바르는 작업

• 눈먹임: 인조석 갈기 또는 테라조 현장갈기의 갈아내기 공정에 있어서 작업면의 종석이 빠져나간 구멍 부분 및 기포를 메우기 위해 그 배합에서 종석을 제외하고 반죽한 것을 작업면에 발라 밀어 넣어 채우는 것

• 덧먹임: 바르기의 접합부 또는 균열의 틈새, 구멍 등에 반죽된 재료를 밀어 넣어 때 워주는 것

I. 정 의

① 수경성 · 가경성의 재료를 시설물의 내 · 외벽, 천장 · 바닥 slab 등에 일정한 두께로 균일하게 바르거나 뿜칠하는 공사로 재료별 부위별로 요구성능에 맞는 공법을 선정하여 시공한다.

② 구조체 표면의 바탕재와 마감재료의 적용성, 건조수축, 구조체 표면의 이상변위, 바탕재의 움직임 등에 따른 균열 · 들뜸 · 박리 · 박락 등의 하자를 사전에 방지하는 계획을 세워야 한다.

II. 공법분류

1. 벽체미장

1) 시멘트 모르타르 바름
  • 기성배합 또는 현장배합의 시멘트, 골재 등을 주재료로 한 시멘트 모르타르를 벽, 바닥, 천장 등에 바르는 경우

2) 시멘트 스터코 바름
  • 시멘트 모르타르를 흙손 또는 롤러를 사용하여 바르는 내 · 외벽의 마감공사
  • 자재: 시멘트 모르타르, 합성수지 에멀션 실러, 합성수지계 도료

3) 시멘트 모르타르 얇은 바름재
  • 시멘트계 바탕 바름재: 내구성이 있는 얇은 바름이 가능하도록 입도 조정 된 잔골재, 무기질 혼화재, 수용성 수지 등을 공장에서 배합한 분말체
  • 얇게 바름용 모르타르: 시멘트, 합성수지 등의 결합재, 골재, 광물질계 분체를 주원료로 하여 주로 건축물의 내 · 외벽을 뿜칠, 롤러칠, 흙손질 등으로 시공하는 경우

3) 석고플라스터 바름
  • 기성배합 석고 플라스터에 질석, 한수석, 기타 골재와 동시에 여물류를 공장에서 배합한 플라스터 및 합성수지계 혼화제 등을 배합

4) 돌로마이트 플라스터 바름
  • 돌로마이트 플라스터에 미리 섬유, 골재 등을 공장에서 배합

5) 합성수지 플라스터
  • 합성수지 에멀션, 탄산칼슘, 기타 충전재, 골재 및 안료 등을 공장에서 배합한 것으로 적당량의 물을 가하여 반죽상태로 사용

6) 회반죽 바름
  • 소석회에 미리 섬유, 풀, 골재 등을 공장에서 배합

7) 단열 모르타르
- 건축물의 바닥, 벽, 천장 및 지붕 등의 열손실 방지를 목적으로 외벽, 지붕, 지하층 바닥면의 안 또는 밖에 경량골재를 주재료로 하여 만든 단열 모르타르를 바탕 또는 마감재로 흙손바름, 뿜칠 등에 의하여 미장하는 공사

2. 바닥미장
1) 경량기포 콘크리트
- 기포제 제조업자의 제품자료에 따라 소요 경량기포 콘크리트의 성능이 될 수 있도록 배합
2) 방바닥 온돌미장
- 모르타르의 배합비는 소요강도를 얻을 수 있어야 하며, 팽창재 또는 수축저감제를 사용
3) 셀프레벨링재 바름
- 석고계 셀프 레벨링재: 석고에 모래, 경화지연제, 유동화제 등 각종 혼화제를 혼합하여 자체 평탄성이 있는 것.
- 시멘트계 셀프 레벨링재: 시멘트에 모래, 분산제, 유동화제 등 각종 혼화제를 혼합하여 자체 평탄성이 있는 것
4) 바닥강화재 바름
- 금강사, 규사, 철분, 광물성 골재, 시멘트 등을 주재료로 하여 콘크리트 등 시멘트계 바닥 바탕의 내마모성, 내화학성 및 분진방지성 등의 증진을 목적으로 마감
5) 컬러 시멘트 바닥 마무리공사
- 바닥 콘크리트 타설 후 경질 골재 등을 포함하는 컬러 시멘트를 살포하여 마무리하는 바닥 바름공사
6) 인조석 바름 및 테라조바름
- 시멘트, 종석, 돌가루, 모래 등을 주재료로 한 벽면 및 바닥면에 바르는 인조석 바름 및 테라조 바름에 적용
7) 합성고분자 바닥바름
- 방진성, 방활성, 탄력성, 내수성 및 내약품성 등을 목적으로 에폭시계, 폴리에스테르계 및 폴리우레탄계의 합성고분자계 재료에 규사, 안료 등을 혼합한 재료를 사용하여 흙손바름, 롤러바름, 솔바름, 뿜칠바름 등의 방법으로 마감하는 바닥공사
8) 골재 나타내기 바름
- 시멘트 모르타르 재벌바름면, 콘크리트면 및 프리캐스트 패널면에 뿜칠, 눌러 붙이기, 화학처리, 블라스트, 물씻기 등의 방법으로 골재를 노출시켜 마감하는 공사

- 실러 바름: 바탕의 흡수 조정, 바름재와 바탕과의 접착력 증진 등을 위하여 합성수지 에멀션 희석액 등을 바탕에 바르는 것
- 외엮음: 흙을 발라 벽을 만들기 위하여 벽 속에 가는 나뭇가지 등을 종·횡으로 엮어대어 외(椳)벽의 바탕이 되게 하는 것. 외는 대나무를 쪼갠 것, 수숫대, 싸리, 갈대 등을 사용하는데, 세로로 설치하는 외를 설외라고 하고 가로로 설치하는 외를 눌외라고 함
- 이어 바르기: 동일 바름층을 2회의 공정으로 나누어 바를 경우 먼저 바름공정의 물걷기를 보아 적절한 시간 간격을 두고 겹쳐 바르는 것
- 초벌, 재벌, 정벌바름: 바름벽은 여러 층으로 나뉘어 바름이 이루어진다. 이 바름층을 바탕에 가까운 것부터 초벌바름, 재벌바름, 정벌바름이라 한다.
- 회사벽: 석회죽에 모래, 회백토 등을 섞어 반죽한 것을 외바탕 등 흙벽의 마감 바름이나, 회반죽 마감 바름 이전 고름질이나 재벌 바름으로 사용하기 위해 바르는 벽
- 흡수조정제 바름: 바탕의 흡수 조정이나 기포발생 방지 등의 목적으로 합성수지 에멀션 희석액 등을 바탕에 바르는 것

9) 내화학 바름
- 합성수지계의 결합재, 규토질 또는 탄소질 보강재, 반응성 또는 촉매성 경화제 등을 주재료로 하여 콘크리트, 프리캐스트 콘크리트 패널 등의 바닥면 또는 벽면에 내산, 내알칼리, 내약품성 등 내화학 성능을 목적으로 흙손바름, 뿜칠, 롤러 또는 장비 마감하는 경우

10) 롤러 문양 마무리 바름
- 시멘트계 롤러 문양 마무리 바름재: 시멘트, 모래, 무기질 혼화재, 증점제 및 재유화형 분말수지 등은 공장에서 배합한 것에 필요에 따라 제조업자가 지정하는 비율의 시멘트 혼화용 폴리머분산제 및 적량의 물을 가하여 페이스트 상으로 사용하는 것
- 합성수지계 롤러 문양 마무리 바름재: 합성수지 에멀션에 탄산칼슘, 기타 충전재, 골재 및 안료를 주원료로 공장에서 배합한 것

11) 제물 마감
- 콘크리트 타설과 동시에 콘크리트 표면을 기계미장흙손, 쇠흙손 등을 이용하여 평탄하게 문지르거나, 숫돌 또는 그라인더 등으로 경화된 콘크리트면을 갈아내어 콘크리트 표면 자체를 마감하는 공법

12) 노출 바닥콘크리트공법 中 초평탄 콘크리트
- Laser System에 의해 콘크리트 타설면을 제어하고 별도의 마감재 없이 콘크리트 자체 표면강도를 극대화 시키는 공법

13) 주차장 진출입을 위한 램프조면마감
- 경사진입로(ramp)에 진입 시 차량의 미끄러짐이나 밀림 등을 방지하기 위해 요철성능을 가지도록 시행하는 마감

9-54	얇은 바름재	
No. 654	Thin wall coating재	유형: 공법 · 재료 · 성능

I. 정 의

합성수지 등의 결합재, 골재, 무기질계 분체 및 섬유재료를 주원료로 하여, 주로 건축물의 내·외벽을 spray, roller, 흙손 등으로 시공하는 두께(돌출두께) 1~3mm 정도의 요철모양으로 마무리하는 얇은 마무리용 바름재

II. 품질

① 얇은 바름재는 색조가 균등하고, 또한 변색·퇴색이 적은 것이어야 한다.
② 얇은 바름재는 표면에 잔갈림, 벗겨짐이 생겨서는 안 된다.
③ 얇은 바름재의 품질

항목		종류	
		외장 얇은 바름재	내장 얇은 바름재
저온 안정성		덩어리가 없고, 조성물의 분리·응집이 없을 것	덩어리가 없고, 조성물의 분리·응집이 없을 것
초기 건조에 따른 내진갈림성		잔갈림이 생기지 않을 것	잔갈림이 생기지 않을 것
부착강도 (mm²)	표준상태	0.6 이상	0.4 이상
	참수 후	0.4 이상	–
온랭 반복작용에 대한 저항성		시험체의 표면에 벗겨짐, 잔갈림, 부품이 없고, 또한 현저한 변색 및 광택 저하가 없으며, 부착 강도가 0.4N/mm² 이상일 것	–
물흡수 계수(W) kg/(m² · $h^{0.5}$)		0.2 이하	–
내세척성		벗겨짐, 마모에 의한 밑판의 노출이 없을 것	벗겨짐, 마모에 의한 밑판의 노출이 없을 것
내충격성		잔갈림, 두드러진 변형 및 벗겨짐이 없을 것	잔갈림, 두드러진 변형 및 벗겨짐이 없을 것
내알칼리성		잔갈림, 벗겨짐이 없고, 변색이 표준회색 색표 3호 이상일 것	갈라짐, 부품, 벗겨짐, 녹아남이 없고, 침투 안 된 부분에 비하여 선명하지 않거나 변색이 현저하지 않을 것
내후성		2 이하	–
습기 투과성(sd)m		–	–
난연성		–	
가요성		–	

공법분류

벽체미장
Key Point

☑ 국가표준
- KCS 41 61 01
- KS F 4715

☑ Lay Out

☑ 핵심 단어

☑ 연관용어

호칭

• 외장 합성 수지 에멀션계 얇은 바름재
- 외장 얇은 바름재

• 내장 합성 수지 에멀션계 얇은 바름재
- 내장 얇은 바름재

9-55	합성수지플라스터 바름/수지미장	
No. 655		유형: 공법 · 재료 · 성능

공법분류

벽체미장
Key Point

☑ 국가표준
- KCS 41 46 01
- KCS 41 46 10

☑ Lay Out

☑ 핵심 단어

☑ 연관용어

[바탕면의 이물질 제거 및 면처리작업]

[벽면도포]

[1차미장]

[2차미장]

I. 정 의

합성수지 에멀션 플라스터(이하 '수지 플라스터')를 내벽, 천장 등에 3 ~5mm 두께로 바르는 마감공사

II. 시공도

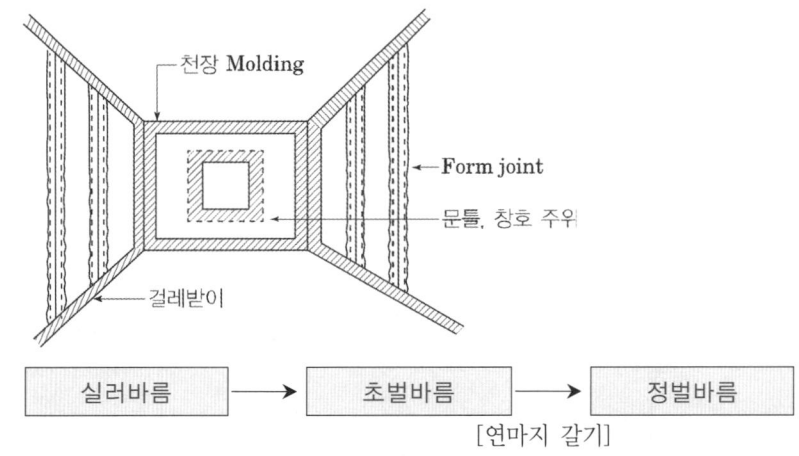

[실러바름] → [초벌바름] → [정벌바름]
[연마지 갈기]

III. 공정

[합성수지 플라스터 바름공정]

공 정	재료 또는 표면마감	배합 (질량비)	소요량 (kg/m)	바름 횟수	경과시간		최종 양생
					공정내	공정간	
1. 실러 바름	합성수지 에멀션 실러	100	0.1~0.2	1~2	1이상	1이상	–
	물	제조업자의 지정에 따름	–				
2. 초벌 바름	수지 플라스터 두껍게 바름용	100	0.5~5	1~2	24 이상	24 이상	–
3. 연마지 갈기 가.	연마지 (#180~240)	–	–	–	–	–	–
4. 정벌 바름 나.	수지 플라스터 얇게 바름용	100	1~2	1~2	1~2	2이상	24 이상

주 1) 담당원의 승인을 얻어서 생략할 수 있다.
2) 도장이나 벽장식 마감의 바탕이 되는 경우는 수지 플라스터 두껍게 바름용으로 마감할 수 있다.
3) 정벌바름을 2회 실시할 때의 밑바름은 수지 플라스터 두껍게 바름용을 사용하고, 마감바름은 얇게 바름용을 사용하며, 흙손 자국이 없도록 평활하게 마감한다.

Ⅳ. 바탕

① 적용하는 바탕: 콘크리트, 프리캐스트 콘크리트 부재, 콘크리트 블록, 벽돌, 고압증기양생 경량 기포콘크리트 패널, 석고 라스보드, 시멘트 모르타르면, 석고 플라스터면 및 회반죽면

② 시멘트 모르타르면, 석고 플라스터면 및 회반죽면은 초벌, 재벌 및 정벌바름면으로 하고 충분히 경화·건조시킨 것이어야 한다.

Ⅴ. 공법

1) 실러 바름
- 실러 바름은 흘러내림과 바름 흔적이 없도록 고르게 바른다.

2) 합성수지 플라스터 바름

① 수지 플라스터는 잘 반죽하여 균일하게 하고, 쇠흙손 또는 쇠주걱 등으로 벽면을 훑어 내리면서 바른다.

② 초벌바름이 건조된 후 얼룩이 있을 때에는 연마지 등으로 조정하고, 정벌바름에 들어간다.

③ 정벌바름은 합성수지 플라스터 얇게 바름용을 사용하고, 얼룩이 없게 잘 바른다.

Ⅵ. 보양

1) 시공 전의 보양

① 근접한 다른 부재나 마감면 등은 오염 또는 손상되지 않도록 보양

② 바름면의 오염방지 외에 조기건조를 방지하기 위해 통풍이나 일조를 피할 수 있도록 한다.

2) 시공 시의 보양

① 미장바름 주변의 온도가 5℃ 이하일 때는 원칙적으로 공사를 중단하거나 난방하여 5℃ 이상으로 유지

② 공사 중에는 주변의 다른 부재나 작업면이 오염 또는 손상되지 않도록 적절하게 보양

3) 시공 후의 보양

① 바람 등에 의하여 작업장소에 먼지가 날려 작업면에 부착될 우려가 있는 경우는 방풍보양

② 조기에 건조될 우려가 있는 경우에는 통풍, 일사를 피하도록 시트 등으로 가려서 보양

③ 정벌바름 후 24시간 이상 방치하여 건조 및 보양

공법분류

9-56	단열모르타르	
No. 656		유형: 공법 · 재료 · 성능

벽체미장

Key Point

☑ **국가표준**
- KCS 41 61 01
- KCS 41 46 14

☑ **Lay Out**
- 시공도 · 재료
- 시공 시 유의사항

☑ **핵심 단어**
- What: 경량골재
- Why: 열손실 방지
- How: 단열모르타르를 바탕에 미장

☑ **연관용어**

I. 정 의

건축물의 바닥, 벽, 천장 및 지붕 등의 열손실 방지를 목적으로 외벽, 지붕, 지하층 바닥면의 안 또는 밖에 경량골재를 주재료로 하여 만든 단열 모르타르를 바탕 또는 마감재로 흙손바름, 뿜칠 등에 의하여 미장하는 공사

II. 시공도

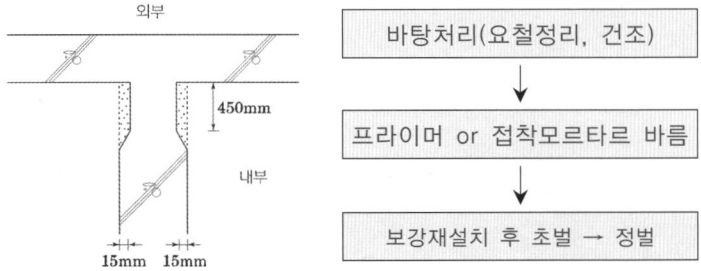

III. 재 료

① 골재는 펄라이트, 석회석, 화성암 등을 고온에서 발포시킨 무기질 혹은 유기질의 경량 인공골재
② 보강재: 유리섬유(내알칼리 처리), 부직포(난연처리)
③ 혼화재료: 착색제는 합성분말 착색제로서 내알칼리성이며, 퇴색하지 않은 것 사용

IV. 시공 시 유의사항

① 바름두께: 1회에 10mm 이하를 표준
② 총 바름두께: 소요 열관율을 만족하는 두께로 함
③ 바탕처리: 굴곡과 요철상태를 정리하고, 유해한 부착물을 제거한 후 충분히 건조시킨다.
④ 접합부, 홈 등은 접착성이 양호한 재료를 사용하여 평탄하게 하고, 바름하지 않는 부위는 비닐 테이프로 보양
⑤ 프라이머 도포 또는 접착모르타르 바름: 단열 모르타르의 부착력을 증진시키기 위한 흡수조정제는 필요에 따라 솔, 롤러, 뿜칠기 등으로 균일하게 도포
⑥ 보강재 설치
- 바탕에 들뜸이 생기지 않도록 밀착하여 부착하고, 내화용 접착재에 완전히 함침 되도록 한다.

- 단열판을 설치하는 경우는 바탕면의 먼지와 이물질을 제거하고, 지정된 접착재를 충분하게 바르고 바탕과 밀착되게 부착
⑦ 초벌바
- 10mm 이하의 두께로 천천히 압력을 주어 기포가 생기지 않도록 바른다.
- 지붕에 바탕단열층으로 바름할 경우는 신축줄눈을 설치
⑧ 정벌바름: 단열 모르타르 바름이 마감바름면이 될 경우는 수평면 작업과 질감을 내는 작업은 한 번에 연속으로 이루어져 질감에 차이가 나거나 얼룩이 생기지 않아야 한다.
⑨ 보양기간은 7일 이상으로 자연건조 되도록 할 것
⑩ 급격한 건조, 진동, 충격, 동결 등을 방지할 것
⑪ 외장마감의 경우 먼지, 매연 혹은 기상에 의한 손상으로부터 보호할 것
⑫ 5℃ 이하인 경우는 작업을 중지할 것
⑬ 외부 마감용으로 사용하는 경우는 우천시 흡수, 흡습 등을 방지하기 위하여 방수성이 있는 마감재(도장재, 타일 등)을 사용해야 한다.

9-57	경량 기포콘크리트	
No. 657		유형: 공법 · 재료 · 성능

바닥미장

Key Point

☑ 국가표준
- KCS 41 53 01
- KS F 4039

☑ Lay Out
- 종류
- 선정 시 유의사항

☑ 핵심 단어

☑ 연관용어

기포제

- 기포제는 pH 6~8로서 배관재를 부식시키는 성분이 포함되지 않아야 하며, 기포제 원액에 희석한 후 고압력 압축기를 이용하여 제조된 기포는 시멘트 슬러리와 충분히 혼합되어 콘크리트 내에 균일하게 분포해야 하고, 기포가 일부에 몰리거나 파괴되지 않아야 한다.

- KS F 4039 현장타설용 기포콘크리트 규격 중 0.5품 이상 사용할 것
- 7일 압축강도 0.9N/mm² 이상
- 28일 압축강도 1.4N/mm² 이상
- 열전도율 0.130W/m · k이하

I. 정 의

잔 골재를 쓰지 않고 콘크리트 속에 많은 기포를 만들어 무게를 가볍게 한 콘크리트

II. 경량기포 콘크리트 종류

구분	경량기포 콘크리트	경량 폴 콘크리트	경량기포 폴(EVA칩) 콘크리트
배합구성	• 시멘트+물+기포제	• 시멘트+물+모래+폴	• 시멘트+물+기포제+폴(또는 EVA칩)

배합비	• 시멘트: 8.5포/m³	• 시멘트: 4포/m³
		• 모래: 0.38m³/m³
		• 폴: 0.84m³/m³
			• 시멘트: 8포/m³
			• 폴: 0.35m³/m³
			  (또는 EVA칩:
			  4포/m³)

제조공정	시멘트+물→믹서혼합→시멘트 슬러리 기포액+물→발포기→기포군 모노펌프→압송호스→현장타설	시멘트+물+모래→시멘트 슬러리 →유입펌프 압송호스→폴믹서→현장타설	시멘트+코팅폴(또는 EVA칩)+물 →믹서혼합→시멘트슬러리 기포액+물→발포기→기포군 모노펌프→압송호스→현장타설
특징	• 고층적용 실적 많음 • 고층적용 시 높은 압송압으로 인한 소포를 줄이고 조기강도 확보를 위해 혼화제 사용 • 고층 시공 시 압송압이 층별로 상이하므로 배합을 높이별로 달리할 필요가 있음 • 타설바탕면(콘크리트 바닥 위 또는 바닥 완충재위)에 따라 배합비 조정 필요 • 고층적용 실적 많음	• 경량기포 콘크리트에 비해 단열성능 유리 • 균열발생은 경량기포 콘크리트에 비해 60~70% 감소 • 고압송에도 물성이 변하지 않으므로 일정한 품질확보 유리 • 폴 비중이 적어 폴의 블리딩 현상 주의 • 세대간 폴 믹서기 이용시 문틀 손상 또는 혼합 시 폴 비산 주의	• 경량기포 콘크리트에 비해 단열성능 유리 • 균열발생이 거의 없다 • 폴로 인해 고층압송에 불리함 • 폴 비중이 적어 폴의 블리딩 현상에 주의 • EVA칩 사용시 인장/휨강도 증대 기대 경량기포 폴 콘크리트　　경량기포 　　　　　　　EVA칩 콘크리트

※ KS F 4039 현장타설 기포콘크리트 규격 중 0.5품 이상일 것.(시편의 크기는 50×50×50mm로 공사 전·공사 중 각 3개조씩 제작

III. 선정 시 고려사항 및 시공 시 유의사항

① 단열성능: 단위체적 중량이 높을수록 단열성능 저하
② 소포에 의한 체적감소: 소포현상이 많으면 상부 모르타르 마감층 물량 증가
③ 균열발생: 기포율이 높으면 건조수축에 의한 균열발생
④ 강도발현: 후속작업 진행에 영향을 미치며 난방 파이프 들뜸, 상부 모르타르 균열발생
⑤ 흡수성: 흡수성이 높으면 상부 모르타르 마감층에서 소성수축 균열 발생
⑥ 재료분리: 재료비중 차이 또는 고층압송 시 재료분리
⑦ 배합된 경량기포 콘크리트는 1시간 이내에 시공
⑧ 경량기포 콘크리트의 타설마감면은 소요 높이에 맞추어 평활하게 고르기를 한다.
⑨ 타설한 후 3일간은 충격이나 하중 금지
⑩ 온돌 채움층용 경량 기포 콘크리트의 28일 압축강도는 0.8N/mm² 이상

9-58	바닥온돌 경량기포콘크리트의 멀티폼 콘크리트	
No. 658	Multi Foam	유형: 공법 · 재료 · 성능

공법분류

바닥마감

Key Point

- ☑ 국가표준
- ☑ Lay Out
  - 조직비교 · 특성
  - 성능비교표
- ☑ 핵심 단어
- ☑ 연관용어

I. 정 의

기포의 안정성 및 압축강도 증진, 균열 저감을 위한 전용 혼화재료를 사용하고 배합설계 프로그램과 연동하여 소요성능의 경량기포 콘크리트를 정밀하게 생산할 수 있는 전용 시공장비를 사용한다.

II. Multi-Form Concrete의 조직 비교

구분	Cell 구조 (50배)	미세조직 (4,000배)
기존 경량기포 Concrete(동물성)		
Multi-Foam Concrete		

III. 특 성

① 혼화재료와 경량골재를 이용하는 배합설계 프로그램으로 개발
② 전용 혼화재료 Add-Form: 기포 슬러리의 침하방지 및 건조수축 균열 억제
③ Cell 구조: 공극의 크기가 비교적 작고 그 형태가 일정하고 시멘트 조직이 치밀해 강도 증진
④ 미세조직: 침상구조의 Ettringite가 계속 유지되고 있어 건조수축 방지 효과

IV. 성능 비교표

항목	경량기포 콘크리트	멀티폼 콘크리트
시멘트 사용량	• 8.5포/m^3 이상	• 7포/m^3 이상
균열발생량 (32평형 세대당)	• 40m 이상	• 10m 이상
압축강도(7일)	• 0.5Mpa 이상	• 0.7Mpa 이상
기포 콘크리트층의 소포에 의한 모르타르 타설 물량 증가	• 10% 이상	• 없음
기포 콘크리트 층의 흡수율에 따른 모르타르의 소성수축 균열	• 많음	• 없음
품질안정성	• 작업자의 경험에 의존	• 정량적 조절로 안정적

☆☆☆   1. 미장공사

9-59	방바닥 온돌미장	
No. 659		유형: 공법 · 재료 · 성능

공법분류

바닥마감
Key Point

■ 국가표준
– KCS 41 53 01

■ Lay Out
– 표준바닥구조 상세도
– 온돌미장용 모르타르 종류
– 단계별 품질관리사항

■ 핵심 단어

■ 연관용어

I. 정 의

기포의 안정성 및 압축강도 증진, 균열 저감을 위한 전용 혼화재료를 사용하고 배합설계 프로그램과 연동하여 소요성능의 경량기포 콘크리트를 정밀하게 생산할 수 있는 전용 시공장비를 사용한다.

II. 표준바닥구조 상세도

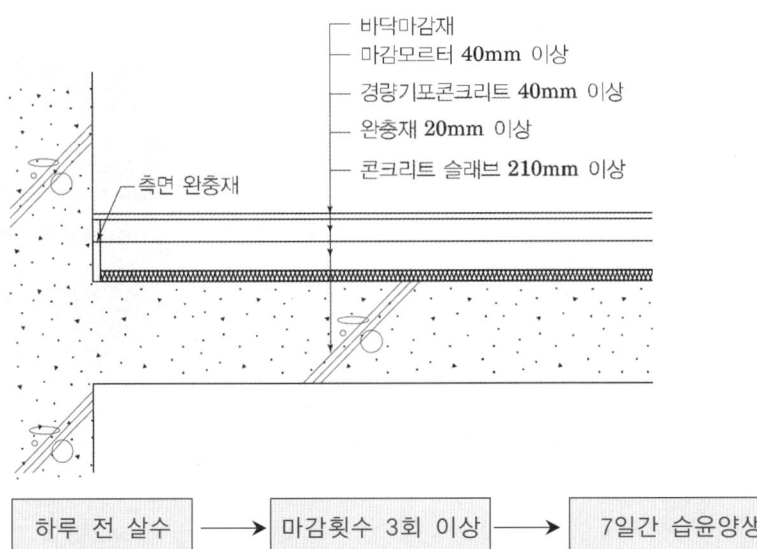

바닥마감재
마감모르터 40mm 이상
경량기포콘크리트 40mm 이상
완충재 20mm 이상
콘크리트 슬래브 210mm 이상

측면 완충재

하루 전 살수	→	마감횟수 3회 이상	→	7일간 습윤양생

최소 3일간 통행을 제한하고 모르타르면에 폭 0.2mm 이상의 잔금 또는 균열이 발생한 때는 시공 후 3개월 이상 경과한 시점에서 무기질 결합재에 수지가 첨가된 균열 보수제를 사용하여 보수한다.

III. 온돌미장용 모르타르 종류

1) 레미콘 모르타르
   • 각종 재료를 레미콘회사에서 배합하여 현장으로 운송
   • 균열 발생률이 건조시멘트 모르타르 타설에 비해 큼
2) 건조 시멘트 모르타르
   • 재료를 공장배합하여 현장에 설치된 전용 사일로로 운송저장한 후 현장에서 물을 믹싱하여 타설
3) 현장배합 모르타르
   • 각종 재료를 현장에서 믹싱하여 타설
   • 각 재료의 배합이 불균일하여 품질의 편차 발생이 빈번함
   • 정벌바름 후 24시간 이상 방치하여 건조 및 보양

| 공법분류 |

Ⅳ. 방바닥 온돌미장의 단계별 품질관리사항

1. 단열 완충재 깔기

1) 바탕준비

- 바탕면과 틈새 없이 평활하게 설치되도록 바탕면의 요철이나 결함부를 손질하고 이물질이 없도록 청소

2) 단열 완충재 깔기

① 단열 완충재는 슬래브 바닥면과 밀착시켜 깐다.

② 단열 완충재의 이음 부위는 밀착되도록 하고, 테이프를 붙여 틈새가 없도록 한다.

③ 지면에 접하는 최하층의 경우에는 바닥면 전면에 폴리에틸렌 필름을 빈틈없이 깔고, 이음 부위는 접착테이프를 사용하여 100mm 이상 겹쳐 잇는다.

④ 단열 완충재의 교점과 연결 부위에는 가로 · 세로 각각 900mm 간격으로 상부에 고정판을 설치하고, 타카핀 또는 콘크리트 못으로 슬래브 바닥면에 밀착하여 고정

2. 경량기포 콘크리트 타설

1) 바탕준비

- 바탕을 깨끗이 청소하고 주변 벽체에 경량기포 콘크리트 타설 높이를 먹매김, 또는 단차를 표시하는 보조재료를 이용하여 표시한 후, 단열 완충재의 고정상태를 확인

2) 배합 및 타설

① 장비

- 혼합장비는 품질 확보를 위하여 원료를 일정하게 투입할 수 있는 성능을 갖는 펌프 등의 시스템이 장착되어 있어야 하며, 정량투입 여부를 확인하기 위한 유량계 및 유압계 등의 장치가 부착되어 있어야 한다. 압송펌프는 고층부의 시공에 충분한 펌프용량을 갖추어야 한다.

② 배합

- 기포제 제조업자의 제품자료에 따라 소요 경량기포 콘크리트의 성능이 될 수 있도록 배합

③ 타설

- 배합된 경량기포 콘크리트는 1시간 이내에 시공

④ 양생

- 3일간은 충격이나 하중 금지
- 28일 압축강도는 $0.8N/mm^2$ 이상

3. 온돌미장

1) 시공 전 확인사항

- 설비 난방파이프 설치 고정상태, 수압검사 실시여부, 난방파이프 손상여부 및 연결부위 누수여부 확인

[기포콘크리트 타설]

2) 배합 및 마감모르타르 바르기

① 배합
- 소요강도를 얻을 수 있어야 하며, 팽창재 또는 수축저감제를 사용해야 한다.

② 모르타르 바르기
- 온돌층 내부공사를 완전히 완료하고, 이를 확인한 후에 모르타르 바르기를 시작한다.
- 모르타르 바르기 하루 전에 바탕층에 충분히 살수하여 모르타르의 수분이 하부로 이동하는 것을 방지하여야 한다.
- 온돌바닥 모르타르 바르기의 미장마감 횟수는 최소 3회 이상으로 하며, 고름작업은 미장 횟수에 포함하지 않는다.
- 온돌바닥 모르타르 바르기의 최종 미장은 미장기계나 쇠흙손을 사용하여 마감한다.
- 각 미장 횟수별 시기는 표면에 물기가 걷힌 상태에서 하고, 흙손 자국이 남지 않도록 한다.

3) 마무리 미장

① 고름질
- 타설 즉시 모르타르의 다짐을 목적으로 자막대 등을 이용하여 수평유지

② 1차 미장- 블리딩수 제거
- 표면의 블리딩수가 거의 없어지는 시점에서 시행
- 전체면에 대하여 레벨을 맞추어야 한다.

③ 2~4차 미장- 마무리 미장
- 누름작업으로 잉여수분을 배출시켜서 모르타르의 품질확보
- 2차미장 작업 후 1~3시간 사이에 2~3회 정도 수행

4) 보양 및 보수
- 방바닥 마감 모르타르는 시공 후 최소 7일간 표면이 습윤한 상태가 유지되도록 양생조치
- 최소 3일간은 통행을 제한하는 등의 보양
- 모르타르면에 폭 0.2mm 이상의 잔금 또는 균열이 발생한 때는 시공 후 3개월 이상 경과한 시점에서 무기질 결합재에 수지가 첨가된 균열보수제를 사용하여 보수
- 마감재 시공을 위해서는 하절기를 제외한 계절에는 온수 보일러를 가동하여 마감 시공면 및 주변 벽체 등 주위를 충분히 건조시켜 습기에 의한 마감재의 손상을 방지한다.

☆☆★   1. 미장공사

9-60	셀룰로스 섬유보강재	
No. 660	Cellulose Fiber	유형: 공법 · 재료 · 성능

공법분류

바닥미장

Key Point

☑ 국가표준

☑ Lay Out
- 보강효과 비교
- 특성
- 적용 시 유의사항

☑ 핵심 단어

☑ 연관용어

셀룰로스 섬유보강재

• 표면이 수산기(OH)로서 시멘트 페이스트와 강한 부착강도를 지니며 섬유의 유효지름이 작고 분산이 잘 되는 목재의 셀룰로스 섬유를 사용
• Batcher Plant에 직접 섬유보강재를 투입
• 표준사용량: 콘크리트/모르타르 1m³당 1.2kg

I. 정 의

시멘트 복합체 내에서 미소균열을 억제하고 안정화하며 섬유의 가교(bridging)작용을 통하여 시멘트 복합체의 인성 및 충격에 저항할 수 있는 힘을 높여주는 보강재료

II. 섬유보강재의 보강효과 비교

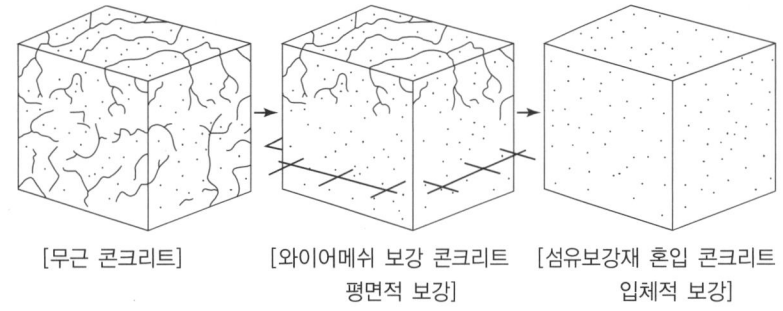

[무근 콘크리트]   [와이어메쉬 보강 콘크리트 평면적 보강]   [섬유보강재 혼입 콘크리트 입체적 보강]

III. 특 성

구분	특성
압축강도	• 초기 재령에서는 보통콘크리트보다 감소하다 28일 재령에서는 보통콘크리트와 거의 동일하거나 크게 나타남
휨강도	• 콘크리트 파괴 과정에서 섬유가 섬유의 파괴(Fraction), 가교작용(Briding), 섬유와 매트릭스의 분리(Debonding) 등이 효과적으로 작용함으로써 콘크리트의 급격한 파괴 방지
휨인성	• 셀룰로스 섬유가 취성파괴를 방지하고 연성파괴를 유도하여 에너지 흡수능력 증가
소성수축균열	• 셀룰로스 섬유의 수분보유성이 높아 양생초기 수분의 외기방출을 억제하여 급속한 수분건조로 인한 소선수축균열을 방지
건조수축균열	• 단위면적당 많은 섬유에 의한 시멘트 매트릭스와의 부착력으로 균열을 발생시키는 내부응력이 분산되어 굵은 균열 대신 잔균열이 발생

IV. 적용 시 유의사항

① 양생기간: 타설 후 최소 5일간 충격 진동 금지
② Saw Cutting 깊이: 무근 콘크리트 두께의 1/4~1/5
③ Saw Cutting 간격: 옥상(3~4m), 지하주차장(4.5~6m)
④ Saw Cutting 시기: 콘크리트 타설 후 4~7일 사이

9-61	셀프레벨링 모르타르	
No. 661	Self leveling mortar	유형: 공법 · 재료 · 성능

공법분류

바닥미장
Key Point
☑ **국가표준**
- KCS 41 46 12
- KCS 41 46 01

☑ **Lay Out**
- 시공 시 중점관리 사항
- 바름공정
- 재료
- 시공 시 유의사항

☑ **핵심 단어**

☑ **연관용어**

Ⅰ. 정 의

자체 유동성을 갖고 있는 석고계 및 cement계 등의 self leveling 재에 의해 표면이 평탄해지면서 수평면을 형성하는 공법

Ⅱ. 시공 시 중점관리 사항

소요의 표준 연도 확보
→ 기계 사용 배합

창문밀폐
(물결 무늬 방지)

돌출부 제거

합성수지 에멀션 실러 바르기 후 건조
Self Leveling재 바르기 2시간 전 완료

Ⅲ. Self Leveling재의 바름공정

공정	재료 또는 표면처리	배합 (질량비)	바름두께 (mm)	바름횟수 (회)	경과시간(h) 공정내	경과시간(h) 공정간	경과시간(h) 최종양생
1. 실러 바름[1] 1회	합성수지 에멀션	100	(소요량) 0.2~0.6 kg/m^2	1~2	1 이상	15 이상	–
	물	제조업자의 시방에 따름					
2. 실러 바름[1] 2회	합성수지 에멀션	100		1	–	1~2	–
	물	제조업자의 시방에 따름					
3. 셀프 레벨링재 재 바름[2]	셀프 레벨링재	100	2~20	1	–	24 이상	–
	모래	0~100					
	물	제조업자의 시방에 따름					
4. 이어치기 부분	요철부는 연마기로 다듬고, 기포는 된비빔 석고로 보수	–	–	–	–	–	72 이상

실러바름 1회 → 실러바름 2회 → SL재 재바름 → 이어치기부분

[15h 이상]　　　　[1~2h 이상]　　　　[24h 이상]　　　　[72h 이상]

Ⅳ. 재료

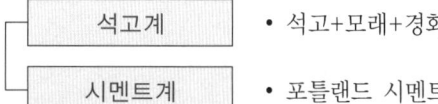

- 석고계 • 석고+모래+경화지연제+유동화제
- 시멘트계 • 포틀랜드 시멘트+모래+분산제+유동화제

석고계 Self Leveling재는 물이 닿지 않는 실내에서만 사용

Ⅴ. 시공 시 유의사항

1) 바탕준비
  ① 바닥 콘크리트의 레이턴스, 유지류 등은 완전하게 제거하고, 깨끗이 청소
  ② 크게 튀어나와 있는 부분은 미리 제거하여 바탕을 조정
  ③ 제조업자가 지정하는 합성수지 에멀션을 이용해서 1회의 실러 바르기를 하고, 건조시킨다.

2) 재료의 혼합반죽
  ① 합성수지 에멀션 실러는 지정량의 물로 균일하고 묽게 반죽해서 사용
  ② 제조업자가 지정하는 시방에 따라 소요의 표준연도가 되도록 기계를 이용, 균일하게 반죽하여 사용

3) 실러바름
  • 수밀하지 못한 부분은 2회 이상 걸쳐 도포하고, 셀프 레벨링재를 바르기 2시간 전에 완료

4) 셀프 레벨링재 붓기
  • 시공면의 수평에 맞게 붓는다.

5) 이어치기 부분의 처리
  ① 경화 후 이어치기 부분의 돌출부분 및 기포 흔적이 남아 있는 주변의 튀어나온 부위 등은 연마기로 갈아서 평탄하게 한다.
  ② 기포로 인해 오목 들어간 부분 등은 된비빔 셀프 레벨링재를 이용하여 보수

6) 주의사항
  ① 셀프 레벨링재의 표면에 물결무늬가 생기지 않도록 창문 등은 밀폐하여 통풍과 기류를 차단
  ② 셀프 레벨링재 시공 중이나 시공완료 후 기온이 5℃ 이하가 되지 않도록 한다.

9-62	바닥강화재 바름공법/하드너	
No. 662		유형: 공법·재료·성능

공법분류

바닥미장
Key Point

■ 국가표준
- KCS 41 46 13

■ Lay Out
- 바탕
- 특성
- 시공 시 유의사항

■ 핵심 단어

■ 연관용어

재료

• 주재료
금강사, 규사, 철분, 광물성 골재, 규불화마그네슘
• Primer
바탕의 구멍을 메우고 마감재와 잘 접촉해서 바탕과 바닥강화재 사이를 영구적으로 결합할 수 있는 제품 사용

I. 정 의

금강사, 규사, 철분, 광물성 골재, 시멘트 등을 주재료로 하여 콘크리트 등 시멘트계 바닥 바탕의 내마모성, 내화학성 및 분진방지성 등의 증진을 목적으로 마감(하드너 마감이라고도 함)

II. 바탕

액상 바닥강화 바탕	분말상 바닥강화 바탕
바탕의 찌꺼기, 기름, 그리스, 페인트 등의 제거 / 평탄도 확보	물, 레이턴스 제거
• 새로 타설한 Concrete 바탕은 최소 21일 이상 양생하여 완전히 건조시킨다. • 액상 Hardner를 물로 희석하여 사용하는 경우에는 초벌바름 전에 바탕 표면을 물로 깨끗이 씻어 낸다.	• 미경화 Concrete 바탕은 물기가 완전히 표면에 올라올 때까지 시공 금지 • 물과 레이턴스의 제거

III. 특 성

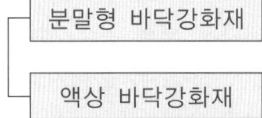

• 바름 바닥면적(m^2)당 3~7.5kg의 분말상 바닥강화재를 사용하고, 최소한 3mm 이상
• 바름 바닥면적(m^2)당 0.3~1.0kg의 액상인 침투식 바닥강화재를 사용하며, 제조업자가 지정한 비율의 물로 희석하여 사용

IV. 시공 시 유의사항

1) 분말형 바닥강화재
• 콘크리트를 타설한 후 블리딩이 멈추고 응결(초결)이 시작될 때 바닥강화재를 손이나 분사용 기계를 이용하여 균일하게 살포
• 색 바닥강화재의 경우 콘크리트 표면에 수분이 흡수되어 색상이 진하게 되면 나무흙손으로 문지르고, 바닥강화재 살포면이 안정된 후 쇠흙손이나 기계흙손(피니셔)으로 마감한다.
• 모르타르의 배합비는 적어도 1 : 2 이상으로 하고, 두께는 최소한 30mm 이상
• 습윤한 상태에서 시멘트 페이스트를 바른 후 모르타르를 타설

공법분류

- 7일 이상 충분히 양생
- 4~5m 간격으로 신축줄눈을 설치

2) 침투식 액상 바닥강화재

- 제조업자의 시방에 따라 적당량의 물로 희석하여 사용
- 2회 이상으로 나누어 도포
- 도포할 표면이 완전히 건조된 후 부드러운 솔이나 고무 롤러, 뿜기 기계 등을 사용하여 콘크리트 표면에 바닥강화재가 최대한 골고루 침투되도록 도포
- 1차 도포분이 콘크리트 면에 완전히 흡수되어 건조된 후(보통의 기후 조건에서 1일 정도)에 2차 도포

3) 주의사항

- 바닥강화 시공 시 기온이 5℃ 이하가 되면 작업을 중지
- 타설된 면은 비나 눈의 피해가 없도록 보양 조치

공법분류	☆☆☆	1. 미장공사	
	9-63	제물마감	
	No. 663		유형: 공법·재료·성능

바닥미장

Key Point

☑ 국가표준

☑ Lay Out
- 자재
- 시공순서

☑ 핵심 단어

☑ 연관용어

Ⅰ. 정 의

콘크리트 타설과 동시에 콘크리트 표면을 기계미장흙손, 쇠흙손 등을 이용하여 평탄하게 문지르거나, 숫돌 또는 그라인더 등으로 경화된 콘크리트면을 갈아내어 콘크리트 표면 자체를 마감하는 공법

Ⅱ. 자재

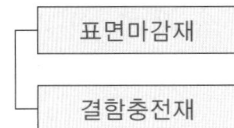

표면마감재	• 시험 또는 신뢰할 수 있는 자료에 의해서 품질이 인정된 것
결함충전재	• 접착성이 양호하고, 건조수축이 적은 합성수지의 무기계 재료를 사용

Ⅲ. 시공순서

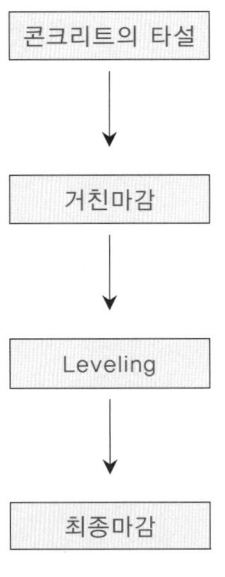

콘크리트의 타설
- 가능한 된비빔하여 사용하여 다짐기 또는 진동기로 다진다.
- 편차 조정 및 마감 용이를 위해 10mm 정도 높여 타설

거친마감
- 균일한 구배형성
- 경사로의 경우 콘크리트의 슬럼프값 조정
- 규준대와 나무흙손으로 고른다음, 물이 빠지는 정도를 보아 기계흙손으로 마감

Leveling
- Laeser Level 설치는 Pump Car 압송진동이 없는 곳에 설치
- 레벨봉은 슬래브 처짐을 고려하여 가급적 보에 근접하여 설치

최종마감
- 적재물 종류에 따른 바탕 평활성 확인
- 공장, 창고 등 내마모성11
- 방수바탕으로서의 성능 확보
- 과도한 누름 금지(표면에 미세한 균열발생 우려)
- 벽 또는 기둥 주위의 코너 부위는 요철 및 마감불량이 발생하기 쉬우므로 기계마감 후 손마감 시 유의

공법분류	9-64	노출 바닥콘크리트공법 中 초평탄 콘크리트	
	No. 664		유형: 공법 · 재료 · 성능

바닥미장

Key Point

■ 국가표준
- KCS 41 46 18

■ Lay Out
- 자재
- 시공순서

■ 핵심 단어

■ 연관용어
- 진공배수공법
- Track Rail

I. 정 의

물류센타나 공장의 바닥처럼 평탄성이 요구되는 타설하는 공법으로 Laser Screed를 이용하여 콘크리트 바닥을 평탄화 시키는 공법

II. 평활도 기준   영국 Concrete Society 의 Technical Report #34 중의 Free Movement 기준

구분	위치와 바닥용도	최대허용한계			
		Property II		Property IV	
	신뢰한계	95%	100%	95%	100%
FM1	• 잠재 물건 적재 높이가 13m 이상 초과되며 매우 정밀한 평탄도와 평활도가 요구되는 VNA들의 구간	2.5mm	4.0mm	4.5mm	7.0mm
*FM2 Special	• 향우 삼방향 지게차 운영 용도병경 가능성이 있는 경우	3.0mm	4.5mm	6.5mm	10mm
FM2	• 잠재 물건 적재 높이가 8m~13m이 며 리치트럭이 사용되는 구간 (VNA 트럭 사용구간, AGV구간)	3.5mm	5.5mm	8.0mm	12mm
FM3	• 리치트럭을 사용하고 잠재 물건 적 재 높이나 선반높이가 최대 8m이 하인 구간	5.0mm	7.5mm	10mm	15mm

• Property II: 600mm이상의 경사도 변화값 • Property IV: 3m 그리드상 인접지점의 높이 차이	기준 바닥면 FM1±10mm 최대허용편차 FM2, FM3±15mm

III. 특 성

① 에폭시 등 마감재를 사용한 바닥보다 내구성이 높다.
② 지게차 등 이동수단이 빠른 속도로 이동 가능하여 업무효율 향상
③ 마모저항도가 우수하여 작업환경 및 근무환경 개선

IV. 시공 시 유의사항

① 타설 전 레벨 측정: 건물 모서리에서 가로 세로 1.5m 이격된 곳에 기준점 설정
② Laser Screed를 이용하여 평탄화 작업 실시
③ 시공 후 바닥 평탄도 측정

시공

9-65	미장공사 시공계획	
No. 665		유형: 계획 · 관리 · 기준

시공계획

Key Point

■ 국가표준
– KCS 41 43 01
– KCS 41 43 02

■ Lay Out
– 시공계획

■ 핵심 단어

■ 연관용어

I. 정 의

① 수급인은 시공계획에 앞서 시방서에 따라서 시공계획서를 작성하고, 시공계획서에 따라 적용범위, 공사개요, 작업조 편성, 작업공정 바탕조건, 작업용 가설설비, 보양 방법 및 안전관리 등에 대한 작업계획서를 작성한다.
② 공사현장 등에서 실제의 건물에 시험시공을 하는 경우에는 공사시방서에 따른다.

II. 시공계획

1. 품질보증

1) 제조업체 및 설치업체의 자격

① 제조업체는 해당 제품을 생산하는 제조업체로서, 최소 3년 이상의 실적이 있는 제조업체가 납품한다.
② 설치업체는 이 시방서 절에서 명기한 미장작업을 전문적으로 수행하는 전문업체로서 최소 2년 이상의 공사 실적이 있는 업체가 설치한다.

2) Sample 시공

① 견본의 색상, 문양, 질감 및 배열 등의 미적 효과를 확인하고, 재료의 품질, 가공 조립 및 설치 등에 관한 작업숙련도의 기준을 결정할 필요가 있는 경우에 발주자대리인이 지정한 장소와 면적을 설치한다.
② 개구부를 포함한 외벽 면적이 $1,500\text{m}^2$ 이상인 건물
③ 대표적인 장소에 설치하는 미장 재료를 시공도에 명시한 방법으로 바탕면의 재질 별로 견본 시공
④ 지정된 장소의 벽체 또는 바닥 너비 전체를 최소 $1,800\text{mm}$의 길이 또는 10m^2 이상의 면적을 시공
⑤ 미장공사 바탕면인 벽체 및 바닥의 형태가 변하는 부분, 돌출부, 개구부의 가장자리, 조절줄눈, 시공줄눈 및 다른 재료와 맞닿는 부분의 줄눈처리 등을 포함하여 견본 시공

2. 자재 : 재료의 선택

• 바탕재에 따른 적합재료 선정
• 결합재 · 혼화재료 · 보강재료 · 보조재료 사용검토

시공

3. 시공
1) 공정관리
- ① 재료수급 계획을 수립하여 작업을 진행
- ② 사용재료와 공법적용에 충분한 공기를 확보

2) 현장안전관리
- ① 배합장소 및 작업장소
  - 적절한 채광, 조명 및 통풍 등이 되도록 창호를 열고, 조명, 환기설비를 준비한다.
  - 사용하는 기계기구에는 필요한 전기설비 및 급배수설비를 준비
- ② 미장공사용 작업 발판
  - 가설통로 및 작업발판은 산업안전기준에 관한 규칙을 준수
  - 미장공사의 바름면과 작업발판 사이의 간격은 거리를 유지
  - 고소작업에는 적절한 추락방지설비를 설치하고 작업자는 필요한 보호구를 착용

3) 재료의 취급
- ① 미장용 재료는 다른 재료와 섞이거나 오염 또는 손상되지 않도록 보관한다.
- ② 시멘트, 석고 플라스터, 건조시멘트 모르타르 등과 같이 습기에 약한 재료는 지면보다 최소 300mm 이상 높게 만든 마룻바닥이 있는 창고 등에 건조상태로 보관하고, 쌓기단수는 13포대 이하로 한다.
- ③ 폴리머 분산제 및 에멀션 실러를 보관하는 곳은 고온, 직사일광을 피하고, 또한 동절기에는 온도가 5℃ 이하로 되지 않도록 주의한다.

4) 배합 및 비빔
- ① 재료의 배합
  - 바탕에 가까운 바름층 일수록 부배합, 정벌바름에 가까울수록 빈배합으로 한다.
  - 결합재와 골재 및 혼화재의 배합은 용적비로, 혼화제, 안료, 해초풀 및 짚 등의 사용량은 결합재에 대한 질량비로 표시
- ② 재료의 비빔
  - 건비빔상태에서 균질하게 혼합 후 물을 부어서 다시 잘 혼합한다. 액체상태의 혼화재료 등은 미리 물과 섞어둔다.
  - 섬유를 혼합할 물이 접착액인 경우는 이 접착액에 섬유를 분산시켜 접착액으로서 모르타르를 혼합하여 사용
- ③ 새료혼합의 세한
  - 석고 플라스터에 시멘트, 소석회, 돌로마이트 플라스터 등을 혼합하여 사용하면 안 된다.
  - 결합재, 골재, 혼합재료 등을 미리 공장에서 배합한 기성배합 재료를 사용할 때에는 제조업자가 지정한 폴리머 분산제 및 물 이외의 다른 재료를 혼합해서는 안 된다.

시공

5) 바탕의 점검 및 조정
    ① 표면 경화 불량은 두께가 2mm 이하의 경우 와이어 브러시 등으로 불량부분을 제거
    ② 초벌바름이 건조한 것은 미리 적당히 물축임한 후 바름작업을 시작한다.
    ③ 바탕이 지나치게 미끈하여 미장바름 시 접착이 확실치 않은 경우는 합성수지 에멀션계 접착증진제를 먼저 도포한 후 합성수지계 혼화재료가 혼합된 시멘트 페이스트를 바르고, 초벌바름작업을 시작

6) 흙손 바름
    ① 바름면의 흙손작업은 갈라지거나 들뜨는 것을 방지하기 위해 바름층이 굳기 전에 끝낸다.
    ② 바름표면의 흙손바름 및 흙손누름작업은 물기가 걷힌 상태를 보아가며 한다.

7) 뿜칠
    ① 뿜칠은 얼룩, 흘러내림, 공기방울 등의 결함이 없도록 작업한다.
    ② 압송뿜칠기계로 바름하는 두께가 20mm를 넘는 경우는 초벌, 재벌, 정벌 3회로 나누어 뿜칠바름을 하고, 바름두께 20mm 이하에서는 재벌뿜칠을 생략한 2회 뿜칠바름을 하며, 두께 10mm 정도의 부위는 정벌뿜칠만을 밑바름, 윗바름으로 나누어 계속해서 바른다.

8) 보양
    ① 시공 전의 보양
        • 근접한 다른 부재나 마감면 등은 오염 또는 손상되지 않도록 보양
        • 바름면의 오염방지 외에 조기건조를 방지하기 위해 통풍이나 일조를 피할 수 있도록 한다.
    ② 시공 시의 보양
        • 미장바름 주변의 온도가 5℃ 이하일 때는 원칙적으로 공사를 중단하거나 난방하여 5℃ 이상으로 유지
        • 공사 중에는 주변의 다른 부재나 작업면이 오염 또는 손상되지 않도록 적절하게 보양
    ③ 시공 후의 보양
        • 바람 등에 의하여 작업장소에 먼지가 날려 작업면에 부착될 우려가 있는 경우는 방풍보양
        • 조기에 건조될 우려가 있는 경우에는 통풍, 일사를 피하도록 시트 등으로 가려서 보양
        • 정벌바름 후 24시간 이상 방치하여 건조 및 보양

★★★　　1. 미장공사

9-66	시멘트모르타르 미장공사 하자	
No. 666		유형: 공법 · 하자 · 결함

시공

I. 정 의

① 수경성 · 가경성의 재료를 시설물의 내 · 외벽, 천장 · 바닥 slab 등에 일정한 두께로 균일하게 바르거나 뿜칠하는 공사로 재료별 부위별로 요구성능에 맞는 공법을 선정하여 시공한다.
② 구조체 표면의 바탕재와 마감재료의 적용성, 건조수축, 구조체 표면의 이상변위, 바탕재의 움직임 등에 따른 균열 · 들뜸 · 박리 · 박락 등의 하자를 사전에 방지하는 계획을 세워야 한다.

II. 요구조건 및 중점관리 사항

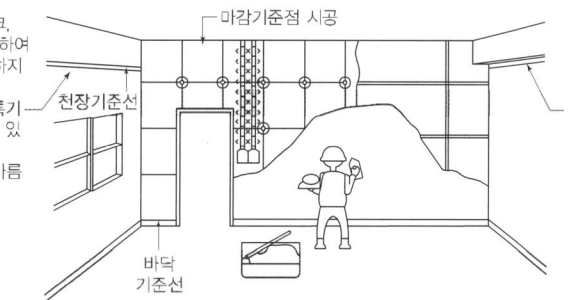

· 천장기준선을 체크, 차후 틈새가 발생하여 보수미장이 발생하지 않도록 한다.
· 차음 등을 위해 특기시방 명기가 되어 있다면 바름 실시
· 일반적으로 초벌바름

· 이질재와 만나는 부위는 균열방지를 위한 줄눈 설치
· 특히 Slab 밑의 경우 처짐 및 골조변형에 의한 균열 방지를 위해 줄눈 필요

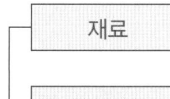

재료	• 소요강도, 접착성능, 균열 저항성
벽탕	• 조면도, 평활도, 두께, 강도, 균열

III. 하자유형 및 원인

유형	원 인
균열	구조체 및 바름 불량, 바탕처리 미흡
박리	구조체 및 바름 불량, 바탕처리 미흡
불경화	동절기
흙손반점	마무리 시점 불량
변화	재료 불량
동해	동해
오염	보양 불량
백화	배합 불량
곰팡이반점	경화 불량

<table>
<tr><td>**시공**</td></tr>
</table>

Ⅳ. 시공 시 유의사항

1) 바탕

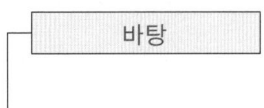

바탕	• 콘크리트, 프리캐스트 콘크리트, 콘크리트 블록 및 벽돌, 고압증기양생 경량 기포콘크리트 패널, 메탈 라스, 와이어 라스, 목모 시멘트판 및 목편 시멘트판
바탕의 처리 및 청소	• 표면 경화 불량은 두께가 2mm 이하의 경우 와이어 브러시 등으로 불량부분을 제거 • 초벌바름이 건조한 것은 미리 적당히 물축임한 후 바름작업을 시작한다.

2) 모르타르의 현장배합(용적비)

바탕	바르기 구분	초벌바름 시멘트:모래	라스먹임 시멘트:모래	고름질 시멘트:모래	재벌바름 시멘트:모래	정벌바름 시멘트:모래
콘크리트, 콘크리트 블록 및 벽돌면	바닥	–	–	–	–	1 : 2
	내벽	1 : 3	1 : 3	1 : 3	1 : 3	1 : 3
	천장	1 : 3	1 : 3	1 : 3	1 : 3	1 : 3
	차양	1 : 3	1 : 3	1 : 3	1 : 3	1 : 3
	바깥벽	1 : 2	1 : 2	–	–	1 : 2
	기타	1 : 2	1 : 2	–	–	1 : 2
각종 라스바탕	내벽	1 : 3	1 : 3	1 : 3	1 : 3	1 : 3
	천장	1 : 3	1 : 3	1 : 3	1 : 3	1 : 3
	차양	1 : 3	1 : 3	1 : 3	1 : 3	1 : 3
	바깥벽	1 : 2	1 : 2	1 : 3	1 : 3	1 : 3
	기타	1 : 3	1 : 3	1 : 3	1 : 3	1 : 3

주 1) 와이어 라스의 라스먹임에는 다시 왕모래 1을 가해도 된다. 다만, 왕모래는 2.5~5mm 정도의 것으로 한다.
2) 모르타르 정벌바름에 사용하는 소석회의 혼합은 담당원의 승인을 받아 가감할 수 있다. 소석회는 다른 유사재료로 바꿀 수도 있다.
3) 시공상 필요할 경우는 라스먹임에 섬유를 혼합할 수도 있다.

3) 바름두께의 표준

바탕	바르기 구분	바름두께(단위:mm)					
		초벌 바름	라스 먹임	고름질	재벌 바름	정벌 바름	합계
콘크리트, 콘크리트 블록 및 벽돌면	바닥	–	–	–	–	24	24
	벽	7	7	–	7	4	18
	천장/차양	6	6	–	6	3	15
	바깥벽/기타	9	9	–	9	6	24
각종 라스바탕	내벽	라스보다 2mm 내외 두껍게 바른다.			7	4	18
	천장/차양				6	3	15
	바깥벽/기타	0~9	0~9		6		24

주 1) 바름두께 설계 시에는 작업 여건이나 바탕, 부위, 사용용도에 따라서 재벌두께를 정벌로 하여 재벌을 생략하는 등 바름두께를 변경할 수 있다. 단, 바닥은 정벌두께를 기준으로 하고, 각종 라스바탕의 바깥벽 및 기타 부위는 재벌 최대 두께인 9mm를 기준으로 한다.
2) 바탕면의 상태에 따라 ±10%의 오차를 둘 수 있다.

시공

4) 재료의 비빔 및 운반

① 시멘트와 모래를 먼저 혼합하고, 물을 넣어 비빔을 실시

② 비빔은 모르타르 믹서로 하는 것을 원칙으로 한다.

③ 1회 비빔량은 2시간 이내 사용할 수 있는 양으로 한다.

5) 초벌바름 및 라스먹임

① 접착제를 사용하여 바르는 방법 등 부착력을 확보하기 위한 대책을 강구한다.

② 바른 후에는 쇠갈퀴 등으로 전면을 거칠게 긁어 놓는다.

③ 초벌바름 또는 라스먹임은 2주일 이상 방치하여 바름면 또는 라스의 겹침 부분에서 생길 수 있는 균열이나 처짐 등 흠을 충분히 발생시키고, 심한 틈새가 생기면 다음 층바름 전 덧먹임을 한다.

6) 고름질

• 바름두께가 너무 두껍거나 요철이 심할 때는 고름질을 한다.

• 초벌바름에 이어서 고름질을 한 다음에는 초벌바름과 같은 방치기간을 둔다.

• 고름질 후에는 쇠갈퀴 등으로 전면을 거칠게 긁어 놓는다.

7) 재벌바름

• 재벌바름에 앞서 구석, 모퉁이, 개탕 주위 등은 규준대를 대고 평탄한 면으로 바르고, 다시 규준대 고르기를 한다.

• 고름질 후에는 쇠갈퀴 등으로 전면을 거칠게 긁어 놓는다.

8) 정벌바름

• 재벌바름의 경화 정도를 보아 정벌바름은 면 개탕 주위에 주의하고 요철, 처짐, 돌기, 들뜸 등이 생기지 않도록 바른다.

9) 줄눈

• 모르타르의 수축에 따른 흠, 균열을 고려하여 적당한 바름 면적에 따라 줄눈을 설치

• 줄눈대를 쓸 때에는 미리 줄눈 나누기에 따라 줄눈대를 설치

10) 보양

• 바람 등에 의하여 작업장소에 먼지가 날려 작업면에 부착될 우려가 있는 경우는 방풍보양

• 조기에 건조될 우려가 있는 경우에는 통풍, 일사를 피하도록 시트 등으로 가려서 보양

• 정벌바름 후 24시간 이상 방치하여 건조 및 보양

11) 바름 후 확인사항

• 평활도 확인: 수평대 및 직각자를 이용하여 요철확인

• 들뜸 여부 확인: 끝이 뾰족한 망치 등으로 미장면을 긁어서 확인(소리 확인)

9-67	무근콘크리트 슬래브 컬링(Curling)	
No. 667		유형: 현상

시공

바닥하자
Key Point

☑ 국가표준
- KCS 41 46 18

☑ Lay Out
- 발생 Mechanism
- 발생원인
- 시공 시 유의사항

☑ 핵심 단어

☑ 연관용어

I. 정 의

슬래브 표면과 저면의 온도 및 습도차에 의한 수축에 의해 콘크리트 슬래브의 모서리부가 아래나 위로 말아올라가 구부러지는 슬래브의 비틀림 현상

II. 슬래브 컬링(curling)의 발생 Mechanism

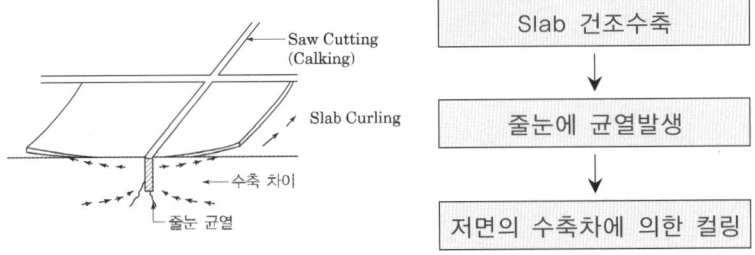

III. 발생원인

① 슬래브 표면과 저면의 온도의 습도차 과다
② 표면이 저면보다 온도가 높고 습윤할 때
③ 콘크리트의 건조수축 발생
④ 콘크리트의 양생불량과 표면에서 급격한 건조 시

IV. 시공 시 유의사항

① 셀룰로오스 섬유보강재 사용하여 균열저감
② Control Joint 설치간격 조정 및 무근콘크리트의 강도 향상
③ 건조수축 감소를 위한 고성능 감수제 사용
④ 차량 진입 시 하중이 가해지는 진입로 부위 하부 배수판 지양
⑤ 콘크리트 품질관리(단위수량, 굵은골재 최대치수, 혼화제, 물결합
　재비 등)

기타용어

1	내식 모르타르	
	KCS 41 40 15	유형: 재료 · 성능

I. 정 의

① 대기중의 수분 · 기온의 영향 · 화학약품부식 · 침식 · 마모 등의 화학적 부식작용을 억제하는 mortar

② 사용되는 특수 cement로는 chemical resistant cement(내화학 cement)와 corrosion proof cement(방식 cement) 등이 있고, 보통 mortar에 내식제(etching reagent)를 혼합한 것도 있다.

2	Saw cutting	
		유형: 공법

I. 정 의

① 무근콘크리트의 Saw cutting은 무근콘크리트를 두께 10mm내외, 간격 3~4.5m, 단면 전체깊이를 Cutting 장비를 사용하여 절단하는 작업

② 모르타르 또는 콘크리트 타설 후 발생하는 건조수축, 온도변화에 따른 신축팽창에 의해 불규칙한 균열을 줄눈을 통해 방지하거나 유도하는 기능

마법지

도장공사

1. 일반사항
   - 도장재료의 구성 및 특성/도장공사의 전색제(Vehicle)
2. 공법분류
   - 공법분류
   - 도장방법
   - 건축공사의 친환경 페인트(Paint)
   - 수성도장
   - 에나멜도장
   - 래커도장
   - 에폭시도료
   - 우레탄도장
   - 도장공사의 미스트 코트(Mist coat)
   - 금속용사(金屬溶射) 공법
   - MMA(methyl methacrylate)코팅
3. 시공
   - 도장공사 시공계획
4. 하자
   - 도장공사 하자

9-68	도장재료의 구성 및 특성/도장공사의 전색제(Vehicle)	
No. 668		유형: 재료 · 성능 · 기준

일반사항

재료일반
Key Point

■ 국가표준
- KCS 41 47 00

■ Lay Out
- 구성요소 · 성분과 기능

■ 핵심 단어
- 색상과 도장의 특성
- 건조

■ 연관용어

전색제(Vehicle)

• 수지, 용제를 총칭하여 전색제라고 한다.
• 전색제는 원래 물감 등의 안료를 희석하는 아마인유 (Linseed Oil), 물 등의 용액을 의미하는 단어

참고사항

• 도료의 구성에 있어 안료를 포함하지 않는 도료를 클리어 (Clear, 투명)도료, 착색안료를 포함하는 도료를 에나멜 (Enamel, 착색)도료라 한다.
• 도료에서는 경화반응을 이용하지 않고 용제증발 등의 물리적 건조만으로 막을 형성하는 열가소성 수지 도료와 경화반응에 의해 3차원 그물눈을 형성하여 막을 형성하는 열경화성 수지도료가 있다.

Ⅰ. 정 의

① 도장재료의 구성은 색상과 도장의 특성을 구성하는 주재와 시공성과 건조를 위한 부재로 이루어진다.
② 도료의 구성 요소는 크게 안료, 전색제, 용제, 보조제의 성분을 혼합하여 용해 분산시킨 것이며 각자의 성분이 가지고 있는 기능을 합리적으로 조합함으로써 도료의 성능을 발휘하도록 만든 것이다.

Ⅱ. 도료의 구성요소

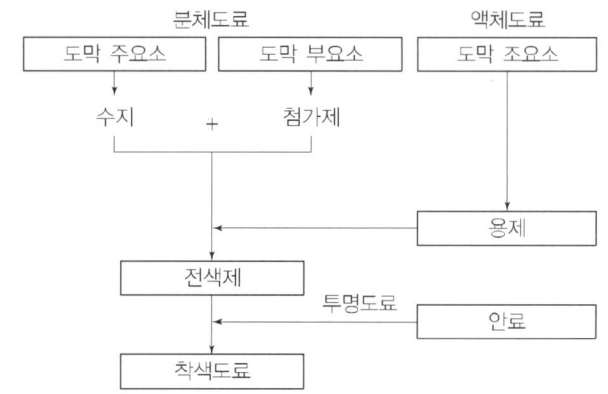

Ⅲ. 성분과 기능

수지(Resin)
• 성분: 유지, 천연수지, 열가소성 합성수지, 열경화성 합성수지. 아크릴 수지
• 기능: 용융 및 가연성이 있고 도막을 형성하는 주재료

첨가제(Assitive)
• 성분: 분산제, 침전방지제, 증점제, 광안정제, 조제, 소광제, 방부제, 동결방지제, 소포제 등
• 기능: 도료의 제조, 저장, 도막형성을 위한 기능발휘

안료(Pigment)
• 성분: 체질안료, 방청안료, 착색안료 등
• 기능: 도장의 색상을 나타내며, 바탕면을 정리하고 햇빛으로 부터 결합제의 손상을 보호

용제(Solvent)
• 성분: 진용제, 조용제, 희석제 등
• 기능: 도료의 점도조절, 작업성, 도막건조

일반사항

Ⅳ. 광택 및 점도조절

광택분류(기준: 60° 은면 반사율)	도료의 점도 조절
• 유광(Full Gloss): 70° 이상 • 반광(Semi Gloss): 30~70° • 반무광(Egg Shell): 10~30° • 무광(Flat): 10° 이하	• 용제: 녹일 수 있는 용액 • 신너(Tinner): 여러 용제들의 혼합물 • 수성페인트: 물을 용제로 사용 • 유성페인트: 희석제(신너)를 용제로 사용

★★★	2. 도장공사	
9-69	공법분류	
No. 669		유형: 공법 · 기준

공법분류

공법분류

Key Point

■ 국가표준
- KCS 41 47 00
- KS M 5001

■ Lay Out
- KS 규격별 분류

■ 핵심 단어

■ 연관용어

I. 정 의

① 도료의 종류는 일반적으로 도막을 구성하는 주성분에 의한 분류, 용액체 · 반고체 · 고체 등의 형태에 의한 분류, 특수한 용도로 전용 등의 용도에 따른 분류로 구분된다.
② 도료는 피도물이 표면에 유동상태로 일정하고 균일하게 바르거나 뿜기 · roller · 장비 마감하여 시간이 경과함에 따라 물리적 · 화학적으로 연속적인 건조(경화) 피막을 형성하여 내식성 · 방부성 · 내마모성 · 방수성 · 강도 등을 높이는 착색과 광택을 목적으로 사용하는 재료

II. KS 규격별 분류

도장 명칭	도료의 품질에 관한 규정 및 합격해야 할 규격			희석제	용도
	규격번호	품질내용	규격 종별		
1 수성 도료	KS M 6010	합성수지 에멀션 도료 (외부용)	1종 (1, 2급)	상수도물	모르타르면, 콘크리트면
		합성수지 에멀션 도료 (내부용)	2종 (1, 2급)		
		합성수지 에멀션 퍼티	3종 내수형, 일반형	상수도물	바탕면 누름용 (흡수막이용)
2 유성 도료	KS M 6020	조합 도료	1종 (1급, 2급)	전용 희석제	목재면, 철재면, 아연도금면
		자연건조형 도료	2종 유광(1, 2급), 반광, 무광	전용 희석제	목재면, 철재면, 아연도금면 상도용
		알루미늄 도료	3종	전용 희석제	철재면
		아크릴 도료	4종	전용 희석제	시멘트 모르타르면
3 방청 도료	KS M 6030	광명단 조합 페인트	1종 (1, 2, 3, 4류)	전용 희석제	철재면 방청용
		크롬산아연 방청 페인트	2종 (1, 2류)	전용 희석제	철재면 방청용
		아연분말 프라이머	3종 (1, 2, 3류)	전용 희석제	철재면 아연도 강판 방청용
		에칭 프라이머 (워시 프라이머)	4종 (1, 2류)	전용 희석제	금속바탕처리용 프라이머

<table>
<tr><td rowspan="2" style="text-align:center">공법분류</td><td rowspan="2">도장 명칭</td><td colspan="3">도료의 품질에 관한 규정 및 합격해야 할 규격</td><td rowspan="2">희석제</td><td rowspan="2">용도</td></tr>
</table>

도장 명칭	규격번호	품질내용	규격 종별	희석제	용도
3 방청 도료	KS M 6030	광명단 크롬산아연 방청 프라이머	5종	전용 희석제	철재면 방청용
		타르 에폭시 수지 도료	6종	전용 희석제	내유성이 필요하지 않는 하도·중도, 상도용
4 래커 도료	KS M 6040	래커 프라이머	1종	전용 희석제	목재면, 금속면
		래커 퍼티 (하도 수정도장용)	2종	전용 희석제	하도수정 도장용
		래커 서페이서 (하도, 중도용)	3종	전용 희석제	하도, 중도용
		목재용 우드 실러	4종	전용 희석제	흡수방지용
		목재용 샌딩 실러	5종	전용 희석제	눈메움용 면조정용
		상도 마감용 투명 래커	6종	전용 희석제	상도마감용
		상도 마감용 래커 에나멜	7종	전용 희석제	목재면, 철재면, 아연도금면
5 바니시	KS M 6050	페놀수지와 건성유를 주원료로 한 스파바니시	1종	전용 희석제	목재면, 철재면
		우레탄 변성유를 주원료로 한 우레탄 변성바니시	2종	전용 희석제	하도, 중도, 상도 목재면
		산화형 알키드수지를 주원료로 한 알키드 바니시	3종	전용 희석제	목재면, 철재면
6 도료용 희석제	KS M 6060	알키드 또는 페놀에나멜 및 바니시용	1종		도료 희석용
		조합페인트용	2종		도료 희석용
		니트로셀룰로오스 래커용	3종		도료 희석용
		아크릴 에나멜용	4종		도료 희석용
7 염화비닐 수지 바니시	KS M 5304	염화비닐수지 바니시		전용 희석제	바탕면 누름용 흡수막이
8 염화비닐 수지 도료	KS M 5305	염화비닐수지 에나멜 옥내용	1종	전용 희석제	목재면, 철재면, 모르타르면
		염화비닐수지 에나멜 옥외용	2종	전용 희석제	목재면, 철재면, 모르타르면
9 아크릴 수지 바니시	KS M 5605	아크릴수지 바니시		전용 희석제	하도용 흡수방지

공법분류	도장 명칭	도료의 품질에 관한 규정 및 합격해야 할 규격			희석제	용도
		규격번호	품질내용	규격 종별		
	10 아크릴수지 도료	KS M 5710	아크릴수지 에나멜		전용 희석제	모르타르면, 콘크리트면, 철재면, 목재면
	11 불포화 폴리에스테르 퍼티	KS M 5713	불포화 폴리에스테르 수지 퍼티		전용 희석제	구멍땜용
	12 조합 도료 목재용 프라이머	KS M 5318	조합 페인트 목재 프라이머 백색 및 담색(외부용)		전용 희석제	목재면하도용
	13 광택 수성 도료	특수 아크릴계 수지를 사용한 수성 도료로 공해, 인화성이 없는 광택 합성수지 에멀션 도료			상수도 물	중도, 상도용, 철재면, 모르타르면
	14 특수 수성 도료	특수 실리콘 수지 또는 실리케이트를 사용한 수계 도료			상수도 물	시멘트 모르타르면
	15 셀락 바니시	셀락 바니시 혹은 래커 바니시			공업용 변성 알코올	옹이땜 송진막이 흡수막이
	16 오일 퍼티	합성수지를 이용한 규격에 합격하는 것으로서 필요에 따라 적당량의 체질안료를 섞어 쓴다.			전용 희석제	구멍땜용
	17 에폭시 퍼티	2액형 에폭시 퍼티			전용 희석제	콘크리트 모르타르면
	18 리무버	설계도서에 지정하는 제조자의 제품				도막 제거
	19 착색 겸용 눈먹 임제	유성 스테인 또는 수성 스테인과 체질안료를 섞어서 만든 제조자의 제품				착색 및 눈메움제
	20 착색제	유성 스테인 또는 수성 스테인으로 하고, 변색이 안 되고 도료에 유해한 작용을 아니하며, 또 밀착을 방해하지 않는 것으로서 담당원의 지정으로 선정한다.				약품처리에 따른 착색은 공사시방서에 따름
	21 흡수방지제 (바니시도장용)	투명 래커 니스를 그 농도가 10 % 내외가 되게 변성알코올로 묽게 한 것으로 하고 담당원의 승인을 받아 사용한다.				흡수방지용
	22 리타다 희석제	리타다 희석제				건조지연제
	23 2액형 우레탄 실러	설계도서에 지정된 제조회사의 제품 또는 담당원의 승인을 받는다.			전용 희석제	눈먹임 살오름용
	24 2액형 우레탄 바니시	설계도서에 지정된 제조회사의 제품 또는 담당원의 승인을 받는다.			전용 희석제	하도, 중도, 상도 목재면

공법분류	도장 명칭	도료의 품질에 관한 규정 및 합격해야 할 규격			희석제	용도
		규격번호	품질내용	규격 종별		
	25 무늬 도장 금속용 프라이머	사용하는 무늬도장의 제조자가 지정하는 제품			전용 희석제	하도용 (금속면 방청용)
	26 무늬 코트	두 색 이상의 안료색상을 가진 입체감이 있는 다 색채 무늬도장				상도용 무늬
27	2액형 에폭시 프라이머	설계도서에 지정한 제조회사의 제품 또는 담당원의 승인을 받는다.			전용 희석제	콘크리트 모르타르면, 금속면 방청
	2액형 에폭시 도료	설계도서에 지정한 제조회사의 제품 또는 담당원의 승인을 받는다.				철재면, 콘크리트면
	2액형 후도막 에폭시 도료	설계도서에 지정한 제조회사의 제품 또는 담당원의 승인을 받는다.				중도, 상도용 콘크리트면, 금속면
	28 염화 고무 도료	내알칼리성, 내수성이 우수한 수지로서 수영장 내부, 철재보호용으로 사용			전용 희석제	내수성 수영장용 철재면
29	우레탄 프라이머	1액형(흡수방지) 또는 2액형(방청용)으로 공사시 방서에 지정한 제조회사의 제품 또는 담당원의 승인을 받는다.			전용 희석제	시멘트 모르타르면 흡수방지, 금속면 방청용
	폴리우레탄 수지 도료	폴리에스테르 또는 아크릴 수지와 이소시아네이트를 주체로 한 내화학성, 고광택, 내마모성이 우수한 도료			전용 희석제	중도, 상도용 콘크리트면
	30 불소 수지 도료	초내후성, 산, 알칼리성이 강하고 시멘트, 콘크리트 건축물의 외장용으로 사용되는 도료			전용 희석제	콘크리트면, 모르타르면 철재면
	31 실록산 수지 도료	설계도서에 지정한 제조회사의 제품 또는 담당원의 승인을 받는다.			전용 희석제	철재면, 콘크리트면
	32 스프레이용 도재	합성수지와 체질안료를 혼합한 입체무늬 모양 도료			전용 희석제	중도·상도 치장용
	33 방균 (항균) 도료	건축물 내외 콘크리트, 시멘트 모르타르, 목재 등 곰팡이균이 발생하지 못하도록 만든 페인트			전용 희석제	하도·중도, 상도용
	34 바닥재 도료	특수에폭시, 폴리우레아, 우레탄, 시멘트 혼합 수지 모르타르, 합성고분자 수지를 이용하여 내마모성, 부착, 내오염성이 요구되는 바닥재 도료			전용 희석제	콘크리트면, 모르타르면
	35 특수 도료	내화도료, 형광도료, 방오도료, 흡착/흡방습 도료, 라돈저감 도료				콘크리트면, 철재면 등

9-70	도장방법	
No. 670		유형: 공법 · 성능 · 기준

공법분류

도장방법
Key Point

☑ 국가표준
- KCS 41 47 00

☑ Lay Out

☑ 핵심 단어

☑ 연관용어

• 붓도장
- 평행하고 균등하게 하고 붓 자국이 생기지 않도록 평활하게 한다.
• 롤러도장
- 도장속도가 빠르므로 도막두께를 일정하게 유지하도록 한다.
• 스프레이 도장
- 표준 공기압을 유지하고 도장면에서 300mm를 표준으로 한다.
- 운행의 한 줄마다 스프레이 너비의 1/3 정도를 겹쳐 뿜는다.
- 각 회의 스프레이 방향은 전 회의 방향에 직각으로 한다.

뿜칠재

• 물성: 순수 무기질계로 불연성
• 구성재료: 펄라이트, 질석, 석고, 시멘트, 무기 접착제, 기포제, 발수제
• 공법선정: 의장성, 시공성, 경제성
• 관리Point: 기온, 골조 Crack, 바탕면처리 및 함수율, 색상, 설비시공시기

I. 정 의

① 도장공사는 피도장 물체의 표면에 일정하고 균일한 도료를 칠하여 물리적 · 화학적으로 고화 된 피막을 형성하는 최종 마무리 공사로서 바탕면에 따른 도장재료의 선정 · 배합 · 도막 형성 과정의 기후조건, 도막형성 후의 양생과정의 잘못으로 결함 발생이 많다.

② 현장여건을 감안하여 적정공법을 선정한다.

II. 도장방법

1) 붓도장

┌ 유성도료용: 고점도, 말털 사용
├ 래커용: 저점도, 양털사용
└ 에멀션, 수용성용: 중간점도, 양털 또는 말털 사용

2) 롤러도장

롤러의 마모상태를 수시로 점검하여 교체사용

3) Air Spray 도장

┌ 외부 혼합식: 유동성이 양호한 저점도 도료용
└ 내부 혼합식: 고점도, 후막형 도장용

4) Air Less Spray 도장

공기의 분무에 의하지 않고 도료자체에 압력을 가해서 노즐로부터 도료를 안개처럼 뿜칠하는 방법

5) 정전 분체도장

접지한 피도체에 양극, 도료 분무장치에 음극이 되게 고전압을 주어, 양극 간에 정전장을 만들어 그 속에 분말 도료를 비산시켜 도장

6) 전착 도장

수용성 도료 속에 전도성의 피도체를 담궈 도료와 반대 전하를 갖도록 전류를 흐르게 하여 전기적 인력으로 도장

III. 도장 시 각 요인이 도막수명에 미치는 영향

요인	기여율(%)
표면처리	5
도막두께	25
도료의 종류	5
기타, 도장조건(환경, 숙련도)	25

Ⅳ. 시공 공통사항 – 바탕 만들기

1) 퍼티먹임
   ① 표면이 평탄하게 될 때까지 1~3회 되풀이하여 빈틈을 채우고 평활하게 될 때까지 갈아낸다.
   ② 퍼티가 완전히 건조하기 전에 연마지 갈기를 해서는 안 된다.

2) 흡수방지제
   ① 바탕재가 소나무, 삼송 등과 같이 흡수성이 고르지 못한 바탕재에 색올림을 할 때에는 흡수방지 도장을 한다.
   ② 흡수방지는 방지제를 붓으로 고르게 도장하거나 스프레이건으로 고르게 1~2회 스프레이 도장한다.

3) 착색
   ① 붓도장으로 하고, 건조되면 붓과 부드러운 헝겊으로 여분의 착색제를 닦아내고 색깔 얼룩을 없앤다.
   ② 건조 후, 도장한 면을 검사하여 심한 색깔의 얼룩이 있을 때에는 다시 색깔 고름질을 한다.

4) 눈먹임
   ① 눈먹임제는 빳빳한 털붓 또는 쇠주걱 등으로 잘 문질러 나뭇결의 잔구멍에 압입시키고, 여분의 눈먹임제는 닦아낸다.
   ② 잠깐 동안 방치한 후 반건조하여 끈기가 남아 있을 때에 면방사 헝겊이나 삼베 헝겊 등으로 360° 회전하면서 문지른 후 다시 부드러운 헝겊 등으로 닦아낸다.

5) 갈기(연마)
   ① 나뭇결 또는 일직선, 타원형으로 바탕면 갈기 작업을 한다.
   ② 갈기는 나뭇결에 평행으로 충분히 평탄하게 하고 광택이 없어질 때까지 간다.

9-71	콘크리트, 모르타르부 도장	
No. 671		유형: 공법

공법분류

도장방법
Key Point

■ 국가표준
– KCS 41 47 00

■ Lay Out
– 바탕 만들기
– 수성도장

■ 핵심 단어

■ 연관용어

I. 정 의

concrete부 바탕처리는 concrete 부어넣기 후 최소 28일 이상 양생(수분함유율 7% 이하)이 되도록 하며 표면에 묻어있는 기름, 구리스(guris) 혹은 형틀 박리제를 산처리 방법이나, 약한 sand blasting 방법으로 완전히 제거한다.

II. 바탕만들기

1) 바탕 표면처리

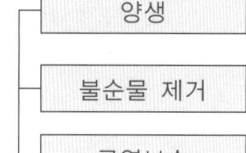

- 양생 • 온도 20℃ 기준으로 약 28일 이상 충분히 건조해야 하며(표면함수율 7% 이하)
- 불순물 제거 • 오염, 부착물의 제거는 바탕을 손상하지
- 균열보수 • 균열은 물축임을 한 다음 석고퍼티로 땜질

2) 공정

	공정	면처리	건조 시간	건조 도막 두께(μm)
1	바탕처리	바탕면의 들뜸이나 부풀음 여부 조사		
2	오염, 부착물 제거	오물, 부착물 제거		제조사 시방
3	프라이머	아크릴 에멀션 투명도료 1: 물 4	2시간	제조사 시방
4	퍼티	아크릴 에멀션 퍼티 또는 석고 퍼티	24시간	
5	연마			

3) 공법

① 바탕재는 온도 20℃ 기준으로 약 28일 이상 충분히 건조해야 하며 (표면함수율 7% 이하), 알칼리도는 pH 9 이하
② 오염, 부착물의 제거는 바탕을 손상하지 않도록 주의
③ 바탕의 균열, 구멍 등의 주위는 물축임을 한 다음 석고써티로 땜질한다. 건조 후 연마지로 평면을 평활하게 닦는다.
④ 무광택 도료로서 특수도장을 잘 받아들일 수 있게 할 때는 바탕표면을 도료의 성질에 따라 거칠게 한다.
⑤ 특수도장을 하기로 예정된 콘크리트 바닥면은 5%의 염산용액, 혹은 기타 청소 전용의 용제로 씻어내고 물로 다시 씻어낸 후 암모니아 등 린스로 중화시킨다.

Ⅲ. 수성도장

1) 수성도료 도장공정

공정		내용 및 배합비(질량비)	건조시간	건조 도막 두께 (μm)
1	바탕처리	바탕만들기 도장방법에 따름		제조사 시방
2	하도 (1회)	합성수지 에멀션 투명	3시간 이상	
3	퍼티먹임 (2회)	합성수지 에멀션 도료	3시간 이상	
		상수도물		
4	연마	연마지 P180~P240		
5	상도 (1회)	합성수지 에멀션 도료	3시간 이상	60~80
		상수도물		
6	상도 (2회)	합성수지 에멀션 도료	3시간 이상	
		상수도물		

주 1) 에어리스 스프레이로 할 때의 조합비율의 표준은 스프레이의 압력이 10N/mm^2 전 후 정도일 때를 표시한 것이고, 컴프레서의 압력에 따라 쓰이는 물의 양을 가감한다.
　2) 회반죽, 플라스터, 나무섬유판, 석고 보드부 등 흡수성이 심할 때는 흡수방지 도료를 도장한다. 도장횟수에 대해서는 담당원의 지시에 따른다.
　3) 위의 도장공정 내부용, 외부용은 동일하다.

2) 주의사항

① 5℃ 이하의 온도에서 도장 시 동결 또는 균열 및 도막형성이 되지 않으므로 도장 금지

② 부착성을 고려하여 과다한 희석 금지

③ 0℃ 이하일 때는 저장이나 운반 도중 얼지 않도록 하여야 한다.

④ 모서리 등에 붓으로 새김질한 면과 롤러 도장면의 색이 차이 날 수 있으므로 새김질 시 동일 규격번호로 작업

⑤ 시멘트 모르타르면의 피 도막면을 충분히 양생

⑥ 피도막면의 양생기간 및 산·알칼리도

구분		콘크리트면	시멘트 모르타르면
산·알칼리도		pH 9 이하	
양생 기간	하절기	3주 이상	2주 이상
	동절기	4주 이상	3주 이상

⑦ 시멘트 모피도막면의 흡수율이 과도할 경우 도료의 접착성이 저하되므로 충분한 바탕면 정리 후 도장

공법분류	☆☆☆　　2. 도장공사		
	9-72	철재부 도장	
	No. 672		유형: 공법

도장방법

Key Point

■ 국가표준
- KCS 41 47 00

■ Lay Out
- 바탕 만들기
- 도장공정

■ 핵심 단어

■ 연관용어

I. 정 의

철재부 바탕처리는 기계적 방법이나 화학적 방법으로 녹슬음과 mill scale, 먼지 기타 오염 부분을 제거한다.

II. 바탕만들기

1) 철재면 바탕 만들기

종별		공정	면처리	건조시간	건조 도막 두께(μm)
인산염 처리 (1종)	1	오염, 부착물 제거	스크레이퍼, 와이어 브러시		
	2	유류 제거	휘발유 닦기, 비눗물 씻기 또는 약한 알칼리성액 가열처리, 더운물 씻기		
	3	녹제거	격지녹, 녹슬음은 산 침지 더운 물 씻기, 샌드 블라스트로 제거	곧바로 화학처리 한다.	
	4	화학처리	인산염 용액에 침지 처리 후 더운물 씻기, 건조(크롬산에 다시 담가 처리)		
	5	피막마무리			
금속바탕 처리용 프라이머 (2종)	1	오염, 부착물 제거	스크레이퍼, 와이어 브러시		
	2	유류 제거	휘발유 닦기, 비눗물 씻기 또는 약한 알칼리성액 가열처리, 더운물 씻기		
	3	방청 도장	1회 붓질 또는 스프레이 도포량 01.~0.11	24~48 시간 이상	제조사별 시방조건에 따름
보통금속 (3종)	1	오염, 부착물 제거	스크레이퍼, 와이어 브러시		
	2	유류 제거	휘발유 닦기		
	3	녹 제거	스크레이퍼, 와이어 브러시		
			그라인딩 휠, 회전식 와이어 브러시		

① 오염, 먼지 등은 닦아내고 불순물을 스크레이퍼, 와이어 브러시, 내수연마지 등으로 제거

② 기름, 지방분 등의 부착물은 닦아낸 후, 휘발유, 벤졸, 트리클렌, 솔벤트, 나프탈렌 등의 용제로 씻어 내거나 비눗물로 씻고, 더운물 등으로 다시 씻어 건조한다.

공법분류

③ 철재의 창호, 수장, 가구 등의 엷은 강판제로서 칠한 것과 화학처리를 하는 것에 대해서는 주의하여 탈지하고, 알칼리성 수용액(가성소다, 메탄규산소다, 이산소다 등의 수용액)에 담가 70~80℃ 가열처리한 후 더운물 씻기를 하여 알칼리분을 제거하거나 휘발유, 벤졸, 트리클렌 등의 용제로 씻어낸다.

④ 일반구조용재 등의 격지 높은 망치, 스크레이퍼 등으로 제거하고, 붉은 녹은 와이어 브러시, 내수연마지(P60~P80)로 제거한다. 후 더운물 씻기를 하고, 검정 녹, 가는 녹, 깊은 녹을 제거한다.

⑤ 인산염처리의 방법은 인산염 용액에 철재를 담가 강고한 인산염피막을 일정하게 형성한 뒤에 더운물 씻기를 한다.

⑥ 금속바탕 처리용 프라이머 도장은 도장번호에 규정하는 금속 바탕 처리용 프라이머를 도장솔로 고르게 1회 얇게 도장한다.

⑦ 녹떨기 후 또는 화학처리 후에는 철재면에 부착된 수분을 적당한 방법으로 완전히 건조한다.

⑧ 모래나 철강 등의 입자를 압축공기에 의해 노즐에서 분사시켜 그 충격과 마찰력에 의해 녹이나 검정 녹, 기타 오염물을 제거하는 방법은 주위 환경조건과 도료의 종류에 따라 바탕만들기의 등급이 결정된다.

• 블라스트법에 의한 바탕만들기

등급	규격(KS M ISO 8501)	상태
Sa 1	가벼운 블라스트 – 세정	표면에는 반드시 육안으로 관찰되는 기름, 유지 및 먼지가 없어야 하고 약하게 부착된 밀 스케일, 녹, 도막 및 이물질도 없어야 함.
Sa 2	충분한 블라스트 – 세정	남아 있는 오염물도 견고하게 부착되어 있어야 함.
Sa 2 1/2	매우 철저한 블라스트 – 세정	남아 있는 오염물의 어떠한 흔적도 반드시 선 형태로만 미약하게 나타나야 함.
Sa 3	시각적으로 깨끗한 철강의 블라스트 – 세정	반드시 균일한 금속 색상을 지녀야 함.
참고	표면에는 반드시 육안으로 관찰되는 기름, 유지 및 먼지가 없어야 하고 약하게 부착된 밀 스케일, 녹, 도막 및 이물질도 없어야 함.	

주 1) 블라스팅을 하기 전에 철재의 모든 유분은 제거되어야 한다.
   2) 용접 시 발생한 용접 잔재와 이음새, 날카로운 부분도 제거되어야 한다.
   3) 블라스팅의 적당한 공기압력은 $0.68~0.73 \, N/mm^2$이며, 공기의 압력이 $0.49 \, N/mm^2$로 줄어들면 같은 결과를 얻기 위해서는 연마재의 양이 2배로 늘어난다.
   4) 블라스팅된 표면은 녹이 발생하기 쉬우므로 가능한 한 빨리 1차 프라이머(하도)를 도장해야 한다.
   5) 블라스팅한 후 프라이머(하도)를 도장하기 전 압축공기로 바탕의 먼지를 제거하고 도장해야 한다.

2) 아연도금면의 바탕만들기

종별		공정	면처리	건조시간	건조 도막 두께(μm)
금속바탕 처리용 프라이머 도장 (A종)	1	오염, 부착물 제거	오염, 부착물을 와이어 브러시 등으로 제거		
	2	녹 방지 도장	금속바탕용 프라이머 1회 붓도장	2시간 내	제조사별 시방조건에 따름
황산아연 처리 (B종)	1	오염, 부착물 제거	오염, 부착물을 와이어 브러시 등으로 제거		
	2	화학처리	황산아연 5% 수용액 1회 붓도장	5시간 정도	제조사별 시방조건에 따름
	3	수세	물씻기	2시간 정도	
옥외노출 풍화처리 (C종)	1	방치	노출 방치	1개월 이상	건조시간 1개월
	2	오염, 부착물 제거	오염, 부착물을 와이어 브러시 등으로 제거		

① 오염, 부착물은 와이어 브러시, 내수연마지 등으로 제거
② 금속바탕처리용 프라이머는 도장번호에 규정하는 금속바탕처리용 프라이머를 붓으로 고르게 1회 도장
③ 황산아연처리를 할 때는 약 5%의 황산아연 수용액을 1회 도장하고, 약 5시간 정도 풍화시킨다.
④ 화학처리를 하지 아니할 때는 옥외에서 1~3개월 노출해 바탕을 풍화시킨다.
⑤ 도장 직전, 표면에 발생한 산화아연을 연마지(P60~P80) 또는 와이어 브러시로 완전히 제거하고 동시에 부착물을 청소한다.

Ⅲ. 도장공정

1) 철재면 조합 도료 도장공정

	공정	사용재료	도료배합	건조시간	건조 도막 두께(μm)
1	바탕처리	철재면 바탕만들기에 따름			
2	방청1회	아연분말 프라이머 (KS M 6030)	도료설명서 참조	48시간 이상	제조사 시방조건
			전용 희석계		
3	상도 (1회차)	조합 도료(유성 도료) (KS M 6020)	도료설명서 참조	12시간 이상	
			전용 희석계		
4	연마	연마지 P180~240으로 가볍게 연마			60~120
5	상도 (2호차)	조합 도료(유성 도료) (KS M 6020)	도료설명서 참조	12시간 이상	
			전용 희석계		

공법분류

2) 아연도금면 조합 도료 도장공정

	공정	사용재료	도료배합	건조시간	건조 도막 두께(μm)
1	바탕처리	철재면 바탕만들기에 따름			
2	방청1회	에칭 프라이머 (KS M 6030)	도료설명서 참조	12시간 이상	제조사 시방조건
			전용 희석제		
3	상도 (1회차)	조합 도료(유성 도료) (KS M 6020)	도료설명서 참조	12시간 이상	60~180
			전용 희석제		
4	연마	연마지 P180~240으로 가볍게 연마			
5	상도 (2호차)	조합 도료(유성 도료) (KS M 6020)	도료설명서 참조	12시간 이상	
			전용 희석제		

3) 주의사항
① 조합 도료의 조색상도에 쓰는 조합 도료는 전문 제조회사가 소요의 색상과 광택으로 조합함을 원칙
② 사용하기 전에 균일상태로 잘 혼합, 섞은 후 사용
③ 도장할 바탕은 기름, 먼지, 녹, 기타 오염물을 완전히 제거한 후 도장
④ 해당 희석재의 희석률은 제출된 도료설명서에 명기된 전용 희석제의 희석률을 참조하여 사용
⑤ 목재에 도장할 때 KS M 5318을 사용하고, 철재를 도장할 때에는 KS M 6030을 이용하며, 하도가 완전히 건조된 후 상도로 사용
⑥ 오래된 구도막 위에 다시 도장할 경우는 구도막을 연마지(P320~400)로 연마한 후 도장

☆☆☆　2. 도장공사

9-73	목재부 도장	
No. 673		유형: 공법

도장방법
Key Point

☑ **국가표준**
– KCS 41 47 00

☑ **Lay Out**
– 바탕 만들기
– 도장공정

☑ **핵심 단어**

☑ **연관용어**

공법분류

Ⅰ. 정 의

① 목재는 충분한 건조를 통하여 함수율을 섬유포화점 이하가 되도록 하며 목재의 건조, 초벌(1회), 재벌의 건조시간은 계절 환경에 따라 다름에 유의하여야 한다.

② 목재의 수분을 완전히 건조하고 바탕면에 붙어 있는 부착물을 제거하고 sand paper로 손질하며 기름으로 오염된 부분은 가솔린이나 벤졸로 닦아낸다.

Ⅱ. 바탕만들기

1) 바탕 만들기

	공정	면처리	건조시간
1	오염, 부착물 제거	오염, 부착물의 제거, 유류는 휘발유, 시너 닦기	
2	송진의 처리	송진의 긁어내기, 인두지짐, 휘발유 닦기	
3	연마지 닦기	대팻자국, 엇거스름, 찍힘 등을 P120~150연마지로 닦기	
4	옹이땜 셀락 니스	옹이 및 그 주위는 2회 붓도장 하기	각 회 1시간 이상
5	구멍땜 퍼티	갈림, 구멍, 틈서리, 우묵한 곳의 땜질하기	24시간 이상

① 목재의 연마는 바탕 연마와 도막마무리 연마 2단계로 행한다.

② 표면에 두드러진 못은 주변의 손상을 방지 할 수 있는 펀치로 박고, 녹슬 우려가 있을 때는 징크퍼티를 채운다.

③ 먼지, 오염, 부착물은 목부를 상하지 않도록 제거·청소하고, 필요하면 상수돗물 또는 더운물로 닦는다.

④ 유류, 기타 오물 등을 닦아내고 휘발유, 희석제 등으로 닦는다.

⑤ 대팻자국, 엇거스름, 찍힘 등은 바탕의 재질에 따라 연마지(P120~240)로 닦아 제거하고, 다시 P240 연마지로 면, 모서리 등이 두리뭉실하게 되지 않도록 하고 무른 부분의 재질이 손상되지 않도록 평탄히 연마한다.

⑥ 녹아 나온 송진은 칼, 주걱 등으로 긁어내고, 송진이 많은 부분(옹이의 갓둘레 등)은 인두로 가열하여 송진을 녹아 나오게 하여 휘발유로 닦는다.

⑦ 옹이땜은 옹이 갓둘레, 송진이 나올 우려가 있는 부분(삼송소나무의 적심 부분 등)에는 셀락니스를 1회 붓도장하고, 건조 후 다시 1회 더 도장한다.

⑧ 나무의 갈라진 틈, 벌레구멍, 홈, 이음자리 및 쪽매널의 틈서리, 우묵한 곳 등에는 구멍 땜 퍼티를 써서 표면을 평탄하게 한다.

⑨ 투명도장(바니시, 투명래커 등)을 하는 경우 바탕면에 심한 색깔의 얼룩, 오염, 변색 등이 있으면 필요에 따라 표백제를 써서 표백할 수도 있다.

⑩ 표백액을 풀 때는 미지근한 물을 쓰고 식기 전에 붓 또는 스펀지로 도장한다.

⑪ 표백 후에는 더운물로 씻고 완전히 건조한다.

Ⅲ. 도장공정

1) 목재면 조합 도료 도장공정

	공정	사용재료	도료배합	건조 시간	건조 도막 두께(μm)
1	바탕처리	바탕만들기 도장방법 및 목재면 바탕만들기에 따름			
2	하도(1회)	바탕만들기 도장방법 및 목재면 바탕만들기에 따름	도료설명서 참조 / 전용희석제	24시간 이상	제조사별 시방조건에 따름
3	나뭇결 메우기	오일 퍼티	도료설명서 참조	24시간 이상	
4	연마	연마지 P180			
5	상도(1회)	조합 도료(유성 도료)(KS M 6020) / 희석제 0~10	도료설명서 참조 / 전용희석제	12시간 이상	60~120
6	상도(2회)	조합 도료(유성 도료)(KS M 6020)	도료설명서 참조 / 전용희석제	12시간 이상	

2) 내부 바니시 도장공정

	공정	사용재료	도료배합	건조시간	건조 도막 두께(μm)
1	바탕처리	바탕만들기 도장방법 및 목재면 바탕 만들기 따름			제조사별 시방조건에 따름
2	착색	수용성 착색제	도료 설명서 참조	24시간	
3	상도(1회차)	일액형 우레탄 바니시(KS M 6050) / 전용 희석제	도료 설명서 참조	24시간	
4	연마	연마지 P180			
5	상도(2회차)	일액형 우레탄 바니시(KS M 6050) / 전용 희석제	도료 설명서 참조	24시간	60~90
6	연마	일액형 우레탄 바니시(KS M 6050)			
7	상도(3회차)	전용 희석제	도료 설명서 참조	24시간	

주 1) 바탕의 착색 및 눈메움 작업을 할 때는 바탕처리 후 작업을 한다.
　 2) 2액형 우레탄 바니시 도장도 위 공정에 따른다.

3) 목재면 래커 도료 도장공정

	공정	사용재료	도료배합	건조시간	건조 도막 두께(μm)
1	바탕처리	바탕만들기 도장방법 및 목재면 바탕 만들기 따름			제조사별 시방조건 에 따름
2	하도(1회)	래커 투명	도료 설명서 참조	2시간2시간	
		전용 희석제			
3	바탕메움	래커 퍼티	도료 설명서 참조		
		전용 희석제			
4	연마	연마지 P240으로 연마			
5	중도(1회차)	래커 서페이서	도료 설명서 참조	2시간 이상	90~200
		전용 희석제			
6	중도(2회차)	래커 서페이서	도료 설명서 참조	2시간 이상	
		전용 희석제			
7	연마	연마지 P240~P320			
8	상도(1회차)	래커 도료	도료 설명서 참조	2시간 이상	
		전용 희석제			
9	상도(2회차)	래커 도료	도료 설명서 참조	2시간 이상	
		전용 희석제			
10	연마	연마지 P320~P400			
11	상도(3회차)	래커 도료	도료 설명서 참조	2시간 이상	
		전용 희석제			

주 1) 문틀, 문선 사이 나무 틈은 설계도서에 따르거나 담당원의 지시에 따른다.
　　2) 목재면이 양호할 때는 바탕메움, 연마의 공정을 생략한다.
　　3) 연마, 상도(3회)의 공정은 담당원의 지시에 따라 생략할 수도 있다.

공법분류

9-74	천연페인트	
No. 674		유형: 재료 · 기능

공법분류

재료별
Key Point

■ 국가표준

■ Lay Out
- 생태순환
- 재료
- 특징

■ 핵심 단어

■ 연관용어

I. 정 의

① 기존의 석유를 이용한 합성페인트와는 달리, 제품에 사용되는 원료를 순수식물에서 추출, 합성하여 인체나 환경에 전혀 해로움이 없는 환경친화적인 페인트

② 석유화학제품에서 유발할 수 있는 환경호르몬과 인체의 면역체계에 영향을 끼칠 수 있는 요소를 제거함으로써 환경오염으로부터 인간을 보호해 주는 천연자연 화학제품이다.

II. 천연페인트의 지속가능한 생태순환

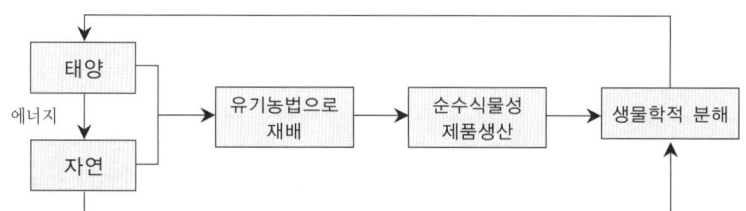

- 생태학적 Cycle 안에서 생물학적 분해를 통한 재생산

III. 재료

- 아마인 오일, 해바라기 오일, 레시틴, 송진, 카제인, 초크, 밀납, 로즈마리 오일, 유칼립투스 오일, 오렌지 오일, 다마르, 석회, 셀락, 인디고, 봉사, 황토 등

IV. 특 징

관 점	특 징
화학적 관점	• 천연화학 제품은 깨끗한 태양에너지로 만들어내는 천연자원을 이용한 제품임
기술적 관점	• 천연화학 제품은 150여 가지 천연원료를 이용한 신기술의 결실임 • 수백년 전부터 알려져 온 물질이용 • 바닥과 합성수지로 만든 가구에서 발생하는 정전기도 방지. • 은은한 자연의 향이 남음 • 페인트 덧칠이나 손질이 용이함
환경적 관점	• 화학제품의 생산 및 적용에 있어서 환경오염과 인체의 악영향을 제거하는데 이미 그 효과를 입증하고 있음
생태학적 관점	• PCP나 린단과 같은 살균처리 탄화수소나 기타 제거 불가능한 환경 오염요소를 사용하지 않음 • 제조과정에서 유해가스 발생하지 않음 • 페인트를 완전 건조시키면 유해가스 발생하지 않음 • 사람이나 동물, 시물에 직접 닿아도 전혀 무해하지 않음 • 토양에서 다시 생분해될 수 있는 성분만 사용

공법분류

	☆☆★	2. 도장공사	
9-75	수성도장		
No. 675			유형: 재료·기능·공법

재료별
Key Point

■ 국가표준
- KCS 41 47 00

■ Lay Out
- 수성도료 도장공정
- 주의사항

■ 핵심 단어

■ 연관용어

I. 정 의

수성 도료(water paint, water base paint, distemper): 물로 희석하여 사용하는 도료의 총칭을 말하며, 수용성 또는 물분산성의 도막 형성 요소를 이용하여 만든다. 입자 모양 수성 도료, 합성 수지 에멀션 페인트, 수용성 가열건조 도료, 산경화 수용성 도료 등이 있다.

II. 수성도료 도장공정

	공정	내용 및 배합비(질량비)	건조시간	건조 도막 두께(μm)
1	바탕처리	바탕만들기 도장방법에 따름		제조사 시방
2	하도(1회)	합성수지 에멀션 투명	3시간 이상	
3	퍼티먹임 (2회)	합성수지 에멀션 도료	3시간 이상	
		상수도물		
4	연마	연마지 P180~P240		
5	상도 (1회)	합성수지 에멀션 도료	3시간 이상	60~80
		상수도물		
6	상도 (2회)	합성수지 에멀션 도료	3시간 이상	
		상수도물		

주 1) 에어리스 스프레이로 할 때의 조합비율의 표준은 스프레이의 압력이 $10N/mm^2$ 전후 정도일 때를 표시한 것이고, 컴프레서의 압력에 따라 쓰이는 물의 양을 가감한다.
　 2) 회반죽, 플라스터, 나무섬유판, 석고 보드부 등 흡수성이 심할 때는 흡수방지도료를 도장한다. 도장횟수에 대해서는 담당원의 지시에 따른다.
　 3) 위의 도장공정 내부용, 외부용은 동일하다.

III. 주의사항

① 5℃ 이하의 온도에서 도장 시 동결 또는 균열 및 도막형성이 되지 않으므로 도장 금지
② 부착성을 고려하여 과다한 희석 금지
③ 0℃ 이하일 때는 저장이나 운반 도중 얼지 않도록 하여야 한다.
④ 모서리 등에 붓으로 새김질한 면과 롤러 도장면의 색이 차이 날 수 있으므로 새김질 시 동일 규격번호로 작업
⑤ 시멘트 모르타르면의 피 도막면을 충분히 양생

공법분류

⑥ 피도막면의 양생기간 및 산·알칼리도

구분		콘크리트면	시멘트 모르타르면
산·알칼리도		pH 9 이하	
양생 기간	하절기	3주 이상	2주 이상
	동절기	4주 이상	3주 이상

⑦ 시멘트 모피도막면의 흡수율이 과도할 경우 도료의 접착성이 저하되므로 충분한 바탕면 정리 후 도장

☆☆☆　　2. 도장공사

9-76	래커도장	
No. 676	래커(Lacquer)칠	유형: 재료 · 기능 · 공법

공법분류

재료별
Key Point

☑ 국가표준
– KCS 41 47 00

☑ Lay Out
– 래커도료 도장공정
– 주의사항

☑ 핵심 단어

☑ 연관용어

I. 정 의

섬유소(nitrocellulose, 니트로셀룰로오스) 또는 합성수지 용액에 수지 · 가소제 · 안료 등을 섞은 도료

II. 래커도료 도장

1) 래커도료 도장방법

바탕의 종류	도장 횟수			
	하도	바탕퍼티	중도	상도
목재면	1	0~2	2	3
철재면	1	0~2	22	2
동 합금면	1	0~2		2

2) 목재면 래커 도료 도장공정

	공정	사용재료	도료배합	건조시간	건조 도막 두께(㎛)
1	바탕처리	바탕만들기 도장방법 및 목재면 바탕 만들기 따름			제조사별 시방조건 에 따름
2	하도(1회)	래커 투명	도료 설명서 참조	2시간2시간	
		전용 희석제			
3	바탕메움	래커 퍼티	도료 설명서 참조		
		전용 희석제			
4	연마	연마지 P240으로 연마			
5	중도(1회차)	래커 서페이서	도료 설명서 참조	2시간 이상	
		전용 희석제			
6	중도(2회차)	래커 서페이서	도료 설명서 참조	2시간 이상	
		전용 희석제			
7	연마	연마지 P240~P320			
8	상도(1회차)	래커 도료	도료 설명서 참조	2시간 이상	90~200
		전용 희석제			
9	상도(2회차)	래커 도료	도료 설명서 참조	2시간 이상	
		전용 희석제			
10	연마	연마지 P320~P400			
11	상도(3회차)	래커 도료	도료 설명서 참조	2시간 이상	
		전용 희석제			

주 1) 문틀, 문선 사이 나무 틈은 설계도서에 따르거나 담당원의 지시에 따른다.
　　2) 목재면이 양호할 때는 바탕메움, 연마의 공정을 생략한다.
　　3) 연마, 상도(3회)의 공정은 담당원의 지시에 따라 생략할 수도 있다.

공법분류

3) 철재면, 동합금면의 래커 도료 도장공정

	공정	사용재료	도료배합	건조시간	건조 도막 두께(μm)
1	바탕처리	바탕만들기 도장방법 및 목재면 바탕만들기 따름			제조사별 시방조건에 따름
2	하도 (1회)	래커 프라이머	도료 설명서 참조	도료 설명서 참조	
		전용 희석제			
3	바탕퍼티	래커 퍼티	도료 설명서 참조	도료 설명서 참조	
		전용 희석제			
4	연마	연마지 P180~P240			
5	중도 (1회차)	래커 서페이서	도료 설명서 참조	도료 설명서 참조	100~180
		전용 희석제			
6	중도(2회차)	래커 서페이서	도료 설명서 참조	도료 설명서 참조	
		전용 희석제			
7	연마	연마지 P320~P400			
8	상도(1회차)	래커 도료	도료 설명서 참조	도료 설명서 참조	
		전용 희석제			
9	상도(2회차)	래커 도료	도료 설명서 참조	도료 설명서 참조	
		전용 희석제			

주 1) 바탕처리 및 연마의 공정은 주문 바탕재 면과 같이 평활하지 못할 때만 적용한다.

Ⅲ. 주의사항

1) 바탕퍼티

- 바탕퍼티는 스프레이 또는 주걱도장으로 하지만 목재면일 때에는 스프레이로, 철재면 및 동합금면일 때에는 주걱도장을 원칙으로 한다.

2) 공법

① 하도, 중도 도막의 연마방법

- 하도의 연마는 표면이 평활하도록 갈고 또한 프라이머의 도장막이 갈아 없어지지 않도록 한다.
- 중도의 물갈기는 표면이 평활하여지도록 하고 또한 래커 프라이머의 도막이 갈아 없어지지 않도록 주의하고 래커 서페이서의 도막은 될 수 있는 대로 많이 갈아 없앤다.

② 상도

- 습도가 높을 경우 도장면에 백화가 발생할 우려가 있을 때는 래커 희석제를 30% 이내를 줄이고 리타다 희석제로 바꾸어 넣어도 좋다. 습도 85% 이상일 때에는 도장해서는 안 된다.
- 어두운 색이라도 광택이 필요할 때에는 래커 유색도료의 20% 이내를 줄이고, 투명래커로 바꾸어 넣어도 좋다.

☆☆☆	2. 도장공사	
9-77	바니시 도장	
No. 677	Varnish 도장	유형: 재료 · 기능 · 공법

공법분류

재료별
Key Point

■ 국가표준
- KCS 41 47 00

■ Lay Out
- 바니시 도장공정

■ 핵심 단어

■ 연관용어

I. 정 의

수지 등을 용제에 녹여서 만든 안료가 함유되지 않은 도료의 총칭

II. 바니시 도장공정

1) 내부 바니시 도장공정

공정		사용재료	도료배합	건조시간	건조 도막 두께(μm)
1	바탕처리	바탕만들기 도장방법 및 목재면 바탕 만들기 따름			제조사별 시방조건에 따름
2	착색	수용성 착색제			
3	상도(1회차)	일액형 우레탄 바니시 (KS M 6050)	도료 설명서 참조	24시간	
		전용 희석제			
4	연마	연마지 P180			
5	상도(2회차)	일액형 우레탄 바니시 (KS M 6050)	도료 설명서 참조	24시간	
		전용 희석제			60~90
6	연마	연마지 P240~P320			
7	상도(3회차)	일액형 우레탄 바니시 (KS M 6050)	도료 설명서 참조	24시간	
		전용 희석제			

주 1) 바탕의 착색 및 눈메움 작업을 할 때는 바탕처리 후 작업을 한다.
　　2) 2액형 우레탄 바니시 도장도 위 공정에 따른다.

2) 외부 바니시 도장공정

공정		사용재료	도료배합	건조시간	건조 도막 두께(μm)
1	바탕처리	바탕만들기 도장방법 및 목재면 바탕 만들기 따름			제조사별 시방조건에 따름
2	착색	수용성 착색제		10시간 이상	
3	상도(1회차)	스파 바니시(KS M 6050)	도료 설명서 참조	24시간	
		전용 희석제			
4	연마	연마지 P180			
5	상도(2회차)	스파 바니시(KS M 6050)	도료 설명서 참조	24시간	60~90
		전용 희석제			
6	연마	연마지 P240~P320			
7	상도(3회차)	스파 바니시(KS M 6050)	도료 설명서 참조	24시간	
		전용 희석제			

주 1) 바탕을 착색하지 않을 때는 착색의 공정은 생략한다.
　　2) 2액형 우레탄 바니시 도장도 위 공정에 따른다.

☆☆☆ 2. 도장공사

9-78	폴리우레탄 수지 도료 도장	
No. 678	polyurethane	유형: 재료 · 기능 · 공법

I. 정 의

폴리에스테르 또는 아크릴 수지와 이소시아네이트를 주체로 한 내화학성, 고광택, 내마모성이 우수한 도료

II. 폴리우레탄 수지 도료 도장

1) 폴리우레탄 수지 도료의 도장

바탕의 종류	도장 횟수			
	하도	바탕퍼티	중도	상도
철재면	2	1	–	2
	1	1	–	2
모르타르면	2	1	–	2
	1	1	–	2
플라스틱면	1	0-1	–	2

2) 철재면의 폴리우레탄 도료 도장공정

공정		사용재료	도료배합	건조시간	건조 도막 두께(μm)
1	바탕처리	바탕만들기 도장방법 및 목재면 바탕 만들기 따름			제조사별 시방조건에 따름
2	하도 (1회)	2액형 에폭시 프라이머	도료 설명서 참조	24시간 이상	
		전용 희석제			
3	바탕퍼티	불포화 폴리에스테르 퍼티		1시간 이내	
		전용 희석제			
4	연마	연마지 P180~P240			
5	상도(1회)	2액형 폴리우레탄 도료	도료 설명서 참조	24시간~7일 이내	60~130
		전용 희석제			
6	상도(2회)	2액형 폴리우레탄 도료	도료 설명서 참조	24시간~7일 이내	
		전용 희석제			

주 1) 상도 1회와 2회 사이는 상태에 따라 연마작업을 한다.
 2) 바탕퍼티 및 연마지 닦기는 바탕의 상태에 따라 지장이 없을 때는 담당원의 승인을 받아 생략해도 좋다.
 3) 퍼티작업 및 연마 후 마른 헝겊으로 깨끗이 닦고 필요시 하도를 퍼티면에 1.5배 도장 후 상도한다.

☆☆☆　　2. 도장공사

9-79	바닥재 도료 도장	
No. 679		유형: 재료 · 기능 · 공법

공법분류

재료별

Key Point

■ 국가표준
- KCS 41 47 00

■ Lay Out
- 폴리우레탄 수지 도료 도장
- 주의사항

■ 핵심 단어

■ 연관용어

주의사항

• 고온다습 시 백화현상이나 기포가 발생하

I. 정 의

내충격성, 탄성이 풍부한 2액형 폴리우레탄 도료, 내약품성이 우수한 폴리아마이드 경화형에 에폭시수지를 주성분으로 한 2액형 에폭시 도료, 내마모성, 내수성, 시공성이 우수한 폴리우레아 도료, 그리고 자연건조형 아크릴수지 도료 등 4종류가 있다.

II. 바닥재 도료의 도장방법

바탕의 종류	도장방법		도장 횟수		
			하도	중도	상도
콘크리트, 모르타르	우레탄계	일반형(코팅)	1	–	1
		두께 3 mm형	1	1	1
	에폭시계	일반형(코팅)	1	–	1
		두께 3 mm형	1	1	1
	우레아계	두께 2 mm형	1	1	1
	아크릴계	일반형(코팅)	1	–	2

III. 바닥재 공법 종류별 도장공정

1) 코팅형 우레탄 바닥재 도장공정

	공정	사용재료	도료배합	건조시간	건조 도막 두께(μm)
1	바탕처리	바탕만들기 기준에 따름			제조사별 시방조건에 따름
2	하도(1회)	우레탄 수지 프라이머(투명)	도료 설명서 참조	8시간 이내	
		전용 희석제			
3	상도(1회)	폴리우레탄 수지도료	도료 설명서 참조	24시간	90~120
		전용 희석제			
4	상도(2회)	폴리우레탄 수지도료	도료 설명서 참조	24시간	
		전용 희석제			

2) 코팅형 에폭시 바닥재 도장공정

	공정	사용재료	도료배합	건조시간	건조 도막 두께(μm)
1	바탕처리	바탕만들기 기준에 따름			제조사별 시방조건에 따름
2	하도(1회)	에폭시 수지 프라이머(투명)	도료 설명서 참조	8시간 이내	
		전용 희석제			
3	상도(1회)	에폭시 수지 도료	도료 설명서 참조	24시간	90~120
		전용 희석제			
4	상도(2회)	에폭시 수지 도료	도료 설명서 참조	24시간	
		전용 희석제			

공법분류

3) 아크릴수지 도료 바닥재 도장공정

	공정	사용재료	도료배합	건조시간	건조 도막 두께(μm)
1	바탕처리	바탕만들기 기준에 따름			제조사별 시방조건에 따름
2	하도(1회)	아크릴수지 투명	도료 설명서 참조	8시간 이내	
		전용 희석제			
3	상도(1회)	아크릴수지 투명	도료 설명서 참조	24시간	90~120
		전용 희석제			
4	상도(2회)	아크릴수지 투명	도료 설명서 참조	24시간	
		전용 희석제			

4) 폴리우레탄계 바닥재(2, 3 mm) 도장공정

	공정	사용재료	도료배합	건조시간	건조 도막 두께(μm)
1	바탕처리	바탕만들기 기준에 따름			제조사별 시방조건에 따름
2	하도(1회)	폴리우레탄 수지 프라이머 (습기 경화형)	도료 설명서 참조	8시간 이내	
		전용 희석제			
3	상도(1회)	폴리우레탄 수지 중도제(탄성형)	도료 설명서 참조	(3mm) 24시간~ 72시간	2000~ 3000
		전용 희석제		(2mm) 4시간~ 48시간	
4	상도(2회)	(3mm)폴리우레탄 수지도료 (2mm)폴리우레탄 수지도료(무황변)	도료 설명서 참조	24시간	
		전용 희석제			

주 1) 폴리우레아 중도는 전용 스프레이 기기를 사용하여야 하며 도장거리는 도장면에서 0.6~1m를 표준으로 하고, 최소 13.8 N/mm^2 이상의 고압으로, 온도는 70℃ 이상 예열되어 도장해야 한다.

Ⅳ. 주의사항

① 고온다습 시 백화현상이나 기포가 발생하기 쉬우므로 상대습도 85% 이하의 온도 15~25℃가 최적

② 바탕면을 충분히 건조한 후 도장한다.

③ 반드시 지정된 희석제를 사용해야 하며, 폴리우레탄 중도제의 경우 재도장 시간을 준수

④ 각 도료는 도장하기 전 주제와 경화제를 지시된 비율에 따라 약 4~5분간 균일하게 혼합하여 사용

⑤ 우레탄 중도는 시공 이음매의 레벨링을 고려하여 신속히 시공하여 야 한다(20℃에서 20분 이내)

⑥ 표면의 균열 또는 요철부분은 V자형으로 파내고 도장하여 건조시 킨 후, 퍼티로 처리하며, 표면을 평활하게 조정

⑦ 도막의 충분한 성능은 도장 후 섭씨 20℃에서 7일 후에 발휘된다.

⑧ 기온이 5℃ 이하이거나 상대습도 85% 이상에서는 도장시공 금지

9-80	에폭시도료	
No. 680	epoxy resin	유형: 재료 · 기능 · 공법

공법분류

재료별

Key Point

☑ **국가표준**
– KCS 41 47 00

☑ **Lay Out**
– 래커도료 도장공정
– 주의사항

☑ **핵심 단어**

☑ **연관용어**

I. 정 의

에폭시 수지(epoxy resin): 분자 속에 에폭시기를 2개 이상 함유한 화합물을 중합하여 얻은 수지 모양 물질로, 에피클로로히드린과 비스페놀을 중합하여 만든 것이 대표적이다. 에폭시 수지를 사용해서 만든 도료는 경화시간(건조시간)이 짧고, 도막은 화학적, 기계적 저항성이 대체로 크다.

II. 에폭시계 도료 도장

1) 에폭시계 도료 도장의 도장방법

도장의 종류	사용목적	바탕종류	도장 횟수		
			하도	중도	상도
2액형 에폭시 도료	내산,내알칼리, 내수 목적	철, 아연도금면	1~2	1	
	내산,내알칼리, 내마모성 목적	콘크리트,모르타르	1~2	1	1
2액형 후막형 에폭시 도료	내산,내알칼리, 내수 목적	철, 아연도금면	1	1	1
	내산,내알칼리, 내마모성 목적	콘크리트, 모르타르	1	1~2	1
2액형 타르 에폭시 도료	내수, 내해수, 내약품성의 목적	철재면	1	1	1
		콘크리트, 모르타르	1	1	2

2) 콘크리트, 모르타르면 2액형 에폭시 도료 도장공정

	공정	사용재료	도료배합	건조시간	건조 도막 두께(μm)
1	바탕처리	바탕만들기 도장방법 및 목재면 바탕 만들기 따름			제조사별 시방조건에 따름
2	하도(1회)	2액형 에폭시 투명 프라이머		24시간, 7일 이내	
		전용 희석제			
3	하도(2회)	2액형 에폭시 프라이머	도료 설명서 참조	24시간, 7일 이내	
		전용 희석제			
4	퍼티먹임	2액형 에폭시 퍼티			
5	연마	연마지 P150~P180			
6	상도(1회차)	2액형 에폭시 도료	도료 설명서 참조	24시간, 7일 이내	100~300
		전용 희석제			
7	상도(3회차)	스파 바니시(KS M 6050)	도료 설명서 참조	24시간	
		전용 희석제			

주 1) 2액형 에폭시 프라이머는 모르타르, 콘크리트면 용을 사용해야 한다.
    2) 스프레이는 에어 스프레이 또는 에어레스 스프레이 등으로 한다.
    3) 퍼티먹임 및 연마는 바탕의 상태에 따라 지장이 없을 때는 담당원의 승인을 받아 생략해도 좋다.

공법분류

3) 코팅형 에폭시 바닥재 도장공정

	공정	사용재료	도료배합	건조시간	건조 도막 두께(μm)
1	바탕처리	바탕만들기 기준에 따름			
2	하도(1회)	에폭시 수지 프라이머(투명)	도료 설명서 참조	8시간 이내	제조사별 시방조건 에 따름
		전용 희석제			
3	상도(1회)	에폭시 수지 도료	도료 설명서 참조	24시간	
		전용 희석제			
4	상도(2회)	에폭시 수지 도료	도료 설명서 참조	24시간	
		전용 희석제			

Ⅲ. 하자유형별 원인과 대책

하자	원인	대책
도막면 박리	• 콘크리트 내 수분으로 인한 들뜸 후 박리	• 제조사의 시방에 따른 재도장 간격 준수 • 함수율 6% 이하를 확인 후 도장
크랙부위 들뜸	• 모체의 진행성 크랙으로 인한 도막면 들뜸	• 진행성 크랙은 크랙관리대장을 통해 관리하고 크랙 진행이 완료되면 컷팅 후 보수
아민브러싱 (Amine Blushing)	• 아민브러싱: 에폭시의 Amine성분이 수분과 반응하여 도막표면에 얇은 막을 형성하는 것 • 도장 후 습기에 노출됨으로 발생	• 습도가 높거나 결로 우려 시 도장 미실시 • 발생 시 신나 세척 후 습도가 높지 않은 날 보수도장 실시
이색	• 과도한 희석제의 사용 및 시공조건의 상이 • 대기습도와 피도면의 함수율 차이에	• 제조사의 시방에 따른 희석비율 준수 • 동일부위는 동일 LOT제품으로, 동일한 도장공법으로, 동일한 시기에 시공
도장면 기포	• 재도장 간격 미준수 • 저온상태 시공으로 도료의 소포력 저하	• 재도장 간격 준수 및 저온상태 도장 미실시 • 박막형으로 시공가능한 무용제형 도료 사용 • 기포발생시 신너를 분무하여 소포
크레터링 (Cratering)	• 크레터링: 도장면이 주위가 볼록하게 나오며 가운데는 함몰되는 현상 • 후막형 전용제품을 T1 이하로 시공시 • 제품의 표면장력 차이에 의해 발생	• 저온상태에서는 도장 미실시 • 박막형으로 시공가능한 무용제형 도료 사용

주의사항

• 2액형 도장재료를 중복하여 도장할 때 건조시간이 7일을 초과했을 때에는 연마지 닦기의 공정을 두어야 한다.
• 상도(3회) 후 실제로 사용할 때까지는 반드시 7일 정도의 건조기간을 두어야 한다.
• 하도와 상도는 상하관계가 있도록 한다. 염화고무 및 에폭시제품 등의 마감도장은 일반적으로 타르 성분을 용출시키거나 타르에폭시를 들뜨게 하므로 같이 사용할 수 없다.
• 철재면의 표면은 KS M ISO 8501의 Sa 2 1/2 이상이 이상적이다.

9-81	금속용사(金屬溶射) 공법	
No. 681		유형: 재료 · 기능 · 공법

공법분류

도장방법
Key Point

■ 국가표준
- KCS 41 47 00

■ Lay Out
- 금속용사방법
- 시공순서
- 표면처리 관리기준
- 금속용사 관리기준

■ 핵심 단어

■ 연관용어

[용사 건]

[용사기]

I. 정 의

강구조물의 부식방지를 위해 고주파 전류로 금속도장재를 녹여 강구조물 표면에 도포하는 새로운 도장 공법

II. 금속용사방법

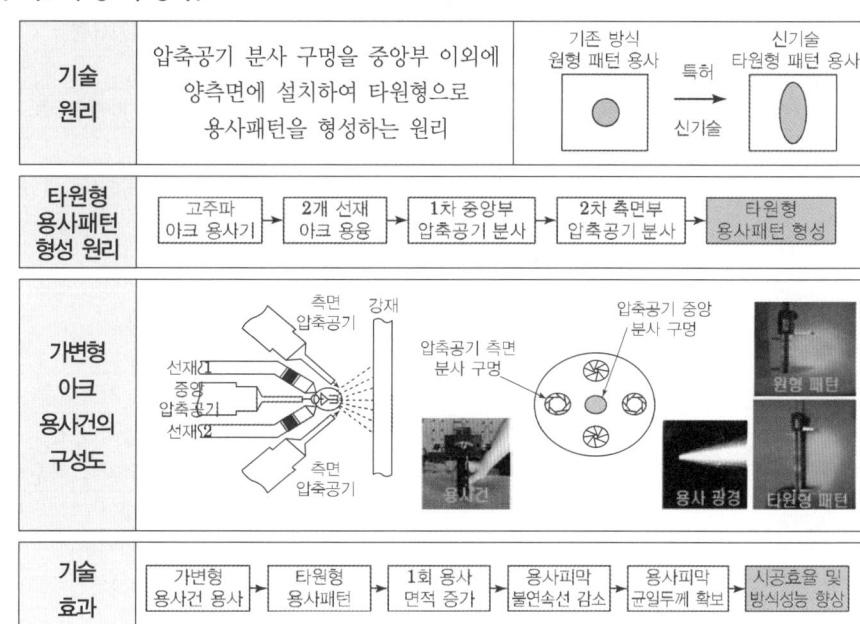

① 가변형(可變形) 용사(鎔射) 건(gun)이 장착된 고주파아크 금속용사기를 활용한 도장공법
② 고주파 아크열로 금속성분의 도장재(아연+알루미늄)를 녹여 분사 (용사)
③ 용사방식을 자유롭게 바꿀 수 있다.
④ 저주파 아크열 및 고정형 용사방식을 사용하는 기존 공법보다 도장재의 불완전 용융(鎔融)을 줄이고 용사를 넓고 균일하게 할 수 있는 장점이 있다.
⑤ 고주파 직류를 전원으로 하여 아크방전때 일어나는 높은 열로 보통 3,000℃에 이름

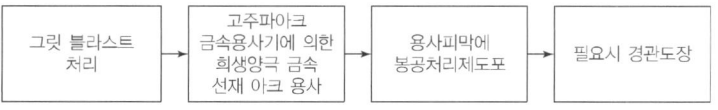

현장작업 조건

- 작업 기상 조건: 대기온도 5 ~ 35℃, 상대습도 85% 이하
- 강판의 표면온도가 노점온도보다 3℃ 낮을 경우에는 작업을 중지
- 기후: 강우, 강설이 예상되어 시공이 어려울 경우 감독관과 상의 후 적절한 차단막 및 보호막 등의 양생 방법을 강구한 후 시공한다.

Ⅲ. 시공순서

❶ 강재표면 바탕정리 — 그릿 블라스트 처리

❷ 금속용사 — 고주파 아크 금속용사기에 의한 희생양극 금속 선재 아크 용사

❸ 봉공처리 — 용사피막에 봉공처리제 도포

❹ 경관 도료 — 필요시 경관율 위해 도장 실시

Ⅳ. 표면처리 관리기준

공정	시공요령	관리방법
확인	1. 부착염분량을 확인한다.	염소이온 검지관법
	2. 부재자유단 각부의 면 따기(IC 또는 2R) 상태확인	눈으로 판정
소지 조정	1. 소지조정 방법 – 처리 방법은 블라스트 또는 파워툴에 의한다. – 블라스트는 샌드, 글리트, 쇼트등의 연소재를 사용한다.	
	2. 제청도는 아래와 동등 이상으로 되도록 처리한다. – 블라스트: SPSS-Sa2.0 – 파워툴: SPSS-Pt3.0	SPSS 강재표면처리기준
	3. 탈지처리 – 유기용재로 시공면을 청소한다.	눈으로 판정
	4. 강우, 강설시 시공을 중지한다.	환경조건의 확인
	5. 시공 간격 - 강재면 노출부: 직후~4시간 이내	경과시간의 확인
소지 조정 검사	1. 표준사진과 비교해서 제청도를 검사한다.	
	2. 테스트기로 도전성을 검사한다	
	3. 수분, 염분 등의 잔류 이물질 검사를 한다.	
	4. 전위측정을 실시하여 전위분포도를 작성한다.	

① 용사거리: 200~300mm의 거리에서 시공
② 용사각도: 바탕면에 대하여 45~90도의 각도 이내로 시공
③ 용사 건의 운행속도: 50~80cm/sec로 약간 느리게 이동

Ⅴ. 금속용사 관리기준

관리항목		관리기준	관리방법
용사용 선재	품질규격	KS,JLS규격에 의함	품질규격증명서
	표면상태	표면이 산화되어 있지 않을 것	눈으로 판정
용사 조건	용사거리	200mm~300mm	눈으로 판정
	용사각도	소재와 마주봤을 때 45~90°	눈으로 판정
	건속도	50~80cm/sec	계측
피복성능	외관상태	용사 결함, 현저한 요철, 균열 등이 없이 연속 피막일 것	눈으로 판정
	두께	설계피막두께가 확보되어 있을 것 용사피막 두께 100μm	전자식 막두께 측정기
부착성능		2.6N/mm^2	
차기 공정까지 제한시간		옥내시공: 1~7일 이내	기록확인
		옥외시공: 1~3일 이내	

9-82	도장공사의 미스트 코트(Mist Coat)	
No. 682		유형: 재료 · 기능 · 공법

공법분류

도장방법

Key Point

☑ **국가표준**
- KCS 41 47 00

☑ **Lay Out**
- 요구성능
- 시공 시 유의사항
- Mist Coat 실시 경우

☑ **핵심 단어**

☑ **연관용어**

I. 정 의

무기질 아연말 도막 위에 도장되는 후막형 에폭시 도료에 해당 신나를 약 50% 정도 희석하여 저압으로 밀어내어 약 30~50(μm) 두께로 분사 도장하여 다공성의 무기질 도막을 막아 주는 것

II. 요구성능

① 구조물의 투수성 방지및 불투수층 형성
② 철재 등에 녹이 슬지 않게 하는 성능
③ 열 전기 등이 물체를 통해 이동하는 현상을 차단
④ 벌레 먼지 이끼 등 외부 생물체 및 오염물 부착 방지

III. 시공 시 유의사항

① 후속 도장되는 도료는 최초 설계된 도막과 일치하도록 도막두께를 관리
② 미스트코트 도장 후 약 30~40분 경과 후 본 도장 실시
③ 기온이 5℃ 미만이거나 상대습도 85% 초과 시 작업금지

IV. Mist Coat 실시 경우

1) Poping
   ① 다공성 도막을 가진 무기 징크도료가 하도로 되어 있을 때 상도 도장 시
   ② 소지가 주조물처럼 표면에 기공이 많을 경우
2) 기포
   ① 다공성 도막을 가진 무기 징크도료가 하도로 되어 있을 때 상도 도장 시
   ② 내열 도료가 규정 도막 이상 도장되었을 경우
3) Pin Hole
   ① 다공성 도막을 가진 무기 징크도료가 하도로 되어 있을 때 상도 도장 시
   ② 한꺼번에 두꺼운 도막의 도장이 이루어 질 때

공법분류

☆☆☆   2. 도장공사

9-83	지하주차장 뿜칠재 시공	
No. 683		유형: 재료·기능·공법

도장방법
Key Point

☑ 국가표준

☑ Lay Out
- 시공순서
- 관리Point

☑ 핵심 단어

☑ 연관용어

I. 정 의

① 사람의 잦은 이동과 차량이 존치되는 지하실에 있어서 물이 묻거나 결로가 발생하지 않도록 spray gun으로 뿜칠하는 것

② 지하실 천장에 의장성, 시공성, 경제성 등을 갖춘 공법을 선정하도록 한다.

II. 시공순서

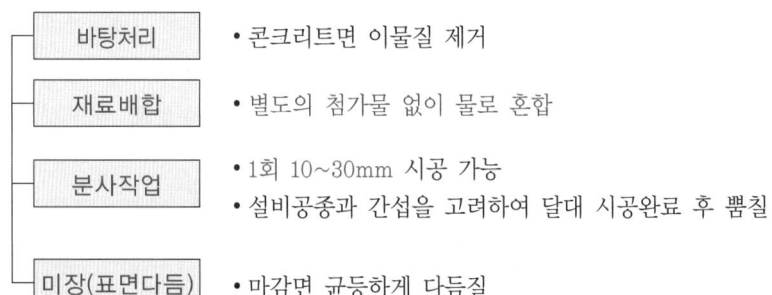

바탕처리 • 콘크리트면 이물질 제거

재료배합 • 별도의 첨가물 없이 물로 혼합

분사작업 • 1회 10~30mm 시공 가능
        • 설비공종과 간섭을 고려하여 달대 시공완료 후 뿜칠

미장(표면다듬) • 마감면 균등하게 다듬질

III. 관리 Point

무기질계 뿜칠재

• 물성: 순수 무기질계로 불연성
• 구성재료: 펄라이트, 질석, 석고, 시멘트, 무기접착제, 기포제, 발수제

관리항목	현장상황		시공 시 유의점
기온	동절기 시공		• 습식공사로 4℃이하에서 시공금지 • 배부름 및 탈락 등의 하자발생 예방
골조 Crack	비진행, 진행 크랙 등		• 시공 후 발생하는 크랙은 점검이 어려우므로 시공 전 철저히 점검 및 보수
바탕면	기본적인 면처리		• 미탈형 거푸집이나 못 등을 정리하고 턱이 깊은 곳은 미리 메꿔줌
	바탕 습윤상태 관리		• 시공면 습윤 시 박리현상 발생 → 바탕함수율 관리 철저
색상	초기 색상 선정		• 공장 또는 현장 배합 시 샘플 제조 및 시공으로 색상 확인
	시공 후 보수 시		• 색상이 달라질 수 있으므로 재료 배합에 유의
타공종과의 관계	설비배관	시공 전	• 설비 달대 시공 후 작업&바닥보양 → 뿜칠 완료 후 천장 타공 등 금지
		시공 후	• 설비 배관 및 바닥보양 후 작업

9-84	도장공사 시공계획	
No. 684		유형: 계획·관리·기준

시공계획
Key Point

☑ 국가표준

☑ Lay Out
- 시공계획

☑ 핵심 단어

☑ 연관용어

I. 정 의

① 도장공사는 피도장 물체의 표면에 도료를 균일하게 칠하여 물리·화학적으로 고화 된 피막을 형성하여 피도장 물체의 보존·파손·부식 방지로 내구성을 향상시키고 색채와 광택을 통해 의장적·시각적 효과를 높이기 위한 공사이다.

② 공사전 도장 계획을 세워 조합표, 공정표, 끝손질, 각종 도장의 각 회수별 도장견본 등을 구비하여 색상·광택 등에 대하여 틀림없이 한다.

II. 시공계획

1. 품질보증

1) 재료선정
- 도장재료는 한국산업표준(KS)에 적합한 제품을 사용
- 공인된 친환경 재료 (환경표지인증, 실내공기질마크, HB마크 등)를 우선 사용
- 도장재료는 전과정에 걸쳐 에너지 소비와 이산화탄소 배출량이 적은 것을 우선적으로 선정
- 환경영향이 적은 것을 우선적으로 선정
- 폐기물 발생을 최소화할 수 있는 도장재료를 우선적으로 사용

2) 시공방법 및 장비선정
① 천연자원 보전에 도움이 되는 공법, 폐기물 배출을 최소화하는 공법을 사용
② 환경영향이 적은 것을 우선적으로 사용
③ 폐기물 발생을 최소화할 수 있는 공법을 먼저 사용

2. 자재

1) 도장시험(샘플시공)
① 견본보다 큰 면적의 판 또는 실물에 도장
② 실제의 벽면과 그 외의 외부 및 내부 건물 부재에 견본도장의 경우 최소 $10m^2$ 크기의 지정하는 표면 위에 광택 및 색상과 질감이 요구하는 수준에 도달할 때까지 마감도장을 한다.

2) 도료의 조색
① 도료의 조색은 전문 제조회사가 견본의 색상, 광택으로 조색함을 원칙으로 한다.
② 사용량이 적을 때에는 현장에서 동종 도료를 혼합하여 조색

시공

3. 시공

1) 도료의 배합
- 도료의 배합은 제출된 도료 설명서를 참조하고, 희석제는 전용 희석제를 사용

2) 건조시간
- 건조시간(도막양생시간)은 온도 약 20℃, 습도 약 75%일 때, 다음 공정까지의 최소 시간
- 온도 및 습도의 조건이 많이 차이 날 경우에는 담당원의 승인을 받아 건조시간을 결정

3) 바탕 및 바탕면의 건조
 ① 도장의 바탕 함수율은 도장의 종류 및 바탕의 소재에 따라 처리 후 충분한 양생기간을 두어 건조
 ② 최소 8% 이하의 함수율 여부를 확인 후 다음 공정의 작업을 진행

4) 도장하지 않는 부분
 ① 마감된 금속표면은 별도의 지시가 없으면 도금된 표면, 스테인리스강, 크롬도금판, 동, 주석 또는 이와 같은 금속으로 마감된 재료는 도장하지 않는다.
 ② 움직이는 품목 및 라벨의 움직이는 운전부품, 기계 및 전기부품으로 밸브, 댐퍼 동작기, 감지기 모터 및 송풍기 샤프트는 특별한 지시가 없으면 도장하지 않는다.

5) 도장하기
 ① 도료의 제조업체 사용설명서가 명기된 건조 도막 두께와 도장 방법에 따르고 고임, 얼룩, 흘러내림, 주름, 거품 및 붓자국 등의 결점이 생기지 않도록 균등하게 도장한다.
 ② 도장 공정 중 "회"와 "회차"의 구분은 예를 들어 상도(1회차)로 명기된 사항은 상도 도장을 1번만 시공하는 것을 말하고, 상도(2회차)로 명기된 사항은 앞서 1번 시공한 부위에 1번 더 시공하는 것을 말한다.

6) 보양
- 도장면에 오염 및 손상, 주위환경의 오염을 주지 않도록 주의하고, 필요에 따라 보양재(비닐, 테이프, 종이, 천막지 등)로 보양작업을 한다.

7) 환경 및 기상
- 도장하는 장소의 기온이 낮거나, 습도가 높고, 환기가 충분하지 못하여 도장건조가 부적당할 때, 주위의 기온이 5℃ 미만이거나 상대습도가 85%를 초과할 때 눈, 비가 올 때 및 안개가 끼었을 때
- 수분 응축을 방지하기 위해서 소지면 온도는 이슬점보다 높아야 한다.

시공

하자
Key Point

☑ 국가표준

☑ Lay Out
– 하자유형
– 작업조건
– 방지대책

☑ 핵심 단어

☑ 연관용어

★★★　　2. 도장공사

9-85	도장공사 하자	
No. 685		유형: 계획·관리·기준

I. 정 의

① 도장공사는 복합적인 요인으로 하자가 발생하므로 피도장 물체의 특성, 재료적 특성, 시공 공법에 대한 특성 등을 고려한다.

② 작업 전·중·후 확인사항을 철저히 체크하여 도장 시공품질을 높이도록 한다.

II. 하자유형

결함유형		원인
도료 저장 중 하자		점도상승, 안료침전, 피막생성하자, 겔화 하자
도장 공사 중 발생 하자	붓자국 (Brush Mark)	도료의 유동성 불량
	패임(Cratering)	도장조건이 고온다습하고 분진이 많은 하절기(분진과 수분)
	오렌지필 (Orangepeel)	귤껍질 같은 요철: 흡수가 심한 바탕체에 도장, 고점도 도료사용
	색분리(Flooding)	2종 이상의 안료로 제조하면 입자의 크기, 비중, 응집성의 차이로 침강 속도차 (색상 상이)
	색얼룩(Floating)	도료표면에 부분적인 색상차(색분리와 동일)
	흐름 (Sagging, Running)	수직면에 도장한 경우 도료가 흘러내려 줄무늬모양
건조 중	백화 (Blushing)	도막면이 백색으로 변함. 고온다습한 경우, 증발이 빠른 용제를 사용할 경우
	기포 (Bubble)	용제의 증발속도가 지나치게 빠른 경우, 기포가 꺼지지 않고 남음
	번짐(Bleeding)	하도의 색이 상도의 도막에 스며나와 변함
건조 후	광택소실 (Clouding)	하도의 흡수력이 심할 때, 시너를 적게 희석할 때, 건조불충분
	Pin Hole	바늘구멍, 건조불량, 고온다습 및 분진
장기간 경과 후	벗겨짐, 박리 (Flaking)	부착불량, 점착테이프 사용 시, 왁스 및 오일잔존으로
	부풀음 (Blistering)	도막의 일부가 하지로부터 부풀어 지름이 10mm~ 그 이하로 분산불량과 같은 미세한 수포발생 (고온다습, 물)
	메탈릭 얼룩 (Metalic Mark)	금속분이 균일하게 배열되지 않고 반점상, 물결모양을 만드는 현상. Thinner의 증발이 너무 늦을 때, 도료의 유동성이 너무 양호할 때
	균열(Cracking)	건조도막이 갈라지거나 터진 현상. 건조불량 및 두께 두꺼울 때
	변색 (Discoloration)	외부의 영향으로 인해 본 색상을 잃어버리는 현상

시공

Ⅲ. 작업조건

- 적정온도
  5℃ 이상
- 바탕
  도장바탕면의 온도가 이슬점보다 3± 이상 높아야 함
- 시공
  옥외작업 시 40hr 미만
- 환경
  청정한 공기 지속적 공급

Ⅳ. 방지대책

1) 재료

   ① 요구성능 및 물성파악

   ② 색견본(Sample시공: 품질기준 확립)

2) 준비단계

   ① 바탕면 함수율 8~10% 이하

   ② 습도 85% 이하

   ③ 작업온도 5℃ 이상

   ④ 불순물 제거 및 균열보수

3) 시공단계

   ① 바탕처리

   ② 하도

   ③ 퍼티

   ④ 연마

   ⑤ 중도

   ⑥ 연마

   ⑦ 상도

4) 보양

   적정 건조시간: 24시간~48시간

☆☆☆

1	MMA(methyl methacrylate)코팅	

I. 정 의

① MMA(Methyl Methacrylate)는 무색투명한 액체로 휘발성이 있는 가연성 액체로 투명성, 내후성, 내마모성, 미끄럼 저항성이 우수

② 지하공사(지하철, 지하차도 공사, 상·하수도 공사, 지하상가 등), 연약지발 시설용, 교량공사용, 다층건물 토목공사용, 특히 미끄럼 방지가 필요로 한 현장 및 장소

☆☆☆

2	본타일	

I. 정 의

① 소지면에 본 타일 중도제(백세맨트/석분/조개가루 혼합제) 뿜칠하여 입체모양(1~5mm)의 요철무늬를 형성시키고, 세라민계 혹은 수용성 광택 페인트를 도장하여 깨끗하고 화려한 내장면을 만들어 주는 도장공법

② 소지면이 정적인 평면 보다 요철이 있어 입체감이 있어 질감이 있어 보이고 무공해 수성계(세라민계) 본타일도료로서 내수성, 내알칼리성, 내세척성, 작업성, 접착력 등이 우수함며 방음 효과가 있다

102

3	건축공사의 친환경 페인트(Paint)	

I. 정 의

① 인체에 유해한 휘발성 유기화합물 함량이나 방출량 수치가 기준이하로 승인받은 페인트

② 에틸렌글리콜 최소화, 휘발성 유기화합물(VOC) 방출량 최소화, 환경영향 최소화

기타용어

☆☆☆

4	불소수지 도장	

I. 정 의

PC(Precast Concrete) 또는 모르타르 외벽, 노출외벽, 노출철골, 외벽 CFRC(Cellulose Fiber Reinforced Cement) 또는 압출성형 시멘트 패널 등 마감공사에 적용하며 내수성, 내약품성, 내후성, 내식성, 부착력, 광택, 색상 보유력, 내오염성 등 우수한 자연건조형 2액형 불소수지 도장

☆☆☆

5	방균도장	

I. 정 의

방균 도료 도장은 내벽, 천장 등의 내곰팡이성, 내박테리아성을 나타내고 부착력, 내화학성, 내수성 등이 우수한 아크릴 에멀션 수지를 주성분으로 한 수성 방균 도장, 아크릴수지를 주성분으로 한 아크릴 방균 도장, 내마모성, 내약품성, 색상보유력 등이 우수한 아크릴 우레탄 수지를 주성분으로 한 2액형 우레탄 방균 도료 등이 있다.

☆☆☆

6	기타용어	
	KCS 41 47 00	

- 가교제(crosslinking agent): 열가소성 물질의 분자체와 화학적으로 반응하여 분자체를 상호 연결시키는 물질
- 가사시간(pot life, pot stability): 다액형 이상의 도료에서 사용하기 위해 혼합했을 때 젤화, 경화 등이 일어나지 않고 작업이 가능한 시간
- 건조시간(drying time): 도료가 건조하는 때에 따라 필요한 시간, 가열 건조에서는 가열 장치 에 넣고부터 건조 상태로 될 때까지의 시간
- 견본 시공: 설계도서와 승인된 시공도에 의하여 가장 대표적인 주요 부분과 이음부 및 접합부와 같은 세부적인 상세 부분을 작업 착수 이전에 현장 또는 지정된 장소에 실제로 제작, 설치, 시공하는 것. 승인된 견본 시공은 차후에 실시하는 이 공사의 재료, 작업의 정밀도 및 숙련도의 표준으로 사용함

기타용어

- 경화건조(dry-through): 도막면에 팔이 수직이 되도록 하여 힘껏 엄지손가락으로 누르면서 $90°$ 각도로 비틀었을 때 도막이 늘어나거나 주름이 생기지 않고 다른 이상이 없는 상태
- 경화(curing): 도료를 열 또는 화학적인 수단으로 축합·중합시키는 공정. 요구하는 성능의 도막이 얻어진다.
- 고착건조(dust free): 도막면에 손끝이 닿는 부분이 약 15mm가 되도록 가볍게 눌렀을 때 도막면에 지문 자국이 남지 않는 상태
- 고화건조(dry-hard): 엄지와 인지사이에 시험편을 물리되 도막이 엄지 쪽으로 가게 하여 힘껏 눌렀다가(비틀지 않고) 떼어 내어 부드러운 헝겊으로 가볍게 문질렀을 때 도막에 지운 자국이 없는 상태
- 공연마(dry sanding, dry rubbing28): 도막에 물, 가솔린 등을 바르지 않고 연마재만으로 가는 방법
- 광택(gloss): 물체의 표면에서는 받는 정반사광성 분의 다소에 따라서 일어나는 감각의 속성. 일반적으로 정반사광 성분이 있을 때에 광택이 많다고 말한다. 도막에서는 광택을 사용해서 입사각, 반사각을 $45°:45°$, $60°:60°$ 등으로 하여 거울면 광택도를 측정해서 광택 대소의 척도로 한다.
- 광택도: 광택도는 KS M ISO 6272-2에 따라 $60°$ 경사면 광택도에 따라 시험한 결과는 광택 마감, 반광택 마감 및 무광택(무광) 마감으로 구분하고, 각각의 광택도는 다음과 같다.
  - 광택 마감: 70% 이상
  - 반광택: 20 이상 ~ 70 미만
  - 무광 (무광택): 20 미만
- 극무광 페인트(flat paint, flat oil paint):도막에 광택이 극히 적은 도료
- 난연 도료(nonflammable coating): 쉽게 불타지 않는 도막을 형성하는 도료
- 내광성(light fastness, light resistance): 안료나 도막의 색상이 빛의 작용에 저항하는 도막성질의 지속성
- 내구성(durability): 물체의 보호·미장 등 도료의 사용 목적을 달성하기 위한 도막성질의 지속성
- 내약품성(chemical resistance): 도막이 산, 알칼리, 염 등 약품의 용액에 잠겨도 잘 변화하지 않는 성질. 내약품성 시험에서는 시험편을 규정된 용액에 담그고, 도막의 주름, 팽창, 균열, 벗겨짐 또는 색, 광택의 변화, 팽윤·연화·용출 등의 변화유무를 조사한다.
- 내열성(heat resistance): 도막이 가열되어도 잘 변화되지 않는 성질. 내열시험에서는 시험편을 규정된 온도로 유지하고 도막에 거품 팽창·균열·벗겨짐, 광택의 감소, 색의 변화 등의 유무나 정도 등을 조사한다.
- 눈먹임: 목부 바탕재의 도관 등을 메우는 작업

기타용어

- 담당원(Construction Supervisor): 도장 공사 계약 조건에 규정된 의무를 수행하기 위하여 발주자 또는 발주자가 임명한 기술인 혹은 감리자
- 도막(film, paint film): 칠한 도료가 건조해서 생긴 고체 피막
- 도막두께: 건조 경화한 후의 도막의 두께
- 도장(painting, coating, finishing): 물체의 표면에 도료를 사용해서 도막 또는 도막층을 만드는 작업의 총칭. 단순히 칠하는 조작만은 칠, 칠하기 등으로 말한다.
- 도장 공사(Painting, Coating, Finishing): 건축물의 내외부 표면에 도장기기 및 도료를 사용해서 도막 또는 도막 층을 시공하는 작업
- 도포량(quantity for application): 피도장면에 대한 단위면적당 도장재료(희석하기 전)의 부착질량. 일반적으로 kg/m^2으로 나타낸다.
- 레벨링(leveling): 칠한 후, 도료가 유동해서 평탄하고 매끄러운 도막이 생기는 성질. 도막의 표면에 붓칠 자국 오렌지필, 파도와 같은 미시적인 고저가 많지 않은 것을 보고 레벨링이 좋다고 판단한다.
- 리무버(paint remover): 도막을 벗기기 위해 사용하는 재료
- 무늬 도료(pattern finish): 색 무늬, 입체 무늬 등의 도막이 생기도록 만든 에나멜. 크래킹 래커, 주름 문의 에나멜 등이 있다.
- 바니시(varnish): 수지 등을 용제에 녹여서 만든 안료가 함유되지 않은 도료의 총칭. 도막은 대개 투명하다.
- 바탕(피도물): 목재, 콘크리트, 강재 등 도장할 재료의 표면
- 바탕처리: 바탕에 대해서 도장에 적절하도록 행하는 처리. 즉 하도를 칠하기 전 바탕에 묻어 있는 기름, 녹, 흠을 제거하는 처리 작업
- 방화 도료(fire retardant paint, fire retardant coating): 난연성의 도막 형성 요소를 사용하는 데 가열했을 때에 도막이 거품을 일으켜 부풀어 올라서 단열층이 되도록 만든 도료(KS M 5328 참조)
- 불휘발분(가열 찌끼/nonvolatile content, nonvolatile matter, solids content, heating residue): 도료를 일정한 조건에서 가열했을 때 도료 성분의 일부가 휘발 또는 증발한 후 남은 무게의 본래 무게에 대한 백분율. 찌끼는 주로 전색제속의 불휘발분과 안료이다.(KS M 5000참조)
- 붓도장(brush application, brushing, brush coating): 붓으로 도료를 칠하는 방법
- 블리딩(bleeding): 하나의 도막에 다른 색의 도료를 겹칠 했을 때, 밑층의 도막 성분의 일부가 위층의 도료에 옮겨져서 위층 도막 본래의 색과 틀린 색이 되는 것
- 상도: 마무리로서 도장하는 작업 또는 그 작업에 의해 생긴 도장면
- 상도도료(top coat): 도료를 여러 번 칠하여 도장 마무리를 할 때 마감도료로 사용되는 도료

기타용어

- 상도도장(over coating, top coat): 하도의 도막 위에 상도용의 도료를 칠하는 것
- 색(도막의/color of film, colour): 도막에서 반사 또는 투과하는 빛의 색 (KS M 5000 참조)
- 색분리(도막의/flooding): 도료가 건조하는 과정에서 안료 상호간의 분포가 상층과 하층이 불균등해져서 생긴 도막의 색이 상층에서 조밀해진 안료의 색으로 강화되는 현상
- 수용성 수지(water soluble resin): 분자 내에 친수기를 많이 가진 수지 모양의 화합물이나 염기 중화물이 중합체로 물에 녹인다. 천연수지와 합성수지가 있다. 경화성의 합성수지는 수성 도료의 도막 형성 요소로서 사용된다. 축합·중합 등으로 친수기를 잃고, 고분자화하면 경화되어서 수불용성이 된다.
- 수용성 수지 도료(water-bome coating, water soluble resin paint, water soluble resin, coating, water reducible coating, water based coating): 도막 형성 요소로서 수용성 수지를 사용해서 만든 도료. 도막이 형성될 때에 수지는 경화하여 물에 불용성 도막이 생기는 것이 많다.
- 스프레이 건(spray gun): 뿜어 칠할 때 사용하는 피스톨 모양의 기구, 압축 공기를 뿜어내고 또는 도료 자체를 가압해서 도료를 분사하며 칠한다.
- 스프레이 도장(spray coating): 스프레이건으로 도료를 미립화하여 뿜어내면서 칠하는 방법
- 실러(sealer, sealing coat): 바탕의 다공성으로 인한 도료의 과도한 흡수나 바탕으로부터의 침출물에 의한 도막의 열화 등, 악영향이 상도에 미치는 것을 방지하기 위해 사용하는 하도용의 도료
- 실리콘 수지(silicone resin): 유기 실리콘 중합체를 주성분으로 하는 수지
- 실리콘 수지 도료(silicone coating): 도막 형성 요소로서 실리콘 수지를 사용해서 만든 도료
- 아크릴 수지 도료(acrylic coating, acrylic resin coating): 아크릴산. 메타크릴산의 유도체를 중합하여 만든 수지를 도막 형성 요소로서 사용하여 만든 도료
- 안료(pigment): 물이나 용체에 녹지 않는 무채 또는 유채의 분말로 무기 또는 유기 화합물. 착색·보강·증량 등의 목적으로 도료·인쇄 잉크·플라스틱 등에 사용한다. 굴절률이 큰 것은 은폐력이 크다.
- 안료분(pigment content): 도료 속에 함유된 안료의 도료 전체에 대한 무게의 백분율(KS M 5000 참조)

기타용어

- 알키드 수지(alkyd resin): 다가의 알코올과 다염기산을 축합해서 만든 수지. 산성분의 일부로서 지방산을 사용한 변성 수지가 도료에는 많이 사용된다. 다가의 알코올로서 글리세린, 펜타아리트리톨 등, 다염기산으로서 프탈산무수물, 말레인산무수물 등, 지방산으로서 아마인유·콩기름·피마자유 등의 지방산이 사용된다. 수지 속에 결합한 지방산의 비율이 큰 것에서부터 작은 것으로의 순서로 장유성 알키드·중유성 알키드·단유성 알키드라고 한다.
- 에나멜 페인트(enamel paint, enamel): 평활하고 광택이 있는 도막이 될 수 있도록 만든 안료 착색 도료(KS M 5701 참조)
- 에멀젼 페인트(emulsion paint): 보일유, 기름 바니쉬, 수지 등을 수중에 유화시켜서 만든 액상물을 전색제로 사용한 도료
- 에어리스스프레이(airless spray): 공정 시 도료가 공기 없이 공기의 압력으로 뿜어내어 칠하는 공법으로 도료에 공기가 포함되지 않고 후막의 도막 형성 시 필요한 방법이며, 고형분이 높은 도료 사용 시, 중방식 도료 사용 시 사용하는 공법이다.
- 에어스프레이(air spray): 공정 시 도료가 공기와 함께 뿜어내어 칠하는 공법으로 도료에 공기가 포함되어 박막의 도막 형성 시 필요한 방법이며, 박막형성, 유려한 외관을 얻을 수 있다.
- 연마: 도막 또는 도막층을 연마재로 연마해서 정해진 상태까지 깎아내는 작업
- 연마 마무리: 래커 도장 등의 최종 공정에서 도막을 연마하는 것. 연마할 때에 폴리싱 콤파운드, 폴리싱 왁스 등을 사용한다.
- 연마재(abrasive): 바탕처리 시 사용하는 연마 재료로 알루미나 등을 이용한 인조연마재와 다이아몬드 등의 천연연마재가 있다.
- 연마지(abrasive paper, sand paper): 도막 등을 갈기 위한 연마재료. 연마입자를 종이 또는 헝겊 등에 부착시킨 것으로 공 연마용의 연마지와 물 연마용의 내수 연마지가 있다.
- 염수 분무 시험(salt spray testing., salt spray test): 식염수 용액을 분무상으로 해서 뿜어 넣는 용기 속에 시험편을 넣고 금속 재료, 피복 금속 재료, 도장 금속재료 등의 방식성을 비교하는 시험
- 염화비닐 수지도료(vinyl chloride resin coating): 폴리염화비닐을 주성분으로 하는 수지상의 물질을 도막 형성요소로서 사용해서 만든 도료, 내약품성이 우수하다. 염화비닐 수지 바니쉬, 염화비닐 수지 에나멜, 염화비닐 수지 프라이머가 있다.
- 완전건조(full hardness/drying): 도막을 손톱이나 칼끝으로 긁었을 때 홈이 잘 나지 않고 힘이 든다고 느끼는 상태
- 용제(solvent): 도료에 사용하는 휘발성 액체 도료의 유동성을 증가시키기 위해서 사용한다. 좁은 의미로 도막 형성 요소의 용매를 말하고, 달리 조용제·희석제가 있다.

기타용어

- 유성 도료(oil paint): 도막 형성 요소의 주성분이 건성유인 도료의 총칭
- 조색(color match, color matching): 몇 가지 색의 도료를 혼합해서 얻어지는 도막의 색이 희망하는 색이 되도록 하는 작업
- 조색용 페인트(oil color, pigment in oil, color in oil): 착색 안료를 다량 사용해서 만든 조색용 도료
- 조합 페인트(ready mixed paint, paint, ready mixed): 착색 안료·체질 안료와 건성유, 알키드 수지 바니시 등을 주원료로 하여 이들을 충분히 혼합 분산하여 액상으로 한 것
- 중도(under coat, ground coat, surfacer, texture coat, intermediate coat): 하도와 상도의 중간층으로서 중도용의 도료를 칠하는 것. 하도 도막과 상도 도막 사이의 부착성 증가, 도막층 두께의 증가, 평면 또는 입체성의 개선 등을 위해서 한다.
- 중도용 도료(intermediated coat, barrier coat): 도료를 거듭 칠하여 도장 마무리할 때의 중간칠에 사용하는 도료 하도 도막과 상도 도막의 중간에서 양자에 대한 부착성이 있고, 도장계의 내구성을 향상시킬 목적으로 사용하는 것과, 하도 도면이 편평하지 못할 때 이를 보완하기 위해 사용하는 것 등이 있다. 후자에서는 도막이 두껍고 연마하기 쉬운 것이 특징이다.
- 지촉건조(set to touch): 도막을 손가락으로 가볍게 대었을 때 접착성은 있으나 도료가 손가락에 묻지 않는 상태
- 착색: 바탕면을 각종 착색제로 착색하는 작업
- 착색력: 어떤 색의 도료 또는 안료에 있어서 섞어서 색을 바꾸기 위한 도료 또는 안료의 성질. 주로 안료에 대해서 말한다.
- 촉진 내후성 시험(accelerated weathering test, accelerated weathering artificial weathering): 도막은 옥외에 노출되면 일광·풍우 등의 작용을 받아서 열화한다. 이 종류의 열화하는 경향의 일부를 단시간에 시험하기 위해서 자외선 또는 태양빛에 근사한 광선 등을 조사하고, 물을 뿜어내는 등의 인공적인 실험실적 시험
- 침투방지: 바탕재에 도료의 침투를 줄이기 위한 작업
- 퍼티(putty): 바탕의 파임·균열·구멍 등의 결함을 메워 바탕의 평편함을 향상하기 위해 사용하는 살붙임용의 도료. 안료분을 많이 함유하고 대부분은 페이스트상이다.
- 페놀 수지계 도료(phenolic coating,): 페놀류와 알데히드류를 축합시켜 얻은 합성수지를 도막 형성 요소로 하는 도료 로진 변성 페놀 수지와 건성유를 도막 형성 요소로서 만든 유성 도료 알코올 가용성 페놀 수지를 알코올에 녹여서 만든 알코올성 도료 등이 있다. 도막은 보통 내산성. 내알칼리성, 내유성, 내후성, 전기 전열성 등이 우수하다.

기타용어

- 표면 건조(sand dry, surface dry): 칠한 도료의 층이 표면만 건조 상태가 되고 밑층은 부드럽게 점착이 있어서 미건조 상태에 있는 것
- 피막(skinning): 도료가 용기 속에서 공기와의 접촉면에 형성된 막
- 핀홀(antiskinning agent): 도막에 생기는 극히 작은 구멍
- 하도(프라이머): 물체의 바탕에 직접 칠하는 것. 바탕의 빠른 흡수나 녹의 발생을 방지하고, 바탕에 대한 도막 층의 부착성을 증가시키기 위해서 사용하는 도료
- 하도 도장(film applicator): 물체의 바탕에 직접 칠하는 것. 바탕의 빠른 흡수나 녹의 발생을 방지하고, 바탕에 대한 도막층의 부착성을 증가시키기 위해서 사용한다.
- 하도용 도료(primary coat,): 물체의 바탕에 직접 칠하는 도료이며, 바탕의 빠른 흡수나 녹의 발생을 방지하고, 중·상도용 도료를 칠하기 전 도장계의 의한 바탕의 악영향을 방지하고 부착성을 증가시키기 위해서 사용한다.
- 함수율(water content): 소재가 함유하고 있는 수분의 비율
- 합성수지 도료(synthetic resin coating): 합성수지를 도막 형성 요소로 하는 도료의 총칭
- 합성수지 에멀션 페인트(latex paint): 유화 중합하여 얻은 합성수지 에멀션을 전색제로 하여 만든 도료 (KS M6010-1종, KS M 6010-2종 참조)
- 황변(yellowing): 도막의 색이 변하여 노란 빛을 띄는 것. 일광의 직사, 고온 또는 어둠, 고습의 환경 등에 있을 때에 나타나기 쉽다.
- 희석제: 도료의 유동성을 증가시키기 위해서 사용하는 휘발성의 액체

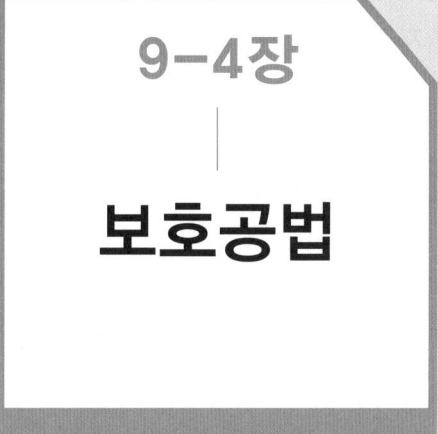

9-4장

보호공법

Professional Engineer

마법지

방수공사

1. 일반사항
- 방수공법 시공계획, 공법선정
- 누수발생원인 및 방지대책
- 수팽창지수판
- 수팽창지수재
- 아스팔트 재료의 침입도(Penetration Index)
- 방수 시공후 누수시험

2. 재료별 공법
- 공법분류
- 아스팔트방수
- 개량아스팔트 시트방수
- 합성고분자계 시트방수
- 자착형(自着形) 시트방수
- 점착유연형 시트 방수공사
- 도막방수(우레탄, 폴리우레아, 수용성아스팔트방수)
- 폴리우레아방수
- 시트 및 도막 복합 방수공사
- 시멘트모르타르계 방수
- 규산질계 도포방수공사
- 복합방수
- 금속판 방수공사
- 벤토나이트 시트방수

3. 부위별 공법
- 지하구조물에 적용되는 외벽 방수재료
  (방수층의 요구조건)
- 콘크리트 지붕층 슬래브 방수의 바탕처리 방법
- 인공지반녹화 방수방근공사
- 지하저수조 내부 방수 방식공사
- 발수공사
- 누수보수공사

9-86	방수공법 시공계획, 공법선정	
No. 686		유형: 계획 · 관리 · 기준

일반사항

공법선정
Key Point

▨ 국가표준
– KCS 41 61 01

▨ Lay Out
– 공법선정
– 시공계획

▨ 핵심 단어

▨ 연관용어

방수공사의 적정 환경

• 강우 시
– 함수율 8% 이하

• 고온 시
– 바탕이 복사열을 받아 온도가 상승하여 내부의 물이 기화·팽창하므로 부풀림 우려

• 저온 시
– 5℃ 이하에서는 시공금지
– 접착제 건조 지연에 따른 접착불량
– 도막의 경화시간 지연에 따른 피막형성 불량

I. 정 의

① 방수공사는 방수 부위별, 위치별로 상부 마감여부에 따른 방수품질의 요구수준을 만족할 수 있도록 설계·재료·시공·양생 측면에서 사전검토가 중요하다.
② 공법 및 재료의 선택, 상세부위이 처르방법은 전·후 연관공사와의 관계를 고려하여 검토한다.

II. 공법선정

1. 요구성능

① 수밀성 – 투수저항
② 내열성
③ 내외상성 – 충격
④ 내화학적 열화성
⑤ 내피로성
⑥ 내풍성
⑦ 접착성 – 들뜸
⑧ 거동 추종성
⑨ 시공성
⑩ 경제성
⑪ 공기
⑫ 방수층 안전성
⑬ 내구성
⑭ 품질

2. 부위별 요구조건

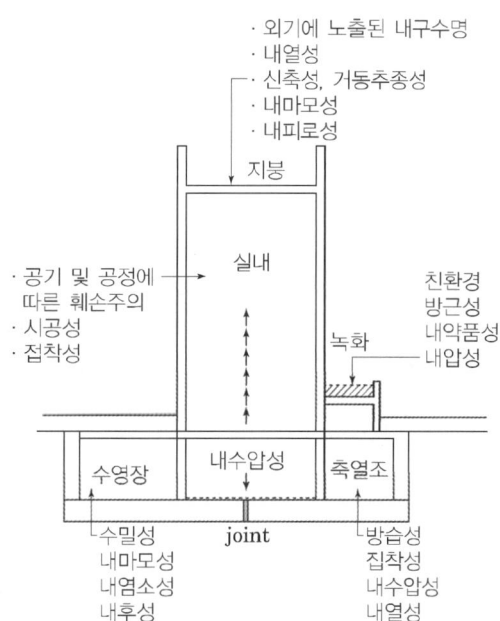

일반사항

3. 재료 및 공법 선정 시 고려사항

1) 재료 및 공법 성능
① 지반의 침하에 대한 장기적인 누수 안전성
② 구조물의 침하, 진동 등의 거동에 대한 대응성
③ 구조 바탕체 표면의 습윤상태에서의 부착안전성
④ 방수층의 수밀성
⑤ 대기 온도의 변화에 대한 안정성
⑥ 조인트(연결부) 및 균열부에서의 내균열성
⑦ 지하수 조건에서의 장기적 내구성
⑧ 지하수의 수질(염분, 산 및 알칼리 성분 등), 오염수 환경(염수 및 황산염), 토양에 함유된 성분(산, 알칼리, 염분, 유류 등)에서의 화학적 안전성

2) 시공측면
① 바탕면 표면(습윤면, 건조면, 레이턴스 등) 처리방법의 간편성
② 용제계 재료 사용 유·무(유해성 검토)
③ 시공 공정수의 간편성, 양생 기간 단축 효과
④ 시트 간 접착방법의 안전성 및 간편성
⑤ 바탕면(재료간) 접착방법의 안전성 및 간편성
⑥ 되메우기 시 토압에 대한 안전성
⑦ 전, 후 토목공사와의 연계성에 대한 안전성

3) 결함부의 처리용이성 및 안정성
① 결함부의 발견 용이성 확보
② 결함처리에 따른 시공 용이성 확보
③ 결함 처리재와 방수층간의 재료 일체성 확보

4) 재료생산 기술 측면
① 생산 공장의 보유 유·무
② 시공 현장에 설계양의 방수재료 반입 가능 유·무
③ 국가 공인 기술의 인증 유·무
④ 국내·외 현장 적용 실적

5) 유지관리 측면
① 시공 후 유지관리 체계 유·무(하자보증 기간, 누수보수처리 방법 등)
② 방수 시공 기준의 충실성

일반사항	

Ⅲ. 시공계획

1. 시공계획의 절차

① 시방서 파악-지시사항 및 요구 성능 및 품질의 확인(재료, 공법)

② 설계도 파악-공사내용과 시공성의 확인(시공범위, 바탕, 관련공사와의 적합성)

③ 협력사 결정-시공능력, 시공실적, 기술인력, 품질관리실태 등을 종합적 검토

④ 시공도 작성-전·후 공사와의 관련검토, 시공도, 상세도

⑤ 시공계획-품질보증 절차에 의거한 공종별 품질 및 시공계획서 작성

⑥ 공정표-전·후 작업과의 관련에 의한 시공순서 결정, 공정 전체의 일정, 바탕방수의 건조기간 확보 및 유지

⑦ 가설-Support, 안전설비, 전기설비, 가공배합 장소, 양중설비, 급배수 검토

⑧ 반입 및 보관-반입시기, 보관장소, 보관방법, 규격, 제조자 및 품명, 반입수량 검토

⑨ 바탕-청소, 결함부위 보수·보강, 물매(구배)확인, 건조도 확인

⑩ 시험-KS 기준, 시방서에 의거한 시험 실시, 담수 test 실시

⑪ 신축줄눈-간격, 위치, 범위, 설치방법 검토

⑫ 먹매김-구체(바탕) 정밀도 확인, 분할 검토

⑬ 시공-방수공정 순서, 강우·강설·강풍시의 대책

⑭ 양생-시공 중 혹은 다음 공정까지의 양생 및 보양방법 검토

⑮ 누름-운반 및 시공방법 검토

2. 작업환경

① 강우 및 강설 후 바탕이 아직 건조되지 않은 경우에는 방수시공을 하지 않는 것을 원칙으로 한다.

② 바탕이 젖은 상태에서도 방수시공이 가능한 재료 및 공법의 경우는 담당원과 협의하여 방수시공 여부를 결정

③ 기온이 5℃ 미만으로 현저하게 낮고, 바탕이 동결되어 있어서 시공에 지장이 있다고 예상되는 경우에는 방수시공을 하지 않는 것을 원칙으로 한다.

④ 강풍 및 고온, 고습의 환경일 때는 시공과 안전에 주의

3. 바탕 형상

1) 바탕면의 균열보수

온도영향이 큰 부위와 균열이 예상되는 부분, 거동이 발생되는 부분 등은 방수 시공 전 균열여부를 확인하고 보수

2) 돌출물의 제거

① 콘크리트 타설 시 쇠흙손 마감 및 Finisher 마감을 통하여 예방

② 돌출부위는 파취 후 제거하고 모르타르로 보수

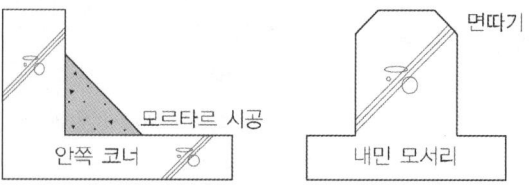

일반사항

3) Corner 면처리

면따기

모르타르 시공

안쪽 코너

내민 모서리

┌ In Corner: 삼각형 모접기를 둔다.
└ Out Corner: Round 또는 삼각형 면접기를 둔다.

① 치켜올림부의 RC 바탕은 제물마감으로 하고, 거푸집 고정재 사용 또는 콘크리트 타설 중에 생긴 바탕 표면의 구멍은 폴리머 시멘트 모르타르 등으로 충전하여 메우고, 평탄하게 마무리되어 있어야 한다.

② 치켜올림부는 방수층 끝 부분의 처리가 충분하게 되는 형상, 높이로 되어 있어야 한다.

③ 치켜올림부 상단 끝부분에 설치되는 빗물막이턱은 치켜올림부 RC와 일체로 하여 만들고, 빗물막이턱의 물끊기 또는 처마 끝 부분의 물끊기는 물끊기 기능을 충분히 수반하여야 한다.

4) 바탕면 청소

면처리 및 보수가 끝나면 이물질을 제거한다.

4. 바탕의 상태

1) 바탕면의 건조

① 바탕의 건조가 충분하지 못하면 프라이머 침투가 좋지 않아 방수층과 바탕의 접착이 불량하게 된다.

② 바탕에 함유된 수분이 기화하여 팽창 및 온도변화에 따라 방수층 들뜸이 발생한다.

③ 바탕면 수분 함수율 8% 이하일 때 시공

④ 습윤상태에서도 사용 가능한 방수공법을 적용할 경우에는 바탕의 표면 함수 상태가 30% 이하

2) 물구배

① 바탕면이 지정 기울기(비노출 방수: 1/100~1/50, 노출방수: 1/50~ 1/20 범위)로 되어 있는지 확인

② 구배가 우수 드레인 방향으로 되어있는지 확인

3) 표면의 평활도

바탕면의 들뜸 및 균열, 요철이 있으면 방수층이 파손되거나 접착불량이 발생하여 방수성능이 저하되므로 평활도(7mm/3m)를 유지하도록 조정·보수한다.

4) 표면의 강도

바탕면 처리를 하지 않아 표면에 Laitance 등으로 바탕면의 강도가 확보되지 않으면 하중에 의한 박리 및 들뜸 현상이 발생하므로 불량부분을 제거하고 보수용 시멘트 Mortar 등으로 보수를 해서 강도를 확보

건조확인

• 함수율 측정기
함수율 측정기를 이용하여 바탕면의 함수율을 측정

• 테이프 밀봉
흑색 PE필름을 1m×1m정오전에 검사 부위에 깔아 놓고 그 주변을 테이프로 고정시켜 24시간 후 벗겨내었을 때 결로수 유무 확인

[함수율 측정기]

5. 드레인, 관통파이프 등 돌출물 주변의 상태

① 드레인은 RC 또는 PC의 콘크리트 타설 전에 거푸집에 고정시켜 콘크리트에 매립

② 드레인 설치 시에는 드레인 몸체의 높이를 주변 콘크리트 표면보다 약 30mm 정도 내리고, RC 또는 PC의 콘크리트 타설 시 반경 300mm를 전후하여 드레인을 향해 경사지게 물매를 두고 표면 고르기 한다.

③ 드레인은 기본 2개 이상을 설치한다.

④ 지붕의 면적, 형상, 강우량(집중호우 등)에 따라 설계단계에서 적절한 설치 개수, 개소를 확인한다. 단, 설계도서 및 공사 시방서 등에 특별한 지시가 없는 경우에는 6m 간격으로 설치

⑤ 배기구, 설비 보호피트 및 기타 돌출물과 바탕이 접하는 오목모서리는 아스팔트 방수층의 경우 삼각형 면 처리로 하고, 그 외의 방수층은 직각으로 면 처리하며, 볼록 모서리는 각이 없는 완만한 면 처리

⑥ 관통파이프 또는 기타 돌출물이 방수층을 관통할 경우 동질의 방수재료(보수면적 100×100mm)나 실링재 또는 고점도 겔(gel)타입 도막재 등으로 수밀하게 처리

6. 검사

1) 시공 시의 검사

① 방수층의 구성 상태, 결함(찢김, 들뜸 등) 상태 및 끝 부분(치켜올림부, 감아 내림부 등)의 처리상태

② 방수층의 겹침부(2겹, 3겹, 4겹 붙인 부분 등)의 처리상태

③ 드레인, 파이프 등의 돌출물, 위생기구 등의 설비물을 붙인 장소의 처리상태

④ 경사지붕, 슬래브 및 지하 외벽의 경우에는 물의 흐름 방향에 대한 겹침부 처리방법과 처리상태

⑤ 탈기장치 등을 두는 경우 사용재료나 고정상태, 설치위치 및 개수

2) 완성 시의 검사 및 시험

① 규정 수량이 확실하게 시공(사용)되어 있는지의 유·무

② 방수층의 부풀어 오름, 핀 홀, 루핑 이음매(겹침부)의 벗겨짐 유·무

③ 방수층의 손상, 찢김(파단) 발생의 유·무

④ 보호층 및 마감재의 상태

⑤ 담수시험을 하는 경우에는 다음의 순서에 따라 실시

⑥ 배수관계의 구멍(배수트랩, 루프드레인)은 이물질 등이 들어가지 않도록 막아둔다.

⑦ 방수층 끝 부분이 감기지 않도록 물을 채우고, 48시간 정도 누수 여부를 확인

★★★   1. 방수공사

9-87	누수발생원인 및 방지대책	
No. 687		유형: 공법 · 하자 · 결함

일반사항

부위별
Key Point

☑ 국가표준
- KCS 41 61 01

☑ Lay Out
- 부위별 요구조건
- 누수의 Mechanism
- 하자원인 및 특성요인도

☑ 핵심 단어

☑ 연관용어

방수공사의 적정 환경

• 강우시
- 함수율 8% 이하

• 고온시
- 바탕이 복사열을 받아 온도가 상승하여 내부의 물이 기화·팽창하므로 부풀림 우려

• 저온시
- 5℃ 이하에서는 시공금지
- 접착제 건조 지연에 따른 접착불량
- 도막의 경화시간 지연에 따른 피막형성 불량

I. 정 의

① 방수하자에 미치는 영향요소는 설계적, 재료적, 시공적, 시설의 노후화 등이며, 누수의 원인 특성 및 누수 Mechanism을 숙지하여 방수하자 요인을 사전에 제거한다.

② 건축방수의 하자는 복합적 원인으로 나타나며 설계단계에서부터 시공 그리고 유지관리 단계까지 기본사항을 준수하여 시공관리를 철저히 한다.

II. 부위별 요구조건

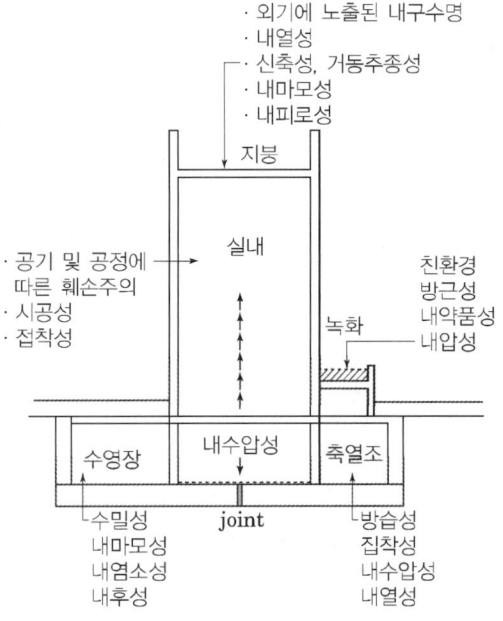

III. 누수의 Mechanism

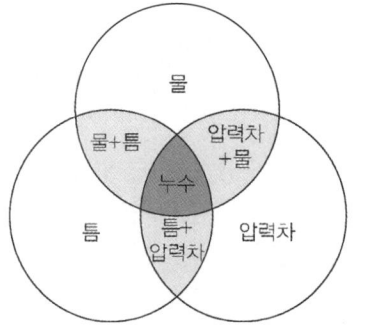

일반사항

Ⅳ. 하자원인 및 특성요인도

1. 설계상

1) 도면누락
- 주요 부위 상세누락
- 설계도에 방수표시 부정확

2) 설계검토 미흡
- 방수공법 선정 불합리
- 부위별 조건 검토 미흡

2. 재료상

1) 품질기준
- 배합비 혼합 무시
- 기준미달 제품 사용

2) 재료관리 미흡
- 규정량 미사용
- 용도에 부적합한 자재 사용
- 자재 검수 미비
- 보관 시 부주의(온도, 습도, 자외선 등)
- 제품특성 표시 미부착

3. 시공상

1) 작업 전
- Crack 발생
- Form Tie 처리불량
- 재료분리 현상 처리 미흡
- 모체 Laitance
- 청소불량

2) 작업 중
- 시공속도를 무시한 공정
- 숙련공 부족
- 작업기준 불명확

3) 작업 후
- 후속 작업에 의한 손상
- 습윤 보양처리 불량

Ⅴ. 주요하자 발생부위

1) 지하주차장(슬래브 균열에 따른 방수층 파단)
2) 욕실, 발코니 천장
3) 커튼월 하부(방수턱 미시공, 방수미흡)
4) 헬리포트 바닥방수 들뜸

9-88	수팽창 지수판	
No. 688	Water stop	유형: 재료 · 기능 · 공법

일반사항

재료

Key Point

■ 국가표준
- KCS 41 40 16

■ Lay Out
- 지수판의 설치
- 재료의 요구조건
- 설치 시 유의사항
- 지수판의 성능

■ 핵심 단어
- What: 판형태의 자재
- Why: 시공이음부 수밀
- How: 신축성이 우수한 재료이음부에 묻는

■ 연관용어
- 수팽창지수재

설치위치에 따라 구분

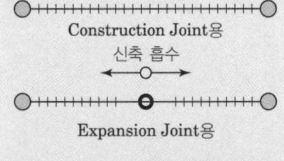

[구체 가운데 설치]

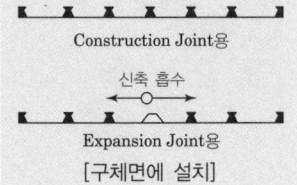

[구체면에 설치]

I. 정 의

① 콘크리트 구조물 공사에 있어서 시공이음부(construction joint)에 수밀을 위하여 동판, 스테인리스판, 인조 고무판 등 수밀성, 내구성, 신축성이 우수한 재료로 만들어진 콘크리트 이음부에 묻는 판 형태의 자재

② Concrete의 수축과 팽창 등에 대한 신축 대응을 위해 내구성과 변형 가능성이 있어야 하며 concrete와 부착력이 좋은 형상이어야 한다.

II. 지수판설치

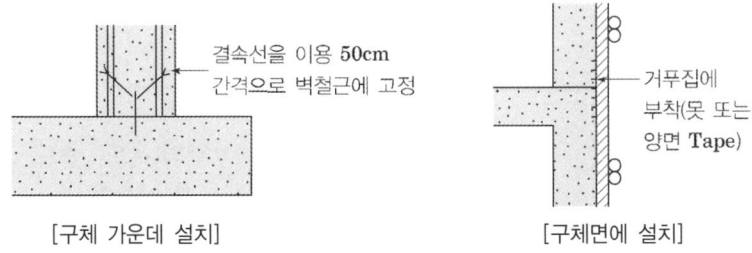

[구체 가운데 설치]　　　　　　　　　[구체면에 설치]

III. 재료의 요구조건

① 지수판은 콘크리트의 신축이음 또는 시공이음부의 거동에 대응하는 탄력성과 수압에 저항하는 수밀성, 장기적 내구성을 확보할 수 있는 재질이어야 한다.

② 지수판은 재질이 치밀하고 균질하게 제조된 것

③ 지수판 치수의 허용차

치수	허용차
너비	±3
두께	±10
길이	±3 0

IV. 설치 시 유의사항

① 지수판이 편심시공되지 않도록 정확한 위치에 좌우, 상하 균등하게 설치 및 움직이지 않게 고정한 후 콘크리트를 타설

② 신축이음용 지수판과 시공이음용 지수판을 반드시 구분하여 사용

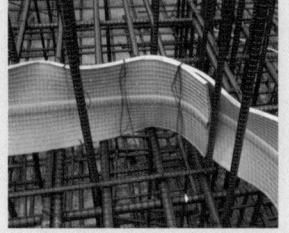

일반사항

③ 신축이음 지수판의 중앙밸브(원통)부가 콘크리트 속에 묻혔을 경우 콘크리트 단부를 까내어 중앙부가 노출되도록 하고, 콘크리트 이어치기 실시

④ 지수판은 가능한 한 가장 긴 길이로 설치하고, 이음부는 최소화

⑤ 콘크리트 타설시 지수판이 접히지 않도록 고정해야 한다.

⑥ 지수판의 연결접합(이음매)은 지수판 융착기를 사용하여 완전융착접합 혹은 전용 연결재를 사용하고 연결재 내부를 수팽창실란트를 이용하여 채움처리하여 완벽하게 연결한 후 지수판의 연속성을 유지

V. 지수판의 성능

시험항목			규격값
비중			1.4 이하
경도 HDA			65 이상
인장 강도(MPa)			11.8 이상
인장 변형(%)			250 이상
노화성	무게 변화율(%)		±5%이내
내약품성	알칼리	인장강도 변화율(%)	±20 이내
		인장변형(%) 변화율(%)	±20 이내
		무게 변화율	±5 이내
	식염수	인장강도 변화율(%)	±10 이내
		인장변형(%) 변화율(%)	±10 이내
		무게 변화율	±2 이내
인장 변형(%)			−30 이하

☆★★   1. 방수공사

9-89	수팽창 지수재	
No. 689		유형: 재료 · 기능 · 기준

일반사항

재료

Key Point

■ 국가표준
- KCS 41 40 16

■ Lay Out
- 종류
- 재료의 요구조건
- 설치 시 유의사항
- 지수재의 성능

■ 핵심 단어
- What: 지수성능 유지를 위한 재료
- Why: 차수효과
- How: 물과 습기에 접촉하면 체적이 팽창

■ 연관용어
- 지수판

I. 정 의

① 물과 습기에 접촉하면 체적이 팽창하여 차수효과를 갖는 재료로서 concrete의 cold joint · 누수 · 침수 현상을 사전에 방지하고 영구적인 지수성능 유지를 위한 재료

② concrete의 cold joint · 누수 · 침수 현상을 사전에 방지하고 영구적인 지수성능 유지를 위한 재료

II. 종류

1. 가황고무계

- 고무를 주재료로 하여 친수성 고분자 폴리머를 포함시켜 화합된 변성고무로서 물과 접하면 체적이 팽창하여 차수효과를 갖는 지수재

특징	이음부위
• 시공이 간편 • 팽창시 제품형태 유지, 건조수축시 원형 복구 • 노출부위 적용 가능 • 탄성체이므로 설치위치에 사전 면처리 필요	 ←가황고무계 지수재 5cm 이상 겹친이음으로 시공

2. 벤토나이트계

- 천연소디움 벤토나이트의 수화반응 시 팽윤하는 특성과 Gel상태의 불투수층을 형성하여 차수효과를 갖는 지수재

특징	이음부위
• 시공이 간편 • 팽창시 제품형태 유지, 건조수축시 원형 복구 • 노출부위 적용 가능 • 탄성체이므로 설치위치에 사전 면처리 필요	 ←가황고무계 지수재 5cm 이상 겹친이음으로 시공

III. 재료의 요구조건

① 시공이음부(construction joint)의 거동에 대응하는 탄력성과 수압에 저항하는 수밀성, 팽창성, 장기적 내구성을 확보할 수 있는 재질

② 수팽창 고무 지수재는 재질이 치밀하고 균질하게 제조된 것

③ 지수재의 치수 및 허용차

호칭	너비 허용차	두께 허용차	(최대)지름 허용차	높이	길이(참고치)
사각형	±1.0	±1.0			
원형			±1.0		표시치 이상
반달형				±1.0	

Ⅳ. 설치 시 유의사항

① 수팽창 고무 지수재는 공기가 자유롭게 유통할 수 있도록 보관하여
야 하며, 비에 젖거나 물과 접촉해서는 안 된다.
② 수팽창 고무 지수재는 저장 중 48시간 이상 직사광선을 받지 않아
야 한다.
③ 콘크리트 면에 수팽창 고무 지수재 고정 시 콘크리트 타설 중 움직
이지 않도록 견고하게 못으로 고정
④ 수팽창 고무 지수재는 콘크리트 면과 들뜸 현상 금지
⑤ 수팽창 고무 지수재 설치 후 우천과 콘크리트 살수 양생 시 물에
노출되어 사전 부풀음이 발생하지 않도록 보호조치
⑥ 물과 접촉되어 사전 부풀음이 발생된 수팽창 고무 지수재는 반드시
제거하고 재시공

Ⅴ. 지수재의 성능

항목		성능	
		일반용	해수용
인장강도(MPa)		2.5	2.5
신장률(%)		450	450
경도(타입 A 듀로미터)		(50±10)	(50±10)
촉진 노화 시험	인장 강도변화율(%)	±25 이내	±25 이내
	신장률 변화율(%)	±25 이내	±25 이내
	경도(타입A듀로미터) 변화	±10 이내	±10 이내
침지시험	부피 변화율(%)	200 이상	100 이상
	팽창 후 성상	이상없을 것	이상없을 것

9-90	아스팔트 재료의 침입도(Penetration Index)	
No. 690	針入度: penetration index	유형: 기준 · 시험 · 성능

일반사항

재료시험

Key Point

■ 국가표준
- KS M 2252

■ Lay Out
- 시료의 표준
- 시험방법

■ 핵심 단어
- 역청재료의 굳기
- 반죽질기정도

■ 연관용어

감온비

• 감온비는 asphalt의 반죽질기(Consistency)가 온도에 따라 달라지는 성질을 나타내기 위한 것으로 온도에 따른 침입도의 비

연화점

• asphalt 등의 고형 혹은 반고형 물질을 가열하면 연화되어 점차 묽은 액체로 되어가는데 이때 액화되는 온도

침입도 지수 PI계산방법

$$PI = \frac{30}{1+50A} - 10$$

• $A : \dfrac{\log 800 - \log P_{25}}{\text{연화점}-2.5}$

• $P_{25} : dladlqeh(25℃)$

• PI가 클수록 Gel형의 감수성이 적은 아스팔트다.

• 침입도가 클수록 PI가 커지므로 우수한 아스팔트

• 한냉기의 PI=20~30, 온난기의 PI=1~20 정도

I. 정 의

① 침입도는 역청재료의 굳기를 말하는 것으로 온도, 하중 및 시간의 조건하에서 표준침이 시료중에 수직으로 침입한 길이로서 나타내는데, 그 단위는 1/10mm를 침입도 1로 한다.

② 규정된 침입도 시험기를 이용하여 고형 혹은 반고형의 역청 재료의 반죽질기(consistency)정도를 표시하는 것

II. 시료의 표준

① 시료를 부분적으로 과열되지 않도록 액상이 될 때까지 가열한다.

② 시료를 일정하게 저어주면서 아스팔트인 경우에는 KS M 2250(역청재료의 연화점 시험방법)에 따른 연화점 보다 80~90℃, 또한 탈피치 시료에 있어서는 56℃ 이상 가열하면 안 되고, 기포를 제거하고 시료용기에 부어 넣는다.

③ 이때는 표준침이 침입하는 예상 깊이보다 10mm 이상 깊게 해야 한다.

④ 시료용기에 먼지가 들어가지 않도록 뚜껑을 덮고, 21~29.5℃의 온도로 대기 중에서 1~1.5시간 방치하고, 깊은 용기를 사용했을 경우에는 1.5~2시간 방치한다.

⑤ 시료를 이동용 접시와 함께 규정 온도로 유지한 항온수조에 넣고, 1~1.5시간 둔다. 깊은 시료 용기를 사용한 경우에는 1.5~2시간 둔다.

III. 시험방법

① 침 지지장치, 추(50±0.05g), 고정쇠 등에 물방울이나 이물질이 부착되었는지를 확인

② 항온 수욕조에 물을 채운채 유리용기를 침입도계의 시험대 위에 놓는다.

③ 침의 끝을 시료의 표면에 접촉시킨다.

④ 다이얼게이지의 눈금을 0에 맞춘 후 고정쇠를 눌러 무게에 침을 5초간 시료 속에 진입시킨다.

⑤ 측정은 동일 시료에 대해서 3회 실시

⑥ 측정값은 최댓값과 최솟값의 차이 및 평균값을 구하고, 최댓값과 최솟값의 차이가 허용차 이내이면 평균값을 정수로 보고한다.

[평균치 범위]

침입도	0~45	50~149	150~249	250 이상
최고치와 최저치간의 차	2	4	6	8

9-91

No. 691   유형: 시험 · 기준 · 성능

방수 시공 후 누수시험

일반사항

시험

Key Point

■ 국가표준
- KCS 41 40 16

■ Lay Out
- 담수테스트
- 살수테스트
- 강우 시 테스트

■ 핵심 단어
- 물을 채우고
- 48시간 정도 누수여부
  확인

■ 연관용어

I. 정 의

① 방수층 시공 후 누수시험은 방수 시공된 부위의 모든 drain을 막고 방수층 끝 부분이 감기지 않도록 물을 채우고, 48시간 정도 누수여부를 확인한다.

② 누수가 없음을 확인한 후, 담수한 물을 배수구로 흘려보내 배수상태를 확인한다.

II. 담수 Test

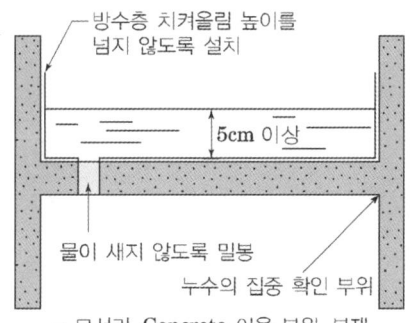
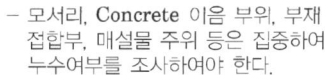

- 방수층 치켜올림 높이를 넘지 않도록 설치

5cm 이상

물이 새지 않도록 밀봉

누수의 집중 확인 부위

- 모서리, Concrete 이음 부위, 부재 접합부, 매설물 주위 등은 집중하여 누수여부를 조사하여야 한다.

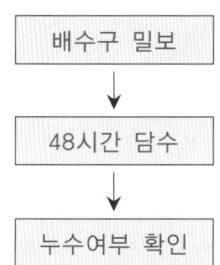

배수구 밀보

↓

48시간 담수

↓

누수여부 확인

III. 살수 test

① 검사 용수(用水)의 공급 및 처리 등을 사전 계획한다.

② 살수는 해당 지역의 최대 강우 강도 이상으로 한다.

③ 모서리, 돌출부 등 하자 다발 부위 위주로 실시

IV. 강우 시 test

① 지하구조물은 강우 시 외부 dewatering을 중단하고 누수여부를 확인

② 자연 강우를 이용하면 간편하나, 강우량은 임으로 조절할 수 없어 검사 시 관리가 곤란

③ 예상 하루 강우량 50mm 이상: 강우 후 누수여부 확인

④ 예상 하루 강우량 50mm 이하: drain이나 배수구를 밀봉하고 빗물을 담수로 활용

공법분류

9-92	공법분류	
No. 692		유형: 공법 · 기준

공법분류

Key Point

☑ 국가표준
- KCS 41 40 16

☑ Lay Out

☑ 핵심 단어

☑ 연관용어

I. 정 의

구조물의 요구성능에 따라 투수(투습) 저항, membrane의 연속성, 내기계적 손상성, 내화학적 열화성, 시공성, 경제성, 접착성, 내구성, 안전성, 공기 및 품질 등을 고려해 재료 및 부위별 공법을 선정한다.

II. 공법분류

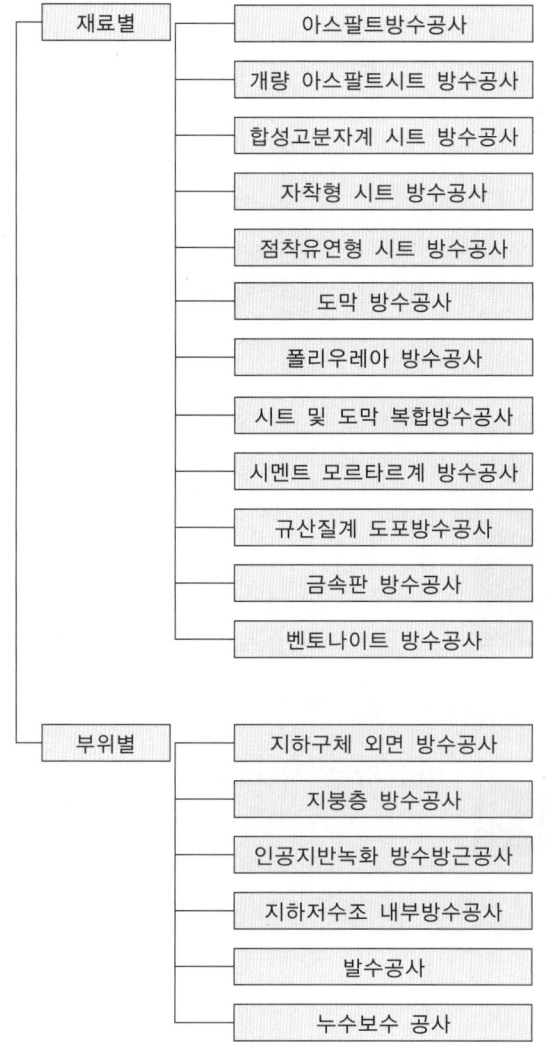

재료별
- 아스팔트방수공사
- 개량 아스팔트시트 방수공사
- 합성고분자계 시트 방수공사
- 자착형 시트 방수공사
- 점착유연형 시트 방수공사
- 도막 방수공사
- 폴리우레아 방수공사
- 시트 및 도막 복합방수공사
- 시멘트 모르타르계 방수공사
- 규산질계 도포방수공사
- 금속판 방수공사
- 벤토나이트 방수공사

부위별
- 지하구체 외면 방수공사
- 지붕층 방수공사
- 인공지반녹화 방수방근공사
- 지하저수조 내부방수공사
- 발수공사
- 누수보수 공사

☆☆☆　　1. 방수공사

9-93	아스팔트방수공사	
No. 693		유형: 공법·기능

재료별
Key Point

■ 국가표준
- KCS 41 40 02

■ Lay Out
- 방수층 형성
- 공법종류
- 시공 시 유의사항

■ 핵심 단어
- 용융아스팔트
- 아스팔트 펠트, 루핑

■ 연관용어

[아스팔트 A형]

1층	아스팔트 프라이머 (0.4 kg/m²)
2층	아스팔트 (2.0 kg/m²)
3층	아스팔트 펠트
4층	아스팔트(1.5 kg/m²)
5층	아스팔트 루핑
6층	아스팔트(1.5 kg/m²)
7층	아스팔트 루핑
8층	아스팔트(1.5 kg/m²)
9층	아스팔트 루핑
10층	아스팔트(2.1 kg/m²)
보호 및마감	현장타설 콘크리트 및 콘크리트 블록

I. 정 의

① 용융아스팔트를 접착제로 하여 아스팔트 펠트 및 루핑 등의 방수시트를 적층하여 연속적인 방수층을 형성하는 공법
② 시공방법에 따라 열공법, 냉공법(상온공법), sheet 공법으로 나뉘며, 방수층의 요구 성능에 따라 단열공법, 절연공법, torch(blowtorch) 공법 등으로 나뉜다.

II. 방수층 형성

Asphalt Primer
- Blown Asphalt + 휘발성 유기용제 → 저점도 용액
- 바탕방수에 도포하여, 기공을 메우고 접착성을 향상

Asphalt
- Blown Asphalt + 유지, 지방산 첨가 침입도, 연화점 등 성능 개선
- 1종: 실내·지하구조 부분, 방수층 위에 단열재와 Concrete 보호층이 있는 지붕에 적용
- 2종: 일반지역의 물매(구배)가 느린 옥내구조부에 적용
- 3종: 일반지역의 노출지붕, 기온이 비교적 높은 지역의 지붕에 적용
- 4종: 주로 한랭 지역의 지붕에 사용

Asphalt Felt
- 원지(유·무기질이나 합성섬유)+Straight Asphalt 침투 → Sheet 형성
- Roofing 재료에 비해 물성 취약→중간층 재료로 사용

Asphalt Roofing
- Felt의 성능을 개선시킨 것
- 내균열성이 좋아 Asphalt 방수층의 두께를 형성

III. 공법종류

1) 열공법

고체상태의 Asphalt를 용융가마에서 약 260℃ 정도로 가열 용융시켜 액체상태로 만들어 바르거나 뿌리면서 Asphalt Felt 및 Roofing Sheet를 2~4장 적층하여 연속적인 방수층을 형성하는 공법이다.

2) 냉공법

상온에서 Asphalt를 접착제로 사용하여 방수층을 형성하는 공법이다.

3) Torch공법

개량 Asphalt로 만든 Asphalt Sheet재를 Torch로 가열하여 Sheet 밑부분을 용융시켜 접착하는 공법이다.

공법분류

Asphalt 온도

- 온도 상한 값: 연화점 온도 (85~105℃) +170℃를 넘지 않도록 유지
- 온도 하한 값: 200℃ 이상 유지

Asphalt 사용량

- 일반적으로 1.5~2.1kg/m²

검사

- 30분에 1회 정도 측정

Ⅳ. 시공 시 유의사항

1) 기상조건

   기온 2℃ 이하 시공금지(Asphalt가 급랭한다)

2) 바탕처리

   ① 바탕면 평활도 유지

   ② 바탕면 구배 확인

3) Primer

   ① 표면에 Pin hole이 없을 것

   ② 건조 후 후속공사 시공

4) Asphalt 용융 및 취급

   ① 아스팔트의 용융온도는 종별 용융온도를 표준으로 하며, 용융 중에는 최소한 30분에 1회 정도로 온도를 측정하고, 접착력 저하 방지를 위하여 200℃ 이하가 되지 않도록 한다.

5) Roofing류 붙임

   ① 볼록, 오목모서리 부분은 일반 평면부 루핑을 붙이기전에 너비 300mm 정도의 스트레치 루핑을 사용하여 균등하게 덧붙임한다.

   ② 콘크리트 이음타설부는 일반 평면부 루핑을 붙이기 전에 너비 75mm 정도의 절연용 테이프를 붙인 후, 너비 300mm 정도의 스트레치 루핑으로 덧붙임한다.

   ③ PC 패널 부재의 이음 줄눈부는 일반 평면부의 루핑을 붙이기 전에 PC 패널 양측 부재에 각각 100mm 정도 걸친 폭으로 스트레치 루핑으로 절연 덧붙임한다.

   ④ ALC 패널 지지부는 모래 붙은 구멍 뚫린 아스팔트 루핑을 붙이기 전에 너비 75mm 정도의 절연용 테이프를 붙인다.

   ⑤ 일반 평면부의 루핑 붙임은 흘려 붙임으로 한다.

   ⑥ 루핑의 겹침은 길이 및 너비 방향 100mm 정도

   ⑦ 루핑은 원칙적으로 물 흐름을 고려하여 물매의 아래쪽에서부터 위쪽을 향해 붙이고, 또한 상·하층의 겹침 위치가 동일하지 않도록 붙인다.

   ⑧ 치켜올림부의 루핑을 평면부와 별도로 하여 붙이는 경우에는 평면부 루핑을 붙인 후, 그 위에 150mm 정도의 겹침을 두고 붙인다.

   ⑨ 치켜올림부의 루핑은 각층 루핑의 끝이 같은 위치에 오도록 하여 붙인 후, 방수층의 상단 끝 부분을 누름철물로 고정하여 고무 아스팔트계 실링재로 처리

★★★	1. 방수공사

9-94	개량아스팔트 시트방수공사	
No. 694		유형: 공법 · 기능

공법분류

재료별
Key Point

■ 국가표준
- KCS 41 43 03

■ Lay Out
- 방수층의 종류
- 시공 시 유의사항

■ 핵심 단어
- 현장에서 토치로 가열항 용융시킨 후

■ 연관용어
- 합성고분자 시트방수

[전용 Roller]

[현장 특수제작 3구경 Torch]

[보호재 및 스테인리스 판]

I. 정 의

① sheet 뒷면에 asphalt를 도포하여 현장에서 torch로 가열하여 용융시킨 후, primer 바탕 위에 밀착되게 붙여 방수층을 형성하는 공법
② 공정(시공)이 짧고 대규모 장비와 장치가 필요 없고 접합부의 수밀성과 방수성에 대한 신뢰성이 높으며, asphalt의 냉각이 빨라 후속 공정이 빨라진다.

II. 방수층의 종류

구분	보행용 전면접착 (M-PrF)	노출용 전면접착(M-MiF1))		노출용 단열재 삽입 (M-MiT)
		a	b	
1	프라이머 (0.4kg/m²)	프라이머 (0.4kg/mm²)	프라이머 (0.4kg/mm²)	프라이머 (0.4kg/m²)
2	개량 아스팔트 방수시트 (비노출 복층방수용) 2.5mm 이상	개량 아스팔트 방수시트(노출 단층방수용) 4.0mm 이상	개량 아스팔트 방수시트(비노출 복층방수용) 2.5mm 이상	접착제
3	개량 아스팔트 방수시트 (비노출 복층방수용) 2.5mm 이상	–	개량 아스팔트 방수시트(노출 복층방수용) 3.0mm 이상	단열재
4	–	–	–	점착층 붙은 개량 아스팔트 방수시트 2.0mm 이상
5	–	–	–	개량 아스팔트 방수시트 (노출 복층방수용) 3.0mm 이상
보호 및 마감	현장타설콘크리트, 아스팔트콘크리트, 콘크리트블록, 모르타르, 자갈	마감도료 또는 없음		

III. 시공 시 유의사항

1) 프라이머의 도포
① 바탕을 충분히 청소한 후, 프라이머를 솔, 롤러, 뿜칠기구 및 고무주걱 등으로 균일하게 도포한다.
② Primer의 건조시간(아스팔트 계 24시간 이상, 합성수지계 15분 이상)

[보호재 시공]

[보호 콘크리트 타설]

2) 개량 아스팔트 방수시트 붙이기

① 토치로 개량 아스팔트 시트의 뒷면과 바탕을 균일하게 가열하여 개량 아스팔트를 용융시키고, 눌러서 붙이는 방법을 표준으로 한다.

② 접합부는 개량 아스팔트가 삐져나올 정도로 충분히 가열 및 용융시켜 눌러서 붙인다.

③ 상호 겹침은 길이방향으로 200mm, 너비방향으로는 100mm 이상

④ 물매의 낮은 부위에 위치한 시트가 겹침 시 아래면에 오도록 접합

⑤ ALC패널 및 PC패널의 단변 접합부는 300mm 정도의 덧붙임용 시트로 처리

⑥ 치켜올림의 개량 아스팔트 방수시트의 끝부분은 누름철물을 이용하여 고정하고, 실링재로 실링처리

3) 단열재 붙이기

① 노출용 단열재 삽입(M-MiT) 공법에서의 단열재는 공정 2의 단열재용 접착제를 균일하게 바르면서 빈틈없이 붙이고, 그 위를 점착층 붙은 시트로 붙인다.

② 보행용 전면접착(M-PrF) 공법에서의 단열재는 단열재용 접착제를 이용하여 붙이든지 또는 이미 시공된 개량 아스팔트 방수시트의 표면을 토치로 부분적으로 가열하여 빈틈없이 붙인다.

4) 특수부위의 처리

① 오목모서리와 볼록 모서리 부분은 미리 너비 200mm 정도의 덧붙임용 시트로 처리

② 드레인 주변은 미리 드레인 안지름 정도 크기의 구멍을 뚫은 500mm 각 정도의 덧붙임 용 시트를 드레인의 몸체와 평면부에 걸쳐 붙인다.

③ 파이프 주변은 미리 파이프의 직경보다 400mm 정도 더 큰 정방형의 덧붙임용 시트를 파이프 면에 100mm 정도, 바닥면에 50mm 정도 걸쳐 붙인다.

④ 파이프의 치켜올림부의 개량 아스팔트 방수시트는 소정의 높이까지 붙이고, 상단 끝부분은 내구성이 좋은 금속류 및 플라스틱재로 고정하여 하단부와 함께 실링재로 처리

9-95	합성고분자계 시트방수공사	
No. 695		유형: 공법·기능

공법분류

재료별
Key Point

■ **국가표준**
- KCS 41 43 04

■ **Lay Out**
- 자재
- 방수층의 종류
- 시공 시 유의사항

■ **핵심 단어**
- 합성고무 합성수지

■ **연관용어**
- 개량아스팔트 시트방수

I. 정 의

① 합성고무나 합성수지를 주성분으로 하는 합성고분자 roofing(THK 1.0~2.0mm 정도)을 primer, 접착제(adhesives), 고정 철물 등을 사용하여 바탕면에 밀착되게 붙여 방수층을 형성하는 공법

② 바탕 균열에 대한 신장력·내구성·내후성 등이 우수하고 상온에서 시공이 가능하며 공정(공사)이 간단하고 급경사 지붕에도 적용이 가능하다.

II. 자재

1) 프라이머

- 주성분이 합성고무계 또는 합성수지계의 것으로 이것들을 유기용제(통상적으로 톨루엔 또는 핵산 등을 사용)에 용해시킨 용제형과 물에 분산시킨 에멀션형 또는 톨루엔을 함유하지 않은 비유기용제형 등이 있다.
- 솔이나 롤러, 뿜칠기구 및 고무주걱 등으로 도포함에 있어 지장이 없고, 접착제의 품질을 저하시키지 않는 것으로 방수재 제조자가 지정하는 것을 사용

2) 합성고분자계 방수시트 종류

종류		약칭	주원료
균질시트	가황 고무계	균질 가황고무	부틸고무, 에틸렌프로필렌 고무, 클로로술폰화 폴리에틸렌 등
	비가황 고무계	균질 비가황고무	부틸고무, 에틸렌프로필렌 고무, 클로로술폰화 폴리에틸렌 등
	염화비닐 수지계	균질 염화비닐 수지	염화비닐 수지, 염화비닐 공중합체 등
	열가소성 엘라스토머계	열가소성 엘라스토머	폴리에테르, 폴리에스테르, 폴리부틸렌테레프탈레이트, 폴리아미드 등
	에틸렌 아세트산 비닐수지	균질 에틸렌아세트산 비닐수지	에틸렌아세트산비닐 공중합체 등
복합시트	일반 복합형	가황고무계	일반복합 가황고무	부틸고무, 에틸렌프로필렌고무, 클로로술폰화 폴리에틸렌 등
		비가황 고무계	일반복합 비가황고무	부틸고무, 에틸렌프로필렌고무, 클로로술폰화 폴리에틸렌 등
		염화비닐 수지계	일반복합 염화비닐 수지	염화비닐 수지, 염화비닐 공중합체 등
	보강 복합형	–	보강 복합	염화비닐 수지, 염화비닐 공중합체, 클로로술폰화 폴리에틸렌, 염소화 폴리에틸렌 등

기타재료

- 시트고정철물
- 원판형 또는 플레이트형의 것으로 두께 0.4mm 이상의 강판, 스테인리스 강 또는 이것들의 표면을 수지로 적정하게 가공한 것
- 시트 고정용 앵커와 볼트
- 수지 또는 금속제가 사용되며, 볼트는 스테인리스 강 또는 방청처리된 강제
- 누름고정판
- 알루미늄 또는 스테인리스 강, 플라스틱 재질의 누름 고정판은 적정의 강성과 내구성을 가지며, 방수층 끝부분을 확실하게 고정시킬 수 있는 것
- 성형 보강철물
- 시트와 같은 재질로 하여 귀퉁이나 모서리부 형상에 맞추어 성형 가공한 것으로 방수재 제조자가 지정하는 것
- 절연용 테이프
- 절연용 테이프의 종류는 KS T 1055의 1종에 적합한 것으로, 너비 50mm 정도의 것으로 한다.

3) 비가황고무계 시트
- 귀퉁이나 모서리부 보강에 사용하는 비가황고무계 시트는 부틸고무를 주성분으로 하고 두께 1.0~2.0mm, 너비 200mm 이상의 것으로 방수재 제조자가 지정하는 것으로 한다.

4) 가소제 이행방지용 시트
- 발포 폴리에틸렌, 폴리에스테르 부직포 등, 염화비닐 수지계 시트의 가소제의 이행을 방지하기 위해 사용하는 가소제 이행방지용 시트는 방수재 제조자가 지정하는 것으로 한다.

5) 접착제와 용착제

접착제 — 합성고무계나 합성수지계, 톨루엔 등을 함유하지 않은 비유기용제형과 수성 에멀션 타입 또는 폴리머 시멘트 페이스트계의 것

용착제 — 염화비닐수지계 시트 상호간 또는 시트와 고정철물 상호간을 용착시키는 것

6) 실링용 재료

종류	형상	재료	적용부위
정형 재료	테이프형 실링재	비가황고무를 테이프형으로 성형한 재료 두께: 0.5~3.0mm, 너비: 30 mm~50 mm	방수층 끝부분 및 시트상호 접합부
	선형 실링재	염화비닐 수지계 시트와 동질의 재료로 원형 단면의 선형으로 성형한 재료	염화비닐 수지계 시트의 접합 끝부분
비정형 재료	실링재	부틸 고무계, 폴리우레탄계, 변성 실리콘계, 실리콘계 등이 있다.	방수층의 끝부분
	액상 실링재	염화비닐 수지계 시트와 동질의 재료를 용제에 용해한 재료	염화비닐 수지계 시트의 접합 끝부분

Ⅲ. 방수층의 종류

1) 가황 고무계 시트 방수 · 기계적 고정공법(S-RuM, S-RuTM)

종별 공정	평탄부(물매 1/50~1/20)		치켜 올림부	
	S-RuM (단열재 없음)	S-RuTM (단열재 있음)		
1	가황 고무계 시트, 고정철물 사용 고정	단열재 깔기	프라이머 도포 (0.2kg/m²)	
2	–	가황 고무계 시트, 고정철물 사용 고정	접착제 도포 (0.4kg/m²)	바탕면 (0.2kg/m²)
				시트면 (0.15kg/m²)
3	–	–	가황 고무계 시트 접착	
보호 및 마감	마감도료 도장 (0.25kg/m²)	마감도료 도장 (0.25kg/m²)	마감도료 도장 (0.25kg/m²)	

공법분류

2) 가황 고무계 시트 방수·접착공법(S-RuF, S-RuTF)

공정 \ 종별	평탄부(물매 1/50~1/20)				치켜올림부	
	S-RuF(단열재 없음)		S-RuTF(단열재 있음)			
1	프라이머 도포 (0.2kg/m²)		프라이머 도포 (0.2kg/m²)		프라이머 도포 (0.2kg/m²)	
2	접착제 도포 (0.4kg/m²)	바탕면 (0.25kg/m²)	접착제 도포 (0.4kg/m²)	바탕면 (0.25kg/m²)	접착제 도포 (0.4kg/m²)	바탕면 (0.25kg/m²)
		시트면 (0.15kg/m²)		단열재면 (0.15kg/m²)		시트면 (0.15kg/m²)
3	가황 고무계 시트 접착		치켜올림 모서리, 비가황 고무계 시트 접착		가황 고무계 시트 접착	
4	–		단열재 접착 깔기		–	
5	–		접착제 도포 (0.3kg/m²)	바탕면 (0.15kg/m²)		
				단열재면 (0.15kg/m²)		
6	–		가황 고무계 시트 접착		–	
보호 및 마감	마감도료 도장 (0.25kg/m²)		마감도료 도장 (0.25kg/m²)		마감도료 도장 (0.25kg/m²)	

Ⅳ. 시공 시 유의사항

1) 프라이머의 도포
- 바탕의 상태를 확인한 후 균일하게 도포하며, 범위는 그날의 시트 붙임작업 범위 내

2) 시트 붙이기
① 합성고무계 전면접착(S-RuF) 공법에서는 일반부 시트를 붙이기 전에 바탕의 오목모서리(200mm×200mm) 및 치켜올림부 모서리(200mm) 정도의 비가황고무계 방수시트로 덧붙임

② 합성수지계 전면접착(S-PlF) 및 합성수지계 기계 고정(S-PlM) 공법에서는 일반부 시트를 붙인 후에 오목 및 볼록모서리부에 성형 고정물을 붙인다.

③ 합성고무계 전면접착(S-RuF) 및 합성수지계 전면접착(S-PlF) 공법에서의 ALC패널 단변 접합부에는 접착제를 바르기 전에 너비 50mm 정도의 절연용 테이프를 붙인다.

④ 합성고무계 전면접착(S-RuF) 공법에서 비가황고무계 방수시트를 사용하는 경우의 ALC패널 모서리부는 일반부 시트를 붙이기 전에 너비 120mm정도의 비가황고무계 방수시트로 덧붙임한다.

⑤ 합성고무계 전면접착(S-RuF) 및 합성수지계 전면접착(S-PlF) 공법에서의 방수시트 붙임은 도포한 접착제의 적정 건조시간을 고려하여 붙인 후 고무 롤러 등으로 전압하여 바탕에 밀착시킨다.

⑥ 합성수지계 기계 고정(S-PlM) 공법에서의 염화비닐 수지계 방수시트는 바탕에 시트를 깐 다음, 소정의 위치에 고정 철물을 사용하여 고정하거나 또는 고정철물을 설치한 다음에 염화비닐 수지계 방수시트를 깔아 고정한다.

⑦ 시트의 접합부는 원칙적으로 물매 위쪽의 시트가 물매 아래쪽 시트의 위에 오도록 겹친다.

⑧ 시트 상호간의 접합 너비는 종횡으로 가황고무계 방수시트는 100mm, 비가황고무계 방수시트는 70mm로 하며, 염화비닐 수지계 방수시트는 40mm로 하지만 전열용접인 경우에는 70mm로 한다.

⑨ 치켜올림부와 평면부와의 접합 너비는 가황고무계 방수시트 및 비가황고무계 방수시트의 경우에는 150mm로 하고, 염화비닐 수지계 방수시트는 40mm로 하지만 전열용접인 경우에는 70mm로 한다.

⑩ 방수층의 치켜올림 끝부분은 누름고정판으로 고정한 다음 실링용 재료로 처리한다.

3) 특수부위의 처리

① 미리 너비 300mm 정도의 비가황고무계 방수시트를 드레인의 몸체와 주변 바탕에 걸쳐 붙이고, 그 위에 너비 200mm 정도의 합성고무계 방수시트를 잘라 겹친 후, 일반 평면부의 합성고무계 방수시트를 붙인다.

② 염화비닐 수지계 방수시트는 일반 평면부의 염화비닐 수지계 방수시트를 드레인의 몸체까지 끌어당겨 절단한 다음에 붙이고, 그 위를 덧붙임 하고, 방수층의 끝부분은 실링용 재료를 사용하여 마감

③ 방수시트 붙임 전에 너비 100mm 정도의 비가황고무계 방수시트로 파이프와 평면부 바탕에 덧붙임한 후, 일반 평면부의 합성고무계 방수시트를 파이프 아래 모서리까지 붙이고, 끝부분을 실링용 재료로 마감한다.

④ 300mm×300mm 정도의 비가황고무계 방수시트로 파이프 주변을 둘러싸고 보강한 다음, 합성고무계 방수시트를 파이프 지정 높이에 맞추어 붙이고 시트의 하부를 당겨 평면부에 30mm 정도로 걸쳐 붙인다.

⑤ 염화비닐 수지계 방수시트는 일반 평면부의 시트를 파이프에 20mm 정도 치켜올려 붙인 다음, 그 위에 염화비닐 수지계 방수시트를 파이프 지정 높이에 맞추어 붙이고, 하부를 일반 평면부의 염화비닐 수지계 방수시트에 30mm 정도 걸치도록 붙인 다음 끝부분을 실링용 재료로 마감한다.

4) 보호 및 마감

① 합성고무계 전면접착(S-RuF) 공법에서는 도료마감을 표준으로 한다.

② 마감용 도료로는 클로로술폰화 폴리에틸렌계, 에틸렌 프로필렌 폴리머계, 아크릴 수지계, 에틸렌 아세트산 비닐 공중합체계 등이 있으며, 방수층이 완성된 다음에 솔, 롤러 또는 뿜칠기구 등을 사용하여 균일하게 도포

9-96	자착형(自着形) 시트방수	
No. 696		유형: 공법 · 기능

공법분류

재료별

Key Point

■ 국가표준
- KCS 41 43 05

■ Lay Out
- 자재
- 방수층의 종류
- 시공 시 유의사항

■ 핵심 단어
- What: 방수층의 하부면에
- Why: 방수층 형성
- How: 자착형태의 아스팔트층을 적층

■ 연관용어
- 개량아스팔트 시트방수

기타재료

• 보강용 겔(gel)
보강용 겔(gel)은 고점도의 제품으로서 수밀성 및 접착성을 가지며, 떠붙임이 용이한 도막형(putty type)과 시공이 용이한 막대형(stick type)으로 구분하여 적용한다.

• 보호완충재
보호완충재는 지하 외벽의 방수층 표면에 부착하여 모래 등의 되메우기 재의 충격 및 침하로부터 방수층을 보호할 수 있는 것으로 한다.

• 누름고정판
알루미늄 또는 스테인리스 강, 플라스틱 재질의 누름고정판은 적정의 강성과 내구성을 가지며, 방수층 끝부분을 확실하게 고정

I. 정 의

① 방수시트 하부면에 자착형태의 아스팔트층을 적층하여 접착제, 화기를 사용하지않고 바탕면에 밀착되게 붙여 방수층을 형성하는 공법
② 바탕 균열에 대한 신장력 · 내구성 · 내후성 등이 우수하고 상온에서 시공이 가능하며 고무아스팔트계, 부틸고무계 천연고무계시트를 사용한다.

II. 자재

1) 프라이머
   ① 합성고무나 합성수지(염화비닐, 폴리우레탄계, 에폭시계) 및 합성수지로 개량한 아스팔트를 주원료로 하는 용제계(유성타입) 및 에멀션계 등의 것
   ② 솔, 롤러, 고무주걱 등으로 도포하는데 지장이 없고, 8시간 이내에 건조되는 품질의 것으로 방수재 제조자가 지정하는 것으로 한다.

2) 자착형 방수시트 종류

종류	약칭	주원료
고무 아스팔트계	고무 아스팔트	아스팔트, 스틸렌부타디엔 고무, 유동화제, 폐고무 등
부틸 고무계	부틸 고무	부틸고무, 에틸렌프로필렌 고무, 클로로술폰화 폴리에틸렌 등
천연 고무계	천연 고무	천연고무, 천연 재생고무, 에틸렌프로필렌 고무, 유동화제 등

III. 방수층의 종류

구분	비노출용 (1/100~1/50)	노출용(1/100~1/50)		치켜 올림부, 외벽
		평탄부 (단열재 없음)	평탄부 (단열재 없음)	
1	프라이머 (0.4kg/m^2)	프라이머 (0.4kg/m^2)	프라이머 (0.4kg/m^2)	프라이머 (0.4kg/m^2)
2	고무 아스팔트계 자착형 방수시트: 총 두께 1.4mm 이상 (단, 방수시트의 점· 접착층 두께 1.1mm 이상)	고무 아스팔트계 자착형 방수시트: 총 두께 1.4mm 이상 (단, 방수시트의 점· 접착층 두께 1.1mm 이상)	접착제	고무 아스팔트계 자착형 방수시트: 총 두께 1.4mm 이상 (단, 방수시트의 점· 접착층 두께 1.1mm 이상)

3	–	노출용 개량 아스팔트 시트 (3.0mm 이상)[1]	단열재	–
4	–	–	고무 아스팔트계 자착형 방수시트: 총두께 1.4mm 이 상(단, 방수시트 의 점·접착층 두 께 1.1mm 이상)	–
5	–	–	노출용 개량 아스팔트 시트 (3.0mm 이상)[1]	–
보호 및 마감	PP강화보드, 발포PE시트, 보호몰탈 등	없음	없음	PP복합패널, 발포PE시트 등

주 :1) (현행과 동일)

2) 치켜올림 및 감아내림부는 누름고정판으로 고정하고 실링재로 마감한다. 다만, 실내에서 방수층의 치켜올림 높이가 낮을 경우에는 누름고정판을 제외할 수도 있다.

3) 오목모서리에는 미리 너비 200 mm 정도의 덧붙임용 시트를 붙여준다. 단, 바탕면상태가 좋지 않거나 누수의 우려가 있는 경우 코너부위 안쪽에 보강용 겔(gel)을 이용하여 50mm×50 mm 정도 채워넣고 그 상부에 덧붙임용 시트를 붙인다.

4) (현행과 동일)

5) 드레인 주변에는 500mm 각 정도의 덧붙임용 시트를 붙이고 보강용 겔(gel) 등을 이용하여 밀실하게 보강한다.

6) 파이프 주변에는 덧붙임용 시트를 적절하게 혼합하여 사용하고 보강용 겔(gel)등을 이용하여 밀실하게 보강한다.

7) ALC를 바탕으로 할 경우에는 표면을 미장마감하거나 공정 1의 프라이머를 $0.6 \, kg/m^2$로 한다.

8) 노출용 단열재 삽입 공법의 공정 1의 프라이머, 공정 2의 접착제의 사용량은 접착제의 종류에 따라 달라진다.

9) PC 또는 ALC 패널의 이음줄눈부는 덧붙임용 시트로 양쪽으로 100 mm 정도씩 걸쳐 붙인다.

10) 노출용 단열재 삽입 공법에서의 단열재의 두께는 공사시방서에 의한다.

11) 표 중의 ( ) 안 수치는 사용량을 나타내며, 두께기준은 고무 아스팔트계 재료층(점착층 포함)의 두께를 의미한다.

Ⅳ. 시공 시 유의사항

1) 프라이머
   • 바탕을 충분히 청소한 후 프라이머를 솔 및 고무주걱 등으로 균일하게 도포하여 얼룩이 없도록 침투시킨다.

2) 시트 붙이기
   ① 자착형 방수시트 붙이기는 들뜸 현상이 없도록 잘 밀착시키는 방법을 표준으로 한다.
   ② ALC패널의 단변 접합부 등 큰 움직임이 예상되는 부위(이음부, 연결 조인트부 등)는 미리 너비 300mm 정도의 덧붙임용 시트로 마감한다.

성형 보강철물

• 성형 보강철물은 시트와 같은 재질로 하여 귀퉁이나 모서리부 형상에 맞추어 성형 가공한 것으로 방수재 제조자가 지정하는 것으로 한다.

공법분류

공법분류

③ 치켜올림의 자착형 방수시트의 끝부분은 누름고정판을 이용하여 고정하고, 시트단부는 실링재로 마감한다.

④ 지하외벽 및 수영장 등의 벽면에서의 자착형 방수시트 붙이기는 미리 자착형 방수시트를 시공높이에 맞게 재단하여 시공한다.

⑤ 최상단부 및 높이가 10m를 넘는 벽에서는 10m마다 누름고정판을 이용하여 고정한다.

3) 단열재 붙이기

- 노출용 단열재 삽입 공법에서의 단열재는 공정 2의 단열재용 접착제를 균일하게 바르면서 빈틈없이 붙이고, 그 위를 점착층이 있는 시트로 붙인다.

4) 특수부위의 처리

① 오목모서리와 볼록 모서리 부분은 폭 200mm 정도의 덧붙임용 Sheet를 붙여주거나 보강용 겔(gel)을 이용하여 50×50mm 정도 채워준다.

② 드레인 주변은 미리 드레인 안지름 정도 크기의 구멍을 뚫은 500mm 각 정도의 덧붙임용 시트를 드레인의 몸체와 평면부에 걸쳐 붙여주거나 보강용 겔(gel)을 이용하여 밀실하게 보강한다.

③ 파이프 주변은 미리 덧붙임용 시트를 파이프 면에 100mm 정도, 바닥면에 50mm 정도 걸쳐 붙여주거나 보강용 겔(gel)을 이용하여 밀실하게 보강한다.

④ 미리 파이프의 바깥지름 정도 크기의 구멍을 뚫은 한 변이 파이프의 직경보다 400mm 정도 더 큰 정방형의 덧붙임용 시트를 파이프 주위의 평면부에 붙인 후, 일반 평면부의 자착형 방수시트를 겹쳐 붙인다.

⑤ 파이프의 치켜올림부의 자착형 방수시트는 소정의 높이까지 붙이고, 상단부는 내구성이 좋은 금속류로 고정하여 하단부와 함께 실링재 혹은 보강용 겔(gel)로 마감한다.

5) 보호 및 마감

- 시공 후 5일 내에 되메우기 또는 마감 시공

9-97	점착유연형 시트 방수공사	
No. 697		유형: 공법 · 기능

재료별

Key Point

■ 국가표준
- KCS 41 43 19

■ Lay Out
- 점착형 겔 방수재의종류
- 시공

■ 핵심 단어
- What: 유체 특성을 갖는 겔형 방수재
- Why: 방수층 형성
- How: 적층구조로 형성

■ 연관용어
- 개량아스팔트 시트방수

I. 정 의

유체 특성을 갖는 겔(gel) 형 방수재와 이를 보호하기 위한 경질 혹은 연질형 시트방수재가 상하로 일체되어 적층구조로 형성된 재료로 바수층을 형성하는 공법

II. 점착형 겔(Gel) 방수재의 종류

종류	약칭	주원료
고무 아스팔트계	고무 아스팔트	아스팔트, 스틸렌부타디엔 고무, 유동화제, 폐고무 등
부틸 고무계	부틸 고무	부틸고무, 에틸렌프로필렌 고무, 클로로술폰화 폴리에틸렌 등
천연 고무계	천연 고무	천연고무, 천연 재생고무, 에틸렌프로필렌 고무, 유동화제 등

III. 시공

1) 방수층의 종류-고무 아스팔트계 점착형 복합 방수시트

구분		비노출용(1/100~1/50)	치켜 올림부, 외벽
1		프라이머 공정 없음[1]	
2		고무 아스팔트계 점착형 복합 방수시트: 총 두께 3.0mm 이상 (단, 방수시트의 점착형 겔층 두께 1.0mm 이상)[2]	고무 아스팔트계 점착형 복합 방수시트: 총 두께 3.0mm 이상 (단, 방수시트의 점착형 겔층 두께 1.0mm 이상)[2]
보호 및 마감	벽	PP복합패널, 발포PE시트 등	PP복합패널, 발포PE시트 등
	바닥	PE시트, 현장 타설 콘크리트, 아스팔트 콘크리트, 콘크리트 블록, 모르타르, 자갈 등	

주 : 1) 점착형 겔(gel)의 특성상 제 1공정 프라이머 바르기는 없음. 단, 외벽 등
　　 수직부에서는 부착강도를 높이기 위해 프라이머를 바를 수 있으며, 필요
　　 시에는 담당원과 협의한다.

　　 2) (　　) 안의 두께 수치는 방수성능 확보를 위한 해당 제품의 표준적인 기
　　 준을 의미하고, 관련 전문시방서, 공사시방서, 특기시방서에서 요구하는
　　 수치와 다를 수 있다.

　　 3) 치켜올림 및 감아내림부는 누름고정판으로 고정하고 실링재로 마감한다.
　　 다만, 실내에서 방수층의 치켜올림 높이가 낮을 경우에는 누름고정판을
　　 제외할 수도 있다.

　　 4) 오목모서리에는 미리 너비 200mm 정도의 덧붙임용 시트를 붙여준다. 단,
　　 바탕면상태가 좋지 않거나 누수의 우려가 있는 경우 코너부위 안쪽에 보
　　 강용 겔(gel)을 이용하여 50mm×50mm 정도 채워넣고 그 상부에 덧붙임
　　 용 시트를 붙인다.

공법분류

5) 보행용 전면접착(M-PrF) 공법에서 치켜올림부의 보호 및 마감을 마감도료 또는 하지 않을 경우에는 평면의 공정 3의 점착형 복합 방수시트를 오목모서리 앞에서 바름을 멈추고, 두께 3 mm 이상의 점착형 복합 방수시트를 200mm 걸쳐 붙인 다음에 치켜올림부를 붙인다.

6) 드레인 주변에는 500mm 각 정도의 덧붙임용 시트를 붙이고 보강용 겔(gel) 등을 이용하여 밀실하게 보강한다.

7) 파이프 주변에는 덧붙임용 시트를 적절하게 혼합하여 사용하고 보강용 겔(gel)등을 이용하여 밀실하게 보강한다.

8) PC 또는 ALC 패널의 이음줄눈부는 덧붙임용 시트로 양쪽으로 100mm 정도씩 걸쳐 붙인다.

9) 마감 공정에 사용되는 공법은 방수 제조사의 지정에 따른다.

2) 점착형 복합 방수시트 붙이기

① 점착형 복합 방수시트 붙이기는 들뜸 현상이 없도록 잘 밀착시키는 방법을 표준으로 한다.

② 이어치기부, 연결 조인트부, PC부재 또는 ALC패널의 단변 접합부 등 큰 움직임이 예상되는 부위는 미리 너비 300mm 정도의 덧붙임용 시트를 붙여 마감한다.

③ 치켜올림의 점착형 복합 방수시트의 끝부분은 누름고정판을 이용하여 고정하고, 시트단부는 실링재로 마감한다.

④ 지하외벽 및 수영장 등의 벽면에서의 점착형 복합 방수시트 붙이기는 미리 점착형 복합 방수시트를 시공높이에 맞게 재단하여 시공한다.

3) 특수부위의 처리

① 오목모서리와 볼록 모서리 부분은 폭 200mm 정도의 덧붙임용 Sheet를 붙여주거나 보강용 겔(gel)을 이용하여 50×50mm 정도 채워준다.

② 드레인 주변은 미리 드레인 안지름 정도 크기의 구멍을 뚫은 500 mm 각 정도의 덧붙임용 시트를 드레인의 몸체와 평면부에 걸쳐 붙여주거나 보강용 겔(gel)을 이용하여 밀실하게 보강한다.

③ 파이프 주변은 미리 덧붙임용 시트를 파이프 면에 100 mm 정도, 바닥면에 50 mm 정도 걸쳐 붙여주거나 보강용 겔(gel)을 이용하여 밀실하게 보강한다.

④ 미리 파이프의 바깥지름 정도 크기의 구멍을 뚫은 한 변이 파이프의 직경보다 400 mm 정도 더 큰 정방형의 덧붙임용 시트를 파이프 주위의 평면부에 붙인 후, 일반 평면부의 자착형 방수시트를 겹쳐 붙인다.

⑤ 파이프의 치켜올림부의 자착형 방수시트는 소정의 높이까지 붙이고, 상단부는 내구성이 좋은 금속류로 고정하여 하단부와 함께 실링재 혹은 보강용 겔(gel)로 마감한다.

4) 보호 및 마감

• 시공 후 5일 내에 되메우기 또는 마감 시공

9-98	도막방수	
No. 698		유형: 공법 · 기능

공법분류

재료별
Key Point

☑ **국가표준**
- KCS 41 40 06

☑ **Lay Out**
- 자재
- 시공 시 유의사항

☑ **핵심 단어**
- 액상형 재료를 소정의 두께가 될 때까지 도포

☑ **연관용어**
- 우레탄 도막방수
- 폴리우레아방수
- 수용성 아스팔트방수

I. 정 의

방수용으로 제조된 우레탄고무, 아크릴고무, 고무아스팔트 등의 액상형 재료를 소정의 두께가 될 때까지 바탕면에 여러 번 도포하여, 이름매가 없는 연속적인 방수층을 형성하는 공법

II. 시공방법

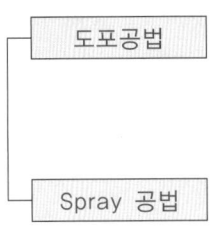

도포공법	• 방수바탕에 Urethane고무계, Acrylic고무계, 고 무 Asphalt계 등의 방수재를 주걱, 솔, Roller를 사용하여 도포한 후 규정 두께(보통 건조 후 도막두께 (2~3mm)기준으로 방수층 형성
Spray 공법	• 방수바탕에 Urethane고무계, Acrylic 고무계, 초 속경 Polyurea 수지계 등의 방수재를 뿜칠기로 분사하여 규정두께(보통 건조 후 두막두께(2~3mm)를 기준으로 방수층을 형성

III. 자재

1) 프라이머
- 건조시간 5시간 이내, 가열잔분 30% 이상

2) 지붕방수용 도막재

종류	경화도막의 대표 화학식	구 분 정 의
우레탄 고무계	R–NH–CO OR′	• 주로 R–NCO(이소시아네이트)를 기(주)재로 하고, 폴리올 및 알코올(R′–OH)과금속화합물(Sn, Cu, Pb, Zn, Co, Ni 등)과 같은 촉매활성 소재가 혼입된 경화재를 혼합하여 고무탄성을 가지도록 하는 2액 경화형 우레탄과, R–NCO(이소시아네이트)와 활성수소화합물과의 중부가반응에 의해 고무탄성을 가지도록 하는 1액형(수계) 우레탄(강제유화형, 자기유화형, 수용성화형) 등이 여기에 포함 된다.
우레탄 · 우레아 고무계	R–NH–CO ONHR′	• 우레탄 고무계와 같이 주로 R–NCO(이소시아네이트)를 기(주)재로 하고, 폴리올, 및 알코올(R′–OH), 금속화합물(Sn, Cu, Pb, Zn, Co, Ni 등)과 같은 촉매활성이 있는 소재 외에 아민(NH_2)을 더 첨가하여 빠른 반응성을 유도하여 고무탄성을 가지도록 하는 2액 경화형 우레탄이 여기에 포함된다.
우레아 수지계	R–NH–CO NHR′	• 우레탄 고무계와 같이 주로 R–NCO(이소시아네이트)를 기(주)재로 하고, 촉매활성이 뛰어난 아민(NH_2)만으로 빠른 반응성을 유도하여 견고한 수지(요소 또는 우레아) 피막을 만드는 2액 경화형 우레아수지가 여기에 포함된다.

공법분류

3) 우레탄-우레아수지계 방수재의 품질

구분			우레탄-우레아 고무계
	인장강도(N/mm²)		10.0 이상
	파단시의 신장률(%)		400 이상
인장성능	항장적(N/mm)		700 이상
인열성능	인열강도(N/mm)		30.0 이상
온도 의존성능	인장 강도비 (%)	시험 시 온도 −20℃	100 이상 300 이하
		시험 시 온도 60℃	60 이상
	파단시 물림부 사이의 신장률(%)	시험 시 온도 −20℃	200 이상
		시험 시 온도 20℃	250 이상
		시험 시 온도 60℃	200 이상
가열 신축 성상	신축률(%)		−1 이상 1 이하
열화 처리후의 인장 성능	인장 강도비 (%)	가열처리	80 이상 200 이하 이상
		촉진 노출처리	80 이상 150 이하 이상
		알칼리처리	80 이상 150 이하 이상
		산처리	80 이상 150 이하 이상
	파단시 신장률 (%)	가열처리	350 이상
		촉진 노출처리	350 이상
		알칼리처리	350 이상
		산처리	350 이상
신장시의 열화 성상		가열처리	어느 시험편에도 갈라진 잔금 및 뚜렷한 변형이 없을 것
		촉진 노출처리	어느 시험편에도 갈라진 잔금 및 뚜렷한 변형이 없을 것
		오존처리	어느 시험편에도 갈라진 잔금 및 뚜렷한 변형이 없을 것
부착성능	무처리 (N/mm²)	부착강도	1.5 이상
	냉온반복 처리 후	겉모양	어느 시험편에도 갈라진 잔금 및 뚜렷한 변형이 없을 것
내피로 성능			어느 시험편에도 도막의 구멍 뚫림, 찢김, 파단 및 주름이 없을 것
도포 작업성			콘크리드 구조체 방수를 위한 분사도포작업에 시장이 없을 것
겉모양			주름, 처짐, 균열, 패임(핀홀), 경화불량, 뭉침 등이 없을 것
고형분(%)			표시치 ±3
경화물 밀도			표시치 ±0.1

공법분류

4) 보강포의 품질기준

① 보강포에는 유리섬유 장섬유를 평짜기한 직포와 폴리프로필렌, 나일론, 폴리에스테르 등의 합성섬유를 압착시켜 짠 부직포가 있다.

② 보강포의 삽입효과는 바탕에 균열이 생겼을 경우 방수층의 동시 파단 또는 크리프 파단의 위험을 경감한다.

③ 균일한 도막두께의 확보 및 치켜 올림부, 경사부에서의 방수재의 흘러내림을 방지

종 류	인장강도[1)] [N/mm(kgf/mm)]		신도(신장률)[1)] (%)		가열치수변화[2)] (%)		참 고 치	
	종	횡	종	횡	종	횡	두께[3)] (mm)	무게[4)] (g/m^2)
유리 섬유 직포	5.8 (0.6) 이상	5.8(0.6) 이상	2 이상	2 이상	+0.1, −0.1	+0.1, −0.1	0.15 이상	35 이상
합성 섬유 직포	3.8 (0.4) 이상	3.8(0.4) 이상	10 이상	10 이상	+0.1, −0.1	+0.1, −0.1	0.15 이상	40 이상
합성 섬유 부직포	1.0 (0.1) 이상	1.0(0.1) 이상	30 이상	30 이상	+0.1, −0.1	+0.1, −0.1	0.33 이상	55 이상

주: 1) KS K 0520

2) 가열조건(KS F 3211) ; 우레탄 고무계 1류, 아크릴 고무계 및 클로로프렌 고무계 적용의 경우에는 $80\pm2℃\times168\,hrs$, 고무 아스팔트계는 $70\pm2℃\times168\,hrs$로 한다.

3) KS K ISO 5084

4) KS K 0514

시공순서(평탄부위 도포)

1	프라이머(0.3kg/m^2)
2	우레탄 고무계 방수재 (0.8kg/m^2)
3	보강포
4	우레탄 고무계 방수재 (1.0kg/m^2)
5	우레탄 고무계 방수재 (1.2kg/m^2)
보호 및 마감	현장타설 콘크리트, 콘크리트 블록, 시멘트 모르타르, 마감도료 도장

Ⅳ. 시공 시 유의사항

1) 프라이머

① 프라이머는 솔, 롤러, 고무주걱 또는 뿜칠 기구 등을 사용하여 균일하게 도포하여야 한다.

② 계절 및 종류에 따라 건조시간이 변할 수 있으므로 방수재 제조자의 지정에 따른 건조 상태를 확인

2) 접합부, 이음타설부 및 조인트부의 처리

① 접합부를 절연용 테이프로 붙이고, 그 위를 두께 2mm 이상, 폭 100mm 이상으로 방수재를 덧도포한다.

② 접합부를 두께 1mm 이상, 폭 100mm 정도의 가황고무 또는 비가황고무 테이프로 붙인다.

③ 접합부를 폭 100mm 이상의 합성섬유 부직포 등 보강포로 덮고, 그 위를 두께 2mm 이상, 폭 100mm 이상으로 방수재를 덧도포한다.

공법분류

두께 측정

- 도막방수층의 설계두께는 건조막 두께를 기준으로 관리
- 건조막 두께는 희석제의 사용량, 바탕 표면의 요철면, 굴곡면, 경사도, 누름 보호층의 유·무, 도포 당시의 기후 조건 등에 따라 다르게 측정될 수 있다.
- 두께 관리가 필요할 때에는 방수재 도포 직후 습윤막 상태의 도막 두께와 방수재가 경화한 건조막 상태의 도막 두께를 측정하는 방법이 사용된다.

[Wet Gage]

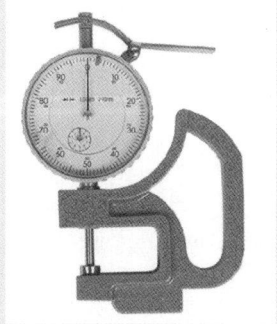

[Dial Gag]

④ 접합부를 폭 100mm 이상의 합성섬유 부직포 등 보강포로 덮고, 그 위를 두께 2mm 이상, 폭 100mm 이상으로 방수재를 덧도포한다.

3) 보강포 붙이기

① 보강포 붙이기는 치켜올림 부위, 오목모서리, 볼록 모서리, 드레인 주변 및 돌출부 주위에서부터 시작한다.

② 보강포는 바탕 형상에 맞추어 주름이나 구김살이 생기지 않도록 방수재 또는 접착제로 붙인다.

③ 보강포의 겹침 폭은 50mm 정도로 한다.

4) 통기완충 시트 깔기

① 통기완충 시트의 이음매를 맞댄이음으로 하고, 맞댄 부분 위를 너비 50mm 이상의 접착제가 붙은 폴리에스테르 부직포 또는 직포의 테이프로 붙여 연속되게 한다.

② 구멍 뚫린 통기완충 시트를 약 30mm의 너비로 겹치고, 점성이 있는 접착제나 우레탄 방수재 등을 사용하여 붙인다.

5) 방수재의 도포

① 도포순서: 치켜올림 부위를 도포한 다음, 평면 부위의 순서로 도포한다.

② 보강포 위에 도포: 침투하지 않은 부분이 생기지 않도록 주의하면서 도포한다.

③ 겹쳐바르기: 앞 공정에서의 겹쳐 바르기 위치와 동일한 위치에서 하지 않는다.

④ 도포방향: 앞 공정에서의 도포방향과 직교하여 실시하며, 겹쳐 바르기 또는 이어 바르기의 폭은 100mm 내외로 한다.

⑤ 스프레이 시공: 분사각도는 항상 바탕면과 수직이 되도록 하고, 바탕면과 300mm 이상 간격을 유지

⑥ 외벽에 대한 스프레이 시공: 아래에서부터 위의 순서로 실시

9-99	폴리우레아방수공사	
No. 699		유형: 공법 · 기능

공법분류

재료별

Key Point

■ 국가표준
- KCS 41 40 06

■ Lay Out
- 특징
- 시공순서
- 시공 시 유의사항

■ 핵심 단어
- 폴리우레아수지 도막방수재 도포

■ 연관용어
- 우레탄 도막방수
- 수용성 아스팔트방수

I. 정 의

① 주제인 이소시아네이트 프리폴리머와 경화제인 폴리아민으로 구성된 폴리우레아수지 도막방수재를 바탕면에 여러 번 도포하여 소정의 두께를 확보하고 이음매가 없는 방수층을 형성하는 공법

② 촉매활성이 뛰어난 아민의 사용으로, 견고한 피막을 매우 빨리 만들 수 있어 공사가 빠르다.

II. 특징

① 우레탄도막 방수에 비해 경화시간이 매우 빨라 신속한 보수, 시공 용이
- 우레탄: 5시간
- 폴리우레아: 30초
② 인장강도, 내충격성, 신장률, 내약품성 등의 우수한 물성
③ 우레탄도막 방수 대비 공사비 2~3배로 고가

III. 시공순서

바타면처리 → 프라이머 도포 → 폴리우레아 도포 → 마감도료(top coat) 도장

IV. 시공 시 유의사항

구 분	내 용
기상조건	• 5℃ 이상 • 시공시간: 하절기 고온다습한 오전을 피하고 가능한 오후 3시 이후 시공
바탕면처리	• 콘크리트 양생 20℃를 3주 이상 유지 • 표면함수율 10% 이하
Primer	• 계절 및 종류에 따라 건조시간이 변할 수 있으므로 방수재 제조자의 지정에 따른 건조 상태를 확인
폴리우레아 도포	• 표면온도 3℃ 이상 • 상대습도 80% 이하 • 전용 고압스프레이 시공(3상 전력 필요)
Too coat	• 폴리우레아 양생 이후 탑코팅 실시(24시간 소요) • 제조사 배합비 준수

★★★   1. 방수공사   77.91

9-100	시트 및 도막 복합 방수공사	
No. 700		유형: 공법·기능

공법분류

재료별
Key Point

■ 국가표준
– KCS 41 40 06

■ Lay Out
– 방수층의 종류
– 시공 시 유의사항

■ 핵심 단어
– 시트계 방수재와 도막계
  방수재를 적층복합하여

■ 연관용어
– 도막방수
– 시트방수

I. 정 의

① 방수를 필요로 하는 부위에 시트계 방수재와 도막계 방수재를 적층 복합하여 방수층을 형성하는 공법
② 시트계 재료의 겹침부 수밀 안전성, 도막계 재료의 시공성 개선(두께 확보, 들뜸 방지 등), 방수층의 균열 거동 대응성을 높이기 위한 목적으로 시트재와 도막재를 적층하여 사용하는 방수공사

II. 방수층의 종류

1) 우레탄 도막 방수재와 시트재 적층 복합 전면접착 방수공법(L-CoF)

구 분	평탄부위, 물매(1/100~1/50)		치켜 올림부위, 외벽	
	도포공법	스프레이 공법	도포공법	스프레이 공법
1층	프라이머 (0.3kg/m²)	프라이머 (0.3kg/m²)	프라이머 (0.3kg/m²)	프라이머 (0.3kg/m²)
2층	보강포	연질(또는 경질) 우레탄 도막 방수재[1,2]	보강포	연질(또는 경질) 우레탄 도막 방수재[1,2]
3층	연질(또는 경질) 우레탄 도막 방수재[1,2]	경질(또는 연질) 시트 방수재 (1.0mm 이상)	연질(또는 경질) 우레탄 도막 방수재[1,2]	경질(또는 연질) 시트 방수재 (1.0mm 이상)
4층	경질(또는 연질) 시트 방수재 (1.0mm 이상)	–	경질(또는 연질) 시트 방수재 (1.0mm 이상)	–
보호 및 마감	노출공법: 마감도료(top coat) 도장 보호누름 공법: 공사시방서			

주 : 1) 방수 바탕의 용도에 따라 경도값이 서로 다른 도막방수재를 사용한다. 연질은 경도값이 shore A 60~80의 것을, 경질은 경도값이 shore D 60~80로 한다.
2) 2층, 3층에 사용하는 우레탄 도막방수재의 사용량은 표준 조건에 따라 사용한다.

2) 점착유연형 도막재와 시트방수재의 전면접착 복합방수공법(L,M-CoF)

구 분	평탄부위, 물매(1/100~1/50)	치켜 올림부위, 외벽(L-UrF)
1층	비고(경)화 점착 유연형 도막 방수재[1]	비고(경)화 점착 유연형 도막 방수재[1]
2층	개량 아스팔트 방수시트 등[2] (2.0mm 이상)	개량 아스펄드 빙수시트 등[2] (2.0mm 이상)
보호 및 마감	보호용 누름 콘크리트 등	보호용 패널, 시트 등

주 : 1) 비고(경)화 점착유연형 도막방수재는 점도 2,000,000mPa·s 이상의 것을 사용하여야 하며, 인화점 300℃, 발화점 400℃ 이하에서 인화 및 발화되지 않아야 한다. 사용량은 2.0kg/m² 이상으로 한다.
2) 2층 시트방수재는 설계 조건에 따라 개량 아스팔트 방수시트, 합성 고분자계 방수시트, 금속계 시트 등을 사용할 수 있다.

공법분류

3) 시트방수재와 도막방수재의 적층 복합방수공법(M-CoMi)

구 분	평탄부위, 물매(1/100~1/50)		치켜 올림부위, 외벽	
	통기노출 (M-CoMiM)	스프레이 공법	도포공법	스프레이 공법
1층	시트방수재[1] (복합 방수용) 1.0mm 이상 (기계 고정, 절연 시공 등)	프라이머 (0.3kg/m²)	시트방수재[1] (복합 방수용) 1.0mm 이상 (기계 고정, 절연 시공 등)	프라이머 (0.3kg/m²)
2층	도막방수재[2] (전체 면적 도포용)	시트방수재[1] (복합 방수용) 1.0mm 이상 (기계 고정, 절연 시공 등)	도막방수재[2] (전체 면적 도포용)	시트방수재[1] (복합 방수용) 1.0mm 이상 (기계 고정, 절연 시공 등)
3층		도막방수재[2] (전체 면적 도포용)		도막방수재[2] (전체 면적 도포용)
보호 및 마감	설계도서에 따름			

주 : 1) 1층, 2층의 시트방수재는 설계의 조건에 따라 개량아스팔트(2.0mm 이상), 합성고분자계 시트, 금속계 시트 등을 사용할 수 있다.
  2) 2층 및 3층에 사용하는 도막방수재는 KCS 41 40 06을 참조하여 적용한다.

Ⅲ. 시공 시 유의사항

1) 프라이머
- 바탕의 결함부를 보수하고, 바탕을 충분히 청소한 후 솔, 롤러, 뿜칠기구 등으로 균일하게 도포한다.
  (점착유연형 도막재의 경우 미시공)

2) 도막방수재의도포
  ① 방수 바탕의 용도에 따라 경도값이 서로 다른 도막방수재를 사용한다.
  ② 방수재의 점도를 조절할 필요가 있을 경우 희석제의 사용량은 방수재에 대하여 5% 이내

3) 보호마감 설치
- 방수층의 발생한 결함을 점검 및 보수하고, 청소한 다음 도막방수층의 건조 상태를 확인 후 시공

9-101	시멘트모르타르계 방수/폴리머시멘트모르타르계 방수	
No. 701		유형: 공법·기능

공법분류

재료별

Key Point

☑ 국가표준
- KCS 41 40 06

☑ Lay Out
- 자재
- 시공

☑ 핵심 단어
- 시멘트를 주원료고 무기
  질, 유기질 재료 혼합

☑ 연관용어

I. 정 의

① 시멘트를 주원료로 규산칼슘, 규산질미분말, 등의 무기질계 재료 또는 지방산염, Paraffin Emulsion 등의 유기질계 재료를 물과 함께 혼합하여 방수층을 형성하는 공법
② 건축물의 옥상, 실내 및 지하의 RC 표면에 시멘트 액체 방수층, 폴리머 시멘트 모르타르 방수층 또는 시멘트 혼입 폴리머계 방수층 (이하 방수층이라 함.)을 시공할 경우에 적용

II. 자재

1. 시멘트 액체방수공사용 자재 및 방수층의 품질기준

1) 모래의 표준입도

체의 호칭치수(mm) 종류	체를 통과하는 것의 질량 백분율(%)					
	5	2.5	1.2	0.6	0.3	0.15
페이스트용			100	45~90	20~60	5~15
모르타르용	100	80~100	50~90	25~65	10~35	2~10

주 : 1) 0.15 mm 이하의 입자가 표 중의 값보다 작은 것은, 이 입자 대신에 포졸란이나 기타 무기질 분말을 적량 혼입하여 사용하여도 된다.

2) 시멘트 액체 방수제의 화학조성 분류

종류		주성분
무기질계		염화칼슘계, 규산소다계, 실리케이트계
유기질계	지방산계	지방산계, 파라핀계
	폴리머계	합성고무 라텍스계, 에틸렌비닐아세테이트 에멀션계, 아크릴 에멀션계

3) 시멘트 액체 방수공사를 위한 보조재료

종류	용도
지수제	바탕 결함부로부터의 누수를 막기 위하여 사용한다. 시멘트에 혼화하는 액체형, 물과 혼련하는 분체형 및 가수분해하는 폴리머 등이 있다.
접착제	바탕과의 접착효과 및 물적 시기 효과를 증진시키기 위하여 사용하며, 고형분 15 % 이상의 재유화형 에멀션으로 한다.
방동제	한랭시의 시공 시, 방수층의 동해를 방지할 목적으로 사용한다.
보수제	보수성의 향상과 작업성의 향상을 목적으로 사용한다.
경화촉진제	공기단축을 위하여 경화를 촉진시킬 목적으로 사용한다.
실링재	바탕 균열부의 충전 및 접합철물 주위를 실링할 목적으로 사용. KS F 4910 및 KS F 3211에 모두 충족하는 제품을 사용한다.

공법분류

2. 폴리머 시멘트 모르타르 방수공사용 자재 및 방수층의 품질기준

1) 모래의 표준입도

종류 \ 체의 호칭치수(mm)	체를 통과하는 것의 질량 백분율(%)					
	5	2.5	1.2	0.6	0.3	0.15
초벌 바름용			100	45~90	20~60	5~15
재벌 바름용	100	80~100	50~90	25~65	10~35	2~10
정벌 바름용			70~90	35~80	15~45	2~10

주 : 1) 0.15mm 이하의 입자가 표 중의 값보다 작은 것은 이 입자 대신에 포졸란
이나 기타 무기질 분말을 적량 혼입하여 사용하여도 된다.

2) 폴리머 분산제

- 품질규정에 적합한 것으로서 품질의 변화가 없도록 저장하고 유효기
간 내에 사용

III. 시공

1. 방수층의 종류와 적용

공정 \ 종류	시멘트 액체방수층		폴리머 시멘트 모르타르방수층		시멘트 혼입 폴리머계 방수층
	바닥용	벽/천장용	1종	2종	
1층	바탕면 정리/물청소	바탕면 정리/물청소	PCM	PCM	프라이머 (0.3kg/m^2)
2층	P	바탕 접착재 도포	PCM	PCM	방수재(0.7kg/m^2)
3층	L	P	PCM	−	방수재(1.0kg/m^2)
4층	P	M	−	−	보강포
5층	M	−	−	−	방수재 (1.0kg/m^2)
6층	−	−	−	−	방수재(0.7kg/m^2)
적용부위 실내	○	○	○	○	○
적용부위 지하 내면	△	△	○	△	○
적용부위 지하 외면	×	×	×	×	○
적용부위 수조[1) 내면	×	×	×	×	×
적용부위 수조 외면	×	×	×	×	△
적용부위 옥상[2)	×	×	△	×	△

주 : 1) ○ 적용 가능, △ 적용 가능하나 사용 환경(수압, 태양열, 진동, 대기 온
도 등)에 따라 주의를 요함, × 적용 불가 특히 음료용 수조 내부에서의
사용은 피한다.
2) 차양 또는 옥상의 배수 홈 등의 소면적 부위 사용
3) 지하벽체 외면에 적용할 경우에는 다음의 공정에 의하여 실시한다.

공정	1층	2층	3층
종류	방수재(1.0kg/m^2)	방수재(1.0kg/m^2)	방수재(1.0kg/m^2)

2. 시멘트 액체 방수공사

1) 방수제의 배합 및 비빔

① 방수제는 방수제 제조자가 지정하는 비율로 혼입하고, 모르타르 믹서를 사용하여 충분히 비빈다.

② 방수 시멘트 페이스트의 경우에는 시멘트를 먼저 2분 이상 건비빔한 다음에 소정의 물로 희석시킨 방수제를 혼입하여 균질하게 될 때까지 5분 이상 비빈다.

③ 방수 모르타르의 경우에는 모래, 시멘트의 순으로 믹서에 투입하고 2분 이상 건비빔한 다음에 소정의 물로 희석시킨 방수제를 혼입하여 균질하게 될 때까지 5분 이상 비빈다.

④ 방수시멘트 모르타르의 비빔 후 사용 가능한 시간은 20℃에서 45분 정도가 적정

2) 방수층 바름

① 바탕의 상태는 평탄하고, 휨, 단차, 들뜸, Laitance, 취약부 및 현저한 돌기물 등의 결함이 없는 것을 표준

② 방수층 시공 전에 다음과 같은 부위는 실링재 또는 폴리머 시멘트 모르타르 등으로 바탕처리를 한다.(곰보, 콜드 조인트, 이음 타설부, 균열, 콘크리트를 관통하는 거푸집 고정재에 의한 구멍, 볼트, 철골, 배관 주위, 콘크리트 표면의 취약부)

③ 바탕이 건조할 경우에는 시멘트 액체방수층 내부의 수분이 과도하게 흡수되지 않도록 바탕을 물로 적신다.

④ 방수층은 흙손 및 뿜칠기 등을 사용하여 소정의 두께(부착강도 측정이 가능하도록 최소 4mm 두께 이상을 표준으로 한다)가 될 때까지 균일하게 바른다.

⑤ 치켜올림 부위에는 미리 방수 시멘트 페이스트를 바르고, 그 위를 100mm 이상의 겹침폭을 두고 평면부와 치켜올림부를 바른다.

⑥ 각 공정의 이어 바르기의 겹침폭은 100mm 정도로 하여 소정의 두께로 조정하고, 끝부분은 솔로 바탕과 잘 밀착시킨다.

⑦ 각 공정의 이어 바르기 또는 다음 공정이 미장공사일 경우에는 솔 또는 빗자루로 표면을 거칠게 마감한다.

3. Polymer 시멘트 모르타르 시공

1) 방수제의 배합 및 비빔

장소	1층(초벌바름)			2층(재벌/정벌바름)			3층(정벌바름)		
	배합		도막두께	배합		도막두께	배합		도막두께
	시멘트	모래	(mm)	시멘트	모래	(mm)	시멘트	모래	(mm)
수직부위	1	0~1	1~3	1	2~2.5	7~9	–	–	–
	1	0~0.5	1~3	1	2~2.5	7~9	1	2~3	10
수평부위	1	0~1	1~3	1	2~2.5	7~9	–	–	–

① 폴리머 분산제의 혼입비율은 10% 이상, 물시멘트비 30~60%

② 폴리머 시멘트 모르타르의 비빔 및 사용 가능 시간

- 배처 믹서에 의한 기계비빔
- 비빔 전에 소정량의 폴리머 분산제와 물을 혼합
- 모래, 시멘트, 필요에 따라 혼화재료의 순으로 믹서에 투입하고, 전체가 균질하게 되도록 건비빔
- 건비빔한 혼합체에 소정량의 물로 희석한 폴리머 분산제를 첨가하여 폴리머 시멘트 모르타르의 색상이 균등하게 될 때까지 비빈다.
- 폴리머 시멘트 모르타르는 비빔 후, 20℃의 경우에 45분 이내 사용

2) 방수층 바름

① 바탕의 상태는 평탄하고, 휨, 단차, 들뜸, Laitance, 취약부 및 현저한 돌기물 등의 결함이 없는 것

② 방수층 시공 전에 다음과 같은 부위는 실링재 또는 폴리머 시멘트 모르타르 등으로 바탕처리를 한다.(곰보, 콜드 조인트, 이음 타설부, 균열, 콘크리트를 관통하는 거푸집 고정재에 의한 구멍, 볼트, 철골, 배관 주위, 콘크리트 표면의 취약부)

③ 표면의 취약층, 먼지, 기름기 및 거푸집 박리제 등과 같은 방수층의 접착을 저해하는 것은 미리 제거

④ 바탕이 건조할 경우에는 폴리머 시멘트 모르타르의 수분이 과도하게 흡수되지 않도록 바탕을 물로 적신다.

⑤ 방수층은 흙손 및 뿜칠기 등을 사용하여 소정의 두께가 될 때까지 균일하게 바른다.

⑥ 각 층의 이어 바르기 겹침은 100mm 정도로 하여 소정의 두께로 조정하고, 끝 부분은 솔로 바탕과 잘 밀착

⑦ 솔 또는 빗자루로 표면을 거칠게 한 다음에 이어바르기

4. 시멘트 혼입 Polymer계 방수공사

1) 방수제의 배합 및 비빔

① 에멀션 용액 중에 수경성 무기분체를 조금씩 넣어가면서 핸드믹서로 3~5분 정도 균질하게 될 때까지 비빈다.

② 방수제는 방수재 제조자가 정하는 시간 내에 사용하며, 응결된 것은 사용금지

2) 방수층 바름

① 바탕이 건조할 경우에는 수화응고형 방수재의 수분이 과도하게 흡수되지 않도록 바탕을 물로 적신다.

② 프라이머는 솔, 롤러 또는 뿜칠기로 규정량을 균일하게 도포하고, 흡수가 현저할 경우에는 추가 도포하여 조정한다.

③ 방수제는 흙손을 사용하여 핀홀의 발생 등에 주의하면서 규정량을 균일하게 바른다.

④ 각 층의 시공간격은 온도 20℃에서 5~6시간을 표준

⑤ 보강재는 1층 째의 방수층 시공이 끝난 직후 삽입

무기질 탄성도막방수

- KS F 4919
- 시멘트 혼입 폴리머계 방수재는 불투수성이 폴리머 도막층을 형성하여 방수효과가 우수
- 시멘트 액체방수와는 달리 탄성을 가진 유기질의 고분자 성분을 포함하고 있기 때문에 건조수축 등의 영향을 크게받지 않으며, 자체 강도가 높다.

☆★★   1. 방수공사

9-102	규산질계 도포방수공사	
No. 702		유형: 공법 · 기능

재료별
Key Point

■ 국가표준
- KCS 41 40 09

■ Lay Out
- 방수층 형성원리
- 표준 배합비
- 시공

■ 핵심 단어
- 규산질계 도포방수재 도포
- 콘크리트공극에 침투

■ 연관용어

성분

• 무기질계
시멘트와 화학적 수화작용으로 독특한 수화물 형성
• 유기질계
아크릴이나 실리콘 수지를 주성분으로 콘크리트 내부에 모세관 조직에 침투하여 Gel층의 방수막 형성
• 혼합형
직접 도포하여 콘크리트 표면에 발수성을 갖는 방수막 형성

I. 정 의

① 습윤환경 조건하의 콘크리트 구조물에 규산질계 분말형 도포방수재를 도포하여, 콘크리트의 공극에 침투시켜 방수층을 형성하는 공법
② 현장에서 통용어로 '침투성 방수 or 구체방수'를 말한다.

II. 방수층 형성원리

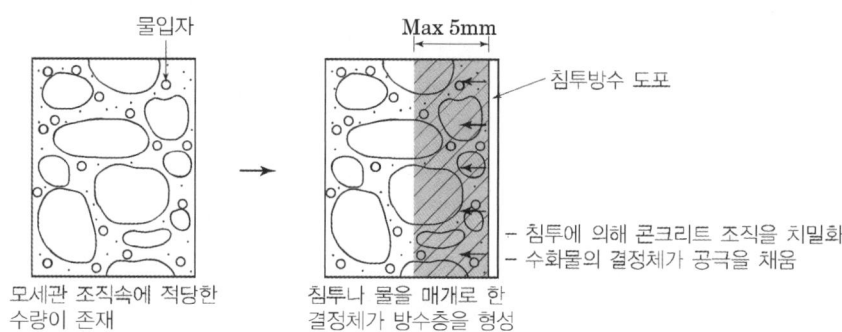

물입자

Max 5mm

침투방수 도포

- 침투에 의해 콘크리트 조직을 치밀화
- 수화물의 결정체가 공극을 채움

모세관 조직속에 적당한 수량이 존재

침투나 물을 매개로 한 결정체가 방수층을 형성

III. 규산질계 도포방수재의 표준 배합비

배합재료	무기질계 분체+물	무기질계분체+폴리머분산제 + 물
무기질계 분체	100 ℓ	100 ℓ
물	25~35 ℓ	20~30 ℓ
에멀션 또는 라텍스	–	5~10 ℓ

IV. 시공

1) 방수층의 종류

공정 \ 종별	무기질계 분체+물	무기질계분체+폴리머분산제 + 물
1	바탕처리	바탕처리
2	방수재(0.6kg/m²)	방수재(0.7kg/m²)
3	방수재(0.8kg/m²)	방수재(0.8kg/m²)

주 : 1) 무기질계 분체는 포틀랜드 시멘트＋잔골재＋규산질미분말을 혼합하여 미리 분체로 조정된 것을 말한다.

1) 방수바탕

① 실내의 바닥 등은 1/100~1/50의 물매로 되어 있도록 한다.
② 바탕 형상
   • 평면부 바탕의 콘크리트 표면은 쇠흙손 등으로 평활하게 마무리

- 치켜올림부의 콘크리트는 제물마감
- 거푸집 고정재의 사용 또는 콘크리트 타설 중에 생긴 표면의 구멍은 폴리머 시멘트 모르타르 등을 충전
- 치켜올림부는 방수층 끝부분의 처리가 충분하게 되는 형상, 높이로 한다.
- 오목모서리는 직각으로 면처리하고, 볼록모서리는 각이 없는 완만한 면처리

③ 방수시공 직전의 바탕표준 상태
- 평탄하고, 휨, 단차, 들뜸, 레이턴스, 취약부 및 현저한 돌기물 등의 결함이 없을 것
- 곰보, 균열부분이 없을 것
- 바닥면에는 물고임이 없을 것
- 접착에 방해가 되는 먼지, 유지류, 얼룩, 녹 및 거푸집 박리제 등이 없을 것
- 콘크리트 이음타설부는 줄눈재가 제거되어 있어야 하며, 줄눈재를 사용하지 않은 콘크리트 이음타설부는 이음면의 양쪽으로 각각 너비 15mm 및 깊이 30mm 정도로 V컷 되어 있을 것

2) 방수재의 비빔
① 방수재는 방수재 제조자 등이 지정하는 양의 물을 혼입한 후, 전동비빔기 또는 손비빔으로 균질해질 때까지 비빔한다.
② 방수재의 비빔은 기온 5~40℃의 범위 내

3) 바탕처리
① 바탕은 청결히 하고 레이턴스, 기름, 먼지 등을 깨끗이 정리.
② 시공하기 전에 모체를 충분히 적셔야 하며 표면에 고인 물은 제거

4) 도포방법
① 방수재는 솔, 흙손, 뿜칠 및 롤러 등으로 콘크리트 면에 균일하게 도포한다. 솔로 바를 경우에는 바름 방향이 일정하도록 한다.
② 앞 공정에서 도포한 방수재가 손가락으로 눌러 묻어나지 않는 상태가 되었을 때 다음 공정의 도포를 시작한다.
③ 앞 공정의 도포 후 24시간 이상의 간격을 두고 다음 공정의 도포를 시작할 경우에는 물 뿌리기를 한다.
④ 앞 공정에서 도포한 방수재가 완전히 건조하여 손가락으로 눌러 하얗게 묻어 나오거나 백화현상과 유사한 상태로 되었을 때는 방수층을 철거하고 재시공한다.

5) 양생
① 도포 완료 후 48시간 이상의 적절한 양생
② 직사일광이나 바람, 고온 등에 의한 급속한 건조가 예상되는 경우에는 물을 뿌리거나 시트 등으로 보호하여 양생한다.
③ 양생이 끝난 방수층을 대상으로 부착강도를 측정하여 방수층의 성능을 확인

9-103	금속판 방수공사	
No. 703		유형: 공법 · 기능

공법분류

재료별

Key Point

☑ **국가표준**
- KCS 41 40 10

☑ **Lay Out**
- 방수층의 종류와 고정철물 배치기준
- 표준 배합비
- 시공

☑ **핵심 단어**
- 금속을 가공하여 고정

☑ **연관용어**
- No. 756 지붕공사
- No. 757 거멀접기
- No. 758 후레싱

I. 정 의

① 구조체의 바닥이나 마감바닥 밑에 내식성이 있는 납판, 동판, aluminium 판, stainless판 등을 가공하여 접어 붙이기, 용접연결, 고정철물을 고정하여 방수층을 형성하는 공법

② 바탕면 공사와 배수, 배관 등의 관통공사가 완료되기 전에 진행해서는 안되며, 방수공사의 노출기간을 최대한 짧게 해야 한다.

II. 방수층의 종류와 고정철물 배치기준

1) 방수층의 종류와 적용구분

- 구조체 바닥이나 마감 바닥 밑에 시공하는 납판 방수층
- 구조체 바닥이나 마감 바닥 밑에 시공하는 동판 방수층
- 지붕 등에 시공하는 스테인리스 스틸 시트 방수층

풍 환 경				일 반		강 풍	
부식조건				약	강	약	강
방수층의 종류	304-CP	D	S	○	–	–	–
			N	–	–	○	–
		T	S	○	○	–	–
			N	–	–	○	○
	316-CP	D	S	○	–	–	–

주 : 1) 범례: ○: 적용, –: 표준 외

2) 304-CP 또는 316-CP: 냉간 압연 스테인리스 스틸 재질이 STS 304 또는 STS 316임을 나타내며, -CP는 강판임을 나타내는 구분.
D: 스테인리스 스틸 시트의 표면 다듬질 정도가 No.2 D임을 나타냄.
T: 스테인리스 스틸 시트의 표면에 도장한 것임을 나타냄.
S: 약 1,000mm 너비의 스테인리스 강판의 1/2 너비를 성형하여 사용함.
N: 약 1,000mm 너비의 스테인리스 강판의 1/3 너비를 성형하여 사용함.

3) 강풍이란 태풍의 강습 빈도가 높은 지역으로, 건축물의 구조기준 등에 관한 규칙의 기준에 따라서 풍압력을 산정하여 이 풍압력이 -39.2 MPa 미만을 일반지역, -39.2 MPa 이상을 강풍지역으로 구분한다. 또한, 고정철물의 간격은 이를 고려하여 설치한다.

4) 부식조건이란 해안지방 등과 같은 부식성 인자의 작용 강약에 따라서 구분된다.

2) 고정철물 배치기준

바람에 따른 지역구분	고정철물 간격 (길이방향, mm)	고정철물 간격 (폭방향, mm)	고정철물(tn/m²)
일반지역	450~600	380~460	3.5 이상
강풍지역	300~600	250~290	5.7 이상

공법분류

Ⅲ. 금속판의 시공

1) 납판의 시공
  ① 겹침을 최소 25mm 이상으로 하여 납판을 깔고, 비흘림 또는 방지턱 등을 꺾음, 굽힘하여 성형한다.
  ② 이음 부분은 접합 직전에 깎아 내거나 강모솔질을 하여 완전 용접
  ③ 방수 성능이 중요하지 않거나 얇은 납판을 사용하는 경우에는 접합 부분을 분말수지와 압접 용접판으로 덮은 다음 용접한다.
  ④ 시공이 끝난 납판 위는 섬유판 단열재료로 보호
  ⑤ 방수층 위를 콘크리트, 모르타르 또는 시멘트 그라우팅을 하는 경우에는 표면에 0.4mm 두께 이상의 아스팔트 코팅을 하고 보양

2) 동판의 시공
  ① 이종 금속과의 접촉은 최대한 피한다.
  ② 납땜을 한 동판의 모서리 부분은 동판공사에서 사용하는 땜납을 사용하여 38mm 너비 이상으로 주석을 입혀야 한다.
  ③ 용접될 표면이 납도금되어 있는 경우에는 모서리에 주석을 입히지 않고, 납땜하기 전에 쇠 브러시 등으로 납도금된 부분을 벗겨내야 한다.
  ④ 접합은 최소 25mm 이상 겹침하여 최소 리벳간격 200mm 이하로 하여 리벳을 치고 납땜한다.
  ⑤ 접합부의 너비는 최소 25mm 이상으로 하고, 갈고리형 플랜지를 한 평거멀접기 이음으로 하고 납땜을 한다.
  ⑥ 모서리를 접어서 비흘림이나 방수턱을 설치하는 경우에는 동판을 위로 뒤집어서 접어야 한다.

3) 스테인리스 스틸 시트의 시공
  ① 서로 만나는 성형재의 꺾어 올림부를 합장 맞춤하여 소정의 위치에 깔고, 고정철물과 꺾어 올림부를 Spot용접기로 가용접한다.
  ② 슬라이드 고정철물의 경우, 가동편은 슬라이드 범위의 중간에 오도록 한다.
  ③ 성형재의 길이방향의 단부를 다른 방향의 성형재와 용접하는 T 조인트는 끝으로부터 약 150mm의 꺾어 올림부를 넘어뜨리고 접속하는 성형재와 평행이 되도록 꺾어 올린 후 심(Seam)용접
  ④ 치켜올림부 시공은 신축 및 파라펫의 빗물처리에 주의
  ⑤ 방수층의 오목모서리 및 볼록모서리부는 한쪽의 스테인리스 시트를 소정의 형상으로 절단 및 성형하여 다른 쪽의 시트와 심(seam)용접
  ⑥ 지붕 정(頂)부의 마감은 1장의 시트로 할 경우, 꺾어올림부는 기구를 사용하여 물매각도에 맞춘다.
  ⑦ 지붕 정부에서 계속하여 이을 경우에는 시트의 신축이나 이음 부분에서의 빗물처리에 주의
  ⑧ 관통부 주위는 그 크기에 알맞은 부속물을 만들어 일반부의 방수층과 용접하여 일체화시킨다.

⑨ 드레인은 방수층과 심(seam)용접으로 일체화하고, 주위의 꺾어올림부를 넘어뜨린다.

⑩ 끼워 넣는 형의 드레인은 패킹이나 실링재를 적절히 사용하여 완전히 빗물처리

⑪ 방수층 치켜올림 끝부분의 처리는 물끊기 및 실링재로 주의하여 시공

⑫ 처마 끝의 마무리는 덮어씌우기 또는 물끊기를 설치하여 처리

공법분류

재료별
Key Point

■ 국가표준
- KCS 41 40 11

■ Lay Out
- 방수층 형성원리
- 방수재료의 품질기준
- 시공

■ 핵심 단어
- 벤토나이트
- 물을 흡수하면 팽창
- 건조하면 수축

■ 연관용어

9-104	벤토나이트방수공사	
No. 704	bentonite waterproofing	유형: 공법·기능

I. 정 의

① 물을 흡수하면 팽창하고, 건조하면 수축하는 성질인 Bentonite를 Panel, Sheet, Mat 바탕위에 부착하여 방수층을 형성하는 공법

② 몬모릴로나이트(montmorillonite)계통의 팽창성 3층판(Si-Ai-Si)으로 이루어져 팽윤 특성을 지닌 가소성이 매우 높은 점토광물로 소디움(sodium)계가 주로 사용되고 있다.

II. Bntonite 방수재료의 품질기준

항목	천연 소디움 벤토나이트 함유량	매트두께	매트규격	부피팽창률	투수계수
기준	4.89kg/m (절건상태)	최소 5.0mm (±) 이상	최소 1.2m×5m 이상	300% 이상 (염수용 동일)	1×10^{-8}mm/sec 이하 (염수용 동일)

주 : 1) 매트두께는 조기수화시 두께 7±1mm 이상을 기준으로 한다.

III. 시공

1. 바탕 형상

1) 방수바탕

① 평탄하고, 들뜸, 취약부 및 현저한 돌기물 등의 결함이 없을 것

② 구멍, 균열부, 곰보, 공극 등 균열 너비가 3mm 이상 발생하는 곳은 20mm 깊이로 V컷 하여 벤토나이트 실링제 또는 벤토나이트 알갱이 된반죽으로 충전

③ 바탕은 건조되어 있을 것

④ 콘크리트 이음타설부는 벤토나이트 실란트나 채움재로 봉합되어 있을 것

2) 바탕의 점검 및 처리

① 이음타설부는 물로 청소하고 벤토나이트 실란트 또는 튜브로 충전

② 거푸집 고정재에 의하여 생긴 구멍 또는 균열발생 부위는 V컷하여 벤토나이트 실란트 또는 채움재로 채워 넣는다.

③ 바탕처리 후의 충전재의 들뜸, 흘러내림 등을 점검

④ 방수재 시공면의 오염상태를 점검하고 청소

⑤ 방수시공 장소에 물이 고여 있거나 지속적으로 물이 흐르는 경우에는 배수로를 설치하여 물을 완전히 제거

2. 벤토나이트 패널의 시공

1) 수직면에서의 시공

① 기초 바닥면에서 시작하여 콘크리트 못이나 접착제로 고정시키면서 설치하고, 상하층의 이음매가 서로 겹치지 않도록 한다.

② 파형을 수직으로 세운다.

③ 인접한 패널과의 겹침은 50mm 이상으로 하고 못을 이용하여 고정시키고 끝부분을 테이프로 마감 처리

④ 관통파이프 부분과 슬래브 모서리 부분은 미리 벤토나이트 패널로 덧바름하고, 그 위를 겹쳐 바른 후, 벤토나이트 실란트로 겹침이음부를 처리

⑤ 패널을 자를 때에는 파형에 평행하게 잘라 벤토나이트의 손실이 없도록 한다.

⑥ 시공이 끝난 패널의 끝부분은 알루미늄 고정용 졸대를 대고 200mm~300mm 간격으로 콘크리트 못을 사용하여 바탕에 고정

2) 슬래브 하부 수평 표면 위의 시공

① 습기 차단을 위한 폴리에틸렌 필름을 100mm 정도 겹치게 설치하고, 그 위에 벤토나이트 패널을 고정시켜 시공

② 벤토나이트 패널은 말뚝 캡이나 슬래브 연단을 지지하는 확대기초 위에 걸치지 않도록 한다.

③ 관통파이프 부분과 슬래브 모서리 부분은 미리 벤토나이트 패널로 덧바름하고, 그 위를 겹쳐 바른 후 이음매 밀봉재로 겹침이음부를 실링 처리

3) 지중의 수평한 콘크리트 표면 위의 시공

① 인접한 패널과의 겹침은 50mm 이상으로 하고, 접착테이프로 마감

② 오목모서리에서의 패널은 수직면 위로 300mm 이상 연장하여 수직으로 시공한 패널과 겹치도록 한다.

3. 벤토나이트 시트의 시공

1) 수직면에서의 시공

① 바닥 슬래브와 벽체의 조인트 부위는 벤토나이트 실란트 및 튜브 등으로 충전하여 둔다.

② 시트는 벤토나이트층이 구체에 면하도록 하여 450mm 이내의 간격으로 콘크리트 못으로 고정

③ 시트의 겹침은 죄소 70mm 이상이 되도록 하고, 이음부는 접착테이프로 마감

④ 수평방향으로 시트를 시공할 경우, 상부 슬래브와 벽체와의 겹침부위는 상부 슬래브의 시트를 벽체에 걸치도록 시공하여 벽체에서 고정될 수 있도록 한다.

⑤ 시공이 끝난 시트의 끝부분은 알루미늄 등의 졸대를 대고 200mm~300mm 간격으로 콘크리트 못을 사용하여 바탕에 고정

공법분류

용어

- 벤토나이트(bentonite): 몬모릴로나이트(montmorillonite)계통의 팽창성 3층판(Si-Ai-Si)으로 이루어져 팽윤 특성을 지닌 가소성이 매우 높은 점토광물로 소디움(sodium)계가 주로 사용되고 있으며, 패널, 매트, 시트 또는 테이프 형태로 지하구조물의 방수용 보조재로 사용된다. 단, 염수의 영향을 받는 지하환경에서는 사용을 피한다.

- 벤토나이트 패널: 파형의 단열 심관을 가진 골판지 패널로 심관에는 팽창성의 벤토나이트 점토분말로 채워져 있다.

- 벤토나이트 시트: 고밀도 합성고분자계 시트와 압밀 벤토나이트를 일체로 하여 압착 및 성형한 시트형상으로, 물의 관통 가능성에 대한 2중 차단효과가 요구되는 곳에 사용된다.

- 벤토나이트 매트: 직포 또는 부직포 사이에 벤토나이트를 충전하여 건조 또는 수화된 상태에서 사용하는 매트 형상을 한 것

- 벤토나이트 채움재: 벤토나이트 알갱이가 생물 분해성 크라프트지나 수용성 플라스틱에 담긴 것으로 기초판과 외벽이 만나는 곳, 시공 이음부의 틈메우기에 사용된다.

- 벤토나이트 실란트: 빙점보다 낮은 온도에서는 물과 부동액으로서, 빙점 이상의 온도에서는 물로 수화시킨 벤토나이트 겔(교화체)을 말하며, 조인트의 충전, 접착 또는 평면 코팅 등에 사용하기 위해 혼합하여 제조된 것

2) 수평 표면 위의 시공

　① 시트는 벤토나이트층을 상면으로 하여 시공하고, 이음부는 70mm 정도 겹친다.

　② 후속작업을 고려하여 슬래브 단부에서 250mm 이상 더 내밀어 시공

　③ 콘크리트 타설 중 설치된 시트가 이탈하지 않도록 600mm 이내의 간격으로 콘크리트 못 등으로 고정한 후 겹침 부위를 테이프로 밀폐

　④ 수평면 바닥에서 시공되는 부위는 바닥면에서 80mm 이상의 방수턱을 시공하여 시공바닥면을 올려 수화팽창을 방지

3) 합벽면에서의 시공

　① 바탕면과 침입수와의 접촉을 차단하기 위한 폴리에틸렌 필름을 100mm 정도 겹치게 설치

　② 시트는 벤토나이트층이 구체를 향하도록 하여 설치

　③ 시공이 끝난 시트의 끝부분은 알루미늄 등의 졸대를 대고 200mm ~300mm 간격으로 콘크리트 못을 사용하여 바탕에 고정

4. 벤토나이트 매트의 시공

1) 바닥면에서의 시공

　① 바닥면을 고른 후 직포가 구조물을 향하게 시공

　② 매트의 겹침은 100mm 이상으로 하고, 시공이 끝난 매트의 끝부분은 알루미늄 등의 졸대를 대고 200mm~300mm 간격으로 콘크리트 못을 사용하여 바탕에 고정

　③ 벽체 방수공사를 위하여 슬래브 양쪽 끝에서 각각 250mm 정도 방수재를 내밀어 0.1mm의 폴리에틸렌 필름으로 방수재를 보양

2) 수직면에서의 시공

　① 바탕면을 고른 후 직포가 구조물을 향하게 시공하며, 매트의 겹침은 100mm 이상

　② 시공이 끝난 매트의 끝부분은 알루미늄 등의 졸대를 대고 폭 200mm~300mm 간격으로 콘크리트 못을 사용하여 바탕에 고정

　③ 시공이 끝난 매트의 끝부분은 이물질의 부착 또는 우천을 고려하여 벤토나이트 실란트로 처리

　④ 폼타이핀 제거 부위는 하자의 여지가 많으므로 매스틱으로 주위를 돌아가며 발라주거나 벤토나이트 알갱이 된반죽으로 보강 처리

5. 보호 및 마감

　① 바닥작업공정이 끝날 때마다 보호모르타르를 타설하거나 폴리에틸렌 (PE) 필름으로 보호

　② 아스팔트섬유 혼입 보호판: 두께 3.9mm 이상

　③ 섬유형 방수성 보호판: 두께 12.7mm 이상

　④ 습기 차단막: 두께 0.10mm 이상의 폴리에틸렌필름

　⑤ 벽체보호: 두께 10mm 의 폴리에틸렌 보호재

　⑥ 보호콘크리트: 하부 30mm, 상부 50mm 이상

☆★★	1. 방수공사	124

9-105	지하구조물에 적용되는 외벽 방수재료	
No. 705		유형: 공법·기능

공법분류

부위별/지하

Key Point

■ 국가표준
- KCS 41 40 13

■ Lay Out
- 방수재료 및 공법 선정
  시 고려사항
- 방수재료 및 공법의 요
  구성능
- 공법분류
- 누수방지대책

■ 핵심 단어
- 지하구조물의 특성

■ 연관용어
- 지하방수

I. 정 의

① 건축물 지하구조물에 적용되는 외면 방수재료 및 공법은 구조물의 형상 및 기후적 조건, 기타 구조물의 특성에 요구되는 시공성능 및 품질 안정성을 확보하여야 한다.

② 지하구조물에 적용되는 방수공법은 방수재료와 부재를 이용하여 구체를 피복하는 방법으로 도막계, 시트계, 시트 및 도막을 적층하는 복합계의 방수형태로 분류할 수 있다.

II. 방수재료 및 공법 선정 시 고려사항

시공성
- 시공의 신속성 확보(바탕처리, 건조, 현장기온)
- 공정의 단순성 확보(방수층 구성 수, 양생조건)
- 바탕면 표면조건(습윤면 접착성)

시공품질
- 구조물 거동 대응성(균열, EJ, 부동침하)
- 구성 소재간의 일체성 및 공간의 수밀성 확보
- 단차 하부 공간의 수밀성 확보
- 코너 부위 등 협소 공간에서의 수밀성 확보
- 방수층의 수질 안전성 확보
- 지하 수위, 수량, 수압, 유속변화에 따른 수밀성

결합부 처리
- 결함부의 발견 용이성 확보(누수 확인 방법)
- 결함부 처리에 따른 시공 용이성 확보(방수층 재형성 보수 특성)
- 결함부 처리재와 다른 방수층간의 재료 일체성 확보 (이질재 부착 특성)

III. 방수재료 및 공법의 요구성능

요구성능	내용
내화학성능	• 지하수의 화학적 성분(염분, 황산염, 산, 알칼리, 용제류 등)에 따른 화학적 침식이 없는 방수재료(예, 벤토나이트계, 시멘트계 재료는 염부성분에 방수 성능이 저하됨, 아스팔트계, 도막계 용제류에 침식됨) • 내화학성능
거동대응성능	• 대형 구조체의 거동(균열발생, 부등침하 5mm 이상)에 방수층이 파단되지 않는 유연성을 갖는 방수재료
습윤면부착성능	• 습윤(수중) 함유상태의 콘크리트 구조체 표면에서 부착(자착: Self adhesive performance)이 가능한 성능을 지닌 재료
유속저항성능 온도안정성능 수밀성능	• 기타 방수재의 일반적 성능 조건 등을 확보 내구성능 확보

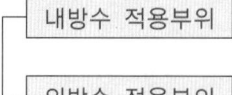

공법분류

Ⅳ. 공법 분류

1. 적용부위

| 내방수 적용부위 | • 일반내벽, 이중벽, 슬러리월 시공부분, 각 층 바닥 |
| 외방수 적용부의 | • 기초 저반부 미 조인트 부위, 외벽, 상부바닥, 경사 진입로, 공동구 |

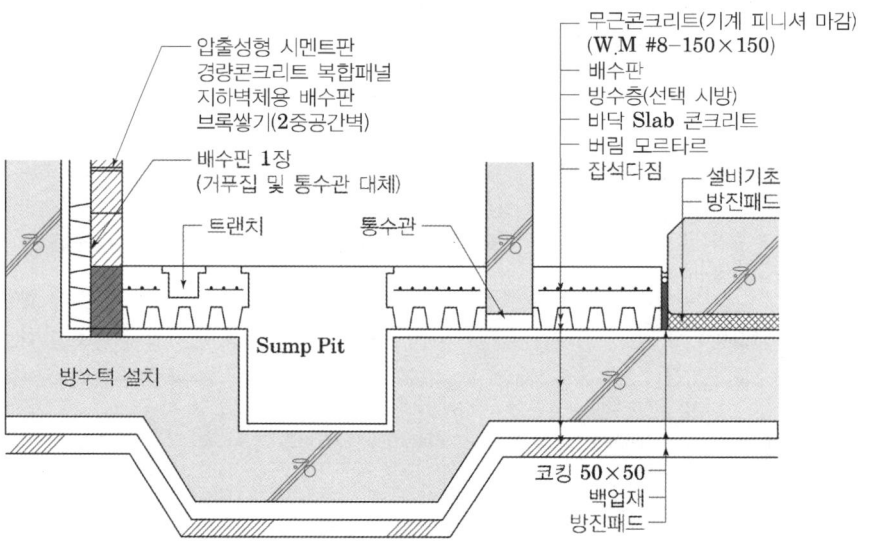

2. 지하외벽 누수방지

1) 지수판의 설치위치

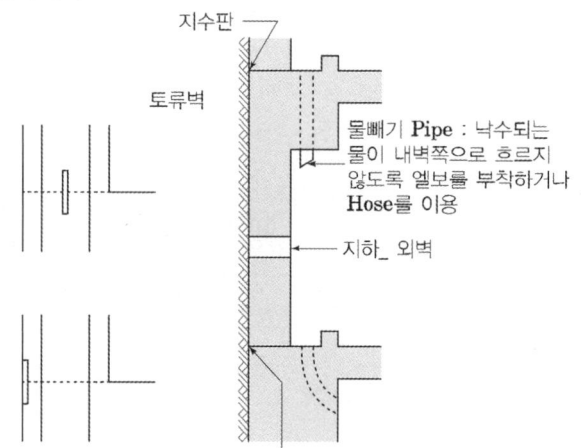

① 지수재: 콘크리트 타설 전 조기팽창 주의
② 지수판: 지수판 주변, 벽 하부에 콘크리트 밀실타설 필요

공법분류

2) 벽면 시공의 Form Tie 설치

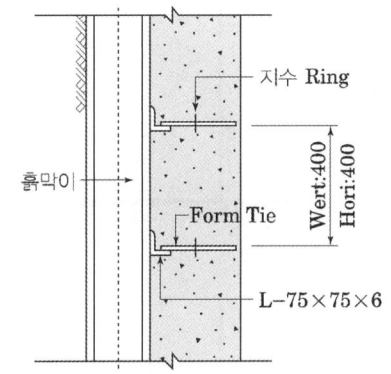

• 수팽창 고무 지수링을 설치하여 누수 확산 방지

3) 바탕의 점검 및 처리

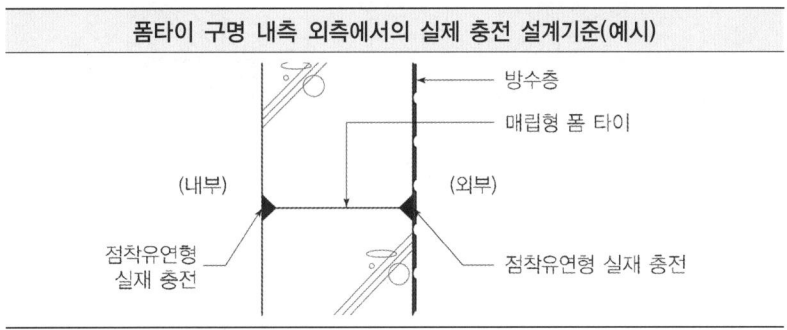

폼타이 구명 내측 외측에서의 실제 충전 설계기준(예시)

• 폼타이 구명 위치에 무수축 모르타르, 점착유연형 실재 등을 도포, 충전하여 물의 침입을 억제

3. 외벽 관통 Sleeve

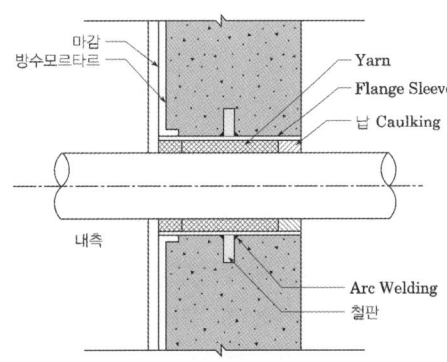

• 설비배관용 Sleeve를 벽 두께에 맞추고 방수를 고려하여 반드시 Flange Sleeve를 사용

4. 외부 저면 접합부

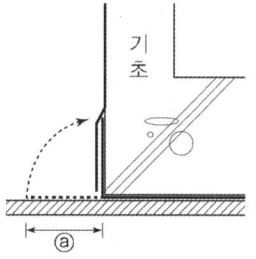

- 선시공 저부 방수층을 들어올려 그 위에 벽면 방수층을 접합
- ⓐ부위(L=500정도)는 양생펠트 등으로 덮어 손상방지

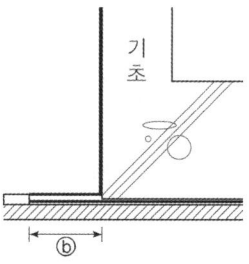

- 500mm 정도 연장하여 벽면 방수층과 덧붙여 연결
- 벽면 방수층 시공까지 ⓑ부위는 오염, 손상에 대해 보양

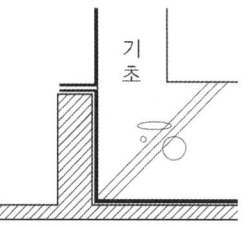

- 버팀 및 보호 콘크리트 타설로 방수층 보호

V. 누수 방지대책

- 바탕
  - 콘크리트 타설관리(구조체)
  - Joint 처리(지수판, 지수재)
- 사용 방수 재료별 관리
  - 시트 방수 공법의 조인트 접합 및 바탕접착 관리
  - 도막방수공사의 두께 확보 및 바탕접착 관리
  - 복합방수의 재료별 접착 관리
  - Joint 처리(지수판, 지수재)
- 작업환경
  - 외기온도
  - 지하수 관리
- 시공
  - Sample 시공
- 보양 및 양생
  - 되메우기 전 누수여부 확인

9-106	콘크리트 지붕층 슬래브 방수의 바탕처리 방법	
No. 706		유형: 공법 · 기능

공법분류

부위별/지붕

Key Point

■ 국가표준
- KCS 41 40 01

■ Lay Out
- 요구성능 및 조건
- 방수층 구성
- 구조체의 형상
- 바탕처리 방법
- 방지대책

■ 핵심 단어
- 지붕의 형상, 물매

■ 연관용어
- 지붕방수

I. 정 의

① 지붕방수는 구조물의 최상층에 설치되는 지붕에서 빗물 등이 구조체에 유입되는 것을 방지하기 위한 것으로, 지붕의 형상, 물매(구배), 재질 그리고 drain의 배수 능력을 고려한다.

② 물은 물매를 따라 Drain으로 흘러가며 drain의 배수능력 외의 나머지 물은 방수층이 분담하므로 방수층 시공을 철저히 한다.

II. 요구성능 및 조건

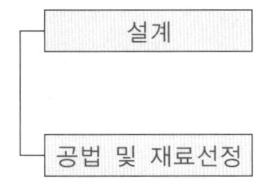

설계
- 지붕의 구조 및 성능, 기능을 고려한 방수성
- 산성비 및 자외선 등을 고려한 내구수명
- LCC를 고려한 재료설계 및 유지관리

공법 및 재료선정
- 바탕재료의 종류 및 형태에 따른 성능 및 시공성
- 지붕의 용도와 방수공법과의 관계
- 주변 환경(해안, 산악, 강수량 등)
- 이질재 접합부의 보강

III. 지붕형태에 따른 방수층 구성

1) 평지붕

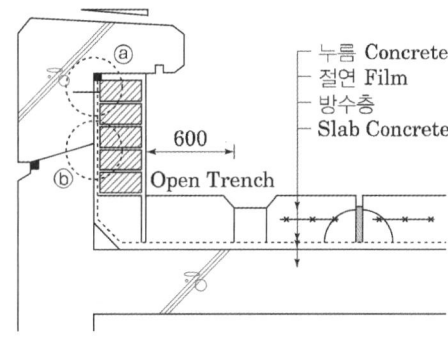

- 누름 Concrete
- 절연 Film
- 방수층
- Slab Concrete

600

Open Trench

ⓐ 부위: Stainless재질의 고정철물로 고정 후 Caulking

ⓑ 부위: 벽돌 누름층은 뒷면에 모르타르를 밀실하게 충전

누름 콘크리트는 쇠흙손 제물치장 마감으로 시공

공법분류

무서리 면처리

• ⓑ: 들어간 모서리

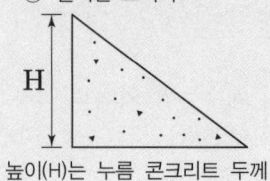

높이(H)는 누름 콘크리트 두께
의 1/2로 한다.

• ⓐ와 ⓒ부위

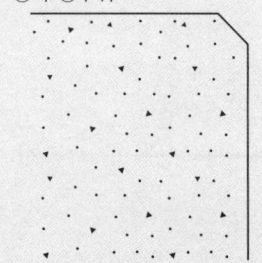

• ⓑ와 ⓓ부위

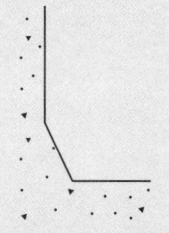

너무 높거나 각이 완만하지 않
게 시공

균열방지재
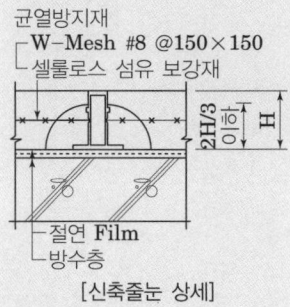
[신축줄눈 상세]

2) 박공지붕

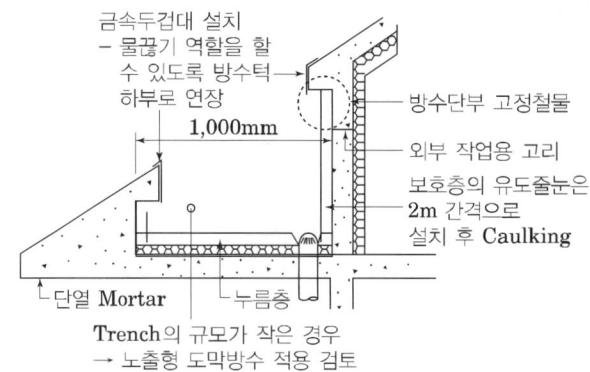

금속두겁대 설치
– 물끊기 역할을 할 수 있도록 방수턱 하부로 연장
1,000mm
방수단부 고정철물
외부 작업용 고리
보호층의 유도줄눈은 2m 간격으로 설치 후 Caulking
단열 Mortar
누름층
Trench의 규모가 작은 경우
→ 노출형 도막방수 적용 검토

Ⅳ. Parpet 구조체의 형상

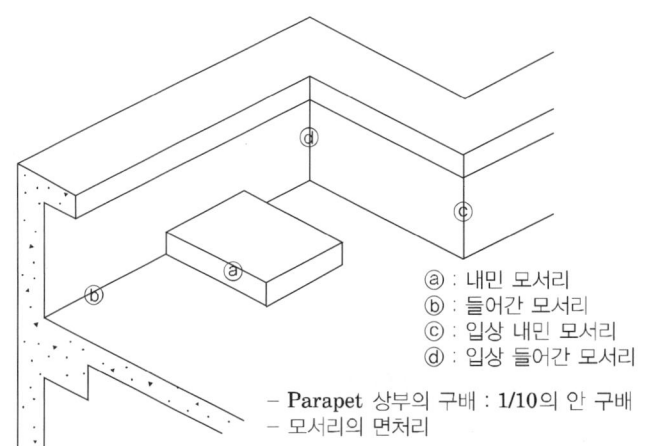

ⓐ : 내민 모서리
ⓑ : 들어간 모서리
ⓒ : 입상 내민 모서리
ⓓ : 입상 들어간 모서리

– Parapet 상부의 구배 : 1/10의 안 구배
– 모서리의 면처리

구분	아스팔트 방수		시트방수, 도막방수	
ⓐ	면처리	30mm	면처리	3mm
ⓑ	삼각형	70mm	삼각	50mm
ⓒ	면처리	30mm	면처리	3mm
ⓓ	삼각형	30mm	삼각	30mm

Ⅴ. 콘크리트 지붕층 슬래브 방수의 바탕처리 방법

1. 바탕 형상

1) 바탕면의 균열보수

온도영향이 큰 부위와 균열이 예상되는 부분, 거동이 발생되는 부분 등은 방수 시공 전 균열여부를 확인하고 보수

2) 돌출물의 제거

① 콘크리트 타설 시 쇠흙손 마감 및 Finisher 마감을 통하여 예방
② 돌출부위는 파취 후 제거하고 모르타르로 보수

공법분류

3) Corner 면처리

┌─ In Corner: 삼각형 모접기를 둔다.
└─ Out Corner: Round 또는 삼각형 면접기를 둔다.

① 치켜올림부의 RC 바탕은 제물마감으로 하고, 거푸집 고정재 사용 또는 콘크리트 타설 중에 생긴 바탕 표면의 구멍은 폴리머 시멘트 모르타르 등으로 충전하여 메우고, 평탄하게 마무리되어 있어야 한다.
② 치켜올림부는 방수층 끝 부분의 처리가 충분하게 되는 형상, 높이로 되어 있어야 한다.
③ 치켜올림부 상단 끝부분에 설치되는 빗물막이턱은 치켜올림부 RC와 일체로 하여 만들고, 빗물막이턱의 물끊기 또는 처마 끝 부분의 물끊기는 물끊기 기능을 충분히 수반하여야 한다.

4) 바탕면 청소

면처리 및 보수가 끝나면 이물질을 제거한다.

2. 바탕의 상태

1) 바탕면의 건조
① 바탕의 건조가 충분하지 못하면 프라이머 침투가 좋지 않아 방수층과 바탕의 접착이 불량하게 된다.
② 바탕에 함유된 수분이 기화하여 팽창 및 온도변화에 따라 방수층 들뜸이 발생한다.
③ 바탕면 수분 함수율 8% 이하일 때 시공
④ 습윤상태에서도 사용 가능한 방수공법을 적용할 경우에는 바탕의 표면 함수 상태가 30% 이하

2) 물구배
① 바탕면이 지정 기울기(비노출 방수: 1/100~1/50, 노출방수: 1/50~1/20 범위)로 되어 있는지 확인
② 구배가 우수 드레인 방향으로 되어있는지 확인

3) 표면의 평활도

바탕면의 들뜸 및 균열, 요철이 있으면 방수층이 파손되거나 접착불량이 발생하여 방수성능이 저하되므로 평활도(7mm/3m)를 유지하도록 조정·보수한다.

4) 표면의 강도

바탕면 처리를 하지 않아 표면에 Laitance 등으로 바탕면의 강도가 확보되지 않으면 하중에 의한 박리 및 들뜸 현상이 발생하므로 불량부분을 제거하고 보수용 시멘트 Mortar 등으로 보수를 해서 강도를 확보

3. 드레인, 관통파이프 등 돌출물 주변의 상태

① 드레인은 RC 또는 PC의 콘크리트 타설 전에 거푸집에 고정시켜 콘크리트에 매립

② 드레인 설치 시에는 드레인 몸체의 높이를 주변 콘크리트 표면보다 약 30mm 정도 내리고, RC 또는 PC의 콘크리트 타설 시 반경 300mm를 전후하여 드레인을 향해 경사지게 물매를 두고 표면 고르기 한다.

③ 드레인은 기본 2개 이상을 설치한다.

④ 지붕의 면적, 형상, 강우량(집중호우 등)에 따라 설계단계에서 적절한 설치 개수, 개소를 확인한다. 단, 설계도서 및 공사 시방서 등에 특별한 지시가 없는 경우에는 6m 간격으로 설치

⑤ 배기구, 설비 보호피트 및 기타 돌출물과 바탕이 접하는 오목모서리는 아스팔트 방수층의 경우 삼각형 면 처리로 하고, 그 외의 방수층은 직각으로 면 처리하며, 볼록 모서리는 각이 없는 완만한 면 처리

⑥ 관통파이프 또는 기타 돌출물이 방수층을 관통할 경우 동질의 방수재료(보수면적 100×100mm)나 실링재 또는 고점도 겔(gel)타입 도막재 등으로 수밀하게 처리

Ⅵ. 신축줄눈의 배치기준

1) 신축줄눈의 간격

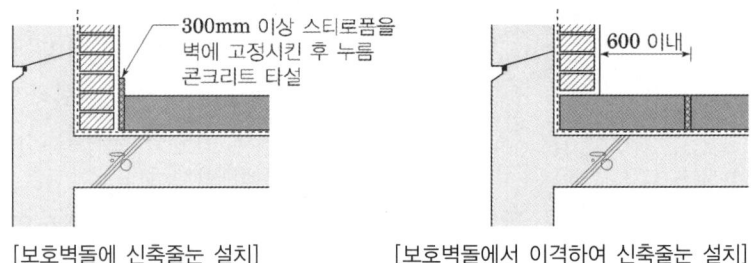

[보호벽돌에 신축줄눈 설치]　　　　　　[보호벽돌에서 이격하여 신축줄눈 설치]

① 누름 콘크리트 두께의 30배 이내를 원칙으로 한다.

② 일반적으로 3m 유지

③ 옥상 외곽부: Parapet 방수 보호층에서 600mm 이내

2) 설치 상세

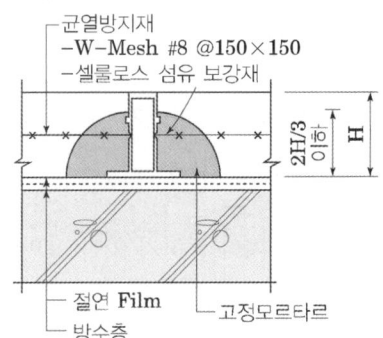

• 신축줄눈의 폭: 20~25mm
• 깊이: 누름 콘크리트의 바닥면까지 완전분리
• 모르타르로 줄눈재를 고정하는 경우: 바름높이를 누름 콘크리트 두께의 2/3 이하로 한다.

| 공법분류 |

VII. 누수 방지 대책

- 바탕
  - 구배: 비노출 1/100~1/50, 노출 1/50~1/20
  - 함수율: 8~10% 이내
  - 균열보수 및 누수 보수공사
- Drain
  - 구배 및 위치: 벽체마감에서 Drain중심부까지 300mm 이상 이격
  - 슬래브보다 30mm 낮게 시공
- 모서리
  - 방수층 접착을 위해 L=50~70mm 코너 면잡기
- Parpet
  - 방수면 보다 100mm 높게 이어치기 및 물끊기 시공
- 누름층
  - 신축줄눈의 두께: 60mm 이상
  - 신축줄눈의 폭: 20~50mm
  - 신축줄눈의 간격: 3m 이내
  - 외곽부 줄눈 이격: 파라펫 방수 보호층에서 600mm 이내

9-107	옥상드레인 설계 및 시공 시 고려사항	
No. 707		유형: 공법·기능

공법분류

부위별/지붕

Key Point

■ 국가표준
- KCS 41 40 01

■ Lay Out
- 설계 및 시공 시 유의사항

■ 핵심 단어
- 지붕의 형상, 물매

■ 연관용어
- 지붕방수

I. 정 의

① 지붕방수는 구조물의 최상층에 설치되는 지붕에서 빗물 등이 구조체에 유입되는 것을 방지하기 위한 것으로, 지붕의 형상, 물매(구배), 재질 그리고 drain의 배수 능력을 고려한다.

② 물은 물매를 따라 Drain으로 흘러가며 drain의 배수능력 외의 나머지 물은 방수층이 분담하므로 방수층 시공을 철저히 한다.

II. 설계 및 시공 시 유의사항

1) 고정방법

• 드레인은 RC 또는 PC의 콘크리트 타설 전에 거푸집에 고정시켜 콘크리트에 매립하는 것을 원칙으로 한다.

2) 설치높이

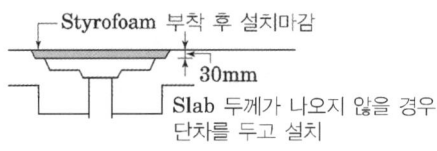

Styrofoam 부착 후 설치마감
30mm
Slab 두께가 나오지 않을 경우 단차를 두고 설치

• 드레인 몸체의 높이를 주변 콘크리트 표면보다 약 30mm 정도 내려 설치

• RC 또는 PC의 콘크리트 타설 시 반경 300mm를 전후하여 드레인을 향해 경사지게 물매를 두고 표면 고르기 한다.

3) 설치기준

① 설치개소: 기본 2개 이상 설치

② 지붕의 면적, 형상, 강우량(집중호우 등)에 따라 설계단계에서 적절한 설치 개수, 개소를 확인

③ 설치간격: 설계도서 및 공사 시방서 등에 특별한 지시가 없는 경우에는 6m 간격으로 설치

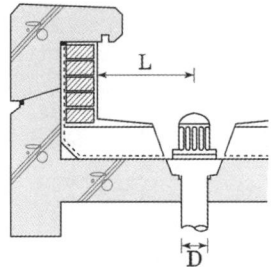

옥상 Drain 부분 상세

Drain 지름(D)	75	100	120	150	200
중심거리(L)	325	350	375	400	425

(단위: mm)

• Roof Drain이 Parapet쪽에 치우치면 방수시공이 어려워 누수의 우려가 크다.

★★★   1. 방수공사

9-108	인공지반녹화 방수방근공사	
No. 708		유형: 공법 · 기능

공법분류

부위별/지붕

Key Point

☑ **국가표준**
- KCS 41 40 14

☑ **Lay Out**
- 적용 시 검토사항
- 녹화 설계 및 시공상의 유의사항

☑ **핵심 단어**
- 지붕의 형상, 물매

☑ **연관용어**
- 지붕방수

- 멀칭(Mulching)층: 농작물을 재배할 때, 흙이 마르는 것과 비료가 유실되는 것, 병충해, 잡초 따위를 막기 위해서 볏짚, 보릿짚, 비닐 등으로 땅의 표면을 덮은 층을 말함
- 방수층: 건축물 구조체 내부로의 수분과 습기의 유입을 차단하는 기능을 하며 녹화시스템의 기반이 되는 구성요소
- 방근층: 식물의 뿌리가 하부에 있는 녹화시스템 구성요소로 침투, 관통하는 것을 지속적으로 방지하는 기능을 한다. 일반적으로 방수층을 식물의 뿌리로부터 보호하기 위해 방수층 위에 시공되며, 방수 및 방근 기능을 겸하는 방수방근층으로 조성되기도 한다.
- 배수층: 토양층의 과포화수를 수용하여 배수 경로를 따라 배출시키는 역할을 담당한다. 구성 방식에 따라 배수층은 저수기능을 겸하고, 뿌리 생장 공간을 증대시키며 하부에 놓인 구성요소를 보호하는 기능을 한다.

I. 정 의

① 지붕녹화 system에서 빗물과 식생을 위한 물 등이 구조체에 유입되는 것을 방지하기 위한 것으로, 조경 수목의 종류·수령, 토량, 녹화 system, 지붕의 형상, 물매(구배), 재질 그리고 drain의 배수 능력을 고려한다.

② 물은 물매(구배)를 따라 drain으로 흘러가며 drain의 배수능력 외의 나머지 물은 방수층이 분담하므로 방수층 시공을 철저히 한다.

II. 옥상녹화 시스템 구성요소

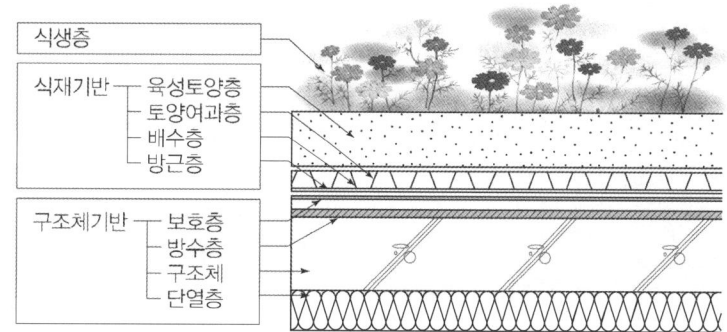

[옥상녹화시스템 구성요소 (기존건축물 적용시)]

III. 적용 시 검토사항

1. 방수 재료의 요구성능

내화학성	• 시험편을 산처리(황산 2%, 질산 2%, 염산 2%), 알칼리 처리(수산화나트륨 0.1%＋수산화칼슘 포화), 염화나트륨 처리(염화나트륨 10%) 각각의 수용액 속에 168시간 침지시킨 후 인장시험 • 인장시험하여 시험초기 값 80% 이상의 성능을 확보
내근성	• 방근층의 내근성은 시험 후 24개월간 관찰된 결과를 기준
내충격성	• KS F 2622의 시험방법에 준하여 낙하충격성 시험의 경우 각각의 높이(0.5m, 1.0m, 1.5m)에서 추(원형, 0.5kg)를 낙하시켜 재료의 구멍 뚫림 유무를 확인하며, 움푹패임성 시험의 경우 적재하중 50kg을 48시간 동안 가압한 후 재료의 구멍 뚫림 유무를 확인
수밀성	• 100mm×20mm의 모르타르 시험편 위에 재료를 30mm 겹치게 한 후 투수시험기인 out-put 방식에 의해 $0.3N/mm^2$의 수압을 24시간 동안 가압한 후 시험편을 할렬하여 투수 유무를 확인

- **배수층**: 토양층의 과포화수를 수용하여 배수 경로를 따라 배출시키는 역할을 담당한다. 구성 방식에 따라 배수층은 저수기능을 겸하고, 뿌리 생장 공간을 증대시키며 하부에 놓인 구성요소를 보호
- **보호층**: 상부에 위치하는 구성요소에 의해 하부 구성요소가 물리적, 기계적 손상을 입지 않도록 보호하는 기능을 한다. 상부 구성요소의 하중, 답압 및 시공 중 발생 가능한 기계적 손상을 방지하기 위해 적용
- **분리층**: 녹화시스템 구성요소간의 화학적 반응이나 상이한 거동 특성으로 인해 발생하는 손상을 예방하는 기능을 하며, 시스템 구성 특성에 따라 필요한 부위에 적용한다.
- **식생층**: 녹화 유형에 알맞은 식물들의 조합으로 녹화시스템의 표면층을 형성하며 필요에 따라 과도한 수분 증발, 토양 침식 또는 풍식, 그리고 이입종의 유입을 방지하기 위해 멀칭층을 포함하기도 한다.
- **여과층**: 토양층의 토양과 미세입자가 하부의 구성요소로 흘러 내리거나 용출되는 것을 방지하는 역할을 한다. 시스템의 구성에 따라 여과층이 방근층의 기능을 겸하기도 한다.
- **인공지반녹화시스템**: 건축물의 옥상, 지하주차장의 상부(지붕층)슬래브 등에서 자연으로 조성된 흙 지반이 아닌, 인공으로 조성된 콘크리트 지반 위에 구성된 녹화시스템을 말한다.
- **토양층**: 식물 뿌리의 생장에 필요한 공간을 제공하고 영양과 수분을 공급하는 녹화부의 핵심 구성요소이다. 토양층은 특정한 물리적, 화학적 특성이 요구되고 구조적으로 안정되어야 하며, 식물이 활용할 수 있는 수분을 저장하고 과포화수를 방출할 수 있어야 한다. 또한 최대함수 시 식재된 식물에 필요한 충분한 공기 체적을 보유해야 한다.

2. 옥상녹화의 유형

구분	저관리 경량형	고관리 중량형
식재수목	이끼류, 다육식물, 초본류	관목류와 초본류
토심깊이	200mm 이하	200mm 초과
토양의 하중	하중부하는 단위면적당 120kgf/m² 내외	단위면적당 300kgf/m² 이상
녹화방식	전면녹화	부분녹화
유지관리	관리요구 최소화	관수, 시비관리

3. 방수층 구성요소

구 분	구성요소	기능 및 내용
식재기반	방근층	• 식물의 뿌리로부터 방수층과 건물을 보호 • 시공 시 기계적, 물리적 충격으로부터 방수층보호
	배수층	• 옥상녹화시스템이 침수되어 식물의 뿌리가 익사되는 것을 예방 • 사후 하자발생이 가장 많은 부분으로 신중하게 설계
	토양 여과층	• 빗물에 씻겨 내리는 세립토양이 시스템 하부로 유출되지 않도록 여과하는 기능
	토양층	• 식물이 지속적으로 생장하는 기반 • 옥상녹화시스템 중량의 대부분을 차지하므로 경량화
식생층	식생층	• 보급형 옥상녹화시스템의 최상부 구성요소 • 유지관리와 토양층, 토양 특성 고려 필요

4. 공법 선정

계열	특 성	고려사항
아스팔트계 시트방수재	방근성이 없음	장기간 침수 시 아스팔트의 유화현상 발생, 방근용 보호재 사용필요
도막계 방수재	방근성 보통	장기간 침수 시 분해현상 발생, 방근용 보호재 사용 필요
합성고분자계 시트방수재	수밀성 및 방근성 우수	시트재 겹침부 처리의 개선이 필요
방수, 방근시트	방수와 방근의 복합시트	가장 현실성 있는 공법

Ⅳ. 건축물 녹화 설계 및 시공상의 유의사항

1. 설계

1) 구조물에 미치는 하중 영향 고려

① 녹화 유형별로 시스템 구성에 필요한 실제 하중을 산정하여 고정하중으로 반영

② 녹화 공간의 이용에 필요한 인간 하중을 활하중으로 반영하여 구조적 안정성을 확보

③ 설계에 반영해야할 최소 하중은 다음과 같다.

- 중량형 녹화 [녹화 하중(D.L.) – 300kgf/m^2 이상, 사람 하중 (L.L) – 200kgf/m^2]
- 경량형 녹화 [녹화 하중(D.L.) – 120kgf/m^2 이상, 사람 하중 (L.L) – 100kgf/m^2]
- 혼합형 녹화 [녹화 하중(D.L.) – 200kgf/m^2 이상, 사람 하중 (L.L) – 200kgf/m^2]

2) 옥상 안전 난간 높이 및 추락방지 안전장치의 고려
  - 옥상녹화 설계 시(신축 및 기존 건축물)에는 옥상의 가장자리 또는 파라펫 부위에 설치되는 안전난간의 법적 높이는 녹화층의 구성 후 법적높이를 유지

3) 풍압에 대한 대비

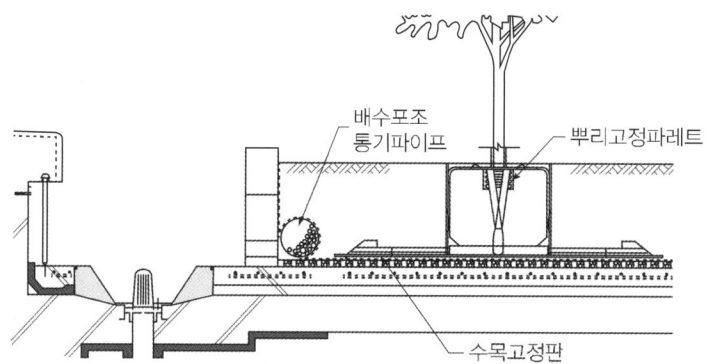

① 지중 지주를 설치하는 방식, 뿌리를 누를 수 있는 방식
② 줄기를 누를 수 있는 방식, 토양의 중량을 이용하는 방식
③ 건축 구체를 이용한 방식

4) 방근대상 면적
  ① 인공지반의 방수는 방수 공학적 관점에서 총체적으로 방근 조치가 이루어져야 한다.
  ② 식생으로 구성되는 부분에만 제한적으로 방근이 적용되어서는 안 된다.
  ③ 식물의 뿌리는 다양한 방향으로 성장하기 때문에 장기적으로 방수층 전체를 보호할 수 있도록 방근 계획을 세워야 한다.

공법분류

2. 인공지반녹화용 방수층 및 방근층 시공 시 유의사항

요 인	방 법
녹화 공사 및 조경 수목의 뿌리에 의한 방수층(방근층)의 파손(보호 대책)	① 방수재의 종류 및 재질 선정 　– 아스팔트계 시트재보다는 합성고분자계 시트재 사용 ② 방근층의 설치(방수층 보호) 　– 플라스틱계, FRP계, 금속계의 시트 혹은 필름, 조립 패널 성형판 　– 방수·방근 겸용 도막 및 시트 복합, 조립식 성형판 등
배수층 설치를 통한 체류수의 원활한 흐름	방수층 위에 플라스틱계 배수판 설치
체류수에 의한 방수층의 화학적 열화	① 방수재의 종류 및 재질 선정 　– 아스팔트계 시트재보다는 합성고분자계 시트재 사용 ② 방수재 위에 수밀 코팅 처리 　(비용 증가 및 시공 공정 증가)
바탕체의 거동에 의한 방수층의 파손	① 콘크리트 등 바탕체가 온도 및 진동에 의한 거동 시 방수층 파손이 없을 것 ② 합성고분자계, 금속계 또는 복합계 재료 사용 ③ 거동 흡수 절연층의 구성
유지관리 대책을 고려한 방수시스템 적용	① 만일의 누수 시 보수가 간편한 공법(시스템)의 선정 ② 만일의 누수 시 보수대책(녹화층 철거 유무) 고려

3. 구성요소별 시공 시 유의사항

1) 방수 및 방근층 시공관리

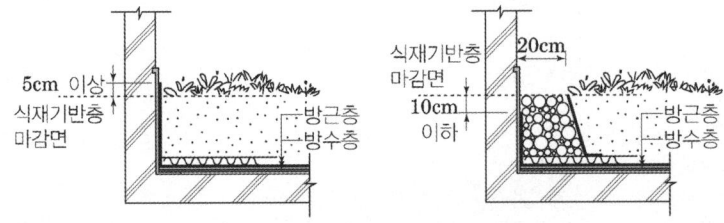

[가장자리 구성에 따른 방근층 올림부 높이 구분]

① 보호층을 방수층 위에 설치한 후 녹화 시공이 이루어져야 한다.
② 방근재의 접합부, 끝단부, 차단부, 지붕 관통부 및 이음매 등에서의 뿌리 침입을 방지하도록 시공
③ 자외선에 대해 내구성이 없는 방수나 방근층은 광선으로부터 차단
④ 수직면(벽체 또는 파라펫)과의 접합면에서 방근층 올림부의 높이는, 수직면 주변에 식재기반이 존재할 경우 마감면 상부로 최소 50mm 이상 노출시키고, 배수로 등과 같이 식재기반이 아닌 소재가 존재할 경우 100mm 이내로 올림높이를 조정 가능

공법분류

2) 보호층 시공관리

① 방수/방근층의 보호층은 시공과정에서 기계적 손상으로 그 기능이 약화되지 않도록 하여야 한다.

② 방수나 방근을 수행한 뒤에 적합한 두께로 보호층이 포설된 경우는 추가의 보호조치가 필요치 않다.

3) 배수구, 점검구 등 설치 시공관리

① 점검구는 토양층에 묻혀서는 안 되며, 적정 직경의 배수구가 최소 옥상층 모서리마다 배치

② 시공 중에 육성토양 또는 멀칭재 등이 주위에 산재되어 있는 상태로 물을 흘려보내면 배수구의 막힘을 유발할 수 있기 때문에 확실하게 청소한 후에 물을 사용

4) 기타 관련 공사관리

① 부직포나 직조물로 이루어진 여과층: 별도의 부착방식이 없는 한 접합면을 따라 최소 100mm 이상 겹쳐져 시공

② 모서리에서는 식재기반층의 표층부까지 높여서 놓도록 한다.

③ 토양층(식재 기반층)의 토양 및 골재는 습윤한 상태에서 조성

④ 겨울철 동결 시 토양 수분에 의한 부피팽창으로 건축물의 측 하부에 압이 가해질 수 있으므로, 구조체의 파손의 위험을 경감할 수 있는 토양의 선택이 고려되어야 한다.

⑤ 식재층은 생태적 영속성, 종다양성, 계절감, 경관가치, 성상구성 등을 고려하여 적합한 식물소재를 선택하고, 식물소재 특성에 맞는 식재공법을 선정

4. 시공 후 고려사항

① 누수여부 확인

② 배수 상태 확인

③ 녹화시설물의 관리

④ 방수층의 보호

⑤ 배수구의 관경 및 루프 드레인의 설치 상태 및 청소관리

5. 유지관리

① 방수/방근층 관리

② 배수설비관리

③ 청소관리

9-109	지하저수조 내부 방수 방식공사	
No. 709		유형: 공법 · 기능

공법분류

부위별/지하

Key Point

■ 국가표준
– KCS 41 40 18

■ Lay Out
– 요구성능
– 시공

■ 핵심 단어
– 오염수 유입 방지

■ 연관용어

I. 정 의

물을 저장하는 저수조에 오염수가 유입되는 것을 방지하기 위한 것으로, 층고가 높고 규모가 큰 저수조의 특성상 옹벽 및 concrete에 crack, cold joint, 재료분리 등의 발생을 방지하도록 한다.

II. 방수 재료의 요구성능

- **화학적 성능**
  - 수처리 과정에서 사용되는 오존, 염산, 수산화나트륨, 차아염소산으로부터 방수·방식재가 침식(표면열화, 부착성 저하, 수밀성 저하 등)되지 않고 장기적인 안정성을 유지하는 성능

- **물리적 성능**
  - 방수·방식재에 발생되는 외압적인 충격으로부터 안전성, 콘크리트 바탕 균열의 움직임(거동 및 반복 피로 등)으로부터 안전한가에 대한 성능

- **수질안전 성능**
  - 방수·방식재가 상기 환경조건에서 수질 안정성, 즉 먹는 물로서의 위생 안전성, 재활용소재 활용에 있어서의 사용 안전에 대한 성능

III. 시공

1. 방수 · 방식재의 종류와 적용구분

구 분		밀폐형 구조물[3]		개방형 구조물[4]	
콘크리트 바탕조건		건조 환경[5]	습윤 환경[6]	건조 환경	습윤 환경
도막계	용제계	–	–	○	–
	무용제계	○	–	○	–
	수계	○	○	○	○
부착계	자기타일계 패널	○	○	○	○
	강화유리계 패널	○	–	○	–
	스테인리스계 패널	○	–	○	–
	고분자수지계 패널	○	–	○	–
라이닝계	합성고분자계 시트	○	○	○	○
	스테인리스계 시트	○	○	○	○

주: 1) 본 표에 구분된 재료는 염소를 이용한 수처리 시설의 경우를 대상으로 함. 오존을 이용한 수처리 시설은 대상 외로 함.
   2) 범례: ○: 적용, –: 표준 외
   3) 자연환기가 어려운 ㅁ형, ㅇ형의 콘크리트 구조물을 말한다.
   4) 자연환기가 잘 이루어지는 U형의 콘크리트 구조물을 말한다.
   5) 콘크리트 표면이 건조한 상온 조건에서 습도 85 % 이하의 환경을 말한다.
   6) 콘크리트 표면이 수분(물기·습기)에 젖어 있거나 습도 85 % 이상의 환경을 말한다.
     다만, 습도 90% 이상에서는 방수·방식재의 경화 불량 등의 문제가 발생할 수 있으므로 시공을 중지한다.

공법분류

2. 바탕 콘크리트의 조건

1) 콘크리트 구체

① 콘크리트는 방수·방식재 시공 후 최소 부착강도 $1.2N/mm^2$(도막계, 패널계, 시트계의 부착공법 기준) 이상

② 장기간의 노출로 인하여 콘크리트 표층부가 동결융해, 중성화, 화학적·열적 침해 등을 입은 상태에서는 콘크리트 표층부의 강도가 $1.2N/mm^2$(도막계 기준) 이상을 확보하고 있는지 확인

2) 콘크리트 표면

① 콘크리트의 표면은 방수·방식 시공 전에 도료의 도포에 지장을 주는 요인(철선, 돌출부, 패임부 등)은 제거

② 거푸집 박리제, 도포 방수재, 양생제 등을 사용한 콘크리트 표면이나 레이턴스 발생이 관찰된 표면은 그라인딩, 고압수 세척, 샌딩 블라스트 등의 방법으로 청소하여 제거

3) 콘크리트 건조

① 도포 전의 콘크리트는 건조된 상태이어야 한다.

② 콘크리트 건조 상태의 확인 방법으로는 표면 함수율 측정기를 이용한 함수율 측정 결과 표면 함수율이 8% 이하

③ 투명한 비닐시트(1,000mm ×1,000mm)로 콘크리트면을 덮고 주변을 실링하여 16시간이 경과한 후 수분의 결로가 없어야 한다.

3. 보수·보강

① 거푸집의 단차(요철부)는 그라인더 등의 전동 공구를 사용하여 평활하게 하고, 곰보, 골재분리 부분은 바탕 조정재, 무수축 그라우트 등을 밀실하게 충전

② 균열은 주입 처리 또는 U(또는 V)컷하여 바탕 조정재나 방수·방식 도료의 도포에 지장을 주지 않는 실링재를 충전

③ 콜드 조인트는 U(또는 V)컷하여 시멘트 혼입 에폭시 수지계 모르타르 등을 충전

④ 레이턴스층, 거푸집 박리제, 기름, 때, 먼지 등 콘크리트 표면의 이물질과 못, 나무 조각 등의 혼입물은 칩핑 공구, 샌딩 블라스터, 용제 및 고압수 세척 등의 방법으로 제거

⑤ 이어치기부는 U(또는 V) 컷하여 시멘트 혼입 에폭시 수지계 모르타르 등을 충전

⑥ 누수 부위는 급결 방수제 및 시멘트 등의 지수제를 사용하여 지수한 후 바탕 조정재 및 방수·방식 도료를 도포

⑦ 폼타이, 세퍼레이터 끝부는 시멘트 혼입 에폭시 수지 모르타르 등을 사용하여 내부까지 밀실하게 충전하여 평탄하게 되도록 처리

⑧ 매설관 및 트랩은 콘크리트와 접하는 주변을 U(또는 V)컷하고 바탕 조정재 및 방수·방식 도료를 도포함에 지장을 주지 않는 실링재로 충전

⑨ 신축 줄눈은 줄눈 내부의 레이턴스를 제거한 후 백업재를 충전하고, 프라이머를 도포한 후 실링재로 처리

9-110	발수공사	
No. 710		유형: 공법 · 기능

공법분류

보호

Key Point

■ 국가표준
- KCS 41 40 18

■ Lay Out
- 자재
- 시공

■ 핵심 단어
- 물방울 상태로 고체표면과 분리

■ 연관용어
- 백화

I. 정 의

① 바탕 표면에 물이 접촉하는 경우 접촉각을 크게 하여 물방울 상태로 고체표면과 분리되어 재료(구조체)의 내부 구조에 변화를 주지 않고, 바탕 표면에 발수성 피막을 형성하는 공법

② 건축물 및 토목 구조물의 내구성 증진을 목적으로 콘크리트, 자연석, 벽돌, 인조석, 점토벽돌, ALC블록 및 패널 등의 수직부 외부 표면에 발수제(물흡수 방지제)를 도포하여 발수성(물흡수 방지 성능)을 부여하는 시공을 할 경우에 적용한다.

II. 자재

[발수제의 품질기준]

항목		기준치	
		유기질계	무기질계
도포 후의 겉모양		변화가 없을 것	
침투깊이		2.0mm 이상	_2)
내흡수 성능	표준상태[1]	물흡수계수비 0.10 이하	물흡수계수비 0.50 이하
	내알칼리성 시험 후		
	저온, 고온 반복 저항성 시험 후		
	촉진 내후성 시험 후	물흡수계수비 0.20 이하	
내투수성능		투수비 0.10 이하	
염화이온 침투저항성능		3.0 mm 이하	
용출저항 성능	냄새와 맛	이상 없을 것	
	탁도	2도 이하	
	색도	5도 이하	
	중금속(Pb로서)	0.1mg/ℓ 이하	
	과망간산칼륨 소비량	10mg/ℓ 이하	
	pH	5.8~8.6	
	페놀	0.005mg/ℓ 이하	
	증발 잔류분	30mg/ℓ 이하	
	잔류 염소의 감량	0.2mg/ℓ 이하	
인화점		80℃ 이하에서 불꽃이 발생하지 않을 것	

주: 1) 흡수방지재를 도포하고 열화처리를 하지 않은 시험체
   2) 무기질계인 경우에는 침투비성막형으로서 방수막을 형성하지 않고 모세관 공극에 시멘트 수화물과 동일한 형태의 생성물을 형성하여 조직을 치밀화시킴으로써 외부로부터의 물 또는 염화이온(Cl−)의 침투를 억제하는 메커니즘을 가지고 있기 때문에 침투깊이의 측정이 불가능하여 침투깊이에 대한 성능을 규정하지 않음

Ⅲ. 시공

1. 발수공사 일반

1) 콘크리트 바탕

① 평탄하고, 휨, 단차, 들뜸, 레이턴스, 취약부나 현저한 돌기물 등의 결함이 없을 것

② 곰보, 균열부분이 없을 것

③ 발수처리에 방해가 되는 먼지, 유지류, 얼룩 및 녹 등이 없을 것

④ 콘크리트 이음타설부는 줄눈재가 제거되어 있을 것

⑤ 줄눈재를 사용하지 않은 콘크리트 이음타설부는 이음면의 양쪽으로 V컷하여 콘크리트 또는 보수 모르타르로 발수처리에 용이하도록 마감처리되어 있을 것

⑥ 거푸집 긴결재는 제거되어 있을 것

⑦ 누수되는 부위가 없을 것

⑧ 발수처리하는 표면층은 충분히 건조되어 있을 것

2) 적벽돌, 석재, ALC 블록 및 패널의 시공상

① 적벽돌, 석재, ALC 블록 및 패널의 시공줄눈은 충분히 미려한 상태로 마감되어 있을 것

② 석재는 균열, 파손 및 흠집 등의 결함이 없고, 마무리 치수 오차 부분이 충분히 마감되어 있을 것

③ 블록의 외벽이 측벽 또는 모서리벽과 접하는 부위는 충전재로 충전하고 외부측에서의 발수처리에 지장이 없을 것

④ 칸막이벽 패널과 기둥이 접하는 부위 등의 모서리 파손 및 마모의 우려가 있는 부위는 발수공사에 유효한 마감처리가 되어 있을 것

3) 드레인, 관통파이프 주변

① 드레인, 관통파이프 등은 발수공사에 지장이 없는 위치에 있을 것

② 드레인의 형상은 발수처리에 적합한 것으로 견고하게 설치하고 결손이 없을 것

③ 관통파이프, 위생기구 및 부착철물 등은 소정의 위치에 견고히 설치하여 발수공사에 지장이 없을 것

2. 바탕처리

① 실링재, 줄눈재, 시멘트 모르타르 등으로 표면처리: 곰보, 조인트, 이음타설부, 균열, 콘크리트에 관통하는 거푸집(창호 등), 기타 고정재에 의한 구멍, 볼트, 철골, 배관 주위

② 콘크리트 표면의 취약층, 먼지, 기타 오물 등과 같은 발수효과를 저해하는 것은 미리 제거

③ 발수 시공하고자 하는 표면은 표면함수율 8% 확인 후 시공한다.

3. 바탕처리 후의 점검 및 검사

① 바탕처리 후 충전재의 들뜸, 흘러내림, 이색 등을 점검하여 발수 시공에 지장이 없음을 확인

② 발수시공 면의 오염상태를 점검하고 청소한다.

③ 발수시공 면에 손을 대어 수분이 묻어날 정도면 송풍기 등으로 표면건조 시키거나 헝겊 또는 스펀지 등으로 물을 닦아낸다.

4. 발수제의 도포

① 발수제는 붓, 롤러, 뿜칠 등으로 시공 부위에 균일하게 도포한다. 붓으로 바를 경우에는 바름 방향이 일정하도록 겹쳐서 도포

② 앞 공정에서 도포한 발수제가 충분히 침투되어 손가락 끝에 묻어나지 않는 상태가 되도록 충분히 건조된 다음에 2차 도포

③ 1차 시공 방향과 다른 방향인 가로나 세로 방향으로 시공한다.

④ 2차 도포가 끝난 후 충분히 발수시공이 되었는가를 확인하기 위해 분무기로 물을 분사하여 물 맺힘 상태를 확인하고, 물 맺힘 상태가 좋지 않을 경우에는 완전히 건조된 다음 다시 도포

⑤ 뿜칠기로 시공할 때도 같은 방법으로 시공

⑥ 저온시의 시공(5℃ 이하)은 피한다.

5. 발수제 도포 후의 점검

① 시공 범위 내에서 점검을 실시하여 핀홀이나 이색, 발수재의 남김이 없음을 확인

② 물 맺힘(발수) 상태를 확인하고, 도포 부위에서의 이상 유무를 확인

6. 양생

① 밀폐공간은 충분히 환기되도록 하고, 수분이나 습기의 유입을 막는다.

② 밀폐장소에서의 결로가 예상될 때에는 환기, 통풍, 제습의 조치를 취한다.

③ 저온에 의한 동결이 예상되는 경우에는 충분히 용제가 휘발될 수 있는 조치를 취한다. 다만, 화기는 절대 엄금한다.

공법분류	☆☆★	1. 방수공사	
	9-111	누수보수공사	
	No. 711		유형: 공법 · 기능

보수

Key Point

■ 국가표준
- KCS 41 40 18

■ Lay Out
- 유지관리 절차
- 자재
- 시공

■ 핵심 단어
- 오염수 유입 방지

■ 연관용어

I. 정의

건설구조물(공동주택 지하주차장, 지하차도, 공동구 등)의 콘크리트 구조체에 있어서 방수시공 이후 방수층의 성능 저하, 구조체의 균열 거동에 의한 방수층 손상 등으로 나타나는 누수에 대하여 누수 균열의 환경 조건에 적합한 보수재료 및 공법을 적용한다.

II. 누수보수 균열의 유지관리 절차

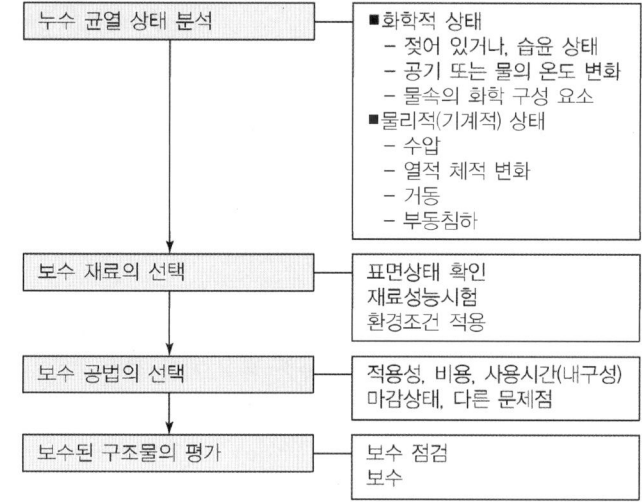

III. 자재

1. 요구성능

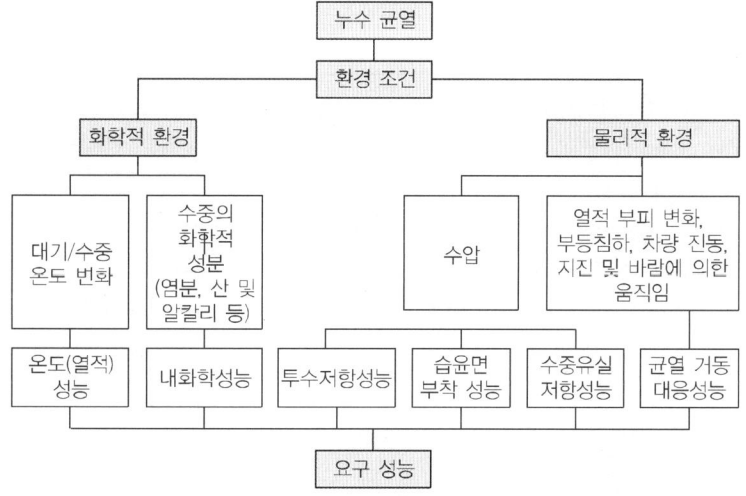

1) 온도의존 성능
   - 누수균열 보수용 재료가 주변의 온도변화(저온 및 고온 영역범위)에 장기적으로 재료적 안전성을 확보하는 성능
2) 내화학 성능
   - 누수균열 보수용 재료가 주변의 화학물질(산, 알칼리, 염분 등의 침식 물질)에 의해 영향을 받았을 때 장기적으로 침식되지 않고 안정성을 유지하는 성능
3) 투수저항 성능(불투수 성능) 물
   - 누수균열 보수용 재료가 주변의 수압 및 수량 변화에 의해 투수·흡습되지 않고 장기적으로 안전성을 확보하는 성능
4) 습윤면 부착 성능
   - 누수균열 보수용 재료가 젖어 있는 균열 바탕체 표면에서 주입 시공한 이후에도 장기적으로 안전한 부착성(습윤면 접착 또는 점착)을 유지하는 성능
5) 수중 유실 저항 성능
   - 누수 균열 보수용 재료가 지하수 혹은 침입수의 수압이나 유속에 의해 유실되지 않고 장기적으로 안정성을 확보하는 성능
6) 수중 유실 저항 성능
   - 누수균열 보수용 재료가 균열의 거동 시 파괴되거나 찢어지지 않고, 장기적으로 유연하게 대응하는 성능
7) 수중 유실 저항 성능
   - 균열보수용 재료가 지하수 등에 용해되거나, 유실되어 수질의 안전성에 영향을 미치지 않는 성능

2. 적용 재료 선정의 주의사항

재료

- 시멘트계 주입재
- 친수성 에폭시수지계 주입재
- 폴리우레탄계 주입재
- 수계 아크릴 겔 주입재
- 합성고무계 폴리머 겔 주입재

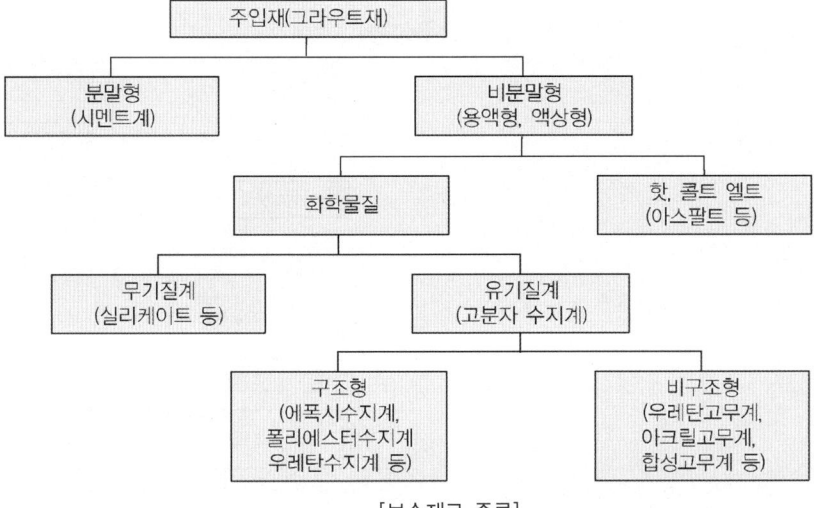

[보수재료 종류]

1) 시멘트 주입재
   - 구조물의 거동 및 진동 영향 시 균열 주입재가 파손되므로 사용을 피하거나 주의
   - 무수축, 탄성형 시멘트계 주입재를 사용
2) 일반 건조경화형 에폭시 수지
   - 습윤면에서는 수계(습윤 경화형) 에폭시 수지의 사용으로 콘크리트 공극 내에 잔여 습기가 있더라도 계면 부착되도록 하여야 한다.
3) 발포 우레탄주입재
   - 수압이 지속적으로 작용하는 곳에서는 사용을 피하거나 주의
4) 수계 아크릴 겔 주입재
   - 균열 거동 시 재료 파괴가 발생할 수 있으므로 거동이 큰 조인트 등에는 사용을 피하거나 주의
5) 합성고무계 폴리머 겔 주입재
   - 합성고무계 폴리머 겔의 흐름성(시공성)과 수압에 대한 대응성을 고려하여 점도 2,000,000cPs 이상을 사용하여야 한다.

Ⅲ. 시공

1. 누수보수재의 종류와 누수균열 적용구분

구분		일반 구조물		특수 구조물[2]	
콘크리트 바탕조건(누수균열)		습윤조건	수중조건	습윤바탕	수중조건
시멘트계 주입재	경사압력주입	△	−	−	−
	수직압력주입	○	−	−	−
	구조체 배면주입	△	○	△	△
친수성 에폭시수지계 주입재	경사압력주입	○	−	−	−
	수직중력주입	○	−	−	−
폴리우레탄계 주입재	경사압력주입	○	△	−	−
	수직압력주입	△	△	−	−
	구조체 배면주입	△	△	△	△
수계아크릴 겔 주입재	경사압력주입	△	△	△	−
	수직압력주입	△	△	△	−
	구조체 배면주입	○	△	○	−
	방수층 재형성	○	△	△	△
합성고무계 폴리머 겔 주입재	경사압력주입	−	−	−	−
	수직압력주입	−	−	−	−
	구조체 배면주입	△	△	△	△
	방수층 재형성	○	△	○	△

주: 1) 범례: ○: 적용, △: 적용 가능하나 구조물 환경과의 적합성 검토 필요, −: 표준 외(추천하지 않으나 사용자의 책임으로 적용 가능함)
2) 특수 구조물이라 함은 상시적인 거동이 반복적으로 발생되는 구조물(철도 및 교량, 진동형 기계시설이 설치된 건축물 등)을 말함.

공법분류

2. 누수균열 직접 주입공법

1) 경사주입공법

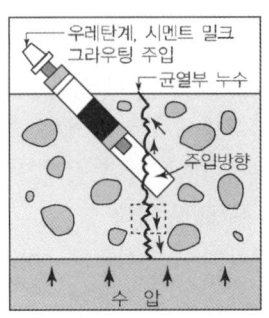

- 구조체 내부에서 관통 균열 중앙부에 보수재를 직접 주입하고, 균열 좌우측으로 보수재를 충전하여 누수를 차
- 보수재가 관통균열 틈새에 완벽히 충전되지 않는 경우가 있고, 균열 거동력의 영향으로 보수재가 손상되어 다시 누수가 발생하는 사례가 있으므로 시공 후 유지관리에 유의

2) 수직중력 및 수직압력주입

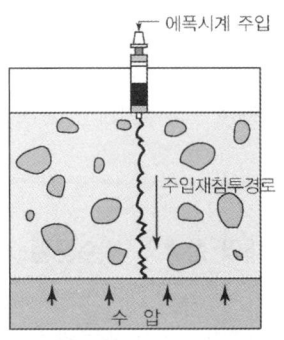

- 보수재가 중력에 의하여 균열 틈새로 스며들게 하고, 수직압력은 일정압력을 가하여 보수재가 콘크리트 균열을 충전함으로써 누수를 차단
- 수직중력주입은 보수재가 균열 틈새에 완전히 흘러들어 가지 않는 경우가 있고, 수직압력주입은 콘크리트 균열을 확대시키는 문제가 발생할 수 있다.

3) 구조체 배면주입

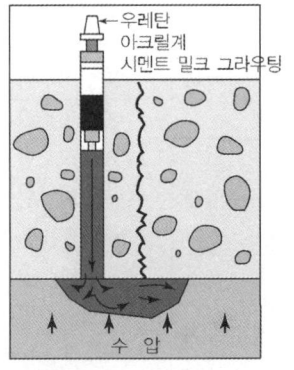

- 지하구조물의 누수취약부(Expansion Joint, Control Joint, 균열부, 폼타이 구멍 등)를 대상으로 콘크리트를 관통시켜 구조체 뒤쪽(배면)의 흙에 보수재를 주입하여 물의 진입을 차단
- 배면의 흙의 상태, 공간 상태에 따라 주입 보수재료, 주입방법, 재료 사용량을 조절

4) 방수층 재형성 공법

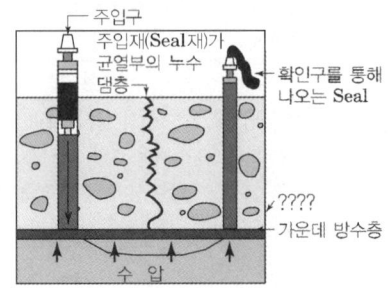

- 지하구조물 외면에 시공된 방수층의 손상에 따른 누수발생 시 해당 누수 부위 주변의 콘크리트를 관통시켜 구조체와 기존의 방수층 사이에 보수재를 주입하여 방수층의 성능을 회복시켜 누수를 차단
- 방수층과 바탕체의 틈새, 보호층과 방수층의 틈새까지 구멍을 뚫어 보수재를 주입

기타용어	1	창호주위 누수 방지
		유형: 공법·기능

I. 정 의

① 창호주위 방수는 Lintel(인방보), 인방 block, 창쌤 block, 창대 block 등 창호주위를 통해 물이 유입되는 것을 방지하기 위한 것으로 창호와 접합부의 상세, 창호 system을 고려한다.

② 통상 창호자체나 창호 system의 문제보다는 창호와 접합부의 누수가 문제이므로 사전에 창호 주변 상세를 철저히 검토한다.

II. 누수경로와 확인사항

누수구조	확인사항
주변의 구조체와 마감층의 누수	• 밀실한 벽체형성 • 적정 벽두께/유도줄눈의 적절한 배치1) • 하인방의 외부 물매(1/5 정도)
Sash 고정부 결함으로 발생한 누수	• 누수가 제일 많은 곳으로 관리 철저 • 큰개구부의 경우 Sash 주변에 완충재 필요(Crack 흡수) • 충전 모르타르의 충분한 두께 • 주변 Sealant의 올바른 시공
Sash 자체의 결함에 의한 누수	• Sash 교차 부위(접합부)의 지수 처리 • 배수경로 확인

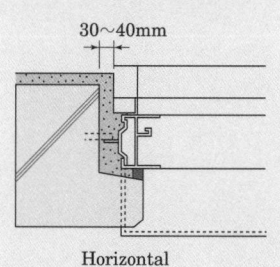

30~40mm

Horizontal

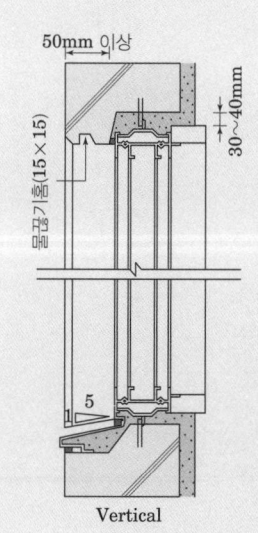

50mm 이상

물끊기홈(15×15)

30~40mm

5

Vertical

III. 창호주변 누수방지

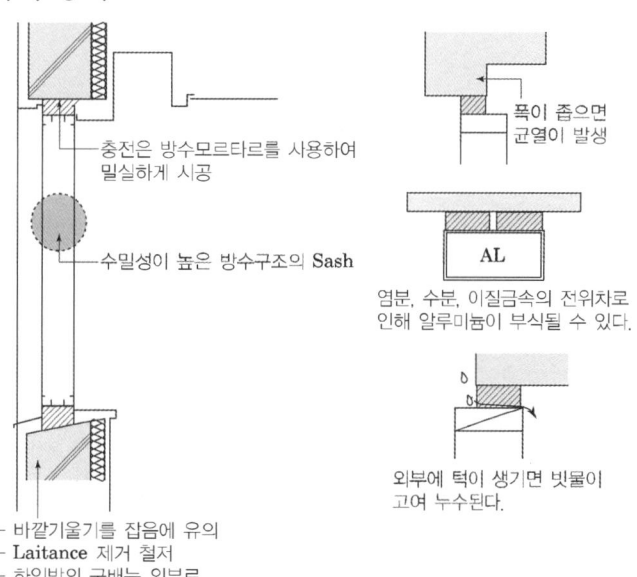

충전은 방수모르타르를 사용하여 밀실하게 시공

수밀성이 높은 방수구조의 Sash

폭이 좁으면 균열이 발생

AL

염분, 수분, 이질금속의 전위차로 인해 알루미늄이 부식될 수 있다.

외부에 턱이 생기면 빗물이 고여 누수된다.

- 바깥기울기를 잡음에 유의
- Laitance 제거 철저
- 하인방의 구배는 외부로

9-5장

설치공사

Professional Engineer

마법지

목 유리 실링공사

1. 목공사
   - 목재의 조직 및 성질
   - 목재의 함수율과 흡수율
   - 목재의 섬유포화점
   - 목재건조의 목적 및 방법
   - 목재의 방부처리
   - 목재의 내화공법
   - 목재 천장틀
2. 유리 실링
   - 유리공법분류와 요구성능
   - 유리부품의 제작
   - Pair Glass (복층유리)
   - 복층유리의 단열간봉(Spacer)
   - 진공복층유리(Vacuum Pair Glass)
   - 강화유리
   - 배강도유리
   - 열선 반사유리(Solar Reflective Glass)
   - 로이유리(Low Emissivw Glass), 저방사 유리
   - 접합유리
   - 망 판유리 및 선 판유리(Wired Glass)
   - 유리블럭
   - 유리설치 공법
   - 대형판유리 시공법
   - SSG(Structural Sealant Glazing System)공법
   - SPG(Structural Point Glazing), Dot Point Glazing
   - 유리의 자파(自破)현상
   - 유리의 영상현상
   - 열파손 현상
   - 실링공사
   - Bond Breaker/실링방수의 백업재 및 본드 브레이커
   - 유리공사에서 Sealing 작업시 Bite

마법지

창호 수장공사

3. 창호공사
- 창호의 분류 및 하자
- 소방관 진입창
- 갑종방화문 시공상세도에 표기할 사항, 구조 및 부착철물
- 방화셔터
- 방화유리문
- 창호의 지지개폐철물
- 창호공사의 Hardware Schedule

4. 수장공사
- 드라이월 칸막이(Dry Wall Partition)의 구성요소
- 경량철골천장
- 시스템 천장(System celling)
- 도배공사
- 방바닥 마루판 공사
- Access Floor, OA Floor
- 주방가구 설치공사
- 주방가구 상부장 추락 안정성 시험

재료

재료성질

Key Point

■ 국가표준

■ Lay Out
- 목재의조직

■ 핵심 단어
- 목질부
- 형성층
- 나이테
- 수피

■ 연관용어

[곧은결]

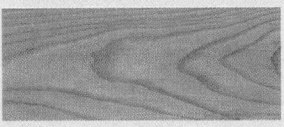

[무늬결]

☆☆☆	1. 목공사	
9-112	목재의 조직 및 성질	
No. 712		유형: 공법 · 성능 · 기준

I. 정 의

① 목재의 조직은 목질부, 형성층, 나이테, 수피 등으로 구분되며, 각 부위에 따른 특성이 다르므로 목재의 조직에 대한 충분한 이해를 바탕으로 사용 용도에 적합한 목재를 이용한다.

② 목재의 조직은 통나무를 절단한 목재의 횡단면의 조직과 명칭으로, 목재의 성질은 그 구성성분과 구조상태에 따라서 달라지므로 그 조직을 알면 목재의 성질을 알 수 있고 수종을 구분할 수 있다.

II. 목재의 조직

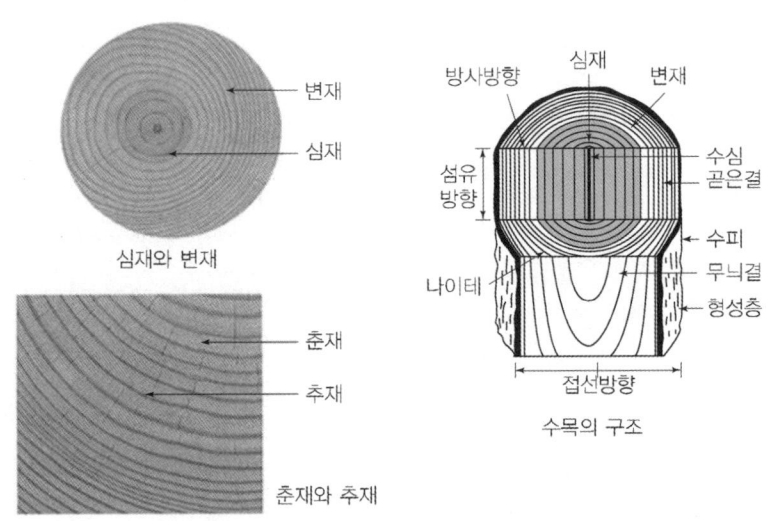

심재와 변재

춘재와 추재

수목의 구조

구 분		내 용
목재의 결	곧은결면	목재 줄기의 수심을 통과해서 켠 종단면
	무늬결면	목재의 줄기를 횡단면으로 자른면
	마구리면	목재 줄기의 수심을 벗어나서 켠 종단면
나이테 (연륜)	춘재	나이테 중에서 색깔이 연하고 조직이 치밀하지 못한 부분이며 봄에서 여름 동안 자란부분
	추재	나이테 중에서 색갈이 짙고 조직이 치밀하고 단단한 부분이며 가을에서 겨울에 자란 부분
	위연륜	연륜이 이상 기후로 1년에 1대 이상 생기거나 일부가 비정상형으로 된 것이다.
목재의 질	변재	목재의 껍질 가까이에 있는 엷은색 부분, 수분을 많이 함유하고 있기 때문에 제재 후 부패가 쉽고 변형이 심해서 이 부분은 사용하지 않는다.
	심재	수심에 가까이 있는 짙은색 부분, 세포가 거의 죽어 있다. 단단하고 수분이 적어 변형이 적기 때문에 이 부분을 사용한다.
	곧은결재	건조 수축률이 작아 변형이 적고 나뭇결이 평행 직선을 되어 있고 수선이 띠모양 혹은 반점모양으로 나타난다.
	무늬결재	건조수축이 커서 변형이나 균열이 가기 쉽고 제재가 용이하며 곧은 결재에 비해 가격이 저렴, 폭이 넓은 것을 얻기 쉽다. 건조가 빠르고 특수 장식용으로 이용

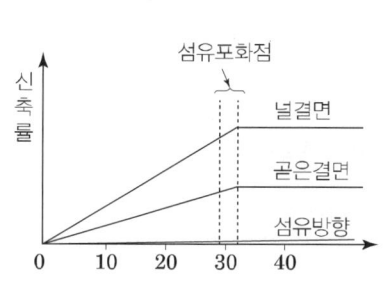

Ⅲ. 목재의 성질

1) 목재의 함수율

용도	함수율
구조재	20% 이하
수장재	15% 이하
마감재	13% 이하

2) 섬유포화점(Fiber Saturation Point)

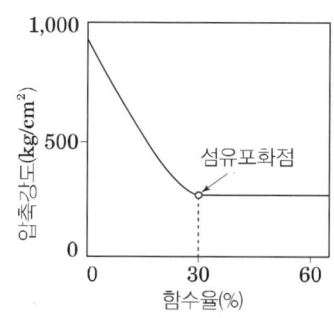

① 섬유포화점 이상에서는 강도·신축률이 일정하다.

② 섬유포화점 이하에서는 강도·신축률의 변화가 급속히 진행된다.
   수목재 세포가 최대 한도의 수분을 흡착한 상태. 함수율이 약 30%
   의 상태이다.

3) 밀도와 비중

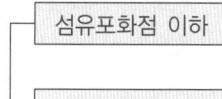

- 함수율이 감소함에 따라 목재는 수축하고, 강도는 증가한다.
- 강도는 일정

4) 수축과 팽윤

결합수의 증감은 셀룰로오스 결정영역사이의 간격을 변화시키게 되며, 이것에 의해 세포벽의 부피가 커지거나 작아지게 되고 그 결과로 목재 전체의 팽윤과 수축현상 발생

5) 인장 및 압축비중, 함수율, 외력의 방향에 의해 좌우

목재의 비중이 증가함에 따라 내강이 좁은 세포가 차지하는 비율이 높아지면 목재의 강도는 증가하게 되며, 섬유방향의 강도가 가장 크다.

6) 내연성

부피가 작고 두께가 얇으면 화재에 약한 것이 목재이지만 그 반대일 경우 화재 시 불이 붙는 착화온도가 높아지며 탄화막이 형성되어 불에 필요한 산소공급을 차단함으로써 연소속도는 현저하게 줄어들게 된다.

9-113	목재의 함수율과 흡수율	
No. 713		유형: 기준·성능·재료

재료성질
Key Point

■ 국가표준
- KCS 41 33 01
- KS F 2199

■ Lay Out
- 목재의 함수율·흡수율
- 함수율이 목재에 미치는 영향
- 목재의 함수상태

■ 핵심 단어
- 건조기 내에서 항량 도달
- 건조 전 재료의 중량

■ 연관용어
- 섬유포화점

함량

건조 또는 가열을 반복하여 중량이 일정하게 변화하지 않게 되었을 때의 중량

목재의 함수율

목재의 무게에 대한 목재 내에 함유된 수분 무게의 백분율(%)로서 함유수분의 양을 목재의 무게로 나누어서 백분율로 구하며, 기준이 되는 목재의 무게를 구하는 시점에서의 함수율에 따라 다음과 같이 두 가지로 구분함

건량 기준 함수율(%)

함유 수분의 무게를 목재의 전건무게로 나누어서 구하며 일반적인 목재에 적용되는 함수율

습량 기준 함수율(%)

함유 수분의 무게를 건조 전 목재의 무게로 나누어서 구하며 펄프용 칩에 적용되는 함수율

I. 정 의

① 목재의 함수율은 시편을 103±2℃로 유지되는 건조기 내에서 항량에 도달할 때까지 건조시킨 후 질량 감소분을 측정하고, 이 질량 감소분을 시편의 건조 후 질량으로 나누어 백분율로 나타낸 것
② 목재의 전건재 중량에 대한 함수량의 백분율이다.
③ 목재의흡수율은 흡수 전 체적에 대한 흡수 후 증가한 체적의 백분율

II. 목재의 함수율

1) 건축용 목재의 함수율

종별	건조재 12	건조재 15	건조재 19	생재	
				생재 24	생재 30
함수율	12% 이하	15 % 이하	19 % 이하	19 % 초과 24 % 이하	24 % 초과

주 1) 목재의 함수율은 건량 기준 함수율을 나타낸다.

- 내장 마감재 목재의 함수율은 15% 이하(필요에 따라서 12% 이하)
- 한옥, 대단면 및 통나무 목공사에 사용되는 구조용 목재 중에서 횡단면의 짧은 변이 900mm 이상인 목재의 함수율은 24% 이하

2) 함수율 산정식

$$MC = \frac{m_1 - m_2}{m_2} \times 100(\%)$$

- W_1: 건조전의 재료의 중량
- W_2: 환기가 잘되는 곳에서 100~105℃로 건조하여 일정량이 될 때

III. 목재의 흡수율

1) 목재의 흡수율

종별	방부목 적삼목	일반 고밀도 목재	합성목재	고강도 외장용목재
흡수율	13%	2%	1.2%	1%

2) 함수율 산정식

$$흡수율(\%) = \frac{흡수후체적 - 흡수전체적}{흡수전체적}(\%)$$

Ⅳ. 함수율이 목재에 미치는 영향(수축과 팽창)

1) 섬유포화점

① 섬유포화점 이상에서는 강도·신축률이 일정하다.

② 섬유포화점 이하에서는 강도·신축률의 변화가 급속히 진행된다. 수목재 세포가 최대 한도의 수분을 흡착한 상태. 함수율이 약 30%의 상태이다.

2) 밀도와 비중

섬유포화점 이하	• 함수율이 감소함에 따라 목재는 수축하고, 강도는 증가한다.
섬유포화점 이상	• 강도는 일정

Ⅴ. 목재의 함수상태

구 분		내 용
포수상태 (飽水狀態, water saturated condition)	정 의	• 세포벽이나 모든 공극(空隙)에 수분(水分)으로 완전히 포화되어 있는 상태를 말한다.
	목재/함수율	• 포수재(飽水材, water saturated wood) • 최대함수율(最大含水率, maximum moisture content)
생재상태 (生材狀態, green condition)	정 의	• 세포벽이 수분으로 완전히 포화되어 있고 세포 내강과 세포간극 등 세포공극의 일부분에만 액상수분(液狀水分)이 존재하는 상태를 말한다.
	목재/함수율	• 생재(生材, green wood) • 생재함수율(生材含水率, green moisture content)
섬유포화점(상태) (纖維飽點(狀態), FSP: fiber saturation point)	정 의	• 세포벽은 아직 포화되어 있으나 자유수는 공극에 존재하지 않을 때의 함수율
	목재/함수율	• 일반적으로 25~35% 범위이고, 평균치는 28%(혹은 30%)
기건상태 (氣乾狀態, ari died condition)	정 의	• 통상의 대기온도와 상대습도의 평균(平均)상태(狀態)
	목재/함수율	• 기건재(氣乾材, air dried wood) • 기건함수율(氣乾含水率, air-dry moisture content) • 기건상태의 표준함수율은 12%, 기후조건에 따라 변함, 한국의 연경균 기건함수율은 14.2%임
전건상태 (oven dry condition)	정 의	• 103±2℃로 조절되고 환기가 양호한 건조기 중에서 항량(抗量)에 도달할 때까지 건조한 상태
	목재/함수율	• 0%

재료

목재와 수분

섬유포화점 이상에서 목재의 강도는 일정하고, 섬유포화점 이하에서는 함수율이 감소함에 따라 목재는 수축하고, 강도는 증가하는 등 물리적 성질과 기계적 성질이 변한다.

재료

재료성질

Key Point

■ 국가표준

■ Lay Out
- 섬유포화점

■ 핵심 단어
- 빈 공극에는 물이 없고
- 세포벽은 수분으로 포화

■ 연관용어
- 목재의 함수율

★★★ 1. 목공사

9-114	목재의 섬유포화점	
No. 714	Fiber Saturation Point	유형: 기준 · 성능 · 재료

I. 정 의

① 목재 내의 세포 내강과 같은 빈 공극에는 물(자유수)이 없고 세포벽은 수분(결합수)으로 포화되어 있는 상태에서의 목재 함수율

② 일반적으로 함수율 30%를 기준으로 하며 목재는 섬유포화점을 경계로, 수축 · 팽창 등의 재질변화가 현저히 달라지고, 강도 · 신축성 등도 달라진다.

II. 목재의 섬유포화점(Fiber Saturation Point)

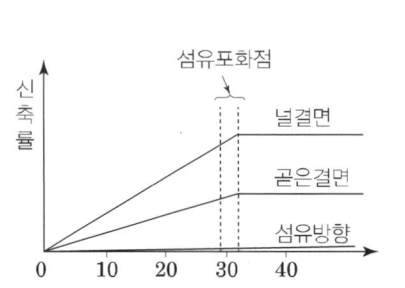
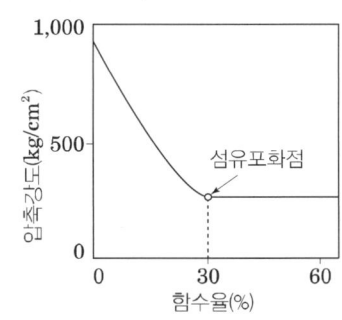

① 섬유포화점 이상에서는 강도 · 신축률이 일정하다.

② 섬유포화점 이하에서는 강도 · 신축률의 변화가 급속히 진행된다.
수목재 세포가 최대한도의 수분을 흡착한 상태. 함수율이 약 30%의 상태이다.

1) 건축용 목재의 함수율

종별	건조재 12	건조재 15	건조재 19	생재	
				생재 24	생재 30
함수율	12% 이하	15 % 이하	19 % 이하	19 % 초과 24 % 이하	24 % 초과

주 1) 목재의 함수율은 건량 기준 함수율을 나타낸다.

- 내장 마감재 목재의 함수율은 15% 이하(필요에 따라서 12% 이하)
- 한옥, 대단면 및 통나무 목공사에 사용되는 구조용 목재 중에서 횡단면의 짧은 변이 900mm 이상인 목재의 함수율은 24% 이하

2) 함수율 산정식

$$MC = \frac{m_1 - m_2}{m_2} \times 100(\%)$$

- W_1: 건조전의 재료의 중량
- W_2: 환기가 잘되는 곳에서 $100 \sim 105℃$ 로 건조

품질관리

9-115	목재의 건조목적 및 방법	
No. 715	seasoning of wood	유형: 기준 · 성능 · 재료

내구성
Key Point

■ 국가표준

■ Lay Out
- 목재의 건조과정 · 목재 의 건조 전 처리법
- 목재의 건조방법

■ 핵심 단어
- 수분이 줄어 가벼워지나
- 비중은 증가되고 강도도 증가

■ 연관용어
- 목재의 함수율
- 목재의 섬유포화점

건조의 목적

① 강도를 증가시킨다.
② 부패나 충해를 방지한다.
③ 목재를 경량으로 한다.
④ 사용후 신축휨 등의 변형을 방지한다.
⑤ 도장이나 약재처리가 손쉽도록 한다.

• 두께 25mm oak 재목의 천연 건조기간(함수율 20%까지)
- 잔적시기 6월초: 60일
- 잔적시기 11월초: 150일

I. 정 의

① 목재가 건조해지면 수분이 줄어 가벼워지나 목재의 비중은 증가하게 되고 강도도 증가하여 더욱 우수한 능력을 발휘 할 수 있다.
② 목재는 건조 상태에 따라 휨변형, 강도 및 가공성이 달라지며, 건조후 표면처리에 따라 내구성이 달라진다.

II. 목재의 건조과정

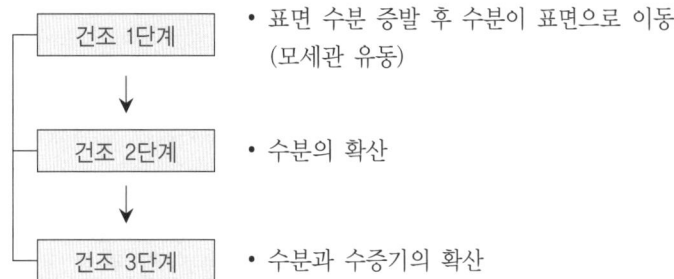

건조 1단계	• 표면 수분 증발 후 수분이 표면으로 이동 (모세관 유동)
건조 2단계	• 수분의 확산
건조 3단계	• 수분과 수증기의 확산

III. 목재의 건조 전 처리법

1) 수침법(침재법)
   ① 원목을 흐르는 담수에 1년 정도 담가두는 방법으로 목재 전신을 수중에 잠기게 하거나, 상하를 돌려서 고르게 수침 시키는 방법
   ② 목재 중의 함유 물질과 물이 바뀌어 그 후의 건조가 촉진되고, 고온 건조에도 변형이 적다.

2) 증기법(증재법)
   ① 원통형 증기 가마에 목재를 쌓고 밀폐한 후 포화 수증기로 목재의 함유 물질을 유출하는 방법
   ② 조작이나 설비가 간단하고 살균도 겸하고 있어 공업용으로 널리 이용
   ③ 목재 방부 공장에서는 증기처리 후 저압으로 방부제를 주입하는 데 이용

3) 자비법(자재법)
   ① 원목재를 열탕에 끓인 후 꺼내서 자연 대기 건조
   ② 수침법보다 건조시간은 단축되나 목재 중의 수지, 기타의 함유 물질이 유출되어 조직이 유연하게 되고, 온도차에 의한 신축이 적어지며 강도의 감소 또는 수종에 따라 목재 고유의 색이나 광택이 상실

품질관리

Ⅳ. 목재 건조의 방법

1. 자연건조

1) 정의
- 목재를 대기 중에 서로 엇갈리게 수직으로 쌓고, 일광이나 비에 직접 닿지 않도록 건조하는 방법

2) 특징
① 건조 후에 재질이 우수하며, 결함이 감소
② 시설투자비용 및 작업비용이 적다.
③ 한 번에 많은 목재를 건조 가능
④ 넓은 장소가 필요
⑤ 파손이나 손실될 우려

3) 건조방법
① 목재 상호 간의 간격, 지면과의 충분한 거리 이격
② 건조를 균일하게 하기 위해 상하좌우로 뒤집어준다.
③ 마구리에서의 급속 건조를 막기 위해 마구리면에 일광을 막거나 페인트칠

4) 종류
① 천연건조(air drying, natural drying)
② 촉진천연건조(accelerated air drying)
송풍건조(fan air drying), 옥내송풍드라이어(shed fan dryer), 옥외송풍드라이어(yard fan dryer), 강제공기드라이어(forced air dryer), 저온건조실(low temperature kiln), 조절공기드라이어(controlled air dryer), 전건조실(predryer)
③ 태양열건조
온실형(greenhouse-type), 반온실형(semi-greenhouse-type), 외부집열판형(external collector-type)
④ 기타 촉진천연건조
진동건조법(swing-drying), 원심건조법

2. 인공건조

1) 정의
- 인위적으로 조절된 환경에 목재를 둠으로써 함수율을 제어하는 방법

2) 필요시설
① 가열 장치: 실내 공기를 가열하는 방법으로 전열, 증기 또는 온수 이용
② 조습 장치: 가열 장치를 증기로 사용할 땐 증기를 그대로 조습용으로 이용할 수 있으나, 기타의 열원을 사용할 때는 별도의 증기 발생 장치를 설치
③ 공기 순환: 송풍기를 이용하여 공기의 순환속도를 빨리할 수 있다.
④ 건조: 인공건조 시 적당한 온도와 습도를 조절하고 건조 종료 때의 함수율은 보통 목재에서는 기건상태보다 2~5% 낮게 유지

품질관리

3) 종류
① 훈연 건조(Smoking seasoning)
- 나무 부스러기나 톱밥 등을 태워 연기를 건조실에 보내 건조
- 연기 중에 상당한 수분이 있어 건조 중에 균열이나 변형이 적고 시설비가 적게든다.
② 증기 건조(Stem timber seasoning)
- 증기로 건조실 내의 온도, 습도를 조절하는 방법
- 용기 속에서 2~3기압의수증기를 통과시켜 수액을 배제시켜 건조
③ 열기 건조(Hot air seasoning)
- 건조실 내의 공기를 열풍기로 가열하여 건조하는 방법
④ 전열 건조(Electric heat water seasoning)
- 열원을 전기로 사용하여 건조하는 방법
⑤ 연소가스 건조(Hot air seasoning)
- 연소 가마를 밖에 두고 완전 연소를 시켜 가스를 건조실로 보내는 방법
⑥ 진공 건조(Vacuum seasoning)
- 목재를 금속제 용기에 밀폐하여 진공상태에서 급속히 건조하는 방법
⑦ 고주파 건조(Dielectric heat seasoning)
- 고주파 에너지를 열에너지로 변화시켜 발열현상을 일으키게 하는 건조 방법
⑧ 마이크로파 건조(Microwave seasoning)
- 목재의 함수율을 제어할 수 있는 마이크로파를 이용한 목재 건조 방법

9-116	목재의 방부처리	
No. 716	wood preservative method	유형: 기준 · 성능 · 재료

품질관리

내구성

Key Point

■ 국가표준
- 목재의 방부 · 방충처리 기준
- KCS 41 33 01

■ Lay Out
- 방부 및 방충처리 목재의 사용
- 방부처리 방법
- 방부제의 종류 및 기호
- 방부제의 성능기준

■ 핵심 단어
- 부패시키지 않기 위한 공법
- 방부제 처리

■ 연관용어
- 목재의 품질관리

I. 정 의

① 목재를 부패시키지 않기 위한 공법 및 목재를 방부제로 처리하는 공법

② 목재의 부패원은 일정한 온도(20~40℃) · 습도(90% 이상) · 공기 · 양분이 적절한 상태에서 부패균에 의해 리그닌(lignin)과 셀룰로오스(cellulose)가 용해되는 것

II. 방부 및 방충처리 목재의 사용

① 구조내력 상 중요한 부분에 사용되는 목재로서 콘크리트, 벽돌, 돌, 흙 및 기타 이와 비슷한 투습성의 재질에 접하는 경우

② 목재 부재가 외기에 직접 노출되는 경우

③ 급수 및 배수시설에 근접한 목재로서 수분으로 인한 열화의 가능성이 있는 경우

④ 목재가 직접 우수에 맞거나 습기 차기 쉬운 부분의 모르타르 바름, 라스 붙임 등의 바탕으로 사용되는 경우

⑤ 목재가 외장마감재로 사용되는 경우

III. 방부처리 방법

방 법	내 용
도포법(塗布法)	• 목재를 충분히 건조시킨 후 균열이나 이음부 등에 붓이나 솔 등으로 방부제를 도포하는 방법. 5~6mm 침투 • 도포처리에 사용하는 목재방부제는 유용성인 IPBC 및 IPBCP이며 예방구제처리를 목적으로 하는 부분에만 사용할 수 있다.
주입법(注入法)	• 상압주입법(常壓注入法): 방부제 용액에 목재를 침지하는 방법으로 80~100℃ Creosote Oil 속에 3~6시간 침지하여 15mm 정도 침투 (침지처리로 상압처리에 사용하는 목재방부제는 수용성인 AAC와 유용성인 IPBC 및 IPBCP이며 처리제품은 사용환경 범주 H1 사용환경에 사용할 수 있다.) • 가압주입법(加壓注入法): 고온 · 고압(대기압을 초과하는 압력)의 tank 내에서 방부제를 주입하는 방법(KS F 2219)
침지법(浸漬)	• 상온에서 목재를 Creosote Oil 속에 몇 시간 침지하는 것으로 ·액을 가열하면 더욱 깊이 침투함. 15mm 정도 침투
표면 탄화법	• 목재의 표면을 약 3 ~ 12mm 정도 태워서 탄화시키는 방법
약제 도포법	• 크레오소트, 콜타르, 아스팔트, 페인트 등을 표면에 칠한다.

품질관리

Ⅳ. 목재 방부제의 종류 및 기호

구 분	종 류		기 호
수용성 목재방부제	구리 · 알킬암모니움화합물계	1호	ACQ-1
		2호	ACQ-2
	크롬 · 플루오르화구리 · 아연 화합물계		CCFZ
	산화크롬 · 구리화합물계		ACC
	크롬 · 구리 · 붕소화합물계		CCB
	구리 · 아졸화합물계	1호	CUAZ-1
		2호	CUAZ-2
		3호	CUAZ-3
	구리 · 사이크로핵실다이아제니움디 옥시-음이온화합물계	1호	CuHDO-1
		2호	CuHDO-2
		3호	CuHDO-3
	붕소·붕산화합물계		BB
	알킬 암모니움 화합물계		AAC
유화성 목재방부제	지방산 금속염계		NCU
			NZN
유용성 목재방부제	유기요오드화합물계		IPBC
	유기요오드 · 인화합물계		IPBCP
	지방산 금속염계		NCU
			NZN
	테부코나졸 · 프로피코나졸 · 3-요오드-2-프 로페닐부틸카바메이트		Tebuconazole, Propiconazole, IPBC
유성 목재방부제	크레오소트유	1호	A-1
		2호	A-2
마이크로나이즈드 목재방부제	마이크로나이즈드 구리 · 알킬암모늄화합물		MCQ

시공 시 유의사항

① 목재의 방부 및 방충처리는 반드시 공인(예를 들면 국립산림과학원 고시에 적합한 것으로 인정)된 공장에서 실시

② 방부처리목재를 절단이나 가공하는 경우에 노출면에 대한 약제 도포는 현장에서 실시

③ 방부처리목재를 현장에서 가공하기 위하여 절단한 경우에는 방부처리목재를 제조하기 위하여 사용되었던 것과 동일한 방부약제를 현장에서 절단면에 도포

④ 방부 및 방충처리 목재의 현장 보관이나 사용 중에 과도한 갈라짐이 발생하여 목재 내부가 노출된 경우에는 현장에서 도포법에 의하여 약제를 처리

⑤ 목재 부재가 직접 토양에 접하거나 토양과 근접한 위치에 사용되는 경우에는 흰개미 방지를 위하여 주변 토양을 약제로 처리

Ⅴ. 목재 방부제의 성능기준

성 능		항 목	성능기준치
방 부 성 능		평균 무게감소율 %	3.0 이하
철 부 식 성		철부식비	2.0 이하
흡 습 성		흡습비	1.2 이하
침 투 성		평균 흡수량비	0.5 이상
유 화 성	초기안정성	분리율 vol/wt %	어떠한 온도에 대하여서도 1.0 이하
	장기보존 안정성	분리율 vol/wt %	어떠한 온도에 대하여서도 1.0 이하
	반복사용 약액의 안정성	분리율 vol/wt %	어떠한 온도에 대하여서도 1.0 이하
		유효성분의 잔존율 wt %	100 ± 10

※ 유화성 시험은 유화성 목재방부제에 한하여 시험한다.

품질관리

VI. 사용환경범주, 사용환경조건, 사용가능방부제 구분

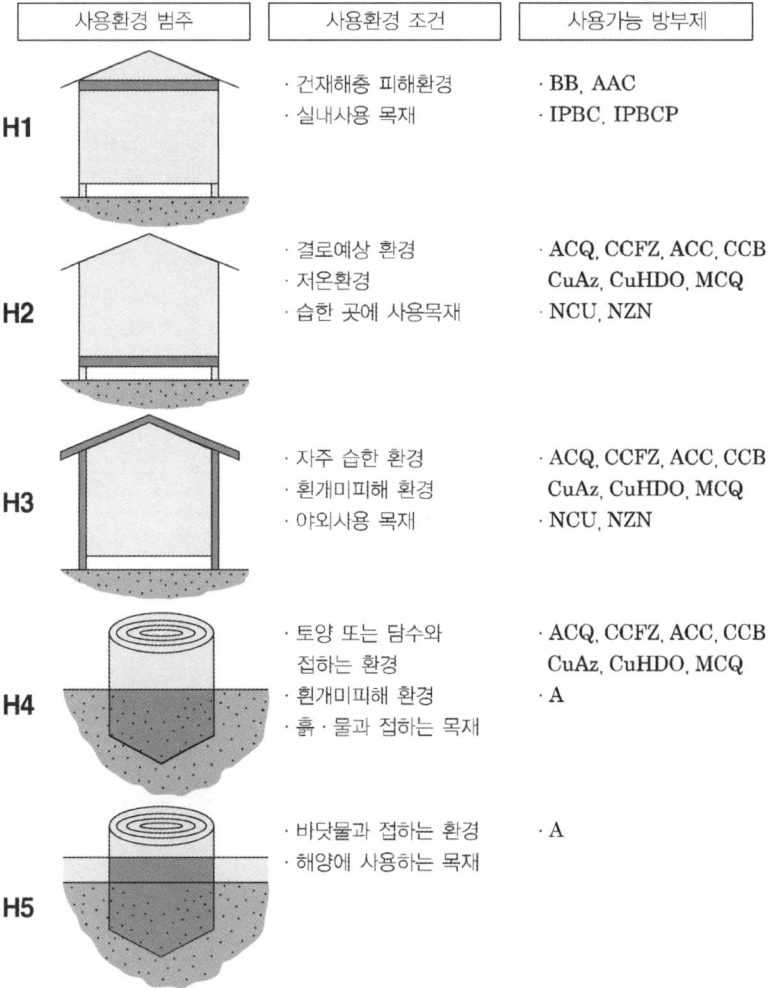

사용환경 범주	사용환경 조건	사용가능 방부제
H1	· 건재해충 피해환경 · 실내사용 목재	· BB, AAC · IPBC, IPBCP
H2	· 결로예상 환경 · 저온환경 · 습한 곳에 사용목재	· ACQ, CCFZ, ACC, CCB CuAz, CuHDO, MCQ · NCU, NZN
H3	· 자주 습한 환경 · 흰개미피해 환경 · 야외사용 목재	· ACQ, CCFZ, ACC, CCB CuAz, CuHDO, MCQ · NCU, NZN
H4	· 토양 또는 담수와 접하는 환경 · 흰개미피해 환경 · 흙 · 물과 접하는 목재	· ACQ, CCFZ, ACC, CCB CuAz, CuHDO, MCQ · A
H5	· 바닷물과 접하는 환경 · 해양에 사용하는 목재	· A

★★★   1. 목공사   84

9-117	목재의 내화공법	
No. 717		유형: 공법 · 성능 · 기준

Ⅰ. 정 의

① 목재섬유 내부에 특수내화성 약제를 처리하여 화재 상황에서 화염의 확산을 지연시키고, 발생되는 연기의 양을 감소시키기 위한 난연처리 공법
② 화재의 초기단계에서 방출되는 열량을 줄여 목재의 내화성능을 향상시키는 역할을 한다.

Ⅱ. 목재의 연소과정

450℃	발화점(Ignition Point)	평균 450℃정도
260℃	착화점(Burning Point)	화재위험온도, 평균 260℃정도
240℃	인화점(Flash Point)	200℃전후, 평균 240℃
160℃	수분증발	100℃전후, 평균 160℃에서 착색

Ⅲ. 내화공법

방 법	내 용
표면처리	• 목재 표면에 모르타르 · 금속판 · 플라스틱으로 피복한다. • 방화 페인트를 도포한다.(연소 시 산소를 차단하여 방화를 어렵게 한다.)
난연처리	• 인산암모늄 10%액 또는 인산암모늄과 붕산 5%의 혼합액을 주입한다. 화재 시 방화약제가 열분해 되어 불연성 가스를 발생하므로 방화효과를 가진다.
대단면화	• 목재의 대단면은 화재 시 온도상승하기 어렵다. • 착화 시 표면으로부터 1~2cm의 정도 탄화층이 형성되어 차열효과를 낸다.

Ⅳ. 품질관리

① 목재의 난연처리는 반드시 공인(예를 들면 국립산림과학원 고시에 적합한 것으로 인정)된 공장에서 실시
② 난연처리 목재를 절단이나 가공히는 경우에 노출면에 대한 약제 도포는 현장에서 실시
③ 난연처리 목재를 현장에서 가공하기 위하여 절단한 경우에는 난연처리 목재를 제조하기 위하여 사용되었던 것과 동일한 난연약제를 현장에서 절단면에 도포
④ 난연처리 목재의 현장 보관이나 사용 중에 과도한 갈라짐이 발생하여 목재 내부가 노출된 경우에는 현장에서 도포법에 의하여 약제를 처리

9–118	목공사	
No. 718		유형: 공법·기능

설치공법

설치
Key Point

☑ 국가표준
- KCS 41 33 01

☑ Lay Out

☑ 핵심 단어

☑ 연관용어

용어

- 윤할(shake): 나무가 생장과정에서 받는 내부응력으로 인하여 목재조직이 나이테에 평행한 방향으로 갈라지는 결함
- 할렬(check): 목재가 건조과정에서 방향에 따른 수축률의 차이로 나이테에 직각 방향으로 갈라지는 결함
- 팽윤(swelling): 목재가 수분을 흡습함에 따라 부피가 늘어나는 현상
- 공학목재(engineered wood products): 목재 또는 기타 목질요소(목섬유, 칩, 스트랜드, 스트립, 플레이크, 단판 또는 이들이 혼합된 것)를 구조용 목적에 맞도록 접합 및 성형하여 제조되는 패널, 구조용 목질재료 또는 목질 복합체로서 원하는 등급 또는 성능을 지닌 목질 제품을 공학적 방법 및 기술을 적용한 제조공정을 거쳐서 만들어진 제품

Ⅰ. 정 의

이 기준은 한옥, 경골, 대단면, 통나무목공사 및 기타 공사에 수반되는 목공사에 적용하며, 목조건축물 시공 후에 목재의 수축으로 인한 건축물의 치수 변화가 예상되는 경우에는 시공 시에 이러한 치수 변화를 고려해야 하며, 문이나 창문의 여닫이나 배선 및 배관 등에 영향을 주지 않도록 시공하여야 한다.

Ⅱ. 시공

1) 단면치수

　① 원목, 조각재 및 제재목은 제재 치수로 표시하며 필요에 따라서 건조하지 않고 대패 마감된 치수로 표시할 수도 있다.

　② 경골목조건축용 구조용재는 건조 및 대패 마감된 치수로 표시

　③ 구조용 집성재의 단면 치수는 층재의 건조 및 대패마감, 적층 및 접착 후 대패마감까지 이루어진 최종 마감치수로 표시

　④ 집성재의 두께는 층재의 마감치수와 적층수를 곱한 값에서 최종 대패마감 시 윗면과 밑면에서 깎여나간 두께를 뺀 값으로 표시하고, 집성재의 너비는 층재의 너비 또는 한 층에서 횡으로 사용된 층재들의 너비의 합에서 최종 대패마감 시 양 측면에서 깎여나간 두께를 뺀 값으로 표시

　⑤ 창호재, 가구재, 수장재 등은 설계도서에 정한 것을 마감치수로 한다.

2) 대패마감

대패 마감의 정도	평활도	뒤틀림
상급	광선을 경사지게 비추어서 거스러미 및 대패자국이 전혀 없는 것	휨 또는 뒤틀림이 극히 작아서 직선 자를 표면에 대었을 때에 틈이 보이지 않는 것
중급	거스러미 및 대패자국이 거의 없는 것	휨 또는 뒤틀림이 작고 직선 자를 표면에 대었을 때에 약간의 틈이 보이는 것
하급	다소의 거스러미 및 대패자국은 허용하지만 톱자국이 없는 것	휨 또는 뒤틀림 정도가 마감 작업 및 사용 상 지장이 없는 것

　① 길이가 긴 부재의 경우에는 목재의 길이이음을 통하여 적당한 길이의 부재를 제작하여 사용

　② 2개의 목재 부재가 일정한 각도로 만나는 경우에는 맞춤이나 철물 접합을 통하여 하중 전달이 원활하게 이루어지도록 하여야 한다.

　③ 목재 접합부에는 옹이, 갈라짐, 벌레구멍, 둥근 모, 진주머니 등과 같은 결점이 존재금지

설치공법

구조용 목질판상재

(structural-use panel)
구조물의 지붕, 벽 및 바닥 골조 위에 덮어서 하중을 지지하는 용도로 사용되는 제품으로서 판재의 용도 및 등급이 기계적 및/또는 물리적 성질들에 따라 구분되는 판재료

구조용 목재

• 육안등급 구조재: 육안으로 목재의 표면을 관찰하여 결점의 크기 및 분산 정도에 따라 등급을 구분한 구조재로서 육안등급 구조재의 재종은 1종 구조재(규격재), 2종 구조재(보재) 및 3종 구조재(기둥재)로 구분하며 각 재종별로 KS F 3020에 제시된 침엽수 구조용재의 품질기준(옹이 지름비, 둥근모, 갈라짐, 평균나이테 간격, 섬유주행경사, 굽음, 썩음, 비틀림, 수심, 함수율, 방부방충처리)에 따라 1등급, 2등급 및 3등급으로 구분함
• 기계등급 구조재: 응력을 가할 수 있는 등급 구분 기계를 사용하여 휨탄성계수를 측정하고, 육안으로 표면을 관찰함으로써 KS F 3020에 제시된 침엽수 기계등급 구조재의 품질기준(휨탄성계수, 둥근 모, 분할, 갈램, 윤할, 썩음, 굽음, 비틀림, 함수율, 수심 등)에 따라 등급을 구분한 구조재
• 호칭치수: 건조 및 대패 가공이 되지 않은 목재의 치수 또는 일반적으로 불리는 목재치수
• 실제(마감)치수: 건조 및 대패 마감된 후의 실제적인 최종 치수

④ 접합부에서 만나는 목재들은 부재와 부재 사이에 틈이 생기지 않도록 밀착되어야 한다.

⑤ 접합부에서 목재 및 조임쇠의 배치는 접합면을 중심으로 대칭으로 이루어져야 하며 접합부를 통한 하중의 작용선이 접합부의 중심 또는 도심을 통과함으로써 접합부에서 편심하중이 발생금지

3) 이음 및 맞춤 접합

① 목재의 길이를 이어서 사용하는 경우에 이음부에서 만나는 각각의 부재는 1m 이상의 길이를 갖도록 하여야 한다.

② 이음 및 맞춤 접합부를 가공할 경우에 접합이 너무 헐거워서 쉽게 빠질 정도로 끼우는 목재 치수가 너무 작거나 또는 접합을 위하여 무리한 힘을 가해야 할 정도로 끼우는 목재 부분의 치수가 너무 크지 않도록 주의

③ 이음 및 맞춤 접합부의 접촉면은 접합부를 구성하기 위하여 필요한 정도 이상으로 파거나 깎아내지 않도록 주의

④ 이음 및 맞춤 접합부는 산지를 끼워서 고정하여야 하며 산지구멍의 형상에 대하여 특별히 정해진 것이 없는 경우에는 네모 또는 원형으로 한다.

⑤ 목재부재가 층층이 사용되고 각 층마다 목재의 길이이음이 있는 경우에 각 층마다 길이이음 접합부가 서로 엇갈리도록 배치

⑥ 인접한 층에서 나타나는 이음 접합부 사이의 간격은 1m 이상

4) 철물 접합

① 못 접합

• 못의 지름은 목재 두께의 1/6 이하로 하고 못의 길이는 측면 부재 두께의 2배~4배 정도로 한다.

• 목재의 끝 부분에서와 같이 할렬이 발생할 가능성이 있는 경우를 제외하고 미리 구멍을 뚫지 않고 못을 박는다.

• 목재의 끝 부분이나 목재가 매우 단단하여 못을 박을 때에 할렬이 발생할 가능성이 높은 경우에는 못 지름의 80% 이하의 지름에 못이 박히는 깊이와 동일한 깊이를 갖는 구멍을 미리 뚫고 못을 박거나 못의 표면에 비누 등의 윤활 물질을 바른 후 못을 박을 수 있다.

• 못 경사 못박기를 하는 경우에 못은 부재와 약 30°의 경사각을 갖도록 하며 부재의 끝면에서 못 길이의 1/3 되는 지점에서부터 못을 박기 시작한다.

• 옹이 등으로 인하여 못을 박기 곤란한 경우에는 못 지름의 80% 이하의 지름을 갖는 구멍을 미리 뚫고 못을 박는다.

• 구조용재의 표면에는 못을 직각으로 못머리가 구조용재의 표면과 평평해질 정도로 박는다.

구조용 집성재

특별한 강도 등급에 기준하여 선정된 제재 또는 목재 층재를 섬유방향이 서로 평행하게 집성·접착하여 공학적으로 특정 응력을 견딜 수 있도록 생산된 제품으로서 각각의 제재 또는 목재 층재에 대한 길이이음(경사 이음, 핑거조인트 또는 이와 유사한 강도를 갖는 이음 방법) 및 측면 접합을 통하여 원하는 길이 및 너비의 제품을 제조할 수 있으며, 집성 접착 공정에서 만곡 집성재로 제조될 수도 있음

나삿니못(threaded nail)

목재와 목재 또는 목재와 판재 사이의 못접합에서 목재의 함수율 변화에 따른 수축 및 팽윤으로 인하여 시간이 지남에 따라서 못이 자연스럽게 뽑혀 나오는 현상을 방지 또는 완화시키기 위해서 목재와 못의 표면 사이의 마찰저항을 증가시킬 필요가 있으며, 이를 위하여 매끈한 못대를 꼬아서 못대가 꽈배기 형태로 만들어진 못

방수/투습막(house wrap)

목조주택에서 벽의 구조체 내부로 침투한 수분은 외부로 배출되고 외부의 강수 등으로 인한 물은 구조체 내부로 침투하지 못하도록 하기 위하여 목조주택의 외벽 덮개재료 외측면에 설치하는 재료로서 실외쪽 표면은 방수 성능을 지니고 실내쪽 표면은 투습 성능을 지닌 막

- 수장재의 경우에는 못머리가 작은 마감용 못을 사용하여야 하며, 가능하면 못이 보이지 않도록 박고 필요한 경우에는 못 자국을 적절한 재료로 땜질하여 숨긴다.
- 수장재의 표면에 못을 박을 경우에는 목재 표면에 망치 자국이 남지 않도록 주의하여야 한다.

② 꺾쇠 접합
- 꺾쇠는 박을 때 부러지지 않는 양질의 재료를 사용하고 갈구리의 구부림 자리에 정자국, 갈라짐, 찢김 등이 없어야 하며 갈구리는 배부름이 없고 꺾쇠의 축과 갈구리의 중심선과의 각도는 직각이 되어야 한다.
- 갈구리 끝에서 갈구리 길이의 1/3 이상의 부분을 네모뿔형으로 만든다.
- 꺾쇠로 접합하는 두 부재를 밀착시키고 꺾쇠를 양쪽에 같은 길이로 걸친 다음 양어깨를 교대로 박으며 필요할 때에는 꺾쇠자리 파기를 한다.

③ 볼트 접합
- 볼트는 목재에 볼트 지름보다 1.5mm 이하만큼 더 크게 미리 뚫은 구멍에 삽입하여 접합하며 볼트를 삽입하기 위하여 충격이나 무리한 힘을 가하지 않는다.
- 볼트 머리와 목재 사이 및 너트와 목재 사이에는 과도한 압력으로 인하여 목재에 섬유 직각방향 압축변형이 발생하지 않도록 금속판, 띠쇠 또는 와셔를 삽입
- 너트는 너무 느슨하여 풀어지거나 또는 너무 조여서 와셔가 목재를 파고 들어가지 않을 정도로 적절하게 조여야 한다.
- 볼트는 너트를 조였을 때에 너트 위로 볼트의 끝 부분이 나사산 2개 정도 나오는 길이가 되어야 한다.
- 섬유에 직각방향 하중을 받는 볼트 접합부에 2개 이상의 볼트가 사용되는 경우에는 가능하면 부재의 중심축에 대하여 볼트를 서로 엇갈리도록 대칭으로 배치
- 볼트 접합부가 섬유에 경사진 하중을 받는 경우에는 접합부에서 만나는 모든 부재의 중심축이 볼트 접합부의 중심을 통과하도록 배치

④ 스프리트링(SR) 및 전단플레이트(SP) 접합
- 1개의 1면전단 볼트 또는 래그나사못과 함께 사용되는 1개의 스프리트링
- 목재–목재 접합면에서 1개의 1면전단 볼트 또는 래그나사못과 함께 사용되고 뒷면을 맞대어 설치하는 2개의 전단플레이트
- 목재–금속 접합부에서 1면전단 볼트 또는 래그나사못과 함께 사용되는 1개의 전단플레이트

☆☆☆   1. 목공사

9-119	목재천장틀	
No. 719		유형: 공법·기능

설치공법

설치
Key Point
☑ 국가표준
- KCS 41 33 01

☑ Lay Out
- 목재천장 공사

☑ 핵심 단어

☑ 연관용어

Ⅰ. 정 의

목재 각재를 이용하여 천장틀을 만드는 공사로서 부재 사이의 접합철물은 100mm 꺾쇠 또는 엇꺾쇠로 하고, 바닥 밑면, 지면 또는 콘크리트로부터 올라오는 습기의 영향을 받기 쉬운 조건인 경우에는 지면 또는 콘크리트 바닥면으로부터 300mm 이내에 설치되는 부재들에는 방부처리목을 사용하여야 한다.

Ⅱ. 목조천장 공사

1) 달대

① 달대를 설치하기 위하여 달대받이를 900mm 이하의 간격으로 설

② 달대받이는 상부의 지붕보, 층보 등에 덧대고 만나는 부재마다 길이 90mm 이상의 못으로 고정

③ 달대받이를 철골조에 접합하는 경우에는 철골용 나사못으로 고정하고 콘크리트판에 접합하는 경우에는 지름 9mm 이상의 고정볼트를 1.2m 이하의 간격으로 사용하여 고정

④ 달대의 상부는 달대받이에 옆대고 CMN90 또는 BXN90 못 2개씩 박아서 고정하며 하부는 반자대받이 또는 반자대에 옆대고 CMN90 또는 BXN90 못 2개씩을 박아서 고정

[반자용재의 치수]

명칭			치수 (단면) mm
반자널	살대반자		두께 6 이상
	우물반자		
	치받이 널반자		두께 12 이상
반자틀	반자대·반자대받이·달대·반자돌림대·누름대·공기통·검사구 테두리		30×30, 30×36, 36×36, 36×40, 40×40, 36×45, 45×45
	달대받이	받이재 간격 2.7m	통나무 끝마구리 직경 75 이상, 각재 90×45 이상
		받이재 간격 3.6m	통나무 끝마구리 직경 90 이상, 각재 90×60 이상
반자틀	우물반자대		36×45, 45×45, 45×60, 60×60, 60×75~75×90
	우물반자 소란대		24×60, 30×30, 36×36, 45×45
	살반자대		30×30, 30×36, 36×36
바탕재	졸대		7×36, 9×36
	라스치기·금속판 붙임 바탕널		12×100

2) 반자대

① 반자대받이는 900mm 이하의 간격으로 설치하며 달대의 측면에 옆대고 CMN90 또는 BXN90 못 2개씩을 박아서 고정하고 벽면이나 기둥에 접하는 반자대받이는 CMN90 또는 BXN90 못을 사용하여 벽면이나 기둥에 고정

② 반자대는 설계도서에서 특별히 정한 바가 없는 경우에는 450mm 이하의 간격으로 설치

③ 반자대는 반자대받이 밑면에 대고 CMN90 또는 BXN90 못 2개씩을 사용하여 고정하고 벽면이나 기둥에 접하는 반자대는 CMN90 또는 BXN90 못을 사용하여 벽면이나 기둥에 고정

3) 반자속 검사구

① 검사구 테두리는 윗면에 덮개 울거미를 끼울 홈을 파고 반자널을 설치하기 위한 가는 홈을 파며 연귀맞춤에 쐐기로 고정하고 받침부재 위에 올려놓고 숨은 못박기로 고정

② 덮개울거미는 윗면에 반자널을 설치할 수 있는 가는 홈을 파고 덮개띠장 자리를 파며 연귀맞춤에 쐐기로 고정

③ 덮개띠장은 300mm 간격으로 배치하고 덮개울거미에 끼워대고 못박기하여 고정

④ 덮개널은 덮개울거미의 가는 홈에 끼워 대고 숨은 못박기로 고정

9-120	유리공법의 분류와 요구성능	
No. 720		유형: 재료 · 성능

재료

분류
Key Point

■ 국가표준
- KCS 41 55 09

■ Lay Out
- 재료적 특성 · KS 규격
- 요구성능

■ 핵심 단어

■ 연관용어
- 단열
- 결로

I. 정 의

① 유리재료의 종류는 제조방법, 적용부위, 사용성, 내구성 등에 의해 여러 종류로 분류된다.

② 규사 소다회 탄산석회 등의 혼합물을 고온에서 녹인 후 냉각하는 과정에서 결정화가 일어나지 않은 채 고체화되면서 생기는 투명도가 높은 물질

II. 유리의 재료적 특성

성분	함유율(%)	주요특성
규사(SiO_2)	70~73	주성분, 유리 구조 형성
소다회(Na_2O)	12~14	융점 저하(1,800℃ → 1,500℃)
석회석(CaO)	9~12	안정제, 결정화 방지
백운석(MgO)	1~4	강도 증대, 내후성 향상
장석(Al_2O_2)	0.5~1.5	열선 흡수력
산화철(Fe_2O_2)	0.08~0.14	

구 분	물 성	구 분	물 성
비 중	약 2.5	비열	0.2cal/g℃(0~50℃)
인장강도	약 500kg/cm^2	영률	7.2 × 10kg/cm^2
압축강도	6,000~12,000kg/cm^2	푸아송비	0.25
연화온도	720~730℃	모스경도	약 6.5
열전도율	0.68kcal/mh℃	굴절률	약 1.52
선챙창률	9~10 × 10/℃(상온~350℃)	반사율	약 0.8%(수직입사)

III. 유리의 KS 규격

제품명	KS 규격	용도
보통 판유리	KS L 2001	건축용 창유리
강화유리(Tempered Glass)	KS L 2002	건축물의 출입문, 자동차 및 선박의 창, 오디오 · 주방용기
복층유리(Sealed Insulating Glass)	KS L 2003	건축용 창유리, 쇼케이스, 냉동차량
접합유리(Laminated Glass)	KS L 2004	건축용 창유리, 쇼케이스, 냉동차량
무늬유리(Figured Glass)	KS L 2005	주택, 공동주택, 목욕탕, 화장실
망판유리 및 선판유리	KS L 2006	방화지역, 비상통로 감시창
열선흡수 판유리(Heat Reflective Glass)	KS L 2008	건축용 유리, 자동차용 유리가구, 선박유리
플로트판유리 및 마판유리	KS L 2012	건축용 유리, 자동차용 유리거울, 가구, 가전제품
열선반사유리(Heat Reflective Glass)	KS L 2014	건축용 창유리, 자동차용 유리
배강도 유리(Heat Stredgthened Glass)	KS L 2015	대형건축물, 아파트의 창
로이유리(low − emissivity glass)	KS L 2017	건축용 창유리
거울유리	KS L 2104	가구 화장실, 쇼윈도
유리블록	KS F 4903	건축용 유리

IV. 제품의 요구성능

재료

1) 내하중 성능

① 수직에서 15° 미만의 기울기로 시공된 수직 유리는 풍하중에 의한 파손 확률이 1,000장당 8장을 초과하지 않아야 한다.

② 수직에서 15° 이상 기울기로 시공된 경사 유리는 풍하중에 의한 파손 확률이 1,000장당 1장을 초과하지 않아야 한다.

2) 유리설치 부위의 차수성, 배수성

① A종: 끼우기 홈 내로의 누수를 허용하지 않는 것

② B종: 홈 내에서의 물의 체류를 허용하지 않는 것

③ C종: 홈 내에서의 물의 체류를 허용하는 것

[차수 및 배수특성의 종류에 대응하는 끼우기 유리고정법의 종류]

끼우기 유리 고정법		차수·배수 특성에 따른 종류		
		A종	B종	C종
부정형 실링재 고정법		◎	◎	
글레이징 개스킷 고정법	채널			◎
	비드		◎	◎
	기타		◎	◎
구조 개스킷 고정법				◎

3) 내진성

① 끼우기 유리의 내진성은 면내 변형을 받을 때 파괴에 대한 저항성으로 유리 상변과 하변 지지재의 수평방향 변위차 Δ의 값으로 나타낸다.

② 끼우기 유리의 면내 변형에 의한 파괴 특성은 유리 및 끼움재의 파괴 및 유리 파편의 탈락에 대한 것으로 한다.

[끼우기 유리의 파괴정도의 구분]

구분	유리	끼움재(시일, 개스킷 등)
A종	○	○
B종	○	△
C종	○	×
D종	△	×

주 1) 표의 ○, △, × 의미는 다음과 같다.

유리
○: 파괴하지 않는 것
△: 파괴해도 탈락하지 않는 것
×: 파괴 및 탈락하는 것

끼움재
○: 파괴하지 않는 것
△: 피해는 있어도 보수가 필요하지 않는 정도의 것
×: 보수를 요하는 것

에너지 고려 유리선정

- 단열효과 증진 유리
- 로이코팅, 단열간봉(Warmedge Spacer) 아르곤가스 충진 복층 유리 및 삼중유리 적용
- 실내보온 단열이 필요한 개별창호의 경우
- 로이코팅 #3면 복층 유리 또는 삼중 유리 적용
- 태양복사열 차단이 필요한 유리벽의 경우
- 로이코팅 #2면 복층 유리 적용
- 실내보온 단열 및 태양복사열 차단이 모두 필요한 창호의 경우
- 반사코팅과 로이코팅이 함께 적용된 복층 유리 또는 삼중 유리 적용

재료

4) 내충격성

① 인체에 의해 가해지는 충격에 대한 끼우기 유리의 내충격 특성은 KS L 2002에 나타낸 쇼트백 시험에 의한 45kg 쇼트백의 낙하고 H 값으로 표시한 설계 충돌력 300mm, 750mm 또는 1,200mm에 대하여 "유리가 금이 가지 않는 것"과 "유리가 금이 가도 중대한 손상이 생기지 않는 것"으로 구분한다.

② 출입구의 유리문 등에 있어서 "유리가 금이 가도 중대한 손상이 생기지 않는 것"에 적합한 접합 유리 또는 강화 유리를 사용할 때는 접합 유리는 낙하고 H_d=1,200mm, 750mm, 300mm에 대하여 각각 KS L 2004의 Ⅱ-1류, Ⅱ-2류, Ⅲ류의 제품을 사용하고 강화 유리는 KS L 2002에 적합한 강화 유리를 사용한다.

5) 차음성

• 끼우기 유리의 차음성능을 KS F ISO 10140-2의 측정방법에 의해 소수점 1자리까지 구한 1/3옥타브 대역의 음향투과손실 의 값으로 나타낸다.

[차음성능] (단위 : mm)

성능 구분 R_m		STC (dB)
단판유리	6	31
	12	36
접합 유리	3/0.76 pvb/3	35
	3/1.52 pvb/3	35
	12/1.52 pvb/6	44
접합 복층 유리	6접합/12 AS/5	39
	6접합/12 AS/6	39
양면접합 복층 유리	6접합/12 AS/접합	42
삼중유리	6/12AS/6/12AS/6	39
	6접합/12AS/6접합/12AS/6	49

주 1) GANA Glazing Manual page-52, VII. Sound Transmission, Table 10 Typical Sound Transmission Losses for Various Glass Configurations.

6) 열깨짐 방지성

열깨짐 방지성능의 계산은 끼우기 시공법에 따라 정한 유리 단부 온도 계수 f 및 유리 단부의 파괴강도 σ_a의 값은 시방기준 준수

[유리 단부 온도계수]

끼우기 시공법의 종류	새시, 커튼월의 상태	
	PC 부재에 매입 또는 직접 설치된 새시의 경우	금속 커튼월 또는 개폐새시의 경우
글레이징 개스킷 고정법	0.95	0.75
탄성 실링재 고정법 (백업재는 솔리드 고무)	0.80	0.65
탄성 실링재와 글레이징 개스킷의 병용고정법	0.80	0.65
탄성 실링재 고정법 (백업재는 발포재)	0.65	0.50
구조 개스킷 고정법	0.55	0.48

재료

[유리단부의 허용응력 값]

종류	두께(mm)	허용응력(N/mm^2)
플로트 판유리 열선 흡수 판 유리 열선반사 판유리	3~12 15, 19	18 15
배강도 유리	6, 8, 10	36
강화 유리	4~15	50
망 판유리, 선 판유리	6.8, 10	10
접합 유리, 복층 유리		구성단판의 강도 중 가장 낮은 값으로 한다.

주 1) 유리 단부는 클린 컷 상태 또는 #120 이상의 사포로 마무리한 것으로 한다.

7) 단열성

열단판유리는 KS L 2014에 나타낸 계산법을 준용해서 구한 열관류저항 R을 m^{2}K/W를 단위로 하여 소수 둘째자리까지 구한 값으로 나타낸다.

8) 차폐성

끼우기 유리의 태양열 차폐 성능값을 KS L 2514에 준해서, 단판유리는 KS L 2014(열선 반사 유리)에 의해, 복층 유리는 KS L 2003에 나타낸 방법에 의해 태양열 제거율(1-η)을 구해 소수 둘째자리까지 구한 값으로 나타낸다. 여기서, η는 태양열 취득률을 나타낸다.

☆☆☆   2. 유리 및 실링공사

9-121	유리부품의 제작	
No. 721		유형: 공법 · 재료

I. 정 의

유리의 가공은 유리의 종류별, 절단면의 처리, 구멍뚫기의 기준, 곡가공의 표준, 표면가공 표준을 준수한다.

II. 부품의 제작

1) 절단
   • 절단각도에 대해서 45° 이상 135° 이하

[절단면의 기준]

결함의 종류	허용 한도	비고
구멍흠집	없을 것	
조개피	l_1 : 10 mm 이하, t 이하 h_1 : 10 mm 이하, t 이하 d : 2 mm 이하	
경사절단	$h_2 \leq t/4$	

2) 절단면 처리

[절단면 처리의 기준]

절단면의 형상		연마 정도 (연마재 번호)			
명칭	형상	없음	#120~#200	#200~#500	#600 이상
평절단면		◎			
			◎		
				◎	◎
반원 절단면				◎	◎
경사 절단면			◎	◎	◎

- 개스킷
- 개스킷은 KS F 3215 규정에 합격한 재료를 사용하여야 하며 종류는 공사시방서에서 지정한다.
- 스펀지 개스킷의 경우 35°~45°의 쇼어 경도를 갖는 검은 네오프렌으로 둘러 쌓아야 하며, 20~35% 수축될 수 있어야 한다.
- 덴스 개스킷이 공동형일 경우는 75±5°의 쇼어 경도를 지녀야 하고(공동이 없는 재질인 경우는 55±5°의 쇼어 경도), 외부 개스킷은 네오프렌, 내부 개스킷은 EPDM으로 되거나 혹은 동등한 성능을 지닌 재질이어야 한다.

- 측면블록
- 재료는 50°~60° 정도의 쇼어경도를 갖는 네오프렌, 이피디엠(EPDM) 또는 실리콘이어야 한다.
- 새시 4변에 수직방향으로 각각 1개씩 부착하고 유리 끝으로부터 3mm 안쪽에 위치하도록 하며, 품질관리를 위하여 공장에서 새시 제작 시 부착하여 출고하여야 한다.

- 백업재
- 재료는 단열효과가 좋은 발포에틸렌계의 발포재나 실리콘으로 씌워진 발포 우레탄 등으로 담당원의 승인을 받은 후 결정한다.
- 백업재는 3면 접착을 방지하고 일정한 시공면을 얻기 위해 사용되며, 변형 줄눈을 조정하고 줄눈깊이 조정을 위해 충전한다.

3) 구멍뚫기의 기준

종류	기준	비고
원구멍 뚫기	• 구멍직경 D는 판두께 t 이상, 5 mm 이상으로 한다. • 단부로부터의 거리 X, Y는 구멍 직경 D 이상, 30 mm 이상으로 한다.	(그림: X, Y, D 표시된 원구멍)
각구멍 뚫기	• 구멍 단변길이 A는 25 mm 이상으로 한다. • 구멍 단부로부터의 거리 X, Y는 (구멍의 단변길이 + 판두께 t 이상)으로 한다. • 모서리의 곡률반경(R)은 2.5 mm 이상으로 한다.	(그림: X, Y, A, $R=2.5$ 이상 표시된 각구멍)

- 외부에 사용할 경우에는 강화가공을 한다.

4) 따내기
  - 따내기의 기준은 유리면적이 2.5 m 이하의 것에 대해서 따내기를 하여서는 안 된다.
  - 외부에 사용할 경우는 강화가공을 한다.

5) 곡가공
  ① 곡가공에서 곡률반경은 휨 판유리의 내면 또는 외면의 한쪽을 지정한다.

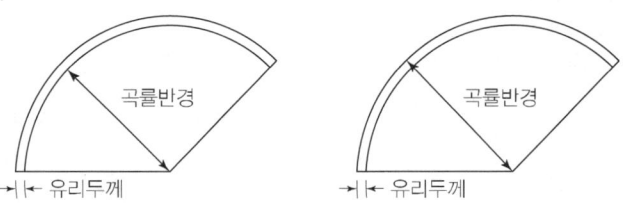

[곡률반경의 측정]

  ② 곡가공에 있어서는 양단부에 치솟음 등이 발생할 경우에는 담당원의 승인을 받아야 한다.

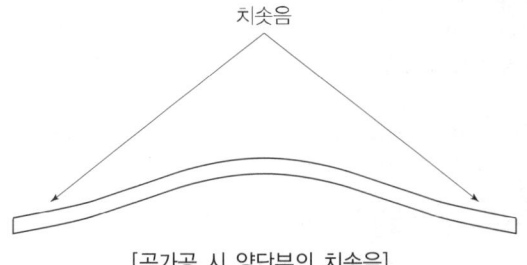

[곡가공 시 양단부의 치솟음]

재료

- 유리 고정철물
- 강제 창호용 유리 고정못은 아연도금 강판제로서 두께 0.4mm(#28), 길이 9mm 내외로 한다.
- 강제 창호용의 유리 고정용 클립은 직경 1.2mm의 강선이나 피아노선으로 한다.
- 누름대 및 선대기, 기타의 고정용 철물로서 강제 창호에 쓰이는 못은 동제 또는 황동제, 강제 창호에 쓰이는 것은 공사시방서에 따른다.
- 지붕 및 바깥벽에 대는 판유리 또는 골형 유리는 공사시방서에 따른다. 골형 유리의 고정철물은 공사시방서에 따른다

③ 곡가공의 표준

형상	최대 치수 (mm) $W \times H$	면의 정밀도
	$2,600 \times 5,500$ $5,500 \times 2,600$ 단, $D \leq 1,000$ $R \geq 400$ $0 < \theta < 120°$	기준면으로부터의 편차 • 판두께 6 mm 미만은 3 mm 이하 • 판두께 6 mm 이상은 판두께의 1/2 이하

6) 표면가공

① 샌드 블라스트 가공에 있어서는 가공깊이는 두께의 1/12 미만으로 하고 1매의 유리에 대한 가공개소는 응력집중이 생기지 않도록 가능한 균등하게 배치

② 태피스트리 가공은 샌드 블라스트 가공을 한 후 산으로 에칭처리한 것을 말한다. 이 경우 가공깊이는 판두께의 1/10 미만으로 한다.

③ 샌드 블라스트 가공 또는 태피스트리 가공을 실시한 것의 강도 상의 취급은 형판유리에 준한다.

7) 접합 유리의 가공

① 접합 유리의 중간막 재료는 폴리비닐부티랄을 표준으로 하고, 마감 두께는 0.38mm, 0.76mm, 1.52mm로 한다.

② 폴리비닐부티랄 중간막은 수분함수율을 0.5% 이하로 관리

③ 작업실 온도 22±3℃, 습도는 30% 이하가 되도록 관리

8) 복층유리의 가공

① 1차 접착제는 폴리이소부틸렌계 실란트로 고형성분과 휘발성분이 각 1.0% 이하이고 비중이 1.05 이하의 품질이어야 한다.

② 2차 접착제는 폴리설파이드계와 실리콘계의 실란트가 구별, 사용되어야 하며 폴리설파이드는 전단강도 $0.5 \, \text{N/mm}^2$ 이상, 불휘발성분 85% 이상, 사용가능한 시간 50분 이상의 제품이어야 한다.

③ 판유리의 간격을 유지하기 위한 스페이서는 일반적으로 알루미늄 재질을 사용하며, 전도성을 낮추어 단열성능을 개선한 금속재(스틸 등), 금속재와 플라스틱재의 복합재료, 강화플라스틱 재질, 실리콘 고무재질, 수지형 재질 등을 사용하며, 코너 부위는 일체식 또는 동등하게 견고 한 방식을 적용 한다.

④ 흡습제는 대기 중에 30분 이상 노출되지 말아야 하며, 고온의 드라이 오븐에 보관한 것을 사용해야 한다.

⑤ 흡습제는 사용 전 흡수능시험을 진행하여 합격(△T>35℃) 제품을 사용한다.

9-122	복층유리	
No. 722	Pair Glass	유형: 재료 · 성능

재료 · 용도

Key Point

■ 국가표준
- KCS 41 55 09
- KS L 2003

■ Lay Out
- 단열 메커니즘
- 복층유리의 종류
- 복층유리의 가공
- 시공
- 유리의 성능향상

■ 핵심 단어
- 건조공기를 채워 넣은 후

■ 연관용어
- 진공복층유리
- 삼중유리
- 로이복층유리

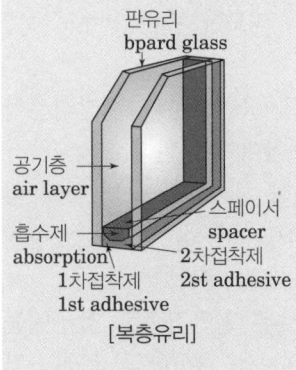

판유리
bpard glass

공기층
air layer

흡수제
absorption
1차접착제
1st adhesive

스페이서
spacer
2차접착제
2st adhesive

[복층유리]

KS L 2003

• A종: 일반 복층유리
• B종: 저방사(로이)복층유리
• C종: 열선반사 복층유리

I. 정 의

① 두장 이상의 판유리를 Spacer로 일정한 간격을 유지 시켜주고 그 사이에 건조 공기를 채워 넣은 후 그 주변을 유기질계 재료로 밀봉 · 접착하여 단열 및 소음차단 성능을 높인 유리
② 밀폐된 공기층의 열저항에 의해 단열 효과를 갖게 된다.

II. 복층유리의 단열 Mechanism

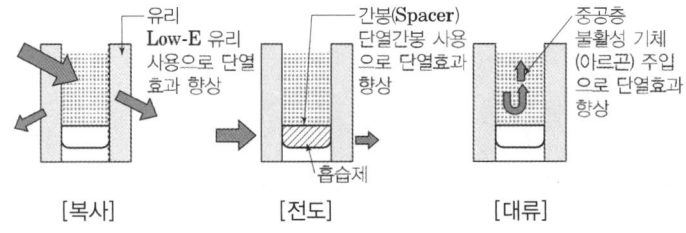

유리
Low-E 유리
사용으로 단열
효과 향상

간봉(Spacer)
단열간봉 사용
으로 단열효과
향상

중공층
불활성 기체
(아르곤) 주입
으로 단열효과
향상

흡습제

[복사]   [전도]   [대류]

III. 복층유리의 종류

종류		기호	열관류 저항	태양열 제거율	비 고
단열복층유리	A	U1	0.25K·m^2/W 이상		강화 및 배강도유리를 사용하여 복층유리 제조시 강화 및 배강도유리 명칭 또는 기호를 복층유리를 표시하여야 한다.
		U2	0.25K·m^2/W 이상		
	B	U3-1	0.25K·m^2/W 이상		
		U3-1	0.25K·m^2/W 이상		
태양열 차폐 복층유리	C	E4	0.25K·m^2/W 이상	0.25K·m^2/W 이상	
		E5		0.25K·m^2/W 이상	

IV. 복층유리의 가공

① 1차 접착제는 폴리이소부틸렌계 실란트로 고형성분과 휘발성분이 각 1.0% 이하이고 비중이 1.05 이하
② 2차 접착제는 폴리설파이드계와 실리콘계의 실란트가 구별, 사용되어야 하며 폴리설파이드는 전단강도 0.5 N/mm^2 이상, 불휘발성분 85% 이상, 사용가능한 시간 50분 이상
③ 판유리의 간격을 유지하기 위한 스페이서는 일반적으로 알루미늄 재질을 사용
④ 흡습제는 대기 중에 30분 이상 노출되지 말아야 하며, 고온의 드라이 오븐에 보관한 것을 사용
⑤ 흡습제는 사용 전 흡수능시험을 진행하여 합격(△T>35℃) 제품을 사용

재료

V. 시공

1) 일반사항
① 항상 4℃ 이상의 기온에서 시공
② 실란트 작업의 경우 상대습도 90% 이상이면 작업금지
③ 창호 내부로 침투된 물 또는 결로수는 신속히 배수 구멍(weep hole)으로 배출
④ 배수구멍은 일반적으로 5mm 이상의 직경으로 2개 이상
⑤ 세팅 블록은 유리폭의 1/4 지점에 각각 1개씩 설치하여 유리의 하단부가 하부 프레임에 닿지 않도록 해야 한다.
⑥ 실란트 시공부위는 청소를 깨끗이 한 후 건조시켜 접착에 지장이 없도록 한다.

2) 복층유리 시공
① 복수의 유리를 사용하므로 치수의 오차가 발생하기 쉬워 제작 시 제작사측에서는 유리의 자중을 받는 아래측면을 맞추므로 발주 시에 아래측을 지정
② 봉착재는 유기질재료이고 자외선에 의해 노화되므로 시공방법에 따라 2차 접착제를 선별·사용
③ 접착부가 장시간 물에 잠겨 있으면 노화가 촉진되므로 설치는 부정형 실링재 공법으로 하고 그레이징 개스킷 공법은 피한다.
④ 부정형 실링재 공법의 경우도 새시의 하부에 배수기구를 만든다.

VI. 복층유리의 성능향상

1) 중공층의 두께
• 중공층의 두께가 넓을수록 단열성능이 향상되지만, 창호와 복층유리의 구성에 따라 적절한 두께가 설계되며 추천된다.
2) 로이(Low-E) 유리
• 저방사(Low-Emissivity) 유리는 적외선(복사열)을 차단하는데, 고성능의 로이유리를 사용할수록 단열성능이 높아진다.
3) 가스주입
• 복층유리 내부에 건조공기보다 열전도율이 더 낮은 아르곤(Argon) 또는 크립톤(Krypton) 가스를 주입
4) 단열 스페이서
• 단열 성능을 향상시킨 스페이서(Warm-edge spacer)를 사용하여 전도에 의한 열 전달을 최소화한다.
5) 다중 복층
• 3중 유리 이상의 다중 복층 공정을 통해 단열성, 차음성, 결로방지성을 향상시키고 실 조망 면적을 증가시킨다.
6) 진공 중공층
• 유리와 유리 사이를 진공 상태로 유지할 경우 가장 얇은 복층유리의 두께로 단열성과 방음성의 극대화가 가능하다.

9-123	복층유리의 단열간봉(Spacer)	
No. 723		유형: 재료 · 성능

재료

재료 · 용도

Key Point

■ 국가표준
- KCS 41 55 09
- KS L 2003

■ Lay Out
- 단열 메커니즘
- 복층유리의 구성
- 흡습제

■ 핵심 단어
- 유리사이의 간격을 유지
- 단열성능을 향상시킨 스페이서

■ 연관용어

I. 정 의

① 복층 유리의 간격을 유지하며 열 전달을 차단하는 재료로, 기존의 열전도율이 높은 알루미늄 간봉의 취약한 단열문제를 해결하기 위한 방법으로 warm-edge technology를 적용한 간봉

② 고단열 및 창호에서의 결로방지를 위한 목적으로 적용된다.

II. 복층유리의 단열 Mechanism

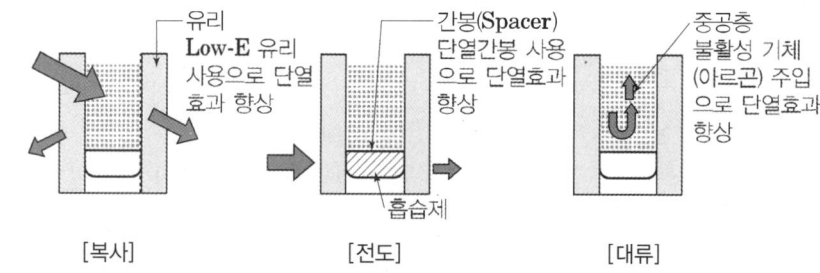

[복사]   [전도]   [대류]

III. 복층유리의 구성(Composition of insulated glass)

1) 간봉

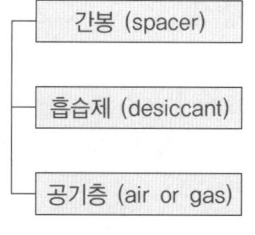

- 알루미늄 또는 단열 소재로 된 바(bar) 형태의 스페이서로서 유리와 유리 사이의 간격을 유지

- 간봉(spacer) 안에 있으며 복층유리 내부의 일반 공기가 가지고 있는 미량의 습기를 흡수할 수 있는 건조

- 복층유리 내부에는 건조공기로 채워져 있거나, 단열성을 높이기 위해 열전도율이 낮은 특정 가스 주입

2) 접합재료

① 1차 실란트 (primary seal): 외부의 수분 유입이나 가스의 누출을 방지하기 위해 간봉과 유리를 부틸(polyisobutylene)로 접착시킨다.

② 2차 실란트 (secondary seal): 복층 내부 공기층을 보호하고 기계적인 고정 역할을 하는 접착제(폴리설파이드(polysulfide), 폴리우레탄)

IV. 흡습제

제품명	AL 간봉	Warm-Light	Swispacer	TGI	Superspacer
소재	AL	AL+고강도 폴리우레탄	특수강화플라스틱	SST+특수플라스틱	Silicon Foam
열전도율	200(W/m · K)	0.2(W/m · K) 이하			

9-124	진공복층유리	
No. 724	Vacuum Pair Glass	유형: 재료 · 성능

재료

재료 · 용도

Key Point

■ 국가표준
- KCS 41 55 09
- KS F 2307

■ Lay Out
- 구성원리 · 특징 · 요구성능
- 제작 시 유의사항 · 시공 시 유의사항

■ 핵심 단어
- 실외측 로이유리
- 실내측 진공유리

■ 연관용어
- 복층유리
- 로이복층유리
- 진공유리

진공도(torr)

• 저진공
- 760~25
• 중진공
- $25 \sim 10^{-3}$
• 고진공
- $10^{-3} \sim 10^{-9}$

I. 정 의

① 실외측에 로이유리와 실내측에 두장의 판유리 사이를 약 0.1~0.2mm의 진공층을 형성하고, 공기압력을 견딜 수 있도록 필러(Piller)를 일정한 간격으로 심은 뒤 내부의 잔류가스를 제거해 밀봉하여 만든 진공유리를 사용하여 만든 복층유리
② 복사, 전도, 대류에 의한 열손실을 최소화

II. 진공복층유리의 구성원리

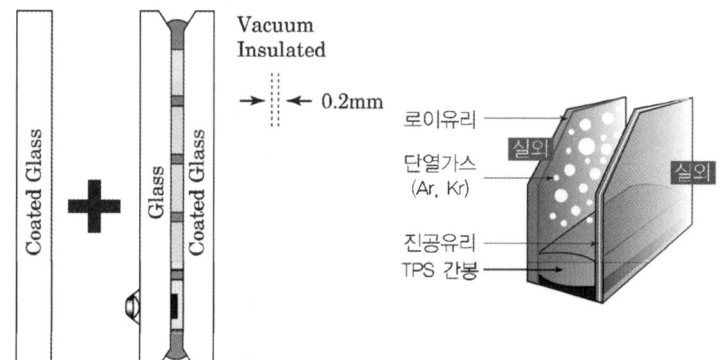

III. 특징

① 열관류율 저감 및 냉난방 에너지 절약
② 차음성능 증대(35db)
③ 온실가스 배출량 감소
④ 단열성능 증대 및 결로방지

IV. 시공 시 유의사항

① 항상 4℃ 이상의 기온에서 시공
② 실란트 작업의 경우 상대습도 90% 이상이면 작업금지
③ 창호 내부로 침투된 물 또는 결로수는 신속히 배수 구멍(weep hole)으로 배출
④ 배수구멍은 일반적으로 5mm 이상의 직경으로 2개 이상
⑤ 세팅 블록은 유리폭의 1/4 지점에 각각 1개씩 설치하여 유리의 하단부가 하부 프레임에 닿지 않도록 해야 한다.
⑥ 실란트 시공부위는 청소를 깨끗이 한 후 건조시켜 접착에 지장이 없도록 한다.

9-125	강화유리	
No. 725	Tempered Glass	유형: 재료 · 성능

재료

재료 · 용도
Key Point

▣ 국가표준
- KCS 41 55 09
- KS L 2002
- SPS-KFGIA
  003-2005:2012(강화유
  리의 힛속테스트 방법)

▣ Lay Out
- 열처리유리단면
  응력분포 · 품질
- 비교

▣ 핵심 단어
- 연화점 부근 이상 가열

▣ 연관용어
- 배강도 유리
- 표면압축 응력 측정시험
  KS L 2015
- KS L 2002강화유리 낙
  구충격시험, 파쇄시험,
  쇼트백 시험
- 열처리 유리
- 자파현상
- 열간유지시험(Heat Soak
  Test)

[열간유지시험/Heat-soak test]

I. 정 의

① 플로트판유리를 연화점부근(약 700℃)이상으로 가열 후 양 표면에
냉각공기를 흡착시켜 유리의 표면에 $67N/mm^2 \sim 69N/mm^2$의 압축
응력층을 갖도록 한 가공유리

② 내풍압 강도, 열깨짐 강도 등은 동일한 두께의 플로트판 유리의
3~5배 이상의 성능을 가진다. 깨어질 때에는 작은 조각이 되도록
처리한 것

II. 열처리유리단면 응력분포

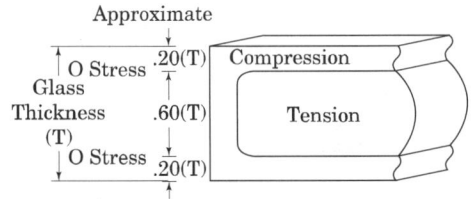

- 열처리 과정을 통해 강도와 내
열성을 향상시킨 안전유리로서
강화유리와 배강도유리로 구분

III. 품질 KS L 2002

1) 겉모양

항목	겉모양
가능 금	없을 것
모서리 결함	너비 또는 길이가 재료인 판유리의 두께 이상인 것이 없을 것
긁힌 홈	사용상 지장이 있는 것이 없을 것

2) 만곡
- 평면 강화 유리의 만목은 활 모양인 경우 0.5%, 파형인 경우는
0.3%를 넘어서는 안 된다.

3) 낙구 충격 파괴 강도
① 시료 6매를 시험하여 파괴가 1매 이하인 경우는 합격
② 3매 이상은 경우는 불합격

4) 파편의 상태
- 두께가 4mm인 경우는 시료 5매에 대하여 시험을 하여 5매 모두 최
대 파편 1개의 무게가 15g 이하이어야 한다.

5) 쇼트백 충격 특성
① 낙하 높이 120cm에서 유리가 파괴되지 않을 것
② 유리가 파괴된 경우 각 시료에 대하여 가장 큰 10개 파편의 무게
합계가 시료의 $65cm^2$ 면적에 상당하는 무게를 넘지 않을 것

재료

6) 두께

명칭		두께	두께의 허용차(mm)
무늬 강화 유리	4mm	4.0	±0.4
	5mm		
	6mm		
플로트 강화 유리	4mm	4.0	±0.3
	5mm	5.0	
	6mm	6.0	
	8mm	8.0	±0.6
	10mm	10.0	
	12mm	12.0	±0.8
	15mm	15.0	
	19mm	19.0	±1.2
열선 반사 강화유리	6mm	6.0	±0.3
	8mm	8.0	±0.6
	10mm	0.0	
	12mm	12.0	±0.8

7) 한 변의 길이의 허용차

명칭		한 변의 길이의 허용값 (mm)		
		길이 1000 이하의 변	길이 1000초과 2000 이하인 변	길이 2000 초과 3000 이하인 변
무늬 강화 유리	4mm	+1 -2	±3	±4
플로트 강화 유리	4mm			
	5mm			
	6mm			
	8mm	+2 -3		
	10mm			
	12mm			
	15mm	±4	±4	
	19mm	±5	±5	±6
열선 반사 강화 유리	6mm	+1 -2	±3	±4
	8mm	+2 -3		
	10mm			
	12mm			

재료

Ⅳ. 강화유리/ 배강도 유리 비교

구 분	강화유리 (Tempered Glass)	배강도유리 (Heat-Strengthed Glass)
정 의	판유리를 열처리함으로써 유리를 깨려고 하는 외부 인장응력에 반발하는 강한 압축응력을 유리 표면에 만들어 파괴강도를 증가시킨 유리	
KS	KS L 2002 규정에 합격한 것	KS L 2015 규정에 합격한 것
열처리 방법	일반 서랭 유리를 연화점 이상으로 재가열한 후 찬 공기로 급속히 냉각하여 제조	일반 서랭 유리를 연화점 부근(약 700℃)까지 재가열한 후 찬 공기로 강화유리보다 서서히 냉각하여 제조
파손상태	파편상태는 작은 팥알조각 모양 - 유리 두께 4mm 이하 최대 파편 1개 무게가 15g 이하 - 유리 두께 5mm 이상 50mm×50mm 틀 안에 파편 수가 40개 이상	파편의 상태가 충격점으로 부터 삼각형 모양으로 깨져 나가며, 파괴되어도 창틀에서 잘 떨어지지 않는 성질을 지님
강 도	일반유리의 3~5배 정도	일반 유리의 2~3배 정도 (표면 압축강도 $20MN/m^2$ 이상 $60MN/m^2$ 이하)
열충격 저항	일반유리의 3배 정도 - 일반유리(유리 두께 3mm, 크기 10cm×10cm)의 경우 약 60℃가 파손되지 않는 온도차의 한계	
안전성	고층부 사용 시 파손으로 인한 비산낙하의 위험	파손 시 유리가 이탈하지 않아 고층 건축물 사용 시 적합
용 도	출입문, 에스컬레이터 난간, 수족관 진열장, 내부칸막이, 자동차, 선박 등	내장재, 욕실, 특히 고층용 건축용 외부 창호
주의사항	다시 절단하는 것이 불가능하므로 강화 처리하기 전에 정해진 크기 혹은 모양으로 절단해 두어야 함	

| ★★★ | 2. 유리 및 실링공사 | 111,125 |

| 9-126 | 배강도유리 | |
| No. 726 | | 유형: 재료·성능 |

재료

재료·용도
Key Point

■ **국가표준**
- KCS 41 55 09
- KS L 2015

■ **Lay Out**
- 열처리유리단면 응력분포·품질
- 제작 시 유의사항·시공 시 유의사항

■ **핵심 단어**
- 실외측 로이유리
- 실내측 진공유리

■ **연관용어**
- 표면압축 응력 측정시험 KS L 2015
- KS L 2002강화유리 낙구충격시험, 파쇄시험, 쇼트백 시험
- 열처리 유리

I. 정 의

① 플로트판유리를 연화점부근(약 700℃)까지 가열 후 양 표면에 냉각 공기를 흡착시켜 유리의 표면에 20 N/mm² ~ 60 N/mm²의 압축응력층을 갖도록 한 가공유리로 반강화유리라고도 한다.

② 내풍압 강도, 열깨짐 강도 등은 동일한 두께의 플로트판 유리의 2배 이상의 성능을 가진다. 그러나 제품의 절단은 불가능하다.

II. 열처리유리단면 응력분포

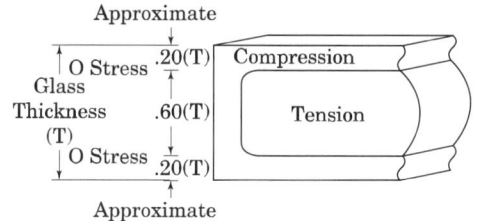

- 열처리 과정을 통해 강도와 내열성을 향상시킨 안전유리로서 강화유리와 배강도유리로 구분

III. 품질 KS L 2015

1) 겉모양

항목	겉모양
가능 금	없을 것
모서리 결함	너비 또는 길이가 재료인 판유리의 두께 이상인 것이 없을 것
긁힌 홈	사용상 지장이 있는 것이 없을 것

2) 전체적인 휨

두께에 따른 종류	전체적인 휨의 허용값 (%)			
	1000mm 이하의 변 또는 대각선	1000mm 초과 2000mm 이하의 변 또는 대각선	2000mm 초과 3000mm 이하의 변 또는 대각선	3000mm를 초과 하는 변 또는 대각선
3mm	0.6	0.7	0.8	–
4mm	0.6	0.7	0.8	–
5mm	.6	0.7	0.8	–
6mm	0.3	0.7	0.5	0.5
8mm	0.3	0.5	0.5	0.5
10mm	0.3	0.3	0.3	0.5
12mm	0.3	0.3	0.3	0.5

재료

3) 표면 압축 응력

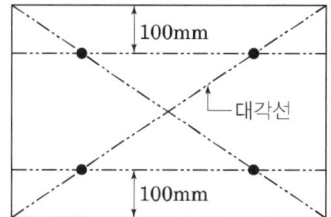

- 100mm인 거리에서 긴 변에 평행하게 그은 직선과 대각선의 교점 4곳의 표면 압축 응력을 측정
- $20MN/m^2$ 이상이며, $60MN/m^2$ 이하

4) 두께

종류	두께	두께의 허용차(mm)
3mm	3.0	
4mm	4.0	
5mm	5.0	±0.3
6mm	6.0	
8mm	8.0	±0.6
10mm	10.	
12mm	12.0	±0.8

5) 1변 길이의 허용차

종류	1변 길이의 허용차 (mm)		
	1변의 길이가 1000mm 이하	1변의 길이가 1000mm 초과 2000mm 이하	1변의 길이가 2000mm 초과 3000mm 이하
3mm, 4 mm, 5mm, 6mm	+1 −2	±3	±4
8mm, 10mm, 12mm	+2 −3		

☆☆★　　2. 유리 및 실링공사　　88

9-127	열선 반사유리	
No. 727	Heat Reflective Glass	유형: 재료 · 성능

재료

재료 · 용도

Key Point

◪ 국가표준
- KCS 41 55 09
- KS L 2014

◪ Lay Out
- 제조방법 · 제조공정
- 적용 시 유의사항 · 차폐성 구분 · 품질

◪ 핵심 단어
- 열선반사막 표면코팅
- 얇은 막을 형성
- 일사열의 차폐성능 높인 유리

◪ 연관용어
- 차폐성 시험
- 내광성 시험
- 내산성 시험
- 내알칼리성 시험

I. 정 의

① 판유리의 한쪽 면에 금속 · 금속산화물인 열선반사막을 표면코팅하여 얇은 막을 형성함으로써 일사열의 차폐성능을 높인 유리

② 밝은 쪽을 어두운 쪽에서 볼 때 거울을 보는 것과 같이 보이는 경면효과가 발생하며 이것을 Half Mirror라고 한다.

II. 코팅면 제조 방법

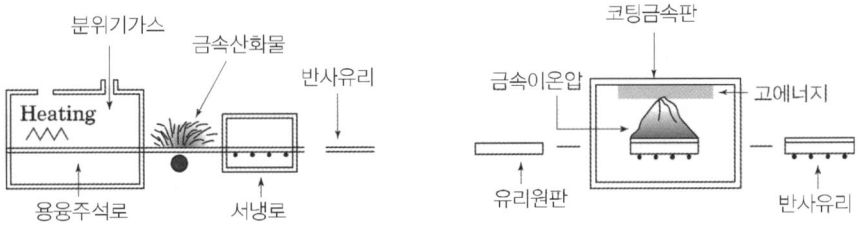

[Hard Coating]　　　　[Soft Coating]

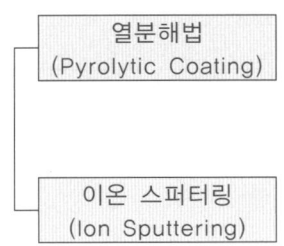

- Hard Coating으로 통용되고 있으며 약 370~650℃의 유리 표면 온도에서 열분해성 유기 금속 물질을 spray하여 분해된 금속성 분자 상태의 물질이 유리 표면에 얇은 피막을 형성

- Soft Coating으로 통용되고 있으며 냉각된 유리 기판 위에 코팅하고자 하는 금속 Target의 표면을 고에너지의 이온으로 때려주면 원자 상태의 작은 금속 입자들이 떨어져 나와 그 아래 놓인 유리기판의 표면 위에 증착 되는 제조 공법

III. 제조 공정

구분	On-Line	Off-Line
개요	플로트 제조공정 중 코팅하여 중단없이 연속적으로 생산하는 공정	제조된 유리를 별도의 코팅 설비로 이송, 주문 규격으로 재단하여 코팅하는 공정
코팅방법	Hard Coating	Soft Coating
제조방법	열 분해법(Pyrolytic Coating)	이온 스퍼터링(Ion Sputtering)
결합방법	화학적 결합	물리적 결합
제조공정	유리생산 공정중에 Tin Bath 에서 우러나온 약 370~650℃ 졸 상태의 유리 표면에 금속화학물을 뿌려주어 유리가 갖고있는 열을 이용해 이를 열분해시켜 코팅하는 방법	냉각된 유리기판 위에 Coating하고자 하는 금속 Target의 표면을 고에너지로 때려주면 원자 상태의 금속입자가 떨어져나와 아래에 놓인 유리기판 표면에 증착되는 기법

재료

Ⅳ. 적용 시 유의사항

① 코팅유리는 태양열 흡수율이 높아 열깨짐이 발생할 수 있으므로 반드시 사전에 열깨짐 검토
② 코팅면을 위로 한 후 절단
③ 복층 제작 시 코팅면이 공기층에 위치하도록 제작
④ 코팅면이 #2면에 위치하도록 시공
⑤ 유리표면에 페인트 칠을 하거나 종이, 테이프, 필름지 등을 부착하면 열깨짐의 위험이 있으므로 부착금지
⑥ 코팅면에 분필이나 마킹펜으로 표시금지
⑦ 산이나 알카리성 물질이 닿지 않도록 주의
⑧ 코팅면을 문지르거나 긁히지 않게 주의
⑨ 유리 가까이 어두운 색의 두꺼운 커튼을 달면 열깨짐이 발생 우려
⑩ 유리에 냉난방 장치의 바람이 직접 닿지 않게 주의

Ⅴ. 태양열 차폐성에 따른 구분

종류	태양열 취득률 η	태양열 제거율 $1-\eta$
1종	0.70 이하	0.30 이상
2종	0.5 이하	0.45 이상
3종	0.40 이하	0.60 이상

Ⅵ. 품질

1) 겉모양

항목	겉모양
색얼룩	눈에 띄는 것이 없을 것
막손상	눈에 띄는 것이 없을 것
핀홀	2mm를 초과하는 것이 없을 것 30cm×30cm 이내에 2mm 이하, 1mm 이상인 것이 5개 이상 없을 것

2) 내광성
 • 내광성 시험에 의해 4% 이하

Ⅶ. 열선 흡수유리 -KS L 2008

① 태양광의 적외선 성분 및 가시광선 일부가 흡수되도록 하기 위해 원료의 투입과정에서 금속 산화물이 배합된 원료를 첨가하여 착색한 판유리
② 판유리에 소량의 산화철, 니켈, 코발트 등을 첨가하면 가시광선은 투과하지만 열선인 적외선이 투과되지 않는 성질을 갖는다. 일사 투과율이 거의 일정하므로 사무소 건축에 유용하지만, 유리에 흡수된 열로 인해 응력집중이 생길 수 있기 때문에 파손될 우려

★★★   2. 유리 및 실링공사   78.129

9-128	저방사 유리, 로이유리	
No. 728	Low Emissivw Glass	유형: 재료·성능

재료

재료 · 용도
Key Point

☑ 국가표준
- KCS 41 55 09
- KS L 2017

☑ Lay Out
- 적용방법 · 종류
- 적용 시 유의사항 · 종류 · 품질

☑ 핵심 단어
- 열선반사막 표면코팅
- 얇은 막을 형성
- 일사열의 차폐성능 높인 유리

☑ 연관용어
- 에너지 절약형 유리

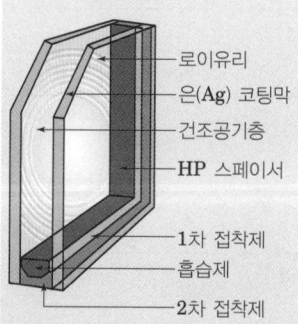

- 로이유리
- 은(Ag) 코팅막
- 건조공기층
- HP 스페이서
- 1차 접착제
- 흡습제
- 2차 접착제

I. 정 의

① 열 적외선(infrared)을 반사하는 은소재 도막으로 코팅하여 방사율과 열관류율을 낮추고 가시광선 투과율을 높인 유리

② 겨울철에는 건물 내에 발생하는 장파장의 열선을 실내로 재반사 시켜 실내 보온성능이 뛰어나고, 여름철에는 코팅막이 바깥 열기를 차단하여 냉방부하를 저감시킬 수 있다.

II. 코팅면에 따른 적용방법

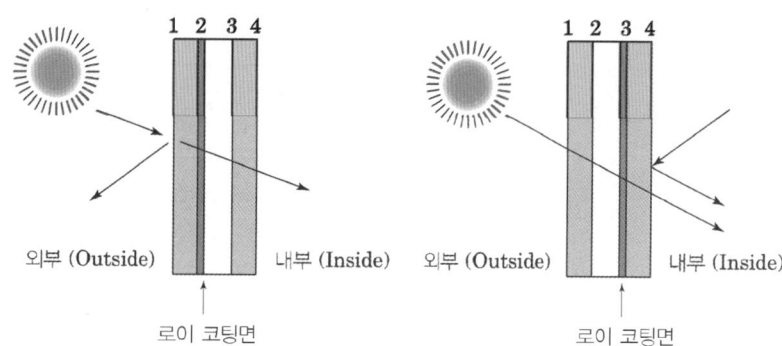

외부 (Outside)   내부 (Inside)   외부 (Outside)   내부 (Inside)

로이 코팅면   로이 코팅면

2면코팅 로이유리	• 복사열 획득이 많은 방향의 창호(냉방부하가 많이 발생), 여름철 냉방이 중요한 상업용 건축물에 적용
3면코팅 로이유리	• 전도에 의한 열손실로 난방부하가 많은 방향의 창호, 겨울철 난방이 중요한 주거용 건축물에 적용

III. 가공방법에 따른 종류

구분		Soft Low-E 유리	Hard Low-E 유리
Coating 방법		• 스퍼터링공법 (Sputtering Process) • 기 재단된 판유리에 금속을 다층 박막으로 Coating	• 파이롤리틱공법 (Pyrolytic Process) • 유리 제조 공정 시 금속용액 혹은 분말을 유리 표면 위에 분사하여 열적으로 Coating
장점		• Coating면 전체에 걸쳐 막 두께가 일정하여 색상이 균일하다. • 다중 Coating이 가능하고 색상, 투과율, 반사율 조절이 가능	• Coating면의 내마모성이 우수하여 후 처리가공이 용이 • 단판으로도 사용 가능 • Out-Line System으로 생산
단점		• 공기 및 유해가스 접촉 시 Coating막의 금속이 산화되어 기능이 상실되므로 반드시 복층유리로만 사용 • 곡(曲)가공이 어려움	• Coating막이 두껍게 형성되므로 반사율이 높음 • 제조공정 특성상 Pin Hole, Scratch 등 제품 결함 우려 • 생산 Lot마다 색상의 재현이 어려움
주의사항		• 현장 반입 유리에 대한 Coating 두께 등 성능의 검측 및 확인	

재료

Ⅳ. 적용 시 유의사항

① 코팅유리는 태양열 흡수율이 높아 열깨짐이 발생할 수 있으므로 반드시 사전에 열깨짐 검토
② 코팅면을 위로 한 후 절단
③ 복층 제작 시 코팅면이 공기층에 위치하도록 제작
④ 코팅면이 일반 코팅유리는 #3면에 특수코팅유리는 #2면에 위치하도록 시공
⑤ 유리표면에 페인트 칠을 하거나 종이, 테이프, 필름지 등을 부착하면 열깨짐의 위험이 있으므로 부착금지
⑥ 코팅면에 분필이나 마킹펜으로 표시금지

Ⅴ. 방사율 및 두께에 따른 종류

1) 방사율에 따른 구분

종류	기호	방사율
1종	LE 1	0.06 이하
2종	LE 2	0.12 이하

2) 두께에 따른 종류

종류	방사율에 따른 구분	
	1종	2종
5mm	○	○
6mm	○	○
8mm	○	○
10mm	○	○
12mm	○	○

Ⅵ. 품질

1) 겉모양

항목	겉모양
색얼룩	눈에 띄는 것이 없을 것
막손상	눈에 띄는 것이 없을 것
핀홀	2mm를 초과하는 것이 없을 것 30cm×30cm 이내에 2mm 이하, 1mm 이상인 것이 5개 이상 없을 것

2) 내습성

• 24시간 경과 후 시험 전에 비하여 발생한 0.5mm 초과인 핀홀이 3개 이하일 것
• 168시간 경과 후 시험 전에 비하여 발생한 0.5mm 초과인 핀홀이 3개 이하일 것

9-129	접합유리	
No. 729	Laminated Glass	유형: 재료·성능

재료

재료 · 용도
Key Point

■ 국가표준
- KCS 41 55 09
- KS L 2004

■ Lay Out
- 제조방식 분류 · 특성
- 적용 및 용도 · 모양 및 치수허용차 · 적용 시 유의사항

■ 핵심 단어
- 판유리 사이에 접합 필름인 합성수지 막을 전면에 삽입

■ 연관용어
- 안전유리

I. 정 의

① 2장 이상의 판유리 사이에 접합 필름인 합성수지 막을 전면에 삽입하여 가열 압착한 안전유리
② 두 장의 판유리 사이에 투명하면서도 점착성이 강한 폴리비닐부티랄 필름(polyvinyl butyral film)을 삽입하고, 판유리 사이에 있는 공기를 완전히 제거한 뒤에 온도와 압력을 높여 완벽하게 밀착시켜 만들어진 유리

Ⅱ. 접합유리의 제조방식 분류

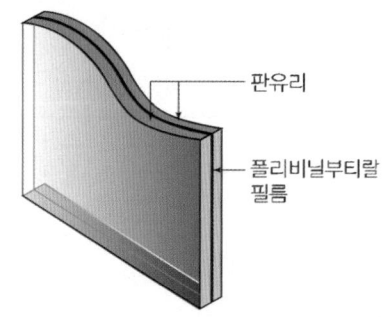

― 판유리

― 폴리비닐부티랄 필름

접합필름 삽입방식
- 유리와 유리 사이에 접합필름을 삽입시켜, 진공상태에서 열을 가해 녹여 제조된 유리
- 다양한 무늬(필름) 연출이 가능하며, 자외선/방음/방열 차단이 가능
- 품질이 균일하며, 옥내용

레진접합 방식
- UV 접합레진을 유리와 유리사이에 주입하여 자외선 및 열 등으로 경화시켜 제조된 유리
- 생산성이 낮으며, 품질이 불균일
- 마감상태가 깨끗하지 못하며, 컬러나 다양한 소재 연출이 가능
- 방음 및 방열이 탁월하며, 자외선 차단율이 탁월하여 옥외용

Ⅲ. 접합유리의 특성

① 충격흡수력이 강하고 파손 시 유리파편의 비산방지
② 자외선의 투입을 완전히 차단하거나 유입량을 조절
③ 사용되는 원판, 필름 종류에 따라 다양한 색상 연출
④ 접합필름의 점탄성(viscoelastic property)으로 유리를 통한 소음의 통과를 감소

재료

Ⅳ. 적용 및 용도

구분	적용대상
안정성_건축(safety)	건축물의 전면 · 천장 · 지붕 · 경사면 · 바닥, 박스형 유리 건축물, 태풍 · 지진 우려 지역의 유리창, 누드엘리베이터
안정성_산업(safety)	자동차 전면유리, 계단 및 에스컬레이터 핸드레일, 샤워 부스, 사무실 및 회의실 파티션, 유리계단, 옥상 난간, 캐노피, 리브(lib)
보안성(security)	방탄 · 방폭유리, 상점의 유리창, 전시장의 쇼윈도우, 고급 주거용 건물, 백화점 저층부, 박물관, 미술관
차음 및 방음 (Sound reduction)	자동차 도로변 아파트, 호텔, 주상복합, 병원, 비행장이나 기차 철로 주변 지역, 유리 방음벽
자외선 차단 및 조절 (UV control)	생태원, 식물원, 동물원, 박물관, 미술관, 고급 상점의 유리창

Ⅴ. 모양 및 치수 허용차

1) 한 변의 길이의 허용차 (mm)

재료 판유리의 합계두께	한 변의 길이의 허용차		
	길이가 1200 이하인 변	길이가 1200을 넘고 2400 이하인 변	길이가 2400을 넘는 변
4 이상 11 미만	+2 / -2	+3 / -2	+5 / -3
11 이상 17 미만	+3 / -2	+4 / -2	+6 / -3
17 이상 24 이하	+4 / -3	+5 / -3	+7 / -4

2) 액상 수지를 고체화 시키는 경우 중간막의 두께의 허용차

중간막의 두께	허용차
1 미만	±0.4
1 이상 2 미만	±0.5
2 이상 3미만	±0.6
3 이상	±0.7

Ⅵ. 적용 시 유의사항

① Edge부를 보호한다.
② 천창시공 시 허용휨응력과 허용처짐을 검토한 구조계산서 확인
③ Sash 내에 물이 들어가지 않도록 한다.

☆☆★   2. 유리 및 실링공사

9-130	망 판유리 및 선 판유리	
No. 730	Wired Glasses	유형: 재료·성능

I. 정 의

금속재 망을 유리 내부에 삽입한 판유리로 화재 시 가열로 인해 파괴
되어도 유리파편이 금속망에 붙어 있어 떨어지지 않으므로 화염이나
불꽃을 차단하는 방화성이 우수한 유리

II. 망·선의 모양·판의 표면상태에 따른 종류-KS L 2006

> 망 판유리 • 금속제 망을 유리 내부에 삽입한 판유리
>
> 선 판유리 • 평행한 금속선을 방향이 제판시의 흐름 방향이 되도
>   록 유리 내부에 삽입한 판유리

	구분	내용
망 판 유 리	마름모망 판유리	사각형 망눈의 금속제 망을 금속선의 방향이페판 시의 흐름 방향에 대하여 비스듬하여, 교점을 지나는 2개의 금속선의 방향이 제판시의 흐름 방향의 직선에 대하여 서로 대칭이 되도록 유리 내부에 삽입한 판유리
	각망 판유리	사각형 망눈의 금속제 망을 교점을 지나는 2개의 금속선의 방향이 제판시의 흐름 방향 및 그것과 직각 방향이 되도록 유리 내부에 삽입한 판유리
선 판 유 리	망무늬 판유리 및 선무늬 판유리	압연 롤에 의한 성형 그대로 한 면에 무늬 모양이 있는 망·선 판유리
	망 마판유리 및 선 마판유리	압연 롤에 의한 성형 후 양면을 갈아서 매우 평활하게 한 망·선 판유리

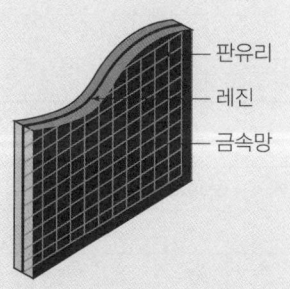

판유리
레진
금속망

III. 두께에 따른 종류

망 또는 선의 모양 및 판의 표면 상태에 따른 종류			두께에 따른 종류
망 판 유 리	망 무늬 판유리	마름모망 무늬 판유리	7mm
		각망 무늬 판유리	7mm
	망 마판유리	마름모망 마판유리	7mm, 10mm
		각망 마판유리	7mm
선 판유리		선무늬 판유리	7mm
		선 마판유리	7mm, 10mm

재료

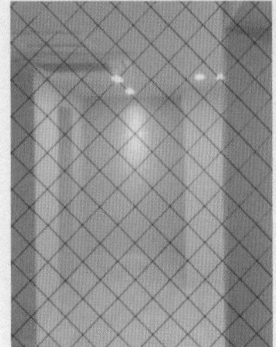

Ⅳ. 품질

1) 겉모양

결점의 종류	품질
망·선의 노출	금속의 망 또는 선이 판유리의 내부에 삽입되어 표면으로 노출되어 있지 않을 것
무늬 불량	망·선무늬 판유리에서는 현저한 무늬 불량이 없을 것
이물질	사용상 지장이 있는 것이 없을 것
잔금	육안으로 식별할 수 있는 것이 없을 것
이빠짐·돌기 결함	나비 및 길이가 모두 제품의 두께 치수를 넘는 것이 없을 것

2) 방화성
   - 가열시험을 하여 가열 시작 이후 60분간의 시간 경과 중에 유리판 면안 또는 유리판과 틀 사이에 방화상 유해한 틈 등이 생겨서는 안 된다.
   - 가열 후의 충격 시험에서 방화상 유해한 파괴, 박리, 탈락 등 일으켜서는 안 된다.

중간막의 두께	허용차
1 미만	±0.4
1 이상 2 미만	±0.5
2 이상 3미만	±0.6
3 이상	±0.7

Ⅴ. 모양 및 치수 허용차

1) 두께의 허용 범위 (mm)

두께에 따른 종류	허용차
7mm	7.0±0.6
10mm	10.0±0.9

2) 길이 및 나비의 허용차

두께에 따른 종류	허용차
7mm	±2
10mm	+2 −3

Ⅵ. 적용 시 유의사항

① 아랫면 및 측면의 중앙부까지 반드시 방청 Paint나 Tape로 방청처리 할 것
② 절단가공은 공장에서 하는 것을 원칙
③ Edge부를 보호한다.
④ Sash 내에 물이 들어가지 않도록 한다.

☆☆★　　2. 유리 및 실링공사

9-131	유리블럭	
No. 731	Glass Block	유형: 재료·성능

Ⅰ. 정 의

① 2장의 유리(원형 혹은 사각형)를 고열(약 600℃)로 가열하여 용착시 키고, 내부는 0.5기압의 건조공기를 일정량 주입하여 속이 빈 상자 모양으로 만든 block
② 입사 광선을 방향 변경, 집중, 확산, 선택 투광하여 채광벽으로 사 용하며 차음성, 차열성과 채광, 의장을 겸비한 구조용 유리 block

Ⅱ. 유리블록의 구조도

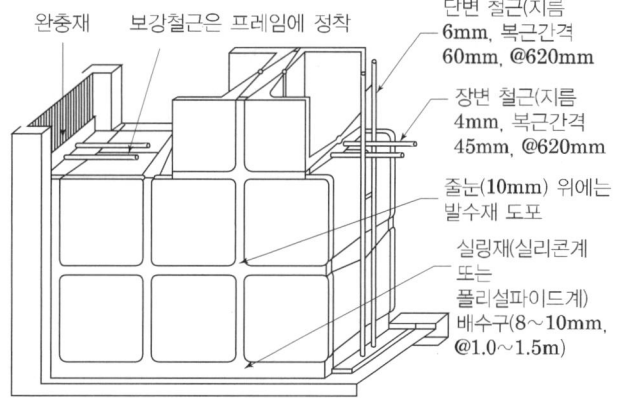

Ⅲ. 설치 시 유의사항

① 모르타르의 접촉면에 염화비닐계 합성수지도료를 1회 칠한 후 모래 를 뿌려 부착
② 단변, 장변의 조립된 철근을 620mm 이하의 간격으로 줄눈나누기 에 맞추어 조립하고, 양 끝은 단변·장변 모두 프레임에 정착
③ 강판은 5단마다 줄눈에 맞추어 대고 프레임 또는 구조체에 정착
④ 방수재가 혼합된 시멘트 모르타르(시멘트:모래=1:3(용적비))로 쌓 는다.
⑤ 시멘트 모르타르는 가로 줄눈에 펴바르고 유리블록을 내리 눌러쌓 고 세로줄눈에 빈틈없이 모르타르를 채워 넣는다.
⑥ 구조체의 신축 및 진동, 유리블록의 열팽창을 고려해 6m 이하마다 신축줄눈을 설치
⑦ 유리블록 표면에서 깊이 8mm 내외의 줄눈파기를 한 다음, 치장줄 눈 마무리

9-132	유리설치 공법	
No. 732	유리홈의 유리고정	유형: 공법 · 기능

시공

시공
Key Point

■ 국가표준
- KCS 41 55 09

■ Lay Out
- 끼우기 시공법

■ 핵심 단어

■ 연관용어
- Setting Block
- SSG공법
- SGS공법(대형판유리 시공법)

I. 정 의

① 유리설치공법은 유리 반입, 운반, 양중, 조립, 조정 하는 공법으로 유리는 두께차이가 적고, 변형, 기포 등이 없는 것을 선정하며 조각유리가 발생하지 않도록 유리판 치수를 선정한다.

② 유리는 절단 가공 전에 유리에 부착된 종이, 기름, 기타 유기불순물을 철저히 제거 한 후 확실시 고정한다.

II. 끼우기 시공법

1. 부정형 실링재 시공법

1) 부재치수

면 클리어런스
- 판두께 10mm 이하에서는 5mm,
  판두께 12mm 이상에서는 6mm를 최소치

지지 깊이
- 판두께의 1.2배(최소 10mm 이상) 이상
- 복층 유리의 지지 깊이는 외부측 유리 두께에 6mm 더한 값(최소 10mm 이상) 이상

단부 클리어런스
- 판두께를 최소치로 한다.
- 바닥에 지지되는 면은 배수성을 고려하여 7mm를 최소치

Setting Block
- 피스 등이 닿는 곳이 없도록 주의

Sealing
- Silicon 또는 Polysulfide계
- Sealing 경화 전에 큰 외력이 가해지지 않도록 주의 한다.(1~3일간)
- 자외선에 의한 접착면의 열화 방지를 위해 외부 Sealing은 다소 높게 한다.

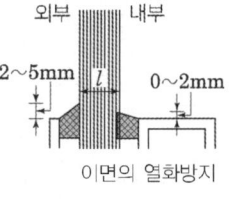

이면의 열화방지

Back-Up
- 발포 폴리에틸렌폼 또는 클로로프렌 고무를 사용
- 유리에 국부적인 힘이 걸리지 않도록 한다.

2) Setting Block 및 단부 Spacer의 설치

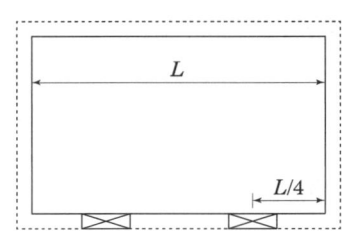

- 유리의 양단부에서 유리폭의 1/4에 설치
- 세팅블록 재료는 네오프렌, 이퍼디엠 (EPDM) 또는 실리콘 등을 사
- 세팅 블록설치 치수는 유리 단위 면적(m^2)당 28mm, 유리폭이 1,200mm를 초과하는 경우는 최소 100mm 길이로 한다.

시공

2. 개스킷 시공법

1) Glazing Channel 고정법

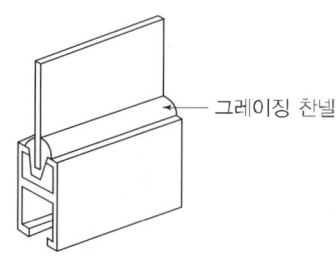

- 복층 유리 및 8mm 이상의 접합 유리 사용금지
- 채널의 이음은 방수성을 고려하여 유리 상단 중앙에서 한다.
- 그레이징 채널에 무리한 인장·압축·비틀림이 생기지 않도록 유리 및 새시 틀에 밀착

2) Glazing Bead 고정법

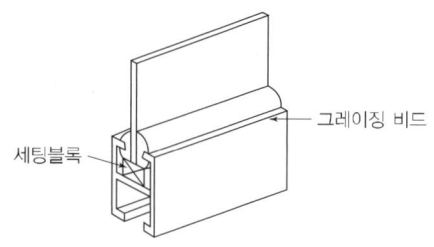

- 복층 유리 및 8mm 이상의 접합 유리 사용금지
- 그레이징 비드의 중량에 의한 수직 처짐의 방지에 유의
- 그레이징 비드의 이음은 방수성을 고려하여 유리 상단 중앙에서 한다.

3) 구조(Zipper) Gasket 고정법

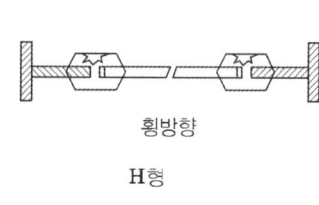

횡방향

H형

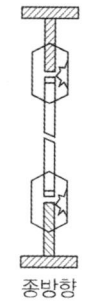

종방향

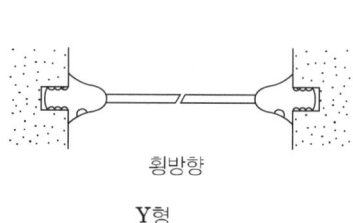

횡방향

Y형

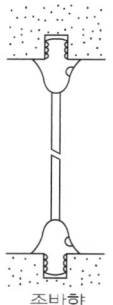

종방향

개구 1변의 길이가 4.0m 미만일 경우 할증률은 1.5%, 4m 이상인 경우는 1.0%를 표준으로 한다. 고정창에 사용하며, 복층유리 사용금지

시공

3. 장부고정법

1) 나사 고정법

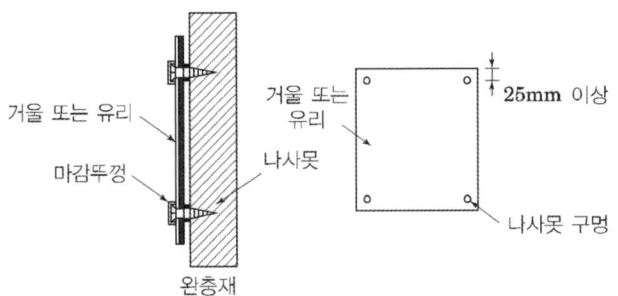

① 고정나사를 설치하는 부분에는 샛기둥, 가로대 등의 2차 부재가 설치되도록 한다.
② 바탕면이 콘크리트인 경우는 바탕면에 앵커 플러그를 설치해둔다.
③ 유리의 면적은 1매당 $1m^2$ 이내로 한다.
④ 유리의 판두께는 보통 5mm로 한다.
⑤ 유리의 구멍뚫기 위치는 유리의 단부로부터 25mm 이상의 거리를 둔다.
⑥ 바탕면의 구멍뚫기 위치확인: 바탕면의 구멍 위치는 유리의 중앙을 기준으로 하여 대칭으로 좌우에 둔다.

2) 철물 고정법

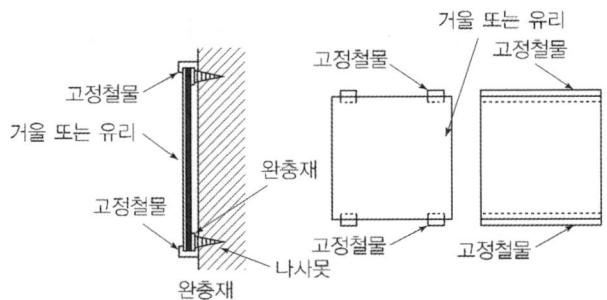

① 바탕면 전체의 평활도를 확인하여 그 편차가 ±5mm 이내로 되도록 보정
② 철물 설치부분에는 샛기둥, 가로대 등의 2차 부재 배치
③ 바탕면이 콘크리트인 경우는 바탕면에 앵커 플러그를 설치
④ 유리의 면적은 1매당 $2m^2$ 이내로 한다.
⑤ 유리의 판두께는 5mm 이상
⑥ 철물위치 확인: 철물의 위치는 유리의 중앙을 기준으로 대칭이 되도록 좌우측에 둔다.

시공

3) 접착 고정법

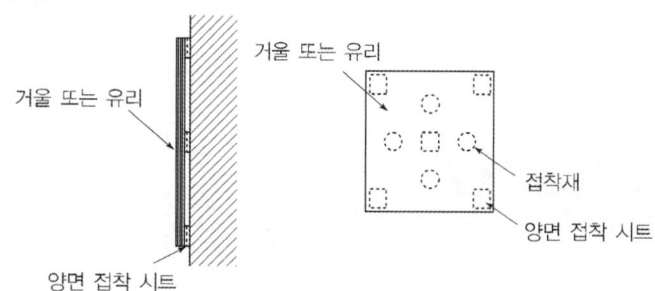

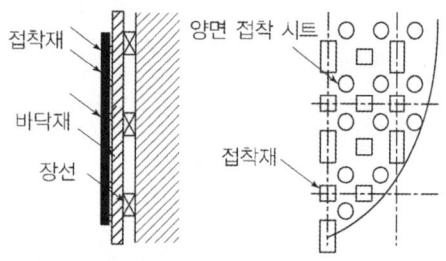

① 시공 개소의 적합성 확인
- 접착 시공법에 의한 천장면의 시공은 피한다.
- 결로의 발생이 예상되는 장소에는 접착시공을 피한다.
② 바탕면의 검사
- 모르타르 콘크리트 바탕면의 경우는 충분히 건조시킨다.
- 바탕면이 합판인 경우는 6mm 이상의 두께의 것을 사용
- 벽지, 천, 피혁 등은 지지력이 없으므로 유리부착부분은 반드시 제거
- 바탕면 전체의 평활도를 확인하고 그 편차가 ±5mm 이내가 되도록 보정
③ 유리 치수의 확인
- 유리의 면적은 1매당 $1m^2$ 이내
- 유리의 판두께는 5mm 이상을 사용
④ 먹메김
- 먹메김의 기준선은 벽면의 중앙으로 하고, 대칭으로 양편에 테이프를 부착
⑤ 접착제의 도포
- 접착에 사용하는 재료는 접착제와 양면 접착시트로 한다.
- 접착제 및 양면 접착테이프는 바탕면에 부착
⑥ 유리의 설치
- 유리는 중앙에서 좌우로 향하여 순서대로 시공
- 유리 사이의 줄눈은 3mm 이상으로 하고 무초산계 실리콘 실링재를 충전

9-133	대형판유리 시공법	
No. 733	Suspended Glazing System	유형: 공법·기능

시공

Key Point

☑ **국가표준**
- KCS 41 55 09

☑ **Lay Out**
- 종류·시공법

☑ **핵심 단어**
- 유리의 프레임을 유리의 뒷면에 배치하여 실런트로 고정

☑ **연관용어**
- SSG공법
- 구조용 유리시스템(DPG 공법)

I. 정 의

① 외벽 창호공사 curtain wall에서 유리의 frame을 유리의 뒷면에 배치하여 sealant로 고정하는 공법으로 외부에 metal mullion이 노출되지 않는 공법

② 실링재를 접착재로 사용하여 필요 강도를 유지하는 것으로 만일 유리가 파손될 경우 영향이 크므로 건물의 저층부(1~3층 정도)에 한정해 사용

II. 종류

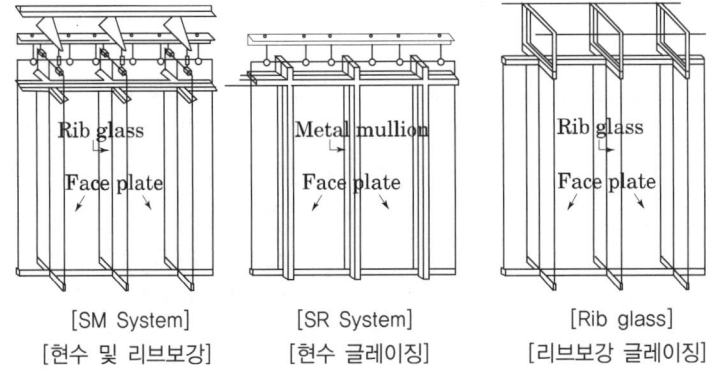

[SM System]   [SR System]   [Rib glass]
[현수 및 리브보강]   [현수 글레이징]   [리브보강 글레이징]

III. 시공법

1. 리브보강 그레이징 시스템 시공법

1) 지지구조, 지지부재의 검사

지지틀	허용오차(mm)
상하지지틀의 중심선	± 3.0
상하지지틀의 간격	±3.0
리브보강 유리 프레임 간격	±3.0

2) 대형 판유리의 끼우기, 구멍뚫기 가공의 정밀도 확인

판유리의 두께(mm)	허용오차(mm)	
	폭 방향	높이 방향
8, 10	± 2.0	± 2.5
12, 15	± 2.0	± 3.0
19	± 3.0	± 5.0

- 대형 판유리 접합부의 절단면은 연마재 #120 이상으로 마감
- 하부의 지지틀에는 좌우 양단면으로부터 변길이의 1/4 지점에 세팅블록을 둔다.

시공

3) 리브보강 그레이징 시스템유리 끼우기
  ① 리브보강유리의 접합부의 절단면은 연마재 #120 이상으로 마감
  ② 리브보강유리의 노출부의 절단면은 연마재 #200 이상으로 마감
4) 유리의 위치조정, 고정
  ① 지지틀의 치수 허용오차 – 유리와 지지틀의 Clearance 최솟값

항목	수치(mm)
면 클리어런스	8
단부 클리어런스	20 또는 판 두께의 1.5배
지지 깊이	20

  ② Clearance 치수

리브보강유리 두께(mm)	대형 판유리와 대형 판유리와의 클리어런스(mm)	대형 판유리와 리브보강유리와의 클리어런스(mm)
12	4	6
15, 19	6	

  ③ 리브보강유리 단부의 고정리브보강유리 상하단부와 상하 지지틀 간에는 경질 클로로프렌 고무 또는 경질염화비닐을 끼워서 리브보강유리를 고정
  ④ 실링재의 충전판유리와 지지틀과의 접합부에 충전하는 실링재의 깊이는 8mm 이상
  ⑤ 유리의 높이가 6m 이상이면 현수 그레이징 시스템을 병용한다.
  ⑥ 층간변위에 대한 주의모서리의 유리는 유리끼리의 접촉 위험성과 리브보강유리의 복잡한 변형이 있으므로 충분한 검토가 필요하다.

2. 현수 및 리브보강 그레이징 시스템 시공법
  1) 지지구조, 지지부재의 검사
    • 지지구조를 부착한 보 또는 슬래브 하단에서 천장 마감면까지의 치수는 350~400mm를 표준
  2) 대형 판유리 끼우기
    ① 대형 판유리와 대형 판유리 접합부의 절단면은 연마재 #120 이상으로 마감
    ② 하부의 지지틀에는 좌우 양단면에서 길이의 1/4 지점에 세팅 블록을 설치
  3) 리브보강유리의 설치
    ① 리브보강유리의 접합부의 절단면은 연마재 #200 이상으로 마감
    ② 리브보강유리의 노출부의 절단면은 연마재 #200 이상으로 마감

시공

4) 유리의 위치조정 및 고정
    ① 리브보강유리 단부의 고정리브보강유리 상하단부와 상하지지틀 간
    에는 경질 클로로프렌 또는 경질염화비닐을 끼워서 리브보강유리
    를 고정
    ② 실링재의 충전판유리와 지지틀과의 접합부에 충전하는 실링재의 깊
    이는 8mm 이상

3. 현수 그레이징 시스템 시공법

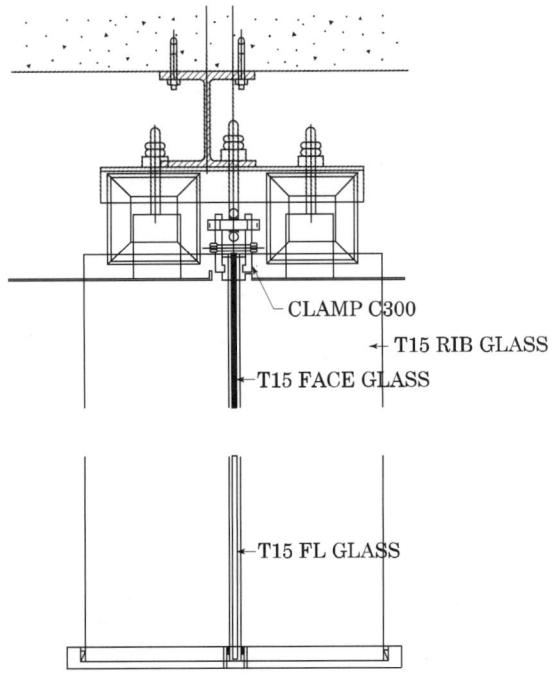

1) 지지구조, 지지부재의 검사
    • 지지구조를 설치한 보 또는 슬래브의 하단에서 천장 마감면까지의
    치수는 400mm를 표준
2) 대형 판유리의 설치
    ① 대형 판유리와 대형 판유리의 절단면은 연마재 #120 이상
    ② 하부의 지지틀에는 좌우 양단면으로부터 길이의 1/4 지점에 세팅
    블록을 설치
3) 대형 판유리의 위치조정 및 고정
    ① 각 유리가 소정의 위치에, 도면상의 줄눈치수, 클리어런스가 유지
    되도록 현수철물을 조정하여 고정
    ② 대형 판유리와 대형 판유리와의 클리어런스 또는 대형 판유리와 다
    른 재료와 의 접합부의 클리어런스는 10mm를 표준
4) 실링재의 충전
    • 판유리와 지지틀과의 접합부에 충전하는 실링재의 깊이는 8mm 이상

☆★★	2. 유리 및 실링공사	77.118

9-134	SSG(Structural Sealant Glazing System)공법	
No. 734	구조용 실런트 고정공법	유형: 공법·기능

시공

Key Point

☑ 국가표준
- KCS 41 55 09

☑ Lay Out
- 구조용 Sealant 줄눈 단면
- 종류·시공법

☑ 핵심 단어
- 구조용 실런트 사용해 접착

☑ 연관용어

구조용 실런트의 시방

- 접착두께(Bite): 6~8mm
- 접착면은 가능한 크게 함
- 색상은 자외선 차단을 위하여 주로 검은색 계통 사용
- 신장률 50% 이상의 고탄성형 실런트 사용
- 접착력 실험: 사용 전 실험실에서 7일간 수중보관 후 접착력 Test

I. 정의

건물의 창과 외벽을 구성하는 유리와 패널류를 구조용 실란트(structural sealant)를 사용해 실내측의 멀리온, 프레임 등에 접착 고정하는 공법

II. 구조용 Sealant 줄눈 단면

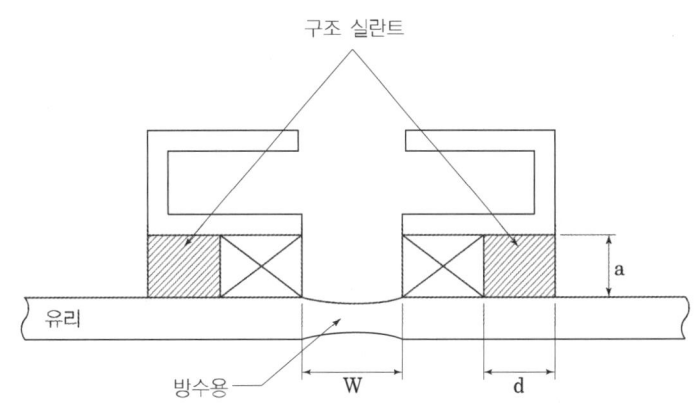

a: 접착 두께
d: 접착폭
W: 방수용 실링재의 줄눈폭

① 풍압력에 대한 검토: 유리면에 부압이 작용하는 경우 외측으로 인발되는 유리를 안전하게 지지할 수 있도록 구조용 실란트 접착폭(d)을 확보
② 온도 변형에 대한 검토: 온도변화에 의한 부재의 팽창 및 수축은 구조용 실란트에 전단변형으로 작용하므로 이들 변형에 충분히 추종할 수 있는 접착 두께를 확보
③ 지진에 대한 검토: SSG 공법에 있어서는 멀리온, 프레임 등을 면진구조로 하여 구조용 실란트에는 지진력에 의한 변위가 작용되지 않도록 한다.
④ 유리중량에 대한 검토: 유리중량을 세팅 블록과 철물로 지지하여 구조용 실란트에 장기하중으로 작용하지 않도록 한다(2면 SSG의 경우)
⑤ 최대 및 최소 줄눈단면 형상: $1<d/a<1.5$ 범위 내

구분	최소치(mm)	최대치(mm)
접착 두께(a)	8	20
접착폭(d)	10	25

시공

Ⅲ. 종류

1) 4변고정 SSG공법

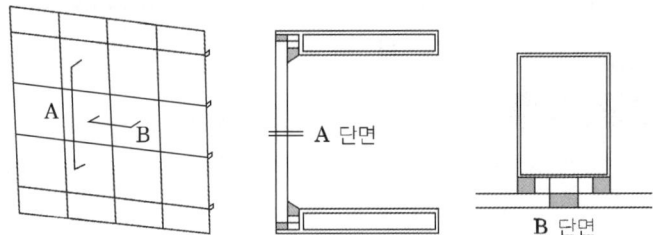

2) 2변고정 SSG공법

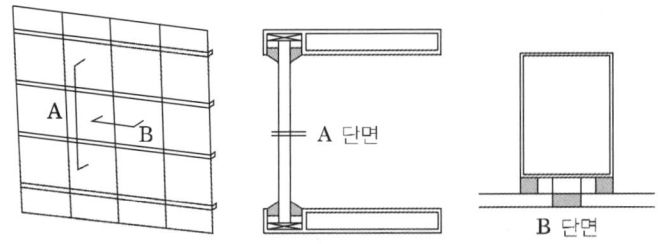

Ⅳ. SSG 공법의 시공

① 구조용 실란트의 접착 신뢰성을 높이기 위해 프라이머 도포, 충전 및 주걱마감에 주의

② 구조용 실란트 경화 중에 무브먼트가 생기지 않도록 가고정을 확실히 한다.

③ 아래 그림처럼 외부측에서의 구조용 실란트 시공은 줄눈 내부의 청소 불량, 프라이머 도포불량, 실링재 충전 불량 등의 문제점이 있으므로 피한다.

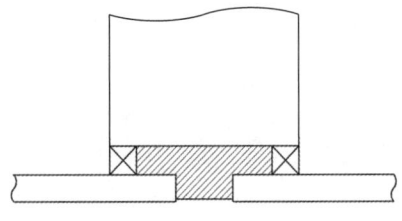

[외부측에서의 SSG 시공 예]

★★★   2. 유리 및 실링공사   77.83

9-135	SPG(Structural Point Glazing), Dot Point Glazing	
No. 735	구조용 유리 시스템	유형: 공법 · 기능

시공

Key Point

☑ 국가표준
- KCS 41 55 09(구조용 유리 시스템)

☑ Lay Out
- 지지방법 · 공법분류
- 시공 · 유리사용

☑ 핵심 단어
- 구조용 실런트 사용해 접착

☑ 연관용어
- Point Fixed Glazing

I. 정 의

① 유리에 홀 가공을 한 후 특수 볼트와 하드웨어를 사용하여 판유리 간 지지구조를 시스템화 한 유리고정 시스템
② 유리는 필요에 의하여 연결구와 구조체에 기계적으로 결합이 되며 연결 부위는 유리에 구멍을 가공하여 적절한 응력이 발생되도록 설계한다.

II. 지지방법

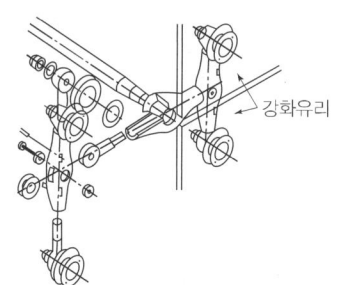
강화유리

- 특수 가공한 볼트를 결합시킨 판유리를 서로 접합시킨 공법으로 유리에 풍압력 발생 시 구멍 주위의 집중응력을 분산시키는 효과
- 유리를 분할하는 다양한 방향으로 의 힘을 회전 힌지를 사용하여 유리두께의 중심에 놓는다.

III. 공법의 분류

공법	도해	특징
Rib Glass Type		구조체인 수직 지지부재나 구조체 보를 유리로서 사용응력을 높여 강화처리하거나 접합 처리하여 구조 부재로 사용하는 형태
Wire & Rod Truss Type		와이어의 장력을 이용하는 구조이며, 수평, 수직방향 및 천장구성이 가능하며 개구부의 경우 별도의 설계가 필요함.
Pipe Structure Type		수직, 수평의 각 조인트 지지용 파이프에 브래킷을 용접한 후 앵글 브래킷을 이용하여 볼트를 설치하여 유리를 취부 하는 방법
Rod & Pipe Type		수직 수평방향의 Truss구조형태로 사용, Pipe는 주로 System 자중을 저항하며 풍하중에 대해서도 Rod와 같은작용

시공

Ⅳ. 전면 유리의 접합부에 따른 분류

1) countersunk fixing system
    ① 단판유리, 접합 유리, 복층 유리에 구멍을 가공하여 고안된 볼트를
       1차 구조재에 연결하는 방법
    ② 유리에 접시머리 형태로 가공하여 발생응력을 관리
2) button fixing system
    • Button 형태의 플레이트가 유리면에 돌출되어 있는 시스템
3) clamp fixing system
    • 금속판재를 유리면에 압착하여 사용하는 시스템

Ⅴ. 유리의 사용

① 강화 유리: 유리에 구멍의 가공이나 하중적용에 의한 응력발생에
   대응하기 위하여 허용응력 값을 올릴 수 있는 강화 유리를 사용
② 접합 유리: 응력의 증대, 안전성의 확보, 내부유리의 보호 목적으
   로 접합 유리를 사용
③ 복층 유리: 반강화 유리 혹은 강화 유리를 사용

Ⅵ. 판유리의 허용응력

품종 L	단기(N/mm^2)		장기(N/mm^2)	
	면내	에지	면내	에지
강화유리	73.5	49.0	49.0	34.3
반강화 유리	44.1	35.3	29.4	24.3

Ⅶ. 설계 및 시공

1) 설계
    ① 유리 접합부 설계: 접합부라 함은 전면유리에서 유리와 볼트의 접
       합, RIB glass에서 유리의 구조적 결합을 말하며 접합시의 유리와
       하드웨어의 접합부는 미소한 흔들림이 없어 단단하게 고정되도록
       고안되고 설계
    ② 유리의 구조 검토: 유리는 발생응력이 허용응력 이내로 되도록 설계
2) 시공
    ① 유리의 준비: countsunk fixing system의 경우 countsunk fixing
       bolt를 유리의 구멍에 정확히 조립
    ② 볼트의 이완방지 및 기밀 수밀 성능유지를 위한 밀착 조립을 위하
       여 토크렌치로 토크값을 부여하여 조립
    ③ 하드웨어의 설치: 구조물에 각종 하드웨어를 설치
    ④ 유리의 설치 및 면 조정: 유리는 설치 위치에 안전하게 조립될 수
       있도록 준비

☆☆★　2. 유리 및 실링공사　95

현상

9-136	유리의 자파(自破)현상	
No. 736		유형: 현상·결함

현상

Key Point

■ 국가표준
- KCS 41 55 09
- KS L 2002
- SPS-KFGIA
  003-2005:2012(강화유
  리의 힛속테스트 방법)

■ Lay Out
- 발생 Mechanism·해결
  방안
- 장단점 비교
- 힛속 테스트(Heat soak
  test)

■ 핵심 단어
- 황화니켈(Nickel Sulfide)
  함유물이 계속 존재하다
  가 시간경과에 따라 주
  변의 유리원소를 계속적
  으로 밀어내어 부피팽창

■ 연관용어
- 열간유지시험(Heat Soak
  Test)

I. 정 의

강화유리는 급냉과정을 거치기 때문에 황화니켈(Nickel Sulfide) 함유물이 계속 존재하다가 시간경과에 따라 주변의 유리원소를 계속적으로 밀어내어 부피팽창에 따른 국부적 인장응력의 증가로 인해 어느 순간에 Crack이 발생하여 자연파손되는 현상

II. 자파현상 발생 Mechanism

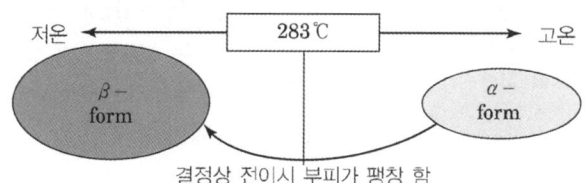

- 급냉으로 인해 전이할 시간이 없어 a-form으로 계속 존재하며, 시간이 경과함에 따라 전이가 진행되어 부피 팽창을 일으키고 이에 따른 인장응력에 의해 국부적인 Crack 발생

III. 해결방안

1) 열간유지시험-Heat Soak Test(강화 후 열처리)
   - NiS에 의한 자연파손의 위험성이 있는 강화유리를 280~290℃ 정도의 온도로 약 8시간 동안 후 가열하여 함유되어 있을지 모르는 NiS를 a-상에서 β-상으로 강제적인 상 전이를 유도하여 자연파손 가능한 NiS 함유 유리를 사전에 파손
2) Heat-strengthening 처리 (반강화 처리)
   - 느린 속도로 냉각시켜 유리 내부의 NiS가 β상으로 완전히 변환되도록 유도하여 NiS에 의한 자연파손의 위험성을 없애는 방식

IV. Heat Soaking과 반강화 처리의 장·단점 비교

구분	장점	단점
Heat Soaking	• 처리 후 NiS 함유 유리선별 가능하고 강도에 영향을 미치지 않음	• 추가적인 열처리 방법으로서 Cycle Time이 증가 • 후처리 공정이기 때문에 이동에 의한 모서리 손상이나 표면 흠집이 발생할 수 있음 • 추가적인 비용 발생.
반강화 처리	• NiS를 함유한 유리도 자연파손 위험이 없음	• 강화유리보다 강도가 낮다. • 강화유리보다 파편이 크다.

열간유지시험
(Heat Soak Test)

• 강화유리 내에 함유되어 있는 황화니켈(NiS) 성분으로 인하여 자파가 발생됨으로 사전에 테스트를통하여 황화니켈(NiS)이 α 에서 β 로 전이 되는 속도를 인위적으로 증가시켜 파손시킴으로서 강화유리 자파의 가능성을 제거하는 시험

[열간유지시험/Heat-soak test]

용어

• 가열단계(Heating phase): 일정한 시간동안 테스트에 필요한 온도로 상승(가열) 시키는 단계
• 냉각단계(Cooling phase): 온도를 일정한 시간동안 하강(서냉)시켜 온도 변화에 의한 파손이 발생되지 않도록 하는 단계
• 유지단계(Holding phase): 황화니켈(NiS)의 상전이를 가속화시켜 파손을 유도하는 단계

V. 힛속 테스트(Heat soak test)

1) 시험장비
  ① 오븐 형태로 온도를 320℃ 가열 기능 보유
  ② 힛속 테스트에 필요한 온도(290 ± 10)℃를 일정시간 유지할 수 있는 기능 보유
  ③ 냉각단계 조절 기능 보유
  ④ 유리를 적재할 수 있는 내열성이 강한 프레임
  ⑤ 가열 시간, 온도유지시간, 서냉시간 등 기록, 출력 및 저장 기능을 보유해야 하며, 시험장비의 온도센서는 KS A 0511에 규정되어 있는 센서를 사용 하여야 한다.

2) 시험체
  ① 시험체는 6mm 또는 8mm 두께의 유리를 사용
  ② 크기는 610mm × 610mm의 강화유리 12매, 864mm × 1930mm 8매의 시료를 사용하고 이중 1매라도 파손이 발생할 때는 시험체 전체를 교체하여야 한다.

3) 시험순서
  ① 시험체를 준비 한다
  ② 시험체 외관을 조사한 후 이물, 긁힘 등이 있을 경우 제거 한다.
  ③ 프레임에 적재된 시험체가 서로 부딪쳐 깨지지 않도록 20mm 간격을 유지하여 적재 한다.
  ④ 시험장비안에 사람이 없는 것을 확인 후 프레임에 적재된 시험체를 넣는다.
    • 기록지 및 시험장비의 상태를 점검한 후 시험 조건을 설정하고 시험장비를 가동 시킨다.
    • 시험 완료가 되는 70℃에서 1시간 이상을 유지한 후 시험장비 작동을 멈추고 약 30℃까지 냉각이 되면 시험장비의 문을 열어 시험체의 파손 유무를 확인

4) 시험조건

시험순서	목표 온도℃	목표 시간(hr)
가열단계	290	1-3
유지단계	290± 10	2
냉각단계	70	1 이상
개폐온도	30	–

9-137	열파손 현상	
No. 737		유형: 현상 · 결함

현상

Key Point

☑ 국가표준

☑ Lay Out
- 판유리의 응력 분포
- 열파손 현상 발생 Mechanism
- 발생원인
- 방지대책

☑ 핵심 단어
- 인장 및 압축응력

☑ 연관용어

특징

- 열파손은 항상 판유리 가장자리에서 발생한다.
- Crack선은 가장자리로부터 직각을 이룬다.
- 색유리에 많이 발생(열흡수가 많기 때문)
- 열응력이 크면 파단면의 파편수가 많으며, 동절기 맑은 날 오전에 많이 발생(프레임과 유리의 온도차가 클 때)
- 열파손은 서서히 진행하며 수개월 이내에 시발점에서 다른 변으로 전파된다.

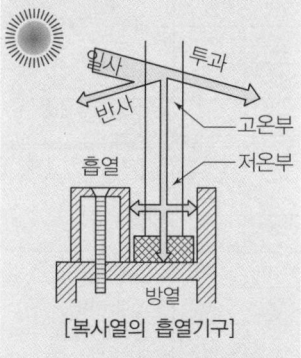

[복사열의 흡열기구]

I. 정 의

① 열에 의해 유리에 발생되는 인장 및 압축응력에 대한 유리의 내력이 부족한 경우 균열이 발생하며 깨지는 현상
② 대형유리의 유리중앙부는 강한 태양열로 인해 온도상승 · 팽창하며, 유리주변부는 저온상태로 인해 온도유지 · 수축함으로써 열팽창의 차이가 발생한다.

II. 열파손 현상 발생 Mechanism - 판유리의 응력분포

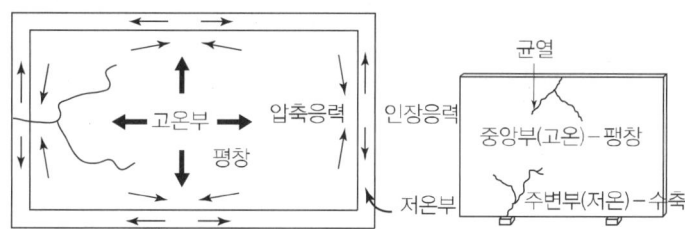

유리의 중앙부와 주변부와의 온도차이로 인한 팽창성 차이가 응력을 발생시켜 파손

III. 발생원인

① 태양의 복사열로 인한 유리의 중앙부와 주변부의 온도차이
② 유리가 두꺼울수록 열축적이 크므로 파손의 우려 증대
③ 유리의 국부적 결함
④ 유리배면의 공기순환 부족
⑤ 유리 자체의 내력 부족

IV. 방지대책

① Glass 판 내 온도차를 최대한 적게 한다.
② 양호한 절단과 시공으로 Glass Edge 강도를 저하시키지 않는 것이 중요하다.
③ 유리와 커튼, 블라인드 사이를 간격을 두어 흡수된 열을 방출할 수 있게 한다.
④ 냉난방용의 공기가 직접 유리창에 닿거나 강렬한 빛을 부분적으로 계속 받지 않게 한다.
⑤ 유리면에는 반사막이나, 코팅, 종이를 붙이지 않는다.
⑥ 유리와 프레임은 단열을 확실히 한다.
⑦ 배강도 또는 강화유리를 사용
⑧ 유리의 절단면은 흠이 없도록 깨끗이 절단

★★★　　2. 유리 및 실링공사

9-138	실링공사	
No. 738	Sealing	유형: 공법 · 기능

실링
Key Point

■ 국가표준
- KCS 41 40 12
- KS F 4910

■ Lay Out
- 실링재 선정 시 고려사항
- 실링공사 일반
- 실링 작업 전 준비사항
- 실링재 충전

■ 핵심 단어

■ 연관용어

────────────

（실링재의 요구조건）

• 수밀 기밀성 유지, Joint 거동에 신축대응, 우수한 내구성, 내후성, 오염성, 내열성, 도장성

I. 정 의

접착부재의 신축 · 진동에 장기간 견딜 수 있는 내구성 · 접착성 · 비오염성을 갖는 것을 선정한다.

II. 실징재 선정 시 고려사항

1) 실링재 선정기준

재료명	사용용도	비고
실리콘 2액형	• 유리 주변 줄눈	• 내자외선성을 갖는 프라이머는 실리콘계뿐임
	• AL-Mullion과 Mullion 사이 줄눈	• 유리 주변의 줄눈과 연속시공 되므로 필요
	• Open Joint 방색의 줄눈 (실내측 줄눈)	• 실내측에 있으므로 줄눈 주변의 오염 우려 불필요
실리콘 1액형	• 변위가 적은 유리 주변 줄눈	• 신축성이 약하므로 변위가 큰 곳은 2액형 실리콘 사용
	• 의장성을 중요시하고 움직임이 적은 석재판	• 석재와 석재 사이 줄눈 (비오염성)
변성 실리콘 2액형	• PC 커튼월 패널 사이 줄눈 • 금속 케튼월 패널 사이, AL 두겁대 주위	• 내구성면에서는 실리콘 2액형이 좋으나 오염 문제 내재
폴리우레탄 2액형	• ALC, 스판크리트 등의 패널 사이 줄눈	• Sealing에 도장 가능

2) 접착성 판별

피착재			실리콘	변성 실리콘	폴리설파이트	폴리우레탄	아크릴	유의사항
금속	표면 처리	알루미늄, 주물	○	○	○	△	△	• 결로 • 보호필름점착제 • 유분부착 • 부식유의
		스테인리스	○	○	○	△	△	
		스테인리스	※	※	※	※	※	
	표면 처리	황산알루마이트	○	○	○	△	△	• 피막의 종류
		전해착색알루마이트	○	○	○	△	△	
		인상처리강	○	○	○	△	△	
		아연, 크롬도금	※	※	※	※	※	
유리 종류		유리	○	×	○	×	×	• 내광접착성에 주의 • 보호필름점착제
		법랑	○	○	○	△	△	
석재		화강암	◆	○	○	−	−	• 건조상태
		대리석	◆	○	○	−	−	
시멘트 제품류		콘크리트 모르타르	◆	○	○	○	○	• 다공성이므로 프라이머를 충분히 도보
		ALC 패널	◆	○	○	○	○	
		GRC, CFRC, SFRC	◆	○	○	○	○	

○: 접착양호, ◆: 접착은 양호하나 오염주의, △: Joint 움직임에 취약(접착, 내후성 취약)
※: 사전 상응성 Test 필요, ×: 불가, −: 접착 내구, 내후성 취약

3) 실링재의 품질기준(G)형

[실링재의 품질기준(G형)]

특성		등급					
		25LM	25HM	20LM	20HM	30SLM	30SHM
슬럼프(mm)	세로	3 이하					
	가로	3 이하					
탄성 복원성(%)		60 이상					
인장특성	줄눈너비의 신장률(%)[1]	200 (M100)		160(M60)			
	인장응력 23℃ (N/mm²)	0.4 이하	0.4 초과[2]	0.4 이하	0.4 초과[2]	0.4 이하	0.4 초과[2]
	−20℃	0.6 이하	0.6 초과[2]	0.6 이하	0.6 초과[2]	0.6 이하	0.6 초과[2]
정(定)신장하에서의 접착성		파괴되어서는 안 됨[3]					
압축가열 및 인장냉각 후의 접착성		파괴되어서는 안 됨[4]					
인공광 노출 후의 접착성		파괴되어서는 안 됨[3]					
수중침적 후의 정신장하에서의 접착성		파괴되어서는 안 됨[3]					
압축응력(N/mm²)		시험의 결과를 보고한다.					
부피손실(%)		10 이하					

4) 실링재의 품질기준(F)형

[실링재의 품질기준(F형)]

특성		등급						
		25LM	25HM	20LM	20HM	12.5E	12.5P	7.5
슬럼프(mm)	세로	3 이하						
	가로	3 이하						
탄성복원성(%)		70 이상		60 이상		40 이상	40 미만	−
인장특성	줄눈너비의 신장률(%)[1]	200(M100)		160(M60)		−		
	인장응력 23℃ (N/mm²)	0.4 이하	0.4 초과[2]	0.4 이하	0.4 초과[2]	−		
	−20℃	0.6 이하	0.6 초과[2]	0.6 이하	0.6 초과[2]			
	파괴 시 신장률(%)[4]	−					100 이상	20 이상
정(定)신장하에서의 접착성		파괴되어서는 안 됨[3]					−	
압축가열 및 인장냉각 후의 접착성		파괴되어서는 안 됨[4]					−	
확대 및 축소 반복 후의 접착성		−					파괴되어서는 안 됨[3]	
수중 침적 후의 정(定)신장하에서의 접착성		파괴되어서는 안 됨[3]					−	
수중 침적 후의 접착파괴 시의 신장률(%)[5]		−					100 이상	20 이상
부피손실(%)		10 이하[6]				25 이하		

실링

- 논워킹 조인트(non-working joint)
- 무브먼트가 생기지 않거나 발생해도 거의 무시할 수 있는 조인트
- 마스킹 테이프(masking tape)
- 시공 중 바탕재의 오염 방지와 줄눈의 선을 깨끗하게 마감하기 위해 사용하는 보호 테이프
- 백업(back-up)재
- 실링재의 줄눈깊이를 소정의 위치로 유지하기 위해 줄눈에 충전하는 성형 재료
- 본드 브레이커(bond breaker)
- 실링재가 바탕재에 접착되지 않도록 줄눈 바닥에 붙이는 테이프형의 재료

Ⅲ. 실링공사 일반

1. 줄눈폭(W)의 산정식

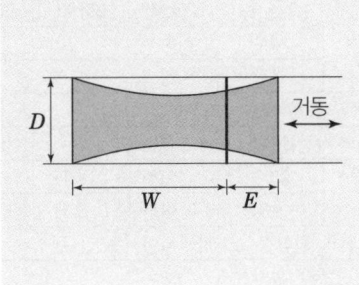

$$W = \frac{E}{M} \times T \text{(단, } W > 2 \times E \text{를 만족할 것)}$$

- E: 자재의 열 수축팽창 길이(mm)
  = 최대 거동
  = 자재의 열팽창계수×자재길이×예상 최대 온도변화

열팽창계수 (10-6/℃)	콘크리트	10	유리	0.5
	알루미늄	23.5	철재	11.5

2. 줄눈의 깊이(D)

- 일반적으로 $1/2 \leq D/W \leq 1$의 범위

줄눈폭	일반 줄눈	Glazing 줄눈
$W \geq 15$	1/2~2/3	1/2~2/3
$15 > W \geq 10$	2/3~1	2/3~1
$10 > W \geq 6$	–	3/4~4/3

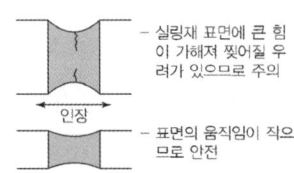

- 실링재 표면에 큰 힘이 가해져 찢어질 우려가 있으므로 주의
- 표면의 움직임이 작으므로 안전

최소 6mm 이상, 최대 20mm 이하

3. 충전줄눈의 형상 및 치수

1) 워킹 조인트
- 줄눈 너비: 실링재가 무브먼트에 대한 추종성을 확보할 수 있는 치수로 하며, 실링재를 충분히 충전할 수 있는 치수
- 줄눈 깊이: 실링재의 접착성 및 내구성을 충분히 확보할 수 있고, 경화장애를 일으키지 않는 치수로 하며, 실링재를 충분히 충전할 수 있는 치수
- KS F 4910의 G형 또는 F형의 20 등급, 25 등급

2) 논워킹 조인트
- 줄눈 너비: 실링재를 충분히 충전할 수 있는 치수
- 줄눈 깊이: 실링재의 접착성 및 내구성을 충분히 확보할 수 있고, 경화장애를 일으키지 않는 치수로 하며, 실링재를 충분히 충전할 수 있는 치수

4. 줄눈의 구조

① 줄눈깊이가 소정의 치수보다 깊을 경우에는 백업재 등으로 줄눈에 바닥을 만들어 소정의 깊이를 확보
② 워킹 조인트의 경우에는 줄눈바닥에 접착시키지 않는 2면 접착의 줄눈구조
③ 논워킹 조인트의 경우에는 3면접착의 줄눈구조를 표준

실링

IV. Sealing 작업 전 준비사항

1) 줄눈의 상태

① 줄눈에는 엇갈림 및 단차가 없을 것

② 줄눈의 피착면은 결손이나 돌기면 없이 평탄하고 취약부가 없을 것

③ 피착면에는 실링재의 접착성을 저해할 위험이 있는 수분, 유분, 녹 및 먼지 등이 부착되어 있지 않을 것

2) 시공관리

① 강우 및 강설시 혹은 강우 및 강설이 예상될 경우 또는 강우 및 강설 후 피착체가 아직 건조되지 않은 경우에는 시공금지

② 기온이 현저하게 낮거나(5℃ 이하) 또는 너무 높을 경우(30℃ 이상, 구성부재의 표면 온도가 50℃ 이상)에는 시공을 중지

③ 습도가 너무 높을 경우(85% 이상)에는 시공을 중지

3) 피착면의 확인 및 청소

① 피착면의 결손, 오염 및 습윤의 정도를 점검하여 시공에 지장이 없음을 확인

② 실링재의 시공에 지장이 없도록 피착면을 청소

실링제의 접착 저해요소	완전제거
• 수분, 먼지, Cement 풀, Laitance, 느슨한 입자	• 와이어브러시, Sander, 솔 이용

4) Back – Up재

구 분	내 용	
재 료	• 발포 폴리에틸렌이나 폴리우레탄의 원형 또는 사각형 제품 • Joint 폭보다 3~4mm 큰 것으로 설치	
시 공	• 실링재의 두께를 일정하게 유지하도록 일정한 깊이에 설치 • 당일 실링재 충전부위만 설치 • Back-Up재의 설치깊이가 나오지 않는 경우 　→ Bond Breaker Tape 사용(2면 접착)	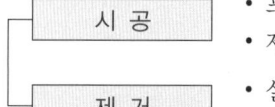

5) 마스킹 테이프 바름

시 공	• 프라이머 도포 전, 정해진 위치에 곧게 설치 • 제거 시 점착액이 남지 않는 제품 선택
제 거	• 실링재의 가용시간 내 주걱 마무리한 직후 • 40°~60° 각도로 제거

• 실링재의 충전부위 이외에 오염방지

실링

V. Sealing 재의 충전

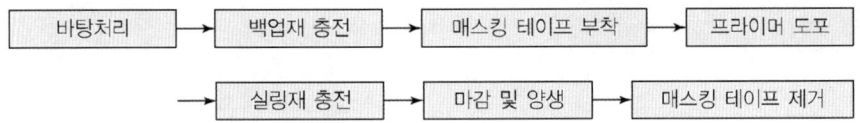

바탕처리 → 백업재 충전 → 매스킹 테이프 부착 → 프라이머 도포

→ 실링재 충전 → 마감 및 양생 → 매스킹 테이프 제거

1) 프라이머 도포
① 함수율 7% 이하
② 사용시간: 5~20℃에서 30분, 8시간 내에 작업 완료
　　　　　　20~60℃에서 20분, 5시간 내에 작업완료

2) Bond Breaker의 설치

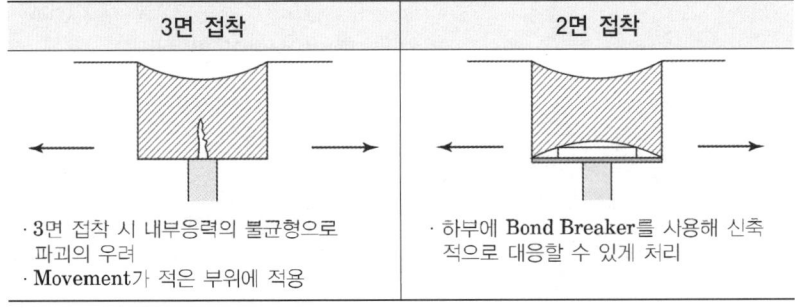

3면 접착	2면 접착
·3면 접착 시 내부응력의 불균형으로 파괴의 우려 ·Movement가 적은 부위에 적용	·하부에 Bond Breaker를 사용해 신축 적으로 대응할 수 있게 처리

3) Back - Up재의 설치

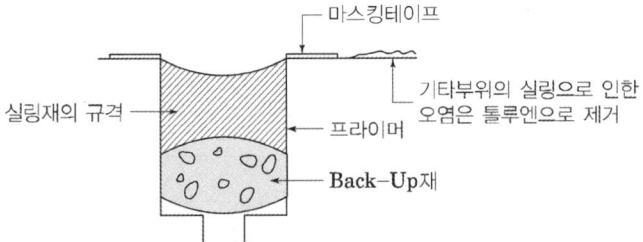

마스킹테이프

실링재의 규격

기타부위의 실링으로 인한 오염은 톨루엔으로 제거

프라이머

Back-Up재

4) 시공순서 및 이음부 처리

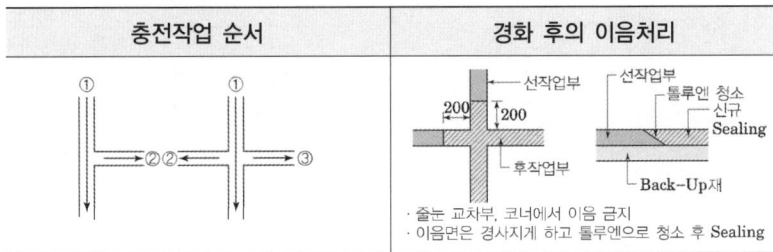

충전작업 순서	경화 후의 이음처리
① ① ②② ←　→③	선작업부　선작업부 200↔ ↕200　톨루엔 청소 신규 Sealing 후작업부　Back-Up재 ·줄눈 교차부, 코너에서 이음 금지 ·이음면은 경사지게 하고 톨루엔으로 청소 후 Sealing

실링

Ⅵ. 부위별 Joint 설계방법

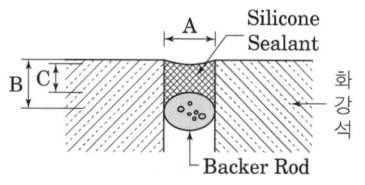

- A와 C의 크기는 최소 6mm 이상이어야 한다.
- A와 B의 비율은 최소 2:1 이상이어야 한다.
- 조인트 표면은 오목하게 쿨링[1] 실시
- B의 크기는 최대 12mm가 적당

[일반 조인트 실링]

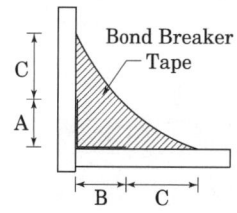

- A와 B의 크기는 최소 6mm 이상
- 조인트의 움직임이 예상되면 본드 브레이커 테이프나 백업재 사용
- 조인트는 오목하게 쿨링 실시
- C의 크기는 최대 6mm이어야 한다.

[거동이 있는 코너 부위 조인트]

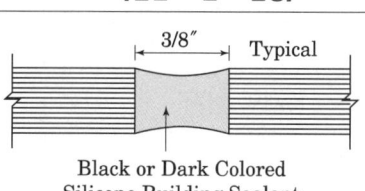

- 조인트 폭은 최소 6mm 이상
- 유리두께는 최소 6mm 이상
- 조인트가 모래시계형으로 툴링 조치
- 짙은 색의 건축용 실리콘 실런트가 적합

[Butt 글레이징 조인트 실링]

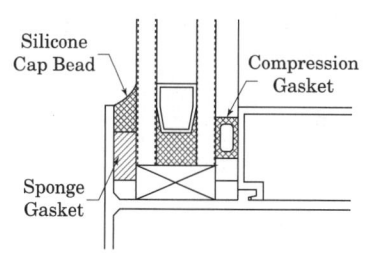

- 유리와 금속에 대한 실런트의 접촉면은 최소 6mm 이상

[Cap Bead 글레이징 조인트]

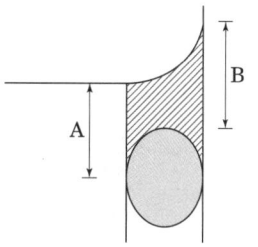

- A와 B는 둘 다 6mm 이상
- 물이 잘 흘러내리도록 실런트 툴링

[직교부위 수평 조인트 실링]

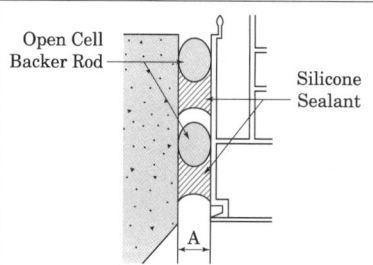

- 내측 실링을 용이하게 하기 위해 A의 크기는 최소 20mm

[거동조인트의 이중 실링]

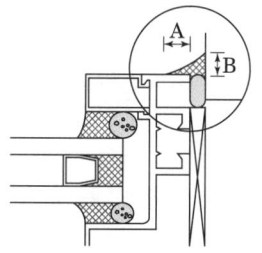

- A와 B는 둘 다 6mm 이상

[창호주위 조인트 실링]

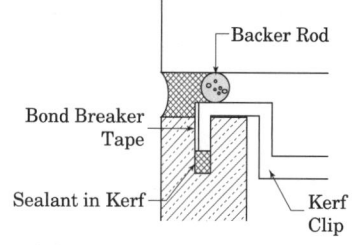

- 실런트 조인트로 돌출되지 않은 AL Exrtusion을 사용함으로써 3면 접착 방지

[석재 고정부위 조인트 실링]

★★★　2. 유리 및 실링공사　　　　　　　63.90.115.128

9-139	백업재 및 본드 브레이커	
No. 739	Back up재 & Bond Breaker	유형: 재료·기능

실링

실링
Key Point

■ 국가표준
- KCS 41 40 12
- KS F 4910

■ Lay Out
- 설치도해
- 시공관리

■ 핵심 단어
- 3면접착 방지

■ 연관용어
- Joint Movement

설치목적

• Sealing재 파괴 방지
• Sealing재 하부의 접착방지
• 누수로 부터의 구조체 보호
• 접착력 확보

I. 정 의

① Back up재: sealing를 줄눈 밑면에 접착시키지 않기 위해 줄눈 밑에
넣는 합성수지계의 발포재로 3면 접착에 의한 파단을 사전에 방지
하고 sealing재의 절약을 위해 사용하는 것

② Bond breaker: 부재의 접합부에서 U자형 줄눈에 충전하는 sealing
재를 줄눈 밑면에 접착시키기 위해 붙이는 tape로 3면 접착에 의한
파단을 사전에 방지하기 위해 사용하는 것

II. 설치도해

1) Back − Up재의 설치

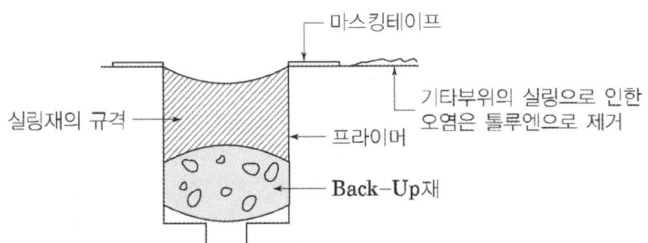

2) Bond Breaker의 설치

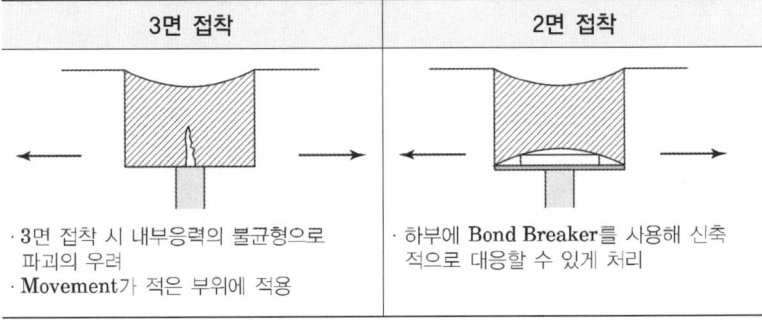

3면 접착	2면 접착
·3면 접착 시 내부응력의 불균형으로 파괴의 우려 ·Movement가 적은 부위에 적용	·하부에 **Bond Breaker**를 사용해 신축적으로 대응할 수 있게 처리

III. 시공관리

① Back − Up는 Joint 폭보다 3~4mm 큰 것으로 설치

② 실링재의 두께를 일정하게 유지하도록 일정한 깊이에 설치

③ 당일 실링재 충전부위만 설치

④ 백업재 및 본드 브레이커는 실링재와 접착하지 않고 또한 실링재의
성능을 저하시키지 않는 것을 사용

⑤ 백업재는 줄눈깊이가 소정의 깊이가 되도록 충전한

⑥ 본드 브레이커는 줄눈바닥에 일정하게 붙인다.

실링	9-140	유리공사에서 Sealing 작업 시 Bite	
	No. 740		유형: 공법 · 기준

I. 정 의

① Structural Sealant Glazing Joint의 Sealing 작업 시 부재와 유리의 접착두께와 접착폭에 따라 실링재의 물림치수가 결정된다.

② Sealing Bite는 풍압, 유리크기, 설치공법에 따라 구조 검토를 하여 최솟값~최댓값을 유지해야 내구성 및 열화를 방지할 수 있다.

II. 구조 실란트 Sealing Bite

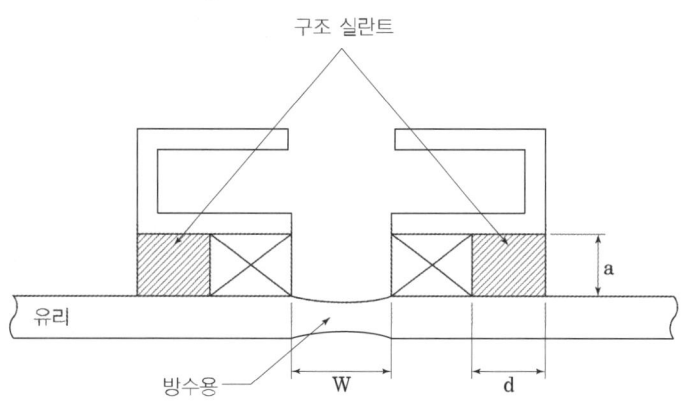

a: 접착 두께
d: 접착폭
W: 방수용 실링재의 줄눈폭

① 풍압력에 대한 검토: 유리면에 부압이 작용하는 경우 외측으로 인발되는 유리를 안전하게 지지할 수 있도록 구조용 실란트 접착폭(d)을 확보

② 온도 변형에 대한 검토: 온도변화에 의한 부재의 팽창 및 수축은 구조용 실란트에 전단변형으로 작용하므로 이들 변형에 충분히 추종할 수 있는 접착 두께를 확보

③ 지진에 대한 검토: SSG 공법에 있어서는 멀리온, 프레임 등을 면진구조로 하여 구조용 실란트에는 지진력에 의한 변위가 작용되지 않도록 한다.

④ 유리중량에 대한 검토: 유리중량을 세팅 블록과 철물로 지지하여 구조용 실란트에 장기하중으로 작용하지 않도록 한다(2면 SSG의 경우)

⑤ 최대 및 최소 줄눈단면 형상: $1 < d/a < 1.5$ 범위 내

구분	최소치(mm)	최대치(mm)
접착 두께(a)	8	20
접착폭(d)	10	25

Key Point

실링

■ 국가표준
- KCS 41 55 09
- KCS 41 40 12
- KS　F 4910

■ Lay Out
- 실링재의 물림치수

■ 핵심 단어

■ 연관용어

용어

- Weather Seal
- 깊이: 조인트 깊이
- 너비: 조인트 폭
- Structural Sealant Glazing
- 깊이: Structural Bite
- 너비: Guideline Thickness

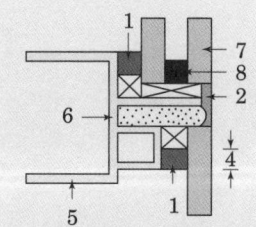

1. Structural 실리콘 실런트
2. Weather Seal
3. 줄눈두께
4. 구조용 실런트 물림치수
5. Transon Fin
6. Back-up재
7. 복층유리
8. 복층유리 간봉

☆★★   3. 창호공사

9-141	창호의 분류 및 하자	
No. 741		유형: 공법·기준

창호분류

창호분류

Key Point

■ 국가표준
- KCS 41 55 01~07

■ Lay Out
- 창호의 요구성능
- 성능평가방법
- 창호의 종류와 설치
- 하자원인과 방지대책

■ 핵심 단어

■ 연관용어
- 방수공사 기타용어에서
  창호주위 누수방지 참조

I. 정 의

① 이 기준은 목제 창호공사, 강제 창호공사, 알루미늄 합금제 창호공사, 합성수지 창호공사, 스테인리스 스틸 창호공사, 복합소재 창호공사, 기타 창호공사 및 창호 철물공사에 적용한다.

② 창호의 성능평가방법 창호의 기본적 성능인 출입, 채광 및 통풍, 누수, 방음, 방풍, 방청 그리고 열손실 방지를 위한 성능을 평가하는 것이다.

II. 창호의 요구성능

- 내풍압
  건축물의 높이, 형상, 입지조건
- 수밀성
  Sash 틈새에서 빗물이 실내측으로 누수되지 않는 최대 압력차
- 기밀성
- Sash내.외 압력차가 10~100N/㎡(해당풍속 4~13m/s)일 때 공기가 새어나온 양(m^3/hm^2)
- 차음성
  기밀이 필요한곳
- 단열성
  열관류저항으로 일정기준 이상이어야 한다.
- 방화성
  방화, 준방화 지역에서 연소의 우려가 있는 부위의 창

III. 창호의 성능평가방법

① 창호의 개폐력 시험 방법(KS F 2237, Windows and doors – Determination of opening and closing forces)

② 창호의 손잡이대 강도 시험 방법(KS F 2239, Doors and windows – Test method for mechanical deformation of edge rail)

③ 창호의 단열성 시험방법(KS F 2278, TEST METHOD OF THERMAL RESISTANCE FOR WINDOWS AND DOORS)

④ 창호의 기밀성 시험 방법(KS F 2292, The method of air tightness for windows and doors)

⑤ 창호의 수밀성 시험 방법(KS F 2293, Test method of water tightness for windows and doors)

⑥ 창호의 구조적 성능 시험 방법(KS F 2294, TEST METHOD FOR STRUCTURAL PERFORMANCE OF EXTERIOR WINDOWS, CURTAIN WALLS AND DOORS BY UNIFORM STATIC AIR PRESSURE DIFFERENCE)

⑦ 창호의 결로 방지 성능 시험 방법(KS F 2295, Test method of dew condensation for windows and doors)

⑧ 창호의 내풍압 시험 방법(KS F 2296, Windows and doorsets— Wind resistance test)

⑨ 창호의 성능 시험 방법 통칙(KS F 2297, GENERAL RULE FOR TEST METHOD OF WINDOWS AND DOORS)

성능항목	시험항목		측정항목	내 용
강 도	굽힘시험		휨	면내 및 면외력에 견디는 정도
			응력도	
	면내·면외 변형시험	손잡이대 강도 시험	휨	
		비틀림 강도 시험	변위	
		연직 재하 시험	변위	
내풍압성	내풍압성 시험		변위·힘	압력차에 의한 변형에 견디는 정도
내충격성	내충격성 시험		모양변화	충격력에 견디는 정도
기밀성	기밀성 시험		통기량	압력차에 의한 공기 투과의 정도
수밀성	수밀성 시험		누 수	압력차에 의한 창호의 실내 측에 빗물 침입을 방치하는 정도
차음성	차음성 시험		음향 투과 손실	소리를 차단하는 정도
단열성	단열성 시험		열관류 저항	열의 이동을 막는 정도
방로성	방로성 시험		온도저하상황	창호 표면의 결로발생을 막는 정도
방화성	방화성 시험		변 화	화재시의 확대 방지의 정도
내진성	면내 변형 대응 시험		개방력	지진 및 진동으로 생기는 면내 변형에 대응할 수 있는 정도
내후성	내후성 시험		변화	구조 정도 및 표면 상태 등이 일정 기간에 걸쳐서 사용에 견딜 수 있는 품질을 유지하고 있는 정도
모양 안정성	온습도 시험		모양변화	환경의 변화에 대하여 모양 치수가 변화하지 않는 정도
개폐력	개폐력 시험		개폐력	개폐 조작에 필요한 힘의 성도
개폐	개폐 반복 시험		변 화	반복 개폐 반복에 견딜 수 있는 정도
			변 위	
			개폐력	
부품 부착성	부품 부착의 강도 시험		변 화	사용 상태에서 부품 부착 부분에 생기는 지장 있는 변형, 헐거움, 덜거덕거림이 없는 정도

창호분류

Ⅳ. 창호의 종류와 설치

창호분류

1. 알루미늄 합금제 창호공사

① 각 부재는 위치, 변형 및 개폐방법 등을 고려하여 쐐기 등의 방법으로 수평, 수직을 정확히 하여 가설치

② 앵커는 미리 콘크리트에 매입된 철물에 용접 및 볼트로 접합하고, 창호를 설치

③ 앵커의 용접 시에는 용접불꽃에 의하여 알루미늄 또는 유리의 표면에 흠이나 얼룩 등이 생기지 않도록 주의

④ 앵커간격 위치는 각 모서리에서 150mm 이내의 위치에 설치

⑤ 한 변의 길이가 1.2m 이상인 경우는 0.5m 간격으로 등분하여 설치

⑥ 창틀 주위의 고정에 사용된 쐐기를 제거하고, 틀의 내·외면에 형틀을 대고 모르타르로 충전

⑦ 알루미늄 표면에 부식을 일으키는 다른 금속과 직접 접촉금지

⑧ 알루미늄재가 모르타르 등 알칼리성 재료와 접하는 곳에는 내알칼리성 도장

⑨ 강재의 골조, 보강재, 앵커 등은 아연도금처리한 것을 사용

2. 합성수지제 창호공사

1) 창호 제작

① 창틀 및 문의 가공은 창호제작상세도에 따라 공장에서 기계톱절단을 통해 정확하게 절단 및 조립을 한다.

② 창틀조립 시 모든 절단면 접합부위와 고정나사 작업부위는 누수발생 예방을 위해 수밀성 조립이 되도록 이음부 내부 및 창틀 틈에 밀실하게 실링처리

③ 창호의 밀폐효과를 높이기 위해 창짝이나 창틀에 모헤어(mo hair)를 탈락되지 않도록 설치하여야 하며, 모헤어를 창호에 설치하는 경우에는 창틀의 폭 중앙 상하부에 기밀재 (filling piece)를 부착

④ 창호와 창틀의 탈락을 방지하기 위하여 창짝과 창틀의 겹침 길이를 하부는 8mm 이상, 상부는 12mm 이상

2) 창호 설치

① 창호 설치 시 수평·수직을 정확히 하여 위치의 이동이나 변형이 생기지 않도록 고임목으로 고정

② 창틀 및 문틀의 고정용 철물을 벽면에 구부려 콘크리트용 못 또는 나사못으로 고정한 후에 모르타르로 고정철물에 씌운다.

③ 고정철물은 틀재의 길이가 1m 이하일 때는 양측 2개소에 부착하며, 1m 이상일 때는 0.5m마다 1개씩 추가로 부착

3. 목제 창호공사

① 설치에 앞서 창호를 기둥, 벽선, 홈대 및 문틀 등에 맞도록 상하, 좌우를 조정한 후, 소정의 위치에 가설치한다.
② 상세도에 따라 창호철물류를 소정의 위치에 설치
③ 앵커간격은 모서리 150mm, 중앙 500mm 내외로 한다.
④ 창호의 여닫음이 원활하고 정확히 될 수 있도록 한다.
⑤ 여닫음, 맞춤 등의 상태를 정밀하게 잘 조정하고, 덜거덕거림이 없도록 한다.
⑥ 여닫음(매설치) 상태를 조정한 후, 매단 상태, 개폐정도, 기둥 또는 틀과의 맞춤 등에 대하여 점검

4. 강제 창호공사

① 바닥 시공 정밀도에 따라 기준먹 높이를 조정할 경우는 다른 공정과의 관계를 검토하여 조정
② 앵커간격은 모서리 150mm, 중앙 500mm 내외로 설치
③ 문지방 부분은 바닥철근을 이용하거나 앵커를 설치
④ 창문은 힘을 가하여도 뒤틀리지 않도록 버팀대, 가새 등으로 보강하여 운반하고, 밑틀, 위틀 및 선틀이 수평, 수직을 유지하도록 설치
⑤ 창틀은 지지구조에 견고하게 고정시킨다. 또한, 원활한 작동 및 방수, 방풍을 위하여 접촉부분에 틈막이재를 견고하게 설치한다.
⑥ 문지방이 처지지 않도록 설치 후 조속히 주변 모르타르를 채운다.

V. 하자 방지대책

• 설계 및 계획
① 하드웨어 설치보강
② 표면재질 검토
③ 도어의 크기검토
④ 표면마감 검토
• 재료
① 하드웨어 종류
② 문틀재질
• 시공
① 먹매김
② 보강재시공
③ 고정방법 및 위치
④ 수직수평
⑤ 설치 후 검사

9-142	소방관 진입창	
No. 742		유형: 공법·기준

■ 국가표준
- 건축물의 피난·방화구조 등의 기준에 관한 규칙 제18조의2(소방관 진입창의 기준)

■ Lay Out
- 소방관 진입창 기준
- 설치기준

■ 핵심 단어
- 2~11층까지 소방관이 진입할 크기의 창을 확보

■ 연관용어
- 피난규정
- 방화규정
- 건축물의 마감재료
- 건축용 방화재료
- No. 743~746 참조
- No. 775~777 참조
- No. 812~813 참조
- 소방관 진입창
- 방화유리문
- 방화셔터

I. 정 의

모든 건축물 2층~11층까지 소방관이 진입할 크기의 창을 확보하고 그 창문에는 역삼각형 빛 반사등 붉은색을 표시하게 하는 창

II. 소방관 진입창 기준

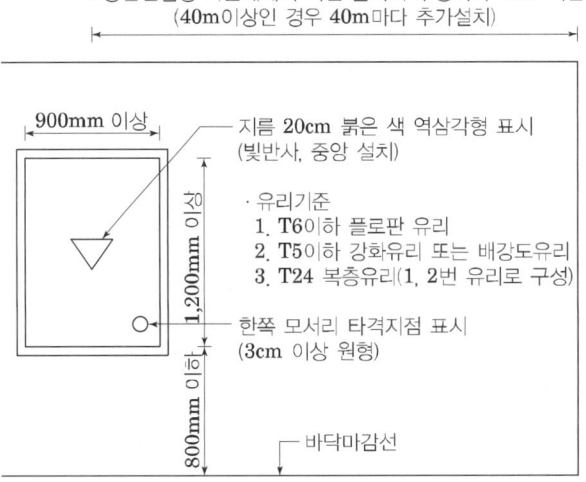

소방관진입창 가운데에서 벽면 끝까지 수평거리 40m 미만
(40m이상인 경우 40m마다 추가설치)

900mm 이상

지름 20cm 붉은 색 역삼각형 표시
(빛반사, 중앙 설치)

· 유리기준
1. T6이하 플로판 유리
2. T5이하 강화유리 또는 배강도유리
3. T24 복층유리(1, 2번 유리로 구성)

1,200mm 이상

한쪽 모서리 타격지점 표시
(3cm 이상 원형)

800mm 이하

바닥마감선

III. 설치기준

① 2층 이상 11층 이하인 층에 각각 1개소 이상 설치할 것. 이 경우 소방관이 소방관이 진입할 수 있는 창의 가운데에서 벽면 끝까지의 수평거리가 40m 이상인 경우에는 40m 이내마다 소방관이 진입할 수 있는 창을 추가로 설치해야 한다.

② 소방차 진입로 또는 소방차 진입이 가능한 공터에 면할 것

③ 창문의 가운데에 지름 20cm 이상의 역삼각형을 야간에도 알아볼 수 있도록 빛 반사 등으로 붉은색으로 표시할 것

④ 창문의 한쪽 모서리에 타격지점을 지름 3cm 이상의 원형으로 표시할 것

⑤ 창문의 크기는 폭 90cm 이상, 높이 1.2m 이상으로 하고, 실내 바닥면으로부터 창의 아랫부분까지의 높이는 80cm 이내로 할 것

⑥ 다음 각 목의 어느 하나에 해당하는 유리를 사용할 것
   • 플로트판유리로서 그 두께가 6mm 이하인 것
   • 강화유리 또는 배강도유리로서 그 두께가 5mm 이하인 것
   • 가목 또는 나목에 해당하는 유리로 구성된 이중 유리로서 그 두께가 24mm 이하인 것

9-143	방화문의 품질관리, (60분 방화문) 시공상세도에 표기할 사항
No. 743	유형: 공법 · 재료 · 기준

창호분류

창호분류
Key Point

■ **국가표준**
- 건축법 시행령 제64조 (방화문의 구분)
- 건축물의 피난 · 방화구조 등의 기준에 관한 규칙
- 자동방화셔터 및 방화문 의 기준
- KS F 2268-1

■ **Lay Out**
- 방화문 상세도
- 방화문 구조
- 요구성능
- 시험방법
- 피난 방화구획

■ **핵심 단어**
- 불꽃, 연기 및 열에의하 여 자동으로 닫힐 수 있 는 구조

■ **연관용어**
- 피난규정 · 방화규정
- 건축용 방화재료
- No. 811~812참조
- 방화유리문 · 방화셔터

부착 창호철물

• Gasket
- 방화용 Gasket
• Pivot Hinge
- 창문의 상하에 구멍을 파 낸 철물에 끼어 창문짝이 돌게 된 창호철물
• Door closer
- 문을 자동으로 닫게 하거나 열린 상태로 있게 하는 기능 창문의 상하에 구멍을 파 낸 철물에 끼어 창문짝이 돌게 된 창호철물
• Lockset
- 60분 최대 1,000℃ 비차열 시험에 합격하여야 한다. (60분방화문에 적용)

Ⅰ. 정 의

① 화재의 확대, 연소를 방지하기 위해 건축물의 개구부에 설치하는 문으로 「건축물의 피난 · 방화구조 등의 기준에 관한 규칙」 제26조 의 규정에 따른 성능을 확보하여 성능을 인정한 구조
② 방화문은 항상 닫혀있는 구조 또는 화재발생시 불꽃, 연기 및 열에 의하여 자동으로 닫힐 수 있는 구조여야 한다.

Ⅱ. 방화문 상세도

■ 방화문 입면 상세도

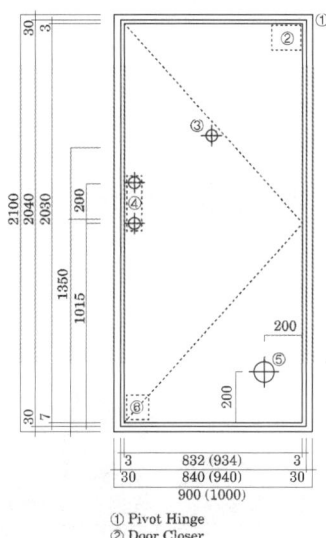

① Pivot Hinge
② Door Closer 150×300×1⁶t
③ Door View Hole φ120
④ Door Lock 120×300×1⁶t
⑤ Milk Hole φ120
⑥ Door Stopper 120×120×1⁶t

■ 수직 단면 상세도

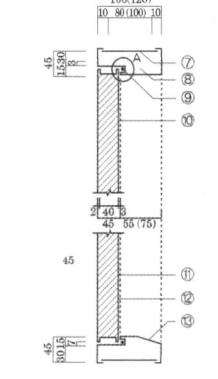 

⑦ Filler Plate 1.6T×30×90(110)
⑧ Frame 1.6T Steel Plate 위 녹막이 페인트마감
⑨ Weather Strip 12×15
⑩ In Door Leaf 0.6T Color (Graphic) Sheet
⑪ Out Door Leaf 0.6T Color (Graphic) Sheet
⑫ Paper Honeycomb Core 40T 25Cell 내부 우레탄 충진
⑬ Sill 1.6T Stainless Steel Plate >St L Cover 보양

■ 수평 단면 상세도

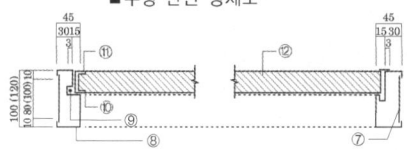

Ⅲ. 방화문의 구분

60분+ 방화문	• 연기 및 불꽃을 차단할 수 있는 시간이 60분 이상이고, 열을 차단할 수 있는 시간이 30분 이상인 방화문
60분 방화문	• 연기 및 불꽃을 차단할 수 있는 시간이 60분 이상인 방화문
30분 방화문	• 연기 및 불꽃을 차단할 수 있는 시간이 30분 이상 60분 미만인 방화문

창호분류

[내화시험]

[자료출처: 신흥강판]

IV. 시공상세도에 표기할 사항

① 세부 상세 치수(문짝폭, 두께, 높이)
② 문짝 채움재 종류 및 규격
③ 보강철물 위치 및 규격
④ 부착 철물
⑤ 녹막이 마감

■ 문짝(외판),보강재,코너보강

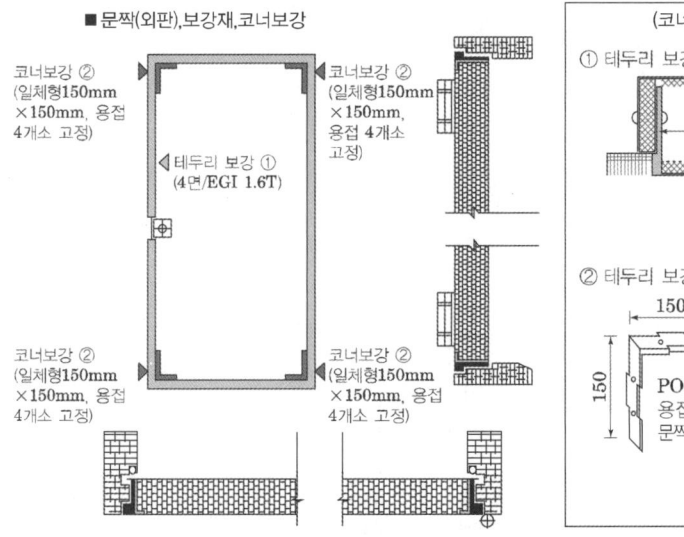

코너보강 ②
(일체형150mm
×150mm, 용접
4개소 고정)

◀테두리 보강 ①
(4면/EGI 1.6T)

코너보강 ②
(일체형150mm
×150mm,
용접 4개소
고정)

코너보강 ②
(일체형150mm
×150mm, 용접
4개소 고정)

코너보강 ②
(일체형150mm
×150mm, 용접
4개소 고정)

(코너보강 상세내용)

① 테두리 보강 상세

◀──L

② 테두리 보강 상세

150 / 폭 40mm
150
PO 3.2T 코너B/K
용접 4×4개소=16ea
문짝 내부 모서리 부분(4개소)

■ 문짝(외판),보강재,코너보강

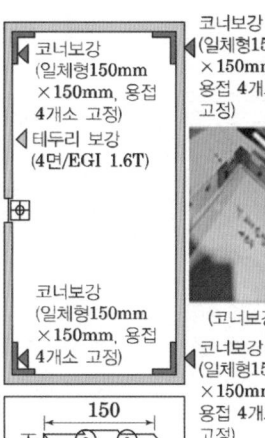

◀코너보강
(일체형150mm
×150mm, 용접
4개소 고정)

◀테두리 보강
(4면/EGI 1.6T)

코너보강
(일체형150mm
×150mm, 용접
◀4개소 고정)

코너보강
(일체형150mm
×150mm,
용접 4개소
고정)

(코너보강)

코너보강
(일체형150mm
×150mm,
용접 4개소
고정)

150
150
(용접부위 4개소)

(코너보강 상세내용)

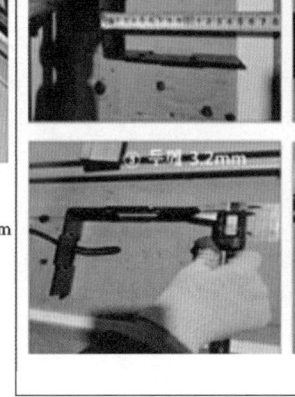

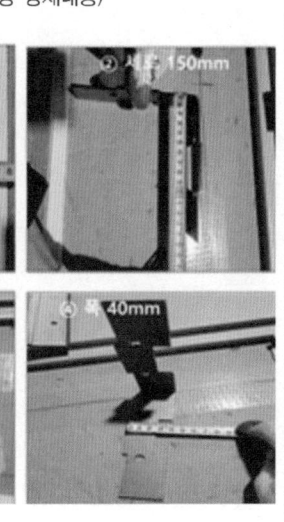

① 가로 150mm / ② 세로 150mm / ③ 두께 3.2mm / ④ 폭 40mm

창호분류

■ 문짝(외판),보강재,테두리보강

◁ 테두리 보강
(4면/EGI 1.6T)

(테두리 보강 규격)　　　　　　　※상/하부 및 좌/우측 보강 길이 : 현장 적용 문 규격에 따라 변경 될 수 있음.

 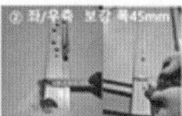  

■ 문짝(외판),보강재,도어락 보강

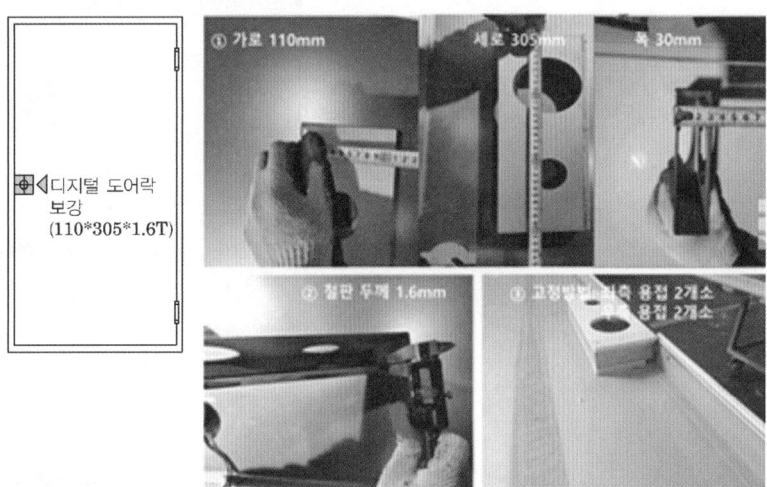

◁ 디지털 도어락
보강
(110*305*1.6T)

■ 문짝(외판),보강재,경첩 보강 및 가스 홀(Hole) 타공

경첩보강판 ▷
(2개/38mm
*160mm*3.2T)

①
②

※방화핀 미 적용 : 경첩 부위
보강 나개로 대체

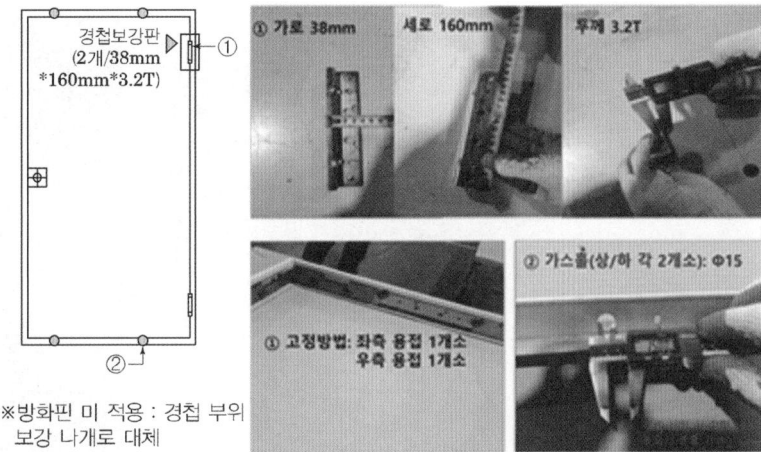

창호분류

■ 문짝(외판),세라믹 패드 및 날개부위 충진재

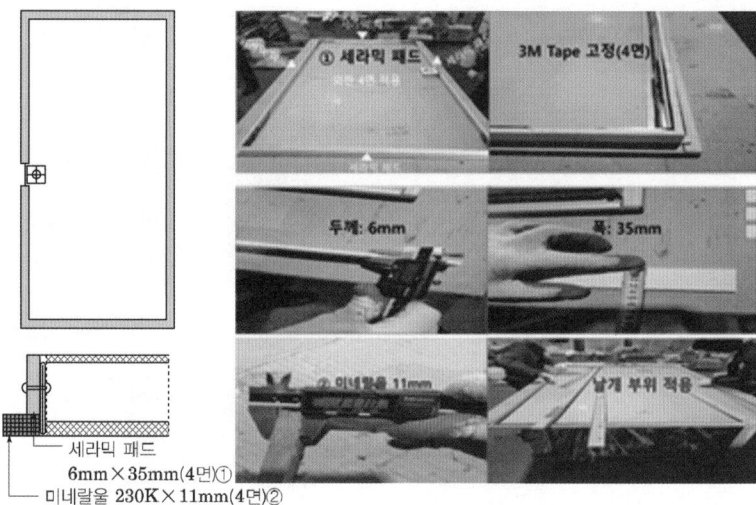

세라믹 패드
6mm×35mm(4면)①
미네랄울 230K×11mm(4면)②

■ 문짝(외판),접착재 및 충진재

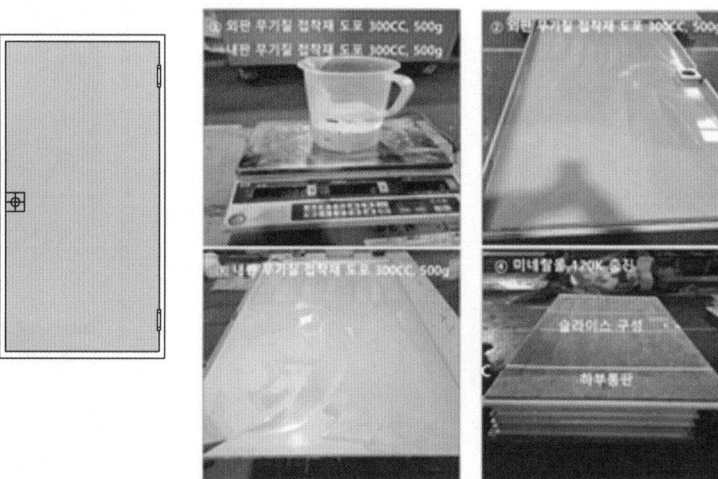

■ 문짝(외판), 충진재 위 보강판

창호분류

성능기준

- KS F 3109(문세트)에 따른 비틀림강도·연직하중강도·개폐력·개폐반복성 및 내충격성 외에 다음의 성능을 추가로 확보하여야 한다. 다만, 미닫이 방화문은 비틀림강도·연직하중강도 성능을 확보하지 않을 수 있다.
- KS F 2268-1(방화문의 내화시험방법)에 따른 내화시험 결과 건축물의피난·방화구조등의기준에관한규칙 제26조의 규정에 의한 비차열 또는 차열성능
- KS F 2846(방화문의 차연성시험방법)에 따른 차연성시험 결과 KS F 3109(문세트)에서 규정한 차연성능
- 방화문의 상부 또는 측면으로부터 50센티미터 이내에 설치되는 방화문인접창은 KS F 2845(유리 구획부분의 내화시험 방법)에 따라 시험한 결과 해당 비차열 성능
- 도어클로저가 부착된 상태에서 방화문을 작동하는데 필요한 힘은 문을 열 때 133N 이하, 완전 개방한 때 67N 이하
- 승강기문을 방화문으로 사용하는 경우에는 승강장에 면한 부분에 대하여 KS F 2268-1(방화문의 내화시험방법)에 따라 시험한 결과 비차열 1시간 이상의 성능이 확보되어야 한다.
- 현관 등에 설치하는 디지털도어록은 KS C 9806(디지털도어록)에 적합한 것으로서 화재시 대비방법 및 내화형 조건에 적합하여야 한다.

■ 문짝(내판), 결로타공

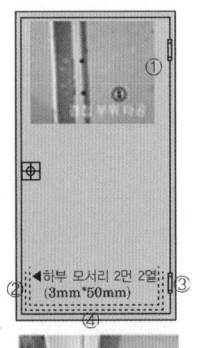

※적용사유 : 열교 차단을 통한 결로방지 및 단열 성능 향상

■ 문 틀

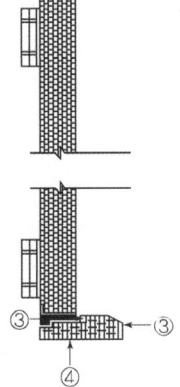

■ 기 타

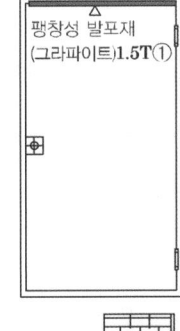
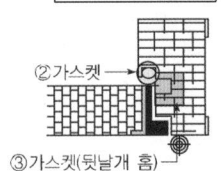

② 가스켓
③ 가스켓(뒷날개 홈)

창호분류

시험방법 및 시험성적서

- 시험체는 가이드레일, 케이스, 각종 부속품 등을 포함하여 실제의 것과 동일한 구성·재료 및 크기의 것으로 하되, 실제의 크기가 3미터 곱하기 3미터의 가열로 크기보다 큰 경우에는 시험체 크기를 가열로에 설치할 수 있는 최대크기로 한다. 다만, 도어클로저를 제외한 도어록과 경첩 등 부속품은 실제의 것과 동일한 재질의 경우 형태와 크기에 관계없이 동일한 시험체로 볼 수 있다.
- 내화시험 및 차연성시험은 시험체 양면에 대하여 각 1회씩 실시한다.
- 차연성능 시험체와 내화성능 시험체는 동일한 구성·재료 및 크기로 제작되어야 한다.
- 도어클로저는 1회시험을 하여 성능이 확인된 경우 유효기간내성능시험을 생략할 수 있다.
- 시험기관은 제7조에 의해 의뢰인이 제시한 시험시료의 치수, 재질, 주요부품 및 구성도면 등에 대해 확인하여 시험성적서에 명기하여야 하며, 시험의뢰인은 필요한 자료를 제공하여야 한다.
- 시험성적서는 2년간 유효하며, 시험성적서와 동일한 구성 및 재질이지만 크기가 작은 것일 경우에는 이미 발급된 성적서로 그 성능을 갈음할 수 있다.

V. 부위별 방화문의 요구성능

요구성능	공동주택			업무시설		
	현관문	실내면한 대비공간	발코니면한 대피공간	계단실	실내측	실외측
방화(비차열)	○	○	○	○	○	○
단열	○	○	×	×	×	○
기밀	○	○	×	×	×	×
결로	○	○	×	×	×	×
방범	○	×	×	×	실 기능에 따름	
방화(차열)	×	○	○	×	×	×

VI. 시험성적서 확인

구분	내용
시험체	• 시험체는 가이드레일, 케이스, 각종 부속품 등을 포함하여 실제 설치 제품과 동일한 구성, 재료 및 크기일 것 • 다만, 도어클로저를 제외한 도어록과 정첩(丁牒) 등 부속품은 실제의 것과 동일한 재질의 경우 형태와 크기에 관계없이 동일한 것으로 판단 • 시험성적서상 시험시료의 치수, 재질, 주요부품 및 구성도면 확인
성능시험	• 내화시험 및 차연성 시험은 시험체 양면에 각 1회 실시 • 차연성능 시험체와 내화성능 시험체가 동일한 구성 • 도어크로저는 1회 시험
유효성 검토	• 시험성적서는 2년간 유효 • 현장에 적용된 문 크기가 시험성적서의 시험체 크기와 같거나 작을 것 • 현장에 적용된 문틀 폭, 문짝 두께는 시험성적서의 시험체 문틀 폭, 두께와 같거나 클 것

☆☆☆　　3. 창호공사

창호분류

9-144	방화셔터	
No. 744	fire shutter	유형: 공법 · 재료 · 기준

창호분류
Key Point

■ 국가표준
- 방화문 및 자동방화셔터
  의 인정 및 관리기준
- 건축물의 피난 · 방화구조
  등의 기준에 관한 규칙
- 자동방화셔터 및 방화문
  의 기준
- KS F 2268-1
- KS F 4510 중량셔터
- KS F 4509 경량셔터
- KS F 2129 검사표준
- KS F 2846 차연성능

■ Lay Out
- 셔터의 종류
- 구성요소
- 개폐기능
- 설치위치
- 설치 시 유의사항

■ 핵심 단어
- 화재 시 연기 및 열을
  감지하여 자동 폐쇄

■ 연관용어
- 피난규정 · 방화규정
- 건축용 방화재료
- No. 811~812 참조
- 소방관 진입창
- 방화유리문

┌─────────────┐
│   차연성능   │
└─────────────┘

• KS F 2846
- 차연 성능은 시험체의 양 면
  에서의 압력차가 25Pa일 때
  의 공기누설량이 0.9㎥/min
  · ㎡를 초과하지 않는 것을
  합격으로 한다.

I. 정 의

① 방화구획의 용도로 화재시 연기 및 열을 감지하여 자동 폐쇄되는 것으로서, 공항 · 체육관 등 넓은 공간에 부득이하게 내화구조로 된 벽을 설치하지 못하는 경우에 사용하는 방화셔터

② 일체형 자동방화셔터라 함은 방화셔터의 일부에 피난을 위한 출입구가 설치된 셔터를 말한다.

II. 셔터의 종류- KS F4510 : 2021

1) 용도에 의한 구분

종류	구분	용도	부대 조건
일반 중량 셔터	• 강도에 의한 구분		
외벽용 방화셔터	• 강도에 의한 구분 • 구조에 의한 구분 • 방화 등급에 의한 구분	외벽 개구부	
옥내용 방화셔터	• 구조에 의한 구분 • 방화 등급에 의한 구분	방화 구획	• 수시 수동에 의해 폐쇄할 수 있다. • 연기 및 열에 의해 자동 폐쇄할 수 있다.

비고: 어떤 종류든지 조작 방법에 전동식 도는 수동식의 형식이 있다.

2) 강도에 의한 구분

구분	강도
을종유리	• 풍압 1,200Pa에 견디는 것

3) 구조에 의한 구분

구분	강도
갑종	• 철제로 철판의 두께가 1.5mm 이상인 것
을종	• 철제로 철판의 두께가 1.0mm 초과 1.5mm 미만인 것

4) 내화 등급에 의한 구분

구분	가열 시험의 등급	비고
2H	• 2시간 가열	• 시험은 2회 실시
1H	• 1시간 가열	• 2개의 시험체가 가열로에 서로 다른 면이 노출되도록 하여야 하며, 시험결과의 판정은 KS F 2268-1
0.5H	• 30분 가열	의 8(성능기준)에 따른 비차열성능 이상의 것

Ⅲ. 중량셔터의 구성요소

- Slat: 셔터 커튼을 구성하는 부재로 강판을 Roller로 성형한 부품
- 하단마감재: 셔터 커튼의 하단에 설치하는 부품, Bottom Bar
- 감기 샤프트(Barrel Shaft): Slat를 감는 Pipe
- Guide Rail: 셔터의 slat좌, 우측을 잡아주는 Rail
- 연동폐쇄기구: 연동제어기로, 감지기 등으로부터의 신호를 받은 자동 개폐장치에 작동신호를 주는 장치
- 수동폐쇄장치: 전동개폐기로, 셔터를 전동으로 올리고 내리는 장비
- Shutter Box: Shaft부분을 막아주는 Cover

성능기준

- 셔터는 전동 및 수동에 의해서 개폐할 수 있는 장치와 화재 발생시 불꽃, 연기 및 열에 의하여 자동 폐쇄되는 장치 일체로서 화재발생시 불꽃 또는 연기감지기에 의한 일 부폐쇄와 열감지기에 의한 완전폐쇄가 이루어 질 수 있는 구조를 가진 것이어야 한다. 다만, 수직방향으로 폐쇄되는 구조가 아닌 경우는 불꽃, 연기 및 열감지에 의해 완전 폐쇄가 될 수 있는 구조여야 한다.
- 셔터의 상부는 상층 바닥에 직접 닿도록 하여야 하며, 그렇지 않은 경우 방화구획 처리를 하여 연기와 화염의 이동통로가 되지 않도록 하여야 한다.

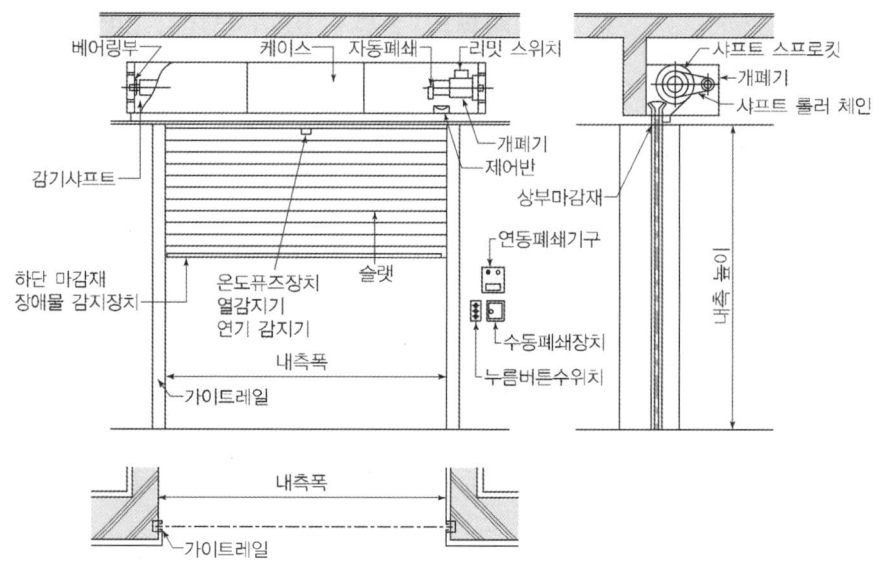

자동방화셔터 구성

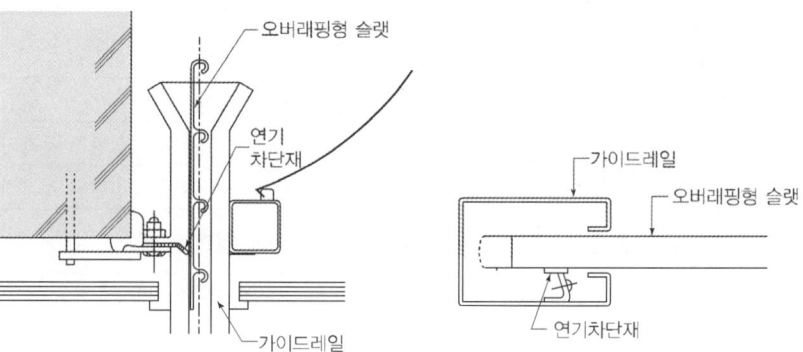

상부 마감부분의 연기차단재   가이드 레일 부분의 연기차단재

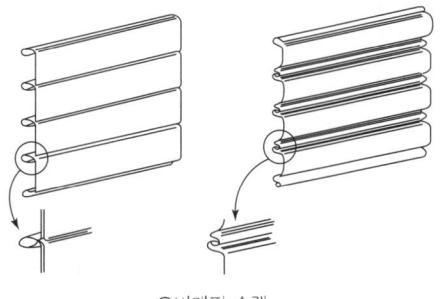 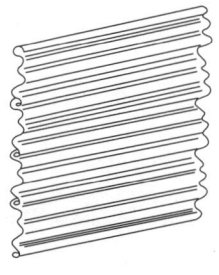

오버래핑 슬랫 　　　　인터로킹 슬랫

IV. 셔터의 개폐 기능

1) 전동식 셔터

① 평균속도

개폐 기능	내측의 높이	
	2m 미만	2m 이상 4m 이하
전동 개폐	2~6m/min(10~30s/m)	2.5~6.5m/min(9.2~24s/m)
자중 강하	2~6m/min(10~30s/m)	2~6m/min(8.6~20s/m)

② 셔터를 개폐할 대 상부 끝 및 하부 끝에서 자동으로 정지해야 한다.

③ 셔터는 강하 중에 임의의 위치에서 확실하게 정지할 수 있어야 한다.

④ 장애물 감지 장치 부착 셔터는 누름 버튼 스위치 등의 신호에 의한 강하 중에 장애물 감지 장치가 작동할 때 자동으로 정지하든가, 아니면 일단 정지한 후에 반전 상승하여 정지한다.

⑤ 장애물 감지 장치가 장애물을 감지하기위해 필요로 하는 힘은 200N 이하

⑥ 장애물 감지 장치 부착 셔터는 하중계에 전달되는 하중이 1.4 kN 이하

⑦ 장애물 감지 장치가 작동한 상태에서 셔터가 정지한 경우에는 누름 버튼 스우치 등에 의해 제 강하의 신호를 받아도 셔터는 강하해서는 안 된다.

2) 수동식 셔터

① 평균속도

개폐 기능	내측의 높이	
	2m 미만	2m 이상 4m 이하
전동 개폐	2~6m/min(10~30s/m)	2.5~6.5m/min(9.2~24s/m)
자중 강하	2~6m/min(10~30s/m)	2~6m/min(8.6~20s/m)

② 개폐기의 핸들 회전에 필요한 힘은 50N 이하, 체인 등에 의해 끌어내리는 데 필요한 힘은 150N 이하

③ 셔터는 강하 중에 임의 위치에서 확실하게 정지할 수 있어야 한다.

설치위치

- 셔터는 건축법시행령 제46조 제1항에서 규정하는 피난상 유효한 갑종방화문으로부터 3미터이내에 별도로 설치되어야 한다. 다만, 일체형 셔터의 경우에는 갑종방화문을 설치하지 아니할 수 있다.
- 일체형 셔터는 시장·군수·구청장이 정하는 기준에 따라 별도의 방화문을 설치할 수 없는 부득이한 경우에 한하여 설치할 수 있으며, 일체형 셔터의 출입구는 다음의 기준을 따라야 한다.
- 행정자치부장관이 정하는 기준에 적합한 비상구유도등 또는 비상구유도표지를 하여야 한다.
- 출입구 부분은 셔터의 다른 부분과 색상을 달리하여 쉽게 구분되도록 하여야 한다.
- 출입구의 유효너비는 0.9미터 이상, 유효높이는 2미터 이상이어야 한다.

설치 시 유의사항

- 자동방화셔터의 경우 셔터 반지름 3m 이내에 출구가 없을 경우 출입구를 장착한 일체형 방화셔터를 적용한다.
- 이때 출입구는 셔터의 다른 부분과 색상을 구분하고 유효 너비 0.9m 이상
- 셔터 Box 상부는 T1.6 Steel Plate로 밀실하게 막아야 한다.
- Guide Rail은 가능하면 매립령을 적용한다.
- Barrel Shaft는 셔토의 중량과 크기를 고려하여 선정한다.

9-145	방화유리문	
No. 745	Fire Protective Glass	유형: 공법 · 재료 · 기준

창호분류

창호분류
Key Point

■ 국가표준
- 건축물의 피난 · 방화구조 등의 기준에 관한 규칙
- KS F 41 55 09
- KS F 2268-1
- KS F 2846 차연성능

■ Lay Out
- 방화유리 분류
- 출입구 방화유리의 설치 기준
- 특징
- 시공 시 유의사항

■ 핵심 단어
- 화염과 연기, 화재열을 차단하기 위한 유리

■ 연관 용어
- 피난규정 · 방화규정
- 건축용 방화재료
- No. 743~746 참조
- No. 775~777 참조
- No. 812~813 참조

I. 정 의

① 건축물의 방화구획 하에 설치되는 유리로서, 화재 발생 시 특정 시간 (30분~120분) 동안 약 1000℃의 화염과 연기, 화재열을 차단하기 위한 유리

② 유리만 단독으로 사용할 수 없으며 반드시 방화 성능을 갖춘 프레임과 함께 사용해야하며, 화재 시 열의 차단 여부에 따라 차열유리와 비차열유리로 구분

Ⅱ. 방화유리 분류

 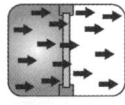 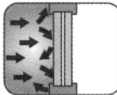

구분	비차열유리(Fire Resistant Glass)	차열유리(Fire Rated Glass)
분류	• E: Integrity	• EI: Integrity + Insulation
차단내용	• 화염, 연기, 가스	• 화염, 연기, 가스, 복사열
내화시간	• 30분	• 30분, 60분, 90분, 120분

Ⅲ. 출입구 방화유리의 설치기준

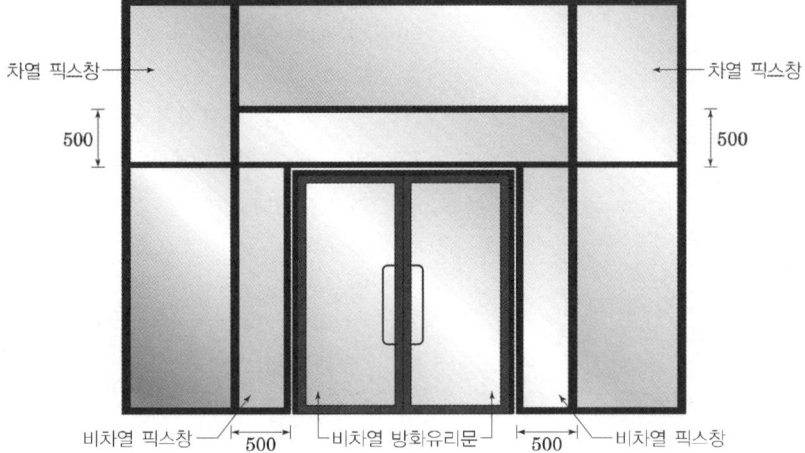

차열 픽스창　　500　　차열 픽스창　500

비차열 픽스창　500　비차열 방화유리문　500　비차열 픽스창

- **비차열 유리**　• 출입구의 방화유리문에 주로 적용되며, 방화유리문에 인접한 500mm까지 비차열 유리의 사용이 가능

- **차열유리**　• 전도에 의한 열손실로 난방부하가 많은 방향의 창호, 겨울철 난방이 중요한 주거용 건축물에 적용

[비차열 방화유리: 용진유리]

[차열 방화유리: 용진유리]

[내화시험: 용진유리]

창호분류

IV. 특징

1) 비차열 유리

구분	내용
정의 및 용도	• 방화구획 구간의 출입구에 사용되는 투명 방화유리로 화재 시 충분한 시야가 확보되어 대피 및 화재 진압에 용이한 유리 • 화재 시 화염, 연기, 가스를 막아주지만 복사열을 차단하지 못하여 열에 의한 화재의 확산을 방지하지 못하는 유리
내화시간	• 비차열: 연기와 불꽃을 차단하는 능력, 약 1,000℃의 화염에 30분(을종) 또는 60분(갑종) 이상 견뎌내는 내화성
특징	• 철제 방화문과 달리 출입구의 개방감이 높고, 충분한 시야 확보가 가능 • 화재 시에만 작동하는 방화셔터와 달리 일반 문의 역할이 가능 • 내충격 강도가 매우 높은 유리로, 일반유리(annealed glass)에 비해 약 10배, 강화유리(tempered glass)에 비해 약 2배가 높다. • 파손 시 강화유리보다 작은 파편으로 깨져 인명 피해를 최소화

2) 차열 유리

구분	내용
정의 및 용도	• 화염과 화열을 원천적으로 차단하여 화재의 확산을 방지하고 필요한 시간 내에 안전한 대피가 가능 • 차열 방화유리는 화재 열에 의한 열충격으로 부터 60분(EI60), 90분(EI90), 120분(EI120) 이상 견딜 수 있다.
내화시간	• 차열: 연기와 불꽃을 차단하며, 화재의 열기를 동시에 차단하는 능력, 약 1,000℃ 화재가 발생한 반대편의 차열유리 표면 온도가 150℃ 이하일 정도로 열을 차단
특징	• 불투명한 방화벽과 달리 실내 개방감을 극대화하고 충분한 시야를 확보할 수 있다. • 투명 차열유리는 인테리어의 디자인 및 건물의 미관을 개선시키려는 데 있어 결정적인 판단요소가 된다. • "건축물의 파난·방화구조 등의 기준에 대한 규칙"에 의하여 내화구조를 인정받은 제품을 사용해야 한다.

V. 시공 시 확인사항

① 내화 실런트 적용 시 시험성적서 확인
② 실런트 시공 후 양생기간 및 조건 확인

9-146	창호의 지지개폐철물	
No. 746		유형: 공법·재료

창호분류

창호분류

Key Point

■ 국가표준
- KS F 2268-1 내화시험
- KS F 2864 차연성시험
- KS F 3109 개폐반복시험

■ Lay Out
- 하드웨어 설치위치
- 선정기준
- 종류

■ 핵심 단어

■ 연관용어

Hinge

• 경첩
- 본디 '겹첩'이었던 것이 변화한 순우리말이다. 한자어로는 합엽(合葉)이라고 하며, 영어로는 힌지(Hinge)

• 정첩(丁牒)
- Hinge의 한자어

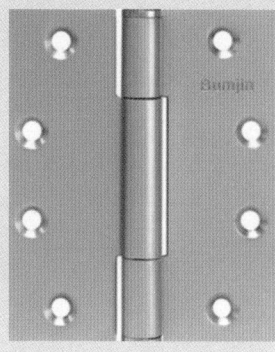

[Conventional Hinge]

I. 정 의

① 창호의 개폐방식, 중량, 건물의 용도를 고려하여 설치하는 Hardware
② 관련규격에 대하여 설치될 위치에 적절한지 사전에 검토하고, 내구성 등급 및 마감 종류를 확인한 후 발주한다.

II. 하드웨어 설치위치

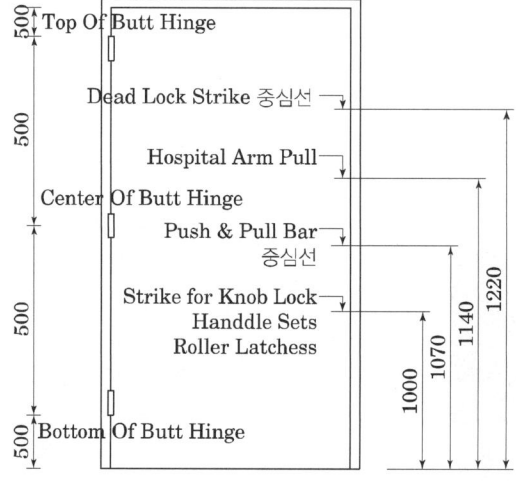

III. Hardware 선정기준

① 건축물의 위치: 해안가, 내륙지방, 지리적인 기후 등
② 건축물의 특성: 공공건물, 개인건물, 업무적인 특성 등
③ 건축물의 용도: 관공서, 호텔, 상업용, 임대용, 교육시설(학교) 등
④ Room의 용도: 현관, 사무실, 객실, 기계실 등
⑤ 문의 위치: 내부, 외부, 피난로 등
⑥ 문의 개폐방향: 좌, 우 미는 방향, 당기는 방향
⑦ 문 및 문틀의 재질: 목재, 철재 및 주변 마감재
⑧ Hardware Design: 원통형 또는 Lever Design의 종류

IV. 지지개폐철물 종류

1) Hinge

① Conventional Hinge
- 문의 두께와 폭에 의해 결정되고, 수량은 문의 높이에 의해 결정된다.
- Door와 Frame의 재료, Size, Thickness, 중량, 사용위치 고려

창호분류

[Pivot Hinge]

[Floor Hinge]

[Cylinderical Lock]

[Tubular Lock]

[Mortise Lock]

[Door Closer]

② Pivot Hinge
  • 문의 상·하부에 용접을 하거나 Screw로 설치하여 개폐하는 장치문의 두께와 폭에 의해 결정되고, 수량은 문의 높이에 의해 결정된다.
  • Door와 Frame의 재료, Size, Thickness, 중량, 사용위치 고려

③ Floor Hinge
  • 문을 고정하고 회전시키는 축이 문의 상단과 하단에 설치되는 것으로, Hinge와 Closer의 기능 역할

2) Lockset
① Cylinderical Lock
  • 주로 냉연강판의 재질로 제작
  • 내부의 부속은 아연도금 및 중크롬 산염처리를 하여 최대한의 녹방지 처리를 한다.
  • Lock의 일부분에 Latch가 결합된 형태로 Tubular Lock보다 내구성이 우수

② Tubular Lock
  • Latch의 조립체(Assembly)에 Lock의 몸체를 관통시켜 연결시킨 형태
  • Cylinderical Lock에 비해 내구성은 낮으나 가격이 저렴하고 다양한 디자인으로 생산이 가능하여 주로 주거용에 사용

③ Mortise Lock
  • 문 옆에 직사각형의 Pocket에 Lock의 몸체를 매립시켜 설치하는 형태
  • 다른 Lock과 비교하여 높은 보안성과 다양한 디자인으로 생산 가능

3) 여닫음 조정기
① Door Closer(Door Check)
  • 문을 자동으로 닫히게 하거나 열린상태로 있게하는 기능주로 냉연강판의 재질로 제작

② Door Stop(Door Trim)
  • 문을 열어서 고정하거나 열려진 여닫이 문을 받쳐서 충돌에 의한 벽의 파손을 방지하는 철물

③ Door Holder
  • Door Holder(말굽)
  • Auto Door Bottom(소음차eks용, 고가의 Hardware)
  • Door Coordinator(Pocket Door일 경우 Auto Power Hinge 2개 설치 시)

4) 기타
  • Crescent: 오르내리창 또는 미서기창의 잠금장치
  • Door Chain: 여닫이문이 일정한도 이상 열리지 못하도록 하는 철물

9-147	창호공사의 Hardware Schedule	
No. 747		유형: 계획 · 항목

창호분류

창호분류

Key Point

■ 국가표준

■ Lay Out

■ 핵심 단어

■ 연관용어

I. 정 의

내구성 등급 및 마감종류를 고려하여 설계자의 의도, 건축주의 취향 등을 충족시키면서 사용상 문제점을 최소화 할 수 있도록 평면을 분석하여 기능에 부합되는 조합을 구성한다.

II. 창호공사의 Hardware Schedule

① 수급자는 Hardware 공급자와 납품계약 성립 후 30일 이내에 출입문별Hardware Schedule과 Delivery Schedule을 4부 작성하여 서면으로 승인 요청하여야 한다.

② 승인 요청하는 자재 전 품목에 대하여 기술 Catalog도 제출하여야 하며Hardware Schedule을 최종승인 받기 이전에 어떠한 Hardware Item도 생산에 착수하거나 발주자에게 인도할 수 없다.

③ 감독원은 수급자로 부터 승인요청 받은 Schedule을 재검토하여 7일 이내에 서면으로 검토결과 내지 승인을 통보하여 이에 따른 물량변동과 Schedule 수정 등을 수행하여야 한다.

④ 각종 방화문에 설치되는 Hardware는 국내 소방법령 및 건축법 시행령상의 요구사항에 충족되어야 한다.

⑤ Hardware의 색상은 각각의 Hardware와 서로 일치하고, 본 건물의 외장과도 조화를 이룰 수 있어야 하며 Maintenance를 원활하게 할 수 있어야 한다.

⑥ 마감을 변경하고자 할 경우에는 발주자의 승인을 득한 후 변경하여야 한다.

⑦ 업체 선정 전 제품 디자인은 별도로 승인을 받아야 하며, 제품 기준을 변경하고자 할 경우, 발주자 또는 공사감독자의 서면 승인을 득한 후 시공하여야 한다.

⑧ 각 품목별 적용부위는 도면을 기준으로 하고 각 품목별 선정기준은 본 시방과 동등 이상의 제품을 공사감독자의 승인을 득하여 적용하여야 한다.

창호분류

Ⅲ. Hardware 선정기준

① 건축물의 위치: 해안가, 내륙지방, 지리적인 기후 등
② 건축물의 특성: 공공건물, 개인건물, 업무적인 특성 등
③ 건축물의 용도: 관공서, 호텔, 상업용, 임대용, 교육시설(학교) 등
④ Room의 용도: 현관, 사무실, 객실, 기계실 등
⑤ 문의 위치: 내부, 외부, 피난로 등
⑥ 문의 개폐방향: 좌, 우 미츠 방향, 당기는 방향
⑦ 문 및 문틀의 재질: 목재, 철재 및 주변 마감재
⑧ Hardware Design: 원통형 또는 Lever Design의 종류

9-148	드라이월 칸막이(Dry Wall Partition)의 구성요소	
No. 748		유형: 공법·재료

경량벽체

경량벽체
Key Point

■ 국가표준
- KCS 41 51 04 벽체공사

■ Lay Out
- 구성요소와 설치기준
- 런러의 고정
- 시공 시 유의사항

■ 핵심 단어

■ 연관용어
- 경량벽체 공사
- 경량석고벽체

구성요소

- Metal Stud
- 냉연용 융도금강판(KSD 3609)을 소재로 제작한 제품으로 수직하중에 견디는 수직메인부재
- Metal Runner
- 냉연용융도금 강판(KSD 3609)을 소재로 제작한 제품으로 천장과 바닥면에 설치하여 스터드를 지지하는 찬넬
- 보강용 채널
- 단열재

특징

- 내화구조 2시간 인정 제품
- 한쪽에서 시공 할 수 있도록 개발 된 제품
- 엘리베이터의 운행에 따른 풍압에도 견딘다.
- 시공이 간편하고 빠르다.

I. 정 의

용융아연도금으로 된 Stud 및 runner를 설치 한 다음 내부에는 흡음 단열재를 시공하고, 외부에 방화용 석고보드를 부착하여 마감하는 건식 칸막이

II. Stud 구성요소와 설치기준

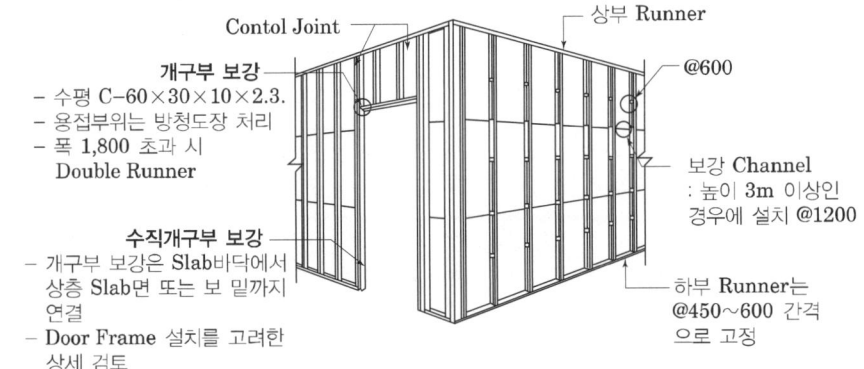

Contol Joint / 상부 Runner / @600
개구부 보강
- 수평 C-60×30×10×2.3.
- 용접부위는 방청도장 처리
- 폭 1,800 초과 시 Double Runner

보강 Channel : 높이 3m 이상인 경우에 설치 @1200

수직개구부 보강
- 개구부 보강은 Slab바닥에서 상층 Slab면 또는 보 밑까지 연결
- Door Frame 설치를 고려한 상세 검토

하부 Runner는 @450~600 간격으로 고정

III. Runner의 고정

| 콘크리트 | • ∅3.5mm 길이 27mm Power Driven Fastener @600 |
| Steel | • ∅3.5mm 길이 16mm Power Driven Fastener @450 |

IV. 시공 시 유의사항

① 경량철골은 용융아연도금 제품을 사용할 것
② Stud는 이음 없이 한 부재로 설치를 원칙으로 하며, 이음 필요 시 200mm 이상 겹치게 설치하고 각 날개에 2개의 Screw로 고정
③ 석고보드 주변부의 고정은 단부로부터 10mm 내외 외측 위치에서 한다.
④ 페인트 마감일 경우 석고보드 이음매 및 요철면은 아크릴계 에멀션으로 3회 이상 퍼티 후 컴파운드로 처리
⑤ 코너부, 단부, Control Joint 걸레받이 부위는 조건에 맞는 비드 사용
⑥ Door 개폐에 따른 충격을 고려하여 각종 보강 및 고정방법을 사전 검토
⑦ 설비에 의한 관통구간은 차음 및 방화를 고려하여 밀실하게 시공
⑧ Duct와 벽체 사이의 공간을 T1.6 Bent Steel Plate로 최소화한 후 방화용 Sealant로 처리

천장공사

☆☆★   4. 수장공사

9-149	경량철골천장	
No. 749		유형: 공법 · 재료

천장공사
Key Point

■ **국가표준**
– KCS 41 52 00

■ **Lay Out**
– 자재
– 시공

■ **핵심 단어**

■ **연관용어**

[M Bar System]

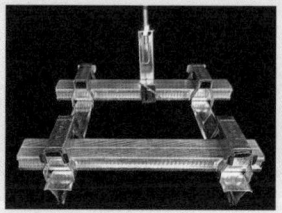

[Clip Bar System]

[T Bar System]

I. 정 의

경량천장 구조의 시공은 특수한 천장 구조로서 품질 확보를 위하여 품질관리계획과 품질시험계획을 수립하고 이에 따라 품질시험 및 검사를 실시하여야 한다.

II. 자재

1) 무기질계
- 목모보드, 섬유 강화 시멘트판, 석고보드류, 석고 시멘트판합판

2) 금속계

바탕재 종류	형상, 치수	해당규격	녹막이처리
반자틀 및 반자틀받이	ㄷ자형 −60×30×10×1.6 −40×20×1.6	KS D 3861	전기아연도금 혹은 녹막이 도장
행 어	FB−3×38	KS D 3861	전기아연도금 혹은 녹막이 도장
클 립	St · 1.6t	KS D 3512	전기아연도금 위 크로메이트
달대볼트 및 너트	10, W "3/8"	KS D 3554	전기아연도금

① 부속 철물에는 몸체와 동등 이상의 방청처리를 하여야 한다.
② 행어볼트는 일정수준의 강성과 연성을 확보하기 위해 KS D 3506 (용융아연도금 강판 및 강대)에 의한 SGCC의 항복점, 인장강도 기준 이상으로 하되 연신율은 30% 이상
③ 고정철물은 아연니켈크롬 도금, 동판의 경우에는 구리못으로 한다.

3) 합성고분자계
- 열경화성수지 천장판

III. 시공

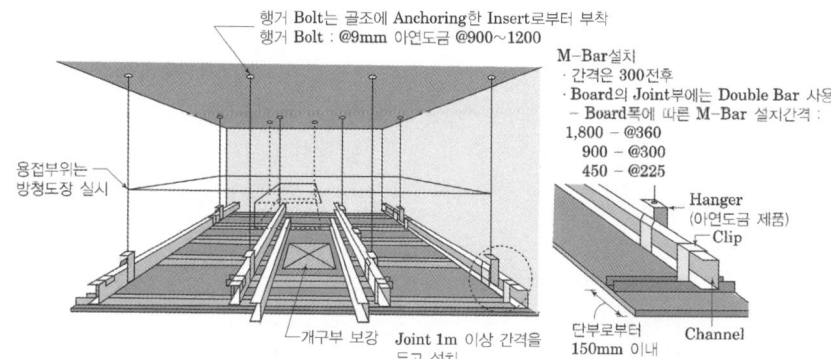

행거 Bolt는 골조에 Anchoring한 Insert로부터 부착
행거 Bolt : @9mm 아연도금 @900~1200

M−Bar설치
· 간격은 300전후
· Board의 Joint부에는 Double Bar 사용
 − Board폭에 따른 M−Bar 설치간격 :
  1,800 − @360
  900 − @300
  450 − @225

Hanger
(아연도금 제품)
Clip

용접부위는
방청도장 실시

Channel

단부로부터
150mm 이내

개구부 보강   Joint 1m 이상 간격을
두고 설치

천장공사

• T-Bar

Carrying
Channel ── Hanger
Main T-Bar ── Cross T-Bar

무석면 텍스천장재

• M-Bar

Carrying ── Hanger Bolt
Channel

── Hanger

무석면 텍스천장재 피스 고정

• T-H Bar

무석면
텍스천장재
── H-Bar

1. 무기질계

1) 천장틀

① 달대는 반드시 방청처리된 제품을 사용

② 달대는 지정간격에 따라 견고하게 설치하고 천장의 부분적인 처짐
이나 뒤틀림 등이 생길 수 있는 곳은 추가 보강한다.

③ 행어볼트의 시공 시 설계보다 긴 규격을 사용한 후 자르거나 구부려
마감 금지

④ 몰딩은 정확한 수평을 유지하고 모서리나 꺾임 부위는 연귀맞춤으
로 틈새 없이 설치

⑤ 조명기구 등의 설치시는 기구양단에 보강재를 설치

⑥ 등박스 설치 부위는 조명기구 설치에 지장이 없도록 M-Bar로 별도 보강

⑦ CLIP-BAR는 열경화성 수지 천장판을 설치한 경우 시공하며
M-BAR시스템에 준하여 설치

⑧ 천장 설치 후 천장면의 수평면에 대한 허용오차는 3m에 대하여
3mm 이내

2) 석고보드류

① 경량철골 천장틀에 300mm 이내의 간격으로 접합용 나사못으로 고
정하되, 각 나사못의 위치가 일직선이 되도록 한다.

② 중앙부분에서부터 시작하여 사방으로 향하여 붙여 나가고, 끝단의
이음수가 최소가 되도록 판의 길이를 정한다.

③ 천장판의 이음은 M-Bar위에서 이루어지도록 하고 이음부가 틈새
와 턱지지 않도록 시공

④ 천장 설치 후 천장면의 수평면에 대한 허용오차는 3m에 대하여
3mm 이내

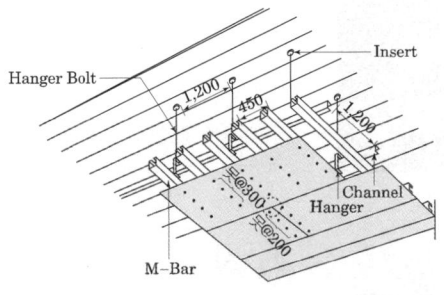

3) 석고 시멘트판

① 천장틀 시공이 완전히 완료된 후 천장판 작업을 시작한다.

② 천장틀에 300mm 이내의 간격으로 접합용 나사못으로 고정하되,
각 나사못의 위치가 일직선이 되도록 한다.

③ 천장판은 중앙 부분에서부터 시작하여 사방으로 향하여 붙여 나가고,
길이 방향의 단부 천장판 나비가 온장 나비의 $\frac{1}{2}$ 이하가 되지 않
도록 한다.

④ 천장 설치 후 천장면의 수평면에 대한 허용오차는 3m에 대하여
3mm 이내가 되도록 한다.

천장공사

2. 금속계

1) 달대볼트 설치

① 반자틀받이 행어를 고정하는 달대볼트는 천장재가 떨어지지 않도록 인서트, 용접 등의 적절한 공법으로 설치

② 달대볼트는 주변부의 단부로부터 150mm 이내에 배치하고 간격은 900mm 정도로 한다.

③ 달대볼트는 수직으로 설치

④ 천장 깊이가 1.5m 이상인 경우에는 가로, 세로 1.8m 정도의 간격으로 달대볼트의 흔들림 방지용 보강재를 설치

2) 반자틀받이의 설치

• 반자틀받이는 행어에 끼워 고정하고 반자틀에 설치한 후 높이를 조정하여 체결한다.

3) 반자틀받이의 설치

• 반자틀 간격은 900mm

• 반자틀은 클립을 이용해서 반자틀받이에 고정

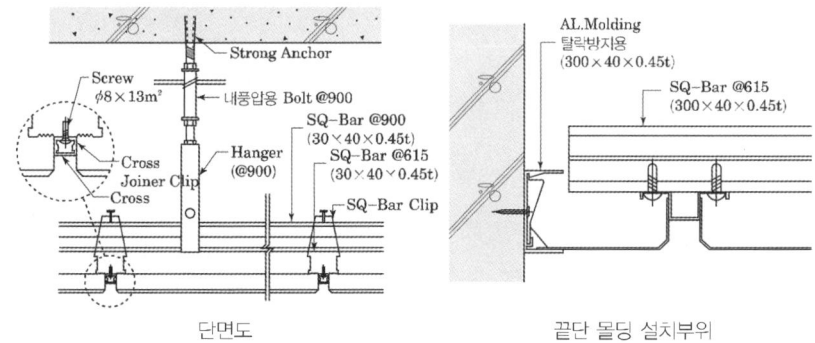

단면도   끝단 몰딩 설치부위

3. 합성고분자계

① 천장재의 모든 연결 부분에 대한 시공 허용차는 3m마다 ±3mm

② 시공된 열경화성 수지 천장판의 수평 시공 허용차는 어느 방향이든 매 2.5m마다로 ±1.5mm 이하

③ 행어 볼트는 9.5mm의 전산 볼트를 사용해야 하며 녹이 슬지 않도록 아연도금

④ 외부 공간에 천장판을 설치할 경우는 풍압 등에 의해 탈락하지 않도록 나사못 보강 등의 조치

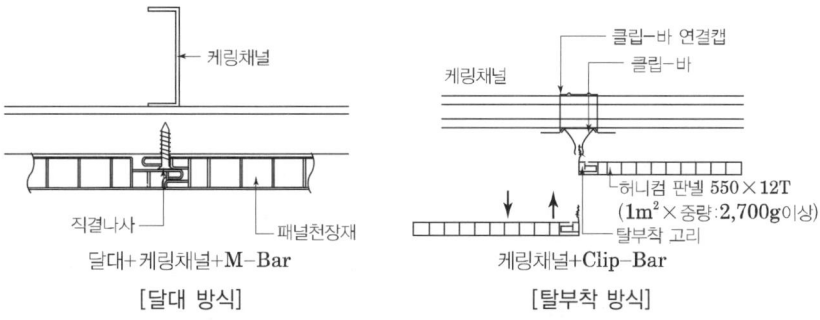

달대+케링채널+M-Bar   케링채널+Clip-Bar

[달대 방식]   [탈부착 방식]

천장공사

천장공사
Key Point

■ **국가표준**
– KCS 41 52 00

■ **Lay Out**
– 자재
– 시공

■ **핵심 단어**

■ **연관용어**

9-150	시스템 천장	
No. 750	System celling	유형: 공법 · 재료

I. 정 의

설비기구와 천정마감재가 일체화되어 시공이 간단하고 공기를 단축시킬 수 있는 공법

II. 자재

① 달대의 흔들림 방지용 보강재는 녹방지 도장 또는 아연도금
② 반자틀 받이 행어 및 반자틀 고정 철물: 최소 부착량 $120g/m^2$의 아연 도금 또는 이와 동등 이상의 녹방지 처리
③ 천장 패널천장패널은 한국산업표준의 암면흡음판을 표준

III. 시공

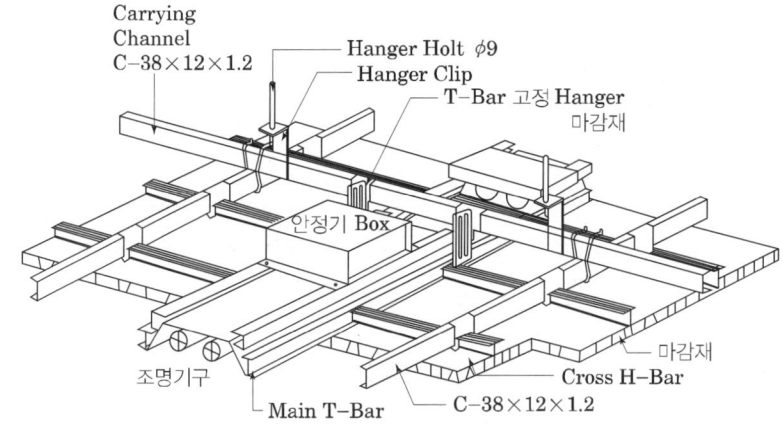

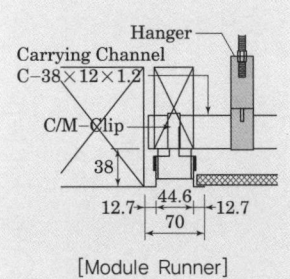

[Module Runner]

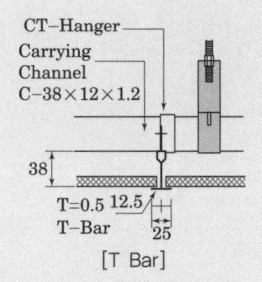

[T Bar]

① 앵커볼트에 달대볼트를 반자틀받이에 대해 1,600mm 간격 이내
② 달대 흔들림 방지용 보강재는 반자틀 받이 또는 달대볼트 하단 및 달대볼트의 인서트 매립부 사이에 45° 정도의 각도로 $30\,m^2$ 이내마다 1조씩 X, Y 양방향으로 설치
③ 칸막이벽이나 방연 현수벽(hanging type smoke barrier)상부에서는 달대볼트 하단과 달대볼트의 인서트 매립부 사이의 간격을 1,600mm 이하
④ 반자틀과 직각방향으로 설치하는 반자틀받이 간격은 1,600mm이내
⑤ 반자틀(T바)의 설치
  • 라인 방식: 반자틀 고정철물을 이용해서 반자틀을 설치
  • 크로스 방식: 직접 달아매는 철물로 반자틀을 받고 반자틀과 반자틀 교차부는 교차용 마감철물 등을 이용해서 긴결
⑥ 암면 치장 흡음판을 부착하는 경우는 공사 중 실내 습도가 80% 이하

☆★★	4. 수장공사	
9-151	도배공사	
No. 751		유형: 공법 · 재료

도배공사

도배공사
Key Point

☑ 국가표준
- KCS 41 51 05

☑ Lay Out
- 자재
- 시공

☑ 핵심 단어

☑ 연관용어

I. 정 의

종이, 천 및 합성수지시트계 등을 벽, 천장, 바닥 및 창호 등에 풀 또는 접착제를 써서 붙이는 도배공사

II. 자재

1. 초배지, 재배지

① 초배지는 질기며 풀을 발라 붙이기가 용이한 것(한지 또는 부직포 등)
② 재벌바름에 사용하는 종이는 초배지와 같은 것을 쓰거나 담당원이 승인하는 갱지, 신문지, 기타 양지를 쓸 수 있다.
③ 정벌의 밑붙임으로 하는 재배용 밑붙임지는 담당원이 승인하는 재질, 크기의 청지를 쓴다.

2. 정배지

① 반자지 크기의 종별은 필반자지, 전지 또는 반절지로 한다.
② 벽지, 굽도리 크기의 종별은 필벽지 또는 반절지로 한다.
③ 도듬지의 크기는 너비 90mm, 길이 1.8m 또는 그 반절지로 한다.

3. 붙임용 접착제

① 종이, 천 붙임용 풀은 공사시방서에서 정한 바가 없을 때에는 밀가루 풀 또는 쌀가루 풀로 한다.
② 풀은 된풀로 한 다음 물을 섞어 적당한 묽기로 하여 체에 걸러 쓴다.
③ 정벌붙임, 정벌 밑붙임 또는 창호지에 쓰는 풀은 백색의 맑은 풀로 한다.
④ 풀은 필요할 때 방부제를 넣어 썩지 않게 하고, 얼은 풀은 쓰지 않는다.
⑤ 합성수지시트계에는 이에 적합한 것을 쓰거나 접착제가 도포된 것을 사용

III. 시공

1) 일반사항
① 도배지의 보관장소의 온도는 항상 5℃ 이상으로 유지
② 도배지는 일사광선을 피하고 습기가 많은 장소나 콘크리트 위에 직접 놓지 않으며 두루마리 종, 천은 세워서 보관한다.
③ 도배공사를 시작하기 72시간 전부터 시공 후 48시간이 경과할 때까지는 시공 장소의 적정온도를 유지

도배공사

④ 도배지를 완전하게 접착시키기 위하여 접착과 동시에 롤링을 하거나 솔질을 해야 한다.

2) 바탕점검

① 콘크리트 부재는 접합부에 틈새, 요철부, 휘어짐 등이 없이 평활하게 설치되어 있으며 충분히 건조

② 미장바탕은 쇠흙손 마감 정도로 주변 구석까지 모두 칠하고 충분히 건조

③ 합판과 같은 보드류 바탕은 나사나 못머리 등을 보드 표면보다 깊게 박아야 하며 틈새, 휘어짐 등이 없도록 평활하게 붙여야 한다.

3) 바탕조정

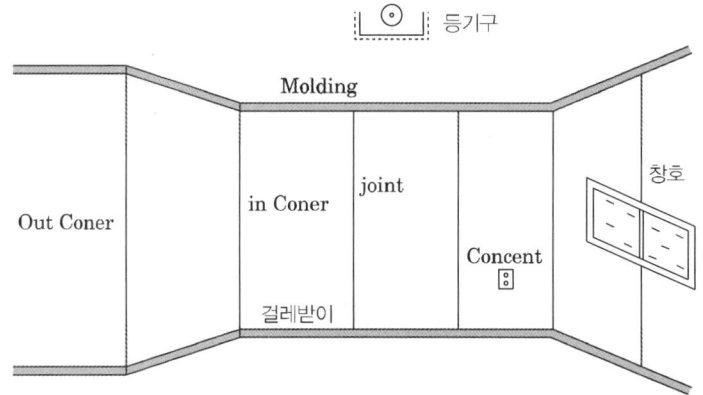

① 콘크리트 및 미장 바탕
- 거푸집 연결 부위 등 구멍이나 요철이 있는 경우 적절한 줄눈처리
- 바탕은 실러를 도포하고 실러는 에멀션형을 사용
- 실러를 도포한 후 솔이나 롤러 등을 사용하여 전면에 얼룩이 생기지 않도록 하며 바탕에 균등하게 도포
- 바탕에 구멍이나 요철이 있는 경우는 필요에 따라서 퍼티를 시공

② 합판 등의 보드류
- 나사, 못 등의 머리는 방청처리이프와 퍼티재를 주걱 등으로 충전하고 평활하게 고른 후, 필요에 따라서 건조 경화한 후 사포질
- 흡수성이 큰 보드류 등에는 솔이나 롤러 등을 사용해서 실러를 전면에 얼룩 없이 도포

4) 시공환경

① 접착제를 이용하는 경우에 시공 도중 또는 접착제 경화 전에 실온이 5℃ 이하가 될 경우에는 난방 등의 장치를 준비

② 실내 온도나 습기가 높은 경우에는 통풍이나 환기를 실시

③ 시공은 먼지나 분진이 적은 상태에서 실시

5) 붙이기

① 직접붙임
- 접착제를 적당한 양의 물로 희석하고 솔, 롤러 또는 풀칠기계를 이용해서 도배지 뒷면 전체에 고르게 도포

도배공사

- 줄눈은 모양을 맞추며 색얼룩, 문양다름, 뒤틀림이 없도록 붙인다.
- 얇은 도배지는 음영이 생기지 않는 방향으로 10mm 정도 겹쳐 붙인다.
- 두꺼운 도배지는 20~30mm 겹침질하여 맞댐 붙임으로 한다.
- 풀칠한 도배지류는 주걱 또는 롤러를 이용해서 균일하게 문질러 붙이며 주위에 틈새가 없도록 한다.
- 단부는 바탕에 손상을 주지 않도록 잘라낸 후 충분하게 눌러 붙인다.
- 직접 붙임 후 표면에 붙은 접착제는 깨끗한 젖은 걸레 등으로 닦아낸다.

② 초배지 붙임
- 틈, 갈램막이: 합판, 석고보드 및 섬유판을 바탕으로 하는 경우, 보드류의 조인트 부분 등의 틈새나 구멍 등을 종이로 붙여 덮는다.
- 붙임 방법은 한지 또는 부직포를 60~70mm 정도 너비로 적당히 자른 종이에 전면 풀칠하여 온통 붙임으로 한다. 붙임부를 연결하는 경우 10mm 정도 겹침한다.
- 초배지 온통붙임: 바탕 전체에 종이 바름하여 균일한 바탕면을 만들기 때문에 전지 또는 2절지 크기로 한 한지 또는 부직포 전면에 접착제를 도포하고 바탕 전면에 붙인다. 줄눈은 약 10mm 정도로 겹친다.
- 초배지 봉투붙임: 바탕에 요철이 있어도 간편하게 평활한 면을 얻을 수 있기 때문에 300×450mm 크기의 한지 또는 부직포의 4변 가장자리에 3~5mm 정도의 너비로 접착제를 도포하고 바탕에 붙인다.
- 봉투 붙이기의 횟수는 2회를 표준으로 한다.
- 초배지 공간 붙임(공간 초배): 초배지의 공간 붙임(공간 초배)은 바탕의 좌우 2변에만 70~100mm 정도의 너비로 접착제를 도포하여 부직포를 붙인다.

③ 정배지 붙임
- 직접 붙임 공정과 같은 방법으로 정배지를 붙이며 코너 부위는 본드 시공을 실시하여 인장에 의한 벽지의 찢어짐을 방지한다.
- 이음은 공사시방에서 정한 바가 없을 때는 맞대거나 또는 3mm 내외 겹치기로 하고 온통 풀칠하여 붙인 후, 표면에서 솔 또는 헝겊으로 눌러 밀착시킨다.
- 정배지는 종이의 크기에 따라 나누어 보고, 색깔, 무늬를 맞추어 마름질한다.
- 정배지는 음영이 생기지 않는 방향으로 이음을 두어 6mm 정도로 겹쳐 붙인 다음, 표면에서 솔, 헝겊 등으로 문질러 주름살과 거푸집(들뜬 곳)이 없게 붙이고, 갓둘레는 들뜨지 않게 밀착시킨다.
- 벽의 한 높이를 벽지 여러 장으로 붙일 때에는 밑에서부터 위로 붙여 올라가는 것을 원칙으로 한다.

바닥재

9-152	온돌마루판 공사	
No. 752		유형: 공법 · 재료

바닥재
Key Point

■ 국가표준
- KCS 41 51 01

■ Lay Out
- 종류
- 시공 시 유의사항

■ 핵심 단어

■ 연관용어

───

부착 창호철물

- 장판에 비해 심미적으로 깔끔하고 고급스러워 보인다는 장점이 있다.
- 무늬만 나무고 실제로는 비닐 소재인 장판과는 달리 마루는 실제 나무로 만들기 때문에 촉감도 좀 더 자연에 가깝다.
- 다만 장판에 비해 가격이 비싸고, 물의 침투에 더 약하며, 수축이나 팽창이나 들뜸이 발생할 수 있다는 단점이 있다.

[강화마루]

I. 정 의

건축물 실내 공간의 바닥에 까는 나무 소재 바닥재를 말한다. 타일, 장판과 함께 가장 일반적인 바닥재

II. 종류

1. 합판마루
① 가장 초창기에 판매되었던 마루
② 합판 위에 아주 얇은 두께로 자른 원목을 붙여서 만든 마루
③ 원목층이 너무 얇은 나머지 마루가 찍혔을 때 아래쪽에 있는 합판이 드러나 보이는데, 노후화될 경우 옛날 학교 마루마냥 가시가 나오는 등의 단점
④ 지금은 시장에서 자취를 감추었다.

2. 강화마루
① 합판이 아닌 보드를 활용, 보드 위에 나무 무늬를 인쇄한 표면층을 씌워서 만든 마루
② 바닥에 접착시키지 않고 맨바닥 위에 그대로 시공
③ 합판보다 밀도가 높은 보드가 일반적으로 합판에 비해 찍힘에 더 강하고 합판마루보다 더 튼튼하다.
④ 마루와 바닥 사이에 비어있는 공간이 있기 때문에 난방효율이 상대적으로 떨어지고 삐걱대는 소리가 날 수 있다는 점이 단점이다.
⑤ 강마루가 나타나면서 시장에서 도태되어 지금은 잘 쓰이지 않는다. 다만 합판마루와 달리 완전히 퇴출된 수준은 아니고, 강마루 대비 싼 가격 덕분에 소량이나마 팔리며 명맥을 잇고 있다.

3. 강마루
나무판 위에 나무 무늬를 인쇄한 종이를 씌우고 코팅을 해서 만든 마루
1) 합판 강마루
① 베니어합판을 여러 겹 겹친 뒤, 그 위에 패턴을 입혀서 만든다.
② 합판 강마루 생산에는 비싼 설비나 기술이 필요 없기 때문에 제조사들도 많고 그만큼 생산량도 많다.
2) 섬유판 강마루
① 나무 원재료를 섬유 단위로 분쇄한 뒤에 그 섬유를 고열에서 압착해서 만든 MDF를 활용해 만든 마루

바닥재

[강마루]

② 가구에 주로 쓰이던 MDF를 활용해 마루를 만들면서 여러 개량을 거쳤는데, 우선 밀도를 높여 HDF로 만들면서 내구성을 높이고, 친환경 접착제를 사용해 포름알데하이드 방출량을 0으로 만들었다.

③ 고밀도 보드로 만들었기 때문에 내구성이 매우 좋다.

④ 찍힘에 굉장히 강해서 웬만한 물건을 떨어뜨려도 흠집 없음

⑤ 물에도 강해서 액체에 노출되었을 때 잘 붇지 않는다.

⑥ 바닥에서 올라오는 습기에는 약해서, 신축 건물의 콘크리트 바닥이 잘 마르지 않은 상태에서 시공할 경우 들뜸이 발생할 수 있다.

⑦ 들뜸이 발생했을 때 그 정도가 합판 강마루 보다 더 심하다

⑧ 이 분야의 선도자인 동화기업이 시장의 대부분을 차지하고 있고, 한솔과 유니드에서도 만들고 있다.

⑨ 섬유판 강마루는 생산설비가 비싸고 기술이 필요하기 때문에 진입장벽이 높아서 생산 업체가 그리 많지 않다.

⑩ 높은 밀도로 인해 무게가 무겁고 철거가 더 힘들다.

4. 원목마루

① 합판 위에 원목을 얇게 잘라 붙인 형태의 마루

② 합판마루와 비슷하지만 원목의 두께가 훨씬 두껍다.

③ 원목의 두께는 1.2mm~4mm까지 다양하며, 원목이 두꺼울수록 고급으로 취급된다.

④ 필름지가 아닌 진짜 나무인 만큼 촉감이 자연스럽고 부드러우며, 눈으로 봤을 때도 훨씬 고급스러움

⑤ 흠집이나 찍힘에는 매우 약하다.

⑥ 강마루에 비해 가격이 고가이며, 대리점 자재가 기준 2배 이상

Ⅲ. 시공 시 유의사항

① 바닥면의 수평 확인

② 바닥을 깨끗이 청소한다.

③ 접착제를 사용할 경우, 실내온도가 5℃ 이하 또는 접착제가 경화하기 전에 5℃ 이하로 될 우려가 있을 때에는 난방 등의 조치

④ 바닥 표면 함수율 8% 이하

⑤ 실내온도 최소 10℃ 이상

⑥ 실내습도 75% 이하

⑦ 시공현장의 바닥 중앙에 24시간 이상 수평으로 적재하여 현지조건에 적응

⑧ 시공 기준선 설정

⑨ 접착제 도포 시 시공량에 맞추어 도포

⑩ 접착제 등을 사용하는 곳은 접착제가 경화할 때까지 유해한 충격이나 진동을 받지 않도록 통행을 금지

⑪ 가이드라인에 맞추어 시공

⑫ 팽창간극을 계산하여 시공

⑬ 보양

9-153	Access Floor, OA Floor	
No. 753		유형: 공법·재료

바닥재

바닥재
Key Point

■ 국가표준
- KCS 41 51 03

■ Lay Out
- 시공 상세도
- 비교
- 시공 시 유의사항

■ 핵심 단어

■ 연관용어

선정 시 고려사항

- 배선량, 배선경로, 하중조건, 공조 조건, 바닥 Opening, Boder 마무리
- Support Type: 높이에 따라
- 판재질: 하중 조건에 따라
- 마감재: 실용도에 따라

I. 정 의

① 건축물의 일반적인 바닥위에 하부구조(Pedestal Set)를 사용하여 공간을 띄운 여러개의 단위 패널의 바닥재
② 마감재 일체형 Access Floor와 마감재 별도형 OA Floor이 있다.

II. 시공 상세도

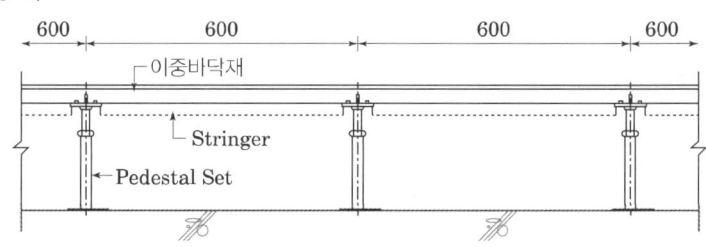

III. Access Floor와 OA Floor 비교

구 분	Access Floor(마감재 일체형)	OA Floor(마감재 별도형)
마감재 유무	마감재 일체형(제조 시 마감재 접착하여 출고)	마감재 후 시공(현장에서 마감재 별도 시공)
제품	주재료 상면에 마감재를 일체형으로 접착하여 완제품으로 출고	주재료 상면에 마감재를 접착하지 않고 무마감으로 패널에 출고
시공순서	하부구조 설치 → 패널 설치	하부구조 설치 → 패널 설치 → 마감재 점착시공
적용 마감재	전도성타일, 데코타일, 비닐타일, HPL 등	카펫타일, OA타일 등
각부 명칭	마감재(일체형)←패널(Panel) 헤드(Head) 페데스탈(Pedestal) 스트링거(Stringer)	마감재 없음 패널(Panel) 헤드(Head) 페데스탈(Pedestal)
	스트링거(Stringer)는 높이, 하부구조 등 필요조건을 고려하여 설치	

IV. 시공 시 유의사항

① 개폐문 위치에 따라 마감 높이 및 미시공 부위 결정
② 배선 위치를 고려하여 마감방법 결정
③ 용도에 따라 마감높이 결정
④ 바닥 Level확보 및 청소
⑤ Support 고정 접착제 Open time 준수

9-154	주방가구 설치공사	
No. 754		유형: 공법·재료

가구

가구
Key Point

■ **국가표준**
- SPS-KHFC 004-6244: 2022 가구의 안전 설치 기준

■ **Lay Out**
- 시공상세도
- 설치 전 유의사항
- 설치공정
- 설치 시 유의사항

■ **핵심 단어**

■ **연관용어**

I. 정 의

주방가구 설치 전 샘플시공을 통하여 모델하우스와 동일한 조건으로 현장의 구조체에 시공될 수 있도록 철저히 검토 후 시공한다.

II. 시공 상세도

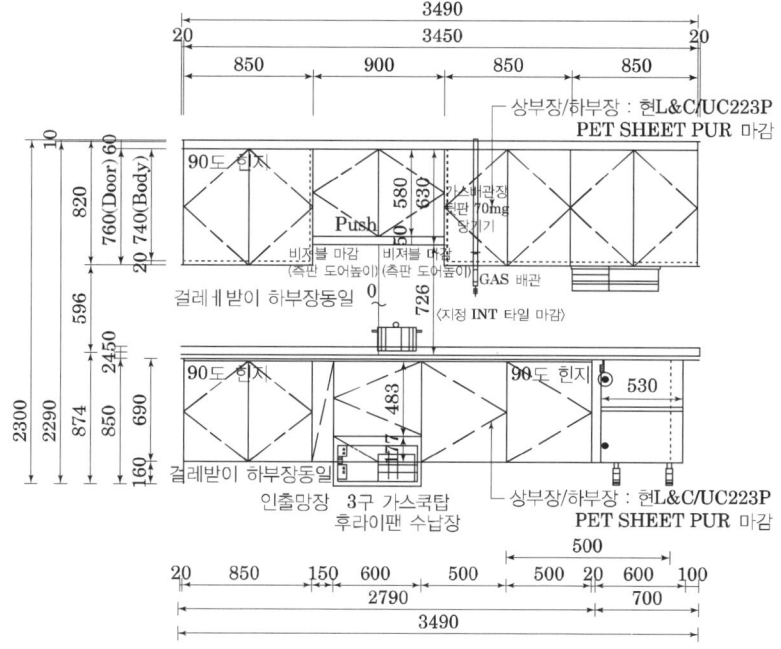

III. 설치 전 유의사항

① 주방가구 설치 전 주방 벽타일, 천장 및 벽 도배 등 완료
② 본 시공 전 평형별로 Sample 시공 후 발주
③ 현장 단위세대별로 실측하여 시공

IV. 설치 공정

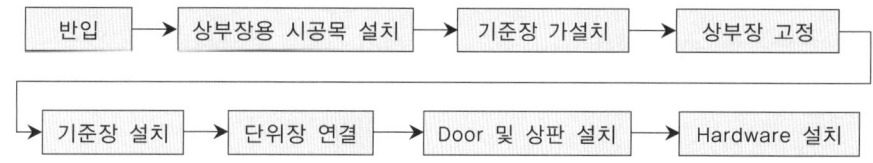

가구

V. 설치 시 유의사항

1. 상부장 설치 조건

1) 벽체 조건

① 콘크리트벽과 경량벽체는 주변 환경을 고려한 적절한 방법으로 충분히 양생시킨 벽체로 한다.

② 압출성형 경량콘크리트 패널의 압축강도는 10MPa 이상인 제품을 사용

③ 경량복합 콘크리트 패널 압축강도는 외피 부분인 경우 22.5MPa, 코아부분(내부)인 경우 3.2MPa 이상인 제품을 사용한다.

④ 경량기포 콘크리트 패널(블록)의 압축강도는 2.9MPa 이상인 제품을 사용

2) 시공목 고정방법

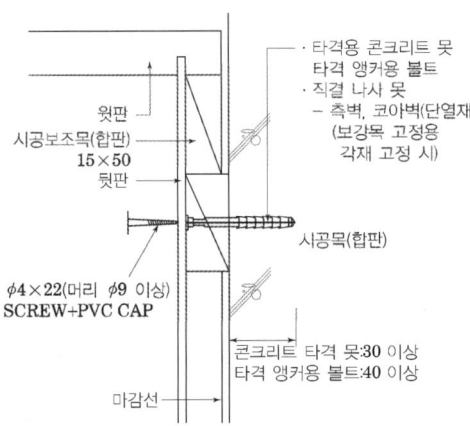

- 시공목은 콘크리트 못, 앵커 또는 직결피스를 이용하여 벽체에 고정
- 시공목은 두께 15mm 이상으로 하며, 폭은 45mm 이상인 것을 사용

3) 행어 고정방법

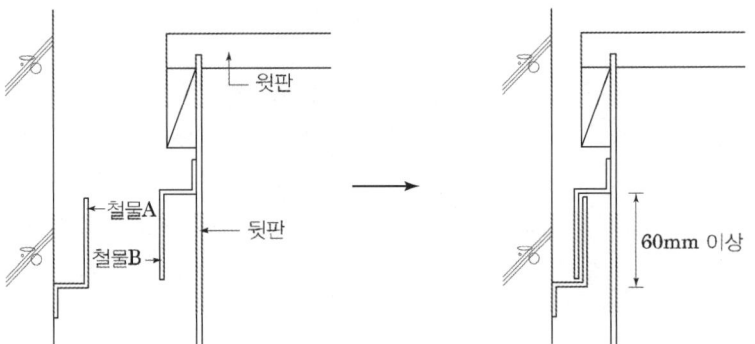

① 행어 철물은 콘크리트 못, 앵커 또는 직결피스를 이용하여 벽체에 고

② 가구를 행어에 걸은 후 나사못 또는 스크류를 이용하여 가구가 움직이지 않도록 고정

③ 걸쇠구조의 철물을 이용하여 설치를 구현하는 것으로, 걸쇠의 상호 걸림 부위는 60mm 이상

2. 상부장 설치

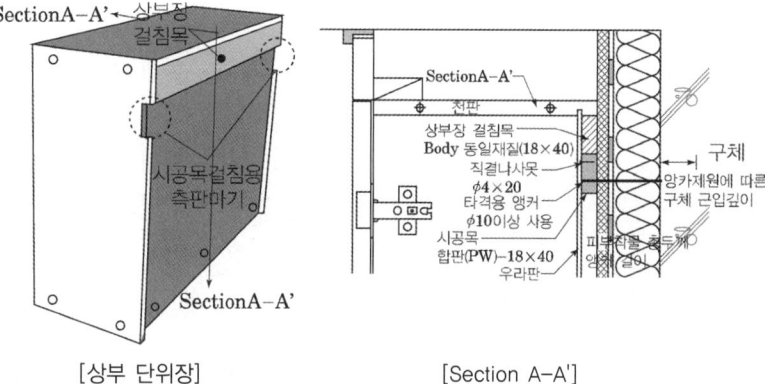

[상부 단위장] [Section A-A']

1) 설치준비

① 벽체에 가구를 설치하기 위하여 벽체에 시공목을 수평하게 고정

② 콘크리트 못을 사용하여 시공목을 고정할 때에는 큰 충격으로 인한 콘크리트 못 또는 시공목의 부러짐이 발생하지 않도록 시공

③ 앵커를 사용하여 시공목을 고정할 때에는 앵커 삽입을 위한 벽체 보링 작업 시 보링의 지름은 적용 앵커의 지름과 동일한 크기로 작업하여 앵커가 쉽게 빠지지 않게 하여야 한다.

④ 가구의 추락방지를 위해 사용되는 고정 부재는 지름 4mm 이상의 것을 사용하고, 앵커의 경우 지름 10mm 이상의 것을 사용

⑤ 가구의 전도방지를 위해 사용되는 앵커는 지름 6mm 이상의 것을 사용한다. 앵커의 벽체 인입 길이는 40mm 이상, @300(압출성형 경량콘크리트 패널)~400mm(스터드, 경량기포 콘크리트 블록, 단열재 적용 벽체) 간격 고정

2) 콘크리트 벽체의 설치 방법

• 시공보조목이 시공목에 걸치도록 한 후 가구 양 끝 50mm 지점에서 첫 고정을 하고, 250mm~300mm 간격으로 나사못 고정

3) 스터드의 가구설치

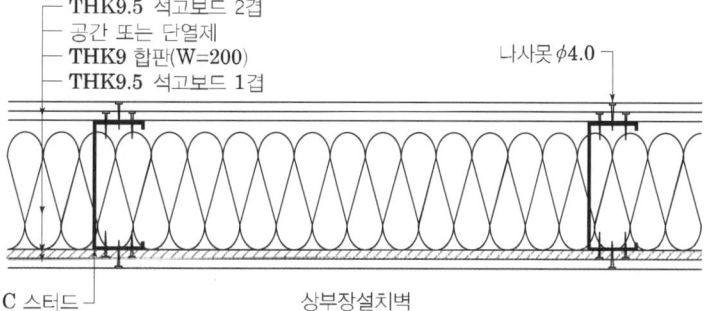

C 스터드 상부장설치벽

① 석고보드 마감면에 시공목이 적용되는 위치에는 나사못의 지지력을 강화시키기 위해 석고보드 대신 합판을 사용

② 시공목 고정 시 스터드 적용 간격이 400mm 이상일 경우, 시공목 벌어짐 현상을 방지하기 위해 스터드 간격 사이에 나사못 1개소를 추가 적용

가구

4) 경량기포 콘크리트 블록(패널)과 경량복합 콘크리트 패널의 가구설치

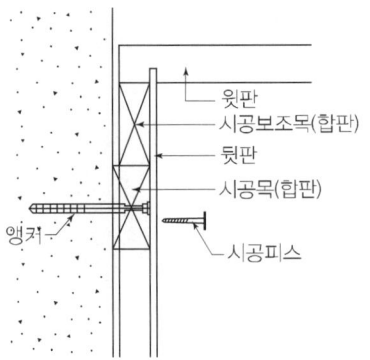

윗판
시공보조목(합판)
뒷판
시공목(합판)
앵커
시공피스

5) 경량기포 콘크리트 블록(패널)과 경량복합 콘크리트 패널의 가구설치

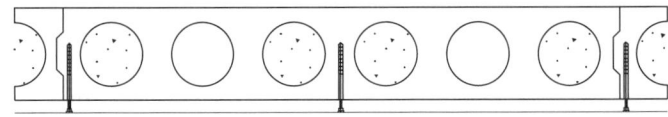

6) 단열재가 적용된 벽체의 가구 설치 방법

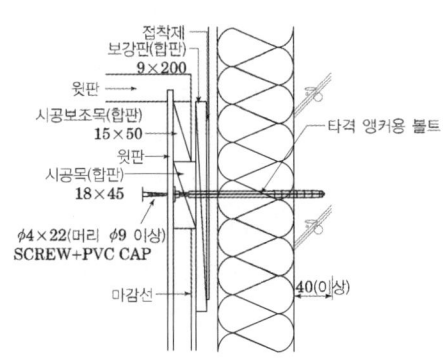

접착제
보강판(합판)
9×200
윗판
시공보조목(합판)
15×50
뒷판
시공목(합판)
18×45
φ4×22(머리 φ9 이상)
SCREW+PVC CAP
마감선
타격 앵커용 볼트
40(이상)

- 단열재가 적용된 벽체의 경우, 단열재 벽체 앞에 접착제를 사용하여 보강판(합판)을 고정시켜 앵커의 처짐과 휨 발생을 방지하여야 한다. 보강판의 두께는 9mm 이상으로 하며, 폭은 200mm 이상
- 보강판은 지름 10mm의 앵커를 사용하여 고정하고, 콘크리트 벽의 인입 길이가 40mm 이상이 되도록 하고 적용간격은 400mm 이하로 설치

3. 하부장 설치 시 유의사항

① 싱크볼의 배수관이 꺽여 역구배가 일어나지 않도록 설치
② 하부장의 뒷선반을 위한 공간확보는 T15 이상의 각재를 사용하여 반드시 측판 옆면에 2개소 이상 시공
③ 온수분배기가 싱크볼 하부에 설치될 경우 상호간섭이 일어나지 않도록 최소한의 개구부 확보
④ 단위장 연결 시 전후면 각 2개소 이상의 곳에 연결용 조립철물을 사용하여 설치
⑤ 인출선반의 레일은 좌우측판에 조립하여 서랍 상부에서 레일이 노출되지 않도록 시공

VI. 시험

1. 시험방법

1) 가구별 높이 기준과 시험항목

구분	높이	추락 안정성 시험	전도 안정성 시험
가정용 가구(서랍장)	762 mm 이상	X	○
사무용 가구 (파일링 캐비닛)	762 mm 이상	X	○
어린이용 가구	X	X	○
벽부착 가구	X	○	○

2) 추락 안정성 시험

① 별도의 협의가 없는 경우, 정하중 시험방법을 따른다.

② 시험체는 완성품의 개별 구성품 중 길이(L)가 600mm 이상인 것들 중에서 1개를 채취하여 시험

③ 정하중 시험
  - 벽장의 중앙 전면 끝에 위치하게 한다.
  - 벽장상부에서 수직으로 서서히 하중을 가하여 2,230N에 이르면 이를 4분간 유지한 후 하중을 제거하고 이상 유무를 조사

④ 하중을 균등하게 가하기 위하여 시험장비와 시험체 사이에 하중 분산용 사각 파이프를 넣어 시험

⑤ 하중 분산용 사각 파이프는 쉽게 휘어지지 않는 재질로 하며, 가로, 세로가 30mm인 정사각형 구조의 파이프를 벽장 길이 이상으로 넣어서 시험

3) 벽부착 가구의 전도 안정성 시험

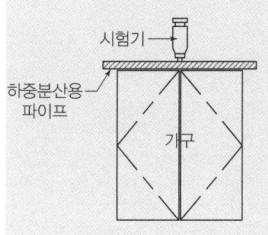

[추락 안정성 시험]

[시험기구 설치 방법]

[하중을 가하는 장치]

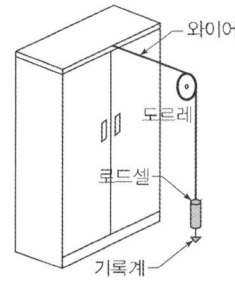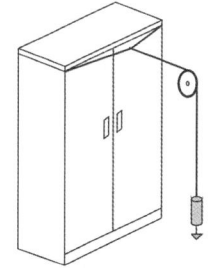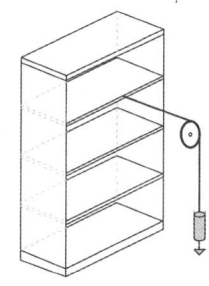

① 벽체에 설치되는 가구는 수평면 설치 기준에 적합하게 고정하여 시험을 한다.

② 가구의 앞면 중앙부의 바닥면에서 1,800mm 높이의 지점(다만, 높이가 1,800mm 이하인 경우는 가구의 최상부)의 앞방향에 수평으로 서서히 힘을 가하여 4분 이내에 약 735 N의 힘에 도달시킨 후 1분간 유지한 후 전도 유무를 확인

9-155	주방가구 상부장 추락안정성 시험	
No. 755		유형: 시험·검사

가구
Key Point

☑ 국가표준
- SPS-KHFC 004-6244: 2022 가구의 안전 설치 기준

☑ Lay Out
- 시험장치
- 추락 안정성 시험방법

☑ 핵심 단어

☑ 연관용어

I. 정 의

① 벽장의 전면 상단부에 시험장치를 이용하여, 균등하게 하중을 하여 가장 취약한 부위에서 파손여부를 확인하는 시험

② 벽부착 가구는 가구 자체의 중량과 가구 내부에 보관되는 물품의 하중을 지속적으로 받아 파손이 발생할 수 있으므로 실시

II. 시험장치

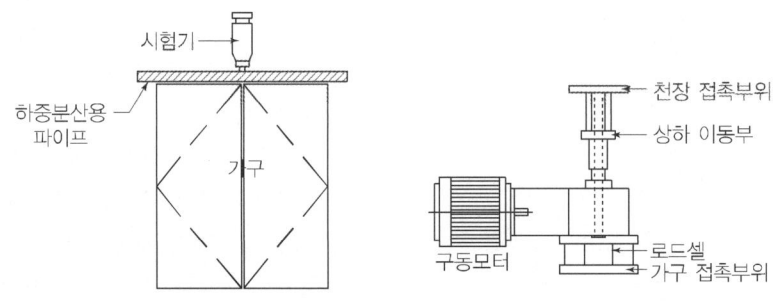

III. 추락 안정성 시험방법

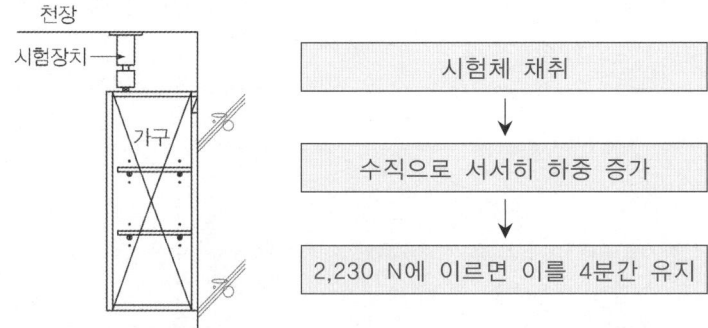

① 별도의 협의가 없는 경우, 정하중 시험방법을 따른다.

② 시험체는 완성품의 개별 구성품 중 길이(L)가 600mm 이상인 것들 중에서 1개를 채취하여 시험

③ 정하중 시험
   • 벽장의 중앙 전면 끝에 위치하게 한다.
   • 벽장상부에서 수직으로 서서히 하중을 가하여 2,230N에 이르면 이를 4분간 유지한 후 하중을 제거하고 이상 유무를 조사

④ 하중을 균등하게 가하기 위하여 시험장비와 시험체 사이에 하중 분산용 사각 파이프를 넣어 시험

⑤ 하중 분산용 사각 파이프는 쉽게 휘어지지 않는 재질로 하며, 가로, 세로가 30mm인 정사각형 구조의 파이프를 벽장 길이 이상으로 넣어서 시험

기타용어	1	유리의 영상현상
		유형: 현상 · 공법

현상

Key Point

■ 국가표준

■ Lay Out
- 영상조정

■ 핵심 단어
- 빌딩의 반사영상을 더욱 아름답게 하기 위한 열 반사유리 영상조정 공법

■ 연관용어

영상 굴곡 현상 원인

- 외부의 풍압
- 박판의 유리 사용
- 프레임 조인트의 불량
- 제작 시 롤러 자국
- 공기층이 클수록

I. 정 의

① 영상공법은 빌딩의 반사영상을 더욱 아름답게 하기 위한 열반사유리 영상조정 공법
② 영상공법은 특수한 부자재와 조정기구를 사용하여 아름다운 영상을 만드는 공법
③ 영상조정은 조정하려고 하는 유리벽면의 전방 30~50m의 중앙을 관측 위치로 하고 관측지시자도 정지한 자세로 영상을 조정한다.

II. 영상조정

1) 영상공법 요소
   ① 특수 2중 셋팅 블록 a: 고정 블럭 b: 이동 블록
   ② 특수 2중 백업제
   ③ 조정기구(압축기와 고정조정장치)
   ④ 위치 가교정 테이프
   ⑤ 영상조정 작업에 대한 설계업무

2) 표준시공도

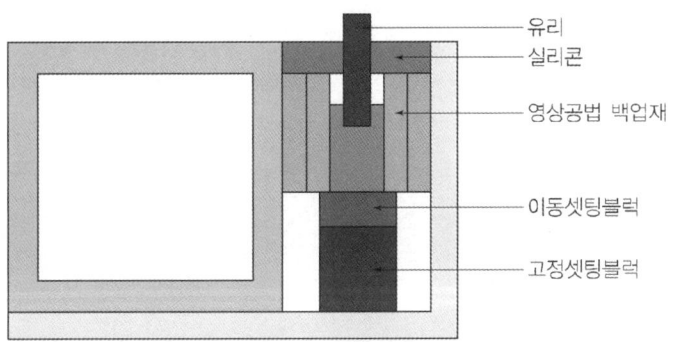

3) 영상공법 블록 위치와 조정기구 설치위치

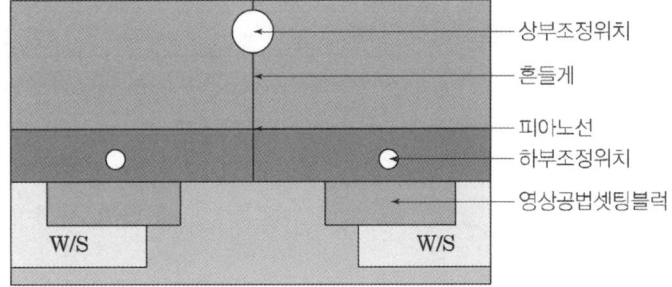

※ 영상블럭은 하부 2개소(w/6)에 설치한다. 조정구는 하부2개소 (w/6) 상부 중앙 1개소에서 한다. (단, 고정장치는 각 2개 이상에 부착한다.)

기타용어

☆☆☆

2	한옥목공사 KCS 41 33 02	
		유형: 공법

① 이 기준은 한옥건물의 골조 및 이에 수반되는 목공사에 적용한다.
② 한옥목공사에 사용하는 목재는 준공 후 갈라짐과 변형을 방지하기 위하여 가능한 건조된 목재를 사용하여야 하며 미 건조재를 사용할 경우 함수율 24% 이하의 것을 사용

☆☆☆

3	경골목공사 KCS 41 33 023	
		유형: 공법

이 기준은 구조내력 상 주요한 부분에 규격구조재(1종구조재)가 사용되는 경골목공사에 적용한다.

☆☆☆

4	대단면목공사 KCS 41 33 04	
		유형: 공법

① 이 기준은 건축물의 주요 구조부에 단면치수가 큰 목재부재들이 사용되는 대단면목조건축물 시공에 적용한다.
② 대단면목조건축물: 부재의 짧은 변의 치수가 150mm 이상인 대단면의 구조용 목재 또는 구조용 집성재로 시공하는 목조건축물

☆☆☆

5	통나무목공사 KCS 41 33 05	
		유형: 공법

① 이 기준은 수공예 통나무 건축과 기계식 통나무건축에 수반되는 목공사에 적용된다.
② 통나무목공사는 원형 단면의 통나무 부재를 사용하는 것을 원칙으로 하나 필요에 따라 사각형 단면의 부재를 사용할 수 있다.

☆☆☆

기타용어	6	강화도어(강화 판유리 시공법)
		유형: 공법

1) 지지구조 부분의 검사

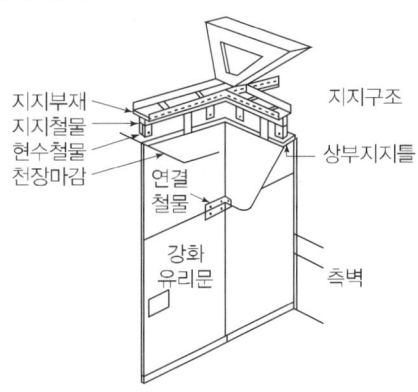

[지지구조부의 치수 허용오차]

항목	허용오차(mm)
지지구조의 바닥기준면으로부터의 높이	±2.0
상부유리 벽 지지철물의 접합볼트용 구멍의 피치	±2.0
리브유리 지지철물의 접합볼트용 구멍의 피치	±2.0

2) 강화 유리의 설치

[연결철물의 형상, 치수 및 문상부 유리, 리브유리의 절단 및 구멍 위치의 치수허용오차]

항목	허용오차(mm)
연결철물의 형상, 치수	±1.0
강화 유리의 절단 및 구멍위치	±2.0

① 상부 유리와 리브유리는 서로 수직이 되도록 지지철물을 사용해서 부착하고 판유리 하단이 동일 수평선상이 되도록 조정
② 측면 유리벽은 상부유리벽과 동일 평면이 되도록 하고, 상부유리 및 리브보강 유리와 연결 철물을 이용해서 고정
③ 강화 유리간의 클리어런스는 3mm를 표준으로 한다.
④ 강화 유리문의 하단과 바닥 마감면과의 클리어런스는 10mm를 표준

3) 실링재의 충전
• 강화 유리와 지지틀과의 접합부에 충전하는 실링재의 깊이는 5 mm 이상

4) 강화 유리문 시공법

① 문틀의 검사: 문틀이 적정하게 설치되어 있는지를 확인

② 플로어 힌지의 매입

- 플로어 힌지의 매입은 톱 피벗의 축심과 플로어 힌지의 중심이 연직이 되도록 맞춘다.
- 플로어 힌지의 커버 플레이트면은 바닥의 마감면과 동일 수평면 상에 있도록 조정

③ 플로어문의 매달기: 문은 정확한 위치에 주의해서 설치

④ 조정: 플로어 힌지의 문은 개폐속도, 닫는 위치 등을 조정

☆☆☆ 111

7	PB(Particle Board)	
	KS F 3104: 파티클 보드	유형: 재료

목재의 작은조각(Particle)을 주원료로 하고, 합성수지 접착제를 사용하여 성형, 열압한 밀도 $0.5 \sim 0.8 g/cm^3$의 목질판상 제품

항 목		품질기준[1]
밀도	g/cm^3	• 0.5 이상 ~ 0.8 미만
함수율	%	• 5.0 이상 ~ 13.0 이하
휨강도	Mpa	• 8형: 8.0 이상 • 13형: 13.0 이상 • 15형: 15.0 이상 • 18형: 18.0 이상
습윤시 휨강도	Mpa	• 7.5 이상
흡수두께 팽창률	%	• 12 이하
박리강도	N/mm^2	• 8형: 0.15 이상 • 13형: 0.20 이상 • 15형: 0.24 이상 • 18형: 0.30 이상
나사못 유지력	N	• 8형: 평면 500, 측면 250 이상 • 13형: 평면 550, 측면 275 이상 • 15형: 평면 600, 측면 300 이상 • 18형: 평면 700, 측면 350 이상
포름알데히드 방산량	mg/L	• SE0형: 평균 0.3 이하, 최대 0.4 이하 • E1형: 평균 0.5 이하, 최대 0.7 이하 • E2형: 평균 1.5 이하, 최대 2.1 이하
유기화학물 방출량	mg/m^2h	• 0.1 이하

☆☆☆

8	MDF(Medium Density Fiberboard)
	유형: 재료

기타용어

목질재료를 주원료로 하여 고온에서 해섬(화학약품 처리 후 끓임)하여 얻은 목섬유를 합성수지 접착제로 결합시켜 성형, 열압하여 만든 섬유 판으로 중밀도(0.35~0.85g/cm³)의 목질판상 제품

목재의 작은조각(Particle)을 주원료로 하고, 합성수지 접착제를 사용 하여 성형, 열압한 밀도 0.5~0.8g/cm³의 목질판상 제품

항 목		품질기준[2]
밀도	g/cm³	• 0.35 이상 ~ 0.85 미만
함수율	%	• 5.0 이상 ~ 13.0 이하
휨강도	Mpa	• 15형: 15.0 이상 • 25형: 25.0 이상
		• 30형: 30.0 이상 • 35형: 35.0 이상
습윤시 휨강도	Mpa	• 15.0 이상
흡수두께 팽창률	%	• 두께 ≤ 7mm : 17 이하
		• 7mm 〈 두께 ≤ 15mm: 12 이하
		• 두께 ≥ 15mm : 10 이하
박리강도	N/mm²	• 15형: 0.3 이상 • 25형: 0.4 이상
		• 30형: 0.5 이상 • 35형: 0.6 이상
나사못 유지력	N	• 15형: 평면 300, 측면 150 이상
		• 25형: 평면 400, 측면 200 이상
		• 30형: 평면 500, 측면 250 이상
		• 35형: 평면 700, 측면 350 이상
포름알데히드 방산량	mg/L	• SE0형: 평균 0.3 이하, 최대 0.4 이하
		• E1형: 평균 0.5 이하, 최대 0.7 이하
		• E2형: 평균 1.5 이하, 최대 2.1 이하
유기화학물 방출량	mg/m²h	• 0.1 이하

☆☆☆

기타용어

9	PW(Ply Wood)	
		유형: 재료

원목을 길이방향으로 회전식 절삭기를 이용해 단판(Veneer)으로 깍아 내고, 이를 일정한 규격으로 절단하여 목리(섬유방향)가 서로 직교하게 접착하여 만든 파상재로 일반적으로 홀수매로 구성

항 목		품질기준[2]
접착성	N/mm^2	• 0.7 이상
함수율	%	• 13.0 이하
휨강도	Mpa	• 가로 35.0 이상, 세로 35.0 이상
포름알데히드 방산량	mg/L	• 평균 0.5 이하, 최대 0.7 이하
	mg/m^2h	• 0.015 이하
유기화학물 방출량	mg/m^2h	• 0.1 이하

9-6장

기타공사 및
특수재료

Professional Engineer

마법지

기타공사 및 특수재료

1. 지붕공사
   - 지붕공사 일반
   - 거멀접기
   - 후레싱(Flashing)
2. 금속공사
   - 이종금속 접촉부식
   - 부식과 방식
   - 강재 부식방지 방법 중 희생양극법
   - 매립철물(Embedded Plate)
   - 바닥 배수 Trench
   - 배수판(Plate)공법
3. 기타공사
   - 주차장 진출입을 위한 램프시공 시 유의사항
   - 법면녹화
   - 보강토 블록
   - Crean room(청정실)
   - 공동주택 세대욕실의 층상배관
   - 외벽 PC Panel공사(TPC,GPC)
   - ALC패널(압출성형 경량콘크리트 패널)
4. 특수재료
   - 방염처리

☆☆☆　　1. 지붕공사

9-156	지붕공사	
No. 756		유형: 공법 · 재료

지붕공사

Key Point

▨ 국가표준
- KCS 41 56 01
- KCS 41 56 04 금속기와
- KCS 41 56 025 아스팔트 싱글
- KCS 41 56 09 금속절판지붕

▨ Lay Out
- 요구사항 · 시공공통사항
- 주요지붕

▨ 핵심 단어

▨ 연관용어

용어

- 계단식 이음(horizontal seam)
- 물 흐름 방향으로 일정한 간격마다 각재 또는 기타 고정재로 고정하여 계단식 모양으로 지붕을 만드는 이음 방법
- 골(계곡)(valley)
- 경사 지붕에서 지붕 면이 교차되는 낮은 부분
- 굽도리 철판(base flashing)
- 지붕면과 수직을 형성하는 면의 하단부에 비흘림 및 빗물막이를 위하여 설치하는 강판
- 금속제 절판 지붕(structural metal roofing)
- 금속판을 V자, U자 또는 이에 가까운 모양으로 접어 제작한 지붕판을 사용하여 설치하는 지붕
- 금속패널 지붕
- 공장에서 미리 패널 타입으로 성형하여 현장에서 설치하는 지붕 금속패널로 종류는 금속절판 지붕, 돌출 잇기 지붕, 기와가락 잇기 지붕 등이 있음

I. 정 의

① 건축물 위쪽의 보호부재로서 우수의 침투를 막고 강풍이나 진동, 충격 등으로 떨어지지 않아야 한다.
② 지붕에 대한 성능 요구사항은 관련 법규, 건물의 용도 등을 고려하여 이를 적절하게 반영하여 시공한다.

II. 지붕공사의 성능 요구사항

1) 일반사항

- 수밀성: 지붕은 넘치거나 흘러내리는 것을 고려하여 지붕자재를 겹치도록 하거나 후레싱을 설치하며 건물 내부로 물의 침투를 허용하지 않도록 한다.
- 내풍압 성능: 지붕은 설계 풍하중 등 설계하중을 적용하였을 때 설계하중에 저항할 수 있도록 설계 및 시공되어야 한다.
- 열변위: 금속자재로 설계된 지붕(금속판 및 금속패널, 금속절판 지붕)은 주변 및 금속 표면에 최대 온도변화로부터 발생하는 열변위를 고려한다. 태양열 취득 및 밤의 열 손실에 따른 자재의 표면 온도에 관한 기본적인 설계 계산을 하여야 한다.
- 단열 성능: 지붕은 건축물 에너지절약설계기준에 명시된 단열성능을 갖도록 설계 및 시공되어야 한다.
- 내화 성능: 건축관련 법규에서 정하는 용도의 건물의 지붕 중 내화구조가 아닌 지붕은 건축물의 피난 · 방화구조 등의 기준에 관한 내화 성능을 갖도록 설계 및 시공되어야 한다.
- 방화에 지장이 없는 자재의 사용: 건축관련 법규에서 정하는 용도의 건물의 지붕 마감 자재는 방화에 지장이 없는 준불연재 이상의 자재를 사용하여야 한다.
- 차음 성능: 지붕은 외부 발생 소음원과 실내허용 소음치를 고려하여 적절한 차음 성능을 갖도록 설계 · 시공되어야 한다.

2) 하부 구조의 처짐 제한
- 지붕의 하부 데크의 처짐은 경사가 1/50 이하의 경우에 별도로 지정하지 않는 한 1/240 이내

3) 지붕의 경사(물매)지붕의 경사
① 기와지붕 및 아스팔트 싱글: 1/3 이상. 단, 강풍 지역인 경우에는 1/3 미만으로 할 수 있음
② 금속 기와: 1/4 이상

- 기와가락 잇기(batten seam)
- 너비 방향으로 일정한 간격마다 각재를 바닥에 고정한 후 규격에 맞춘 금속판으로 마감하여 각재 부위가 돌출되어 있는 방법
- 돌출 잇기(standing seam)
- 금속판 이음 부위가 바탕에 수직으로 돌출되게 설치하는 이음 방법
- 레이크(rakes)
- 지붕 경사에 수평으로 설치하는 부재 및 박공지붕에서 벽과 박공지붕 사이에 마감하는 부재
- 서까래(rafter)
- 처마도리와 중도리 및 마룻대 위에 지붕 경사의 방향으로 걸쳐대고 산자나 지붕널을 받는 경사 부재
- 중도리(purlin)
- 처마도리와 평행으로 배치하여 서까래 또는 지붕널 등을 받는 가로재
- 지붕의 경사(물매)
- 평지붕: 지붕의 경사가 1/6 이하인 지붕
- 완경사 지붕: 지붕의 경사가 1/6에서 1/4 미만인 지붕
- 일반 경사 지붕: 지붕의 경사가 1/4에서 3/4 미만인 지붕
- 급경사 지붕: 지붕의 경사가 3/4 이상인 지붕
- 지붕마루(용마루)(ridge)
- 지붕 경사면이 교차되는 부분 중 상단 부분
- 후레싱(flashing)
- 지붕의 용마루, 처마, 벽체, 옆 마구리, 절곡 부위, 돌출 부위 등에 사용하여 물처리 및 미관을 위한 마감재

③ 금속판 지붕: 일반적인 금속판 및 금속패널 지붕: 1/4 이상

④ 금속 절판: 1/4 이상. 단, 금속 지붕 제조업자가 보증하는 경우: 1/50 이상

⑤ 평잇기 금속 지붕: 1/2 이상

⑥ 합성고분자 시트 지붕: 1/50 이상

⑦ 아스팔트 지붕: 1/50 이상

⑧ 폼 스프레이 단열 지붕의 경사: 1/50 이상

Ⅲ. 시공 공통사항

1) 콘크리트 위 구조틀(frame) 설치

① 콘크리트 위에 지붕재를 직접 설치하는 경우: 기와, 아스팔트 싱글 등을 콘크리트 구조물 위에 직접 시공하는 경우는 설계도서 등에 명기된 바에 따른다.

② 콘크리트 위에 구조틀(frame)을 형성하고 지붕재를 설치하는 경우
- 지붕재 하부 바탕을 설치하기 위한 고정부재(각재나 L형강 등)를 사용하여 구조틀(frame)을 만들고 그 위에 바탕 보드와 방수자재로 바탕을 구성하는 것으로 한다.
- 고정 부재의 위치 및 간격은 설계도면에 명시된 간격으로 하되 부과되는 하중과 바탕보드의 설치 위치 등을 고려하여 설치

2) 바탕보드

① 접시머리 목조건축용 못, 나사못, 셀프드릴링 스크류(self drilling screw) 등으로 설치

② 못의 길이는 목조건축용 못은 32mm 이상, 나사못은 20mm 이상 관통될 수 있는 길이로 한다.

③ 못 간격은 일반부는 300mm, 외주부는 150mm 표준

④ 합판 등을 설치하는 경우 이음부는 2~3mm 간격을 유지

3) 아스팔트 루핑 또는 펠트 설치

① 하부에서 상부로 설치하며 주름이 생기지 않도록 설치

② 겹침길이: 길이 방향(장변)으로는 200mm, 폭 방향(단변)으로는 100mm 이상 겹치게 설치

③ 와셔 딸린 못 또는 스테이플러(stapler), 타카(taka) 못 등으로 설치하며 못 간격은 300mm를 표준

4) 자착식형 방수 시트

① 바탕보드 위에 주름이 생기지 않도록 자착식 시트를 설치

② 물이 흘러내리도록 지붕널 모양으로 설치

③ 시트와 시트는 지그재그로 하여 길이 방향으로 150mm 이상 겹치도록 한다.

④ 단부의 겹침은 90mm 이상 겹치도록 하며 롤러를 사용하여 이음 부위를 누른다.

⑤ 시트를 설치하고 14일 이내에 지붕재가 설치

지붕공사

Ⅳ. 비아물림(Flushing)에서 누수원인

- 바탕의 형상, 구조가 불연속한 접합부 형성으로 방수층이나 지붕덮기 바탕층 손상
- 마감재의 접합이 복잡하여 설계 시 누락이나 시공불가능한 디테일한 부위
- 다량의 빗물이 모이는 부분: Gutter, Drain 부위, 용마루 골
- 폭우 시 Drain 용량 부족으로 Gutter에 물이 넘쳐 Gutter와 지붕재 접합부 누수

Ⅴ. 주요 지붕재 시공

1. 금속기와

1) 일반사항

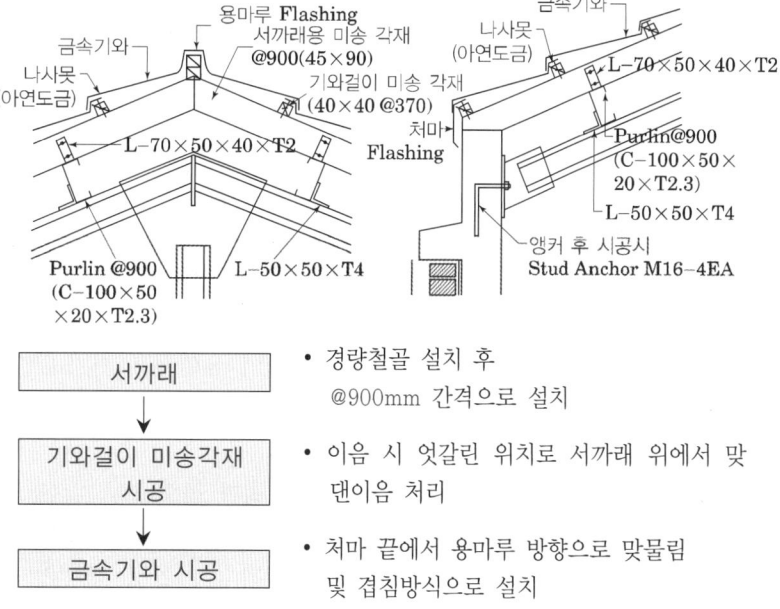

서까래	• 경량철골 설치 후 @900mm 간격으로 설치
↓	
기와걸이 미송각재 시공	• 이음 시 엇갈린 위치로 서까래 위에서 맞댄이음 처리
↓	
금속기와 시공	• 처마 끝에서 용마루 방향으로 맞물림 및 겹침방식으로 설치

금속기와의 고정은 금속기와 고정못으로 정면이 하향으로 꺾인 부분에 못을 수평으로 박아 그 아래에 있는 기와걸이 각재에 못이 박혀 고정

2) 기와걸이(기왓살)
① 목재 기와걸이(기왓살): 40×40mm 각재로 가로 방향으로 설치하며 기와걸이와 기와걸이 사이는 12mm 정도의 틈을 두어야 한다.
② 금속재 기와걸이(기왓살): 40×40mm 금속재로 가로 방향으로 설치하며 기와걸이와 기와걸이 사이는 12mm 정도의 틈을 두어야 한다.
③ 중간 기와걸이(기왓살): 30×30mm 정도의 중간 기와걸이를 가로 방향으로 설치하며 기와걸이와 기와걸이 사이는 12mm 정도의 틈을 두어야 한다. 기와걸이와 기와걸이 사이의 금속 기와 하부에 균일하게 설치하며 못 또는 고정철물로 바탕에 고정

설치 허용오차

- 심 및 금속 지붕의 선은 지정된 선과 위치에서 6,000mm에 6mm 이내이어야 하며 인접하는 면과 서로 맞닿는 곳의 단차는 3mm 이내이어야 한다.

지붕공사

2. 아스팔트 싱글

1) 재료

① 아스팔트 싱글
- 재잴: 유기질 또는 Fiber Glass 및 무기질로 만들어진 펠트에 아스팔트를 도포하여, 바닥층에는 세사를 붙이고 노출면은 천연쇄골재를 붙인 제품
- SIZE: 305×915mm정도 크기의 3탭, 두께 2.8mm 이상

② 아스팔트 바탕펠트
- 지붕널에는 540품, 지붕골 및 굽도리의 설치가 필요한 장소에는 650품 사용

③ 누수 방지용(self-sealing) 자착식 방수시트
- 폴리머 변성 아스팔트 방수막은 최소 두께 1mm로서 제조업자가 권장하는 제품을 사용

④ 자착식 고무화 아스팔트 펠트
- 자착식 고무화 아스팔트는 최소 두께 1mm 이상인 제품을 사용

⑤ 싱글 못
- 알루미늄 또는 용융아연도 제품 또는 동등 이상의 자재를 사용한 제품으로 직경 8~9mm 이상인 원형 또는 이형 몸통 평머리못을 사
- 못의 길이는 지붕널을 관통하거나 또는 바탕면에 최소 20mm 이상 박힐 수 있는 것을 사용

⑥ 아스팔트 시멘트
- 무석면, 방습 및 방수용 역청질 제품으로 0℃에서 균열 현상이 없이 유연성을 가지며 상온에서 접착력을 유지하고 흙손을 사용하여 도포할 수 있는 점도를 가진 제품을 사용

2) 싱글 설치

① 굽도리판 설치
- 철제 굽도리판은 지붕과 벽체 수직면이 만나는 부분, 굴뚝이나 배기구와 같이 지붕을 관통하는 구조물들의 돌출부에는 반드시 설치

② 금속제 처마 거멀띠의 설치
- 처마 거멀띠는 내부식성 재질로서 녹이 발생하지 않는 아연도 강판, 동판 또는 스테인리스 강판을 사용하여 처마와 박공처마의 모서리를 따라서 설치한
- 박공처마에서는 바탕펠트 상부에 설치하고 처마에서는 바탕펠트의 하부인 지붕 바닥널 위에 설치
- 처마 끝에서부터 지붕의 폭이 안쪽으로 최소 75mm 이상이 되도록 덧댄다.
- 처마 거멀띠에는 적절한 형태와 길이의 고정못을 300mm 이하의 간격으로 철제 처마 거멀띠의 안쪽 모서리를 따라서 박는다.

지붕공사

바탕펠트

- 외겹 바탕펠트
- 아스팔트 바탕펠트의 측단 겹침은 최소 50mm, 끝단 이음은 최소 100mm로 한다.
- 박공처마의 끝 부분에 설치되는 바탕펠트의 길이는 최소 300mm 이상으로 하며 바탕펠트는 싱글을 설치할 때까지 못으로 고정
- 두 겹 바탕펠트
- 처마 끝에 설치되는 바탕펠트의 첫 단은 폭 500mm로 설치하고 그 위에 900mm의 상부층 펠트를 덮는다. 그 이후에 후속적으로 설치되는 펠트들은 500mm 폭으로 중첩하며 노출면은 400mm로 한다.
- 바탕펠트의 하단부에는 못을 사용하지 않는다.
- 지붕골 이음
- 처마와 평행하게 설치되는 지붕널의 바탕깔기 펠트 밑으로 겹치도록 설치한다.
- 바탕깔기는 폭이 450mm의 KS F 4901, 650품의 아스팔트 펠트를 사용하여 지붕골의 중심과 굽도리용 펠트의 중심선을 일치시키고 펠트의 이음이 필요한 경우에는 최소 300mm 이상 겹치도록 한다.
- 못은 최소한의 수량을 사용하여 펠트 모서리에서 30mm가 되는 지점에 박는다. 바탕펠트 위에 위치하는 굽도리용 아스팔트 루핑(roofing)은 KS F 4902의 1,500품 아스팔트 루핑을 사용하고 폭은 900mm 이상으로 하며 바탕펠트와 동일한 방법으로 설치한다. 이때에 루핑(roofing)의 옆모서리는 지붕널의 바탕펠트 위에 위치해야 하며 루핑(roofing) 끝 부분에서의 300mm 폭의 겹침 이음부는 플라스틱 아스팔트 시멘트를 사용하여 점착한다.

③ 바탕펠트의 설치
- 지붕에 물의 고임이나 흐름이 예상되는 장소로서 특별히 방수를 겸한 아스팔트 싱글을 설치해야 하는 경우에는 두 겹 바탕펠트 깔기
- 650품, 폭 900mm 두루마리 펠트를 사용하여 지붕의 경사와 직교방향으로 설치하고 펠트작업은 처마에서부터 용마루쪽으로 진행

④ 아스팔트 싱글 설치
- 아스팔트 싱글은 싱글용 못이나 거멀못으로 고정
- 지붕널에서의 설치: 아스팔트 싱글 작업은 지붕 경사면과 직교방향으로 설치하며 전체적인 작업의 진행은 대각선 방향으로 지붕의 상부쪽 방향으로 진행한다.
- 처마띠는 처마 끝에 반드시 설치
- 처마띠는 약 200mm 폭의 모래붙인 루핑(roofing)이나 아스팔트 싱글의 널 부분을 절단한 나머지 윗부분을 사용하여 처마의 단부에 연속적으로 설치
- 처마띠는 처마 끝에서부터 12mm가 돌출되도록 하고 최초에 설치하는 처마띠는 측단을 75mm 절단하여 설치
- 첫째 단 및 후속단 설치: 접착제가 없는 싱글이나 두루마리형 루핑(roofing)을 처마 거멀띠로 사용할 경우에는 첫째 단 싱글의 모든 널 부분은 널면적의 1/4에 아스팔트 시멘트를 충분히 도포하여 처마띠 상부면에 견고하게 부착
- 용마루 및 추녀마루 이음: 싱글의 중심선과 용마루 또는 처마의 상단이 일치되도록 하여 세로방향으로 아래쪽으로 눌러서 양쪽지붕의 용마루 및 처마 직하단 싱글의 노출면과 동일하도록 부착
- 용마루 싱글의 겹침은 아랫단 싱글의 상단부에서부터 최소 12mm 이상이 되도록 하며 아랫단의 싱글 상단부로부터 15mm가 되는 위치의 선상과 싱글의 옆모서리로부터 25mm 되는 지점의 은폐되는 부분에 못을 박는다.
- 지붕골의 아스팔트 싱글 설치: 개방식 지붕골 이음, 직조식 지붕골 이음, 절단식 지붕골 이음

⑤ 못박기
- 아스팔트 싱글용 못이나 거멀못은 아연 제품 또는 아연도 제품을 사용하고 공장에서 접착제가 도포된 부분에는 못질을 하지 않는다. 못은 싱글의 모서리로부터 50mm 지점에 위치
- 못의 사용량은 싱글 형태에 관계없이 싱글 한 장에 4개씩 사용하며 못의 위치는 널형 싱글의 경우 절단된 두 개의 개구부 직상부에서 16mm가 되는 지점과 이 두 개의 지점을 연결하는 선상에서 싱글 상부측의 양측단으로부터 25mm가 되는 곳에 각각 1개의 못을 설치
- 평판형 싱글은 하단부로부터 150mm가 되는 평행선상에서 하단부의 양측단으로부터 25mm 되는 지점과 이 두 개의 지점으로부터 각각 280mm가 되는 지점에 2개의 못을 설치한다.

3. 금속 절판 지붕

1) 타이트프레임(tight frame)의 먹줄치기

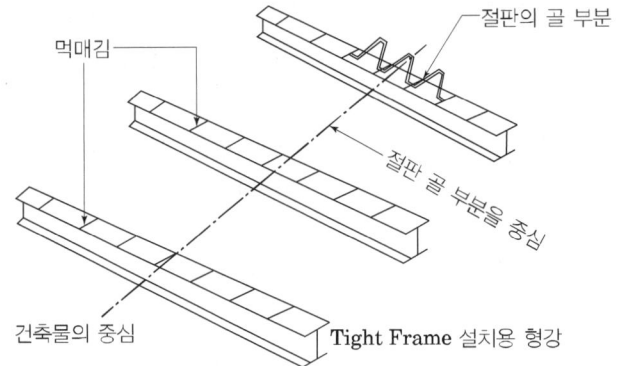

절판의 골 부분
먹매김
절판 골 부분을 중심
건축물의 중심
Tight Frame 설치용 형강

① 건축물의 중심선과 절판의 골 부분을 먹매김
② 타이트프레임이 놓인 보 위에 유효너비를 기준으로 먹줄치기

2) Tight Frame 설치

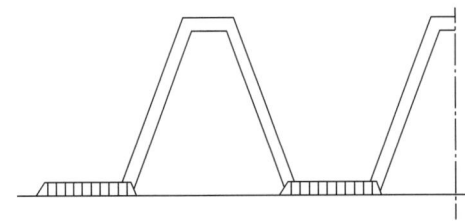

① 타이트프레임(tight frame)을 보와 아크용접해서 접합
② 용접은 타이트프레임이 세워지는 부분의 끝에서 10mm 떨어뜨리고
타이트프레임 하부의 양측을 모살용접으로 고정

3) 절판의 가잇기

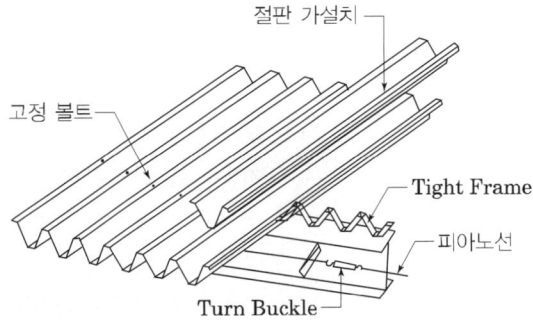

절판 가설치
고정 볼트
Tight Frame
피아노선
Turn Buckle

① 타겹침형 절판: 절판을 타이트프레임(tight frame) 위에 고정볼트
로 고정한다.
② 거멀접기형 절판: 타이트프레임(tight frame) 의 사이는 수동 조임
장치를 사용하여 약 1m 간격으로 부분 체결
③ 감합형 절판: 타이트프레임(tight frame) 설치 후에 바로 본체결

지붕공사

4) 본체결-절판잇기

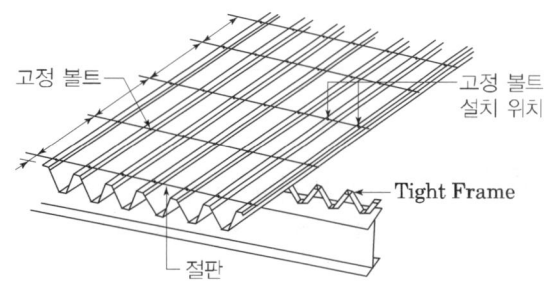

① 용마루내 물막이 착고(덮개)는 각형 골에 견고히 고정하고 둘레에
는 부정형 실링재로 밀봉
② 용마루 덮개 후레싱(flashing)은 절판의 최상부에 용마루내 물막이
착고를 설치한 후에 설치
③ 용마루 덮개 후레싱은 한 변이 200mm 정도의 산모양으로 양끝 부
분은 용마루외 착고(apron 또는 바람막이 착고)를 설치할 수 있는
형태로 한다.
④ 절판의 산의 위치에서 60mm 이상 겹치도록 하며, 그 사이에 정형
실재를 채워 넣고 지름 4mm 정도의 리벳(rivet)으로 간격 50mm
이하로 고정시킨다.
⑤ 처마착고는 외벽과 절판 하부 개구부를 빈틈없이 막고 절판의 처마
끝은 하부를 15도 정도 구부려 물끊기를 한다.
⑥ 절판의 아랫 부분에 설치하는 빗물의 낙수구는 둥근 모양으로 하며
이 낙수구 구멍의 둘레에도 하부 15도 정도의 구부림 물끊기를 둔다.
⑦ 박공처마 위치에 소정의 형상 및 치수의 후레싱(flashing)을 설치
한다.
⑧ 박공처마 옆면을 감싸서 시공하는 경우에는 후레싱의 한쪽 끝은 절
판을 덮고 다른 한끝은 벽면을 덮는 모양으로 하고 누수방지철물과
패킹(packing)을 사용한 지름 6mm 정도의 나사로 하부철물에 고
정시킨다.
⑨ 절판상부의 벽과의 아물림은 내착고를 설치한 후에 물끊기 후레싱
(flashing)을 대어서 마감한다.
⑩ 물끊기 후레싱의 한 끝은 벽 가장자리에서 150mm 정도 세워 올리
고 다른 끝은 절판에 200mm 정도 덮은 치수로 하며 외착고가 붙
도록 가공한다.
⑪ 경사방향과 평행한 벽과 만나는 부분의 경우에 있어서 물끊기 후레
싱(flashing)은 한 끝을 벽 가장자리에 150mm 정도로 세워 올리고
다른 끝은 산부분을 덮은 형태와 치수로 가공한다.
⑫ 설치는 볼트로 하고 세워 올리는 부분은 벽바탕이나 철물에 고정시
킨다.

지붕공사

9-157	거멀접기	
No. 757	standing sea	유형: 공법

지붕공사
Key Point

■ 국가표준
- KCS 41 56 01
- KCS 41 56 08
- KCS 41 56 09

■ Lay Out
- 형태 · 특징
- 시공 시 유의사항

■ 핵심 단어

■ 연관용어
- 지붕재

이음방식

- 각재심기(Batten Seam)
- 내부에 각재를 넣고 Cap이나 고정 Clip을 이용하여 고정
- 돌출이음(Standing Seam)
- 동판고정 Clip으로 고정 후 이음부위를 절곡하여 이음
- 평이음(Flat Seam)
- 내수합판위에 방습지(아스팔트 펠트)를 시공 후 미리 절곡된 부위에 평으로 끼워 맞추는 이음
- 계단식 이음(horizontal seam)
- 물 흐름 방향으로 일정한 간격마다 각재 또는 기타 고정재로 고정하여 계단식 모양으로 지붕을 만드는 이음 방법

I. 정 의

금속 박판 끝의 너비 10-20mm 정도를 꺾어 접고, 서로 결합킨다음 두드려 조여주는 접합방법

II. 거멀접기의 형태

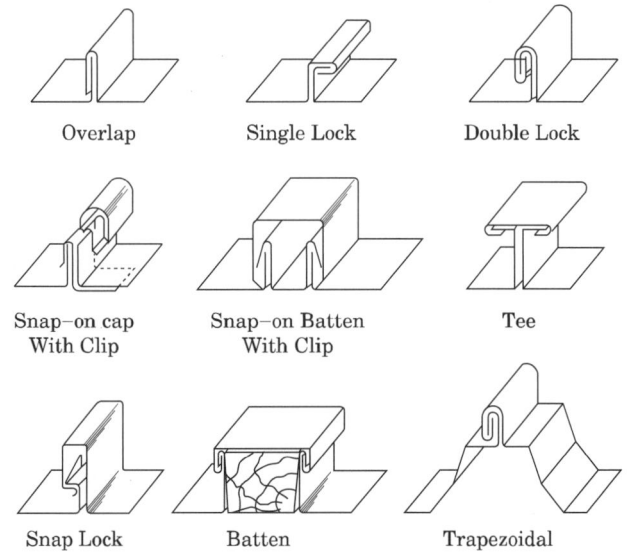

| Overlap | Single Lock | Double Lock |

| Snap-on cap With Clip | Snap-on Batten With Clip | Tee |

| Snap Lock | Batten | Trapezoidal |

III. 거멀접기의 특징

① 강판외부에 볼트가 노출되지 않아 미려한 외관 연출
② 강판에 볼트체결용 구멍이 뚫리지 않아 강판의 내구성 및 방수성 증대
③ 현장에서 성형으로 장판의 시공이 가능
④ 온도변화에 다른 신축에 대응

IV. 시공 시 유의사항

① 금속판을 거멀접기 전에 필요한 경우는 낮은 쪽 패널의 플랜지 상단에 실란트를 연속적으로 바른다.
② 클릿과 판의 단부가 완전하게 끼워지도록 하며 이중으로 거멀접어 마무리
③ 지붕의 가로 이음은 납땜 또는 실란트를 사용하여 판을 결합
④ 용마루 및 처마마루에서는 거멀접은 후에 돌출 잇기 모양으로 두거나, 지붕면으로 접어 마무리
⑤ 스냅 조인트: 상호 체결방식 및 공장에서 적용된 실란트와 함께 돌출 잇기 부분을 감싸 고정
⑥ 잇기 조인트: 잇기 도구로 클립, 금속 지붕 패널, 및 공장 적용 실란트가 완전하게 합체되도록 잇기 부분을 접는다.

9-158	후레싱	
No. 758	Flashing	유형: 공법 · 재료

지붕공사

지붕공사
Key Point

■ 국가표준
- KCS 41 56 01
- KCS 41 56 08
- KCS 41 56 09

■ Lay Out
- Flushing 시공
- 시공 시 유의사항

■ 핵심 단어

■ 연관용어

설치부위

• 처마, 박공, 모서리, 개구부, 지붕마루, 전면판 및 필러 등 필요한 위치에 설치

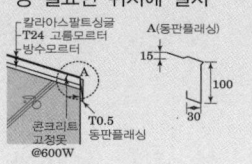

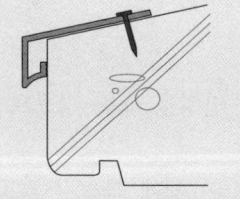

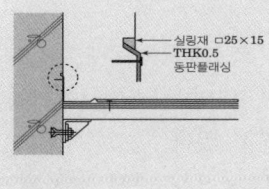

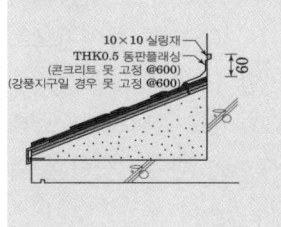

I. 정 의

지붕의 용마루, 처마, 벽체, 옆 마구리, 절곡 부위, 돌출 부위 등에 사용하여 물처리 및 미관을 위한 마감재

II. Flushing 시공

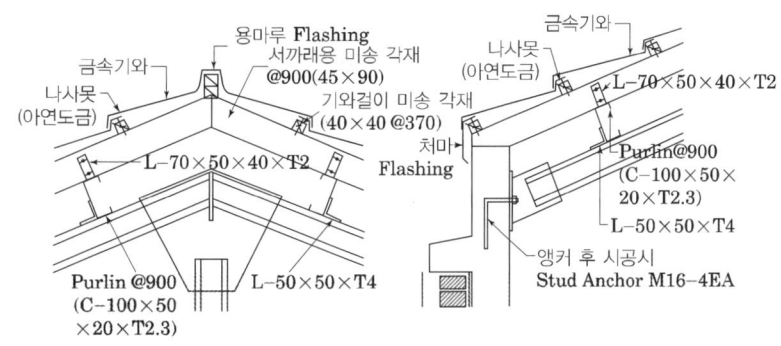

III. 시공 시 유의사항

① 명시된 선과 평탄성이 되도록 하며 노출되는 단부는 감침질을 한다.
② 알루미늄 이음: 움직임이 없도록 수평 거멀접기식으로 이음하고 에폭시계 실러로 이음 부분을 실링
③ 알루미늄 이외의 이음: 움직임이 없도록 수평 거멀접기식으로 이음하고 이음 부분을 납땜한다.
④ 실란트 조인트: 신축형 형상은 아니나 움직일 수 있는 형상으로 이음부를 만들고 실링으로 마무리
⑤ 가능한 고정철물(패스너)과 신축 이음 기구는 숨겨지도록 하며 육안으로 보아 노출되는 부분에는 노출 고정철물(패스너)을 사용 금지
⑥ 파이프 및 전선관 관통 패널에는 수밀한 후레싱(flashing)이나 관통부 마무리재(장식재, trim)를 설치
⑦ 숨겨지는 고정철물(패스너)을 사용하며 명시된 선과 높이에 맞게 설치한다.
⑧ 겹침부, 조인트부, 이음부는 영구적으로 기밀하고 수밀하게 시공한다.
⑨ 신축 기구(장치): 노출되는 후레싱(flashing) 및 마무리재(장식재, trim)는 열 신축을 고려하여 설치
⑩ 최대 3m 이내로 움직임이 있는 조인트를 설치하고 코너 및 교차부의 600mm 이내에는 조인트를 두지 않는다.
⑪ 겹치는 형태의 신축기구를 사용하지 않는 경우나 기밀하지 않거나 수밀이 충분하지 않은 경우에는 25mm 이상의 꺾은 플랜지에 서로 맞물리게 하며 매스틱(mastic) 타입의 실란트로 기밀하게 마감

9-159	금속의 종류와 가공	
No. 759		유형: 공법·재료

금속

금속
Key Point

☑ 국가표준

☑ Lay Out
– 금속의 종류 및 특성
– 가공방법
– 평판의 종류

☑ 핵심 단어

☑ 연관용어

• 비철금속보다 강도, 경도, 연성이 우수하고 열처리를 통해 쉽게 성질을 변화시킬 수 있음
• 철금속 재료보다 녹는점이 낮고 열 및 전기전도성 우수

I. 정 의

철과 비철금속, 그리고 이들의 2차 제품을 주재료로 하여 제조한 기성 금속물 또는 설계도서에 따라 주문 제작하는 금속물로서 주로 장식, 손상방지와 도난방지 및 기타의 목적을 위해 구조물의 다른 부분에 부착 또는 고정하는 공사

II. 금속의 종류 및 특성

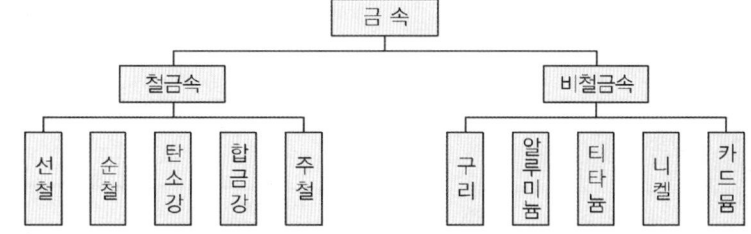

1) 순철
  • 철에 다른 원소가 거의 없는 순수한 철(탄소함유량 0.035% 이하)
2) 탄소강
  ① 철과 탄소의 함금 중에서 열처리가 가능한 0.035%~1.7%의 탄소를 함유한 것
  ② 탄소 함유가 높을수록 강도가 강하다.
  ③ 저탄소강(철판, 철근)<중탄소강(볼트, 너트, 기계류)<고탄소강(절삭공구류)
3) 합금강
  ① 구조용 합금강: 탄소강보다 강도와 경도 및 연성을 높인 강으로 교량, 선박용 부품에 사용
  ② 스테인리스강: 철에 크롬 또는 니켈을 첨가하여 쉽게 녹슬지 않도록 한 금속
    • STS 304: 건축용 자재로 널리 사용되는 오스테나이트계(니켈계) 스테인스강으로 니켈과 크롬이 함유되어 있어 펄라이트계(크롬계)보다 내식성, 내열성, 저온강도를 가지고 있다.
    • STS 430: 펄라이트계(크롬계)로 일반 내식용으로 주로 사용되며 굴곡, 냉간가공이 용이하다. 내식성이 STS 304보다 떨어지므로 외부 또는 부식하기 쉬운 환경의적용을 피한다.
    • STS 316: 니켈 함유량을 크게 한 오스테나이트계(니켈계) 스테인리스강으로 STS 304보다 내식성이 우수하여 환경조건이 불리한 경우 적용

금속

4) 주철
- 1.7% 이상의 탄소를 함유하는 철은 약 1,150℃에서 녹으므로 주물을 만드는 데 사용할 수 있으며, 이중에서 3.0~3.6%의 탄소량에 해당하는 것
- 탄소강보다 많은 탄소를 함유한 금속으로 표면이 굳고 단단

5) 동
- 전기 및 전도도가 우수하며, 전성과 연석이 좋아 가공이 용이

6) 알루미늄
- 비중이 2.7로 철의 1/3 정도로 가볍다. 열, 전기전도성이 우수하고 부식에 강하다.(산·알칼리에 부식)

Ⅲ. 가공방법

1) 용융가공

구분	가공방법
주조	• 금속을 가열하여 용해한 enk 주형에 주입해서 형상화
용접	• 같은 종류 또는 다른 종류의 2가지 강재사이에 직접 원자간 결합이 되도록 접합

- 강재를 녹여 가공하는 가공법

2) 소성가공

구분	가공방법
단조	• 금형 공구로 강재에 압축하중을 가하여 소재의 두께나 지금을 단축하고, 압축방향에 직각 방향으로 늘임으로써 정해진 모양치수의 물품을 만드는 방법
압연	• 회전하고 있는 한 쌍의 원기둥체인 롤 사이의 틈에 금속 소재를 넣고 롤의 압력으로 소재의 길이를 늘려 단면적을 축소시키는 금속가공법
판금	• 프레스를 사용하는 판금가공은 판금프레스 가공이라 하며, 프레스 외의 기계를 사용하는 판금가공에는 롤 성형, 스피닝, 인장변형 가공 등이 있음
압출	• 봉(俸)·관(管) 등과 같이 길고 단면이 일정한 제품을 만드는 가공
인발	• 끝부분이 좁은 다이스(Des)에 강재를 끼우고, 이 끝부분을 끌어당겨 다이스의 구멍을 통해 뽑아내는 가공

3) 절삭가공
- 가공재료를 공작기계를 사용하여 원하는 모양과 치수를 성형하는 기계적 가공

Ⅳ. 평판(Flat Plate)의 종류

구분	가공방법
열연강판 (Hot Rolled Steel Plate)	• 강재를 1,100~1,300℃ 이상으로 압연하여 만든 강판
냉연강판 (Cold Rolled Steel Plate)	• 용광로, 전로, 열연공정을 거쳐 생산된 Hot Coil 제품에 압하를 가해 얇게 만든 강판이며, 열연강판보다 표면이 미려함
아연도금강판 (Galvanized Zinc sheet)	• 기초소재인 냉연강판에 아연을 도금한 것으로 냉연강판에 비해 부식이 잘 되지 않는 특성
내후성강판	• 대기환경에서 녹 발생이 적은 강
컬러강판 (Pre-Coated Metal Plate)	• 냉연강판, 아연도금강판, 알루미늄강판 등에 페인트를 입히거나 인쇄필름을 접착시켜 표면에 색깔 또는 무늬를 입힌 강판

9-160	부식과 방식, 건축공사 중 금속의 부식	
No. 760	Corrosion	유형: 현상 · 결함

금속공사

금속공사
Key Point

☑ **국가표준**
- KS F 2268-1 내화시험
- KS F 2864 차연성시험
- KS F 3109 개폐반복시험

☑ **Lay Out**
- 부식의 종류
- 방식

☑ **핵심 단어**

☑ **연관용어**

(유기질 피복 시 주의사항)

강재의 표면에 부착된 녹, 스케일, 먼지 등 오염물질을 규사, 쇼트크리트 등 연삭재를 표면에 투사하여 제거하는 방법으로 블러스트 공법이라 함

(전기아연도금)

두께0.008~0.013mm로 광택과 평활도가 균일

(용융아연도금)

두께0.04~0.08mm로 내부식성 우수

I. 정 의

① 부식(Corrosion)이란 금속재료가 접촉환경과 반응하여 변질 및 산화, 파괴되는 현상
② 부식은 부식환경에 따라서 습식부식(Wet Corrosion)과 건식 부식(Dry Corrosion)으로 대별되며, 다시 전면 부식과 국부 부식으로 분류된다.

II. 부식의 종류

1) 전면 부식
   - 금속 전체 표면에 거의 균일하게 일어나는 부식으로 금속자체 및 환경이 균일한 조건일 때 발생한다.
2) 공식(孔蝕 ; Pitting)
   - 스테인리스강 및 티타늄과 같이 표면에 생성 부동태막에 의해 내식성이 유지되는 금속 및 합금의 경우 표면의 일부가 파괴되어 새로운 표면이 노출되면 일부가 용해되어 국부적으로 부식이 진행된 형태
3) 틈부식(Crevice Corrosion)
   - 금속표면에 특정물질의 표면이 접촉되어 있거나 부착되어 있는 경우 그 사이에 형성된 틈에서 발생하는 부식
4) 이종 금속 접촉 부식(Galvanic Corrosion)
   - 이종금속을 서로 접촉시켜 부식환경에 두면 전위가 낮은쪽의 금속이 전자를 방출(Anode)하게 되어 비교적 빠르게 부식되는 현상 → 동종의 금속을 사용하거나 접합 시 절연체를 삽입

III. 방식

1) 금속의 재질변화
   - 열처리 냉간가공 및 스테인리스사용
2) 부식환경의 변화
   - 산소 및 수분제거
3) 전위의 변화
   - 전위차 방지를 위한 비전도체 설치
4) 금속표면 피복법
   - 가장 일반적으로 사용되는 방법으로 금속피복, 비금속 피복 등으로 분류
   - 유기질피복은 일반적으로 Paint를 바르는 방법

금속공사	9-161	이종금속 접촉부식	
	No. 761		유형: 현상 · 결함

금속공사

Key Point

☑ 국가표준

☑ Lay Out
- 부식의 종류
- 발생부위 및 방지대책

☑ 핵심 단어

☑ 연관용어
- 부식과 방식

I. 정 의

이종금속을 서로 접촉시켜 부식환경에 두면 전위가 낮은쪽의 금속이 전자를 방출(Anode)하게 되어 비교적 빠르게 부식되는 현상

II. 부식의 종류

1) 전면 부식
- 금속 전체 표면에 거의 균일하게 일어나는 부식으로 금속자체 및 환경이 균일한 조건일 때 발생한다.

2) 공식(孔蝕 ; Pitting)
- 스테인리스강 및 티타늄과 같이 표면에 생성 부동태막에 의해 내식성이 유지되는 금속 및 합금의 경우 표면의 일부가 파괴되어 새로운 표면이 노출되면 일부가 용해되어 국부적으로 부식이 진행된 형태

3) 틈부식(Crevice Corrosion)
- 금속표면에 특정물질의 표면이 접촉되어 있거나 부착되어 있는 경우 그 사이에 형성된 틈에서 발생하는 부식

4) 이종 금속 접촉 부식(Galvanic Corrosion)
- 이종금속을 서로 접촉시켜 부식환경에 두면 전위가 낮은쪽의 금속이 전자를 방출(Anode)하게 되어 비교적 빠르게 부식되는 현상

III. 발생부위 및 방지대책

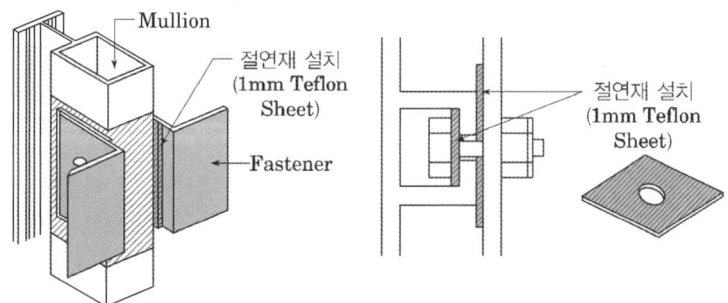

Mullion과 Fastener의 접합부   Al 부재간의 볼트 접합부위

① 접착면 절연처리
- 1mm Teflon Sheet
- 역청질 페인트 도장
- 동종 금속을 사용

9-162	강재 부식방지 방법 중 희생양극법	
No. 762		유형: 공법

금속공사

금속공사

Key Point

☑ 국가표준

☑ Lay Out
- 희생양극법 원리
- 전기방식 비교

☑ 핵심 단어

☑ 연관용어
- 부식과 방식

I. 정 의

피방식보다 전위가 낮은 비금속체인 알루미늄, 마그네슘, 아연 등의 양극(+극)을 강구조물에 접속하고 피방식체와 비금속체 간의 전위차로 발생하는 전류를 방식 전류로 이용하는 방법

II. 희생양극법 원리

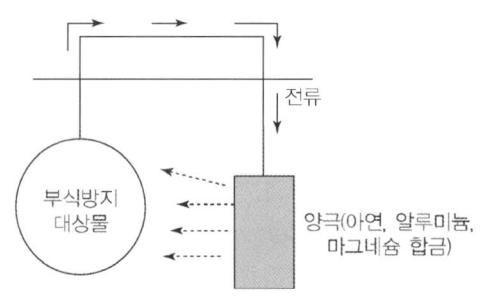

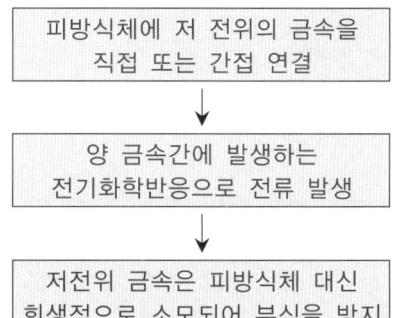

피방식체에 저 전위의 금속을 직접 또는 간접 연결

↓

양 금속간에 발생하는 전기화학반응으로 전류 발생

↓

저전위 금속은 피방식체 대신 희생적으로 소모되어 부식을 방지

III. 전기방식 비교

구분	희생 양극식 (Secrificial anode system)	외부 전원식 (Impressed current system)
양극 종류	• Mg Anode, Al Anode, Zn Anode	• H.S.C.I Anode, M.M.O Anode 등
장점	• 시공 간편 • 인위적 유지관리 불필요 • 전력 불필요 • 위험지역 설치 시 이상 무 • 기존시설물에 시공 가능 • 별도의 설치장소 불필요 • 전류분포 균등 • 과다방식에 대한 염려 없음 • 인접한 타 시설물에 영향 없음	• 내소모성 양극사용으로 양극 수명 길다 • 전류의 인위적 조절 가능 • 협소한 장소에 유용 • 자동화 방식 가능 • 저항 높은 환경에 유용 • 방식 범위가 큼
단점	• 설치 후 전류조절 불가능 • 방식범위 작음 • 설치개소 많음 • 저항 높은 지역에 비경제적 • 환경변화에 따른 전류조정 불가능 • 긴 수명을 요하는 협소한 장소는 양극의 부피증가로	• 항상 전원공급 필요 • 전력비 계속 지출 • 유지관리 필요 • 설치위치 토지점용 필요 • 인접한 타 시설물에 대한 간섭영향 줄 수 있음

• 방식전위는 음극방식의 판정기준이 되는 수치이다. 통상의 자연환경하에서 각종 금속 및 합금의 방식전위는 실험실적인 연구나 실제의 경험으로 볼때 −0.85Volts의 값이 적당한 것으로 알려져 있다. 또한 방식전류를 공급했을 때 300mV 이상 캐소드 분극하는 것, 또는 방식전류 차단 직후의 전위에 대해 그 후의 분극감쇄량이 100mV 이상인 것을 방식기준으로 삼는 경우도 있다.

☆★★	2. 금속 및 잡철공사	88,129

9-163	매립철물(Embedded Plate)	
No. 763		유형: 재료 · 기능

금속공사

금속공사
Key Point
☑ 국가표준

☑ Lay Out
− 매립철물 종류

☑ 핵심 단어

☑ 연관용어
− No 589 Fastener
− No 496 Anchor Bolt

I. 정 의

콘크리트 벽체 혹은 천장 슬래브와 연결되는 철골보, 배관Bracket 등의 후속연결을 위해 콘크리트 내부에 매립하는 철물

II. 매립철물(Embedded Plate) 종류

1) Embeded Plate

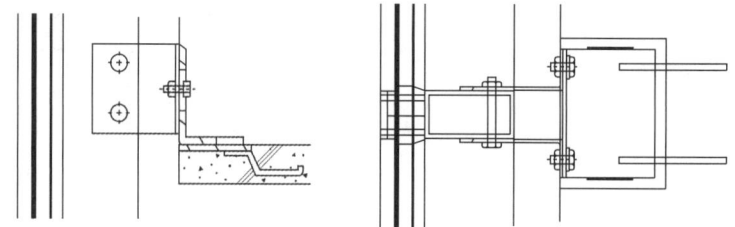

• 콘크리트 면과 Plate면이 일치하도록 철근배근 부위에 Shear Stud를 정착하여 설치

2) Cast in Channel System

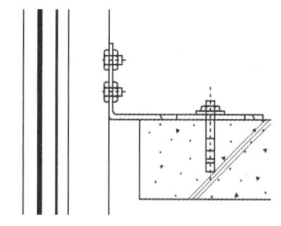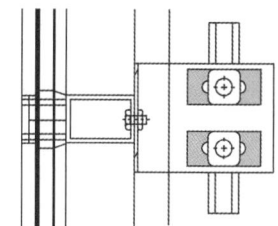

• Bolt접합은 반드시 2개 이상 사용
• 콘크리트 타설시 홈 부분 보양 철저

3) Anchor Bolt

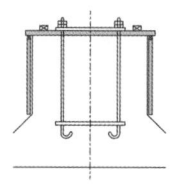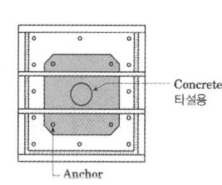

• 철골 기둥이 위치할 곳에 슬래브 콘크리트타설 전 매입

4) Insert

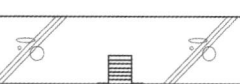

• 슬래브 타실전 매입
• 천장 고정용

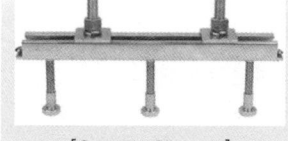
[Cast In Channel]

[타설 전 매립]

금속공사	☆☆☆ 2. 금속 및 잡철공사	
	9-164	난간공사	
	No. 764		유형: 공법 · 재료 · 기능

금속공사
Key Point

☑ 국가표준

☑ Lay Out
– 종류
– 시공 시 유의사항

☑ 핵심 단어

☑ 연관용어

I. 정 의

안전과 미관을 고려하여 설치

II. 종류

1) 계단난간 설치기준

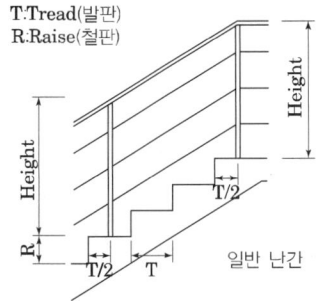 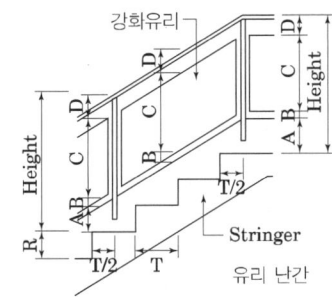

- 바닥 마감면으로부터 1,200mm 이상(단, 건축물 내부계단에 설치하는 난간, 계단참에 설치하는 난간으로 위험이 적은 장소일 경우 난간높이 900mm 이상), 살 간격 100mm 이하

2) 계단난간 설치기준

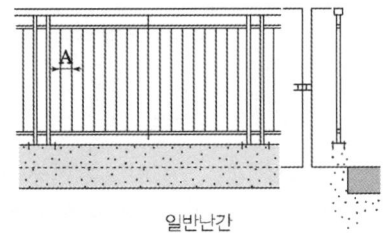 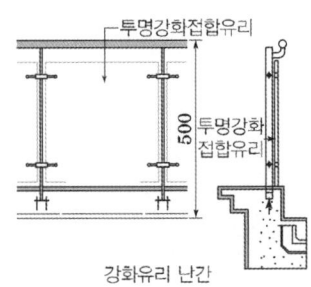

- A: 난간살 간격 안목치수 100mm 이하
- H: 난간의 높이 1,200mm 이상(반드시 마감면으로부터)

III. 시공 시 유의사항

① 일반난간일 경우 난간 Post 위치선정 시 Tread Center를 기준으로 손스침의 높이를 일정하게 적용
② 유리난간일 경우 Post의 지점은 Tread Center를 기준
③ 계단참 부분은 Tread 폭의 1/2지점에서 Post 설치
④ Anchor 시공 시 Edge Distance 및 Anchor 간격을 고려

잡철공사	☆☆☆ 2. 금속 및 잡철공사		80
	9-165	바닥 배수 Trench	
	No. 765		유형: 공법 · 재료 · 기능

잡철공사
Key Point

☑ 국가표준

☑ Lay Out
 – 바닥 배수 Trench 종류
 – 시공 시 유의사항

☑ 핵심 단어

☑ 연관용어

I. 정 의

바닥 물청소 또는 물의 침입이 예상되는 곳의 구조물 가장 자리에 일정 구배를 주어 설치하여, 바닥의 물을 유도한 다음 집수정으로 유도하는 시설

II. 바닥 배수 Trench 종류

1) Open Trench

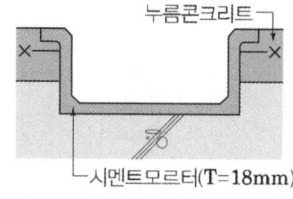 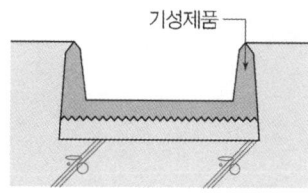

- 외벽에 인접하는 구간, 차량통행에 지장이 없는 부분에 적용하되, 주차부위에는 Cover 그레이팅 추가설치 검토
- 오픈트렌치 공법은 들뜸 · 균열 및; 바닥콘크리트와 누름콘리트 사이로 누수 등 하자 발생

2) Cover Trench

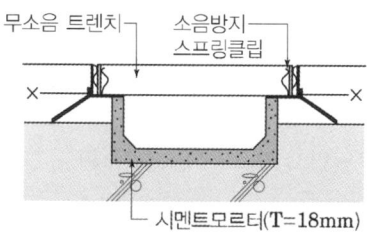 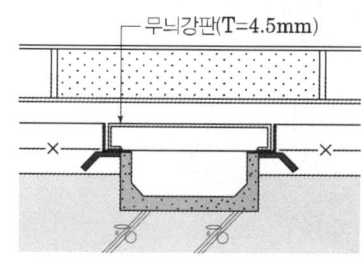

- 주차구간은 여성 운전자 등의 보행안전을 고려하여 그레이팅 트랜치 지양 (무늬강판 트랜치 시공)
- 차량통행 시 충격하중이 발생하는 주차장 진입램프 상 · 하단부위는 무소음 트렌치 적용

III. 시공 시 유의사항

① 대규모 통합 주차장에 설치되는 트렌치는 집수정까지의 거리가 멀어 자체 구배시공에는 한계가 있어 트렌치 내 배수파이프 설치
② 기초콘크리트 타설 시 매설물의 위치이탈, 처짐, 구배불량 등이 발생하지 않도록 고정 철저
③ 방수층을 훼손하지 않고 물흘림 구배가 이루어지도록 골조공사 시 충분한 트렌치 깊이 확보하여 시공

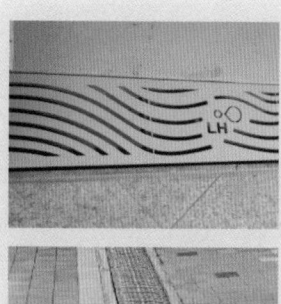

잡철공사

9-166	배수판(Plate)공법	
No. 766		유형: 공법 · 재료 · 기능

잡철공사
Key Point

☑ 국가표준

☑ Lay Out
– 지하 벽체용 배수판
– 지하 바닥용 배수판

☑ 핵심 단어

☑ 연관용어

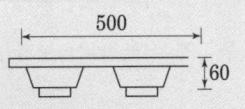

I. 정 의

지하구조물의 누수와 결로를 해결하기 위해 벽체와 바닥에 배수판으로 공간을 형성하고 그 공간을 통해서 물을 이동시켜 집수정으로 모이게 하는 공법

II. 지하 벽체용 배수판

1) 본체 규격

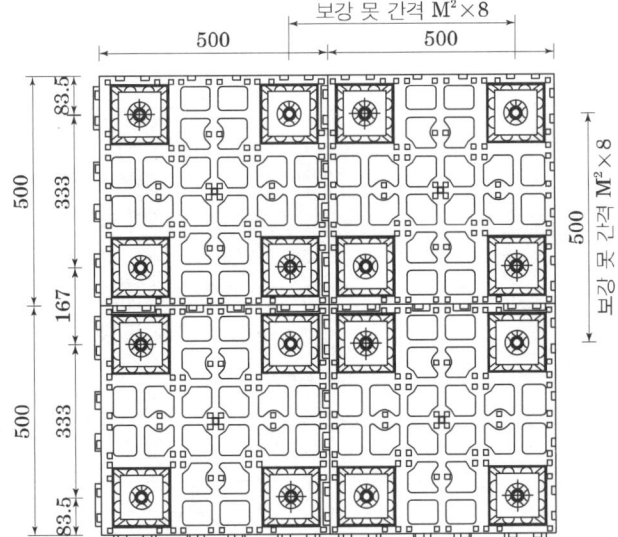

2) 단면 상세도 – 일반배수판

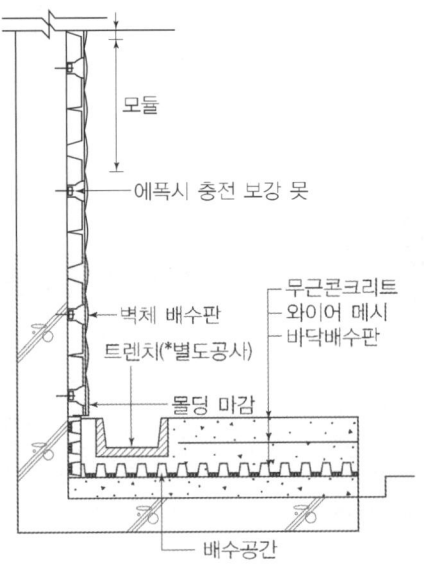

잡철공사

3) 스터드 방식

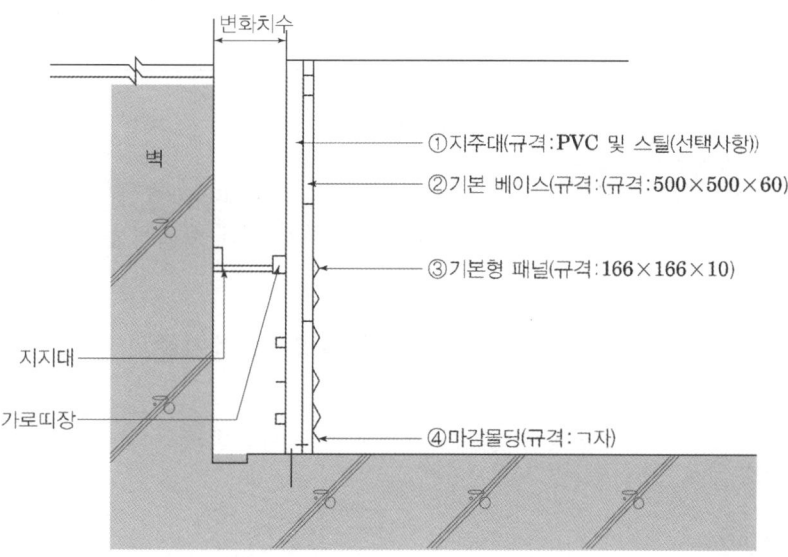

4) 벽체용 배수판 부착 시 유의사항
  ① 에폭시 충진 보강공법 (또는 방수액주입)으로 시공할 것
  ② 한쪽 바닥 끝부분부터 붙여서 설치
  ③ 각변은 ㄱ자 몰딩으로 마감할 것

Ⅲ. 지하 바닥용 배수판

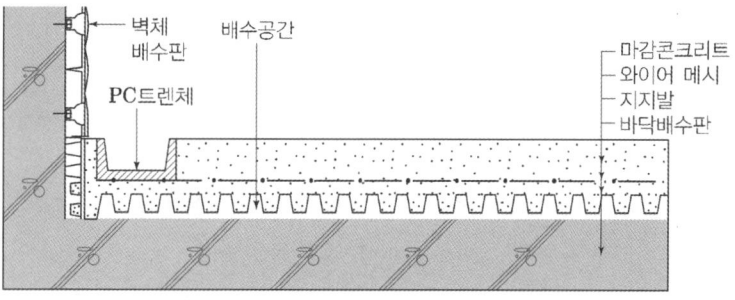

  ① 바닥 슬라브의 평활도를 확인
  ② 트렌치 설치구간에는 사전에 제출한 시공 상세도면에 맞게 사전준비
  ③ 콘크리트 바닥면을 깨끗이 청소하고 이물질이 있을 경우 제거다.
  ④ 배수판이 서로 연결되어 고정될 수 있도록 4면 중 2쪽면 날개부분의 구멍과 다른 쪽면의 핀모양의 연결꼭지를 끼워 연결하여 설치
  ⑤ 배수판 연결부위는 무근콘크리트 타설 시 들뜸에 주의
  ⑥ 한쪽 벽체 끝부분부터 붙여서 설치하며, 이때 구멍이 있는 부분을 벽쪽을 향해 설치

9-167	주차장 진출입을 위한 램프시공 시 유의사항	
No. 767		유형: 공법

부대시설

기타시설

Key Point

☑ 국가표준

☑ Lay Out
- 경사진입로의 법적기준
- 마감 선정시 고려사항
- 조면마감의 종류

☑ 핵심 단어

☑ 연관용어

I. 정 의

지하 경사진입로(ramp)에 진입 시 차량의 미끄러짐이나 등반시 밀림 등을 방지하기 위해 요철성능을 가지도록 시행하는 마감

II. 경사진입로의 법적기준

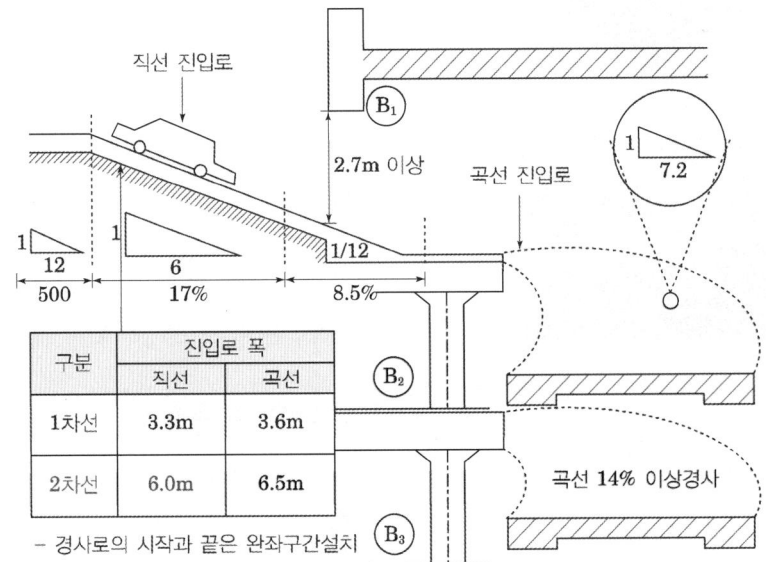

구분	진입로 폭	
	직선	곡선
1차선	3.3m	3.6m
2차선	6.0m	6.5m

- 경사로의 시작과 끝은 완좌구간설치

III. 마감 선정시 고려사항

1) 경사진입로 고려

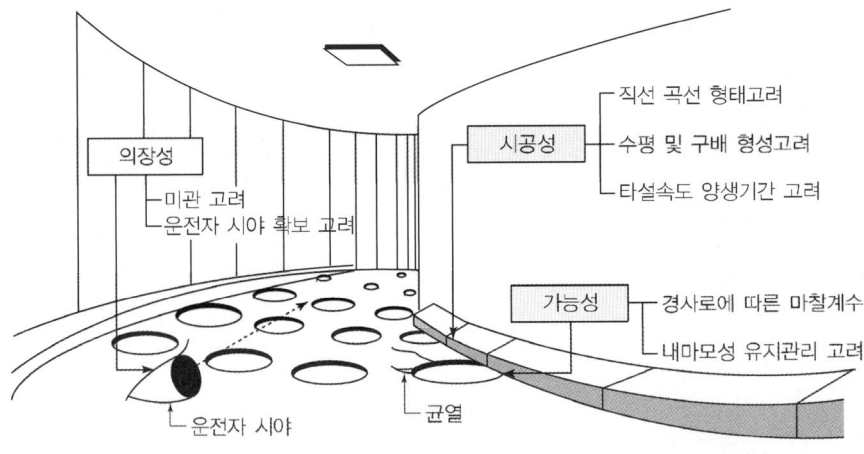

부대시설

2) 노면 마찰력 고려

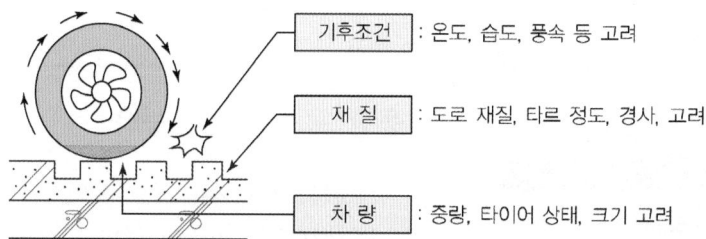

구 분	제동초기속도	제동거리	마찰계수
Sample(1)	53.9km/n	18.1m	0.63
Sample(2)	72.8km/n	32.1m	0.65

Ⅳ. 조면마감의 종류

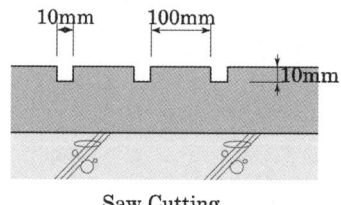

Saw Cutting

무늬 고무매트 Stamping

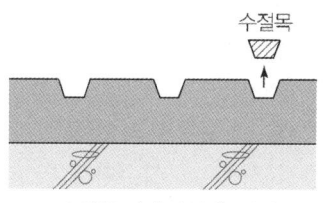

수절목 설치/양생 후 제거

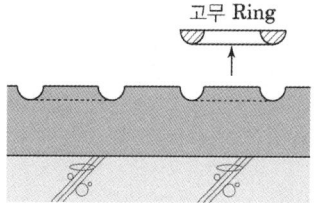

고무 링 설치 후 제거

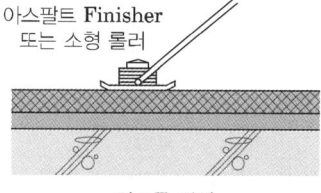

아스콘 마감

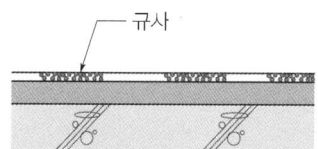

레진 모르타르+규사 마감

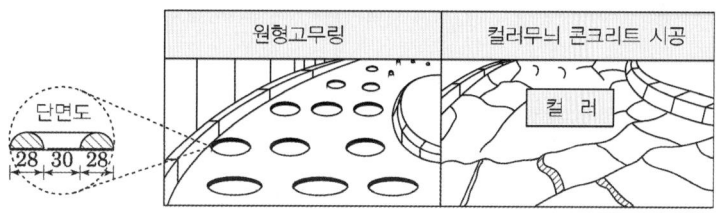

9-168	법면녹화	
No. 768		유형: 공법 · 시설

부대시설

I. 등반 보조형 법면녹화

건축물 외관, 콘크리트 옹벽, 기타 수직구조물의 벽면을 식물로 피복하는 방법으로 기존의 벽면에 식물의 등반을 유도 및 지지해주는 와이어 등을 설치하여 벽면을 녹화하는 방법

1) 녹화 유형

와이어형	메시형
• 다양한 와이어 형태에 따라 녹화 • 기존의 벽체마감을 그대로 유지하며, 녹화를 유도 • 다양한 식물 도입으로 계절별로 다채로운 경관 창출 • 와이어 형태에 따라 식물생육 유도 • 벽면의 종류에 관계 없이 와이어로 녹화 가능	• 망타입으로 식물이 풍성하게 유도 • 기존 벽체(노후된 옹벽 등) 차폐 기능 • 벽체 고정자재를 최소화 • 복층시공 시 좀 더 풍성한 벽면녹화 구현 • 변면구조체 없는 경우 펜스타입으로 설치가능

2) 시공 중 관리
- 벽면 하부 식재지 토심 확인
- 벽체 종류에 따른 고정 부속 및 고정방법 적합성 여부 확인

3) 시공 후 관리
- 식재 후 관수여부 확인(초기 활착 중요)
- 타공정 시공 시 훼손되지 않도록 유의

II. 전면 피복형 법면녹화

건축물 외관, 내부 인테리어, 기타 수직구조물의 벽면을 식물로 전면피복

1) 녹화 유형

포트형	채널형
• 포트에 식물에 시재하여 벽체에 고정하여 식생 • 식물 선재배가 가능, 시공직후 풍성한 볼륨감과 높은 활착률 • 포트가 분리 가능하여, 교체 및 디자인 변화 유리 • 상부에 관수라인을 설치하고, 그 물은 하부의 포트로 전달되어 효율적인 관수 가능 • 초화류 및 소관목 식재가 가능	• 수직벽면 외 경사형 현장에 적용가능 • 설치 경사에 관계없이 식재구가 항상 수평으로 유지 • 깊은 토심과 많은 토양 확보 • 설치 규격이 다양(W1,000~W3,000)하여 유동적으로 설계 가능 • 플라스틱소재로 반영구적 내구성

부대시설

2) 시공 중 관리
- 벽면 하부 식재지 토심 확인
- 벽체 종류에 따른 고정 부속 및 고정방법 적합성 여부 확인

3) 시공 후 관리
- 식재 후 관수여부 확인(초기 활착 중요)
- 식재 이후 인입관수 통수확인 및 타이머 설정 확인

9-169	방음벽	
No. 769		유형: 공법·시설

부대시설

기타시설

Key Point

■ 국가표준
- 방음벽의 성능 및 설치
  기준 – 환경부

■ Lay Out
- 방음벽 형식 및 구조
- 방음벽의 음향성능 및
  재질기준
- 방음벽의 설계 및 설치
  기준

■ 핵심 단어

■ 연관용어

I. 정 의

소음저감을 목적으로 설치되는 장벽형태의 구조물을 말하며, 방음특성
에 따라 흡음형방음벽·반사형방음벽으로 구분된다

II. 방음벽 형식 및 구조

1) 방음벽 기초

기초부 일반도	주기초 상세

2) 방음벽체
  ① 흡음형: 알루미늄+흡음재
  ② 투명형: 아크릴, 접합유리, 강화유리
  ③ 목재형: 목재+흡음재

II. 방음벽의 음향성능 및 재질기준

① 투과손실
  • 방음벽의 방음판 투과손실은 수음자 위치에서 방음벽에 기대하는
    회절감쇠치에 10dB을 더한 값 이상으로 하거나, 500Hz의 음에 대
    하여 25dB 이상, 1000Hz의 음에 대하여 30dB 이상을 표준으로 한다.
② 흡음율
  • 흡음형 방음판의 흡음율은 시공직전 완제품 상태에서 250, 500,
    1000 및 2000Hz의 음에 대한 흡음율의 평균이 70% 이상인 것
    을 표준으로 한다.
③ 가시광선 투과율
  • 투명방음벽의 방음판은 충분한 내구성이 있어야 하며, 가시광선
    투과율은 85% 이상을 표준으로 한다.
④ 재질기준
  • 방음벽에 사용되는 재료는 발암물질 등 인체에 유해한 물질을 함
    유하지 아니한 것
  • 내구성이 있어야 하고, 햇빛반사가 적어야 하며, 부식되거나 동
    결융해 등으로 인하여 변형되지 않는 재료로 하여야 한다.

부대시설

Ⅲ. 방음벽의 설계 및 설치기준

1) 방음벽 설계시 기본적인 고려사항

① 소음발생원의 특성 및 보호대상지역의 용도를 조사하고 보호대상지역 주민의 의견을 수렴하여 적정한 방음벽을 선정

② 방음벽은 전체적으로 주변경관과 잘 조화를 이루고 미적으로 우수하여야 한다.

③ 방음판은 파손부위를 쉽게 교체할 수 있는 구조로 해야 한다.

④ 방음벽은 사고 시 대피·청소·유지관리 등을 위하여 적정 간격으로 통로를 설치

2) 수음점 결정

① 수음점은 보호대상지역 부지경계선중 소음도가 가장 높은 지점으로 한다.

② 소음으로부터 보호받아야 할 시설이 2층 이상인 경우 등 부지경계선보다 소음도가 더 큰 장소가 있는 경우에는 그 곳에서 소음원 방향으로 창문·출입문 또는 건물벽 밖의 0.5m 내지 1m 떨어진 지점으로 한다.

3) 방음벽의 선정기준

① 도로·철도 등 소음원의 양쪽 모두에 보호대상지역이 있거나 한쪽에만 방음벽을 설치할 경우 반대측 수음자에게 반사음의 영향이 우려되는 경우에는 흡음형방음벽 또는 반사음 저감효과가 흡음형방음벽과 동등이상인 방음벽으로 한다.

② 조망, 일조, 채광 등이 요구될 경우에는 투명방음벽 또는 투명방음판과 다른 방음판을 조합한 방음벽으로 한다.

4) 방음벽 설치 시 준수사항

① 방음벽 설치 중 방음판의 파손, 도장부 손상 등이 없어야 한다.

② 방음벽 설치 후 기초부와 방음판, 지주와 방음판 및 방음판과 방음판 사이에 틈새가 없도록 한다.

③ 기초부와 최하단 방음판 사이에는 모르타르 마감을 하고, 방음판과 방음판 사이에 틈새가 생길 우려가 있는 경우에는 발포고무판 등의 자재로 밀폐하여야 한다.

④ 방음벽 설치에 사용되는 부품은 풀림방지용 너트 등을 사용하여 단단히 조립되도록 한다.

특수공사		
9-170	Clean room(청정실)	
No. 770		유형: 공법·시설

기타시설

Key Point

■ 국가표준
- KCS 41 70 07

■ Lay Out
- 청정실의 등급
- 요구사항
- 기류방식

■ 핵심 단어

■ 연관용어

용어

- 공기청정도: 입자 크기 0.1에 서 5μm의 입자가 1m^3 중에 몇 개 포함되어 있는가에 따라 나타낸 등급
- 상한농도: 대상 입자의 최대 허용 농도를 나타냄
- 스트링거(stringr): 가로 거더 위에 놓인 세로 보
- 웨더스트립(weather strip): 틈새 바람이나 빗물의 침입을 방지하기 위한 가늘고 긴 자재
- 유공판(perforated board): 흡음 효과나 디자인 상의 목적에서 다수의 작은 구멍을 뚫은 판
- 탑코팅(top coating): 마무리를 목적으로 한 최종 칠
- 패스박스(pass box): 클린룸의 벽면에 설치되는 소형 물품의 이송용 장치

I. 정 의

① 공기 부유입자의 농도를 명시된 청정도 수준 한계 이내로 제어하여 오염 제어가 행해지는 공간으로 필요에 따라 온도, 습도, 실내압, 조도, 소음 및 진동 등의 환경조성에 대해서도 제어 및 관리가 행해지는 공간

② 클린룸 또는 청정 구역에 적용할 수 있는 공기 중 입자의 청정도 등급은 특정 입자 크기에서의 최대 허용 농도(입자수 / m^3)로 나타내며, 등급 1, 등급 2, 등급 3, 등급 4, 등급 5, 등급 6, 등급 7, 등급 8, 등급 9로 표기

II. 청정실의 등급(청정도)

클린룸 또는 청정 구역에 적용할 수 있는 공기 중 입자의 청정도 등급은 특정 입자 크기에서의 최대 허용 농도(입자수/m^3)로 나타내며, 등급 1, 등급 2, 등급 3, 등급 4, 등급 5, 등급 6, 등급 7, 등급 8, 등급 9로 표기한다.

[클린룸 및 청정 구역의 부유 입자 청정도 등급(개/m^3)]

등급분류	0.1μm	0.2μm	0.3μm	0.5μm	1μm	5μm
등급 1	10	2	–	–	–	–
등급 2	100	24	10	4	–	–
등급 3	1,000	237	102	35	8	–
등급 4	10,000	2,370	1,020	352	83	–
등급 5	100,000	23,700	10,200	3,520	832	29
등급 6	1,000,000	237,000	102,000	35,520	8,320	293
등급 7	–	–	–	352,000	83,200	2,930
등급 8	–	–	–	3,520,000	832,000	29,300
등급 9	–	–	–	35,200,000	8,320,000	293,000

주 1) 입자 농도 측정을 하기 위한 측정 대상 입자의 크기는 구매자와 공급자 사이의 계약에 의하여 결정된다.

　 2) 여러 크기의 입자에 대하여 측정할 경우 인접한 바로 다음 크기의 큰 입자는 인접한 작은 크기의 입자 보다 1.5배 큰 입자 크기에서 측정하여야 한다.

　 3) 부유 입자의 등급 분류는 등급 분류 숫자 N에 의해 표시된다. 측정 대상의 입자 크기 D에 대한 입자의 최대 허용농도 C_n는 다음 식으로 구한다.

$$C_n = 10^N \times (0.1/D)^{2.08}$$

여기서, C_n : 입자크기 이상의 상한농도(개/m^3), N : 등급분류 숫자,

　　　　 D : 입자 크기(μm)

특수공사

Ⅲ. 기본적 요구사항

1. 청정실의 제작, 시공, 유지관리

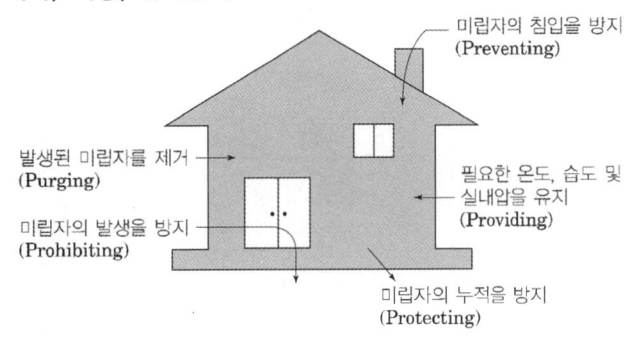

구 분	내 용
진입방지	시공자, 작업자는 분진을 실내에 유입시키지 말 것
발진방지	인체, 생산기계, 각종 설비, 비품, 건재 등의 발진을 방지할 것
제거, 배제	내부에서 발생된 분진을 신속하게 배출할 것
응집, 퇴적방지	분진을 퇴적시키지 않는 구조
신청정 유지	청정실 내부에 입실하는 사람, 부품, 기자재는 공기세척(Air Shower), 물세척(Water Shower) 등으로 반드시 청정조건을 유지할 것

2. 일반 요구사항

① 모든 내면은 매끄러우며 흠, 턱, 구멍 등이 없어야 한다. 모서리는 다듬질을 해주고, 모든 연결배관들과 전선 등은 오염 경로나 오염 원이 되지 않도록 설치

② 모든 접합부는 평활하게 연결되어야 하며 작업을 수행하는 데 꼭 필요한 것들만 청정실에서 연결하고 그 외의 휴지상자, 스위치판, 분리기, 밸브 등과 같은 다른 접합부는 가능한 청정실 외부에 설치

③ 작업자의 움직임을 최소화하기 위한 통신장비들을 준비해 두어야 한다.

④ 요구청정도, 기류 및 기타 환경조건들을 만족시키기 위한 공기조화 기 및 기타 필요설비를 준비

3. 청정실 구성재료의 요구사항

방 법	요 구 부 위 천장	벽	바닥	요 구 내 용
발진성	○	○	○	재료 자체로부터 발진이 적을 것
내마모성		○	○	마모량이 적을 것
내 수 성	○	○	○	물에 의한 변형, 부식이 어렵고, 물청소가 가능할 것
내약품성	○	○	○	청정실 내의 약품에 대한 사전 합의가 있거나 내성이 있을 것
도 전 성	○	○	○	전기 저항치가 작고 대전이 어렵고, 대전 시 신속히 감소할 것
내흡습성	○	○	○	열화방지, 녹 등의 발생에 대비하여 습기 흡수가 어려울 것
평 활 성	○	○	○	표면이 매끄러워 먼지 등의 부착이 어렵고 청소가 용이할 것

특수공사

4. 청정실 구조의 요구사항

방법	요구 부위			요구 내용
	천장	벽	바닥	
내하중성			○	중량으로 파손되지 말 것, 대형 차량의 주행으로 들뜨거나 떨어짐이 없을 것
내 진 성	○	○	○	지진 등 진동에 안전구조일 것, 잔금 등이 생기지 않을 것
기 밀 성	○	○	○	내부의 양압에 대해 기밀성 유지, 외부먼지에 효과적 구조일 것
내 압 성	○	○	○	일상적인 양압에 비변형 구조일 것
내충격성			○	낙하 등의 충격으로 분할, 분해, 우그러짐이 없을 것
단 열 성	○	○	○	온도 조건 유지 및 결로의 문제가 없는 단열성 구조일 것
차 음 성	○	○	○	내외에서 발생한 소리가 투과하기 어려운 구조일 것
방 화 성	○	○	○	건축기준법규, 소방법규 등에 맞는 구조일 것
거 주 성	○	○	○	바닥이 미끄럽지 않고 색조, 천장높이 등으로 압박감이 없을 것
흡 음 성	○	○	○	발생한 소리가 반향되기 어려운 구조일 것

Ⅳ. 부위별 요구사항

1) 바닥
① 바닥의 재질은 오염물을 생성시키거나 보유하지 않는 재료를 사용한다.

② 바닥은 일상 작업의 마모현상에 충분히 견딜 수 있으며, 하중 등의 특별한 물리적 조건들에 충족되도록 시공되어야 한다.

③ 접합부에는 오염물이 끼는 것을 방지할 수 있게 용접하고 다듬질해서 높이를 균일하게 하거나 이와 유사한 구조로 한다.

2) 벽체와 천장
① 벽체와 천장은 입자의 부착을 방지하는 특성을 가져야 하며, 청소가 용이한 구조로 한다.

② 청정실은 외부에서 오염원이 유입될 수 없는 구조로 설계, 시공한다.

3) 입구(장비, 물품 반입구)
① 평상 시 작업자나 물건의 출입을 위해 공기세척이나 물세척 시설을 갖춘 전실을 갖추어야 한다.

② 문은 자동으로 닫혀야 하며 기기나 장비 등의 특정한 물건이나 사람이 출입할 수 있는 구조이어야 한다.

③ 규정에 없는 물건, 장비 등의 반입으로 인한 주변오염의 위험성을 줄이기 위해 필요한 표시를 입구 앞에 설치한다.

④ 출입구 창은 오염물질의 유입을 방지하기 위해 열리지 않는 구조로 하며 밀봉한다.

⑤ 출입구 창의 면적은 열 손실, 분진의 응축 및 소음 등을 줄이기 위해 가능한 최소화한다.

⑥ 열전달을 최소화하고 방음조치를 할 수 있게 이중구조로 한다.

특수공사

4) 입구(사람)
① 오염원을 제거하기 위하여 전실을 설치하며 필요한 경우 전실 내에 에어샤워(Air Shower) 등을 설치
③ 작은 물품들을 반입, 반출할 경우에는 패스박스(Pass Box) 등을 설치

V. 기류방식

1) 수직 층류형 크린룸 [Vertical Laminar Airflow Clean Room]

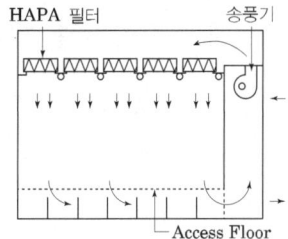

① 천장 전면에 고성능 필터를 붙이고 바닥에는 격자면을 설치하여 전면 흡입함으로써 청정공기를 수직으로 흐르게 하는 방식
② 실내 공간에서 발생한 부유 미립자는 그 위치에서 곧 하류로 흘러 내려가 주위에는 영향을 주지 않기 때문에 초청정공간 Class 1에서 Class 100의 실현이 가능
③ 취출 풍속은 0.23 ~ 0.5m/sec 정도(Class: 1~100)

2) 수평 층류형 크린룸[Horizontal Laminar Airflow Clean Room]

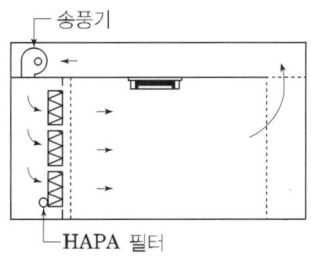

① 한쪽의 내벽 전면에 고성능 필터를 설치하여 반대쪽의 벽체 전면에서 빨아들여 청정공기를 수평으로 흐르게 하는 방식
② 상류측의 작업영향으로 하류측에서는 청정도가 저하되며 취출 풍속은 0.45m/sec 이상(Class: 100~1,000)

3) 비 층류형 크린룸[Turbulent Airflow Clean Room]

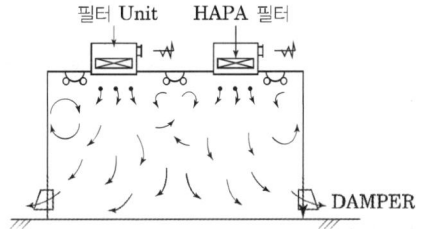

일반 공기조화설비의 취출구에 고성능 필터를 취부한 방식으로 청정을 취출 공기에 의해 실내 오염원을 희석하여 청정도를 상승시키는 희석법 (Class: 1,000~100,000)

특수공사

9-171	공동주택 세대욕실의 층상배관	
No. 771		유형: 공법·시설

기타시설

Key Point

■ 국가표준

■ Lay Out
- 층상배관 개념
- 비교
- 시공 시 유의사항

■ 핵심 단어

■ 연관용어

특징

- 건축/ 설비공종간 간섭이 비교적 많고 공사비 증가
- 층간 유수 소음 전달 저감
- 하자 발생 시 해당 세대에서 조치
- 하자 처리 시 할석작업에 의한 소음과다

I. 정 의

세대욕실의 오배수를 해당층에서 처리하고자, 슬래브 골조상부에 오배수 배관을 매입시공하여 상하 세대간 욕실소음을 저감한 공법

II. 층상배관 개념

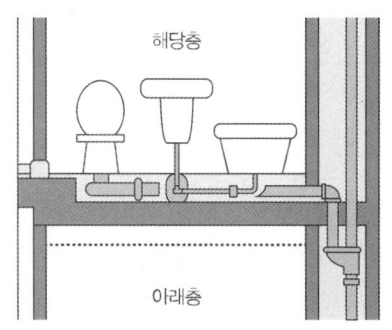

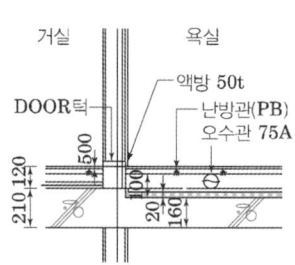

III. 층상 이중배관을 위한 Slab Down 비교

구분	전체 Slab Down	부분 Slab Down
상세도		
장점	• 샤워부스, 세면대, 양변기의 다양한 배치 가능 • 하부 단차 1회 가능	• 부분다운으로 다운되지 않은 구간 기계, 전기 설비공간 제공
단점	• 욕실주변 간접조명과 간섭 • 층고가 100mm 이상 높아짐	• 샤워부스, 세면대, 양변기 배치의 단조로움 • 골조바닥 레벨 1차 50mm, 2차 160mm 단차처리

IV. 시공 시 유의사항

① 설비배관 및 슬리브 설치 시 구배검측 실시
② 콘크리트 타설 시 낮은 구간 타설 후 30~40분 이후 상단 슬래브 타설
③ 층상배관 시 세대 욕실별 실측하여 배관 설치
④ 기포콘크리트 채움전에 층상배관 파손여부 점검

☆☆★   3. 부대시설 및 특수공사

9-172	외벽 PC Panel공사	
No. 772		유형: 공법

외벽 Panel
Key Point

■ 국가표준
– KCS 41 54 01
– KCS 41 54 03

■ Lay Out
– 패널의 표준치수
– Fastener

■ 핵심 단어

■ 연관용어
– TPC
– GPC
– No. 626 타일 시트법

제작 시 유의사항

• GPC는 제작 후에도 변형이 발생하므로, 보관 및 운반에 철저한 관리가 필요하다.
• 부재 주변을 가능한 구속하지 않는다.
• PC판은 설치되는 위치와 동일한 방향으로 보관하는 것이 원칙이나 GPC는 배면의 건조수축으로 인한 휨을 방지하기 위하여 마감면이 위로 향하도록 눕혀서 보관

I. 정 의

① 건물외벽에 부착하는 외벽용 PC패널을 공장에서 미리 노출콘크리트, 타일 및 석재부착 등의 마감재를 붙여 제작한 후 현장에 운반하여 건물외벽에 설치하는 패널
② 패널의 운송효율, 시공성, 품질을 고려하여 유효폭 및 두께를 결정한다.

II. 패널의 표준치수

1) 표준치수

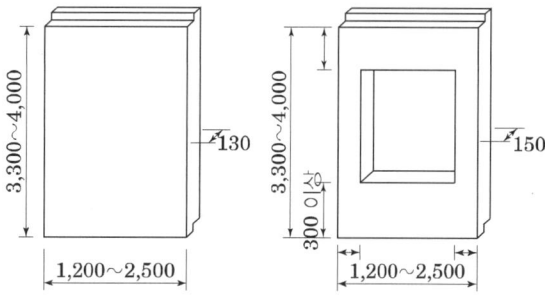

• 운송효율을 고려하여 최대 2,500mm 이내
• Fastener 설치를 고려하여 최소 1,200mm 이상

2) 하부 구조의 처짐 제한

유효폭 결정요소	두께 결정요소

• 적절한 배근 가능여부
• 균열을 제어할 수 있는 폭
• 면내 방향 응력에 대응
• Fastener 설치위치 고려
• 탈형을 고려한 폭 유지
  → 최소 폭: 300mm
	• D10 철근의 복배근 가능여부
	• Insert가 무리없이 삽입 가능여부
	• 탈형, 시공, 강풍 시 안전한 강도 유지
	• 균열발생 방지
	• 2중 Sealing의 가능여부
	  → 최소두께
	  – Opening이 없는 경우: 130mm
	  – Opening이 있는 경우: 150mm

III. Fastener

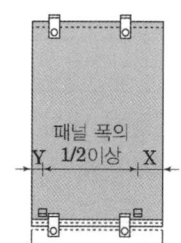

• X Y는 150mm 이상, 1m 이하로 한다.
• 하부 Fastener는 단부로부터 150mm 이상
• 상부 Fastener 사이 간격은 패널 폭의 1/2 이상
• 패널 폭이 1,200mm 이상의 경우 상하부 각각 2개의 Fastener 설치

9-173	GPC(Granite Veneer Precast Concrete)	
No. 773	석재 선붙임 PC공법	유형: 공법 · 시설

특수공사

외벽 Panel
Key Point

☑ 국가표준
– KCS 41 54 01
– KCS 41 54 03

☑ Lay Out
– GPC 제작

☑ 핵심 단어

☑ 연관용어
– TPC

I. 정 의

화강석판을 하부에 깔고 연결철물을 이용하여 콘크리트를 타설한 후 양중하여 시공하는 공법으로 PC 커튼월의 일종

II. GPC 제작

1) 석재의 선정 및 제작

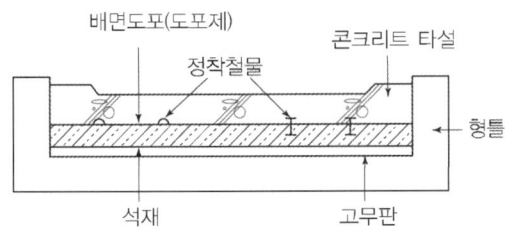

GPC 제작

- 사용실적이 있고, 변색 · 백화 등의 하자가 없었던 석재를 사용
- 투수성을 확인: 투수량 $800 \mathrm{m}\ell/\mathrm{m}^2 \cdot \mathrm{day}$ 이상의 석재는 배면처리에 대한 관리 철저
- 석재의 두께: 25mm 이상

2) Shear Connector의 배치

① 종류

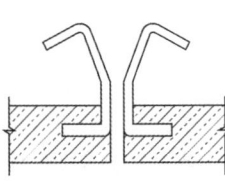

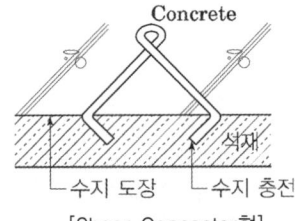

[꺽쇠형]　　　[Shear Connector형]

② Shear Connector의 배치

1열 배치 : $P_a \leq 350mm$	다수열 배치 : $(P_a + P_b)/2 \leq 400mm$
(그림)	(그림)

- 가로 · 세로 균등히 배치
- 횡방향(긴 방향)배치
- 다수열 배치(단변길이 $\leq 350mm \rightarrow 1$열 배치)

GPC 배면처리

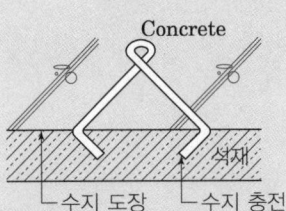

Concrete

수지 도장　수지 충전

- 도포량은 500g/㎡ 이상
- 도포 후 옥내에서 2일 이상 건조
- 규사 살포는 하지 않음
- 본갈기(본연마)의 면은 콘크리트의 수축에 의하여 면의 투명 상태가 일그러지는 경우가 있으므로 사전에 확인

☆☆☆   3. 부대시설 및 특수공사

9-174	TPC공법	
No. 774		유형: 공법

외벽 Panel
Key Point

☑ 국가표준
- KCS 14 20 00
- KCS 41 54 01
- KCS 41 54 03
- KCS 41 48 02

☑ Lay Out
- 공법개념
- 타일고정방법
- 시공 시 유의사항

☑ 핵심 단어

☑ 연관용어
- GPC
- No. 626 타일 시트법

특징
- 공장생산 및 건식시공으로 품질 우수
- 규격화 표준화 제품
- 현장작업 최소화

제작
- 공장생산 및 건식시공으로 품질 우수
- 규격화 표준화 제품
- 현장작업 최소화

I. 정 의

공장에서 콘크리트 타설 시 거푸집의 내측면에 타일을 배치하고 고정한 다음 콘크리트를 타설하여 콘크리트와 일체화 시키는 공법

II. 제작 방법

1) Sheet 공법

Sheet공법은 45mm×45mm~90mm×90mm 정도의 모자이크 타일을 종이 또는 수지필름을 사용하여 만든 유닛을 바닥 거푸집 면에 양면테이프, 풀 등으로 고정시키고 콘크리트를 타설

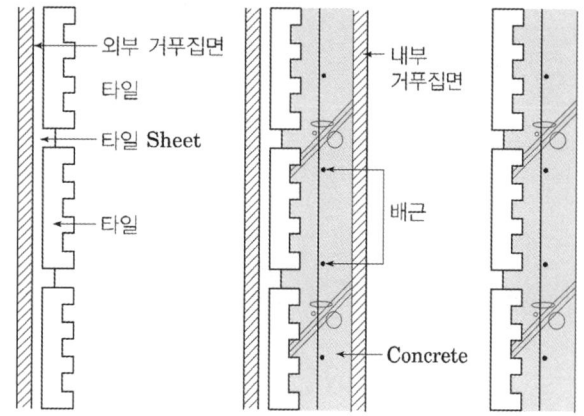

2) 타일 단체법

단체법(單體法)은 108mm×60mm 이상의 타일에 사용되는 것으로, 거푸집 면에 발포수지, 고무, 나무 등으로 만든 버팀목 또는 줄눈 칸막이를 설치하고, 타일을 한 장씩 붙이고 콘크리트 타설

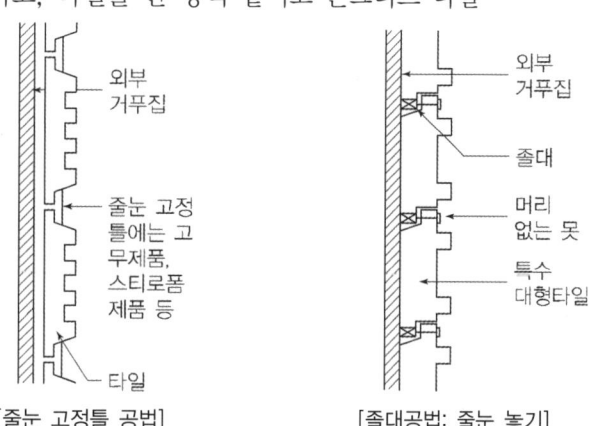

[줄눈 고정틀 공법]   [졸대공법: 줄눈 놓기]

Ⅲ. 부재의 제작

① 타일 및 타일 유닛의 검사는 타일 유닛 제작공장에서의 입하 시에 필요한 발췌검사를 실시
② 타일 유닛은 원칙적으로 제작로트에서 필요한 치수검사 · 외관검사를 실시
③ 거푸집 재료는 강재를 사용하는 것을 원칙
④ 거푸집은 콘크리트 타설 시에 측압 · 충격 · 진동 등에 충분히 견딜 수 있으며, 시멘트 페이스트가 빠져나가지 않도록 치밀한 구조
⑤ 조립 · 탈형이 용이하고, 반복 사용에서도 소정의 형상 · 치수가 확보
⑥ 거푸집은 먼저 붙임 금속철물 등이 정확하게 긴결될 수 있도록 가공
⑦ 거푸집의 베드면(타일을 폈을 때의 면)에 박리제는 도포 금지
⑧ 먼저 붙임을 실시하지 않는 거푸집 면에 있어서 타일 펴놓기 이전에 박리제를 도포
⑨ 박리제가 타일 속면에 부착되지 않도록 한다.

특수공사	☆☆★	3. 부대시설 및 특수공사	
	9-175	ALC패널(경량기포 콘크리트 패널)	
	No. 775	Autoclaved Lightweight aerated Concrete panel	유형: 공법 · 재료

ALC패널

Key Point

■ 국가표준
- KCS 41 54 05
- KS F 4914
- KS F 4735
- KS F 4736

■ Lay Out
- 압출성형 경량콘크리트 패널
- 압출성형 콘크리트패널

■ 핵심 단어
- 고온고압증기 양생한 경량기포 콘크리트 패널

■ 연관용어

- 압출성형 경량콘크리트 패널 (Extrusion Lightweight Concrete) panel KS F 4736
- 시멘트, 모래 및 경량 골재를 주원료로 하여 압출 성형 방식으로제조된 조립식 패널로써 건축물의 내·외 벽체 및 방음벽 등에 사용되는 패널
- 압출성형 콘크리트패널 (Extrusion Concrete Panel) KS F 4735
- 시멘트, 규산질 원료, 골재, 무기질 섬유 등을 사용하여, 진공 압출 성형한 제품 중 주로 건축물의 내·외 벽재, 도로 방음벽 등에 사용하는 패널

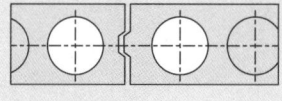

Ⅰ. 정 의

① 석회질 원료 및 규산질 원료를 주원료로 하고, 고온 고압 증기 양생을 한 경량 기포 콘크리트(ALC)에 철근으로 보강한 패널

② 건축물 또는 공작물 등의 지붕, 바닥, 외벽 및 칸막이벽 또는 내력 부재로 사용하는 공사

Ⅱ. 압출성형 경량콘크리트패널 - KS F 4736

1) 규격

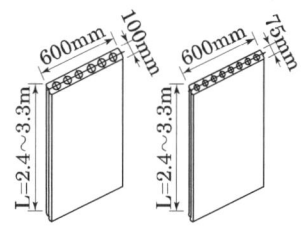

두께	폭	길이(주문제작 가능
60mm		2.4~3.0m
75mm	600mm	2.4~3.3m
100mm		2.4~3.3m

2) 물성

제목구분	기준(KS F4736)	T100	T75	비고
무게(kg/m^2)	–	100	90	–
열전도율($Kcal/mh℃$)	–	0.262	0.262	–
흡수율(%)	25 이하	16 이하	16 이하	패널 기준
압축강도(N/m^2)	10(100kgf/cm^2) 이상	10.2 이상	10.2 이상	공시체
휨 강도(N/mm^2)	1.5(15kgf/cm^2) 이상	3.4 이상	3.4 이상	공시체

Ⅲ. 압출성형 콘크리트패널 - KS F 4735

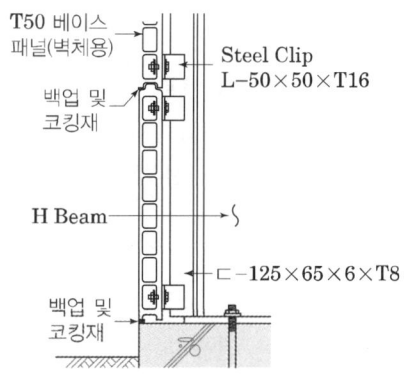

두께	폭	길이
35mm	450mm	
50mm	500mm	0.6m
60mm	600mm	

구분	기준(KS F 4735)
흡수율(%)	18 이하
휨강도(MPa)	14 이상

Ⅳ. 시공 시 유의사항 – KCS 41 54 05

1) 현장가공

① 외벽에 사용되는 패널의 현장 절단 금지

② 설비배관을 위한 패널의 구멍뚫기는 보강철근을 절단하지 않는 범위에서 패널 1매당 1개소로 하고, 직경은 외벽에서 폭의 1/6 이하

③ 패널의 절단, 홈파기, 구멍뚫기 등으로 노출된 철근은 방청재를 사용하여 방청처리

2) 신축줄눈의 내화처리

① 패널 상호간 또는 패널과 타부재와의 접합부에 10mm~20mm 폭으로 설치되는 신축줄눈에 내화성능이 요구될 경우에는 암면 등의 내화 충전재를 시공 후 실링재로 마감처리

② 10mm의 신축줄눈에는 두께 12.5mm의 내화줄눈재를, 20mm의 신축줄눈에는 두께 25mm의 내화줄눈재를 각각 20% 정도 압축시켜 사용

③ 내화줄눈재의 두께는 최소 50mm 이상

3) 충전재 모르타르의 양생

① 충전 모르타르를 충전한 후 24시간(동절기 48시간) 동안은 양생에 유해한 진동 및 충격 금지

② 전용 모르타르의 충전 및 경화 도중에 모르타르의 온도가 2℃ 이하로 저하될 경우 보온 양생 조치

4) 설치바탕

① 패널을 지지하는 바닥, 보 등의 면이 고르지 못할 경우에는 패널의 설치에 앞서 고름 모르타르를 사용하여 바탕면 조정

② 창 및 출입구 등의 개구부 주변에는 개구부 보강재를 설치

5) 설치

① 패널 부착용 보통 앵글은 L-65×65×6(mm) 이상, 옥탑층에 설치할 앵글은 L-50 ×50×6(mm) 이상

② 모르타르 충전 후 오염된 부분은 도장마감 등에 지장이 없도록 면처리

③ 패널을 구조체로부터 길이방향으로 내밀어 설치할 경우, 그 길이가 패널 두께의 6배를 넘을 때는 보강철물을 사용하여 부착

④ 구조체와 패널의 신축성 차이를 고려하여 약 30 m마다 신축줄눈을 설치

6) 마감

① 외벽 패널은 중량이 적고 발수성이 높은 외장재로 마감

② 외벽 패널을 관통하는 설비배관과 구조체와의 접합부는 결로현상을 방지하기 위하여 절연공법으로 마감하고 외부에는 백업재를 채우고 실링처리

③ 경사진 외벽은 지붕에 준하여 방수마감하며, 경사부분의 방수층은 수직 부분까지 뽑아내어 덮고 끝은 플레이트로 고정

100T용:Anchor
(HT10-152)@1,000
실링(5×5)
도장마감 부위만 적용
모르터 충전
5
THK100 경량 콘크리트 패널
[직각부위 시공]

300 300
모르터 충전
15 15
18×50 합판
플라스틱 앵커 또는 칼블럭
[보강 시공]

설치 공법

• 수직철근 공법
• 슬라이드 공법
• Cover Plate 공법
• Bolt 조임공법

9-176	방염처리	
No. 776		유형: 기준 · 재료

특수재료

특수재료
Key Point

☑ 국가표준
– 방염성능기준

☑ Lay Out
– 대상

☑ 핵심 단어

☑ 연관용어
– No. 811~812

방염처리 대상 건축물

• [화재예방, 소방시설 설치 · 유지 및 안전관리에 관한 법률 시행령 제 19조]
– 근린생활시설 중 체력단련장, 숙박시설, 방송통신시설 중 방송국 및 촬영소
– 건축물의 옥내에 있는 시설 중 문화집회시설, 종교시설, 운동시설(수영장은 제외)
– 의료시설 중 종합병원과 정신의료기관, 노유자시설 및 숙박이 가능한 수련시설
– [다중이용업소의 안전관리에 관한 특별법] 제2조 제1항 제1호에 따른 다중이용업의 영업장
– 위 1)부터 4)까지의 시설에 해당하지 않는 것으로 층수가 11층 이상인 것(단, 아파트는 제외)
– 교육연구시설 중 합숙소

I. 정 의

① 목질 재료나 플라스틱 등에 대하여 착화하기 어렵고 연속 속도를 늦추는 처리
② 박판, 시트, 필름, 천 등에 불꽃의 발생을 억제하는 처리를 한 재료

II. 방염성능검사의 대상

1. 카페트: 마루 또는 바닥등에 까는 두꺼운 섬유제품을 말하며 직물카페트, 터프트카페트, 자수카페트, 니트카페트, 접착카페트, 니들펀치카페트 등을 말한다.
2. 커텐: 실내장식 또는 구획을 위하여 창문 등에 치는 천을 말한다.
3. 블라인드: 햇빛을 가리기 위해 실내 창에 설치하는 천이나 목재 슬랫 등을 말한다.
   가. 포제 블라인드: 합성수지 등을 주 원료로 하는 천을 말하며 버티칼, 롤스크린 등을 포함한다.
   나. 목재 블라인드: 목재를 주 원료로 하는 슬랫을 말한다.
4. 암막: 빛을 막기 위하여 창문등에 치는 천을 말한다.
5. 무대막: 무대에 설치하는 천을 말하며 스크린을 포함한다.
6. 벽지류: 두께가 2mm 미만인 포지로서 벽, 천장 또는 반자 등에 부착하는 것을 말한다.
   가. 비닐벽지: 합성수지를 주원료로 한 벽지를 말한다.
   나. 벽포지: 섬유류를 주원료로 한 벽지를 말하며 부직포로 제조된 벽지를 포함한다.
   다. 인테리어필름: 합성수지에 점착 가공하여 제조된 벽지를 말한다.
   라. 천연재료벽지: 천연재료(펄프, 식물등)를 주원료로 한 벽지를 말한다.
7. 합판: 나무 등을 가공하여 제조된 판을 말하며, 중밀도섬유판(MDF), 목재판넬(HDF), 파티클보드(PB)를 포함한다. 이 경우 방염처리 및 장식을 위하여 표면에 0.4mm 이하인 시트를 부착한 것도 합판으로 본다.
8. 목재: 나무를 재료로 하여 제조된 물품을 말한다.
9. 섬유판: 합성수지판 또는 합판 등에 섬유류를 부착하거나 섬유류로 제조된 것을 말하며 섬유류로 제조된 흡음재 및 방음재를 포함한다.
10. 합성수지판: 합성수지를 주원료로 하여 제조된 실내장식물을 말하며 합성수지로 제조된 흡음재 및 방음재를 포함한다.
11. 합성수지 시트: 합성수지로 제조된 포지를 말한다.
12. 소파 · 의자: 섬유류 또는 합성수지류 등을 소재로 제작된 물품을 말한다.
13. 기타물품: 다중이용업소의 안전관리에 관한 특별법 시행령 제3조의 규정에 의한 실내장식물로서 제1호 내지 제12호에 해당하지 아니하는 물품을 말한다.

Ⅲ. 방염성능의 기준

① 카페트의 방염성능기준은 잔염시간이 20초 이내, 탄화길이 10cm 이내 이어야 한다. 이 경우 내세탁성을 측정하는 물품은 세탁전과 세탁 후에 이 기준에 적합하여야 한다.

② 얇은 포의 방염성능기준은 잔염시간 3초 이내, 잔신시간 5초 이내, 탄화면적 $30cm^2$ 이내, 탄화길이 20cm 이내, 접염횟수 3회 이상 이어야 한다. 이 경우 내세탁성을 측정하는 물품은 세탁전과 세탁 후에 이 기준에 적합하여야 한다.

③ 두꺼운 포의 방염성능기준은 잔염시간 5초 이내, 잔신시간 20초 이내, 탄화면적 $40cm^2$ 이내, 탄화길이 20cm 이내, 접염횟수 3회 이상 이어야 한다. 이 경우 내세탁성을 측정하는 물품은 세탁전과 세탁 후에 이 기준에 적합하여야 한다.

④ 합성수지판의 방염성능기준은 잔염시간 5초 이내, 잔신시간 20초 이내, 탄화면적 $40cm^2$ 이내, 탄화길이 20cm 이내 이어야 한다.

⑤ 합판, 섬유판, 목재 및 기타물품 (이하 "합판등"이라 한다.)의 방염 성능기준은 잔염시간 10초 이내, 잔신시간 30초 이내, 탄화면적 $50cm^2$ 이내, 탄화길이 20cm 이내이어야 한다.

⑥ 소파 · 의자의 방염성능기준은 다음 각 목에 적합하여야 한다.

⑦ 버너법에 의한 시험은 잔염시간 및 잔신시간이 각각 120초 이내일 것

⑧ 45도 에어믹스버너 철망법에 의한 시험은 탄화길이가 최대 7.0cm 이내, 평균 5.0cm 이내일 것

⑨ 방염성능기준의 최대연기밀도
  • 카페트, 합성수지판, 소파·의자 등: 400 이하
  • 얇은 포 및 두꺼운 포: 200 이하
  • 합판 및 목재: 신청값 이하(이 경우 신청값은 400이하로 할 것)

기타용어

☆☆☆

1	공동구공사 KCS 41 80 09
	유형: 시설

① 국토의 계획 및 이용에 관한 법률 제2조 제9호의 규정에 의한 공동구를 말하며, 전기, 가스, 수도 등의 공급설비, 통신시설, 하수도시설, 소방시설 등 지하매설물을 공동 수용함으로써 미관의 개선, 도로구조의 보전 및 교통의 원활한 소통을 위하여 지하에 설치하는 시설물

② 건축물의 상수도, 전력, 통신, 난방, 급탕 등의 배관시설을 수용하기 위한 공동구공사와 중간기계실, 교차구, 환기구 등의 부대시설공사에 적용한다.

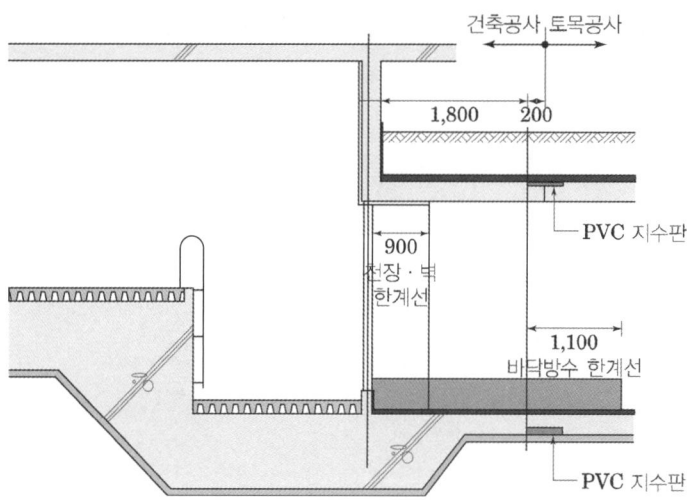

☆☆☆

2	보강토옹벽 KCS 11 80 10
	유형: 시설

• 건설공사 보강토 옹벽 설계·시공 및 유지관리 잠정지침

금속(스트립, 그리드 등) 또는 토목섬유(지오텍스타일, 지오그리드, 띠형섬유 등) 보강재의 인장저항력과 흙과의 마찰저항력을 활용한 보강토 옹벽 구조물 및 이와 유사한 옹벽

☆☆☆

3	합성수지
	유형: 재료

화학 유기 화합물의 합성으로 만들어진 수지 모양의 고분자 화합물을 통틀어 이르는 것으로 폴리염화 비닐 · 폴리에틸렌 따위의 열가소성 수지와, 페놀 수지 · 요소 수지 따위의 열경화성 수지가 있다.

9-7장

실내환경

Professional Engineer

마법지

실내환경

1. 열환경
- 열관류율/열전도율
- 열전달현상
- 진공단열재
- 압출법 보온판
- 비드법 보온판
- Heat Bridge/열교, 냉교
- 내단열과 외단열
- 결로
- 표면결로
- 공동주택의 비난방 부위 결로방지 방안
- TDR(Temperature Difference Ratio)
- 방습층(vaper barrier)

2. 음환경
- 층간소음(경량충격음과 중량충격음)
- 뜬바닥구조(Floating floor)
- 바닥충격음 차단 인정구조
- 층간소음 사후확인제도
- Bang Machine
- 흡음과 차음

3. 실내공기환경
- 실내공기질 관리
- VOCs(Volatile Organic Compounds)저감방법
- 새집증후군 해소를 위한 Bake out, 플러쉬아웃 실시 방법과 기준

9-177	열전도율 · 열관류율	
No. 777	Heat Conduction, Heat Transmission	유형: 기준 · 지표

열환경

전열이론

Key Point

■ 국가표준
- KCS 41 42 01
- KCS 41 42 03
- 건축물의 에너지절약설계
  기준 별표 1
- [시행 2023. 2. 28]

■ Lay Out
- 전열 · 지역별 건축물 부
  위의 열관류율표

■ 핵심 단어

■ 연관용어
- 단열
- 결로

열전도량

두께 1m의 균일재에 대하여 양측의 온도 차가 1℃일 때 1㎡의 표면적을 통하여 흐른 열량

열의 대류(Convection)

물체중의 물질이 열을 동반하고 이동하는 경우로 기체나 액체에서 발생한다. 즉, 고체의 표면에서 액체나 기체상의 매체에서 또는 유체에서 고체의 표면으로 열이 전달되는 형태

열의 복사(Radiation)

고온의 물체표면에서 저온의 물체표면으로 복사에 의해 열이 이동하는 것

열전달률

유체와 고체 사이에서의 열이동을 나타낸 것으로, 공기와 벽체 표면의 온도차가 1℃일 때 면적 1㎡를 통해 1시간 동안 전달되는 열량

I. 정 의

① 열전도율: 물질의 이동을 수반하지 않고 고온부에서 이와 접하고 있는 저온부로 열이 전달되어 가는 현상
② 열관류율: 고체를 통하여 유체(공기)에서 유체(공기)로 열이 전해지는 현상

II. 전열

1. 열전도(Heat Conduction)

1) 열전도 현상

- 물질의 이동을 수반하지 않고 고온부에서 이와 접하고 있는 저온부로 열이 전달되어 가는 현상
- 온도가 높은 물체와 낮은 물체가 접촉하면 시간이 지나면서 온도차이가 없어지게 되며, 열이 고온에서 저온의 물체로 이동함으로써 일어난다.

2) 열전도열량 (kcal/mh℃) – 고체의 열전달

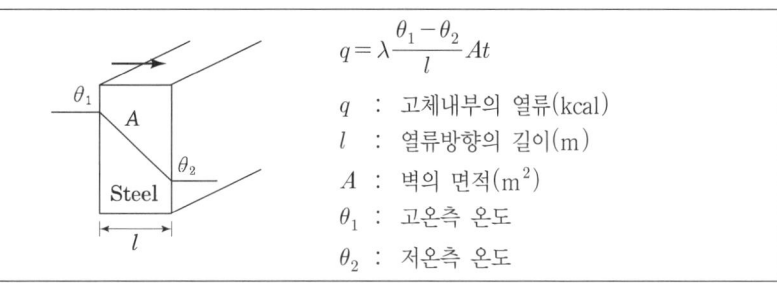

$$q = \lambda \frac{\theta_1 - \theta_2}{l} At$$

q : 고체내부의 열류(kcal)
l : 열류방향의 길이(m)
A : 벽의 면적(m^2)
θ_1 : 고온측 온도
θ_2 : 저온측 온도

2. 열전달(Heat Transfer Coefficient)

1) 열전달 현상 – 고체 ⇄ 유체 열전달

- 전도 · 대류 · 복사 등의 열 이동현상을 총칭하여 열전달이라고 한다. 고체 표면과 이에 접하는 유체(경계층)와의 사이의 열교환

2) 전달열량 – 열전달에 의한 벽체표면의 온도변화

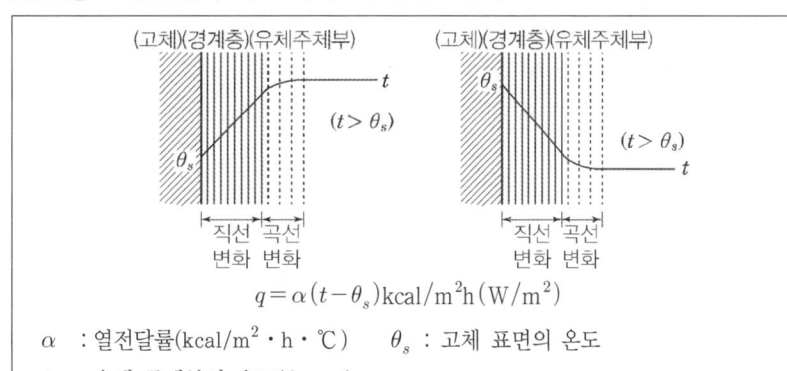

$$q = \alpha(t - \theta_s) \text{kcal/m}^2\text{h} (\text{W/m}^2)$$

α : 열전달률($\text{kcal/m}^2 \cdot \text{h} \cdot \text{℃}$) θ_s : 고체 표면의 온도
t : 유체 주체부의 온도($\theta_s < t$)

열환경

열관류율

벽의 양측 공기의 온도차가 1℃일 때 벽의 1m²당을 1시간에 관류하는 열량

3. 열관류율(Heat Transmission)

1) 열관류 현상

- 고체를 통하여 유체(공기)에서 유체(공기)로 열이 전해지는 현상
- 고온측 공기에서 저온측의 벽면으로 열이 전해지고(열전달), 고온측 벽면에서 저온측 벽면으로 향하여 흐른다(열전도). 저온측 벽면에 도달한 열은 벽면보다 온도가 낮은 공기로 전해지고(열전달), 벽을 관류하는 열류가 생긴다(열관류)

2) 열관류율 K – 유체 → 고체 → 유체의 열전달

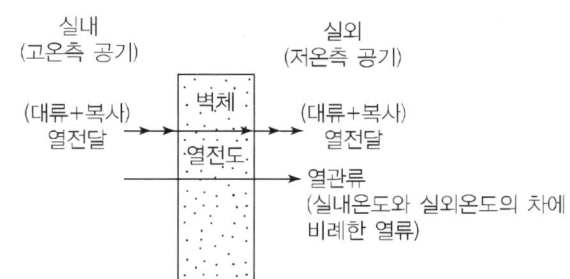

$$열관류율(K) = \frac{1}{R_T} = \frac{1}{R_0 + \sum R + R_a + R_i} \left[\text{W/m}^2 \cdot \text{K, kal/m}^2 \cdot \text{h} \cdot ℃ \right]$$

$$열관류열량(Q) = \frac{T_1 - T_2}{R_T}$$

R_o : 실외표면 열전달 저항
$\sum R$: 벽체 각 재료의 열전달 저항
R_a : 중공층의 열저항
R_i : 실내표면 열전달 저항

온도구배

- 실내외의 온도차로 인해 구조체는 따뜻한 쪽에서 차가운 쪽으로 점진적인 온도 변화가 생긴다.
- 열전도 저항이 낮은 층은 완만한 온도구배를 가지고 열전도 저항이 높은 층은 가파른 온도구배를 가지고 있다.

4. 구조체의 온도구배(Temperature Gradient)

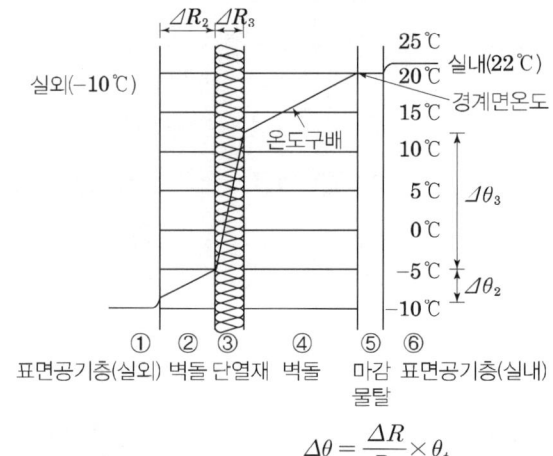

$$\Delta\theta = \frac{\Delta R}{R_T} \times \theta_t$$

$\Delta\theta$: 특정 재료층에서의 온도 하강 ΔR : 해당 재료층의 열전도 저항
θ_T : 전체 구조체를 통한 온도하강 R_T : 전체 구조체의 총 열저항

열환경

Ⅲ. 지역별 건축물 부위의 열관류율표

(단위 : $W/m^2 \cdot K$)

건축물의 부위	지역		중부1지역[1]	중부2지역[2]	남부지역[3]	제주도
거실의 외벽	외기에 직접 면하는 경우	공동주택	0.150 이하	0.170 이하	0.220 이하	0.290 이하
		공동주택 외	0.170 이하	0.240 이하	0.320 이하	0.410 이하
	외기에 간접 면하는 경우	공동주택	0.210 이하	0.240 이하	0.310 이하	0.410 이하
		공동주택 외	0.240 이하	0.340 이하	0.450 이하	0.560 이하
최상층에 있는 거실의 반자 또는 지붕	외기에 직접 면하는 경우		0.150 이하		0.180 이하	0.250 이하
	외기에 간접 면하는 경우		0.210 이하		0.260 이하	0.350 이하
최하층에 있는 거실의 바닥	외기에 직접 면하는 경우	바닥난방인 경우	0.150 이하	0.170 이하	0.220 이하	0.290 이하
		바닥난방이 아닌 경우	0.170 이하	0.200 이하	0.250 이하	0.330 이하
	외기에 간접 면하는 경우	바닥난방인 경우	0.210 이하	0.240 이하	0.310 이하	0.410 이하
		바닥난방이 아닌 경우	0.240 이하	0.290 이하	0.350 이하	0.470 이하
바닥난방인 층간바닥			0.810 이하			
창 및 문	외기에 직접 면하는 경우	공동주택	0.900 이하	1.000 이하	1.200 이하	1.600 이하
		공동주택 외 창	1.300 이하	1.500 이하	1.800 이하	2.200 이하
		공동주택 외 문	1.500 이하			
	외기에 간접 면하는 경우	공동주택	1.300 이하	1.500 이하	1.700 이하	2.000 이하
		공동주택 외 창	1.600 이하	1.900 이하	2.200 이하	2.800 이하
		공동주택 외 문	1.900 이하			
공동주택 세대현관문 및 방화문	외기에 직접 면하는 경우 방화문		1.400 이하			
	외기에 간접 면하는 경우		1.800 이하			

비 고

1) 중부1지역: 강원도(고성, 속초, 양양, 강릉, 동해, 삼척 제외), 경기도(연천, 포천, 가평, 남양주, 의정부, 양주, 동두천, 파주), 충청북도(제천), 경상북도(봉화, 청송)

2) 중부2지역: 서울특별시, 대전광역시, 세종특별자치시, 인천광역시, 강원도(고성, 속초, 양양, 강릉, 동해, 삼척), 경기도(연천, 포천, 가평, 남양주, 의정부, 양주, 동두천, 파주 제외), 충청북도(제천 제외), 충청남도, 경상북도(봉화, 청송, 울진, 영덕, 포항, 경주, 청도, 경산 제외), 전라북도, 경상남도(거창, 함양)

3) 남부지역: 부산광역시, 대구광역시, 울산광역시, 광주광역시, 전라남도, 경상북도(울진, 영덕, 포항, 경주, 청도, 경산), 경상남도(거창, 함양 제외)

9-178	단열재의 종류	
No. 778	Thermal Insulation	유형: 재료 · 성능

열환경

전열이론

Key Point

■ 국가표준
- KCS 41 42 01
- 건축물의 에너지절약설 계기준
- [시행 2023. 2. 28]

■ Lay Out
- 단열재의 종류 · 단열재 의 등급분류
- 단열재의 두께

■ 핵심 단어

■ 연관용어
- 결로

요구조건

- 열전도율, 흡수율, 수증기 투 과율이 낮을 것
- 경량이며, 강도가 우수할 것
- 내구성, 내열성, 내식성이 우 수하고 냄새가 없을 것
- 경제적이고 시공이 용이할 것

I. 정 의

① 단열재의 종류는 원료의 종류, 형태, 두께, 부위, 사용용도에 따라 구분할 수 는 있으나 일반적으로 재질에 따른 분류가 가장 많이 쓰 인다.

② 단열재는 열을 차단할 수 있는 성능을 가진 재료로서 열전도율이 0.06~0.07kcal/mh℃ 이하의 것

II. 단열재의 종류

1. 저항형 단열재

1) 단열의 원리

- 다공질 또는 섬유질의 기포성 재료로서 무수한 기포로 구성되어 있 기 때문에 열전도율이 낮다.
- 대류가 생기지 않는 정지되어 있는 공기가 가장 좋은 단열재인데, 기포형 단열재의 역할이 공기를 정지시키기 위한 것

2) 유형

충전재
- 섬유상: 유리면 · 암면 등
- 입상: 탄각 · 톱밥 · 왕겨 등
- 분상: 규조토 · 탄산마그네슘 등

판상 · 괴상
- 연질의 것: 섬유판(텍스) · 층상암면 · 판상암면 · 석면 보온판
- 경질의 것: 기포유리판 · 경질 염화비닐판

- 충전형 단열재는 무기질 재료인 암면, 유리면, 질석, Pearlite, 규조 등은 열에 강한 반면 흡수성이 크다.
- 유기질 재료인 폴리스틸렌, 경질우레탄폼, 발포폴리에틸렌, 우레아 폼 등은 흡수성이 적은 것이 장점인 반면 열에 약하다.

2. 반사형 단열재

- 복사의 형태로 열이동이 이루어지는 공기층에 유효하다.
- 반사율이 높고 흡수율과 복사율이 낮은 표면에 효과가 있는데, 전형 적인 예로 알루미늄 박판(Foil)을 들 수 있다.
- 중공벽 내의 저온측면에 흡수율이 낮은 알루미늄박을 설치하면 표면 열전달저항이 증가된다.
- 반사하는 표면이 다른 재료와 접촉될 때 전도열이 발생하여 단열효과 저하

3. 용량형 단열재

- 벽체가 열용량에 의해 열전달이 지연되어 단열효과가 생기게 되는데 이를 용량형 단열재라 한다. (벽돌이나 콘크리트 벽)

Ⅲ. 단열재의 등급 분류

등급 분류	열전도율의 범위 (KS L 9016에 의한 20±5℃ 시험조건에서 열전도율)		관련 표준	단열재 종류
	W/mK	kcal/mh℃		
가	0.034 이하	0.029 이하	KS M 3808	- 압출법보온판 특호, 1호, 2호, 3호 - 비드법보온판 2종 1호, 2호, 3호, 4호
			KS M 3809	- 경질우레탄폼보온판 1종 1호, 2호, 3호 및 2종 1호, 2호, 3호
			KS L 9102	- 그라스울 보온판 48K, 64K, 80K, 96K, 120K
			KS M ISO 4898	- 페놀 폼 Ⅰ종A, Ⅱ종A
			KS M 3871-1	- 분무식 중밀도 폴리우레탄 폼 1종(A, B), 2종(A, B)
			KS F 5660	- 폴리에스테르 흡음 단열재 1급
			기타 단열재로서 열전도율이 0.034 W/mK (0.029 ㎉/mh℃)이하인 경우	
나	0.035~0.040	0.030~0.034	KS M 3808	- 비드법보온판 1종 1호, 2호, 3호
			KS L 9102	- 미네랄울 보온판 1호, 2호, 3호 - 그라스울 보온판 24K, 32K, 40K
			KS M ISO 4898	- 페놀 폼 Ⅰ종B, Ⅱ종B, Ⅲ종A
			KS M 3871-1	- 분무식 중밀도 폴리우레탄 폼 1종(C)
			KS F 5660	- 폴리에스테르 흡음 단열재 2급
			기타 단열재로서 열전도율이 0.035~0.040 W/mK (0.030~ 0.034 ㎉/mh℃)이하인 경우	
다	0.041~0.046	0.035~0.039	KS M 3808	- 비드법보온판 1종 4호
			KS F 5660	- 폴리에스테르 흡음 단열재 3급
			기타 단열재로서 열전도율이 0.041~0.046 W/mK (0.035~0.039 Kcal/mh℃)이하인 경우	
라	0.047~0.051	0.040~0.044	기타 단열재로서 열전도율이 0.047~0.051 W/mK (0.040~0.044Kcal/mh℃)이하인 경우	

Ⅳ. 단열재의 두께

1) 중부 1 지역

(단위: mm)

중부1지역

- 강원도(고성, 속초, 양양, 강릉, 동해, 삼척 제외), 경기도(연천, 포천, 가평, 남양주, 의정부, 양주, 동두천, 파주), 충청북도(제천), 경상북도(봉화, 청송)

건축물의 부위		단열재의 등급	단열재 등급별 허용 두께			
			가	나	다	라
거실의 외벽	외기에 직접 면하는 경우	공동주택	220	255	295	325
		공동주택 외	190	225	260	285
	외기에 간접 면하는 경우	공동주택	150	180	205	225
		공동주택 외	130	155	175	195
최상층에 있는 거실의 반자 또는 지붕	외기에 직접 면하는 경우		220	260	295	330
	외기에 간접 면하는 경우		155	180	205	230
최하층에 있는 거실의 바닥	외기에 직접 면하는 경우	바닥난방인 경우	215	250	290	320
		바닥난방이 아닌 경우	195	230	265	290
	외기에 간접 면하는 경우	바닥난방인 경우	145	170	195	220
		바닥난방이 아닌 경우	135	155	180	200
바닥난방인 층간바닥			30	35	45	50

열환경

중부2지역

- 서울특별시, 대전광역시, 세종특별자치시, 인천광역시, 강원도(고성, 속초, 양양, 강릉, 동해, 삼척), 경기도(연천, 포천, 가평, 남양주, 의정부, 양주, 동두천, 파주 제외), 충청북도(제천 제외), 충청남도, 경상북도(봉화, 청송, 울진, 영덕, 포항, 경주, 청도, 경산 제외), 전라북도, 경상남도(거창, 함양)

남부지역

- 부산광역시, 대구광역시, 울산광역시, 광주광역시, 전라남도, 경상북도(울진, 영덕, 포항, 경주, 청도, 경산), 경상남도(거창, 함양 제외)

2) 중부 2 지역

(단위: mm)

건축물의 부위		단열재의 등급	단열재 등급별 허용 두께			
			가	나	다	라
거실의 외벽	외기에 직접 면하는 경우	공동주택	190	225	260	285
		공동주택 외	135	155	180	200
	외기에 간접 면하는 경우	공동주택	130	155	175	195
		공동주택 외	90	105	120	135
최상층에 있는 거실의 반자 또는 지붕	외기에 직접 면하는 경우		220	260	295	330
	외기에 간접 면하는 경우		155	180	205	230
최하층에 있는 거실의 바닥	외기에 직접 면하는 경우	바닥난방인 경우	190	220	255	280
		바닥난방이 아닌 경우	165	195	220	245
	외기에 간접 면하는 경우	바닥난방인 경우	125	150	170	185
		바닥난방이 아닌 경우	110	125	145	160
바닥난방인 층간바닥			30	35	45	50

3) 남부지역

(단위: mm)

건축물의 부위		단열재의 등급	단열재 등급별 허용 두께			
			가	나	다	라
거실의 외벽	외기에 직접 면하는 경우	공동주택	145	170	200	220
		공동주택 외	100	115	130	145
	외기에 간접 면하는 경우	공동주택	100	115	135	150
		공동주택 외	65	75	90	95
최상층에 있는 거실의 반자 또는 지붕	외기에 직접 면하는 경우		180	215	245	270
	외기에 간접 면하는 경우		120	145	165	180
최하층에 있는 거실의 바닥	외기에 직접 면하는 경우	바닥난방인 경우	140	165	190	210
		바닥난방이 아닌 경우	130	155	175	195
	외기에 간접 면하는 경우	바닥난방인 경우	95	110	125	140
		바닥난방이 아닌 경우	90	105	120	130
바닥난방인 층간바닥			30	35	45	50

4) 제주도

(단위: mm)

건축물의 부위		단열재의 등급	단열재 등급별 허용 두께			
			가	나	다	라
거실의 외벽	외기에 직접 면하는 경우	공동주택	110	130	145	165
		공동주택 외	75	90	100	110
	외기에 간접 면하는 경우	공동주택	75	85	100	110
		공동주택 외	50	60	70	75
최상층에 있는 거실의 반자 또는 지붕	외기에 직접 면하는 경우		130	150	175	190
	외기에 간접 면하는 경우		90	105	120	130
최하층에 있는 거실의 바닥	외기에 직접 면하는 경우	바닥난방인 경우	105	125	140	155
		바닥난방이 아닌 경우	100	115	130	145
	외기에 간접 면하는 경우	바닥난방인 경우	65	80	90	100
		바닥난방이 아닌 경우	65	75	85	95
바닥난방인 층간바닥			30	35	45	50

9-179	진공단열재	
No. 779	Vacuum Insulation Panel	유형: 재료 · 성능

열환경

단열재의 종류

Key Point

☑ **국가표준**
- KCS 41 42 01

☑ **Lay Out**
- 단열원리 · 제품의 구조
- 특징

☑ **핵심 단어**
- 내부를 진공처리
- 공기층에 의한 대류 및 전도차단

☑ **연관용어**
- 단열
- 결로

제품구조

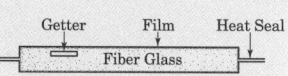

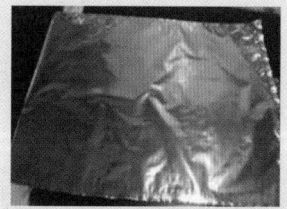
[Film]

[Getter]

I. 정 의

단열재의 내부를 진공처리 하여 공기층에 의한 대류 및 전도를 차단해 열전달이 거의 없어 단열성능이 뛰어난 단열재

II. 단열원리

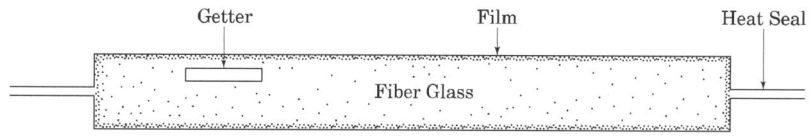

미세 공기층에 의해 열전달

[일반 단열재]

내부가 진공이므로 전도와 대류를 차단하고, 알루미늄 외피재에 의해 복사열 반사시킴

[진공 단열재]

III. 제품의 구조

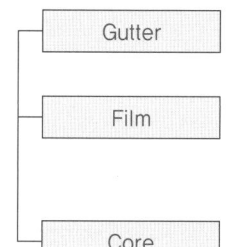

Gutter	• 잔류 기체 및 수분 흡착 산화물 • 금속물질로 구성
Film	• 성분: 분산제, 침전방지제, 증점제, 광안정제, 조제, 소광제, 방부제, 동결방지제, 소포제 등 • 기능: 도료의 제조, 저장, 도막형성을 위한 기능발휘
Core	• Fiber Glass, 진공 압착 되었을 때 최고의 단열 성능을 발휘하는 글라스울 소재로 구성 • 친환경 소재, 불연재료

IV. 특징

① 에너지 절감 극대화
② 화재 안정성
③ 공간 활용 극대화
④ 높은 단열효과
⑤ 내화성과 내열성이 우수
⑥ 자재의 재활용성이 높으며 방음력이 우수

☆☆☆   1. 실내열환경

9-180	압출법 보온판	
No. 780		유형: 재료 · 성능

열환경

단열재의 종류
Key Point

■ 국가표준
– KCS 41 42 01
– KS M 3808

■ Lay Out
– 물성표 · 재료특성

■ 핵심 단어
– 발포제와 첨가물을 넣어
– 고온 · 고압에서 녹여

■ 연관용어
– 단열
– 결로

압출법 보호판

• Extruded Polystyrene Form(XPS)
– 원료를 가열 · 용융하여 연속적으로 압출 · 발포시켜 성형한 제품

• 펜탄(pentane)
– 석유화학의 기초원료인 나프타(Naphtha) 분해 과정에서 나오는 부산물

I. 정 의

압출기에 polystyrene을 발포제와 첨가물을 넣어 섞은 후에 일정한 고온·고압에서 녹여 점성의 뜨거운 용액을 금형 모양에 따라 압출시켜 만든 단열재

II. 압출법 단열판 물성표

종류		열전도율 (평균온도 20±5℃) (W/m·k)		굴곡강도 (N/cm²)	압축강도 (N/cm²)	연소성	투습계수 (두께 25mm당) (ng/m²·s·Pa)
		초기 열전도율	장기 열전도율				
단열판	특호	0.027이하	0.029이하	45이상	25이상	연소시간 120초 이내이며, 연소길이 60m 이하일 것	146이하
	1호	0.028이하	0.030이하	35이상	18이상		
	2호	0.029이하	0.031이하	35이상	14이상		
	3호	0.031이하	0.033이하	35이상	10이상		

III. 재료 특성

1) 폴리스티렌
   • 체적의 98%가 공기이고, 수지는 2% 정도로서, 플라스틱의 거품속에 공기를 밀폐시킨 발포제 구조가 완충성, 단열성, 방음성, 방수성, 자립성 등이 뛰어남
   • 폴리스티렌 수지에 Pentane이나 부탄과 같은 발포제를 첨가시켜 가열 경화시킴과 동시에 기포를 발생시켜 발포수지로 만든 것
2) 압출법 특성
   • 스티롤수지 원료에 난연재, 발포제 등을 가열하여 압출기에서 용해 혼합 후 발포시킨 판상단열재, 물리적 성질은 폴리스티렌폼과 유사하나 단열성이 우수하며 어느 정도의 투습저항을 갖고 있음

9-181	비드(Bead)법 보온판	
No. 781	Expanded Poly Styrene	유형: 재료 · 성능

열환경

단열재의 종류
Key Point

■ **국가표준**
- KCS 41 42 01
- KS M 3808

■ **Lay Out**
- 물성표 · 재료특성

■ **핵심 단어**
- 알갱이들을 가열해 1차 발포
- 금형에 채우고 가열하여 2차 발포

■ **연관용어**
- 단열
- 결로

I. 정 의

작은 알갱이들을 가열해 1차 발포시키고 적당한 시간동안 숙성시킨 후 금형에 채우고 다시 가열하여 2차 발포에 의하여 융착 · 성형한 단열재

II. 비드법 단열판 물성표

종류		밀도 (kg/cm²)	열전도율 (평균온도 20±5℃) (W/m·k)		굴곡강도 (N/cm²)	압축강도 (N/cm²)	흡수량 (g/100cm²)	연소량	투습계수 (두께 25mm당)
			비드법1종	비드법2종					
단열판	특호	30이상	0.036이하	0.031이하	35 이상	16 이상	1.0 이하	연소시간 120초 이내이며, 연소길이 60mm 이하일 것	146 이하
	1호	25이상	0.037이하	0.032이하	30 이상	12 이상			208 이하
	2호	20이상	0.040이하	0.033이하	25 이상	8 이상			250 이하
	3호	15이상	0.043이하	0.034이하	20 이상	5 이상	1.5 이하		292 이하
단열통	1호	35이상	0.036이하	0.031이하	30 이상	–	• 두께 30mm 미만은 2.0 이하 • 두께 30mm 이상은 1.0 이하		–
	2호	30이상	0.036이하	0.032이하	25 이상				–
	3호	25이상	0.037이하	0.033 이하	20이상				–

III. 재료 특성
1) 폴리스티렌
- 체적의 98%가 공기이고, 수지는 2% 정도로서, 플라스틱의 거품속에 공기를 밀폐시킨 발포제 구조가 완충성, 단열성, 방음성, 방수성, 자립성 등이 뛰어남
- 폴리스티렌 수지에 Pentane이나 부탄과 같은 발포제를 첨가시켜 가열 경화시킴과 동시에 기포를 발생시켜 발포수지로 만든 것
2) 비드법 1종
- 구슬모양 원료를 미리 가열하여 1차 발포시키고 이것을 적당한 시간 숙성시킨 후 판모양 또는 통모양의 금형에 채우고 다시 가열하여 2차 발포에 의해 융착 · 성형한 제품
3) 비드법 2종
- 비드법 1종의 제조방법과 유사하나 첨가제(흑연) 등에 의하여 개질된 폴리스티렌 원료를 사용하여 융착 · 성형한 제품(Neopor, Enerpor 등)

비드법 보호판

• Expaned Polystyrene Form(EPS)
- 폴리스티렌수지에 발포제를 넣은 다공질의 기포플라스틱
- 비드법 1종과 2종으로 구분하며 밀도에 따라 1호 30kg/m³ 이상, 2호 25kg/m³ 이상, 3호 20kg/m³ 이상, 4호 15kg/m³ 이상으로 분류하고 있으며, 밀도가 클수록 단단하며 열전도율이 낮은 특성이 있다.

9-182	단열공사	
No. 782		유형: 공법

열환경

건물의 단열

Key Point

■ 국가표준
- KCS 41 42 01

■ Lay Out
- 공법종류 · 시

■ 핵심 단어
- 내단열 중단열 외단열

■ 연관용어
- 단열
- 결로

창의 단열성능 영향요소

- 유리 공기층 두께
- 유리간 공기층의 수량
- 로이코팅 유리
- 비활성가스(아르곤) 충전
- 열교차단재(폴리아미드, 아존)
- 창틀의 종류

I. 정 의

① 단열재의 위치에 따라 벽체에서 타임 랙(Time Lag, 시차)의 변화가 생겨 벽체 내외부로의 열 이동이 달라진다.
② 단열재의 시공방법은 내력벽을 기준으로 하여 단열재의 위치에 따라 내단열 · 중단열 · 외단열 시공 등으로 구분한다.

II. 공법종류

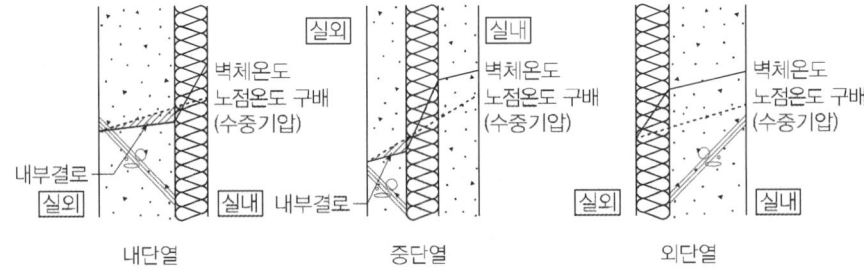

내단열　　　　　　중단열　　　　　　외단열

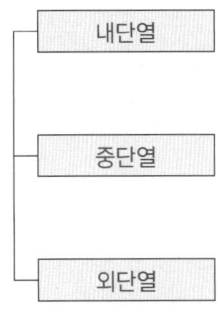

- **내단열**
  - 단열재를 구조체 내부에 설치하는 공법
  - 구조체와 동시에 시공 가능
  - 단열의 불연속부위가 생겨 결로발생 우려

- **중단열**
  - 단열재를 구조체 공간에 설치하는 공법
  - 내단열 보다는 우수
  - 내부 국부 표면에 결로 발생 우려

- **외단열**
  - 단열재를 외벽에 직접 설치하는 공법
  - 단열효과가 뛰어남
  - 외벽마감 시 내충격성 소재 사용

III. 시공

1. 최하층 바닥의 단열공사

1) 콘크리트 바닥의 단열공사

① 흙에 접하는 바닥일 경우 별도의 방습 또는 방수공사를 하지 않은 경우에는 방습필름을 깐다.

② 그 위에 단열재를 틈새 없이 밀착시켜 설치하고, 접합부는 내습성 테이프 등으로 접착 · 고정

③ 그 위에 도면 또는 공사시방에 따라 누름 콘크리트 또는 보호 모르타르를 소정의 두께로 바르고, 마감자재로 마감

열환경

   2) 마룻바닥의 단열시공
     ① 동바리가 있는 마룻바닥에 단열시공을 할 때는 동바리와 마루틀을 짜 세우고, 장선 양측 및 중간의 멍에 위에 단열재 받침판을 못박아댄 다음 장선 사이에 단열재를 틈새 없이 설치
     ② 단열재 위에 방습필름을 설치하고 마루판 등을 깔아 마감
     ③ 콘크리트 슬래브 위의 마룻바닥에 단열시공을 할 때는 장선 양측에 단열재 받침판을 대고 장선 사이에 단열재를 설치한 다음 그 위에 방습시공
   3) 콘크리트 슬래브 하부의 단열공사
     ① 최하층 거실 바닥 슬래브 하부에 설치하는 단열재는 불연재료 또는 준불연 재료이어야 한다.
     ② 단열재를 거푸집에 부착해 콘크리트 타설 시 일체화

2. 벽체의 단열공사
   1) 내단열 공법
     ① 바탕벽에 띠장을 소정의 간격으로 설치하되 방습층을 두는 경우는 이를 단열재의 실내측에 설치
     ② 단열재를 띠장 간격에 맞추어 정확히 재단하고, 띠장 사이에 꼭 끼도록 설치
     ③ 단열 모르타르는 접착력을 증진시키기 위하여 프라이머를 균일하게 바른 후 6~8mm 두께로 초벌 바르기를 하고, 1~2시간 건조 후 정벌 바르기를 하여 기포 및 흙손자국이 나지 않도록 마감손질
     ④ 철근콘크리트조의 내단열 시공 시 단열재의 실내측에 설치되는 방습층이 연속되게 함으로써 실내로부터 습기이동을 차단
   2) 중단열 공법
     ① 벽체를 쌓을 때는 특히 단열재를 설치하는 면에 모르타르가 흘러내리지 않도록 주의
     ② 단열재는 내측 벽체에 밀착시켜 설치하되 단열재의 내측면에 도면 또는 공사시방에 따라 방습층을 두고, 단열재와 외측 벽체 사이에 쐐기용 단열재를 600mm 이내의 간격으로 꼭 끼도록 박아 넣어 단열재가 움직이지 않도록 고정
     ③ 직경 25mm~30mm의 단열재 주입구를 줄눈 부위에 수평 및 수직 각각 1,000 ~ 1,500mm 간격으로 설치
     ④ 포말형 단열재 주입 시 틈새로 누출되지 않도록 벽의 외측면을 마감하거나 줄눈에 틈이 없도록 하고 줄눈 모르타르가 양생된 후, 아래에서부터 주입구를 통해 압축기를 사용하여 포말형 단열재를 주입
     ⑤ 중공부에 단열재가 공극 없이 충전되었는지의 검사는 상부의 다른 주입구에서 충전단열 재의 유출 등으로 확인
     ⑥ 충전된 단열재의 건조가 완료될 때까지 3~4일간 충분한 환기

열환경

3. 천장의 단열공사

① 달대가 있는 반자틀에 판형 단열재를 설치할 때는 천장마감재를 설치하면서 단열시공을 하되, 단열재는 반자틀에 꼭 끼도록 정확히 재단하여 설치

② 두루마리형 단열재를 설치할 때는 천장바탕 또는 천장마감재를 설치한 다음 단열재를 그 위에 틈새 없이 펴서 깐다.

③ 포말형 단열재를 분사하여 시공할 때는 반자틀에 천장바탕 또는 천장마감재를 설치한 다음 방습필름을 그 위에 설치하고, 분사기로 구석진 곳과 벽면과의 접합부 및 모서리 부분을 먼저 분사하고 먼 위치에서부터 점차 가까운 곳으로 이동·분사

④ 암면뿜칠의 단열재는 암면과 시멘트 슬러리(접착제 포함)를 바탕면에 동시에 분사하여 접착시키며, 시공 전에 인서트 및 목심 등의 위치를 표시하여 후속공정 진행 시 단열재의 훼손을 최소화

4. 지붕의 단열공사

1) 지붕 윗면의 단열공법

① 철근콘크리트 지붕 슬래브 위에 설치하는 단열층은 방수층 위에 단열재를 틈새 없이 깔고, 이음새는 내습성 테이프 등으로 붙인 다음 단열재 윗면에 방습시공을 한다.

② 방습층 위에 누름 콘크리트를 소정의 두께로 타설하되, 누름 콘크리트 속에 철망을 깐다.

③ 목조지붕 위에 설치하는 단열층은 지붕널 위에 방습층을 펴서 깐 다음 단열재를 틈새 없이 깔아 못으로 고정시키고 그 위에 기와, 골슬레이트 등을 잇는다.

2) 지붕 밑면의 단열시공

① 철골조 또는 목조 지붕에는 중도리에 단열재를 받칠 수 있도록 받침판을 소정의 간격으로 설치하여 단열재를 끼워 넣거나 지붕 바탕 밑면에 접착제로 붙인다.

② 공동주택의 최상층 슬래브 하부에 단열재를 설치하는 경우에는 단열재를 거푸집에 부착하여 콘크리트 타설시 일체 시공되도록 하며, 석고보드 등의 마감재 부착에 필요한 목심을 정확히 설치해야 하며, 설비용 인서트, 슬리브, 앵커 플레이트 등을 설치하기 위한 단열재 훼손이 최소화

5. 방습층 시공

① 방습시공을 할 때는 단열재의 실내측에 방습필름을 대고, 접착부는 150mm 이하 50mm 이상 겹쳐 접착제 또는 내습성 테이프를 붙인다.

② 방습시공 시 방습필름에 찢김, 구멍 등의 하자가 생겼을 경우에는 하자 부위가 묻히기 전에 보수하고, 담당원의 승인을 받은 후 다음 공정을 진행해야 한다.

건물의 단열
Key Point

☑ 국가표준
- KCS 41 42 02

☑ Lay Out
- 공법종류 · 시공

☑ 핵심 단어
- 외부에 단열재 설치

☑ 연관용어
- 단열
- 결로

- 외단열 미장 마감
- 건축물의 구조체가 외기에 직접 면하는 것을 방지하기 위해 구조체 실외측에 단열재를 설치하고 마감하는 건물 단열 방식으로 접착제, 단열재, 메쉬(mesh), 바탕 모르타르, 마감재 등의 재료로 구성
- 표준 메쉬(Standard mesh)
- 유리 섬유로 직조된 망으로서 바탕 모르타르에 묻히게 하여 기계적 강도를 증가시키기 위해 사용되는 내알칼리 코팅 제품
- 보강 메쉬(Inter mesh)
- 바탕 모르타르의 외부 충격 저항성 보완 및 하부 보강을 위해 표준 메쉬 외에 추가적으로 사용되는 유리 섬유로 직조된 망 제품
- 마감재(Finish coat)
- 바탕 모르타르 위에 사용되며 흙손, 뿜칠, 롤러 등의 도구로 마감 장식을 제공하는 것으로 기후 환경 변화로부터 외단열 미장 마감의 구성 재료를 보호하며 질감과 심미적인 마감을 목적으로 사용하는 제품

☆★★ 1. 실내열환경

9-183	외단열 공사	
No. 783		유형: 공법

I. 정 의

① 건물의 외부에 단열재를 설치하고 그 위에 벽 바름재를 바르는 방법으로 단열과 외부 마감을 동시에 하는 마감재를 시공하는 외단열 마감공사
② 이 방법은 건물 자체 외부를 완전히 감싸므로 단열의 불연속 부위를 방지하여 열 손실량을 줄이고 표면 및 내부 결로 발생을 원천적으로 방지하여 에너지 절감 효과가 우수하다.

II. 외단열 개념

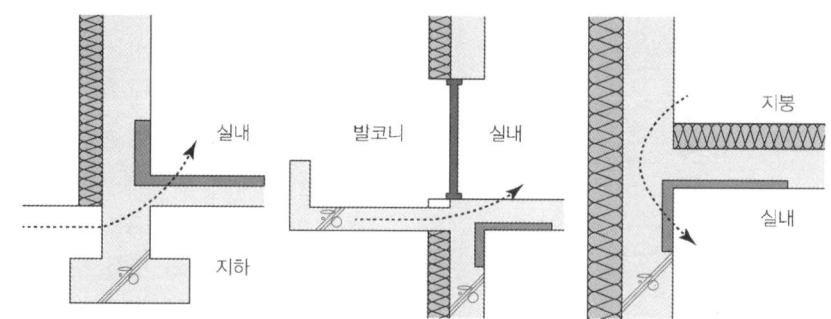

[내단열과 외단열 비교]

구분	내단열	외단열
실온 변경	• 실온 변동과 난방 정지 시 실온 강하가 외단열에 비해 크다.	• 건물 구조체가 축열제의 역할을 함으로 실내의 급격한 온도 변화가 거의 없다.
열교 발생	• 구조체의 접합부에서 단열재가 불연속되어 열교가 발생하기가 쉽다.	• 열교 발생이 거의 없다.
구체에 대한 영향	• 지붕이나 구체에 직접 광선을 받으므로 상하온도에 시간적 차이가 발생하는데 낮에는 10℃ 이상 차이가 나므로 큰 열응력을 받아 크랙 등의 원인이 된다.	• 직사광선에 의한 열을 지붕 슬래브나 구체에 전달하지 않으므로 지붕 슬래브의 상하 온도차는 한여름 낮에도 3℃ 이하이므로 구체가 받는 열응력은 매우 작아 구체를 손상시키지 않는다.
표면 결로	• 실내 표면의 온도차가 커서 결로 발생 가능성이 크다.	• 외기 온도의 영향으로부터 급격한 온도 변화가 없어 열적으로 안전하여 결로 발생이 거의 없다.
난방 방식과의 관계	• 사용 시간이 짧아 단시간 난방이 필요한 건물에 유리하다.	• 구조체 축열에 시간이 소요되어 단시간 난방이 필요한 건물에는 불리하다.

Ⅲ. 시공

1) 시공환경조건

① 외단열의 시공은 주위 온도가 5℃ 이상, 35℃ 이하에서의 시공을 권장하며 혹한기, 혹서기 작업 시, 접착력 유지를 위하여 온도 보양 조치 후 시공을 실시

② 우천 시 및 악천후 시 자재를 준비하거나 시공하지 않으며 설치된 자재는 악천후에 손상되지 않도록 보호

2) 작업준비

① 시공 바탕면은 외부구조물의 하중을 견딜 수 있어야 하고, 충분히 양생, 건조되어야 하며 바탕면의 평활도를 유지

② 바탕면에 기름, 이물질, 박리 또는 돌출부 등의 오염을 깨끗이 제거한 상태이어야 한다.

③ 단열재와 바탕면의 부착 성능 향상을 위해 프라이머를 사용

3) 단열재의 설치

① 접착제는 제조업자의 지정 비율에 따라 완전 반죽 형태가 되도록 충분히 교반하며 교반 후 1시간 이내에 사용

② 접착제를 단열재에 도포할 때에는 전면 도포 방식 또는 점·테두리 방식을 취하며 점·테두리 방식을 취할 경우 단열재 접착 면적의 40% 이상 되도록 도포

③ 아래에서부터 위의 방향으로 설치하며 수직 통 줄눈이 생기지 않도록 엇갈리게 교차하여 단열재를 설치

④ 개구부(창, 문, 기계장치 등)에 시공할 경우 단열재 시공 전 개구부 둘레에 백 랩핑(단열재 뒷면에서부터 메쉬를 감아 올림) 디테일 메쉬를 붙여 단열재 부착 후 감아 올려 시공

⑤ 단열재의 수직, 수평 조인트 부분이 개구부 코너에 일치하지 않도록 모서리에는 L자형의 단열재를 사용한다.

⑥ 단열재의 수직, 수평 조인트 부분이 개구부 코너에 일치하지 않도록 모서리에는 L자형의 단열재를 사용

⑦ 개구부 주위에 실링재 시공을 할 수 있도록 창문틀, 문틀이나 기계장치 부분으로부터 단열재를 일정 간격 이격시켜 설치

⑧ 단열재의 모든 종결부는 백 랩핑을 할 수 있도록 접착제에 메쉬를 부착

⑨ 파스너는 각각의 단열재가 만나는 모서리 부위에 ㎡당 5개 이상을 시공하며 단열재가 끝나는 코너 부위 및 개구부 주위 등에는 단열재 중앙부에 추가 시공

⑩ 단열재 시공 후 햇빛에 노출시키지 않도록 주의하여야 하며 양생 시간은 기상조건에 따라 다르나 일반적으로 외기 기온 및 표면의 온도 20℃, 습도 65%일 경우 24시간 후 후속 공정을 진행

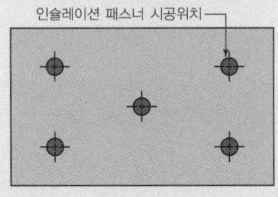

인슐레이션 패스너 시공위치

[접착 Mortar 시공]

인슐레이션 패스너 시공위치

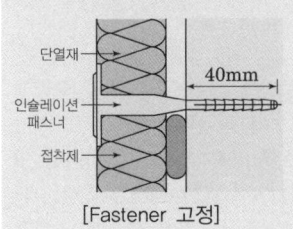

단열재
40mm
인슐레이션 패스너
접착제

[Fastener 고정]

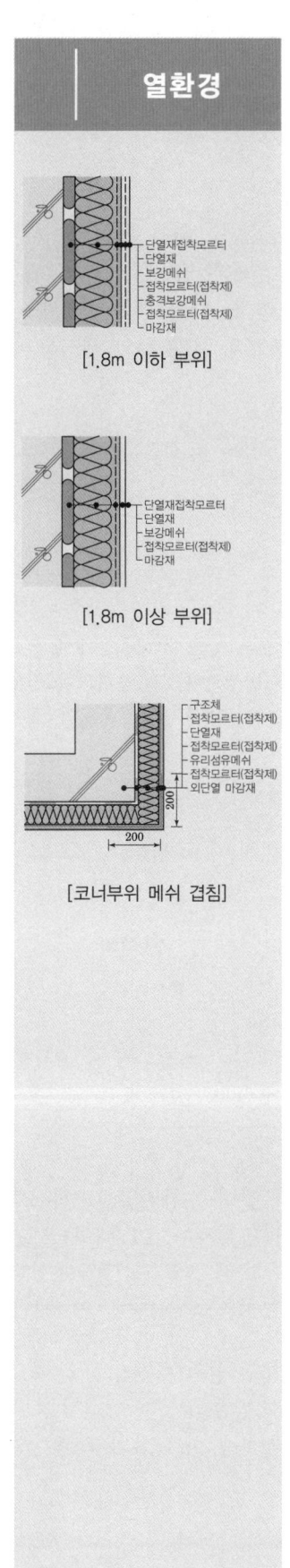

열환경

[1.8m 이하 부위]

단열재접착모르터
단열재
보강메쉬
접착모르터(접착제)
충격보강메쉬
접착모르터(접착제)
마감재

[1.8m 이상 부위]

단열재접착모르터
단열재
보강메쉬
접착모르터(접착제)
마감재

[코너부위 메쉬 겹침]

구조체
접착모르터(접착제)
단열재
접착모르터(접착제)
유리섬유메쉬
접착모르터(접착제)
외단열 마감재

200
200

4) 메쉬 및 바탕 모르타르 시공
　① 단열재 설치 후 최소 24시간 이상 양생시켜 완전 부착된 후 메쉬 및 바탕 모르타르를 시공
　② 메쉬 및 바탕 모르타르를 시공하기 전에 단열재의 불규칙한 부분 및 변색 부분은 샌딩 처리
　③ 바탕 모르타르를 단열재 면에 스테인레스 흙손 등을 이용하여 균일하게 도포
　④ 바탕 모르타르 두께는 메쉬가 완전히 묻힐 수 있도록 충분해야 한다.
　⑤ 바탕 모르타르가 젖은 상태에서 메쉬를 접착 시공
　⑥ 표준 메쉬의 이음은 겹침 이음으로 하며 보강 메쉬는 겹치지 않고 맞댄 이음
　⑦ 지면에 인접한 부위 또는 외부의 충격 우려가 있는 저층 부위에는 보강 메쉬를 부착한 후 보강 메쉬가 시공된 면 위에 표준 메쉬를 시공
　⑧ 단열재의 코너 부분은 외단열 전용 코너비드(PVC 재질) 또는 이중 메쉬 처리를 선택하여 보강
　⑨ 외기 기온이 5℃ 이상이며 습도가 75% 미만일 경우, 24시간 후에 후속 공정 진행이 가능
5) 마감재 시공
　① 베이스코트 및 메쉬 시공 부위를 24시간 이상 양생 건조시키며 모든 불규칙한 부위들을 수정하고 백화 부위를 제거
　② 마감재는 자연적인 마감선(코너, 익스팬션 조인트, 디자인 조인트, 테이프 라인 등)까지 조인트 자국이 발생치 않도록 습윤 마감 상태에서 연속 시공
　③ 조인트 실링재는 이질재와의 접합부에 시공하는 것으로 조인트의 폭은 도면에 기초하되 6mm ~ 50mm를 적용

9-184	결로	
No. 784	condensation	유형: 현상

I. 정 의

① 공기가 포화상태가 되어 수증기 전부를 포함할 수 없어 여분의 수증기가 물방울로 되어 벽체표면에 부착되는 일종의 습윤상태
② 결로를 사전에 방지하기 위해서는 방습층 설치 · 단열보강 · 단열재 관통부 보강 · 우각부 및 내부 벽체의 corner부위 보강 등의 세심한 시공관리가 필요하다.

II. 결로 발생 환경

1) 결로 발생 개념

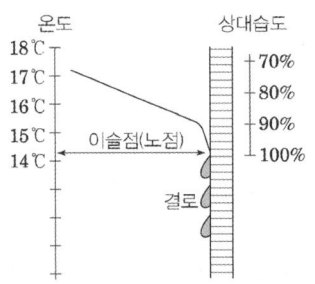

• 내온도는 낮고 상대습도가 높은 경우 발생하며, 그 공기의 노점온도와 같거나 낮은 온도의 표면과 접촉할 때 발생

2) 결로 발생 Mechanism– 포화 수증기 곡선

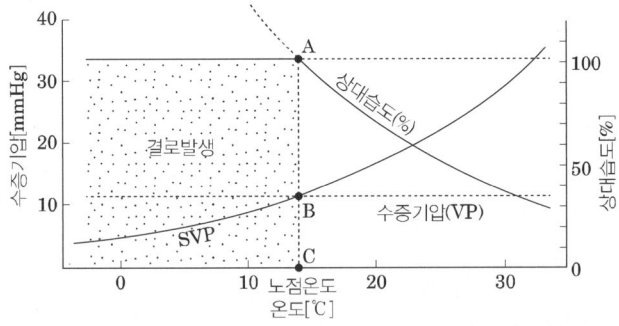

• A점과 같이 상대습도가 100%이며, B점과 같이 수증기압(VP)과 포화수증기압(SVP)이 같은 지점에서 결로가 발생하며, 그 때의 온도를 노점 온도(C)점라 한다.

3) 결로 발생 원인

① 시공 불량(부실시공, 하자)   ② 구조재의 열적 특성
③ 실내 습기의 과다 발생   ④ 실내외 온도차
⑤ 건물의 사용방법   ⑥ 생활습관에 의한 환기 부족

특수공사

Ⅲ. 결로의 종류

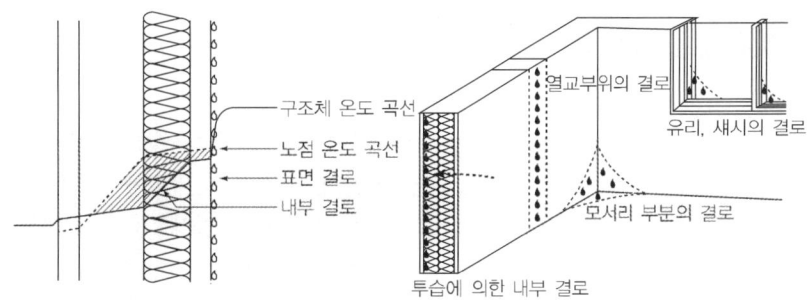

1) 표면결로(Surface Condensation)

① 구조체의 표면온도가 실내공기의 노점온도보다 낮은 경우 그 표면에 발생하는 수증기의 응결현상

② 맑은 날 밤에 지표면과 식물표면에 생기는 이슬 또는 욕실의 거울 위에 서리는 김, 난방된 실내에서 창문의 찬 표면에 생기는 물기, 무더운 여름에 흙에 접한 지하실 등 벽의 실내측 표면에 결로가 일어나는 경우 등이 있다.

2) 내부결로

① 구조체 내부에 수증기의 응축이 생겨 수증기압이 낮아지면 수증기압이 높은 곳에서 부터 수증기가 확산되어 응축이 계속되는 현상

② 실내가 외부보다 습도가 높고 벽체가 투습력이 있으면 벽체 내에 수증기압 기울기가 생기게 된다. 벽체내의 노점온도 구배가 구조체의 온도구배보다 높게 되면 내부결로가 발생한다.

Ⅳ. 결로 방지대책

1. 발생원인에 대한 대책

1) 환기(Ventilation)

① 환기는 습한 공기를 제거하여 실내의 결로를 방지한다.

② 습기가 발생하는 곳에 환풍기 설치

③ 수증기의 발생원 부근에서 하는 것이 가장 효과적

④ 부엌이나 욕실의 환기창에 의한 환기는 습기가 다른 실로 전파되는 것을 막기 위해 자동문을 설치하는 것이 좋다.

2) 난방(Heating)

① 난방하면 온도가 상승하여 실내의 상대습도가 떨어지게 된다.

② 내부의 표면온도를 올리고 실내온도를 노점온도 이상으로 유지시킨다.

③ 가열된 공기는 더 많은 습기를 함유할 수가 있고 차가운 표면상에 결로로 인하여 발생한 습기를 포함하고 있다가 환기 시 외부로 배출하면서 결로를 제거

④ 난방 시 낮은 온도에서 오래하는 것이 높은 온도에서 짧게 하는 것보다 좋다.

열환경

3) 단열(Insulation)

① 단열은 벽체에 흐르는 열손실을 줄일 수 있으며, 실내 표면온도를 일정한 수준으로 유지할 수 있다.

② 조적벽과 같은 중량구조의 내부에 위치한 단열재는 난방 시 실내 표면온도를 신속히 올릴 수 있다.

③ 중공벽 내부의 실내측에 단열재를 시공한 벽은 외측부분이 온도가 낮기 때문에 이곳에 생기는 내부결로 방지를 위하여 고온측에 방습층의 설치가 필요하다.

2. 발생원인에 대한 대책

1) 표면결로 방지

① 결로방지를 위해서는 벽체의 열관류율 (K)를 낮추어 단열성능을 강화하거나 실내의 상대습도를 낮추어야 한다.

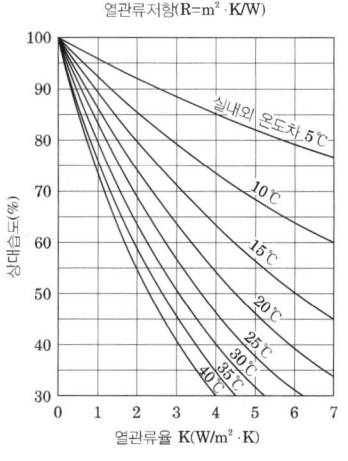

열관류저항(R=m² · K/W)

- 표면결로를 방지하기 위해서는 건축물 외부 벽체는 열관류율(K)이 $0.77W/m^2 \cdot K(0.66kcal/m^2 \cdot h \cdot ℃)$이하로 되어야 한다.

② 구조적인 이유로 열전도율(λ)이 높은 부위라 할지라도 열관류율이 $0.67W/mm^2 \cdot K(1.44kcal/m^2 \cdot h \cdot ℃)$이하가 되어야 하며, 모서리 부분은 다른 부위에 비해 단열성능을 강화해야 한다.

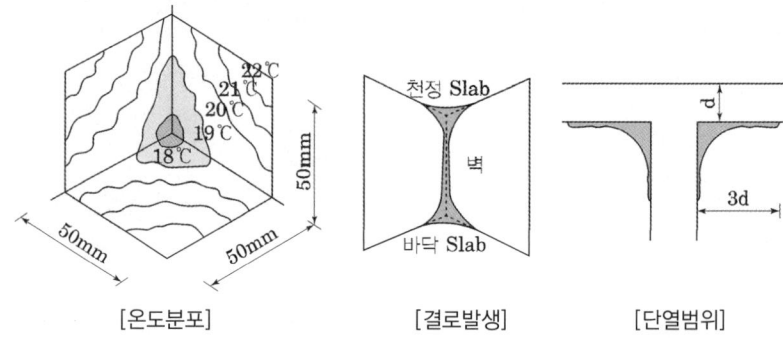

[온도분포]　　　　[결로발생]　　　　[단열범위]

③ 실내의 수증기 발생원을 억제하여 공기중의 절대 습도를 작게 한다.

④ 공기가 정체되는 부분에서 실내로 순환되도록 간격 유지

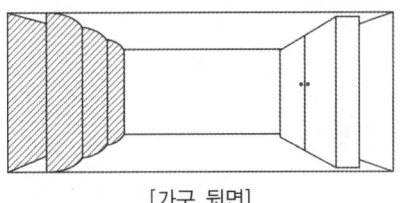

[가구 뒷면]

2) 내부결로 방지

① 벽체내의 온도분포와 수증기압 분포에 의한 노점온도에 의해 발생 되므로 구조체의 온도가 노점온도보다 높게 외단열로 시공

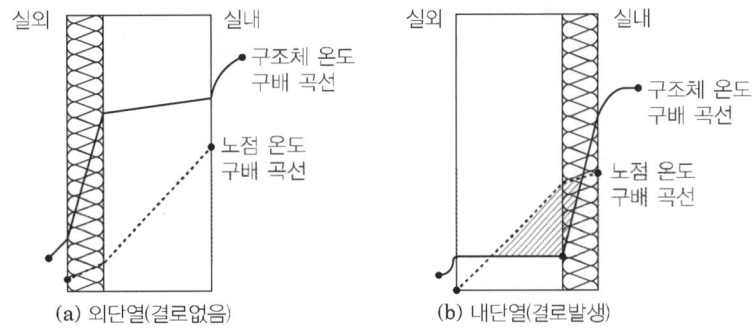

(a) 외단열(결로없음)　　　　(b) 내단열(결로발생)

② 벽체 내부에 단열재와 함께 방습층을 설치

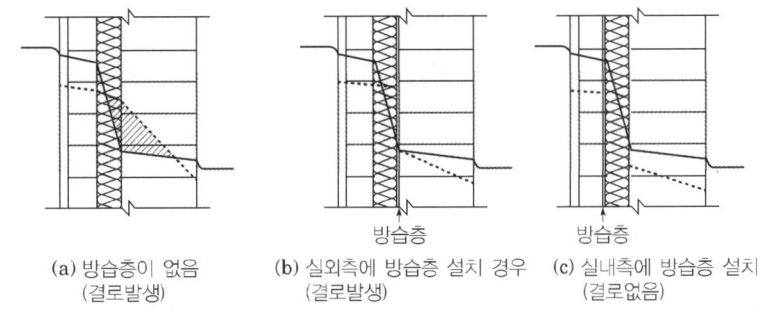

(a) 방습층이 없음　　(b) 실외측에 방습층 설치 경우　　(c) 실내측에 방습층 설치
(결로발생)　　　　　(결로발생)　　　　　　　　　(결로없음)

③ 통기, 통습층을 설치

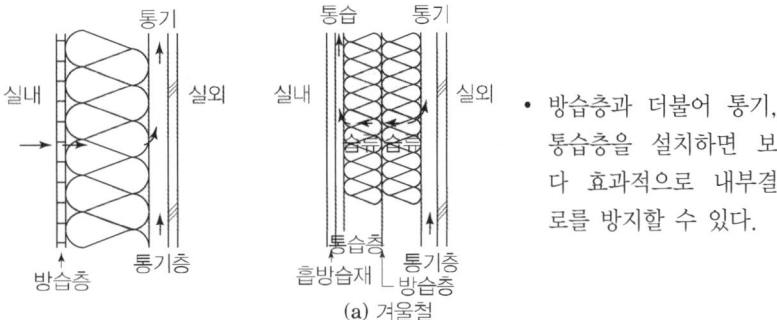

(a) 겨울철

• 방습층과 더불어 통기, 통습층을 설치하면 보다 효과적으로 내부결로를 방지할 수 있다.

3) 기계환기장치를 이용한 결로 방지

• 환기시스템을 이용하여 창문을 개폐하지 않고 외부의 신선한 공기를 실내에 유입시켜 실내의 습도를 조절하여 결로의 발생을 억제

방습층의 위치

• 방습층을 단열재의 실외측에 설치하면 오히려 내부결로가 쉽게 발생한다.

• 단열재의 특성상 투습저항은 매우 작고 열 저항은 아주 크므로 열류는 쉽게 차단하지만 수증기의이동은 쉽게 이루어져 단열재에 의하여 온도가 떨어진 부분에 고온 다습한 수증기가 이동하여 결로를 발생시킨다.

9-185	결로방지 성능기준	
No. 785	TDR(Temperature Difference Ratio)	유형: 기준

열환경

결로

Key Point

■ 국가표준
- 공동주택 결로 방지를 위한 설계기준

■ Lay Out
- TDR과 실내외 온습도 기준·주요 부위별 결로 방지 성능기준
- 주요 부위별 결로 방지 성능기준
- 결로방지 성능기준

■ 핵심 단어
- 실내표면의 온도차이

■ 연관용어
- 단열
- 결로

외기에 직접 접하는 부위

• 바깥쪽이 외기이거나 외기가 직접 통하는 공간에 접한 부위를 말한다.

I. 정 의

① 실내와 외기의 온도차이에 대한 실내와 적용 대상부위의 실내표면의 온도차이'를 표현하는 상대적인 비율

② 실내외 온습도 기준 하에서 해당부위의 "결로 방지 성능"을 평가하기 위한 단위가 없는 지표로써 0에서 1사이의 값으로 산정된다.

II. TDR과 실내외 온습도 기준

1) 온도차이 비율 (TDR: Temperature Difference Ratio)
  • 온도창: 비율$(TDR)\dfrac{실내온도 - 적용대상 부위의 실내표면온도}{실내온도 - 외기온도}$

2) 실내외 온습도 기준
  ① 공동주택 설계 시 결로 방지 성능을 판단하기 위해 사용하는 표준적인 실내외 환경조건
  ② 온도 25℃, 상대습도 50%의 실내조건과 외기온도(지역 I 은 -20℃, 지역 II 는 -15℃, 지역 III 는 -10℃를 말한다.) 조건을 기준

III. 주요 부위별 결로 방지 성능기준

1) 지역을 고려한 주요 부위별 결로 방지 성능기준

대상부위			TDR값[1][2]		
			지역 I	지역 II	지역 III
출입문	현관문 대피공간 방화문	문짝	0.30	0.33	0.38
		문틀	0.22	0.24	0.27
벽체접합부			0.23	0.25	0.28
외기에 직접 접하는 창		유리 중앙부위	0.16 (0.16)	0.18 (0.18)	0.20 (0.24)
		유리 모서리부위	0.22 (0.26)	0.24 (0.29)	0.27 (0.32)
		창틀 및 창짝	0.25 (0.30)	0.28 (0.33)	0.32 (0.38)

주 1) 각 대상부위 모두 만족하여야 함
  2) 괄호안은 알루미늄(AL)창의 적용기준임
  3) PVC창과 알루미늄(AL)창이 함께 적용된 복합창은 PVC창과 알루미늄(AL)창에 대한 TDR값의 평균값을 적용함

2) 제1호의 지역Ⅰ, 지역Ⅱ, 지역Ⅲ

지역	지역구분^{주)}
지역Ⅰ	강화, 동두천, 이천, 양평, 춘천, 홍천, 원주, 영월, 인제, 평창, 철원, 태백
지역Ⅱ	서울특별시, 인천광역시(강화 제외), 대전광역시, 세종특별자치시, 경기도(동두천, 이천, 양평 제외), 강원도(춘천, 홍천, 원주, 영월, 인제, 평창, 철원, 태백, 속초, 강릉 제외), 충청북도(영동 제외), 충청남도(서산, 보령 제외), 전라북도(임실, 장수), 경상북도(문경, 안동, 의성, 영주), 경상남도(거창)
지역Ⅲ	부산광역시, 대구광역시, 광주광역시, 울산광역시, 강원도(속초, 강릉), 충청북도(영동), 충청남도(서산, 보령), 전라북도(임실, 장수 제외), 전라남도, 경상북도(문경, 안동, 의성, 영주 제외), 경상남도(거창 제외), 제주특별자치도

주) 지역Ⅰ, 지역Ⅱ, 지역Ⅲ은 최한월인 1월의 월평균 일 최저외기온도를 기준으로 하여, 전국을 -20℃, -15℃, -10℃로 구분함

Ⅳ. 결로방지 성능기준

* 공동주택 세대 내의 다음 각 호에 해당하는 부위는 별표1에서 정하는 온도차이 비율 이하의 결로 방지 성능을 갖추도록 설계

1) 출입문
* 현관문 및 대피공간 방화문

2) 벽체접합부
* 외기에 직접 접하는 부위의 벽체와 세대 내의 천정 및 바닥이 동시에 만나는 접합부

3) 입구(장비, 물품 반입구)
* 난방설비가 설치되는 공간에 설치되는 외기에 직접 접하는 창(비확장 발코니 등 난방설비가 설치되지 않은 공간에 설치하는 창은 제외한다.)

Ⅴ. 주요 부위별 결로방지 성능평가 방법

1. 출입문

1) 온도차이 비율 값 산정위치

대상부위			산정위치
출입문	문틀	문틀 모서리	상부 좌우, 하부 좌우 4개 모서리의 대각선 중앙점
	문짝	문짝 중앙점	마주보는 문짝 모서리간 연결선의 교차점
		문짝 모서리	• 힌지방식: 문짝 모서리로부터 수직 및 수평으로 각각 3cm 이격된 지점 (상부 좌우 및 하부 좌우의 4개 모서리 각각 산정) • 경첩방식: 힌지방식 위치 + 경첩 크기의 중앙에서 경첩 위치로부터 수평으로 3cm 이격된 지점(경첩이 2개 이상일 경우, 상단과 하단에 설치된 경첩에서 측정)

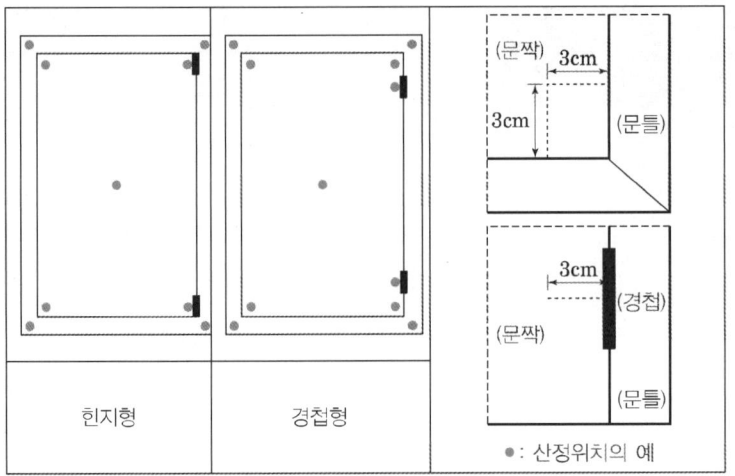

| 힌지형 | 경첩형 | ● : 산정위치의 예 |

2. 벽체 접합부

1) 온도차이 비율 값 산정위치

대상부위		산정위치
벽체	접합부 모서리 (우각부)	접합부 모서리(우각부)의 상부 및 하부

3. 벽체 접합부

1) 온도차이 비율 값 산정위치

대상부위			산정위치
창	유리	유리 중앙부	마주보는 창유리 모서리간 연결선의 교차점
		유리 모서리	문짝 모서리로부터 수직 및 수평으로 각각 2cm 이격된 지점(상부 좌우 및 하부 좌우의 4개 모서리 각각 산정)
	창틀	창틀 프레임	상부, 하부 및 좌우부 4개 창짝 프레임의 중앙점
		창틀프레임 모서리	상부 좌우, 하부 좌우 4개 모서리의 대각선 중앙점
	창짝	창짝 프레임	상부, 하부 및 좌우부 4개 창짝 프레임의 중앙점
		창짝프레임 모서리	상부 좌우, 하부 좌우 4개 모서리의 대각선 중앙점

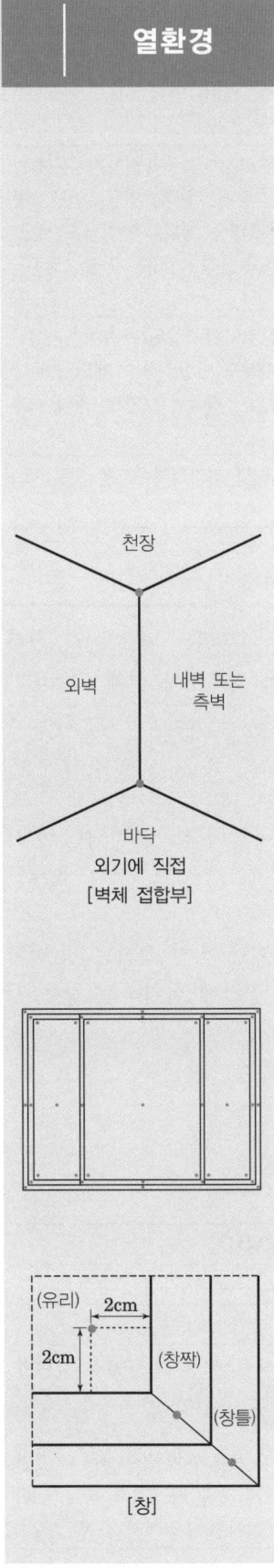

열환경

천장

외벽 / 내벽 또는 측벽

바닥

외기에 직접
[벽체 접합부]

[창]

열환경

9-186	열교, 냉교	
No. 786	Thermal Bridge, Cold Bridge	유형: 현상

I. 정 의

① 열교: 건축물 구성 부위 중에서 단열이 연속되지 않은 경우 국부적으로 열관류율이 커져 실내의 열기가 직접 구조체를 통해 차가운 실외로 이동하는 현상

② 냉교: 건축물 구성 부위 중에서 단열이 연속되지 않은 경우 국부적으로 열관류율이 커져 실외의 냉기가 직접 구조체를 통해 따뜻한 실내로 이동하는 현상

II. 부위별 열교

결로

Key Point

■ 국가표준

■ Lay Out
- 부위별 열교

■ 핵심 단어
- 단열재 시공이 연속되지 못하고 끊기는 열적 취약부위

■ 연관용어
- 단열
- 결로

1) 외벽에서의 열교

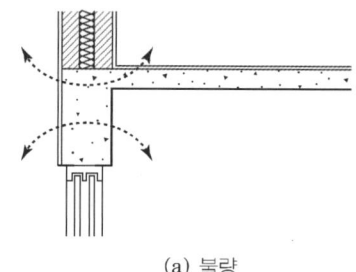
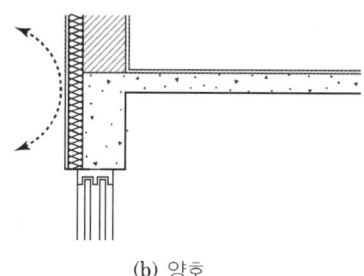

(a) 불량　　　　　　　　(b) 양호

2) 모서리 기둥에서의 열교

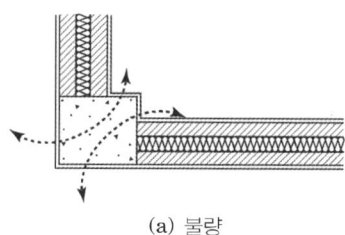
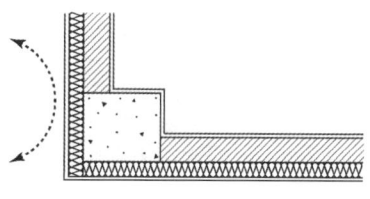

(a) 불량　　　　　　　　(b) 양호

3) 창호에서의 열교

─ 열교현상 피해 ─

• 난방에너지의 증가 (CO_2의 증가)
• 실내 열적 쾌적함의 하락
• 결로현상 및 곰팡이 서식으로 인한 실내 공기질의 하락
• 습기의 유입으로 인한 구조체 및 마감재의 구조적 시각적 문제
• 제반환경으로 인한 건물 가치의 하락 및 내구성 저하로 인한 경제적 손실

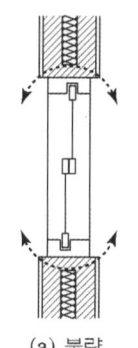
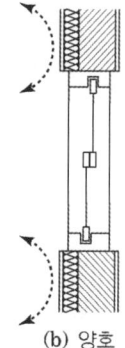

(a) 불량　　　　　　　　(b) 양호

9-187	방습층	
No. 787	vapour barrier, damp-proof course	유형: 공법

열환경

결로
Key Point

■ 국가표준
- KCS 41 41 00

■ Lay Out
- 방습층의 설치위치
- 자재
- 시공

■ 핵심 단어
- 방습재료
- 불투습층

■ 연관용어
- 단열
- 결로

방습층의 위치

- 방습층을 단열재의 실외측에 설치하면 오히려 내부결로가 쉽게 발생한다.
- 단열재의 특성상 투습저항은 매우 작고 열 저항은 아주 크므로 열류는 쉽게 차단하지만 수증기의 이동은 쉽게 이루어져 단열재에 의하여 온도가 떨어진 부분에 고온 다습한 수증기가 이동하여 결로를 발생시킨다.

I. 정 의

① 습기(수증기)가 스며드는 것을 막기 위해 지붕, 천장, 벽, 바닥에 방습 재료를 사용해서 만드는 불투습층

② 지면에 접하는 콘크리트, 블록벽돌 및 이와 유사한 자재로 축조된 벽체 또는 바닥판의 습기 상승을 방지하는 공사나 비 및 이슬에 노출되는 벽면의 흡수 등을 방지하기 위하여 박판 시트계, 아스팔트계, 시멘트 모르타르계 또는 신축성 시트계의 수밀 차단재를 사용하는 방습공사

II. 방습층의 설치위치

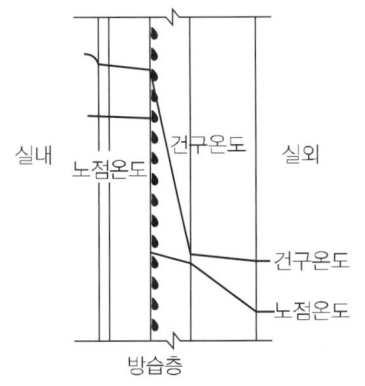

- 방습층을 실내측(고온측)에 설치하면 수증기가 방습층에 의해 차단되어 노점온도곡선이 구조체 온도곡선보다 낮아 결로가 발생하지 않는다.

1) 벽체
- 단열층의 온도가 높은 쪽에 설치하는 것이 효과적이며, 특히 단열재가 벽의 내측에 있는 경우에는 반드시 실내측에 설치

2) 지붕
- 단열재가 천장에 시공된 경우에는 지붕은 차가워지며, 이때 방습층은 단열재의 고온측면에 설치
- 지붕속은 환기를 하는 것이 좋다.

3) 지붕
- 바닥은 개구부가 없고 다른 부위에 비해 기밀성이 높으며, 바닥난방의 경우 표면온도가 높아 결로가 발생할 위험이 적다.
- 마루밑 공간(crawl space) 상부의 마루바닥은 방습층을 반드시 단열재의 상부에 설치해야 한다.
- 지면과 접해 있는 바닥이나 지하실의 외벽에는 지표나 기초부위에서 발생된 수분이 구조체에 침투하는 것을 방지하기 위한 방수처리가 되어야 한다.

Ⅲ. 자재

1) 박판 시트계 방습자재

① 종이 적층 방습자재
  - 아스팔트 또는 내습성 복합물로 적층된 무거운 크라프트지로, 주위가 유리섬유 또는 내구력이 있는 파이버로 보강되어 있는 것

② 적층된 플라스틱 또는 종이 방습자재
  - 탄화폴리에틸렌지와 크라프트지로 적층되고, 글라스 파이버로 보강된 것

③ 펠트, 아스팔트 필름 방습층
  - 아스팔트를 침투시킨 펠트의 적층판이나 파이버로 보강된 방수 아스팔트 또는 두께 0.1mm 이상의 PVC 필름으로 보강된 방수 아스팔트

④ 플라스틱 금속박 방습자재
  - 폴리에스테르 플라스틱 두 장 사이에 적층된 알루미늄박

⑤ 금속박과 종이로 된 방습자재
  - 글라스 파이버로 보강되고, 유연하게 코팅된 크라프트지에 적층된 반사성 알루미늄박

⑥ 금속박과 비닐직물로 된 방습자재
  - 글라스 파이버로 보강된 연회색의 비닐 시트에 반사성의 알루미늄박을 적층한 것

⑦ 금속과 크라프트지로 된 방습자재
  - 전해질의 동 또는 납으로 코팅된 동을 아스팔트로 골판지에 부착한 것

⑧ 보강된 플라스틱 필름 형태의 방습자재
  - 폴리에틸렌 필름 사이에 나일론, 유리섬유 혹은 폴리프로필렌 직물을 적층한 것

2) 신축성 시트계 방습자재

① 비닐 필름 방습지: 가소성 폴리비닐 염화물의 필름

② 폴리에틸렌 방습층: 두께가 0.10mm 이상의 단열 폴리에틸렌 필름

③ 교착성이 있는 플라스틱 아스팔트 방습층: 교착성 고무질 아스팔트 코팅을 한 0.10mm 두께 1겹의 탄화 폴리에틸렌 필름

④ 방습층 테이프: 한 면이 압력에 민감한 교착제가 있는 폴리에스테르 필름 두 장 사이에 적층된 알루미늄박

열환경

3) 품질기준

항목		A종	B종
투습성(투습저항) $m^2 \cdot s \cdot Pa/ng$ {$m^2 \cdot h \cdot mmhg/g$}		$82 \times 10 m^{-3}$ {170} 이상	144×10^{-3} {300} 이상
강도(철침 유지강도) N	23℃	15 이상	
	-5℃	15 이상	
내구성	가열처리 후의 세로방향 인장절단 신장잔율(%)	50 이상	
	알칼리 처리 후의 세로방향 인장절단 신장잔율(%)	80 이상	
발화성		발화하지 않을 것	

Ⅳ. 시공

- 콘크리트, 블록, 벽돌 등의 벽체가 지면에 접하는 곳은 지상 100~ 200mm 내외 위에 수평으로 방습층을 설치한다. 그 자재, 공법의 지정은 설계도서에 따르고, 공사시방에 정한 바가 없을 때는 방수 모르타르 바름(두께 10~20mm)으로 한다.

1. 각종 방습층 공법

1) 아스팔트 펠트, 아스팔트 루핑 등의 방습층
- 아스팔트 펠트, 아스팔트 루핑 등으로 할 때는 밑바탕 면을 수평지 게 평탄히 바르고 아스팔트로 교착하여 댄다.
- 아스팔트 펠트, 아스팔트 루핑 등의 너비는 벽체 등의 두께보다 15mm 내외로 좁게 하고, 직선으로 잘라 쓴다.
- 이음은 100mm 이상 겹쳐 아스팔트로 교착한다.

2) 비닐지의 방습층
- 비닐지는 지정하는 품질과 두께가 있는 자재를 전항에 준하여 시공
- 교착제는 동종의 비닐수지계 교착제 또는 아스팔트를 사용

3) 금속판의 방습층
- 금속판을 쓸 때는 지정하는 재질로서 품질, 두께를 설계도서에 따르고, 이음은 거멀접기 납땜하거나 겹치고 수밀도장 또는 수밀 교착법으로 한다.

4) 방수모르타르의 방습층
- 방수모르타르로 할 때는 바탕면을 충분히 물씻기 청소를 하고, 시멘트 액체 방수 공법에 준하여 시공

2. 방수모르타르 바름

- 바탕이 지나치게 거칠 때는 1회 모르타르 밑바름을 하고, 방수모르 타르를 바른다.
- 방수모르타르의 바름 두께 및 회수는 두께 15mm 내외의 1회 바름 으로 한다.

3. 방습공사 시공법

1) 박판 시트계 방습공사

① 지정된 방습재를 방습재 제조자 지정의 접착제로 바탕에 접착되도록 시공한다.

② 벽이나 바닥, 천장, 지붕, 바닥판 그 밖의 곳에 방습층이 표시되어 있으면 지시된 방법과 자재로 설치한다.

2) 아스팔트계 방습공사

① 돌출부 및 공사 진행에 방해되는 이물질을 깨끗이 청소

② 경사끼움 스트립(켄트 스트립) 및 유사한 부속재를 설치

③ 빈 공간을 잘 메우고 이음 부분은 충전하며 본드 브레이커를 사용하는 곳에는 특히 이어붓기 부분에 주의

④ 액체나 유상액이 배수구나 낙수홈통을 막지 않도록 하고, 다른 공사의 표면으로 쏟아지거나 흘러내리는 것을 막기 위한 덮개를 하여야 한다.

⑤ 아스팔트 경사끼움 스트립수직 방습공사의 밑부분이 수평과 만나는 곳에는 밑변 50mm, 높이 50mm 크기의 경사끼움 스트립을 설치한다.

⑥ 수직 방습공사는 벽을 따라 지표면부터 기초의 윗부분까지 연장하고, 기초 윗부분에는 최소한 150mm 정도 기초의 외면까지 돌려 덮는다.

⑦ 벽이 서로 만나는 부분이나 기초에서는 300mm 정도 방습면을 연장하여야 하지만 공사가 완공되었을 때 외부로 나타나는 부분까지 연장해서는 안 된다.

⑧ 외벽 표면의 가열 아스팔트 방습
  • 보통 지표면 아래 구조벽에 사용된다.
  • 바탕면에 거품이 생길 경우에는 가열 아스팔트를 사용하지 않는다.

⑨ 외부 및 내부 표면의 냉각 아스팔트 방습
  • 외부 표면에는 피치나 아스팔트 방습제 중의 어느 하나를 사용토록 한다.
  • 실내 표면에는 아스팔트만을 사용토록 한다.
  • 방습도포는 도포층을 24시간 동안 양생한 후에 반복하여야 한다.
  • 도포는 첫 번째 도포가 부드럽고 수밀하면서도 광택성이 있는 도포층이 되지 않았을 경우에는 다시 두번 도포를 하여야 하며, 그 두께는 두 배로 해야 한다.

3) 신축성 시트계 방습공사

① 비닐필름 방습층은 접착제로 사용하여 완전하게 금속 바닥판에 밀착되도록 시공한다.

② 완전하고 효과적으로 방습층이 바닥판에 리브로 복합물이 스며들지 않게 한다.

③ 필요한 곳에는 접착제를 사용하고 접착제를 사용할 수 없는 곳에는 못이나 스테이플로 정착한다.

9-188	결로방지 단열공사	
No. 788		유형: 공법·기능

열환경

결로
Key Point

■ 국가표준
- KCS 41 42 03
- 공동주택 결로방지를 위한 상세도 가이드라인

■ Lay Out
- 결로 방지재 설계기준
- 자재
- 시공
- 시공부위

■ 핵심 단어
- 방습재료
- 불투습층

■ 연관용어
- 단열
- 결로

I. 정 의

① 결로를 방지하지 위하여 설치하는 복합 단열재 또는 일반 단열재
② 세대 내 결로 방지를 위하여 벽체에 적용하는 복합단열재 및 천장에 적용하는 일반단열재 설치공사 및 개구부 주위에 설치하는 열교차단재 설치공사에 적용

II. 결로 방지재 설계기준

- 지역별 결로 방지 성능을 만족하기 위한 결로 방지 설계
- 단열재의 단절 없는 방향에서의 보완(접합부 처리) 검토가 가장 중요한 요소

1) 열교차단을 위한 천장 결로방지재 시공기준 (예시: 중부지방)

구분	상세도	중부(단위 : mm)		
		부위	두께(T)	폭(W)
천장		복도측, 북측 (북동, 북서 포함)	15	450
		기타	15	300
		우각부위	15	450×450

입출법 발포폴리스티렌

2) 열교차단을 위한 벽체 결로방지재 시공기준 (예시: 중부지방)

구분	상세도	중부(단위 : mm)		
		부위	두께(T)	폭(W)
천장		복도측, 북측 (북동, 북서 포함)	13	450
		기타	15	300

복합단열재

열환경

Ⅲ. 자재

1) 복합단열재
- 복합 단열재는 발포 폴리스티렌 방습판에 파손방지 등을 위한 폴리프로필렌 표면판, 산화마그네슘보드, 모르타르 등을 부착한 제품으로써 적용부위에 요구되는 단열성능을 만족하는 제품을 사용

2) 폴리프로필렌 표면판
- 중공층을 가진 난연성(2급) 폴리프로필렌판으로 도배지 부착, 보수의 용이성 확보와 변형방지를 위해 노출면을 코팅한 제품이어야 하며, 밀도는 $800g/m^2$ 이상을 권장

3) 산화마그네슘 보드
- 마그네슘, 목분, 펄라이트 등을 혼합한 준불연 평판으로서 흡수율 30% 이하, 흡수에 의한 길이변화율 0.15% 이하, 휨강도 $14N/mm^2$ 이상
- 전단면에 걸쳐 백색의 보드판을 사용하고 마그네슘보드 양면에는 부직포가 부착되어 있어야 하며, 마그네슘보드의 탄성 및 표면온도 유지를 위해 보드상단에 격자 장섬유가 들어 있어야 한다.

4) 모르타르 표면판
- 무수축 모르타르 표면판으로, 발포 폴리스티렌 방습판과의 부착력 확보를 위해 메쉬 등이 들어 있어야 한다.

5) 발포 폴리스티렌 방습판
- 열전도율이 0.031W/mK 이하인 1호를 사용

6) 접착제
- 발포 폴리스티렌 방습판과 표면판의 결합을 위하여 접착제를 사용하는 경우 핫(Hot) 멜트계 등 내수성 접착제를 사용하여 복합 단열재 전체에 균일하게 도포하되 접착열간 간격은 5cm 이내

Ⅳ. 시공

① 단열재의 양쪽 가장자리를 따라 300mm 이내 간격으로 견고하게 고정
② 복합 단열재는 발포 폴리 스틸렌 방습판이 콘크리트가 타설되는 쪽으로 시공
③ 개구부 주위에는 개구부용 거푸집 설치 후 개구부용 열교방지 단열재를 시공
④ 철근배근, 콘크리트 타설 등 후속공사로 인하여 단열재가 손상되지 않도록 주의
⑤ 거푸집을 제거한 후 결로방지 단열재의 이음부, 틈, 못자국, 훼손부위 등은 접착성 프라이머로 도포한 후 단열모르타르 등을 사용하여 훼손깊이까지 충전

열환경

알폼에 고정

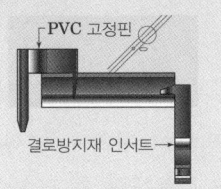

- Steel핀 고정: 고정재를 슬래브 상부 피스고정 후 시공
- PVC핀 고정: PVC 고정핀 사용하여 단열재 파손시키지 않고 고정
- AL Wood Form: AL 패널부위를 코팅합판으로 변경하여 단열재 취부용 못 고정 (벽체)

V. 결로방지재 시공부위

1) 우각부 보강

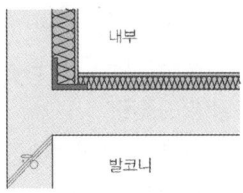

[벽체 우각부 보강]

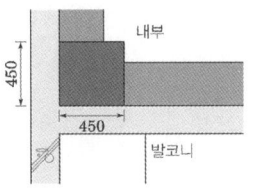

[천장 우각부 보강]

2) Cold Bridge 발생부위 보강

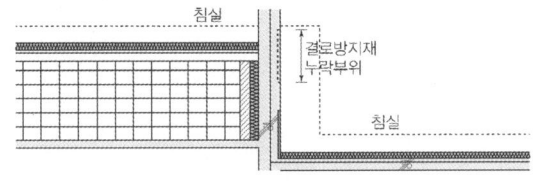

[발코니와 경계부위 거실벽체]

3) 지붕층 역보와 교차하는 하부 천장

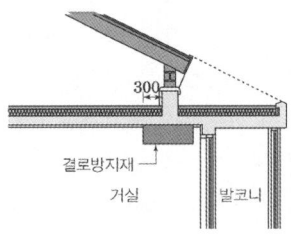

[내벽+역보 교차부위 단면]

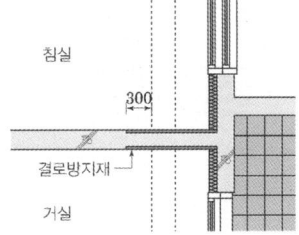

[내벽+역보 교차부위 평면]

4) 외벽에 면한 PD내부

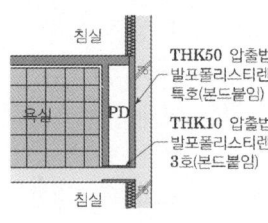

[PD내 결로 보완재 시공]

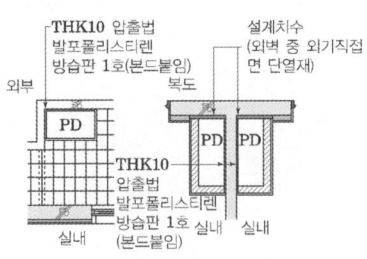

[PD내 결로 보완재 시공]

9-189	공동주택의 비난방 부위 결로방지 방안	
No. 789		유형: 공법·기능

열환경

결로

Key Point

■ 국가표준
- 공동주택 결로방지를 위한 상세도 가이드라인

■ Lay Out
- 부위별 결로방지 방안

■ 핵심 단어
- 고온다습한 공기가 외부로부터 유입

■ 연관용어
- 단열
- 결로

I. 정 의

공동주택 비난방 부위의 표면결로는 연중 일정한 지중 온도의 영향으로 구조체의 온도가 낮고 장마철의 고온 다습한 공기가 외부로 부터 유입되기 때문에 대부분 하절기에 발생한다.

II. 부위별 결로방지 방법

1) 이중벽 시공

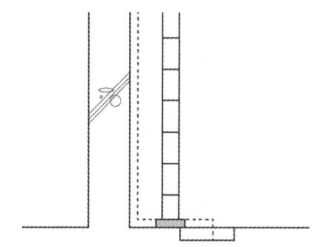

• 내부에 공간 쌓기를 하여 결로 및 누수 처리

2) 배수판+단열재 결합

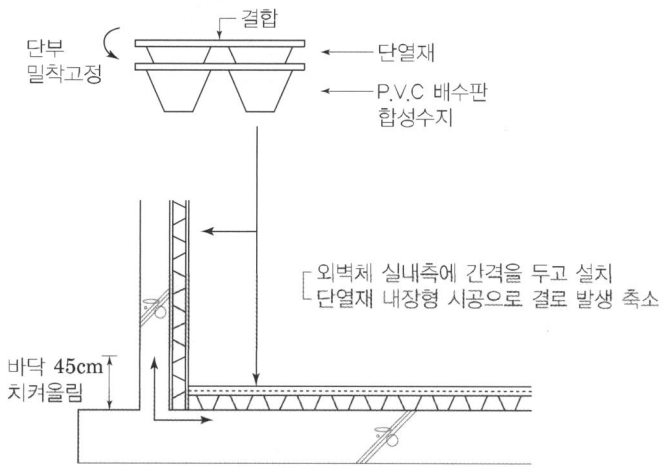

결합
단부 밀착고정
단열재
P.V.C 배수판 합성수지
외벽체 실내측에 간격을 두고 설치
단열재 내장형 시공으로 결로 발생 축소
바닥 45cm 치켜올림

• 배수판의 공간을 통하여 내부 결로수 처리

3) 휀룸 및 Dry area

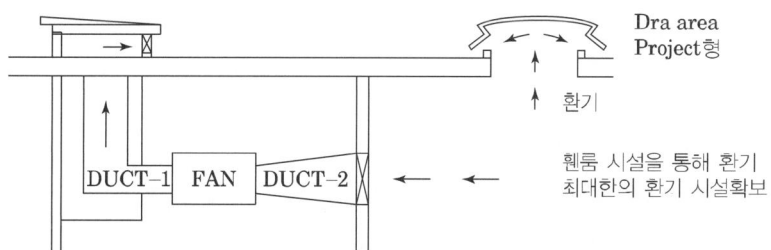

Dra area Project형
환기
DUCT-1 FAN DUCT-2
휀룸 시설을 통해 환기 최대한의 환기 시설확보

열환경

4) Power Fan

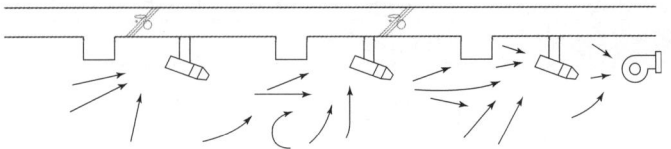

- 전체 환기 방식으로 공기의 신속한 순환

5) 기초바닥 단열재 시공

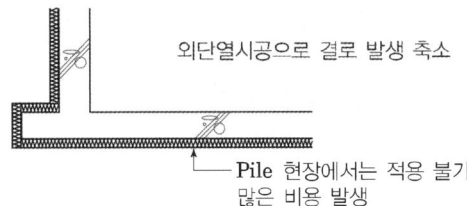

외단열시공으로 결로 발생 축소

└── Pile 현장에서는 적용 불가
  많은 비용 발생

- 전체 환기 방식으로 공기의 신속한 순환

6) 주동통합형 통로 구간
- 주동통합형 지하의 경우 E/V 내부에 제습기를 설치하여 결로방지
- 통로 구간 내부에 송풍기 설치

7) 자연환기 및 채광 가능하게 설계

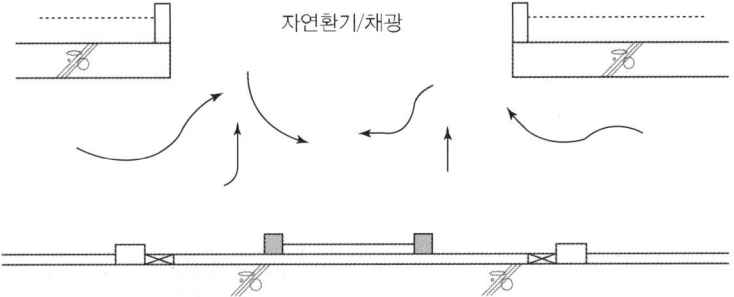

자연환기/채광

- 구조물의 조건별로 최적방법의 설계 및 재료 선정하되 최대한 자연
환기 및 채광이 가능하게 설계

★★★	2. 실내음환경	65.85.127

9-190	층간소음(경량충격음과 중량충격음)	
No. 790		유형: 현상 · 기준

음환경

층간소음

Key Point

☑ 국가표준
- KS F ISO 717 경량충격음 레벨
- KS F 2810 바닥충격음 차단성능 측정
- KS F 2810-1 표준 경량 충격원에 의한 방법
- KS F 2810-2 바닥충격음 차단성능의 측정
- KS M ISO 845 밀도측정
- KS M ISO 4898 흡수량 측정
- KS F 2868 동탄성계수와 손실계수
- 공동주택 층간소음의 범위와 기준에 관한 규칙 2023.01.02
- 소음방지를 위한 층간 바닥충격음 차단 구조 기준 2018.09.21
- 공동주택 바닥충격음 차단구조 인정 및 검사기준 23.02.09
- 주택건설기준 등에 관한 규정 22.12.08

☑ Lay Out
- 층간소음의 범위와 기준
- 바닥충격음 차단성능의 등급기준
- 표준바닥구조
- 공동주택 바닥충격음 차단구조 인정 및 검사기준

☑ 핵심 단어

☑ 연관용어
- No. 791~794

I. 정 의

① 경량충격음: 비교적 가볍고 딱딱한 충격에 의한 바닥충격음(49dB 이하)

② 중량충격음: 무겁고 부드러운 충격에 의한 바닥충격음 (49dB 이하)

II. 층간소음의 범위와 기준

1) 층간소음의 범위

> 공동주택 층간소음의 범위는 입주자 또는 사용자의 활동으로 인하여 발생하는 소음으로서 다른 입주자 또는 사용자에게 피해를 주는 다음 각 호의 소음으로 한다. 다만, 욕실, 화장실 및 다용도실 등에서 급수 · 배수로 인하여 발생하는 소음은 제외한다.

직접충격 소음	• 뛰거나 걷는 동작 등으로 인하여 발생하는 소음
공기전달 소음	• 텔레비전, 음향기기 등의 사용으로 인하여 발생하는 소음

- 기타: 문, 창문 등을 닫거나 두드리는 소음, 망치질, 톱질 등에서 발생하는 소음, 탁자나 의자 등 가구를 끌면서 나는 소음, 헬스기구, 골프연습기 등의 운동기구를 사용하면서 나는 소음

2) 층간소음의 기준 - 23.01.02

층간소음의 구분		층간소음의 기준 [단위: dB(A)]	
		주간 (06:00 ~ 22:00)	야간 (22:00 ~ 06:00)
직접충격 소음	1분간 등가소음도(Leq)	39	34
	최고소음도(Lmax)	57	52
공기전달 소음	5분간 등가소음도(Leq)	45	40

- 직접충격 소음은 1분간 등가소음도(Leq) 및 최고소음도(Lmax)로 평가하고, 공기전달 소음은 5분간 등가소음도(Leq)로 평가한다.
- 소음 · 진동 관련 공정시험기준 중 동일 건물 내에서 사업장 소음을 측정하는 방법을 따르되, 1개 지점 이상에서 1시간 이상 측정하여야 한다.
- 최고소음도(Lmax)는 1시간에 3회 이상 초과할 경우 그 기준을 초과한 것으로 본다.
- 2024년 12월 31일까지는 위 표 제1호에 따른 기준에 5dB(A)을 더한 값을 적용하고, 2025년 1월 1일부터는 2dB(A)을 더한 값을 적용한다.

음환경

용어-23.02.09개정

- 경량충격음레벨 (49dB 이하)
- KS F ISO 717-2에서 규정하고 있는 평가방법 중 "가중 표준화 바닥충격음레벨"

- 중량충격음레벨 (49dB 이하)
- KS F ISO 717-2에서 규정하고 있는 평가방법 중 "A-가중 최대 바닥충격음레벨"

- 표준바닥 구조
- 중량충격음 및 경량충격음을 차단하기 위하여 콘크리트 슬래브, 단열완충재, 마감모르타르, 바닥마감재 등으로 구성된 일체형 바닥구조

- 바닥 충격음 차단구조
- 바닥충격음 차단구조의 성능 등급을 인정하는 기관의 장이 차단구조의 성능[중량충격음(무겁고 부드러운 충격에 의한 바닥충격음을 말한다) 49데시벨 이하, 경량충격음(비교적 가볍고 딱딱한 충격에 의한 바닥충격음을 말한다) 49 데시벨 이하]을 확인하여 인정한 바닥구조

III. 바닥충격음 차단성능의 등급기준 - 23.01.02

1) 경량충격음

(단위: dB)

등급	가중 표준화 바닥충격음 레벨
1급	$L'n, AW \leq 37$
2급	$37 < L'n, AW \leq 41$
3급	$41 < L'n, AW \leq 45$
4급	$45 < L'n, AW \leq 49$

2) 중량충격음

(단위: dB)

등급	A-가중 최대 바닥충격음레벨
1급	$L'i, Fmax, AW \leq 37$
2급	$37 < L'i, Fmax, AW \leq 41$
3급	$41 < L'i, Fmax, AW \leq 45$
4급	$45 < L'i, Fmax, AW \leq 49$

IV. 표준바닥구조

1) 표준바닥구조-1

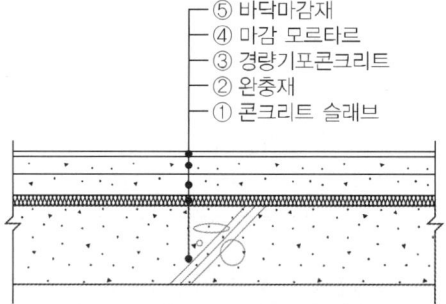

- ⑤ 바닥마감재
- ④ 마감 모르타르
- ③ 경량기포콘크리트
- ② 완충재
- ① 콘크리트 슬래브

형식	구조	① 콘크리트슬래브	② 완충재	③ 경량기포콘크리트	④ 마감 모르타르
I	벽식 및 혼합구조	210mm 이상	20mm 이상	40mm 이상	40mm 이상
	라멘구조	150mm 이상			
	무량판구조	180mm 이상			
II	벽식 및 혼합구조	210mm 이상	20mm 이상	-	40mm 이상
	라멘구조	150mm 이상			
	무량판구조	180mm 이상			

- 가중 바닥충격음 레벨감쇠량
- KS F 2865에서 규정하고 있는 방법으로 측정한 바닥 마감재 및 바닥 완충구조의 바닥충격음 감쇠량을 KS F 2863-1의 '6. 바닥충격음 감쇠량 평가방법'에 따라 평가한 값

- 음원실
- 경량 및 중량충격원을 바닥에 타격하여 충격음이 발생하는 공간

- 수음실
- 음원실에서 발생한 충격음을 마이크로폰을 이용하여 측정하는 음원실 바로 아래의 공간

- 수음실
- "벽식 구조"라 함은 수직하중과 횡력을 전단벽이 부담하는 구조를 말한다.

- 라멘구조
- 이중골조방식과 모멘트골조방식으로 구분할 수 있으며, "이중골조방식"이란 횡력의 25 이상을 부담하는 모멘트 연성골조가 전단벽이나 가새골조와 조합되어 있는 골조방식을 말하고, "모멘트골조방식"이란 보와 기둥으로 구성한 라멘골조가 수직하중과 횡력을 부담하는 방식을 말한다. 이 경우 라멘구조는 제5호의 "가중 바닥충격음레벨 감쇠량"이 13데시벨 이상인 바닥마감재나 제33조제1항 각 호의 성능을 만족하는 20밀리미터 이상의 완충재를 포함하여야 한다.

2) 표준바닥구조-2

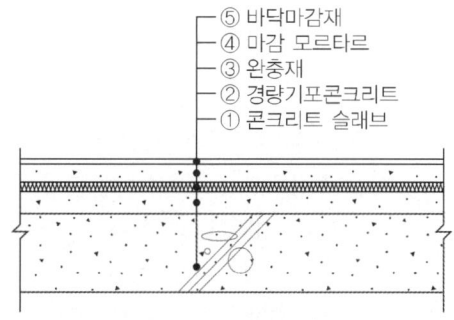

- ⑤ 바닥마감재
- ④ 마감 모르타르
- ③ 완충재
- ② 경량기포콘크리트
- ① 콘크리트 슬래브

형식	구조	① 콘크리트슬래브	② 경량기포콘크리트	③ 완충재	④ 마감 모르타르
I	벽식 및 혼합구조	210mm 이상	40mm 이상	20mm 이상	40mm 이상
	라멘구조	150mm 이상			
	무량판구조	180mm 이상			
II	벽식 및 혼합구조	210mm 이상	-	20mm 이상	40mm 이상
	라멘구조	150mm 이상			
	무량판구조	180mm 이상			

3) 표준바닥구조-3

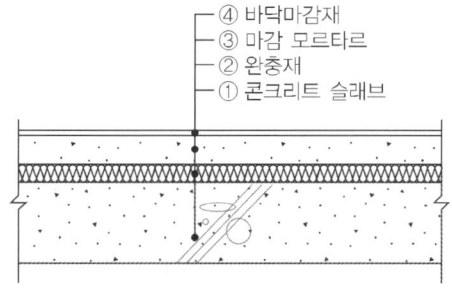

- ④ 바닥마감재
- ③ 마감 모르타르
- ② 완충재
- ① 콘크리트 슬래브

형식	구조	① 콘크리트슬래브	② 완충재	③ 마감 모르타르
I	벽식 및 혼합구조	210mm 이상	40mm 이상	50mm이상
	라멘구조	150mm 이상		
	무량판구조	180mm 이상		

음환경

층간소음 사후 확인제

- 아파트 등 공동주택 사업자가 아파트 완공 뒤 사용승인을 받기 전 바닥충격음 차단성능을 확인하는 성능검사를 실시해 검사기관에 제출하도록 한 제도
- 경량 충격음 측정(Tapping Machie)
- 충격주기 및 충격력을 보완하여 실생활의 충격력과 추종성이 좋은 충격원으로 개발
- 중량 충격음 측정(Impact ball)
- 1m 높이에서 자유낙하 하여 충격음 발생
- 2.5kg 고무공을 1m 높이에서 자유낙하, 중앙점 4개소 이상 타결 충격량이 150~250kg 수준

바닥충격음 차단성능의 확인방법

- 측정대상세대의 선정방법
- 하나의 동인 경우에는 중간층과 최상층의 측벽에 면한 각 1세대 이상과 중간층의 중간에 위치한 1세대 이상으로 한다.
- 하나의 동에 서로 다른 평형이 있을 경우에는 평형별로 3개 세대를 선정하여 측정을 실시
- 2동이상인 경우에는 평형별 1개동 이상을 대상으로 중간층과 최상층의 측벽에 면한 각 1세대이상과 중간층의 중간에 위치한 1세대 이상
- 측정대상공간 선정방법
- 바닥충격음 차단성능의 확인이 필요한 단위세대 내에서의 측정대상공간은 거실(living room)로 한다. 단, 거실(living room)과 침실의 구분이 명확하지 않은 소형평형의 공동주택의 경우에는 가장 넓은 공간을 측정대상공간으로 한다.

V. 공동주택 바닥충격음 차단구조 인정 및 검사기준 23.02.09

1. 인정을 위한 시험조건 및 규모

- 인정대상 바닥충격음 차단구조에 대한 바닥충격음 차단성능 시험은 공동주택 시공현장 또는 표준시험실에서 실시할 수 있다.
- 측정대상 음원실(音源室)과 수음실(受音室)의 바닥면적은 20제곱미터 미만과 20제곱미터 이상 각각 2곳으로 한다.
- 측정대상공간의 장단변비는 1:1.5 이하의 범위, 측정대상공간의 반자높이는 2.1미터 이상
- 수음실 상부 천장은 슬래브 하단부터 150밀리미터 이상 200밀리미터 이내의 공기층을 두고 반자는 석고보드 9.5밀리미터를 설치하거나 공동주택 시공현장의 천장구성을 적용
- 바닥면적이나 평면형태가 다른 2개 세대를 대상으로 실시
- 현장에서 시험을 실시할 경우에는 2개동에서 각각 1개 세대 전체에 신청한 구조를 시공하고 시공된 시료를 대상으로 각 세대 1개 이상의 공간에서 시험을 실시
- 표준시험실에서 실시할 경우에는 2개 세대 전체에 신청된 바닥충격음 차단구조를 시공하고 시공된 시료를 대상으로 각 세대 1개 이상의 공간에서 시험을 실시

2. 바닥충격음 차단성능 측정 및 평가방법

1) 측정방법
   ① 바닥충격음 차단성능의 측정은 KS F ISO 16283-2에서 규정하고 있는 방법에 따라 실시
   ② 경량충격음레벨 및 중량충격음레벨을 측정
   ③ 수음실에 설치하는 마이크로폰의 높이는 바닥으로부터 1.2m로 하며, 거리는 벽면 등으로부터의 0.75m(수음실의 바닥 면적이 $14m^2$ 미만인 경우에는 0.5m) 떨어진 지점으로 한다.

2) 측정결과의 평가방법
   ① 바닥충격음 측정결과는 역A특성곡선에 따른 평가방법을 이용하여 평가
   ② 바닥 면적이나 평면형태가 다른 2개 세대를 대상으로 한 성능시험 결과 각각 성능이 다르게 평가된 경우에는 충격음레벨이 높게 평가된 측정결과로 평가
   ③ 표준중량충격력 특성 2로 바닥충격음 차단구조의 중량충격원 성능 인정 시험을 실시한 경우에는 평가한 결과에 3dB을 더한 수치로 성능등급을 확인

음환경

3. 바닥충격음 차단성능의 확인방법

1) 측정위치
- 바닥충격음 시험을 위한 음원실의 충격원 충격위치는 중앙점을 포함한 4개소 이상으로 하고, 수음실의 마이크로폰 설치위치는 4개소 이상으로 하여야 한다. 실내 흡음력 산출 시 적용되는 측정대상공간의 용적은 실제측정이 이루어지고 있는 공간으로 하되 개구부(문 또는 창 등)가 있는 경우에는 닫은 상태에서 측정하거나 용적을 산출

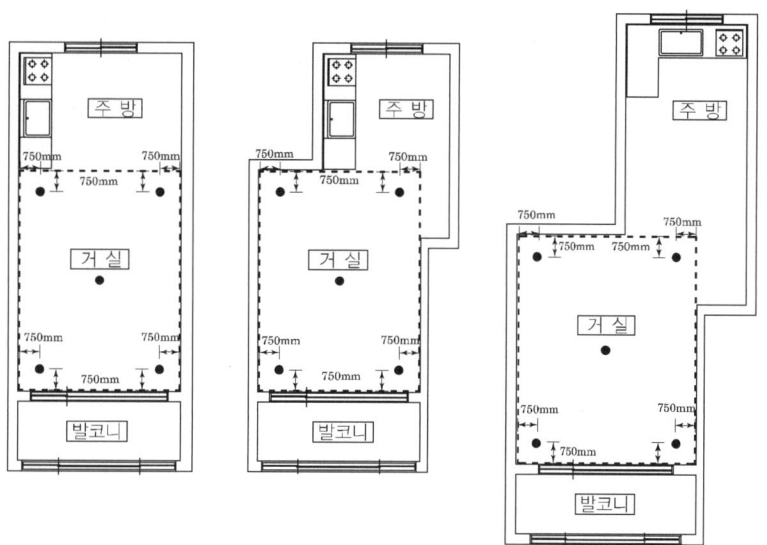

- 측정위치(충격원 충격위치 및 마이크로폰 위치)

4. 완충재의 성능기준

1) 품질 및 시공방법
- 콘크리트 바닥판의 품질 및 시공방법: 3m당 7mm 이하의 평탄을 유지할 수 있도록 마무리
- 바닥에 설치하는 완충재는 완충재 사이에 틈새가 발생하지 않도록 밀착시공
- 접합부위는 접합테이프 등으로 마감
- 측면 완충재는 마감 Mortar가 벽에 직접 닿지 아니하도록 하여야 한다.
- 인정을 받은 자는 현장에 반입되는 완충재 등 바닥충격음을 줄이기 위해 사용한 주요 구성품에 대해서는 감리자 입회하에 샘플을 채취한 후 인정기관이나 공인시험기관에서 시험을 실시
- 사업주체는 감리자가 제출한 바닥구조 시공확인서를 사용검사 신청 시 제출

2) 완충재 등의 성능평가기준 및 시험방법
- 밀도: KS M ISO 845에서 정하고 있는 시험방법에 따라 측정하여야 하며, 시험결과에는 완충재의 구성상태나 형상에 대한 설명이 포함되어야 한다.

음환경

- 동탄성계수와 손실: KS F 2868에서 정하고 있는 시험방법에 따라 측정하며, 하중판을 거치한 상태에서 48시간 이후에 측정한다.
- 흡수량: KS M ISO 4898에서 정하고 있는 시험방법
- 가열 후 치수안정성: KS M ISO 4898에서 정하고 있는 시험방법 (70℃, 48시간 동안 KS F 2868에서 사용하는 하중판을 완충재 상부에 거치한 상태에서 가열)에 따라 측정한 값이 5% 이하
- KS M ISO 4898에서 정하고 있는 치수안정성 시험방법(70℃, 48시간 동안 KS F 2868에서 사용하는 하중판을 완충재 상부에 거치한 상태에서 가열)에 따라 가열하고 난 후 완충재의 동탄성계수는 가열하기 전 완충재의 동탄성계수보다 20%를 초과 금지
- 잔류변형량: KS F 2873에서 정하고 있는 시험방법에 따라 측정한 값이 시료초기 두께(dL)가 30mm 미만은 2mm 이하, 30mm 이상은 3mm 이하가 되어야 한다.

음환경

9-191	층간소음 저감기술	
No. 791		유형: 공법·기준

층간소음

Key Point

■ 국가표준
- KS F ISO 717 경량충격음레벨
- KS F 2810 바닥충격음 차단성능 측정
- KS F 2810-1 표준 경량 충격원에 의한 방법
- KS F 2810-2 바닥충격음 차단성능의 측정
- KS M ISO 845 밀도측정
- KS M ISO 4898 흡수량 측정
- KS F 2868 동탄성계수와 손실계수
- 공동주택 층간소음의 범위와 기준에 관한 규칙 2023.01.02
- 소음방지를 위한 층간 바닥충격음 차단 구조기준 2018.09.21
- 공동주택 바닥충격음 차단구조 인정 및 검사기준 23.02.09
- 주택건설기준 등에 관한 규정 22.12.08

■ Lay Out
- 층간소음의 범위와 기준
- 바닥충격음 차단성능의 등급기준
- 표준바닥구조
- 공동주택 바닥충격음 차단구조 인정 및 검사기준

■ 핵심 단어

■ 연관용어
- No. 791~794

I. 정 의

바닥 충격음은 바닥 slab에 충격을 가하였을 때 발생되는 고체 전달음으로 구조체를 따라 전달되어 전달속도가 빠르고 감쇄가 적어 소리가 멀리까지 크게 전달되기 때문에 전달이 최소화 될 수 있는 구조의 설계와 재료 선정이 무엇보다 중요하다.

II. 층간소음 저감기술

1. 신축 공동주택

1) 구조시스템 변경

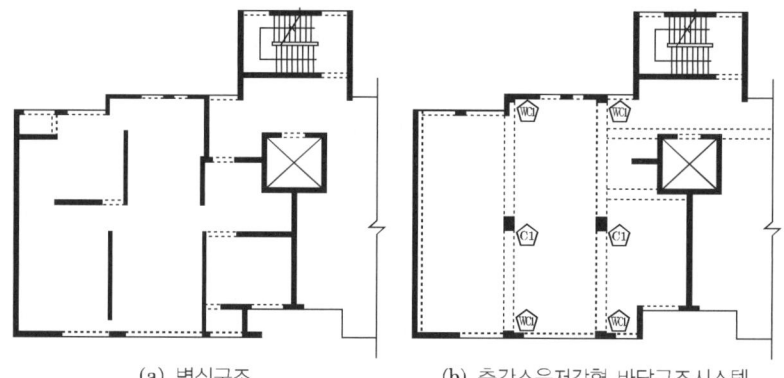

(a) 벽식구조   (b) 층간소음저감형 바닥구조시스템

- 벽식구조시스템의 내력벽을 기둥식으로 변경하여 수직부재를 통해 전달되는 진동을 저감

2) 완충재의 성능개선
- 두께보다 재질이 중요하며, 단일 완충재
- 성능평가기준에 의한 완충재 적용

3) 설비 소음 저감

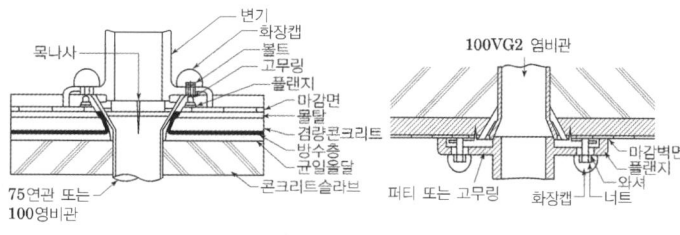

[바닥 플랜지 시공]   [벽 플랜지 시공]

- 양변기 시공 시 반드시 플랜지를 사용한다.
- 덕트내의 흡음재 시공
- 송풍기에 흡음장치 및 소음기 설치

- 파이프 샤프트의 취치 및 설비 코어의 위치, 급수기구와 위생기구의 부착위치 조정
- 저소음 엘보 및 3중 엘보 사용

4) 중공 Slab 적용

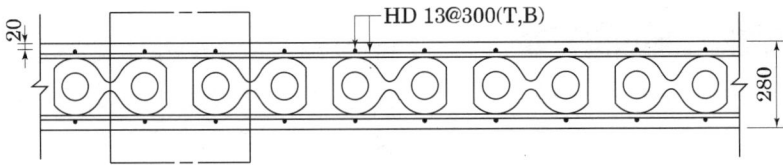

- 중공체를 활용하여 공간 확보를 통한 소음전달 감소

5) 층상배관
  - 설비배관을 층상배관으로 설계하여 화장실 층간소음 축소
6) 이중천장의 설치
  - 공기층을 충분히 하고 천장재의 면밀도를 크게 하여 방진지지 하면 바닥충격음레벨을 감소시킬 수 있다.

2. 리모델링
- 바닥 및 천장면 소음 저감재 이중 설치
- 맞춤형 설계(제한적 평면, 구조, 재료) 및 효율적인 적용기술 개발

3. 거주중인 공동주택
- 입주민이 참여하는 자율협약 제정
- 층간소음 관리위원회 구성(5인 이상)
- 전문교육 실시
- 제정된 운영규칙 배포 후 적용
- 술 개발

9-192	바닥충격음 차단 인정구조	
No. 792		유형: 현상·기준

음환경

층간소음
Key Point

☑ 국가표준
- KS F ISO 717 경량충격음레벨
- KS F 2810 바닥충격음 차단성능 측정
- KS F 2810-1 표준 경량 충격원에 의한 방법
- KS F 2810-2 바닥충격음 차단성능의 측정
- KS M ISO 845 밀도측정
- KS M ISO 4898 흡수량 측정
- KS F 2868 동탄성계수와 손실계수
- 공동주택 층간소음의 범위와 기준에 관한 규칙 2023.01.02
- 소음방지를 위한 층간 바닥충격음 차단 구조 기준 2018.09.21
- 공동주택 바닥충격음 차단구조 인정 및 검사기준 23.02.09
- 주택건설기준 등에 관한 규정 22.12.08

☑ Lay Out
- 바닥충격음 차단성능의 등급기준
- 표준바닥구조
- 공동주택 바닥충격음 차단구조 인정 및 검사기준

☑ 핵심 단어

☑ 연관용어
- No. 790~794

I. 정 의

바닥충격음 성능시험의 결과로부터 바닥충격음 성능등급 인정기관의 장이 차단구조의 성능을 확인하여 인정한 바닥구조

II. 바닥충격음 차단성능의 등급기준 - 23.01.02

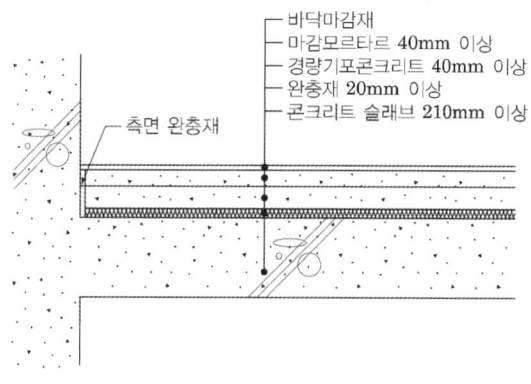

바닥마감재
마감모르타르 40mm 이상
경량기포콘크리트 40mm 이상
완충재 20mm 이상
콘크리트 슬래브 210mm 이상

측면 완충재

1) 경량충격음

(단위: dB)

등급	가중 표준화 바닥충격음 레벨
1급	$L'n,AW \leq 37$
2급	$37 < L'n,AW \leq 41$
3급	$41 < L'n,AW \leq 45$
4급	$45 < L'n,AW \leq 49$

2) 중량충격음

(단위: dB)

등급	A-가중 최대 바닥충격음레벨
1급	$L'i,Fmax,AW \leq 37$
2급	$37 < L'i,Fmax,AW \leq 41$
3급	$41 < L'i,Fmax,AW \leq 45$
4급	$45 < L'i,Fmax,AW \leq 49$

9-193	Bang Machine	
No. 793		유형: 기계·장비·성능

음환경

층간소음
Key Point

☑ **국가표준**
- KS F ISO 717 경량충격음레벨
- KS F 2810 바닥충격음 차단성능 측정
- KS F 2810-1 표준 경량 충격원에 의한 방법
- KS F 2810-2 바닥충격음 차단성능의 측정
- KS F 2868 동탄성계수와 손실계수
- 공동주택 층간소음의 범위와 기준에 관한 규칙 2023.01.02
- 소음방지를 위한 층간 바닥충격음 차단 구조 기준 2018.09.21
- 공동주택 바닥충격음 차단구조 인정 및 검사기준 23.02.09

☑ **Lay Out**
- 바닥충격음 측정기기 구성도
- 충격원의 장비사양
- 충격원의 종류
- 차단성능 확인방법

☑ **핵심 단어**

☑ **연관용어**
- No. 790~794

• signal-to-noise ratio

I. 정 의

① 7.3kg의 타이어를 1m 높이에서 타격하여 420kg 수준의 충격량이 전달되는 정도를 측정하는 표준 충격원

② 사람의 보행, 어린이의 뛰는 행위 등 부드럽고 무게 있는 중량 충격음을 측정하는 충격원이다.

II. 바닥충격음 측정기기 구성도

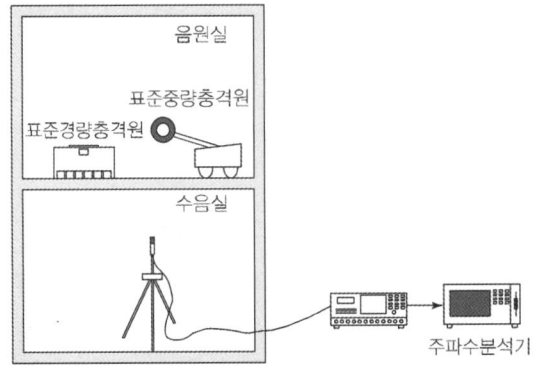

III. 충격원의 장비사양

1) Tapping Machine

태핑 머신의 사양
- 임팩트 해머 개수: 5개
- 해머 간 거리: 100±3mm
- 각 해머의 질량: 500±12g
- 해머의 자유 낙하 위치: 40±1mm
- 해머 간 자유 낙하 시간차: 100±5ms
- 해머 타격부 직경(원통형): 30±0.2mm
- 해머 타격부 곡률 반지름(구형): 500±100mm
- 해머의 충돌 속도: 0.886±0.022m/s
- 해머의 낙하 방향: 수직±0.5°
- 해머가 충격으로부터 들어 올려질 때 까지의 시간: 80m/s
- 머신의 4점 지지대는 진동 절연 패드 부착되어 있어야 함

2) Bang Machine

뱅 머신의 사양
- 가진기 헤드: 타이어
- 타이어 유효 질량: 7.3±0.2kg
- 타이어 공기압: (2.4±0.2)×105Pa(=24PsI)
- 반발계수: 0.8±0.1
- 자유 낙하 높이: 85±10cm
- 바닥에 접하는 부분의 타이어 곡률 반지름: 902~250cm의 볼록 면
- 바닥면의 접촉 면적: 250m^2 이하
- 충격 시간: 20±2ms
- 타이어 공기압에 따라 충격력이 달라지기 때문에 3급 이상의 압력계로 교정이 필요

음환경

[Tapping Machine]

[Bang Machine]

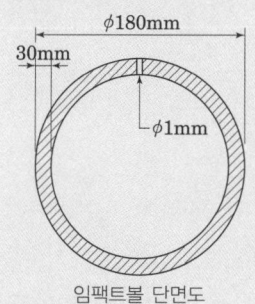

임팩트볼 단면도

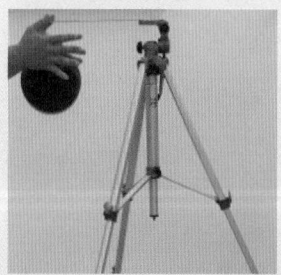

[Impact ball]

Impact ball

- 뱅머신의 단점을 보완하여 개발
- 1m 높이에서 자유낙하 하여 충격음 발생
- 2.5kg 고무공을 1m 높이에서 떨어뜨리는 방법으로 충격량이 150~250kg 수준

Ⅳ. 충격원의 종류

구분	측정음	내용
Tapping machine	경량충격음	• 비교적 가볍고 딱딱한 충격에 대응 • 충격주기 및 충격력을 보완하여 실생활의 충격력과 추종성이 좋은 충격원으로 개발 • 정상음이라고 여겨질 정도의 짧은 주기와 S/N비가 강한 충격원 • 고강성 슬래브 위에 하이힐을 신고 다닐 때 발생하는 고음역의 바닥충격음에 적합한 충격원
Bang machine	중량충격음	• 무겁고 부드러운 소리 • 충격음의 지속시간이 길고, 큰 충격력을 가지는 소음 • 잔향이 남아 사람으로 하여금 불쾌감을 갖게하는 소음 • 사람의 보행, 어린이의 뛰는 행위 등 • 주요 민원발생 바닥 충격원
Impact ball	중량충격음	• Bang machine으로 측정이 곤란한 경량구조의 건물에서 바닥충격음의 측정이 가능하도록 고안된 충격원 • 어린이가 뛰고 달릴 때 저주파 대역에서 충격력이 높게 나타난다는 연구결과를 토대로 개발 • 1m 높이에서 자유낙하 하여 충격음 발생

Ⅴ. 바닥충격음 차단성능의 확인방법

- 바닥충격음 시험을 위한 음원실의 충격원 충격위치는 중앙점을 포함한 4개소 이상으로 하고, 수음실의 마이크로폰 설치위치는 4개소 이상으로 하여야 한다. 실내 흡음력 산출 시 적용되는 측정대상공간의 용적은 실제측정이 이루어지고 있는 공간으로 하되 개구부(문 또는 창 등)가 있는 경우에는 닫은 상태에서 측정하거나 용적을 산출

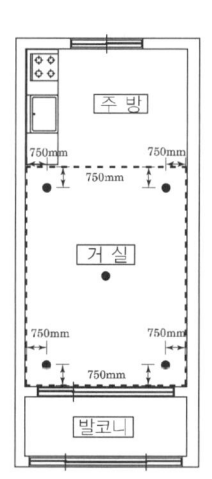

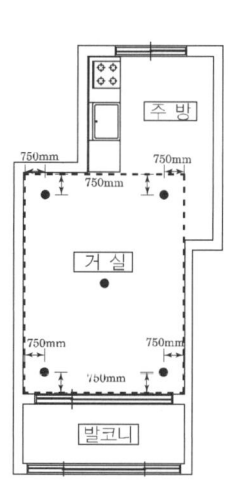

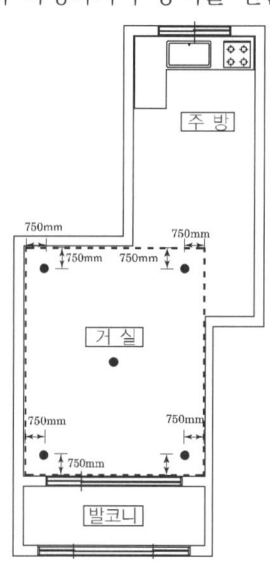

- 측정위치(충격원 충격위치 및 마이크로폰 위치)

음환경

9-194	뜬바닥 구조	
No. 794	Floating floor	유형: 구조 · 공법 · 기능

층간소음

Key Point

■ 국가표준
- 소음방지를 위한 층간 바닥충격음 차단 구조 기준 2018.09.21
- 공동주택 바닥충격음 차단구조 인정 및 검사기준 23.02.09

■ Lay Out
- 뜬바닥 구조
- 구성요소

■ 핵심 단어
- 바닥 자체를 구조체의 바닥 슬래브와 분리

■ 연관용어
- No. 790~794

I. 정 의

바닥 Slab에 충격을 가하였을 때 발생되는 고체 전달음이 구조체를 따라 전달되지 않도록 하기 위해서, 바닥 자체를 구조체의 바닥 Slab와 분리시켜 띄운 바닥구조

II. 뜬바닥 구조

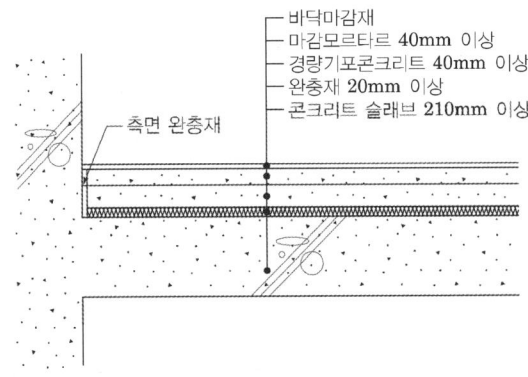

바닥마감재
마감모르타르 40mm 이상
경량기포콘크리트 40mm 이상
완충재 20mm 이상
콘크리트 슬래브 210mm 이상

측면 완충재

III. 구성요소

1) 바닥완충재
   - 바닥에 설치하는 완충재는 완충재 사이에 틈새가 발생하지 않도록 밀착시공
2) 측면완충재
   - 마감용 시멘트 모르타르의 마감선에 맞추어 측면에 부착
3) 경량기포 콘크리트
   - 차음재 상부에 두께 40mm 이상, 0.5품 이상 품질기준에 적합한 경량기포 콘크리트 타설
4) 마감용 시멘트 모르타르
   - 7일 압축강도: 14MPa 이상
   - 28일 압축강도: 21MPa 이상
   - 두께: 40mm 이상

9-195	흡음과 차음	
No. 795	Sound Absorption, insulation of sound	유형: 공법

음환경

음환경
Key Point

■ 국가표준

■ Lay Out
- 흡음과 차음의 개념
- 음향재료의 구분
- 흡음과 차음공사

■ 핵심 단어
- 에너지가 반사하는 것을 감소시키는 것
- 음의 에너지를 한 공간에서 다른 공간으로 투과하는 것을 감소시키는 것

■ 연관용어
- No. 769, 998

• Sound Transmission Class (투과손실)
- 음향의 재료 또는 재료의 조합을 바탕으로 공기 전파음의 투과를 차단하는 성질을 나타내는 값
- 소음이 물컵에 담긴 물이라고 생각하면 밖으로 새어나가지 않기 위해 물컵을 더 두껍게 만드는 것
- STC가 높을수록 소음이 투과되는 것을 막는 효과가 높다는 것을 의미
- 1m 높이에서 자유낙하 하여 충격음 발생
• Noise Reduction Coefficient (소음 감소율)
- 소음을 얼마나 감소하는지 정도를 나타내는 값 (흡음)
- 재료가 얼마나 음을 흡수하여 소음을 감소시킬 수 있는지를 보여주는 값
- 소음을 물컵에 담긴 물이라고 가정하면 물컵의 물을 스폰지를 사용해서 흡수하여 없앤다고 볼 수 있다.

I. 정 의

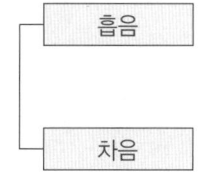

• 음의 Energy가 구조체나 부재의 재료표면 등에 부딪혀서 침입된 소음을 흡음재나 공명기를 이용하여 에너지가 반사하는 것을 감소시키는 것

• 음의 Energy에 진동하거나 진동을 전하지 않는 차음재를 사용하여 음의 에너지를 한 공간에서 다른 공간으로 투과하는 것을 감소시키는 것

II. 흡음과 차음의 개념

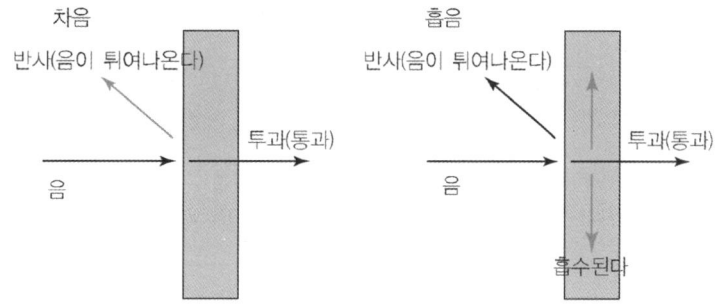

III. 음향재료의 구분

1. 흡음재의 종류와 특성

• 공기 중 음을 전파하여 입사한 음파가 반사되는 양이 작은 재료로서 주로 천장, 벽 등의 내장재료로 사용
• 실내의 잔향시간을 줄이며, 메아리 등의 음향장애 현상을 없애고 실내의 음압레벨을 줄이기 위해 사용

1) 다공성 흡음재(Porous Type Absorpition)
• 다공성 흡음재는 Glass Wool, Rock wool, 광물면, 식물 섬유류, 발포플라스틱과 같이 표면과 내부에 미세한 구멍이 있는 재료로서 음파는 이러한 재료의 좁은 틈 사이의 공기속을 전파할 때 주위 벽과의 마찰이나 점성저항 등에 의해 음에너지의 일부가 열에너지로 변하여 흡수된다.

2) 공명기형 흡음재(Resonator Type Absorpition)
• 공동(Cavity)에 구멍이 나있는 형의 공명기에 음이 닿으면, 공명주파수 부근에서 구멍부분의 공기가 심하게 진동하면서 그때의 마찰열로 음에너지가 흡수된다.

음환경

3) 판상형 흡음재(Membrane Type Absorpition)
- 합판, 섬유판, 석고보드, 석면슬레이트, 플라스틱판 등의 얇은 판에 음이 입사되면 판진동이 일어나서 음에너지의 일부가 그 내부 마찰에 의하여 흡수된다.

2. 차음재료

- 공음의 전달경로를 도중에서 벽체 재료로 감쇠시키기 위해 사용
- 콘크리트 블록 건축용재, 건설. 토목용재 등이 소음방지 목적에 사용

Ⅳ. 흡음 및 차음공사

1. 흡음재료의 구분

구 분	성분 현상	종 류
다공질 흡음재	섬유상, Chip, Fine상	Glass Wool, Rock Wool, Stainless Wool등 콜크판, 석고보드, 모래, 콘크리트블록
공명형 흡음재	공판, Silt판상	석면, Aluminum판, 합성수지판 등
판진동형 흡음재	판상	베니어 합판, 석면 시멘트판

2. 차음재료의 구분

구 분	종 류
단일벽(일체진동벽)	콘크리트벽, 벽돌벽, 블록벽 등
이중벽(다공질 흡음재료충진)	석면, 슬레이트판, 목모 시멘트판, 베니어판
샌드위치패널	Glass Wool, Rock Wool. 스치로폴, 우레탄, 하니컴, 합판
다중벽 (3중벽 이상)	단일벽을 여러겹으로 설비

- 흡음공사 시공 시 고려사항
- 흡음률은 시공할 때 배후 공기층 상황에 따라 변화됨으로 시공할 경우와 동일 조건의 흡음률을 이용해야함
- 부착 시 한곳에 치중되지 않게 전체 벽면에 분산부착
- 모서리나 가장자리부분에 흡음재를 부착시키면 효과적
- 흡음섬유 등은 전면을 접착재로 부착하는 것보다 못으로 시공하는 것이 효과적
- 다공질 재료는 산란되기 쉬우므로 얇은 천으로 피복해야 흡음률이 증대된다.

- 차음공사 시공 시 고려사항
- 상호 음향차단: 인접실의 소음이 들리지 않도록 또는 인접실에 음이 전달되지 않게 칸막이벽이나 경계벽, 차음용 바닥천장구조에 사용
- 음원측의 음향출력 저감: 소음원으로 되는 기계류 등의 소음방사를 막기 위한 방음 Cover나 기계실 주변벽에 사용
- 수음측에서의 소음의 저감: 외부로부터 소음이 침입되지 않도록 하기위한 외벽, 지붕구조 및 창 등의 개구부에 이용
- 차폐재료: 소음을 경감시키기 위한 방음용 벽의 본체로 사용

★★★   3. 실내공기환경

9-196	실내 공기질 관리	
No. 796		유형: 기준

실내공기환경

공기환경
Key Point

☑ **국가표준**
- 실내공기질 관리법 시행령

☑ **Lay Out**
- 흡음과 차음의 개념
- 음향재료의 구분
- 흡음과 차음공사

☑ **핵심 단어**
- 에너지가 반사하는 것을 감소시키는 것

☑ **연관용어**
- No. 797~800

오염물질

1. 미세먼지(PM-10)
2. 이산화탄소 (CO₂;Carbon Dioxide)
3. 폼알데하이드 (Formaldehyde)
4. 총부유세균 (TAB;Total Airborne Bacteria)
5. 일산화탄소(CO;Carbon Monoxide)
6. 이산화질소 (NO₂;Nitrogen dioxide)
7. 라돈(Rn;Radon)
8. 휘발성유기화합물 (VOCs;Volatile Organic Compounds)
9. 석면(Asbestos)
10. 오존(O₃;Ozone)
11. 초미세먼지(PM-2.5)
12. 곰팡이(Mold)
13. 벤젠(Benzene)
14. 톨루엔(Toluene)
15. 에틸벤젠(Ethylbenzene)
16. 자일렌(Xylene)
17. 스티렌(Styrene)

I. 정 의

① 새집증후군이 문제되는 신축공동주택의 시공자에게 실내공기질을 측정하고 공고하도록 의무를 부여하여 입주자에게 실내공기질의 오염현황 공고

② 다중이용시설 또는 100세대 이상 공동주택을 설치하는 자는 환경부장관이 정하는 오염물질 방출기준을 준수한 건축자재(실내마크 부착 건축자재)만을 사용하도록 규정

II. 실내공기질 관리법

1) 라돈관리

① 라돈(radon)의 실내 유입으로 인한 건강피해를 줄이기 위하여 실내공기 중 라돈의 농도 등에 관한 조사 실시

② 실내라돈조사의 실시 결과를 기초로 실내공기 중 라돈의 농도 등을 나타내는 지도를 작성

2) 실내공기질 유지기준

오염물질 항목 / 다중이용시설	미세먼지 (μg/m³)	이산화탄소 (ppm)	폼알데하이드 (μg/m³)	총부유세균 (CFU/m³)	일산화탄소 (ppm)
지하역사, 지하도상가, 여객자동차터미널의 대합실, 철도역사의 대합실, 공항시설 중 여객터미널, 항만시설 중 대합실, 도서관·박물관 및 미술관, 장례식장, 목욕장, 대규모점포, 영화상영관, 학원, 전시시설, 인터넷컴퓨터게임시설제공업 영업시설	100 이하	1,000 이하	100 이하		10 이하
의료기관, 어린이집, 노인요양시설, 산후조리원	75 이하			800 이하	
실내주차장	200 이하				25 이하
실내 체육시설, 실내 공연장, 업무시설, 둘 이상의 용도에 사용되는 건축물	200 이하				

1. 도서관, 영화상영관, 학원, 인터넷컴퓨터게임시설제공업 영업시설 중 자연환기가 불가능하여 자연환기설비 또는 기계환기설비를 이용하는 경우에는 이산화탄소의 기준을 1,500ppm 이하로 한다.

2. 실내 체육시설, 실내 공연장, 업무시설 또는 둘 이상의 용도에 사용되는 건축물로서 실내 미세먼지(PM-10)의 농도가 200μg/m³에 근접하여 기준을 초과할 우려가 있는 경우에는 실내공기질의 유지를 위하여 다음 각 목의 실내공기정화시설(덕트) 및 설비를 교체 또는 청소하여야 한다.

실내공기환경

3) 건축자재에서 방출되는 오염물질

구분 \ 오염물질 종류	Formaldehyde	톨루엔	총휘발성유기화합물
접착제	0.02 이하	0.08 이하	2.0
페인트			2.5
실란트			1.5
퍼티			20.0
벽지			4.0
바닥재			4.0
목질판상제품	0.05 이하		0.4 이하

※ 오염물질의 종류별 단위는 $mg/m^2 \cdot h$를 적용한다. 다만, Selant에 대한 오염물질별 단위는 $mg/m^2 \cdot h$를 적용한다.

4) 실내공기질 권고기준

다중이용시설 \ 오염물질 항목	이산화질소 (ppm)	라돈 (Bq/m^3)	총휘발성 유기화합물 $(\mu g/mm^3)$	곰팡이 (CFU/mm^3)
지하역사, 지하도상가, 여객자동차터미널의 대합실, 철도역사의 대합실, 공항시설 중 여객터미널, 항만시설 중 대합실, 도서관·박물관 및 미술관, 장례식장, 목욕장, 대규모점포, 영화상영관, 학원, 전시시설, 인터넷컴퓨터게임시설 제공업 영업시설	0.1 이하	148 이하	500 이하	
의료기관, 어린이집, 노인요양시설, 산후조리원	0.05 이하		400 이하	500 이하
실내주차장	0.30 이하		1,000 이하	

5) 자동측정이 가능한 오염물질
   ① 미세먼지(PM-10)
   ② 초미세먼지(PM-2.5)
   ③ 이산화탄소(CO_2)
   ④ 일산화탄소(CO)
   ⑤ 이산화질소(NO_2)

측정기기의 운영·관리기준

- 측정기기의 구조 및 성능을 「환경분야 시험·검사 등에 관한 법률」 제6조제1항에 따른 환경오염공정시험기준에 부합하도록 운영·관리
- 측정위치는 해당 다중이용시설별로 흡기구와 배기구의 영향을 최소화할 수 있는 지점을 고려하여 유동인구가 많은 지점 또는 시설의 중심부 1개 지점 이상으로 정하되, 해당 다중이용시설의 규모와 용도에 따라 측정위치를 추가할 수 있다. 다만, 지하역사의 경우에는 승강장에 설치해야 한다.
- 측정기기는 오염물질의 농도를 실시간으로 자동측정하여 그 측정값을 법 제12조의4제1항에 따른 실내공기질 관리 종합정보망에 전송할 수 있어야 한다.

실내공기환경

9-197	VOCs(Volatile Organic Compounds)저감방법	
No. 797		유형: 공법 · 기준

공기환경

Key Point

■ 국가표준
- 실내공기질 관리법 시행 규칙

■ Lay Out

■ 핵심 단어

■ 연관용어
- No. 797~800

I. 정 의

VOC는 유기화합물 중에서, 자동차의 연료로 사용하는 휘발유나 의료용으로 사용하는 알코올과 같이 휘발성이 강한 유기화합물로, 끓는점이 낮은 물질이어서 정상상태에서도 휘발성이 높아 쉽게 공기 중으로 증발하는 액체 또는 기체형태의 물질을 총칭한다.

II. VOC의 종류 및 신축 공동주택의 실내공기질 권고기준

항목	기준
폼알데하이드	$210\mu g/m^3$ 이하
벤젠	$30\mu g/m^3$ 이하
톨루엔	$1,000\mu g/m^3$ 이하
에틸벤젠	$360\mu g/m^3$ 이하
자일렌	$700\mu g/m^3$ 이하
스티렌	$300\mu g/m^3$ 이하
라돈	$148Bq/m^3$ 이하

III. 적용기준 및 저감방안

1) 권장기준

구분	내용
1. 오염물질, 유해미생물 제거	• 흡방습 건축자재는 모든 세대에 적합한 건축자재를 거실과 침실 벽체 총면적의 10% 이상을 적용할 것 • 흡착 건축자재는 모든 세대에 적합한 건축자재를 거실과 침실 벽체 총 면적의 10% 이상을 적용할 것 • 항곰팡이 건축자재는 모든 세대에 적합한 건축자재를 발코니 · 화장실 · 부엌 등과 같이 곰팡이 발생이 우려되는 부위에 총 외피면적의 5% 이상을 적용할 것 • 항균 건축자재는 모든 세대에 적합한 건축자재를 발코니 · 화장실 · 부엌 등과 같이 세균 발생이 우려되는 부위에 총 외피면적의 5% 이상을 적용할 것
2. 실내발생 미세먼지 제거	• 주방에 설치되는 레인지후드의 성능을 확보할 것 • 레인지후드의 배기효율을 높이기 위해 기계 환기설비 또는 보조 급기와의 연동제어가 가능할 것

실내공기환경

2) 의무기준

구분	내용
1. 친환경 건축자재의 적용	• 실내에 사용하는 건축자재는 실내공기 오염물질 저방출 자재 기준에 적합할 것 • 실내마감용으로 사용하는 도료에 함유된 납(pb), 카드뮴(Cd), 수은 (Hg) 및 6가크롬(Cr+6) 등의 유해원소는 환경표지 인증기준에 적합할 것
2. 쾌적하고 안전한 실내공기 환경을 확보하기 위하여 각종 공사를 완료한 후 사용검사 신청 전까지 플러쉬아웃(Flush-out) 또는 베이크아웃(Bake-out)을 실시할 것	
3. 효율적인 환기를 위하여 단위세대의 환기성능을 확보할 것	
4. 설치된 환기설비의 정상적인 성능 발휘 및 운영 여부를 확인하기 위하여 성능검증을 시행할 것	
5. 입주 전에 설치하는 친환경 생활제품의 적용	• 빌트-인(built-in) 가전제품의 성능평가에 적합할 것 • 붙박이가구 성능평가에 적합할 것
6. 건축자재, 접착제 등 시공·관리기준	
가. 일반 시공·관리기준	• 입주 전에 설치하는 붙박이 가구 및 빌트-인(built-in) 가전제품, 내장재 시공 등과 같이 실내공기 오염물질을 배출하는 공정은 공사로 인해 방출된 오염물질을 실외로 충분히 배기할 수 있는 환기계획을 수립할 것 • 시공단계에서 사용하는 실내마감용 건축 자재는 품질 변화가 없고 오염물질 관리가 가능하도록 보관할 것 • 건설폐기물은 실외에 적치하도록 적치장을 확보하고 반출계획을 작성하여 공사가 완료될 때까지 다른 요인에 의해 시공 현장이 오염되지 않도록 구체적인 유지관리 계획을 수립할 것
나. 접착제의 시공·관리기준	• 바닥 등 건물내부 접착제 시공면의 수분함수율은 4.5% 미만 • 접착제 시공면의 평활도는 2m마다 3mm 이하로 유지할 것 • 접착제를 시공할 때의 실내온도는 5℃ 이상으로 유지할 것 • 접착제를 시공할 때에 발생하는 오염물질의 적절한 외부배출 대책을 수립할 것(환기·공조시스템 가동중지 및 급·배기구를 밀폐한 후 자연통풍 실시 또는 배풍기 가동)
다. 유해화학물질 확산방지를 위한 도장공사 시공·관리기준	• 도장재의 운반·보관·저장 및 시공은 제조자 지침을 준수할 것 • 외부 도장공사시 도료의 비산과 실내로의 유입을 방지할 수 있는 대책을 수립할 것(도장부스 사용 등) • 실내 도장공사를 실시할 때에 발생하는 오염물질의 적절한 외부배출 대책을 수립할 것(환기·공조시스템 가동중지 및 급·배기구를 밀폐한 후 자연통풍 실시 또는 배풍기 가동) • 뿜칠 도장공사 시 오일리스 방식 컴프레서, 오일필터 또는 저오염오일 등 오염물질 저방출 장비를 사용할 것

Ⅳ. 관리방안

1. 관리방안

① 입주 전 Bake Out 실시

② 실내의 오염된 공기를 실외로 배출시키고 실외의 청정한 공기를 실내에 공급하여, 실내공기를 희석시켜 오염농도를 경감

③ 마감공사 시 접착제 사용 축소

실내공기환경

2. 자연환기(Natural Ventilation)

1) 정의

① 실내의 오염된 공기를 실외로 배출시키고 실외의 청정한 공기를 실내에 공급하여, 실내공기를 희석시켜 오염농도를 경감시키는 과정

② 자연환기는 온도차에 의한 압력과 건물 주위의 바람에 의한 압력으로 발생되며, 재실자가 임의로 조절할 수 있는 특성이 있다.

2) 종류

① 풍력환기(Ventilation Induced by Wind): 풍력을 이용

② 중력환기(Ventilation Induced by Gravity): 실내외의 온도차를 이용

3. 기계환기(Mechanical Ventilation) - 고성능 외기청정필터 구비

1) 정의

① 송풍기(Fan)나 환풍기(Extractor)를 사용하는 환기이다.

② 자연환기로는 항상 필요한 만큼의 환기를 기대할 수 없으므로 일정한 환기량 또는 많은 양의 환기가 필요한 경우, 기계적 힘을 이용한 강제환기방식을 사용한다.

③ 특히 침기현상(Air Leakage)이 거의 일어나지 않는 기밀화된 건물에 필요하다.

2) 종류

① 배기설비

• 화장실, 부엌의 요리용 레인지, 실험실 내의 배기구 등에 있는 송풍기(fan)의 압력으로 실내공기를 배출하여 오염된 공기가 건물 내에 확산되는 것을 방지하기 위한 장치이다.

• 배기를 위해서는 공간 내에 부압(Negative Pressure, 負壓])이 유지되어야 하며, 급기는 틈새를 통해 이루어진다.

② 급기설비

• 외기를 청정화하여 실내로 도입하는 장치이다.

• 실내의 압력을 높여 틈새나 환기구를 통해 실내공기가 방출되게 한다.

• 만약 방이 밀폐되어 실의 압력이 송풍기의 압력과 같아질 때 공기공급은 중단된다.

③ 급배기설비

• 기계적 수단에 의하여 공기의 공급과 배출을 하는 것으로, 성능은 좋으나 설비비가 비싸다.

• 최근에는 에너지 절약을 위해 공기의 열교환장치가 부착된 기계환기설비가 등장하였는데, 이것은 단순히 환기만 할 경우 손실되는 열량을 재사용할 수 있는 이점이 있다.

9-198	건강친화형 주택(대형챔버법, 청정건강 주택)	
No. 798		유형: 공법 · 기준

실내공기환경

공기환경

Key Point

■ 국가표준
- 건강친화형 주택 건설기준

■ Lay Out
- 흡음과 차음의 개념
- 음향재료의 구분
- 흡음과 차음공사

■ 핵심 단어
- 일정수준 이상의 실내공기질과 환기성능을 확보한 주택

■ 연관용어
- No. 797~800

적용대상

- 500세대 이상의 주택건설사업을 시행하거나 500세대 이상의 리모델링을 하는 주택
- 의무기준을 모두 충족하고 권장기준 1호 중 2개 이상, 2호 중 1개 이상 이상의 항목에 적합한 주택

I. 정 의

오염물질이 적게 방출되는 건축자재를 사용하고 환기 등을 실시하여 새집증후군 문제를 개선함으로써 거주자에게 건강하고 쾌적한 실내환경을 제공할 수 있도록 일정수준 이상의 실내공기질과 환기성능을 확보한 주택

II. 적용기준

1) 의무기준

구분	내용
1. 친환경 건축자재의 적용	• 실내에 사용하는 건축자재는 실내공기 오염물질 저방출 자재 기준에 적합할 것 • 실내마감용으로 사용하는 도료에 함유된 납(pb), 카드뮴(Cd), 수은(Hg) 및 6가크롬(Cr+6) 등의 유해원소는 환경표지 인증기준에 적합할 것
2. 쾌적하고 안전한 실내공기 환경을 확보하기 위하여 각종 공사를 완료한 후 사용검사 신청 전까지 플러쉬아웃(Flush-out) 또는 베이크아웃(Bake-out)을 실시할 것	
3. 효율적인 환기를 위하여 단위세대의 환기성능을 확보할 것	
4. 설치된 환기설비의 정상적인 성능 발휘 및 운영 여부를 확인하기 위하여 성능검증을 시행할 것	
5. 입주 전에 설치하는 친환경 생활제품의 적용	• 빌트-인(built-in) 가전제품의 성능평가에 적합할 것 • 붙박이가구 성능평가에 적합할 것
6. 건축자재, 접착제 등 시공 · 관리기준	
가. 일반 시공 · 관리기준	• 입주 전에 설치하는 붙박이 가구 및 빌트-인(built-in) 가전제품, 내장재 시공 등과 같이 실내공기 오염물질을 배출하는 공정은 공사로 인해 방출된 오염물질을 실외로 충분히 배기할 수 있는 환기계획을 수립할 것 • 시공단계에서 사용하는 실내마감용 건축 자재는 품질 변화가 없고 오염물질 관리가 가능하도록 보관할 것 • 건설폐기물은 실외에 적치하도록 적치장을 확보하고 반출계획을 작성하여 공사가 완료될 때까지 다른 요인에 의해 시공 현장이 오염되지 않도록 구체적인 유지관리 계획을 수립할 것
나. 접착제의 시공 · 관리기준	• 바닥 등 건물내부 접착제 시공면의 수분함수율은 4.5% 미만 • 접착제 시공면의 평활도는 2m마다 3mm 이하로 유지할 것 • 접착제를 시공할 때의 실내온도는 5℃ 이상으로 유지할 것 • 접착제를 시공할 때에 발생하는 오염물질의 적절한 외부배출 대책을 수립할 것(환기 · 공조시스템 가동중지 및 급 · 배기구를 밀폐한 후 자연통풍 실시 또는 배풍기 가동)
다. 유해화학물질 확산방지를 위한 도장공사 시공 · 관리기준	• 도장재의 운반 · 보관 · 저장 및 시공은 제조자 지침을 준수할 것 • 외부 도장공사시 도료의 비산과 실내로의 유입을 방지할 수 있는 대책을 수립할 것(도장부스 사용 등) • 실내 도장공사를 실시할 때에 발생하는 오염물질의 적절한 외부배출 대책을 수립할 것(환기 · 공조시스템 가동중지 및 급 · 배기구를 밀폐한 후 자연통풍 실시 또는 배풍기 가동) • 뿜칠 도장공사 시 오일리스 방식 컴프레서, 오일필터 또는 저오염오일 등 오염물질 저방출 장비를 사용할 것

실내공기환경

2) 권장기준

구분	내용
1. 오염물질, 유해미생물 제거	• 흡방습 건축자재는 모든 세대에 적합한 건축자재를 거실과 침실 벽체 총면적의 10% 이상을 적용할 것 • 흡착 건축자재는 모든 세대에 적합한 건축자재를 거실과 침실 벽체 총면적의 10% 이상을 적용할 것 • 항곰팡이 건축자재는 모든 세대에 적합한 건축자재를 발코니·화장실·부엌 등과 같이 곰팡이 발생이 우려되는 부위에 총 외피면적의 5% 이상을 적용할 것 • 항균 건축자재는 모든 세대에 적합한 건축자재를 발코니·화장실·부엌 등과 같이 세균 발생이 우려되는 부위에 총 외피면적의 5% 이상을 적용할 것
2. 실내발생 미세먼지 제거	• 주방에 설치되는 레인지후드의 성능을 확보할 것 • 레인지후드의 배기효율을 높이기 위해 기계 환기설비 또는 보조급기와의 연동제어가 가능할 것

실내공기환경

공기환경

Key Point

■ 국가표준
- 실내공기질 관리법
  시행령

■ Lay Out
- 실시방법과 기준

■ 핵심 단어
- 자연환기·기계환기

■ 연관용어
- No. 797~800

• Bake Out 사전조치
- 모 외기로 통하는 모든 개구
  부(문, 창문, 환기구 등)을
  닫음
- 수납가구의 문, 서랍 등을
  모두 열고, 가구에 포장재
  (종이나 비닐 등)가 씌워진
  경우 이를 제거하여야 함
• Bake Out 절차
- 실내온도를 33~38℃로 올
  리고 8시간 유지
- 문과 창문을 모두 열고 2시
  간 환기
- 순서로 3회 이상 반복실시
• 일반적 사항
- 시공자는 모든 실내 내장재
  및 붙박이 가구류 설치한
  후부터 사용검사 신청 전까
  지의 기간에 플러쉬 아웃
  (Flush out) 또는 베이크 아
  웃(Bake out)을 실시하여
  시공 과정중에 발생한 오염
  물질이 충분히 배출되도록
  하거나, 습식공법에 따른 잔
  여습기를 제거하여야 한다.
- 입주자가 신축 공동주택에
  신규 입주할 경우 새 가구,
  카펫 및 커튼 등을 설치한
  후에도 플러쉬 아웃 또는
  베이크 아웃을 실시할 수
  있도록 설명된 입주자용 설
  명서를 제공하여야 한다.

I. 정 의

① Bake Out: 실내 공기온도를 높여 건축자재나 마감재료에서 나오는
유해물질의 배출을 일시적으로 증가시킨 후 환기시켜 유해물질을
제거하는 것

② Flush Out: 대형 팬 또는 기계 환기 설비 등을 이용하여 신선한
외부공기를 실내로 충분히 유입시켜 실내 오염물질을 외부로 신속
하게 배출시키는 것

II. 실시방법과 기준

1. Bake Out 기준

1) 사전 조치

① 외기로 통하는 모든 개구부(문, 창문, 환기구 등)을 닫음

② 수납가구의 문, 서랍 등을 모두 열고, 가구에 포장재(종이나 비닐
등)가 씌워진 경우 이를 제거하여야 함

2) 절차

① 실내온도를 33~38℃로 올리고 8시간 유지

② 문과 창문을 모두 열고 2시간 환기

③ 순서로 3회 이상 반복 실시

2. Flush Out 기준

① 외기공급은 대형팬 또는 별표3에 따른 환기설비를 이용하되, 환기
설비를 이용하는 경우에는 오염물질에 대한 효과적인 제거방안(시
행 후 기계 환기설비의 필터 교체 등)을 별도 제시

② 각 세대의 유형별로 필요한 외기공급량, 공급시간, 시행방법 등을
시방서에 명시

③ 플러쉬 아웃 시행전에 기계 환기설비의 시험 조정평가(TAB)를 수
행하도록 권장

④ 주방 레인지후드 및 화장실 배기팬을 이용하여 플러쉬 아웃 시행
가능(단, 환기량은 레인지후드와 배기팬 정격배기용량의 50%만 인정)

⑤ 강우(강설)시에는 플러쉬 아웃을 실시하지 않는 것을 원칙으로 하고,
플러쉬 아웃 시행 시 실내온도는 섭씨 16℃ 이상, 실내 상대습도는
60% 이하를 유지하도록 권장

⑥ 세대별로 실내 면적 $1m^2$에 $400m^3$ 이상의 신선한 외기 공기를 지
속적으로 공급할 것

9-200	공동주택 라돈 저감방안	
No. 800		유형: 현상·공법

실내공기환경

공기환경
Key Point

☑ 국가표준

- 건축자재 라돈저감·관리 지침서
- 실내공기질 관리법 시행령

☑ Lay Out

- 라돈의 생성 및 특성
- 방사능 농도 지수를 활용한 건축 자재관리

☑ 핵심 단어

☑ 연관용어

- No. 797~800

신축 공동주택 라돈관리

- 적용대상
- 신축 공동주택 시공자
- 측정세대
- 100세대(3지점), 100세대 이상(3지점 + 100세대마다 1지점 추가)
- 조치사항
- 측정결과를 주민 입주 7일전부터 60일간 입주민이 잘 볼 수 있는 곳에 게시하고 지자체의 장에게 제출
- 권고기준
- (148Bq/㎥)
- 측정위치
- 측정대상 공간의 공기질을 대표하는 지점의 1.2~1.5m에서 측정
- 건축자재, 벽, 바닥, 천장 등으로부터 50cm 이상 이격하여 측정

I. 정 의

자연방사능 중에서 인체에 미치는 영향이 가장 강한 무색무취의 비활성기체로서 천연에 있는 우라늄이나 토륨이 방사능 붕괴 과정을 통해 생성되는 물질

II. 라돈의 생성 및 특성

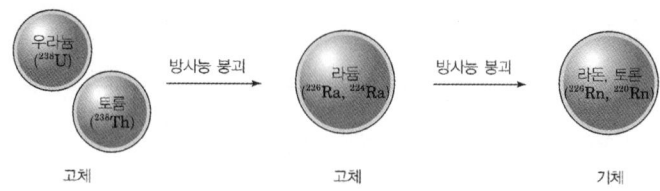

III. 방사능 농도 지수를 활용한 건축자재 관리

1) 방사능 농도 지수를 활용한 건축 자재관리

- 방사능 농도 지수(I)

$$I = \frac{C_{Ra226}}{300\,Bq/kg} + \frac{C_{Th232}}{200\,Bq/kg} + \frac{C_{K40}}{3000\,Bq/kg} \leq 1$$

C_{Ra226}, C_{Th232}, C_{K40}은 각각 라듐(^{226}Ra), 토륨(^{232}Th), 포타슘(^{40}K)의 방사능 농도(Bq/kg)

- 방사능 농도 분석 방법(감마핵종분석법)

검출기 교정	• 분석 시료와 동일한 기하학적 형태의 표준선원을 이용하여 검출기의 채널 및 효율 교정
시료전처리	• 분쇄 → 체질 → 건조 → 혼합 → 충전(계측용기)
시료 밀봉 및 보관 (방사평형 시간 고려)	• ^{226}Ra: ^{222}Rn(라돈)이 계측용기 밖으로 빠져나가지 않도록 밀봉 및 3주 이상 보관 후 측정 • ^{232}Th: ^{220}Rn(토론)이 계측용기 밖으로 빠져나가지 않도록 밀봉 및 5분 이상 보관 후 측정 • ^{40}K: 방사평형이 필요 없어 충전 후 바로 측정
방사능농도 측정·평가	• 방사평형된 시료를 고순도게르마늄검출기(HPGe detector)를 이용하여 방사능 측정 • 시료량을 이용하여 건축자재의 방사능 농도 평가

2) 환기

① 자연 환기: 환기 3시간 후 실내 라돈의 16.7~55.4% 수준, 6시간 후에는 52.8~80.4% 수준이 저감되는 것으로 나타남

② 기계 환기: 환기 3시간 후 실내 라돈의 41.7~65.5% 수준, 6시간 후에는 61.2~78.2% 수준이 저감되는 것으로 나타남

☆☆☆

1	글라스울	
	KS L 9102	유형: 재료

① 유리원료를 고온에서 용융한 후 고속회전력을 이용하여 섬유화 한 뒤 바인더를 사용하여 일정한 형태로 성형한 무기질의 인조광물섬유 단열재로서 보온 단열성
② 1급 불연재료 불에 타지 않으며 인체에 해로운 유독가스도 거의 없는 불연성 소재

☆☆☆

2	미네랄울	
	KS L 9102	유형: 재료

① 암면이라 불리는데 이름이 비슷하다 보니 석면으로 오인하는 경우가 많다. 석회질, 규산질을 주성분으로 하는 광물을 용융하여 섬유화 한 것
② 암석을 인공으로 제조한 내열성이 높은 광물섬유로 불연성, 경량성, 단열, 흡음성, 내구성의 특징을 갖춰 건축설비, 플랜트 설비의 단열재 및 방·내화 재료로서 널리 사용되고 있음

☆☆☆

3	폴리우레탄보드	
	KS M 3809	유형: 재료

① 경질 우레탄폼은 폴리올과 폴리이소시아네이트를 주제로 하여 발포제, 촉매제, 안정제, 난연제 등을 혼합시켜 얻어지는 발포 생성물로서 주로 고성능 단열재로 사용되고 있다.
② 경질 폴리우레탄폼은 자체의 단열성, 경량성, 완충성 등의 성질을 활용하여 단독 또는 타 재료와 복합화 하여 단열재, 경량구조재, 완충재 등으로서 광범위하게 사용되고 있다.

CHAPTER

10

총론

10-1장 건설산업과 건축생산
10-2장 생산의 합리화-What
10-3장 건설 공사계약-Who
10-4장 건설 공사관리-How

Professional Engineer

10-1장

건설산업과
건축생산

마법지

건설산업·건축생산-Why

1. 건설산업의 이해

- 건설산업의 이해(Player,주요경영혁신 기법)
- 건설산업의 ESG(Environmental, Social, and Governance)경영
- 브레인스토밍(Brainstorming)

2. 건축생산체계

- 생산체계 및 조직
- 건설사업관리에서의 RAM(Responsibility Assignment Matrix)

3. 제도와 법규

- 건설관련 법(건산법, 건진법, 계약관리법, 사후평가, 신기술지정제)
- 건축법의 목적과 용어의 정의
- 건축물의 건축(허가 ,신고, 용도변경, 사용승인, 설계도서)
- 구조내력, 건축물의 중요도계수
- 건축용 방화재료(防火材料)
- 화재확산 방지구조
- 피난규정 및 방화규정
- 건설기술진흥법의 부실벌점 부과항목(건설업자, 건설기술자 대상)
- 부실과 하자의 차이점
- 부실과 하자의 차이점

	☆☆★	1. 건설산업의 이해	
건설산업	10-1	건설산업의 이해(Player, 주요경영혁신 기법)	
	No. 801		유형: 제도·기준

건설산업
Key Point

☑ **국가표준**

☑ **Lay Out**
- Player · 건설프로세스
- 경영혁신기법 · 이슈와 동향

☑ **핵심 단어**
- 발주자의주문
- 수주생산

☑ **연관용어**
- 건설생산체계

이슈와 동향

- 친환경/ 지속가능한 개발
- ESG 경영
- 자재수급은 전자거래를 통해 구매
- 최고가치를 추구하는 방향으로 입 · 낙찰제도가 변하고 있음
- 안전관리 강화(중대재해 처벌법)
- 시설물에 대한 Life Cycle을 고려하여 설계, 시공, 성능의 검토
- 공장제작, 기계화, 자동화
- BIM을 활용한 설계 Process 변화
- 3D 프린팅 기술
- Smart Phone을 활용한 IT 기술 확대

I. 정 의

① 건설산업은 발주자의 주문에 의한 수주생산, 일품생산, 발주자의 요구에 따른 다양한 형태의 생산으로 규격화가 어렵고, 생산장소가 일정하지 않아 시공기간의 계속성과 연속성의 결여 등의 특수성이 있다.

② 이러한 통합 및 융합과정에는 관리, 인력, 생산활동 등이 조화를 이룰 수 있는 전문적인 노력이 필요하다.

II. 건설산업의 주체(Player)

1) 발주자(Owner, Cilent)

Public Owner 공공 발주자	• 정부 재정에 의한 사업 관장 • (법적책임, 사업비 조달) 발주기관: 조달청
Private Owner 민간 발주자	• 일회성 사업의 개인 발주자 • Developer 역시 민간발주자 영역에 속함 • 토지신탁회사

2) 설계자(Architect, Engineer)

- 건축 설계자(Design Professionals)
- 토목 엔지니어(Civil Engineers)
- 구조 엔지니어(Structural Engineers)
- 기계설비 엔지니어(Mechanical Engineers)
- 전기설비 엔지니어(Electrical Engineers)
- 측량 엔지니어(Surveyors)
- 견적 전문가(Cost Engineers)

3) 시공자(Contractor, Constructor)

원도급자 General Contractor	• 발주자에게 고용되어 공사의 시공을 수행
하도급자 Sub-Contractor	• 하도급 공사의 도급을 받은 건설업자

4) 감리자(Supervisor)

① 검측감리: 설계도서대로 시공여부 확인

② 시공감리: 설계도서대로 시공여부 확인 및 공법변경 등 기술지도

③ 책임감리: 설계도서대로 시공여부 확인 및 공법변경 등 기술지도 및 발주자 공사감독 권한 대행

건설산업

5) 기타 그룹
    ① 건설 사업관리 전문가(Construction Management Professional)
    ② Financing 관련 전문가

Ⅲ. 건설프로세스(Sequence of Construction Project)

1) 건설 Project 생산 Process

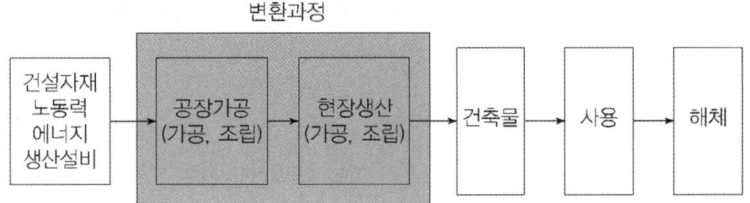

2) 건설 생산체계 – Engineer Construction

Software						Hardware		Software		Hardware
Consulting			Engineering			Construction		O&M등		Construction
Project 개 발	기획	타당성 평 가	기본 설계	상세 설계	자재 조달	시 공	시운전	인도	유지 관리	해　체

3) 건설 Project 발주방식

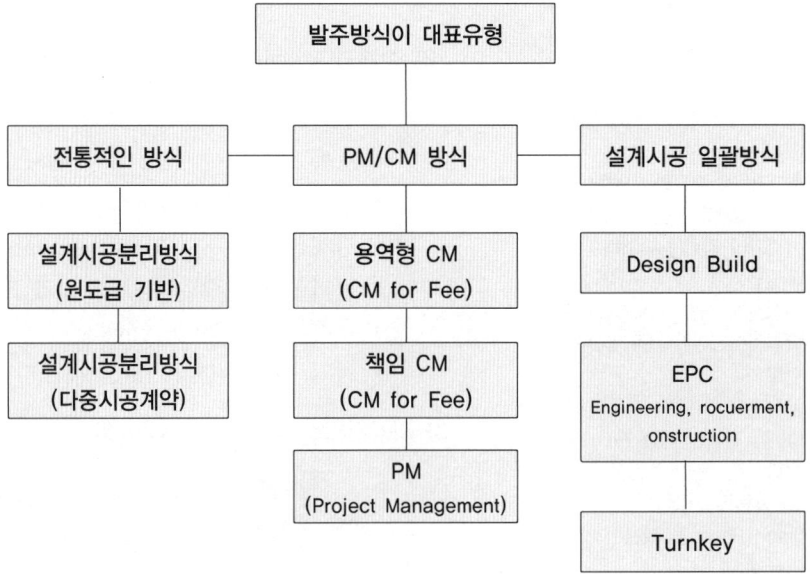

Ⅳ. 건설경영 혁신기법 – Innovation

건설산업

① 건설경영혁신은 건설 조직의 목적을 달성하기 위하여 새로운 생각(idea)이나 방법(method)으로 기존업무를 다시 계획(plan)하고 실천(do)하며 평가(see)하는 것
② 새로운 제품이나 service, 새로운 생산공정기술, 새로운 구조나 관리시스템(management system), 건설조직 구성원을 변화시키는 새로운 계획이나 프로그램을 의도적으로 실행함으로써 건설기업의 중요한 부분을 본질적으로 변화시키는 것

1. 경영의 장을 변화시키는 기법

① 비전 만들기(V.M: Vision Making)
② 리스트럭처링(R.S: Restructuring)
③ 벤치마킹(B.M: Benchmarking)
④ 학습조직(L.O: Learning Organization)
⑤ 기업 아이덴티티(C.I:Corporate Identity)

2. 경영프로세스를 변화시키는 기법

1) 계획프로세스(계획 단계)

① 장기전략계획(LS(P): PLong-term Strategy Planning)
② 경쟁전략(C.S: Competitive Strategy)
③ 영점기준예산(Z.B: Zero-based Budgeting)
④ 신인사제도(N.P: New Personnel Planning)

2) 실행프로세스(실행 단계)

① 리엔지니어링 (R.E: Reengineering)
② 다운사이징 (D.S: Downsizing)
③ 시간기준경쟁 (TBC: Time-based Competition)

3) 평가프로세스

① 전사적 품질경영(TQM: Total Quality Management)
② 전략평가시스템(SES: Strategy Evaluation System)

3. 신경영혁신기법

① 제로베이스(zero base) 조직혁신
② 상생경엉(Win-win)
③ 전환경영(transformation management)
④ 고객 만족경영(CSM: Consumer Satis-faction Management)
⑤ 시나리오 경영(Scenario Management)
⑥ 지식경영(Knowledge Management)
⑦ 아웃소싱(outsourcing)
⑧ 전략적 성과관리시스템(Balanced Score card: BSC)

건설산업

⑨ 6-시그마경영(six-sigma management)
⑩ 임금피크제(salary peak)
⑪ 동시공학(Concurrent Engineering: CE)
⑫ 워크아웃미팅(Workout meeting: WOM)
⑬ ESG경영(Environment Social Governance)

4. 주요 경영혁신기법

경영혁신 기법	내용	Part
Bench marking	① 자사의 경영성과 향상 및 제품개발 등을 위해 우수한 기업의 경영활동이나 제품 등을 연구하여 활용하는 경영기법 ② 지속적인 개선활동을 지원하고 경쟁우위를 확보하는데 필요한 정보를 수집하기 위한 수단으로 기업의 내부활동 및 기능, 혹은 관리능력을 다른 기업과 비교해 평가·판단하는 경영혁신기법 ③ 기업 내부 프로세스에 경쟁개념을 도입하여 경쟁기업 프로세스와 비교하여 지속적으로 자사의 프로세스를 개선하려는 노력이 벤치마킹의 본질이다.	건설경영
Down sizing	① 경제환경의 변화 속에서 생존하기 위해 비대한 관리층과 비효율적인 조직을 바꾸는 경영혁신기법 ② 넓은 의미에서의 Down sizing은 조직의 효율성, 생산성, 그리고 경쟁력을 개선하기 위해 조직 인력의 규모, 비용구조, 업무 프로세스(work process)등에 변화를 가져오는 일련의 조치 ③ 인원 감축, 업무재편성, 체계적인 접근방법 (업무만 변화가 아니라 조직문화와 구성원의 태도 변화에 초점) ④ 부서이동, 무급휴가, 임금삭감, 파트타임으로 전환, 시간외 근무폐지	건설경영
비즈니스 리엔지니어링 Business Process Reengineering	기업의 활동과 업무 흐름을 분석화 하고 이를 최적화하는 것으로, 반복적이고 불필요한 과정들을 제거하기 위해 업무상의 여러 단계들을 통합하고 단순화하여 재설계하는 경영혁신 기법	건설경영

10-2	건설산업의 ESG(Environmental, Social, and Governance)경영
No. 802	유형: 제도 · 기준

건설산업

경영혁신 기법
Key Point

■ 국가표준

■ Lay Out
- 필요성 · 관련이슈
- 평가지표 · 분석
- 대응방안 · 고도화방안

■ 핵심 단어
- E
- S
- G

■ 연관용어
- 탄소중립
- 온실가스
- 친환경

ESG 정보공개 원칙

• 정확성(Accuracy)
• 명확성(Clarity)
• 비교가능성(Comparability)
• 균형(Balance)
• 검증가능성(Verifability)
• 적시성(Timeliness)

I. 정 의

① Environmental(환경)의 'E', Social(사회)의 'S', Governance(지배구조)의 'G'의 약자로서 환경과 사회, 그리고 지배구조에 대한 기업경영 및 산업 차원의 패러다임이자 이러한 영역들에 있어 하나의 기준이며, 구체적인 실천 및 활동

② 기업 차원에서 ESG는 환경, 사회 그리고 지배구조 등 비재무적인 요소에 대응하는 경영의 중요한 목표로서, ESG는 이를 실행하는 기업 전략 이행의 제반 활동을 포함하는 개념

II. ESG의 필요성

ESG의 필요성

III. ESG관련 이슈

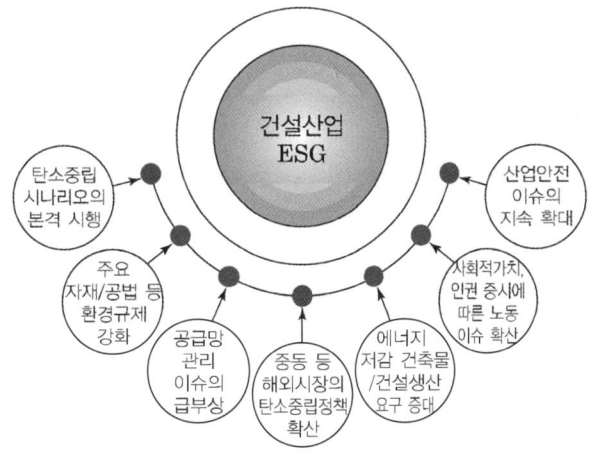

IV. 평가지표

건설산업

구 분	이슈	평가지표
E (Environmental) 환경	(기후변화) 탄소배출 관리수준	온실가스관리시스템
		탄소배출량
		에너지소비량
	(청정생상산) 환경유해물질 배출관리수준	청정생산관리시스템
		용수사용량
		화학물질 사용량
		대기오염물질 배출량
		폐기물 배출량
	(친환경 제품개발) 환경친화적 제품 개발 노력수준	친환경제품 개발활동
		친환경 특허
		친환경 제품인증
		제품 환경성 개선
S (Social) 사회적 요소	(인적자원관리) 근로환경과 인권 및 다양성 관리수준	급여
		복리후생비
		고용
		조직문화
		근속연수
		인권
		노동관행
	(산업안전) 작업장 내 안전성 관리수준	보건안전시스템
		안전보건경영시스템 외부인증
		산재다발사업장 지정
	(하도급 거래) 공정하고합리적인 협력업체 관리수준	거래대상선정 프로세스
		공정거래자율준수 프로그램
		협력업체 지원활동
		하도급법 위법사례
	(제품안전) 제품 안전성 관리수준	제품안전 시스템
		제품안전 경영시스템 인증
		제품안전사고 발생
	(공정경쟁) 공정경쟁 및 사회발전 노력수준	내부거래위원회 설치
		공정경쟁 저해행위
		정보보호 시스템
G (Govemance) 지배구조	(이사회 구성과 활동) 이사회의 독립성 및 충실성 수준	대표이사와 이사회 의장 분리
		이사회 독립성
		이사회의 사외이사 구성현황
		보상위원회 설치 및 구성
	(잠사제도) 감사의 독립성 수준	감사위원회 사외이사 비율
		장기 재직감사 또는 감사위원 비중

V. 갭(GAP) 분석을 통해 도출된 주요 취약 ESG 지표

현재 건설업에서 중요하지만 취약한 ESG 지표		현재 건설업에서 중요도는 떨어지지만 취약한 ESG 지표	
환경	폐기물 재활용 비율	환경	원부자재 사용량
			에너지 사용량
			재생에너지 사용비율
사회	조직 내 사회 분야에 대한 목표 수립 및 공시	사회	자발적 이직률
	신규 채용 및 고용유지		교육훈련비
	정규직 비율		복리후생비
	종업원 안전/보건 추진체계 구축		
	산업재해율		인권 정책 수립
	전략적 사회공헌		
	개인정보 침해 및 구제		협력사 ESG 경영
	고용 평등 및 다양성		
	노동 관행		협력사 ESG 지원
지배구조	윤리경영 및 위반 사항 공시	지배구조	이사회 내 ESG 안건 상정
	감사기구 전문성		이사회 성별 다양성
			사외이사 전문성
	중대사고 위험관리		전체(사내) 이사 출석률
			이사회 산하 위원회
			이사회 안건 처리
			집중전자서면 투표제

VI. 전략적 대응방안

① 건설산업 차원의 ESG 확산에 대한 전략적인 대응 활동이 무엇인지 규명
② 상대적으로 취약한 분야에 대응하여 구체적인 경영 활동 방향을 설정
③ 정부와 건설기업이 건설산업 내 ESG 경영 활성화에 대한 공감대를 형성
④ 가장 취약하고 개선이 시급한 부분이 무엇인지를 선정
⑤ 건설전문교육기관 등을 활용하여 건설업에서 필요로 하는 ESG 전 문인력 양성과정 개발
⑥ 건설 관련 정책·제도에 반영
⑦ 건설산업 ESG 경영 유도 및 확산을 위한 가이드라인 마련 및 ESG 경영기업에 대한 인센티브 도입 마련
⑧ ESG 기반조성, 시범 적용(ESG 관련 포상·우수 중소기업에 공공 조달 입찰시 가점 부여 등 검토)

	☆☆★　　2. 건축생산 체계	
건축생산 체계	10-3	생산체계 및 조직
	No. 803	유형: 제도·기준

생산체계 및 조직

Key Point

- ☑ 국가표준

- ☑ Lay Out
  - 프로세스·관리조직

- ☑ 핵심 단어

- ☑ 연관용어
  - EC화

I. 정 의

① 프로젝트에 대한 경제성 검토부터 설계의 조정, 시공, 유지관리에 이르기까지의 전 영역을 풍부한 지식과 경험을 토대로 성공적으로 진행시키는 과정

② 해당 건설 project의 특성에 따라 설정한 목표를 효과적이며 효율적으로 달성하기 위해 구성된 조직

II. 건설프로세스(Sequence of Construction Project)

1) 건설 Project 생산 Process

변환과정

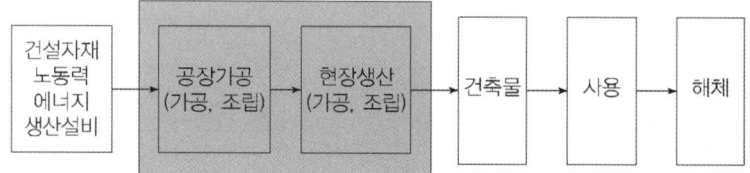

2) 건설 생산체계 – Engineer Construction

Software						Hardware		Software		Hardware
Consulting			Engineering			Construction		O&M등		Construction
Project 개 발	기획	타당성 평 가	기본 설계	상세 설계	자재 조달	시 공	시운전	인도	유지 관리	해　체

III. 건설관리 조직

조직	특징
라인조직	• 명령체계가 직선적 • 단순하고 책임권한이 명확 • 소수의 능력에따라 성패가 좌우
기능식 조직	• 라인조직의 한계 보완 • 기능별, 업무별 복수 전문자를 두고 각 전문가가 업무지시
매트릭스 조직	• 여러프로젝트에 복수포함된 조직으로 기능조직과 전담반 조직이 결합된 형태 • 복잡한 공사에 적합
line staff organization	• 공기단축을 목적으로 "패스트트랙" 공사에 적합한 구조 • 직선화된 라인구조와 조언하는 스태프조직을 병용하는 형태

10-4	건설사업관리에서의 RAM(Responsibility Assignment Matrix)
No. 804	책임배정 매트릭스 유형: 제도 · 기준

건축생산 체계

조직/ 인적자원 관리

Key Point

☑ 국가표준

☑ Lay Out
- 범위 · 실례

☑ 핵심 단어
- 누구에게 어떤 책임을 할당

☑ 연관용어
- 조직관리

RACI

- R(Responsible) 업무담당
- 해당 작업의 실무적 수행 책임을 진다는 의미이다.
- 절대 누락되서는 안 되며 최소 1명 이상에게 할당해야 한다.
- A(Accountable) 결정권자
- 해당 작업의 행정적 관리 책임을 진다는 의미이다.
- 절대 누락되서는 안 되지만 반드시 1명에게만 할당해야 한다.
- C(Consult) 자문담당
- 실무 과정에서 상의하는 대상으로서 적절한 투입물을 제공한다.
- 할당 대상이 없을 수도 있고 1명 이상에 할당할 수도 있다.
- I(Inform) 보고대상자
- 실무 수행 결과물을 참고하도록 전달하는 대상이다.
- 할당 대상이 없을 수도 있고 1명 이상에 할당할 수도 있다.

- CRA(Clear Responsibility Assignment) 또는 LRC (Linear Responsibility Chart)

I. 정 의

① 누구(직원 또는 부서)에게 어떤 책임(작업 또는 작업 패키지)을 할당했는지를 매트릭스 형태로 표현한 것으로 CRA(Clear Responsibility Assignment) 또는 LRC(Linear Responsibility Chart)이라고도 한다.

② 건설사업관리에서의 프로젝트를 관련 역할과 책임을 규정하기 위한 목적으로 사용되며, WBS와 마찬가지로 인적자원을 체계적으로 구성하기 위해 OBS를 기본으로 만든다.

II. 프로젝트 관련 역할과 책임 할당의 범위규정

상위수준의 RAM	어떤 집단이 작업분할구조의 각 요소에대한 책음을 지고 있는가를 규정
하위수준의 RAM	집단내에서 특정 개인에게 특정한 활동에 대한 역할과 책임감을 부여하는데 사용

III. RAM 실례

OBS \ WBS	백종원	원빈	조인성
한솔빌딩 신축공사 실행내역 검토	○	○	
한솔빌딩 신축공사 현장인원 배치		○	○
한솔빌딩 신축공사 하도급 선정	○		○

① 작업 패키지와 팀원 사이의 연결을 알 수 있다.

② 시간, 일정 정보는 알 수 없다.

IV. RACI (Responsible + Accountable + Consult + Inform)

OBS \ WBS	윤아	김연아	송혜교
한솔빌딩 신축공사 실행내역 검토	R	A	I
한솔빌딩 신축공사 현장인원 배치	A	C	R
한솔빌딩 신축공사 하도급 선정	I	C	A

① RAM의 일종으로 내부/외부 인원으로 팀을 구성할 때 유리하다.

② 작업별 팀원의 권한을 문자로 할당하여 어떤 책임을 지는지 확인할 수 있다.

	☆☆★	3. 제도와 법규	
10-5	건설관련 법(건산법, 건진법, 계약관리법, 사후평가,신기술지정제)		
No. 805			유형: 제도 · 기준

건설관련법

국가법령정보센터

Key Point

■ 국가표준
- 건설공사 사후평가 시행 지침
- 건설기술 진흥법 시행령

■ Lay Out
- 건설산업 관련법
- 건설공사 사후평가제도
- 건설 신기술지정제도

■ 핵심 단어

■ 연관용어
- 건축법

I. 정 의

건설사업단계별로 법 · 제도적 관점에서 기획단계, 발주단계, 발주준비단계, 설계단계, 입 · 낙찰단계, 시공단계, 운영 및 유지관리 단계별로 관련법령에 따라 운영 및 관리하는 것이 필요하다.

II. 건설산업 관련법

1. 건설산업 기본법

건설공사의 조사 · 설계 · 시공 · 감리 · 유지관리 · 기술관리 등에 관한 기본적인 사항 건설업의 등록, 건설공사의 도급 등에 관하여 필요한 사항을 규정함

1장 총칙
2장 건설업의 등록
3장 도급 및 하도급계약
4장 시공 및 기술관리
5장 경영합리화와 중소건설사업자 지원
6장 건설사업자의 단체
7장 건설관련 공제조합
8장 건설분쟁조정 위원회
9장 시정명령
10장 보칙
11장 벌칙

2. 건설산업 진흥법

건설기술의 연구 · 개발을 촉진하고, 이를 효율적으로 이용 · 관리하게 함으로써 건설기술 수준의 향상과 건설공사 시행의 적정을 기하고 건설공사의 품질과 안전을 확보

1장 총칙
건설기술의 범위, 발주청의 범위, 건설기술인의 범위, 건설사고의 범위
2장 건설기술의 연구 개발 지원 등
3장 건설기술인의 육성
4장 건설엔지니어링 등
　　건설엔지니어링업, 건설사업관리
5장 건설공사의 관리
　　건설공사의 표준화, 건설공사의 품질 및 안전관리 등
6장 건설엔지니어링 사업자 등의 단체 및 공제조합
7장 보칙
8장 벌칙

건설관련법

3. 계약관련법

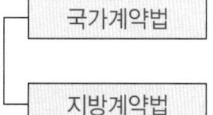

- 국가를 당사자로 하는 계약에 기본 사항을 정함으로써 계약 업무를 원활히 수행하기 위하여 제정한 법이다.

- 지자체에서는 지역 제한 입찰, 적격심사 기준, 지역의무 공동도급 등 지방재정법에 규정된 사항 이외에는 국가계약법을 준용

4. 건축법

건축물의 대지·구조·설비 기준 및 용도 등을 정하여 건축물의 안전·기능·환경 및 미관을 향상시킴으로써 공공복리의 증진에 이바지하는 것을 목적으로 한다.

> 1장 총칙
> 2장 건축물의 건축
> 　　건축허가, 건축신고, 용도변경, 건축물의 사용승인, 설계도서의 작성
> 3장 건축물의 유지와 관리
> 4장 건축물의 대지 및 도로
> 5장 건축물의 구조 및 재료 등
> 　　구조안전의 확인, 건축물의 내진능력 공개, 직통계단의 설치,
> 　　피난계단의 설치, 방화구획
> 6장 지역 및 지구의 건축물
> 7장 건축물의 설비 등
> 8장 특별건축구역 등
> 9장 보칙
> 10장 벌칙

5. 민법

민법은 사람이 사회생활을 영위함에 있어서 지켜야 할 일반사법을 규정한 법으로 건설계약 및 하자보증 관련의 근거가 되는 법이다. 건설계약과 관련하여 도급의 정의를 규정하고 있으며, 하자담보책임과 관련하여 완성된 목적물 또는 완성 전의 성취된 부분에 하자가 있을 때 도급인은 수급인에 대하여 상당한 기간을 정하여 그 하자보수를 청구할 수 있도록 규정하고 있다.

Ⅲ. 건설공사 사후평가

1) 정 의

건설공사 시행의 효율성을 도모하기 위해 타당성 조사 등 건설공사를 계획하는 과정과 공사완료후의 공사비, 공사기간, 수요, 효과 등에 대한 예측치와 실제치를 종합적으로 분석·평가하는 것

사후평가서는 유사한 건설공사의 효율적인 수행을 위한 자료로 활용하기 위함이다.

건설관련법

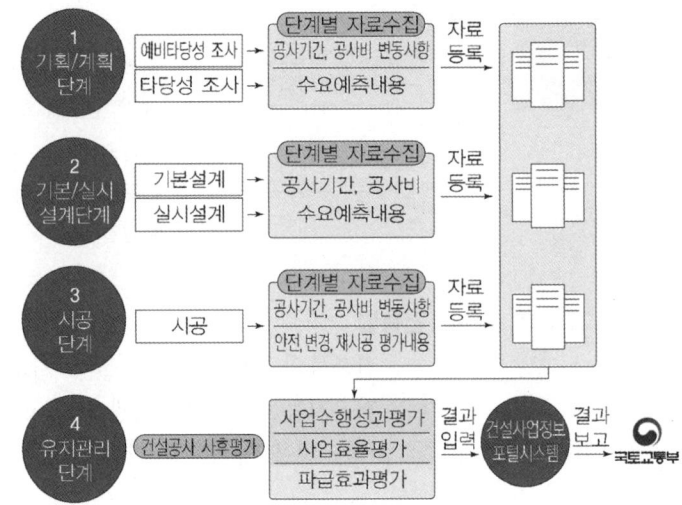

2) 평가지표

① 사업수행성과: 건설사업 추진기간, 비용 등의 효율성과 적절성을 평가하는 것으로 사업비, 사업기간, 안전, 변경, 재시공 부분의 성과를 평가

② 사업효율: 건설공사 시행 전후의 수요와 기대효과의 비교를 통해 사업 전반의 효율성을 평가

③ 파급효과: 건설사업 수행이 해당 지역의 경제와 주민 생활에 미친 영향 등을 평가

3) 사후평가의 내용

① 예상 공사비 및 공사기간과 실제 소요된 공사비 및 공사기간의 비교·분석

② 공사 기획 시 예측한 수요 및 기대효과와 공사 완료후의 실제 수요 및 공사효과의 비교·분석

③ 당해 건설공사의 문제점과 개선방안

④ 주민의 호응도 및 사용자 만족도

⑤ 건설공사 시행단계별 발생되는 건설정보의 내용 및 조치계획

⑥ 일괄입찰 및 대안입찰(이하 "일괄·대안입찰"이라 한다) 방식으로 수행한 경우 건설공사의 추진성과

⑦ 공사비, 공사기간, 효과 등 당해 건설공사에 대한 전반적인 평가, 당해 건설공사에 따른 주변 환경의 변화 및 영향, 재원조달의 타당성 등 기타 발주청에서 필요하다고 인정하는 사항

4) 평가시기 및 방법

① 사업수행성과 평가: 전체공사 준공 이후 60일 이내

② 사업효율 및 파급효과 평가: 건설공사의 특성에 따라 전체공사의 준공 이후 5년 이내에 실시

Ⅳ. 건설신기술 지정제도

1) 정 의

- 민간회사가 신기술·신공법을 개발한 경우, 그 신기술·신공법을 보호하여 기술개발의욕을 고취시키고 국내 건설기술의 발전 및 국가경쟁력을 확보하기 위한 제도
- 기술개발자의 개발의욕을 고취시킴으로서 국내 건설기술의 발전을 도모하고 국가경쟁력을 제고하기 위한 제도

2) 1차 심사위원회

① 신규성: 새롭게 개발되었거나 개량된 기술

② 진보성: 기존의 기술과 비교하여 품질, 공사비, 공사기간 등에서 향상이 이루어진 기술

③ 시장성: 활용가능성, 선호도 등이 우수하여 시장성이 인정되는 기술

3) 2차 심사위원회

① 현장 적용성: 시공성, 안전성, 환경친화성, 유지관리편리성이 우수하여 건설현장에 적용할 가치가 있는 기술

② 구조안전성: 설계, 시공, 유지관리 등에서 구조적 안전성이 인정되는 기술

③ 보급성: 활용성, 편리성 등 기술적 특성이나 공익성 등이 우수하여 기술보급의 필요성이 인정되는 기술

④ 경제성: 설계, 시공, 유지관리 혹은 생애주기 전반에 걸쳐 비용절감효과의 우수함이 인정되는 기술

4) 보호 연장기간

① 품질검증: 신기술이 적용된 주요 현장에 대하여 모니터링한 결과 지정 시 제시된 신기술 성능 및 효과가 검증된 기술

② 기술수준: 국내외 동종 기술의 수준과 비교하여 우수성이 인정되는 기술

③ 활용실적: 지정·고시 후 연장신청 일 전까지 연장신청 기술의 범위에 해당되는 활용실적이 있는 기술

대상

- 발주청이 발주하는 총공사비 300억원 이상의 건설공사를 대상으로 한다.
1. 공공청사, 교정시설, 초·중등 교육시설의 신·증축 사업

- 평가대상 제외
특성상 평가가 곤란하거나 평가에 실익이 없는 건설공사는 평가 대상에서 제외
1. 공공청사, 교정시설, 초·중등 교육시설의 신·증축 사업
2. 문화재 복원사업
3. 국가안보와 관계되거나 보안이 필요한 국방 관련 사업
4. 남북교류협력과 관계되거나 국가 간 협약·조약에 따라 추진하는 사업
5. 도로 유지보수, 노후 상수도 개량 등 기존 시설의 효용 증진을 위한 단순개량 및 유지보수사업
6. 「재난 및 안전관리기본법」 제3조제1호에 따른 재난 (이하 "재난"이라 한다)복구 지원, 시설 안전성 확보, 보건·식품 안전 문제 등으로 시급한 추진이 필요한 사업
7. 재난예방을 위하여 시급한 추진이 필요한 사업으로서 국회 소관 상임위원회의 동의를 받은 사업
8. 법령에 따라 추진하여야 하는 사업
9. 출연·보조기관의 인건비 및 경상비 지원, 융자 사업 등과 같이 예비타당성조사의 실익이 없는 사업

10-6	건축법의 목적과 용어의 정의	
No. 806	건축법, 건축법 시행령	유형: 제도·기준·지표

건축법

건축법
Key Point

■ 국가표준
- 건축법
- 건축법 시행령

■ Lay Out
- 건축법의 목적과 구성체계

■ 핵심 단어

■ 연관용어
- No. 808~812

건축물

• 토지에 정착(定着)하는 공작물 중 지붕과 기둥 또는 벽이 있는 것과 이에 딸린 시설물, 지하나 고가(高架)의 공작물에 설치하는 사무소·공연장·점포·차고·창고, 그 밖에 대통령령으로 정하는 것을 말한다.

I. 정 의

건축물의 대지·구조·설비 기준 및 용도 등을 정하여 건축물의 안전·기능·환경 및 미관을 향상시킴으로써 공공복리의 증진에 이바지하는 것을 목적으로 한다.

II. 건축법의 목적과 구성체계

1. 건축법의 목적
  • 목적: 공공복리의 증진
  • 규정내용: 건축물의 대지, 구조, 설비, 용도

2. 건축법의 구성체계

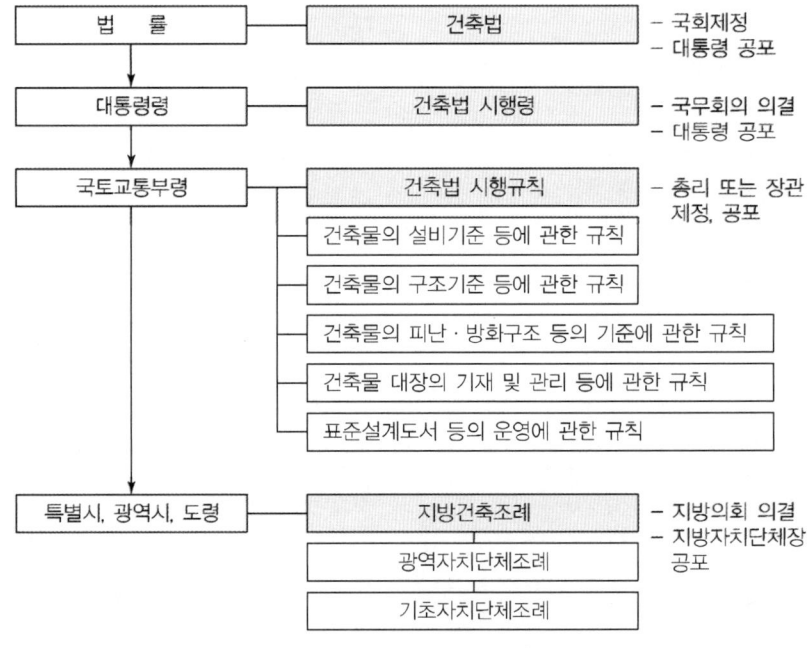

III. 용어의 정의

1. 건축물
  1) 고층건축물
    • 층수가 30층 이상이거나 높이가 120m 이상인 건축물
  2) 초고층건축물
    • 층수가 50층 이상이거나 높이가 200m 이상인 건축
  3) 준초고층건축물
    • 층수가 30층 이상 49층 이하, 높이 120m~200m 미만

건축법

4) 다중이용건축물
- 16층 이상인 건축물
- 다음의 어느 하나에 해당하는 용도로 쓰는 바닥면적의 합계가 5,000m² 이상인 건축물
  ① 문화 및 집회시설(동물원 및 식물원은 제외한다)
  ② 종교시설
  ③ 판매시설
  ④ 여객용시설
  ⑤ 종합병원
  ⑥ 관광숙박시설

5) 준다중이용건축물
- 다중이용 건축물 외의 건축물로서 다음 각 목의 어느 하나에 해당하는 용도로 쓰는 바닥면적의 합계가 1,000m² 이상인 건축물
  ① 문화 및 집회시설(동물원 및 식물원은 제외한다)
  ② 종교시설
  ③ 판매시설
  ④ 여객용시설
  ⑤ 종합병원
  ⑥ 교육연구시설
  ⑦ 노유자시설
  ⑧ 운동시설
  ⑨ 관광숙박시설
  ⑩ 위락시설
  ⑪ 관광 휴게시설
  ⑫ 장례시설

6) 특수구조 건축물
- 내민구조 보·차양 외벽의 중심선으로부터 3m 이상 돌출된 건축물
- 기둥과 기둥 사이의 거리가 20m 이상인 건축물
- 특수한 설계·시공·공법 등이 필요한 건축물로서 국토교통부장관이 정하여 고시하는 구조로 된 건축물

2. 주요구조부

- 내력벽(耐力壁), 기둥, 바닥, 보, 지붕틀 및 주계단(主階段)을 말한다.

주요구조부	그림	제외되는 부분
내력벽		비내력벽
기둥		사이기둥
바닥		최하층 바닥
보		작은보
지붕틀		차양
주계단		옥외계단 등

(그림: 지붕틀, 기둥, 벽, 바닥, 보, 주계단)

- 한옥
  - 한옥 등 건축자산의 진흥에 관한 법률에 따른 한옥
- 결합건축
  - 용적률을 개별대지마다 적용하지아니하고, 2개 이상의 대지를 대상으로 통합적용하여 건축물을 건축하는 것
- 부속건축물
  - 같은 대지에서 주된 건축물과 분리된 부속용도의 건축물로서 주된 건축물을 이용 또는 관리하는 데에 필요한 건축물

건축법

3. 내화구조

• 화재에 견딜 수 있는 성능을 가진 다음의 구조

구분	철근콘크리트조 철골 · 철근콘크리트조	철골조		무근콘크리트조, 콘크리트조, 벽돌조, 석조, 기타구조
		피복재	피복두께	
① 벽 두께≥10cm		철망모르타르	4cm 이상	• 철재로 보강된 콘크리트블록조, 벽졸조, 석조로서 철재에 덮은 콘크리트 블록 등의 두께가 5cm 이상인 것 • 벽돌조로서 두께가 19cm 이상인 것 • 고온,고압의 증기로 양생된 경량기포 콘크리트패널 또는 경량기포 콘크리드 블록조로서 두께가 10cm 이상인 것
		콘크리트블록 벽돌, 석재	5cm 이상	
② 외벽 중 비 내벽력 두께≥7cm		철망모르타르	3cm 이상	• 철재로 보강된 콘크리트블록조, 벽돌조, 석조로서 철재에 덮은 콘크리트블록 등의 두께가 4cm 이상인 것 • 무근콘크리트조, 콘크리트블록조, 벽돌조 또는 석조로서 그 두께가 7cm 이상인 것
		콘크리트블록 벽돌, 석재	4cm 이상	
③ 기둥 (작은 지름이 25cm 이상 인 것) ≥25cm ≥25cm		철망모르타르	6cm 이상	–
		철망모르타르 (경량골재사용)	5cm 이상	
		콘크리트블록 벽돌, 석재	7cm 이상	
		콘크리트	5cm 이상	
④ 바닥 두께≥10cm		철망모르타르 콘크리트	5cm 이상	• 철재로 보강된 콘크리트블록조, 벽돌조 또는 석조로서 철재에 덮은 콘크리트 블록 등의 두께가 5cm 이상인 것
⑤ 보 (지붕틀 포함) 치수규제없음		철망모르타르	6cm 이상	–
		철망모르타르 (경량골재사용)	5cm 이상	
		콘크리트		
		철골조의 지붕틀(바닥으로부터 그 아래부분까지의 높이가 4m이상인 것에 한함)로서 바로 아래에 반자가 없거나 불연재료로 된 반자가 있는 것		
⑥ 지붕 치수규제없음		• 철재로 보강된 유리블록 또는 망 입유리로 된 것		• 철재로 보강된 콘크리트블록조, 벽돌조 또는 석조
⑦ 계단 치수규제없음		철골조계단		• 철재로 보강된 콘크리트블록조, 벽돌조 또는 석조 • 무근콘크리트조, 콘크리트블록조, 벽돌조 또는 석조

건축법

4. 방화구조

- 화염의 확산을 막을 수 있는 성능을 가진 구조

구조부분	방화구조의 기준
1 철망모르타르 바르기	바름두께가 2cm 이상
2 석고판 위에 시멘트모르타르 또는 회반죽을 바른 것 3. 시멘트모르타르 위에 타일을 붙인 것	두께의 합계가 2.5cm 이상
4. 심벽에 흙으로 맞벽치기 한 것	두께에 관계없이 인정
5. 한국산업표준이 정한 방화 2급 이상에 해당되는 것	

5. 건축재료

1) 내수재료

- 내수성을 가진 재료로써 벽돌, 자연석, 인조석, 콘크리트, 아스팔트, 도자기질 재료, 유리 기타 이와 유사한 내수성이 있는 재료

2) 불연, 준불연, 난연재료

- 국토교통부장관이 정하는 기준에 적합한 재료

구분	정의
불연재료	콘크리트, 석재, 벽돌,기와, 철강, 알루미늄, 유리, 시멘트모르타르, 회 및 기타 이와 유사한 것
준불연재료	불연재료에 준하는 성질을 가진 재료
난연재료	불에 잘 타지 아니하는 성질을 가진 재료

건축법

건축법
Key Point

■ **국가표준**
– 건축법
– 건축법 시행령

■ **Lay Out**
– 건축물의 건축
– 절차

■ **핵심 단어**

■ **연관용어**

설계설명서 내용

• 공사개요
• 사전조사 사항
• 건축계획(배치, 평면, 입면, 동선, 주차계획 등)
• 시공방법
• 개략공정계획
• 주요설비계획
• 주요자재 사용계획

허가신청서 설계도서 범위

• 사전결정을 받은 경우: 건축계획서, 배치도 제외
• 표준설계도서의 경우: 건축계획서, 배치도만 제출

★★★   3. 제도와 법규

10-7	건축물의 건축(허가, 신고, 착공신고, 사용승인)	
No. 807		유형: 제도 · 기준 · 지표

I. 정 의

① 건축법의 적용은 건축물의 건축, 대수선, 용도변경 행위에 대한 시장 · 군수 등의 허가 또는 신고대상을 기준하고 있다.
② 건축법의 절차는 허가 또는 신고는 건축물에 대한 착공신고부터 건축사의 설계, 공사감리, 사용승인에 대한 운영기준을 정하고 있다.

II. 건축물의 건축

1. 사전결정

① 사전 결정신청: 건축허가 신청 전에 해당 대지에 건축하는 것이 이 법이나 관계법령에서 허용되는지 여부, 해당 대지에 건축가능한 건축물의 규모
② 사전결정의 효력 상실: 사전결정 통지받은 날부터 2년 이내에 건축허가를 신청하지 아니하는 경우에는 사전결정의 효력이 상실된다.

2. 건축허가

1) 건축허가 대상
① 특별자치도지사, 특별시장 · 광역시장 등 허가대상
② 사전승인: 대규모 건축물인 경우, 환경보호에 저촉되는 경우
③ 제출도서: 건축계획서, 기본설계도서

2) 건축허가신청
• 건축허가 신청에 필요한 설계도서
① 건축계획서
② 배치도
③ 평면도
④ 입면도
⑤ 구조도(구조안전 확인 또는 내진설계 대상 건축물)
⑥ 구조계산서(구조안전 확인 또는 내진설계 대상 건축물)
⑦ 소방 설비도

3) 건축물 안전영향평가
• 초고층 건축물 등 대통령령으로 정하는 주요 건축물에 대하여 건축허가를 하기 전에 건축물의 구조, 지반 및 풍환경(風環境) 등이 건축물의 구조안전과 인접 대지의 안전에 미치는 영향 등을 평가하는 건축물 안전영향평가를 안전영향평가기관에 의뢰하여 실시

건축법

3. 건축신고

① 바닥면적의 합계가 $85m^2$ 이내의 증축·개축 또는 재축. 다만, 3층 이상 건축물인 경우에는 증축·개축 또는 재축하려는 부분의 바닥면적의 합계가 건축물 연면적의 10분의 1 이내인 경우로 한정한다.

② 국토의 계획 및 이용에 관한 법률」에 따른 관리지역, 농림지역 또는 자연환경보전지역에서 연면적이 $200m^2$ 미만이고 3층 미만인 건축물의 건축

③ 연면적이 $200m^2$ 미만이고 3층 미만인 건축물의 대수선

④ 주요구조부의 해체가 없는 등 대통령령으로 정하는 대수선

4. 가설건축물

- 허가대상: 도시·군 계획시설 및 도시·군 계획시설 예정지에서 가설건축물을 건축
- 신고대상: 재해복구, 흥행, 전람회, 공사용 가설건축물 등 제한된 용도의 건축물

가설건축물 축조 신고서식

- 가설건축물 축조신고서
- 배치도
- 평면도

Ⅲ. 절차

1. 착공신고

구분	내용	비고
대상	1. 건축허가 대상(법 제 11조) 2. 건축신고대상(법 제 14조) 3. 가설건축물 축조허가 대상(법 제 20조 제1항)	• 신고대상 가설건축물, 용도변경신고 시 착공신고대상에서 제외 • 건축물의 철거 신고 시 착공예정일을 기재한 경우에는 철거 신고로 착공신고를 대신한다.
의무자 및 시기	건축주가 공사착수 전 허가권자에게 공사계획을 신고	
첨부서류 및 도서	1. 건축 관계자 상호간의 계약서 사본(해당사항의 경우) 2. 시방서, 실내마감도, 건축설비도, 토지굴착 및 옹벽도(공장의 경우) 3. 보험증서 또는 공제증서 사본 4. 흙막이 구조도면(지하 2층 이상의 지하층을 설치하는 경우) 5. 구조 안전 확인서	

2. 사용승인

1) 임시사용승인

구분	내용
대상	• 사용승인서를 교부받기 전에 공사가 완료된 부분 • 식수 등 조경에 필요한 조치를 하기에 부적합한 시기에 건축공사가 완료된 건축물
기가	• 2년 이내(다만, 허가권자는 대형건축물 또는 암반공사 등으로 인하여 공사 기간이 장기간인 건축물에 대하여는 그 기간을 연장할 수 있음)
신청	• 건축주가 임시사용승인 신청서를 허가권자에게 제출
승인	• 신청받은 날부터 7일 이내에 임시사용승인서를 신청인에 교부

사용승인을 받지 않는 건축

- 공용건축물(국가 등이 건축하는 건축물)
- 바닥면적 $100m^2$ 미만의 용도변경
- 신고대상 가설건축물

2) 건축물의 사용승인

- 건축주는 건축공사 완료 후 건축물을 사용하려면 감리완료보고서와 공사완료도서를 첨부하여 허가권자에게 사용승인신청을 하여야 한다.

☆★★   3. 제도와 법규

10-8	구조내력, 건축물의 중요도계수	
No. 808		유형: 제도 · 기준

건축법

건축법
Key Point

☑ 국가표준
- 건축법
- 건축법 시행령

☑ Lay Out
- 구조내력
- 건축물의 내진등급과 내진설계 중요도 계수

☑ 핵심 단어

☑ 연관용어
- No. 440, 449

I. 정 의

① 건축물의 안전확인을 위한 구조설계에 대한 기준의 구분이 필요하다.
② 중요도는 중요도가 높은 건축물에 해당할수록 설계하중을 크게 고려해 붕괴에 대한 여유도를 높이기 위한 기준
③ 건축물의 중요도는 위험한 물질을 취급하는 시설일수록, 비상사태에 사회가 최소한의 기능을 수행하는데 필요한 필수 사회기반시설에 해당할수록, 붕괴 시 많은 인명피해가 예상될수록 높다.

II. 구조내력

1. 구조내력

- 건축물은 고정하중, 적재하중, 풍압, 지진 기타의 진동 및 충격 등에 안전한 구조를 가져야 한다.
- 일정규모이상의 건축물을 건축하거나 대수선하는 경우에 건축물에 작용하는 하중에 대한 안전여부를 구조계산을 통하여 사전에 구조안전에 대한 확인을 필요로 한다.

1) 구조계산에 의한 구조안전 확인 대상 건축물

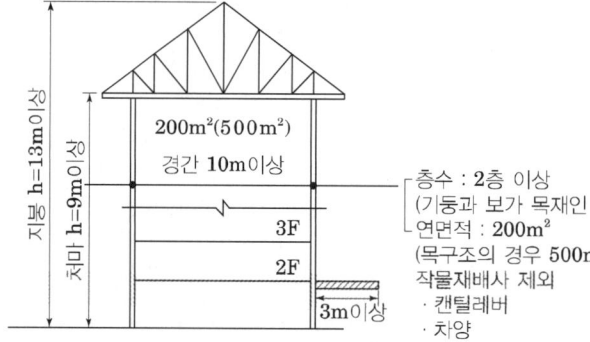

- 단독주택 및 공동주택
- 국가적 문화유산으로서 보존가치가 있는 연면적 합계 5,000m² 이상인 박물관, 기념관 등
- 중요도 「특」·「1」인 건축물
- 특수한 설계·시공 등이 필요한 건축물로서 국토교통부장관이 고시하는 건축물
- ※ 예외: 표준설계도서에 따른 건축물

건축물의 규모제한

- 주요구조부가 비보강 조적조인 건축물의 규모
- 지붕높이 15m 이하
- 처마높이 11m 이하
- 층수 3층 이하

건축법

내진설계 원칙

- 구조물은 기본적으로 낮은 지진위험도의 지진에 대하여 '기능을 유지'하고, 높은 지진위험도의 지진에 대해서는 '붕괴를 방지'함으로써 '인명의 안전을 확보'하는 것을 '내진설계의 원칙'으로 한다.

- 2개 이상의 건물에 공유된 부분 또는 하나의 구조물이 동일한 중요도에 속하지 않는 2개 이상의 용도로 사용되는 경우에는 가장 높은 중요도를 적용해야 한다.

- 건축물이 구조조적으로 분리된 2개 이상의 부분으로 구성된 경우에는 각 부분을 독립적으로 분류하여 설계할 수 있다. 다만, 구조적으로 분리되어 있다 하더라도, 낮은 중요도로 설계된 건물이 높은 중요도로 설계된 건물에 필수 불가결한 대피경로 제공하거나 인명안전 또는 기능수행 관련 요소(비상전력)를 공급하는 경우 모두 높은 중요도를 적용하여야 한다.

2) 중요도 및 중요도 계수

중요도 구분	해당 건축물
중요도(특)	• 연면적 $1,000m^2$ 이상인 위험물 저장 및 처리시설 • 연면적 $1,000m^2$ 이상인 국가 또는 지방자치단체의 청사·외국공관·소방서·발전소·방송국·전신전화국, 데이터센터 • 종합병원, 수술시설이나 응급시설이 있는 병원 • 지진과 태풍 또는 다른 비상시의 긴급대피수용시설로 지정한 건축물 • 중요도(특)으로 분류된 건축물의 기능을 유지하는데 필요한 부속 건축물 및 공작물
중요도(1)	• 연면적 $1,000m^2$ 미만인 위험물 저장 및 처리시설 • 연면적 $1,000m^2$ 미만인 국가 또는 지방자치단체의 청사·외국공관·소방서·발전소·방송국·전신전화국, 데이터센터 • 연면적 $5,000m^2$ 이상인 공연장·집회장·관람장·전시장·운동시설·판매시설·운수시설(화물터미널과 집배송시설은 제외함) • 아동관련시설·노인복지시설·사회복지시설·근로복지시설 • 5층 이상인 숙박시설·오피스텔·기숙사·아파트 • 학교 • 수술시설과 응급시설 모두 없는 병원, 기타 연면적 $1,000m^2$ 이상인 의료시설로서 중요도(특)에 해당하지 않는 건축물
중요도(2)	• 중요도(특), (1), (3)에 해당하지 않는 건축물
중요도(3)	• 농업시설물, 소규모창고 • 가설구조물

3) 지진구역

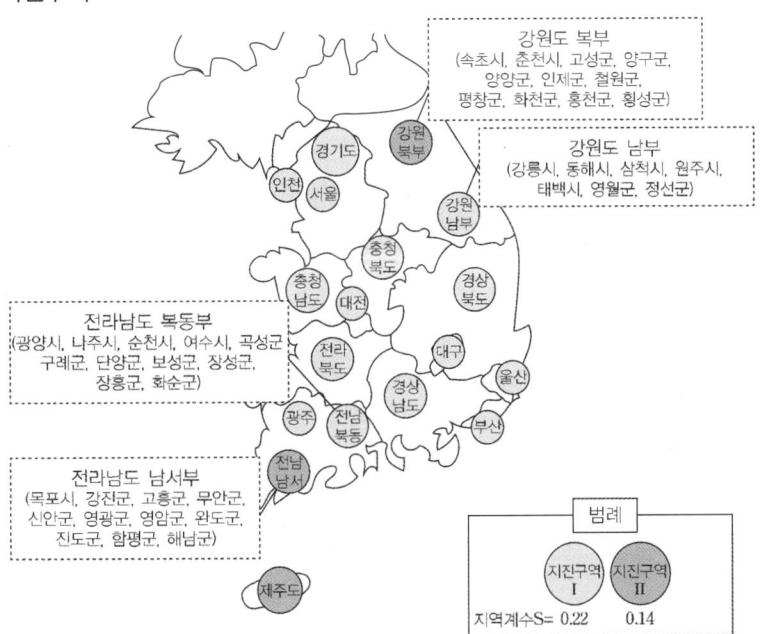

건축법

다중이용 건축물

- 16층이상인 건축물
- 다음의 어느 하나에 해당하는 용도로 쓰는 바닥면적의 합계가 5천제곱미터 이상인 건축물
① 문화 및 집회시설(동물원 및 식물원은 제외한다)
② 종교시설
③ 판매시설
④ 운수시설 중 여객용 시설
⑤ 의료시설 중 종합병원
⑥ 숙박시설 중 관광숙박시설

준다중이용 건축물

- 다중이용 건축물 외의 건축물로서 다음 각 목의 어느 하나에 해당하는 용도로 쓰는 바닥면적의 합계가 1천제곱미터 이상인 건축물
① 문화 및 집회시설(동물원 및 식물원은 제외한다)
② 종교시설
③ 판매시설
④ 운수시설 중 여객용 시설
⑤ 의료시설 중 종합병원
⑥ 교육연구시설
⑦ 노유자시설
⑧ 운동시설
⑨ 숙박시설 중 관광숙박시설
⑩ 위락시설
⑪ 관광 휴게시설
⑫ 장례시설

2. 건축구조기술사 협력대상 건축물

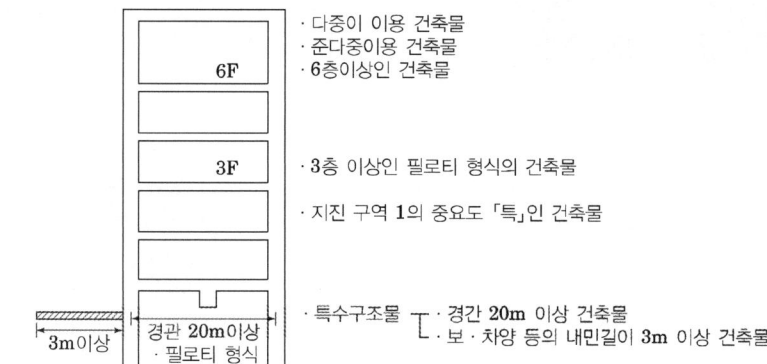

- 다중이 이용 건축물
- 준다중이용 건축물
- 6층이상인 건축물
- 3층 이상인 필로티 형식의 건축물
- 지진 구역 1의 중요도 「특」인 건축물
- 특수구조물 ┌ · 경간 20m 이상 건축물
            └ · 보 · 차양 등의 내민길이 3m 이상 건축물

- 구조기술사의 협력을 받아 설계자가 구조확인을 하여야 한다.

3. 내진능력 공개

- 2층 이상인 건축물 (목구조의 경우 3층)
- 연면적 $200m^2$ 이상인 건축물(목구조의 경우 $500m^2$)
- 구조안전확인서 제출대상 건축물 중 3호부터 10호까지에 해당되는 건축물

Ⅲ. 건축물의 내진등급과 내진설계 중요도 계수

중요도 구분	내진등급	내진설계 중요도계수
중요도(특)	특	1.5
중요도(1)	Ⅰ	1.2
중요도(2), (3)	Ⅱ	1.0

☆★★	3. 제도와 법규		71.87
10-9	**건축용 방화재료**		
No. 809	fire-preventive materia		유형: 제도·기준

건축법

Key Point

■ 국가표준
- 건축자재등 품질인정 및 관리기준건축물
- 마감재료의 난연성능 및 화재 확산 방지구조 기준
- KS F ISO 1182

■ Lay Out
- 건축물 마감재료의 성능 기준 및 화재 확산 방지 구조

■ 핵심 단어

■ 연관용어
- No. 806 건축법, 810~812

방화재료

- 불연재료: 불에 타지 아니하는 성질을 가진 재료
- 준불연재료: 불에 타지만 크게 번지지 아니하는 재료
- 난연재료: 불에 잘 타지 아니하는 성질을 가진 재료

I. 정 의

① 화재 시 가열에 있어서 화재의 확대를 억제하고 또한 연기 또는 유해 가스가 쉽게 발생하지 않는 재료
② 건축 기준법에 규정되는 불연 재료, 준불연 재료, 난연 재료 등의 총칭

II. 건축물 마감재료의 성능기준 및 화재 확산 방지구조

1) 불연재료
   ① 가열시험 개시 후 20분간 가열로 내의 최고온도가 최종평형온도를 20K 초과 상승하지 않을 것
   ② 가열종료 후 시험체의 질량 감소율이 30% 이하일 것
   ③ 가스유해성 시험 결과 실험용 쥐의 평균행동정지 시간이 9분 이상
   ④ 강판과 심재로 이루어진 복합자재의 경우, 강판과 강판을 제거한 심재 기준
   - 시험체 개구부 외 결합부 등에서 외부로 불꽃이 발생하지 않을 것
   - 시험체 상부 천정의 평균 온도가 650℃를 초과하지 않을 것
   - 시험체 바닥에 복사 열량계의 열량이 25kW/m²를 초과하지 않을 것
   - 시험체 바닥의 신문지 뭉치가 발화하지 않을 것
   - 화재 성장 단계에서 개구부로 화염이 분출되지 않을 것
   ⑤ 외벽 마감재료 또는 단열재가 둘 이상의 재료로 제작된 경우
   - 외부 화재 확산 성능 평가: 시험체 온도는 시작 시간을 기준으로 15분 이내에 레벨 2(시험체 개구부 상부로부터 위로 5m 떨어진 위치)의 외부 열전대 어느 한 지점에서 30초 동안 600℃를 초과하지 않을 것
   - 내부 화재 확산 성능 평가: 시험체 온도는 시작 시간으로 15분 이내에 레벨 2(시험체 개구부 상부로부터 위로 5m 떨어진 위치)의 내부 열전대 어느 한 지점에서 30초 동안 600℃를 초과하지 않을 것
   ⑥ 종류: 콘크리트, 시멘트 모르타르, 석재, 벽돌, 철망, 알루미늄, 유리 등

2) 준불연재료
   ① 가열 개시 후 10분간 총 방출열량이 8MJ/m² 이하일 것
   ② 10분간 최대 열방출률이 10초 이상 연속으로 200kW/m²를 초과하지 않을 것

③ 10분간 가열 후 시험체를 관통하는 방화상 유해한 균열, 구멍 등이 없어야 하며, 시험체 두께의 20%를 초과하는 일부 용융 및 수축이 없어야 한다.

④ 가스유해성 시험 결과, 실험용 쥐의 평균행동정지 시간이 9분 이상

⑤ 강판과 심재로 이루어진 복합자재의 경우
- 시험체 개구부 외 결합부 등에서 외부로 불꽃이 발생하지 않을 것
- 시험체 상부 천정의 평균 온도가 650℃를 초과하지 않을 것
- 시험체 바닥에 복사 열량계의 열량이 $25kW/m^2$를 초과하지 않을 것
- 시험체 바닥의 신문지 뭉치가 발화하지 않을 것
- 화재 성장 단계에서 개구부로 화염이 분출되지 않을 것

⑥ 외벽 마감재료 또는 단열재가 둘 이상의 재료로 제작된 경우
- 외부 화재 확산 성능 평가: 시험체 온도는 시작 시간을 기준으로 15분 이내에 레벨 2(시험체 개구부 상부로부터 위로 5m 떨어진 위치)의 외부 열전대 어느 한 지점에서 30초 동안 600℃를 초과하지 않을 것
- 내부 화재 확산 성능 평가: 시험체 온도는 시작 시간을 기준으로 15분 이내에 레벨 2(시험체 개구부 상부로부터 위로 5m 떨어진 위치)의 내부 열전대 어느 한 지점에서 30초 동안 600℃를 초과하지 않을 것

⑦ 종류: 석고보드, 목모시멘트판, 인조대리석, 펄스시메트판, 우레탄 패널 등

3) 난연재료

① 가열 개시 후 5분간 총 방출열량이 $8MJ/m^2$ 이하일 것

② 5분간 최대 열방출률이 10초 이상 연속으로 $200kW/m^2$를 초과하지 않을 것

③ 5분간 가열 후 시험체를 관통하는 방화상 유해한 균열, 구멍 및 용융 등이 없어야 하며, 시험체 두께의 20%를 초과하는 일부 용융 및 수축이 없어야 한다.

④ 가스유해성 시험 결과, 실험용 쥐의 평균행동정지 시간이 9분 이상

⑤ 외벽 마감재료 또는 단열재가 둘 이상의 재료로 제작된 경우
- 외부 화재 확산 성능 평가: 시험체 온도는 시작 시간을 기준으로 15분 이내에 레벨 2(시험체 개구부 상부로부터 위로 5m 떨어진 위치)의 외부 열전대 어느 한 지점에서 30초 동안 600℃를 초과하지 않을 것
- 내부 화재 확산 성능 평가: 시험체 온도는 시작 시간을 기준으로 15분 이내에 레벨 2(시험체 개구부 상부로부터 위로 5m 떨어진 위치)의 내부 열전대 어느 한 지점에서 30초 동안 600℃를 초과하지 않을 것

⑧ 종류: 난연합판, 난연플라스틱판 등

★★★	3. 제도와 법규	
10-10	화재확산 방지구조	
No. 810		유형: 제도·기준

I. 정 의

① 외벽자재가 착화되어 수직 확산되지 않도록 매 층마다 불에 타지
   않는 재료로 높이 400mm 띠 형태로 두르는 공법
② 이 기준은 건축물의 화재발생시 재료에서의 유독가스 발생 및 화재
   확산 등을 방지하여 인명 및 재산을 보호하기 위한 마감재료의 난
   연성능 시험방법 및 성능기준, 화재 확산 방지구조 기준을 정함을
   목적으로 한다.

II. 화재확산 방지구조

1) 외부마감재료 제한

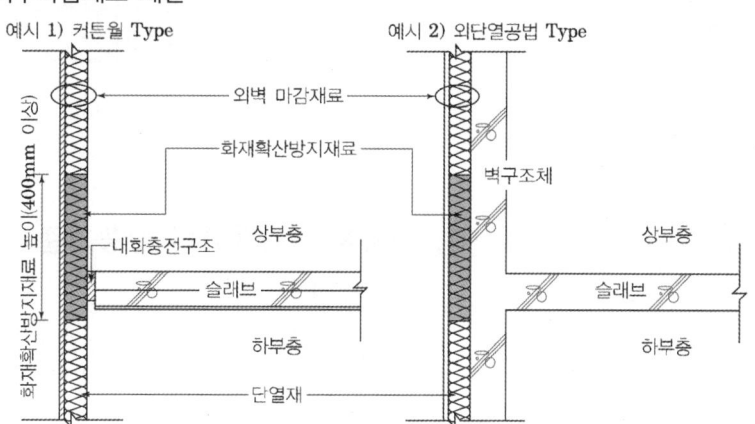

• 방화에 지장이 없는 불연재료 또는 준불연재료로 하여야 하며 외벽
  에 설치하는 창호는 방화에 지장이 없도록 국토교통부령이 정하는
  방화성능기준에 적합하여야 한다.

구분	건축물의 용도	면적
1. 상업지역(근린상업지역 제외)의 건축물	• 1종 근린생활시설 • 2종 근린생활시설 • 문화 및 집회시설종교시설 • 판매시설 • 운동시설 • 위락시설	• 바닥면적합계 2,000m² 이상인 건축물
	• 공장(화재 위험이 적은 공장 제외)에서 6m 이내에 위치한 건축물	
2. 의료시설, 교육연구시설, 노유자시설, 수련시설인 건축물		
3. 공장, 창고시설, 위험물저장 및 처리시설, 자동차관련시설		
4. 3층 이상 건축물		
5. 높이 9m 이상 건축물		
6. 1층의 전부 또는 일부를 필로티 구조로 설치하여 주차장으로 쓰는 건축물		

- 외부마감재료
- 대상용도 및 규모의 건축물: 난연재료 금지
- 고층건축물 확산방지구조 설치 시: 난연재료사용가능
- 내부마감재료
- 지상층 거실: 불연, 준불연, 난연재료
- 지하층 거실 및 피난동선 공간(통로, 복도, 계단 등): 난연재료금지
- 지상층의 다중이용업 같은 특정용도 거실: 난연재료 금지
- 내부마감재료의 예외규정
- 주요구조부가 내화구조 또는 불연재료인 건축물로서 스프링클러 등 자동소화설비 설치 시
- 바닥면적 200m² 이내마다 방화구획 시

2) 내부 마감 재료의 제한

① 커튼월 층간방화 시공

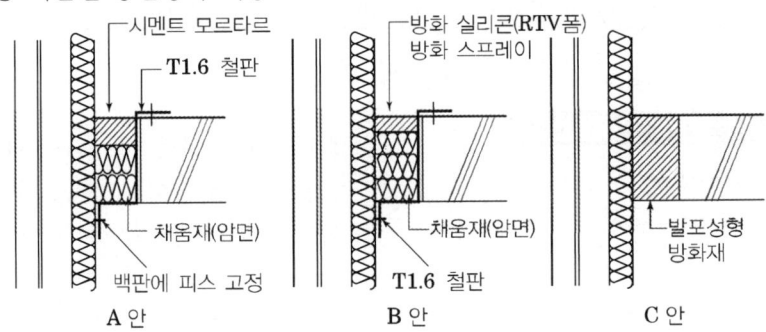

A 안   B 안   C 안

- 바닥마감의 유무, 팬코일 유무, 벽체마감의 유무에 따라 별도적용

② Pipe Shaft 층간방화 시공

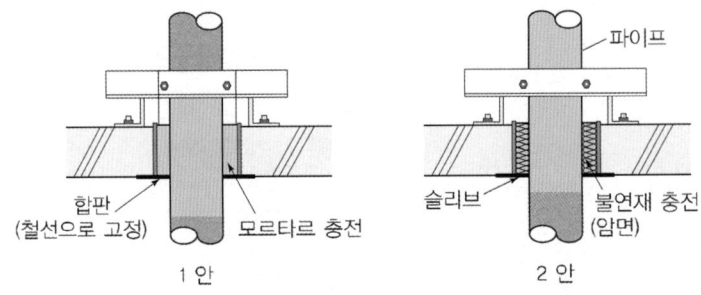

1 안   2 안

Ⅲ. 건축물 마감재료의 성능기준 및 화재 확산 방지구조

1) 불연재료

① 가열시험 개시 후 20분간 가열로 내의 최고온도가 최종평형온도를 20K 초과 상승하지 않을 것

② 가열종료 후 시험체의 질량 감소율이 30% 이하일 것

③ 가스유해성 시험 결과 실험용 쥐의 평균행동정지 시간이 9분 이상

2) 준불연재료

① 가열 개시 후 10분간 총 방출열량이 $8MJ/m^2$ 이하일 것

② 10분간 최대 열방출률이 10초 이상 연속으로 $200kW/m^2$를 초과하지 않을 것

③ 10분간 가열 후 시험체를 관통하는 방화상 유해한 균열, 구멍 등이 없어야 한다.

3) 난연재료

① 가열 개시 후 5분간 총 방출열량이 $8MJ/m^2$ 이하일 것

② 5분간 최대 열방출률이 10초 이상 연속으로 $200kW/m^2$를 초과하지 않을 것

③ 5분간 가열 후 시험체를 관통하는 방화상 유해한 균열, 구멍 및 용융 등이 없어야 한다.

건축법

10-11	방화규정	
No. 811	내화구조 건축물의 화재확산 방지	유형: 제도 · 기준

건축법
Key Point

☑ **국가표준**
- 건축물의 피난 · 방화구조 등의 기준에 관한 규칙 23.04.27

☑ **Lay Out**
- 주요구조부를 내화구조로 하여야 하는 건축물
- 내화구

☑ **핵심 단어**

☑ **연관용어**
- No. 742~745
- No. 806 건축법, 810~812

예외
- 연면적이 50㎡ 이하인 단층의 부속건축물로서, 외벽 및 처마 밑면을 방화구조로 한 것
- 무대의 바닥

I. 정 의

건축물에서 발생한 화재가 급속히 다른 부위로 확산되는 것을 방지하기 위한 기준

II. 주요구조부를 내화구조로 하여야 하는 건축물

건축물의 용도		당해 용도의 바닥면적 합계	비고
① • 문화 및 집회시설 ── 300㎡ 이상인 공연장, 종교집회장 (전시장 및 동 · 식물원 제외) • 종교시설 • 장례시설 ── • 주점영업	관람실 · 집회실	200㎡ 이상	옥외 관람석의 경우에는 1,000㎡ 이상
② • 전시장 및 동 · 식물원 • 판매시설 • 운수시설 • 수련시설 • 체육관 및 운동장 • 위락시설(주점영업 제외) • 창고시설 • 위험물 저장 및 처리시설 • 자동차 관련시설 • 방송국 · 전신전화국 및 촬영소 • 화장시설, 동물화장시설 • 관광휴게시설		500㎡ 이상	–
③ • 공장		2000㎡ 이상	화재로 위험이 적은 공장으로서 주요구조부가 불연재료가 된 2층 이하의 공장은 예외
④ 건축물의 2층이 • 다중주택 · 다가구주택 • 공동주택 • 제1종 근린생활시설 (의료의 용도에 쓰이는 시설에 한한다) • 제2종 근린생활시설 중 다중생활시설(고시원) • 의료시설 • 아동관련시설, 노인복지시설 및 유스호스텔 • 오피스텔 • 숙박시설 • 장례시설		400㎡ 이상	–
⑤ • 3층 이상 건축물 • 지하층이 있는 건축물 예외 2층 이하인 경우는 지하층 부분에 한함		모든 건축물	단독주택(다중, 다가구 제외), 동물 및 식물관련시설, 발전소 교도소 및 소년원 또는 묘지관련시설(화장시설, 동물화장시설 제외)은 예외

Ⅲ. 방화구획 - 내화구조 건축물의 화재확산방지

건축법

1. 주요구조부가 내화구조 또는 불연재료인 건축물의 방화구획

1) 적용대상

- 주요구조부가 내화구조 또는 불연재료로 된 건축물로서 연면적이 $1,000m^2$를 넘는 것은 내화구조의 바닥, 벽 및 방화문(자동방화 셔터 포함)으로 구획하여야 한다.

2) 방화구획의 설치기준

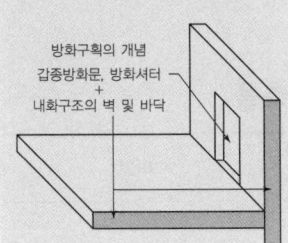
방화구획의 개념
갑종방화문, 방화셔터
+
내화구조의 벽 및 바닥

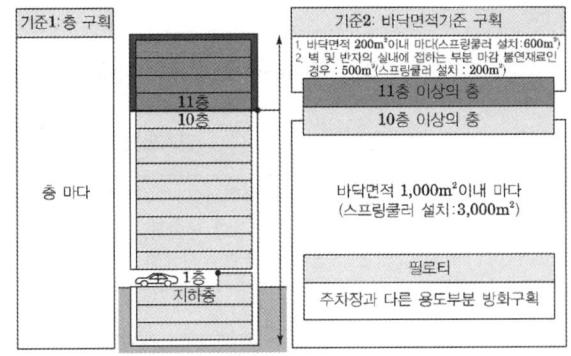

구분	내용		비고
10층 이하 의 층	바닥면적 $1,000m^2(3,000m^2)$ 이내마다 구획		• 내화구조의 바닥, 벽 및 60분+방화문 또는 60분 방화문(자동화 셔터 포함)으로 구획
11층 이상 의 층	실내마감이 불연재료의 경우	바닥면적 $500m^2(1,500m^2)$ 이내마다 내화구조벽으로 구획	• ( )안의 면적은 스프링클러 등 자동식 소화설비를 설치한 때
	실내마감이 불연재료가 아닌 경우	바닥면적 $200m^2(600m^2)$ 이내마다 내화구조벽으로 구획	
지상층 지하층	매층마다 구획할 것. 다만, 지하 1층에서 지상으로 직접 연결하는 경사로 부위는 제외한다.		
필로티의 부분을 주차장으로 사용하는 경우 그 부분과 건축물의 다른 부분을 구획			

3) 방화구획의 구조

- 벽체 및 바닥은 내화구조로 구획하며, 개구부는 60분+방화문 또는 60분 방화문 또는 자동방화셔터로 구획한다.

구분	구조기준
출입구 방화문	• 항상 닫힌 상태로 유지 • 연기 또는 불꽃을 감지하여 자동으로 닫히는 구조로 할것
자동방화셔터	• 방화문으로부터 3m 이내에 방화구획과의 틈을 내화 채움성능 구조로 매울 것
급수관, 배전관 등에 관통하는 경우	• 급수관·배전관과 방화구획과의 틈을 내화 채움성능 구조로 메울 것
환기·난방·냉방 시설의 풍도가 관통하는 경우	• 관통부분 또는 이에 근접한 부분에 다음의 댐퍼를 설치할 것 • 국토교통부장관이 정하는 비차열성능 및 방연성능 등의 기준에 적합할 것 • 화재로 인한 연기 또는 불꽃을 감지하여 자동적으로닫히는 구조

① 커튼월 층간방화 시공

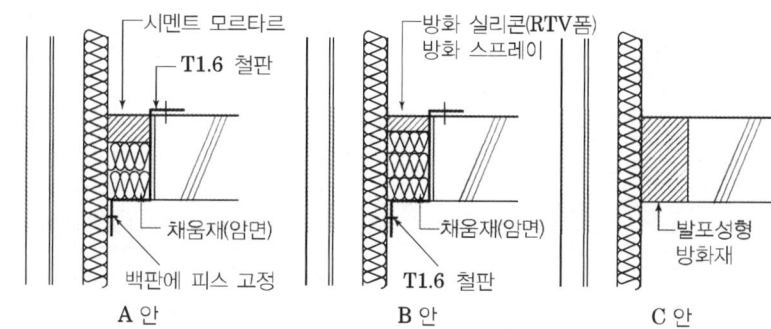

A안　　B안　　C안

• 바닥마감의 유무, 팬코일 유무, 벽체마감의 유무에 따라 별도적용

② Pipe Shaft 층간방화 시공

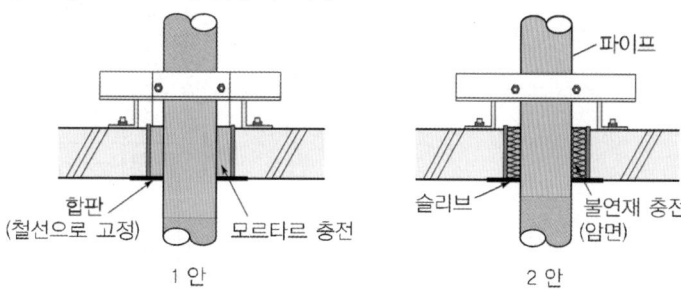

1안　　2안

2. 주요구조부가 내화구조 또는 불연재료가 아닌 건축물의 방화구획

1) 적용대상

① 바닥면적 1,000m² 미만마다 방화벽으로 구획한다.
  • 예외: 주요구조부가 내화구조이거나 불연재료인 건축물, 단독주택, 동물 및 식물관련시설, 교도소, 감화원, 화장장을 제외한 묘지관련 시설, 구조상 방화벽으로 구획할 수 없는 창고시설

② 외벽 및 처마밑의 연소우려가 있는 부분은 방화구조로 해야한다.

③ 지붕은 불연재료로 한다.

2) 방화구획기준

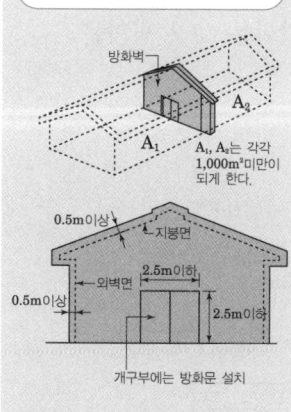

방화벽의 설치

구분	구조기준
1. 방화벽의 구조	• 내화구조로서 자립할 수 있는 구조
	• 양쪽 끝과 위쪽 끝을 건축물의 외벽면 지붕면으로부터 0.5m 이상 튀어나오게 할 것
2. 방화벽 출입문	• 60분+방화문 또는 60분 방화문
	• 크기: 2.5m×2.5m
	• 항상 닫힌 상태로 유지
	• 연기 또는 불꽃을 감지하여 자동적으로 닫히는 구조

건축법

3) 연소할 우려가 있는 부분

기 준	1층	2층 이상 층
• 인접대지 경계선 • 도로중심선 • 동일대지내에 2동 이상 건축물의상호 외벽간의 중심선(단, 마주보는 건축물의 연면적 합계가 500m² 이하인 경우에는 하나의 건축물로 본다.)	• 3m 이내 부분	• 5m 이내 부분

• 예외: 공원, 광장, 하천의 공지나 수면 또는 내화구조의 벽등에 접하는 부분은 제외

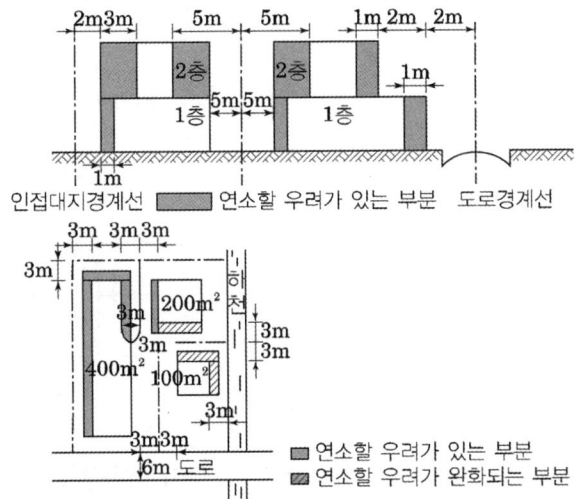

3. 방화지구안의 건축물

1) 건축물의 구조제한

① 주요구조부 및 외벽: 내화구조

② 지붕: 내화구조가 아닌 것은 불연재료로 해야한다.

③ 연소할 우려가 있는 부분의 창문: 60분+방화문 60분 방화문

2) 방화지구내 건축물의 제한 기준

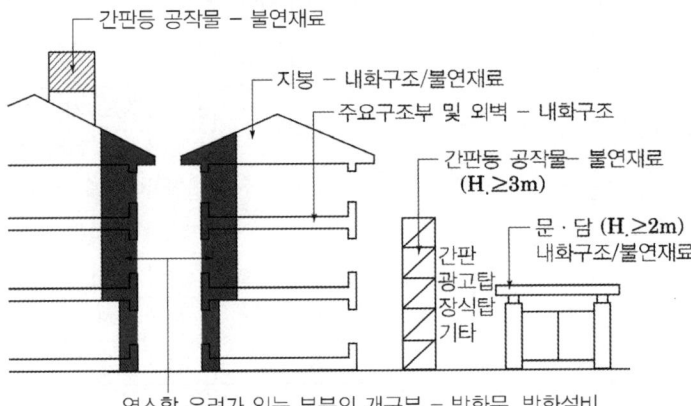

3) 방화문의 성능

60분+ 방화문	• 연기 및 불꽃을 차단할 수 있는 시간이 60분 이상이고, 열을 차단할 수 있는 시간이 30분 이상인 방화문
60분 방화문	• 연기 및 불꽃을 차단할 수 있는 시간이 60분 이상인 방화문
30분 방화문	• 연기 및 불꽃을 차단할 수 있는 시간이 30분 이상 60분 미만인 방화문

건축물의 마감재료

• 내부마감재료
- 지상층 거실: 불연, 준불연, 난연재료
- 지하층 거실 및 피난동선 공간(통로, 복도, 계단 등): 난연재료금지
- 지상층의 다중이용업 같은 특정용도 거실: 난연재료 금지

• 내부마감재료의 예외규정
- 주요구조부가 내화구조 또는 불연재료인 건축물로서 스프링클러 등 자동소화설비 설치 시
- 바닥면적 200m² 이내마다 방화구획 시

• 외부마감재료
- 대상용도 및 규모의 건축물: 난연재료 금지
- 고층건축물 확산방지구조 설치 시: 난연재료사용가능
- 방화에 지장이 없는 불연재료 또는 준불연재료로 한다.

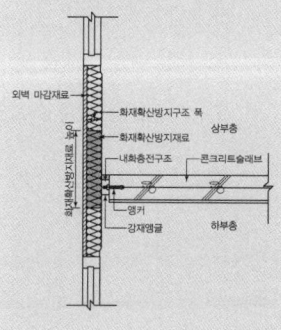

4. 건축물의 마감재료

1) 내부마감재료의 제한

구분	건축물의 용도	당해용도 바닥면적의 합계
1	• 단독주택 중 다중주택 · 다가구주택, 공동주택	
2	• 2종 근린생활시설: 공연장 · 종교집회장 · 인터넷컴퓨터게임시설제공업소 · 학원 · 독서실 · 당구장 · 다중생활시설의 용도로 쓰는 건축물	
3	• 발전시설, 방송통신시설(방송국 · 촬영소의 용도로 쓰는 건축물로 한정한다)	
4	• 공장, 창고시설, 위험물 저장 및 처리 시설(자가난방과 자가발전 등의 용도로 쓰는 시설을 포함한다), 자동차 관련 시설의 용도로 쓰는 건축물	
5	• 5층 이상인 층	• 5층 이상인 층 거실의 바닥면적의 합계가 500m² 이상인 건축물
5	• 다중이용업의 용도로 쓰는 건축물	
예외	• 주요구조부가 내화구조 또는 불연재료로 되어 있고 그 거실의 바닥면적(스프링클러나 그 밖에 이와 비슷한 자동식 소화설비를 설치한 바닥면적을 뺀 면적으로 한다. • 거실 바닥면적 200m² 이내마다 방화구획이 되어 있는 건축물은 제외한다.	

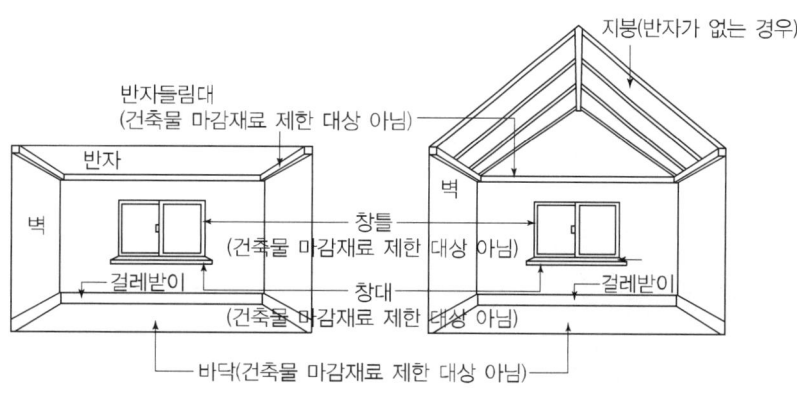

[건축물 내부마감재료 제한 대상 : 반자가 있는 거실]   [건축물 내부마감재료 제한 대상 : 반자가 없는 거실]

건축법

2) 외부마감재료의 제한

구분	건축물의 용도	바닥면적
1. 상업지역(근린 상업지역 제외)의 건축물	• 1종 근린생활시설, 2종 근린생활시설 • 문화 및 집회시설종교시설 • 판매시설, 운동시설, 위락시설	• 바닥면적합계 $2,000m^2$ 이상인 건축물
	• 공장(화재 위험이 적은 공장 제외)에서 6m 이내에 위치한 건축물	
2. 의료시설, 교육연구시설, 노유자시설, 수련시설인 건축물		
3. 공장, 창고시설, 위험물저장 및 처리시설, 자동차관련시설		
4. 3층 이상 건축물		
5. 높이 9m 이상 건축물		
6. 1층의 전부 또는 일부를 필로티 구조로 설치하여 주차장으로 쓰는 건축물		

10-12	피난규정	
No. 812		유형: 제도 · 기준

건축법
Key Point

■ 국가표준
- 건축물의 피난 · 방화구조 등의 기준에 관한 규칙

■ Lay Out
- 피난의 경로
- 계단

■ 핵심 단어

■ 연관용어
- No. 742~745
- No. 806 건축법

I. 정 의

건축물에 화재가 발생했을 경우 건축물내에 있는 사람을 화재로부터 안전한 장소로 대피시키기 위한 피난경로상의 공간을 확보하기 위한 기준

II. 피난의 경로

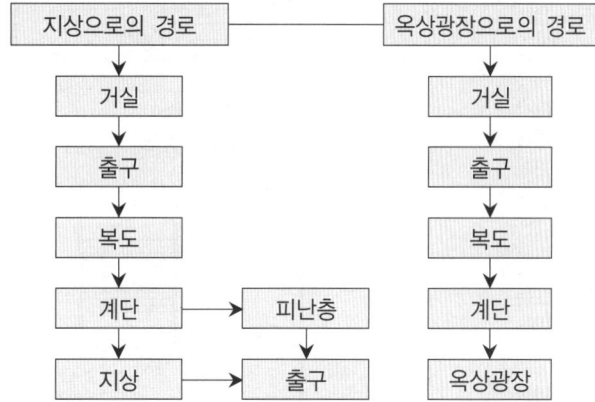

III. 계단

1. 직통계단의 설치

1) 직통계단(direct stairs)의 구조

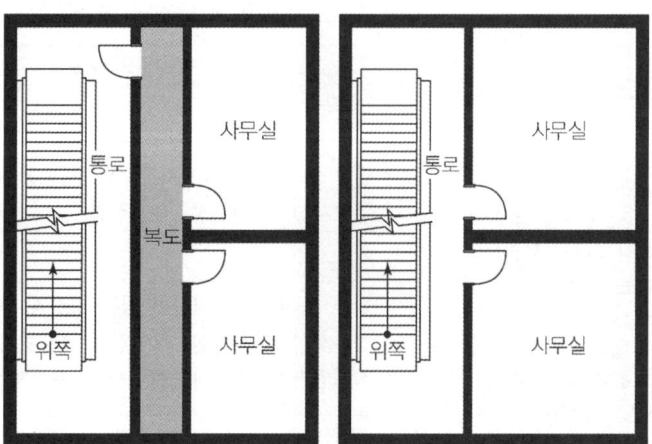

- 건축물의 모든 층(피난층(shelter floor) 제외)에서 피난층 또는 지상으로 직접 연결되는 계단
- 피난규정의 기준에 적합한 계단이란 피난층이 아닌 층으로부터 피난층 또는 지상으로 연속적으로 연결된 직통계단이어야 하며 직통계단은 일반계단, 피난계단, 특별피난계단으로 분류

건축법

피난층

- 직접 지상으로 통하는 출입구가 있는 층 및 피난안전구역(shelter safety zone)
- 직접 지상으로 통하는 출구가 있는 층은 대개 1층이지만 대지 상황에 따라 2개 이상인 경우도 있다.

보행거리에 의한 직통계단의 설치

- 원칙
- 피난층 외의 층에서 거실(가장 먼 곳)로부터 직통계단(거실에서 가장 가까운 거리에 있는)까지의 보행거리는 30m이하
- 30m 이하
- 주요구조부가 내화구조 또는 불연재료로 건축되지 않는 건축물
- 지하층에 설치하는 바닥면적의 합계가 300m² 이상인 공연장·집회장·관람장 및 전시장은 제외
- 40m 이하
- 주요구조부가 내화구조 또는 불연재료로 16층 이상 공동주택
- 50m 이하
- 주요구조부가 내화구조 또는 불연재료로 된 건축물
- 75m 이하
- 자동화 생산시설에 스프링클러 등 자동식 소화설비를 설치한 반도체 및 디스플레이 패널을 제조하는 공장
- 100m 이하
- 자동화 생산시설에 스프링클러 등 자동식 소화설비를 설치한 반도체 및 디스플레이 패널을 제조하는 무인화 공장

2) 피난층(shelter floor)

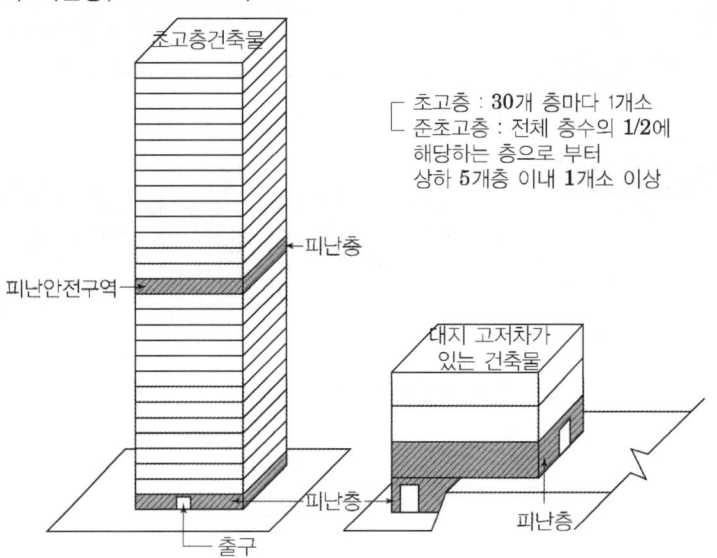

초고층 : 30개 층마다 1개소
준초고층 : 전체 층수의 1/2에 해당하는 층으로 부터 상하 5개층 이내 1개소 이상

3) 보행거리에 의한 직통계단의 설치

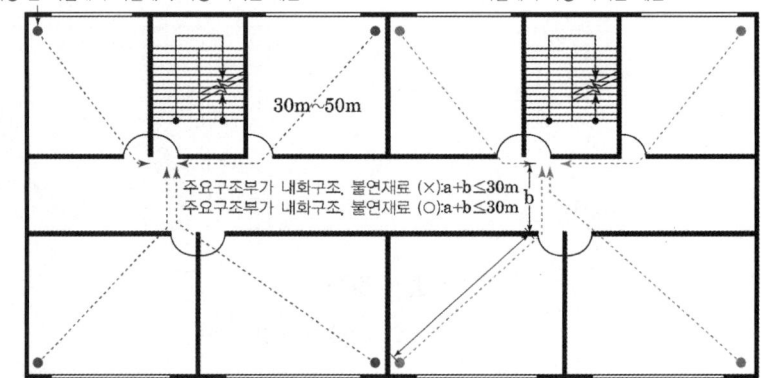

거실에서 가장 먼 지점에서 거실에서 가장 가까운 계단

30m~50m

주요구조부가 내화구조, 불연재료 (×):a+b≤30m
주요구조부가 내화구조, 불연재료 (○):a+b≤30m

거실에서 가장 가까운 계단

4) 2개소 이상의 직통계단 설치대상

건축물의 용도	해당부분	바닥면적
1. 용도-1 • 2종 근린생활 중 공연장, 공교집회장 • 문화 및 집회시설(전시장, 동·식물원 제외) • 종교시설, 장례식장, 유흥주점	해당층의 관람석 또는 집회실	200m²
2. 용도-2 • 학원, 독서실, 입원실이 있는 정신과 의원, 판매시설 • 운수시설, 의료시설, 장애인의 료재활시설 • 장애인거주시설, 아동관련시설, 유스호스텔, 숙박시설	해당층의 거실	200m²
3. 지하층	해당층의 거실	200m²
4. 공동주택(층당 4세대 이하인 것을 제외), 오피스텔	해당층의 거실	300m²
5. 앞의 1.2.4에 해당하지 않는 용도	3층 이상의 층으로 해당층의 거실	400m²

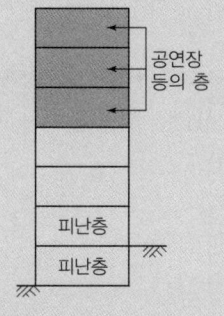

건축법

• 옥외피난계단 설치대상

공연장
등의 층

피난층

피난층

5) 옥외피난계단의 추가설치

• 3층 이상의 층(피난층은 제외)으로서 다음의 용도로 쓰이는 층의 경우에는 직통계단 외에 해당층으로부터 지상으로 통하는 옥외피난계단을 별도로 설치해야 한다.

구분	설치대상(당해층의 거실면적 기준)
• 공연장 • 주점영업	• 바닥면적 합계가 300m² 이상인 층
• 집회장	• 바닥면적 합계가 1,000m² 이상인 층

2. 계단의 구조선택

1) 직통계단을 피난계단 또는 특별피난계단으로 설치하여야 하는 경우

설치층의 위치	예 외	
• 5층 이상의 층 • 지하 2층 이하의 층	• 내화구조 또는 불연재료 건축물의 5층 이상의 층	• 바닥면적의 합계 200m² 이하
		• 바닥면적의 합계 200m² 마다 방화구획이 되어 있는 경우

• 판매시설의 용도로 쓰이는 층으로부터의 직통계단은 1개소 이상 특별피난계단으로 설치하여야 한다.

2) 직통계단을 특별피난계단으로 설치하여야 하는 경우

설치층의 위치	예 외
• 11층 이상인 층 (공동주택은 16층 이상) • 지하 3층 이하인 층	• 갓 복도식 공동주택은 제외 • 지하층 바닥면적 400m² 미만인 층은 층수산정에서 제외

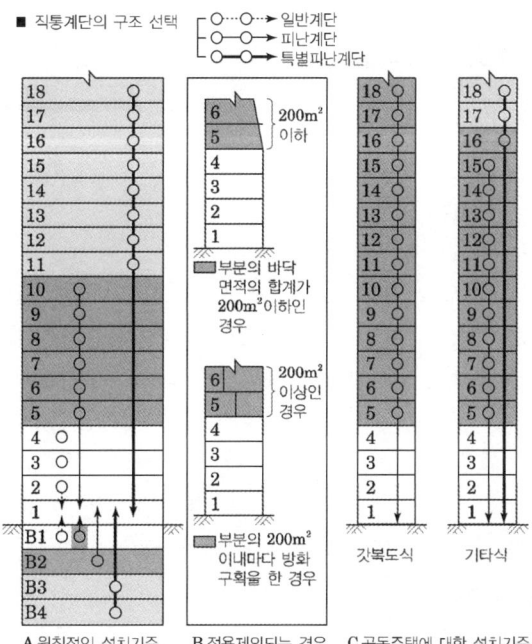

■ 직통계단의 구조 선택
○···○···○ 일반계단
○─○─○ 피난계단
○━○━○ 특별피난계단

A 원칙적인 설치기준   B 적용제외되는 경우   C 공동주택에 대한 설치기준 (지하층은 A기준을 따른다.)

3. 피난계단

1) 옥내 피난계단의 구조

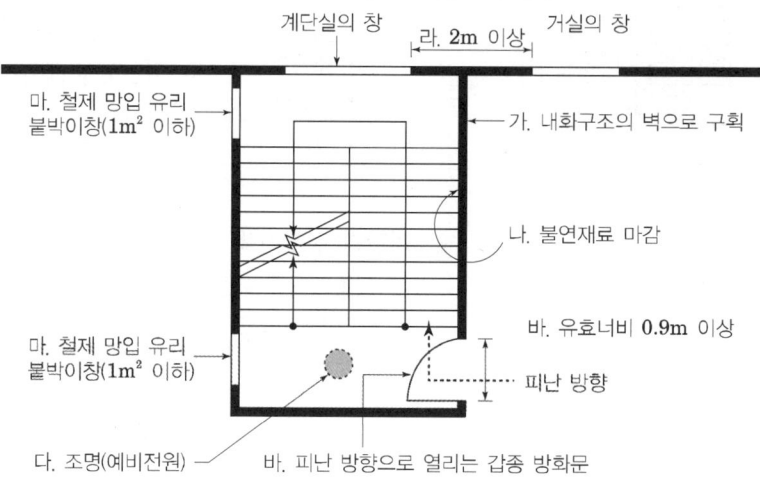

(실외)

(단, 1m² 미만의 계단실 망입 유리 붙박이창 2m 이상 이격 예외)

- 계단실의 창 ── 라. 2m 이상 ── 거실의 창
- 마. 철제 망입 유리 붙박이창(1m² 이하)
- 가. 내화구조의 벽으로 구획
- 나. 불연재료 마감
- 바. 유효너비 0.9m 이상
- 마. 철제 망입 유리 붙박이창(1m² 이하)
- 피난 방향
- 다. 조명(예비전원)
- 바. 피난 방향으로 열리는 갑종 방화문

(실내)

2) 옥외 피난계단의 구조

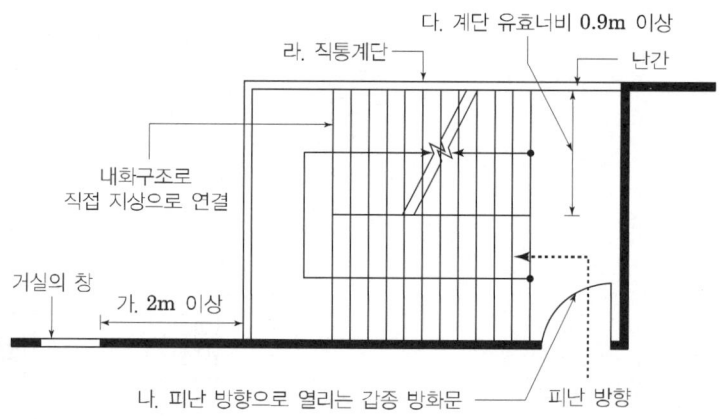

(실외)

- 다. 계단 유효너비 0.9m 이상
- 라. 직통계단
- 난간
- 내화구조로 직접 지상으로 연결
- 거실의 창
- 가. 2m 이상
- 나. 피난 방향으로 열리는 갑종 방화문
- 피난 방향

(실내)

- 계단의 위치: 계단실의 출입구 이외의 창문(망이 들어있는 유리의 붙박이창으로서 그 면적이 가각 1m² 이하인 것 제외) 등으로부터 2m 이상의 거리를 두고 설치
- 계단실의 출입구: 60분+방화문 또는 60분 방화문을 설치할 것
- 계단의 유효너비: 0.9m 이상으로 할 것
- 계단의 구조: 내화구조로 하고 지상까지 직접연결 되도록 할 것

옥내 피난계단

- 계단실의 벽: 내화구조로 할 것 (창문, 출입구, 기타 개구부 제외)
- 계단실의 실내마감: 바닥 및 반자 등 실내에 면한 모든 부분의 마감은 불연재료로 할 것
- 계단실의 채광: 예비전원에 의한 조명설비를 할 것
- 옥외에 접하는 창문: 당해 건축물의 다른 부분에 설치하는 창문 등으로부터 2m 이상 거리를 두고 설치(망이 들어 있는 유리의 붙박이창으로서 그 면적이 각각 1m² 이하인 것 제외)
- 내부와 면하는 계단실의 창문: 망이 들어 있는 유리의 붙박이창으로서 그 면적을 각각 1m² 이하로 할 것(출입구 제외)
- 계단실의 출입구: 60분+방화문 또는 60분 방화문으로 설치할 것(출입구의 유효너비는 0.9m 이상으로 하고, 출입문은 피난의 방향으로 열 수 있고, 언제나 닫힌 상태를 유지하거나 화재 시 연기의 발생 또는 온도의 상승에 의하여 자동적으로 닫히는 구조이어야 함)
- 계단실의 구조: 재화구조로 하고 피난층 또는 지상까지 직접 연결되도록 할 것

4. 특별피난계단

건축법

특별피난계단의 구조

- 건축물의 내부와 계단실은 노대를 통하여 연결하거나 외부를 향하여 열 수 있는 면적 1m² 이상인 창문(바닥으로부터 1m 이상의 높이에 설치한 것에 한한다) 또는 배연설비가 있는 면적 31m² 이상인 부속실을 통하여 연결할 것
- 계단실·노대 및 부속실(비상용 승강기의 승강장을 겸용하는 부속실 포함)은 창문등을 제외하고는 내화구조의 벽으로 각각 구획할 것
- 계단실 및 부속실의 실내에 접하는 부분(바닥 및 반자 등 실내에 면한 모든 부분)의 마감(마감을 위한 바탕 포함)은 불연재료로 할 것
- 계단실에는 예비전원에 의한 조명설비를 할 것
- 계단실·노대 또는 부속실에 설치하는 건축물의 바깥쪽에 접하는 창문등(망이 들어 있는 유리의 붙박이창으로서 그 면적이 각각 11m² 이하인 것 제외)은 계단실·노대 또는 부속실 외의 당해 건축물의 다른 부분에 설치하는 창문등으로부터 2m 이상의 거리를 두고 설치할 것
- 계단실에는 노대 또는 부속실에 접하는 부분 외에는 건축물의 내부와 접하는 창문등을 설치하지 아니할 것
- 계단실의 노대 또는 부속실에 접하는 창문등(출입구 제외)은 망이 들어 있는 유리의 붙박이창으로서 그 면적을 각각 11m² 이하로 할 것
- 노대 및 부속실에는 계단실 외의 건축물 내부와 접하는 창문등(출입구 제외)을 설치하지 않을 것
- 계단은 내화구조로 하되, 피난층 또는 지상까지 직접 연결되도록 할 것
- 출입구의 유효너비는 0.9m 이상으로 하고 피난의 방향으로 열 수 있을 것

1) 노대가 설치된 경우

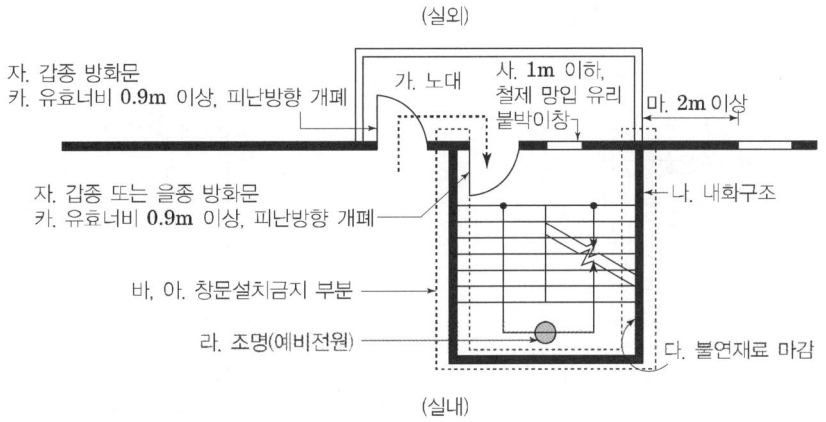

2) 창문이 있는 부속실이 설치된 경우

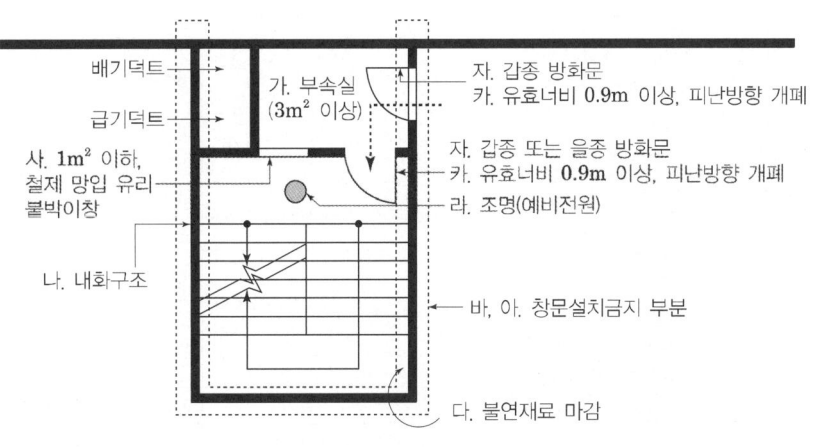

3) 배연설비가 있는 부속실이 설치된 경우

건축법

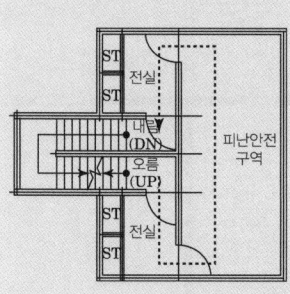

┌─────────────────┐
│   헬리포트 설치   │
└─────────────────┘

- 설치대상
- 11층 이상인 건축물로서 11층 이상인 층의 바닥면적의 합계가 10,0001m² 이상인 건축물의 옥상에는 헬리포트를 설치하거나 헬리콥터를 통하여 인명 등을 구조할 수 있는 공간을 확보하여야 한다.
- 단, 지붕을 경사지붕으로 하는 경우: 경사지붕 아래에 설치하는 대피공간을 설치한다.
- 설치기준
- 헬리포트의 길이와 너비는 각각 22m 이상으로 할 것. 다만, 건축물의 옥상바닥의 길이와 너비가 각각 22m 이하인 경우에는 헬리포트의 길이와 너비를 각각 15m까지 감축할 수 있다.
- 헬리포트의 중심으로부터 반경 12m 이내에는 헬리콥터의 이·착륙에 장애가 되는 건축물, 공작물, 조경시설 또는 난간 등을 설치하지 아니할 것
- 헬리포트의 주위한계선은 백색으로 하되, 그 선의 너비는 38cm로 할 것
- 헬리포트의 중앙부분에는 지름 8m의 "ⓗ" 표지를 백색으로 하되, "H" 표지의 선의 너비는 38cm로, "O" 표지의 선의 너비는 60cm로 할 것

5. 피난안전구역의 설치기준

1) 설치 대상

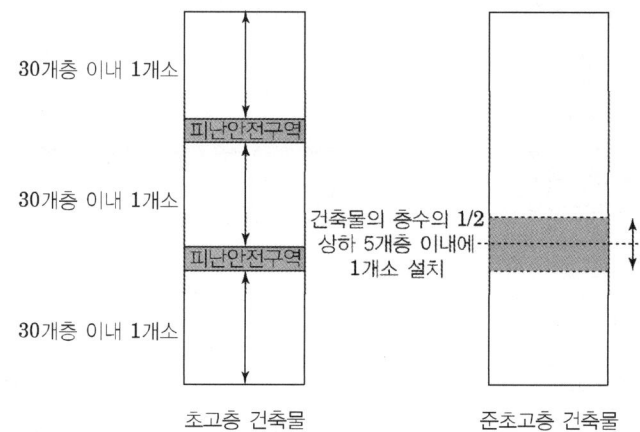

① 초고층 건축물: 피난층 또는 지상으로 통하는 직통계단과 직접 연결되는 피난안전구역(건축물의 피난·안전을 위하여 건축물 중간층에 설치하는 대피공간을 말한다. 이하 같다)을 지상층으로부터 최대 30개 층마다 1개소 이상 설치하여야 한다.

② 준초고층 건축물: 피난층 또는 지상으로 통하는 직통계단과 직접 연결되는 피난안전구역을 해당 건축물 전체 층수의 2분의 1에 해당하는 층으로부터 상하 5개층 이내에 1개소 이상 설치하여야 한다. 다만, 국토교통부령으로 정하는 기준에 따라 피난층 또는 지상으로 통하는 직통계단을 설치하는 경우에는 그러하지 아니하다.

2) 구조기준

구분	설치기준
단열재 설치	피난안전구역의 바로 아래층 및 윗층은 [녹색건축물 조성지원법] 제15조 1항에 적합한 단열재 설치 - 아래층은 최상층에 있는 거실의 반자 또는 지붕기준을 준용하고, 윗층은 최하층에 있는 거실의 바닥 기준을 준용
내부마감재료	피난안전구역의 내부마감재료는 불연재료로 설치
계단의 구조	건축물의 내부에서 피난안전구역으로 통하는 계단은 특별피난계단의 구조로 설치
비상용 승강기의 구조	비상용 승강기는 피난안전구역에서 승하차 할 수 있는 구조로 설치
설비 및 전기시설	피난안전구역에는 식수공급을 위한 급수전을 1개소 이상 설치하고 예비전원에 의한 조명설비를 설치
통신시설	관리사무소 또는 방재센터 등과 긴급연락이 가능한 경보 및 통신시설을 설치
면적기준(건축물방화 규칙 별표1의 2)	피난안전구역의 면적=(피난안전구역 위층 재실자수×0.5)×0.28m² 피난안전구역 위층 재실자수 = $\sum \dfrac{\text{당해 피난 안전구역 사이 용도별 바닥면적}}{\text{사용 형태별 재실자 밀도}}$
높이	피난안전구역의 높이는 2.1m 이상
배연설비	[건축물의 설비기준 등에 관한 규칙] 제14조에 따른 배연설비를 설치
소방 등 기타설비	그밖에 소방청장이 정하는 소방 등 재난관리를 위한 설비 설치

10-13	건설기술진흥법의 부실벌점 부과항목(건설업자, 건설기술자 대상)	
No. 813		유형: 제도 · 기준

건진법

건진법
Key Point

☑ **국가표준**
- 건설기술진흥법 시행령

☑ **Lay Out**
- 부실벌점 측정기준

☑ **핵심 단어**

☑ **연관용어**
- 부실시공

벌점 부과기한

- 하자담보책임기간 종료일까지 벌점을 부과한다. 다만, 다른 법령에서 하자담보책임기간을 별도로 규정한 경우에는 해당 하자담보책임기간 종료일까지 부과한다.

부실측정대상

- 업체 및 건설기술인등이 해당 반기에 받은 모든 벌점의 합계에서 반기별 경감점수를 뺀 점수를 해당 반기벌점으로 한다.
- 합산벌점은 해당 업체 또는 건설기술인 등의 최근 2년간의 반기별점의 합계를 2로 나눈 값으로 한다.

I. 정 의

① 설계도서와 시방서대로· 시공하지 않은 공사 부분
② 건축법 등 각종 법령 · 설계도서 · 건설관행 · 건설업자로서의 일반상식 등에반하여 공사를 시공함으로써 건축물 자체 또는 그 건설공사의 안전성을 훼손하거나 다른 사람의 신체나 재산에 위험을 초래 할 수 있을 경우 측정기관이 업체와 건설기술인 등에 대해 벌점 측정 기준에 따라 부과하는 점수

II. 부실벌점 측정기준(건설사업관리용역사업자 및 건설사업관리기술인)

번호	주요부실내용	벌점
1	토공사의 부실	1~3
2	콘크리트면의 균열 발생	0.5~3
3	콘크리트 재료분리의 발생	1~3
4	철근의 배근 · 조립 및 강구조의 조립 · 용접 · 시공상태의 불량	1~3
5	배수상태의불량	0.5~2
6	방수불량으로 인한 누수발생	0.5~2
7	시공단계별로건설사업관리기술인(건설사업관리기술인을 배치하지 않아도 되는 경우에는 공사감독자를 말한다. 이하 이 번호에서 같다)의 검토· 확인을 받지 않고 시공한 경우	1~3
8	시공상세도면 작성의 소홀	1~3
9	공정관리의 소홀로 인한 공정부진	0.5~1
10	가설구조물(비계, 동바리, 거푸집, 흙막이 등 설치단계의 주요 가설구조물) 설치상태의 불량	2~3
11	건설공사현장 안전관리대책의 소홀	2~3
12	품질관리계획 또는 품질시험계획의 수립 및 실시의 미흡	1~2
13	시험실의 규모 · 시험장비 또는 건설기술인 확보의 미흡	0.5~3
14	건설용 자재 및 기계 · 기구 관리 상태의 불량	1~3
15	콘크리트의 타설 및 양생과정의 소홀	1~3
16	레미콘 플랜트(아스콘 플랜트를 포함한다) 현장관리 상태의 불량	1~3
17	아스콘의 포설 및 다짐 상태 불량	0.5~2
18	설계도서와 다른 시공	1~3
19	계측관리의 불량	0.5~2

건진법

Ⅲ. 벌점제도 관리 체계

**부실 측정
(발주청 및
인·허가 기관,
지방국토관리청)**

- 측정대상: 건설공사, 건설엔지니어링, 건축설계, 「건축사법」제2조제4호에 따른 공사감리, 건설공사의 타당성 조사

- 측정일시: 매반기 말까지 측정

- 부과대상: ① 건설사업자, ② 주택건설등록업자, ③ 건설엔지니어링사업자(「건축사법」제23조제2항에 따른 건축사사무소 개설자 포함), ④ 1~3호에 해당하는 자에게 고용된 건설기술인 또는 건축사
  * 업체와 건설기술인에게 양벌 부과 원칙

「건설기술
진흥법」
제53조

↓↑

**벌점통지 및
이의신청심의
(측정기관 ⇄
벌점대상자)**

- 벌점통지: 벌점책정결과를 부과대상자에게 통지하고 30일 이내의 의견진술기회 부여

- 벌점심의위원회 개최: 부과대상자로부터 이의신청을 제출받은 경우에는 위원장 및 6명 이상의 위원으로 구성된 벌점심의위원회를 개최하여 심의하고, 심의결과를 이의신청인에게 통보 (이의신청일로부터 40일 이내)

「건설기술진흥법
시행령」
제87조의2

「건설기술
진흥법 시행령」
제87조의3,
「벌점심의
위원회
운영규정」

↓

**벌점 총괄표 통보
(측정기관 →
건설산업정보센터)**

- 통보일시: 매반기말 기준 다음달 1일부터 15일까지 통보
  * 벌점 위탁관리기관 : (재)건설산업정보센터

- 측정기관은 공사현장에 대한 점검을 하였을 경우 반드시 건설기술진흥법 시행규칙 별지 제37호 서식(붙임 참조)에 따라 건설산업정보센터에 통보(벌점부과 여부와 관련없음)
  * 「건설기술진흥법」시행령 제88조에 따른 건설공사에 대한 점검만 해당

「건설기술
진흥법
시행규칙」
제47조

↓

**벌점종합관리
(건설산업정보센터)**

- 관리단위: 매반기(1월1일~6월말, 7월1일~12월말)
  누계: 해당 반기 포함 최근 4개 반기

**벌점부과현황 제출
(건설산업정보센터
→ 국토부장관)**

- 제출일시: 매반기 말일의 다음달 말일까지 처리 현황 제출

↓

**벌점 적용
(발주기관)**

- 적용기간: 매반기 말일을 기준으로 2월이 경과한 날부터(예: 3월1일, 9월1일) 최근 2년간 적용

  * 벌점은 적용 2년 경과 후 소멸

건진법

Ⅳ. 벌점 부과대상자

1) 대상

건설사업자, 주택건설등록업자, 건설엔지니어링사업자(「건축사법」제23조제2항에 따른 건축사사무소개설자를 포함)와 위에 해당하는 자에게 고용된 건설기술인 또는 건축사

2) 대상

- (공동이행방식) 공동수급체 구성원 모두에 대하여 공동수급협정서에서 정한 출자비율에 따라 부과(다만, 부실공사에 대한 책임소재가 명확히 규명된 경우에는 해당 구성원에게만 부과)
- (분담이행방식) 분담업체별로 부과

Ⅴ. 벌점 산정

구분	누계평균벌점	합산벌점
산정방법	• 최근 2년간 반기별 벌점*의 합계/2 * 반기 벌점의 합 / 점검한 건설공사 또는 건설기술용역 수	• 최근 2년간 반기별 벌점*의 합계/2 * 반기 벌점의 합-경감점수
벌점경감	없음	• 무사망사고 경감 – 반기동안 무사망 사고시 다음 반기 벌점의 20%경감 – 연속 무사망시 가중경감 | 2반기 | 3반기 | 4반기 | | 36% | 49% | 59% | • 관리우수 경감 – 반기동안 10회 이상 점검을 받고 벌점 미부과 현장비율이 80%이상시 아래표 비율에 따라 해당반기 벌점 경감 | 80% 이상 90% 미만 | 90% 이상 95% 미만 | 95% 이상 | | 0.2점 | 0.5점 | 1점 |

무사망사고 경감표:

2반기	3반기	4반기
36%	49%	59%

관리우수 경감표:

80% 이상 90% 미만	90% 이상 95% 미만	95% 이상
0.2점	0.5점	1점

입찰참가자격 제한 점수:

입찰참가자격 제한 점수		합산벌점
1점 이상 2점 미만	0.2	좌동
2점 이상 5점 미만	0.5	
5점 이상 10점 미만	1	
10점 이상 15점 미만	2	
15점 이상 20점 미만	3	
20점 이상	5	

10-14	부실과 하자의 차이점	
No. 814		유형: 제도 · 기준

건진법

건진법
Key Point

■ 국가표준
- 공동주택 하자의 조사,
  보수비용 산정 및 하자
  판정기준

■ Lay Out
- 판정 · 차이

■ 핵심 단어
- 설계도서와 차이
- 품질의 결함

■ 연관용어
- 부실벌점

벌점 부과기한

• 하자담보책임기간 종료일까
  지 벌점을 부과

하자의 종류

• 구조하자: 구조안전에 관한
  결함
• 마감하자: 조적벽체 균열, 차
  음, 단열성능의 결함, 누수,
  결로, 도색오염, 창호의 형상
  결함
• 사용상하자: 설계상의 하자
  로 사용하는데 지장을 초래
  하는 것

I. 정 의

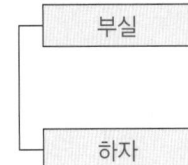

• 설계도서와 시방서대로 시공하지 않은 공사 부분
• 저급한 품질의 자재를 사용하고, 공기를 앞당기기 위해 무
  리하게 시공을 하는 등 규정을 지키지 않고 시공하는 공사

• 제품 인수시점에 상품이나 건설 공사에서의 제작자측의 책
  임으로 생긴 품질의 흠, 결함 혹은 계약과의 차이
• 계약상대자의 책임으로 발생된 결함 또는 계약 설계도서와
  일치하지 아니하는 사항

II. 부실과 하자여부 판정

1) 부실
① 말뚝 재하시험: 허용 지지력 미달
② 철근의 정착길이 부족
③ 콘크리트 두께 및 압축강도 미달

2) 하자
① 콘크리트 균열: 균열 폭이 0.3mm 이상인 경우
② 균열 폭 0.3mm 미만의 콘크리트의 균열발생
  • 누수를 동반하는 균열
  • 철근이 배근된 위치에 철근길이 방향으로 발생한 균열
  • 관통균열
③ 콘크리트에 철근이 노출된 경우
④ 마감부위 균열
  • 미장 또는 도장 부위에 발생한 미세균열 또는 망상균열 등이 미
    관상 지장을 초래하는 경우
  • 마감부위에 변색 · 들뜸 · 박리 · 박락 · 부식 및 탈락 등이 발생하
    여 안전상, 기능상, 미관상 지장을 초래하는 경우
⑤ 누수
  • 건축물 또는 시설물에서 발생하는 누수

III. 부실과 하자의 차이

구 분	부 실	하 자
의 의	• 구조적 안전성에 지장을 초래하는 것	• 사용상, 기능상에 지장을 초래하는 것
내구성에 미치는 영향	• 내구성에 심각한 영향을 미침	• 내구성에 대한 영향은 거의 없음
주(主)평가자	• 전문가	• 사용자
생활에 미치는 영향	• 간접적 영향	• 직접적 영향

기타용어	☆☆☆		
	1	브레인스토밍(Brainstorming)	
경영혁신 기법		경영혁신기법	유형: 제도 · 기준

I. 정 의

① 3인 이상이 모여 회의형식으로 자유발언을 통해 아이디어나 발상을 찾아내는 방법으로 한가지 주제가 나무 가치처럼 뻗어나가는 것

② 문제의 해결책을 찾기위해 생각 나는대로 폭풍(Storming)처럼 아이디어를 쏟아내는 방법

II. 브레인스토밍의 프로세스

아이디어 형태

- Useful(유용한)
- Fantastic(말도 안되는)
- Ordinary(평이한)

브레인스토밍의 철학

- 시작 / 스스로 찾게 하라
- 2대원칙과 4대규칙 / 비판하거나 판단하지 말아라
- 제목만 이야기 하기 / 시간의 절약하라
- 글로 적기 / 조직과 동료의식 갖게하라
- 그룹핑 / 소외감 들지 않게하라

오리엔테이션	• 사회자의 역할이 중요하다. 참석자 입장에서는 과제에 필요한 정보를 수집하는 단계 • 사회자는 참석자 모두에게 아이디어의 목표 수치를 구체적으로 제시
개별발상	• 집단 전체가 모여 있는 상태에서 개인별로 아이디어 창출 • 자유롭고 편안한 분위기에서 가능한 많은 아이디어를 내는 것이 중요
집단토론	• 각 개인은 순서대로 같은 수만큼 아이디어를 제시 후 집단 토론 • 모든 아이디어가 설명되면 비슷한 아이디어끼리 분류
평가단계	• 합리적 선택, 충분한 토론을 거친 후 결정

III. 4대 원칙

원칙	내용
자유로운 발표	브레인스토밍에서는 아무리 하찮은 아이디어라도 망설이지 말고 발표
다량의 아이디어 창출	아이디어의 질보다 아이디어의 개수가 중요
아이디어의 확장, 수정발언	기존의 아이디어를 결합해 새로운 아이디어가 나오도록 해야 한다
아이디어 비판 금지	타인의 아이디어를 절대 비판 금지

기타용어

2	다중이용 건축물
	유형: 제도·기준·지표

I. 정 의

① 불특정 다수가 출입하고 이용하는 시설을 말한다. 〈실내공기질 관리법〉에 따르면 모든 지하역사, 일정 규모 이상의 지하도 상가와 철도 및 여객터미널의 대합실, 도서관, 박물관, 미술관, 의료기관, 학원, 인터넷 컴퓨터 게임시설, 대규모 점포, 영화관 등이 다중이용시설에 해당한다.

② 다중이용업소의 안전관리에 관한 특별법에서는 다중이용업소라고 지칭하면서 이를 화재 등의 재난 발생시 생명, 신체, 재산상의 피해가 발생할 우려가 높은 시설로 정의하고 있다.

II. 다중이용건축물

- 16층 이상인 건축물
- 다음의 어느 하나에 해당하는 용도로 쓰는 바닥면적의 합계가 $5,000m^2$ 이상인 건축물
① 문화 및 집회시설(동물원 및 식물원은 제외한다)
② 종교시설
③ 판매시설
④ 운수시설 중 여객용 시설
⑤ 의료시설 중 종합병원
⑥ 숙박시설 중 관광숙박시설

III. 준다중이용건축물

- 다중이용 건축물 외의 건축물로서 다음 각 목의 어느 하나에 해당하는 용도로 쓰는 바닥면적의 합계가 $1,000m^2$ 이상인 건축물
① 문화 및 집회시설(동물원 및 식물원은 제외한다)
② 종교시설
③ 판매시설
④ 운수시설 중 여객용 시설
⑤ 의료시설 중 종합병원
⑥ 교육연구시설
⑦ 노유자시설
⑧ 운동시설
⑨ 숙박시설 중 관광숙박시설
⑩ 위락시설
⑪ 관광 휴게시설
⑫ 장례시설

10-2장

생산의
합리화-What

마법지

생산의 합리화-What

1. 업무 Scope 설정

- CM
- Risk Management
- Constructability
- 건설 VE
- 건축물 LCC

2. 관리기술

- 정보관리
- 생산조달관리

3. 친환경 에너지

- 제도
- 절약설계
- 절약기술

4. 유지관리

- 일반사항: 시설물 유지관리 재개발 재건축
- 유지관리기술: 리모델링 보수보강 해체

★★★   1. 업무 Scope

10-15	CM(건설사업관리)	
No. 815	Construction Management	유형: 제도 · 기준

CM
Key Point

■ 국가표준
- 건설기술진흥법 시행령

■ Lay Out
- 단계별 업무 · 계약형태
- CM의 효과
- 발주체계 및 조달시스템
 의 유형

■ 핵심 단어
- 관리업무의전부 또는 일
 부 수행

■ 연관용어
- PM

I. 정 의

① 건설공사에 관한 기획 · 타당성조사 · 분석 · 설계 · 조달 · 계약 · 시공
 관리 · 감리 · 평가 · 사후관리 등에 관한 관리업무의 전부 또는 일부
 를 수행하는 것

② project의 성공을 위해서는 크게 업무범위(Scope), 공정(Time), 비용
 (Cost) 및 품질(Quality) 등 4가지 요소가 집중관리 대상이 되며,
 이 요소들을 체계적으로 관리하여 project를 기획, 지휘, 통제하는
 활동을 담당한다.

II. CM의 단계별 업무

- 건설공사의 계획, 운영 및 조정 등 사업관리 일반건설공사의 계약관리
- 건설공사의 사업비 관리
- 건설공사의 공정관리
- 건설공사의 품질관리
- 건설공사의 안전관리
- 건설공사의 환경관리
- 건설공사의 사업정보 관리
- 건설공사의 사업비, 공정, 품질, 안전 등에 관련되는 위험요소 관리
- 그 밖에 건설공사의 원활한 관리를 위하여 필요한 사항

CM의 효과

- 프로젝트 전반적인 관리에
 대한 일관성 제공
- 프로젝트 全과정에 있어 제3
 자에 의한 가치공학 및 시공
 성 검토 등을 통한 확실한
 원가절감효과
- 설계일정이 시공 공정에 영
 향을 미치지 않도록 전체적
 인 공정관리 (Fast Track)
- 예산 범위내 프로젝트 수행
- "Real-Time" 정보 제공
- 원활한 의사결정 위한 기술
 자문 및 절차 제공

III. CM의 계약형태

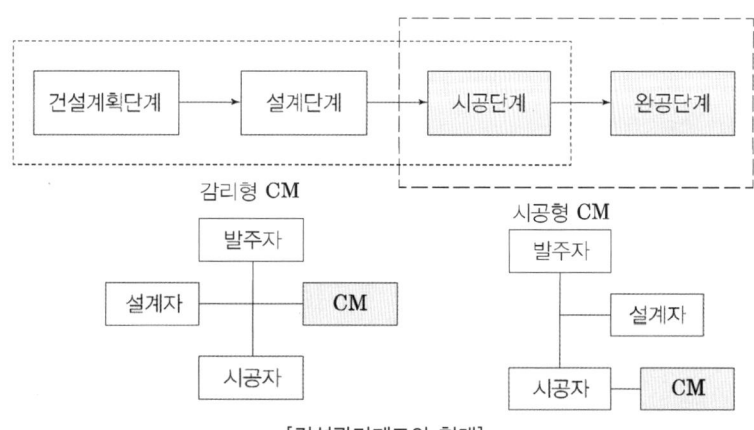

[건설관리제도의 형태]

CM

Project Management

• P.M은 사업주(토지주, 발주자, 조합)를 대신하여 프로젝트의 기획, 설계단계에서부터 발주, 시공, 유지관리 단계에 이르기까지 project를 종합관리한다.

• 당해 사업(project)의 완성을 목표로 주어진 요구사항을 충족(만족)시키기 위해 필요한 지식, 역량, 도구 및 기법, 기술적인 수단 등 제반 활동을 사업의 착수, 기획, 실행, 감시, 통제 및 종료, 유지관리 단계에 적용하는 관리행위를 말한다.

• 사업의 목적물 완성에 필요한 인력, 기자재, 장비, 정보 등의 자원을 효율적으로 사용하여 계획기간 내(on time), 제한된 예산범위 내(within cost)에서 목적물(Objective)을 요구하는 품질(Quality)수준에 맞게 완성하는데 목적이 있다.

Ⅳ. CM의 발주체계 및 조달시스템의 유형

1) ACM(Agency Construction Management)- CM For Fee

① CM for fee는 service를 제공하고 그에 상응하는 용역비(fee)를 지급받는 자문 혹은 대행인(agency)으로서 역할을 수행한다.

② CMr이 발주자의 대리인으로서 참여하는 계약 형태로 용역서비스에 대한 대가(fee)를 받는 C.M형태

③ 이 때 사업관리자는 시공자(보통의 경우, 전문 시공업자 또는 하도업자)나 설계자와는 직접적인 계약관계가 없으며 따라서 공사결과 즉, 공사비용, 기간, 품질 등에 대한 책임을 지지 않고 궁극적인 의사결정과 그에 따른 최종 책임은 발주자의 몫이 된다.

2) XCM(Extended Servics Construction Management)

① 건설사업관리가 도급자의 복수역할(multi-Role)을 수행하는 것을 허용하는 계약형식

② 최초에 계약된 업무에 추가업무를 포함하도록 계약범위를 확장하는 형태

③ 건축사와 건설사업관리자가 결합되는 경우에 있어서 설계계약은 건설사업관리용역을 포함하도록 추가

④ 건설사업관리와 시공자가 결합되는 경우의 건설사업관리계약은 적절한 시공 및 도급기능을 포함하도록 보완

3) OCM(Owner Construction Management)

① 발주자가 매우 우수한 CMr을 보유하여 발주자의 조직내에서 CM 업무를 제공하는 방식

② 설계와 사업기능을 내부직원이 직접 수행토록 하는 "Owner CM"

③ Owner-Manage-CM: 설계는 외부인력으로 CM은 자체인력으로 수행하는 방식

④ Owner-Design-CM: 설계는 자체인력으로 CM은 외부인력으로 수행하는 방식

⑤ Owner-Design/Manage-CM: 설계와 CM모두를 자체인력으로 수행하는 방식

4) GMP CM(Guaranteed Maximum Price CM)-CM at Risk

① CM이 발주자에게 설계가 완료되기 이전(보통 설계 50%, 시방서 80%정도 완료 시)에 공사이행에 요구되는 최고한도보증액(GMP)을 제시하여 발주자가 이를 수락하면 계약성립

② CM은 단순히 Agency가 아닌 하도급업체와 직접 계약을 체결하여 공사에 소요되는 금액도 책임을 지는 방식

10-16	CM의 주요업무	
No. 816	Construction Management	유형: 제도 · 기준

CM

CM

Key Point

■ **국가표준**
- 건설기술진흥법 시행령
- 주택건설공사 감리업무 세부기준
- 주택법 시행령 제49조

■ **Lay Out**
- 단계별 업무
- 감리자의 업무

■ **핵심 단어**
- 관리업무의전부 또는 일부 수행

■ **연관용어**
- PM

공통업무

- 건설 사업관리 과업착수준비 및 업무수행 계획서 작성 · 운영
- 건설 사업관리 절차서 작성 · 운영
- 작업분류체계 및 사업번호체계 관리, 사업정보 축적 · 관리
- 건설사업 정보관리 시스템 운영
- 사업단계별 총사업비 및 생애주기비용 관리
- 클레임 사전분석
- 건설 사업관리 보고

I. 정 의

건설공사에 관한 기획 · 타당성조사 · 분석 · 설계 · 조달 · 계약 · 시공관리 · 감리 · 평가 · 사후관리 등에 관한 관리업무의 전부 또는 일부를 수행하는 것

II. CM의 단계별 업무-건설기술진흥법 시행령 제59조

구 분	주요업무
설계 전 단계	• 기술용역업체 선정 • 사업타당성조사 보고서의 적정성 검토 • 기본계획 보고서의 적정성 검토 • 발주방식 결정지원 • 관리기준 공정계획 수립 • 총사업비 집행계획 수립지원
기본설계 단계	• 기본설계 설계자 선정업무 지원 • 기본설계 조정 및 연계성 검토 • 기본설계단계의 예산검증 및 조정업무 • 기본설계 경제성 검토 • 기본설계용역 성과검토 • 기본설계 용역 기성 및 준공검사관리 • 각종 인허가 및 관계기관협의 지원 • 기본설계단계의 기술자문회의 운영 및 관리 지원
실시설계 단계 업무	• 실시설계의 설계자 선정업무 지원 • 실시설계 조정 및 연계성 검토 • 실시설계의 경제성(VE) 검토 • 실시설계용역 성과검토 • 실시설계 용역 기성 및 준공검사관리 • 지급자재 조달 및 관리계획 수립 지원 • 각종 인허가 및 관계기관 협의 지원 • 실시설계 단계의 기술자문회의 운영 및 관리 지원 • 시공자 선정계획수립 지원 • 결과보고서 작성
구매조달 단계 업무	• 입찰업무 지원, 계약업무 지원, 지급자재 조달 지원
시공 단계 업무	• 일반행정 업무 • 보고서 작성, 제출 • 현장대리인 등의 교체 • 공사착수단계 행정업무 • 공사착수단계 설계도서 등 검토업무 • 공사착수단계 현장관리 • 하도급 적정성 검토 • 가설시설물 설치계획서 작성 • 공사착수단계 그 밖의 업무, 시공성과 확인 및 검측 업무 • 사용자재의 적정성 검토, 사용자재의 검수 · 관리 • 품질시험 및 성과검토 • 시공계획검토, 기술검토, 지장물 철거 및 공사중지 명령 • 공정관리, 안전관리, 환경관리, 설계변경 관리 • 설계변경계약 전 기성고 및 지급자재의 지급 • 물가변동으로 인한 계약금액 조정 • 업무조정회의, 기성·준공검사 임명, 검사, 재시공 • 계약자간 시공인터페이스 조정, 시공단계의 예산검증 및 지원
시공 후 단계	• 종합시운전계획의 검토 및 시운전 확인 • 시설물 유지관리지침서 검토, 시설물유지관리 업체 선정 • 시설물의 인수 · 인계 계획 검토 및 관련업무 지원 • 하자보수 지원 • 시설물유지관리 업체 선정

Ⅲ. 감리자의 업무

1. 주택건설공사 감리업무 세부기준

관련 업무	책임감리	시공감리	검측감리
1. 시공계획	• 검토	• 검토	–
2. 공정표	• 검토	• 검토	–
3. 건설업자 등 작성한 시공상세도면	• 검토·확인	• 검토	–
4. 시공내용의 적합성(설계도면, 시방서 준수여부)	• 확인	• 확인	확인
5. 구조물 규격의 적합성	• 검토·확인	• 검토	검토
6. 사용자재의 적합성	• 검토·확인	• 검토	검토
7. 건설업자등이 수립한 품질보증·시험 계획	• 확인·지도	• 확인·지도	–
8. 건설업자등이 실시한 품질시험·검사	• 검토·확인	• 검토·확인	• 검토·확인
9. 재해예방대책, 안전·환경관리	• 확인	• 지도	–
10. 설계변경 사항	• 검토·확인	• 검토	–
11. 공사진척부분	• 조사·검사	• 조사·검사	• 조사·검사
12. 완공도면	• 검토	• 검토	• 검토
13. 완공사실, 준공검사	• 준공검사	• 완공확인	• 완공확인
14. 하도급에 대한 타당성	• 검토	• 검토	–
15. 설계내용의 시공가능성	• 사전검토	• 사전검토	–
16. 기타 공사의 질적향상을 위해 필요한 사항	• 규정	• 규정	• 미규정

2. 주택법시행령 제49조(감리자의 업무)

① 설계도서가 당해 지형 등에 적합한지 여부의 확인
② 설계변경에 관한 적정성의 확인
③ 시공계획·예정공정표 및 시공도면 등의 검토·확인
④ 방수·방음·단열시공의 적정성 확보, 재해의 예방, 시공상의 안전관리 그 밖에 건축공사의 질적 향상을 위하여 국토해양부장관이 정하여 고시하는 사항에 대한 검토·확인

10-17	XCM(Extended Construction Management)계약방식	
No. 817		유형: 제도 · 기준

CM

CM
Key Point

▨ 국가표준

▨ Lay Out
– 기본구성 · 단계별 업무

▨ 핵심 단어
– 도급자의 복수역할 수행

▨ 연관용어
– CM

I. 정 의

① 건설사업관리가 도급자의 복수역할(multi-Role)을 수행하는 것을 허용하는 계약형식

② 최초에 계약된 업무에 추가업무를 포함하도록 계약범위를 확장하는 형태

③ 건축사와 건설사업관리자가 결합되는 경우에 있어서 설계계약은 건설 사업관리용역을 포함하도록 추가

④ 건설사업관리와 시공자가 결합되는 경우의 건설사업관리계약은 적 절한 시공 및 도급기능을 포함하도록 보완

II. XCM의 기본 구성

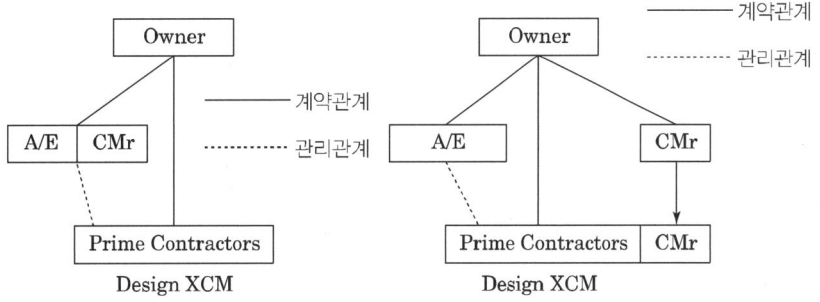

Design XCM　　　　　　　　　　　Design XCM

발주자, 설계자, 시공자 및 건설사업관리자 등 프로젝트의 모든 참여 주체들을 우호적 관계로 통합하고, 발주자에게 프로젝트 전과정에 참 여할 기회를 부여하는 것이다.

III. CM의 단계별 업무

- 건설공사의 계획, 운영 및 조정 등 사업관리 일반건설공사의 계약 관리
- 건설공사의 사업비 관리
- 건설공사의 공정관리
- 건설공사의 품질관리
- 건설공사의 안전관리
- 건설공사의 환경관리
- 건설공사의 사업정보 관리
- 건설공사의 사업비, 공정, 품질, 안전 등에 관련되는 위험요소 관리
- 그 밖에 건설공사의 원활한 관리를 위하여 필요한 사항

10-18	C.M for fee와 C.M at risk	
No. 818		유형: 제도 · 기준

CM

CM

Key Point

☑ **국가표준**
– 건설기술진흥법 시행령

☑ **Lay Out**
– 계약형태 · 특징

☑ **핵심 단어**
– 용역비를 지급받는 자문
– 직접 공사수행

☑ **연관용어**
– GMPCM

I. 정 의

① CM for fee: service를 제공하고 그에 상응하는 용역비(fee)를 지급받는 자문 혹은 대행인(agency)으로서 역할을 수행한다.

② C.M at risk: CMr(건설사업관리자)이 기존의 업무는 물론 시공자가 공사를 수행하는 것과 같이 하도급자 혹은 전문시공업자를 고용하거나 일부 시공을 직접 담당하면서 공사를 수행하는 C.M방식

II. CM의 계약형태

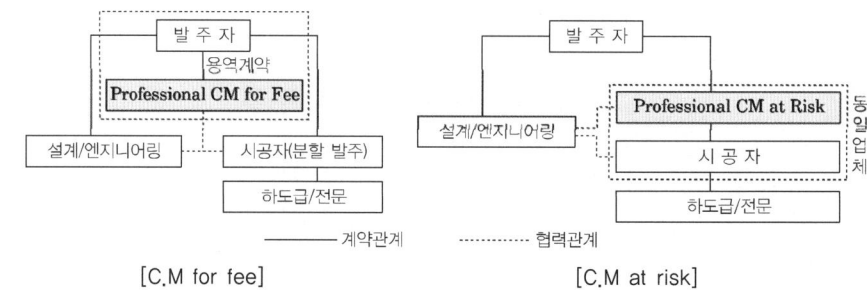

[C.M for fee]   [C.M at risk]

III. 특 징

1) CM For Fee

① CM for fee는 service를 제공하고 그에 상응하는 용역비(fee)를 지급받는 자문 혹은 대행인(agency)으로서 역할을 수행한다.

② CMr이 발주자의 대리인으로서 참여하는 계약 형태로 용역서비스에 대한 대가(fee)를 받는 C.M형태

③ 이 때 사업관리자는 시공자(보통의 경우, 전문 시공업자 또는 하도업자)나 설계자와는 직접적인 계약관계가 없으며 따라서 공사결과 즉, 공사비용, 기간, 품질 등에 대한 책임을 지지 않고 궁극적인 의사결정과 그에 따른 최종 책임은 발주자의 몫이 된다.

2) CM at risk

① CM for fee에서 수행하던 단순 컨설팅업무 외에 시공을 포함한 사업 전반에 대한 책임을 지게 된다. 따라서 CM은 일정 대가(fee) 이외에 이윤을 추구할 수 있다.

② 발주자에게 총공사비한계비용(GMP: Guaranteed Maximum Price)을 제시한 경우 정해진 최종사업비용을 초과하지 않도록 해야 한다는 위험(Risk)을 가지게 된다.

③ CM at Risk로서의 CM발주는 그 효율을 극대화할 수 있고, 발주자는 공사비에 대해 어느 정도 위험을 분산시키는 이점

CM

④ CMr의 지나친 이윤추구로 인해 발주자가 피해를 볼 우려

⑤ 설계 착수 시부터 설계사와 CM사가 공동으로 설계를 검토, V.E 분석을 통하여 최적설계 도출

⑥ 계약 전 또는 착공 전에 전문 건설업체들을 선정하여 공사방법 및 외주비를 확정함으로써 Risk 최소화

⑦ GMP(Guaranteed Maximum Price)계약으로 발주자의 원가상승 부담을 해소

⑧ 시공 이전단계의 용역서비스를 통하여 프로젝트의 비용과 기간을 단축

10-19	CM at Risk에서의 GMP(Guaranteed Maximum Price)	
No. 819		유형: 제도 · 기준

CM

CM

Key Point

☑ **국가표준**
- 건설기술진흥법 시행령

☑ **Lay Out**
- 계약형태 · 특징 · 확정 프로세스

☑ **핵심 단어**
- 최대 공사비를 보증
- 가격초과시 CMr이 책임 지는 약정방식

☑ **연관용어**
- GMPCM

GMP의 구성요소

- 프로젝트 직접비용
- 프포젝트 간접비용
- 건설사업관리자의 수수료 (CM's Fee)
- 건설사업관리자의 예비비 (CM Contingency)
- 미지정 예비비(Allowance)건 설 사업관리 과업착수준비 및 업무수행 계획서 작성 · 운영

I. 정 의

CMr이 그동안 축적한 경험과 전문지식을 통해 최대공사비를 보증(최대공사비 보증가격: Guaranteed Maximum Price)하고 공사 완료 시 공사비가 이 가격을 초과하게 되면 CMr이 책임을 지는 방식을 GMP 약정방식이라 한다. (하도급업체와 직접계약체결+공사소요금액 책임)

II. CM의 계약형태

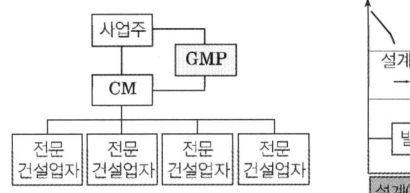
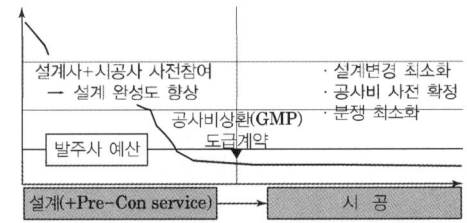

III. 특 징

① 발주자는 시공사와 공사비 상한(GMP)을 설정하여 계약하므로 향후 설계변경 등으로 인한 공사비 증가 리스크가 축소
② 계약방식에 따라 발주자와 시공사가 일정비율로 공유하여 분쟁 최소화
③ 사후 정산과정에서 공사비 내역이 발주자에 공개(Open Book)되므로 사업관리의 투명성 및 신뢰도가 강화

IV. GMP의 확정 프로세스

1) 임시 가격 채정 및 평가
- 개념설계(100%), 기본설계(60~80%). 실시설계(90~100%) 단계에서 임시가격 책정
2) GMP의 협상
- 설계가 100% 완료되지 전 실시설계(95%) 이상 일 때 진행
- GMP 협상 시기가 빠를수록 정확한 견적이 어렵기 때문에 건설사업 관리자의 예비비 증가
3) GMP의 계약방법
- 일괄 GMP 방식: 가장 일반적이며 GMP 구성요소에 대한 견적비용을 예상하여 총금액으로 계약하는 방식
- 분할 GMP 방식: GMP를 각각의 작업 패키지 별로 나누어 계약

★★★	1. 업무 Scope		115.120
10-20	Pre Construction		
No. 820	프리콘		유형: 기법 · 기준

CM

CM
Key Point

■ 국가표준

■ Lay Out
– 계약형태 · 4차산업혁명
– 단계별 활동
– 프리콘의 주체 비교

■ 핵심 단어
– 3D 설계도 기법을 통해 시공상의 불확실성이나 설계 변경 리스크를 사전에 제거

■ 연관용어
– CM at risk
– IPD

Pre con의 단계별 활동

• 계획단계: Concept
• 설계단계: Design Management
• 발주단계: 업체선정 및 계약 업무

I. 정 의

① 프리콘 서비스는 발주자, 설계자, 시공자가 프로젝트 기획, 설계 단계에서 하나의 팀을 구성해 각 주체의 담당 분야 노하우를 공유하며 3D 설계도 기법을 통해 시공상의 불확실성이나 설계 변경 리스크를 사전에 제거함으로써 프로젝트 운영을 최적화시킨 방식

② 미리 simulation을 통해 시공과정에서 발생한느 설계오류와 공종간 간섭 등을 사전에 파악할 수 있다.

II. CM의 계약형태

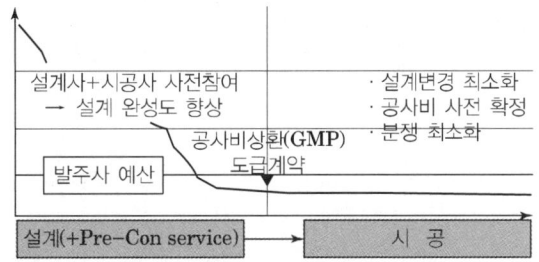

III. 프리콘 서비스를 포함하는 발주방식

① IPD(Intergrated Project Delive)

② CM at Risk 방식Turn Key 방식

③ IPD(Intergrated Project Delive)

IV. 프리콘 서비스와 4차산업 혁명

1) Smart 기술

① Internet of Things

② Big Data

③ Artificial Intelligence

④ Building Information Modeling

⑤ 3D 프린팅

⑥ Virtual Reality Augmented Reality

⑦ Artificial intelligence

⑧ drone

2) 생산관리 System

① OSC (Off-Site Construction)

② Lean Construction

③ Just in Time

CM

IoT Cloud Bigdata Mobile

- ICBM이란 기본적으로 사물 인터넷(Internet of Things, IoT) 센서가 수집한 데이터를 클라우드(Cloud)에 저장하고, 빅데이터(Big data) 분석 기술로 이를 분석해서, 적절한 서비스를 모바일 기기 서비스(Mobile) 형태로 제공

V. Pre con의 단계별 활동

설계 전 단계	설계 단계	발주 단계
• 프로젝트 관리(조직구성, 사업관리 계획서 작성, 수행적차설정, 정보관리 체계 수립) • 원가관리 • 일정관리 • 품질관리 • 계약행정 • 안전관리 • 친환경 • BIM	• 프로젝트관리(설계도면 검토, 설계도서배포, 계약조건 검토, 계약약정관리, 프로젝트 비용조달 지원) • 원가관리 • 일정관리 • 계약행정 • 안전관리 • 친환경 • BIM	• 프로젝트 관리(입찰 및 계약절차 주관, 입찰평가 기준마련, 지급자재 조정, 각종 허가, 보험, 보증 등에 관한 준비) • 원가관리 • 일정관리 • 품질관리 • 계약행정 • 안전관리 • BIM

VI. Pre con의 주체 비교

구 분	발주자 주도	시공사 주도
투입시기	프로젝트 초기	계획설 계단계
예산	tight한 여유예산	GMP고려 다소 여유
일정	tight한 일정목표	리스크 요인 범위내 여유
VE	가능한 초대한 절감 대안제시	GMP 고려 다소 소극적
시공성	불충분한 검토 가능성	상세한 검토
품질	보편적 수준	실현가능한 방안 검토
리스크	도전적인 목표	Risk 최소화

10-21	Feasibility Study	
No. 821	타당성 분석	유형: 기법·기준

Feasibility

타당성 분석
Key Point

■ 국가표준
- 건설기술진흥법 시행령

■ Lay Out
- 분석절차·검토의 종류 및 대응
- 경제성평가 방법

■ 핵심 단어
- 설정된 목표를 만족시켜 주는지의 가능성에 대한 평가

■ 연관용어
- Constructability(시공성)
- Risk management

대상

- 타당성 조사는 총공사비가 500억원 이상으로 예상되는 건설공사를 대상으로 한다

I. 정 의

건설 개발프로젝트에서의 건설 기획과정 전반에 걸친 평가과정을 통한 의사결정과 개발의 초기화 단계에서 설정된 목표를 만족시켜 주는지의 가능성에 대한 평가

II. 타당성분석 절차

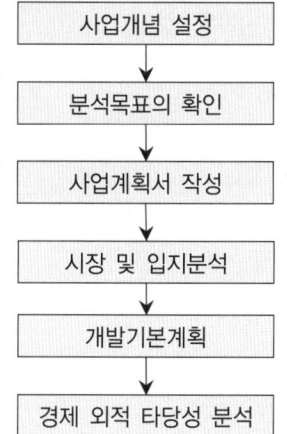

[분석 시 고려사항]
- 사업규모에 대한 가정
- 사업기간에 대한 가정
- Cash Flow에 대한 가정
- 할인율에 의한 가정

III. 검토의 종류 및 내용

- 기술적 타당성 검토: 계획된 사업의 기술적 가능성 분석
- 경제적 타당성 검토: 수익성 정도 분석
- 재무적 타당성 검토: 완성단계까지 추진할 수 있는 재무능력 분석
- 법규적 타당성 검토: 사업예정지에서 법규적으로 실현 가능한지 분석
- 사회적 타당성 검토: 사회적으로 무리 없이 받아들여 질수 있는지 분석
- 환경적 타당성 검토: 환경적 측면에서 수행 가능한 것인지 분석

IV. 경제성 평가의 방법

1) 회수기간법(Payback Per Method)
   ① 할인율을 고려하지 않는 방법
   ② PP= 투자총비용÷연간 순익

Feasibility

2) 순현가법(NPV; Net Present Value)
  ① 현재가치를 얻을 수 있는 최저의 이익률을 이용 미래가치를 현재가치로 환산 가치를 평가하는 방법
  ② NPV= Σ(PV of all Benefits)$-\Sigma$(PV of All Costs)

3) 손익분기분석(Break Even Analysis)
  ① 손익분기점의 정도로부터 투자의 경제성을 예측 및 평가
  ② 손익분기점이 낮을수록 유리한 투자안

4) ROI(Return On Investment;투자수익률)
  ① 생산 및 영업활동에 투자한 자본으로 이익의 확보정도를 나타내는 지표
  ② 영업이익률과 투자자본 회전율을 사용하여 사업구조조정을 판단(철수, 유지, 성장)
  ③ 총자본 수익률 = $\dfrac{순이익}{총자본}$

10-22	건설위험관리에서 위험약화전략(Risk Mitigation Strategy)	
No. 822	Risk management, 위험도 관리	유형: 기법·기준

Risk 관리

위험도 관리
Key Point

☑ **국가표준**
– 건설기술진흥법 시행령

☑ **Lay Out**
– 분석 및 평가·관리절차
– 리스크인자의 식별
– 분석기법·유형별 대응
　전략

☑ **핵심 단어**
– 프로젝트 리스크 요소
　규명 분석

☑ **연관용어**
– Constructability(시공성)

사업 추진별 Risk

• 기획단계
– 투자비 회수
• 계획·설계단계
– 기술 및 품질
• 계약단계
– 입찰·가격
• 시공단계
– 비용·시간·품질
• 사용단계
– 유지관리비

I. 정 의

① 건설 project 수행기간 중 발생할 수 있는 손해(loss). 손상(injury), 불이익(disadvantage), 파괴(destruction)와 같은 불이익을 사전에 계획 및 대책수립 등을 위한 관리

② project의 전단계에 걸쳐 project 목적에 부합된 최적의 효용을 제공할 수 있도록 project risk 요소를 규명하고 분석하여, 이에 대응하는 정형적인 과정

II. 리스크자료의 분석 및 평가

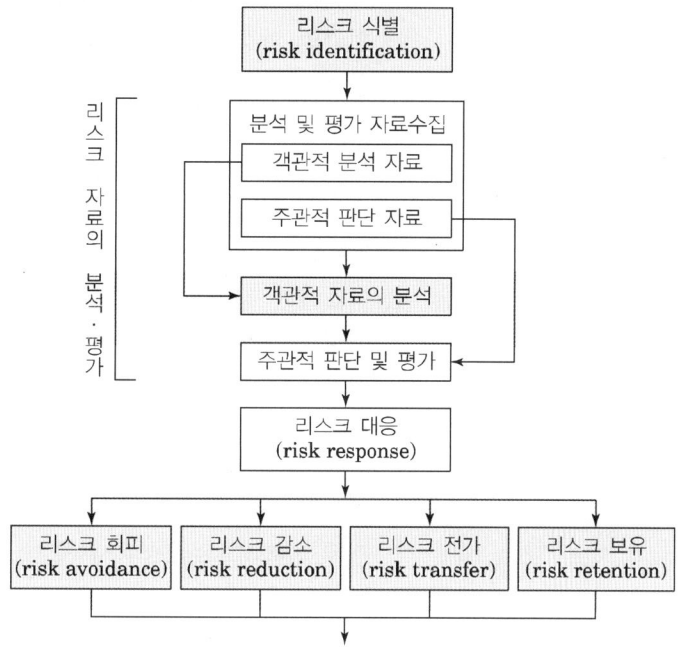

III. Risk 관리절차

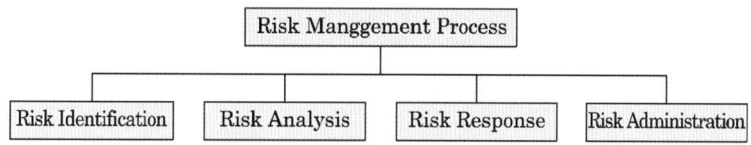

① 리스크 인지, 식별(Risk Identification)

② 리스크 분석 및 평가(Risk Analysis & Evaluation)

③ 리스크 대응(Risk Response)

④ 리스크 관리(Risk Administration)

Risk 관리

Ⅳ. 리스크 인자의 식별

- 리스크 인자의 조사 후 체크리스트 작성
- 체계적인 분류를 통해 상호 연관성을 파악하여 대응전략 수립
- 리스크 인자의 중복배제 후 요약정리

발생빈도와 심각성, 파급효과를 종합적으로 검토 후 우선순위 결정

Ⅴ. Risk 분석기법

1) 감도분석(Sensitivity Analysis)
   무엇으로 하면 어떻게 될까?(What if…?)의 질문에 반복적으로 대응하는 과정에서 요구되는 결정론적(Deterministic) 분석기법
2) 결정계도 분석/ 의사결정나무(Decision Tree Analysis)
   일련의 과정을 통해 문제를 설명하는 수단으로 결정 순서와 기대결과를 나타내 준다.
3) 베이시안 분석(Bayesian Analysis)
   기존의 리스크의 확률분포 평가에 새로운 정보를 부가하여 각 리스크에 대한 확률산정의 정확도를 증가시키는 조정방법
4) 다속성 가치이론(Multi Attribute Value Theory)
   목표들의 상호 대립으로 인해 제기되는 문제에 대응하기 위해 고안된 정형적 의사결정기법
5) 확률분포(Probability Distribution)
   통계적 의미
6) 확률분석(Probability Analysis)과 시뮬레이션(Simulation)
   예측치 산정의 불확실성을 무작위 변수 값을 선정하여 수많은 횟수에 걸쳐 반복적으로 모의 시험분석
7) 기대치법(Expected Value Method)
   어느 대안사업에 더 많은 리스크가 따르는가에 대한 리스크의 규모를 판단하여 측정자료로 활용
8) 포트폴리오 분석(Portfolio Analysis)
   기대치에 편차의 개념을 추가하여 리스크를 줄이기 위해 분산

Ⅵ. 리스크 유형별 리스크 대응전략

Risk 관리

리스크 약화전략

- 리스크 회피
  (Risk Avoidance)
- 리스크에 대한 노출 자체를 회피함으로써 발생될 수 있는 잠재적 손실을 면하는 것
- 리스크 감소
  (Risk Reduction)
- 가능한 모든 방법을 활용하여 리스크의 발생 가능성을 저감시켜 잠재적 리스크에 대한 노출정도를 감소시키는 것
- 리스크 전가(Rick Transfer
- 계약(Contract)을 통해 리스크의 잠재적 결과를 다른 조직에 떠넘기거나 공유(Sharing)하는 방법
- 리스크 보유(Risk Retention)
- 회피되거나 전가될 수 없는 리스크를 감수하는 전략

리스크 유형	리스크 인자	대응전략	조치사항
재정 및 경제	• 인플레이션 • 의뢰자의 재정능력 • 환율변동 • 하도급자의 의무불이행,	• 리스크 보유 • 리스크 전가 • 리스크 회피	• 에스컬레이션 조항 삽입 • P.F에 의한 자금 조달 • 장비. 자재의 발주자 직접조달 • 사전자격 심사 강화
설계	• 설계범위결정의 불완전 • 설계 결함 및 생략 • 부적합한 시방서 • 현장조건의 상이	• 리스크 전가 • 리스크 회피	• 설계변경 조건 삽입
건설	• 기상으로 인한 공기지연, • 노사분규 및 파업, 노동생산성 • 설계변경 • 장비의 부족 • 시공방법의 타당성	• 리스크 보유 • 리스크 감소 • 리스크 전가	• 예비계획 수립 • 보험 • 공기지연 조항삽입
건물 (시설) 운영	• 제품 및 서비스에 대한 시장여건의 불규칙적 변동, 유지관리의 필요성, 안전운영, 운영목적에 대한 적합성	• 리스크 전가 • 리스크 감소	• 하자보증
정치, 법, 환경	• 법, 규정, 정책의 변경, 전쟁 및 내란의 발생 • 공해 및 안전 문제 • 생태적 손상 • 대중의 이해관계 • 수출(통상)규제 • 토지수용 또는 몰수	• 리스크 전가 • 리스크 감소	• 계약조건 명확화 • 예비계획 수립 • 공기지연 조항삽입
물리적 인자	• 구조물의 손상 • 장비의 손상, 화재, 도난, 산업재해	• 리스크 전가 • 리스크 감소	• 보험 • 현장조사 • 예비계획 수립
천재지변	• 홍수, 지진, 태풍, 산사태, 낙뢰	• 리스크 전가	• 보험 • 현장조사 • 추가 지불 조항 삽입 • 예비계획 수립

10-23	Constructability	
No. 823	시공성	유형: 기법·기준

시공성 분석
Key Point

☑ **국가표준**

☑ **Lay Out**
– 적용체제·목표와 분석 방법

☑ **핵심 단어**
– 해당 프로젝트가 수행될 수 있는 용이성

☑ **연관용어**
– Risk management
– 생산성 관리

시공 관련성

• 현장 출입 가능성
• 장기간 사용되는 가시설물
• 접근성
• 현장 외 조립 관련성 및 공장생산 제품 항목
• Crane 활용/ Lifting의 관련성
• 임시 Plant Service
• 기후 대비
• 시공 Package화
• Model 활용:
  Scale Modeling,
  Field Sequence Model

I. 정 의

① 전체적인 project 목적물을 완성하기 위해 입찰, 행정 및 해석을 위한 계약문서의 명확성, 일관성 및 완성을 바탕으로 하여 해당 project가 수행될 수 있는 용이성

② Construtability는 시공자에 의한 단순한 설계도나 시방서에 대한 검토수준을 넘어서 시공단계의 경험과 지식을 프로젝트 초기부터 미리 통합하여 최적으로 활용함으로써 비용, 공기, 품질 및 안전의 최적화라는 프로젝트의 목표를 달성하기 위한 노력으로 정의할 수 있다.

II. 시공성 적용체제

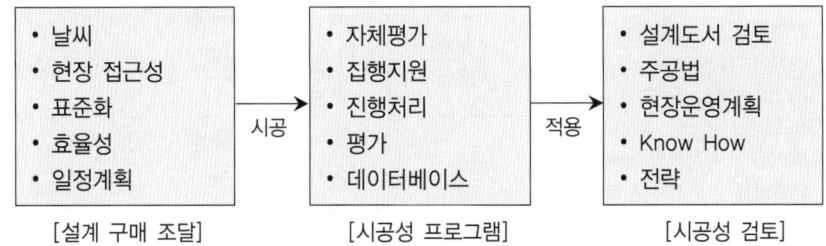

[설계 구매 조달]	[시공성 프로그램]	[시공성 검토]

III. 목표와 분석방법

1) 시공요소를 설계에 통합
  ① 설계의 단순화
  ② 설계의 표준화
2) Module화
3) 공장생산 및 현장의 조립화
4) 계획단계
  ① Constructability Program은 Project 집행 계획의 필수 부분이 되어야 한다.
  ② Project Planning(Owners Project 계획수립)에는 시공지식과 경험이 반드시 수반하여야 한다.
  ③ 초기의 시공 관련성은 계약할 당해 전략의 개발 안에 고려되어야 한다.
  ④ Project 일정은 시공 지향적이어야 한다.
  ⑤ 기본 설계 접근방법은 중요한 시공방법들을 고려하여야 한다.
  ⑥ Constructability를 책임지는 Project Team 참여자들은 초기에 확인되어야 한다.
  ⑦ 향상된 정보 기술은 Project를 통하여 적용되어야 한다.

Constructability

5) 설계 및 조달단계

① 설계와 조달 일정들은 시공 지향적이어야 한다.

② 설계는 능률적인 시공이 가능하도록 구성되어야 한다.

③ 설계의 기본 원리는 표준화에 맞추어야 한다.

④ 시공능률은 시방서 개발 안에 고려되어야 한다.

⑤ 모듈 / 사전조사 설계는 제작, 운송, 설치를 용이하게 할 수 있도록 구성되어야 한다.

⑥ 인원, 자재, 장비들의 건설 접근성을 촉진시켜야 한다.

⑦ 불리한 날씨 조건하에서도 시공을 할 수 있도록 하여야 한다.

6) 현장운영 단계

Constructability는 혁신적인 시공방법들이 활용 될 때 향상된다.

10-24	건설 VE	
No. 824	Value Engineering	유형: 기법·기준

건설 VE

Key Point

☑ **국가표준**
- 건설기술 진흥법 시행령
- 설계공모, 기본설계 등의 시행 및 설계의 경제성 등 검토에 관한 지침

☑ **Lay Out**
- VE의 원리·적용시기
- 실시대상·실시시기 및 횟수
- 설계VE 검토업무 절차 및 내용

☑ **핵심 단어**
- 최소비용으로 요구 성능 (performance)을 충족

☑ **연관용어**
- LCC

설계 VE

1. "설계공모"라 함은 「건설기술 진흥법」(이하 "법"이라 한다) 제2조제6호의 발주청이 2인 이상의 설계자(공동참여를 포함한다)로부터 각기 공모안을 제출받아 그 우열을 심사·결정하는 방법 및 절차 등을 말한다.
2. "전문기관"이라 함은 영 제52조제4항 및 같은법 시행규칙(이하 "규칙"이라 한다) 제29조에 의한 설계공모 평가(이하 "설계공모 등의 평가"라 한다)를 위탁받은 기관으로서 분야별 전문가 등으로 구성된 전문기관과 이에 준하는 전문기관 등으로 발주청이 인정하는 경우를 말한다.
3. "일반공개공모"라 함은 설계공모에 참여하는 설계자의 자격 등을 제한하지 아니하는 설계공모방식을 말한다.
4. "제한공개공모"라 함은 발주기관 등이 정하는 일정기준에 따라 설계공모에 참여하는 설계자를 제한하는

I. 정 의

① 어떤 제품이나 서비스의 기능(function)을 확인하고 평가함으로써 그것의 가치를 개선하고, 최소비용으로 요구 성능(performance)을 충족시킬 수 있는 필수 기능을 제공하기 위한 인정된 기술의 체계적인 적용

② VE는 생애주기 원가의 최적화, 시간절감, 이익증대, 품질향상, 시장점유율 증가, 문제해결 또는 보다 효과적인 자원 이용을 위해 사용되는 창조적인 접근 방법

II. VE의 원리

〈4가지 유형의 가치향상의 형태〉

$$가치(V) = \frac{기능(F)}{비용(C)}$$

	①	②	③	④	⑤
	→	↗	↗	↗	↘
	↘	→	↘	↗	↘
	VE	Value & Design			Spec,Down

* VE 목적은 가치를 향상시키는 것이다.

① 기능을 일정하게 유지하면서 Cost를 낮춘다.
② 기능을 향상시키면서 Cost는 그대로 유지한다.
③ 기능을 향상시키면서 Cost도 낮춘다.
④ Cost는 추가시키지만 그 이상으로 기능을 향상 시킨다.
⑤ 기능과 Cost를 모두 낮춘다(시방규정을 낮출 경우)

III. VE의 적용시기

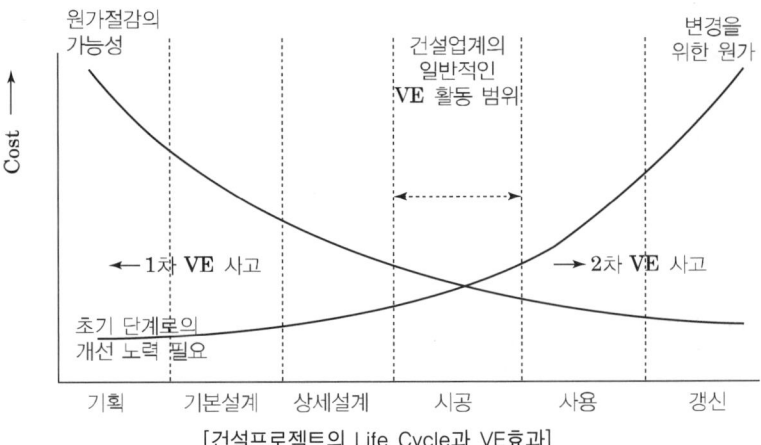

[건설프로젝트의 Life Cycle과 VE효과]

Ⅳ. 설계VE 실시대상

① 총공사비 100억원 이상인 건설공사의 기본설계, 실시설계(일괄·대 안입찰공사, 기술제안입찰공사, 민간투자사업 및 설계공모사업을 포함한다)
② 총공사비 100억원 이상인 건설공사로서 실시설계 완료 후 3년 이 상 지난 뒤 발주하는 건설공사(단, 발주청이 여건변동이 경미하다 고 판단하는 공사는 제외한다)
③ 총공사비 100억원 이상인 건설공사로서 공사시행 중 총공사비 또 는 공종별 공사비 증가가 10% 이상 조정하여 설계를 변경하는 사 항 (단, 단순 물량증가나 물가변동으로 인한 설계변경은 제외한다)
④ 그 밖에 발주청이 설계단계 또는 시공단계에서 설계VE가 필요하다 고 인정하는 건설공사

Ⅴ. 설계VE 실시시기 및 횟수

① 기본설계, 실시설계에 대하여 각각 1회 이상 실시
② 일괄입찰공사의 경우 실시설계적격자선정 후에 실시설계 단계에서 1회 이상 실시
③ 민간투자사업의 경우 우선협상자 선정 후에 기본설계에 대한 설계 VE, 실시계획승인 이전에 실시설계에 대한 설계VE를 각각 1회 이 상 실시
④ 기본설계기술제안입찰공사의 경우 입찰 전 기본설계, 실시설계적격 자 선정 후 실시설계에 대하여 각각 1회 이상 실시하고, 실시설계 기술제안입찰공사의 경우 입찰 전 기본설계 및 실시설계에 대하여 설계VE를 각각 1회 이상 실시
⑤ 실시설계 완료 후 3년 이상 경과한 뒤 발주하는 건설공사의 경우 공사 발주 전에 설계VE를 실시하고, 그 결과를 반영한 수정설계로 발주
⑥ 시공단계에서의 설계의 경제성 등 검토는 발주청이나 시공자가 필 요하다고 인정하는 시점에 실시

Ⅵ. 설계VE 검토업무 절차 및 내용

1) 준비단계

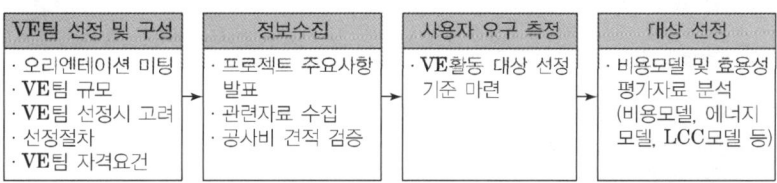

검토조직의 편성, 설계VE대상 선정, 설계VE기간 결정, 오리엔테이션 및 현장답사 수행, 워크숍 계획수립, 사전정보분석, 관련자료의 수집

건설 VE

· 지장물 등에 관한 정보를 측정하는 일련의 행위를 말한다.

12. "용역감독자"라 함은 기본설계·실시설계·측량·지반조사용역을 발주한 발주기관의 장을 대리하여 용역 전반에 관한 감독업무에 종사할 것을 명받은 자로서 계약자에게 통고한 자를 말한다.

13. "건설엔지니어링사업자"라 함은 발주청으로부터 기본설계, 실시설계 용역을 도급받아 설계용역을 수행하는 자를 말한다.

14. "설계 VE"란 최소의 생애주기비용으로 시설물의 기능 및 성능, 품질을 향상시키기 위하여 여러 분야의 전문가로 설계VE 검토조직을 구성하고 워크숍을 통하여 설계에 대한 경제성 및 현장 적용의 타당성을 기능별, 대안별로 검토하는 것을 말한다. 다만, 생애주기비용 관점에서 검토가 불가능한 경우 건설사업비용 관점에서 검토한다.

15. "건설사업관리"란 건설산업기본법 제2조제8호에 따른 건설사업관리를 말한다.

16. "생애주기비용"이란 시설물의 내구연한 동안 투입되는 총비용을 말한다. 여기에는 기획, 조사, 설계, 조달, 시공, 운영, 유지관리, 철거 등의 비용 및 잔존가치가 포함된다.

17. "건설사업비용"이란 시설물의 완성단계까지 소요되는 비용의 합계를 말한다.

18. "수정설계"란 설계VE업무를 통해 제시된 제안이 채택되었을 때, 설계자가 제안에 따라 실시하는 일련의 설계내용 수정 등의 작업을 말한다.(시공자가 설계VE를 수행할 경우 '설계자'는 건설공사를 도급받은 건설사업자(이하 "시공자"라 한다)로 본다.)

19. "제안공법"이란 시공자가 설계VE를 수행한 결과로 제안한 공법을 말한다.

2) 분석단계

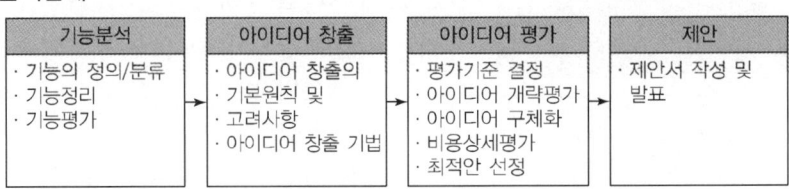

선정한 대상의 정보수집, 기능분석, 아이디어의 창출, 아이디어의 평가, 대안의 구체화, 제안서의 작성 및 발표

3) 실행단계

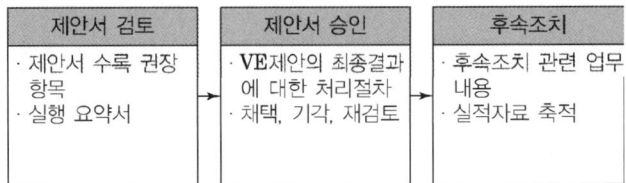

설계VE 검토에 따른 비용절감액과 검토과정에서 도출된 모든 관련자료를 발주청에 제출

10-25	VECP(Value Engineering Change Proposal)	
No. 825	VE incentive	유형: 기법 · 기준

건설 VE

Key Point

■ **국가표준**
- 건설기술 진흥법 시행령
- 설계공모, 기본설계 등의 시행 및 설계의 경제성 등 검토에 관한 지침

■ **Lay Out**
- VE수행절차 · 제안분류
- 유사제도

■ **핵심 단어**
- 비용 절감액의 일부를 발주자와 시공자가 공유

■ **연관용어**
- 기술개발보상제도

VE사고방식

- 고정관념 제거
- LCC
- 사용자 중심의 사고
- 기능중심의 접근
- 조직적 노력

I. 정 의

① 일종의 윈윈 전략(Win-Win Strategy)으로 시공자의 창의적인 발상을 인센티브(incentive)를 통해 적극 장려하고, 이에 따른 비용 절감액의 일부를 발주자와 시공자가 공유하는 제도

② VECP는 시공자가 연방조달규칙의VE 조항에 의거하여, 비용절감을 도모하기 위해 계약서로 정해진 사업의 계획, 설계, 또는 시방의 변경을 요청하여 제출한 계약 변경안이다

II. VE수행절차

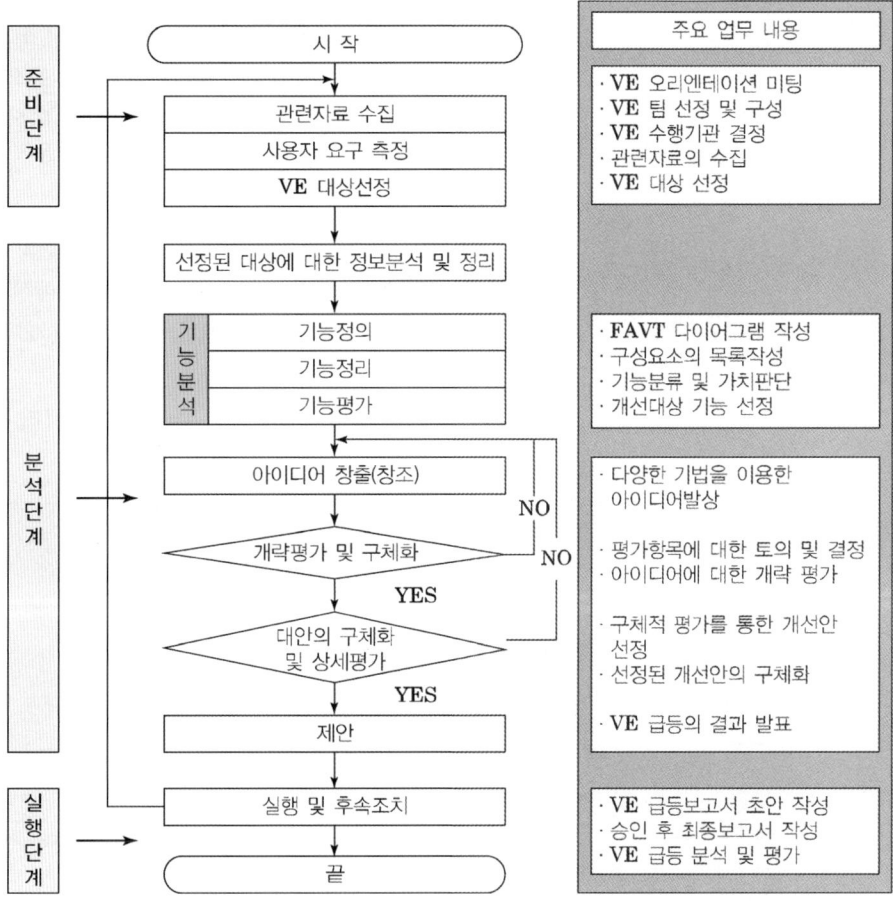

III. VE관련 제안의 분류

1) VEP(Value Engineering Proposal)
   ① 기획, 설계 단계에서 제안된 VE 대체안
   ② 설계 변경을 수반하지 않는다.

건설 VE

2) VECP(Value Engineering Change Proposal)
　① 시공 단계에서 제안된 VE 대체안
　② 설계 변경을 수반

Ⅳ. 건설 VE 인센티브의 유사제도

1) 기술개발보상제도
　① 기술개발보상제도는 국가계약법시행령, 공사계약일반조건, 건설기술개발 및 관리 등에 관한 운영규정에 의해 시행되고 있다. 1992년 신설된 기술개발보상제도는 1999년 9월 국가계약법시행령 제65조의 개정을 통해 오늘에 이르고 있다.
　② 적은 인센티브, 보상시기 및 방법에 대한 규정 미흡, 장기간의 처리절차 등

2) 신기술지정제도
　① 신기술지정제도는 민간의 건설기술개발의욕을 고취하기 위해 건설기술관리법에 근거하여 1987년부터 도입·운영되고 있다.
　② 홍보부족, 책임문제에 따른 발주기관의 소극적 태도, 건설신기술에 대한 지원의 불명확, 무단사용에 대한 권리구제조항의 미비, 평가 전담부서 및 평가절차, 기준의 미비 등

3) 예산성과금제도
　① 예산 성과금 제도는 예산절감을 통해 국가재정의 어려움을 해소하고 성과금 지급을 통해 공무원의 예산절감의지를 고취시키기 위해, 1998년 5월 예산회계법 및 예산 성과금 규정에 의거하여 도입·운영되고 있다.
　② 홍보 부족, 장기간의 처리기간, 처리 및 심사절차의 복잡성, 평가기준의 미비 등의 문제 등

건설 VE

10-26	FAST(Function analyis System Technique)	
No. 826	기능분석시스템기법	유형: 기법 · 기준

건설 VE
Key Point
■ 국가표준

■ Lay Out
– 전개방식 · 종류
– 절차 · 특징

■ 핵심 단어
– 기능의 목록에서 실제로 필요한 기능을 확인하여 분류

■ 연관용어
– 기능계통도

I. 정 의

① 기능정의/분류 단계에서 정의된 기능의 목록에서 실제로 필요한 기능을 확인하여 이를 분류하는 과정

② 기능정리의 목적은 'How–Why Logic'을 이용하여 기능간의 위계관계를 정리함으로써 분석 대상의 필요, 불필요 기능을 규명하여 구성원의 아이디어 창출을 촉진시키는 것

II. Fast Diagram 전개방식

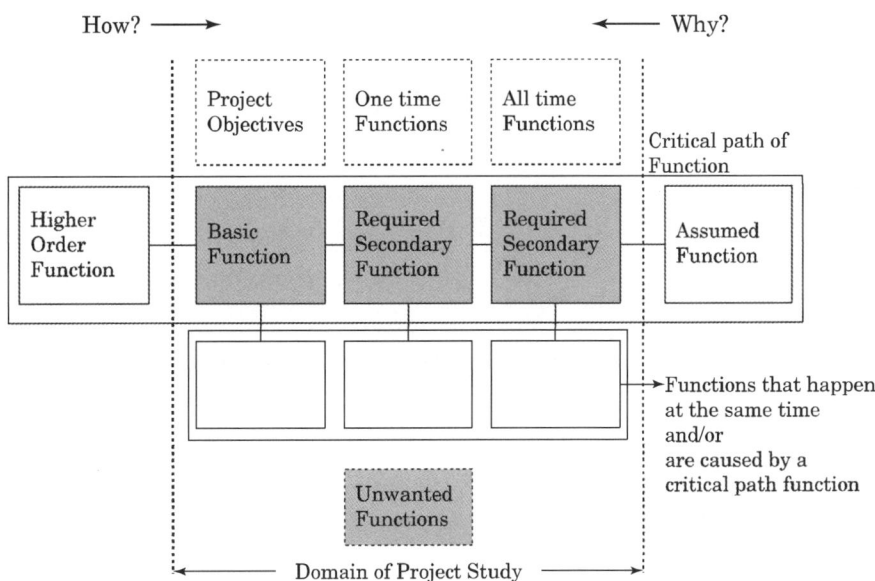

III. Fast Diagram 종류

1) 논리적 관계 강조된 FAST

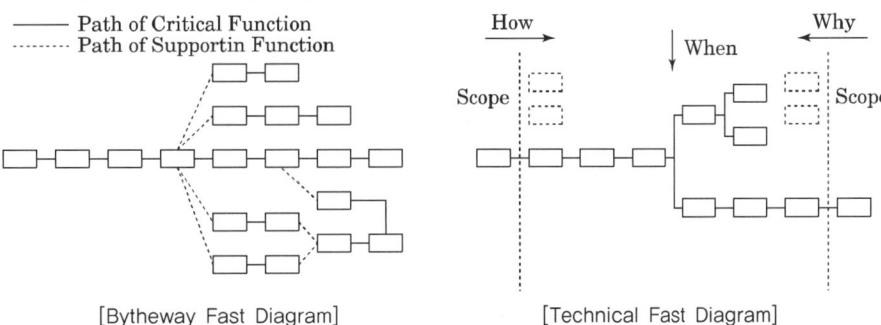

[Bytheway Fast Diagram]   [Technical Fast Diagram]

건설 VE

2) 계층적 분류의 성격이 강한 FAST

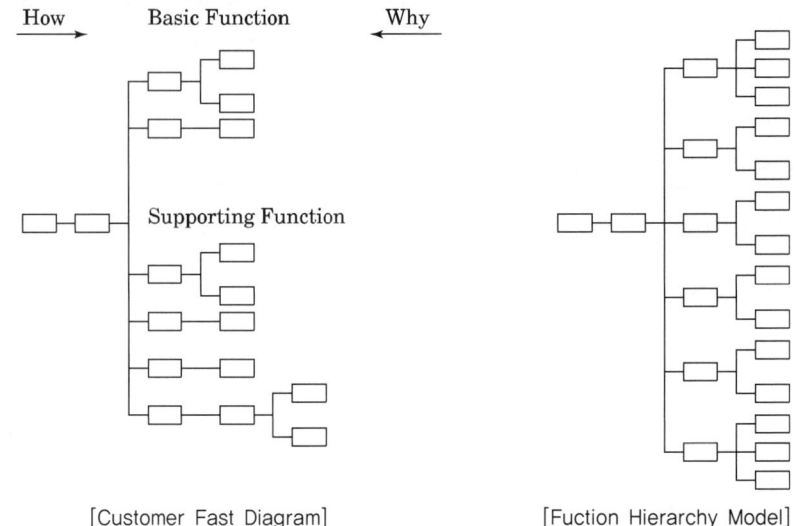

[Customer Fast Diagram]　　　　　　[Fuction Hierarchy Model]

Ⅳ. 기능정리의 절차

① 주기능을 맨 왼쪽에 위치시키고 주기능에 대한 수단(How?)이 되는 부기능들을 주기능의 오른쪽에 위치시킴

② 부기능의 목적(Why?)이 되는 기능들을 왼쪽에 위치시킴

③ 기능평가 및 아이디어 창출을 위한 연구 범위선(Scope Line)을 설정

Ⅴ. 기능정리 기법(FAST 다이어그램)의 종류 및 특징

기능정리 방법	특징	주된 적용 목적
전통적인 FAST 다이어그램	• 모든 기능들의 상호 관련성을 "How?"–"Why?" 논리를 이용하여 표현하는 방법	• 가장 일반적으로 기능정리 방법으로 널리 사용되어 왔음
고객중심의 FAST 다이어그램	• 발주자 사용자의 관점에서 프로젝트, 제품, 서비스에 대한 기능을 총체적으로 검토하기 위한 방법	• 프로젝트 전체의 기능을 전반적으로 정립할 때 유리함 • 기능평가 시에는 부정합의 사용에 유리
기술적인 FAST 다이어그램	• 주 기능정리 선에 주기능과 부기능들을 위치시킨 후, 필수기능들을 수직("When") 선상에 위치시킴	• 프로젝트 일부 공종, 공구, 부위를 대상으로 기능을 정리할 때 사용될 수 있음

10-27	LCC(Life Cycle Cost)	
No. 827	건축물의 전생애주기 비용	유형: 기법·기준

정보관리

정보관리 분류체계
Key Point

■ 국가표준

■ Lay Out
- 효과적인 LCC·구성비용항목
- 내용년수의 종류·할인율
- 분석절차·분석기법

■ 핵심 단어
- 시설물의 내구년한동안 소요되는 비용

■ 연관용어
- VE

분석절차

분석대상(대안) 파악
↓
LCC 비용항목의 설정
↓
기본가정 설정
↓
대안별 LCC 비용산정
↓
전체비용 종합
↓
LCC분석에 근거한 대안선정

I. 정 의

① 시설물의 기획, 설계 및 건설공사로 구분되는 초기투자단계를 지나 운용·관리단계 및 폐기·처분단계로 이어지는 일련의 과정 동안 시설물에 투입되는 비용의 합계

② 생애주기비용은 시설물의 내구 년한 동안 소요되는 비용을 말하며, 여기에는 기획, 조사, 설계, 조달, 시공, 운영, 유지관리, 철거 등의 비용 및 잔존가치가 포함된다.

II. 효과적인 LCC

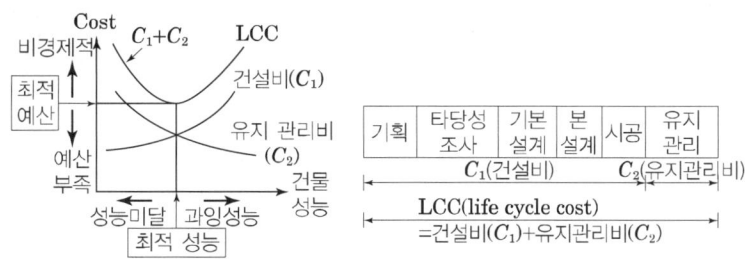

[LCC = 건설비 C_1 + 유지관리비 C_2]

III. LCC의 구성비용 항목

구 분	비용항목	내 용
1	건설기획 비용	기획용 조사, 규모계획, Management 계획
2	설계비용	기본설계, Cost Planning, 실시설계, 적산비용
3	공사비용	공사계약 비용(시공업자 선정, 입찰도서 작성, 현장설명)
4	운용관리 비용	보존비용, 수선비용, 운용비용, 개선비용, 일반관리비용 (LCC 중 75~85% 차지, 건설비용의 4~5% 정도)
5	폐기처분 비용	해체비용과 처분비용

IV. 시설물/시설부품의 내용년수의 종류

① 물리적 내용년수: 물리적인 노후화에 의해 결정
② 기능적 내용년수: 원래의 기능을 충분히 달성하지 못함으로써 결정
③ 사회적 내용년수: 기술의 발달로 사용가치가 현저히 떨어지는 것에 의해 결정
④ 경제적 내용년수: 지가의 상승, 기술의 발달 등으로 인해 경제성이 현저히 떨어지는 것에 의해 결정
⑤ 법적 내용년수: 공공의 안전등을 위해 법에 의해 결정

정보관리

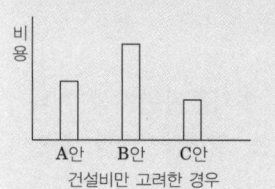

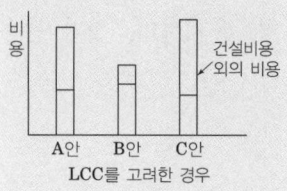

V. 할인율

① LCC 분석에는 미래의 발생비용을 현재의 가치로 환산하는 과정도 포함

② 환산 시에는 돈의 시간가치의 계산을 위하여 할인율 이용

③ 이때의 할인율은 대개 은행의 이자율을 사용

④ 물가상승률을 고려하지 않은 할인율을 사용

VI. LCC분석기법 및 산정절차

1) 분석기법

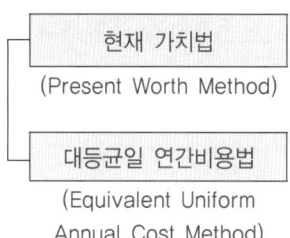

- 시설물의 생애 주기에 발생하는 모든 비용을 일정한 시점으로 환산하는 방법

- 생애 주기에 발생하는 모든 비용이 매년 균일하게 발생할 경우, 이와 대등한 비용은 얼마인가라는 개념을 이용하여 균일한 연간 비용으로 환산하는 방법

2) LCC기법의 산정절차

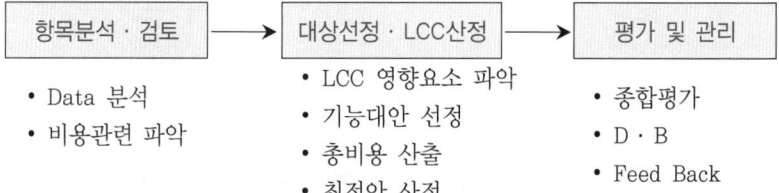

- Data 분석
- 비용관련 파악

- LCC 영향요소 파악
- 기능대안 선정
- 총비용 산출
- 최적안 산정

- 종합평가
- D · B
- Feed Back

VII. Life Cycle과 VE효과

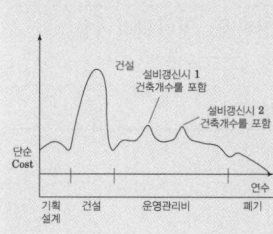

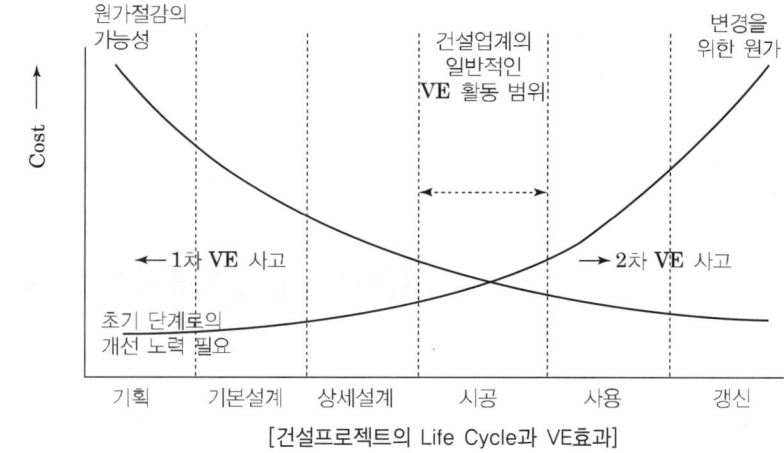

[건설프로젝트의 Life Cycle과 VE효과]

☆☆★	2. 관리기술	
10-28	정보관리	
No. 828	Construction Information Classified System	유형: 기술·System

정보관리

정보관리분류체계
Key Point

☑ 국가표준

☑ Lay Out
– 구성·분류
– 정보화 범위

☑ 핵심 단어
– 건설정보 체계적 분류

☑ 연관용어

I. 정 의

① 명료한 부류(部類) 기준에 의하여 자료를 분개(分介)하고 정의하는 체계

② 건설공사의 제반단계에서 발생되는 건설정보를 체계적으로 분류하는 기준을 정하여 건설정보의 상호 교류를 촉진하는 것

II. 건설 정보분류체계의 구성

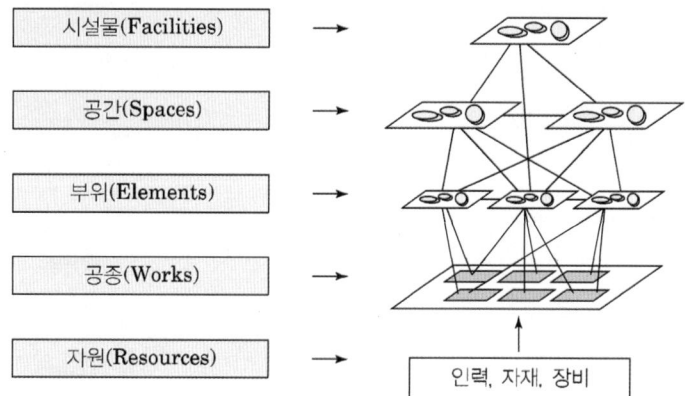

- 시설물(Facilities) →
- 공간(Spaces) →
- 부위(Elements) →
- 공종(Works) →
- 자원(Resources) → 인력, 자재, 장비

III. 정보관리 분류

분류체계	UBC, WBS
통합화	CALS, 건설 CITIS, KISCON, CIC
System	Expert System, GIS, Data Mining, PMIS
Technique	BIM, simulation, 3D프린팅, RFID, loT, Big Data, AR, VR, Drone

IV. 건설정보시스템 정보화 범위

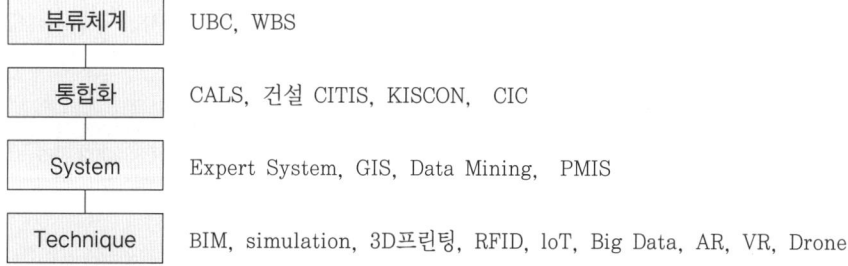

타당성 검토단계	기획/계획	설계단계	구매단계	시공단계	운영단계

기존의 통합정보 구축 범위

통합정보시스템 구축대상
시설물의 생애주기(Life Cycle)

10-29	WBS(Work Breakdown Structure)	
No. 829	작업분류체계	유형: 기술 · System

I. 정 의

① Project의 세부요소들을 체계적으로 조직하고 표현하기 위하여 최종 목적물(Product-Oriented)이나 작업과정 (Process –Oriented)위주로 표기된 가계도(Family Tree Diagram)

② 각 단계별 구분이 명확하고, 상하단계의 연계성이 규명되어야 한다.

II. Work Breakdown structure 구성요소 및 작성방법

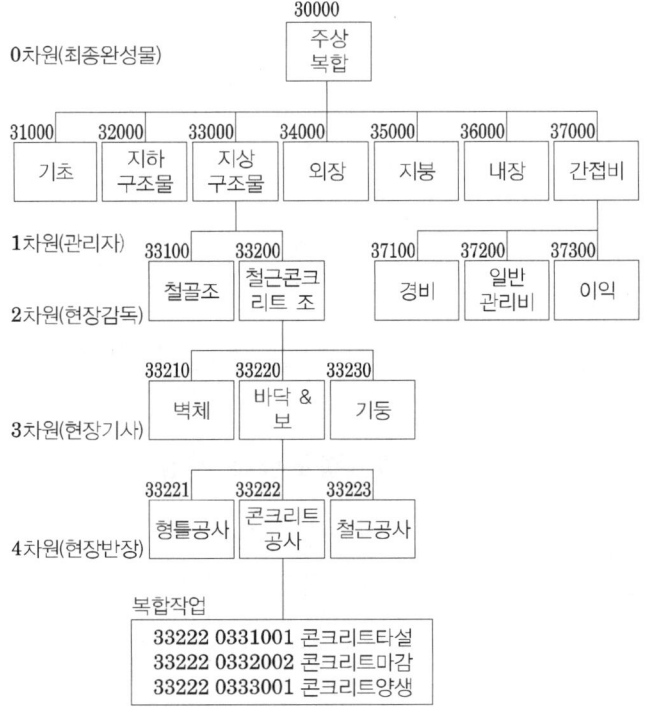

1) 작업항목(Work Item)

① Project분류체계 구성요소중 하나

② Project를 구성하는 각 Level의 관리항목

③ 가장 낮은 차원의 작업항목은 복합작업이 됨

2) 차원(Level)

① Project분류체계 구성요소중 하나

② Project를 분명하게 정의된 구성요소로 분할하는 관리범위

3) 복합작업(Work Package)

① Project분류체계 구성요소중 하나

② 각 조직단위에 의해 수행

③ 목적물의 종료를 판단할 수 있는 작업범위

④ 프로젝트의 견적, 단기공정, 공사 진척도 측정의 기준 및 관리단위

Ⅲ. 업무분류체계의 구성 및 기준

1) 요약 WBS(Summary WBS: SWBS)

특정 프로젝트를 개발하는 기준으로 Sub System 및 지원요소들의 일반적 계층을 나타내는 것

2) 사업 요약업무 WBS(Project Summary WBS: PSWBS)

특정사업의 요구사항을 적용하여 요약 WBS로 부터 개발된다.

3) 계약 WBS(Contract WBS: CWBS)

계약서에 명시된 요구사항과 일치하도록 작성되며, 계약의 성과물을 보여준다.

4) 사업 WBS(Project Contract WBS: PWBS)

프로젝트 전체를 조정, 통제하기 위한 WBS로서 PSWBS와 CWBS의 조합이다.

Ⅳ. Breakdown structure의 종류

① 비용 분류체계(CBS: Cost Breakdown Structure)
② 조직 분류체계(OBS: Organization Breakdown Structure)
③ 시설물 분류체(FBS: Facilities Breakdown Structure)
④ 구역 분류체계(ABS: Area Breakdown Structure)
⑤ 공간 분류체계(SBS: Space Breakdown Structure)
⑥ 책임자 분류체계(RBS: Responsibility Breakdown Structure)
⑦ 자원 분류체계(RBS: resource Breakdown Structure)

☆★★	2. 관리기술	60.72.102
10-30	정보의 통합화(CALS, 건설 CITIS, KISCON, CIC)	
No. 830		유형: 기술 · System

정보관리

정보의 통합화
Key Point

☑ 국가표준

☑ Lay Out
– CALS
– CITIS
– KISCON
– CIC

☑ 핵심 단어

☑ 연관용어

구현을 위한 기술

• CADD(Computer-Aided Design and Drafting)
• Data Base System
• Communication System
• 전문가 시스템 (Expert System)
• 시뮬레이션(Simulation)
• 모델링방법론 (Modeling Methodology)
• 로봇(Robots)

주요시스템

① 건설 사업관리 시스템
② 건설 인허가 시스템
③ 시설물 유지관리 시스템
④ 용지보상 시스템
⑤ 건설 CALS 포탈 시스템
⑥ 건설 CALS 표준

I. 정 의

건설공사지원통합정보체계(건설CALS포탈시스템)의 활용을 촉진하기 위하여 건설공사의 제반단계에서 발생되는 건설정보를 체계적으로 분류하는 기준을 정하여 건설정보의 상호 교류를 촉진하는 것

II. CALS(Continuous Acquisition and Life Cycle Support)

1) 정의
    ① 건설사업의 설계, 시공, 유지관리 등 전 과정의 생산정보를 발주자, 관련업체 등이 전산망을 통하여 교환 · 공유하기 위한 정보화 전략
    ② 기업에서 다루는 모든 형태의 정보를 CALS 표준에 의해서 디지털화하되, 이들 정보의 네트워크로 연결되어 통합 데이터베이스 형태로 유지되는 환경을 구축하는 것

2) 구성체계

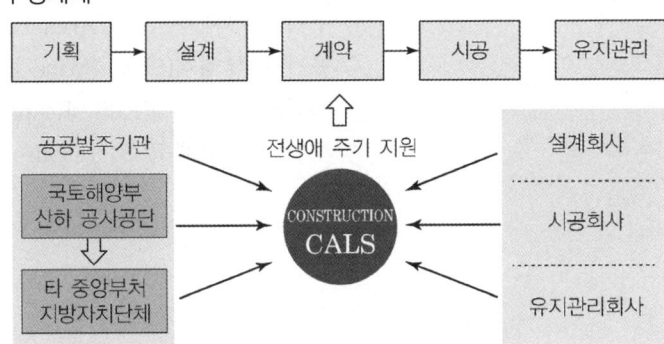

3) 단계별 System 체계

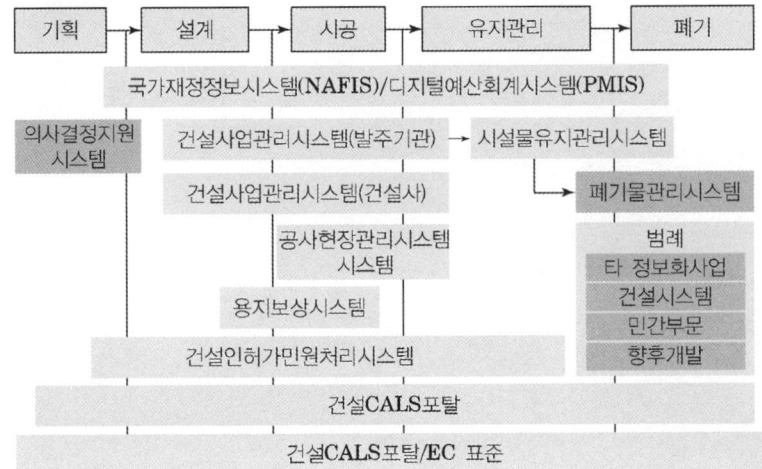

Ⅲ. CITIS(Contractor Integrated Technical Information System)

1) 정의

건설사업 계약자가 발주자와의 계약에 명시된 자료를 인터넷을 통해 교환·공유할 수 있도록 공사수행기간 동안의 건설 사업관리를 지원하는 건설계약자 통합기술정보 서비스 체계

2) 구성체계

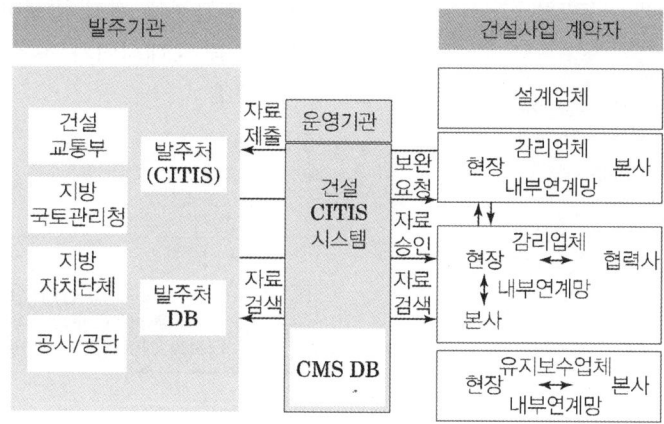

Ⅳ. KISCON(건설공사대장 통보제도)-102회 기출

1) 정의

① 건설산업 DB구축사업의 추진결과로 구축된 건설산업 정보의 원활한 유통·활용을 위해 개발된 시스템이며 각 세부시스템을 종합적으로 총칭하는 명칭

② 건설산업 증가에 대처하게 위한 시기적절한 정책의 수립 및 이의 근간이 되는 체계적인 건설산업 정보의 관리의 필요성이 대두하게 되었으며, 이에 국가차원에서의 종합적인 System

2) 구성체계

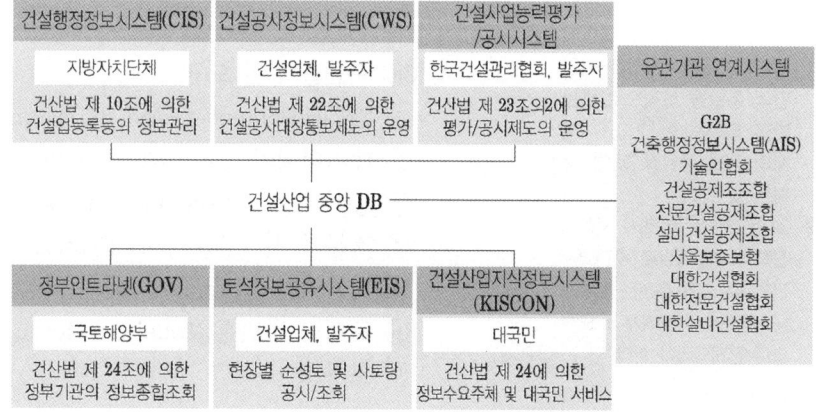

V. CIC(Computer Integrated Construction)

1) 정의

① computer, 정보통신 및 자동화 생산 조립 기술 등을 토대로 건설 행위를 수행하는데 필요한 기능들과 인력들을 유기적으로 연계하여 각 건설업체의 업무를 각 사의 특성에 맞게 최적화하는 개념

② 건축공사에서 CIC는 단순한 컴퓨터의 사용에 그치는 것이 아니라 건설의 전과정에 걸쳐 발생하는 각종정보를 유효하게 처리함으로써 생산효율을 증대시키기 위한 기술

2) CIC의 기본구조

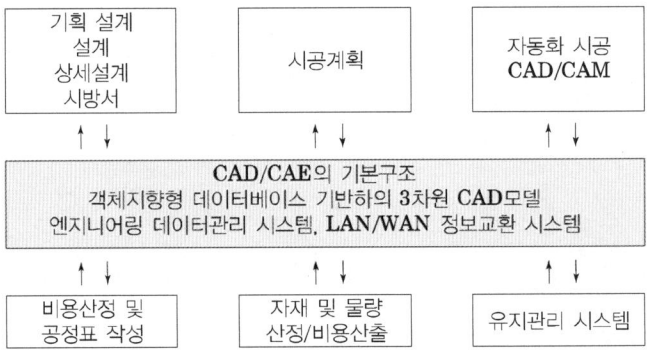

3) 구현순서

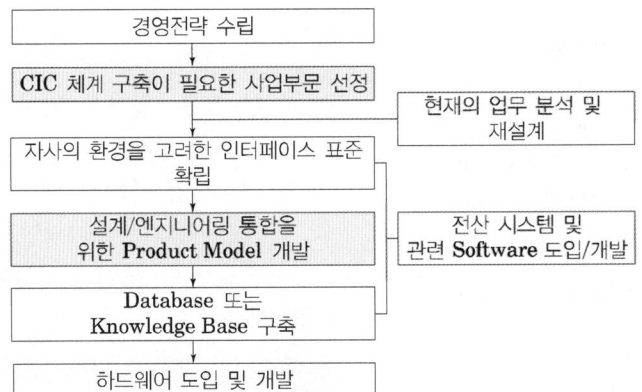

4) CIC 구현을 위한 도구

① CADD(Computer-Aided Design and Drafting)
② 데이터베이스 시스템(Data Base system)
③ 통신 시스템(Communication system)
④ 전문가 시스템(Expert System)
⑤ 시뮬레이션(Simulation)
⑥ 모델링 방법론(Modeling Methodology)
⑦ 로봇(Robots)

☆☆★	2. 관리기술	83

10-31	Data mining	
No. 831		유형: 기술 · System

정보관리

정보관리 시스템
Key Point

☑ 국가표준

☑ Lay Out
- Process · 적용기법
- 특징

☑ 핵심 단어
- What: 보관된 데이터
- Why: 실제경영의 의사결 정 정보로 활용
- How: 분석목적에 적합한 데이터형태로 변환

☑ 연관용어
- Big Data

관점

- Computer Science 관점: Pattern인식기술, 통계적, 수 학적 분석방법을 이용하여 저장된 방대한 자료로부터 다양한 정보를 찾아내는 과 정으로 정의
- MIS(Management Information System) 관점: 정보를 추출 하는 과정뿐만 아니라 사용 자가 전문적 지식 없이 사용 할 수 있는 의사결정 System 의 개발과정을 통틀어 정의

I. 정 의

① 방대한 양의 Data속에서 유용한 정보들을 추출하는 과정으로써 보 관되어 있는 Data를 분석목적에 적합한 Data형태로 변환하여 실제 경영의 의사결정을 위한 정보로 활용하고자 하는 것
② 체계적, 효율적인 프로젝트 관리업무 수행을 위하여 프로젝트와 관련된 각종 정보를 효과적으로 수집·처리·저장·전달 및 Feed-Back하기 위 한 종합정보관리시스템

II. Data Mining Process

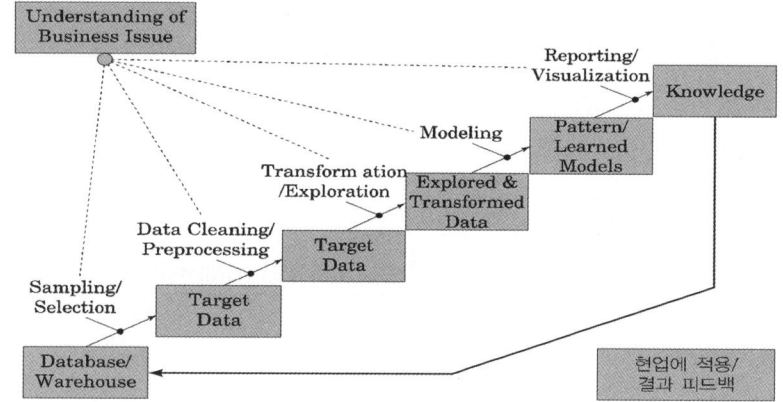

1) Sampling(표본추출)

　　대용량의 Data의 기반으로부터 모집단을 닮은 작은 양의 Sample을 추출

2) Data Cleaning(데이터 정제)

　　Data의 정확도를 높이기 위해 일관성이 없고 불완전한 오류 또는 중 복 Data를 제거하는 과정

3) Exploration & Transformation(자료탐색 및 변형)

　　① 기본적인 정보를 검색하고 유용한 정보를 추출하는 기법을 제공
　　② 탐색단계에서 얻어진 정보를 기반으로 Data의 변수변화, 수량화, 그룹화 같은 방법으로 변형하고 조정한다.

4) Modeling(모형화)

　　Data mining의 가장 핵심적인 단계며 이전단계에서의 결과를 토대로 분석목적에 따라 적당한 기법을 통해서 예측 모형을 선택

5) Reporting & Visualization(보고 및 가시화)

　　Data Mining 수행결과를 사용자들에게 보기 편하고 이해하기 쉬운 형태로 보여주기 위하여 Graph나 각종 Chart 등의 형태로 제공한다.

빅데이터(Big Data)

• 빅데이터란 디지털 환경에서 생성되는 데이터로 그 규모가 방대하고, 생성 주기도 짧고, 형태도 수치 데이터뿐 아니라 문자와 영상 데이터를 포함하는 대규모 데이터를 말한다. 빅데이터 환경은 과거에 비해 데이터의 양이 폭증했다는 점과 함께 데이터의 종류도 다양해져 사람들의 행동은 물론 위치정보와 SNS를 통해 생각과 의견까지 분석하고 예측할 수 있다.

Ⅲ. Data Mining 적용기법

적용 기법	세부 사항
연관규칙(Association Rules)	Recode Set에 대하여 Item의 집합 중 친화도나 Pattern을 찾아내는 규칙
일반화/요약규칙(Generalization & Summerization Rules)	낮은 Level에서 높은 Level로 추상화 시키는 작업
분류규칙(Classification Rules)	공통특성을 뽑아 서로 다른 Class로 분류
Clustering/Segmentation	물리적 혹은 추상적 객체를 비슷한 객체군으로 Grouping 하는 과정
유사성 탐색(Similarity Search)	유사성 Pattern을 탐색
순서패턴(Sequential Patterns)	일정 시간동안의 Recode를 분석하여 순서 Pattern 속출
신경망(Neural Network)	생물학적 Network와 같은 구조
의사결정 나무(Decision Trees)	Data의 Set의 분류를 위한 규칙 생성
규칙 귀납(Rule Induction)	통계적 중요도에 근거해서 유용한 If-Then 규칙 추출
알고리즘(Genetic Algorithms)	유전조합, 변이 등과 같은 Process를 사용
클러스터 분석(Cluster Analysis)	관련된 객체 Subset을 발견하고 Subset 의 각각을 기술하는 묘사를 발견해나가는 기법
OLAP (On-Line Analytical Processing)	대규모 Sata에 의한 Dynamic한 합성, 분석, 합병기술

Ⅳ. 특 징

1) 대용량(Massive)의 관측 가능한 자료(Observational Data)

   운영계에 축적된 과거자료로부터 비계획적으로 수집된 대용량의 데이터를 다룸

2) 컴퓨터 중심적 기법(Computer-Intensive Algorithms)

   기존의 표본에 의한 통계적 추론에서 정보기술의 발전과 함께 방대한 Data를 처리할 수 있는 Computer의 능력을 활용한다.

3) 다차원적 계보(Multidisciplinary Lineage)

   통계학, 데이터베이스, 패턴인식, 기계학습, 인공지능, KDD(Knowledge Discovery In Data Base) 등 다양한 분야 포함

4) 경험적 방법(Adhockery Method)

   원리보다는 경험에 기초하였기 때문에 현실을 모두 반영하는 것은 아니다.

5) 일반화(Generalization)에 초점

   예측모형(Prediction Model)이 새로운 자료에 얼마나 적응 되는가를 파악

정보관리	10-32	PMIS(Project Management Information System)
	No. 832		유형: 기술·System

정보관리 시스템

Key Point

☑ 국가표준

☑ Lay Out
- 운영체계 · 기대효과
- 구성

☑ 핵심 단어
- What: 이해당사자
- Why: 의사결정을 도와주는 솔루션
- How: 정보흐름 관리

☑ 연관용어
- CALS
- CITIS
- KISCON

PMIS 구성

- 일정관리용 하부 시스템
- 품질관리용 하부 시스템
- 생산관리용 하부 시스템
- 안전관리용 하부 시스템
- 원가관리용 하부 시스템
- 기획, 기본설계 시스템

I. 정 의

① 건설 Project에 대해 기획단계에서부터 유지관리단계까지 사업 이해당사자들(Project Stake Holders: 발주자, 건설사, 설계 및 감리자) 간의 정보흐름을 첨단 IT System을 통해 관리하고 원활한 의사결정을 도와주는 솔루션(Solution)

② 체계적, 효율적인 프로젝트 관리업무 수행을 위하여 프로젝트와 관련된 각종 정보를 효과적으로 수집·처리·저장·전달 및 Feed-Back하기 위한 종합정보관리시스템

II. 사업관리 시스템 운영체계

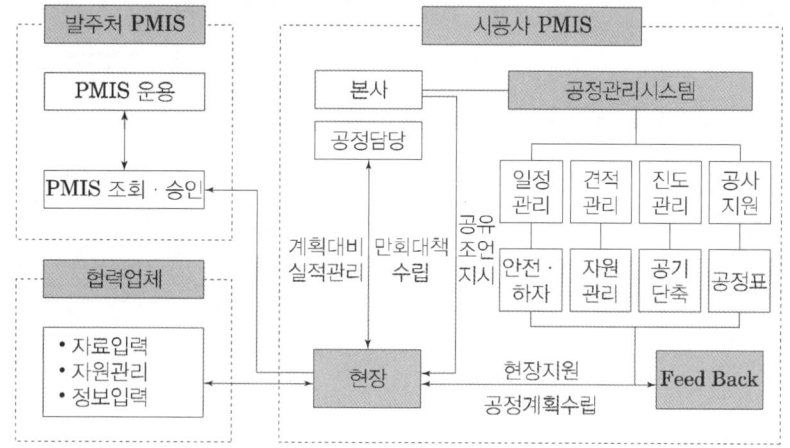

III. 기대효과

① 사업현황
② 사업관리
③ 공정관리
④ 자원관리
⑤ 품질관리
⑥ 안전환경관리
⑦ 자료관리
⑧ 통합검색
⑨ Engineering
⑩ 시스템관리

10-33	BIM(Building Information Modelling)	
No. 833		유형: 기술 · System

정보관리

정보관리 기술
Key Point

☑ **국가표준**

☑ **Lay Out**
- 주요절차 · 주요내용
- 수행계획서 작성정차 · 수행주체의 역할
- BIM의 Collaboration
  · BIM 적용기술(파라메트릭 기술)
- 데이터작성 · 활용

☑ **핵심 단어**
- What: 객체기반
- Why: 정보교환
- How: 지능적인 정보모델

☑ **연관용어**
- CIC
- PMIS
- Lean Construction
- CITIS
- KISCON
- Simulation
- Data mining
- IFC(Industry Foundation Class)
- CBS OBS
- Interference check

BIM의 일반적 속성

- 빌딩객체들(벽, 계단, 슬래브, 창호 등)이 각각의 기능/구조/용도 표현
- 객체들이 서로의 관계를 인지하여 건물의 변경요소들을 즉시 반영
- 모델데이터를 이용한 시뮬레이션/계산을 통해 모든 빌딩객체들 내의 특성/관계/정보 취득
- 모든 개체들을 자체 속성(기능/구조/용도)을 통해 식별/정의

I. 정 의

① 객체 기반의 지능적인 정보모델을 통해 건물 수명 주기 동안 생성되는 정보를 교환하고, 재사용하고, 관리하는 전 과정(by GSA: General Service Administration)

② 각각 다른 이해관계자들에 의한 협업에 지원하기 위해 프로세스에 걸쳐서 건물의 물리적, 기능적 특성과 관련된 정보의 삽입, 추출, 업데이트 혹은 수정사항을 각각의 단계마다 수시로 반영하기 위한 파라메트릭 기반 모델 제공(by NIBS: National Institute of Building Science)

II. BIM의 적용 주요절차

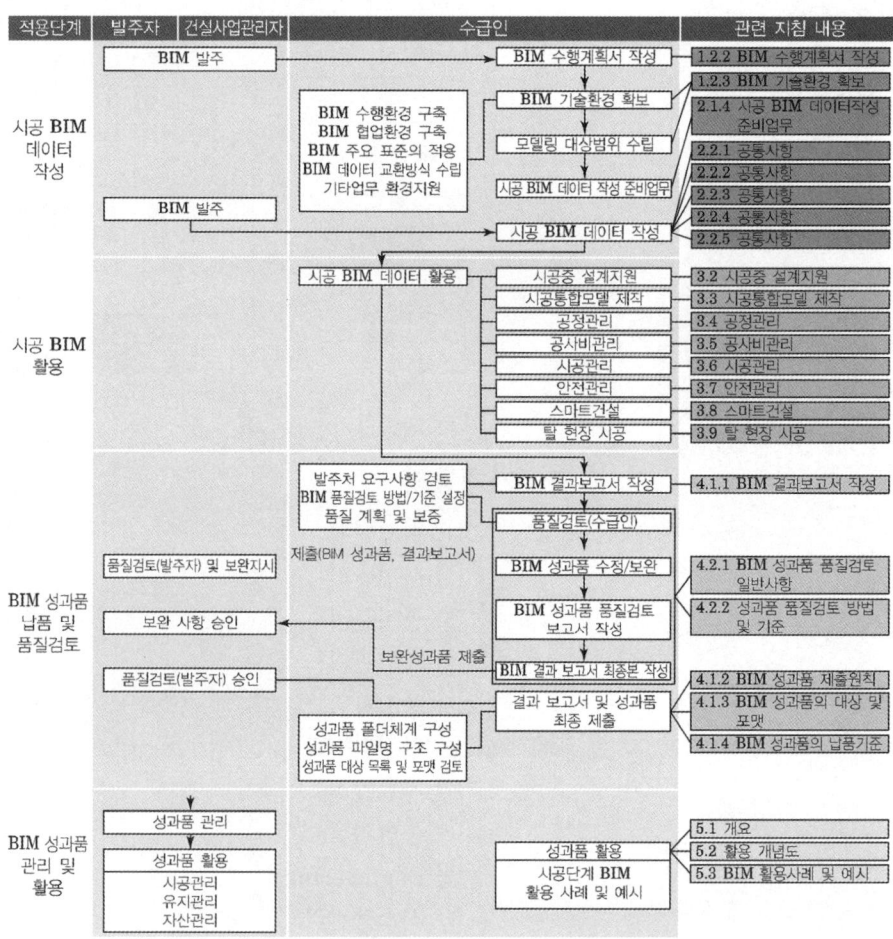

Ⅲ. 시공BIM의 주요내용

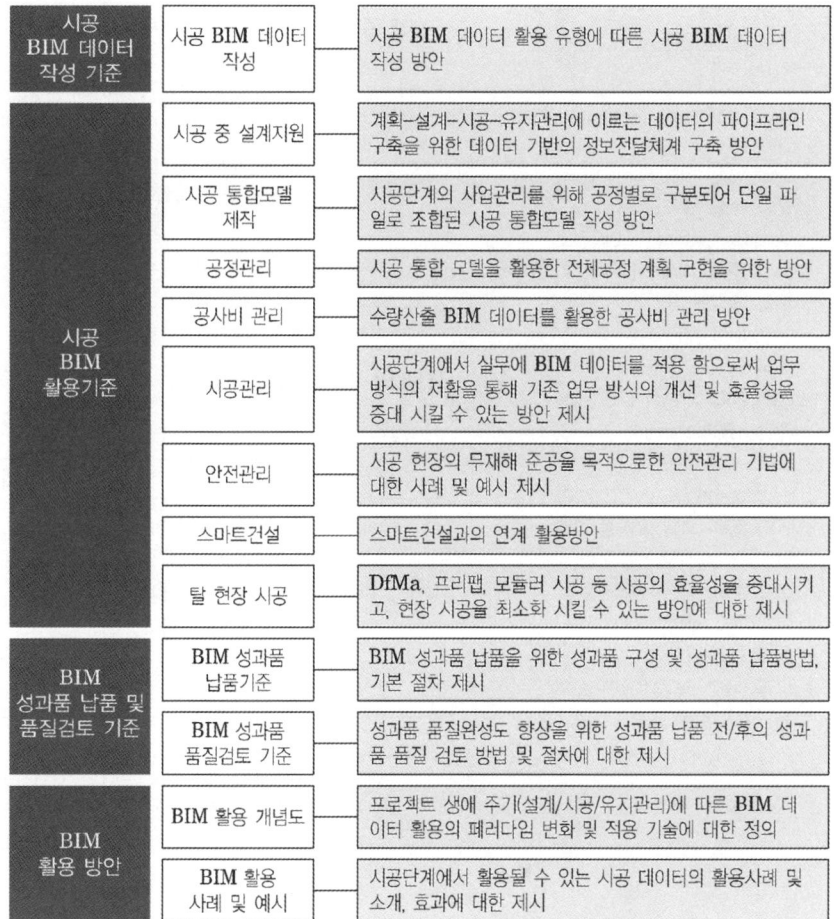

시공 BIM 데이터 작성 기준	시공 BIM 데이터 작성	시공 BIM 데이터 활용 유형에 따른 시공 BIM 데이터 작성 방안
시공 BIM 활용기준	시공 중 설계지원	계획-설계-시공-유지관리에 이르는 데이터의 파이프라인 구축을 위한 데이터 기반의 정보전달체계 구축 방안
	시공 통합모델 제작	시공단계의 사업관리를 위해 공정별로 구분되어 단일 파 일로 조합된 시공 통합모델 작성 방안
	공정관리	시공 통합 모델을 활용한 전체공정 계획 구현을 위한 방안
	공사비 관리	수량산출 BIM 데이터를 활용한 공사비 관리 방안
	시공관리	시공단계에서 실무에 BIM 데이터를 적용 함으로써 업무 방식의 저환을 통해 기존 업무 방식의 개선 및 효율성을 증대 시킬 수 있는 방안 제시
	안전관리	시공 현장의 무재해 준공을 목적으로한 안전관리 기법에 대한 사례 및 예시 제시
	스마트건설	스마트건설과의 연계 활용방안
	탈 현장 시공	DfMa, 프리팹, 모듈러 시공 등 시공의 효율성을 증대시키 고, 현장 시공을 최소화 시킬 수 있는 방안에 대한 제시
BIM 성과품 납품 및 품질검토 기준	BIM 성과품 납품기준	BIM 성과품 납품을 위한 성과품 구성 및 성과품 납품방법, 기본 절차 제시
	BIM 성과품 품질검토 기준	성과품 품질완성도 향상을 위한 성과품 납품 전/후의 성과 품 품질 검토 방법 및 절차에 대한 제시
BIM 활용 방안	BIM 활용 개념도	프로젝트 생애 주기(설계/시공/유지관리)에 따른 BIM 데 이터 활용의 페러다임 변화 및 적용 기술에 대한 정의
	BIM 활용 사례 및 예시	시공단계에서 활용될 수 있는 시공 데이터의 활용사례 및 소개, 효과에 대한 제시

Ⅳ. BIM 수행계획서 작성 절차

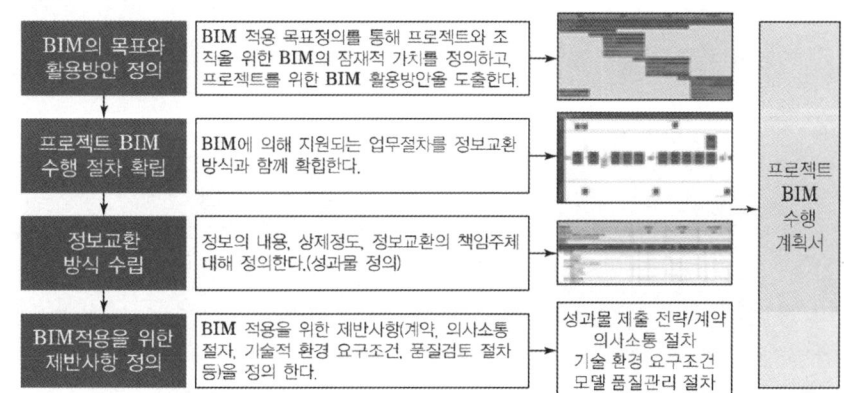

- BIM 수행계획서의 작성은 BIM 업무 착수 전 발주자(감독원)와 충분한 협의를 거쳐 과업 수행내용 및 범위에 대하여 수급인(시공자)이 작성
- 입찰안내서의 BIM 수행 내용 및 범위에 대한 해석이나 판단이 필요한 경우 발주자(감독원)와 협의

BIM의 특징

- 기하
- 객체들은 측정 가능한 기하 정보로 표현
- 확장 가능한 개체 속성
- 모델 내 객체들은 기 정의된 속성들을 포함, 여러 관련 속성들의 확장
- 속성통합
- 모든 정보의 지속성, 접근성, 정확성 보증을 위해 통합, 건물의 생애주기 동안 이용되는 모든 정보 지원

BIM 기반 기술

- 3차원 객체기반 모델링 기술
- 파라메트릭 모델링: 객체간 다양한 제약조건들을 정의할 수 있게 되어 치수뿐만 아니라 수식 및 형용사형의 단어를 이용한 서로 다른 객체간의 관계정의를 가능하게 하여 특정부분의 설계가 변경되면 다른 부분들도 자동변경 되거나 변경 전후의 불일치 부분을 자동으로 찾아낼 수 있음
- Simulation
- 동시공학(Concurrent Engineering): 변경되는 정보와 버전을 동시에 관리
- Data Mining: 알고리즘이나 수학적 모델을 이용하여 숨겨진 정보의 패턴을 찾아내는 방법
- 표준화

Level Of Development

- BIM단체인 BIM Form 및 미 국institute of building Documentation은 BIM정보 의 수준에 따라 5단계의 기 준을 제정했다.
- LOD 100: 개념설계 (conceptual design)
- LOD 200: 기본설계 또는 설 계안 개발(schematic design or design development)
- LOD 300: 모델 요소를 그래 픽, 특정 시스템으로 표현
- LOD 400: 형상, 제조, 조립, 설치정보, 상세한 위치, 수량 을 포함한 모델
- LOD 500: LOD400에 설치 된 정보, 각종 정보도 포함

V. 수행주체의 역할

수행 주체	발주자(건설사업관리기술인)	수급인(시공자)
역할	• 발주자 요구사항(BIM 요구사항정의서, BIM과업지시서, 입찰안내서, BIM 적용지침, 품질기준 등) 제시 • BIM 수행계획서 검수, 보완지시, 승인 • BIM 성과품 검수, 보완지시, 승인	• 발주자 요구사항 확인 • BIM 데이터 작성, 활용, 검토, 납품 • BIM 지침 준수 • BIM 수행계획서 작성, 제출 • BIM 성과품 품질검토, 작성, 제출

VI. BIM의 Collaboration

1) 협업기준

구분	설계단계	시공단계	유리관리단계
발주자	• 요구사항과 관련된 기능 비용, 일정 제공 • 설계검토를 제공하고 설계요구사항을 구체화 • 설계 메트릭스의 최종 승인 검토	• 시공을 모니터링 하고 시공변경 및 문제에 대한 정보 제공 • BIM 모델 변경 결과 승인	• 유지관리의 목적, 목표, 범위에 대한 구체화 • 운영방식, 조직도 등의 기본적인 사항정리 및 유지관리 시스템 구축 기본 방향 제시
건설 사업 관리자	• BIM 모델 검토 (발주자 요구사항, 설계기준 등) • BIM 사업 발주지원	• BIM을 활용한 회의 주관 • BIM을 활용한 공사 수행지도 • BIM 모델 변경결과 검토	• 준공모델 설명서 검토 • 발주자 요구사항 및 운영 계획 부합 여부 검토
수급인 (설계자)	• 발주자 요구사항에 따른 모델링 BIM 모델 품질 관리 • 발주자 및 건설 관리자의 의견 및 요구사항을 설계 모델에 업데이트	• 수행계획서 변경에 따른 BIM 모델 업데이트	• 준공 및 유지관리 모델 제작 협조
수급인 (시공자)	• 설계검토, 비용 일정, 시공성에 대한 지속적인 의견 제공 • 시뮬레이션, 조정, 견적, 일정을 포함한 시공 모델 생성	• BIM을 활요한 공사 수행 • BIM 모델 운용 및 관리	• 준공 모델 제작 • 준공 모델 설명서 검토
수급인 (유지 관리자)	• 유지관리에 필요한 설계 데이터 검토 • 유지이력관리에 필요한 설계 데이터 추출 및 관리 검토	• 설계변경 내역 및 이슈 검토 • 유지관리에 필요한 시공 BIM 모델 검토	• 유지관리 모델 제작, 검토 및 승인 • 유지관리 및 보수보강 의사결정과 이력데이터 검토 관리

정보관리

4D 5D BIM

- BIM기반 4D 시뮬레이션: 3D 형상모델과 공정계획 데이터를 연계하여 4D[x, y, z, t(시간)]모델을 구축하고 시공과정을 시뮬레이션 할 수 있다. 시공단계별 형상 모델을 시각화하여 시공성 및 안전성 측면의 공정검토에 활용한다. 시공단계 공정 시뮬레이션은 다음과 같은 절차에 따라 작성하여야 한다.

- 5D 시뮬레이션(공사비 시뮬레이션): BIM 공사비 시뮬레이션은 3D 형상모델과 단위단가 정보를 연계하여 5D [x, y, z, c(비용)] 모델을 구축하고 건설 비용관리 과정을 시뮬레이션 할 수 있다.
- 시공단계별 세부예산의 기성계획 비교로 시각적 비용검토가 가능하다.

2) 표준분류체계 활용

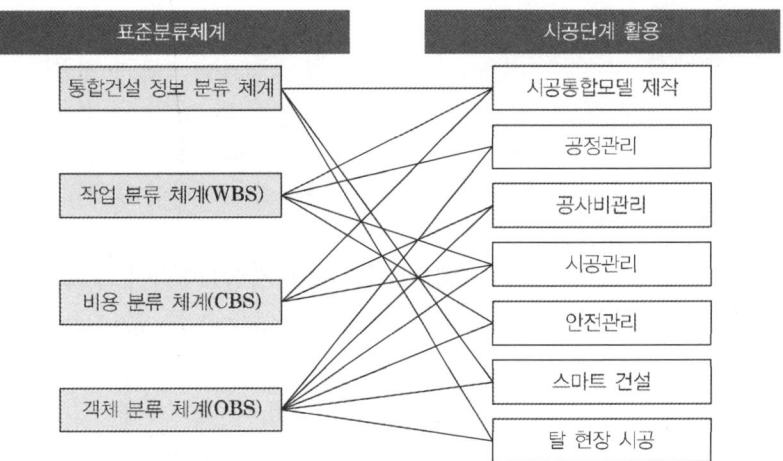

- BIM 정보분류체계는 필요에 따라 국제, 국가 및 회사의 정보분류체계와 연계성을 확보하여 프로젝트 코드, 라이브러리 코드, 공정관리, 수량·공사비산출 및 기성관리 등에 활용

3) BIM 데이터 교환

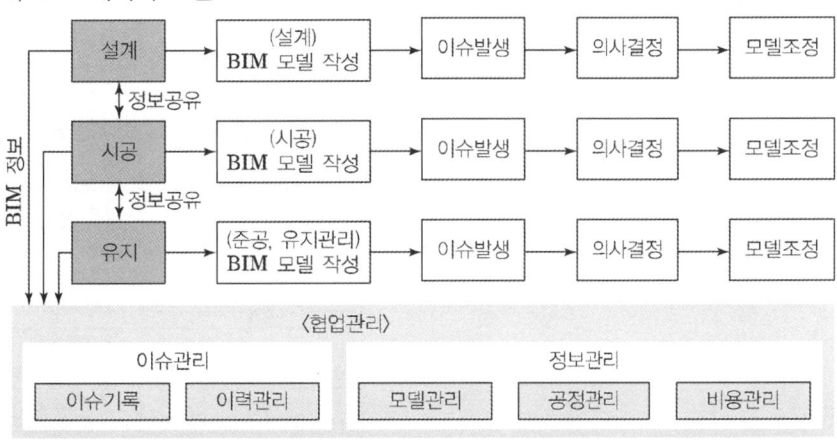

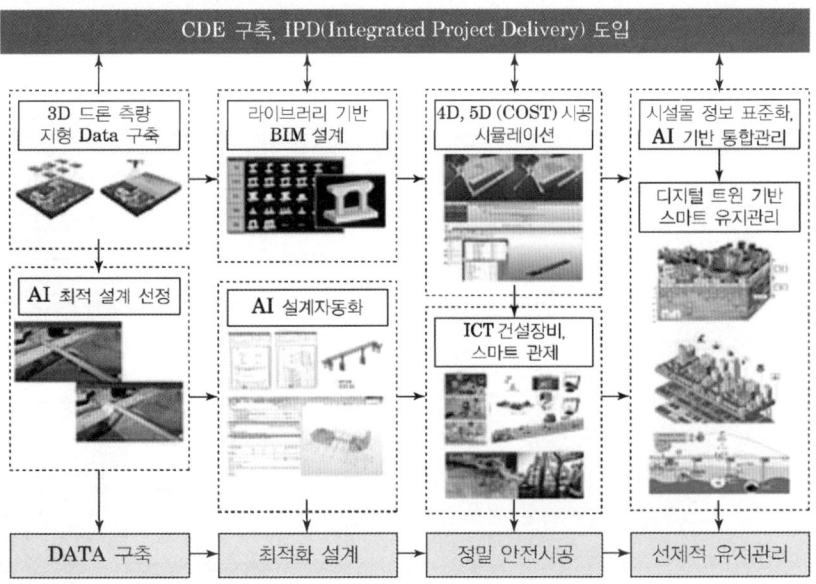

정보관리

- 시공 중 BIM 데이터는 사물인터넷(IoT), 드론, 3D프린터, 가상현실(VR), 증강현실(AR), 시공모니터링, 머신컨트롤 · 머신가이던스 및 탈 현장(OSC) 등에 데이터로 활용
- BIM 소프트웨어 데이터 연동 외 기타분야 데이터 교환 시 BIM데이터의 최소 정보사항을 사전에 확인하고, 데이터 교환에 따른 상호 운용성에 대하여 명확히 하여야 한다.

Ⅶ. BIM 적용기술(파라메트릭 기술)

1) Parametric Components 기술
   ① 건물 객체의 속성 · 제약 · 관계 표현에 이용
   ② 크기 · 무게 · 가격 · 색상 · 재질 등의 파라메타 포함
2) Parametric Assembly 기술
   - 파라메트릭 컴포넌트의 관계 정의, 컴포넌트들의 조합
3) Parametric component 기술
   - 설계규칙과 상호관계 공식을 기반으로 조합된 파라메트릭 컴포넌트 처리

Ⅷ. BIM 데이터 작성절차

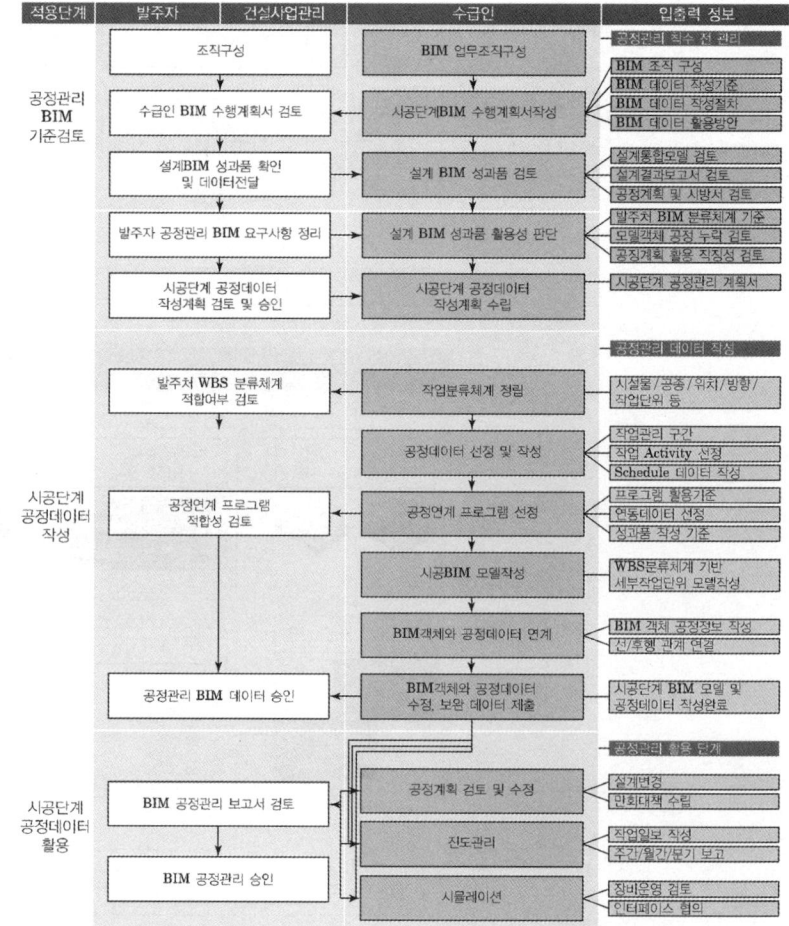

정보관리

IX. BIM 활용

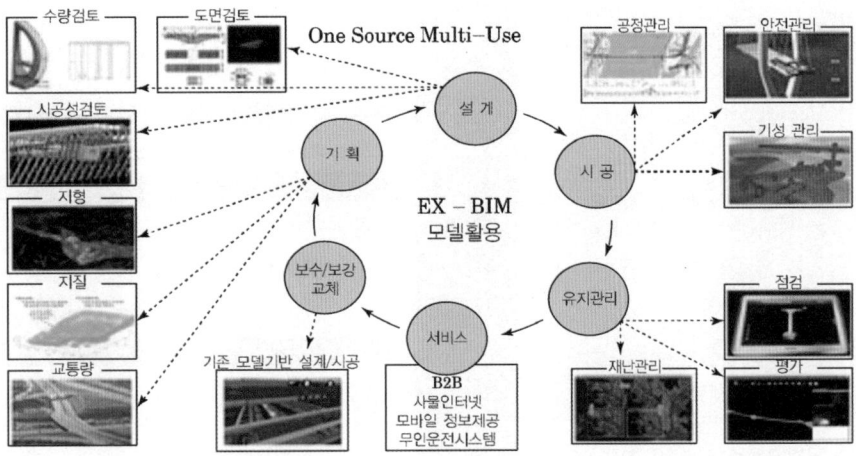

1) 사업 기획단계
   ① 관련 기관 협의, 사업성/환경영향 검토, 민원, 예산 및 공기 검토
   ② 설계 대안을 다양하게 검토
   ③ 각 구간별 사업 진행에 어려움을 초래할 수 있는여건들을 고려

2) 설계단계
   ① 기본적으로 도면 추출, 주요 수량 산출, 시공성 및 안전성 확보
   ② 3차원 모델로부터 2차원 도면을 추출하거나 3차원 모델에서 간섭
      검토
   ③ 설계 단계에서 시공성 및 안정성 검토
   ④ 3차원 모델 및 GIS 기반으로 종합검토체계를 구축하여 수행하면
      동시 협업을 통해 시간과 공간의 제약 없이 수행
   ⑤ 설계 성과품에 대한 검토시 설계 검토 리스트가 있는데 이를 3차
      원모델 기반의 시각화를 통해서 정확하고 효율적으로 수행

3) 시공단계
   ① 사전시공(pre-construction) 검토를 BIM을 통해 수행하여 사전에
      문제점을 파악하여 해결하고, 공정, 비용 및 품질관리 등 시공계획
      을 사전 검토 및 예측하고 자재조달의 최적화에 활용
   ② 2차원 설계 도면으로 불가능한 입체적인 간섭 및 공법 검토 등 품
      질 확인에 활용시
   ③ 시공과정과 공법 등을 가시화하여 위험 작업 예측과 안전대책 수립
   ④ BIM 모델을 활용한 추가적인 업무 효율성 확보는 검측 시 형상 및
      좌표 확인, 레이저스캐닝을 통한 현황 모델 및 정기적인 현장 모델
      구축, 사업 홍보 및 민원 대응이 가능
   ⑤ BIM을 계측기기와 연계하여 시공관리 및 검측의 가시화와 설계변
      경에 활용
   ⑥ 공정관리, 안전관리, 지장물 검토, 공사비관리, 기성관리, 유지관리

정보관리

스마트 건설에 활용

- BIM 설계 데이터를 기반으로 빅데이터 구축 및 인공지능 학습을 통해 설계 자동화에 활용
- 정확한 BIM 데이터를 기반으로 구조물의 공장제작, 현장조립 등 제작 및 시공 장비 등과 연동하여 조립식 공법(Prefabrication), 모듈화 공법(Modularization), 탈현장건설공법(OSC; Off-Site Construction), 3D 프린팅, 시공 자동화 등에 활용
- 유지관리의 효율성을 높일 수 있는 IoT(Internet of Things)와 연계한 디지털트윈의 구축과 건설 디지털 데이터 통합 도구로 활용

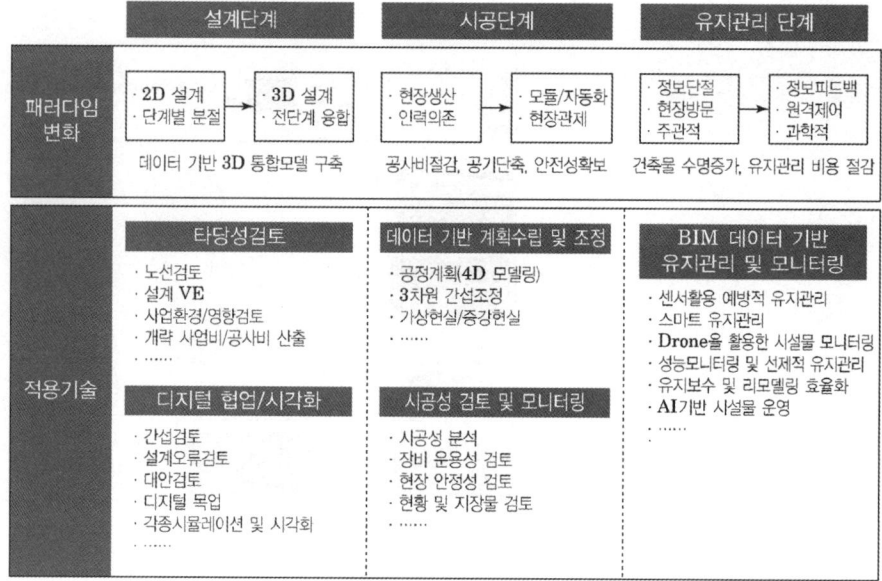

4) 유지관리단계

① BIM 데이터를 활용하여 시설물·건축물 등의 안전상태를 입체공간에서 실시간으로 감시

② 유지관리 대상 시설의 열화 및 성능을 평가하며, 보수보강에 대한 공법을 결정하는 등 입체적·선제적인 유지관리 및 보수보강 의사결정에 활용

③ GIS 등의 정보시스템과 연계하여 각 건설단계(조사, 설계, 시공)에서 작성된 각종 데이터(공간 및 속성정보 등)를 유지관리 및 보수보강 업무의 통합 관리에 활용

X. 용어

- **BIM 컨텐츠**: 모델데이터를 입력 및 활용하는 데 공동으로 사용할 수 있는 BIM객체 및 관련 記述데이터를 총칭하여 말한다. BIM컨텐츠는 모델데이터를 입력 및 활용하는 데 공동으로 사용할 수 있는 BIM 실체(형상)및 관련 기술데이터(속성)가 하나의 데이터로 만들어진 것
- **객체(Object/客體)**: 실체(實體)와 동작(動作)을 모두 포함한 개념객체(Object/客體): 실체(實體)와 동작(動作)을 모두 포함한 개념
- **BIM 라이브러리**: BIM기반 설계작업에서 빈번하게 사용되는 BIM 컨텐츠를 사용하기 용이하도록 체계적으로 분류하여 모아 놓은 것으로 객체
- **LMS(Library Management System)**: 카테고리 기반의 BIM라이브러리 관리 기능을 제공하며 실무에서 라이브러리를 효율적으로 검색해 사용할 수 있도록 도와주는 통합 BIM라이브러리 관리 시스템으로 라이브러리의 형상 미리 보기를 비롯, 다양한 검색방법과 속성정보 확인 등의 기능은 실무자들에게 BIM 라이브러리를 쉽고 빠르게 프로젝트에 적용할 수 있도록 해주며, 또한 통합 카테고리 방식의 관리방법은 전사적으로 일관되고 정확한 BIM 모델링을 가능하도록 도와준다.

정보관리	

- 3D 기본 개념
  1D = 선
  12D = 평면도
  3D = 입체도
- 4D = 3D + 시간(Time)
- 5D = 3D + 시간(Time) + 비용(Cost)
- 6D = 5D + 조달, 구매(Procurement)
- 7D = 6D + 유지보수(O&M,Facility Management)
- Preconstruction: 발주자 · 설계자 · 시공자가 하나의 팀을 구성해 설계 부터 건물 완공까지 모든 과정을 가상현실에서 실제와 똑같이 구현하는 선진국형 건설 발주 방식이다. 3차원(3D) 설계도 기법을 통해 시공상의 불확실성이나 설계 변경 리스크를 사전에 제거함으로써 프로젝트 운영을 최적화
- 개방형 BIM 및 IFC(Industrial foundation classes): 개방형 BIM이란 다양한 BIM 소프트웨어 간의 호환성을 보완하기 위한 개념으로, 이 중 IFC(Industry Foundation Classes)는 빌딩스마트에서 개발한 BIM 데 이터 교환 표준이다 IFC는 여러 소프트웨어들 사이에서 필요한 자료를 중립적으로 교환하기 위한 목적으로 정의된 자료모델
- Level of Detail: 빌딩 모델의 3D 지오메트리가 다양한 수준의 세분화 를 달성 할 수있는 방법이며, 필요한 서비스 수준의 척도로 사용
- 3D Scanning: 기 구축된 시설물을 레이저 스캐너를 이용하여 실제 시 설물에 대하여 그대로 재현하는 방법이다
- Building Information Level: BIM기반 설계에서 설계 단계별 설계 정보 표현 수준

정보관리

10-34	BIM Library	
No. 834		유형: 기술 · System

I. 정 의

① BIM기반 설계작업에서 빈번하게 사용되는 BIM 컨텐츠를 사용하기 용이하도록 체계적으로 분류하여 모아 놓은 것

② 라이브러리는 프로젝트의 특성 및 발주자 요구사항에 맞춰 신규로 제작하거나, 발주자별로 관리하고 있는 표준 라이브러리가 있을 경우 이를 최대한 적용 및 활용함을 원칙으로 한다

③ 라이브러리는 프로젝트의 특성 및 발주자 요구사항에 맞춰 신규로 제작하거나, 발주자별로 관리하고 있는 표준 라이브러리가 있을 경우 이를 최대한 적용 및 활용함을 원칙으로 한다

II. 관리체계

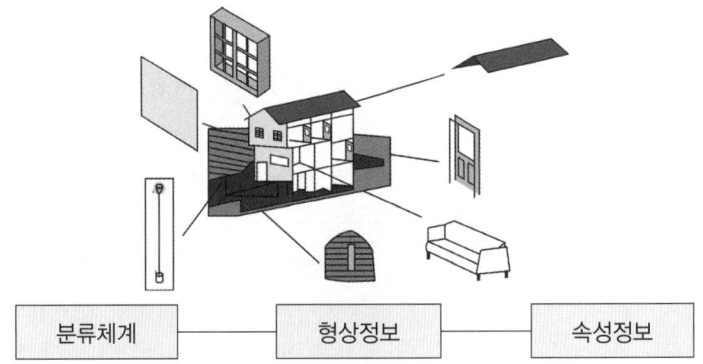

III. BIM Library의 종류

① 부재 및 제품의 특성에 따른 정보제공과 재질에 따른 정보구성으로 구분

② 특정 회사 고유의 기술정보가 포함되지 않는 공용 BIM 라이브러리와 특정 회사 고유의 기술정보가 포함되어 있는 제품 라이브러리로 구분

③ 재질에 따른 정보구성 측면에서는 하나의 라이브러리에 단일 재질 정보를 표현하는 단일 라이브러리, 하나의 라이브러리에 두 가지 이상의 재질 정보를 표현한 복합라이브러리, 도면작성을 위해 활용되는 2D요소로 구성된 주석기호 라이브러리 등으로 구분

④ 수급인(시공자)은 라이브러리의 조합을 간편하게 수행할 수 있도록 라이브러리 결합, 배치 등을 일괄 처리하는 기술 콘텐츠를 제공

정보관리

정보관리 기술
Key Point

■ 국가표준

■ Lay Out
- 관리체계
- 종류
- 형상제작
- 속성정의

■ 핵심 단어
- What: 객체기반
- Why: 정보교환
- How: 지능적인 정보모델

■ 연관용어
- LOD

BIM의 컨텐츠

- BIM컨텐츠는 모델데이터를 입력 및 활용하는데 공동으로 사용할 수 있는BIM 실체(형상) 및 관련 기술데이터(속성)가 하나의데이터로 만들어진 것

라이브러리 활용

- 라이브러리는 모델구축 및 도면산출 시 생산성 향상을 위해 반복 사용이 가능하다.
- 라이브러리는 매개변수를 조작하여 다양한 형상을 쉽게 제작하기 위해 사용하거나, 수량산출, 도면화, 상세도면 추출, 속성정보 입력 및 출력 등에 활용한다.

Ⅳ. BIM Library의 형상제작

1) 표현의 수준

① BIM 라이브러리의 표현은 발주자와 협의한 상세수준(LOD)에 따라 제작하며, 3D 형태의 형상 및 재질 랜더링, 2D 형태의 심볼 및 도면표현이 포함되어야 한다.

② BIM 라이브러리의 상세수준은 대상과 활용 목적, 제작에 활용되는 상용 소프트웨어 기능 등에 따라 작성방법이 매우 다양하기 때문에 발주자와 협의하여 결정할 수 있다.

2) 형상치수 수준

① 관급자재의 치수규격이 정해져 있는 경우 치수규격대로 제작하며, 치수규격이 가변적인 경우 치수조절이 가능하도록 매개변수를 사용할 수 있도록 제작한다.

② 부재별 치수는 실제크기 1:1 비율로 작성한다.

③ 제작에 사용되는 단위는 토목의 경우 미터(m), 건축의 경우 밀리미터(mm) 사용을 원칙으로 하고, 필요시 발주자의 요구사항에 따라 달리 적용할 수 있다.

Ⅴ. BIM Library의 속성 정의

1) 속성 분류체계 적용

① BIM 라이브러리별 속성은 속성분류체계를 적용하여 작성한다.

② 국가 및 발주자가 제공하는 속성분류체계가 있을 경우 우선적으로 해당 속성분류체계를 적용하고, 없을 경우에는 발주자와 협의하여 자체 속성분류체계를 마련하고 적용할 수 있다.

③ 속성분류체계는 데이터의 전산화 및 활용성을 높일 수 있도록 속성분류코드를 포함할 수 있다.

2) 속성항목 입력

• 모든 BIM 라이브러리는 속성분류체계에서 정의하고 있는 필수 속성항목을 모두 포함하여야 하며, 라이브러리 작성자의 필요에 따라 사용자 정의 속성 항목을 추가 할 수 있다.

3) 속성세트 적용

① 수급인(시공자)은 발주자가 속성세트(Pset)를 제공하거나, 속성세트 구성을 요구할 경우 이를 마련하고, 이에 따라 BIM 라이브러리 속성정보를 작성한다.

② 속성세트는 속성분류(Property)를 기반으로 정보모델링에 대한 사업, 시설, 구조물, 구조물 부위별 속성정보와 최소단위 객체요소에 적용하는 공통속성 목록으로 속성분류(Property Classification), 속성명(Property Name), 속성표현(Representation), 입력주체(InputStep), 속성설명(Property Description)으로 구성되며, 이외에 필요한 정보는 사용자가 추가적인 정보를 구성하여 확장 적용

10-35	개방형 BIM(Open BIM)과 IFC(Industry Foundation Class)	
No. 835		유형: 기술·System

정보관리

정보관리 기술
Key Point

■ 국가표준

■ Lay Out
- IFC file includes both, geometry and data
- 개방형 BIM의 원칙
- IFC(Industry Foundation Class) 파일

■ 핵심 단어
- 정보교환
- 공유표준

■ 연관용어

IFC(Industry Foundation Class)파일

① IFC 파일은 사실상 BIM에 대한 개방형 상호 운용성 표준이다.
② 동일한 언어를 사용하지 않는 데스크톱 저작 응용프로그램 간 정보 교환을 가능하게 하는 디지털 파일 형식
③ 프로젝트 팀은 사용될 IFC 스키마 버전을 정의하는 특정 MVD(모델 뷰 정의, Model View Definition)를 선택하여, 모든 당사자들이 정확히 동일한 언어를 사용
④ IFC는 참조 모델이자 데이터를 보관하고 보는 방법

I. 정 의

① 개방형 BIM: 같은 소프트웨어를 사용하지 않는 여러 분야의 팀이 정보를 교환하는 방법이며, 일련의 공유 표준 및 작업 절차를 통해 데이터 흐름을 개선하고, 건설의 각 단계에서 팀, 툴, 프로세스 간의 상호 운용성을 확보할 수 있게 해는 작업방식
② IFC: 건설 또는 설비관리 산업 분야의 다양한 참여자가 사용하는 소프트웨어 애플리케이션 간에 교환·공유되는 BIM 데이터의 공개 국제표준

II. IFC file includes both, geometry and data

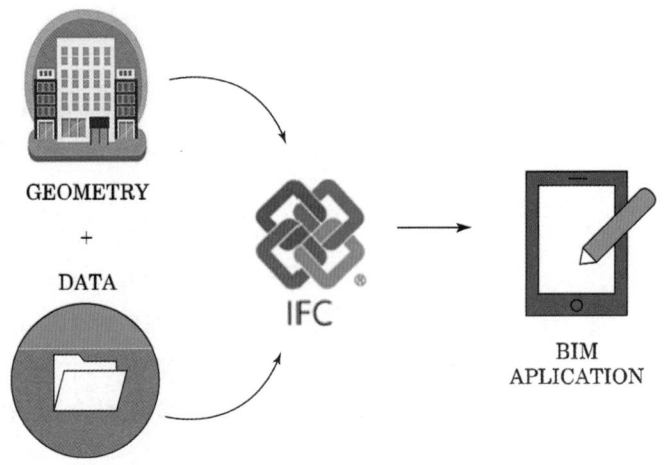

III. 개방형 BIM의 원칙

① 상호 운용성은 건설 자산 업계에서 디지털 트랜스포메이션의 핵심이다.
② 개방형 표준 및 중립 표준은 상호 운용성을 가능하게 하기 위해 개발되어야 한다.
③ 신뢰할 만한 데이터 교환은 독자적 품질 기준에 달려있다.
④ 협업 워크플로우는 개방형 및 애자일 데이터 포맷에 의해 향상된다.
⑤ 기술 선택에서의 융통성은 모든 이해관계자에게 더 많은 가치를 창출한다.
⑥ 지속가능성은 상호 정보 교환이 가능한, 장기 데이터 표준에 의해 보호된다.

☆★★   2. 관리기술

10-36	BIM LOD(Level of Development)	
No. 836	BIL(Build information Level)	유형: 기술 · System

정보관리

정보관리 기술
Key Point

☑ 국가표준

☑ Lay Out
- LOD 수준
- 건설단계에 따른 모델의 정밀도 (LOD 100~500)

☑ 핵심 단어
- 정보교환
- 공유표준

☑ 연관용어
- BIM Library

Level of Detail

• Level of Detail에는 모델형상의 구성요소가 얼마나 상세하게 표현되었는가에 초점이며, 빌딩 모델의 3D 지오메트리가 다양한 수준의 세분화를 달성 할 수있는 방법을 정의하며 필요한 서비스 수준의 척도로 사용

I. 정 의

① 형상정보와 속성정보가 연계되어 어느 정도로 모델이 상세하게 표현되고, 그것과 관련된 세부적인 정보가 어느 정도까지 포함되는지를 각 Level로 표현

② 설계의 발전과정을 담기 위한 체계로 LOD를 정의

II. 라이브러리의 LOD(Level of Development)

계획/기본설계단계 →		실시설계단계 →		시공/유지관리 단계
LOD 100	LOD 200	LOD 300	LOD 400	LOD 500
· 심볼로 표기하거나 일반적인 대체형상으로 모델링	· 실제의 형태와 근접하되 디테일 없이 전체적인 모델링 · NON-Graphic Size, Name, Location, Orientation 정도 기입	· Graphically 실제의 형상과 흡사하게 모델링 · Manufacture 정보 등이 포함	· 조립이 가능한 형태로 모델링 · 조립 및 설치 방법의 기술 정보 포함	· LOD 400과 모델링 수준은 동일하나 현장에 설치된 상태가 확인된 모델링 · 3D Scan 또는 이미지로 설치된 상태가 확인 가능한 모델링

III. 건설단계에 따른 모델의 정밀도 (LOD 100~500)

- LOD 100 – 개념설계 모델수준 (LOD 200을 만족하지 못하는 그래픽 표현만 가능)
- LOD 200 – 개략 형상 모델 (개략수량, 크기, 형상, 위치 포함)
- LOD 300 – 정밀 형상 모델 (치수와 관련한 수요사항, 그래픽을 제외한 정보 연계)
- LOD 350 – 정밀 형상과 연계정보 모델 (LOD300 + 타시스템 연계정보)
- LOD 400 – 제작모델 수준 (형상, 제조, 위치, 수량, 상세, 조합, 설치 정보 포함되어 제작도 및 가공 가능 수준)
- LOD 500 – 준공모델 (현장에서 검증된 모델, 추가 정보가 연계될 수 있는 수준)

10-37	Smart Construction 요소기술/4차산업혁명	
No. 837		유형: 기술 · System

정보관리

정보관리 기술
Key Point

■ 국가표준

■ Lay Out
- 적용개념
- 기술연계 및 적용

■ 핵심 단어
- 정보교환
- 공유표준

■ 연관용어
- BIM

핵심기술

① BIM: BIM모델을 이용한 구조해석 수행 S/W, BIM 기반의 시공 시뮬레이션 및 공정/공사비 관리 S/W 등 다양한 방면으로 활용
② Drone: Drone에 Lidar, Camera 등 각종 장비를 탑재하여 건설현장의 지형 및 장비 위치 등을 빠르고 정확하게 수집하는 기술로 활용
③ VR&AR: 건설 현장의 위험을 인지할 수 있도록 VR/AR기술을 통한 건설사고의 위험을 시각화한 안전교육 프로그램에 활용, 시공 전/후 건설현장을 VR을 통해 현실감 있는 정보제공 가능
④ 빅데이터 및 인공지능: 건설현장에서 수집 가능한 다양한 정보를 축적하여 축적된 정보를 AI분석을 통해 다른 건설현장의 위험도 및 시공기간 등을 예측하는 기술로 활용

I. 정 의

① 건설에 첨단기술(BIM, 드론, 로봇, IoT, 빅데이터, AI 등)을 융합한 기술
② 건설 전과정에 ICT 등 첨단기술을 접목하는 기술혁신으로 인력이 한계를 극복하여 생산성 · 안전성을 획기적으로 개선할 수 있는 기술

II. Project 진행별 스마트 건설기술 적용 개념

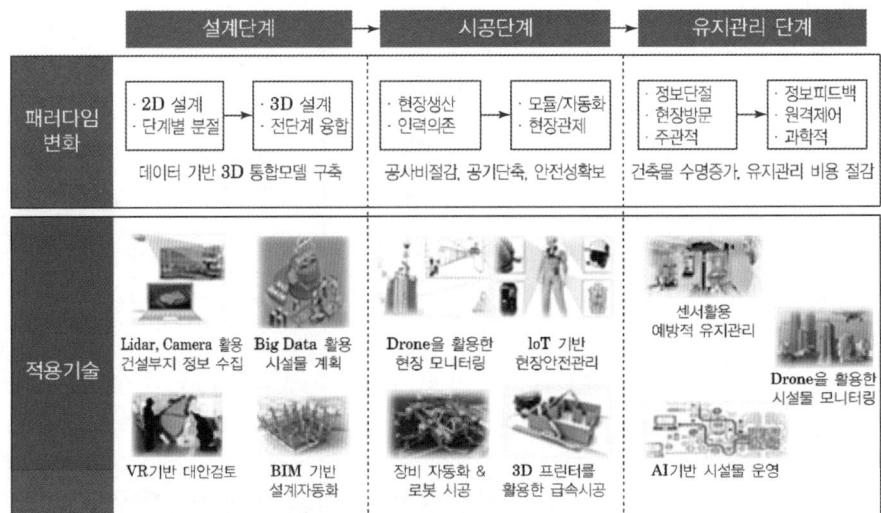

- 설계: 3D 가상공간에서 최적 설계,
- 설계단계: 건설 · 운영 통합관리
- 시공: 날씨 · 민원 등에 영향을 받지 않고 부재를 공장 제작 · 생산, 비숙련 인력이 고도의 작업이 가능 하도록 장비 지능화 · 자동화
- 유지관리: 시설물 정보를 실시간 수집 및 객관적 · 과학적 분석

III. 스마트건설 기술 연계 및 적용

1) 계획단계

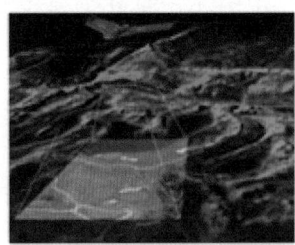 

- 드론활용 자동측량 → 3차원 지형데이터 도출

정보관리

⑤ 3D 스캐닝: 레이저 스캐너를 이용하여 건설 현장을 보다 정확하게 측량하고, 측량한 정보를 디지털화 하여 Digital Map을 구축하거나, 구조물 형상을 3D로 계측 및 관리

⑥ IoT: 건설장비, 의류, 드론 등에 센서를 삽입하여 건설 현장에서 장비·근로자의 충돌 위험에 대한 정보 제공 및 건설장비의 최적 이동 경로를 제공하는 데 활용

⑦ 디지털 트윈: 건설 현장을 (On Site)직접 방문하지 않고 컴퓨터로 시공 현황을 3D로 시각화하여(Off-Site) 현실감 있는 정보를 제공하는 데 활용

⑧ Mobile기술: 건설현장의 다양한 정보를 수집·분석하여 위험요소에 관한 정보를 근로자에게 실시간으로 제공하여 현장의 안전성을 향상하는 데 활용

⑨ Digital Map: 정밀한 전자지도 구축을 통해 측량오류를 최소화하여 재시공 및 작업지연을 방지할 수 있는 기술로 활용

⑩ 자율주행: 건설장비의 지능형 자율 작업이 가능하게 함으로써 작업의 생산성 향상 및 작업시간 절감이 가능한 기술로 활용

2) 설계단계

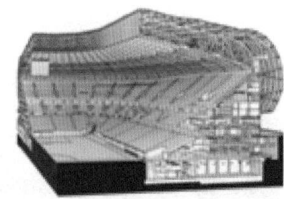 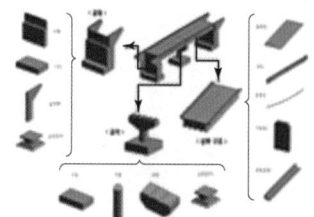

- 3차원 BIM 설계 → AI기반 설계 자동화
- Big Data 활용 시설물 배치 계획, VR기반 대안 검토, BIM기반 설계 자동화

3) 시공단계

① 건설기계 운용

 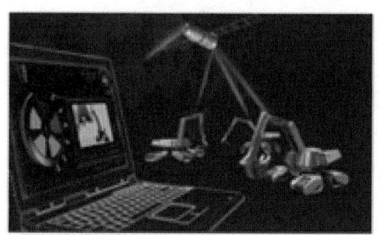

- 운전 자동화 → AI의 관제에 따라 자율 주행·시공 → 작업 최적화로 생산성 향상, 인적 위험요인 최소화로 안전성 향상
- Big Data 활용 시설물 배치 계획, VR기반 대안 검토, BIM기반 설계 자동화

② 시설 구축

- 공장 모듈 생산 → 현장 조립, 비정형모듈은 3D프린터 출력 → 공사기간·비용 획기적 감축, 현장주변 교통혼잡·환경피해 최소화

③ 스마트 안전관리

- 가상체험 안전교육 → 근로자 위치 실시간 파악, 안전 정보 즉시 제공 → 위험지역 접근 경고, 장비·근로자 충돌 경고 등 예측형 사고예방

정보관리

4) 유지관리 단계

① 시설물 점검 및 진단

- IoT 센서로 실시간 모니터링, 로봇으로 자동 점검·진단 → 정밀·신속한 시설물 점검, 접근이 어려운 시설물 점검·진단 용이

② 시설물 점검 및 진단

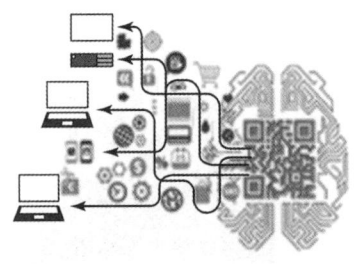

- 시설물 정보를 빅데이터에 축적, AI로 관리 최적화 → 실제 시설물과 동일한 3차원 모델(디지털트윈)을 구축함으로써, 다양한 재난상황을 시뮬레이션하여 시설물의 영향을 사전에 파악
- 예방적 유지관리를 통해 유지관리비용 절감 및 시설물 수명 연장
- 설물 단위 디지털트윈이 모여 가상도시·국토로 시스템 확장 가능

자율주행차
정밀도로지도 및 정밀 측위 기술을 활용한 자율주형지원

스마트 시티
공간정보 기술을 통한 도시의 인프라, 서비스, 시설의 실시간 정보 제공

공간정보
+
행정 · 민간 정보

지능형 로봇
공간정보의 측위 기술을 활용한 지능형 로봇의 정확한 위치 관제 및 실시간 제어

드론
3차원 공간정보 및 정밀 위치 측위 기술을 활용한 드론 운용 환경 제공

가상증강현실
초실감 3차원 공간정보를 활용한 증강 현실 세계 구현

빅데이터
공간 속성을 가진 데이터를 효율적 수집 및 관리를 통해 가치 창출

☆☆★	2. 관리기술	
10-38	Monte Carlo의 Simulation과 4D, 5D BIM	
No. 838	몬테카를로의 시뮬레이션	유형: 기술·System

정보관리

정보관리 기술

Key Point

■ 국가표준

■ Lay Out
- Monte Carlo의
  Simulation
- BIM에서 Simulation

■ 핵심 단어
- 실제 시스템을 모듈화
- 모의실험

■ 연관용어

활용

· 재고관리
· Project 입찰
· 부재 생산률
· 부재 조립률
· 기계의 가동률

I. 정 의

① 실제 System을 모듈화 하고 그 모델을 통하여 System의 거동을 이해하기 위하여 모의표현(Model)을 하거나 그 System의 운영을 개선하기 위한 다양한 전략을 평가하는 과정

② System의 형상, 상태의 변화, 현상에 관한 특성 등 System의 형태를 규명할 것을 목적으로 실제 System에 대한 모의표현(Model)을 이용하여 현상을 묘사하는 모의실험

II. Monte Carlo의 Simulation

· System의 적절한 확률적 요소에 대한 확률분포를 구한다.
  → System의 수행에 대한 적당한 측정을 정의한다.
  → 통계적 요소의 각각에 대해 누적확률분포를 만든다.
  → 누적확률분포에 대응하여 수를 할당
  → 독립한 통계적요소에 대해 난수(Random number)를 산출하고 System수행의 측정에 대해 System방정식을 푼다.
  → System 수행의 측정이 안정화될 때까지 단계 5를 되풀이 한다.
  → 적절한 관리정책 결정

III. BIM에서 Simulation

1) 4D 시뮬레이션(공정 시뮬레이션)

시공 공정관리 계획 수립 → 소프트웨어 선정 → 대표공정 BIM 모델작성 → BIM 모데과 공정Task 연결 → 공사 시작일과 종료일 수정보안

· BIM기반 4D 시뮬레이션은 3D 형상모델과 공정계획 데이터를 연계하여 4D[x, y, z, t(시간)]모델을 구축하고 시공과정을 Simulation 할 수 있다.

· 시공단계별 형상 모델을 시각화하여 시공성 및 안전성 측면의 공정 검토에 활용한다.

2) 5D 시뮬레이션(공사비 시뮬레이션)

· BIM 공사비 Simulation은 3D 형상모델과 단위단가 정보를 연계하여 5D [x, y, z, c(비용)] 모델을 구축하고 건설 비용관리 과정을 Simulation할 수 있다.

· 시공단계별 세부예산의 기성계획 비교로 시각적 비용검토

10-39	3D 프린팅 건축	
No. 839	3D Printing Construction	유형: 기술·System

정보관리

정보관리 기술
Key Point

■ 국가표준

■ Lay Out
– 기술적 특징
– 장점
– 보완사항

■ 핵심 단어
– 3D모델링
– 3D Printer

■ 연관용어
– Smart Construction

I. 정 의

건축물을 구성하는 벽, 바닥 등을 3D 모델링으로 디자인을 만들고 3D Printer로 출력하여 건축물의 모형이나 건축물을 짓는 기술

II. 기술적 특징
- 거푸집이 필요없다.
- 3D 프린터 노즐에서 점성이 높은 콘크리트를 정해진 도면에 따라 뽑아내어 층층이 겹으로 쌓아 구조체 완성
- 현장에서 시공하는 방식과 공장에서 제작 후 현장에서 부재를 조립하는 방식

III. 장점
1) 시공기간 단축
   ① 거푸집 조립 및 해체과정 생략
   ② 공정감소에 따른 비용절감
2) 인력감소
   콘크리트 제작 및 타설은 컴퓨터와 3D프린터에 의해 이루어지기 때문에 관리자만 필요
3) 안전사고 감소
   인력사용이 적고, 고소 작업이 줄어들어 추락 및 낙하사고 감소
4) 자유로운 형태의 부재제작
   정해진 도면대로 노즐이 따라 움직이기 때문에 다채로운 형태의 공간을 최소비용으로 제작 가능
5) 균일한 품질 확보
   정정해진 프로그램에 따라 시공하므로 누락 및 실수 가능성이 감소되며, 정교한 시공에 의한 균일한 품질확보 가능
6) 건설 폐기물 감소
   적은 에너지사용으로 폐기물발생이 축소되고 환경친화적

IV. 보완사항
① 구조적 안전성에 관한 관련법규 및 표준 정립
② 콘크리트 및 플라스틱에 재한된 재료이 유형 확대
③ 엔지니어링 호환성 확대: 프로그램 개발

★★★	2. 관리기술	75.95.104
10-40	RFID(Radio Frequency Identification)	
No. 840	무선인식기술	유형: 기술·System

정보관리

정보관리 기술
Key Point

☑ 국가표준

☑ Lay Out
- 동작원리·구성요소
- 구성요소
- RFID 태그 및 리더기

☑ 핵심 단어
- 반도체 칩
- 무선주파수
- 근거리 비접촉 정보

☑ 연관용어
- Smart Construction
- PMIS

활용

- 칩과 안테나로 구성된 RFID 태그에 활용 목적에 맞는 정보를 입력하고 대상에 부착
- 게이트, 계산대, 톨게이트 등에 부착된 리더에서 안테나를 통해 RFID 태그를 향해 무선 신호를 송출
- 태그는 신호에 반응하여 태그에 저장된 데이터를 송출
- 태그로부터의 신호를 수신한 안테나는 수신한 데이터를 디지털 신호로 변조하여 리더로 전달
- 리더는 데이터를 해독하여 호스트 컴퓨터로 전달

I. 정 의

① 반도체 칩이 내장된 태그(Tag), 라벨(Label), 카드(Card) 등의 저장된 데이터를 무선주파수를 이용하여 근거리에서 비접촉으로 정보를 읽는 시스템
② RFID 태그의 종류에 따라 반복적으로 데이터를 기록하는 것도 가능하며, 물리적인 손상이 없는 한 반영구적으로 이용

II. RFID 동작원리

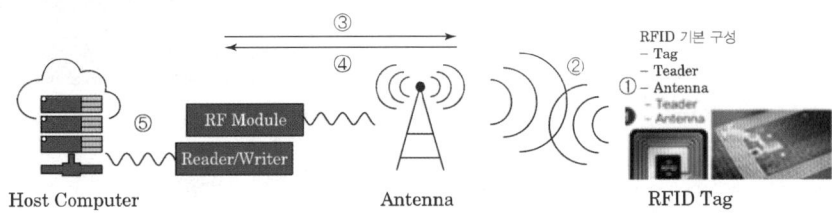

III. RFID 구성요소

| RFID 태그 | 안테나 | 리더기 | 호스트 | 태그발행기 |

IV. RFID 태그 및 리더기

1) 사용전원의 유무에 따른 분류

능동형(Active 형) ——— 수동형(Passive 형)

- 장점: 리더기의 필요전력을 줄이고 리더기와의 인식거리를 멀리 할 수 있다
- 단점: 전원공급장치를 필요로 하기 때문에 작동시간의 제한을 받으며 Passive 형에 비해 고가

- 장점: Active 형에 비해 매우 가볍고 가격도 저렴하면서 반영구적으로 사용이 가능
- 단점: 인식거리가 짧고 리더기에서 훨씬 더 많은 전력을 소모

2) 주파수에 따른 분류

① LF(Low Frequency 300MHz 이하, 125, 13.56 kHz) Tag-접근제어, 동물관리, 저렴한 태그, 소량의 데이터 저장, 짧은 판독 거리, 무지향성 안테나 등에 사용

정보관리

활용

• 출입통제
• 출역인원관리
• 노무 안전관리
• REMICON 물류관리
• 철골 및 주요자재 물류관리
• 재고관리
• 보안시스템

② HF(High Frequency 400MHz 이상, 860~930MHz, 2450MHz) Tag-IC 카드, 신분증 등에 사용되며, 수 미터에서 십 미터 이상에 이르는 긴 판독 거리를 가져 움직이는 물체나 매우 빠르게 인식되어야 하는 다중 태그 패키지에 적합하며, 지향성 안테나를 갖는다.

V. 특 징

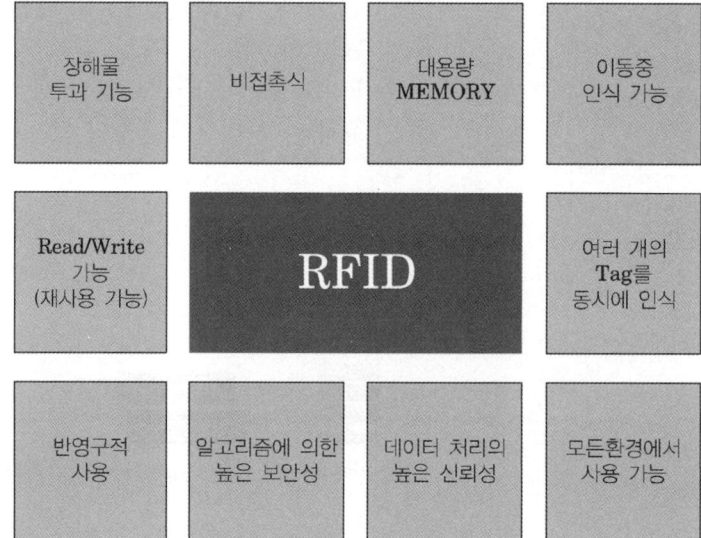

VI. 활용분야

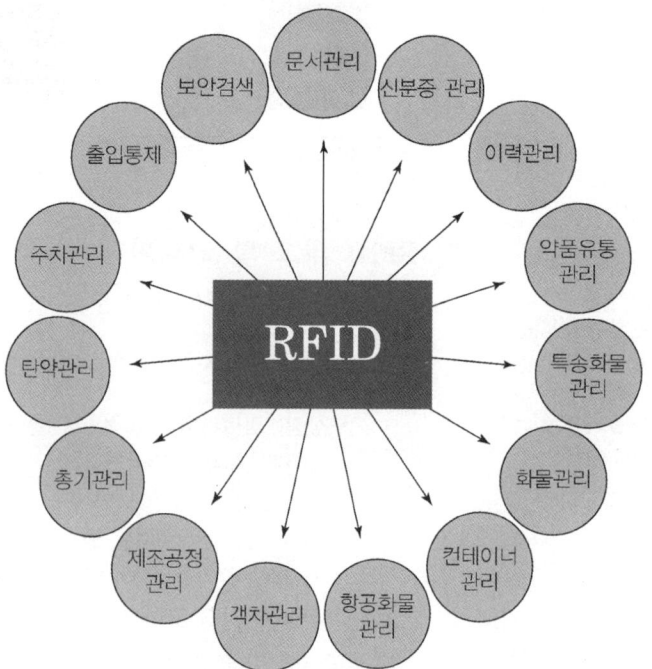

정보관리

정보관리 기술
Key Point

☑ 국가표준

☑ Lay Out
- IOT의 3대 기술
- 스마트 안전관리 시스템

☑ 핵심 단어
- 기술
- 활용시스템

☑ 연관용어
- Smart Construction
- RFID

활용분야

- 스마트 태그
- 모든 근로자들의 위치 기반 안전 상태를 실시간으로 확인
- 가스센서
- 유해 가스 누출 사고에 대한 실시간 모니터링으로 비상 시 대피 알람을 울려주는 역할
- 무선진동센서
- 진동의 변이 정도에 따라 위험 신호를 자동 경고하는 역할. 구조물 안전 관리, 내진 측정 분석

10-41	Internet of Things(IOT)	
No. 841	사물 인터넷	유형: 기술 · System

Ⅰ. 정 의

① 세상에 존재하는 유형 혹은 무형의 객체들이 인터넷으로 연결되어 서로 소통하고 작동함으로서 새로운 기능을 제공하는 지능형 인프라 시스템

② 사물에 센서를 부착해 실시간으로 데이터를 인터넷으로 주고받는 기술이나 환경을 일컫는다.

③ '사물들(things)'이 '서로 연결된(Internet)'것 혹은 '사물들로 구성된 인터넷'

Ⅱ. IOT의 3대 기술

1) 센싱기술
- 사물인터넷의 센서로부터 정보를 수집, 처리, 관리하며 인터페이스 구현을 지원하여 사용자들에게 정보를 서비스로 구현할 수 있도록 하는 기술

2) 네트워크 인프라 기술
- 인간, 사물 및 서비스 등 분산된 IoT 환경 요소들을 서로 연결시킬 수 있는 근거리 통신기술, 유무선 통신과 함께 필요한 기술

3) IoT서비스 인터페이스
- 서비스 인터페이스 구축을 위해서는 정보의 센싱, 가공/추출/처리, 저장, 판단, 상황인식, 인지, 보안/프라이버시 보호, 인증/인가, 디스커버리, 객체 정형화, 오픈 API, 오픈플랫폼 등의 기술이 필요하다.

Ⅲ. IOT를 활용한 스마트 안전관제 시스템

☆☆☆	2. 관리기술	
10-42	가상현실(VR), 증강현실(AR), 혼합현실(MR)	
No. 842		유형: 기술·System

정보관리

정보관리 기술
Key Point
☑ 국가표준

☑ Lay Out
- 활용기술
- 장점

☑ 핵심 단어
- 가상현실
- 증강현실
- 혼합현실

☑ 연관용어
- Smart Construction

I. 정 의

① 가상현실 VR(virtual reality): 고글형태의 기기를 머리에 착용하고 가상현실을 현실처럼 체험하게 해주는 첨단 영상기술

② 증강현실 AR(Augumented Reality): 현실의 이미지나 배경에 3차원 가상의 사물이나 정보를 합성하여 마치 원래의 환경에 존재하는 사물처럼 보이도록 하는 컴퓨터그래픽 기법

③ 혼합 현실 MR(mix reality): VR과 AR을 혼합한 기술을 뜻하는 말로, 몰입도는 높지만 현실과 완전히 차단되어 활용성이 떨어지는 VR과 이질감은 적지만 현실에 기반을 두고 있어 몰입도가 떨어지는 AR의 단점을 보완하고 각각의 장점을 살려서 합친 기술

II. 단계별 스마트건설 활용기술

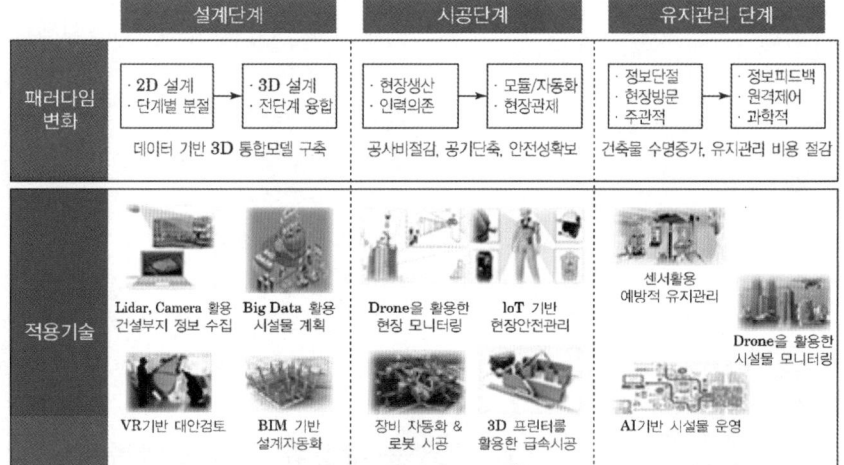

III. 장 점

① 건설현장에 직접 가지 않아도 상황파악 가능

② 공간배치를 가상으로 배치하여 실제 현장에서 시공오차로 인한 문제를 사전에 예측

③ 지반 및 지장물 정보표시가 가능하여 안전관련 정보를 표시하여 안전성 검토 실시

④ 전시관을 통해 시뮬레이션을 실시하여 도면 이해도 상승

⑤ 현장에서 직접적인 작업내용 및 피드백에 대한 정보파악

⑥ 시공과정의 모습과 완공 후 모습을 직접적으로 비교하여 공정의 진행과정 및 시공관리에 활용

⑦ 가상시공을 통해 효율적인 시공기술 적용

⑧ 위험 예상구간에서 가상 모의훈련 실시하여 사고발생률 축소

☆☆☆	2. 관리기술	
10-43	Drone	
No. 843	드론	유형: 기술 · System

정보관리

정보관리 기술
Key Point

■ 국가표준

■ Lay Out
- Drone을 이용한 공사관리

■ 핵심 단어
- 무선전파의 유도에 의해
  서 비행

■ 연관용어
- Smart Construction

I. 정 의

사람이 타지 않고 무선전파의 유도에 의해서 비행하는 비행기나 헬리 콥터 모양의 비행물체로 카메라를 탑재하여 현장을 촬영하거나 자재를 양중하는데 활용한다.

II. Drone을 이용한 공사관리

자율주행차
정밀도로지도 및 정밀 측위
기술을 활용한 자율주행지원

스마트 시티
공간정보 기술을 통한
도시의 인프라, 서비스,
시설의 실시간
정보 제공

공간정보
+
행정 · 민간 정보

지능형 로봇
공간정보의 측위 기술을
활용한 지능형 로봇의 정확한
위치 관제 및 실시간 제어

드론
3차원 공간정보 및 정밀
위치 측위 기술을 활용한
드론 운용 환경 제공

가상증강현실
초실감 3차원 공간정보를
활용한 증강 현실 세계 구현

빅데이터
공간 속성을 가진 데이터를
효율적 수집 및 관리를 통해
가치 창출

[바람길 분석]

[오염사고 확산 분석]

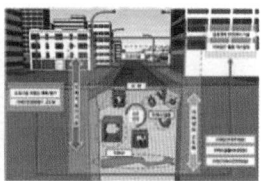
[지하시설물 관리]

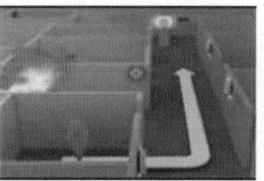
[대피경로제시]

[교통 시뮬레이션]

[건물 가시권 분석]

① 클라우드 기반 현장 모니터링 서비스: 클라우드 기반의 영상 모니 터링 서비스를 제공함으로써 현장을 방문하지 않아도 현장의 상황 을 정확히 확인

② 실시간 현장 중계를 통한 비대면 원거리 소통: 스마트폰으로 현장 을 실시간 중계함으로써 비대면 원거리로 현장을 정확하게 파악

정보관리

③ 소프트웨어를 통해 측정된 공사부지 면적과 굴착해야 할 지점 등이 데이터화

④ AI 영상분석을 통한 실시간 안전 관리: 현장에 설치된 실시간 CCTV로 부터 입력된 영상을 CNN 기반으로 이미지 머신러닝을 통해 안전 항목을 체크, 현장 위험부위 실시간 모니터링 및 위험 요소 파악

⑤ 정밀한 3D 스캔 기술로 현장을 검측: 시공현장을 3D로 촬영하여 각 공간을 입체적으로 탐색하면서 영상 위에서 실측하고, 2D도면을 자동으로 변환

⑥ 현장의 지형을 3D로 구현한 다음 수치표면모델(DSM)을 통해 침수 예상구역 및 면적 등을 정량적으로 분석

⑦ 안전사고가 빈번한 고위험 중장비 작업에 대해 빅데이터와 인공지능(AI) 기술을 활용한 시공 시뮬레이션 테스트를 진행하며 안전사고를 예방

⑧ 노후화된 건축물, 교량 등 사람이 직접 점검하기 힘든 건축물을 점검

⑨ 건축물 외벽 Crack 확인 후 물량산출

⑩ 타워크레인 도는 Lift 또는 Tower Crane없이 드론으로 주요자재 양중

생산 · 조달관리	10-44	건설공사의 생산성(Productivity)관리	
	No. 844		유형: 기술 · System

생산관리

Key Point

■ 국가표준

■ Lay Out
- 단순화 생산시스템 · 생산성의 측정
- 생산관리의 주요 의사결정

■ 핵심 단어
- 생산의 효율을 나타내는 지표

■ 연관용어
- Lean Construction
- JIT
- SCM
- ERP
- Simulation

생산성

$$생산성 = \frac{산출량}{투입량} = \frac{생산량}{노동시간}$$

I. 정 의

① 생산의 효율을 나타내는 지표로서 노동생산성(Labor Productivity), 자본 생산성(Capital Productivity), 원재료 생산성, 부수비용 생산성 등이 있다.

② 생산관리sms 투입물(inputs)인 원자재, 설비 및 노동력 등을 재화나 서비스와 같은 산출물(outs)로 변형시키기 위한 모든 활동

II. 단순화 생산시스템

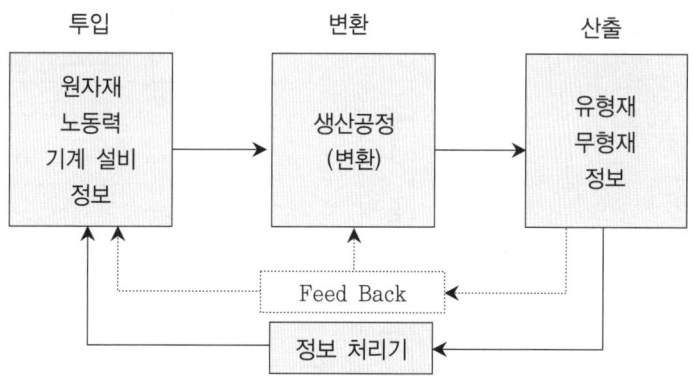

- 산출물을 일정하게 유지하면서 투입자원을 줄이거나 일정하게 유지하면서 산출물을 증가 → 생산성 증가

III. 생산성의 측정

① 투입과 산출의 비가 동일하더라도 품질이 다르면 생산성이같다.
② 시스템 외부의 요인에 의하여 생산성이 영향을 받을 수 있다.
③ 정확한 측정단위가 존재하지 않는다.

IV. 생산관리의 주요 의사결정

① 공정 및 능력의 설계(Process and capacity design)
② 제품과 서비스의 설계(Goods ane service design)
③ 입지선정(Location selection)
④ 설비배치(Layout design)
⑤ 품질(Quality)
⑥ 재고(Inventory)
⑦ 인력 및 작업시스템(People and work system)
⑧ 공급망운영(Supply chain management)
⑨ 일정계획(Scheduling)
⑩ 보전(Maintenance)

생산 · 조달관리		
10-45	SCM(Supply chain Management)	
No. 845	공급사슬관리	유형: 기술 · System

생산관리
Key Point

☑ **국가표준**

☑ **Lay Out**
- 공급사슬관리 · 경쟁능력 요소
- 고려되어야 할 비용요소
- 재고유형

☑ **핵심 단어**
- What: 수주에서 납품
- Why: 공급 및 물류 흐름 관리
- How: 사업활동 통합

☑ **연관용어**
- JIT
- Lean Construction

고려되어야 할 비용요소

- 재고비용: 양
- 고정 투자비용
- 변동 운영비용: 물류거점 규모
- 운송비용: 거리

재고유형

- 예측재고: 가격급등, 수요급 등, 생산중단
- 안전재고: 수요량 불확실, 보유재고
- 순환재고: 비용절감을 위한 경제적 주문량, 필요량 초과 잔량
- 수송재고: 수송중 재고

I. 정 의

① 수주에서 납품까지의 공급사슬 전반에 걸친 다양한 사업활동을 통합하여 상품의 공급 및 물류의 흐름을 보다 효과적으로 관리하는 것

② 최종고객에게 제품과 서비스를 제공하기 위한 서로 다른 프로세스와 활동이 상류에서 하류로 연결된 조직의 네트워크. 자재, 정보, 화폐의 흐름으로 연결된 조직이며, 이런 흐름을 최적화하고 동기화하여 제품의 생산부터 판매까지 모든 과정을 관리하는 시스템

II. Corporation Supply Chain Management

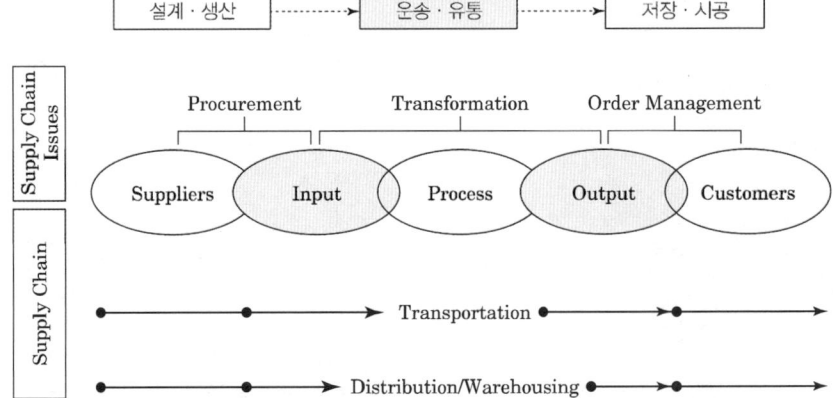

III. SCM의 4가지 경쟁능력 요소

① 재고: 유통상 관리비용을 증가시키므로 목표에 맞느 재고운영 필요

② 운송: 공급망의 목적에 부합하는 고객 대응성과 효율성을 정하고 이에 적합한 운송 정책을 선택

③ 설비: 위치, 용량, 유연성이 공급사슬에 미치는 영향이 큼

④ 정보: 고객의 수요동향, 수요예측정보 등은 공급사슬을 더 빠르고 효율적으로 만들게 되며, 불필요한 비용을 감소하는 기능

10-46	Lean construction	
No. 846	린건설	유형: 기술 · System

생산 · 조달관리

생산관리

Key Point

■ 국가표준

■ Lay Out
- 관리요점 · 비교
- 린원리 · 낭비요소
- 낭비관리

■ 핵심 단어
- 비가치작업 최소화
- 처리작업 극대화
- 낭비를 최소화

■ 연관용어
- JIT
- Lean Construction

린 원리

- 가치의 구체화
  (Specify Value)
- 가치 창출 작업과 비가치 창출작업을 확인하고 비가치 창출 작업을 최소화한다.
- 가치의 흐름확인(Identify The Value Stream)
- 각 작업단계에서 구체화된 가치를 도식화 하여 개선사항을 명시한다.
- 흐름생산(Flow Production)
- 각각의 작업들을 일련의 연속된 작업, 즉 흐름으로 관리하는 생산방식
- 당김생산
  (Pull-type Production)
- 후속작업의 상황을 고려하여 필요로 하는 양만큼 생산하는 방식이다.
- 완벽성 추구(Perfection)
- 지속적인 개선을 통한 고객만족을 위하여 완벽성 추구

I. 정 의

① 건설생산을 최적화하기 위하여 비가치창출 작업인 운반, 대기, 검사 과정을 최소화하고, 가치 창출작업인 처리과정을 극대화하여 건설 생산 시스템의 효용성을 증가시키는 관리기법

② Lean이란 '기름기 혹은 군살이 없는' 이라는 뜻의 형용사로써 프로세스의 낭비와 재고를 줄여 지속적인 개선을 이루고자 하는 개념으로 린 건설의 뿌리는 LPS(Lean Production System)이라 할 수 있다.

II. Lean 건설 관리요점

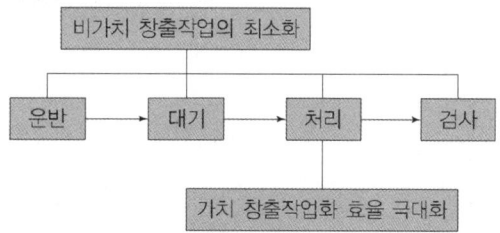

- 무결점(Zero Defect), 무재고(Zero Inventory), 무낭비(Zero Waste)
① 결함이 발생될 때는 즉시 작업을 중단한다.
② 끌어당기기식 생산방식에 따라 자재를 주문한다.
③ 제작, 조달, 설치에 필요한 준비시간(lead time)을 줄여 변화에 대한 탄력성을 증진시킨다.
④ 철저한 작업계획을 세운다.
⑤ 생산시스템의 작업과정을 투명하게 하고, 작업 팀의 개별적 의사결정이 가능하게 한다.

III. 린건설과 기존관리방식의 비교

구 분	린 건설	기존의 관리방식
생산방식	• 당김식 생산방식(pull) • 후속작업의 상황을 고려하여 후속작업에 필요한 품질수준에 맞추어 필요로 하는 양만큼만 선작업 시행	• 밀어내기식 생산방식(Puhs) • 각 작업에서의 생산량이 전체 생산 시스템의 작업량을 최대로 할 수 있는 양으로 결정되고 최대량 생산이 목적
프로세스 개선목표	• 효용성(질적 생산효율성) 제고	• 효율성(계량적 생산성) 제고
관리사항	• 운반, 대기, 처리, 검사 과정에서의 자재, 자이, 정보 등의 흐름처리 관리, 변이관리	• 작업(activity) 중심의 변환처리 관리 • 예) PERT, CPM

Ⅳ. 낭비요소

① 제품결함(Defects in products)

② 수요 없는 제품의 과잉생산(Overproduction of Goods not Needed)

③ 재고(Inventories of Goods Awaiting Further Processing of Consumption)

④ 부적절한 자재 사용으로 인한 과비용(Over Cost Through Use of Incongruous Materials)

⑤ 고객의 요구에 맞지 않는 제품이나 서비스의 디자인 (Design of Good/Service That Fail to Meet User's Needs)

⑥ 작업자의 불필요한 이동(Unnecessary Movement of People)

⑦ 불필요한 자재, 장비 제품의 운반(Unnecessary Transportation of Equipments/Manufactured Goods)

⑧ 대기시간(Waiting Time)

⑨ 불필요한 제품처리(Unnecessary Processing of Product)

⑩ 불필요한 작업의 결합(Unnecessary Combination)

⑪ 부적절한 정보전달(Inharmonious Information)

Ⅴ. 낭비관리(waste control)

낭비관리방법		내 용
낭비감소 (Lessen)	단순화 (Simplify)	• 불필요하고 복잡한 작업이나 공정을 간단한 공정으로 하거나, 수작업에 대한 인력, 시간을 감소하는 것을, 마지막에 투입되는 노동력이 적게 드는 방법을 강구하는 것
	결합 · 조합 (Combine)	• 사람, 장소, 시간 중 어느 하나 이상의 결합을 말하는 것. • 두 개 혹은 그 이상의 단위작업 시간의 합계보다 더 짧은 시간이 되는 조합안을 얻을 수가 있다.
낭비 제거 (Eliminate)		• 프로세스 자체에서 발생되는 낭비요소는 상위 레벨의 작업 구성단위가 불필요한 것으로 판단되며, 그 단위 작업 자체를 제거
낭비 분할 (Allocate)		• 낭비가 발생되는 작업의 인력이나 장비를 다른 작업으로 분할하여 활용하는 것
낭비 대체 (Substitute)		• 낭비를 관리하고 감소하는데 효율적인 성과를 얻기 어려울 경우 다른 기술이나 공법, 재료 등으로 대체하는 것
낭비 전이 (Transfer)		• 발견된 낭비요소의 일부 또는 전부를 프로세스에 영향이 적은 작업에 낭비요소를 전이하는 것

☆☆★   2. 관리기술

10-47	Just In Time	
No. 847	적시생산방식	유형: 기술 · System

생산관리

Key Point

☑ 국가표준

☑ Lay Out
- 칸반시스템
- 8단계
- 재고감소 방법

☑ 핵심 단어
- What: 수주에서 납품
- Why: 공급 및 물류 흐름 관리
- How: 사업활동 통합

☑ 연관용어
- JIT
- Lean Construction

칸반의 운영규칙

- 후속공정은 선행공정으로부터 필요한 시기에 필요한 양만큼을 인출해야 한다.
- 후속공정은 인출한 양만큼의 제품을 생산해야 한다.
- 불량품은 후속공정에 보내서는 아니 된다.
- 칸반의 수는 초소화 되어야 한다.
- 칸반은 수요의 작은 변동에 적용할 수 있도록 이용되어야 한다.

I. 정 의

① 적시(right time), 적소(right place)에 적절한 부품(right part)을 공급함으로써 생산활동에서의 모든 낭비적 요소를 제거하도록 추구하는 생산관리 시스템

② 생산공정에서 비생산적인 시간과 비효율을 제거하는데 집중하여 공정과 품질을 지속적으로 개선함으로써 낮은 재고, 낮은 비용 그리고 더 높은 품질을 얻을 수 있다.

II. Canban Circulating System

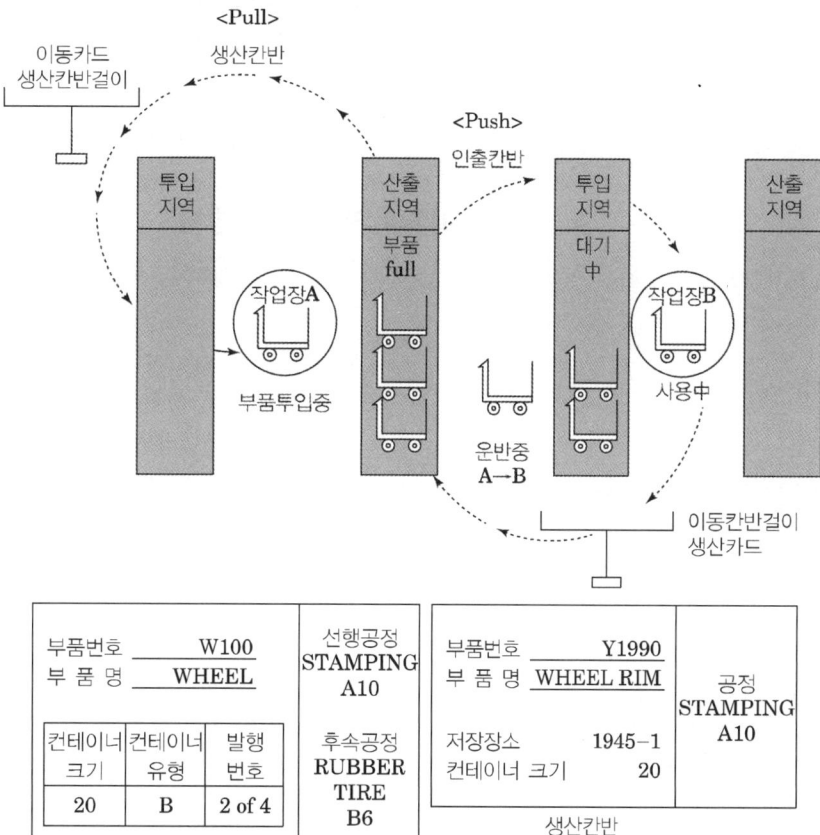

- 부품이 가득찬 채 A의 산출지역(Output area)에 위치, 1대의 컨테이너는 A에서의 부품으로 채워지고 있다. 1대의 컨테이너는 A에서 B로 이동중이며 2대의 컨테이너는 작업장 B의 투입지역(Input area)에서 대기중이다.

Ⅲ. 칸반시스템의 8단계

① 후속공정의 운반인은 지게차로 필요한 수의 인출칸반과 빈컨테이너를 선행공정의 저장소로 이동

② 후속공정의 운반인이 저장장소에서 부품을 인출할 때, 컨테이너에 부착된 생산명령칸반을 떼어 칸반수거함에 넣고 선행공정의 사람이 지시한 장소에 빈 컨테이너를 놓는다.

③ 가득 찬 컨테이너의 내용물을 인출칸반의 명세와 비교한 후 용기에 생산명령칸반을 떼어버리고 그 곳에 인출칸반을 부착

④ 작업이 후속공정에 시작될 때 인출칸반은 인출칸반함에 넣어두어야 한다.

⑤ 선행공정에서 생산명령칸반은 어떤 시점에 칸반수거함에서 생산명령칸반함으로 보내어 진다.

⑥ 생산명령칸반함에 있는 생산명령칸반의 순서에 따라 부품을 생산하며, 생산명령칸반을 빈 컨테이너에 부착하여 선행공정으로 투입

⑦ 생산명령칸반과 컨테이너는 선행공정 전체와 같이 진행된다.

⑧ 완성되니 부품을 저장장소로 운송하여 조립라인의 생산 소요량을 지원하며 순환이 종료된다.

Ⅳ. JIT의 재고감소 방법

① 롯트사이즈 최소화: 작업 준비시간의 단축과 재고주기(Cycle Inventory)가 작아진다.

② 단일준비(Single setup)는 10분 이내의 짧은 준비시간으로 리드타임을 단축하고 생산능력의 이용률도 개선된다.

③ 설비배치의 공급라인 자동화

④ 외주처: 다음 생산단계에 부빈 컨테이너의 숫자에 해당하는 수량만큼의 부품을 적시에 배달

☆★★　　3. 친환경·에너지

10-48	지속가능건설	
No. 848		유형: 제도·기준

제도 기준
Key Point

☑ 국가표준
- 신에너지 및 재생에너지 개발·이용·보급촉진법

☑ Lay Out
- 항목분류

☑ 핵심 단어

☑ 연관용어
- 에너지 성능지표

4대구성요소

- 사회적 지속가능성
- 경제적 지속가능성
- 생물, 물리적 지속가능성
- 기술적 지속가능성

국제건설협회 7원칙

- 자원절감
- 자원재사용
- 재활용 자재사용
- 자연보호
- 유독물질 제거
- 생애주기 비용 분석
- 품질향상

I. 정 의

자원절감 노력과 자연에너지 활용을 극대화하여 전체 라이프사이클 상에서의 건설행위를 환경친화적으로 수행하고자 하는 노력이라고 할 수 있다.

II. 항목 분류

대분류	중분류	소분류
부지/ 조경	침식 및 호우 대응기술	• 환경 친화적 부지계획 기술
	열섬방지 기술	• 식물을 이용하는 설계
	토지이용률 제고 기술	• 기존 지형 활용설계, 기존생태계 유지설계
에너지	부하저감 기술	• 건축 계획기술, 외피단열 기술, 창호관련 기술, 지하공간 이용 기술
	고효율 설비	• 공조계획 기술, 고효율 HVAC기기, 고효율 열원기기, 축열 시스템, 반송동력 저감 기술, 유지관리 및 보수 기술, 자동제어 기술, 고효율 공조시스템 기술
	자연에너지이용 기술	• 태양열이용 기술, 태양광이용 기술, 지열이용 기술, 풍력이용 기술, 조력이용 기술, 바이오매스이용 기술
	배·폐열회수 기술	• 배열회수 기술, 폐열회수 기술, 소각열회수 기술
	실내쾌적성 확보 기술	• 온습도 제어 기술, 공기질 제어 기술, 조명 제어 기술
대기	청정외기도입 기술	• 도입 외기량 제어 기술, 도입 외기질 제어 기술
	실내공기질 개선	• 자연환기 기술, 오염원의 경감 및 제어 기술
	배기가스 공해저감 기술	• 공해저감처리 기술, 열원설비 효율향상, 자동차 배기가스 극소화
	시공중의 공해저감 기술	• 청정재료, 청정 현장관리 기술
소음	건축계획적 소음방지 기술	• 차음·방음재료, 기기장비의 차음·방음
	시공중의 소음저감 기술	• 소음저감 현장관리 기술, 차음·방음재료
	실내발생소음 최소화 기술	• 건축 계획적 기술, 차음·방음재료, 기기발생 소음차단
수질	수질개선 기술	• 처리기기장비, 청정공급 기술, 지표수의 油水 분리기술, 지표수의 침투성 재료개발
	수공급 저감 기술	• 수자원관리 시스템, 절수형 기기·장치, 우수활용 기술, 누수통제 기술, Xeriscaping(내건성 조경) 기술
	수자원 재활용 기술	• 재처리기기, 재활용 시스템
재료/ 자원 재활용/ 폐기물	환경친화적 재료	• VOC 불포함 재료, 저에너지원단위 재료, 차음·방음·단열재료
	자원재활용 기술	• 재활용 자재, 재활용 가능자재, 재사용가능 자재
	폐기물처리 기술	• 시공중의 폐기물 저감 기술, 폐기물 분리·처리 기술, (재실자에 의한), 건설폐기물관리 기술

Ⅲ. 신재생에너지

1) 신에너지

- "신에너지"란 기존의 화석연료를 변환시켜 이용하거나 수소·산소 등의 화학 반응을 통하여 전기 또는 열을 이용하는 에너지로서 다음 각 목의 어느 하나에 해당하는 것을 말한다.
① 수소에너지
② 연료전지
③ 석탄을 액화·가스화한 에너지 및 중질잔사유(重質殘渣油)를 가스화한 에너지로서 대통령령으로 정하는 기준 및 범위에 해당하는 에너지
④ 그 밖에 석유·석탄·원자력 또는 천연가스가 아닌 에너지로서 대통령령으로 정하는 에너지

2) 신에너지

- "재생에너지"란 햇빛·물·지열(地熱)·강수(降水)·생물유기체 등을 포함하는 재생 가능한 에너지를 변환시켜 이용하는 에너지로서 다음 각 목의 어느 하나에 해당하는 것을 말한다.
① 태양에너지
② 풍력
③ 수력
④ 해양에너지
⑤ 지열에너지
⑥ 생물자원을 변환시켜 이용하는 바이오에너지로서 대통령령으로 정하는 기준 및 범위에 해당하는 에너지
⑦ 폐기물에너지(비재생폐기물로부터 생산된 것은 제외한다)로서 대통령령으로 정하는 기준 및 범위에 해당하는 에너지
⑧ 그 밖에 석유·석탄·원자력 또는 천연가스가 아닌 에너지로서 대통령령으로 정하는 에너지

☆☆☆ 　 3. 친환경 · 에너지 　 62

10-49	ISO 14000	
No. 849	국제표준화 기구	유형: 제도 · 기준

제도

제도 기준
Key Point

☑ 국가표준

☑ Lay Out
- ISO 14000 시리즈의 규격체계
- 도입효과
- ISO 14000 핵심요소
- 환경경영체계의 인증효과

☑ 핵심 단어
- What: ISO
- Why: 객관적인 인증부여
- How: 환경경영체제 평가

☑ 연관용어
- ISO

핵심요소

① 환경관리(environmental management)
② 감사(auditing)
③ 성과평가 (performance evaluation)
④ 분류(laveling)
⑤ 수명주기평가 (lfie-cycle assement)

목적

① 환경측면의 수립 및 검토
② 법규 및 규제사항의 검토 및 이해
③ 환경방침을 수립 및 유지
④ 지속적 개선을 위한 목표 및 세부목표 수립
⑤ 감시,감사 및 검토

I. 정 의

① ISO: International Organization For Standardization에서 기업 활동의 전반에 걸친 환경경영체제를 평가하여 객관적인 인증을 부여하는 제도
② 기업 경영자가 환경보전 및 관리를 경영의 목표로 채택하여 기업 내 환경경영체제를 도입, 철저히 이행하고 환경경영체제를 평가하여 객관적인 인증을 부여하는 제도

II. ISO 14000 시리즈의 규격체계

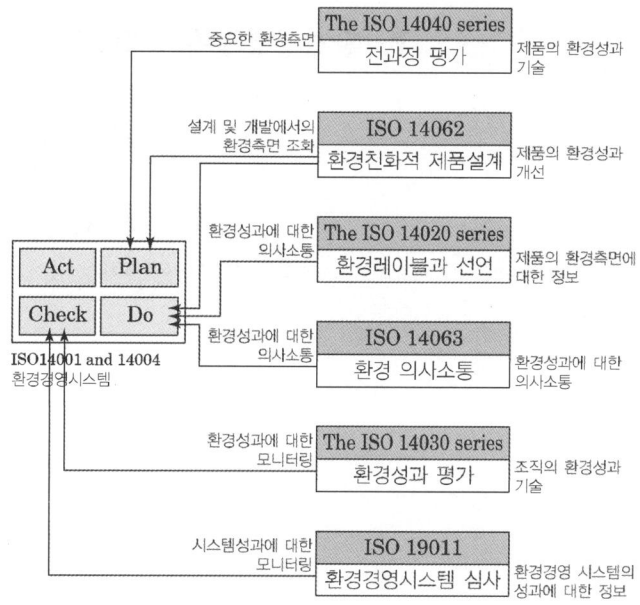

III. 도입효과

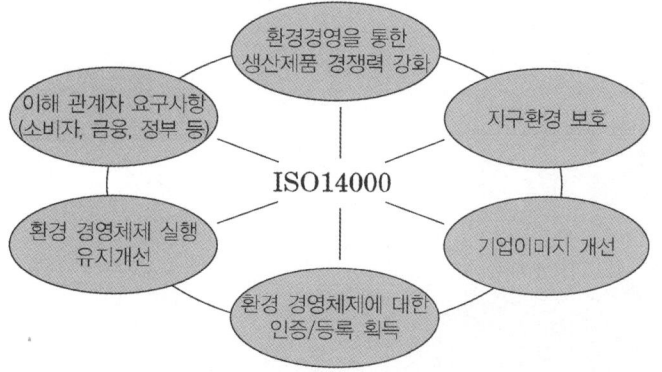

제도

Ⅳ. ISO 14000 핵심요소

구 분	내 용	규격번호
환경경영시스템(EMS)	• 환경경영시스템 요구사항 규정	ISO 14001/4
환경심사(EA)	• 환경경영시스템 심사원칙, 심사절차와 방법, 심사원 자격을 규정	ISO 14010/11/12
환경성과 평가(EPE) Performance Evaluation)	• 조직 활동의 환경성과에 대한 평가기준 설정	ISO14031, ISO/TR14032
전과정 평가(LCA) 수명주기 평가	• 어떤 제품, 공정, 활동의 전과정의 환경영향을 평가하고 개선하는 방안을 모색하는 영향평가 방법	ISO 14040/41/42/43 ISO/TR 14049
환경 라벨링(EL)	• 제3자 인증을 위한 환경마크 부착지침 및 절차, 자사 제품의 환경성 자기주장의 일반지침 및 원칙 등을 규정	ISO 14020/21/24 ISO/TR 14025

Ⅴ. 환경경영체계의 인증효과

① Green Image(관심의 증대)
② 공공의 이미지(Public Image)
③ Environmental Pressure(사회로부터의 압력)
④ 법규 및 기타요건 강화(Legislation & Regulation)
⑤ 비용(Financial)

10-50	환경영향평가제도	
No. 850	Environmental Impact Assessment	유형: 제도 · 기준

제도

제도 기준
Key Point

☑ 국가표준
- 환경영향평가법 시행령
  2023.03.07 개정

☑ Lay Out
- 대상사업
- 전략 환경영향평가
- 환경영향평가

☑ 핵심 단어
- What: 환경영향평가대상
  사업의 사업계획
- Why: 환경보전방안 강구
- How: 환경영향조사

☑ 연관용어
- 지하안전영향평가
- 지진안전영향평가
- 교통영향평가

소규모 환경영향평가

- 사업개요 및 지역 환경현황
- 사업개요
- 지역개황
- 자연생태환경
- 생활환경
- 사회 · 경제환경
- 환경에 미치는 영향 예측 ·
  평가 및 환경보전방안
- 자연생태환경(동 · 식물상 등)
- 대기질, 악취
- 수질(지표, 지하), 해양환경
- 토지이용, 토양, 지형 · 지질
- 친환경적 자원순환, 소음 ·
  진동
- 경관
- 전파장해, 일조장해
- 인구, 주거, 산업

I. 정 의

환경영향평가 대상사업의 사업계획을 수립하려고 할 때에 그 사업의 시행이 환경에 미치는 환경영향을 미리 조사 · 예측 · 평가하여 해로운 환경영향을 피하거나 줄일 수 있는 환경보전방안을 강구하는 것(by 환경영향평가법)

II. 환경영향평가 대상사업

① 도시의 개발사업　　　　　② 산업입지 및 산업단지의 조성사업

③ 에너지개발사업　　　　　　④ 항만의 건설사업

⑤ 도로의 건설사업　　　　　　⑥ 수자원의 개발사업

⑦ 철도의 건설사업　　　　　　⑧ 공항의 건설사업

⑨ 하천의 이용 및 개발사업　　⑩ 개간 및 공유수면의 매립사업

⑪ 관광단지의 개발사업　　　　⑫ 산지의 개발사업

⑬ 특정 지역의 개발사업　　　　⑭ 체육시설의 설치사업

⑮ 폐기물처리시설의 설치사업　⑯ 국방 · 군사시설의 설치사업

⑰ 토석 · 모래 · 자갈 · 광물 등의 채취사업

⑱ 환경에 영향을 미치는 시설로서 대통령령으로 정하는 시설의 설치사업

III. 전략 환경영향평가

1) 정책계획
　① 환경보전계획과의 부합성
　　• 국가 환경정책
　　• 국제환경 동향 · 협약 · 규범
　② 계획의 연계성 · 일관성
　　• 상위 계획 및 관련 계획과의 연계성
　　• 계획목표와 내용과의 일관성
　③ 계획의 적정성 · 지속성
　　• 공간계획의 적정성
　　• 수요 공급 규모의 적정성
　　• 환경용량의 지속성
　④ 개발기본계획
　　• 상위계획 및 관련 계획과의 연계성
　　• 대안 설정 · 분석의 적정성

제도

2) 입지의 타당성
　① 자연환경의 보전
　　• 생물다양성·서식지 보전
　　• 지형 및 생태축의 보전
　　• 주변 자연경관에 미치는 영향
　　• 수환경의 보전
　② 생활환경의 안정성
　　• 환경기준 부합성
　　• 환경기초시설의 적정성
　　• 자원·에너지 순환의 효율성
　③ 사회·경제 환경과의 조화성: 환경친화적 토지이용

Ⅳ. 환경영향평가

1) 자연생태환경 분야
　① 동·식물상
　② 자연환경자산
2) 대기환경 분야
　① 기상
　② 대기질
　③ 악취
　④ 온실가스
3) 수환경 분야
　① 수질(지표·지하)
　② 수리·수문
　③ 해양환경
4) 토지환경 분야
　① 토지이용
　② 토양
　③ 지형·지질
5) 생활환경 분야
　① 친환경적 자원 순환
　② 소음·진동
　③ 위락·경관
　④ 위생·공중보건
　⑤ 전파장해
　⑥ 일조장해
6) 사회환경·경제환경 분야
　① 인구
　② 주거(이주의 경우를 포함한다)
　③ 산업

10-51	탄소중립 포인트 제도	
No. 851		유형: 제도 · 기준

제도 기준

Key Point

■ **국가표준**
- 탄소포인트제 운영에 관한 규정

■ **Lay Out**
- 운영체계
- 참여조건
- 탄소포인트 산정
- 산정기간

■ **핵심 단어**
- What: 온실가스 감축 실천 프로그램
- Why: 온실가스 감축
- How: 사용량 절감에 따른 온실가스 감축률

■ **연관용어**
- (BESS) 건축물 에너지 소비 총량제
- 제로에미션

참여방법

- 참여 희망자는 운영홈페이지에 접속하여 온라인으로 직접 등록
- 탄소포인트제 참여 신청서를 작성한 후 우편, 팩스 및 전자우편 등으로 해당 지방자치단체의 장에게 신청
- 참여자당 1개의 계정을 부여하는 것을 원칙
- 참여자가 2개 이상의 계량기를 보유하는 때에는 1개의 계량기만을 선택하여 참여

I. 정 의

가정, 상업 등의 전기, 상수도, 도시가스의 사용량 절감에 따른 온실가스 감축률에 따라 포인트를 부여하고 이에 상응하는 인센티브를 제공하는 전 국민 온실가스 감축 실천프로그램

II. 탄소중립포인트 에너지 운영 체계

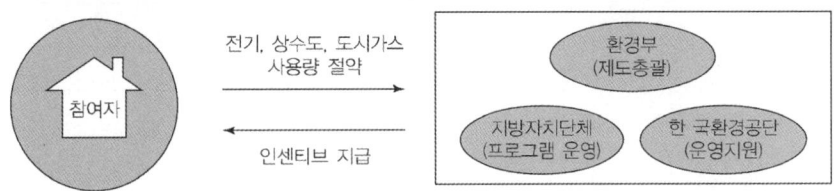

III. 참여자의 참여조건

① 참여자의 거주시설에는 전기 등의 사용량을 확인할 수 있도록 고유번호가 있는 계량기가 부착되어 있어야 한다.
② 자동차 탄소포인트제 참여자는 차량번호판 사진과 차량계기판 사진을 운영 프로그램에 등록
③ 참여자는 인센티브 산정을 위해 최종 누적주행거리를 당해연도 10월말까지 입력

IV. 개인 참여자의 탄소포인트 산정

구분	감축률	탄소포인트 부여
전기의 경우	5% 이상 10% 미만	반기 5,000포인트
	10% 이상 15% 미만	반기 10,000포인트
	15% 이상	반기 15,000포인트
상수도의 경우	5% 이상 10% 미만	반기 750포인트
	10% 이상 15% 미만	반기 1,500포인트
	15% 이상	반기 2,000포인트
도시가스의 경우	5% 이상 10% 미만	반기 3,000포인트
	10% 이상 15% 미만	반기 6,000포인트
	15% 이상	반기 8,000포인트

탄소포인트는 개별 항목별(전기, 상수도, 도시가스 등)로 반기별 1회 산정하되, 온실가스 감축률에 따라 해당 탄소포인트를 부여

제도

인센티브 종류

현금　상품권

기부　교통카드

종량제봉투　지방세납부

성장　공공시설이용바우처

V. 자동차 탄소포인트 산정

구분	감축률	탄소포인트 부여
주행거리 감축률의 경우	0% 초과 10% 미만	20,000포인트
	10% 이상 20% 미만	40,000포인트
	20% 이상 30% 미만	60,000포인트
	30% 이상 40% 미만	80,000포인트
	40% 이상	100,000포인트
주행거리 감축량의 경우	0 초과 1,000km 미만	20,000포인트
	1,000km 이상 2,000km 미만	40,000포인트
	2,000km 이상 3,000km 미만	60,000포인트
	3,000km 이상 4,000km 미만	80,000포인트
	4,000km 이상	100,000포인트

자동차 탄소포인트는 연 1회 산정하되, 주행거리 감축률 또는 감축량 중 유리한 실적으로 적용

VI. 탄소포인트 및 인센티브 산정기간

① 개인 참여자의 탄소포인트는 참여시점을 기준으로 다음 월부터 월할 계산하여 산정

② 참여자가 다른 지방자치단체(동일 관내 이주는 제외)로 이주하는 경우에는 이주 전·후 지방자치단체에서 거주한 기간에 따라 각각 월할 계산하여 산정

③ 탄소포인트는 참여자별로 누적하여 관리하되 누적된 탄소포인트의 유효기간은 5년

④ 인센티브를 지급한 경우에는 해당량의 탄소포인트를 삭감

10-52	환경관리비	
No. 852	Environmental Conservation Cost	유형: 제도 · 기준

제도

제도 기준
Key Point

■ **국가표준**
- 건설기술진흥법 시행규칙
- 환경관리비의 산출기준 및 관리에 관한 지침

■ **Lay Out**
- 환경오염 방지시설
- 산출기준
- 사용관리

■ **핵심 단어**
- 환경관리비
- 환경보전비
- 폐기물 처리비

■ **연관용어**
- 에너지절약 계획서

환경보전비 비적용 대상

• 환경보전비 비적용 대상
- 청소도구 구입빗자루, 쓰레받이, 삽 등
- 집게, 쓰레기 봉투, 마대
- 단순청소용 진공청소기 구입비, 마스크 및 장갑
- EGI펜스, 부직포(일반 작업용)
- 현장 및 가설사무실 청소 인건비

※ 환경보전비와 폐기물 처리비는 엄격히 구분

I. 정 의

① 건설공사로 인한 환경 훼손 및 오염의 방지 등 환경관리를 위해 공사비에 반영하는 비용을 말하며, '환경보전비'와 '폐기물 처리비'로 구분한다.

② "환경보전비"란 건설공사 작업 중에 건설현장 주변에 입히는 환경 피해를 방지할 목적으로 환경관련 법령에서 정한 기준을 준수하기 위해 환경오염 방지시설 설치 등에 소요되는 비용(해당시설 설치 및 운영에 직접 투입되는 작업비용 포함)을 말한다.

③ "폐기물 처리비"란 건설공사현장에서 발생하는 폐기물의 처리에 필요한 비용을 말한다.

II. 환경오염 방지시설

환경오염의 종류	환경오염방지시설
비산먼지 방지시설	• 세륜시설: (세륜장의 포장 및 침전물 보관시설을 포함한다) • 살수시설: 살수차량, 방진덮개(도로 등의 절토 및 성토 경사면 사용분을 포함한다) • 방진벽, 방진망, 방진막, 진공청소기, 간이칸막이, 이송설비 분진억제시설, 집진시설(이동식, 분무식을 포함한다), 기계식 청소장비 등 「대기환경보전법」의 규정을 준수하기 위한 시설
소음 · 진동 방지시설	• 방음벽(이동 및 설치 비용을 포함한다) • 방음막, 소음기, 방음덮개, 방음터널, 방음림, 방음언덕, 흡음장치 및 시설, 탄성지지시설, 제진시설, 방진구시설, 방진고무, 배관진동절연장치 등 「소음 · 진동관리법」의 규정을 준수하기 위한 시설
폐기물처리시설	• 세소각시설, 쓰레기슈트, 폐자재 수거박스, 폐기물 보관시설(덮개 및 배수로를 포함한다) • 건설폐기물 처리시설(파쇄 · 분쇄시설 및 탈수건조시설을 포함한다) 등 「건설폐기물의 재활용촉진에 관한 법률」 및 「폐기물관리법」의 규정을 준수하기 위한 시설
수질오염 방지시설	• 오폐수처리시설[수질 자동측정시스템(TMS)를 포함한다] • 가배수로, 임시용 측구, 절성토면 비닐덮개, 침사 및 응집시설, 오탁방지막, 오일펜스, 유화제, 흡착포, 단독정화조, 이동식 간이화장실(정화조를 포함한다) 등 「수질 및 수생태계 보전에 관한 법률」, 「지하수법」, 「하수도법」 및 「화학물질관리법」의 규정을 준수하기 위한 시설

Ⅲ. 환경관리비 산출기준 및 사용관리

제도

1) 구성요소

※ 환경보전비는 총공사비 계상시에 경비항목으로 반영한다.

2) 환경보전비중 직접공사비 부분 산출기준

$$\frac{(상각률 + 수리율)^{1)} \times 설비가격^{2)}}{연간표준설비가동시간^{3)} \times 내용연수^{4)}} \times 설비가동시간$$

3) 환경보전비중 간접공사비 부분 최저요율

공사의 종류		최저 요율
토목	도로	0.9%
	플랜트	0.4%
	지하철	0.5%
	철도	1.5%
	상하수도	0.5%
	항만	0.8%
	(오탁방지막 또는 준설토방지막을 설치하는 경우)	(1.8%)
	댐	1.1%
	택지개발	0.6%
	그 밖의 토목공사	0.8%
건축	주택(재개발 및 재건축)	0.7%
	주택(신축)	0.3%
	그 밖의 건축공사	0.5%

※ 환경보전비산출기준: 직접공사비×요율

4) 폐기물 처리비의 산출기준

① 폐기물을 건설공사현장에서 분리·선별, 운반, 상차하고, 폐기물처리업체가 폐기물을 수집·운반, 보관, 중간처리, 최종처리하기 위한 비용과 해당 건설공사현장에서 폐기물을 재활용하기 위한 비용을 폐기물 처리비로 계상한다.

② 폐기물 처리비는 철거 대상 구조물을 실측하여 폐기물의 예상발생량을 산출하거나 설계도서 등에 따라 산출한다.

③ 건설폐기물의 발생량 중 위탁처리하는 건설폐기물의 양이 100Ton 이상인 건설공사를 발주하는 발주자는 건설공사와 건설폐기물 처리용역을 각각 분리하여 발주

환경보전비 구성

- 환경오염 방지시설 설치비
- 시설 설치에 소요되는 재료비, 노무비, 경비
- 환경오염 방지시설 운영비
- 시설 설치에 소요되는 유지보수비, 재료비, 노무비, 경비
- 그 밖의 환경보전비
- 환경관리와 관련한 시험검사비, 교육훈련비, 점검비, 인증비 및 홍보물 제작비

1) 상각률 및 수리율은 표준품셈에 따르되, 표준품셈에 정하고 있지 않은 경우에는 발주자가 해당 시설의 특성을 고려하여 정한다.
2) 설비가격은 구입가격을 말한다.
3) 연간표준설비가동시간은 표준품셈에 따르되, 그 밖의 경우 1천시간을 표준으로 한다.
4) 내용연수는 기계류는 5년, 초자류(硝子類) 및 금속류는 3년으로 한다.

10-53	장애물없는 생활환경인증	
No. 853		유형: 제도·기준

제도

제도 기준
Key Point

■ **국가표준**
- 장애물 없는 생활환경 인증에 관한 규칙

■ **Lay Out**
- 인증등급
- 인증 절차
- 기대효과

■ **핵심 단어**
- 모든사람들이 시설물이나 지역을 접근 이용하는데 불편을 느끼지 않도록

■ **연관용어**
- 친환경 건축인증
- 주택성능평가제도

인증대상

- 개별시설 인증 중 건축물(공공건물, 공중이용시설, 공동주택)
- 「장애인·노인·임산부 등의 편의증진 보장에 관한 법률」 제10조의2 제3항에 해당되는 건축물은 의무적으로 인증을 받아야 함
- ※ 제10조의2 제3항이라 함은 국가나 지방자치단체가 신축하는 청사, 문화시설 등의 공공건물 및 공중이용시설 중에서 대통령령으로 정하는 시설

I. 정 의

장애인, 노인, 임산부, 어린이 등 사회적 약자 뿐만 아니라 모든 사람들이 개별시설물이나 지역을 접근·이용·이동함에 있어 불편을 느끼지 않도록 계획·설계·시공·관리 등을 공신력 있는 기관에서 평가하여 인증하는 제도

II. 인증등급

등급	등급기준
최우수 등급	인증기준 만점의 100분의 90 이상
우수등급	인증 기준 만점의 100분의 80 이상 100분의 90 미만
일반등급	인증 기준 만점의 100분의 70 이상 100분의 80 미만

III. 인증절차

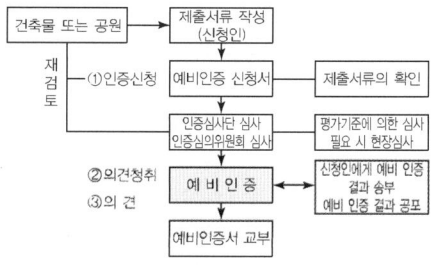

평가기간 : 40일
신청시기 : 사업계획 또는 설계도면 등을 참고(본인증 전)

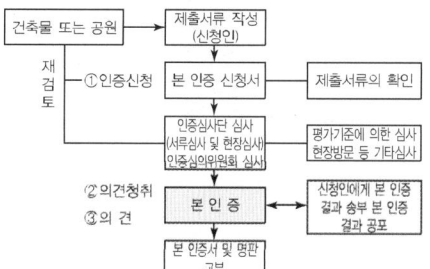

평가기간 : 심사 및 재검토에 따른 기간 소요
신청시기 : 개별시설 공사완료 후

IV. 인증기대효과

- **이용자 측면**
  - 장애인, 노인, 임산부, 어린이 등 사회적 약자뿐만 아니라 모든 사람들에게 편리한 생활환경 제공
  - 인증을 통한 이용환경 개선으로 접근권 및 이용권 보장
- **신청자 측면**
  - 장애물 없는 생활환경 인증을 통해 건축물의 부가가치 증대
  - 인증을 통해 모든 사람들이 접근하고 이용할 수 있는 환경을 조성
- **국가적 측면**
  - 초고령화 사회를 대비한 인프라 구축을 통해 사회 서비스망 구축
  - 국가·지자체가 신축하는 건축물의 '장애물 없는 생활환경'의무 취득으로 공공시설 이용편의 수준 향상

10-54	범죄예방 건축기준	
No. 854		유형: 제도 · 기준

제도

제도 기준
Key Point

■ **국가표준**
- 범죄예방 건축기준 고시

■ **Lay Out**
- 적용대상
- 기준
- 건축물 창호의침입 방어 성능기준

■ **핵심 단어**
- 범죄예방

■ **연관용어**
- 친환경 건축인증
- 주택성능평가제도

- **자연적 감시**
- 도로 등 공공 공간에 대하여 시각적인 접근과 노출이 최대화되도록 건축물의 배치, 조경, 조명 등을 통하여 감시를 강화하는 것
- **접근통제**
- 출입문, 담장, 울타리, 조경, 안내판, 방범시설 등(이하 "접근통제시설"이라 한다)을 설치하여 외부인의 진·출입을 통제하는 것
- **영역성 확보**
- 공간배치와 시설물 설치를 통해 공적공간과 사적공간의 소유권 및 관리와 책임범위를 명확히 하는 것
- **활동의 활성화**
- 일정한 지역에 대한 자연적 감시를 강화하기 위하여 대상 공간 이용을 활성화 시킬 수 있는 시설물 및 공간계획을 하는 것

I. 정 의

범죄를 예방하고 안전한 생활환경을 조성하기 위하여 건축물, 건축설비 및 대지에 대한 범죄예방 기준

II. 적용대상

① 다가구주택, 아파트, 연립주택 및 다세대주택
② 제1종 근린생활시설 중 일용품을 판매하는 소매점
③ 제2종 근린생활시설 중 다중생활시설
④ 문화 및 집회시설(동 · 식물원은 제외한다)
⑤ 교육연구시설(연구소 및 도서관은 제외한다)
⑥ 노유자시설
⑦ 수련시설
⑧ 업무시설 중 오피스텔
⑨ 숙박시설 중 다중생활시설

III. 기준

영역	소분류	평가항목(개수)
공통기준	접근통제, 영역성 확보, 활동의 활성화, 조경, 조명, 폐쇄회로 텔레비전 안내판	14가지 항목
아파트	단지 출입구, 담장, 부대시설, 경비실, 주차장, 조경, 주동 출입구, 세대 현관문·창문, 승강기·복도·계단, 수직배관 설비	27가지 항목
단독, 다세대, 연립주택	창호재, 출입문, 주출입구, 수직배관, 조명	10가지 항목
문화및집회, 교육연구, 노유자, 수련, 오피스텔	출입구, 주차장, 조명	8가지 항목
일용품 소매점	출입구 또는 창문, 출입구, 카운터배치	5가지 항목
다중생활시설	출입구	3가지 항목

IV. 건축물 창호의 침입 방어 성능기준

1) 창문의 침입 방어 성능기준

① KS F 2637(문, 창, 셔터의 침입저항 시험 방법 -동하중 재하시험)에 따라 연질체 충격원을 300mm 높이에서 낙하하여, 시험체가 완전히 열리거나, 10mm 이상의 공간이 발생하지 않아야 하고, 시험체의 부품 또는 잠금장치가 분리되지 않도록 하여야 한다.

② KS F 2638(문, 창, 셔터의 침입저항 시험 방법 -정하중 재하시험)에 따라 하중점 F1(1kN으로 재하)는 변형량 10mm 이하, 하중점 F2(1.5kN으로 재하)는 변형량 20mm 이하, 하중점 F3(1.5kN으로 재하)는 변형량 15mm 이하

2) 출입문의 침빙 방어 성능기준

① KS F 2637(문, 창, 셔터의 침입저항 시험 방법 -동하중 재하시험)에 따라 강성체 충격원을 165mm, 연질체 충격원을 800mm 높이에서 낙하하여, 시험체가 완전히 열리거나, 10mm 이상의 공간이 발생하지 않아야 하고, 시험체의 부품 또는 잠금장치가 분리되지 않도록 하여야 한다.

② KS F 2638(문, 창, 셔터의 침입저항 시험 방법 -정하중 재하시험)에 따라 하중점 F1(3kN으로 재하)는 변형량 10mm 이하, 하중점 F2(3kN으로 재하) 변형량 20mm 이하, 하중점 F3(3kN으로 재하)는 변형량 10mm 이하

3) 셔터의 침입 방어 성능기준

• KS F 2637(문, 창, 셔터의 침입저항 시험 방법 -동하중 재하시험)에 따라 강성체 충격원을 165mm, 연질체 충격원을 800mm 높이에서 낙하하여, 시험체가 완전히 열리거나 시험체에 10mm 이상의 공간이 발생하지 않아야 하며, 시험체의 부품 또는 잠금장치가 분리되지 않도록 하여야 한다

10-55	(EPI)에너지 성능지표, 에너지 절약계획서	
No. 855	Energy Performance Index	유형: 제도 · 기준

절약설계

절약설계
Key Point

■ **국가표준**
– 건축물의 에너지절약설계기준 23.02.28
– 에너지절약형 친환경주택의 건설기준

■ **Lay Out**

■ **핵심 단어**
– 에너지 관리를 위하여 열손실 방지

■ **연관용어**
– No. 777~789 참조
– 에너지 소비 총량제
– 녹색건축 인증기
– Zero energy Building
– 에너지효율등급제
– 신재생에너지
– BEMS

• 비고
1) 중부1지역: 강원도(고성, 속초, 양양, 강릉, 동해, 삼척 제외), 경기도(연천, 포천, 가평, 남양주, 의정부, 양주, 동두천, 파주), 충청북도(제천), 경상북도(봉화, 청송)
2) 중부2지역: 서울특별시, 대전광역시, 세종특별자치시, 인천광역시, 강원도(고성, 속초, 양양, 강릉, 동해, 삼척), 경기도(연천, 포천, 가평, 남양주, 의정부, 양주, 동두천, 파주 제외), 충청북도(제천 제외), 충청남도, 경상북도(봉화, 청송, 울진, 영덕, 포항, 경주, 청도, 경산 제외), 전라북도, 경상남도(거창, 함양)
3) 남부지역: 부산광역시, 대구광역시, 울산광역시, 광주광역시, 전라남도, 경상북도(울진, 영덕, 포항, 경주, 청도, 경산), 경상남도(거창, 함양 제외)

I. 정 의

건축물의 효율적인 에너지 관리를 위하여 열손실 방지 등 에너지절약설계에 관한 기준, 에너지절약계획서 및 설계 검토서 작성기준, 녹색건축물의 건축을 활성화하기 위한 건축기준 완화에 관한 사항 등을 정함을 목적으로 한다.

II. 건축물의 열손실 방지

1. 지역별 건축물 부위의 열관류율표

(단위 : $W/m^2 \cdot K$)

건축물의 부위		지역	중부1지역[1]	중부2지역[2]	남부지역[3]	제주도
거실의 외벽	외기에 직접 면하는 경우	공동주택	0.150 이하	0.170 이하	0.220 이하	0.290 이하
		공동주택 외	0.170 이하	0.240 이하	0.320 이하	0.410 이하
	외기에 간접 면하는 경우	공동주택	0.210 이하	0.240 이하	0.310 이하	0.410 이하
		공동주택 외	0.240 이하	0.340 이하	0.450 이하	0.560 이하
최상층에 있는 거실의 반자 또는 지붕	외기에 직접 면하는 경우		0.150 이하		0.180 이하	0.250 이하
	외기에 간접 면하는 경우		0.210 이하		0.260 이하	0.350 이하
최하층에 있는 거실의 바닥	외기에 직접 면하는 경우	바닥난방인 경우	0.150 이하	0.170 이하	0.220 이하	0.290 이하
		바닥난방이 아닌 경우	0.170 이하	0.200 이하	0.250 이하	0.330 이하
	외기에 간접 면하는 경우	바닥난방인 경우	0.210 이하	0.240 이하	0.310 이하	0.410 이하
		바닥난방이 아닌 경우	0.240 이하	0.290 이하	0.350 이하	0.470 이하
바닥난방인 층간바닥			0.810 이하			
창 및 문	외기에 직접 면하는 경우	공동주택	0.900 이하	1.000 이하	1.200 이하	1.600 이하
		공동주택 외 창	1.300 이하	1.500 이하	1.800 이하	2.200 이하
		공동주택 외 문	1.500 이하			
	외기에 간접 면하는 경우	공동주택	1.300 이하	1.500 이하	1.700 이하	2.000 이하
		공동주택 외 창	1.600 이하	1.900 이하	2.200 이하	2.800 이하
		공동주택 외 문	1.900 이하			
공동주택 세대현관문 및 방화문	외기에 직접 면하는 경우 방화문		1.400 이하			
	외기에 간접 면하는 경우		1.800 이하			

2. 단열재의 두께

1) 중부 1 지역

(단위 : mm)

건축물의 부위			단열재의 등급	단열재 등급별 허용 두께			
				가	나	다	라
거실의 외벽	외기에 직접 면하는 경우		공동주택	220	255	295	325
			공동주택 외	190	225	260	285
	외기에 간접 면하는 경우		공동주택	150	180	205	225
			공동주택 외	130	155	175	195
최상층에 있는 거실의 반자 또는 지붕	외기에 직접 면하는 경우			220	260	295	330
	외기에 간접 면하는 경우			155	180	205	230
최하층에 있는 거실의 바닥	외기에 직접 면하는 경우	바닥난방인 경우		215	250	290	320
		바닥난방이 아닌 경우		195	230	265	290
	외기에 간접 면하는 경우	바닥난방인 경우		145	170	195	220
		바닥난방이 아닌 경우		135	155	180	220
바닥난방인 층간바닥				30	35	45	50

2) 중부 2 지역

(단위 : mm)

건축물의 부위			단열재의 등급	단열재 등급별 허용 두께			
				가	나	다	라
거실의 외벽	외기에 직접 면하는 경우		공동주택	190	225	260	285
			공동주택 외	135	155	180	200
	외기에 간접 면하는 경우		공동주택	130	155	175	195
			공동주택 외	90	105	120	135
최상층에 있는 거실의 반자 또는 지붕	외기에 직접 면하는 경우			220	260	295	330
	외기에 간접 면하는 경우			155	180	205	230
최하층에 있는 거실의 바닥	외기에 직접 면하는 경우	바닥난방인 경우		190	220	255	280
		바닥난방이 아닌 경우		165	195	220	245
	외기에 간접 면하는 경우	바닥난방인 경우		125	150	170	185
		바닥난방이 아닌 경우		110	125	145	160
바닥난방인 층간바닥				30	35	45	50

3) 남부지역

(단위 : mm)

건축물의 부위			단열재의 등급	단열재 등급별 허용 두께			
				가	나	다	라
거실의 외벽	외기에 직접 면하는 경우		공동주택	145	170	200	220
			공동주택 외	100	115	130	145
	외기에 간접 면하는 경우		공동주택	100	115	135	150
			공동주택 외	65	75	90	95
최상층에 있는 거실의 반자 또는 지붕	외기에 직접 면하는 경우			180	215	245	270
	외기에 간접 면하는 경우			120	145	165	180
최하층에 있는 거실의 바닥	외기에 직접 면하는 경우	바닥난방인 경우		140	165	190	210
		바닥난방이 아닌 경우		130	155	175	195
	외기에 간접 면하는 경우	바닥난방인 경우		95	110	125	140
		바닥난방이 아닌 경우		90	105	120	130
바닥난방인 층간바닥				30	35	45	50

8. "예비인증"이라 함은 건축물의 완공 전에 설계도서 등으로 인증기관에서 건축물 에너지효율등급 인증, 제로 에너지건축물 인증, 녹색건축인증을 받는 것을 말한다.

9. "본인증"이라 함은 신청건물의 완공 후에 최종설계도서 및 현장 확인을 거쳐 최종적으로 인증기관에서 건축물 에너지효율등급 인증, 제로 에너지건축물 인증, 녹색건축인증을 받는 것을 말한다.

10. 건축부문

가. "거실"이라 함은 건축물 안에서 거주(단위 세대 내 욕실·화장실·현관을 포함한다)·집무·작업·집회·오락 기타 이와 유사한 목적을 위하여 사용되는 방을 말하나, 특별히 이 기준에서는 거실이 아닌 냉방 또는 난방공간 또한 거실에 포함한다.

나. "외피"라 함은 거실 또는 거실 외 공간을 둘러싸고 있는 벽·지붕·바닥·창 및 문 등으로서 외기에 직접 면하는 부위를 말한다.

다. "거실의 외벽"이라 함은 거실의 벽 중 외기에 직접 또는 간접 면하는 부위를 말한다. 다만, 복합용도의 건축물인 경우에는 해당 용도로 사용하는 공간이 다른 용도로 사용하는 공간과 접하는 부위를 외벽으로 볼 수 있다.

라. "최하층에 있는 거실의 바닥"이라 함은 최하층(지하층을 포함한다)으로서 거실인 경우의 바닥과 기타 층으로서 거실의 바닥 부위가 외기에 직접 또는 간접적으로 면한 부위를 말한다. 다만, 복합용도의 건축물인 경우에는 다른 용도로 사용하는 공간과 접하는 부위를 최하층에 있는 거실의 바닥으로 볼 수 있다.

4) 제주도

(단위 : mm)

건축물의 부위			단열재의 등급	단열재 등급별 허용 두께			
				가	나	다	라
거실의 외벽	외기에 직접 면하는 경우	공동주택		110	130	145	165
		공동주택 외		75	90	100	110
	외기에 간접 면하는 경우	공동주택		75	85	100	110
		공동주택 외		50	60	70	75
최상층에 있는 거실의 반자 또는 지붕	외기에 직접 면하는 경우			130	150	175	190
	기에 간접 면하는 경우			90	105	120	130
최하층에 있는 거실의 바닥	외기에 직접 면하는 경우	바닥난방인 경우		105	125	140	155
		바닥난방이 아닌 경우		100	115	130	145
	외기에 간접 면하는 경우	바닥난방인 경우		65	80	90	100
		바닥난방이 아닌 경우		65	75	85	95
바닥난방인 층간바닥				30	35	45	50

Ⅲ. 에너지절약 계획서 제출대상

1. 적용대상

1) 연면적 $500m^2$ 이상
  - 공동주택, 근생, 문화집회, 종교, 판매, 운수, 교육연구, 노유자, 수련, 업무, 숙박
2) 냉·난방면적 $500m^2$ 이상
  - 운동, 위락, 공장, 창고, 위험물, 자동차, 동·식물원, 분뇨, 교정군사, 방송통신, 발전, 묘지, 관광휴게시설

2. 제외대상

1) 냉·난방 미설치 건축물
  - 근린생활시설, 운동시설, 위락시설, 관광 휴게시설, 주차장, 기계실 등 냉·난방 설비를 설치하지 아니하는 건축물
2) 냉·난방 설치 건축물
  - 냉·난방 열원을 공급하는 대상의 연면적의 합계가 $500m^2$ 미만인 경우

Ⅳ. 에너지성능지표의 판정

- 에너지성능지표는 평점합계가 65점 이상일 경우 적합
- 공공기관이 신축하는 건축물(별동으로 증축하는 건축물을 포함한다)은 74점 이상일 경우 적합
- 에너지성능지표의 각 항목에 대한 배점의 판단은 에너지절약계획서 제출자가 제시한 설계도면 및 자료에 의하여 판정
- 판정 자료가 제시되지 않을 경우에는 적용되지 않은 것으로 간주

V. 에너지절약 계획 설계 검토서

1. 에너지 절약설계기준 의무 사항

1) 건축부문

① 이 기준 제6조제1호에 의한 단열조치를 준수하였다.

② 이 기준 제6조제2호에 의한 에너지성능지표의 건축부문 1번 항목 배점을 0.6점 이상 획득하였다.

③ 이 기준 제6조제3호에 의한 바닥난방에서 단열재의 설치방법을 준수하였다.

④ 이 기준 제6조제4호에 의한 방습층을 설치하였다.

⑤ 외기에 직접 면하고 1층 또는 지상으로 연결된 출입문을 방풍구조로 하였다.(제6조제4호라목 각 호에 해당하는 시설의 출입문은 제외)

⑥ 거실의 외기에 직접 면하는 창은 기밀성능 1~5등급(통기량 $5m^3/h \cdot m^2$ 미만)의 창을 적용하였다.

⑦ 법 제14조의2의 용도에 해당하는 공공건축물로서 에너지성능지표의 건축부문 7번 항목 배점을 0.6점 이상 획득하였다. (다만, 건축물 에너지효율 1++등급 이상을 취득한 경우, 제로에너지건축물 인증을 취득한 경우 또는 제21조제2항에 따라 건축물 에너지소요량 평가서의 단위면적당 1차 에너지소요량의 합계가 적합할 경우 제외)

2) 기계설비부문

① 냉난방설비의 용량계산을 위한 설계용 외기조건을 제8조제1호에서 정하는 바에 따랐다.(냉난방설비가 없는 경우 제외)

② 펌프는 KS인증제품 또는 KS규격에서 정해진 효율이상의 제품을 채택하였다.(신설 또는 교체 펌프만 해당)

③ 기기배관 및 덕트는 국가건설기준 기계설비공사에서 정하는 기준 이상 또는 그 이상의 열저항을 갖는 단열재로 단열하였다. (신설 또는 교체 기기배관 및 덕트만 해당)

④ 공공기관은 에너지성능지표의 기계부문 10번 항목 배점을 0.6점 이상 획득하였다.(「공공기관 에너지이용 합리화 추진에 관한 규정」 제10조의 규정을 적용받는 건축물의 경우만 해당)

⑤ 법 제14조의2의 용도에 해당하는 공공건축물로서 에너지성능지표의 기계부문 1번 및 2번 항목 배점을 0.9점 이상 획득하였다. (냉방 또는 난방설비가 없는 경우 제외, 에너지성능지표의 기계부문 16번 또는 17번 항목 점수를 획득한 경우 1번 항목 제외, 냉방설비 용량의 60% 이상을 지역냉방으로 공급하는 경우 2번 항목 제외)

절약설계

마. "최상층에 있는 거실의 반자 또는 지붕"이라 함은 최상층으로서 거실인 경우의 반자 또는 지붕을 말하며, 기타 층으로서 거실의 반자 또는 지붕 부위가 외기에 직접 또는 간접적으로 면한 부위를 포함한다. 다만, 복합용도의 건축물인 경우에는 다른 용도로 사용하는 공간과 접하는 부위를 최상층에 있는 거실의 반자 또는 지붕으로 볼 수 있다.

바. "외기에 직접 면하는 부위"라 함은 바깥쪽이 외기이거나 외기가 직접 통하는 공간에 면한 부위를 말한다.

사. "외기에 간접 면하는 부위"라 함은 외기가 직접 통하지 아니하는 비난방 공간(지붕 또는 반자, 벽체, 바닥 구조의 일부로 구성되는 내부 공기층은 제외한다)에 접한 부위, 외기가 직접 통하는 구조이나 실내공기의 배기를 목적으로 설치하는 샤프트 등에 면한 부위, 지면 또는 토양에 면한 부위를 말한다.

아. "방풍구조"라 함은 출입구에서 실내외 공기 교환에 의한 열출입을 방지할 목적으로 설치하는 방풍실 또는 회전문 등을 설치한 방식을 말한다.

자. "기밀성 창", "기밀성 문"이라 함은 창 및 문으로서 한국산업규격(KS) F 2292 규정에 의하여 기밀성 등급에 따른 기밀성이 1~5등급(통기량 $5m^3/h \cdot m^2$ 미만)인 것을 말한다.

차. "외단열"이라 함은 건축물 각 부위의 단열에서 단열재를 구조체의 외기측에 설치하는 단열방법으로서 모서리 부위를 포함하여 시공하는 등 열교를 차단한 경우를 말한다.

절약설계

카. "방습층"이라 함은 습한 공기가 구조체에 침투하여 결로 발생의 위험이 높아지는 것을 방지하기 위해 설치하는 투습도가 24시간당 30g/㎡ 이하 또는 투습계수 0.28g/㎡·h·mmHg 이하의 투습저항을 가진 층을 말한다. (시험방법은 한국산업규격 KS T 1305 방습포장재료의 투습도 시험방법 또는 KS F 2607 건축 재료의 투습성 측정 방법에서 정하는 바에 따른다) 다만, 단열재 또는 단열재의 내측에 사용되는 마감재가 방습층으로서 요구되는 성능을 가지는 경우에는 그 재료를 방습층으로 볼 수 있다.

타. "평균 열관류율"이라 함은 지붕(천창 등 투명 외피부위를 포함하지 않는다), 바닥, 외벽(창 및 문을 포함한다) 등의 열관류율 계산에 있어 세부 부위별로 열관류율 값이 다를 경우 이를 면적으로 가중평균하여 나타낸 것을 말한다. 단, 평균열관류율은 중심선 치수를 기준으로 계산한다.

파. 별표1의 창 및 문의 열관류율 값은 유리와 창틀(또는 문틀)을 포함한 평균 열관류율을 말한다.

하. "투광부"라 함은 창, 문면적의 50% 이상이 투과체로 구성된 문, 유리블럭, 플라스틱패널 등과 같이 투과재료로 구성되며, 외기에 접하여 채광이 가능한 부위를 말한다.

거. "태양열취득률(SHGC)"이라 함은 입사된 태양열에 대하여 실내로 유입된 태양열취득의 비율을 말한다.

너. "일사조절장치"라 함은 태양열의 실내 유입을 조절하기 위한 차양, 구조체 또는 태양열취득률이 낮은 유리를 말한다. 이 경우 차양은 설치위치에 따라 외부 차양과 내부 차양 그리고 유리간 차양으로 구분하며, 가동여부에 따라 고정형과 가동형으로 나눌 수 있다.

3) 전기설비부문
① 변압기는 고효율제품으로 설치하였다.(신설 또는 교체 변압기만 해당)
② 전동기에는 기본공급약관 시행세칙 별표6에 따른 역률개선용커패시터(콘덴서)를 전동기별로 설치하였다.(소방설비용 전동기 및 인버터 설치 전동기는 제외하며, 신설 또는 교체 전동기만 해당)
③ 간선의 전압강하는 한국전기설비규정에 따라 설계하였다.
④ 조명기기중 안정기내장형램프, 형광램프를 채택할 때에는 산업통상자원부 고시 「효율관리기자재 운용규정」에 따른 최저소비효율기준을 만족하는 제품을 사용하고, 주차장 조명기기 및 유도등은 고효율제품에 해당하는 LED 조명을 설치하였다.
⑤ 공동주택의 각 세대내 현관, 숙박시설의 객실 내부입구 및 계단실을 건축 또는 변경하는 경우 조명기구는 일정시간 후 자동 소등되는 조도자동조절 조명기구를 채택하였다.
⑥ 거실의 조명기구는 부분조명이 가능하도록 점멸회로를 구성하였다.(공동주택 제외)
⑦ 공동주택 세대별로 일괄소등스위치를 설치하였다.(전용면적 $60m^2$ 이하의 주택은 제외)
⑧ 법 제14조의2의 용도에 해당하는 공공건축물로서 에너지성능지표 전기설비부문 8번 항목 배점을 0.6점 이상 획득하였다. 다만, 「공공기관 에너지이용 합리화 추진에 관한 규정」제6조제3항의 규정을 적용받는 건축물의 경우에는 해당 항목 배점을 1점 획득하여야 한다.

2. 에너지 절약설계기준 권장 사항 - 건축부문
1) 배치계획
① 건축물은 대지의 향, 일조 및 주풍향 등을 고려하여 배치하며, 남향 또는 남동향 배치를 한다.
② 공동주택은 인동간격을 넓게 하여 저층부의 태양열 취득을 최대한 증대시킨다.
2) 평면계획
① 거실의 층고 및 반자 높이는 실의 용도와 기능에 지장을 주지 않는 범위 내에서 가능한 낮게 한다.
② 건축물의 체적에 대한 외피면적의 비 또는 연면적에 대한 외피면적의 비는 가능한 작게 한다.
③ 실의 냉난방 설정온도, 사용스케줄 등을 고려하여 에너지절약적 조닝계획을 한다.

절약설계

3) 단열계획

① 건축물 용도 및 규모를 고려하여 건축물 외벽, 천장 및 바닥으로의 열손실이 최소화되도록 설계한다.

② 외벽 부위는 외단열로 시공한다.

③ 외피의 모서리 부분은 열교가 발생하지 않도록 단열재를 연속적으로 설치하고, 기타 열교부위는 별표11의 외피 열교부위별 선형 열관류율 기준에 따라 충분히 단열되도록 한다. 건물의 창 및 문은 가능한 작게 설계하고, 특히 열손실이 많은 북측 거실의 창 및 문의 면적은 최소화한다.

④ 발코니 확장을 하는 공동주택이나 창 및 문의 면적이 큰 건물에는 단열성이 우수한 로이(Low-E) 복층창이나 삼중창 이상의 단열성능을 갖는 창을 설치한다.

⑤ 태양열 유입에 의한 냉·난방부하를 저감 할 수 있도록 일사조절장치, 태양열취득률(SHGC), 창 및 문의 면적비 등을 고려한 설계를 한다. 건축물 외부에 일사조절장치를 설치하는 경우에는 비, 바람, 눈, 고드름 등의 낙하 및 화재 등의 사고에 대비하여 안전성을 검토하고 주변 건축물에 빛반사에 의한 피해 영향을 고려하여야 한다.

⑤ 건물 옥상에는 조경을 하여 최상층 지붕의 열저항을 높이고, 옥상면에 직접 도달하는 일사를 차단하여 냉방부하를 감소시킨다.

4) 기밀계획

① 틈새바람에 의한 열손실을 방지하기 위하여 외기에 직접 또는 간접으로 면하는 거실 부위에는 기밀성 창 및 문을 사용한다.

② 공동주택의 외기에 접하는 주동의 출입구와 각 세대의 현관은 방풍구조로 한다.

③ 기밀성을 높이기 위하여 외기에 직접 면한 거실의 창 및 문 등 개구부 둘레를 기밀테이프 등을 활용하여 외기가 침입하지 못하도록 기밀하게 처리한다.

5) 자연채광계획

• 자연채광을 적극적으로 이용할 수 있도록 계획한다. 특히 학교의 교실, 문화 및 집회시설의 공용부분(복도, 화장실, 휴게실, 로비 등)은 1면 이상 자연채광이 가능하도록 한다.

Ⅵ. 에너지성능지표(Energy Performance Index)

1. 항목 및 배점

항목	기본배점 (a)				배점 (b)					평점 (a*b)	근거
	비주거		주거		1점	0.9점	0.8점	0.7점	0.6점		
	대형 (3,000m² 이상)	소형 (500~3,000m² 미만)	주택 1	주택 2							

절약설계

- 평균 열관류율
- 외벽, 지붕 및 최하층 거실 바닥의 평균열관류율이란 거실 또는 난방 공간의 외기에 직접 또는 간접으로 면하는 각 부위들의 열관류율을 면적 가중 평균하여 산출한 값을 말한다.

- 에너지성능지표에서 각 항목에 적용되는 설비 또는 제품의 성능이 일정하지 않을 경우에는 각 성능을 용량 또는 설치 면적에 대하여 가중평균한 값을 적용한다. 또한 각 항목에 대상 설비 또는 제품이 "또는"으로 연결되어 2개 이상 해당될 경우에는 그 중 하나만 해당되어도 배점은 인정된다.
- 평균열관류율의 단위는 $W/m^2 \cdot K$를 사용하며, 이를 $kcal/m^2 \cdot h \cdot ℃$로 환산할 경우에는 다음의 환산 기준을 적용한다.
$1 [W/m^2 \cdot K] = 0.86 [kcal/m^2 \cdot h \cdot ℃]$
- "평균열관류율"이라 함은 거실부위의 지붕(천창 등 투명 외피부위를 포함하지 않는다.), 바닥, 외벽(창을 포함한다) 등의 열관류율 계산에 있어 세부 부위별로 열관류율 값이 다를 경우 이를 평균하여 나타낸 것을 말하며, 계산방법은 다음과 같다.
- 주택 1 : 난방(개별난방, 중앙집중식 난방, 지역난방)적용 공동주택
- 주택 2 : 주택 1 + 중앙집중식 냉방적용 공동주택

2. 평균 열관류율의 계산법

건축물의 구분	계 산 법
거실의 외벽 (창포함) (Ue)	$Ue = [\Sigma(방위별 외벽의 열관류율 \times 방위별 외벽 면적) + \Sigma(방위별 창 및 문의 열관류율 \times 방위별 창 및 문의 면적)] / (\Sigma방위별 외벽 면적 + \Sigma방위별 창 및 문의 면적)$
최상층에 있는 거실의 반자 또는 지붕 (Ur)	$Ur = \Sigma(지붕 부위별 열관류율 \times 부위별 면적) / (\Sigma지붕 부위별 면적)$ ☞ 천창 등 투명 외피부위는 포함하지 않음
최하층에 있는 거실의 바닥 (Uf)	$Uf = \Sigma(최하층 거실의 바닥 부위별 열관류율 \times 부위별 면적) / (\Sigma최하층 거실의 바닥 부위별 면적)$

- 평균 열관류율 계산은 외기에 간접적으로 면한 부위에 대해서는 적용된 열관류율 값에 외벽, 지붕, 바닥부위는 0.7을 곱하고, 창 및 문부위는 0.8을 곱하여 평균 열관류율의 계산에 사용
- 복합용도의 건축물 등이 수직 또는 수평적으로 용도가 분리되어 당해 용도 건축물의 최상층 거실 상부 또는 최하층 거실 바닥부위 및 다른 용도의 공간과 면한 벽체 부위가 외기에 직접 또는 간접으로 면하지 않는 부위일 경우의 열관류율은 0으로 적용
- 기밀성 등급 및 통기량 배점 산정 시, 1~5등급 이외의 경우는 0점으로 적용하고 가중평균 값을 적용한다. 다만 제6조제1호가목에 해당하는 창 및 문의 경우는 평가 대상에서 제외

3. 거실 외피면적당 평균 태양열취득의 계산법

건축물의 구분	계 산 법
거실 외피면적당 평균 태양열취득	Σ(해당방위의 수직면 일사량 × 해당방위의 일사조절장치의 태양열취득률 × 해당방위의 거실 투광부 면적) / 거실 외피면적의 합

- 일사조절장치의 태양열취득률 = 수평 고정형 외부차양의 태양열취득률 × 수직 고정형 외부차양의 태양열취득률 × 가동형 차양의 설치위치에 따른 태양열취득률 × 투광부의 태양열취득률
- 투광부의 태양열취득률(SHGC) = 유리의 태양열취득률(SHGC) × 창틀계수
- 여기서, 창틀계수 = 유리의 투광면적(m^2) / 창틀을 포함한 창면적(m^2)
- 창틀의 종류 및 면적이 정해지지 않은 경우에는 창틀계수를 0.90으로 가정
- 가동형 차양의 설치위치에 따른 태양열취득률은 KS L 9107 규정에 따른 시험성적서에 제시된 값을 사용투광부의 가시광선투과율은 복층유리의 경우 40% 이상, 3중유리의 경우 30% 이상, 4중유리 이상의 경우 20% 이상이 되도록 설계하거나 유리의 태양열취득률의 1.2배 이상이어야 한다.

Ⅶ. 건축물 에너지 소비 총량제

1) 적용대상

① 「건축법 시행령」 별표1에 따른 업무시설 중 연면적의 합계가 3,000m^2 이상인 건축물

② 「건축법 시행령」 별표1에 따른 교육연구시설 중 연면적의 합계가 3,000m^2 이상인 건축물

- 건축물의 에너지소요량 평가서는 단위면적당 1차 에너지소요량의 합계가 200kWh/m^2년 미만일 경우 적합한 것으로 본다. 다만, 공공기관 건축물은 140kWh/m^2년 미만일 경우 적합한 것으로 본다.

2) 에너지소요량의 평가방법

- 건축물 에너지소요량은 ISO 52016 등 국제규격에 따라 난방, 냉방, 급탕, 조명, 환기 등에 대해 종합적으로 평가하도록 제작된 프로그램에 따라 산출된 연간 단위면적당 1차 에너지소요량 등으로 평가하며, 별표10의 평가기준과 같이 한다.

절약설계

- 거실 외피면적당 평균 태양열취득
- 채광창을 통하여 거실로 들어오는 태양열취득의 합을 거실 외피면적의 합으로 나눈 비율을 나타낸 것을 말하며, 계산방법은 다음과 같다. 단, 외피면적 계산시 지붕과 바닥은 제외한다.

절약설계

Ⅷ. 에너지절약형 친환경주택의 건설기준-22.05.02

1. 친환경주택 구성기술 요소

1) 저에너지 건물 조성기술
  - 고단열·고기능 외피구조, 기밀설계, 일조확보, 친환경자재 사용 등을 통해 건물의 에너지 및 환경부하를 절감하는 기술

2) 고효율 설비기술
  - 고효율열원설비, 최적 제어설비, 고효율환기설비 등을 이용하여 건물에서 사용하는 에너지량을 절감하는 기술

3) 신·재생에너지 이용기술
  - 태양열, 태양광, 지열, 풍력, 바이오매스 등의 신·재생에너지를 이용하여 건물에서 필요한 에너지를 생산·이용하는 기술

4) 외부환경 조성기술
  - 자연지반의 보존, 생태면적율의 확보, 미기후의 활용, 빗물의 순환 등 건물외부의 생태적 순환기능의 확보를 통해 건물의 에너지부하를 절감하는 기술

5) 에너지절감 정보기술
  - 건물에너지 정보화 기술, LED 조명, 자동제어장치 및 지능형전력망 연계기술 등을 이용하여 건물의 에너지를 절감하는 기술

2. 설계방향

1) 토지의 원형 보존
  - 토지의 절·성토량을 최소화하고 토양의 특성을 고려한 계획을 수립함으로써 생태환경과 주변 생태자원들의 높은 질을 유지하기 위해 자연지반 보존율을 최대한 확보하도록 한다.

2) 개발밀도
  - 기존의 생태자원의 용량산정을 기반으로 대상지가 감당할 수 있는 개발밀도를 산정하여 장기적인 관점에서 인간의 개발이 적정수준을 넘어서지 않도록 한다.

3) 생태기능 확보
  - 토양기능, 미기후조절 및 대기의 질 개선기능, 물순환 기능, 또는 동식물 서식처 기능 등 생태적 기능을 가지는 생태면적율을 최대한 확보하도록 한다.

4) 일사·일조 활용
  - 주거단지 내의 모든 건물은 난방, 조명부하 등을 줄이기 위해 최대한 남향으로 배치하고, 세대에서의 연속일조를 최대한 확보할 수 있도록 설계한다.

5) 신·재생에너지 설치를 위한 주동배치
  - 신·재생에너지를 설치할 경우에는 신·재생에너지 시설의 생산효율성을 높이는데 장애가 되지 않도록 최적의 위치에 설치하여야 한다.

절약설계

6) 바람길을 고려한 주동배치
- 바람길은 단지 내의 냉방부하를 줄이기 위해 조성하며, 단지 전체에 통풍이 잘 되도록 주동을 배치한다.

7) 미기후의 개선
- 미기후를 최대한 개선하기 위해 단지 내 활용 가능한 수자원을 이용하여 온·습도를 유지하거나 생태녹지의 조성으로 공기를 신선하게 유지하는 기법 등을 도입하여 단지가 건강하게 숨쉴 수 있도록 계획한다.

8) 폐기물의 재활용
- 단지 내에서 배출되는 생활폐기물은 분리수거하여 재활용하고, 음식물쓰레기는 분리수거 또는 감량화하거나 에너지자원으로 활용하도록 한다.

9) 빗물의 재활용
- 빗물이용은 개발로 인해 왜곡된 물순환을 건전화하고 빗물순환을 복원하기 위한 것으로, 단지 내에서 최대한 저장하여 활용하거나 지반으로 침투시키는 방식을 도입하도록 한다.

10-56	녹색건축 인증제(친환경건축물)	
No. 856	Green Building	유형: 제도 · 기준

절약설계

절약설계
Key Point

■ 국가표준
- 녹색건축인증기준

■ Lay Out
- 인증대상 및 기준
- 예비인증 본인증 절차
- 인증심사기준

■ 핵심 단어
- 지속가능
- 환경성능

■ 연관용어
- 친환경 건축인증
- 주택성능평가제도
- 그린리모델링
- 바닥충격음 성능등급
- 장수명건축인증

I. 정 의

① 녹생건축인증: 지속가능한 개발의 실현을 목표로 인간과 자연이 공생활 수있도록 건축물의 입지, 자재선정, 시공, 유지관리, 폐기 등 LCC를 대상으로 환경에 영향을 미치는 요소를 평가, 건축물의환경성능을 인증하는 제도

② 환경건축물: 지속가능한 개발의 실현을 목표로 인간과 자연이 서로 친화하며 공생할 수 있도록 계획 · 설계되고 에너지와 자원 절약 등을 통하여 환경오염부하를 최소화함으로써 쾌적하고 건강한 거주환경을 실현한 건축물

II. 인증대상 및 기준

1) 인증등급별 점수기준

구분		최우수 (그린1등급)	우수 (그린2등급)	우량 (그린3등급)	일반 (그린4등급)
신축	주거용 건축물	74점 이상	66점 이상	58점 이상	50점 이상
	단독주택	74점 이상	66점 이상	58점 이상	50점 이상
	비주거용 건축물	80점 이상	70점 이상	60점 이상	50점 이상
기존	주거용 건축물	69점 이상	61점 이상	53점 이상	45점 이상
	비주거용 건축물	75점 이상	65점 이상	55점 이상	45점 이상
그린 리모델링	주거용 건축물	69점 이상	61점 이상	53점 이상	45점 이상
	비주거용 건축물	75점 이상	65점 이상	55점 이상	45점 이상

[비고]
복합건축물이 주거와 비주거로 구성되었을 경우에는 바닥면적의 과반 이상을 차지하는 용도의 인증등급별 점수기준을 따른다.

절약설계

인센티브

- 공동주택성능등급 점수에 따른 기본형건축비 가산비용
- 총 점수의 60% 이상: 가산비율 4%
- 총 점수의 56~60 미만: 가산비율 3%
- 총 점수의 53~56 미만: 가산비율 2%
- 총 점수의 50~53 미만: 가산비율 1%

인증유효기간

- 예비인증
- 인증일자로부터 사용검사 또는 사용승인 완료
- 인증 :
- 인증일자로부터 5년
- 인증유효기간 연장
- 인증만료일 180일 신청(5년 기간 연장), 유효기간 경과 건축물은 (인증서 발급일 부터 5년)

2) 인증대상

- 신축건축물
  - 주거용 건축물(공동주택, 일반주택), 단독주택
  - 비주거용 건축물(일반건축물, 업무용건축물, 학교시설, 숙박시설, 판매시설)
- 기존건축물
  - 주거용 건축물(공동주택, 일반주택), 단독주택
  - 비주거용 건축물(일반건축물, 업무용건축물, 학교시설, 숙박시설, 판매시설)
- 그린리모델링
  - 주거용건축물, 비주거용건축물

※ 인증의무대상: 공공기관에서 발주하는 연면적 $3,000m^2$ 이상 건축물

3) 인증관련 인센티브

구분		녹색건축인증	
		최우수등급	우수등급
에너지효율등급 1+등급	건축기준완화(용적률, 건축물의 높이)	9(%)	6(%)
	취득세경감	10(%)	5(%)
	재산세경감	7(%)	7(%)
에너지효율등급 1등급	건축기준완화(용적률, 건축물의 높이)	6(%)	3(%)
	취득세경감	5(%)	3(%)
	재산세경감	7(%)	3(%)
	주택건설사업기반 시설기부채납부담경감	10(%)	7(%)
에너지효율등급 2등급	주택건설사업기반 시설기부채납부담경감	7(%)	5(%)
인증등급에 따른 가산점	조달청 건설사업 PQ가산점 제도	1.0점	0.5점

Ⅲ. 예비인증, 본인증 절차

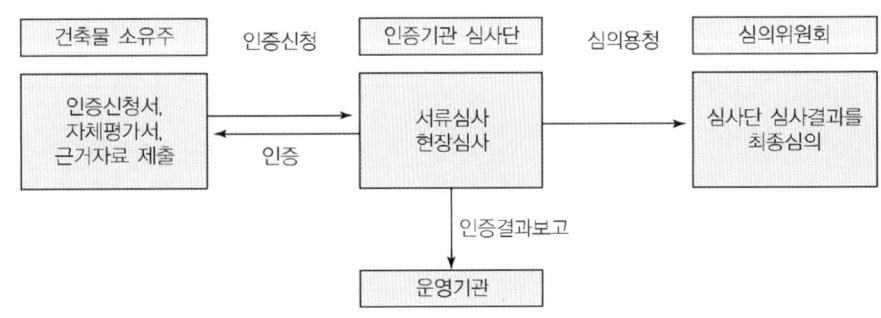

VI. 인증심사기준-신축 주거용 건축물

절약설계

전문분야		인증 항목	구분	배점	일반 주택[1]	공동 주택[2]
1. 토지이용 및 교통	1.1	기존대지의 생태학적 가치	평가항목	2	●	●
	1.2	과도한 지하개발 지양	평가항목	3	●	●
	1.3	토공사 절성토량 최소화	평가항목	2	●	●
	1.4	일조권 간섭방지 대책의 타당성	평가항목	2	●	●
	1.5	단지 내 보행자 전용도로 조성과 외부보행자 전용도로와의 연결	평가항목	2		●
	1.6	대중교통의 근접성	평가항목	2	●	●
	1.7	자전거주차장 및 자전거도로의 적합성	평가항목	2	●	●
	1.8	생활편의시설의 접근성	평가항목	1	●	●
2. 에너지 및 환경오염	2.1	에너지 성능	필수항목	12	●	●
	2.2	에너지 모니터링 및 관리지원 장치	평가항목	2	●	●
	2.3	신·재생에너지 이용	평가항목	3	●	●
	2.4	저탄소 에너지원 기술의 적용	평가항목	1		●
	2.5	오존층 보호 및 지구온난화 저감	평가항목	2	●	●
3. 재료 및 자원	3.1	환경성선언 제품(EPD)의 사용	평가항목	4	●	●
	3.2	저탄소 자재의 사용	평가항목	2	●	●
	3.3	자원순환 자재의 사용	평가항목	2	●	●
	3.4	유해물질 저감 자재의 사용	평가항목	2	●	●
	3.5	녹색건축자재의 적용 비율	평가항목	4	●	●
	3.6	재활용가능자원의 보관시설 설치	필수항목	1	●	●
4. 물순환 관리	4.1	빗물관리	평가항목	5	●	●
	4.2	빗물 및 유출지하수 이용	평가항목	4	●	●
	4.3	절수형 기기 사용	필수항목	3	●	●
	4.4	물 사용량 모니터링	평가항목	2	●	●
5. 유지관리	5.1	건설현장의 환경관리 계획	평가항목	2	●	●
	5.2	운영·유지관리 문서 및 매뉴얼 제공	필수항목	2	●	●
	5.3	사용자 매뉴얼 제공	평가항목	2	●	●
	5.4	녹색건축인증 관련 정보제공	평가항목	3	●	●
6. 생태환경	6.1	연계된 녹지축 조성	평가항목	2		●
	6.2	자연지반 녹지율	평가항목	4	●	●
	6.3	생태면적률	필수항목	10	●	●
	6.4	비오톱 조성	평가항목	4		●

전문분야		인증 항목	구분	배점	일반주택[1]	공동주택[2]
절약설계						
7. 실내환경	7.1	실내공기 오염물질 저방출 제품의 적용	필수항목	6	●	●
	7.2	자연 환기성능 확보	평가항목	2	●	●
	7.3	단위세대 환기성능 확보	평가항목	2	●	●
	7.4	자동온도조절장치 설치 수준	평가항목	1	●	●
	7.5	경량충격음 차단성능	평가항목	2	●	●
	7.6	중량충격음 차단성능	평가항목	2	●	●
	7.7	세대 간 경계벽의 차음성능	평가항목	2	●	●
	7.8	교통소음(도로, 철도)에 대한 실내·외 소음도	평가항목	2	●	●
	7.9	화장실 급배수 소음	평가항목	2	●	●
8. 주택성능 분야[3]	8.1	내구성	−	−		●
	8.2	가변성	−	−		●
	8.3	단위세대의 사회적 약자배려	−	−		●
	8.4	공용공간의 사회적 약자배려	−	−		●
	8.5	커뮤니티 센터 및 시설공간의 조성수준	−	−		●
	8.6	세대 내 일조 확보율	−	−		●
	8.7	홈네트워크 및 스마트홈	−	−		●
	8.8	방범안전 콘텐츠	−	−		●
	8.9	감지 및 경보설비	−	−		●
	8.10	제연설비	−	−		●
	8.11	내화성능	−	−		●
	8.12	수평피난거리	−	−		●
	8.13	복도 및 계단 유효너비	−	−		●
	8.14	피난설비	−	−		●
	8.15	수리용이성 전용부분	−	−		●
	8.16	수리용이성 공용부분	−	−		●
ID 혁신적인 설계	1.토지이용 및 교통	대안적 교통 관련 시설의 설치	가산항목	1	●	●
	2.에너지 및 환경오염	제로에너지건축물	가산항목	3	●	●
		외피·열교 방지	가산항목	1	●	●
	3.재료 및 자원	건축물 전과정평가 수행	가산항목	2	●	●
		기존 건축물의 주요구조부 재사용	가산항목	5	●	●
	4.물순환 관리	중수도 및 하·폐수처리수 재이용	가산항목	1	●	●
	5.유지관리	녹색 건설현장 환경관리 수행	가산항목	1	●	●
	6.생태환경	표토재활용 비율	가산항목	1	●	●
	녹색건축인증전문가[4]	녹색건축인증전문가의 설계 참여	가산항목	1	●	●
	혁신적인 녹색건축 계획 및 설계[5]	녹색건축 계획·설계 심의[6]를 통해 평가	가산항목	3	●	●

1) 일반주택은 「건축법시행령」 제3조의5에 따른 단독주택과 「주택법」 제15조에 따른 사업계획승인대상 공동주택을 제외한 주거용 건축물을 말한다.
2) 공동주택은 「주택법」 제15조에 따른 사업계획승인대상의 주택을 말한다.
3) '8.주택성능분야(15개 항목)'은 녹색건축인증 평가시 「주택건설기준 등에 관한 규칙」[별지 제1호서식] 공동주택성능등급 인증서에만 표시하고 인증평가를 위한 배점은 부여하지 않는다.
4) 녹색건축인증전문가는 규칙 제8조제3항에 따른 교육을 이수한 사람을 말한다.
5) 혁신적인 녹색건축 계획 및 설계 인증항목은 최우수 및 우수 등급으로 신청하는 건축물만 평가한다.
6) 녹색건축 계획·설계 심의는 인증심의위원회 4인 이상과 설계분야 전문가 1인으로 구성된 녹색건축 계획·설계 심의단을 통해 평가한다.

10-57	Zero energy Building	
No. 857	Passive House + Active house	유형: 제도 · 기준

절약설계

절약설계
Key Point

☑ **국가표준**
- 건축물 에너지효율등급 인증 및 제로에너지건축물 인증기준
- 공공기관 에너지이용 합리화 추진에 관한 규정
- 녹색건축물 조성 지원법 시행령

☑ **Lay Out**
- 제로에너지 빌딩기술
- 제로에너지건축물 인증기준
- 제로에너지건축물 인증등급

☑ **핵심 단어**
- 에너지 손실최소화

☑ **연관용어**
- 친환경 건축인증
- 에너지효율등급인증
- 주택성능평가제도
- 그린홈
- BIPV

Passive House 필수요소

- 고단열, 고기밀, 남향배치
- 열교방지
- 3중 고효율 유리창
- 폐열회수장치(실내 따뜻한 열을 차가운 외기와 섞어 회수, 순환)
- 외부차양

I. 정 의

고성능 단열재와 고기밀성 창호 등을 채택, 에너지 손실을 최소화하는 '패시브(Passive)기술'과 고효율기기와 신재생에너지를 적용한 '액티브(Active)기술'등으로 건물의 에너지 성능을 높여 사용자가 에너지를 효율적으로 사용할 수 있도록 건축한 빌딩

II. Zero Energy Building(Green Home) 기술

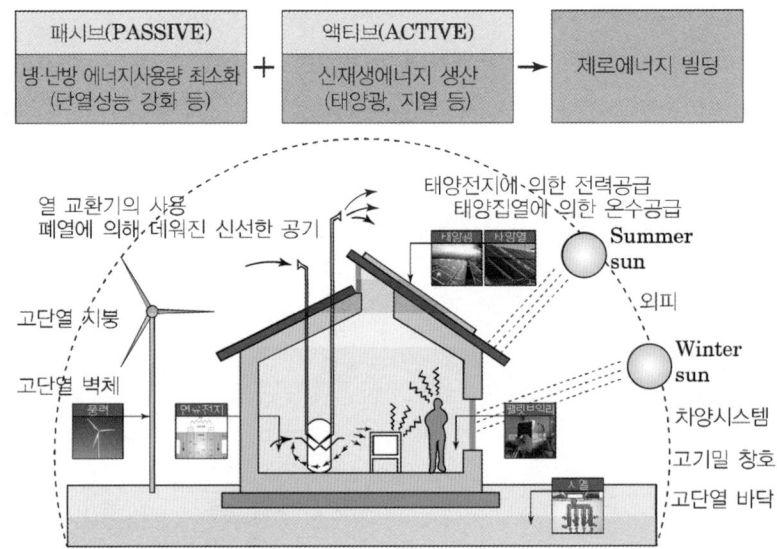

1) 건물 부하 저감 기술(Passive House)
   ① 수퍼단열
   ② 수퍼창호
   ③ 건물의 기밀화
   ④ 이중외피
2) 신재생에너지 사용(Active House)
   ① 자연형 태양열 시스템
   ② 설비형 태양열 시스템
   ③ 지열 히트펌프시스템
   ④ 펠릿보일러
   ⑤ 건물일체형 태양광 발전시스템(BIPV)

Ⅲ. 제로 에너지 건축물 인증기준

1) 건축물 에너지효율등급 : 인증등급 1++ 이상

2) 에너지자립률(%)

$$\frac{단위면적당\ 1차에너지생산량}{단위면적당\ 1차에너지소비량} \times 100$$

① 단위면적당 1차에너지 생산량(kWh/m² · 년) = 대지 내 단위면적당 1차에너지 순 생산량 + 대지 외 단위면적당 1차에너지 순 생산량 × 보정계수

② 단위면적당 1차에너지 순 생산량 = Σ[(신재생에너지 생산량 − 신 · 재생에너지 생산에 필요한 에너지소비량) × 해당 1차에너지 환산계수] / 평가면적

③ 보정계수

대지 내 에너지자립률	~10% 미만	10% 이상~ 15% 미만	15% 이상~ 20% 미만	20% 이상~
대지 외 생산량 가중치	0.7	0.8	0.9	1.0

• 대지 내 에너지자립률 산정 시 단위면적당 1차 에너지생산량은 대지 내 단위면적당 1차에너지 순 생산량만을 고려한다.

④ 단위면적당 1차에너지 소비량(kWh/m² · 년) = Σ(에너지소비량 × 해당 1차에너지 환산계수) / 평가면적

3) 건축물에너지관리시스템 또는 원격검침전자식 계량기 설치 확인

• 에너지성능지표 중 전기설비부문, 건축물에너지관리 시스템(BEMS) 또는 건축물에 상시 공급되는 모든 에너지원별 원격검침전자식 계량기 설치 여부

Ⅳ. 제로 에너지 건축물 인증등급

ZEB 등급	에너지 자립률
1 등급	에너지자립률 100% 이상
2 등급	에너지자립률 80 이상 ~ 100% 미만
3 등급	에너지자립률 60 이상 ~ 80% 미만
4 등급	에너지자립률 40 이상 ~ 60% 미만
5 등급	에너지자립률 20 이상 ~ 40% 미만

절약설계

제로 에너지빌딩 조건

• 고효율 저에너지 소비의 실현이다. 단열, 자연채광, 바닥난방, 고효율 전자기기 사용 등을 통해 일상생활에 필요한 난방, 조명 등의 에너지 소비를 최소화하는 것이 가장 기본적인 조건이다. 건물에 자체적인 에너지 생산 설비를 갖추어야 한다.

• 태양광, 풍력 등 자체적인 신재생에너지 생산 설비를 갖추고 생활에 필요한 에너지를 자체적으로 생산하는 것이 필요하다.

• 태양광, 풍력 등 신재생에너지는 계절이나 시간, 바람 등 외부 환경에 의해 에너지를 생산할 수 있는 양에 큰 편차가 존재한다. 바람이 잘 불거나 햇빛이 강할 때는 필요 이상의 에너지를 제공하다가 막상 바람이 멈추거나 밤이 되면 에너지를 생산할 수 없게 되므로 기존 전력망과의 연계를 통해 에너지를 주고받는 과정이 필요하다.

10-58	에너지 효율 등급 인증제도	
No. 858		유형: 제도·기준

절약설계

Key Point

☑ **국가표준**

– 건축물 에너지효율등급 인증 및 제로에너지건축물 인증기준
– 공공기관 에너지이용 합리화 추진에 관한 규정
– 녹색건축물 조성 지원법 시행령

☑ **Lay Out**

– 인증대상
– 인증등급

☑ **핵심 단어**

– 에너지 성능
– 에너지 절약기술

☑ **연관용어**

– 친환경 건축인증
– 주택성능평가제도

I. 정 의

에너지성능이 높은 건축물의 건축을 확대하고, 건축물 에너지관리를 효율화하고 합리적인 절약을 위해 건물에서 사용되는 에너지에 대한 정보를 제공하여 에너지 절약기술에 대한 투자를 유도하고 가시화 하여 에너지 절약에 인식을 재고함과 동시에 편안하고 쾌적한 실내환경을 제공하기 위한 제도

II. 건축물에너지효율등급 인증대상

1) 인증대상

- 실내 냉난방 온도 설정 조건을 만족하는 건축물 (연면적 $\frac{1}{2}$ 이상)
- 냉방 또는 난방 면적이 $500m^2$ 이상인 건축물
- 신축, 재축, 증축하는 건축물 (에너지절약계획서 제출대상 및 연면적 $3,000m^2$ 이상)

2) 인증의무대상

구분	적용대상	에너지효율등급
공공기관	연면적 $3,000m^2$ 이상 신축 및 별동 증축	1등급 이상
	공동주택/ 오피스텔	2등급 이상
시장형, 준시장형 공기업	연면적 $3,000m^2$ 이상 신축 및 별동 증축	1++ 등급 이상

III. 건축물 에너지효율등급 인증등급

등급	주거용 건축물 연간 단위면적당 1차에너지소요량 $(kWh/m^2 \cdot 년)$	주거용 이외의 건축물 연간 단위면적당 1차에너지소요량 $(kWh/m^2 \cdot 년)$
1+++	60 미만	80 미만
1++	60 이상 90 미만	80 이상 140 미만
1+	90 이상 120 미만	140 이상 200 미만
1	120 이상 150 미만	200 이상 260 미만
2	150 이상 190 미만	260 이상 320 미만
3	190 이상 230 미만	320 이상 380 미만
4	230 이상 270 미만	380 이상 450 미만
5	270 이상 320 미만	450 이상 520 미만
6	320 이상 370 미만	520 이상 610 미만
7	370 이상 420 미만	610 이상 700 미만

절약설계

- 주거용 건축물: 단독주택 및 공동주택(기숙사 제외)
- 비주거용 건축물: 주거용 건축물을 제외한 건축물
- 등외 등급을 받은 건축물의 인증은 등외로 표기한다.
- 등급산정의 기준이 되는 1차에너지소요량은 용도 등에 따른 보정계수를 반영한 결과이다

Ⅳ. 건축물 에너지효율등급 인증 기준

$$
\text{※ 단위면적당 에너지 소요량} = \frac{\text{냉방에너지소요량}}{\text{난방에너지가 요구되는 공간의 바닥면적}}
$$

$$
+ \frac{\text{냉방에너지소요량}}{\text{난방에너지가 요구되는 공간의 바닥면적}}
$$

$$
+ \frac{\text{급탕에너지소요량}}{\text{급탕에너지가 요구되는 공간의 바닥면적}}
$$

$$
+ \frac{\text{조명에너지소요량}}{\text{조명에너지가 요구되는 공간의 바닥면적}}
$$

$$
+ \frac{\text{환기에너지소요량}}{\text{환기에너지가 요구되는 공간의 바닥면적}}
$$

- 냉방설비가 없는 주거용 건축물(단독주택 및 기숙사를 제외한 공동주택)의 경우 냉방 평가 항목을 제외
- 단위면적당 1차에너지소요량 = 단위면적당 에너지소요량 × 1차에너지환산계수
- 신재생에너지생산량은 에너지소요량에 반영되어 효율등급 평가에 포함

10-59	공동주택성능등급의 표시	
No. 859	housing performance grading indication system	유형: 제도 · 기준

절약설계

절약설계
Key Point

■ **국가표준**
- 주택건설기준 등에 관한 규칙
- 주택건설기준등에 관한 규정
- 녹색건축 인증기준
- 주택법

■ **Lay Out**
- 공동주택성능등급

■ **핵심 단어**
- 인증기관에서 주택의 성능을 평가
- 등급표시

■ **연관용어**
- 친환경 건축인증
- 그린리모델링
- 바닥충격음 성능등급
- 장수명건축인증

I. 정 의

건설 주택의 품질을 향상하고 소비자에게 정확한 정보를 제공하기 위하여, 건설사가 입주자 모집 공고를 낼 때 인증 기관에서 주택의 성능을 평가받아 등급을 표시하도록 의무화한 제도

II. 공동주택성능등급

대분류	성능범주	세부성능항목	성능평가등급 (단지별 최소등급 표시)
1. 소음 관련 등급	1.1 경량충격음 차단성능		★★★★ ★★★ ★★ ★
	1.2 중량충격음 차단성능		〃
	1.3 화장실 급 · 배수소음		〃
	1.4 세대간 경계벽의 차음 성능		〃
	1.5 외부소음	1.5.1 교통소음(도로, 철도)에 대한 실내 · 외 소음	〃
2. 구조 관련 등급	2.1 가변성		〃
	2.2 수리용이성	전용부분	〃
	2.3 내구성		〃
	2.4 지속가능한 자원활용 (리모델링시에만 평가)	2.4.1 기존 건축물의 주요구조부 재사용으로 재료 및 자원의 절약	〃
		2.4.2 기존 건축물의 비내력벽 재사용으로 재료 및 자원의 절약	〃
3. 환경 관련 등급	3.1 조경	3.1.1 생태면적율	〃
		3.1.2 자연지반 녹지율	
		3.1.3 연계된 녹지축 조성	
		3.1.4 비오톱 조성	
	3.2 생태적 가치	3.2.1 기존대지의 생태학적 가치	
	3.3 인접대지 영향	3.3.1 일조권 간섭방지 대책의 타당성	
	3.4 세대내 일조 확보율		
	3.5 실내공기질	3.5.1 실내공기오염물질 저방출 제품의 적용	〃
		3.5.2 단위세대의 환기성능 확보 여부	〃
		3.5.3 자연통풍 확보 여부	〃
	3.6 폐기물 최소화	3.6.1 생활용 가구재 사용억제대책의 타당성	
	3.7 생활폐기물 분리수거	3.7.1 재활용 가능자원의 분리수거	
		3.7.2 음식물 쓰레기 저감	
	3.8 친환경인증제품 사용	3.8.1 유효자원 재활용을 위한 친환경인증제품 사용여부	
		3.8.2 재료의 탄소배출량 정보표시	
	3.9 우수부하 절감	3.9.1 우수부하 절감대책의 타당성	

절약설계	대분류	성능범주	세부성능항목	성능평가등급 (단지별 최소등급 표시)
	3. 환경 관련 등급	3.10 수자원 절약	3.10.1 생활용 상수 절감대책의 타당성	★★★★ ★★★ ★★ ★
			3.10.2 우수이용	〃
			3.10.3 중수도 설치	〃
		3.11 에너지 절약	3.11.1 에너지 성능	〃
		3.12 지속가능한 에너지원 사용	3.12.1 신·재생에너지 이용	〃
		3.13 지구온난화 방지	3.13.1 이산화탄소 배출저감	〃
			3.13.2 오존층 보호를 위하여 특정물 질의 사용금지	〃
	4. 생활 환경 등급	4.1 커뮤니티 센터 및 시 설·공간의 조성수준		〃
		4.2 보행자 도로	4.2.1 단지내 보행자 전용도로 조성여부	〃
			4.2.2 외부보행자 전용도로 네트워크 연계여부	〃
		4.3 교통부하 저감	4.3.1 대중교통에의 근접성	〃
			4.3.2 자전거 보관소 및 자전거 도로 설치여부	〃
			4.3.3 도시중심 및 지역중심과 단지중 심간의 거리	〃
		4.4 사회적 약자의 배려	4.4.1 전용부분	〃
			4.4.2 공용부분	〃
		4.5 홈네트워크	4.5.1 홈네트워크 종합시스템	〃
		4.6 온열환경	4.6.1 각 실별 자동온도 조절장치 채택 여부	〃
		4.7 방범안전	4.7.1 방범안전 콘텐츠	〃
		4.8 체계적인 현장관리	4.8.1 환경을 고려한 현장관리계획의 합리성	〃
		4.9 효율적인 건물관리	4.9.1 운영/유지관리 문서 및 지침제공 의 타당성	〃
			4.9.2 사용자 매뉴얼 제공	〃
	5.화재· 소방 등급	5.1 화재·소방	5.1.1 감지 및 경보설비	〃
			5.1.2 제연설비	〃
			5.1.3 내화 성능	〃
		5.2 피난안전	5.2.1 수평피난거리	〃
			5.2.2 복도 및 계단 유효폭	〃
			5.2.3 피난설비	

※ 세부 성능항목에 대한 성능등급은 공동주택 인증심사기준에 따라 평가하여 단지별 최소등급을 ★에서 ★★★★로 표시한다.

10-60	장수명 공동주택 인증제도	
No. 860		유형: 재료 · 기준

절약설계

절약설계
Key Point

■ 국가표준
– 장수명 주택 건설 · 인증 기준
– 주택건설기준 등에 관한 규정

■ Lay Out
– 장수명 주택 개념
– 생애주기 비교
– 인증기준의 평가
– 건설기준
– 인증기준
– 평가항목에 따른 점수

■ 핵심 단어
– 내구성을 높이고
– 가변성
– 수리용이성

■ 연관용어
– 친환경 건축인증
– 주택성능평가제도
– 그린리모델링
– 바닥충격음 성능등급

I. 정 의

구조적으로 장수명화가 될 수 있도록 내구성을 높이고 입주자의 필요에 따라 내부구조를 변경할 수 있는 가변성을 향상시키면서 설비나 내장의 노후화, 고장 등에 대비하여 점검 · 보수 · 교체 등의 유지관리가 쉽게 이루어질 수 있도록 수리용이성을 갖추어 우수한 주택을 확보하기위한 인증제도

II. 장수명 주택 개념

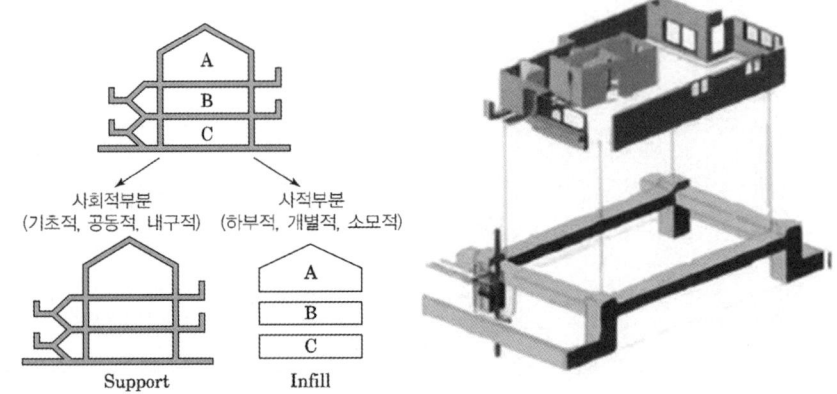

III. 생애주기 비교

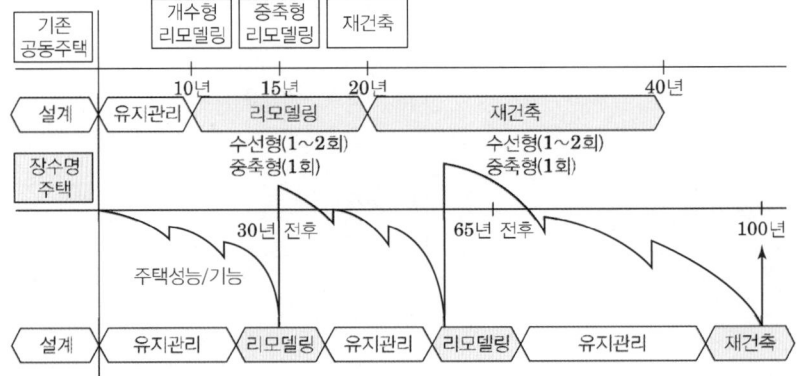

IV. 장수명 주택 인증기준의 평가

1) 내구성
① 건축물 또는 그 부위의 열화에 대한 저항성
② 철근콘크리트 공동주택의 경우 철근의 피복두께와 콘크리트 품질이 우수한 성능

절약설계

2) 가변성
① 건축물의 구조적인 안정성을 유지하는 범위 내에서 사회적인 변화, 기술변화, 세대변화, 가족구성 변화 및 다양성을 수용할 수 있는 공간성능
② 서포트의 구조방식과 층고, 내장벽체의 재료와 설치 구법, 부엌과 욕실·화장실 배관 구법과 이동, 이중바닥, 외벽 등에 대한 공간 활용성이 높은 성능

3) 수리 용이성
① 건축물의 구조적인 안정성을 유지하는 범위 내에서 공용부분과 전용부분의 개보수 및 점검이 용이
② 공간변화와 미래수요변화 및 다양화에 대한 대응성이 높은 성능

V. 장수명 주택 건설기준

① 물리적인 수명과 기능적인 수명을 높여 계획하고 건설
② 구조체 등 서포트의 내구성능을 높이는 것을 기본으로 하며, 수명이 짧은 내장과 전용설비 등의 인필은 구조체 속에 매설하지 않고 분리
③ 가변성을 향상시키기 위해서는 세대내부 공간에 내력벽 등의 가변성에 방해가 되는 구조요소가 적은 기둥을 중심으로 하는 구조방식을 채택
④ 기능적인 장수명화를 위해서는 시대 변화, 거주자 변화, 가족구성 변화, 생활 주기(Life cycle)나 생활 양식(Life style) 변화에 유연하게 대응할 수 있도록 가변성을 갖추어야 한다.
⑤ 설비나 내장의 노후화, 고장 등에 대비하여 점검·보수·교체 등의 유지관리가 쉽게 이루어질 수 있도록 수리용이성을 갖추어야 한다.
⑥ 공간계획에서도 다양한 평면구성과 단면의 변화형이 생길 수 있도록 고려하며, 수용력이 큰 평면계획으로 한다.
⑦ 가변이 용이한 내장벽체 등의 사용을 고려하며 내장벽체는 기능과 장소에 따라 이동 가능하도록 공법을 배려
⑧ 화장실·욕실과 부엌 등 물을 사용하는 공간은 가변에 부정적인 영향을 미칠 수 있으므로 이동할 수 있는 공법 등을 채택
⑨ 층고에 대한 검토와 물 사용공간의 이동에 대비한 배관의 변경 용이성을 고려한 바닥시스템을 검토
⑩ 외관의 다양성을 고려한 외벽의 교체 가능성도 검토
⑪ 점검과 교체를 위하여 공용설비는 공용부분에 배치하여 독립성을 확보하며, 개보수가 용이하도록 한다.
⑫ 1세대 공간의 분할과 2세대 공간의 통합 등을 고려하여 공간의 변화와 설비계획이 연계성을 갖도록 한다.
⑬ 배관공간은 점검·보수·교체가 가능하도록 점검구를 배치

절약설계

Ⅵ. 장수명 주택 인증기준

1) 내구성

① 평가등급

등급	등급표시	등급기준
1급	★★★★	내용연수 100년 이상
2급	★★★	내용연수 65년 이상 100년 미만
3급	★★	내용연수 30년 이상 65년 미만
4급	★	내용연수 30년 미만

② 평가기준

항 목				성능등급			
				1급	2급	3급	4급
① 철근의 피복두께 (mm)	일반 지역	흙에 접하지 않는 부분	지붕슬래브·바닥슬래브 벽체	실내	2급 기준을 만족하고, 국토교통부에서 지정하는 "건설신기술"을 흙에 접하는 부분에 적용	40	30	30
				실외		50 (마감면40)	40 (마감면30)	
			기둥·보	실내		50	50	50
				실외		60 (마감면50)	50 (마감면40)	
		흙에 접하는 부분	바닥슬래브·내력벽·기둥·보			60	50	50
			기초·옹벽			80	70	70
	염해 위험 지역	S4				90	90	80
		S3				90	80	70
		S2				80 (마감면70)	70 (마감면60)	60 (마감면50)
		S1				60	50	40

※ 철근의 최소 피복두께는 상기(피복두께) 치수에서 10mm를 공제한 값임
※ 철근의 피복두께 3급과 4급에서 각각 기준을 만족하고, 국토교통부에서 지정하는 "건설신기술"을 흙에 접하는 부분에 추가적으로 적용 시 한 등급씩 상향
※ "건설신기술"은 철근의 방청과 관련된 기술 분야 (방식피복, 방청 혼화제, 전기방식, 방청 철근, 중성화 억제, 방수재 등)로 함.

절약설계

		30MPa 이상	27MPa 이상	24MPa이상	21MPa 이상
콘크리트 품질	② 설계기준강도(fck)	품질관리기준			
		1회의 시험결과 1fck 이상, 3회의 시험결과 1fck 이상	1회의 시험결과 0.90fck 이상, 3회의 시험결과 1fck 이상	1회의 시험결과 0.85fck 이상, 3회의 시험결과 1fck 이상	
	③ 슬럼프	표준 12cm 이하	15cm 이하	18cm 이하	
		유동화 콘크리트 18cm 이하	21cm 이하		
		* 슬럼프의 허용 범위 : ±2.5cm ** 설계기준강도 40MPa 이상의 고강도 콘크리트는 슬럼프 평가 제외			
	④ 단위결합재량	$330kg/m^3$ 이상	$300kg/m^3$ 이상		$270kg/m^3$ 이상
	⑤ 물결합재비 일반지역	55%이하	60%이하	65%이하	
	⑤ 물결합재비 염해위험지역	S4 : 40% 이하 S3 : 45% 이하 S2 : 50% 이하 S1 : 55% 이하		S4 : 45% 이하 S3 : 50% 이하 S2 : 55% 이하 S1 : 60% 이하	
	⑥ 공기량	4.0~6.0%			
		* 공기량의 허용 범위 : ± 1.5% ** 설계기준강도 40MPa 이상의 고강도 콘크리트는 공기량 평가 제외			
	⑦ 염화물량	$0.1kg/m^3$ 이하	$0.2kg/m^3$ 이하		$0.3kg/m^3$ 이하

③ 평가방법
- 평가대상 항목의 어떤 한 부분이라도 아래 등급에 해당할 경우, 가장 낮은 등급을 부여한다. (예, 모든 평가항목이 3급이지만 설계기준강도가 21MPa에 해당하는 4급이면 평가등급은 4급이 된다.)
- 설계기준강도는 건축물 높이에 따라 설계기준강도를 달리할 경우 가장 낮은 설계기준강도를 적용한다. (예, 하부 27MPa, 상부 24MPa일 경우 24MPa를 적용)

절약설계

2) 가변성

① 평가등급

등급	등급표시	등급기준	평가항목 총점 (평가기준배점 합산)
1급	★★★★	필수항목 각 3급 이상+선택항목	40점 이상
2급	★★★	필수항목 각 3급 이상+선택항목	30-39점
3급	★★	필수항목 각 4급 이상+선택항목	20-29점
4급	★	필수항목 4급+선택항목	10-19점

② 평가기준

항목			배점	
서포트-구조방식 [15점]	필수①	내력벽 및 기둥의 길이 비율(%) $\dfrac{\text{세대내부 내력벽 및 기둥의 길이}}{\text{세대내부 전체벽 및 기둥의 길이}} \times 100$ ※ 내력벽 및 기둥의 길이비율 산정은 세대내부를 기준으로 하며, 전체 세대를 대상으로 평가하여 가장 낮은 등급으로 인정함 ※ "벽 및 기둥의 길이"는 장변의 길이로 산출함	15	
			1급	10% 미만	15
			2급	10%이상~40% 미만	13
			3급	40%이상~70% 미만	10
			4급	70%이상~90%미만	7
			※ 일반세대의 내력벽 및 기둥의 비율 평가 결과와 원룸세대의 세대간 경계벽의 비내력 비율에 따른 평가결과를 비교하여 낮은 등급을 최종등급으로 부여. ※ 원룸 인접세대 경계벽의 비내력벽 적용 비율 3급 50% 이상 / 4급 50% 미만	
인필-벽체재료 및 시공방법 [13점]	필수②	세대내부 총 내부벽량 중 건식 벽체 비율(%) $\dfrac{\text{세대내부 건식벽 길이}}{\text{세대내부 전체벽 길이}} \times 100$ -욕실/실내 PS, 실외기실 제외	5	
			1급	90% 이상	5
			2급	70% 이상~90% 미만	4
			3급	30% 이상~70% 미만	3
			4급	10%이상~30% 미만	2
			* 원룸(One Room)은 4급으로 본다	
	필수③	가변 용이성 구법 [3-1] 바닥의 최종마감재 이전 공정을 파괴하지 않는 공법 (건식벽체 적용부분 대상) [3-2] 벽체의 최종마감재 이전 공정을 파괴하지 않는 공법 [3-3] 천장의 최종마감재 이전 공정을 파괴하지 않는 공법 [3-4] 부품화 - 가구식, 패널식, 혼합식	8	
			1급	[3-1]에서 [3-3]까지 3개 이상 적용 또는 [3-4] 부품화 항목 만족	8
			2급	2개	6
			3급	1개	4
			4급	[3-1]~[3-4] 이외의 기타	1
			* 원룸(One Room)은 4급으로 본다	

절약설계

인필 – 배관 [6점]	선택 ①	욕실/화장실 당해층 배관 – 벽면 배관공법(양변기, 세면기) – 바닥 단차(Slab down) 없는 　공법 – 바닥 단차(Slab down) 있는 　공법 등	6		
			1급	벽면배관공법+건식마감 또는 바 닥 단차 없는 건식2중바닥공법	6
			2급	벽면배관공법+습식마감 또는 바닥 단차 없는 층상 배관공법	5
			3급	바닥 단차+건식마감	4
			4급	바닥 단차+습식마감	3

서포트 – 층고 [4점]	선택 ②	층고 상승 50mm 당 가점 1점 – 3,000mm부터 가점	4	
			3,150mm 이상	4점
			3,100mm 이상	3점
			3,050mm 이상	2점
			3,000mm 이상	1점

인필 – 공간의 가변성 [4점]	선택 ③	건식2중바닥 – 설비 설치 및 유지관리 가능한 　높이(최소 25cm 이상+PS에서 　1m 초과 시 1/100 수평거리) ※ 건식 2중바닥일 경우 높이에 　상관없이 가점 2점 부여	4 (건식 2중바닥 2점)

인필 – 물사용 공간의 가변성 [5점]	선택 ④	욕실(화장실) 이동 – 이동 후 평면, 설비도면 제시	3	
			3점	2개 이상
			2점	1개
			※ 단, 화장실이 1개소만 있을 경우에는 1개소 이동시 3점 획득으로 인정	
	선택 ⑤	부엌(주방) 이동 – 이동 후 평면, 설비도면 제시	2	

인필 – 외벽의 가변성 및 공업화 공법 [3점]	선택 ⑥	외벽벽체의 공업화 제품 및 교체 가능한 공법 – 프리캐스트(PC), 　프리패브(Prefab) 공법 등	3

③ 평가방법
- 건식벽체는 물을 사용하지 않는 공법을 기준으로 함.
- 가변 용이성 구법의 최종 마감재에는 벽지, 천장지, 장판, 마루, 타일, 접합부, 고정철물 등은 포함하지 않는다.

절약설계

3) 수리용이성

① 전용부분

• 평가등급

등급	등급표시	등급기준	평가항목 총점 (평가기준배점 합산)
1급	★★★★	필수항목+선택항목	17점 이상
2급	★★★	필수항목+선택항목	14-16점
3급	★★	필수항목+선택항목	12-13점
4급	★	필수항목 포함	10점-11점

• 평가기준

평가대상		평가항목 및 평가세부 항목	배점
1. 개보수 및 점검의 용이성 [15점]	필수 ①	공용배관과 전용설비공간의 독립성 확보 (오배수, 우수 배관, 수직 환기 · 배기공간(AS) 제외)	5
	필수 ②	배관, 배선의 수선교체가 용이하게 설계 - 2중관, 이중바닥, 건식벽체 설치를 한 경우도 인정 - 온돌배관 공용부에서 전용부 구조체 관통부 제외	5
	선택 ①	배관 · 배선의 구조체 매설 금지	2
	선택 ②	온돌의 건식화 - 적용 범위 전체	3
2. 세대 수평 분리 계획 [5점]		분할 사용계획 시 구분소유 평면으로 건축평면의 분리 가능성	(5)
	선택 ③	[3-1] 공간계획 적용 [현관분리, 현관분리 시 전기통신 세대분전반의 별도공 간 확보 또는 여유 공간계획 수립] * 단, 최소 분리 세대비율은 한 개 이상의 입상배관을 　공유한 세대로 일정 세대 비율 확보 시 해당 점수 　부여 {{TABLE31}}	2
	선택 ④	[3-2] 설비계획 적용 [세탁기 배수입상관, 주방 수직 환기 · 배기공간(AS)/ 수직배관 공간(PS), 에어컨 배관(실외기 같이 사용)등, 세대분할에 따른 세대와 전기/통신 간선배관공간의 별 도공간 확보 또는 여유 공간계획 수립] * 단, 최소 분리 세대비율은 한 개 이상의 입상배관을 　공유한 세대로 일정 세대 비율 확보 시 해당 점수 　부여 {{TABLE32}}	3

[3-1] 세부 등급표:

1급	25%이상	2
2급	20%이상~25% 미만	1.5
3급	15%이상~20% 미만	1
4급	5%이상 ~15% 미만	0.5

[3-2] 세부 등급표:

1급	25%이상	3
2급	20%이상~25% 미만	2.5
3급	15%이상~20% 미만	2
4급	5%이상 ~15% 미만	1

절약설계

② 공용부분

• 평가등급

구분	등급표시	등급기준	평가항목 총점 (평가기준배점 합산)
1급	★★★★	필수항목+선택항목	17점 이상
2급	★★★	필수항목+선택항목	14-16점
3급	★★	필수항목+선택항목	12-13점
4급	★	필수항목 포함	10점 이상

• 평가기준

		항 목	배점
1. 개보수 및 점검의 용이성 [15점]	필수 ①	공용공간에 배관 공간(Shaft) 배치계획 : 공용입상배관은 공용공간에 배치계획 (급수, 난방, 급탕, 소화 해당하며, 오배수 및 우수, 수직 환기·배기공간(AS), 전기, 통신 간선 배선공간 제외)	5
	필수 ②	공용배관공간 점검구 : 수선 및 교체가 가능한 점검구의 크기, 위치, 구조 확보 – 전층 설치 – 크기 W600×H1500 이상(단, 해체 가능한 건식공법 인정) – 수직 배연공간(Smoke Tower) 제외 – 환기·배기용 배관 공간(Shaft) 제외	5
	선택 ①	배관 공간(Shaft)내 배관배치 : 배관 공간 내 배관 배치 시 배관간의 상호간섭 배제	2
	선택 ②	배관구조 : 조립이 가능한 배관구조의 적용(공용입상 배관 제외)	3
2. 미래수요 및 에너지원의 변화 대응성 [5점]	선택 ③	수요의 증가와 분리를 고려한 공용 수직배관 공간(PS)(전기, 통신 간선 배선공간 포함)의 별도 여유공간 배치계획 수립	(5)
		[3-1] 메인 공용 수직배관 공간(PS) 면적의 20% 여유 확보	2
		[3-2] 예비 배관 공간(Shaft) 별도 설치 1개 이상 (세대 분할시 세대별 계량기 수량증가에 의한 전기간선 배선공간 및 수직배관 공간(PS) 여유 공간계획 수립)	3

절약설계

Ⅶ. 평가항목에 따른 점수

1) 등급별 점수

구분	내구성	가변성	수리 용이성	
			전용	공용
1급	35점	35점	15점	15점
2급	28점	26점	13점	13점
3급	20점	18점	11점	11점
4급	15점	12점	9점	9점

2) 인증등급별 점수기준

등급	표시	심사점수	비고
최우수	★★★★	90점 이상	100점 만점
우수	★★★	80점 이상	
양호	★★	60점 이상	
일반	★	50점 이상	

절약설계

절약설계
Key Point

▨ 국가표준

▨ Lay Out
– 개념
– 필요성 및 추진방안
– 문제점 및 활성화 방안

▨ 핵심 단어

▨ 연관용어
– 탄소중립
– LCA
– 신재생에너지
– 지속가능건설
– 폐기물 재활용

Zero Emission

• 폐기물, 방출물을 뜻하는
'Emission'에서 유래한 것으로
폐기물 배출을 최소화하고 궁
극적으로 폐기물을 '0(zero)'
로 만드는 프로세스를 의미
한다.
• 건축에서의 'Zero Emission'
이란 폐기물 및 CO_2 배출
'0(zero)'를 지향하는 새로운
개념의 건축이다. 궁극적으로
'Carbon Zero', 'Carbon
Neutral'을 이루며 실질적인
온실가스의 배출량을 '0'으로
만드는 것을 목표로 한다.

10-61	zero emission	
No. 861	제로에미션	유형: 제도 · 기준

I. 정 의

건설산업 활동에 있어서 건설폐기물 발생을 최소화하고, 궁극적으로는
폐기물이 발행하지 않도록 하는 순환형 산업 System

II. 제로에미션의 개념

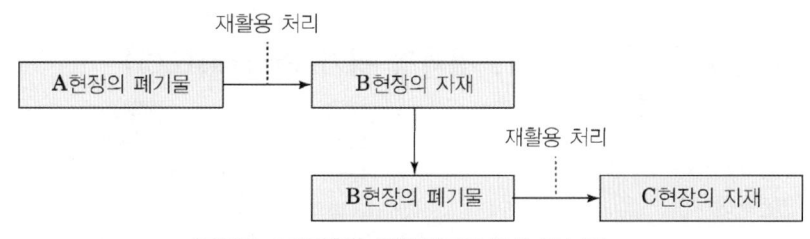

[폐기물 순환자원을 통한 폐기물 발생 최소화]

III. 필요성 및 추진방안

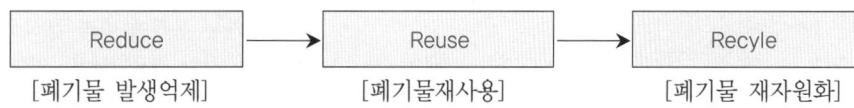

[폐기물 발생억제]   [폐기물재사용]   [폐기물 재자원화]

※ 사용자재의 효율적인 분별 및 타현장에서 사용가능하도록 재자원화

IV. 문제점 및 활성화 방안

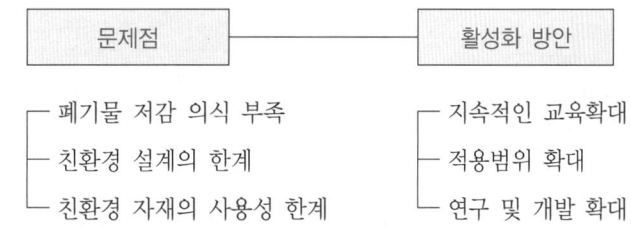

┌ 폐기물 저감 의식 부족   ┌ 지속적인 교육확대
├ 친환경 설계의 한계   ├ 적용범위 확대
└ 친환경 자재의 사용성 한계   └ 연구 및 개발 확대

10-62	LCA: Life Cycle Assessement, CO_2발생량 분석기법	
No. 862	전과정 평가	유형: 제도 · 기준

절약설계

절약설계
Key Point

☑ **국가표준**

☑ **Lay Out**
- 전과정 평가
- project 단계별 평가

☑ **핵심 단어**
- 건설폐기물 발생을 최
  소화

☑ **연관용어**
- 환경영향평가
- zero emission
- 탄소중립
- 온실가스
- 지속가능건설

적용효과

- 건설공사가 환경에 미치는
  각종 부하와 자원/에너지 소
  비량을 수행 프로젝트의 전
  과정에서 고려, 가능한 정량
  적으로 분석/평가하는 방법
- 건설공사 시 환경 부하량 평
  가 및 환경영향지수를 산출
  하므로 비교안별 검토 시 설
  계자에게 과학적이고 객관화
  한 선정 근거를 제시

I. 정 의

건설공사 시 자재 생산단계에서 건설단계, 유지관리단계, 해체, 폐기단
계까지의 모든 단계에서 발생하는 환경오염물질(대기오염, 수질오염,
고형폐기물 등)의 배출과 사용되는 자원 및 에너지를 정량화하고 이들
의 환경영향을 규명하는 기법

II. 전과정 평가 Process(LCI)

구분	내용
1단계 목적 및 범위 정의	• 전과정평가는 목적에 따라 분석 방법이나 결과 등이 달라지기에 명확히 하는 것이 필요한데요. 이와 같이 목적을 정의한 후 목적을 잘 녹여내고, 기능단위를 잘 고려하여 평가 범위 설정 • 기능 단위(Functional Unit): 특정 제품이 제공하는 서비스의 기능을 정량화 한 것으로 전과정 분석을 위한 비교 기준이 된다.
2단계 전과정 목록 분석	• 1단계에서 설정한 목적과 범위에 따라 대상이 되는 시스템 및 투입물·산출물에 대한 데이터를 수집하고 계산하는데요. 필요에 따라서는 데이터를 재수집하는 등 지속적인 검증 및 확인 필요
3단계 전과정 영향 평가	• 환경 영향 점수를 계산 • 2단계의 분석 결과를 바탕으로 잠재적 환경 영향을 평가하는 단계인데요. 대상이 되는 시스템 및 투입물·산출물이 환경에 미치는 잠재적인 영향을 기술적, 정성적, 정량적으로 다방면에서 파악
4단계 전과정 해석	• 환경 이슈를 분석하고, 개선안 도출, 결과 활용방안 도출 • 3단계의 평가 결과를 가지고 1단계에 설정한 평가 목적에 맞게 개선안 및 활용방안을 도출하는 과정입니다. 이 단계에서는 주요 이슈를 규명하고, 완성도, 민감도, 일관성 평가, 결론 및 건의 세 가지 요소가 중요

III. Project 단계별 Assessement

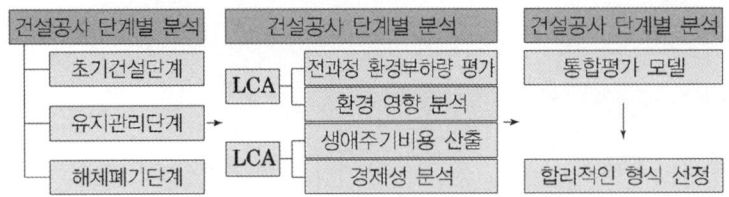

10-63	생태면적	
No. 863		유형: 제도·기준

절약설계

절약설계
Key Point

▣ 국가표준
– 자연환경보전법 시행
  규칙
– 자현환경보전법 23.04.19

▣ Lay Out
– 도입목적
– 공간유형 구분 및 가중
  치 설정
– 산정방법·적용방법
– 적용절차·목표치 설정

▣ 핵심 단어
– 건설폐기물 발생을 최소화

▣ 연관용어
– 열섬현상
– 환경영향평가
– 사전환경성 평가
– zero emission
– 탄소중립
– 온실가스
– 지속가능건설

도입배경

• 도시개발에 따라 콘크리트
  구조물 및 아스팔트 포장이
  증가하여 자연 및 생태적 기
  능이 훼손
• 도시열섬효과와 같은 기후변
  화, 도시홍수 등 자연재해에
  대한 취약한 구조와 함께 생
  활환경의 질이 저하
• 생물서식 공간이 급격히 감
  소하여 심각한 생태적 문제
  에 직면하고 있다.
• 기존의 계획지표로 활용되고
  있는 건폐율이나 용적률은
  개발의 한계를 규정할 뿐,
  개발공간의 생태적 가치(환
  경의 질)를 관리하지 못하고
  있는 실정

I. 정 의

① 개발로 인해 훼손되기 쉬운 도시공간의 생태적 기능(자연의 순환기
  능)을 유지 또는 개선할 수 있도록 유도하기 위한 환경계획지표
② 공간계획 대상 면적의 생태적 기능을 고려하여 자연지반녹지를 1,
  콘크리트 포장면을 0으로 하고, 옥상녹화·투수포장 등에 대해 각
  각의 가중치를 부여하여 산출한 자연순환 기능의 비율을 의미한다.

II. 도입목적

① 도시공간의 생태적 문제 해결을 위해 자연의 순환기능(증발산 기
  능, 미세분진 흡착기능, 우수투수 및 저장기능, 토양기능, 동·식물
  서식처 기능)의 유지와 개선을 정량적으로 유도할 수 있는 환경계
  획 지표의 개발을 목적으로 한다.
② 도시기후 변화, 생물다양성 감소 등 도시 생태문제를 적극적으로
  해소하기 위한 계획차원의 수단(Instrument)
  • 도시공간의 생태적 기능을 개선하기 위해 다양한 관점에서 제시
    되고 있는 단편적, 개별적 계획지표(예, 투수율, 불투수포장율,
    녹피율, 옥상녹화율 등)의 적용으로 인해 예상되는 규제요인을
    최소화할 수 있는 환경계획지표
  • 도시공간의 생태적 기능 복원을 위한 다양한 기술개발과 적용을
    유도할 수 있는 계획수단으로 적용
③ 도시공간의 생태적 가치를 정량적으로 제어할 수 있는 환경계획지표
④ 계획 및 설계 단계에서 제어 가능한 사전계획지표
⑤ 건전한 생물서식기반의 조성을 유도하는 공간계획지표
⑥ 건축가의 창의성을 저해하지 않는 통합형계획지표

III. 공간유형 구분 및 가중치 설정

1) 공간유형의 구분 및 평가
  ① 생태면적률 산정을 위한 공간유형 구분은 공간의 생태적 가치를 기
    준으로 한다.
    • 생태적 기능이 온전한 '자연지반녹지(가중치 1)'와 생태적 기능이
      전무한 '포장면(가중치 0)'을 기준으로 지역의 개발 특성에 맞게
      공간유형을 구분한다.
  ② 공간의 생태적 가치를 정량적으로 평가하기 위해 자연의 순환 기능
    (생태적 기능)을 동등한 가치로 구분한 다음 5개 매개변수를 사용
    • 우수의 증발 및 냉각작용으로 인한 도시기후 조절 기능

PE | Professional Engineer

- 자연의 순환체계(생태계)에 내재된 생태적 기능을 의미하며, 이는 증발산 기능, 미세분진 흡착기능, 우수투수 및 저장기능, 토양기능, 동·식물서식처 제공 기능 등을 포함한다.
- 「자연의 순환 기능」은 위 4가지 기능의 상호작용으로 토양이 함유한 수분의 증발산 기능과 우수의 투수 및 저장능력으로 일정지역의 기후를 조절하며, 건전한 생태환경을 제공하여 동식물의 서식처를 제공함과 동시에 유해물질의 여과, 완충, 변환 등을 통해 에너지 및 물질 순환을 가능하도록 하는 총체적 기능을 말한다.

자연의 녹지율

- 암반층을 제외한 지구 상층부의 토층(土層)으로 구성된 자연지반(원지반)에 형성된, 또는 조성된 녹지를 말한다.
- 좁게는 자연지반 위에 생태계의 작용으로 자생한 녹지를 말하나, 넓게는 자연지반 또는 자연지반과 연속성을 가지는 절·성토 지반에 인공적으로 조성된 녹지를 포함한다.
- 「자연지반녹지율」은 공간계획 대상지에서 자연지반녹지가 차지하는 비율을 의미한다.

- 대기 중의 미세분진 및 오염물질 흡착 기능
- 우수투수, 저장 및 지하수 함양 기능
- 유기토양층 생성 및 오염물질 분해 기능
- 식물이나 동물의 서식처 제공 기능

2) 공간유형별 가중치 설정
  ① 공간유형별 가중치는 동등한 가치의 5개 매개변수별로 각각 5등급의 평가를 수행한 결과를 종합하여 구한다.
    - 각 매개변수별 공간유형의 가치는 자연지반녹지의 생태적 기능을 기준(100%)으로 하여 20% 단위의 5단계(매우우수, 우수, 보통, 미흡, 매우미흡) 평가를 실시한다.
    - 5개 매개변수별 5등급 평가의 결과를 종합하여 자연지반녹지율 가중치 1에 대한 각 공간유형의 상대적 가중치를 설정한다.
  ② 수공간의 경우 미세분진 흡착기능과 토양기능을 가지지 못하는 것을 고려하여 3가지 매개변수만 적용하도록 차별화한다.
  ③ 생태면적률 공간유형 구분 및 가중치는 본 지침에서 제시한 방법론에 따라 각 지자체의 특성에 맞게 조정할 수 있다.

Ⅳ. 산정방법

1) 산정식

$$생태면적률 = \frac{자연순환\ 기능\ 면적}{전체\ 대상지\ 면적} = \frac{\Sigma(공간유형별\ 면적 \times 가중치)}{전체\ 대상지\ 면적} \times 100(\%)$$

2) 산정에 필요한 면적
  ① 자연지반 녹지 또는 인공지반 녹지 면적
  ② 하천, 연못 등의 수(水) 공간 면적
  ③ 옥상 녹화 또는 벽면 녹화 면적
  ④ 부분포장 또는 투수(透水)포장 면적
  ⑤ 그 밖에 환경부장관이 생태적 기능 또는 자연순환기능을 갖고 있다고 인정하는 공간의 면적

3) 가중치
  ① 자연지반 위에 지하수 함양 기능을 가지는 수공간은 가중치 1
  ② 인공지반 위에 조성된 수공간이라도 지하수 함양 기능을 가질 경우 가중치 1
  ③ 자연지반이나 인공지반에 상관없이 지하수 함양 기능이 없을 경우 가중치 0.7
    - 수공간의 경우 지하수 함양 기능이 있는 경우와 없는 경우로 구분하여 가중치를 판별한다.

1654 • Detail 용어설명 1000

V. 생태면적률의 적용 방법

절약설계

1) 적용대상

- 생태면적률은 사전환경검토 및 환경영향평가 대상 중 '택지개발이나 공동주택 건설과 관련되는 개발사업'에 우선 적용하고, 이후 단계별로 확대 적용한다.
- 생태면적률은 원칙적으로 녹지, 하천, 근린공원, 어린이공원 등 공원녹지를 제외한 나머지 가용지를 대상으로 적용한다.

2) 적용원칙

- 현재 환경부에서 활용하고 있는 공원녹지율 설정기준을 준용하여 대상에 따라 공원녹지율 목표를 우선 설정한다.
- 생태면적률을 환경계획지표로 공간계획에 적용할 경우 공원녹지를 제외한 사업지구내에서 자연지반녹지율과 연계하여 적용하되, 자연지반녹지율을 우선 적용한다.
- 생태면적률이 높아짐에도 불구하고 생물서식기반으로서 가장 중요한 자연지반녹지는 오히려 줄어드는 부작용 요인을 사전에 제거한다.
- 이를 위해 대상지의 자연, 생태현황을 고려하여 자연지반녹지율 목표를 우선 설정하고, 대상지의 개발 특성을 함께 고려하여 가용지의 생태면적률 목표를 설정한다.
- 토지이용별로 생태면적률을 구분하여 적용하며, 주거용지 또는 주택건설용지에 우선적으로 적용을 고려한다.

3) 적용방법

① 사전환경성 검토 대상

- 대상지의 자연, 생태현황을 고려하여 자연지반녹지율 목표를 우선 설정한다.
- 자연지반녹지를 제외한 나머지 가용지에 대해 토지용도별로 생태면적률 적용 목표를 설정한다.
- 주택건설용지, 상업업무용지, 공공시설용지별로 구분하여 생태면적률의 적용 목표를 설정하도록 한다.

② 환경영향평가 대상

- 대상지의 자연, 생태현황을 고려하여 자연지반녹지율 목표를 우선 설정한다.
- 자연지반녹지를 제외한 나머지 가용지에 대해 블록별로 세분하여 생태면적률 적용 목표를 설정한다.
- 주택건설용지, 상업업무용지, 공공시설용지가 도로로 인해 구분된 블록별로 생태면적률의 적용 목표를 설정하도록 한다.
  - 주택건설용지에 해당하는 공동주택용지, 단독주택용지, 연립주택용지, 그리고 근린상업시설용지가 블록단위로 세분된 경우, 블록별로 생태면적률 적용 목표를 설정하도록 한다.

적용대상에 따른 적용절차

- **사전환경성 검토 대상**

자연지반녹지율 목표 설정
(대상지 자연환경 특성 고려)
↓
생태면적률 적용 목표 설정
(가용지 개발 특성 고려)
↓
가용지의 토지이용별 목표
↓
협의결과 개발계획에 반영

- **환경영향평가 대상**

자연지반녹지율 목표 설정
(대상지 자연환경 특성 고려)
↓
생태면적률 적용 목표 설정
(가용지 개발 특성 고려)
↓
가용지의
토지이용별/블록별 목표
↓
협의결과
개발계획 및 실시계획 반영

VI. 적용절차

1) 사전환경성검토 대상 - 사전환경성검토 협의만 하는 경우

① 자사업시행자가 사전환경성검토 협의 요청 시 대상지의 자연환경 특성과 가용지의 개발 특성을 고려하여 토지이용별 생태면적률 적용 목표를 제시한다.

② 환경부는 개발사업의 환경영향을 고려하여 먼저 자연지반녹지율 목표를 협의하여 설정한다. 자연지반녹지율을 적용한 나머지 가용지에 대하여 토지이용별 생태면적률 적용 목표를 협의하여 설정한다.

③ 협의 내용에 대한 이의신청이 발의될 경우 사업자와 관계행정기관, 환경부가 조정과정을 거쳐 자연지반녹지율 및 생태면적률의 적용 목표 수준을 재협의할 수 있으며, 전문가의 자문을 구할 수 있다.

2) 환경영향평가 대상 - 환경영향평가 협의만 하는 경우

① 사업시행자가 환경영향평가 협의 요청 시 대상지의 자연환경 특성과 가용지의 개발 특성을 고려하여 토지이용별/블록별 생태면적률 적용 목표를 제시한다.

② 환경부는 개발사업의 환경영향을 고려하여 먼저 자연지반녹지율 목표를 협의하여 설정한다.

③ 자연지반녹지율을 적용한 나머지 가용지에 대하여 토지이용별/블록별 생태면적률 적용 목표를 협의하여 설정한다.

④ 협의 내용에 대한 이의신청이 발의될 경우 사업자와 관계행정기관, 환경부가 조정과정을 거쳐 자연지반녹지율 및 생태면적률의 적용 목표 수준을 재협의할 수 있으며, 전문가의 자문을 구할 수 있다.

VII. 생태면적률 적용 목표치 설정

1) 고려사항

① 생태면적률의 적용을 위해서는 기존 대상지의 생태적 가치에 대한 분석 결과를 반드시 고려한다.

② 녹지, 자연하천, 근린공원, 어린이공원 등 자연지반녹지를 최대한 확보하고, 이를 제외한 가용지를 대상으로 생태면적률 적용 목표 수준을 설정한다.

③ 생태면적률 적용 목표는 토양포장율 분석도 및 비오톱평가도를 활용한 대상지의 생태적 가치 평가 결과와 개발계획으로 인한 환경 영향을 종합적으로 고려하며 결정한다.

2) 사전조사

① 사전환경성검토 등을 위한 자연 및 생태현황 조사 결과를 우선적으로 활용한다.

② 필요한 경우 토양포장율과 비오톱 현황을 조사하여 대상지의 생태적 가치를 구체적으로 평가한다.

절약설계

3) 목표치 설정
   ① 생태면적률 적용 목표는 토지이용 유형에 따라 구분하여 설정한다.
   ② 최소 적용 목표는 20%로 한다.
   ③ 현황 분석 결과(토양포장율 분석도, 비오톱평가도)와 함께 대상공간의 건폐율과 배치형태를 고려하여 생태면적률 목표를 설정한다.
   ④ 대상공간의 생태적 가치는 3단계(상, 중, 하)로 구분한다.
   ⑤ 현장조사 결과 비오톱평가 1, 2등급에 해당하고, 토양포장율이 30% 미만인 경우 생태적 가치 상에 해당하는 기준을 적용한다.
   ⑥ 현장조사 결과 비오톱평가 4, 5등급에 해당하고, 토양포장율이 70% 이상인 경우 생태적 가치 하에 해당하는 기준을 적용한다.
   ⑦ 현장조사 결과 비오톱평가 3등급에 해당하고, 토장포장율이 30~70% 미만인 경우와 위의 두 경우에 해당하지 않는 경우 생태적 가치중에 해당하는 기준을 적용한다.

4) 토지이용 유형에 따른 생태면적률 적용

구 분		적용 목표 범주	적용 목표		
			생태적 가치 하	생태적 가치 중	생태적 가치 상
공동주택지	저층연립	30 ~ 40	30 이상	35 이상	40 이상
	아파트단지	30 ~ 50	30 이상	40 이상	50 이상
단독주택지		30 ~ 50	30 이상	40 이상	50 이상
상업지	일반상업지구	20 ~ 40	20 이상	30 이상	40 이상
	근린상업지역				
	중심상업지역				
교육시설	초등학교 / 중학교 고등학교 / 대학교	40 ~ 60	40 이상	50 이상	60 이상
공공건물		30 ~ 50	30 이상	40 이상	50 이상
기 타 (최소 행정목표)		20	20 이상		

• 생태적 가치 上: 비오톱 평가등급 1, 2등급 / 토양포장률 0~30% 미만
• 생생태적 가치 中: 비오톱 평가등급 3등급 / 토양포장률 30~70% 미만
• 생 생태적 가치 下: 비오톱 평가등급 4, 5등급 / 토양포장률 70~ 100%

절약기술

절약기술

Key Point

■ 국가표준
- KS C 8577, 「건물일체형 태양광 모듈(BIPV) - 성능평가 요구사항」

■ Lay Out
- 설치유형과 분류기준 · 특징
- 설계 및 시공 시 고려사항
- 활성화 방안

■ 핵심 단어
- 건물 일체형 태양광 모듈을 건축물 외장재로 사용

■ 연관용어
- 신재생에너지
- 액티브하우스

10-64	BIPV 시스템(Building Integrated Photovoltaic System)	
No. 864	건물일체형 태양광 발전시스템	유형: 제도 · 기준

I. 정 의

① 태양광 에너지로 전기를 생산하여 소비자에게 공급하는 것 외에 건물 일체형 태양광 모듈을 건축물 외장재로 사용하는 태양광 발전 시스템

② 창호나 벽면, 발코니 등 외관에 BIPV 모듈을 장착해 자체적으로 전기를 생산 활용 가능한 시스템

II. BIPV 설치유형과 분류기준

분류		적용대상	비 고
지붕 통합형	경사 지붕형 • 평지 지붕형 • 아트리움형	• 단독주택, 학교 등 주로 표면적 대비 지붕 면적이 큰 건물에 적용	경사 지붕형 평지붕형 아트리움형
입면 통합형	커튼월형 • 수직 차양형 • 수평 차양형	• ㅊ건물 입면에 태양광 패널을 적용	커튼월형 수직 차양형 수평 차양형

III. 특징

① 건물자체 발전으로 전기공급, 에너지 자립
② 건물의 부가가치 증가
③ 건축, 토목, 전기 등 관련 산업의 파급효과
④ 별도의 설치 부지 없이도 가능
⑤ 생산된 전기에너지를 손실 없이 바로 건물에 사용
⑥ 제로 에너지 건축물 "실현 가능 연료감응 태양전지"로 건물의 디자인을 극대화

IV. 설계 및 시공 시 고려사항

① 건축자재의 수밀성, 기밀성, 단열성 성능 확보
② 건물 부하와의 연계
③ 고조파 발생에 따른 전력품질 영향
④ 대지 및 건물의 미적 향상 고려
⑤ 빌딩 풍에 따른 풍압하중 검토
⑥ 설치하중에 따른 건물구조 내력 철저 확인
⑦ 입사각에 따른 일사량 조사
⑧ 태양전지 온도상승에 따른 발전효율 검토

[외벽형]

[루버형]

V. 활성화 방안

1) BIPV 인정 체계 정립

	구분	분류기준	구분	분류기준
B I P V	지붕 마감재형	① 지붕 외피(0~75°) ② 단열, 기밀, 방습, 방수 등 성능기준 충족 필요	입면 마감재형	① 입면 외피 (75~105°) ② 커튼월 성능기준 충족 필요
	지붕 창호형	① 지붕 창호(0~75°) ② 창호 성능기준 충족 필요(수밀, 단열, 내풍압 등)	입면 창호형	① 입면 창호 (75~105°) ② 커튼월, 창호 성능기준 충족필요
참고	건물 부착형	① 일반PV를 밀착부착 ② 건축 기능 無	건물 설치형	① 일반PV를 돌출 부착 ② 건축 기능 無

- KS 인증 받은 제품을 '시공기준'에 따라 설치하면 BIPV로 명확히 인정받는 체계를 구축하여 제도 전반에 일관되게 적용
- 다양한 BIPV 제품 특성을 반영할 수 있도록 KS표준(KS C 8577)을 개선하고, 안전·구조성능 등을 검증할 수 있도록 인증체계 고도화

2) 초기시장 창출을 위한 제도적 지원 강화

관련 주요 제도	지원 강화 내용
보급 지원 사업	▶ 건물태양광 보조금의 BIPV 비중 단계적 확대 ▶ BIPV 보급확대 지자체에 보조금 우대 ▶ BIPV 공사 완료기한을 1년으로 연장
공공기관 설치 의무화	▶ BIPV 유형별로 원별 보정계수 조정·세분화 ▶ 적용면적, 건축물 확대 등 가용면적 확대
건물태양광 REC	▶ 용량 기반의 건물태양광 REC 세분화 검토
제로에너지건축물	▶ 공동주택, 시범단지 조성과 연계한 시범·실증 확산
조달우수제품	▶ 조달시장 진입 가이드라인 및 컨설팅 지원 ▶ 광역지자체 대상으로 전국 순회 전시회 운영

절약기술

[블라인드형]

[기와형]

[창호형]

[지붕형]

필요성

- 국토면적이 좁고 고층건물이 많은 국내 보급환경에 적합
- 별도 설치면적이 필요없고, 건축 디자인과 융화되어 수평·수직면에 다양하게 활용될 수 있어 주민 수용성 확보 용이

절약기술

3) 설계단계부터 BIPV 적용 확대

관련 지원 제도	주요 내용
BIM 연계 개방형 BIPV 설계툴 구축	▸ BIPV 제품정보 DB, 최적설계 알고리즘을 개발 → 설계자가 성능예측, 디지털 설계, 경제성 평가 등에 활용할 수 있도록 개방형 서비스 실시
건축설계에 BIPV 적용 유인 확대	▸ 공공 발주사업 설계업무 범위에 대가 기준 마련 ▸ BIPV 설계 장려금 지급체계 마련
BIPV 설계 · 건축 공모전	▸ BIPV 설계 · 건축 공모전 개최를 통해 인식 제고 ▸ 설치 유형별 우수사례집 제작

• 건축 설계단계의 BIPV 적용 활성화를 유도하고, 건축 분야에서의 BIPV 인지도 제고를 통한 초기시장 확대 지원
• Building Information Modeling : 시설물 생애주기의 정보를 3차원 모델기반 통합 → 가상공간 설계·시뮬레이션 등 디지털 트윈, 설계-발주-조달-시공-감리 등에 활용

4) 고부가가치 기술혁신으로 시장창출 지원

관련 지원 제도	주요 내용
BIM 연계 개방형 BIPV 설계툴 구축	▸ BIPV 제품정보 DB, 최적설계 알고리즘을 개발 → 설계자가 성능예측, 디지털 설계, 경제성 평가 등에 활용할 수 있도록 개방형 서비스 실시
건축설계에 BIPV 적용 유인 확대	▸ 공공 발주사업 설계업무 범위에 대가 기준 마련 ▸ BIPV 설계 장려금 지급체계 마련
BIPV 설계 · 건축 공모전	▸ BIPV 설계 · 건축 공모전 개최를 통해 인식 제고 ▸ 설치 유형별 우수사례집 제작

• 태양광 기업공동활용센터에 100MW급 모듈 생산 파일럿라인 구축
• 기술개발부터 양산성 검증과 실증 평가까지 종합 지원체계를 구축, 신속한 상용화와 트렉레코드 확보 지원

☆★★　3. 친환경·에너지　84

10-65	이중외피(Double skin)	
No. 865	DSF : Double Skin Facade	유형: 제도·기준

절약기술

절약기술
Key Point

☑ 국가표준

☑ Lay Out
- System의 구성·구조의 종류별 특징
- System의 특성

☑ 핵심 단어
- 유리로 구성된 이중 벽체구조 실내와 실외 사이의 공간(Cavity)

☑ 연관용어
- 패시브하우스

구성요소 기능분석

• 외피
- 외부 기상영향에서 내부보호 및 외부발생소음 일차적 차단기능
- 환기를 위한 개구부를 통한 연돌효과
- 개구부를 통한 자연환기
• 내피
- 단열성이 높은 복층유리 사용
- 개폐가 가능한 구조로 냉.난방 부하 절감
• 중공층
- 외기로 부터 Blind 기능
- 차양장치로 외기의 바람과 태양일사로 인한 내부유입 방지
- 내외부 완충공간으로 열손실 방지

I. 정 의

기존의 외피에 하나의 외피를 추가한 Multi-Layer의 개념을 이용한 시스템으로 유리로 구성된 이중 벽체구조로 실내와 실외 사이의 공간 (Cavity)형성을 통한 외부의 소음 및 열손실을 차단하고 단열 및 자연 환기가 가능하도록 고안한 에너지 절약형 외피 시스템

II. System의 구성

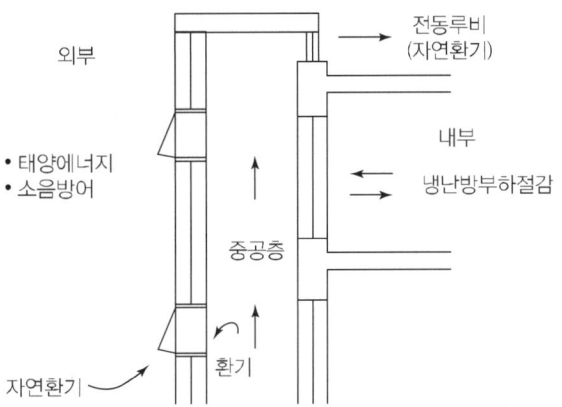

[이중벽체에 의해 냉난방 에너지 절감 및 내·외부 영향인자 조절]

III. 구조의 종류별 특징

Classification		Type		Fron view	Sectional view
mono-layer	Box				Inner skin / Out skin / Horizontal sepration of cavity / Vertical sepration of cavity
	Corridor				Inner skin / Out skin / Horizontal sepration of cavity / Vertical sepration of cavity
mult-story	shaft-box				aperture connected to shaft / Horizontal sepration of cavity / Vertical sepration of cavity
	multistory				Vertical apd Horizontal opening of cavity

절약기술

1) Box Type
   - 하나의 이중외피가 소규모 또는 하나의 창문에 구성되는 형태
   - 실 하나에서 단독 환기가 가능하고 환기를 위해 하나의 이중외피 마다 상부에 배출구과 하부에 유입구를 설치하여 중공층의 기류 순환을 돕는다.
   - 이중외피 하나가 작은 범위를 구획함으로써 시공이 용이하고, 사생활 보호와 외부 및 층간 소음 또는 냄새확산 차단

2) Corridor Type
   - 중공층이 층별로 구획되어 중공층이 수평으로 존재하는 구조
   - 공기 유입구와 배출구가 이중외피의 상부와 하부에 존재하며 배출구의 오염된 공기가 상부의 유입구로 유입되는 것을 막기 위해 서로 교차되어 설치
   - 동일한 층에서 중공층이 수평적으로 구획되므로 동일 층간 소음과냄새확산의 단점이 있으나 중공층을 복도 및 휴식공간으로 활용한 장점이 있다.

3) Shaft Box Type
   - 박스형의 통기력이 약한 단점을 샤프트를 통해 보완한 구조
   - 박스형과 샤프트가 교차되어 설치
   - 샤프트를 통해 기류순환을 유리하게 가져갈 수 있으나, 샤프트 부분의 조망확보가 어렵고 소음과 상부의 열고임 현상, 공기역학적 설계를 고려해야 한다.

4) Multistory Type
   - 중공층이 수평 및 수직으로 구분 없이 이중외피가 건축물의 한면을 구성하는 형태
   - 중공층의 환기를 위해 상부와 하부에 공기 유입 및 배출구를 설치
   - 샤프트-박스형과 마찬가지로 상부의 열고임 현상이 발생할 수 있으며, 층간 소음과 냄새확산에 매우 불리하고 화재 시 굴뚝효과로 인한 상층 연소확대 우려가 가장 큰 구조

Ⅳ. System의 특성

특 성	내 용
에너지	자연환기와 태양에너지를 활용한 냉난방 에너지 절감
환경보호	건물의 CO_2 발생량 감소
단열성	외피전체의 열적인 저항성 증가
차음성	외부발생 소음Level 감소
환기조절	개구부 개폐 및 Louver를 통하여 환기조절
자연환기	고층부에서 외측외피의 개구부를 통한 자연환기 가능
일사량조절	개폐식 Sunblind를 통한 각도조절
방재	개실별 구분 설치된 이중외피시스템
심리적 안정	넓은 유리외피는 폐쇄감에서 오는 심리적 불안감 해소
심미성	건축물의 가치상승, Hi-Tech한 이미지 부여

10-66	지능형건축물(IB, Intelligent Building)	
No. 866		유형: 제도·기준

절약기술

절약기술
Key Point

☑ 국가표준
- 지능형건축물 인증기준
  2020. 12. 10

☑ Lay Out
- 주요설비 System의 구성
  · 인증심사기준

☑ 핵심 단어
- 건물의 용도와 규모, 기
  능에 적합한 각종 시스
  템을 도입

☑ 연관용어
- BEMS
- FMS

I. 정 의

건물의 용도와 규모, 기능에 적합한 각종 시스템을 도입하여 쾌적하고 안전하며 친환경적으로 지속 가능한 거주공간을 제공하는 건축물

II. 지능형 건축물의 주요 설비시스템

- 건축물의 기능(E/V 등 수직동선), 안전(방재 및 CPTED), 건축환경(HVAC), 에너지관리 등을 위한 각종 설비System을 연계하여 통합하는 개념

III. 지능형건축물 인증심사기준

1) 주거시설

부문	평가항목
건축 계획 및 환경	거주자의 Life Cycle 변화, 피난계획, 승강기 설비, 리모델링 계획, 신재생에너지 적용 외피계획
기계설비	기계설비 시스템의 적정성, 거주자의 쾌적성 및 편의성, 고효율 시스템, 내진설계, 제어 및 감시, 신기술 적용
전기설비	전기 및 정보통신 관련실 배치, 수변전 설비의 계획, 비상발전 계획, 전력간선 설비, Surge 보호 설비
정보통신	통합배선 시스템의 배선규격, 지능형 홈 네트워크 설비설치 수준, CCTV 설치 수준, CCTV 녹화 및 백업, 에너지 데이터 표시및 정보 조회 기능, 실내·외 환경 정보 제공
시스템통합	통합 SI서버, 통합대상 시스템, 통합 SI서버 관리, 통합 SI서버 백신 및 보안, 에너지 정보수집 대상설비, 단지 에너지 정보수집
시설경영관리	시설 관리조직 구성원의 수준, 작업관리 기능, 자재관리 기능, 에너지관리 기능, 운영업무 매뉴얼 비치수준, 운영데이터 축적 수준, 운영 및 유지관리 업무의 다양성, 시설관리품질평가 수준, 시설관리 고객 만족도 평가 체계 수준

참고사항

- 거주공간 단위에 접목된 것을 Smart Home, 주거 및 비주거시설을 건축물 단위로 접목된 것을 지능형건축물(IB), 도시의 기반시설 중 특히 전력공급과 연계된 것을 Smart Grid라고 부르며, 도시 단위에 접목된 것을 U(Ubiquitous)-City라고 할 수 있다.

절약기술

2) 주거시설

부문	평가항목
건축 계획 및 환경	건축물 구조안전, 건축물 피난안전, 이중 바닥구조, E/V 성능 및 코어계획, 일사차폐시설, 편의시설, 리모델링 계획, 신재생에너지 적용, 외피계획
기계설비	열원설비 반송방식, 온도제어설비, 외기도입과 제어, 에너지절약기법, 냉방, 난방, 급탕, 에너지사용량 계측 , 절수설비, 신기술 적용
전기설비	전기실 안전 계획, 전원설비 구성, 자유배선공간확보(EPS), 써지 보호 설비, 고조파 보호 설비, 소방 안전설비, 피뢰설비, 전력 사용량 계측, 조명제어 설비
정보통신	구내정보 통신 기반시설, 백본장비 및 사용자 연결장비, 네트워크 구성, 네트워크 관리 및 보안, 무선 LAN, 출입관리 보안 시스템, CCTV 설치수준, CCTV 녹화 및 백업, 다목적 회의 지원 시스템, 종합 안내 시스템, 차량 출입시스템, 주차유도 및 위치인식, CATV / MATV
시스템통합	통합서버 이중화, 개방형 표준통신 프로토콜, SI서버 백신 및 보안, 통합대상 시스템, 화재연동 시나리오, 방범연동 시나리오, 추가연동 시나리오, BEMS 데이터 표시 및 조회기능, 실내·외 환경정보 수집 및 제어 기능, 설비정보에 대한 분류 체계, DB 관리를 위한 TAG 체계
시설경영관리	시설관리 조직, 작업관리 기능, 자재관리 기능, 모바일 관리기능 운영 데이터 축적 수준, 운영 및 유지관리 업무의 다양성, KS표준의 적용 수준, 운영업무 매뉴얼 비치수준, 에너지관리 기능, 에너지 분석, 예측 및 목표관리, 보고서 제공, BEMS 운영관리

IV. 인증등급별 점수기준

1) 주거시설

등 급	심사점수	비고
1등급	85점 이상 득점	100점 만점
2등급	80점이상 85점미만 득점	
3등급	75점이상 80점미만 득점	
4등급	70점이상 75점미만 득점	
5등급	65점이상 70점미만 득점	

2) 비주거시설

등 급	심사점수	비고
1등급	85점 이상 득점	100점 만점
2등급	80점이상 85점미만 득점	
3등급	75점이상 80점미만 득점	
4등급	70점이상 75점미만 득점	
5등급	65점이상 70점미만 득점	

3) 복합건축물

등 급	심사점수	비고
1등급	85점 이상 득점	100점 만점
2등급	80점이상 85점미만 득점	
3등급	75점이상 80점미만 득점	
4등급	70점이상 75점미만 득점	
5등급	65점이상 70점미만 득점	

☆★★   4. 유지관리

10-67	유지관리 계획 및 업무/시설물 안전점검	
No. 867		유형: 제도·기준

일반사항

유지관리 일반
Key Point

■ 국가표준
– 건설기술 진흥법 시행령
– 시설물의 안전 및 유지관리에 관한 특별법

■ Lay Out
– 유지관리의 프로세스
– 활동의 종류
– 시설물 안전점검 종류
– 시설물의 안전등급

■ 핵심 단어
– 시설물을 일상적으로 점검·정비하고 손상된 부분을 원상복구
– 경과시간에 따라 요구되는 시설물의 개량·보수·보강에 필요한 활동

■ 연관용어
– 안전점검
– 유지관리

I. 정 의

완공된 시설물의 기능을 보전하고 시설물이용자의 편의와 안전을 높이기 위하여 시설물을 일상적으로 점검·정비하고 손상된 부분을 원상복구하며 경과시간에 따라 요구되는 시설물의 개량·보수·보강에 필요한 활동을 하는 것

II. 유지관리의 Process

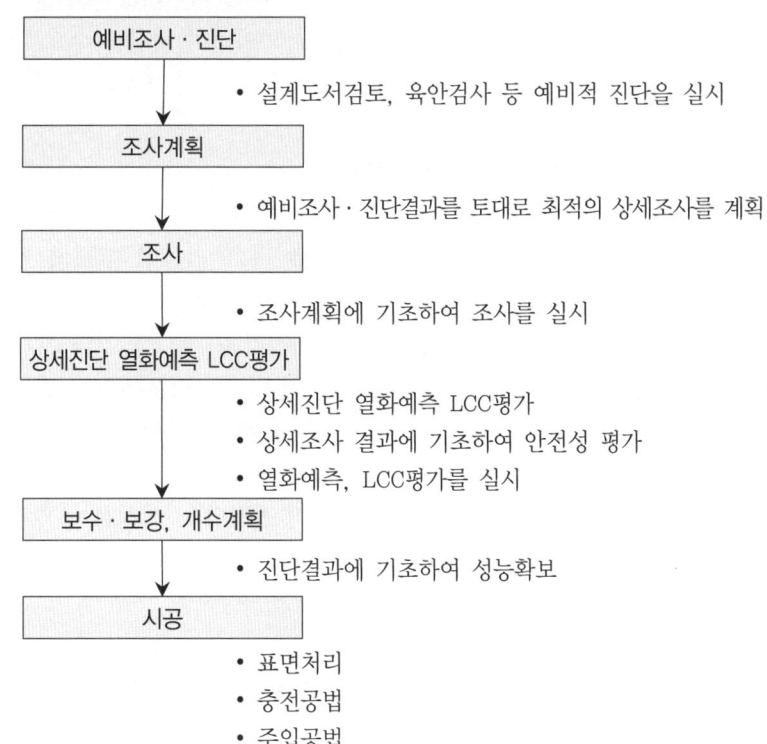

예비조사·진단
• 설계도서검토, 육안검사 등 예비적 진단을 실시

조사계획
• 예비조사·진단결과를 토대로 최적의 상세조사를 계획

조사
• 조사계획에 기초하여 조사를 실시

상세진단 열화예측 LCC평가
• 상세진단 열화예측 LCC평가
• 상세조사 결과에 기초하여 안전성 평가
• 열화예측, LCC평가를 실시

보수·보강, 개수계획
• 진단결과에 기초하여 성능확보

시공
• 표면처리
• 충전공법
• 주입공법
• 강재보강공법
• 단면증대공법
• 탄소섬유시트 공법
• 복합공법

III. 유지관리 활동의 종류
① 예방보전(Preventive maintenance)
② 생산보전(productive maintenance)
③ 개량보전(corrective maintenance)
④ 예측보전(predictive maintenance)
⑤ 보전예방(maintenance prevention)

IV. 시설물 안전점검의 종류

1. 안전점검

- 경험과 기술을 갖춘 자가 육안이나 점검기구 등으로 검사하여 시설물에 내재(內在)되어 있는 위험요인을 조사하는 행위를 말하며, 점검목적 및 점검수준을 고려하여 국토교통부령으로 정하는 바에 따라 정기안전점검 및 정밀안전점검으로 구분한다.

1) 정기안전점검
- 시설물의 상태를 판단하고 시설물이 점검 당시의 사용요건을 만족시키고 있는지 확인할 수 있는 수준의 외관조사를 실시하는 안전점검

2) 정밀안전점검
- 시설물의 상태를 판단하고 시설물이 점검 당시의 사용요건을 만족시키고 있는지 확인하며 시설물 주요부재의 상태를 확인할 수 있는 수준의 외관조사 및 측정·시험장비를 이용한 조사를 실시하는 안전점검

2. 정밀안전진단

- 시설물의 물리적·기능적 결함을 발견하고 그에 대한 신속하고 적절한 조치를 하기 위하여 구조적 안전성과 결함의 원인 등을 조사·측정·평가하여 보수·보강 등의 방법을 제시하는 행위
① 긴급안전점검을 실시한 결과 재해 및 재난을 예방하기 위하여 필요하다고 인정되는 경우에는 정밀안전진단을 실시하여야 한다.
② 결과보고서 제출일부터 1년 이내에 정밀안전진단을 착수하여야 한다.
③ 내진설계 대상 시설물 중 내진성능평가를 받지 않은 시설물에 대하여 정밀안전진단을 실시하는 경우에는 해당 시설물에 대한 내진성능평가를 포함하여 실시하여야 한다.

3. 긴급안전점검

- 시설물의 붕괴·전도 등으로 인한 재난 또는 재해가 발생할 우려가 있는 경우에 시설물의 물리적·기능적 결함을 신속하게 발견하기 위하여 실시하는 점검

점검 구분	내용
손상점검	재해나 사고에 의해 비롯된 구조적 손상 등에 대하여 긴급히 시행하는 점검으로 시설물의 손상 정도를 파악하여 긴급한 사용제한 또는 사용금지의 필요 여부, 보수·보강의 긴급성, 보수·보강작업의 규모 및 작업량 등을 결정하는 것이며 필요한 경우 안전성평가를 실시하여야 한다. 점검자는 사용제한 및 사용금지가 필요할 경우에는 즉시 관리주체에 보고하여야 하며 관리주체는 필요한 조치를 취하여야 한다.
특별점검	기초침하 또는 세굴과 같은 결함이 의심되는 경우나, 사용제한 중인 시설물의 사용여부 등을 판단하기 위해 실시하는 점검으로서 점검시기는 결함의 심각성을 고려하여 결정한다.

V. 시설물의 안전등급

1) 시설물의 안전등급 기준

안전등급	시설물의 상태
1. A (우수)	문제점이 없는 최상의 상태
2. B (양호)	보조부재에 경미한 결함이 발생하였으나 기능 발휘에는 지장이 없으며, 내구성 증진을 위하여 일부의 보수가 필요한 상태
3. C (보통)	주요부재에 경미한 결함 또는 보조부재에 광범위한 결함이 발생하였으나 전체적인 시설물의 안전에는 지장이 없으며, 주요부재에 내구성, 기능성 저하 방지를 위한 보수가 필요하거나 보조부재에 간단한 보강이 필요한 상태
4. D (미흡)	주요부재에 결함이 발생하여 긴급한 보수·보강이 필요하며 사용제한 여부를 결정하여야 하는 상태
5. E (불량)	주요부재에 발생한 심각한 결함으로 인하여 시설물의 안전에 위험이 있어 즉각 사용을 금지하고 보강 또는 개축을 하여야 하는 상태

2) 안전성능 등급

안전성능

• "안전성능"이란 조사 시점의 외관상 결함 정도 및 시설물에 주어지는 내적하중(자중) 및 외적하중(활하중 등)으로 인해 시설물에 발생할 수 있는 손상 또는 붕괴에 저항하는 구조물의 성능을 말한다.

등급	안전성능 수준
가. A (우수)	외관상 결함, 손상 또는 붕괴 등의 요인에 대한 문제점이 없는 성능 수준
나. B (양호)	일부 부재에서 경미한 결함이 발생하였으며, 결함의 진행 여부를 지속적으로 관찰하고 보수 여부를 결정해야 하는 성능 수준
다. C (보통)	광범위한 부재에서 결함이 발생하였으나 전체적인 시설물의 안전에는 지장이 없으며, 간단한 보수 또는 보강이 필요한 성능 수준
라. D (미흡)	심각한 결함에 대한 긴급한 보수·보강이 필요하며 사용제한 여부를 결정해야 하는 성능 수준
마. E (불량)	심각한 결함으로 인하여 시설물의 안전에 위험이 있어 즉각 사용을 금지하고 보강 또는 개축이 필요한 수준

3) 내구성능 등급

내구성능

• "내구성능"이란 시설물 공용연수 경과 및 외부 환경조건에 따른 영향으로 인한 재료적 성질 변화로 발생할 수 있는 손상에 저항하는 구조물의 성능을 말한다.

등급	내구성능 수준
가. A (우수)	외부 환경조건 등으로 인한 내구성능 저하가 발생할 가능성이 낮은 성능 수준
나. B (양호)	일부 부재에서 내구성능의 저하 가능성이 조사되었으며, 외부 환경 등의 조건을 고려하여 보수 여부를 결정해야 하는 성능 수준
다. C (보통)	광범위한 부재에서 내구성능의 저하 가능성이 조사되었거나 주의가 필요한 수준으로 진행되어 간단한 보수가 필요한 성능 수준
라. D (미흡)	광범위한 부재에서 내구성 저하가 진행되어 긴급한 보수 또는 교체가 요구되는 성능 수준
마. E (불량)	광범위한 부재에서 내구성능의 저하가 심각하게 진행되어 즉각 사용을 금지하고 보수 또는 교체가 필요한 성능수준

내구성능

- "사용성능"이란 시설물의 예상 수요를 고려하여 공용연수 동안 확보해야 할 사용자 편의성 및 계획 당시의 설계기준에 근거한 사용 목적을 만족하기 위한 구조물의 성능을 말한다.

내구성능

- "종합성능"이란 조사 시점의 구조적 안전성뿐만 아니라 시설물 공용연수 경과 및 외부 환경조건에 따른 손상에 저항하는 내구성과 예상 수요를 고려하여 공용연수 동안 확보해야 할 성능을 종합적으로 반영한 구조물의 성능을 말한다.

4) 사용성능 등급

등급	사용성능 수준
가. A (우수)	현재 수요 등을 만족하고 장래 수요 및 외부조건 변화 등을 수용할 수 있는 성능 수준
나. B (양호)	현재 수요 등을 만족하나 장래 수요 및 외부조건 변화 등에 대한 관찰 및 주의가 필요한 성능 수준
다. C (보통)	장래 수요 및 외부조건 변화에 대해 기능발휘 또는 사용상 편의에 일부 문제점이 있어 일부 개선이 필요한 성능 수준
라. D (미흡)	대부분의 기능이 요구되는 기능에 미치지 못하거나 운영 및 사용상 편의가 심각하게 우려되는 수준으로서 광범위한 부분에서 개선이 필요한 성능 수준
마. E (불량)	기능 발휘 또는 사용상 편의를 기대할 수 없어 개선 또는 개량이 필요한 성능 수준

5) 종합성능 등급

등급	종합성능 수준
가. A (우수)	외관상 결함, 손상 등의 요인에 대한 문제점이 없고 내구성능 저하 가능성이 낮으며 외부 환경조건 변화 등을 수용할 수 있는 성능 수준
나. B (양호)	일부 부재에서 경미한 결함이나 내구성 저하 가능성이 조사되었으며, 외부 환경조건 등을 고려하여 진행 여부를 지속 관찰하고 보수 여부를 결정하여야 하는 성능 수준
다. C (보통)	광범위한 부재에서 결함이나 내구성 저하 가능성이 조사되었고 기능 또는 사용상의 편의에 일부 문제점이 있으나, 전체적인 시설물의 안전에는 지장이 없으며, 간단한 보수 또는 보강 및 개선이 필요한 성능 수준
라. D (미흡)	성능이 기준에 미치지 못하여 시설물의 지속적인 사용이 어려운 수준으로 긴급한 보수·보강 또는 개선이 필요하며 사용제한 여부를 검토해야 하는 성능 수준
마. E (불량)	심각한 결함 또는 내구성능 저하로 인하여 시설물의 안전에 위험이 있거나 기능을 발휘하지 못하는 수준으로 즉각 사용을 중단하고 보강 또는 개축을 하여야 하는 성능 수준

Ⅵ. 안전점검, 정밀안전진단 및 성능평가의 실시시기

안전 등급	정기 안전점검	정밀안전점검		정밀안전진단	성능평가
		건축물	건축물 외 시설물		
A등급	반기에 1회 이상	4년에 1회 이상	3년에 1회 이상	6년에 1회 이상	5년에 1회 이상
B·C 등급	반기에 1회 이상	3년에 1회 이상	2년에 1회 이상	5년에 1회 이상	5년에 1회 이상
D·E 등급	1년에 3회 이상	2년에 1회 이상	1년에 1회 이상	4년에 1회 이상	5년에 1회 이상

일반사항

- 준공 또는 사용승인 후부터 최초 안전등급이 지정되기 전까지의 기간에 실시하는 정기안전점검은 반기에 1회 이상 실시한다.

- 제1종 및 제2종 시설물 중 D·E등급 시설물의 정기안전점검은 해빙기·우기·동절기 전 각각 1회 이상 실시한다. 이 경우 해빙기 전 점검시기는 2월·3월로, 우기 전 점검시기는 5월·6월로, 동절기 전 점검시기는 11월·12월로 한다.

- 최초로 실시하는 정밀안전점검은 시설물의 준공일 또는 사용승인일(구조형태의 변경으로 시설물로 된 경우에는 구조형태의 변경에 따른 준공일 또는 사용승인일을 말한다)을 기준으로 3년 이내(건축물은 4년 이내)에 실시한다. 다만, 임시 사용승인을 받은 경우에는 임시 사용승인일을 기준으로 한다.

  5의2. 제5호에도 불구하고 정기안전점검 결과 안전등급이 D등급(미흡) 또는 E등급(불량)으로 지정된 제3종시설물의 최초 정밀안전점검은 해당 정기안전점검을 완료한 날부터 1년 이내에 실시한다. 다만, 이 기간 내 정밀안전진단을 실시한 경우에는 해당 정밀안전점검을 생략할 수 있다.

- 최초로 실시하는 정밀안전진단은 준공일 또는 사용승인일(준공 또는 사용승인 후에 구조형태의 변경으로 제1종시설물로 된 경우에는 최초 준공일 또는 사용승인일을 말한다) 후 10년이 지난 때부터 1년 이내에 실시한다. 다만, 준공 및 사용승인 후 10년이 지난 후에 구조형태의 변경으로 인하여 제1종시설물로 된 경우에는 구조형태의 변경에 따른 준공일 또는 사용승인일부터 1년 이내에 실시한다.

- 최초로 실시하는 성능평가는 성능평가대상시설물 중 제1종시설물의 경우에는 최초로 정밀안전진단을 실시하는 때, 제2종시설물의 경우에는 법 제11조제2항에 따른 하자담보책임기간이 끝나기 전에 마지막으로 실시하는 정밀안전점검을 실시하는 때에 실시한다. 다만, 준공 및 사용승인 후 구조형태의 변경으로 인하여 성능평가대상시설물로 된 경우에는 제5호 및 제6호에 따라 정밀안전점검 또는 정밀안전진단을 실시하는 때에 실시한다.

- 정밀안전점검 및 정밀안전진단의 실시 주기는 이전 정밀안전점검 및 정밀안전진단을 완료한 날을 기준으로 한다. 다만, 정밀안전점검 실시 주기에 따라 정밀안전점검을 실시한 경우에도 법 제12조에 따라 정밀안전진단을 실시한 경우에는 그 정밀안전진단을 완료한 날을 기준으로 정밀안전점검의 실시 주기를 정한다.

- 정밀안전점검, 긴급안전점검 및 정밀안전진단의 실시 완료일이 속한 반기에 실시하여야 하는 정기안전점검은 생략할 수 있다.

- 정밀안전진단의 실시 완료일부터 6개월 전 이내에 그 실시 주기의 마지막 날이 속하는 정밀안전점검은 생략할 수 있다.

- 성능평가 실시 주기는 이전 성능평가를 완료한 날을 기준으로 한다.

- 증축, 개축 및 리모델링 등을 위하여 공사 중이거나 철거예정인 시설물로서, 사용되지 않는 시설물에 대해서는 국토교통부장관과 협의하여 안전점검, 정밀안전진단 및 성능평가의 실시를 생략하거나 그 시기를 조정할 수 있다.

일반사항

10-68	BEMS(Building energy management system)	
No. 868	시설물 통합리시스템	유형: 제도·기준

I. 정 의

컴퓨터를 사용하여 건물 관리자가 합리적인 에너지 이용이 가능하게 하고 쾌적하고 기능적인 업무 환경을 효율적으로 유지·보전하기 위한 제어·관리·경영 시스템

II. 운영 Process

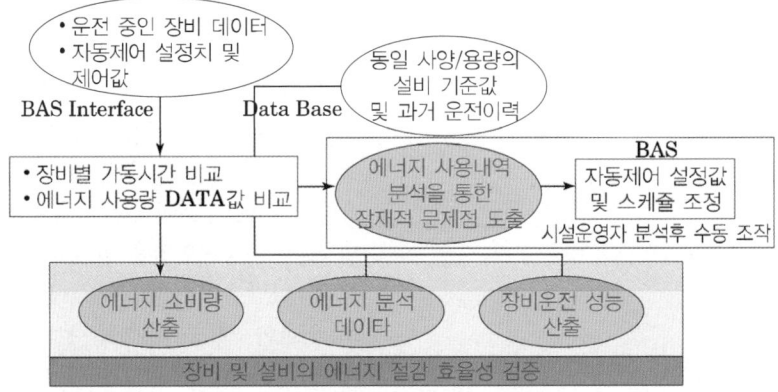

III. 건축물에너지관리시스템(BEMS) 설치 기준

항 목	설치 기준
일반사항	BEMS 운영방식(자체/외주/클라우드 등), 주요설비 및 BAS와 연계운영 등 BEMS 설치 일반사항 정의
시스템 설치	관제점 일람표 작성, 데이터 생성방식 및 태그 생성 등 비용효과적인 BEMS 구축에 필요한 공통사항 정의
데이터 수집 및 표시	대상건물에서 생산·저장·사용하는 에너지를 에너지원별(전기/연료/열 등)로 데이터 수집 및 표시
정보감시	에너지 손실, 비용 상승, 쾌적성 저하, 설비 고장 등 에너지관리에 영향을 미치는 관련 관제값 중 5종 이상에 대한 기준값 입력 및 가시화
데이터 조회	일간, 주간, 월간, 년간 등 정기 및 특정 기간을 설정하여 데이터를 조회
에너지소비 현황 분석	2종 이상의 에너지원단위와 3종 이상의 에너지용도에 대한 에너지소비 현황 및 증감 분석
설비의 성능 및 효율 분석	에너지사용량이 전체의 5% 이상인 모든 열원설비 기기별 성능 및 효율 분석
실내외 환경 정보 제공	온도, 습도 등 실내외 환경정보 제공 및 활용
에너지 소비 예측	에너지사용량 목표치 설정 및 관리
에너지 비용 조회 및 분석	에너지원별 사용량에 따른 에너지비용 조회
제어시스템 연동	1종 이상의 에너지용도에 사용되는 설비의 자동제어 연동

유지관리 일반
Key Point

■ 국가표준
- 건축물의 에너지절약설계기준
- 공공기관 에너지이용 합리화 추진에 관한 규정

■ Lay Out
- 운영 Process
- 설치 기준

■ 핵심 단어
- 업무 환경을 효율적으로 유지·보전하기 위한 제어·관리·경영 시스템

■ 연관용어
- 녹색건축물 조성 지원법
- 에너지 절약설계기준
- FMS

주요기술

- BAS : 빌딩자동화 시스템(에너지 감시 및 자동조작)
- IBS : 지능형 빌딩 시스템(조명, 공조, 엘리베이터등 건물설비를 통합 관리)
- FMS : 시설 운용 지원 시스템(건물의 자원, 정보, 인력, 예산에 대한 작성, 평가, 분석 지원)
- BMS : 빌딩 관리 시스템(에너지 사용관리를 포함 각종 상태감시 및 제어로 효율적인 운용 지원)
- EMS : 에너지 관리 시스템(건물 에너지 사용량을 관리)

일반사항

Ⅳ. 기능 구성도

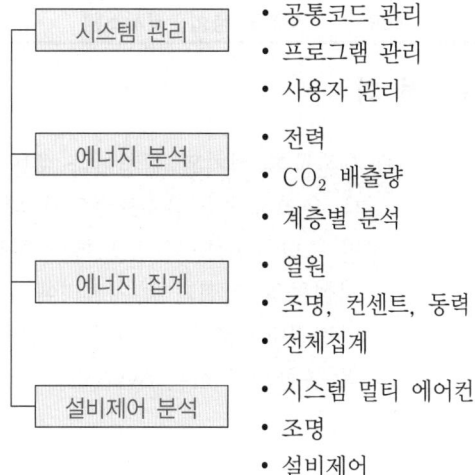

- 시스템 관리
  - 공통코드 관리
  - 프로그램 관리
  - 사용자 관리

- 에너지 분석
  - 전력
  - CO_2 배출량
  - 계층별 분석

- 에너지 집계
  - 열원
  - 조명, 컨센트, 동력
  - 전체집계

- 설비제어 분석
  - 시스템 멀티 에어컨
  - 조명
  - 설비제어

Ⅴ. 기대효과

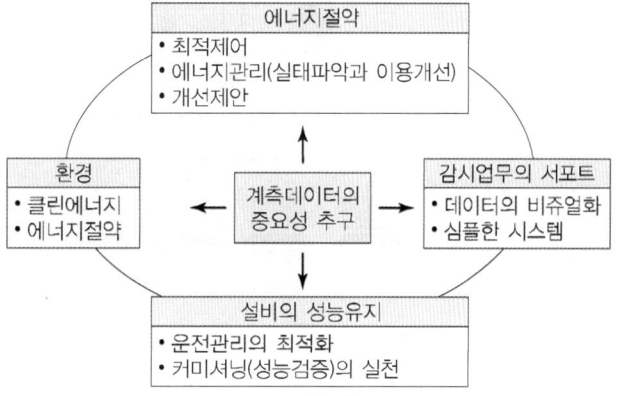

에너지절약
- 최적제어
- 에너지관리(실태파악과 이용개선)
- 개선제안

환경
- 클린에너지
- 에너지절약

계측데이터의 중요성 추구

감시업무의 서포트
- 데이터의 비쥬얼화
- 심플한 시스템

설비의 성능유지
- 운전관리의 최적화
- 커미셔닝(성능검증)의 실천

10-69	FMS(Facility Management System)	
No. 869	시설물 통합관리시스템	유형: 제도 · 기준

일반사항

유지관리 일반

Key Point

■ 국가표준
- 도시 및 주거환경정비법

■ Lay Out
- 시스템 구성도
- 도입효과
- 주요 기능

■ 핵심 단어
- 시설물 관리 · 운영 유지
  보수

■ 연관용어
- BEMS
- IBS
- EMS

I. 정 의

① 시설물이 설치된 환경이나 주변 공간, 설치장비나 설비, 그리고 이를 운영하거나 유지보수하기 위한 인력이 기본적으로 상호 유기적인 조화를 이룰 수 있도록 지원하는 System

② 시설물의 안전과 유지관리에 관련된 정보체계를 구축하기 위하여 안전진단전문기관, 한국시설안전공단과 유지관리업자에 관한 정보를 종합관리 하는 System

II. 시스템 구성도

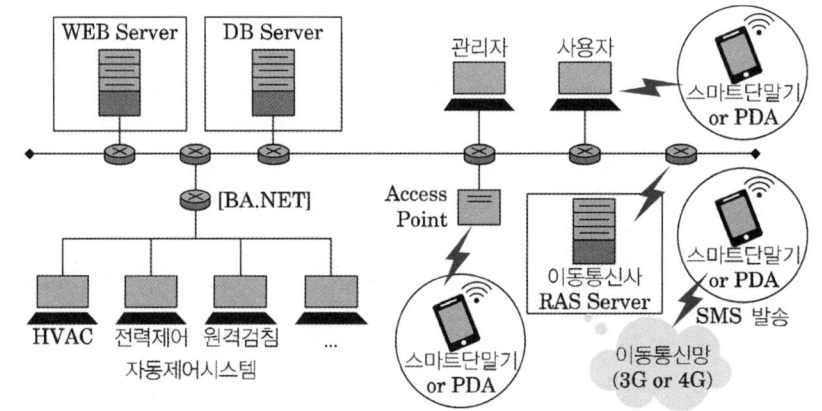

III. 도입효과

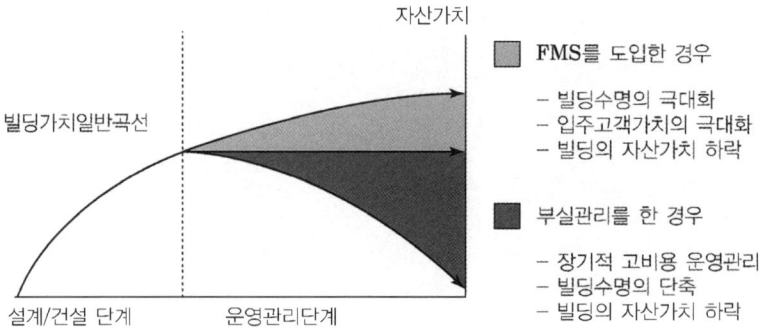

① 건물의 효과적인 시설운영 지원

② 시설운영과 관련된 업무 및 설비에 대한 DATA 이력화

③ 유지비용 절감 및 인원의 효율적 재배치

④ 시설 운영에 필요한 각정 trend 및 분석 지표의 제공

Ⅳ. 주요 기능

① 건물관리: 건물의 경제적 가치보전을 위하여 건물구조나 특성에 대한 정보관리

② 자재관리: 자재의 원활한 수급 및 적정재고 유지를 위한 시스템

③ 에너지관리: 에너지 사용과 관련된 DB의 취합 및 지표관리

④ 커뮤니티: 각종 서류 및 공유문서에 대한 통합관리

⑤ 도면관리: 공사 계획 및 실적관리, 업체평가

⑥ 공사관리: 건물의 경제적 가치보전을 위하여 건물구조나 특성에 대한 정보관리

⑦ 분석정보: 시설운영에 대한 각종 분석 자료

10-70	재건축과 재개발	
No. 870		유형: 제도·기준

일반사항

유지관리 일반
Key Point

■ 국가표준
- 도시 및 주거환경정비법
- 건축물관리법 시행령
  2023.05.16.

■ Lay Out
- 비교
- 재건축
- 재개발

■ 핵심 단어
- 주거환경 개선
- 도시환경 개선
- 주거환경을 보전·정비
  ·개량

■ 연관용어
- 정비사업
- 안전진단

용어

• 노후·불량건축물
- 건축물이 훼손되거나 일부가
  멸실되어 붕괴, 그 밖의 안전
  사고의 우려가 있는 건축물
- 주변 토지의 이용 상황 등에
  비추어 주거환경이 불량한
  곳에 위치할 것
- 건축물을 철거하고 새로운 건
  축물을 건설하는 경우 건설에
  드는 비용과 비교하여 효용의
  현저한 증가가 예상될 것
- 내진성능이 확보되지 아니한
  건축물 중 중대한 기능적
  결함 또는 부실 설계·시공
  으로 구조적 결함 등이 있
  는 건축물로서 대통령령으
  로 정하는 건축물
- 급수·배수·오수 설비 등의
  설비 또는 지붕·외벽 등 마
  감의 노후화나 손상으로 그
  기능을 유지하기 곤란할 것
  으로 우려되는 건축물

I. 정비사업의 정의

① 재건축 사업: 정비기반시설은 양호하나 노후·불량건축물에 해당하는 공동주택이 밀집한 지역에서 주거환경을 개선하기 위한 사업
② 재개발 사업: 정비기반시설이 열악하고 노후·불량건축물이 밀집한 지역에서 주거환경을 개선하거나 상업지역·공업지역 등에서 도시기능의 회복 및 상권활성화 등을 위하여 도시환경을 개선하기 위한 사업
③ 주거환경개선사업: 도시저소득 주민이 집단거주하는 지역으로서 정비기반시설이 극히 열악하고 노후·불량건축물이 과도하게 밀집한 지역의 주거환경을 개선하거나 단독주택 및 다세대주택이 밀집한 지역에서 정비기반시설과 공동이용시설 확충을 통하여 주거환경을 보전·정비·개량하기 위한 사업

II. 비교

구 분	주택재건축사업	주택재개발사업
대 상	• 공동주택	• 단독밀집
안전진단	• 있음(공동주택 재건축만 해당)	• 없음
조합원자격	• 건축물 및 그 부속토지 소유자 중 조합설립에 찬성한 자(임의가입)	• 토지 또는 건축물 소유자 또는 그 지상권자(당연가입)
시행주체	• 조합 시행 • 조합 외 시행(시장·군수가 직접 시행하거나, 토지주택공사등 또는 신탁업자등을 사업시행자로 지정하여 시행)	• 조합 시행 • 조합 외 시행(주민대표회의 구성 및 승인, 토지등 소유자 전체회의)
개발방식	• 철거	• 철거,수복,보전
공급대상	• 토지등소유자 • 잔여분: 일반분양	• 토지등소유자 • 세입자: 임대주택 • 잔여분: 일반분양
대의원	조합원의 1/10 이상	조합원의 1/10 이상
현금청산자	• 매도청구	• 토지수용
주거이전 등 보상	• 없음	• 있음
초과이익 환수제	• 있음	• 없음
토지수용	• 매도청구가능	• 가능

Ⅲ. 재건축

1. 재건축 사업의 개요

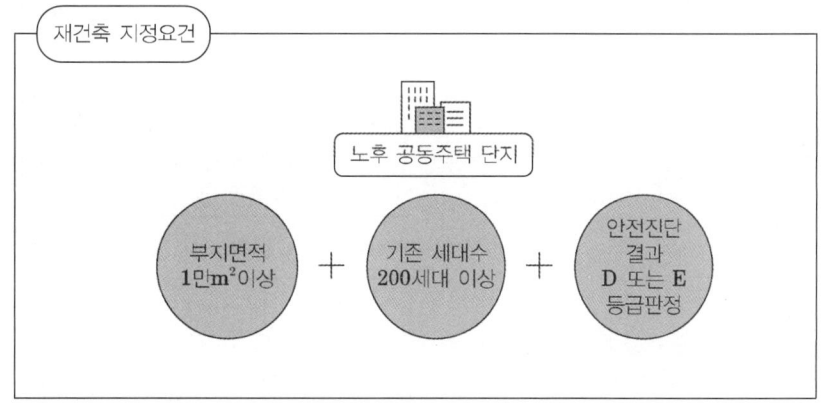

일반사항

- 안전진단기관이 실시한 안전진단 결과 건축물의 내구성 · 내하력(耐荷力) 등이 같은 조 제5항에 따라 국토교통부장관이 정하여 고시하는 기준에 미치지 못할 것으로 예상되어 구조 안전의 확보가 곤란할 것으로 우려되는 건축물
- 공장의 매연 · 소음 등으로 인하여 위해를 초래할 우려가 있는 지역에 있는 건축물
- 해당 건축물을 준공일 기준으로 40년까지 사용하기 위하여 보수 · 보강하는 데 드는 비용이 철거 후 새로운 건축물을 건설하는 데 드는 비용보다 클 것으로 예상되는 건축물

• 정비기반시설
- 도로 · 상하수도 · 구거(溝渠: 도랑) · 공원 · 공용주차장 · 공동구(「국토의 계획 및 이용에 관한 법률」 제2조제9호에 따른 공동구를 말한다. 이하 같다), 그 밖에 주민의 생활에 필요한 열 · 가스 등의 공급시설로서 대통령령으로 정하는 시설

• 공동이용시설
- 주민이 공동으로 사용하는 놀이터 · 마을회관 · 공동작업장, 그 밖에 대통령령으로 정하는 시설을 말한다.

구분	민간재건축	공공재건축 (공동 또는 공공단독 시행방식은 주민이 선택)	
		공동시행	공공 단독시행
구역 지정요건	1만m² 이상 이거나 기존 세대수 200세대 이상 ※ 안전진단 결과 E등급 또는 D등급인 경우 정비사업 가능		
사업시행 주체	주민(조합)	주민(추진위, 조합 등)+ 공공(지자체,LH 등)	공공단독 (지자체, LH 등)
주민동의 요건	주민제안 시 30% 이상, 정비계획 수립 시 60% 이상	주민제안 시 10% 이상, 사업추진 시 과반수 동의	주민제안 시 10% 이상, 사업추진 시 동의 3/4 & 토지면적의 1/2 이상
의사결정	조합총회	조합총회	주민대표회의
사업계획 심의	통합심의 (건축 · 교통 · 환경 등) ※ 추후 법 및 조례 개정 필요	통합심의 (건축 · 교통 · 환경 등)	
용적률 체계 (예시)	추가 용적률의 50% 공공임대 〈3종일반주거지역〉 +50% 공공기여1/2, 일반분양1/2 300% 25% 25% 250% 조합원+일반분양	추가 용적률의 50% 공공임대(최대 40%까지 완화 가능) 〈준주거지역(종상향)〉 +250% 공공기여1/2, 일반분양1/2 500% 125% 125% 250% 조합원+일반분양	

일반사항

1) 사업시행 주체

조합에 의한 시행	시장 · 군수등에 의한 공공시행
• 토지등소유자가 설립한 재건축 정비사업조합(이하 "조합"이라 함)이 시행하거나 조합이 조합원의 과반수 동의를 얻어 시장 · 군수등, 토지주택공사등, 건설업자 또는 등록사업자와 공동으로 시행하는 방식	• 천재지변 등의 사유로 긴급히 재건축을 시행할 필요가 있다고 인정되는 경우 등 일정한 경우 시장 · 군수가 직접 시행하거나, 토지주택공사등 또는 신탁업자등을 사업시행자로 지정하여 시행하는 방식

2) 재건축사업의 절차

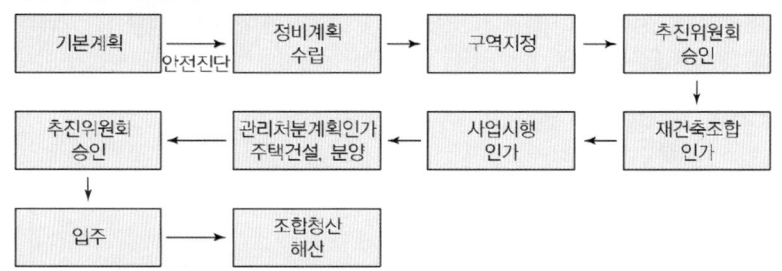

2. 사업준비

1) 기본계획의 수립절차

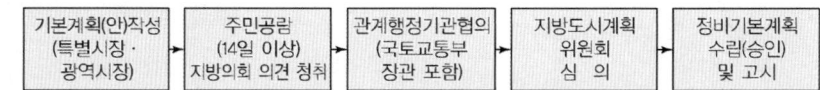

2) 안전진단

① 실시요건

- 정비예정구역별 수립시기가 도래한 경우
- 정비계획의 입안을 제안하려는 자가 입안을 제안하기 전에 해당 정비예정구역에 위치한 건축물 및 그 부속토지의 소유자 10분의 1 이상의 동의를 받아 안전진단 실시를 요청하는 경우
- 정비예정구역을 지정하지 않은 지역에서 재건축사업을 하려는 자가 사업예정구역에 있는 건축물 및 그 부속토지의 소유자 10분의 1 이상의 동의를 받아 안전진단의 실시를 요청하는 경우
- 내진성능이 확보되지 않은 건축물 중 중대한 기능적 결함 또는 부실 설계 · 시공으로 구조적 결함 등이 있는 법령으로 정하는 건축물의 소유자로서 재건축사업을 시행하려는 자가 해당 사업예정구역에 위치한 건축물 및 그 부속

② 실시절차

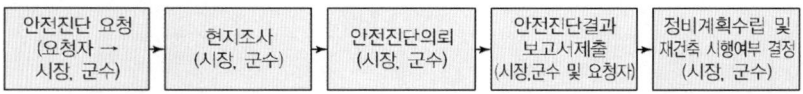

일반사항

③ 실시결정
- 정비계획의 입안권자는 안전진단의 요청이 있는 경우 요청일부터 30일 이내에 실시여부를 결정하여 요청인에게 통
- 정비계획의 입안권자는 현지조사 등을 통해 해당 건축물의 구조안전성, 건축마감, 설비노후도 및 주거환경 적합성 등을 심사하여 안전진단의 실시 여부를 결정해야 하며, 안전진단의 실시가 필요하다고 결정한 경우에는 안전진단기관에 안전진단을 의뢰

④ 실시대상

안전진단 대상	안전진단 제외대상
• 주택단지의 건축물	• 정비계획의 입안권자가 천재지변 등으로 주택이 붕괴되어 신속히 재건축을 추진할 필요가 있다고 인정하는 주택단지의 건축물 • 주택의 구조안전상 사용금지가 필요하다고 정비계획의 입안권자가 인정하는 주택단지의 건축물 • 기존 세대수가 200세대 이상인 노후·불량건축물의 기준을 충족한 주택단지의 잔여 건축물 • 정비계획의 입안권자가 진입도로 등 기반시설 설치를 위하여 불가피하게 정비구역에 포함된 것으로 인정하는 주택단지의 건축물 • 「시설물의 안전 및 유지관리에 관한 특별법」 제2조제1호의 시설물로서 같은 법 제16조에 따라 지정받은 안전등급이 D (미흡) 또는 E (불량)인 주택단지의 건축물

3) 정비계획의 수립
① 정비계획의 수립
- 특별시장·광역시장·특별자치시장·특별자치도지사·시장 또는 군수(광역시의 군수는 제외하며, 이하 "정비구역의 지정권자"라 함)는 기본계획에 적합한 범위에서 노후·불량건축물이 밀집하는 등의 정비계획 입안대상지역 요건에 해당하는 구역을 대상으로 정비계획을 결정하여 정비구역을 지정(변경지정을 포함)할 수 있다.
- 정비계획의 입안권자는 주택수급의 안정과 저소득 주민의 입주기회 확대를 위해 정비사업을 건설하는 주택에 대해 다음의 구분에 따른 범위에서 주택규모별 건설비율 등을 정비계획에 반영해야 하며, 사업시행자는 이에 따라 주택을 건설

※ 과밀억제권역에서 시행하는 재건축사업의 경우
- 건설하는 주택 전체 세대수의 60% 이상을 85m² 이하 규모의 주택으로 건설해야 합니다.
① 재건축사업의 조합원에게 분양하는 주택의 주거전용면적의 합이 재건축하기 전의 기존주택의 주거전용면적의 합보다 작거나 30%의 범위에서 클 것
② 조합원 이외의 자에게 분양하는 주택은 모두 85m² 이하 규모로 건설할 것

사업시행자 지정

- 시장·군수등의 직접시행 또는 토지주택공사등의 지정
  - 천재지변, 「재난 및 안전관리 기본법」제27조 또는 규제「시설물의 안전 및 유지관리에 관한 특별법」제23조에 따른 사용제한·사용금지, 그 밖의 불가피한 사유로 긴급하게 정비사업을 시행할 필요가 있다고 인정하는 때
  - 추진위원회가 시장·군수등의 구성승인을 받은 날부터 3년 이내에 조합설립인가를 신청하지 않거나 조합이 조합설립인가를 받은 날부터 3년 이내에 사업시행계획인가를 신청하지 않은 때
  - 지방자치단체의 장이 시행하는 도시·군계획사업과 병행하여 재건축사업을 시행할 필요가 있다고 인정하는 때
  - 순환정비방식으로 재건축사업을 시행할 필요가 있다고 인정하는 때
  - 사업시행계획인가가 취소된 때
  - 해당 정비구역의 국·공유지 면적 또는 국·공유지와 토지주택공사등이 소유한 토지를 합한 면적이 전체 토지면적의 2분의 1 이상으로서 토지등소유자의 과반수가 시장·군수등 또는 토지주택공사등을 사업시행자로 지정하는 것에 동의하는 때
  - 해당 정비구역의 토지면적 2분의 1 이상의 토지소유자와 토지등소유자의 3분의 2 이상에 해당하는 자가 시장·군수등 또는 토지주택공사등을 사업시행자로 지정할 것을 요청하는 때
- 토지등소유자, 민관합동법인 또는 신탁업자의 지정
  - 천재지변, 사용제한·사용금지, 그 밖의 불가피한 사유로 긴급하게 정비사업을 시행할 필요가 있다고 인정하는 때
  - 재건축사업의 조합설립을 위한 동의요건 이상에 해당하는 자가 신탁업자를 사업시행자로 지정하는 것에 동의하는 때

4) 정비계획절차

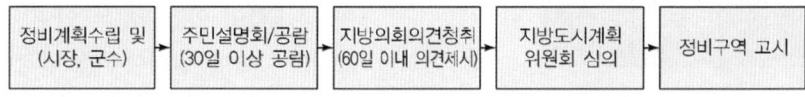

3. 사업시행

3-1. 조합에 의한 사업시행

1) 조합설립추진위원회의 구성 및 운영

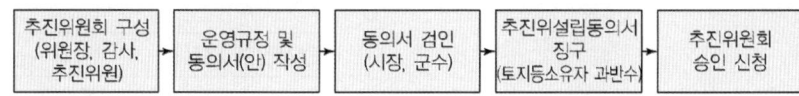

2) 조합설립

3) 창립총회의 업무
   ① 조합 정관의 확정
   ② 조합의 임원의 선임
   ③ 대의원의 선임

4) 토지소유자의 동의

구분		동의요건
추진위원회 구성승인		• 토지등소유자 과반수의 동의
조합 설립 인가	주택 단지	• 주택단지의 공동주택의 각 동(복리시설의 경우에는 주택단지의 복리시설 전체를 하나의 동으로 봄)별 구분소유자의 과반수 동의(공동주택의 각 동별 구분소유자가 5 이하인 경우는 제외함) • 주택단지의 전체 구분소유자의 4분의 3 이상 및 토지면적의 4분의 3 이상의 토지소유자의 동의
	주택 단지가 아닌 지역	• 주택단지가 아닌 지역의 토지 또는 건축물 소유자의 4분의 3 이상 및 토지면적의 3분의 2 이상의 토지소유자의 동의

5) 시공자의 선정
   ① 조합은 조합설립인가를 받은 후 조합총회에서 경쟁입찰 또는 수의계약(2회 이상 경쟁입찰이 유찰된 경우만 해당)의 방법으로 건설업자 또는 등록사업자를 시공자로 선정
   ② 사업시행자(사업대행자를 포함함)가 선정된 시공자와 공사에 관한 계약을 체결할 때에는 기존 건축물의 철거 공사(「석면안전관리법」에 따른 석면 조사·해체·제거를 포함함)에 관한 사항을 포함시킬 것

일반사항

주요내용

• 계획수립
- 기본계획 및 정비계획 수립
- 정비구역 지정
• 사업시행계획
- 조합설립추진위원회 구성
- 창립총회
- 조합설립인가
- 사업시행계획인가
- 이주대책
• 분양 및 관리처분
- 분양공고 및 신청
- 관리처분계획인가
- 철거 및 착공
• 사업완료
- 준공인가
- 이전고시
- 청산
- 조합해산

3-2. 시장·군수에 의한 사업시행

1) 주민대표회의의 구성 및 운영

구분	동의요건
회의구성	• 위원장을 포함한 5명 이상 25명 이하로 구성함 • 위원장과 부위원장 각 1명, 1명 이상 3명 이하의 감사
동의요건	• 토지등소유자의 과반수의 동의를 받아 구성함 ※ 이 경우 주민대표회의의 구성에 동의한 자는 사업시행자의 지정에 동의한 것으로 봄. 다만, 사업시행자의 지정 요청 전에 시장·군수등 및 주민대표회의에 사업시행자의 지정에 대한 반대의 의사표시를 한 토지등소유자의 경우에는 그렇지 않음

구성방법	• 토지등소유자는 주민대표회의 승인신청서(전자문서를 포함)에 다음의 서류(전자문서를 포함)를 첨부하여 시장·군수등에게 제출해야 함
	  1. 주민대표회의가 정하는 운영규정
	  2. 토지등소유자의 주민대표회의 구성동의서
	  3. 주민대표회의 위원장·부위원장 및 감사의 주소 및 성명
	  4. 주민대표회의 위원장·부위원장 및 감사의 선임을 증명하는 서류
	  5. 토지등소유자의 명부

의견제시	• 주민대표회의 또는 세입자(상가세입자를 포함)는 사업시행자가 다음의 사항에 관하여 시행규정을 정하는 때에 의견을 제시할 수 있음
	※ 이 경우 사업시행자는 주민대표회의 또는 세입자의 의견을 반영하기 위해 노력해야 함
	  1. 건축물의 철거
	  2. 주민의 이주(세입자의 퇴거에 관한 사항을 포함)
	  3. 토지 및 건축물의 보상(세입자에 대한 주거이전비 등 보상에 관한 사항을 포함)
	  4. 정비사업비의 부담
	  5. 세입자에 대한 임대주택의 공급 및 입주자격
	  6. 그 밖에 정비사업의 시행을 위하여 필요한 사항

경비부담	• 시장·군수등 또는 토지주택공사등은 주민대표회의의 운영에 필요한 경비의 일부를 해당 정비사업비에서 지원할 수 있음
그 밖의 사항	• 주민대표회의의 위원의 선출·교체 및 해임, 운영방법, 운영비용의 조달 및 그 밖에 주민대표회의의 운영에 필요한 사항은 주민대표회의가 정함

2) 시공자 지정

• 시공자를 선정하거나 주민대표회의 또는 토지등소유자 전체회의는 다음의 경쟁입찰 또는 수의계약(2회 이상 경쟁입찰이 유찰된 경우만 해당)의 방법으로 시공자를 추천할 수 있으며, 이 경우 사업시행자는 추천받은 자를 시공자로 선정할 것
• 일반경쟁입찰·제한경쟁입찰 또는 지명경쟁입찰 중 하나일 것

Ⅳ. 재개발

1. 재개발 사업의 개요

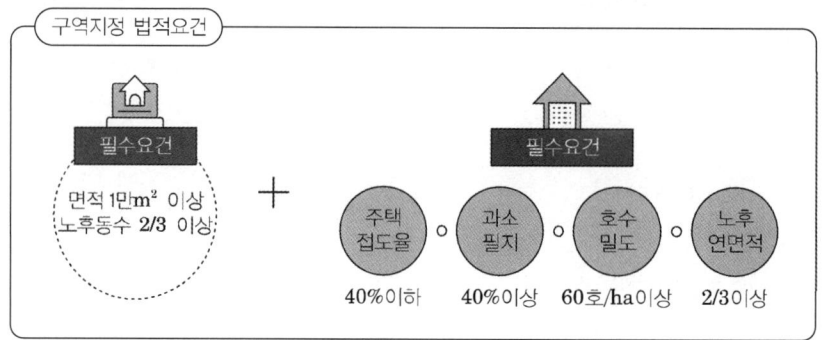

노후건축물 : 철근콘크리트인 건축물은 건축된지 20~30년 이상, 그 외 건축물은 건축된지 20년
이상 경과 건축물
주택접도율 : 폭 4m 이상 도로에 4m 이상 접한 건축물의 비율
과소필지 : 토지면적이 90m² 미만인 토지
호수밀도 : 1만m² (100m×100m)안에 건축되어있는 건축물 동수
(공동주택 및 다가구주택은 세대수가 가장 많은 층의 세대수를 동수로 산정)

구분	민간재건축	공공재건축 (공동과 공동 또는 단독 시행방식은 주민이 선택)	
		공동시행	공공 단독시행
구역 지정요건	1만m² 이상 & 노후동수 2/3 이상 + 4가지 중 1가지 이상 (주택접도율/과소필지/호수밀도/노후연면적)		
사업시행 주체	주민 (조합·토지등 소유자)	주민(조합·토지등소유자)+ 공공(LH,SH)	공공 (LH,SH)
주민동의 요건	(주민제안 시) 30% 이상, (정비계획 수립 시) 토지등소유자 2/3 이상 & 토지면적의 1/2 이상	(주민제안 시) 30% 이상, (정비계획 수립 시) 토지등소유자 2/3 이상 & 토지면적의 1/2 이상 (사업시행자지정 시) 조합원 과반수	(주민제안 시) 30% 이상, (정비계획 수립 및 사업시행자 지정 시) 토지등소유자 2/3 이상 & 토지면적의 1/2 이상
의사결정	조합총회	조합총회	주민대표회의
사업계획 심의	통합심의 (건축·교통·환경 등) ※ 추후 법 및 조례 개정 필요	통합심의 (건축·교통·환경 등)	
용적률 체계 (예시)	재개발 의무임대 15%+ 추가 공공기여	조합원 분양분을 제외한 연면적 또는 세대수의 50%를 공공기여	

1) 사업시행 주체와 사업절차

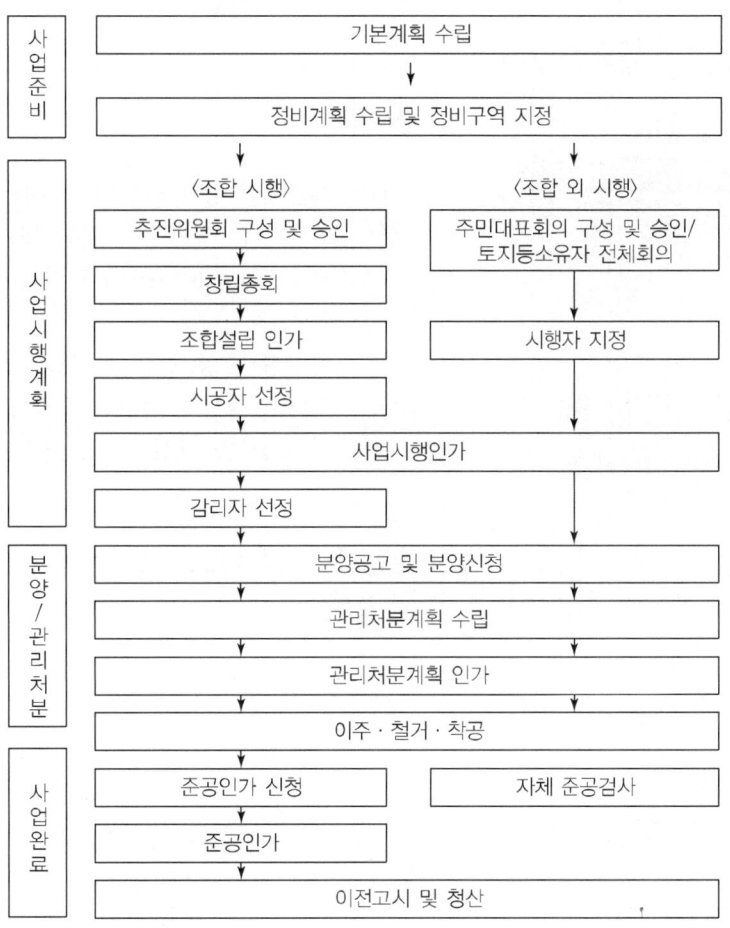

조합에 의한 시행	주민대표회의 구성 및 승인, 토지등 소유자 전체회의
• 본계획 수립 → 정비계획 수립 및 정비구역 지정 → 추진위원회 구성 → 창립총회 → 조합설립 인가 → 시공자 선정 → 사업시행인가 → 분양공고 및 분양신청 → 감리자 선정 → 관리처분인가 → 이주 · 철거 · 착공 → 준공검사 신청 → 준공인가 → 이전고시 및 청산	• 본계획 수립 → 정비계획 수립 및 정비구역 지정 → 주민대표회의 구성 및 승인 → 시행자 지정 → 사업시행인가 → 관리처분인가 → 이주 · 철거 · 착공 → 자체 준공검사 → 이전고시 및 청산

10-71	안전진단	
No. 871		유형: 제도 · 기준

일반사항

유지관리 일반
Key Point

■ 국가표준
- 도시 및 주거환경정비법
- 건축물관리법 시행령
  2023.05.16.
- 주택 재건축 판정을 위
  한 안전진단 기준
  2023.01.05.
- 증축형 리모델링 안전진
  단기준

■ Lay Out
- 안전진단 실시요건 및
  절차
- 현지조사
- 안전진단

■ 핵심 단어
- 구조안전성 평가
- 주거환경 중심평가

■ 연관용어
- 재건축

I. 정 의

① 구조안전성 평가 안전진단: 재건축연한 도래와 관계없이 내진성능이 확보되지 않은 구조적 결함 또는 기능적 결함이 있는 노후 · 불량건축물을 대상으로 구조안전성을 평가하여 재건축여부를 판정하는 안전진단

② 주거환경 중심 평가 안전진단: 노후 · 불량건축물을 대상으로 주거생활의 편리성과 거주의 쾌적성 등의 주거환경을 중심으로 평가하여 재건축여부를 판정하는 안전진단을 말한다.

II. 안전진단 실시요건 및 절차

1) 실시요건

- 정비예정구역별 수립시기가 도래한 경우
- 정비계획의 입안을 제안하려는 자가 입안을 제안하기 전에 해당 정비예정구역에 위치한 건축물 및 그 부속토지의 소유자 10분의 1 이상의 동의를 받아 안전진단 실시를 요청하는 경우
- 정비예정구역을 지정하지 않은 지역에서 재건축사업을 하려는 자가 사업예정구역에 있는 건축물 및 그 부속토지의 소유자 10분의 1 이상의 동의를 받아 안전진단의 실시를 요청하는 경우
- 내진성능이 확보되지 않은 건축물 중 중대한 기능적 결함 또는 부실 설계 · 시공으로 구조적 결함 등이 있는 법령으로 정하는 건축물의 소유자로서 재건축사업을 시행하려는 자가 해당 사업예정구역에 위치한 건축물 및 그 부속토지의 소유자 10분의 1 이상의 동의를 받아 안전진단의 실시를 요청하는 경우

2) 실시절차

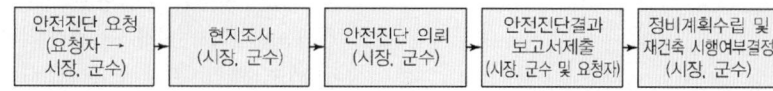

3) 실시결정
- 정비계획의 입안권자는 안전진단의 요청이 있는 경우 요청일부터 30일 이내에 실시여부를 결정하여 요청인에게 통
- 정비계획의 입안권자는 현지조사 등을 통해 해당 건축물의 구조안전성, 건축마감, 설비노후도 및 주거환경 적합성 등을 심사하여 안전진단의 실시 여부를 결정해야 하며, 안전진단의 실시가 필요하다고 결정한 경우에는 안전진단기관에 안전진단을 의뢰

4) 실시대상

안전진단 대상	안전진단 제외대상
• 주택단지의 건축물	• 정비계획의 입안권자가 천재지변 등으로 주택이 붕괴되어 신속히 재건축을 추진할 필요가 있다고 인정하는 주택단지의 건축물 • 주택의 구조안전상 사용금지가 필요하다고 정비계획의 입안권자가 인정하는 주택단지의 건축물 • 기존 세대수가 200세대 이상인 노후·불량건축물의 기준을 충족한 주택단지의 잔여 건축물 • 정비계획의 입안권자가 진입도로 등 기반시설 설치를 위하여 불가피하게 정비구역에 포함된 것으로 인정하는 주택단지의 건축물 • 「시설물의 안전 및 유지관리에 관한 특별법」 제2조제1호의 시설물로서 같은 법 제16조에 따라 지정받은 안전등급이 D (미흡) 또는 E (불량)인 주택단지의 건축물

Ⅲ. 현지조사

1) 조사항목

평가분야	평가항목	중 점 평 가 사 항
구조 안정성	지반상태	지반침하상태 및 유형
	변형상태	건물 기울기 바닥판 변형(경사변형, 횡변형)
	균열상태	균열유형(구조균열, 비구조균열, 지반침하로 인한 균열) 균열상태(형상, 폭, 진행성, 누수)
	하중상태	하중상태(고정하중, 활하중, 과하중 여부)
	구조체 노후화상태	철근노출 및 부식상태 박리/박락상태, 백화, 누수
	구조부재의 변경상태	구조부재의 철거, 변경 및 신설
	접합부 상태[1]	접합부 긴결철물 부식 상태, 사춤상태
	부착 모르타르상태[2]	부착 모르타르 탈락 및 사춤상태
건축마감 및 설비 노후도	지붕 마감상태	옥상 마감 및 방수상태/보수의 용이성
	외벽 마감상태	외벽 마감 및 방수상태/보수의 용이성
	계단실 마감상태	계단실 마감상태/보수의 용이성
	공용창호 상태	공용창호 상태/보수의 용이성
	기계설비 시스템의 적정성	난방 방식의 적정성 급수·급탕 방식의 적정성 및 오염방지 성능 기타 오·배수, 도시가스, 환기설비의 적정성 기계 소방설비의 적정성
	기계설비 장비 및 배관의 노후도	장비 및 배관의 노후도 및 교체의 용이성
	전기·통신설비 시스템의 적정성	수변전 방식 및 용량의 적정성 등 전기·통신 시스템의 효율성과 안전성 전기 소방 설비의 적정성
	전기설비 장비 및 배선의 노후도	장비 및 배선의 노후도 및 교체의 용이성
주거환경	주거환경	주변토지의 이용상황 등에 비교한 주거환경, 주차환경, 일조·소음 등의 주거환경
	재난대비	화재시 피해 및 소화용이성(소방차 접근 등) 홍수대비·침수피해 가능성 등 재난환경
	도시미관	도시미관 저해정도

일반사항

• [1]PC조의 경우에 해당 [2] 조적조의 경우에 해당

2) 현지조사 표본의 선정

- 현지조사의 표본은 단지배치, 동별 준공일자·규모·형태 및 세대 유형 등을 고려하여 골고루 분포되게 선정

구분	산식	최소 조사동수	비고
19동 이하	전체 동수의 20%	1~2동	
11~30	2+(전체 동수-10)×10%	3~4동	
31~70	4+(전체 동수-30)×5%	5~6동	
71동 이상		7동	

Ⅳ. 안전진단

1) 평가절차 및 평가등급

- 안전진단의 실시는 구조안전성 평가 안전진단과 주거환경중심 평가 안전진단으로 구분하여 시행한다.
- 주거환경중심 평가 안전진단의 경우 주거환경 또는 구조안전성 분야의 성능점수가 20점 이하의 경우에는 그 밖의 분야에 대한 평가를 하지 않고 '재건축 실시'로 판정한다.

평가등급	A	B	C	D	E
대표 성능점수	100	90	70	40	0
성능점수 (PS) 범위	$100 \geq PS > 95$	$95 \geq PS > 80$	$80 \geq PS > 55$	$55 \geq PS > 20$	$20 \geq PS > 0$

2) 구조안전성 평가

평가부문	평가항목	조사항목
기울기 및 침하	건물 기울기	건물 4면의 기울기
	기초 및 지반 침하	기초 및 지반침하
내하력	내력비	콘크리트 강도
		철근배근 상태
		부재단면치수
		하중상태
		접합부 용접상태[1]
		접합철물 치수[1]
		보강·긴결철물 상태[2]
		조적개체 강도[2]
		조적벽체 두께, 깊이[2]
	처짐	처짐
내구성		콘크리트 중성화
		염분 함유량
		철근부식
		균열
		표면 노후화
		접합부 긴결철물의 부식[1]
		사춤콘크리트 및 모르타르 탈락[1]
		부착 모르타르 상태[2]

- [1] PC조의 경우에 해당
  [2] 조적조의 경우에 해당

3) 주거환경 평가

- 주거환경 분야는 표본을 선정하여 조사하고, 조사결과에 항목별 중요도를 고려하여 성능점수를 산정한 후, A~E등급의 5단계로 구분하여 평가한다. 이 경우 도시미관, 소방활동의 용이성, 침수피해 가능성, 세대당 주차대수, 일조환경, 노약자와 어린이 생활환경은 단지전체에 대해 조사하고, 소방활동의 용이성, 일조환경은 단지전체뿐 아니라 표본 동을 선정하여 평가한다. 또한, 사생활침해, 에너지효율성, 실내생활공간의 적정성은 단지, 동뿐만 아니라 표본 세대를 선정하여 평가

- 주거환경 평가는 도시미관, 소방활동의 용이성, 침수피해 가능성, 세대당 주차대수, 일조환경 사생활침해, 에너지효율성, 노약자와 어린이 생활환경, 실내생활공간의 적정성 등 9개의 항목에 대하여 조사·평가

- 주거환경 분야의 표본은 단지 및 동(棟) 배치를 고려하여 선정

주거환경 평가 성능점수=Σ(평가항목별 성능점수×평가항목별 가중치)

4) 건축 마감 및 설비노후도 평가

- 건축 마감 및 설비노후도 평가는 표본을 선정하여 조사하고, 조사결과에 요소별(부문별·항목별) 중요도를 고려하여 성능점수를 산정한 후, A~E등급의 5단계로 구분하여 평가

건축 마감 및 설비노후도 성능점수=Σ(평가항목별 성능점수×평가항목별 가중치)

평가부분	평가항목
건축 마감	지붕 마감상태
	외벽 마감상태
	계단실 마감상태
	공용창호 상태
기계설미 노후도	시스템성능
	난방설비
	급수·급탕설비
	오·배수설비
	기계소방설비
	도시가스설비
전기·통신 설비 노후도	시스템 성능
	수변전 설비
	전력간선설비
	정보통신설비
	옥외전기설비
	전기소방설비

5) 비용분석

① 개·보수를 하는 경우의 총비용과 재건축을 하는 경우의 총비용을 LCC(생애주기 비용)적인 관점에서 비교·분석하여 평가값(α)을 산출한 후, A~E등급의 5단계로 구분하여 평가

② 평가값(α)은 개·보수하는 경우의 주택 LCC의 년가(Equivalent Uniform Annual Cost)에 대한 재건축하는 경우의 주택 LCC의 년가의 비율로 산정

③ 내용연수, 실질이자율(할인율), 비용산정 근거 등 기본적인 사항과 개·보수 비용, 재건축 비용 등을 고려하여 시행

- 실질이자율: 과거 5년 정도의 수치를 산술평균한 값을 적용

$$i = \frac{(1+i_n)}{(1+f)} - 1$$

i : 실질이자율 i_n : 명목이자율 f : 물가상승률

④ 비용분석의 평가값(α)에 따른 대표점수

평가값(α)	대표점수
0.69 이하	100
0.70~0.79	90
0.80~0.89	70
0.90~0.99	40
1.00 이상	0

- 평가값(α) = 개·보수하는 경우 주택 LCC의 년가/재건축하는 경우 주택 LCC의 년가의 비율로 산정

6) 종합판정

① 주거환경중심 평가 안전진단의 경우 다음항목에 가중치를 곱하여 최종 성능점수를 구하고, 구조안전성 평가 안전진단의 경우는 구조안전성 평가결과 성능점수를 최종 성능점수로 한다.

구분	가중치
주거환경	0.3
건축마감 및 설비노후도	0.3
구조안전성	0.3
비용분석	0.10

② 최종 성능점수에 따라 다음 표와 같이 '유지보수', '조건부 재건축', '재건축'으로 구분하여 판정한다.

최종 성능점수	판정
55 초과	유지보수
45 초과~55 이하	조건부 재건축
45 이하	재건축

유지관리기술

리모델링

Key Point

■ 국가표준
- 주택법시행령
  2023.05.09.
- 수직증축형 리모델링 구
  조기준 2021. 01. 01
- 증축형 리모델링 안전진
  단기준

■ Lay Out
- 리모델링의 개념과 범위
- 리모델링 프로세스
- 리모델링 유형
- 증축형 리모델링 안전진
  단기준
- 보강설계 및 공사
- 리모델링 시공계획
- 리모델링기술

■ 핵심 단어
- 구조안전성 평가
- 주거환경 중심평가

■ 연관용어
- 증축형 리모델링 안전진
  단기준
- 재건축

수직증측 리모델링

- 기존 아파트 꼭대기 층 위로 최대 3개층을 더 올려 기존 가구 수의 15%까지 새집을 더 짓는 것을 말한다. 새로 늘어난 집을 팔아 얻은 수익으로 리모델링 공사비를 줄일 수 있으며, 지은 지 15년이 지난 아파트가 추진 대상이다.
- 15층 이상 3개층, 14층 이하 2개층

★★★	4. 유지관리	
10-72	리모델링	
No. 872		유형: 제도 · 기준

I. 정 의

유지관리의 연장선상에서 이루어지는 행위로서 건축물 또는 외부공간의 성능 및 기능의 노화나 진부화에 대응하여 보수, 수선, 개수, 부분 증축 및 개축, 제거, 새로운 기능추가 및 용도변경 등을 하는 건축활동

II. 리모델링의 개념과 범위

1) 개념

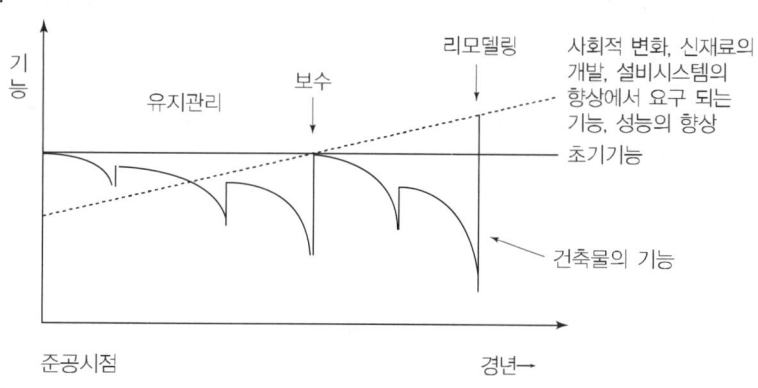

2) 범위

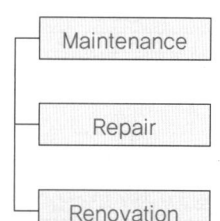

- 건축물의 기능저하 속도를 늦추는 활동
- 건물을 사용하는 기간동안 지속적으로 점검하고 관리
- 특정 시점에 진부화된 건물의 기능을 준공시점의 수준까지 회복시키는 수선활동
- 건물에 새로운 기능을 부가하여 준공시점보다 그 기능을 향상시키는 활동

III. 리모델링 Process

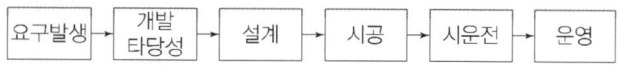

신규건축 PROJECT

요구발생 → 개발 타당성 → 설계 → 시공 → 시운전 → 운영

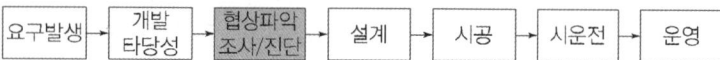

리모델링 PROJECT

요구발생 → 개발 타당성 → 협상파악 조사/진단 → 설계 → 시공 → 시운전 → 운영

유지관리기술

Ⅳ. 리모델링의 유형

건축물 리모델링의 유형	리모델링 수요의 유형
구조적 리모델링	노후화 대응
기능적 리모델링	설비기능 향상 및 정보화 대응
미관적 리모델링	용도변경
환경적 리모델링	역사적 건물의 보존 및 활용
에너지 리모델링	공동주택 리모델링

V. 증축형 리모델링 안전진단기준

1) 1차 안전진단의 시행절차

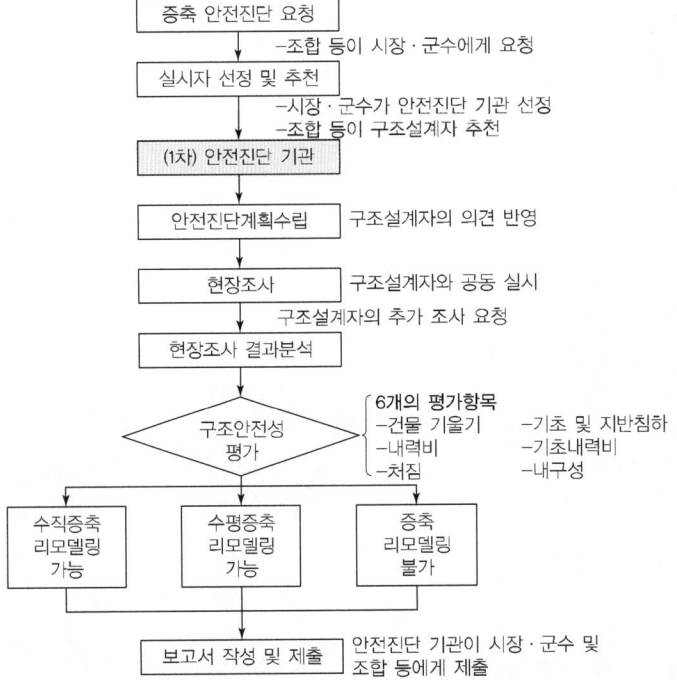

그린 리모델링

• 에너지성능향상 및 효율개선이 필요한 기존 건축물의 성능을 개선하는 환경 친화적 건축물 리모델링이며, 저비용·고효율 기술을 적용해 건물 냉난방 성능을 20% 이상 향상시켜 에너지 사용량을 줄이는 공사

- 안전진단 기관은 조합 등이 추천한 구조설계자와 함께 구조안전성 평가를 위한 현장조사 실시 (구조설계자가 요청하는 경우 추가 현장 조사를 실시)
- 구조안전성 평가는 기울기 및 침하, 내하력, 내구성의 3개 평가부문으로 구성되며 각 평가부문별로 평가항목이 있으며 총 6가지의 평가 항목별로 A~E 등급의 5단계로 평가
① 수직증축 리모델링 가능
  각 평가항목별 평가등급이 모두 B등급 이상(성능점수가 80점 초과)
② 증축형 리모델링 불가
  각 평가항목 중 어느 하나의 평가등급이 D등급 이하(성능점수가 55점 이하)
③ 수평증축 리모델링 가능
  평가항목별 평가등급이 위 ①호 및 ②호에 해당되지 않은 경우

유지관리기술

2) 2차 안전진단의 시행절차

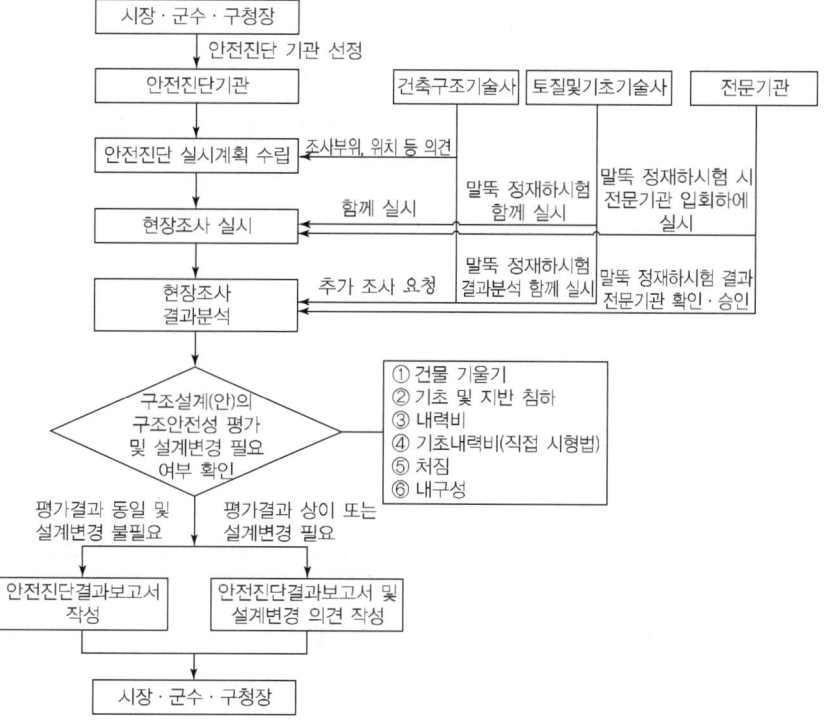

- 1차 안전진단에서 평가한 구조안전성 등에 대한 상세확인과 수직증축 리모델링의 적합성을 검증한다.

3) 수직증축형 리모델링 일반 고려사항

① 기존 부재의 재료 특성치
- 구조물의 조사 및 시험을 거쳐 얻어진 재료강도의 측정값을 이용하여 구조물의 저항능력을 산정하는 경우, 검증된 통계적 방법에 의하여 평가입력값으로 변환하여야 한다.
- 콘크리트의 평가입력값은 배합강도와 실제 강도의 차이, 표준공시체 강도와 현장콘크리트 강도의 차이, 재령에 따른 강도변화, 콘크리트의 열화에 의한 강도변화, 시험 방법에 따른 불확실성 등을 고려하여 결정하여야 한다.
- 철근 및 긴장재의 평가입력값은 현장조사 결과에 의한 측정값을 이용하여 결정하는 것을 원칙으로 한다.

② 기존 말뚝기초의 설계지지력을 확인

③ 공동주택 인접지역 또는 기존 구조물 하부에서 지반 굴착공사를 수행할 경우 인접한 얕은 기초 또는 말뚝기초의 지지력에 대한 영향을 검토하여야 하며, 지반굴착에 관한 일반사항은 국토교통부에서 제정한 「구조물기초설계기준」의 "가설 흙막이 구조물"을 참고한다.

④ 증축형 리모델링 공사에 있어서 구조변경 등의 이유로 구조부재의 철거를 수반하는 경우에는 지지조건의 변경으로 인한 응력변화나 구조부재의 절단으로 기존부재의 정착길이가 부족해지는 경우 등의 영향을 구조설계에 반영하여야 한다.

VI. 보강설계 및 공사

1. 보강설계원칙

1) 상시하중에 대한 안전성 평가 조치사항

상시하중 평가	조치 사항
안전성 확보시	① 연직하중 및 지진하중의 조합에 대하여 검토
안전성 미확보시	① 작용 부재력을 감소: 중량감소 및 부재 경량화 등 ② 철거중/철거후 단계의 공정에서 안전성 검토: 적절한 가설계획 및 보강조치 ③ 내화/내구성이 확보된 보강공법에 한정하여 보강실시 (단면증설공법 등) ④ 단순접착형 FRP 또는 강판 등에 의한 보강공법은 공용사용기간 동안의 예측할 수 없는 상황변화 (화재, 내구성 저하 등)에 의해 보강성능을 지속할 수 없음. 따라서 상시하중에 대한 보강으로서 단순접착형 FRP 또는 강판보강공법은 적용 불가

2. 벽체 보강설계

1) 신설 벽체의 설계

① 신설 벽체 배근설계
② 신설 벽체의 기존 슬래브 관통철근량 및 간격제한
③ 신설 벽체의 기존 측면벽체 접합부 후시공 철근 최소철근비

2) 단면증설 벽체의 설계

① 단면증설 벽체 배근설계
② 단면증설 벽체의 증설 두께
③ 단면증설 벽체의 기존 슬래브 관통철근량 및 간격제한
④ 단면증설 벽체와 기존 벽체 접합부의 요철 및 전단마찰보강근
⑤ 증설되는 전단벽의 최소두께는 콘크리트의 원활한 타설이 가능하도록 50mm 이상 확보

3. 기초 보강설계

1) 직접기초의 설계

① 증설 후 기초판의 접지압
② 기초판의 설계강도
③ 직접기초 설계 시 지반의 허용지내력은 기존 도면상의 허용지내력 또는 지반조사를 통하여 산정된 지내력 중 작은 값
④ 증설기초의 접지압은 사용하중조합에 대하여 산정하고, 허용지내력 이상이 되도록 직접기초를 확장
⑤ 증설된 기초판의 모멘트와 전단력 설계강도는 계수하중 조합에 의한 소요강도 이상 확보

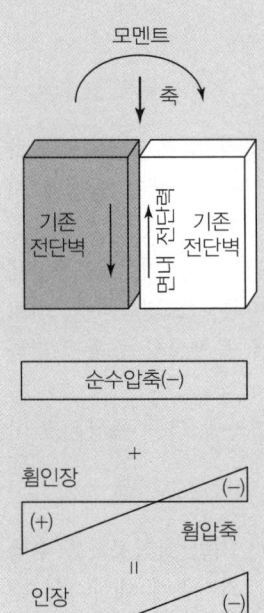

[전단벽 수직접합부의 작용응력]

유지관리기술

2) 직접기초의 보강

　① 증설 후 기초판의 접지압

　② 기초판의 설계강도

　③ 직접기초의 확장 및 두께를 증설한 경우에는 확장면 및 두께방향 접합면에서의 면내전단력에 대하여 소요철근량 이상이 되도록 전단마찰보강근을 배근

　④ 전단마찰보강근은 기초판과의 연단길이를 고려하여 정착길이 산정

　⑤ 두께방향으로 증설되는 기초판의 최소두께는 면내전단에 저항하기 위한 앵커의 설치 등을 위하여 50mm 이상이며, 증설되는 기초 면은 요철이 6mm 정도가 되도록 거친 면 처리

　⑥ 지지력의 부족으로 인하여 기초판의 면적을 증가시키는 경우, 폭 또는 길이방향으로 증설되는 기초판의 최소치수는 주철근의 연장을 고려하여 200mm 이상 확보

　⑦ 기초가 확장된 경우에는 기존 주철근이 확장된 기초부분까지 연장

3) 말뚝기초의 설계

　① 신설 말뚝의 소요하중

　② 신설 말뚝의 설계지지력

4) 말뚝기초의 하중 분담

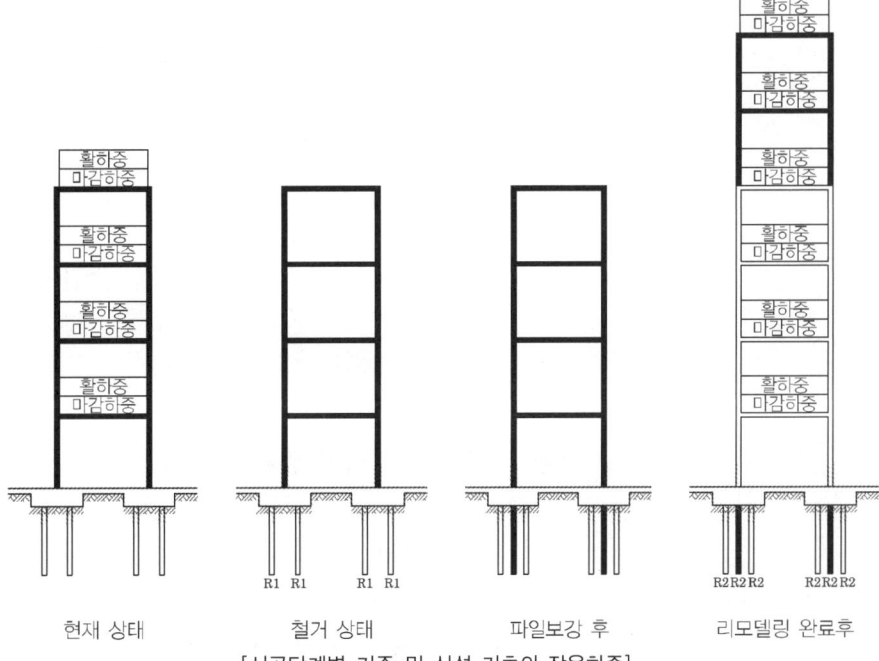

현재 상태　　철거 상태　　파일보강 후　　리모델링 완료후

[시공단계별 기존 및 신설 기초의 작용하중]

4. 구조부재의 철거 및 안전조치

1) 벽체 철거로 인한 슬래브 모멘트 변화

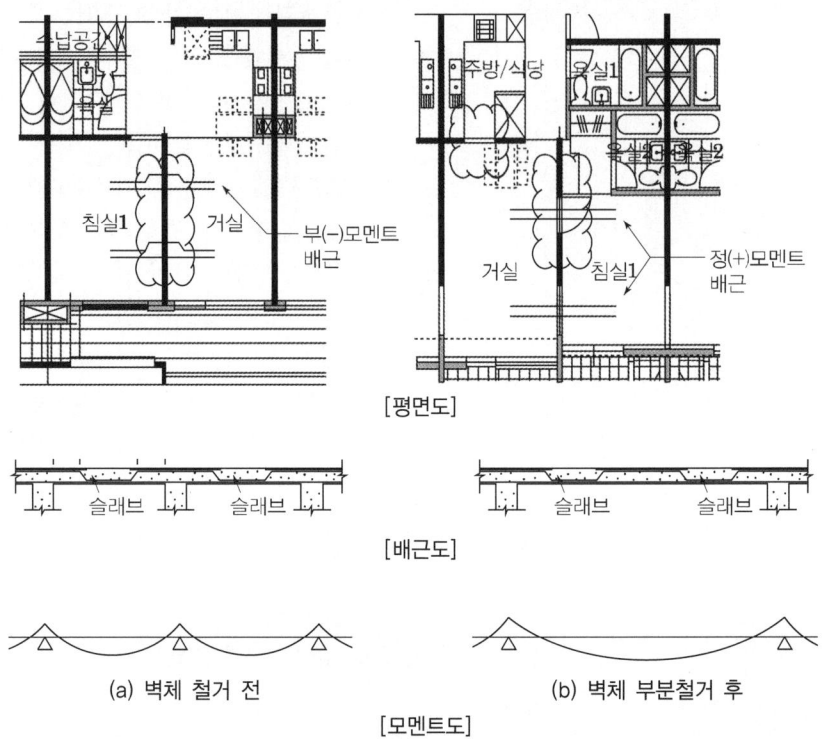

[평면도]

[배근도]

(a) 벽체 철거 전   (b) 벽체 부분철거 후

[모멘트도]

- 내력벽을 철거하는 경우 지지조건 변화에 따른 하중 및 부재력의 변화가 기존 부재에 미치는 영향을 검토하여 구조부재 철거에 따른 안전조치 수행
- 기존 구조부재의 철거시 절단작업에 의해 잔존 구조물내의 철근 정착길이가 부족해지는 경우에는 이로 인한 구조내력의 감소 및 균열 발생 등의 사용성을 검토

Ⅶ. 리모델링 시공계획

1. 현장조사

1) 현장확인
   ① 기존건물의 준공도면과 현상이 서로 다른점 여부
   ② 환경, 기기성능에 대한 사전 측정 여부
   ③ 건축, 설비의 진단서 등의 내용 확인

2) 시공도면
   - 구조체의 배근, 매설배관 등의 시공확인

3) 구조체 · 마감
   - 불합리한 점 유 · 무
   - 굴착공사가 있는 부위에 매설물 확인

2. 공사계획

1) 임시이전

① 건물을 사용하면서 건물성능개선인지, 임시 이전하는 것인지 여부

② 임시이전에 따르는 집기, 가구 등의 이동의 주체 파악

2) 작업시간의 제약

• 공사가능 시간에 대한 제약

• 엘리베이터 사용에 대한 제약

• 도로의 통행 및 사용에 대한 제약

3) 방범 및 방재대책

• 일반인 사용 부분의 방범 및 방재대책

• 피난시설, 방재시설, 방화구획 등 건물성능개선 중의 대체안전대책

4) 설비공사

① 공사중의 정전, 단수, 연료공급 정지 등의 작업내용 및 시기

② 설비기기의 정지 등에 대한 작업내용 및 시기

5) 폐기물 처리

• 건설폐기물의 위탁처리 계약 여부

• 처리업자의허가 확인

• 반출 및 임시보관소의 방법

6) 공해

① 소음, 진동, 분진, 악취, 배연, 누수, 전자파데대한 대책

② 거주자 및 주변에 설명여부

Ⅷ. 리모델링 기술

1. 구조체 리모델링

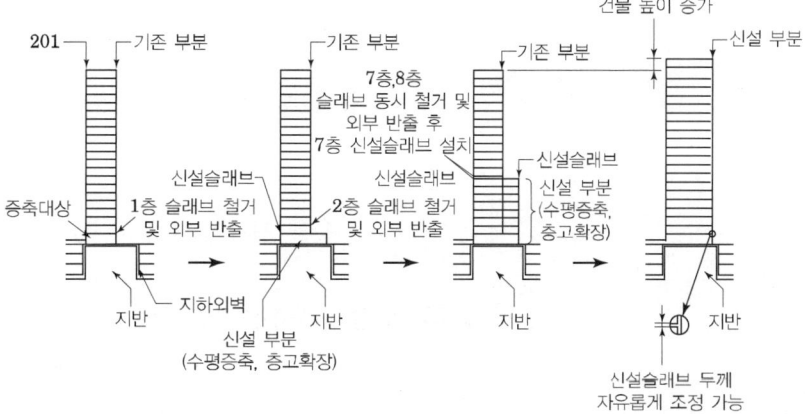

1) 기초 Underpinning

① 그라우팅 방법(약액주입공법)

② Micro pile공법[지반을 천공하여 철근(강봉) 삽입하고 그라우팅하여 형성된 직경 30cm이하의 소규경 파일] → [국내 최초의 대규모 언더피닝 사례: 서울시청 본관동 뜬구조공법]

유지관리기술

2) 기둥 보강
  - 강판부착공법(6mm강판+앵커고정+에폭시수지 충전+미장), 기둥단면증설공법, 용접철망을 감는 공법

3) 보 보강
  - 탄소섬유sheet공법, 강재anchor공법(강재anchor+균열부위 에폭시수지 주입)

4) 벽체 보강

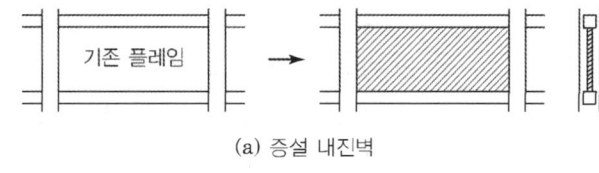

(a) 증설 내진벽

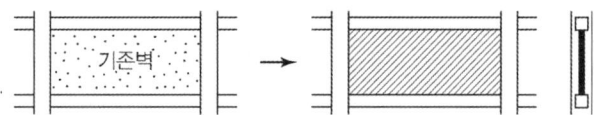

(b) 추가 증설 내진벽

  - 기존 내진벽에 콘크리트증설공법

5) 바닥판 보강
  - 탄소섬유sheet공법(콘크리트 면처리+프라이머 도포+1차 접착제+탄소섬유sheet 취부+2차 접착제+건축마감), 받침기둥 설치공법

6) 철근 손상부 성능개선
  - 녹슨 철근에 대해 방청처리를 시행한 후에 피복
  - 손상정도가 심하지 않는 경우에는 표면부위에 알칼리성 회복도포 처리

2. 방수의 성능개선 리모델링

① 공사 후 옥상을 사용하지 않는 경우: 기존 누름층을 남겨두고 그 위에 새로운 방수 시공
② 공사 후 옥상 사용 빈도가 낮은 경우: 기존 누름층을 남겨두고 표면의 상태가 좋지않은 부분만 보수 후 그 위에 새로운 방수 시공
③ 공사 후 옥상 사용 빈도가 높은 경우: 기존 누름층을 제거하고 방수층을 새롭게 시공

3. 건물외장 성능개선 리모델링

① 기존의 벽을 다른 벽으로 피복하여 시공
② 전면 철거 후 새롭게 시공

4. 건물설비 성능개선 리모델링

① 실내환경의 고성능화 기술: 온열 및 공기환경개선 기술
② 에너지 절약 기술: 자연에너지

★★★   4. 유지관리

10-73	보수보강	
No. 873		유형: 공법

I. 정 의

- 보수(Repair): 손상된 콘크리트 구조물의 방수성, 내구성, 미관 등 내하력 이외의 기능과 구조적 안전성 등 부재의 기능을 원상회복 이상으로 개량 수선하는 조치

- 보강(Rehabilitation): 손상에 의해 저하된 콘크리트 구조물의 내력을 회복 또는 강화시키기 위하여 보강재료나 부재를 사용하여 설계 당시의 내력 이상으로 향상시키는 조치

II. 보수공법

1. 보수 계획 시 고려사항
- 안전진단 결과에 따라 보수의 범위·규모 설정
- 손상원인과, 환경조건을 파악하여 재료 및 공법 선정

2. 보수 재료의 요구성능 및 선정 시 유의사항
- 구조체 표면에 대한 부착성능
- 균열 크기에 적합한 점도
- 보수 후 내부에서 열화·분해되지 않을 것
- 체적변화: 경화 전·후 구조체와 수축의 차이 작을 것
- 선팽창계수: 구조체와 유사한 선팽창계수의 재료 사용

3. 보수 공법
1) 표면처리법

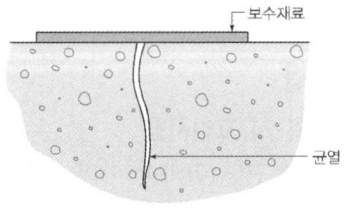

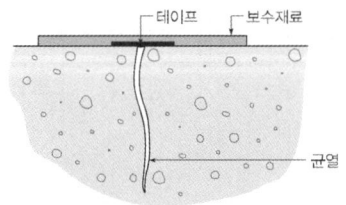

[정지균열의 보수]   [진행균열의 보수]

- 폭 0.2mm 이하의 미세한 균열에 적용
- 정지균열: 균열선을 따라 폭 50~60mm 정도를 와이어 브러쉬로 청소한 후 폴리머 시멘트 페이스터나 모르타르를 약 2mm 두께로 균일하게 도포
- 정지균열: 균열선을 따라 폭 10~15mm에 테이프를 부착하고, 폭 30~50mm, 두께 2~4mm로 실링재를 도포

2) 충전공법

(U 형)　　　　(V 형)

- 적용: 폭 0.5mm 이상의 큰 폭의 균열에 적용
- 보수방법: 보수재료를 사용하여 물리적으로 부식을 방지하거나, 콘크리트에 알칼리성을 갖게하여 화학적으로 부식을 억제하는 방법
- 철근 부식되지 않은 경우: 폭 10mm 정도 U형, V형으로 따내고 유연성 에폭시, 폴리머 시멘트 모르타르를 충전
- 철근 부식된 경우: 부식된 부분을 제거하고 철근에 방청처리를 한 후 폴리머 시멘트 모르타르로 충전
- 정지균열의 경우: V형으로 절단하여 에폭시 주입
- 진행균열의 경우: 에폭시 수지를 프라이머로 도포한다음 탄성 접착제를 사용

3) 주입공법

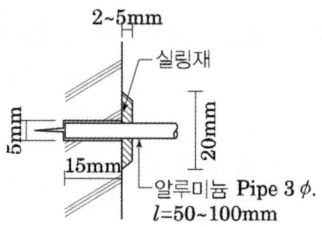

- 폭 0.2mm 이상의 균열보수에 적용
- 주입성과 접착성 우수, 습기가 있는 곳에서 적용안됨
- 열팽창계수가 Concrete의 2~4배
- 충분한 가사시간과 균열폭에 적합한 점도를 가진 재료를 선정하는 것이 중요

Ⅲ. 보강공법

1. 보강 계획 시 고려사항

- 안전진단 결과에 따라 구조물의 내력과 처짐을 계산하여야 한다.
- 진단과정에서 중요 부재나 내력 부족 대사에 대한 상황을 정확히 파악하여 적용

2. 보강 재료의 요구성능 및 선정 시 유의사항

- KS 규격에 적합한 것
- 난연성, 내산성, 내약품성
- 인장강도 우수

유지관리기술

3. 보강 공법

1) 강재보강 공법(강판압착, 강판접착)

① 보강보 설치

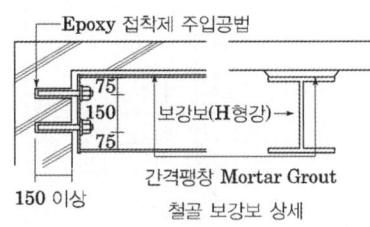

철골 보강보 상세

- 인장측 외며에 강판을 접착시켜 콘크리트와 강관을 일체화
- 강재보를 미리 고정한 앵커볼트와 에폭시 수지를 이용하여 접착

② 강판접착

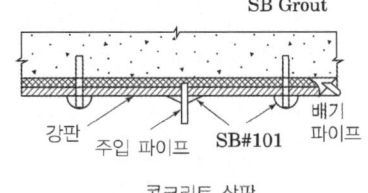

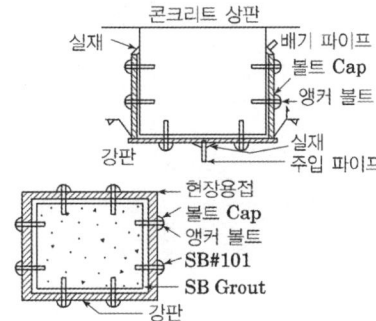

- 압착부착: 콘크리트면 및 강판접착면에 에폭시 수지를 1~2mm 정도 균일하게 도포하고, alfl 콘크리트면에 고정시킨 앵커볼트에 의해 압착
- 주입부착: 콘크리트와 강판면 사이에 스페이서 등으로 2~6mm 정도 간격을 유지하고, 주변을 실링한 다음 점도가 낮은 에폭시 수지를 주입하여 접착

2) 단면증대 공법

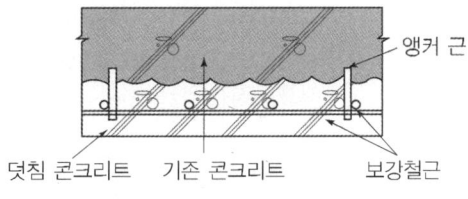

- 기존 구조물에 철근 콘크리트를 타설하여 단면증대
- 보강철근 Anchor처리 필수

3) 탄소섬유시트보강공법

- 재료의 비중은 강재의 1/4~1/5 정도로 경량
- 인장강도는 강재의 10배 정도

4) 복합재료 보강공법

- 보강재(탄소섬유)+결합재(에폭시)

Ⅳ. 균열의 검사

1. 측정

1) 육안검사

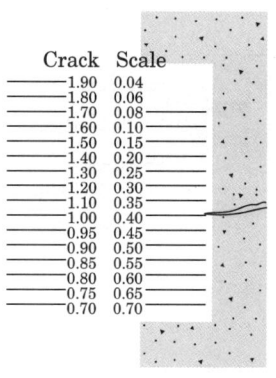

①Crack Gauge에 의한 측정

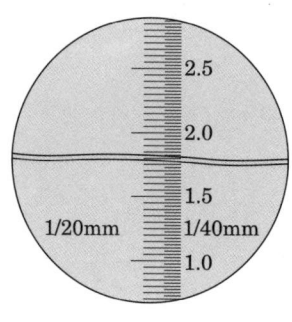

②루페(현미경)에 의한 측정

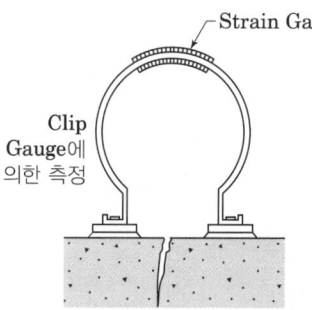

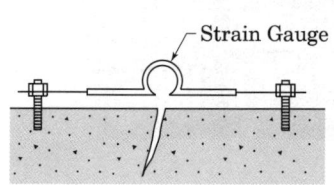

③Strain Gauge에 의한 측정

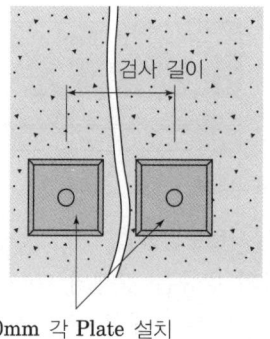

10mm 각 Plate 설치

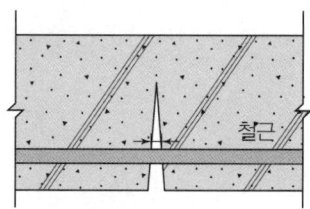

휨균열 폭의 측정

④Contact Gauge에 의한 측정

2. 보수보강 판정

- 구조물에 대한 손상 구조물의 영향정도, 구조물의 중요도, 사용환경 조성 및 경제성 등을 고려
- 보수보강의 방법 및 수준, 우선순위 등을 결정한 후 공사를 시행하며, 공사중 혹은 공사완료시 내력평가 등에 의해 보수보강의 성과를 반드시 확인

10-74	탄소섬유 Sheet 보강법	
No. 874		유형: 제도 · 기준

유지관리기술

보수보강

Key Point

■ **국가표준**
- KCS 14 00 00
- KDS 14 20 30

■ **Lay Out**
- 부착
- 효과
- 시공순서
- 공법의 비교

■ **핵심 단어**
- 탄소섬유sheet를 상온 경화형 epoxy 수지를 이용

■ **연관용어**
- 리모델링
- 보수보강

특징

- 경량: 강재의 20~25%인 탄소섬유 시트를 사용하므로 보강 후 구조물의 중량에 영향을 미치지 않는다.
- 고강도: 철의 10배 이상의 인장강도
- 고탄성: 철과 같은 수준에서 철의 3배 정도의 탄성을 가지므로 철근의 응력 부담경감
- 고내구성: 탄소섬유와 에폭시 수지만으로 구성되는 복합재 보강으로 물, 염기, 산, 자외선 등의 외기에 의한 부식이나 열화현상이 없다.
- 시공성: 보강재를 상온 경화형 에폭시 수지로 접합시키는 간단한 공정으로 복잡한 형태에도 쉽게 대응

I. 정 의

① 일방향(Uni-Derectional)으로 배열된 탄소섬유sheet를 상온 경화형 epoxy 수지를 이용, 구조내력이 부족한 concrete 단면에 접착 · 보강함으로써 구조물의 강도, 내구성 및 내진 성능 등을 보강하는 보강법

② 탄소섬유는 경량, 고강도, 고내구성의 우수한 성질을 가진 신소재로서 강판에 비해 초고강도이며, 탄성계수도 철과 동등하거나 3~4배 이상의 높은 탄성률을 보유한 우수한 구조재료

II. 부착: 함침 및 탈포방향

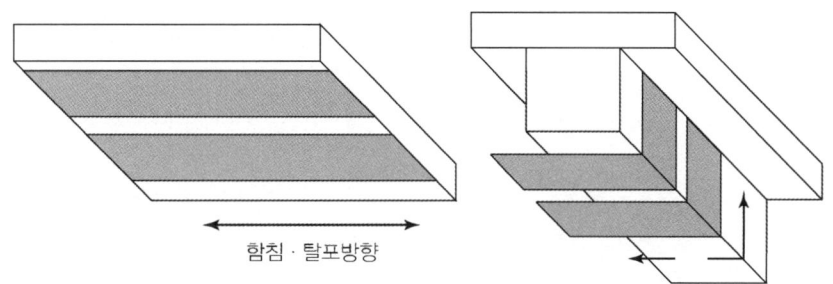

함침 · 탈포방향

- 시트 위에서 섬유방향에 따라 탈포롤러로 강하게 문질러 하도레진이 탄소섬유시트위로 배어나올때까지 함침 및 탈포작업 실시

III. 효과

① 휨내력 및 전단내력의 향상
- 철근콘크리트 구조물의 인장측에 부착 보강하여 부족한 휨내력을 대폭 증진시킬 수 있다.
- 보 측면에 탄소섬유시트를 U자형으로 부착하여 전단내력 보강

② 내마모성의 향상
- 탄소섬유의 부착에 의한 보강 표면은 기존 콘크리트 표면보다도 탁월한 내마모 성능을 갖게 된다.

③ 균열의 보강
- 구조물의 내력을 회복시킬 수 있으며 균열의 활동을 억제, 유지시킨다.

[탄소섬유시트 부착]

Ⅳ. 탄소섬유 보강공법의 시공순서

| 바탕처리 |

- 접착력 확보를 위해 오염층을 그라인더로 제거하고 균열이나 손상된 단면을 에폭시 수지를 주입하여 보수
- 바탕면의 단차는 1mm 이내로 연마
- 모서리는 R10 이상으로 곡면화

| 손상부위 복구 |

- 돌결손부위를 콘크리트 이상의 강도를 가지는 고강도 모르타르, 에폭시 모르타르 등으로 충전
- 콘크리트 면과의 단차는 1mm 이내로 마감

| 프라이머 도포 |

- 롤러나 솔을 이용하여 균일하게 도포
- 도포면 건조 후 2회 도포

| 탄소섬유시트 접착 |

- 하도 함침재 도포: 레진을 롤러나 솔 등으로 균일하게 도포
- 탄소섬유시트 접착: 탄소섬유 시트를 콘크리트 면에 부착시키고 탈포 로울러나 고무주걱으로 표면을 섬유방향으로 2~3회 문질러 준 후 이형지를 제거
- 상도 함침재 도포: 시트 표면에 수지를 도포하고 섬유방향으로 2~3회 문질러 수지를 시트에 함침시킨다.

| 마감 |

Ⅴ. 탄소섬유 보강공법과 타 공법의 비교

구분	탄소섬유보강공법	강판접착공법
보강재	• 탄소섬유시트, 수지	• 강판, 수지, 앵커볼트
구조성	• 경량, 고강도, 내식성 • 중량증가 거의 없음	• 재료의 대한 신뢰성이 큼 • 수지 주입에 의한 일체화
시공성	• 특수기능 불필요 • 면처리공사 필요	• 현장 용접, 앵커, 중기 필요
유지관리	• 경간 및 표면 보호상 도장이 필요하나 정기적인 도장은 불필요	• 정기적인 도장필요

유지관리기술	10-75	건축물관리법상 해체계획서	
	No. 875		유형: 제도·공법·기준

해체
Key Point

■ 국가표준
- KCS 41 85 01 : 2021
- KCS 41 85 02 : 2021
- 건축물관리법
- 건축물관리법 시행규칙 2022.08.04.
- 건축물 해체계획서의 작성 및 감리업무 등에 관한 기준 2022.08.04.
- 폐기물관리법 2023.04.27

■ Lay Out
- 해체공사 주요업무 Process
- 건축물 해체 허가(신고) 제도
- 해체계획서 작성항목 및 내용
- 해체공법
- 안전 환경관리

■ 핵심 단어
- 건축물 해체 또는 멸실

■ 연관용어
- 리모델링
- 재건축 재개발
- 폐기물 처리

I. 정 의

① 건축물의 해체 허가(신고)제도는 건축물을 해체 또는 멸실시키고자 하는 경우, 해체계획서를 사전에 제출하도록 하여 해체계획서를 토대로 안전한 해체공사를 수행할 수 있도록 도입된 제도

② 건축물의 해체공사계획 수립 시에는 해체대상 건물의 형태와 규모 및 부지, 공사 주변의 환경조건, 건설폐기물 재활용 방안, 해체폐기물 반출을 위한 도로사정, 처리선 등의 정보나 기술적인 사전조사를 실시하여 공기, 경제성, 안전성, 환경영향 등을 검토한 후 해체공법을 선정한다.

II. 해체공사 주요업무 Process

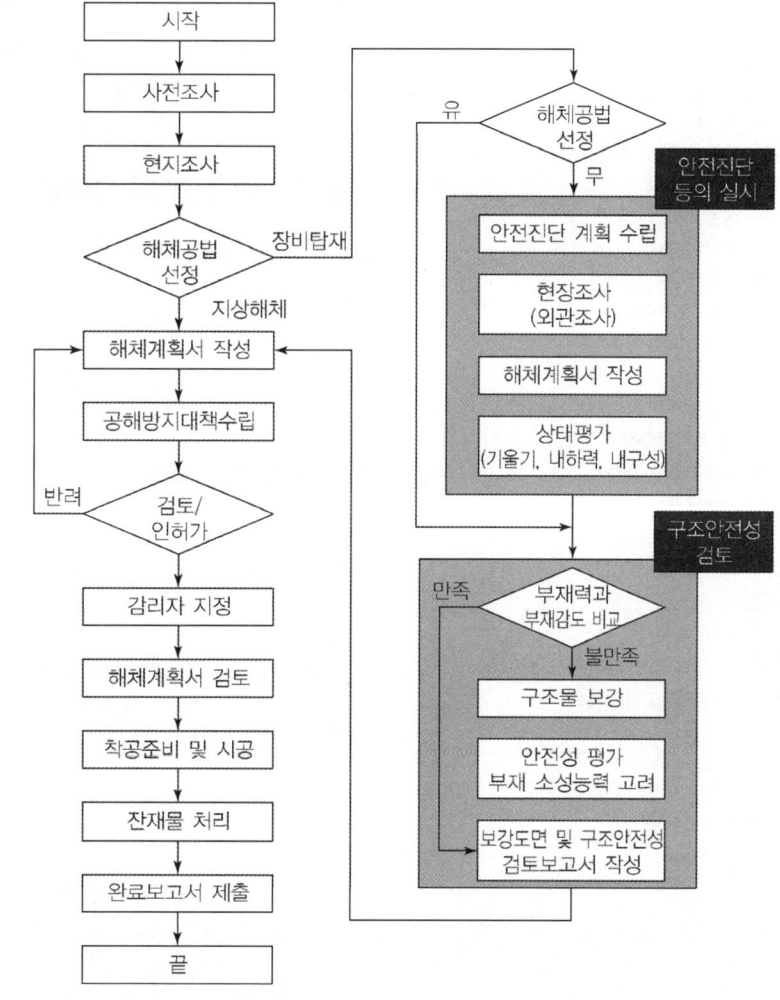

유지관리기술

특수구조 건축물

- 기둥과 기둥 사이의 거리 20m 이상인 건축물
- 특수한 설계·시공·공법 등이 필요한 건축물
  - 건축물의 주요구조부가 공업화박판강구조(PEB) 강관 입체트러스(스페이스프레임) 막구조 케이블 구조 부유식 구조 등 설계·공법이 특수한 구조형식인 건축물
  - 6개층 이상을 지지하는 기둥이나 벽체의 하중이 슬래브나 보에 전이되는 건축물
  - 면진·제진장치를 사용한 건축물
  - 건축구조기준에 따른 강도설계법, 한계상태설계법, 허용강도설계법 또는 허용응력설계법에 의하여 설계되지 않은 건축물
  - 건축구조기준의 지진력 저항 시스템 적용 건축물

Ⅲ. 건축물 해체 허가(신고)제도

1. 건축물 해체 허가(신고)대상

1) 건축물관리법 제30조(건축물 해체의 허가)

> 1. 주요구조부의 해체를 수반하지 아니하고 건축물의 일부를 해체하는 경우
> 2. 다음 각 목에 모두 해당하는 건축물의 전체를 해체하는 경우
>   가. 연면적 $500m^2$ 미만의 건축물
>   나. 건축물의 높이가 12m 미만인 건축물
>   다. 지상층과 지하층을 포함하여 3개층 이하인 건축물
> 3. 그 밖에 대통령령으로 정하는 건축물을 해체하는 경우

2) 건축물관리법 시행령 제21조(건축물 해체의 신고 대상 건축물 등) 제1항

> 1. 건축법 제14조 제1항제1호 또는 제3호에 따른 건축물
> 2. 국토의 계획 및 이용에 관한 법률에 따른 관리지역, 농림지역 또는 자연환경보전지역에 있는 높이 12m 미만인 건축물, 이 경우 해당 건축물의 일부가 국토의 계획 및 이용에 관한 법률에 따른 도시지역에 걸치는 경우에는 그 건축물의 과반이 속하는 지역으로 적용한다.
> 3. 그 밖에 시·군·구 조례로 정하는 건축물

3) 건축물관리법 시행령 제21조(건축물 해체의 신고 대상 건축물 등) 제5항

> 1. 건축법 시행령 제2조제18호 나목 또는 다목에 따른 특수구조 건축물
> 2. 건축물에 10톤 이상의 장비를 올려 해체하는 건축물
> 3. 폭파하여 해체하는 건축물

2. 건축물 해체 허가(신고) 절차

1) 해체 신고 절차

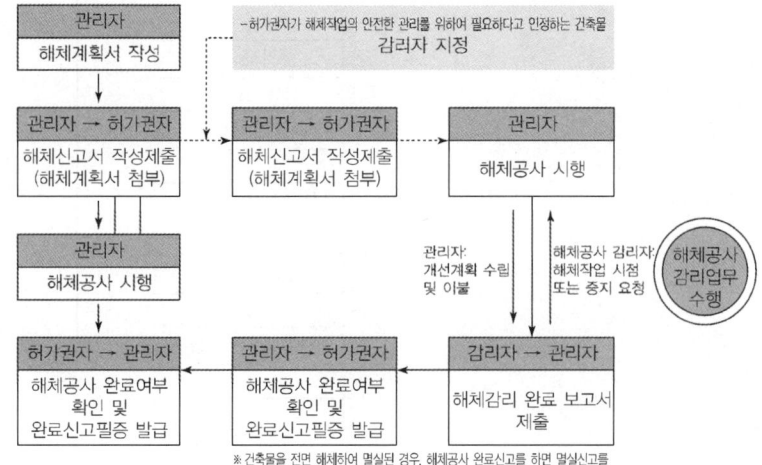

유지관리기술

2) 해체 허가 절차

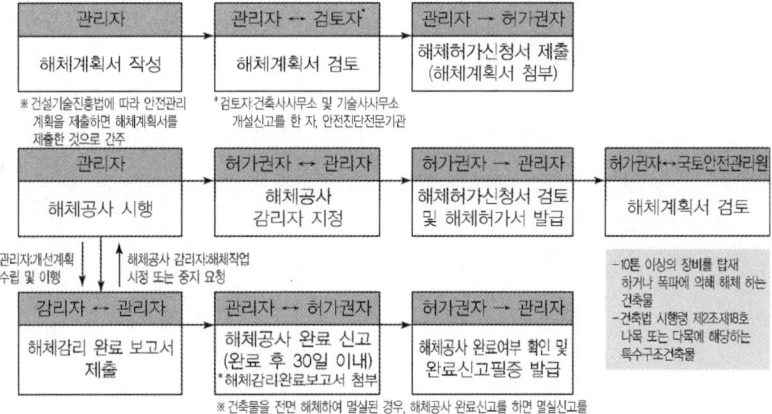

Ⅳ. 해체계획서 작성항목 및 내용

항목	세부항목	세부항목 내용
1. 해체공사 개요	• 공사개요	– 해체 대상건축물 개요(구조형식, 연면적, 층수, 높이 등 포함)
	• 관리조직도	– 해체공사에 참여하는 기술자 명단
	• 예정공정표	– 전체 해체공사의 진행 과정을 주공정선 표시 및 소요기간 등 기재
2. 사전준비 단계	• 건축물 주변조사	– 인접건축물 현재용도 및 높이, 구조형식 등 조사 – 접속도로 폭, 출입구 및 보도 위치 조사 – 보행자 통행과 차량 이동상태 조사 등
	• 지하 매설물 조사	– 전기, 상·하수도, 가스, 난방배관, 각종케이블 및 오수정화조 등 조사 결과
	• 지하건축물 조사	– 지하건축물 해체 시 인접건축물의 영향 – 지하저수조, 지하기계실, 지하주차장 등 단지 내 지하건축물 유·무 – 인접 하수터널 박스, 전력구 등 유·무 – 지하철 건축물 및 환기구 수직관 등 부속건축물 유·무
	• 유해물질/환경공해조사	– 「산업안전보건법」제119조제2항에 따른 기관석면조사 – 유해물질 및 환경공해 조사 – 소음·진동, 비산먼지 및 인근지역 피해가능성 조사
	• 해체 대상건축물 조사	– 설계도서와 현장조사 결과의 일치 여부 　• 설계도서가 없는 경우 구조안성성 검토를 위한 대상 건축물 안전점검 수행 – 용접부위, 이종재료 접합부, 철근이음 및 정착상태 등 구조적 취약부 확인 – 해체 시 탈락의 우려가 있는 내·외장재 확인 – 전기, 소방 및 설비 계통의 확인 유무

유지관리기술

항목	세부항목	세부항목 내용
3. 건축 · 설비시설의 이동, 철거 및 보호 등	• 지하매설물 조치 계획	– 지하매설물(전기 · 가스 · 상하수도 등)의 이동, 철거, 보호 등 조치계획의 적정성
	• 장비이동 계획	– 해체작업용 장비의 제원, 인양 방법의 유무 – 해체장비 이동 동선을 포함한 장비 인양에 따른 반경, 하중, 전도 등의 검토 유무
	• 가시설물 설치 계획	– 설계기준(KDS 21 60 00)에 따른 안전시설물의 설치 계획의 적정성 – 시공상세도면
4. 작업순서, 해체공법 및 구조안전계획	• 작업순서 및 해체공법	– 해체공법 선정 및 해체단계별 계획
	• 지하건축물 해체 계획	– 지하건출물의 해체 단계별 구조안정성 검토
	• 구조안전계획	– 구조안전성 검토보고서 첨부
	• 안전점검표 작성	– 주요공정별로 필수확인점을 표시하여 작성
	• 구조보강계획	– 보강방법, 잭서포트 등의 인양 및 회수 등 운용계획
5. 안전관리 대책	• 해체작업자 안전관리	– 잔재물 낙하에 따른 출입통제, 살수작업자 및 유도자 추락방지대책 및 안전통로 활보 및 안전교육에 관한 사항 등
	• 인접건축물 안전관리	– 해체 공사 위험요인에 따른 안전대책 제시 – 지하층 해체에 따른 지반영향에 대한 검토 결과
	• 주변 통행 · 보호자 안전관리	– 주변도로상황 도면, 유도원 및 교통안내원 배치계획 – 안전시설물 설치계획 및 잔재물 반출 등을 위한 중차량의 이동경로 등
6. 환경관리 계획	• 소음 · 진동 관리	– 「소음 · 진동관리법 시행규칙」제20조제3항에 따른 생활소음 · 진동의 규제기준에 의한 장비 운영계획 등
	• 해체물 처리계획	– 「폐기물관리법」제17조에 따른 사업장 폐기물배출자의 의무 등 이행계획 등
	• 화재 방지대책	– 화재방지를 위한 소화기 운용 및 대피로 계획

V. 해체공법

해체공법 선정 시 고려사항

- 해체대상 건축물의 높이 및 층고
- 해체대상 건축물과 보호대상 인접건축물과의 거리 및 입지여건
- 해체대상 건축물의 평면형상 및 구조형식
- 해체공법 특성에 따른 비산 각도 및 낙하반경의 현장 적용성 확인

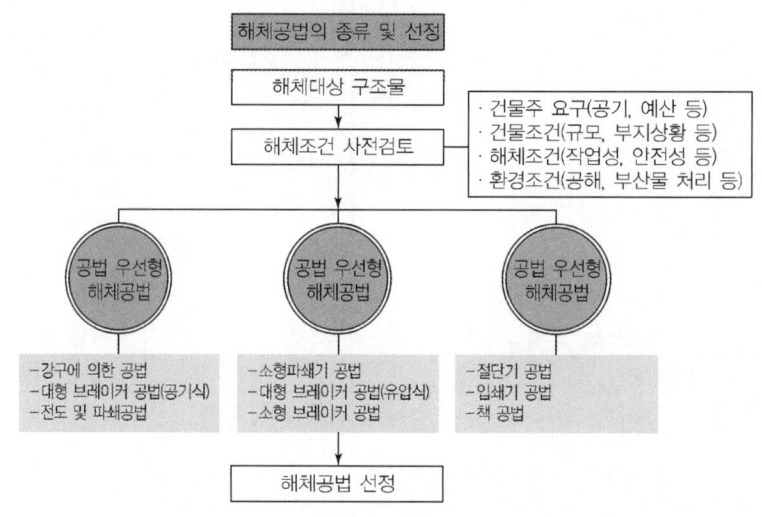

유지관리기술

1. 해체 시 고려사항

> 1. 압쇄기: 분진이 발생하므로 다량의 물이 필요
> 2. 브레이커: 소음 및 분진이 많아 방음 방진이 필요
> 3. 절단공법: 절단 완료 시 해체된 구조물의 낙하방지 필요
> 4. 와이어 쏘 (Wire Saw): 절단 완료시 해체된 구조물의 낙하방지 필요
> 5. 롱 붐 암 (Long Boom Arm): 위에서 떨어지는 잔해를 고려하여 안전지대를 확보할 필요가 있기 때문에, 건축물 높이의 최소 1/2배에 해당하는 공터가 필요, 건축물의 안정성을 유지하기 위하여 각 부재를 탑다운 방식으로 해체하여야 함
> 6. 발파
>   • 출입금지구역(대피구역) 반경은 건물높이의 2.5배 이상 유지
>   • 조기 발파, 불발, 천둥에 의한 발파 중단 등 다양한 응급상황에 대한 대처방안 확보
>   • 발파 이후 불발의 존재 확인 작업

2. 해체 장비 분류

해체원리		장비사진	장점	단점
압쇄기 (Crusher)	유압에 의한 압쇄작용		작업능률이 좋음, 기동성이 좋고 콘크리트 해체에 적합 도심지의 철거시 널리 사용됨.	분진이 많이 발생함, 다량의 물이 필요함
브레이커 (Breaker)	정에 의한 타격		작업능률이 좋음, 기동성이 좋고 단독으로 작업할 수 있음, 지하 구조물 철거시 유리함.	방음·방진이 필요함, 소음이 많음, 분진이 비교적 많이 발생함
절단톱 (Cutter)	다이아몬드 톱 날에 의한 연삭 작업		구조물에 영향을 주지 않고 절단 가능함, 해체부재의 운반이 용이함, 진동·분진이 거의 없음	2차 파쇄가 필요함, 절단 깊이가 제한되어 있음, 소음·매연이 발생함
와이어 쏘 (Wire Saw)	다이아몬드 와이어에 의한 연삭 작업		공해가 거의 없음, 절단깊이나 대상물에 제한이 없음, 좁은장소, 수중에서 절단이 가능함	다이아몬드 와이어가 고가임, 사전작업이 필요함
롱붐암 (Long Boom Arm)	유압에 의한 압쇄작용		작업능률이 좋음, 기동성이 좋고 콘크리트 해체에 적합, 도심지의 해체작업에 유리함	분진이 많이 발생함, 다량의 물이 필요함, 지상의 작업공간 확보가 필요함, 국내의 장비 수가 많지 않음.

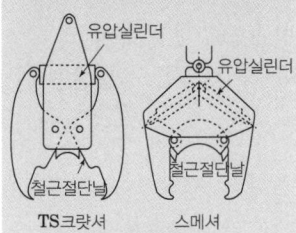

유압실린더   유압실린더

철근절단날   철근절단날
TS크랏셔   스메셔

[회전식 압쇄기]

[고정식 압쇄기]

[건물내부 해체]

[장비탑재 해체]

3. 해체공법

1) 철재해머(강구타격) 공법

- 철재해머(Steel Ball)를 Crane 선단에 매달아 수직 혹은 수평으로 구조물에 충돌시켜 그 충격력(Impulsive Force)으로 구조물을 파괴하고 노출된 철근을 Gas 절단하면서 구조물을 해체하는 공법

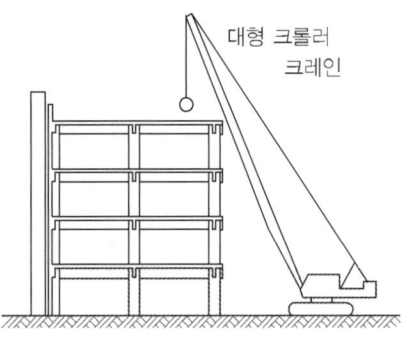

대형 크롤러 크레인

2) 압쇄(Crusher) 공법

- 유압력에 의한 압축력을 가하여 파쇄하는 공법으로 Back Hoe나 Jack으로 Concrete 부재를 눌러 깨거나 부재와 부재간을 벌리거나 밀어 올려 구조물을 해체하는 공법
- 저소음 · 저진동으로 도심지 해체공사에 적합
- 분진발생이 많아 대량의 물이 필요하고 살수를 위한 작업인원 필요
- 일반적으로 7층 이상의 건축물을 해체할 때는 해체장비의 붐 길이의 제약으로 인하여 장비 탑재에 의한 해체 적용

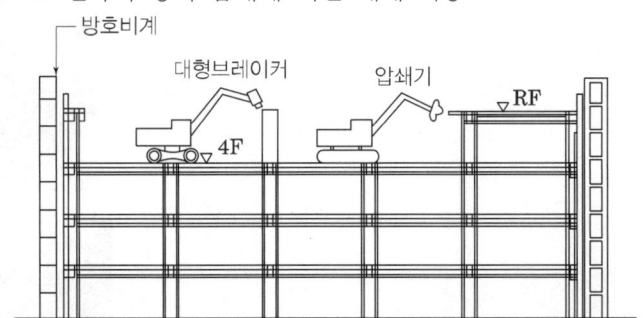

방호비계
대형브레이커   압쇄기   RF
4F

- 장비탑재 공법: 도심지 주거 밀집 지역에 있는 저층 건축물

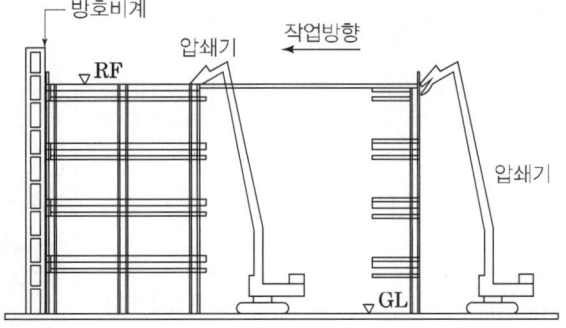

방호비계
RF   압쇄기   작업방향
압쇄기
GL

- 지상해체공법: 부지에 이유가 있고 외부에서 압쇄기 가동 가능장소

[Backhoe에 장착]

[수직절단기]

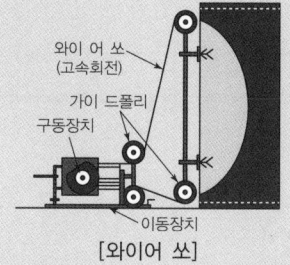

[와이어 쏘]

유지관리기술

3) Breaker 공법
- 압축공기 혹은 유압장치에 의해 정(Chisel, Braker)을 작동시켜 정의 급속한 반복 충격력에 의해 Concrete를 파괴하는 공법
- 굴착기에 부착하여 사용하는 대형 브레이커와 손으로 조작하는 핸드 브레이커가 있다.
- 소음으로 인하여 도심지에서 적용이 힘들며, 방음·방진이 필요
- 분진이 많이 발생하므로 살수를 위한 작업인원 필요

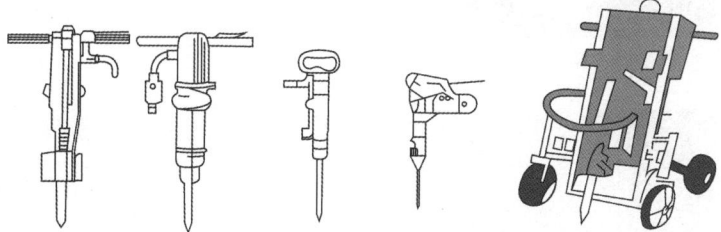

[콘크리트 브레이커] [빅 해머] [전동식 해머] [방진형 브레이커]

4) 절단공법
① 절단톱(Cutter)
- 고속 회전력에 의해 Cutter나 Diamond Saw를 작동시켜 절삭날의 고속회전에 의해 Concrete를 절단하는 공법
- 도심지 대형 고층 건축물의 절밀 해체에 적합
- 절단 완료 시 해체된 구조물의 낙하방지 필요
- 절단 깊이가 제한되어 있고, 소음·매연이 발생

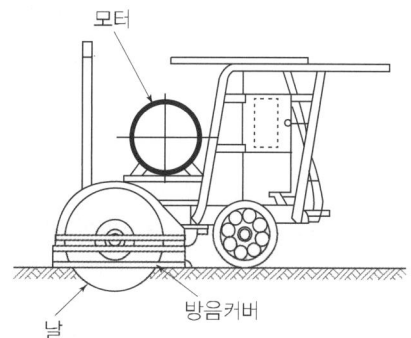

② 와이어 쏘(Wire Saw)
- 절단 대상물에 Diamond Wire Saw를 감아 걸고 유압모터로 고속 회전시켜 구조물을 절단
- 완료 시 해체된 구조물의 낙하방지 필요
- 인접 구조물에 손상을 주지 않고 깨끗한 절단면이 요구 될 때 적합
- 복잡하거나 협소한 장소의 작업용이
- 수중에 있는 구조물의 절단용이

[기둥하단부 취약화]

[와이어를 이용한 전도]

5) 전도해체 공법

- 해체하고자 하는 부재의 일부를 파쇄 혹은 절단한 후 전도 모멘트(Overturing Moments)를 이용하여 전도시켜 해체하는 공법
- 주로 굴뚝, 기둥 및 벽 등의 수직부재 해체에 적용
- 전도 위치와 파편 비산거리 등을 예측하여 작업반경 설정

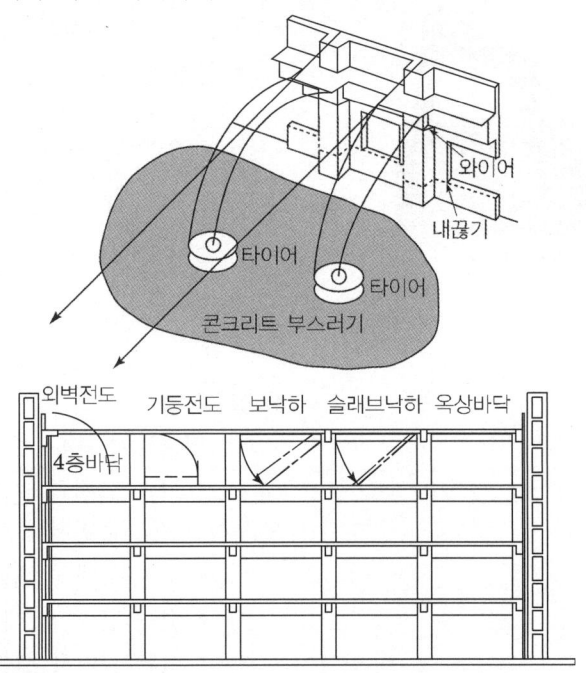

6) 폭파(발파)공법

- 주요부재에 장약을 이용하여 파괴시킴으로서 구조물을 불안정한 상태로 만들어 스스로 붕괴시키는 공법
- 전도 위치 및 파편 비산거리 등을 예측한 작업반경 검토

7) 비폭성 파쇄재(고압가스에 의한 해체공법)

- 비연소성 Gas(탄산가스)의 팽창력을 이용하여 소음, 진동, 분진, 비산먼지, 비석 없이 파쇄하는 공법

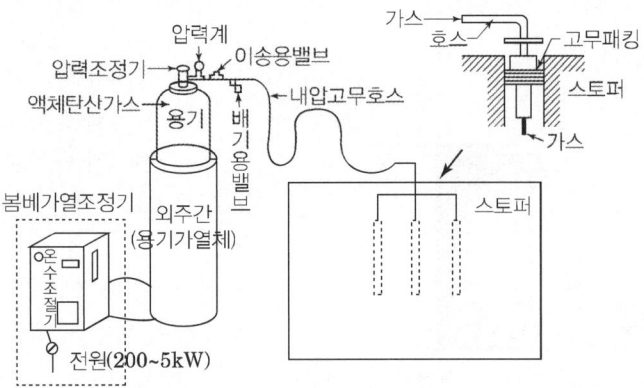

[가설휀스]

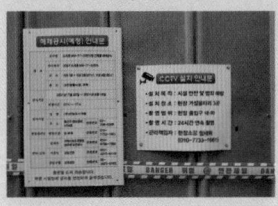

[CCTV 및 안내문]

Ⅵ. 안전 환경관리

1. 해체작업자 안전관리

1) 출입통제 계획

- 작업구획 설정 및 폐기물 낙하시기에 관한 사항
- 상·하부 폐기물 낙하 시 출입통제에 관한 사항
- 폐기물 낙하 위치별 안전시설의 종류 선정 및 설치방법에 관한 사항
- 안전표지판 설치에 관한 사항
- 신호수 배치 인력 및 위치표시 도식화
- CCTV 설치 및 운영계획(녹화시간, 설치위치 표시)

2) 살수작업자 및 유도자 안전관리

- 장비작업 시 충돌방지에 관한 사항
- 살수작업자 충돌방지에 관한 사항
- 추락사고 방지에 관한 사항
- 개인보호구 및 안전대 부착설비에 관한 사항
- 상호 연락방법에 관한 사항
- 장비위치 및 작업반경, 살수작업자 및 유도자 위치표시 도식화

3) 건축물 내부 안전통로 계획

- 이동통로 사용 시 안전수칙에 관한 사항
- 이동통로내 안전설비 설치에 관한 사항
- 이동통로내 조도확보에 관한 사항
- 신호수 배치 및 상호 연락방법에 관한 사항
- 추락방지시설 설치 및 유지관리계획(추락방호망, 안전난간, 수직형 추락방지망, 안전대 부착설비 설치계획 등)
- 낙하방지시설 설치 및 유지관리계획(방호선반, 낙하물방지망, 이동 통로 및 투하설비 설치계획 등)

2. 인접건축물 안전관리

- '건축물 주변조사' 및 '구조안전계획'을 참고하여 검토
- 발파 진동, 침하 및 기타 위험요소로 인해 인접한구조물에 영향을 줄 우려가 있는 경우, 사전조사를 통하여 피해발생의 가능성이 있는 범위를 확인하고 도면 내용을 검토

3. 주변 통행·보행자 안전관리

- 공사현장 주변의 도로상황 도면
- 유도원 및 교통 안내원 등의 배치계획
- 보행자 및 차량 통행을 위한 안전시설물 설치계획
- 잔재물 반출 등을 위한 중차량의 이동경로
- 각종 표지판, 안내판, 조명·유도 및 경보장치의 설치계획

4. 해체공법 공통 안전관리

1. 기계의 설치, 사용에 대한 법규준수
2. 기계의 성능을 연구하여 충분히 숙지
3. 기계의 점검 및 정기검사 실시
4. 기계의 취급책임자 및 운전자의 선임
5. 건설기계 작업시에는 취급자 이외에 출입통제
6. 유도자를 배치하고 신호를 정하여 수행
7. 작업자에게 안전모, 안전호, 안전대 등 보호구 착용 의무화
8. 강풍, 폭우, 폭설 등 악천후 시 작업중지
9. 해체구조물 외곽에 방호용 울타리를 설치하고 해체물의 전도, 낙하·비산에 대비하여 안전거리 유지
10. 적정한 위치에 대피소 설치

5. 공사 중 안전관리

- 작업자 및 보행자의 안전관리계획 수립여부
- 비상상황 발생 시 긴급조치계획 수립여부: 피난 동선계획 등
- CCTV 설치 및 24시간 녹화를 원칙으로 함: 가설구조물에 4개소 이상
- 해체 건축물의 기울어짐, 처짐 및 지반침하의 정기 계측계획
- Jack Support 설치 및 해체순서, 해체방법 검토

[Jack Support]

6. 폐기물 처리절차

[분진방지: 살수]

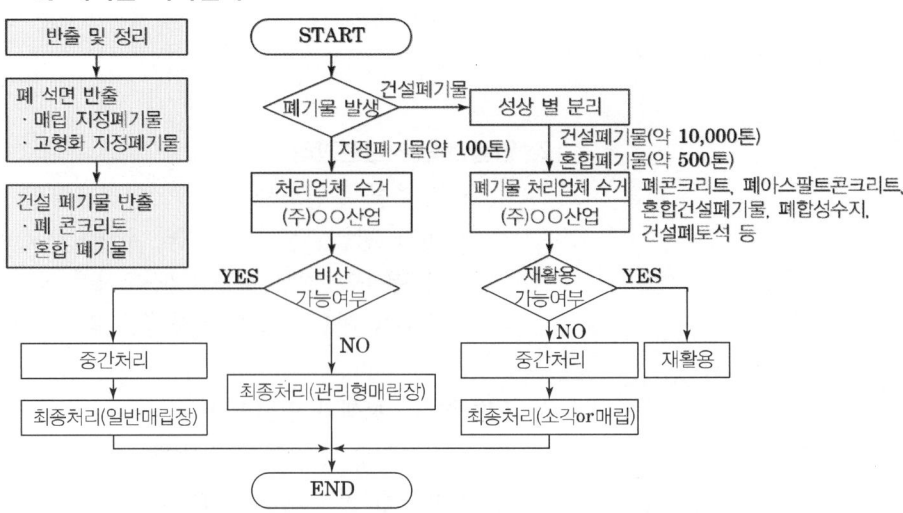

- 해체대상 건축물의 해체구간 철거 잔재물 적치장소 확보 및 운반계획 검토
- 해체 시 철거 잔재물의 적재 높이 제한 검토: 40cm 이하 권장
- 해체 시 철거 잔재물의 단위중량 검토: 14kN/㎥ 이상 적용
- 해체 잔재물 반출 계획 검토: 반출장비 동선 계획

☆☆★	4. 유지관리	
10-76	분별해체	
No. 876		유형: 공법 · 제도 · 기준

유지관리기술

해체
Key Point

■ **국가표준**
- KCS 41 85 01: 2021
- KCS 41 85 02: 2021
- 건축물관리법
- 폐기물관리법 2023.04.27

■ **Lay Out**
- 분별해체공사의 절차
- 분별해체가 필요한 폐기물

■ **핵심 단어**
- 유해폐기물을 분리하여 해체

■ **연관용어**
- 해체공사
- 폐기물처리
- 석면해체
- No. 875~880 참조
- No. 1000 참조

분별해체 사전조사

- 사전조사는 건축물의 해체 또는 대수선 등과 같이 직접적으로 석면분진에 노출될 위험을 사전에 인지하고 대처하기 위하여 실시한다.
- 해체대상 건축물의 석면 함유가 의심될 경우 발주자는 산업안전보건법 제38조의2 제6항에 따라 석면조사기관으로 지정된 기관에 의뢰하여 건축물 또는 건축설비 내의 석면함유 여부에 대한 상세한 사전조사를 수행해야 한다.
- 석면조사기관은 조사결과를 발주자에게 제출해야 하며, 발주자는 이 결과를 반영하여 대상 건축물의 해체공사를 발주해야 한다.

I. 정 의

① 이 기준은 건축구조물의 전부 또는 일부를 철거하거나 건축구조물의 이전을 목적으로 절단 또는 해체를 하는 공사에 있어서 발생되는 폐기물의 성상별이나 법에서 규정하는 유해폐기물을 분리하여 해체하는 공사에 적용한다.

② 폐기물관리법 및 석면안전관리법, 산업안전보건법에서 규정한 석면이 1%(중량기준)를 초과하여 함유된 건축자재는 이 기준에 따라 해체를 실시하여야 한다.

II. 분별해체공사의 절차

- 생활계폐기물의 철거 → 지정폐기물 등의 해체 · 제거 → 건축설비 및 기기의 분별해체 → 내 · 외장재 등의 분별해체 → 지붕마감재, 옥상방수층 등의 분별해체 → 구조체의 해체 → 부지 내 포장, 담장 등 → 기초, 말뚝, 지하매설물, 매설배관 등 → 매립폐기물 및 쓰레기 등의 처리 → 해체 후의 정지, 되메우기 및 성토

III. 분별해체가 필요한 폐기물

- 분별해체가 필요한 폐기물은 건설폐기물의 재활용촉진에 관한 법률에서 규정한 건설폐기물의 분류체계 및 폐기물관리법에서 규정한 지정폐기물의 종류에 따라 다음의 폐기물을 분별하여 해체하여야 한다.
- 가연성폐기물: 폐목재, 폐합성수지, 폐섬유, 폐벽지
- 불연성폐기물: 폐콘크리트, 폐아스팔트콘크리트, 폐벽돌, 폐블록, 폐기와, 건설폐토석, 건설오니, 폐금속류, 폐유리, 폐타일 및 폐도자기
- 가연성 · 불연성혼합폐기물: 폐보드류, 폐판넬
- 지정폐기물: 유류, 화학약품, 농약에 오염된 폐기물, 석면함유 폐기물

IV. 분별해체공사의 시행

- 집기 · 비품 등을 우선 제거한다.
- 석면이나 주변환경을 오염시킬 우려가 있는 폐유 및 화학약품 등의 유해물은 사전에 분리하여 철거한다.
- 설비기기 등의 분별해체 · 철거를 시행한다.
- 외부가설(외부비계 · 방음패널 등) 공사를 시행한다.
- 구조체를 대상으로 본격적인 해체공사를 시행한다

유지관리기술	10-77	석면건축물의 위해성 평가	
	No. 877		유형: 제도·기준

해체
Key Point

☑ 국가표준
- 석면건축물의 위해성 평가 및 조치방법
- 석면건축물의 위해성 평가 및 보수방법 세부지침

☑ Lay Out
- 위해성 평가 방법 및 기준
- 위해성 등급
- 위해성 평가 후 조치방법
- 석면건축자재 경고표시

☑ 핵심 단어
- 6개월 마다 석면건축자재에 대한 위해성 평가를 실시

☑ 연관용어
- 해체공사
- 폐기물처리
- 분별해체
- 석면해체
- No. 875~880 참조
- No. 1000 참조

I. 정 의

① 석면안전관리법에 따라 석면건축물 소유자(안전관리인)은 6개월 마다 석면건축자재에 대한 위해성 평가를 실시하고 평가 결과에 따라 적절한 조치를 취하여 석면건축물을 체계적으로 유지·관리하여야 한다.

② 개별 석면건축자재별로 4개 항목으로 구분하여 평가하며, 항목별 점수의 합계가 해당 석면건축자재의 평가점수가 된다.

II. 위해성 평가 방법 및 기준

위해성 평가항목	물리적 평가			잠재적 손상 가능성 평가			건축물 유지 보수 손상 가능성 평가		인체노출 가능성 평가		
세부항목	손상 상태	비산성	석면 함유량	진동	기류	누수	유지보수 형태	유지보수 빈도	사용 인원 수	구역의 사용빈도	일평균 사용시간
점수범위	0/2/3	0/2/3	1/2/3	0/1/2	0/2/3	0/2	0/1/2/3	0/1/2/3	0/1/2	0/1/2	0/1/2

• 위해성 평가는 공간별로 실시하고, 관리대장 등에 작성한다.

1. 물리적 평가

1) 손상 상태

구분	판단기준	점수
없음	• 시각적으로 전혀 손상이 없거나 손상을 보수한 경우	0
낮음	• 손상면적이 전체의 10% 미만으로 미미한 손상이 있는 경우 (예 : 균열, 깨짐, 갈라짐, 구멍, 절단, 틈새, 벗겨짐, 들뜸 등)	2
높음	• 손상면적이 전체의 10% 이상으로 육안 상 뚜렷한 손상이 있는 경우	3

2) 비산성

구분	판단기준	점수
없음	• 손상 상태가 "없음"인 경우	0
낮음	• 손상되어 부스러질 가능성이 있는 경우(예 : 바닥재, 배관재, 지붕재, 천장재, 벽체재료, 칸막이 등)	2
높음	• 손상된 분무재, 단열재, 보온재, 내화피복재	3

3) 석면 함유량

구분	판단기준	점수
20% 미만	• 건축자재의 석면함유율이 20% 미만인 경우	1
20% 이상 40% 미만	• 건축자재의 석면함유율이 20% 미만인 경우	2
40% 이상	• 건축자재의 석면함유율이 40% 이상인 경우	3

유지관리기술

2. 건축물 유지 보수에 따른 손상 가능성 평가

1) 진동에 의한 손상 가능성

구분	판단기준	점수
없음	• 아래의 상황이 없는 경우	0
낮음	• 모터나 엔진이 있지만 거슬리는 소음이나 진동이 없는 경우 또는 간헐적으로 큰 소음이 발생하는 경우 • (예: 선풍기, 에어컨 등의 작은 모터가 석면건축자재에 설치된 것, 공조 덕트 등에 진동이 있지만 해당 구역에 팬이 없는 경우 또는 음악실)	1
높음	• 큰 모터나 엔진이 있으며 방해적인 소음 또는 쉽게 진동을 느낄 수 있는 경우(예: 공조실, 기계실 등)	2

2) 기류에 의한 손상 가능성

구분	판단기준	점수
없음	• 아래의 상황이 없는 경우	0
낮음	• 약한 공기 흐름을 감지할 수 있는 경우(예: 환기구, 선풍기, 에어컨, 공조 송풍구 등 유사설비가 설치된 경우)	1
높음	• 빠른 공기 흐름을 감지할 수 있는 경우(예: 엘리베이터 통로, 환기 및 급기팬이 설치된 지역)	2

3) 누수에 의한 손상 가능성

구분	판단기준	점수
없음	• 아래의 상황이 없는 경우	0
손상	• 누수에 의한 석면 함유 건축자재의 손상이 명확한 경우	2

3. 건축물 유지 보수에 따른 손상 가능성 평가

1) 유지 보수 형태

구분	판단기준	점수
없음	• 유지·보수 시 석면건축자재를 접촉하지 않는 경우	0
낮은 교란	• 직접적으로 석면건축자재를 접촉하지 않지만 교란을 시킬 가능성이 있는 경우(예: 석면 천장재에 설치된 전구를 교체하는 행위)	1
보통 교란	• 유지·보수를 위해 직접적으로 교란하는 경우(예: 천장 위에 설치된 밸브 등을 점검하기 위해 석면 천장재 한두 장 정도를 들추는 행위)	2
높은 교란	• 유지·보수를 위해 석면건축자재를 반드시 제거해야 하는 경우(예: 밸브 또는 전선 설치를 위해 석면 천장재 한두 장 정도를 제거하는 행위)	2

2) 유지보수 빈도

구분	판단기준	점수
없음	• 없음	0
낮음	• 1년에 1회 이하	1
보통	• 한달에 1회 이하	2
높음	• 한달에 1회 초과	2

4. 인체 노출 가능성 평가

1) 사용인원 수

구분	판단기준	점수
낮음	• 거의 없음(아래의 상황이 없는 경우)	0
보통	• 10인 미만	1
높음	• 10인 이상	2

2) 구역의 사용 빈도

구분	판단기준	점수
낮음	• 부정기적(아래의 상황이 없는경우)	0
보통	• 매주 사용(주 3회 미만)	1
높음	• 매일 사용(주 3회 이상)	2

3) 구역의 1일 평균 사용 시간

구분	판단기준	점수
낮음	• 1시간 미만	0
보통	• 1시간 이상 4시간 미만	1
높음	• 4시간 이상	2

Ⅲ. 위해성 등급

구분	평가점수
높음	• 20 이상
중간	• 12 ~ 19
낮음	• 11 이하

위해성 등급

• 손상이 있고 비산성이 "높음"의 경우 평가점수와 상관없이 위해성 등급은 "높음"을 유지하고, 손상이 없는 경우 평가점수가 중간 이상이 되더라도 위해성 등급은 "낮음"을 유지한다.

Ⅳ. 위해성 평가 후 조치 방법

위해성 등급	평가점수	조치방법
높음	20 이상	〈석면함유 건축자재의 손상이 매우 심한 상태〉 • 해당 건축자재를 제거., 다만, 제거하지 않고도 인체영향을 완벽히 차단할 수 있다면 해당 구역 폐쇄 또는 해당 건축자재 밀봉 • 보온재의 경우, 보온재를 완벽하게 보수할 수 있다면 보수 • 제거가 아닌 폐쇄, 밀봉 또는 보수를 한 경우에는 해당 건축자재를 지속적으로 유지·관리 • 석면함유 건축자재의 해체·제거시 석면의 비산방지 및 격리 조치
중간	12 ~ 19	〈석면함유 건축자재의 잠재적인 손상 가능성이 있는 상태〉 • 손상에 대한 보수 • 손상위험에 대한 원인제거 • 석면함유 건축자재의 해체·제거시 석면의 비산방지 계획수립 • 보수하여도 잠재적인 석면노출 위험이 우려될 경우 제거 조치
낮음	11 이하	〈석면함유 건축자재의 잠재적인 손상 가능성이 낮은 상태〉 • 석면함유 건축자재 또는 설비에 대한 지속적인 유지관리 • 석면함유 건축자재 또는 설비가 손상되었을 경우 즉시 보수 • 석면함유 건축자재를 인위적으로 손상시키지 않도록 함 • 전기공사, 배관공사 등 건축물 유지보수 공사 시 석면함유 설비 또는 자재가 훼손되어 석면이 비산되지 않도록 작업수행

유지관리기술

유지관리기술

V. 석면건축자재 경고표시

경 고
이 건축자재는 석면이 함유되어 있으므로
손상 및 비산에 유의 하시기 바랍니다.

주)
1. 크기는 가로 14.5cm, 세로 4cm 이상
2. 글자는 노랑 바탕에 흑색. 다만 "경고, "석면", "손상 및 비산" 글자는 적색
3. 실내공기 중 석면농도 세제곱센티미터당 0.01개 초과 시 조치사항

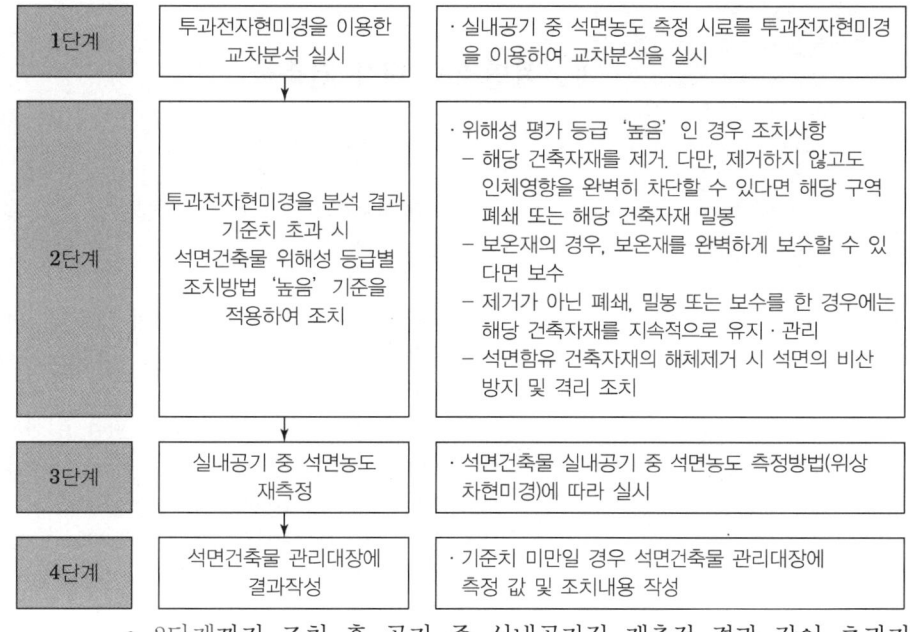

1단계	투과전자현미경을 이용한 교차분석 실시	· 실내공기 중 석면농도 측정 시료를 투과전자현미경을 이용하여 교차분석을 실시

2단계	투과전자현미경을 분석 결과 기준치 초과 시 석면건축물 위해성 등급별 조치방법 '높음' 기준을 적용하여 조치	· 위해성 평가 등급 '높음' 인 경우 조치사항
		  – 해당 건축자재를 제거. 다만, 제거하지 않고도 인체영향을 완벽히 차단할 수 있다면 해당 구역 폐쇄 또는 해당 건축자재 밀봉
		  – 보온재의 경우, 보온재를 완벽하게 보수할 수 있다면 보수
		  – 제거가 아닌 폐쇄, 밀봉 또는 보수를 한 경우에는 해당 건축자재를 지속적으로 유지·관리
		  – 석면함유 건축자재의 해체제거 시 석면의 비산 방지 및 격리 조치

3단계	실내공기 중 석면농도 재측정	· 석면건축물 실내공기 중 석면농도 측정방법(위상차현미경)에 따라 실시
4단계	석면건축물 관리대장에 결과작성	· 기준치 미만일 경우 석면건축물 관리대장에 측정 값 및 조치내용 작성

• 3단계까지 조치 후 공기 중 실내공기질 재측정 결과 값이 초과가 나올 경우 2단계부터 다시 조치하여 기준 미만의 결과가 나올 때까지 실시

10-78	석면조사 대상 및 해체 · 제거 작업 시 준수사항	
No. 878		유형: 제도 · 기준

유지관리기술

해체
Key Point

■ **국가표준**
- 석면안전관리법 시행
- (환경부) 석면해체작업 감리인 기준
- 석면해체 · 제거작업 지침02 (KOSHA Guide)
- KCS 41 85 02

■ **Lay Out**
- 석면조사 대상 건축물
- 석면건축물의 관리기준
- 석면해체 · 제거작업의 범위
- 석면해체 작업절차
- 석면해체 · 제거작업 준수사항

■ **핵심 단어**
- 비산 정도 측정

■ **연관용어**
- 해체공사
- 폐기물처리
- 분별해체
- 석면해체
- No. 875~880 참조
- No. 1000 참조

I. 정 의

① 석면해체 · 제거작업은 석면함유설비 또는 건축물의 파쇄 개 · 보수 등으로 인하여 석면분진이 흩날릴 우려가 있고 작은입자의 석면폐기물이 발생되는작업이다.

② 해체 · 제거 작업 시 비산 정도 측정 등을 철저히 하여야 한다.

II. 석면조사 대상 건축물

1. 연면적이 500m² 이상인 건축물
   ① 국회, 법원, 헌법재판소, 중앙선거관리위원회, 중앙행정기관(대통령 소속 기관과 국무총리 소속 기관을 포함한다) 및 그 소속 기관과 지방자치단체가 소유 및 사용하는 건축물
   ② 공공기관이 소유 및 사용하는 건축물
   ③ 특별법에 따라 설립된 특수법인이 소유 및 사용하는 건축물
   ④ 지방공사 및 지방공단이 소유 및 사용하는 건축물
2. 어린이집, 유치원, 학교
3. 불특정 다수인이 이용하는 시설로서 다음 각 목의 건축물
   ① 지하역사인 건축물
   ② 지하도상가로서 연면적이 2,000m² 이상인 건축물.
   ③ 철도역사의 대합실로서 연면적이 2,000m² 이상인 건축물
   ④ 여객자동차터미널의 대합실로서 연면적이 2,000m² 이상인 건축물
   ⑤ 항만시설의 대합실로서 연면적이 5,000m² 이상인 건축물
   ⑥ 공항시설의 여객터미널로서 연면적이 1,500m² 이상인 건축물
   ⑦ 도서관으로서 연면적이 3,000m² 이상인 건축물
   ⑧ 박물관 또는 미술관으로서 연면적이 3,000m² 이상인 건축물
   ⑨ 의료기관으로서 연면적이 2,000m² 이상이거나 병상 수가 100개 이상인 건축물
   ⑩ 산후조리원으로서 연면적이 500m² 이상인 건축물
   ⑪ 노인요양시설로서 연면적이 1000m² 이상인 건축물
   ⑫ 대규모점포인 건축물
   ⑬ 장례식장(지하에 위치한 시설로 한정한다)으로서 연면적이 1,000m² 이상인 건축물
   ⑭ 영화상영관(실내 영화상영관으로 한정한다)인 건축물
   ⑮ 학원으로서 연면적이 430m² 이상인 건축물
   ⑯ 전시시설(옥내시설로 한정한다)로서 연면적이 2,000m² 이상인 건축물
   ⑰ 인터넷컴퓨터게임시설제공업의 영업시설로서 연면적이 300m² 이상인 건축물
   ⑱ 실내주차장(기계식 주차장은 제외한다)으로서 연면적이 2,000m² 이상인 건축물
   ⑲ 목욕장업의 영업시설로서 연면적이 1,000m² 이상인 건축물

1~3호에 속하지 않는 건축물

① 문화 및 집회시설로서 연면적이 500m² 이상인 건축물
② 의료시설로서 연면적이 500m² 이상인 건축물
③ 노인 및 어린이 시설로서 연면적이 500㎡ 이상인 건축물

Ⅲ. 석면건축물의 관리기준

① 석면건축물의 소유자는 석면건축물안전관리인을 지정하여 석면건축물을 관리할 것
② 석면건축물의 소유자는 석면건축물에 대하여 6개월마다 석면건축물의 손상 상태 및 석면의 비산 가능성 등을 조사하여 환경부령으로 정하는 바에 따라 필요한 조치를 할 것
③ 석면건축물의 소유자는 환경부령으로 정하는 바에 따라 실내공기 중 석면농도를 환경부령으로 정하는 자로 하여금 측정하도록 한 후 그 결과를 기록·보존하고, 측정 결과 석면농도가 m^3당 0.01개를 초과하는 경우에는 환경부장관이 정하여 고시하는 바에 따라 보수(補修), 밀봉(密封), 구역 폐쇄 등의 조치를 실시할 것
④ 전기공사 등 건축물에 대한 유지·보수공사를 실시할 때에는 미리 공사 관계자에게 건축물석면지도를 제공하여야 하며, 공사 관계자가 석면건축자재 등을 훼손하여 석면을 비산시키지 않도록 감시·감독하는 등 필요한 조치를 할 것

Ⅳ. 석면해체·제거작업의 범위

1) 분무된 석면의 해체·제거작업
   - 철 구조물의 내화재로 빔, 기둥, 트러스 및 연결부위에 분무된 것과 장식목적의 마감재 또는 천장의 방음단열재로 분무된 석면 등을 해체·제거
2) 석면이 함유된 보온재 또는 내화피복재의 해체·제거작업
   - 공기조화설비의 파이프, 보일러 또는 산업현장의 용광로, 전기로 등의 설비에 보온·단열성 및 내화성을 주기 위해 석면이 함유된 보온재 및 내화피복재 등을 붙이거나 코팅된 것을 해체·제거
3) 분무된 석면의 해체·제거작업
   - 내화 및 방음을 목적으로 벽체, 바닥타일, 천장재 등으로 사용된 석면이 함유된 각종 건축자재 등을 해체·제거
4) 석면이 함유된 지붕재의 해체·제거작업
   - 지붕재로서 방수를 목적으로 아스팔트를 접착제로 하여 석면이 함유된 아스팔트 휄트 및 루핑 등의 방수시트를 적층한 것과 단열목적의 석면이 함유된 판넬, 슬레이트 등을 해체·제거
5) 석면이 함유된 가스켓 등 기타 석면함유물질의 해체·제거작업
   - 보일러, 용광로 및 전기로 등의 문 또는 개방부위, 고압의 스팀 라인에 설치된 가스켓, 석면 링, 펌프 및 밸브의 팩킹재 등을 해체·제거

V. 석면해체 작업절차

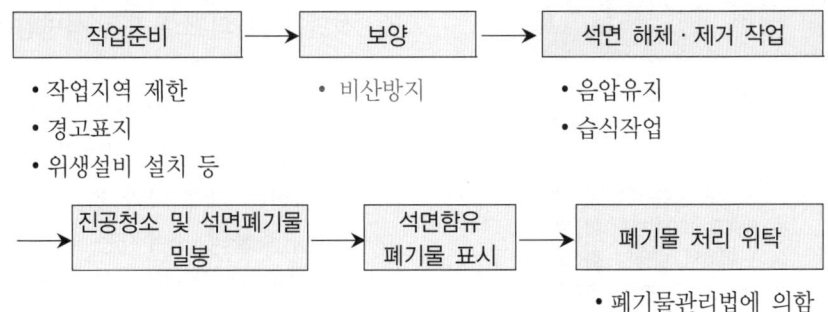

VI. 석면해체 · 제거작업 준수사항

1. 석면해체 · 제거작업 전 준비사항

1) 석면해체 · 제거작업계획 수립 및 주지

1. 공사개요 및 투입인력
2. 석면함유물질의 위치, 범위 및 면적 등
3. 석면해체 · 제거작업의 절차 및 방법
   - 해체 · 제거작업에 사용하는 도구, 장비, 설비 등 목록
   - 해체 · 제거 작업순서 및 작업방법 등
4. 석면 흩날림 방지 및 폐기방법
   - 해체 · 제거작업과정 중 발생된 석면함유 잔재물의 습식 또는 진공청소 등 석면분진 비산방지방법 및 석면함유 잔재물 등 처리방법
5. 근로자 보호조치
   ① 해체 · 제거작업자의 개인보호구 지급 및 착용계획
   ② 위생설비 설치 계획
   ③ 작업종료 후 작업복 및 호흡보호구 등 세척 방법,
   ④ 추락, 감전 등 재해예방을 위한 조치계획
   ⑤ 석면에 대한 특수건강진단
   ⑥ 석면의 유해성, 흡연 등 금지 및 기타 석면해체 · 제거 작업관련 특별안전교육 등 교육계획
   ⑦ 경고표지 설치 및 출입 통제조치 계획
   ⑧ 비상연락체계 등

- 석면해체 · 제거작업 근로자에게 수립된 계획에 대하여 교육 등을 통하여 주지시켜야 하며, 작업장에 대한 석면조사 방법, 종료일자, 석면조사 결과의 요지를 해당 근로자가 보기 쉬운 장소에 게시하여야 한다.
- 석면해체 · 제거작업 근로자 외에 석면해체 · 제거작업으로 인해 영향을 받을 우려가 있는 근로자에게도 해체 · 제거작업 실시계획 및 준수사항 등을 알려야 한다.

유지관리기술

[음압기]

[음압기록장치]

[진공청소기]

2) 경고표지의 설치
- 석면해체·제거 작업장은 통제장소로 간주하여 석면해체·제거 관리자로부터 허가받은 사람만이 석면작업장소로 출입하도록 하고, 사업주는 석면해체·제거작업을 행하는 장소에 경고표지를 출입구에 게시하여야 한다.

3) 개인보호구의 지급·착용
① 개인보호구를 지급
- 특급 방진마스크, 전동식 특급마스크 또는 송기마스크 등 호흡용 보호구, 고글형 보호안경, 신체를 감싸는 보호의 및 보호장갑 등의 개인보호구를 작업 근로자 개인별로 지급하고 착용하도록 하여야 한다.
② 호흡용 보호구를 지급할 때 교육 실시
- 기밀검사(fit-test)방법
- 보호구의 이상유무 검사방법
- 사용방법
- 유지관리방법
- 오염물 세척 및 제거방법
- 보호구의 사용제한

4) 석면해체·제거 장비 및 보호구
① 음압기
- 고성능필터를 장착하여야 한다.
- 전처리 필터를 고성능필터 앞쪽에 반드시 설치하여야 한다.
- 필터 차압 게이지를 설치하여야 한다.
- 음압기 내부를 밀폐하여 여과되지 않은 공기가 누설되지 않도록 하는 구조가 되어야 한다.
- 송풍기는 필터 뒤쪽에 설치하여야 한다.
- 이동 시 음압기 내·외부의 석면이 비산하지 않도록 비산 방지 장치 혹은 설비를 갖추어야 한다.
② 음압기록장치
- 특측정 감도는 0.01mmH$_2$O 이하일 것
- 1분 간격으로 측정된 자료를 24시간 연속하여 1개월 이상 저장 가능한 자료 저장용량을 가질 것
- 1분 평균으로 측정된 음압이 0.508mmH$_2$O 이하일 때 경보음이 작동하는 기능을 가질 것
③ 진공청소기
- 고성능필터를 장착해야 한다.
- 여과되지 않은 공기가 누설되지 않도록 하는 구조
- 지속적으로 석면분진을 포집할 수 있는 충분한 모터성능을 가진 것

④ 보호의

- 보호의는 근로자의 전신을 덮을 수 있고, 허리, 손목, 목이 조이는 구조로 머리덮개가 부착된 일회용 보호의이여야 한다.
- 습식작업에 사용할 수 있는 소재이어야 한다.
- 지퍼 부분은 지퍼덮개가 있어, 석면 분진이 유입되지 않는 구조로 되어야 한다.
- 봉제처리 부분을 통하여 석면이 침투하지 못하도록 봉제처리 후 코팅 방식, 테이핑처리 또는 동등 성능 이상의 처리방식을 적용하여야 한다.

5) 위생설비의 설치

① 요구조건

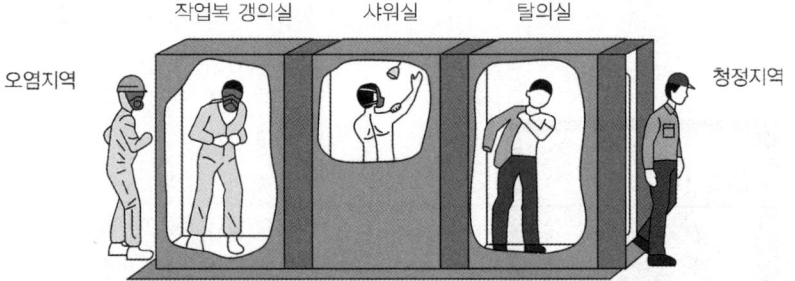

- 위생설비의 설치순서는 탈의실 → 샤워실 → 작업복 갱의실 → 작업장 순으로 연결하여 설치하여야 한다.
- 각 실의 연결 복도의 출입구는 분진의 확산방지를 위해 폴리에틸렌 재질의 커튼을 설치하는 것이 바람직하다.
- 샤워실은 온·냉수가 공급되어야 한다.
- 고성능필터를 장착하여야 한다.

② 작업 전 출입순서

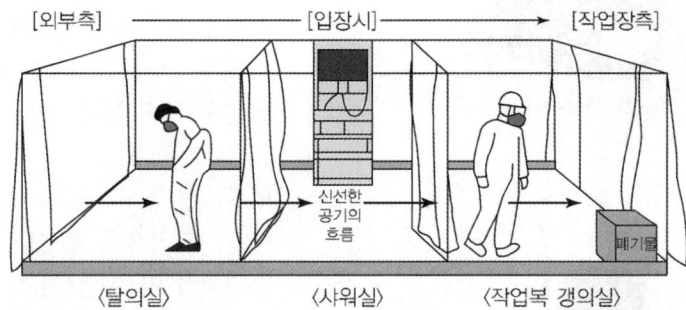

- 탈의실로 들어가 평상복을 벗고 보호의를 착용하고 호흡용 보호구를 검사 후 착용한다.
- 샤워룸을 통해 갱의실로 들어가되, 샤워룸에서 샤워를 하지 않는다.
- 작업복 갱의실에서 안전모, 장화 및 다른 장비를 착용한다.
- 작업장소로 들어간다.

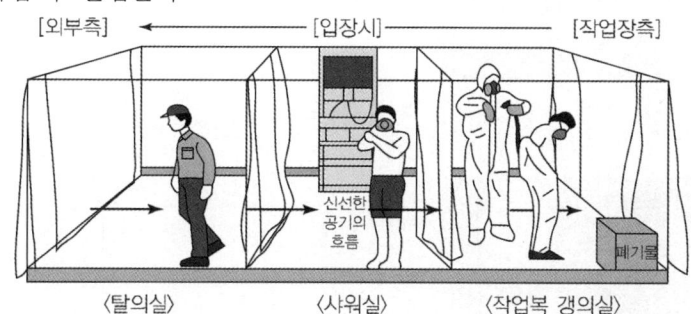

유지관리기술

③ 작업 후 출입순서

[외부측] ← [입장시] → [작업장측]

신선한 공기의 호흡

폐기물

〈탈의실〉　　〈샤워실〉　　〈작업복 갱의실〉

- 작업장소를 떠나기 전에 작업자는 눈에 보이는 석면분진 등을 물걸레 등으로 세척하거나 고성능 진공청소기로 제거한다.
- 작업복 갱의실로 들어가 호흡용 보호구를 착용한 상태로 일회용 보호의를 벗고 재사용할 도구 및 장비를 보관한다.
- 샤워실로 들어가 재활용할 보호장구와 호흡용 보호구를 착용한 상태로 샤워하고 호흡용 보호구를 세척한다. 그 후 호흡용 보호구를 벗고 샤워를 계속 한다.

석면해체·제거작업 시 금지사항

- 분진포집장치가 장착되지 않은 고속 절삭디스크 톱의 사용
- 압축공기 사용
- 석면함유물질의 분진 및 부스러기 등을 건식으로 빗자루 등을 이용하여 청소하는 작업

2. 석면해체·제거작업 수행 시 유의사항

1) 공통 조치사항

① 작업장소 내 창문 등 개구부는 밀폐하고 인근 작업장소와 격리조치하여야 한다.

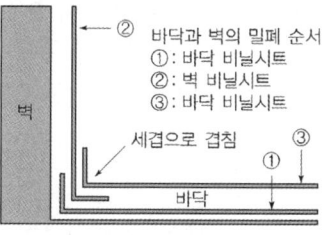

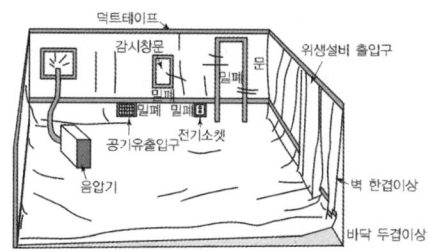

석면함유 잔재물의 처리

- 사업주는 해체·제거된 석면은 가능한 한 빨리 비닐포장 등에 적절하게 밀봉한 후 폐기물 스티커 등을 이용하여 석면임을 표시하여 폐기물관리법 제18조에 따라 폐기 하여야 한다.
- 사업주는 석면해체·제거작업 시 발생한 석면잔재물이나 석면 부스러기 등은 불침투성 용기 또는 비닐포대 등에 넣어 밀봉한 후 폐기물 스티커 등을 이용하여 석면임을 표시하여 처리하여야 한다.

- 해체·제거작업지역의 환기시스템은 모두 중단하고 전기설비를 차단시킨 후 창문, 환기 덕트의 개방부위, 출입문 등 모든 개구부는 밀폐시켜야 한다.
- 작업지역은 타 인접 장소 등과 격리시키되 기존의 벽 등 구조물이 불충분할 경우에는 임시 벽을 설치하여야 한다.
- 작업지역 내 이동이 가능한 시설물은 작업지역 밖으로 이동시키고, 이동이 불가능한 시설물이 존재하는 경우 폴리에틸렌 시트 등의 불침투성 재질로 덮어야 한다.
- 벽과 바닥은 오염을 방지하기 위해 폴리에틸렌 등의 불침투성 재질로 덮고 갈라진 틈은 테이프 등을 붙여 틈새가 없도록 하여야 한다.

[음압기 배출덕트]

② 작업장소는 고성능 필터가 장착된 음압밀폐 시스템구조로 하여야 한다.

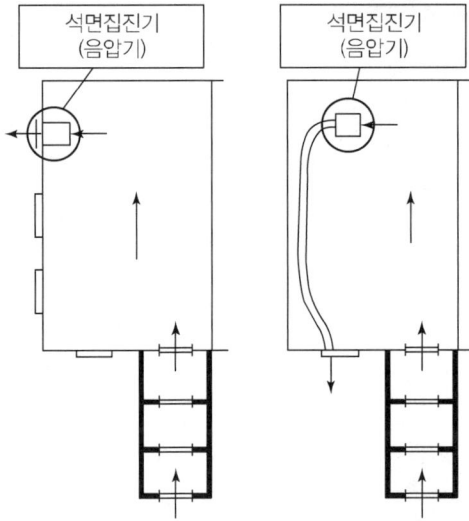

- 실내 작업장소 내 음압밀폐를 하기 위하여 작업부위를 제외하고 는 바닥, 벽 등을 불침투성 재질의 폴리에틸렌 시트로 덮는다. 바닥은 0.15mm 이상, 벽면은 0.08mm이상의 두께로 이중으로 덮는 것을 권장한다.
- 작업장소과 외부와의 압력차가 $-0.508mmH_2O$를 유지하도록 하여야 한다.
- 음압측정은 작업자의 출입·이동에 의하여 영향을 받을 수 있으 며, 음압기와 가까울수록 높게 측정된다.
- 음압측정위치는 출입문에 영향을 받지 않고 음압기와 가장 먼 위 치에서 측정하여야 한다.

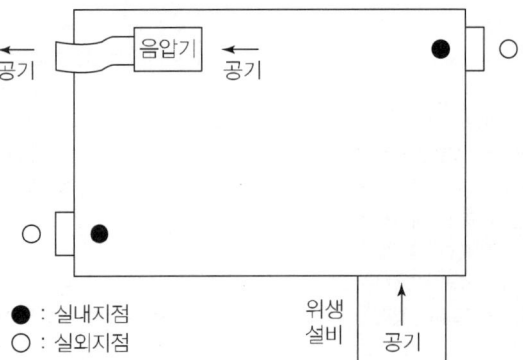

- 음압은 음압기록 장치를 사용하여 작업시작부터 작업종료까지 측 정하여 기록을 보관하여야 한다.
- 음압장치에는 작업장소 내 발생한 석면분진이 외부로 배출되지 않도록 고성능 필터가 장착된 것을 사용하여야 한다.

유지관리기술

[에어리스 펌프]

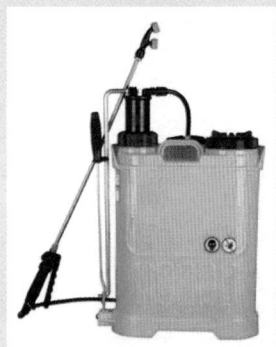

[분무기]

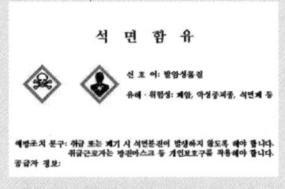

[석면함유 폐기물 표시]

- 시스템 내 공기흐름은 근로자의 호흡기 영역으로부터 고성능필터 또는 분진 포집장치 방향을 유지하여야 한다.
- 작업개시 전에 음압밀폐시스템 내 누출부위가 있는지 검사를 하여야 한다.
- 음압유지를 확인하는 방법: 음압밀폐시스템의 폴리에틸렌 시트 등의 밀폐시트가 작업장 안쪽으로 쪼그라드는 것을 확인, 스모크 테스트 튜브(Smoke test tube) 등에 의한 연기흐름의 방향이 석면해체·제거작업장과 연결된 출입구 등 개구부에서 작업장 내부로 이동하는 것을 확인, 음압기록계로 현재의 음압이 $-0.508mmH_2O$를 유지하는지 확인한다.
- 해체·제거작업은 음압기로부터 먼 곳에서 시작하여 가까운 곳으로 이동하며 진행한다.

③ 작업장소가 실외인 경우에는 작업 시 석면분진이 외기로 흩날리지 않도록 고성능필터가 장착된 석면분진 포집장치를 가동하는 등 적절한 조치를 하여야 한다.

④ 물 또는 습윤액을 사용하여 습식작업을 하여야 한다.

- 해체·제거대상 물질에 스프레이 등으로 습식화 한 후에 작업하여야 하고, 작업중에도 계속해서 습윤 상태가 유지되도록 하여야 한다.

⑤ 불침투성 재질의 폴리에틸렌시트 바닥재에 축적된 석면 부스러기 또는 분진의 재비산을 지하기 위해 필요한 경우에는 작업장 바닥에 불침투성 습윤천(Drop cloths)을 깔아 작업을 실시하는 것을 권장한다.

3. 석면함유 잔재물 등의 처리 및 흩날림 방지

1) 폐석면 포장을 위한 폐기처리용 용기의 충족 사항
   ① 분진 누출이 되지 않아야 함
   ② 폐기물의 외형 및 형태에 맞는 구조이어야 함
   ③ 석면에 불침투성이어야 함
   ④ 석면폐기물이 포함되어 있다는 표시를 하여야 함

2) 석면폐기물 포장용기 이중 밀봉방법
   ① 포장용기(비닐 백) 내의 잉여공기를 진공청소기를 이용하여 제거
   ② 백의 상부를 비틀어 접은 상태에서 테이프로 밀봉
   ③ 다른 포장용기에 담아서 테이프로 밀봉

3) 반출
   - 포장된 폐석면은 작업장소 밖으로 배출하기 이전에 용기표면에 붙은 석면분진을 최종적으로 제거하기 위해 젖은 걸레로 닦거나 고성능필터가 장착된 진공청소기로 청소하여야 하고 전용 폐석면 반출구를 통해 반출한다.

10-79	석면해체 사전허가제도	
No. 879		유형: 제도 · 기준

유지관리기술

해체

Key Point

■ **국가표준**
– 산업안전보건법

■ **Lay Out**
– 허가신청방법
– 석면함유제품과 함유량

■ **핵심 단어**
– 중량비율 1%를 초과하는
  석면을 함유한 설비 또
  는 건축물
– 건축자재중 석면함유제
  품과 함유량

■ **연관용어**
– 해체공사
– 폐기물처리
– 분별해체
– 석면해체
– No. 875~880 참조
– No. 1000 참조

I. 정 의

① 석면이 함유된 설비 또는 건축물을 해체 제거하고자 할 때 사전에
   허가를 받아야 하는 제도
② 석면해체 · 제거작업 허가 대상: 중량비율 1%를 초과하는 석면을 함
   유한 설비 또는 건축물의 해체 · 제거작업

II. 허가신청방법

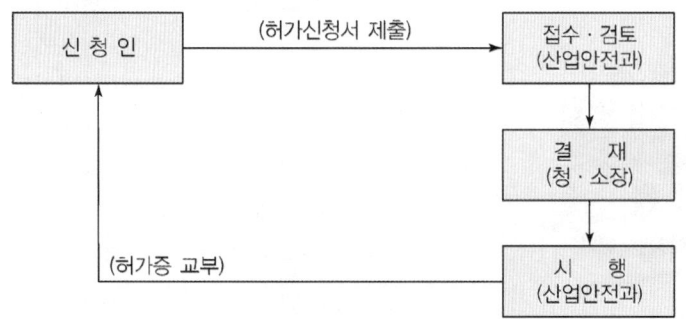

① 석면해체 · 제거 작업계획서
② 석면해체 · 제거 설비 및 보호구 등에 관한 서류
③ 석면의 비산방지 및 폐기방법 등에 관한 서류
   • 석면이 함유된 설비 또는 건축물의 해체 · 제거 작업 허가를 받고
     자할 때에는 석면해체 · 제거작업허가신청서에 다음 서류를 첨부
     하여관할 지방노동관서의 장에게 제출

III. 건축자재중 석면함유제품과 함유량

규격명	관련규격	제품	용도	석면함유량
섬유강화 시멘트판	KSL 5114	슬레이트	지붕재	10±3%
		석면천장재	천장재	5±1%
		석면칸막이(밤라이트)	칸막이	8±2%
치장용석면시멘트판	KSF 3210	석면칸막이(나무라이트)	칸막이	8±2%
압출성형 콘크리트패널	KSF 4735	석면벽재	외벽재	10±2%
석고 시멘트판	KSL 5509	석면천장재	천장재	5±1%

해체 · 제거 작업

※ "해체 · 제거 작업"이란 석
면함유설비 또는 건축물의
파쇄, 개 · 보수 등으로 석
면분진이 흩날릴 우려가
있고 작은 입자의 석면폐
기물이 발생되는 작업

10-80	석면지도	
No. 880		유형: 제도·기준

유지관리기술

해체

Key Point

■ **국가표준**
- 석면안전관리법 시행 규칙
- 건축물석면지도의 작성 기준 및 방법

■ **Lay Out**
- 석면지도 그리기
- 시료채취 관련 정보작성
- 석면지도 구성

■ **핵심 단어**
- 석면함유물질의 위치, 면적 및 상태 등을 표시

■ **연관용어**
- 해체공사
- 폐기물처리
- 분별해체
- 석면해체
- No. 875~880 참조

I. 정 의

건축물의 천장, 바닥, 벽면, 배관 및 담장 등에 대하여 석면함유물질의 위치, 면적 및 상태 등을 표시하여 나타낸 지도

II. 석면지도 그리기

① 환경부의 석면지도 작성 프로그램 또는 그 이상 수준의 프로그램을 사용하여 층별로 도면을 작성
② 석면이 검출된 시료의 위치 및 균질부분(동일 물질 구역)은 붉은색 실선으로 굵게 지도에 표시
③ 석면조사 결과에 근거하여 채취한 시료의 위치 및 자재 종류, 석면 함유를 동시에 알 수 있는 건축자재 인식표를 작성
④ 석면확인물질 시료인 경우, 시료 채취 지점 등에 대한 사진을 결과에 첨부

III. 시료채취 관련 정보 작성

시료 번호	시료 채취 위치	건축 자재	동일 물질 구역	길이(m)/면적 (m^2)/부피(m^3)	석면 종류	석면 함유량 (%)	위해성 평가 점수	위해성 등급	관리 방안

IV. 석면지도 구성

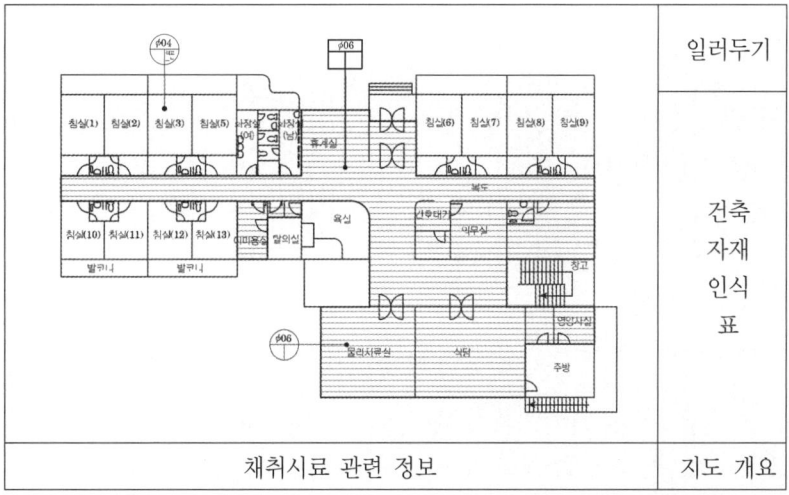

유지관리기술

[건축자재 인식표]

그림	건축자재명	그림	건축자재명	그림	건축자재명	그림	건축자재명
	지붕재		바닥제		배관재 (보온)		칸막이
	천장재		분무재 (뿜칠재)		배관재 (연결)		비서면
	벽재		내화피복재		기타물질		

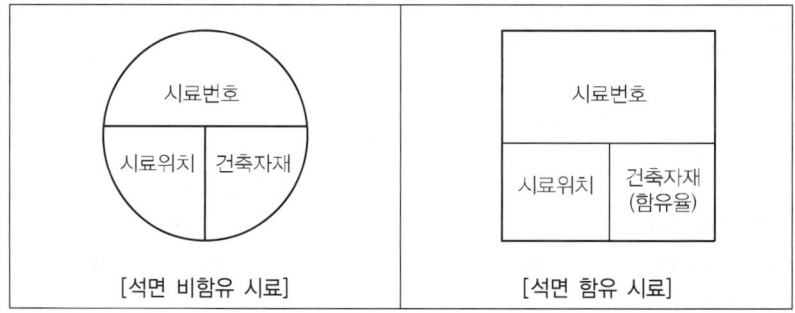

[석면 비함유 시료]   [석면 함유 시료]

• 지도 개요란에는 건축물명, 건축물 소재지, 석면조사·분석기관, 도
  면번호, 조사일을 적는다.

| 기타용어 | 1 | 관리적 감독 및 감리적 감토 |
| | | 유형: 제도 · 기준 |

☆☆☆

I. 정 의

① 관리적 감독: Project의 전 단계에 걸쳐 시공전 전문지식과 기술 및 경험을 공유하여 설계도서에 충실하게 건물을 실현하도록 공사관리, 기술지도 및 의견교환을 하는 것

② 감리적 감독: 공정한 입장에서 전문지식과 기술 및 경험을 토대로 목적물이 설계도서 및 제반 관계법규 대로 시공여부를 검측 · 점검 · 확인하며 정해진 기간내에 정밀하게 시공되도록 공사관리 및 기술지도를 하는 감독

③ 관리적 감독은 시공 전 활동이 더 중요하며 시공 중이라도 사전 관리 활동(proactive)의 성격이 더 강한데 반해 감리적 감독은 사후 관리 활동(reactive)의 성격이 강하다.

II. 관리적 감독 특성

① 시공전이해충돌과 의사소통 부족을 사전에 예방

② 사업주의 입장에서 일관성 있는 관리를 하게 되므로 사업주가 최선의 의사결정을 할 수 있도록 지원

③ 공동목표를 위해 상호협력이 필요하고, 생산성 향상 · 공기단축 · claim 감소 · V.E 증대 등의 효과.

④ 발주자(Owner), 설계자(A/E), 도급자, P.M, 하도급자 등 project 관련자들이 서로 협력하여 각기 상대방의 책임과 전문성을 이해하고 존중하여, 이들을 하나의 팀으로 만들고자 하는 시도

III. 감리적 감독 특성

① 목적물이 설계도면과 시방서 및 제반 관계법령에 맞게 정해진 기간내에 정밀하게 시공되도록 업무수행

② 프로젝트 전반적인 관리에 대한 일관성 제공

③ 프로젝트 全과정에 있어 제3자에 의한 가치공학 및 시공성 검토 등을 통한 확실한 원가절감효과

④ 설계일정이 시공 공정에 영향을 미치지 않도록 전체적인 공정관리 (Fast Track)

⑤ 예산 범위내 프로젝트 수행

⑥ 원활한 의사결정 위한 기술 자문 및 절차 제공

기타용어

2	UBC(Uniform Building Code)	
		유형: 기준

① 미국 통일 건축기준의 약칭. ICBO가 발행하는 통일기준. B5판 코드북으로 3년마다 간행된다. 현재는 UBC코드 1994년으로 간행, 세계 각국에서 널리 이용되고 있는 건축기준 코드. 인명안전, 구조상의 안전에 관한 건축설계·건조기준을 규정
② 건설업의 설계, 구조안전, 재료, 시공, 설비, 유지관리의 전과정의 경영 및 영업의 각 단계를 연결하는 업무와 정보의 개별 시스템간 통합을 위하여 기술정보를 표준화한 건설 기술정보 분류체계.

☆☆☆

3	GIS(Geographic Information System)	
		유형: 기준

① 공간상 위치를 점유하는 지리공간자료(Geospatial Data)와 이에 관련된 속성자료(Descriptive Or Attribute Data: 인구, 건축물의 노후도, 도시의 면적 등)를 통합하여 처리하는 정보시스템
② 다양한 형태의 지리정보를 효율적으로 수집 · 저장 · 갱신 · 처리 · 분석 · 출력하기 위해 이용되는 하드웨어, 소프트웨어, 지리자료, 인적자원의 총체적 조직체

☆☆☆

6대 환경목표

① 온실가스 감축
② 기후변화 적응
③ 물의 지속가능한 보전
④ 자원순환
⑤ 오염 방지 및 관리
⑥ 생물다양성 보전

4	한국형 녹색분류체계(K-택소노미 · taxonomy)	
		유형: 공법

① 우리나라의 탄소중립 및 지속가능발전목표를 중심으로 개발되었다.
② 개념: 6대 환경목표(온실가스 감축, 기후변화 적응, 물, 순환경제, 오염, 생물다양성)에 기여하는 녹색경제활동의 분류
③ 원칙: 녹색경제활동은 과학적 근거를 기반으로 환경개선에 기여하며 사전 예방적 환경 관리 및 사회적 공감대를 기본으로 다음 3가지 원칙을 준수해야 한다.

☆☆☆	
5	석면해체 감리인 기준
	유형: 제도 · 기준

기타용어

I. 정 의

"석면해체 · 제거작업 감리"란 발주자의 지정을 받은 석면해체작업감리인이 석면해체 · 제거작업이 석면해체 · 제거작업계획 및 관계 법령에 따라 수행되는지 여부를 확인하는 것을 말한다.

II. 감리인 지정 및 배치기준

구분		내용
감리인 지정기준		• 철거 또는 해체하려는 건축물에 석면이 함유된 분무재 또는 내화피복재가 사용된 사업장과 철거 또는 해체하려는 건축물에 석면 건축자재 면적이 800m² 이상인 사업장
감 리 원 배치기준	고급감리원 1인 이상	• 석면이 함유된 분무재 또는 내화피복재가 사용된 사업장
	고급감리원 1인 이상	• 석면건축자재 면적이 2,000m² 초과인 사업장
	일반감리원 1인 이상	• 석면건축자재 면적이 800m² 이상 2,000m² 미만인 사업장

III. 감리원의 업무

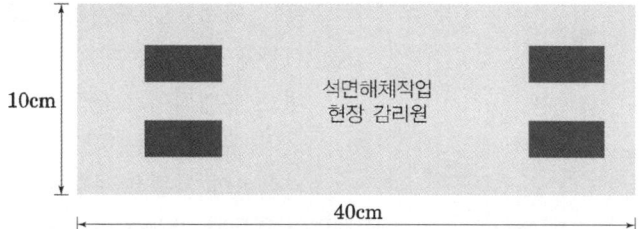

① 사업장 주변 석면 배출 허용기준 준수 여부 관리
② 석면농도 기준 준수 여부 확인
③ 석면해체제거작업 계획의 적절성 검토 및 계획의 이행 여부
④ 인근 지역 주민들에 대한 석면 노출방지 대책 검토
⑤ 석면해체제거업자의 관련 법령 준수 여부 확인
⑥ 관리, 감독
  • 석면해체제거작업
  • 석면의 비산 정도 측정
  • 공기 중 석면농도의 측정
  • 작업 중 발생한 폐기물의 보관
  • 석면해체제거작업 중 민원 또는 피해 발생사항에 대한 관할 지방자치단체 보고
  • 석면해체제거작업 완료 시 작업장 및 그 주변에 대하여 석면잔재물 여부확인

	☆☆☆	
기타용어	6	**석면해체 · 제거 작업별 조치사항**
		유형: 제도 · 기준 · 작업

1) 분무된 석면이나 석면이 함유된 보온재 또는 내화피복재의 해체 · 제거작업
   ① 작업근로자에게 특급 성능 이상의 정화장치가 부착된 전면형 방진 마스크, 전동식 특급 마스크 또는 송기마스크의 호흡용 보호구를 지급하고 착용시켜야 한다.
   ② 파이프에 도포된 석면이 함유된 보온재 또는 내화피복재를 해체 · 제거하는 작업의 경우 글로브 백 작업이 권장된다.
   • 제거하고자하는 파이프관의 단열재 주위를 글로브 백으로 파이프 관의 하부로부터 상부로 감싼 후 상부 및 백의 양 측면을 테이프 등을 사용하여 밀봉

2) 석면이 함유된 벽체, 바닥타일 및 천정재의 해체 · 제거작업
   ① 석면이 함유된 비닐 및 아스팔트 바닥재나 바닥타일의 경우 고속 절삭 디스크 톱, 도끼, 망치 등을 사용하여 자르거나 깎아 내는 작업은 반드시 음압밀폐시스템을 설치하여야 한다.
   ② 작업근로자에게 성능검정 특급 방진마스크 이상의 성능을 가진 호흡용 보호구를 지급하고 착용시켜야 한다.

3) 석면이 함유된 지붕재의 해체 · 제거작업
   ① 지붕재 해체 · 제거작업은 가능한 한 절단용 동력도구 등을 이용하여 지붕재를 직접절단, 연마 또는 찢거나 하는 등의 손상을 주지 않는 방법으로 제거하여야 한다.
   ② 지붕재의 해체 · 제거작업 과정에서 발생될 수 있는 석면분진이 실내로 유입되어 오염되지 않도록 난방 또는 환기를 위한 모든 통풍구의 유입부위는 작업장소와 가능한 멀리 격리시키고 작업 중 환기설비의 가동을 중단하여야 한다.

4) 석면이 함유된 가스켓 등 기타 석면함유물질의 해체 · 제거작업
   ① 해체 · 제거작업은 물 또는 습윤액을 이용한 습식작업으로 하여야 한다.
   ② 석면이 함유된 가스켓 등의 석면함유물질의 해체 · 제거작업은 가능한 한 절단용 동력도구 등을 이용하여 직접 절단, 연마 또는 찢거나 하는 등의 손상을 주지 않는 방법으로 제거하여야 한다.

☆☆☆

7	석면조사 및 안전성 평가	
2023년 변경		유형: 제도 · 기준

기타용어

해체
Key Point

☑ **국가표준**
- 석면조사 및 안전성 평가 등에 관한 고시 2023.
- 고용노동부고시 제 2022-9호 「석면조사 및 안전성 평가 등에 관한 고시」
- 산업안전보건법 제121조
- 산업안전보건법 시행규칙 제180조

☑ **Lay Out**

☑ **핵심 단어**

☑ **연관용어**

I. 정 의

① 석면해체 · 제거업자의 신뢰성 유지 및 질 향상을 위해 등록업체를 대상으로 석면해체 · 제거 작업기준의 준수여부, 보유장비의 성능, 보유인력의 교육이수, 능력개발 및 전산화정도등을 평가하는제도
② 건축물이나 설비의 기관석면조사 및 공기 중 석면농도 측정, 석면분석에 관한 정도관리, 석면해체 · 제거작업의 안전성 평가 등에 관하여 필요한 사항을 규정

II. 업무 흐름도

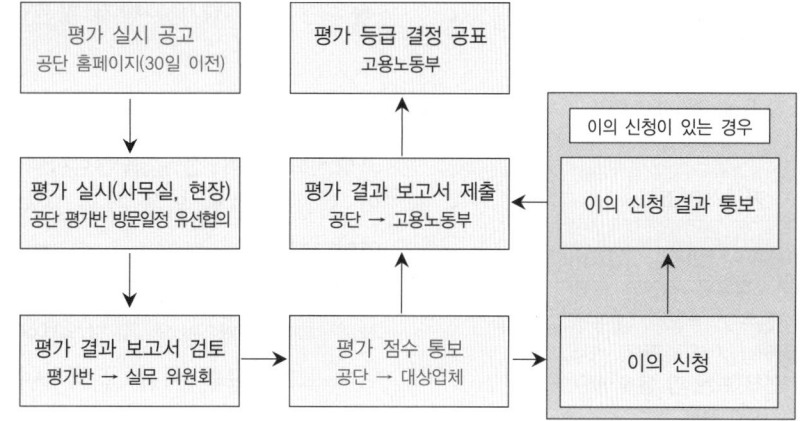

III. 평가기준

평가대상 및 평가주기

• 평가대상
- 고용노동부에 등록된 석면해체 · 제거업자 중 평가운영위원회 에서 정한 기준에 따라 선정된 업체입니다.
• 평가주기
- S등급: 3년
- A,B,C등급: 2년
- D등급: 1년

구분	내용
석면해체 · 제거작업 기준의 준수 여부	• 현장 밀폐, 음압유지 및 습식작업 • 경고표지 설치 및 흡연 등 금지 • 잔재물 처리 및 흩날림 방지조치 • 개인보호구 지급 및 착용 등
장비의 성능	• 음압기, 음압기록장치 및 진공청소기 성능 • 위생설비 설치 및 사용 • 안전 장비 및 보호구 보유 · 사용 • 장비 매뉴얼, 이력관리 및 청결상태 등
보유인력의 교육이수, 능력개발, 전산화 정도	• 전문기술 능력 • 등록인력의 작업 참여도 및 교육 이수 • 작업근로자의 전문교육 이수 및 자체교육 실시 • 인력 · 장비 및 작업관련 내용의 전산화 등

기타용어

평가등급

- S 등급(매우 우수): 합계 평점이 90점 이상
- A 등급(우수): 합계 평점이 80점 이상 90점 미만
- B 등급(보통): 합계 평점이 70점 이상 80점 미만
- C 등급(미흡): 합계 평점이 60점 이상 70점 미만
- D 등급(매우 미흡): 합계 평점이 60점 미만 건축물이나 설비의 석면함유 여부, 함유된 석면의 종류 및 함유량, 석면이 함유된 물질이나 자재의 종류, 위치 및 면적 또는 양 등을 판단하는 행위

기관석면조사

- 건축물이나 설비의 석면함유 여부, 함유된 석면의 종류 및 함유량, 석면이 함유된 물질이나 자재의 종류, 위치 및 면적 또는 양 등을 판단하는 행위 전부

- 평가대상 현장기간: 전년도 3월1일부터 해당연도 2월말까지 해체 · 제거 완료 현장을 기준으로 선정
- 평가방법: 공단 평가반이 평가대상 업체의 사무실 및 석면해체 · 제거 작업현장을 방문하여 평가를 실시

Ⅳ. 평가등급결정

- 평가결과 점수를 기준으로 평가대상 업체를 5등급(S, A, B, C, D)으로 구분하여 부여
- 다음의 경우는 최하위등급(D등급)을 부여
  - 거짓 또는 부정한 방법으로 평가를 받은 경우
  - 정당한 사유 없이 평가를 거부한 경우
  - 고용노동부 지도,감독결과 1개월 이상의 업무정지 처분을 받은 경우
  - 안전보건 조치를 소홀히 하여 사회적 물의를 일으킨 경우
  연속 3회 이상 평가를 받지 않은 경우

Ⅴ. 기관석면조사

① 고형시료 채취 전에 육안검사와 공간의 기능, 설계도서, 사용자재의 외관과 사용 위치 등을 조사하고 각각의 균질부분으로 구분하여야 한다.

② 설계도서, 자재이력, 물질의 외관 및 질감 등을 통해 석면함유 여부가 명백하지 않은 균질부분에 대해서는 석면함유 여부 판정을 위해 고형시료를 채취 · 분석하여야 한다.

③ 기관석면조사 이후 건축물이나 설비의 유지 · 보수 등으로 물질이나 자재의 변경이 있는 경우에는 해당 부분에 대하여 기관석면조사를 실시하여야 한다.

10-3장

건설
공사계약-Who

마법지

건설공사계약-Who

1. 계약일반

- 계약방식
- 계약변경

2. 입찰 낙찰

- 입찰
- 낙찰

3. 관련제도

- 하도급관련
- 기술관련
- 기타

4. 건설Claim

- 건설 Claim

☆☆☆　　1. 계약일반

10-81	건설공사계약 및 명시사항, 계약의 주체	
No. 881	契約文書, contract document	유형: 제도 · 기준

계약서류

계약서

Key Point

☑ 국가표준
- 국가계약법 시행령
- 건설산업기본법 시행령
- (계약예규)정부 입찰 · 계약 집행기준

☑ Lay Out
- 계약의의
- 계약서류 구성
- 계약의 성립
- Player

☑ 핵심 단어
- 발주자 설계자 시공자

☑ 연관용어
- 건설사업관계자

청약의 유인

- Invitation Of Offer 상대방에게 청약을 하게끔 하려는 의사의 표시이다. 그러나 상대방이 청약의 유인에 따라 청약의 의사표시를 하여도 그것만으로 청약이 바로 성립하는 것은 아니고, 청약을 유인한 자가 다시 승낙을 함으로써 비로소 계약이 성립된다. 따라서 청약을 유인한자는 상대방의 의사표시에 대하여 낙부(諾否)를 결정할 자유를 가진다.

I. 정 의

① 공사를 위하여 발주자와 시공자 사이에 체결되는 계약

② 입찰 또는 수의 시담(示談u)에 의하여 계약상대자가 선정된 후 당사자간의 권리와 의무를 규정하는 계약을 체결하고 그 계약의 내용을 이행함으로서 목적한 성과를 달성하기 위한 법률적 행위가 건설공사계약이라고 말할 수 있다.

II. 계약서류의 구성

1) 국내 회계예규 규정의 계약문서의 범위
- 계약서, 설계서(설계도면, 시방서, 현장설명서 등), 공사입찰유의서
- 공사계약일반조건, 공사계약특수조건, 산출내역서
- 계약당사자간에 행한 통지문서

2) 국내도급계약서의 기재 내용(건설산업기본법 시행령)
- 공사내용(규모, 도급금액), 공사착수시기, 공사완성의 시기
- 도급금액 지급방법 및 지급시기
- 설계변경 · 물가변동에 따른 도급금액 또는 공사금액의 변경사항
- 하도급대금 지급보증서의 교부에 관한 사항
- 표준안전관리비의 지급에 관한 사항, 인도를 위한 검사 및 그 시기
- 계약이행지체의 경우 위약금, 지연이자 지급 등 손해배상에 관한 사항
- 분쟁 발생 시 분쟁의 해결방법에 관한 사항

III. 건설계약의 성립과정 유효요건

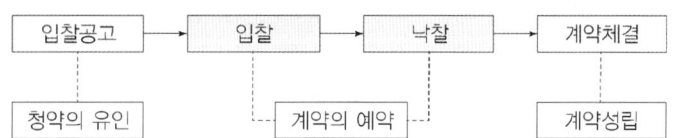

① 동의(Agreement): 일방의 당사자로부터 신청과 그것에 대한 타방이 수용하는 것

② 계약을 실행하는 당사지: 계약의 이행을 가능하게 당사자가 존재할 것

③ 약인(約認) · 대가(Consideration): 계약에 있어 각 당사자가 여하한 형태의 이익을 얻는 것이 있을 것

④ 법에 맞는 목적(Lawful Purpose): 계약의 목적이 위법성이 없을 것

⑤ 바른 계약서식(Form): 계약내용이 법률에 인정하는 서식에 맞을 것

계약서류

Ⅳ. 계약의 주체(Player)

1) 발주자(Owner), Cilent

| Public Owner
공공 발주자 | • 정부 재정에 의한 사업 관장
(법적책임, 사업비 조달) |

| Private Owner
민간 발주자 | • 일회성 사업의 개인 발주자 |

2) 설계자(Architect/Engineer)

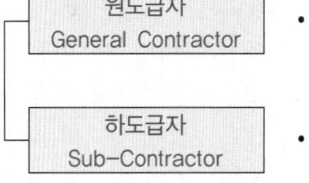

- 건축 설계자(Design Professionals)
- 토목 엔지니어(Civil Engineers)
- 구조 엔지니어(Structural Engineers)
- 기계설비 엔지니어(Mechanical Engineers)
- 전기설비 엔지니어(Electrical Engineers)
- 측량 엔지니어(Surveyors)
- 견적 전문가(Cost Engineers)

3) 시공자(Contractor, Constructor)

| 원도급자
General Contractor | • 발주자에게 고용되어 공사의 시공을 수행 |

| 하도급자
Sub-Contractor | • 하도급 공사의 도급을 받은 건설업자 |

4) 감리자(Supervisor)
    ① 검측감리: 설계도서대로 시공여부 확인
    ② 시공감리: 설계도서대로 시공여부 확인 및 공법변경 등 기술지도
    ③ 책임감리: 설계도서대로 시공여부 확인 및 공법변경 등 기술지도
        및 발주자 공사감독 권한 대행

5) 기타그룹
    ① 건설 사업관리 전문가(Construction Management Professional)
    ② Financing 관련 전문가

계약서류

10-82	추정가격과 예정가격	
No. 882	推定價格, 豫定價格	유형: 제도 · 기준

계약서류
Key Point

■ 국가표준
- 국가계약법 시행령
- 건설산업기본법 시행령
- (계약예규)정부 입찰 · 계약 집행기준

■ Lay Out
- 개념이해
- 산정방법 · 결정기준
- 용도

■ 핵심 단어
- What: 계약체결
- Why: 계약금액 산정
- How: 소요량 산출

■ 연관용어
- 도급공사비
- 계약금액

I. 정 의

① 추정가격: 물품 · 공사 · 용역 따위의 조달 계약을 체결할 때 국제 입찰 대상 여부를 판단하는 기준으로 삼기 위하여 예정 가격이 결정되기 전에 산정된 가격(부가가치세 미포함)
② 예정가격: 입찰 또는 계약체결 전에 시공에 필요한 노무와 자재, 기계 등의 소요량을 산출하여 계약금액의 결정기준으로 삼기 위하여 산정된 가격(부가가치세 포함)

II. 개념이해

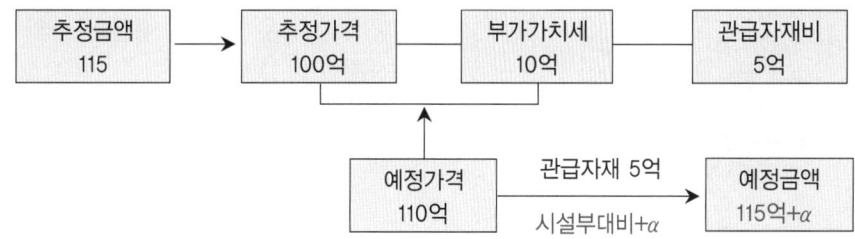

III. 추정가격의 산정

① 공사계약의 경우에는 관급자재로 공급될 부분의 가격을 제외한 금액
② 단가계약의 경우에는 당해 물품의 추정단가에 조달예정수량을 곱한 금액
③ 개별적인 조달요구가 복수로 이루어지거나 분할되어 이루어지는 계약의 경우에는 다음 각 목의 어느 하나 중에서 선택한 금액
  - 해당 계약의 직전 회계연도 또는 직전 12개월 동안 체결된 유사한 계약의 총액을 대상으로 직후 12개월 동안의 수량 및 금액의 예상변동분을 고려하여 조정한 금액
  - 동일 회계연도 또는 직후 12월 동안에 계약할 금액의 총액
④ 물품 또는 용역의 리스 · 임차 · 할부구매계약 및 총계약금액이 확정되지 아니한 계약의 경우에는 다음 각목의 1에 의한 금액
  - 계약기간이 정하여진 계약의 경우에는 총계약기간에 대하여 추정한 금액
  - 계약기간이 정하여지지 아니하거나 불분명한 계약의 경우에는 1월분의 추정지급액에 48을 곱한 금액
  - 조달하고자 하는 대상에 선택사항이 있는 경우에는 이를 포함하여 최대한 조달가능한 금액

용어정리

• 추정가격
- 예정 가격에서 부가 가치세를 제외한 금액부가세와 관급자재부분 등이 포함되지 않은 금액을 말하며 공사의 대략적인 규모를 산정하는데 사용

• 추정금액
- 공사에서 사용되는 개념으로 추정가격에 부가가치세와 관급자재비를 합한 금액으로 시공능력평가액의 초과 여부와 시공비율 산정의 기준금액, 지방계약에서는 원가심사 대상 사업기준, 수의계약 대상공사 평가기준으로 사용

계약서류

- 예정가격
- 계약담당공무원이 낙찰자 또는 계약자의 결정기준으로 삼기 위하여 입찰 또는 계약 체결전에 미리 작성 · 비치하여 두는 가액

- 예정금액
- 시설부대비(용역비, 보상비 등)를 제외한 공사 예정금액(추정가격 + 부가가치세 + 도급자설치 관급금액)

- 예정가격의 결정방법
① 예정가격은 계약을 체결하고자 하는 사항의 가격의 총액에 대하여 이를 결정하여야 한다. 다만, 일정한 기간 계속하여 제조 · 공사 · 수리 · 가공 · 매매 · 공급 · 임차등을 하는 계약의 경우에 있어서는 단가에 대하여 그 예정가격을 결정할 수 있다.
② 장기계속공사 및 물품의 제조등의 계약에 있어서 그 이행에 수년이 걸리며 설계서 또는 규격서등에 의하여 당해 계약목적물의 내용이 확정된 물품의 제조등(이하 "장기물품제조등"이라 한다)의 경우에는 총공사 · 총제조 등에 대하여 예산상의 총공사금액(관급자재 금액은 제외한다) 또는 총제조금액(관급자재 금액은 제외한다)등의 범위안에서 예정가격을 결정하여야 한다.

Ⅳ. 예정가격 결정방법

공사구분	예비가격 작성개수	예정가격 결정방법	공개여부	비고
전 시설공사	15	4개 추첨 합산평균	15개 모두 공개	예비가격 기초금액 공개

- 먼저 예비가격 기초금액 결정하고, 예비가격 기초금액을 기준으로 ±2% 범위 내에서 상위 2%내 7개의 총 15개의 복수예비가격 결정

Ⅴ. 예정가격의 결정기준

① 적정한 거래가 형성된 경우에는 그 거래실례가격
② 신규개발품이거나 특수규격품등의 특수한 물품 · 공사 · 용역등 계약의 특수성으로 인하여 적정한 거래실례가격이 없는 경우에는 원가계산에 의한 가격
③ 공사의 경우 이미 수행한 공사의 종류별 시장거래가격 등을 토대로 산정한 표준시장단가
④ 규정에 의한 가격에 의할 수 없는 경우에는 감정가격, 유사한 물품 · 공사 · 용역등의 거래실례가격 또는 견적가격

보증금
Key Point

☑ **국가표준**
- 국가계약법 시행령
- 건설산업기본법 시행령
- (계약예규)정부 입찰·계약 집행기준

☑ **Lay Out**
- 종류
- 용도

☑ **핵심 단어**

☑ **연관용어**
- 하도급 대금지급 보증
- 포괄대금지급 보증

하자보수 보증금 예외

- 건설업종의 업무내용 중 구조물 등을 해체하는 공사
- 단순암반절취공사, 모래·자갈채취공사등 그 공사의 성질상 객관적으로 하자보수가 필요하지 아니한 공사
- 계약금액이 3천만원을 초과하지 아니하는 공사(조경공사를 제외한다)

★★★ 1. 계약일반

10-83	건설보증제도 및 건설계약제도상의 보증금	
No. 883		유형: 제도·기준

I. 정 의

공사의 입찰, 계약, 시공, 계약이행 완료 후 발생되는 제반 문제점을 보장받기 위하여 시공자로 하여금 보증금을 납부하도록 하는 제도

II. 보증금 종류

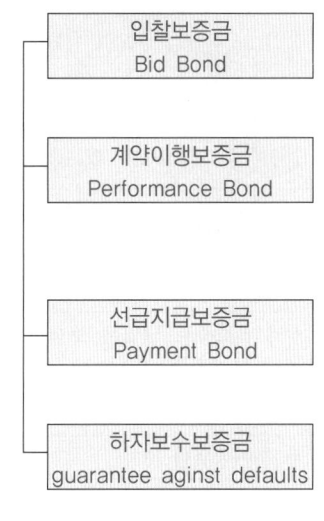

- 계약체결을 담보하기 위한 보증금 제도로 낙찰이 되었으나 계약을 포기할 것에 대비해 입찰예정금액의 5% 이상을 입찰직전에 납부하는 금액
- 계약이행을 보증하기 위한 보증금 및 연대보증인 제도
- 계약을 이행하지 않을 경우 계약금액의 10% 이상을 납부하고 연대보증인 1인 이상을 세워야 한다.
- 현장에 투입될 자재 또는 인력의 수급을 원활히 할 목적으로 지급하는 금액으로 공사 중 사고로 인한 손해를 보증하기 위한 보증금
- 계약이행 완료 후 하자발생 시 하자보수를 담보하기 위한 보증금 제도. 공종에 따라 1년 이상 10년 이하, 하자보수 보증기한은 계약금액의 2~10%를 예치

III. 공사별 하자보수 보증금률

① 철도·댐·터널·철강교설치·발전설비·교량·상하수도구조물등 중요 구조물공사 및 조경공사: 100분의 5
② 공항·항만·삭도설치·방파제·사방·간척등 공사: 100분의 4
③ 관개수로·도로(포장공사를 포함한다)·매립·상하수도관로·하천·일반건축등 공사: 100분의 3
④ 이외의 공사: 100분의 2

IV. 건설공사의 보험

1) 손해보험
   - 공사 시공도중 사고 발생 시 인적, 물적 피해가 클 것으로 예상되는 대형공사에 대하여 시공자의 위험 부담을 경감하기 위한 제도
2) 산업재해보상보험
   - 근로자가 업무상 부상·질병·신체기능장애·사망 등을 입었을 때 이를 보상하기 위한 보험으로, 사용자 즉, 고용주가 보험가입자가 된다.

[건설공사의 종류별 하자담보 책임기간 건설산업기본법 시행령 (별표 4)]
- 교량 10년
- 터널 10년
- 철도 10년
- 공항 7년
- 항만 7년
- 도로 3년
- 댐 10년
- 상하수도
  (구조부 7년, 관로 3년)
- 관개수로 3년
- 부지정지 2년
- 발전 가스 7년

• 건축:대형 공공성 건축물 (공동주택, 종합병원, 관광숙박시설, 문화 집회시설, 대규모 점포, 26층 이상 기타 용도 건축물)의 기둥 및 내력벽 10년
• 대형공공서 건축물 중 기둥 및 내력벽 외의구조상 주요 부분 5년
• 전문공사(실내건축 미장 타일 도장 창호 1년, 토공 아스팔트 포장, 석공사 조적 공기제어 설비 2년, 방수 승강기 3년)

V. 건설공사의 보험

	보 증	보 험
관련법규	민 법	상 법
정의	채무자가 그 채무를 이행하지 않을 경우 그 이행의무를 보증인에게 부담시키는 계약	보험자가 우연한 사고가 생긴 경우 상대방 또는 제3자에게 생긴 손해를 보상할 것을 약속하고 계약자는 이에 대한 일정의 보험료를 지급하는 것을 내용으로 하는 계약
계약 당사자	채권자, 채무자, 보증인	보험자, 계약자
공사계약에서의 계약		
계약불이행 요건	예정불가, 채무불이행	사고발생 예정, 우연성이 성립요소
계약성격	채무에 대한 보완적 계약 무상계약(보증료 납입은 보험금 지급의 전제요소가 아님)	유상계약
계약해지권	불인정	인정
기 능	채무 불이행위험 배제	손해의 진보

계약방식

10-84	계약방식	
No. 884		유형: 제도 · 기준

계약방식

Key Point

■ 국가표준
- 국가계약법 시행령
- 건설산업기본법 시행령
- (계약예규)정부 입찰 · 계약 집행기준
- 국가재정법 제50조

■ Lay Out
- 유형분류
- 유형별 특징

■ 핵심 단어

■ 연관용어

I. 정 의

계약 상대의 선택에서 계약 체결에 이르기까지의 방식

II. 계약방식의 유형분류

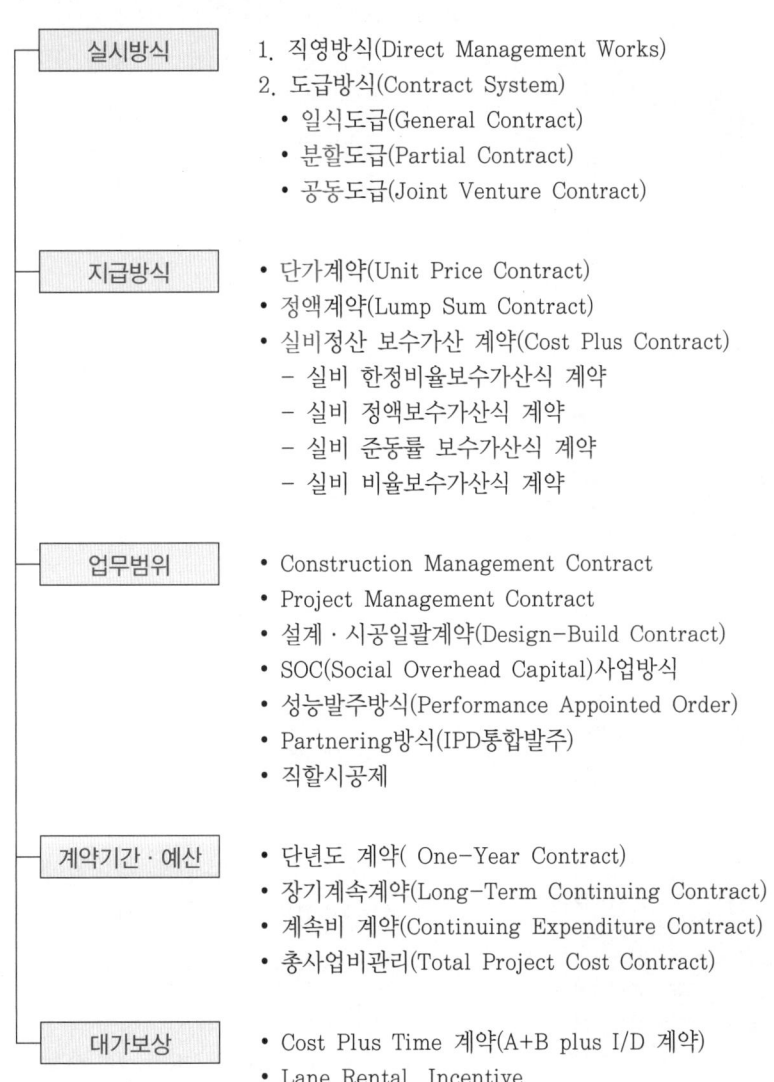

실시방식
1. 직영방식(Direct Management Works)
2. 도급방식(Contract System)
   - 일식도급(General Contract)
   - 분할도급(Partial Contract)
   - 공동도급(Joint Venture Contract)

지급방식
- 단가계약(Unit Price Contract)
- 정액계약(Lump Sum Contract)
- 실비정산 보수가산 계약(Cost Plus Contract)
  - 실비 한정비율보수가산식 계약
  - 실비 정액보수가산식 계약
  - 실비 준동률 보수가산식 계약
  - 실비 비율보수가산식 계약

업무범위
- Construction Management Contract
- Project Management Contract
- 설계 · 시공일괄계약(Design-Build Contract)
- SOC(Social Overhead Capital)사업방식
- 성능발주방식(Performance Appointed Order)
- Partnering방식(IPD통합발주)
- 직할시공제

계약기간 · 예산
- 단년도 계약(One-Year Contract)
- 장기계속계약(Long-Term Continuing Contract)
- 계속비 계약(Continuing Expenditure Contract)
- 총사업비관리(Total Project Cost Contract)

대가보상
- Cost Plus Time 계약(A+B plus I/D 계약)
- Lane Rental, Incentive

Ⅲ. 유형별 특징

1. 공사의 실시방식에 따른 유형

1) 직영공사(Direct Management Works)

① 건축주가 해당 건설 Project의 계획을 수립하고 건설 자재 구입, 노무자 고용, 건설기계 수배 및 가설부재 등을 준비하여 해당 건설의 전 과정을 본인책임으로 시행하는 계약방식

② 공사내용 및 공정이 단순하고, 노무자 고용, 건설기계의 수배 및 건설자재 구입이 쉽고 편리하며 준공기한에 구애 받지 않을 때 적용

2) 일식도급(General Contract)

① 해당 건설 Project의 공사 전부를 한 도급자에게 맡기는 도급계약 방식으로 노무관리, 재료구입, 건설기계 수배, 현장 시공업무 등 해당 건설의 전 과정을 도급자의 책임 하에 시행하는 계약방식

② 공사를 적절히 분할하여 각 전문 하도급자에 하도급 하여 시공하도록 하고, 도급자는 전체공사를 감독하여 해당 건설 Project의 목적물을 완성한다.

3) 분할도급(Partial Contract)

① 해당 건설 Project의 공사를 몇 가지 유형으로 세분하여 각 유형에 적합한 전문 도급자들을 선정하여 도급계약을 체결하는 계약방식으로 전문 공종별·직종별·공정별·공구별 분할도급 등으로 구분된다.

② 각 공종의 전문 하도급자에 하도급하여 시공하도록 하여 양질의 시공을 기대할 수 있으나, 의사소통의 어려움, 사무업무의 복잡 등의 단점이 있다.

4) 공동도급(Joint Venture Contract)

- 발주처와 2인 이상의 공동수급업체가 잠정적으로 결합·조직·공동출자(법인설립)한 조직체로 연대책임 하에 공사를 공동수급하여 목적물 완성 후 해산하는 계약방식

5) 조기착공계약(Fast Track Contract)

- 발주자는 먼저 설계자와 계약하고 설계자가 설계를 완성하는 공종에 따라 도급자와 차례대로 계약을 체결하는 계약방식

6) 개산계약(槪算契約, Rough Estimate Contract)

① 계약을 체결하기 전에 상세가 결정되지 않은 상태에서 미리 예정가격을 정할 수 없을 때 개산 가격으로 계약을 체결하고 계약 금액은 계약 이행 중 또는 계약 이행 후에 확정하는 계약 방법.

② 신기술·신공법·개발 시 제품의 설비를 포함하는 공사 등 사전에 정확한 계약금액을 결정하기 어려운 공사에 적용된다.

분할도급

- 전문공종별(專門工種別) 분할도급
- 시설공사(施設工事) 중 설비공사(전기·난방 등)를 주체공사에서 분리하여 전문공사업자와 직접 계약하는 방식
- 직종별(職種別), 공종별(空種別) 분할도급
- 전문직별 또는 각 공종별로 도급주는 방식이고, 직영제도에 가까운 것으로서 총괄도급자의 하도급(下都給)에 많이 적용
- 공정별(工程別) 분할도급
- 건축공사에 있어서 정지·구체·마무리공사 등의 과정별로 나누어 도급주는 방식
- 공구별(工區別) 분할도급
- 대규모 공사에서 지역별로 공사를 분리하여 발주하는 방식이고, 각 공구마다 총괄도급으로 하는 것이 보통이다.

2. 공공사대금 지급방식에 따른 유형

1) 단가계약(Unit Price Contract, 單價契約)
   ① 단가계약은 발주자가 제시하는 해당 건설 Project의 노무·면적· 체적의 단가를 조건으로 공사를 실시하는 계약방식이다.
   ② 공사 요소작업별로 단위 물량당 단가를 확정하여 계약되므로, 입찰 총액과 물량명세서 혹은 금액명세서를 제출하는 것이 일반적이다.

2) 정액계약(Lump-Sum Contract)

   - 발주자는 먼저 설계자와 계약하고 설계자가 설계를 완성하는 공 종에 따라 도급자와 차례대로 계약을 체결하는 계약방식

3) 실비정산 보수가산식 계약(Cost Plus Fee Contract)

   - 실비정산 계약은 발주자가 도급자에게 정해진 공사의 업무에 대한 실비를 정산하고, 성과에 대한 보상을 미리 정해진 보수인 Fee로 하며, 직영 및 도급계약방식의 장점만을 채택하고 단점을 제거하기 위한 계약방식

3. 공사의 업무범위에 따른 유형

1) Turn Key Base(설계·시공일괄계약) 방식

   - 도급자가 목적물의 기획·타당성 조사·평가·예산편성·실시설 계·구매조달·시공·시운전·조업지도·인도·유지관리까지 건 축의 전 과정에 걸쳐 모든 Service를 제공한 후 완전한 상태의 시설물을 발주자에게 인도하는 계약방식

2) 성능발주 방식(Performance Appointed Order)

   - 발주자가 시설물의 요구성능만을 제시하고, 시공자가 그 요구성 능을 실현하는 것을 내용으로 하는 발주방식

3) 사회간접 자본(Social Overhead Capital, SOC)방식

   - 민간투자사업은 전통적으로 정부부문의 역할에 속했던 사회기반 시설의 설계, 시공, 운영 및 유지관리를 민간부문이 담당하여 추진하는 사업
   - B.O.O, B.O.T, B.T.O, B.T.L, BOA, BTO-rs

4) Partnering계약방식 (IPD통합발주 참조)

   - Project의 설계단계부터 시공단계에 이르기까지 발주자·설계 자·시공자 등 Project 관계자들이 하나의 Team을 조직하여 Project를 완성하는 계약방식

계약방식

- Partnering계약방식
  (IPD통합발주 참조)

계약방식

4. 계약기간 및 예산에 따른 유형

1) 단년도 계약(One-Year Contract)

해당 건설 Project의 이행기간이 1회계연도인 경우로서 당해 연도 세출 예산에 계상된 예산을 재원으로 하여 체결하는 계약방식

2) 장기계속 계약(Long-Term Continuing Contract)

장기계속계약은 임차 · 운송 · 보관 · 전기 · 가스 · 수도의 공급 기타 그 성질 상 수년간 계속하여 존속할 필요가 있거나 이행에 수년을 요하는 계약방식

3) 계속비 계약(Continuing Expenditure Contract)

계속비계약은 전체 예산이 확보된 상태에서 수년간 연속적인 공사 혹은 공사기간이 길어 수 년도에 걸쳐 이행되어야 할 공사에서 소요 경비를 일괄하여 그 총액과 연부액을 국회의 의결을 얻어 수 년도에 걸쳐 지출하는 계약방식

4) 총사업비관리(Total Project Cost Contract)

- 총사업비란 건설사업에 소요되는 모든 경비로서 공사비, 보상비, 시설부대경비로 구성되며, 국가 부담분, 지방자치단체 부담분, 민간 부담분을 포함한 것임

5. 대가보상에 따른 유형

1) Cost Plus Time(A+B) 방식

- 계약은 입찰자가 공사금액(Cost, A)과 공사기간(Time, B)을 제안하면, 공사기간을 금액으로 환산한 값에 공사금액을 더하여 그 합계가 최저인 입찰자가 낙찰 받는 계약방식

2) Lane Rental 방식

- 도급자에게 고속도로 등의 덧씌우기, 복구 및 보수공사를 위해 차선 및 갓길 점용비용을 부과시키는 혁신적인 계약방식

3) Incentive 방식

- 공사 기간 이전에 공사를 종료하면 정해진 인센티브를 시공자에게 지급하고, 공사 기간 안에 공사를 완료하지 못하면 벌칙금을 부과하는 방식

계약방식

실시방식

Key Point

■ 국가표준
- 건설공사 공동도급운영 규정

■ Lay Out
- 유형 · 도입배경
- 특징 · 문제점
- 개선방안

■ 핵심 단어
- What: 2인 이상의 사업자
- Why: 공동계산하에 계약
- How: 공동으로 도급을 받아

■ 연관용어
- Consortium

공동수급체

- 건설공사를 공동으로 이행하기 위하여 2인이상의 수급인(업종을 불문한다)이 공동수급협정서를 작성하여 결성한 조직

공동도급의 장점

- 경험의 축적
- 기술력 확충
- 시공의 확실성 보장
- 신용도 증대
- 위험분산-2개이상의 회사

공동수급협정서

- 공동도급계약에 있어서 공동수급체구성원 상호간의 권리 · 의무등 공동도급계약의 이행에 관한 사항을 정한 계약서

☆☆☆   1. 계약일반

10-85	공동도급	
No. 885	joint venture	유형: 제도 · 기준

I. 정 의

① 2인 이상의 사업자가 공동으로 일을 도급 받아 공동 계산 하에 계약을 이행하는 특수한 도급형태
② 발주처와 공동수급체가 체결하는 계약을 말하며, 공동수급체라 함은 구성원을 2인 이상으로 하여 수급인이 당해 계약을 공동으로 이행하기 위하여 잠정적으로 결성한 조직체

II. 공동도급의 유형-공동도급운영규정 제 3조

공동이행 방식	• 건설공사 계약이행에 필요한 자금과 인력 등을 공동수급 체구성원이 공동으로 출자하거나 파견하여 건설공사를 수행, 각 구성원의 출자비율에 따라 배당하거나 분담
분담이행 방식	• 건설공사를 공동수급체구성원별로 분담하여 수행하는 공동도급계약
주계약자형 관리방식	• 공동수급체구성원중 주계약자를 선정하고 주계약자가 전체건설공사의 수행에 관하여 종합적인 계획 · 관리 및 조정을 하는 공동도급계약

III. 계약이행의 책임-공동도급운영규정 제 9조

① 공동이행방식: 연대하여 계약이행 및 안전 · 품질이행 책임
② 분담이행방식: 자신이 분담한 부분에 대하여만 계약이행 및 안전 · 품질이행책임
③ 주계약자관리방식
  - 주계약자는 자신이 분담한 부분에 대하여 계약이행 및 안전 · 품질이행책 임을 지는 외에 다른 구성원의 계약이행 및 안전 · 품질이행책임에 대하 여도 연대책임
  - 주계약자 이외의 구성원은 자신이 분담한 부분에 대하여만 계약이행 및 안전 · 품질이행 책임을 진다.

IV. 문제점 및 개선방안

문제점	개선방안
• 조직갈등	• 조직력 정비 및 형평성 유지
• 기술이전 불가	• 고급 기술인력 육성
• 책임 전가 · 회피	• 책임소재 명문화
• Paper Joint	• 제도적 보완장치 강구

V. 공동도급의 현실태

1) 지역업체와의 공동도급 의무화
   ① 공사의 종류·규모에 관계없는 의무적인 공동도급
   ② 지역업체와의 기술능력 차이
2) 도급 한도액 실적 적용
   ① 도급 한도액 및 실적이 부족한 업체와 공동도급시 합산하여 적용
   ② 부실시공 우려
3) 공동체 운영
   ① 서로 다른 조직원 편성에서 오는 이해 충돌
   ② 구성원의 시공능력 차이에서 오는 갈등
4) 발주상 문제
   joint venture 대상 및 자격범위 불명확
5) 기술 격차 및 대우
   ① 시공관리능력 차이에 따른 효율적 공사관리 미흡
   ② 회사간 급여 수준의 상이

VI. 공동도급과 Consortium의 비교

운영방식	공동도급(Joint Venture)	컨소시엄(Consortium)
개 념	공동자본을 출자하여 법인을 설립하고 기술 및 자본 제휴를 통하여 공사 수행	각기 독립된 회사가 하나의 연합체를 형성하여 공사를 수행
자본금	투자 비율에 따라 참여사가 공동출자	공동 비용외 모든 비용은 각 참여사 책임
회사성격	유한주식회사의 형태	독립된 회사의 연합
운영	만장일치제 원칙(경우에 따라 지분 비례에 따른 권력 행사)	만장일치제 원칙(의견의 일치가 되지 않을 경우 중재에 회부)
배당금	출자비율에 따라 이익분배	각 회사의 노력에 의해 달라짐
소유권 이전	특별한 경우 이외엔 불가	사전 서면동의에 의해 가능
참여공사	소형 및 대형 Project	Full Turn-Key
P.Q 제출	Joint Venture 명의	각 회사별로 제출
선수금	지분율에 따라 분배	계약금액에 따라 분배
Claim	투자비율에 따라 공동분담	각 당사자가 책임

공동도급의 특징

① 공동 목적성
• 공동 수급체의 구성원은 이윤의 극대화라는 공동의 목적을 가진다.
② 단일 목적성
• 특정공사의 수주 및 시공을 대상으로 하여 어떤 경우라도 당해 협정에서 정한 것 이외의 공사에까지 그 효력이 미치는 일은 없다.
③ 일시성
• 특정한 공사를 완성하는 데는 한정된 목적이 있으므로 공사준공과 동시에 해산
④ 임의성
• 공동도급에의 참여는 완전한 자유의사에 따라 이루어지며 강제성은 없다.

Paper Joingt

[110회 3교시 2번]
• 서류상으로는 공동도급의 형태를 취하지만 실질적으로는 한 회사가 공사전체를 진행하는 방식
• 나머지 회사는 이익배당으로 참여하는 서류상 공동도급

계약방식	10-86	공동이행방식과 분담이행방식	
	No. 886	joint venture	유형: 제도 · 기준

실시방식
Key Point

■ 국가표준
- 건설공사 공동도급운영 규정

■ Lay Out
- 특징
- 방식비교

■ 핵심 단어
- 공동수급업체
- 출자비율 · 분담하여 수행

■ 연관용어
- Consortium

I. 정 의

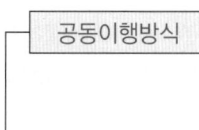

- 건설공사 계약이행에 필요한 자금과 인력 등을 공동수급체 구성원이 공동으로 출자하거나 파견하여 건설공사를 수행, 각 구성원의 출자비율에 따라 배당하거나 분담
- 건설공사를 공동수급체구성원별로 분담하여 수행하는 공동 도급계약

II. 특 징

공동이행방식	분담이행방식
• 융자력 증대	• 기술의 확충
• 위험의 분산	• 선의의 경재유도
• 업무혼란	• 업무의 일체화
• 조직 상호간의 불일치	• 조직력의 낭비 없음
• 하자 책임한계 불분명	• 하자책임 명확

III. 방식 비교-공동도급운영규정

구분	공동이행방식	분담이행방식	주계약자형관리방식
구성 제 4조	출자비율에 따라 배당	분담하여 수행	주계약자가 종합적인 계획 · 관리 조정
대표자 선임 제5조	상호협의하여 공동 수급체의 대표자를 선임	상호협의하여 공동 수급체의 대표자를 선임	주계약자가 공동수급체의 대표자
계약이행책임 제9조	연대 계약이행책임	분담한 부분에 대하여만 이행책임	주계약자: 구성원 연대책임 구성원: 분담채임
하자담보책임 제12조	연대 계약이행책임	분담한 부분에 대하여만 이행책임	주계약자: 구성원 연대책임 구성원: 분담채임
건설공사 실적의 산정 제14조	출자비율에 따라 산정	분담내용에 따라 산정	전문건설 시공: 100% 가산 일반건설업자시공: 50% 가산

10-87	주계약자형 공동도급	
No. 887	joint venture	유형: 제도 · 기준

계약방식

실시방식
Key Point

■ 국가표준
- 건설공사 공동도급운영 규정

■ Lay Out
- 유형 · 도입배경
- 특징 · 문제점
- 개선방안

■ 핵심 단어
- 공동수급업체
- 주계약자
- 종합적인 관리

■ 연관용어
- Consortium

I. 정 의

① 공동수급체구성원 중 주계약자를 선정하고 주계약자가 전체건설공사의 수행에 관하여 종합적인 계획 · 관리 및 조정을 하는 공동도급계약

② 주계약자(Leading Company)는 전체 Project의 계약 이행 연대책임과 다른 공동수급체구성원 실적의 50%를 실적산정에 추가로 인정받는다.

II. 계약이행책임 및 실적산정 예

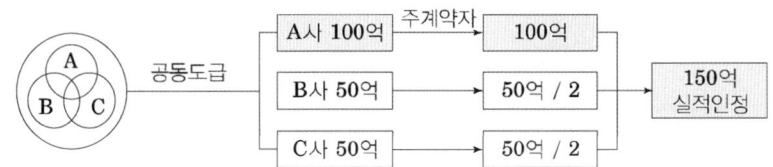

ex) 총 공사금액 200억일 때, A100억+(B50억+C50억)/2=150억 실적인정

① 공사금액이 가장 큰 A업체가 주계약자
② A업체는 B.C업체까지 연대책임진다.
③ A업체는 B.C업체의 공사금액의 1/2을 실적으로 인정받는다.

III. 특 징

1) 연대책임
   전체 project의 계약 이행 책임에 대해서도 연대책임
2) Project관리
   전체 project의 계획 · 관리 · 조정업무를 담당
3) 실적인정
   실적산정 시 다른 공동수급체구성원의 실적시공금액의 50%를 실적산정에 추가로 인정받는다.
4) 기술력 공유
   시공 및 관리의 Reader로서 공동수급회사의 기술력과 공사관리의 노하우를 전수
5) 공사수행 효율증대
   발주자와 시공사간의 의사소통이 원활 및 전체공사 업무수행의 효율성 증대
6) 하자 및 법적 책임한계
   시공사간의 시공능력차이로 인한 문제와 하자발생시 책임한계 필요

주계약자

• 주계약자관리방식의 공동도급에 있어서 공동수급체구성원 중에서 전체 건설공사의 수행에 관하여 종합적인 계획 · 관리 및 조정을 하는 자

10-88	Fast Track Method	
No. 888	조기착공계약	유형: 제도·기준

계약방식

실시방식
Key Point
- ■ 국가표준
- ■ Lay Out
  - 진행방법·도입배경
  - 특징·문제점
  - 개선방안
- ■ 핵심 단어
  - What: 설계도서 완성되지 않은 상태
  - Why: 공기단축
  - How: 기본설계에 의존 부분공사 진행
- ■ 연관용어
  - Turn key

적용대상
- 초고층 공사

활성화 방안
- 건설사업관리 능력 확보
- Turn Key 방식 활성화

I. 정 의

① 발주자는 먼저 설계자와 계약하고 설계자가 설계를 완성하는 공종에 따라 도급자와 차례대로 계약을 체결하는 계약
② 공사 목적물을 완성하는 동안 당사자가 전혀 예상하지 못한 경제사정의 급변이 있을 때 사정변경의 원칙을 적용하여 보수증감을 하거나 계약해제를 할 수 있다.

II. 진행방법

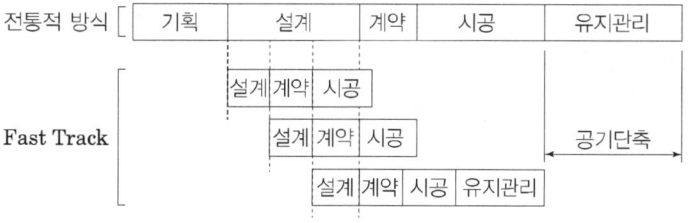

III. 특 징

장 점	단 점
• 전체 공사기간 단축	• 선시공 부위 재시공 시 난해
• 간접비 감소에 의한 공사비 절감	• 도면검토 미흡 시 시공성 저하
• 시공 중 도면오류 변경 가능	• 시공자의 기술능력 확보
• 설계작성에 필요한 시간절약	• 건축주 설계자 시공자의 협조 필요

계약방식		

10-89	정액계약	
No. 889	Lump-Sum Contract	유형: 제도·기준

지급방식

Key Point

☑ **국가표준**

☑ **Lay Out**
- 유형·도입배경
- 특징·문제점
- 개선방안

☑ **핵심 단어**
- 공사비 총액

☑ **연관용어**
- 총액입찰

I. 정 의

발주자가 제시하는 해당 건설 Project의 공사비 총액을 조건으로 공사를 실시하는 계약방식

II. 계약방식의 유형분류

실시방식
1. 직영방식(Direct Management Works)
2. 도급방식(Contract System)
   - 일식도급(General Contract)
   - 분할도급(Partial Contract)
   - 공동도급(Joint Venture Contract)

지급방식
- 단가계약(Unit Price Contract)
- 정액계약(Lump Sum Contract)
- 실비정산 보수가산 계약(Cost Plus Contract)
  - 실비 한정비율보수가산식 계약
  - 실비 정액보수가산식 계약
  - 실비 준동률 보수가산식 계약
  - 실비 비율보수가산식 계약

업무범위
- Construction Management Contract
- Project Management Contract
- 설계·시공일괄계약(Design-Build Contract)
- SOC(Social Overhead Capital)사업방식
- 성능발주방식(Performance Appointed Order)
- Partnering방식(IPD통합발주)
- 직할시공제

계약기간·예산
- 단년도 계약(One-Year Contract)
- 장기계속계약(Long-Term Continuing Contract)
- 계속비 계약(Continuing Expenditure Contract)
- 총사업비관리(Total Project Cost Contract)

대가보상
- Cost Plus Time 계약(A+B plus I/D 계약)
- Lane Rental, Incentive

III. 특 징

장 점	단 점
• 공사관리 업무가 간단	• 도급액 증·감 논란
• 자금에 대한 공사계획 수립 명확	• 이윤관계로 공사가 조잡해질 우려
• 공사비 절감	• 입찰 전 공사금액 산출기간 지연
• 자금조달 명확	• 설계변경이 많은 공사는 부적합

계약방식

☆☆☆	1. 계약일반		
10-90	실비정산 보수가산식 도급		
No. 890	Cost Plus Fee Contract		유형: 제도 · 기준

지급방식

Key Point

■ 국가표준

■ Lay Out
- 종류 · 도입배경
- 특징 · 문제점
- 개선방안

■ 핵심 단어
- What: 공사의 실비
- Why: 보수지급
- How: 미리 정한 보수율

■ 연관용어
- 공사비 비례계약
- 용역대가산정

I. 정 의

① 공사실비를 건축주와 도급자가 확인정산 후 건축주는 미리 정한 보수율에 따라 도급자에게 보수를 지급하는 방식
② 직영 및 도급계약방식의 장점만을 채택하고 단점을 제거하기 위한 제도

II. 종 류

실비정액 보수가산식	$A+F$	
실비비율 보수가산식	$A+A \cdot f$	• A: 공사실비
실비한정비율 보수가산식	$A'+A' \cdot f$	• A': 한정된 실비
실비준동률 보수가산식	$A+A' \cdot f$	• F: 정액보수 • f: 비율보수

1) 실비정산 정액보수가산식(Cost Plus a Fixed Fee Contract)
   - 미리 계약된 일정 금액을 시공자에게 지급하는 계약이다.
   - 총공사비=실비+정액보수
2) 실비정산 비율보수가산식(Cost Plus a Percentage Contract)
   - Project의 진행에 따라 실공사비에 대한 비율(%)을 정하고 공사비 증감에 따라 이 비율에 해당하는 금액을 보수로 지급하는 방식
   - 총공사비=실비+실비×비율보수
3) 실비한정 비율보수가산식(Cost Plus a Percentage with Guaranteed Limit Contract)
   - 미리 실비를 제한하고, 시공자는 한정된 금액 내에서 공사를 완성해야 하는 계약이다.
   - 총공사비=한정된 실비+한정된 실비×비율보수
4) 실비정산 준동률보수가산식(Cost Plus a Sliding Scale Contract)
   - 미리 실비를 여러 단계로 분할하고, 보수는 공사비가 각 단계의 금액의 증감에 따라 비율보수 혹은 정액보수를 지급받는 계약이다.

III. 특 징

장 점	단 점
• 공사비의 과도한 상승 없음	• 공사지연 가능
• 도급자의 이윤 보장	• 공사비 절감 노력 부족
• 양질의 공사 기대	• 신용이 없을 시 공사비 증액 발생
• 양심적인 공사 수행	• 계약상 분쟁의 여지

10-91	Turn-key Base 방식(설계시공 일괄)	
No. 891	Design-Build contract	유형: 제도 · 기준

계약방식

업무범위
Key Point

☑ 국가표준

☑ Lay Out
– 종류 · 도입배경
– 특징 · 문제점
– 개선방안

☑ 핵심 단어
– What: 설계시공 일괄 수행
– Why: 계약
– How: 발주자에게 인도

☑ 연관용어
– Fast Track

실시설계 · 시공일괄계약 방식(T.K2)

• 1999년 폐지
• 건발주기관이 제시하는 공사 입찰 기본계획, 기본설계서 및입찰안내서등에 따라 건설업체(설계업체와 공동입찰가능)가 시공에 필요한 실시설계도서 및 공사가격등의 서류를 작성하여 입찰서와 함께 제출하는 방법으로 주로 경지정리, 도로 등 민원이많이 발생하는 대형공사가 그 대상이되고 있으며 턴키제도의 변형된 방법

I. 정 의

① 시공자가 자신의 책임으로 설계와 시공을 일괄로 수행하여 공사 목적물 완성 후 발주자에게 인도하는 계약
② 도급자가 목적물의 기획 · 타당성 조사 · 평가 · 예산편성 · 실시설계 · 구매조달 · 시공 · 시운전 · 조업지도 · 인도 · 유지관리까지 건축의 전 과정에 걸쳐 모든 Service를 제공한 후 완전한 상태의 시설물을 발주자에게 인도하는 도급방식

II. 업무영역

III. 특 징

장 점	단 점
• 설계와 시공업무 통합 및 책임 일원화를 통한 발주자 리스크 최소화 • 입찰업무 간소화 • 설계자와 시공자간 발생할 수 있는 갈등요소 배제 • 필요에 따라 Fast Track 방식 적용 • 공사비 절감 • 창의적 설계 유도	• 설계능력과 시공능력을 동시에 갖춘 계약자를 선정해야 하므로 발주자가 낙찰자 선정과 관리에 주의 • 기존 설계 · 시공분리발주방식과 비교할 때 설계 및 시공과정에 발주자의 참여기회 제한 • 설계자와 시공자간 견제기능 상실 우려 • 대규모 회사에 유리 • 최저가 낙찰로 인한 품질저하 우려

• 설계 · 시공일괄계약방식(T.K1): 발주기관이 제시하는 기본계획과 입찰안내서에 따라 건설업체가 기본설계도면과 공사가격 등의 서류를 작성하여 입찰서와 함께 제출하는 방법으로서 일반적인설계 · 시공일괄계약방식

☆☆☆　　　1. 계약일반

계약방식	10-92	Social Overhead Capital	
	No. 892	민간투자사업, 사회간접자본	유형: 제도 · 기준

업무범위

Key Point

☑ 국가표준

☑ Lay Out
- 종류 · 도입배경
- 특징 · 문제점
- 비교 · 개선방안

☑ 핵심 단어
- What: 사회기반시설
- Why: 민간이 운영
- How: 민간의 재원으로 건설

☑ 연관용어
- 특명입찰

Ⅰ. 정 의

① 사회기반시설: 각종 생산 활동의 기반이 되는 시설, 당해 시설의 효용을 증진시키거나 이용자의 편의를 도모하는 시설, 국민 생활의 편익을 증진시키는 시설

② 민간투자사업: 전통적으로 정부예산으로 건설 · 운영하여 온 도로, 항만, 철도, 학교, 환경 등의 사회기반시설들을 민간의 재원으로 건설하고 민간이 운영함으로써 민간의 창의와 효율을 도모하고자 하는 사업

Ⅱ. 사회기반시설

도로　　　　항만　　　　학교　　　군주거　　　문화/복지

철도　　　　　　　　　　환경

민간투자법 제2조 제1호에서는 사회기반시설을 도로, 철도, 항만, 환경 등 35개 시설과 2005년도에 신규 도입된 학교, 군주거, 노인주거복지, 공공보건의료, 문화시설 등 9개 시설을 합한 총 44개 시설로 한정

Ⅲ. 민간투자사업의 특징

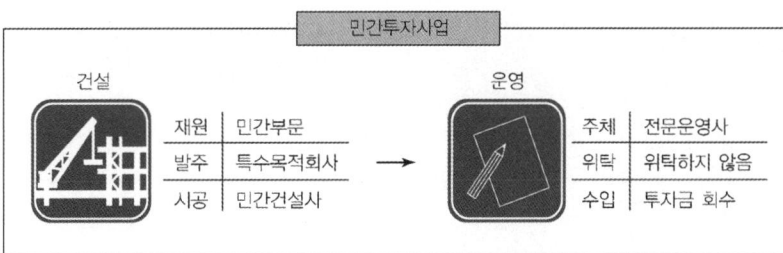

민간투자사업은 민간의 창의와 효율이 중시되는 분야를 중심으로 민간의 투자를 유도하여 민간이 직접 건설하여 운영하는 사업

Special Purpose Company

• 민간투자사업법인은 특수목적회사(SPC)로서 민간투자사업의건설과 운영을 담당하기 위해 만들어진 사업시행법인

• 민간은 민간투자사업을 위한 특수목적회사에 투자하여 사회기반시설의 운영수입(정부임대료 포함)으로 민간이 투자한 투자금을 회수

계약방식

Ⅳ. 민간투자사업의 참여자

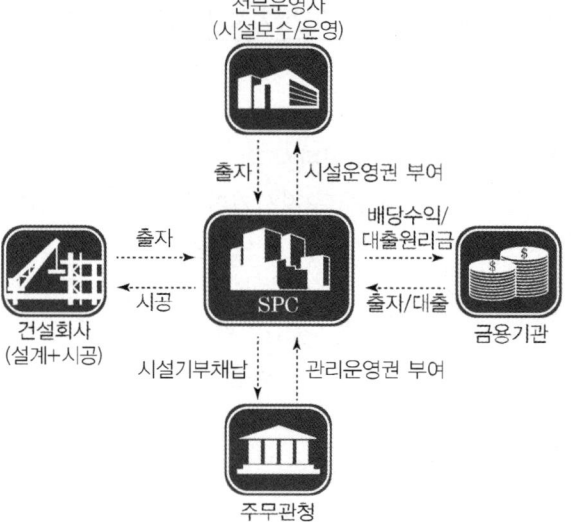

1) 건설회사
   - 사업의 초기비용을 부담하고 특수목적회사(SPC)에 지분참여
   - 해당시설의 시공권을 확보하여 공사를 담당
2) 금융기관
   - 배당을 목적으로 하는 지분참여와 원금 및 이자 지급을 목적으로 하는 대출참여의 방식으로 참여
3) 전문운영사
   - 창의적이며 효율적인 운영을 수행
4) 설계사
   - 기본계획 또는 기본설계 수준의 설계도서의 작성

Ⅴ. 민간투자사업의 종류

1) BOO(Build-Own-Operate)
   ① 사회기반시설을 민간사업자가 주도하여 설계·자금조달·시공(Build)·완성 후 사업시행자가 그 시설의 소유권(Own)과 함께 운영권(Operate)을 가지는 방식
   ② 설계·시공(Build) → 소유권 획득(Own) → 운영(Operate)

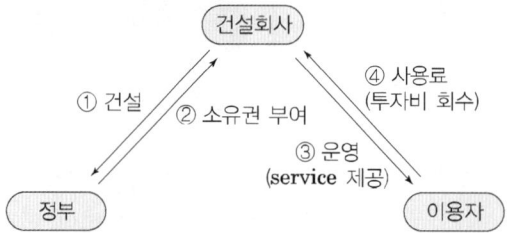

2) BOT(Build–Operate–Transfer)

① 사회기반시설을 민간사업자가 주도하여 설계 · 자금조달 · 시공(Build) · 완성 후 사업시행자가 일정기간 동안 그 시설을 운영(Operate)하고 그 기간 만료 시 소유권(Own)을 정부기관에 이전(Transfer)하는 방식

② 설계 · 시공(Build) → 운영(Operate) → 소유권 이전(Transfer)

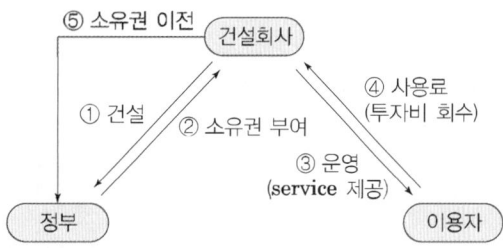

계약방식

BTO–rs

• 위험분담형: Build · Transfer · Operate – risk sharing)
– 정부가 사업시행에 따른 위험을 분담(예: 50%)함으로써 민간의 사업 위험을 낮추는 방식 (사업수익률과 이용요금도 인하)
– BTO-risk sharing: 정부와 민간이 시설투자비와 운영비용을 분담하여 고수익 · 고위험 사업을 중수익 · 중위험으로 변경

3) BTO(Build–Transfer–Operate)

① 사회기반시설을 민간사업자가 주도하여 설계 · 자금조달 · 시공(Build) · 완성과 동시에 그 시설의 운영권을 정부기관에 이전(Transfer)하고, 사업시행자가 일정기간 동안 그 시설의 시설관리운영권(Operate)을 가지는 방식

② 설계 · 시공(Build) → 소유권 이전(Transfer) → 운영(Operate)

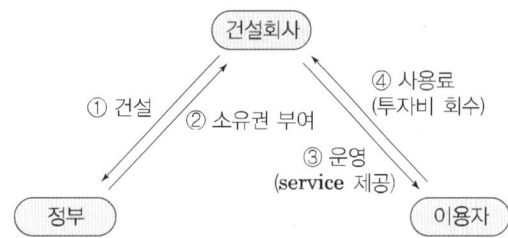

4) BTL(Build–Transfer–Lease)

① BTL은 사회기반시설을 민간 사업자(사업시행자)가 주도하여 설계 · 시공(Build) · 완성 후 그 시설의 소유권을 정부 혹은 지방자치단체(주무관청)에 이전(Transfer)하고, 사업시행자는 정부 혹은 지방자치단체(주무관청)에 시설을 임대(Lease)하는 방식.

② 설계 · 시공(Build) → 소유권 이전(Transfer) → 임대(Lease)

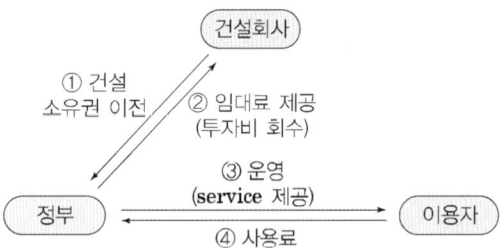

5) BOA, BTO-a(Build Operate Adjust)손익 공유형 민자사업

① 민간사업자가 시설물을 지어 운영하면서 손실이 나면 일정 부분을 정부가 보전해주고, 초과수익이 나면 정부와 나누는 방식.

② 정부는 이 수익으로 시설 이용요금을 낮추는 데 사용할 수 있으며 사업자는 손실 우려를 최소화할 수 있고, 정부는 요금 결정에 개입할 수 있다는 장점이 있다.

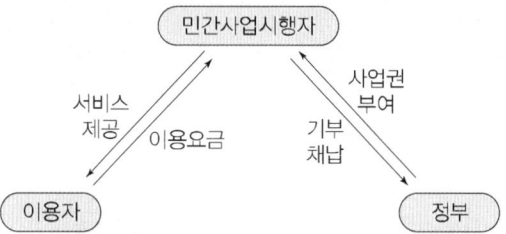

- 수익발생: 수익률의 5~6%까지는 정부와 나누고 그 이상은 민간사업자의 수익실현
- 손실발생: 70~80% 정부지원

☆☆★	1. 계약일반	
10-93	BTO(Build Transfer Opreate)	
No. 893	Social Overhead Capital	유형: 제도 · 기준

계약방식

업무범위

Key Point

☑ 국가표준

☑ Lay Out
- 종류 · 도입배경
- 특징 · 문제점
- 비교 · 개선방안

☑ 핵심 단어
- What: 사회기반시설
- Why: 운영기간 동안 운영
- How: 설계 시공 이전

☑ 연관용어
- BOT
- BTL

Build 민간이 건설 → Transfer 정부로 이전 → Operate 민간이 관리운영

총사업비의 산정

- 국가 또는 지방자치단체에 귀속되는 사회기반시설의 신설 · 증설 또는 개량에 소요되는 경비로서 조사비, 설계비, 공사비, 보상비, 부대비, 운영설비비, 제세공과금 및 영업준비금

비용산정

- 고시 또는 협약체결시점의 가격(총사업비)으로 산정

I. 정 의

사회기반시설을 민간사업자가 주도하여 설계 · 자금조달 · 시공(Build) · 완성과 동시에 그 시설의 운영권을 정부기관에 이전(Transfer)하고, 사업시행자가 운영기간(10~30년)동안 그 시설의 시설관리운영권(Operate)을 가지는 방식

II. BTO(Build Transfer Opreate)의 사업방식

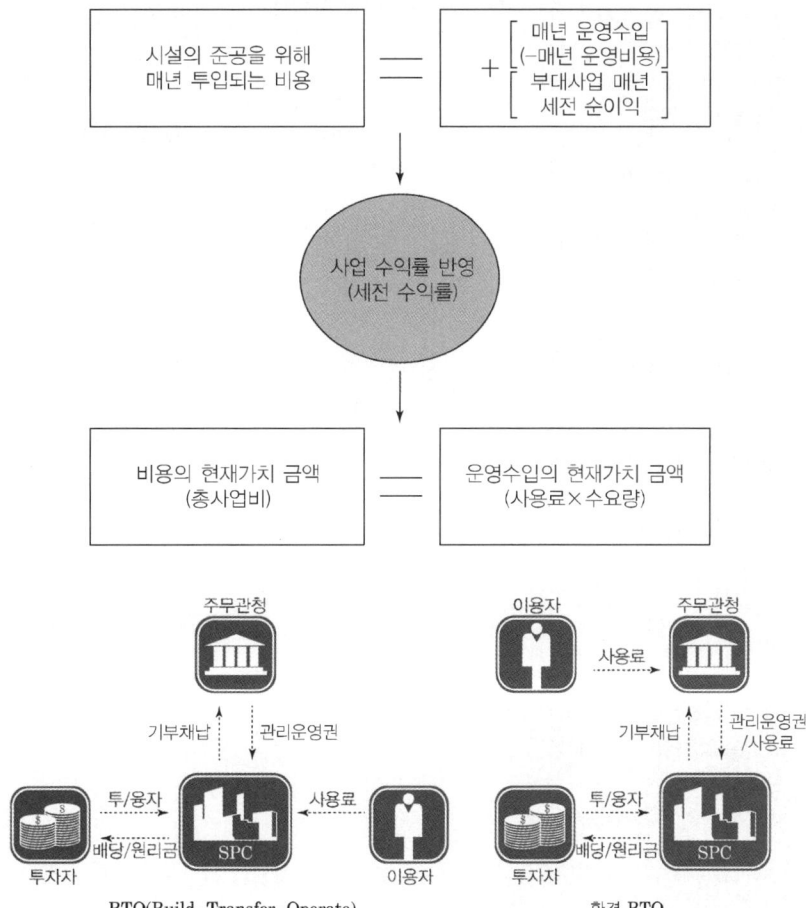

BTO(Build-Transfer-Operate)

환경 BTO

- 도로, 철도 등 일반적인 BTO시설의 경우 주무관청으로부터 부여받은 관리운영권을 근거로 하여 민간사업자가 시설 이용자로부터 사용료 받는 방식
- 환경시설의 경우 주무관청이 시설 이용자로부터 징수한 사용료를 주무관청이 사업시행자에게 지급

Ⅲ. BTO방식과 BTL방식의 비교

계약방식

 BTO
서비스제공 / 이용요금 / 사업권부여 / 시설기부채납
이용자 / SPC 사업시행자 / 주무관청

 BTL
서비스 / (필요시)이용요금 / 임대료 / 시설기부채납
이용자 / 주무관청 / SPC 사업시행자

사업수익률

- 민간이 투자비, 운영수입, 재원조달비용 등을 감안한 기대수익률에 근거하여 자율적으로 제시
- 경쟁 등을 거친 후 협상에서 평균적인 대출금리수준, 위험보상률, 국내외 유사 민간투자사업의 수익률 수준 등을 고려하여 최종 결정
- 실시협약에서 정한 사업수익률은 사업시행기간 중 원칙적으로 조정 불허
- 예외적으로 재정지원 규모 축소 또는 사용료 인하가 전제되는 경우에는 협약 당사자간의 합의를 통해 사업수익률 조정 가능

추진 방식	BTO	BTL
대상 시설의 성격	• 최종수용자에게 사용료 부과로 투자비 회수가 가능한 시설 • 고속도로, 항만, 지하철 등	• 최종수요자에게 사용료 부과로 투자비 회수가 어려운 시설 • 학교, 복지시설, 군 주거시설
투자비 회수 방법	• 최종사용자의 사용료 • 수익자부담 원칙	• 정부의 시설임대료 • 정부재정 부담
사업 리스크	• 사업위험 높음 • 높은 위험에 상응하는 높은 수익률 보장 • 운용수입 예측 실패 또는 변동 위험	• 사업위험 낮음 • 낮은 위험에 상응하는 낮은 수익률 • 운영수입 확정
사용료 산정	• 총사업비 기준 • 기준사용료 산정 후, 물가변동분을 별도 반영	• 총민간투자비 기준 • 임대료 산정 후 균등 분할하여 지급
참여자간의 관계	민간사업시행자 서비스 제공 / 이용요금 / 기부채납 / 사업권부여 이용자 / 정 부	민간사업시행자 기부채납 / 사업권부여 이용자 / 서비스 제공 / 이용요금 / 정 부

사용료 산정

- 비용 산정시 결정된 기준사용료에 건설기간 및 운영기간 중의 물가변동분을 반영한 조정 사용료로 투자비 회수

수요량

- 수요량 추정의 객관성 제고를 위해 수요추정 전문기관의 검증을 거쳐 요금에 따른 적정 수요량 반영
- 등의 비용을 산한 금액

☆☆☆　　1. 계약일반

10-94	BTO-a(BOA Build Operate Adjust)손익공유형	
No. 894	Social Overhead Capital	유형: 제도·기준

계약방식

업무범위

Key Point

☑ 국가표준

☑ Lay Out
- 종류·도입배경
- 특징·문제점
- 비교·개선방안

☑ 핵심 단어
- What: 사회기반시설
- Why: 손익 공유
- How: 설계 시공 이전

☑ 연관용어
- BTO

특징

- 시설의 건설 및 운영에 필요한 최소사업운영비 만큼 정부가 보전함으로써(초과이익 발생 시 공유)사업 위험을 낮추는 방식
- 사업수익률과 이용요금 인하

I. 정 의

① 민간사업자가 시설물을 지어 운영하면서 손실이 나면 일정 부분을 정부가 보전해주고, 초과수익이 나면 정부와 나누는 방식

② 정부는 이 수익으로 시설 이용요금을 낮추는 데 사용할 수 있으며 사업자는 손실 우려를 최소화할 수 있고, 정부는 요금 결정에 개입할 수 있다는 장점이 있다.

II. BTO-a(BOA Build Operate Adjust)의 사업방식

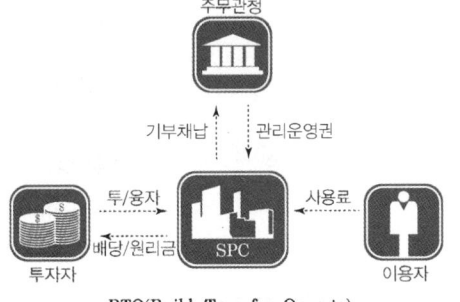

BTO(Build-Transfer-Operate)

1) 손실발생
   민간이 먼저 30% 손실, 30% 초과 시 재정지원

2) 수익발생
   정부와 민간이 공유
   (약7:3)

III. BTO방식 비교

구 분	BTO	BTO-rs	BTO-a
민간리스크	• 높음	• 중간	• 낮음
손익부담 주체(비율)	• 손실·이익 모두 민간이 100% 책임	• 손실발생: 5:5분담 • 이익발생: 5:5공유	• 손실발생: 민간이 먼저 30% 손실, 30% 넘을 경우 재정지원 • 이익발생: 정부와 민간이공유(약 7:3)
정부보전 내용	• 없음	• 정부부담분의 투자비 및 운영비용	• 민간 투자비 70% 원리금, 30% 이자비용, 운영비용(30% 원금은 미보전)
수익률	• 7~8%	• 5~6%	• 4~5%
적용가능사업 (예시)	• 도로, 항만 등	• 철도, 경전철	• 환경사업
사용료	• 협약요금+물가	• 협약요금+물가	• 공기업 유사 수준

10-95	BTO-rs(Build Transfer Operate - risk sharing)	
No. 895	Social Overhead Capital	유형: 제도 · 기준

계약방식

업무범위

Key Point

☑ **국가표준**

☑ **Lay Out**
- 종류 · 도입배경
- 특징 · 문제점
- 비교 · 개선방안

☑ **핵심 단어**
- What: 사회기반시설
- Why: 위험분담
- How: 설계 시공 이전

☑ **연관용어**
- BTO

Ⅰ. 정 의

민간사정부와 민간이 사업위험을 분담(50% 수준)하여(사업성격에 따라 분담비율 조정)고수익 · 고위험 사업을 중수익 · 중위험으로 낮추어 위험과 수익을 투자 비율만큼 공유하는 공동투자 방식

Ⅱ. BTO-rs의 사업방식

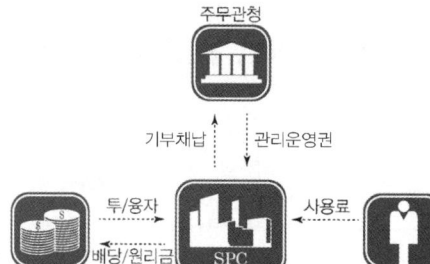

BTO(Build-Transfer-Operate)

1) 손실발생
   정부와 민간이 공유(5:5 분담)
2) 수익발생
   정부와 민간이 공유(5:5 공유)

Ⅲ. BTO방식 비교

특징

- 민간이 사업 위험을 대부분 부담하는 BTO와 정부가 부담하는 BTL로 단순화 되어 있는 기존방식을 보완하는 제도로 도입
- 이익 · 손실을 절반씩 나누기 때문에 BTO 방식보다 민간이 부담하는 사업위험 감소
- 공공부분에 대한 민간투자의 활성화 기대

구 분	BTO	BTO-rs	BTO-a
민간리스크	• 높음	• 중간	• 낮음
손익부담 주체(비율)	• 손실 · 이익 모두 민간이 100% 책임	• 손실발생: 5:5분담 • 이익발생: 5:5공유	• 손실발생: 민간이 먼저 30% 손실, 30% 넘을 경우 재정지원 • 이익발생: 정부와 민간이공유(약 7:3)
정부보전 내용	• 없음	• 정부부담분의 투자비 및 운영비용	• 민간 투자비 70% 원리금, 30% 이자비용, 운영비용(30% 원금은 미보전)
수익률	• 7~8%	• 5~6%	• 4~5%
적용가능사업 (예시)	• 도로, 항만 등	• 철도, 경전철	• 환경사업
사용료	• 협약요금+물가	• 협약요금+물가	• 공기업 유사 수준

76,119

계약방식		

업무범위
Key Point

■ 국가표준

■ Lay Out
– 종류 · 도입배경
– 특징 · 문제점
– 비교 · 개선방안

■ 핵심 단어
– What: 사회기반시설
– Why: 운영기간 동안 임대
– How: 설계 시공 이전

■ 연관용어
– BTO

☆★★　　1. 계약일반

10-96	BTL(Build Transfer Lease)	
No. 896	Social Overhead Capital	유형: 제도 · 기준

I. 정 의

① 사회기반시설을 민간 사업자(사업시행자)가 주도하여 설계 · 시공 (Build) · 완성 후 그 시설의 소유권을 정부 혹은 지방자치단체(주무관청)에 이전(Transfer)하고, 사업시행자는 정부 혹은 지방자치단체(주무관청)에 시설을 운영기간(10~30년)동안 임대(Lease)하는 방식

② 시설임대료는 민간이 투입한 시설투자비에 대한 대가로서 정부는 사업위험도 · 자금조달비용 등이 감안된 수익률을 반영하여 분할 · 지급

③ 운영비는 시설의 유지 · 보수에 대한 대가로서 사전에 협약에서 정한 금액을 기초로 정부가 시설의 유지 · 보수에 대한 서비스 성과를 평가하여 조정 · 지급

II. BTL(Build Transfer Lease)의 사업방식

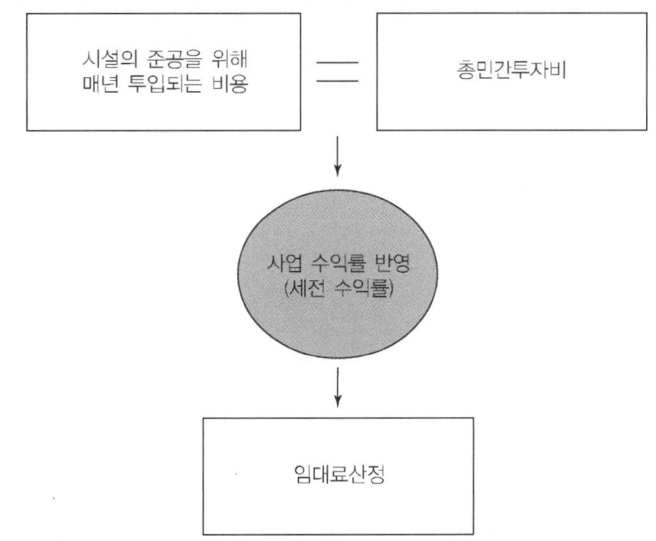

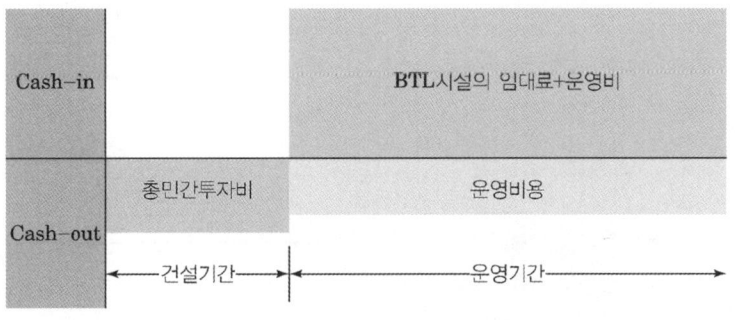

BTO(Build–Transfer–Operate)

투자자 — 투/융자 → SPC — 임대료+운영비 → 주무관청 — 서비스 → 이용자
투자자 ← 배당/원리금 — SPC — 기부채납 ↑ — (필요시)이용요금 ← 이용자

- 총민간사업비 + 물가변동분 + 건설이자 = 총민간투자비로 산정
- 도시설 등 장기간 사업은 BTO 사업방식에 의함

- 지표금리(5년 만기 국고채 수익률)+가산률(장기투자, 건설 운영 등의 프리미엄)로 하여
- 사업별로 자율적으로 제시
- 경쟁 등을 거친 후 협상에서 최종 결정
- 지표금리는 5년 마다 조정, 가산률은 조정 불가

Ⅲ. 임대료 지급방식

시설임대료+운영비=정부지급금

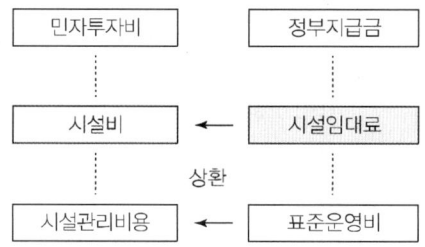

민자투자비		정부지급금
시설비	← 시설임대료
	상환
시설관리비용	← 표준운영비

민간이 투입한 시설투자비에 수익률이 반영된 투자원리금을 임대료로 하여 임대기간 중에 매년 균등 분할하여 지급하고, 시설의 유지관리·운영에 대한 대가로서 운영비를 지급하는 방식

$$시설임대료 = 총민간투자비 \times \frac{수익률}{1-(1+수익률)^{임대기간}}$$

Ⅳ. BTO방식과 BTL방식의 비교

추진 방식	BTO	BTL
대상 시설의 성격	• 최종수용자에게 사용료 부과로 투자비 회수가 가능한 시설 • 고속도로, 항만, 지하철 등	• 최종수요자에게 사용료 부과로 투자비 회수가 어려운 시설 • 학교, 복지시설, 군 주거시설
투자비 회수 방법	• 최종사용자의 사용료 • 수익자부담 원칙	• 정부의 시설임대료 • 정부재정 부담
사업 리스크	• 사업위험 높음 • 높은 위험에 상응하는 높은 수익률 보장 • 운용수입 예측 실패 또는 변동위험	• 사업위험 낮음 • 낮은 위험에 상응하는 낮은 수익률 • 운영수입 확정
사용료 산정	• 총사업비 기준 • 기준사용료 산정 후, 물가변동분을 별도 반영	• 총민간투자비 기준 • 임대료 산정 후 균등 분할하여 지급
참여자간의 관계	민간사업시행자 서비스 제공 / 이용요금 / 기부채납 / 사업권 부여 이용자 — 정 부	민간사업시행자 기부채납 / 사업권 부여 이용자 — 서비스 제공 / 이용요금 — 정 부

계약방식

10-97	성능발주방식	
No. 897	Performance Appointed Order	유형: 제도·기준

업무범위

Key Point

☑ 국가표준

☑ Lay Out
- 종류·도입배경
- 특징·문제점
- 개선방안

☑ 핵심 단어
- What: 발주자가 설계도서 없이
- Why: 요구성능 실현
- How: 시설물의 요구성능 제시

☑ 연관용어
- 특명입찰

업무범위에 따른 분류

- Turn-key Base 방식
- Social Overhead Capital
- 성능발주방식
- IPD(Integrated Project Delivery), Partnering 계약방식
- 직할시공제

I. 정 의

① 발주자가 설계도서 없이 설계부터 시공까지 시설물의 요구성능만을 제시하고, 시공자가 재료 및 시공방법을 선택하여 그 요구 성능을 실현하는 발주방식

② 시공자의 창조적인 활동을 가능하게 하며 신기술·신공법을 최대한 활용이 가능하다.

II. 종 류

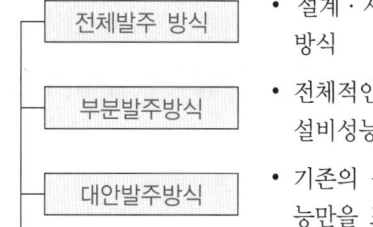

전체발주 방식	• 설계·시공에 대하여 시공자의 제안을 대폭 수용하는 방식
부분발주방식	• 전체적인 공간구성은 설계도서에 명시하고 특정 부위나 설비성능만을 표시하여 발주하는 방식
대안발주방식	• 기존의 설계도서대로 발주하되 시공자의 부위나 설비성능만을 표시하여 발주하는 방식
형식발주방식	• Open 부품과 카탈로그(catalog)를 완비한 부품에 대하여 그 형식만을 나타낸 것으로 발주하는 방식

III. 특 징

1) 장점
① 시공자의 창조적 시공 기대
② 시공자의 기술향상 기대
③ 설계자와 시공자의 관계 개선

2) 단점
① 건축물의 성능표현 어려움
② 건축주가 성능 확인이 어려움
③ 공사비 증대

계약방식	☆★★	1. 계약일반		66.93
	10-98	IPD(Integrated Project Delivery)		
	No. 898	Partnering 계약방식	유형: 제도·기준	

업무범위

Key Point

■ 국가표준

■ Lay Out
- 개념·도입배경
- 특징·문제점
- 개선방안

■ 핵심 단어
- What: 프로젝트 구성원
- Why: 프로세스 통합발주
- How: 하나의 통합된 팀 구성

■ 연관용어
- 프리콘
- BIM

I. 정 의

① 발주자와 설계자, 시공자, 다양한 공급자가 건설사업 초기 단계에서부터 하나의 통합된 팀을 구성하여 함께 모든 팀원들의 재능과 이해를 활용하여 리스크와 성과를 공유하며 하나의 프로세스로 통합하는 발주방식

② BIM을 활용하여 초기단계부터 업무진행 시 소통 및 간섭의 최소화, 정보교환이 가능하며, 린건설을 통해 낭비적 요소를 최소화 하고 가치를 극대화시킴으로써 프로젝트 진행 전 과정에 요구사항을 반영할 수 있다.

II. IPD방식의 실시설계도서 작성기간 단축개념

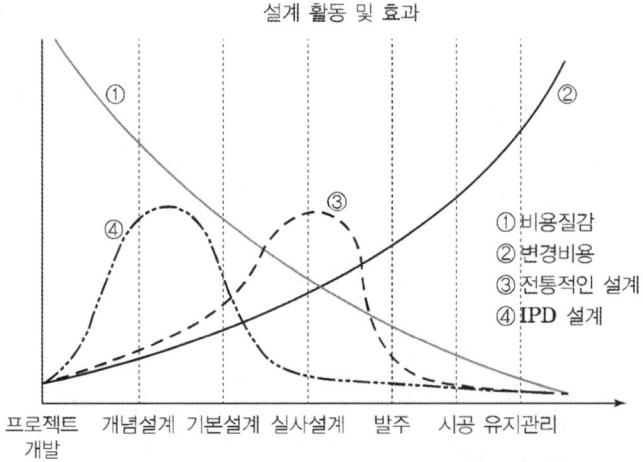

설계 활동 및 효과

①비용질감
②변경비용
③전통적인 설계
④IPD 설계

프로젝트 개발　개념설계　기본설계　실시설계　발주　시공 유지관리

III. IPD 원칙

① Mutual Respect: 상호 존중과 신뢰의 원칙

② Mutual Benefits: 프로젝트 목표달성과 관련된 인센티브 제공

③ Early goal Definefits: 조기 목표 정의 원칙

④ Enhanced Communication: 개방된 의사소통의 원칙

⑤ Clearly Defined Standards & Procedures: 각종 기준과 절차의 명확화

⑥ Applied Technology: 적정기술 사용의 원칙

⑦ Team's Commitment for High Performance: 성과향상을 위한 팀 기여

⑧ Innovative Project Leaders Management: Leadership

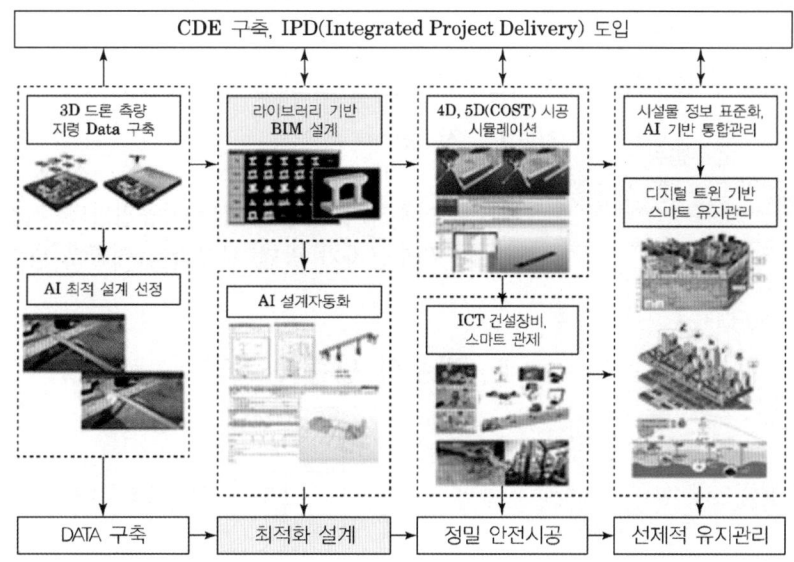

Ⅳ. 장 점

① 설계 단계에서 전문 엔지니어링사 및 전문 시공사의 지원으로 의사 결정 완료

② 설계변경 및 사업리스크(공기 또는 사업비 증가)해소

③ 프로젝트의 품질 향상 및 공기 단축 등도 기대

④ 초기 설계기간은 길어지지만, 실시설계도서 작성기간은 단축

⑤ 비용절감, 공기단축 등 효율성이 향상

Ⅴ. 문제점 및 개선사항

① 발주처로서는 모든 의사결정 과정에 참여하여야 하는 관계로 기존 방식에 비해 많은 인력이 필요

② 올바른 의사결정을 위하여 전문성이 필요

③ 초기 단계 수많은 의사결정에 따라 참여자들에 대한 책임소재 문제

④ 프로젝트의 초기 참여로 설계사의 심미적, 건축적 디자인 요소 등에 대한 견제

⑤ 공기나 사업비 증액에 민감하게 되어 자칫 설계사의 디자인 활동에 위축

⑥ 초기 설계기간이 장기화 되어 건설사 및 전문 시공사의 시공 기간에 악영향

10-99	직할시공제	
No. 899		유형: 제도 · 기준

계약방식

업무범위

Key Point

☑ **국가표준**

☑ **Lay Out**
- 개념 · 도입배경
- 특징 · 문제점
- 개선방안

☑ **핵심 단어**
- What: 발주자가 공종별 전문 시공업자와 직접 계약
- Why: 발주 단순화
- How: 원도급자가 맡던 시공관리

☑ **연관용어**
- ipd

I. 정 의

발주자가 공종별 전문시공업자와 직접 계약을 맺고 공사를 수행하며 원도급자가 맡던 시공관리 역할을 담당하여 발주를 단순화하는 방식

II. 발주의 단순화 개념

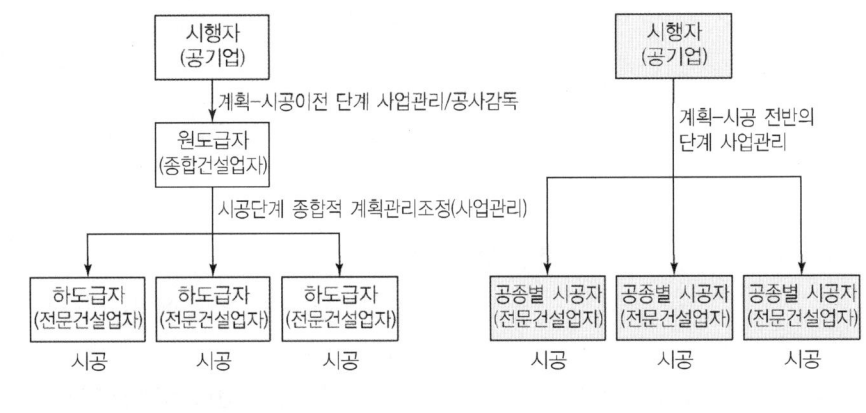

[기존 방식: 원 · 하도급 생산방식]　　　　　　[직할시공제]

III. 특 징

장 점	단 점
• 원도급자의 이윤 및 관리비용 절감 • 패트스트랙 방식 적용 시 공기단축 및 간접비 절감효과	• 다수의 전문시공자 선정을 위한 과다한 입 · 낙찰 업무 • 발주자 사업관리 역량이 성공의 최대 관건

IV. 적용성

적용 시 효과적인 공사의 특성	적용 시 비효과적인 공사의 특성
• 공기단축이 필요한 공사 • 예산상 제약이 있는 공사 • 발주자의 유사경험이 많은 공사 • 발주자 경험상 전문시공자간 클레임 분쟁 가능성이 낮거나 예측할 수 있는 공사	• 공기단축이나 공사비 절감이 목표 아닌 공사 • 발주자의 경험이 부족한 대규모 신규 공사 • 전문시공자간 클레임 및 분쟁 가능성이 높은 공사

계약방식	10-100	총사업비 관리제도	
	No. 900		유형: 제도 · 기준

계약기간 · 예산

Key Point

☑ **국가표준**
- 총사업비관리지침
- 국가재정법

☑ **Lay Out**
- 사업유형별 총사업비
- 관리대상 사업
- 총사업비 관리의 기본방향
- 유형

☑ **핵심 단어**
- What: 국가의 예산 기금
- Why: 조정 관리
- How: 사업추진 단계별 책정된 금액

☑ **연관용어**
- 단년도 계약(One-Year Contract)
- 장기계속계약(Long-Term Continuing Contract)
- 계속비 계약(Continuing Expenditure Contract)

I. 정 의

국가의 예산 또는 기금으로 시행하는 대규모 사업의 총사업비를 사업 추진 단계별(예비타당성조사 실시에 따른 금액 또는 타당성조사, 기본 계획 수립) 책정된 금액을 합리적으로 조정 · 관리하는 제도

II. 사업유형별 총사업비

- **건설사업** • 토목, 건축 등 건설공사에 소요되는 모든 경비로서 공사 비 보상비 시설부대경비 등으로 구성
- **정보화사업** • 시스템의 구축 등에 소요되는 모든 경비로서 구축비
  • 보상비, 부대경비 등 구축기간에 소요되는 총비용과 구축 후 5년간 운영 · 유지관리비, 추가구축비 등으로 구성
- **연구기반구축 R&D 사업** • 연구시설 및 연구장비 구축 등에 소요되는 모든 경비로서 공사비, 특수설비 · 연구장비비, 보상비, 시설부대 경비 등으로 구성

III. 관리대상 사업

① 공공기관 또는 민간이 시행하는 사업 중 완성에 2년 이상이 소요 되는 사업
- 총사업비가 500억 원 이상이고 국가의 재정지원규모가 300억 원 이상인 토목사업 및 정보화사업
- 총사업비가 200억 원 이상인 건축사업(전기 · 기계 · 설비 등 부 대공사비 포함)
- 총사업비가 200억 원 이상인 연구시설 및 연구단지 조성 등 연구 기반구축 R&D사업(기술개발비, 시설 건설 이후 운영비 등 제외)

② 관리대상 사업 및 총사업비에서 제외 대상
- 국고에서 정액으로 지원하는 사업
- 국고에서 융자로 지원하는 사업
- 「사회기반시설에 대한 민간투자법」에 의한 민간투자사업
- 도로유지 · 보수, 노후 상수도 개량 등 기존 시설의 효용 증진을 위한 단순개량 또는 유지 · 보수사업
- 국고지원 대상이 아닌 일부 시설에 대해 지자체 등이 수요의 창 출, 수익사업 등을 목적으로 자체재원 또는 민간자본을 유치하여 자체적으로 추진하는 사업에 대한 사업비

계약방식

Ⅳ. 총사업비 관리의 기본방향

1) 사업추진 단계별 관리

① 건설사업 및 연구기반구축 R&D사업: 예비타당성조사, 타당성조사, 기본계획 수립, 기본설계(건축 사업은 계획설계 및 중간설계에 해당한다), 실시설계, 발주 및 계약, 시공

② 정보화사업: 예비타당성조사, 정보 시스템 마스터 플랜(Information System Master Plan, 이하 'ISMP'라고 한다), 분석, 설계, 발주 및 계약, 개발, 운영 및 유지관리

2) 공종별 관리

① 중앙관서의 장은 사업비의 총 규모 뿐만 아니라 공종별 사업비가 독립되게 관리

② 사업계획 수립 및 설계과정에서는 '부문별 표준내역서'를 기준으로 총사업비 규모를 산정

3) 사업기간의 관리

① 사업이 착수되는 연도부터 총사업비 협의 시 또는 예산 반영시 기획재정부장관과 협의하여 정한 완공 예정연도

② 사업완료에 실제 소요되는 기간을 설정

③ 정보화사업의 경우에는 구축 완료 후 5년간의 운영기간을 포함

Ⅴ. 계약기간 및 예산에 따른 유형

1) 단년도 계약(One-Year Contract)

해당 건설 Project의 이행기간이 1회계연도인 경우로서 당해 연도 세출예산에 계상된 예산을 재원으로 하여 체결하는 계약방식

2) 장기계속계약(Long-Term Continuing Contract)

임차·운송·보관·전기·가스·수도의 공급 기타 그 성질 상 수년간 계속하여 존속할 필요가 있거나 이행에 수년을 요하는 계약방식

3) 계속비 계약(Continuing Expenditure Contract)

전체 예산이 확보된 상태에서 수년간 연속적인 공사 혹은 공사기간이 길어 수 년도에 걸쳐 이행되어야 할 공사에서 소요 경비를 일괄하여 그 총액과 연부액을 국회의 의결을 얻어 수 년도에 걸쳐 지출하는 계약방식

4) 총사업비 관리제도

계약방식	10-101	Cost plus time 계약
	No. 901	A+B 방식	유형: 제도ㆍ기준

대가보상
Key Point

■ 국가표준

■ Lay Out
– 개념ㆍ도입배경
– 특징ㆍ적용대상
– 개선방안ㆍ고려사항

■ 핵심 단어
– What: 공사비용 공사기간
– Why: 가장 낮은 입찰자
– How: 금액으로 환산한 금액의 합

■ 연관용어
– Lane Rental 방식
– Incentive/ Disincentive

용어정리

• 공사기간 B: 실질적인 교통의 장애가 발생한 기간으로 계약 기간과 다를 수 있으며, B1, B2, B3,…으로 세분화하는 경우도 있음
• 붐비는 시간(Rush Hour) 차선 차단
• 붐비지 않은 시간(Normal Hour) 차선차단 기간

도로 이용자 비용(RUC)

• 차선을 차단함으로써 발생하는 도로 이용자의 시간 지체 비용 이외에 발주자의 계약 관리 비용의 증가도 포함하지만 이들의 합

I. 정 의

① 입찰 참여자 중에서 공사 비용(A)과 전체 또는 일부 공사의 기간(B)을 금액으로 환산한 금액의 합이 가장 낮은 입찰자를 낙찰자로 선정하는 계약방식
② 계약 금액은 입찰자가 제시한 공사 비용(A)이고, 종종 공사 기간 B의 준수 여부와 관련하여 인센티브/벌칙금(Incentive/Disincentive) 조항과 함께 사용

II. 낙찰자 선정 및 입찰금액 산정 방법

• 공사 기간의 금전적 가치는 도로 이용자 비용(RUC: Road User Cost)으로 계산하므로 발주자가 낙찰자 선정을 위하여 평가하는 입찰 금액은 A+(B×RUC)임

① 공사 기간 B를 B1(Rush Hour 차선 차단 기간), B2(Normal Hour 차선 차단 기간), B3(계약 기간)으로 세분화하는 경우에는 각각에 대해서 발주처가 제시한 기간당 도로 이용자 비용을 곱하여 공사 기간을 금액으로 환산
② Rush Hour 차선 차단 비용: Rush Hour에 1시간 이상 차선을 차단하는 기간
③ Normal Hour 차단 차단 비용: Rush Hour 에 1시간 미만 차선을 차단하거나 Normal Hour동안 1시간 이상 차선을 차단하는 기간

III. 적용대상

① 도시 지역 내의 교통량이 많은 지역의 공사
② 공사가 완공되면 고속도로망이 완성되는 공사
③ 교통에 심각한 장애를 주는 도로 시설의 주요 부분의 복구 공사
④ 사용하지 않는 교량을 대체하는 공사
⑤ 우회로가 길고 교통량이 많은 공사

IV. 적용 시 고려사항

① B부분은 실질적인 교통의 장애가 발생한 기간을 의미하므로 계약 기간과 다를 수 있어 명확히 정의되어야 함
② B부분의 시작이 차선의 차단 또는 교통 지연이 발생할 때에 시작하는 것으로 정하는 경우에는 B부분은 교량의 차단 또는 최초의 차선 차단과 함께 시작되고 교량이 재소통되거나 차단된 차선이 개통되면 종료함

계약방식	10-102	Lane Rental 방식	
	No. 902	차선 임대방식	유형: 제도·기준

대가보상

Key Point

☑ 국가표준

☑ Lay Out
- 개념·도입배경
- 특징·적용대상
- 개선방안·비교

☑ 핵심 단어
- What: 차선이용
- Why: 사용료 징수
- How: 사용시간 입찰

☑ 연관용어
- Cost plus time 계약
- Incentive/ Disincentive

적용대상

- 고속도로
- 국도 보수공사

대가보상에 따른 분류

- Cost plus time 계약
- Lane Rental 방식
- Incentive/ Disincentive

I. 정 의

① 공사 기간 동안 시공자가 차선 또는 노견을 이용할 경우 사용 시간을 입찰하고 사용료(rental fee)를 시공자로부터 징수하는 형태의 입찰·계약 방식

② 차선 또는 노견 사용료는 발주 기관이 도로 이용자 비용을 기초로 산출하여 발표하는데 주간과 야간, 붐비는 시간(Rush Hour)과 붐비지 않은 시간(Normal Hour) 별로 결정

II. 낙찰자 선정 방법

- 입찰 금액=A(입찰자의 공사 금액)+B(입찰자가 제시한 임대 기간)×RUC(도로 이용자 비용)

시공자는 차선 임대 시간의 총량을 입찰하고, 낙찰자 산정은 공사 금액과 차선 임대 시간을 화폐가치로 환산한 금액의 합이 가장 낮은 입찰자가 낙찰자로 결정

III. 차선이용 방법

① 시공자가 공사 수행을 위해 차선과 노견을 이용하더라도 사용료가 싼 시간대를 이용하게 함으로써 교통 지체로 인한 도로 이용자 비용을 절감

② 차선 차단은 하나의 차선이 차단되거나 15분 이상 통행에 제한이 발생한 경우를 의미

③ 장비의 보급을 위한 짧은 기간 동안의 차선 통과는 차선 차단으로 보지 않음.

④ 비용·시간 방식은 계약 기간 B는 연속한 일수를 입찰자가 입찰하여야 하지만, 차선 임대입찰·계약 방식은 차선 임대일을 비연속적으로 입찰할 수 있고(예를 들어, 1주일에 1일), 임대한 차선에 대해서는 시공자는 비용을 지급하야 함.

IV. 특성

① 통행을 제한하거나 차선을 차단하는 경우 도로 이용자에게 많은 비용이 발생하는 경우

② 대체 도로가 없거나 우회로의 설치가 불가능한 경우

③ 시공자에게 차선 차단의 영향을 최소화할 수 있는 유연성을 부여할 수 있는 작업 계획을 수립할 수 있는 경우

④ 차선이 차단되는 시간을 최소화할 수 있는 시공 기술을 찾을 수 있는 경우

⑤ 시공 계획에 영향을 주는 제3자의 문제, 설계 불확실성 및 통행권 문제 등의 갈등이 빚어질 가능성이 적은 경우

⑥ 고속도로 이용자에 대한 편익이 차선 차단을 최소화하기 위한 추가적인 비용보다 클 경우

V. 대가보상/ 공기단축의 입찰·계약 방식의 비교

구 분	Cost plus time 계약	Lane Rental 방식	Incentive/ Disincentive방식
낙찰자 선정	• A+(B×RUC)가 최저인 자	• A+(B×RUC)가 최저인 자	• 공사 금액이 최저인 자
공사의 특징	• 도로 이용자 비용이 큰 경우 • 일정 기간 동안 차선 또는 램프를 차단하여야하는 경우 • 주요 간선 교통축(corridor) 공사에 많이 사용됨	• 도로 이용자 비용이 큰 경우 • 차선 또는 노견 차단 방법에 유연성이 있고, 비연속적으로 차선 또는 노견을 차단하는 경우 • 대체 도로가 없거나 또는 우회로 설치가 불가능한 경우	• 도로 이용자 비용이 비교적 적은 경우 • 공사 기간이 짧거나 정해진 경우
비고	• B에 대한 사용료를 지급하지 않음	• B에 대한 사용료(rentalfee)를 지급	

모두 공사 기간을 단축하기 위한 입찰·계약방식으로 개별적으로 사용되기도 하고, 2가지 이상을 동시에 사용하기도 함

계약방식

☆☆☆　　1. 계약일반

10-103	Incentive/ Disincentive	
No. 903		유형: 제도·기준

I. 정 의

① 공사 기간 이전에 공사를 종료하면 정해진 인센티브를 시공자에게 지급하고, 공사 기간 안에 공사를 완료하지 못하면 벌칙금을 부과하는 입찰·계약 방식

② 도로 이용자 비용이 적고 공사기간이 짧을 경우 적용

II. Incentive/ Disincentive의 적용대상

① 공사 기간 중에 중요한 사건이 존재하고 교통 지장이 적은 경우

② 시간·비용 및 차선 임대 방식에 비해서 도로 이용자 비용이 비교적 적고, 공기가 정하여졌거나 공기가 짧은 경우에 이용

③ 인센티브/벌칙금액이 적극적으로 시공자의 혁신을 촉진시킬 수 있게 충분하여야 함

④ 일일 인센티브/벌칙금액은 지체보상금을 산정하는 방법과 동일한 절차에 의해 산정

⑤ 인센티브 최고액은 프로젝트 예산 범위 내에서 지급됨. 인센티브로 인정될 수 있는 기간은 공사 기간의 10%이고, 지급될 수 있는 인센티브 총액은 총공사 금액의 5%를 넘지 못함

III. 대가보상/ 공기단축의 입찰·계약 방식의 비교

구 분	Cost plus time 계약	Lane Rental 방식	Incentive/ Disincentive방식
낙찰자 선정	• A+(B×RUC)가 최저인 자	• A+(B×RUC)가 최저인 자	• 공사 금액이 최저인 자
공사의 특징	• 도로 이용자 비용이 큰 경우 • 일정 기간 동안 차선 또는 램프를 차단하여야하는 경우 • 주요 간선 교통축(corridor) 공사에 많이 사용됨	• 도로 이용자 비용이 큰 경우 • 차선 또는 노견 차단 방법에 유연성이 있고, 비연속적으로 차선 또는 노견을 차단하는 경우 • 대체 도로가 없거나 또는 우회로 설치가 불가능한 경우	• 도로 이용자 비용이 비교적 적은 경우 • 공사 기간이 짧거나 정해진 경우
비고	• B에 대한 사용료를 지급하지 않음	• B에 대한 사용료(rentalfee)를 지급	

대가보상
Key Point

☑ 국가표준

☑ Lay Out
- 개념·도입배경
- 특징·적용대상
- 비교

☑ 핵심 단어
- What: 공사기간
- Why: 정해진 인센티브 벌치금 부과
- How: 종료 완료하지 못하면

☑ 연관용어
- Cost plus time 계약
- Lane Rental 방식

적용대상

• 고속도로
• 국도 보수공사

10-104	물가변동에 의한 계약금액조정	
No. 904	Escalation, ESC	유형: 제도 · 기준

계약사항 변경

Escalation
Key Point

☑ **국가표준**
- 국가계약법 시행령
- 국가계약법 시행규칙
- (계약예규) 공사계약일반조건

☑ **Lay Out**
- 개념 · 도입배경
- 특징 · 적용대상
- 개선방안 · 산정기준

☑ **핵심 단어**
- What: 공사계약
- Why: 계약금액 조정
- How: 물가변동

☑ **연관용어**
- 지수조정률
- 품목조정률
- 설계변경

조정신청시기

- 준공대가 수령 전까지 조정신청
- 환율변동을 원인으로 하여 계약금액 조정요건이 성립된 경우
- 계약단가
- 산출내역서상의 각 품목 또는 비목의 계약단가
- 물가변동당시가격
- 물가변동 당시 산정한 각 품목 또는 비목의 가격
- 입찰당시가격
- 입찰서 제출마감일 당시 산정한 각 품목 또는 비목의 가격

Ⅰ. 정 의

① 공사계약을 체결한 다음 물가변동으로 인하여 계약금액을 조정할 필요가 있을 때에는 그 계약금액을 조정한다.

② 공사계약 · 제조계약 · 용역계약 또는 그 밖에 국고의 부담이 되는 계약을 체결한 다음 물가변동, 설계변경, 그 밖에 계약내용의 변경(천재지변, 전쟁 등 불가항력적 사유에 따른 경우를 포함한다)으로 인하여 계약금액을 조정 할 경우

Ⅱ. 물가변동으로 인한 계약금액의 조정 요건

① 국고의 부담이 되는 계약을 체결한 날부터 90일 이상 경과

② 입찰일(수의계약의 경우에는 계약체결일, 2차 이후의 계약금액 조정에서는 직전 조정기준일)을 기준으로 하여 품목조정률 또는 지수조정률이 100분의 3 이상 증감된 때

③ 선금을 지급한 것이 있는 때에는 산출한 금액을 공제

④ 최고판매가격이 고시되는 물품을 구매하는 경우 규정과 달리 정할 수 있다

⑤ 특정규격의 자재의 가격증감률이 100분의 15 이상인 때

⑥ 단순한 노무에 의한 용역: 노무비에 한정하여 계약금액을 조정

Ⅲ. 조정 제한기간

- 조정기준일: 공사계약을 체결한 날부터 90일 이상 경과
- 조정기준일부터 90일 이내에는 계약금액을 다시 조정하지 못한다.
- 90일 이내에 계약금액 조정이 가능한 경우

> - 천재지변 또는 원자재의 가격급등으로 인하여 해당 조정제한기간 내에 계약금액을 조정하지 않고는 계약이행이 곤란하다고 인정되는 경우

Ⅳ. 품목조정률에 의한 조정과 등락폭 산정기준

- 품목조정률 = $\dfrac{\text{각 품목 또는 비목의 수량에 등락폭을 곱하여 산출한 금액의 합계액}}{\text{계약금액}}$

- 등락폭 = 계약단가 × 등락률

- 등락률 = $\dfrac{\text{물가변동당시가격} - \text{입찰당시가격}}{\text{입찰당시가격}}$

- 예정가격을 기준으로 계약한 경우 일반관리비 및 이윤등을 포함하여야 한다.

계약사항 변경

- 물가변동당시가격이 계약단가보다 높고 동 계약단가가 입찰당시가격보다 높을 경우의 등락폭은 물가변동당시가격에서 계약단가를 뺀 금액으로 한다.
- 물가변동당시가격이 입찰당시가격보다 높고 계약단가보다 낮을 경우의 등락폭은 영으로 한다.

V. 지수조정률에 의한 조정

- 계약금액의 산출내역을 구성하는 비목군 및 다음의 지수 등의 변동률에 따라 산출

  1. 한국은행이 조사하여 공표하는 생산자물가기본분류지수 또는 수입물가지수
  2. 정부 · 지방자치단체 또는 공공기관이 결정 · 허가 또는 인가하는 노임 · 가격 또는 요금의 평균지수
  3. 「국가를 당사자로 하는 계약에 관한 법률 시행규칙」 제7조제1항제1호에 따라 조사 · 공표된 가격의 평균지수
  4. 그 밖에 위의 1.부터 3.까지와 유사한 지수로서 기획재정부장관이 정하는 지수

조정 청구

- 계약자는 준공대가 수령 전까지 조정신청을 해야 조정금액을 지급받을 수 있다.
- 계약금액의 증액을 청구하는 경우에는 계약금액조정 내역서를 제출

VI. 계약금액의 조정금액 및 공제금액 산출기준

- 조정금액 산출기준

  조정금액 = 물가변동적용대가 × 품목조정률 또는 지수조정률

- 계약자에게 선금을 지급한 경우의 공제금액 산출기준

  물가변동적용대가 × (품목조정률 또는 지수조정률) × 선금급률

물가변동으로 계약금액을 증액하여 조정하려는 경우에는 계약자로부터 계약금액의 조정을 청구받은 날부터 30일 이내에 계약금액을 조정

VII. 조정방법 비교

계약금액의 조정방법

- 물가변동에 의한 조정
- 설계변경에 의한 조정
- 계약내용의 변경으로 인한 조정

구 분	품목조정률	지수조정률
개요	품목 비목의 가격변동이 3% 이상 증감 시	• 비목군의 지수변동이 3% 이상 증감 시
조정률 산출방법	모든 품목과 비목의 등락을 개별적으로 계산하여 등락률 산정	• 비목을 유형별로 정리(비목군) • 순공사금액에서 차지하는 비율 산정 • 비목군별로 지수변동률로 산정
장점	실제대로 반영	• 한국은행에서 발표하는 지수를 적용하여 산출용이
단점	매 조정 시 많은 품목별로 등락률 산출	• 평균가격개념인 지수를 이용하므로 실제와 차이 발생
용도	품목 비목이 적고, 조정횟수가 적은 소규모 공사	• 구성비목이 많고 조정횟수가 많은 대규모 공사

계약사항 변경

★★★	1. 계약일반	
10-105	**설계변경**	
No. 905	change order	유형: 제도 · 기준

I. 정 의

① 공사의 시공도중 예기치 못했던 사태의 발생이나 공사물량의 증감, 계획의 변경 등으로 당초의 설계내용을 변경시키는 것

② 공사량과 공사비의 증감이 발생할 수 있으며, 발주자가 설계변경을 요구하였거나 시공자에게 귀책사유가 없는 경우라면 당연이 그에 상응하는 계약금액 조정 조치가 취해져야 한다.

II. 설계변경의 사유

① 설계서의 내용이 불분명하거나 누락 · 오류 또는 상호 모순되는 점이 있을 경우

② 지질, 용수등 공사현장의 상태가 설계서와 다를 경우

③ 새로운 기술 · 공법사용으로 공사비의 절감 및 시공기간의 단축 등의 효과가 현저할 경우

④ 기타 발주기관이 설계서를 변경할 필요가 있다고 인정할 경우

III. 설계변경 방법

1) 변경시기

   설계변경이 필요한 부분의 시공전에 완료

2) 변경방법

① 설계서의 불분명 · 누락 · 오류 및 설계서간의 상호모순 등에 의한 설계변경

   • 설계서만으로는 시공방법, 투입자재 등을 알 수 없는 경우: 설계자의 의견 및 발주기관이 작성한 단가산출서 또는 수량산출서등을 검토하여 시공방법등을 확인한 후 이를 기준으로 설계변경여부 결정

   • 설계서에 누락 · 오류가 있는 경우에는 그 사실을 조사 확인하고 계약목적물의 기능 및 안전을 확보할 수 있도록 설계서를 보완

   • 설계도면과 공사시방서는 서로 일치하나 물량내역서와 상이한 경우에는 설계도면 및 공사시방서에 물량내역서를 일치

   • 설계도면과 공사시방서가 상이한 경우로서 물량내역서가 설계도면과 상이하거나 공사시방서와 상이한 경우에는 설계도면과 공사시방서중 최선의 공사시공을 위하여 우선되어야 할 내용으로 설계도면 또는 공사시방서를 확정한 후 그 확정된 내용에 따라 물량내역서를 일치

설계변경

Key Point

■ **국가표준**

- 국가계약법 시행령
- 국가계약법 시행규칙
- (계약예규) 공사계약일반조건

■ **Lay Out**

- 개념 · 도입배경
- 특징 · 적용대상
- 개선방안 · 산정기준

■ **핵심 단어**

- What: 예기치 못했던 사태
- Why: 설계변경
- How: 내용변경

■ **연관용어**

- 계약금액 변경

설계변경 vs 추가공사

• 설계변경
- 증가되는 공사가 당초 설계내용의 변경을 수반하는 경우
• 추가공사
- 당초 설계내용의 변경을 수반하지 않고 증가되는 공사와 관계없이 당초 계약목적물을 시공 할 수 있는 경우

② 현장상태와 설계서의 상이로 인한 설계변경
　• 현장을 확인하고 현장상태에 따라 설계서를 변경
③ 신기술 및 신공법에 의한 설계변경
　• 제안사항에 대한 구체적인 설명서
　• 제안사항에 대한 산출내역서
　• 수정공정예정표
　• 공사비의 절감 및 시공기간의 단축효과
④ 발주기관의 필요에 의한 설계변경
　• 해당공사의 일부변경이 수반되는 추가공사의 발생
　• 특정공종의 삭제
　• 공정계획의 변경
　• 시공방법의 변경

Ⅳ. 설계변경으로 인한 계약금액의 조정에 대한 승인

① 설계변경으로 공사량의 증감이 발생한 때에는 해당 계약금액을 조정
② 계약금액을 증액하여 조정하려는 경우에는 계약자로부터 계약금액의 조정을 청구받은 날부터 30일 이내에 계약금액을 조정
③ 예정가격의 100분의 86 미만으로 낙찰된 공사계약의 계약금액을 설계변경을 사유로 증액조정하려는 경우로서 해당 증액조정금액의 100분의 10 이상인 경우에는 소속중앙관서의 장의 승인 득

Ⅴ. 계약금액 조정기준

① 증감된 공사량의 단가는 산출내역서상의 단가(이하 "계약단가"라 함)로 한다.
② 계약단가가 예정가격단가 보다 높은 경우로서 물량이 증가하게 되는 경우 예정가격단가로 한다.
③ 계약단가가 없는 신규비목의 단가는 설계변경 당시를 기준으로 하여 산정한 단가에 낙찰률을 곱한 금액
④ 정부에서 설계변경을 요구한 경우 증가된 물량 또는 신규 비목의 단가는 설계변경 당시단가에 낙찰률을 곱한 금액 또는 낙찰률을 곱한 금액을 합한 금액의 100분의 50
⑤ 새로운 기술·공법 등을 사용함으로써 공사비의 절감, 시공기간의 단축 등에 효과가 현저할 때 해당 절감액의 100분의 30에 해당하는 금액을 감액
• 계약금액 조정의 제한

> 입찰에 참가하려는 자가 물량내역서를 직접 작성하고 단가를 적은 산출내역서를 제출하는 경우로서 그 물량내역서의 누락 사항이나 오류 등으로 설계변경이 있는 경우에는 그 계약금액을 변경할 수 없다.

계약사항 변경

설계변경 vs 계약내용변경
• 설계변경
 - 증가되는 공사가 당초 설계내용의 변경을 수반하는 경우
• 계약내용 변경
 - 구조, 규모, 재료 등 공사목적물이 변경되는 경우
 - 공사목적물의 변경없이 가설, 공법 등만 변경되는 경우
 - 토취장, 시공상의 제약 등 계약내용이 변경되는 경우

계약내용의 변경으로 인한 계약금액의 조정
• 공사기간, 운반거리의 변경 등 계약내용의 변경은 그 계약의 이행에 착수하기 전에 완료
• 계약금액을 증액하여 조정하려는 경우에는 계약자로부터 계약금액의 조정을 청구받은 날부터 30일 이내에 계약금액을 조정

10-106	공사계약기간 연장사유	
No. 906		유형: 제도 · 기준

계약사항 변경

공사기간 연장
Key Point

■ 국가표준
- 국가계약법 시행령
- 국가계약법 시행규칙
- (계약예규) 공사계약일반
  조건

■ Lay Out
- 연장 사유
- 연장신청
- 계약금액 조정
- 지체상금의 지급사유

■ 핵심 단어
- What: 준공기한내 공사
  미완성
- Why: 계약기간 연장신청
- How: 계약종료 전 수정
  공정표 첨부

■ 연관용어
- 지체상금
- 계약금액 조정

지체 일수 산정

• 준공기한 다음날부터 준공검
  사에 합격한 날까지의 기간
  을 지체일수에 산입
• 공휴일의 익일 다음날부터
  기산

I. 정 의

계약서에 정한 준공기한내에 공사를 완성하지 아니한 때에는 계약기간 종료 전에 수정공정표를 첨부하여 계약기간 연장신청을 하여야 한다.

II. 공사계약기간의 연장 사유

- 불가항력의 사유(직접적인 영향을 미친 경우)
- 중요 관급자재 등의 공급이 지연되어 공사의 진행이 불가능
- 발주기관의 책임으로 착공이 지연되거나 시공 중단
- 계약상대자의 부도 등으로 보증기관이 보증이행업체를 지정하여 보증시공할 경우
- 계약상대자의 책임없는 사유인 경우
- 발주기관이 선정한 혁신제품의 하자
- 원자재의 수급 불균형으로 인하여 해당 관급자재의 조달지연

III. 공사계약기간의 연장신청

① 수정공정표를 첨부하여 계약기간의 연장신청
② 연장사유가 계약기간 내에 발생하여 계약기간 경과 후 종료된 경우에는 사유가 종료된 후 즉시 계약기간의 연장신청
③ 연장청구가 승인된 경우 연장기간에 대해서는 지체상금이 미부과

IV. 계약금액 조정

① 계약기간을 연장한 경우에는 그 변경된 내용에 따라 실비를 초과하지 않는 범위 안에서 계약금액을 조정
② 보증기관이 보증이행업체를 지정해서 보증시공할 경우에는 계약금액을 미조정
③ 계약자는 준공대가 수령 전까지 계약금액 조정신청을 해야 한다.

V. 지체상금의 지급사유

지체상금 = 계약금액 × 지체상금률 × 지체일수(공사계약의 지체상금률은 1천분의 0.5)

- 정당한 이유 없이 계약의 이행을 지체한 경우
- 계약금액의 100분의 30을 초과하는 경우에는 100분의 30

10-107	건설공사비 지수(자료신일: 2023-01-05기준)	
No. 907	Construction Cost Index	유형: 제도 · 기준

계약사항 변경

Escalation
Key Point

■ 국가표준
– KOSIS(본서 초판일 기준)
  (데이터2000.01~2022.11)

■ Lay Out
– 활용목적
– 작성방법

■ 핵심 단어
– What: 직접공사비
– Why: 물가변동을 추정
– How: 특정시점의 물가를
  100으로 하여

■ 연관용어
– 물가변동

건설공사비지수 기준년

• 2000년 (2003년도 이전)
• 2005년 (2008년도 이전)
• 2010년 (2012년도 이전)
• 2015년 (2019년도 이전)

작성목적

• 건설공사 물가변동 분석을
  위한 기준 제공: 기존에는
  생산자물가지수나, 소비자물가
  지수 등을 이용하여 건설공
  사에 투입되는 물가변동을
  간접적으로 추정하였으나,
  물가변동분을 파악하는 데에
  는 한계가 있어, 건설에 특화된
  물가지수를 제공하고자 함

I. 정 의

① 건설공사에 투입되는 직접공사비를 대상으로 특정시점(생산자 물가
지수 2015년)의 물가를 100으로 하여 재료, 노무, 장비 등 세부 투
입자원에 대한 물가변동을 추정하기 위해 작성된 가공통계 자료
② 공사비 실적자료의 시간차에 대한 보정과 물가변동에 의한 계약금액
조정기준, 그리고 건설물가변동의 예측 및 시장동향 분석에 활용된다.

II. 활용목적

1) 기존 공사비 자료의 현가화를 위한 기초자료
   기존 공사비자료에 대한 시차 보정에 건설공사비지수를 활용
2) 계약금액 조정을 위한 기초자료의 개선
   물가변동으로 인한 계약금액 조정에 있어서 투명하고 간편하게 가격
   등락을 측정

III. 건설공사비 지수 작성방법

1) 기준년도
   ① 2023년 3월(교재집필일기준)현행 지수의 기준년도: 2015년
   ② 경제구조의 변화가 지수에 반영되도록 5년마다 기준년도를 개편하
   여 조사대상품목과 가중치구조를 개선
   ③ 2015년 연평균 100인 생산자물가지수 품목별지수를 토대로 산출
   (2009년 12월 이전 지수는 기존 지수의 등락률에 따라 역산하여
   접속)
2) 가중치 자료
   한국은행의 "2015년 기준연도 산업연관표 투입산출표(기초가격 기준)"
   와 "생산자물가지수(2015년=100)"
3) 가격자료
   ① 한국은행의 "생산자물가지수"를 기본으로 함
   ② 생산자물가지수에는 노무비(피용자보수) 가격자료가 없으므로, 노
   무비(피용자보수) 부문은 대한건설협회의 "일반공사직종 평균임금"
   을 활용
4) 분류체계
   ① 산업연관표상의 건설부문 기본부문 15가지 시설물별을 부분별로 상
   향집계하여 총 25개(중복지수 제외시 총 21개)의 지수가 산출되는데,
   최종적으로 산출되는 최상위 지수가 "건설공사비지수"임

② 15개의 기본 시설물지수(소분류지수)와 7개의 중분류지수, 2개의 대분류지수, 최종적인 건설공사비지수로 분류됨

③ "주거용건물", "비주거용건물", "건축보수", "기타건설"은 중분류 지수로 하위분류가 없으며, 소분류와 중분류 지수로 2중 계산됨

5) 지수산식

가공통계인 건설공사비지수는 산업연관표에서 품목과 가중치를 추출하며 이를 5년간 고정하여 생산자물가지수와 연결하여 지수를 산정

계약사항 변경

10-108	단품(單品)슬라이딩 제도	
No. 908		유형: 제도 · 기준

계약사항 변경

Escalation

Key Point

☑ **국가표준**
– 국가계약법 시행령
– 국가계약법 시행규칙
– (계약예규) 공사계약일반조건

☑ **Lay Out**
– 개념 · 도입배경
– 적용기준 · 적용대상
– 개선방안 · 산정기준

☑ **핵심 단어**
– What: 특정규격 자재
– Why: 가격변동
– How: 100부의 15이상인 때 가격상승분 보정

☑ **연관용어**
– 지수조정률
– 품목조정률
– 물가변동

I. 정 의

특정규격(단품)의 자재(해당 공사비를 구성하는 재료비, 노무비, 경비 합계액의 100분의 1을 초과하는 자재만 해당)별 가격변동으로 인하여 입찰일을 기준일로 하여 산정한 해당 자재의 가격증감률이 100분의 15 이상인 때에는 그 자재만 가격상승분을 보정해주는 제도

II. 적용기준

구분	단품 ES	총액 ES
기간요건	계약일 이후 90일 경과	계약일 이후 90일 경과
조정률 요건	단품 가격 입찰일 대비 15% 이상 변동 시 조정기준일이 됨	입찰일 기준 3% 이상 변동 시

① 총액 ES와 단품슬라이딩이 동시에 충족될 경우: 총액 ES를 우선처리
② 총액 ES의 물가변동 적용대가에서 단품이 포함되어 있지 않을 경우
  • 총액 ES시 조정률을 감하지 않음
③ 품목조정률에 의한 물가변동의 경우
  • 단품조정 품목은 단품E/S 조정기준일 부터 전체E/S 조정기준일 까지 가격변동을 산정
  • 기타품목은 입찰일부터 전체 E/S 조정기준일 까지 가격 변동을 산정하여 전체E/S 조정률이 3% 이상 등락 시 물가변동 수행
④ 지수조정률에 의한 물가변동의 경우
  • 단품조정 단품E/S로 특정자재가격 상승률(15%)을 해당 품목의 지수상승률에서 공제하여 전체 E/S 조정률을 산출

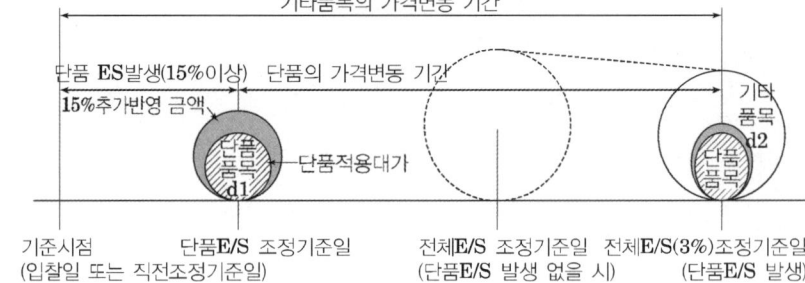

⑤ 품목조정률에 의한 물가변동의 경우
  • 단품조정 품목은 단품 E/S 조정기준일 부터 전체 E/S 조정 기준일 까지 가격변동을 산정

입찰	10-109	입찰 참가자격 제한-P.Q	
	No. 909	P.Q: Pre-Qualification	유형: 제도·기준

입찰일반

Key Point

☑ **국가표준**
- (계약예규) 입찰참가자격 사전심사요령 22. 6.1 기준
- 국가계약법 시행령

☑ **Lay Out**
- 심사기준

☑ **핵심 단어**
- What: 추정가격 200억 이상인 공사
- Why: 참가자격 부여
- How: 계약이행능력 평가

☑ **연관용어**
- 적격심사

심사방법

• 경영상태의 평가
- 가장 최근의 등급으로 심사
- 경영상태부문에 대한 적격요건과 기술적 공사이행능력부문에 대한 적격요건을 모두 충족하는 자
• 기술적 공사이행능력
- 시공경험분야, 기술능력분야, 시공평가결과분야, 지역업체 참여도분야, 신인도분야를 종합적으로 심사하며, 적격요건은 평점 90점 이상

I. 정 의

추정가격이 200억원 이상인 공사로서 발주자가 입찰 전에 입찰참가자의 계약이행능력(경영상태, 시공경험, 기술능력, 신인도)을 사전에 심사하여 경쟁입찰에 참가할 수 있는 입찰적격자를 선정하기 위해 입찰참가자격을 부여하는 제도

II. 심사기준

1) 신용평가등급에의한 적격요건-2022.06.01

구 분		추정가격 500억원 이상	추정가격 500억원 미만
회사채 평가등급		BB+(단, 공동이행방식에서 공동수급체 대표자이외의 구성원은 BB0) 이상	BB-(단, 공동이행방식에서 공동수급체 대표자이외의 구성원은 B+) 이상
기업어음 평가등급		BB+(단, 공동이행방식에서 공동수급체 대표자이외의 구성원은 BB0)에 준하는 등급 이상	B0(단, 공동이행방식에서 공동수급체 대표자이외의 구성원은 B-) 이상
기업신용 평가등급		BB+(단, 공동이행방식에서 공동수급체 대표자이외의 구성원은 BB0)에 준하는 등급 이상	BB-(단, 공동이행방식에서 공동수급체 대표자이외의 구성원은 B+)에 준하는 등급 이상

2) 기술적 공사이행능력부문(평점 90점 이상)-2022.06.01

심사 분야	배점한도	심사항목		배점한도
시공경험	40 (45)	실적보유 자료 제한	가. 최근 10년간 해당공사와 동일한 종류의 공사실적	30(34)
			나. 최근 5년간 토목 건축 산업설비 전기 정보통신 문화재 공사 등의 업종별 실적합계	10(11)
		기타방법 으로 제한	최근 5년간 토목 건축 산업설비 전기 정보통신 문화재 공사 등의 업종별 실적합계	40(45)
기술능력	45	실적보유자	가. 해당공사의 시공에 필요한 기술자 보유현황	35
			나. 최근년도 건설부문 매출액에 대한 건설부문 기술개발 투자비율	10
시공능력	10	시공평가결과		10
지역업체참여도	5			5
신인도	+3 -7	가. 시공업체의 성실성 나. 하도급관련 다. 건설재해 및 제재처분사항 라. 녹색기술관련사항		

10-110	RFP: Request For Proposal	
No. 910	제안요청서	유형: 제도·기준

입찰

입찰일반

Key Point

☑ **국가표준**

☑ **Lay Out**
- 개념·구성
- 특징·적용대상
- 원칙·기준

☑ **핵심 단어**
- What: 특정과제
- Why: 제안서 작성
- How: 요구사항 정리

☑ **연관용어**
- Request For Information
- Letter Of Intent

Request For Information

• 계약의 한 당사자가 상대방에게 물어본 공식적 질문. 일반적으로 시공사에서 설계자에게 관련된 정보를 요청하는 문서

I. 정 의

① 발주자가 특정 과제의 수행에 필요한 요구사항을 체계적으로 정리하여 제시함으로서 제안자가 제안서를 작성하는데 도움을 주기 위한 문서

② 주로 프로젝트 전체의 대략적이고 전체적인 내용과 입찰규정 및 낙찰자 선정기준 등이 명시되어 있다.

II. 일반적인 구성

1) 사업개요
   ① 사업의 배경, 사업목적, 사업기간, 사업범위 명시
   ② 사업전반에 대한 내용파악, 사업타당성 분석
2) 제안요청 내용
   ① 분야별 세부 요구사항
   ② 각 요구사항별 명칭 부여
3) 사업추진방안
   추진목표, 추진체계, 추진일정, 추진방안
4) 제안요청 내용
   ① 제안서 목차, 작성·제출·발표·평가방법 등 명시
   ② 제안서
5) 제안서 작성요령 및 입찰안내
   ① 제안안내 및 참가자격
   ② 입찰 및 계약방식
   ③ 사업자 선정방식
   ④ 제출서류 명시

III. 작성원칙 및 기준

① 요구사항 필수작성요건 및 세부 작성항목 상세화
② 과업규모와 사업기간 추정이 가능하도록 작성
③ 표준양식에 맞추어 작성
④ 검증이 가능토록 목표값을 정량적으로 기술
⑤ 타 기관과의 연계성을 고려, 시스템 연동범위, 상호 책임 범위를 명확하게 기술

10-111	Letter of intent	
No. 911	계약의향서	유형: 제도 · 기준

입찰

입찰일반
Key Point

☑ 국가표준

☑ Lay Out
– 개념 · 구성
– 특징 · 적용대상
– 원칙 · 기준

☑ 핵심 단어
– What: 계약체결 전
– Why: 계약의향서
– How: 예비적 합의

☑ 연관용어
– MOU

MOU

• Memorandum of Understanding의 줄임말로 양해각서라고 한다. 일반적으로 MOU는 어떠한 거래를 시작하기 전에 쌍방 당사자의 기본적인 이해를 담기 위해 진행되는 것으로 체결되는 내용에 구속력을 갖지 않는 것이 일반적이다.

I. 정 의

① 계약이 최종적으로 이루어지기 전에 미래에 계약이 체결될 것을 전제로 두 당사자의 예비적 합의나 양해사항을 반영하는 계약체결 전 단계의 계약의향서

② 어느 시점에서 당사자와 계약을 체결할 것이라는 일방 당사자의 의도를 담고 있다.

II. 종류 및 용도

구 분	용도
기록의 성격을 가지는 의향서 (memorialization letter of intent)	• 예비적 합의나 부분적 합의 또는 협상과정 중 합의에 이르지 못한 부분 등을 기록 • 이미 합의된 부분을 계약의 일부로서 종결
확약의 성격을 가지는 의향서 (assurance letter of intent)	• 특정 상대방을 구체적 협상의 상대로 지정 • 협상의 대상이 축소
협상계획의 성격을 가지는 의향서 (framework letter of intent)	• 협상의 주요 일정, 양당사자의 노력의 범위 • 상표권의 보호나 비밀유지의무, 협상 중의 비용분담의 문제 등 협의

III. 기 능

① 협상의 당사자와 그의 권한을 의향서에 명시

② 협상의 시간표 기능: 계약체결의 시한이나 시한을 맞추지 못한 경우의 효과를 규정

③ 당사자들은 의향서의 교환으로 계약체결을 위한 협상에 진입하였다는 점을 명확히 할 수 있다.

④ 당사자들의 최선의 노력(또는 성실한 협상의무)조항을 규정하여 정식계약의 체결가능성을 높인다.

⑤ 협상에 따른 비용과 시간을 절약

⑥ 거래내용을 외부에 공시

⑦ 협상비용에 관한 합의를 포함

★★★　　2. 입찰 · 낙찰

10-112	건설공사의 입찰	
No. 912	Bid(미국식), Tender(영국식)	유형: 제도 · 기준

입찰

입찰방식

Key Point

■ 국가표준
- (계약예규) 입찰참가자격 사전심사요령 22. 6.1 기준
- 국가계약법 시행령

■ Lay Out
- 입찰서류의 구성
- 입찰관리 절차
- 입찰 방식
- 특징

■ 핵심 단어
- What: 계약체결 전
- Why: 계약의향서
- How: 예비적 합의

■ 연관용어
- 낙찰
- 응찰

부대입찰

• 입찰자가 입찰서 제출 시 하도급 공종, 하도급 금액, 하도급 업체의 견적서와 계약서를 입찰서류에 같이 첨부하여 입찰이다.(04년01.01폐지됨)

I. 정 의

① 발주자가 의도한 목적에 적합한 품질의 시설물을 주어진 공기 내에 시공하기 위하여 해당 project의 도급자를 선정하는 단계로써 계약체결을 하기위한 상호의사를 표시하는 사전과정

② 발주자가 입찰공고 등을 통하여 입찰관련서류를 배포하고 입찰자는 배포된 조건에 따라 입찰서를 제출하는 업무

II. 입찰서류(Bid Documents)의 구성

① 입찰초청(Invitation To Bid) or 찰안내서(Instruction to Bidders)
② 입찰양식(Bid Form)
③ 계약서 서식(Form Of Agreement)
④ 계약조건
- 공사계약 일반조건(General Conditions)
- 공사계약 특수조건(Special Conditions)
⑤ 보증서류 서식
- 입찰보증금 서식(Form Of bid Bond, Form Of Bid Guarantee)
- 이행보증금 서식(Form Of Performance Bond)
- 선수금 보증 서식(Form Of Advance Payment Bond)
- 지불보증금 서식(Form Of Payment Bond)
- 유보금 보증 서식(Form Of Payment Money Bond)
⑥ 자격심사관계 서류
- 자격심사질문서(Qualification Questionnaires)
⑦ 설계도면(Drawings), 시방서(Specifications), 부록(Addenda)
⑧ 추가조항(Supplemental Provisions)
⑨ 발주자 제공 품목(Owner-Furnished Items)
⑩ 공정계획(Construction Schedule)

III. 입찰관리 절차

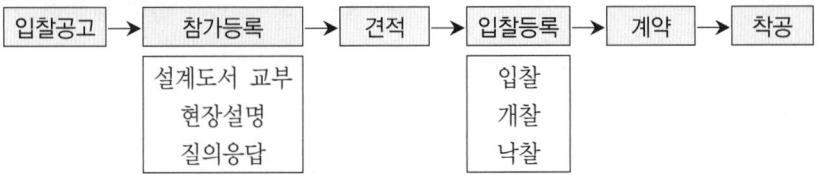

입찰공고 → 참가등록 → 견적 → 입찰등록 → 계약 → 착공

참가등록: 설계도서 교부 / 현장설명 / 질의응답
입찰등록: 입찰 / 개찰 / 낙찰

※ 입찰관리라 함은 입찰공고일로부터 계약체결까지의업무를 수행하는 것을 말한다.

IV. 입찰 방식

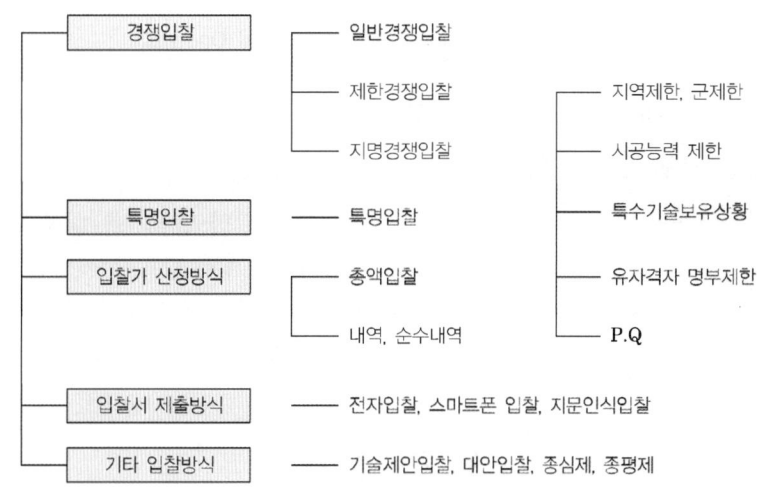

유의사항

- 입찰참가신청
- 입찰참가신청마감일까지 발주기관에 서류제출
- 입찰관련서류
- 입찰에 관련된 서류 교부
- 관계법령
- 입찰관련 법령 및 입찰서류를 입찰 전 완전히 숙지
- 현장설명
- 공사금액에 따른 유자격자 참여
- 입찰보증금
- 입찰참가신청 마감일까지 입찰액의 5/100 이상 납부
- 입찰참가
- 참가신청을 한 자가 아니면 참가불가
- 입찰서 작성
- 소정의 양식으로 작성 및 신고한 인감으로 날인
- 입찰서 제출
- 입찰서는 봉함하여 1인 1통만을 제출
- 산출내역서 제출
- 추정금액 100억원 미만공사의 경우는 입찰서만 제출
- 입찰무효
- 입찰관련 결격사유가 있을시
- 입찰의 연기
- 불가피한 사유 및 내용이 중대할 경우
- 낙찰자의 결정
- 낙찰자결정기준에 적합한자
- 계약체결
- 낙찰통지를 받은 후 10일 이내에 계약체결

V. 입찰 종류별 특징

종류	특성	
일반 경쟁입찰	입찰에 참가하고자 하는 모든 자격자가 입찰서를 제출하여 시공업자에게 낙찰, 도급시키는 입찰	
제한 경쟁입찰	해당 Project 수행에 필요한 자격요건을 제한하여 소수의 입찰자를 대상으로 실시하는 입찰	
지명 경쟁입찰	도급자의 자산·신용·시공경험·기술능력 등을 조사하여 소수의 입찰자를 지명하여 실시하는 입찰	
특명입찰	도급자의 능력을 종합적으로 고려(평가)하여, 특정의 단일 도급자를 지명하여 실시하는 입찰	
순수내역입찰	발주자가 제시한 설계서 및 입찰자의 기술제안내용(신기술·공법 등)에 따라 입찰자가 직접 산출한 물량과 단가를 기재한 입찰금액 산출 내역서를 제출하는 입찰.	
물량내역수정입찰	300억원 이상 모든 공사에 대해 발주자가 물량내역서를 교부하되, 입찰자가 소요 물량의 적정성과 장비 조합 등을 검토·수정하여 공사비를 산출하는 입찰.	
기술제안입찰 (실시설계는 완료되었으나 내역서가 작성되지 않은 상태)	발주기관이 교부한 실시설계도서와 입찰안내서에 따라 입찰자가 설계도서를 검토한 후 시공계획, 공사비 절감방안 및 공기단축 등을 제안하고 이를 심사하여 낙찰자를 결정하는 입찰	
대안입찰 (실시설계와 내역서 산출이 완료된 시점에서 입찰을 실시)	발주자가 제시하는 원안과 기본설계를 바탕으로 기본방침의 변경 없이 원안과 동등이상의 기능과 효과를 가진 신공법·신기술의 적용으로 공사비 절감·공기단축 등을 내용으로 하는 대안을 입찰자가 제시하는 입찰	
입찰가 또는 입찰서 제출방식	총액입찰	내역입찰
	입찰서를 총액으로 작성	단가를 기재하여 제출한 산출 내역서를 첨부

입찰

10-113	제한경쟁 입찰	
No. 913	Limited Open Bid	유형: 제도·기준

입찰방식

Key Point

◼ **국가표준**
- (계약예규) 입찰
  23.03.07
- 국가계약법 시행령

◼ **Lay Out**
- 특징
- 제한사항

◼ **핵심 단어**
- project 수행에 필요한
  자격요건을 제한

◼ **연관용어**
- 입찰

I. 정 의

① 발주자가 해당 건설 project 수행에 필요한 자격요건을 제한하여 제한된 소수의 입찰자를 대상으로 실시하는 입찰

② 해당 project에 필요한 기술을 보유하거나 경험이 있는 업체를 대상으로 입찰참가 회사를 제한하여 공사의 품질을 일정한 목표 수준으로 확보하기 위한 입찰

II. 종류별 특징

종 류	특 징
지역 제한경쟁입찰	• 공사현장이 있는 지역의 건설업체 대상으로 입찰참가 • 중소기업의 보호 육성과 지방경제의 활성화 도모
군群(group) 제한경쟁입찰	• 시공능력별로 편성(1군, 2군, 3군 등)하여 입찰참가 • 공사의 규모나 금액에 따라 군(群)으로 제한하여 입찰
도급한도액 제한경쟁입찰	• 발주처에서 도급한도액을 설정하여 입찰참가 • 우수업체 선정하여 공사품질 확보
실적 제한경쟁입찰	• 시공실적 또는 기술보유업체만을 입찰참가 • 기술력과 경험으로 공사품질 확보
P.Q (사전심사제도)	• 계약이행능력을 사전에 심사하여 입찰참가 • Project에 적합한 업체선정 및 부적격 업체 입찰제한

III. 제한 사항

1. 공사실적·시공능력에 따른 제한

1) 대상
① 추정가격
  • 건설공사(전문공사 제외): 30억원 이상
  • 전문공사 그 밖의 공사관련 법령에 따른 공사: 3억원 이상
② 특수한 기술 또는 공법이 요구되는 공사계약의 경우
  • 해당 공사수행에 필요한 기술의 보유상황 또는 해당 공사와 같은 종류의 공사실적

2) 공사실적·시공능력의 제한기준
① 공사 실적의 규모 또는 양에 따르는 경우: 해당 계약목적물의 규모 또는 양의 1배 이내
② 공사 실적의 금액에 따르는 경우: 해당 계약목적물의 추정가격(「건설산업기본법」 등 다른 법령에서 시공능력 적용 시 관급자재비를 포함하고 있는 경우에는 추정금액을 말함. 이하 같음)의 1배 이내

2. 기술 보유상황에 따른 제한

1) 대상

특수한 기술 또는 공법이 요구되는 공사계약은 해당 공사수행에 필요한 기술 보유상황에 따라 입찰참가자의 자격을 제한

2) 기술 보유상황에 따른 제한기준

① 엔지니어링 활동주체 또는 「기술사법」에 따른 기술사사무소로 개설등록을 한 기술사의 경우

② 기술 도입 또는 외국업체와의 기술제휴의 방법으로 해당 공사 수행에 필요한 기술을 보유하고 있음이 객관적으로 인정되는 경우

③ 그 밖에 해당 공사 수행에 필요한 기술이나 공법을 개발 또는 보유하고 있음이 객관적으로 인정되는 경우

3. 지역 제한

1) 추정가격

① 건설공사(전문공사 제외): 81억 미만

② 전문공사와 그 밖에 공사 관련 법령에 따른 공사: 10억원 미만

2) 주된 영업소의 소재지

① 법인등기부상 본점소재지가 해당 공사의 현장이 소재하는 시·도의 관할구역안에 있는 자로 제한

② 다만, 공사 현장이 인접 시·도에 걸쳐 있는 경우, 공사 현장이 있는 시·도에 사업 이행에 필요한 자격을 갖춘 자가 10인 미만인 경우 포함

4. 유자격자 명부에 따른 제한

1) 대상

① 공사를 성질별·규모별로 유형화하여 제한기준을 정하는 경우에는 그 제한기준에 따라 입찰참가자의 자격을 제한

② 추정가격 81억원 이상의 토목 및 건축공사로서 경쟁입찰 대상 공사

2) 유자격자 명부에 따른 제한기준

중앙관서의 장 또는 계약담당공무원이 공사를 성질별·규모별로 유형화하여 이에 상응하는 경쟁제한기준을 정한다.

5. 재무상태에 따른 제한

1) 대상

각 중앙관서의 장 또는 계약담당공무원이 계약이행의 부실화를 방지하기 위해 필요하다고 판단하여 특별히 인정하는 경우에는 경쟁참가자의 재무상태에 따라 입찰참가자의 자격을 제한

2) 재무상태에 따른 제한기준

현재 부도상태에 있거나 파산 등으로 정상적인 영업활동이 곤란하다고 인정되지 않는 경우

입찰

공종별 유자격자 명부제도

• 공사종류별로 업체의 시공능력(시공실적, 기술능력, 시공평가결과, 경영상태, 신인도)을 일괄 평가한 후 적격업체를 명부에 등록하고 그 명부에 따라 1년간 입찰자격을 부여하는 제도

10-114	기술제안 입찰	
No. 914		유형: 제도·기준

입찰방식

Key Point

☑ 국가표준
- (계약예규) 입찰
  23.03.07
- 국가계약법 시행령
- 조달청지침 제5899호
  기술제안입찰 등에 의한
  낙찰자 결정 세부기준

☑ Lay Out
- 세부기준·결정방법
- 평가기준·감점처리기준

☑ 핵심 단어
- What: 기본설계, 실시설
  계서
- Why: 입찰
- How: 기술제안서 작성

☑ 연관용어
- 입찰

적용대상

- 상징성·기념성·예술성 등
  이 필요하다고 인정되는 공사
- 난이도가 높은 기술이 필요
  한 시설물 공사

기술제안서

- 입찰자가 발주기관이 교부한
  설계서 등을 검토하여 공사
  비 절감방안, 공기단축방안,
  공사관리방안 등을 제안하는
  문서.
- 작성기간: 현장설명일로부터
  120일

I. 정 의

① 실시설계 기술제안입찰: 발주기관이 교부한 실시설계서 및 입찰안
   내서에 따라 입찰자가 기술제안서를 작성하여 입찰서와 함께 제출
   하는 입찰
② 기본설계 기술제안입찰: 발주기관이 작성하여 교부한 기본설계서와
   입찰안내서에 따라 입찰자가 기술제안서를 작성하여 입찰서와 함께
   제출하는 입찰

II. 낙찰자 결정 세부기준

평가항목			평가요소	배점
기술점수	(기본설계 항목) 설계계획	15	① 시설계획의 적정성	5
			② 설비계획의 적정성	5
			③ 시스템/운용계획의 적정성	5
	공사비 절감방안	32	① 사전조사의 부합성(관련기관 협의 등)	6
			② 구조물/공법 계획의 적정성	6
			③ 신기술/신공법 도입의 적정성	5
			④ 환경친화성(건설폐기물의 재활용 등)	5
			⑤ 장래계획과의 부합성 및 기존시설과의 연계성	5
			⑥ 방재/재난 도입의 적정성	5
	생애주기 비용 개선방안	20	① 분석기준 및 방법의 적정성	4
			② RFP 요구조건 반영 결과	5
			③ 비용절감을 위한 유지관리 계획 제안의 적정성	5
			④ 비용 산출의 적정성	6
	공기단축 방안	12	① 공정계획의 수립 및 적정성	6
			② 공기단축	6
	공사관리 방안	21	① 시공중 재난/구난계획 및 지장물처리 계획	3
			② 시공중 구조물/공사지역 안전계획	3
			③ 시공중 장비, 자재, 인력 운영계획	3
			④ 사업관리운영시스템의 적정성	3
			⑤ 작업장 및 현장주변 가설계획의 적정성	3
			⑥ 건설공해 및 민원 방지계획	2
			⑦ 리스크분석 및 관리계획의 적정성	2
			⑧ 사업수행조직 구성의 적정성	2
	(실시설계 항목) 산출내역	12	① 산출물량/금액/원가계산 제비율의 적정성	6
			② 자료의 일치성 및 신뢰성	6
	기 타	( )		( )
합 계		100		112

- 공사의 규모, 특성 등에 따라 평가 항목 및 요소별로 ±20% 범위에서 배점기준을
  조정할 수 있으며 당해공사 입찰안내서에 별도로 정함

| 입찰 |

Ⅲ. 낙찰자 결정방법

① 최저가격으로 입찰한 자를 낙찰자

② 입찰가격을 기술제안점수로 나누어 조정된 수치가 가장 낮은 자

③ 기술제안점수를 입찰가격으로 나누어 조정된 점수가 가장 높은 자

④ 기술제안점수와 가격점수에 가중치를 부여하여 각각 평가한 결과를 합산한 점수가 가장 높은 자

10-115	순수내역입찰 제도	
No. 915		유형: 제도 · 기준

I. 정 의

발주기관이 제시하는 설계도면과 시방서에 따라 내역항목, 수량, 단가 등이 포함된 공사물량과 공법 등을 입찰자가 산출하는 입찰제도

II. 도입효과

```
┌─ 기술력제고 ──────  • 기술능력 위주의 입찰방식 구축
│                      • 공사비 절감
│                      • 물량산출 및 견적능력 향상
│
├─ 대외 경쟁력 역량 강화  • 시공계획 및 공법설계에 대한 역량강화
│                      • 글로벌 시장에서 경쟁력 향상
│
└─ 신기술 신공법 활용 확대  • 신기술 신공법 보유업체의 적용기회 부여
                       • 기술력이 부족한 업체 참여제한
```

III. 입찰 방식에 따른 단계별 수행주체

입찰방식	수행주체	발주계획	기본설계	실시설계	시공계획	내역작성	입찰가작성	비고
내역입찰	발주자	○						내역서 교부
	설계자		○	○	○	○		
	시공자						○	
순수내역입찰	발주자	○						내역서 미교부
	설계자		○	○	○	○		
	시공자				△	△	○	
대안입찰	발주자	○						내역서 교부
	설계자		○	○	○	○		
	시공자			△	△	△	○	
기술제안입찰	발주자	○						내역서 미교부
	설계자		○	○	×	×		
	시공자			△	△	△	○	
턴키입찰	발주자	○						
	설계자							
	시공자		○	○	○	○	○	

10-116	물량내역 수정입찰 제도	
No. 916		유형: 제도 · 기준

입찰

입찰방식
Key Point

■ 국가표준

■ Lay Out
– 현황 · 허용범위
– 문제점 · 개선방안

■ 핵심 단어
– What: 물량내역서 참조
– Why: 입찰
– How: 물량내역 수정

■ 연관용어
– 입찰

I. 정 의

① 발주자가 교부한 물량내역서를 참고하여 입찰자가 소요 물량의 적 정성을 검토 · 수정하여 공사비를 산출하는 입찰제도
② 300억원 이상의 공공공사 입찰

II. 물량내역서 수정 입찰의 현황

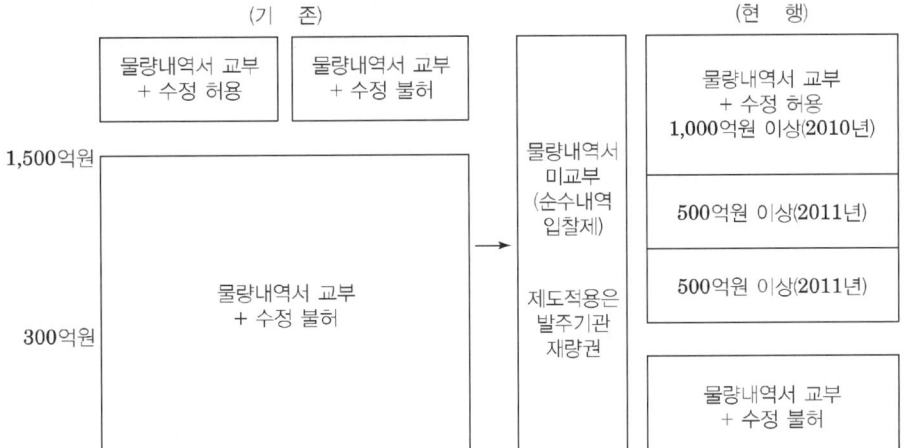

III. 물량내역수정 허용범위

① 물량내역서가 설계서와 상이한 경우, 입찰자로 하여금 물량내역(품 명, 규격, 단위, 수량)을 수정하게 하여야 함
② 설계도면과 공사시방서는 서로 일치하나 물량내역서와 상이한 경 우, 설계도면 및 공사시방서에 물량내역서를 일치시킴
③ 설계서(공사시방서, 설계도면, 현장설명서) 간 상이한 경우, 입찰자 는 발주기관이 확정한 설계서 내용에 따라 물량내역서를 일치시켜 야 함
④ 설계서의 내용이 불분명한 경우, 입찰자는 수요기관에 서면으로 확 인한 후 물량내역서를 수정하여야 함
⑤ 입찰자자 수정하고자 하는 물량이 조달청이 배부한 물량내역서 물 량보다 (−)1% 이내인 경우에는 해당 세부공종의 물량을 감해서는 안 됨
⑥ 설계물량은 설계도의 양으로 산출하는 것을 원칙으로 하며, 수요기 관에서 별도의 물량산출기준을 정한 경우에는 그에 따름

⑦ 입찰자는 다음의 경우에는 반드시 수요기관의 승인을 득하여야 물량내역서의 세부공종을 삭제하는 경우

⑧ 물량내역서의 물량을 "0"으로 하는 경우

⑨ 실적공사비로 지정된 세부공종의 물량내역(공종명, 규격, 단위)을 변경하는 경우

IV. 운영과정에서 도출된 문제점

① 시공법 변경 검토가 아닌 물량 적정성 검토에 국한

② 인위적인 물량 삭감에 의한 낙찰률 하락

③ 소요 물량의 상향 수정 기피

④ 낙찰자에게 설계변경 리스크 전가

⑤ 발주자 행정 부담 및 분쟁 증가 우려

V. 개선방안

① 물량내역 수정허용공종: 발주기관과 건설업체 모두 일부 공종을 지정하여 수정

② 물량 산출과정의 단순 계산실수나 오기, 중복계산 등으로 국한하여 오류 수정 허용

③ 산출된 물양의 과다 및 누락부분까지 수정 허용

④ VE제안 및 신공법 적용을 통한 물량 수정도 허용

⑤ 발주자가 최종적으로 확인한 참값과 비교하여 어느 정도까지 허용 오차 인정

⑥ 적용대상 임의화하고, 발주자에게 재량권 부여

⑦ 물량내역서 수정하지 않은 업체도 입찰참여 허용

⑧ 가장 수정을 많이 한 업체일수록 가점부여

10-117	**대안입찰 제도**
No. 917	Alternative Design	유형: 제도·기준

I. 정 의

① 원안입찰과 함께 따로 입찰자의 의사에 따라 대안이 허용된 공사의 입찰

② 발주자가 제시하는 원안과 기본설계를 바탕으로 동등이상의 기능과 효과를 가진 신공법·신기술의 적용으로 공사비 절감·공기단축 등을 내용으로 하는 대안을 입찰자가 제시하는 입찰

II. 대안입찰의 순서

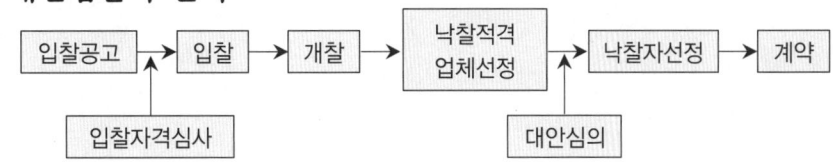

III. 대안제출 서류

- 입찰서
- 대안설계에 대한 구체적인 설명서
- 원안입찰 및 대안입찰에 대한 단가와 수량을 명백히 적은 산출 내역서
- 대안의 채택에 따른 이점, 그 밖에 참고사항을 기재한 서류

IV. 대안채택 및 낙찰자 결정

1) 낙찰적격입찰 선정
  ① 대안입찰가격이 입찰자 자신의 원안입찰가격보다 낮을 것
  ② 대안입찰가격이 총공사 예정가격 이하로서 대안공종(代案工種)에 대한 입찰가격이 대안공종에 대한 예정가격 이하일 것

2) 대안 채택
  ① 설계점수가 높은 순으로 6개의 대안을 선정한 후 대안설계점수가 원안설계점수보다 높은 것을 대안으로 채택
  ② 수 개의 대안공종 중 일부 공종에 대한 대안설계점수가 원안설계점수보다 낮은 경우에는 해당 공종에 대한 대안공종은 미채택

3) 낙찰자 결정
  ① 최저가격으로 입찰한 자를 낙찰자로 결정
  ② 입찰가격을 설계점수로 나누어 조정된 수치가 가장 낮은 자 또는 설계점수를 입찰가격으로 나누어 조정된 점수가 가장 높은 자
  ③ 설계점수와 가격점수에 가중치를 부여하여 각각 평가한 결과를 합산한 점수가 가장 높은 자

입찰

입찰방식
Key Point

■ **국가표준**
– (계약예규)
  입찰 23.03.07
– 국가계약법 시행령

■ **Lay Out**

■ **핵심 단어**

■ **연관용어**

--- 대안 ---

• 실시설계서의 공종 중에서 대체가 가능한 공종에 대해 기본방침의 변동 없이 지방자치단체가 작성한 설계에 대체될 수 있는 같은 수준 이상의 기능 및 효과를 가진 신공법·신기술·공기단축 등이 반영된 설계

• 해당 실시설계서상의 가격이 지방자치단체가 작성한 실시설계서상의 가격보다 낮고 공사기간이 지방자치단체가 작성한 실시설계서상의 기간을 초과하지 않는 방법(공기단축의 경우에는 공사기간이 지방자치단체가 작성한 실시설계서의 기간보다 단축된 것에 한함)으로 시공할 수 있는 설계

--- 개선제안공법 ---

• 국내·외에서 새로이 개발되었거나 개량된 기술·공법·기자재 등(이하 "공법"이라 한다)을 포함한 정부설계와 동등이상의 기능과 효과를 가진 공법을 사용함으로써 공사비의 절감, 시공기간의 단축 등의 효과가 현저한 것

10-118	낙찰	
No. 918		유형: 제도·기준

낙찰

Key Point

☑ 국가표준
- 국가계약법 시행령
- (계약예규) 적격심사기준
- 세부기준조달청 시설공사
  적격심사세부기준
- 조달청 공사계약 종합심
  사낙찰제 심사세부기준
- 22.06.17

☑ Lay Out
- 선정방법

☑ 핵심 단어
- What: 기본설계, 실시설
  계서
- Why: 입찰
- How: 기술제안서 작성

☑ 연관용어
- 입찰

I. 정 의

낙찰자 선정은 미리 정해둔 선정기준에 결격사유가 없는 자로서 유효한 입찰서의 입찰금액과 예정가격을 대조하여 낙찰자선정기준에 적합한 자를 낙찰자로 선정한다.

II. 낙찰자 선정방법

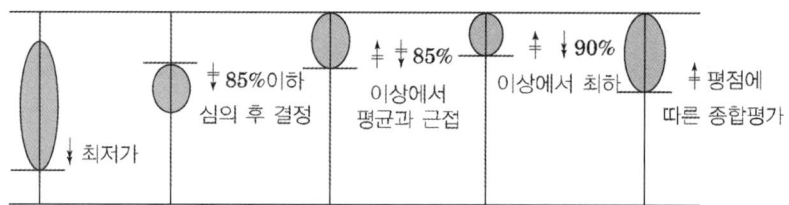

[최저가 낙찰제] [저가 심의제] [부찰제] [제한적 최저가낙찰제] [적격낙찰제]

1) 최저가 낙찰제(Lower Limit)
   ① 예정가격 범위 내에서 최저 가격으로 입찰한 자를 선정하는 제도
   ② 공사비 절감 효과와 자유경쟁 원리에 부합되나 직접공사비 수준에 미달되는 저가입찰(Dumping), 담합 등으로 인해 부실공사의 우려가 있다.

2) 저가 심의제
   ① 예정가격의 85% 이하 입찰자 중 최소한의 자격요건을 충족하는지 심의하여 입찰자를 선정하는 낙찰제도
   ② 최저가 낙찰제와 부찰제의 장점만을 취한 낙찰제도로서 부적격자를 사전 배제하여 부실공사방지와 건설회사의 공사 수행능력을 확인하기 위한 낙찰제도

3) 부찰제(제한적 평균가 낙찰제)
   ① 예정가격의 85% 이상 금액의 입찰자들의 평균금액을 산출하여, 이 평균금액 밑으로 가장 근접한 입찰자를 낙찰자로 선정하는 제도
   ② Dumping 입찰에 의한 부실시공 근절과 하도급자의 적정이윤을 보장하기 위한 입찰제도

4) 제한적 최저가 낙찰제
   ① 예정가격의 90% 이상 금액의 입찰자 중, 최저 가격으로 입찰한 자를 낙찰자로 선정하는 제도
   ② 낙찰자에게 적정이윤을 보장하고, 부실공사를 사전에 방지하기 위한 제도이나, 입찰 전 예정가격을 알게 되면 낙찰이 가능하므로 비리발생의 우려가 매우 높다.

낙찰

5) 적격심사낙찰제도
   ① 재정지출의 부담이 되는 입찰에 있어서 예정가격 이하로서 최저가격으로 입찰한 자부터 순서대로 해당 계약이행능력을 심사해 낙찰자를 결정하는 제도
   ② 추정가격 100억원 미만(국가기관), 300억 미만(자치단체)인 공사, 지방계약법, 국가계약법

6) 종합평가낙찰제도
   ① 시공품질 평가결과, 기술인력, 제안서내용, 계약이행기간, 입찰가격, 공사수행능력, 사회적 책임 등을 종합적으로 평가하여 가장 높은 합산점수를 받은 자를 낙찰자로 결정하는 제도
   ② 추정가격 300억원 이상인 공사, 지방계약법

7) 종합심사낙찰제도
   ① 시공품질 평가결과, 기술인력, 제안서내용, 계약이행기간, 입찰가격, 공사수행능력, 사회적 책임 등을 종합적으로 평가하여 가장 높은 합산점수를 받은 자를 낙찰자로 결정하는 제도
   ② 추정가격 100억원 이상인 공사, 국가계약법

10-119	적격심사제도(적격낙찰)	
No. 919		유형: 제도 · 기준

낙찰

낙찰
Key Point

■ 국가표준
- 국가계약법 시행령
- (계약예규) 적격심사기준
- 세부기준조달청 시설공사 적격심사세부기준
- 조달청 공사계약 종합심사낙찰제 심사세부기준
- 23.01.19

■ Lay Out
- 선정방법 · 심사대상
- 심사항목 · 세부기준
- 낙찰자 결정방법

■ 핵심 단어
- What: 기본설계, 실시설계서
- Why: 입찰
- How: 기술제안서 작성

■ 연관용어
- 입찰

입찰가격 평가

• A
- 국민연금, 건강보험, 퇴직공제부금비, 노인장기요양보험, 산업안전보건관리비, 안전관리비, 품질관리비의 합산액
- | |는 절대갑 표시임
- (입찰가격-A)을 (예정가격-A)으로 나눈 결과 소수점이하의 숫자가 있는 경우에는 소수점 다섯째자리에서 반올림한다.
- 최저평점은 2점으로 한다.

I. 정 의

낙찰자 선정은 미리 정해둔 선정기준에 결격사유가 없는 자로서 유효한 입찰서의 입찰금액과 예정가격을 대조하여 낙찰자선정기준에 적합한 자를 낙찰자로 선정한다.

II. 낙찰자 선정방법

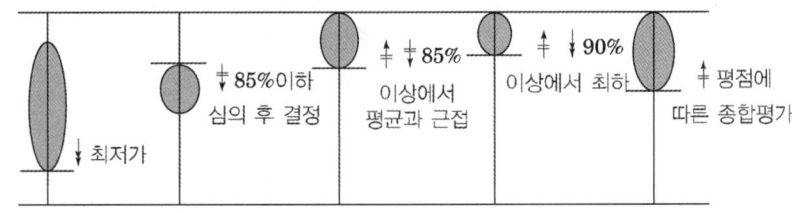

[최저가 낙찰제] [저가 심의제] [부찰제] [제한적 최저가낙찰제] [적격낙찰제]

III. 적격심사의 대상

① 지방자치단체 공사계약: 추정가격 300억원 미만인 공사
② 국가 공사계약자: 추정가격의 100억원 미만인 공사, 추정가격 100억원 이상의 공사는 종합심사의 대상

IV. 심사기준 항목

평가부문	심사항목	평가기준	비 고
1. 수행능력평가	시공경험	분야별 세부평점을 적용	적격심사 대상공사 및 심사기준은 추정가격과 입찰방식에 따라 적격통과기준이 수시로 변경됨
	기술능력		
	시공평가결과		
	경영상태(신용평가)		
	신인도		
2. 입찰가격평가	입찰가격점수	입찰가격/예정가격	
3. 자재 및 인력조달 가격의 적정성 평가	평가산식, 노무비, 제경비	등급별, 규모별 세부평가기준	
4. 하도급관리계획의 적정성 평가	하도급관리계획서		

※ 종평제는 수요기관이 계약심의위원회에서 입찰참가자격 결정

낙찰

V. 세부심사기준

추정가격	수행능력 평가점수	입찰가격 평가점수	입찰가격 평가	
100억 미만 50억 이상	50	50	$50 - 2 \times \left\| \left(\frac{88}{100} - \frac{입찰가격 - A}{예정가격 - A} \right) \times 100 \right\| = 입찰가격 점수$ • (입찰가격-A)이(예정가격-A)이하로서 (예정가격-A)의 100분의 90.5 이상인 경우의 평점은 45점으로 한다.	• 자재 및 인력조달 가격의 적정성 평가 -10점 • 하도급관리계획의 적정성 평가 -10점
50억 미만 10억 미만	30	70	$70 - 4 \times \left\| \left(\frac{88}{100} - \frac{입찰가격 - A}{예정가격 - A_0} \right) \times 100 \right\| = 입찰가격 점수$ • (입찰가격-A)이(예정가격-A)이하로서 (예정가격-A)의 100분의 89.25 이상인 경우의 평점은 65점으로 한다.	
10억 미만 3억 이상	20	80	$80 - 20 \times \left\| \left(\frac{88}{100} - \frac{입찰가격 - A}{예정가격 - A} \right) \times 100 \right\| = 입찰가격 점수$ • (입찰가격-A)이(예정가격-A)이하로서 (예정가격-A)의 100분의 88.25 이상인 경우의 평점은 75점으로 한다.	
3억 미만 2억 이상	10	90	$90 - 20 \times \left\| \left(\frac{88}{100} - \frac{입찰가격 - A}{예정가격 - A} \right) \times 100 \right\| = 입찰가격 점수$ • (입찰가격-A)이(예정가격-A)이하로서 (예정가격-A)의 100분의 88.25 이상인 경우의 평점은 85점으로 한다.	
2억원미만	10	90	$90 - 20 \times \left\| \left(\frac{88}{100} - \frac{입찰가격 - A}{예정가격 - A} \right) \times 100 \right\| = 입찰가격 점수$ • (입찰가격-A)이(예정가격-A)이하로서 (예정가격-A)의 100분의 88.25 이상인 경우의 평점은 85점으로 한다.	

VI. 낙찰자 결정

① 종합평점 92점 이상 낙찰자로 결정

② 추정가격이 100억원 미만인 공사의 경우에는 종합평점이 95점 이상이어야 낙찰자로 결정

③ 최저가 입찰자의 종합평점이 낙찰자로 결정될 수 있는 점수 미만일 때에는 차순위 최저가 입찰자 순으로 심사하여 낙찰자 결정에 필요한 점수 이상이 되면 낙찰자로 결정

VII. 낙찰제도 비교

구분	적격심사낙찰제	종합평가낙찰제	종합심사낙찰제	간이종합심사낙착제
발주주체	정부/지자체	지방자치단체	정부	정부
관계법령	• 국가계약법 • 지방계약법	지방계약법	국가계약법	국가계약법
대상	• 국가기관: 100 미만 • 지자체: 300억 미만	300억원 이상	100억원 이상	100억 이상 300억원 미만
관련부처	• 기획재정부 • 행정자치부	행정자치부	기획재정부	기획재정부
공사수행 능력	시공경험, 기술능력, 시공평가, 경영상태(신인도)	경영상태, 전문성(시공실적, 배치기술자), 열양	시공실적, 매출액비중, 배치기술자, 시공평가점수, 규모별 시공역량, 공동수급체구성), 사회적책임(건설안전, 공정거래, 건설인력고용, 지역경제기여도)	경영상태, 전문성(시공실적, 배치기술자), 역량(규모별 시공역량, 공동수급체구성), 사회적책임(건설안전, 공정거래, 건설인력고용, 지역경제기여도)

☆★★　　2. 입찰·낙찰

10-120	종합평가낙찰제	
No. 920		유형: 제도·기준

낙찰

낙찰
Key Point

■ 국가표준
- 국가계약법 시행령
- (계약예규) 적종합심사
  낙찰제 심사기준 22.06.01
- 조달청 공사계약 종합심
  사낙찰제 심사세부기준
- 23.01.19

■ Lay Out
- 낙찰과정·배점기준
- 심사대상·세부기준
- 낙찰자 결정기준

■ 핵심 단어
- 공사수행능력, 입찰금액,
  계약신뢰도
- 종합평가

■ 연관용어
- 입찰

I. 정 의

지방자치단체에서 발주하는 공사에 대하여 적정한 능력을 갖춘 업체의
시공실적·시공품질·기술능력·경영상태 및 신인도 등을 종합적으로
평가하여 가장 높은 점수를 받은 자를 낙찰자로 결정하기 위한 제도

II. 낙찰자 결정과정

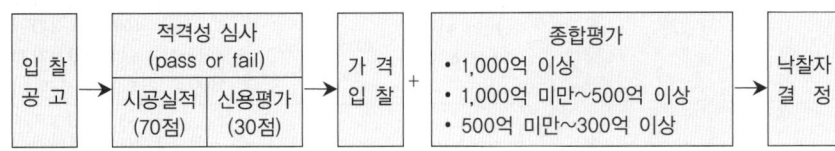

III. 종합평가 낙찰자 결정기준 평가항목별 배점기준 총괄

평가분야			평가 항목	공사규모별(전체 추정가격 기준) 배점		
				1,000억 이상	1,000억 미만 500억 이상	500억 미만 300억 이상
적격성심사			이행능력평가(90점 이상) - 시공실적 평가 - 신용평가 등급	Pass / Fail	Pass / Fail	Pass / Fail
종합평가	기술이행능력	입찰가격	산식에 의한 평가 단가심사	35	40	50
		동일실적 경과정도	준공기한 경과 정도 평가	10	10	10
		기술능력	배치예정 현장대리인 (500억 이상 고난이도 공종) 기술자 보유 신기술개발·활용실적 기술개발투자비율	30	25	20
		시공품질	시공평가 결과	15	15	10
		하도급 적정성	하도급관리계획의 적정성	10	10	10
		사회적 신인도 [가점:1)+2)+3)+4) =1점]	사고사망만인율	0.5	0.5	0.5
			상호협력	0.5	0.5	0.5
			전문화 지역업체 참여도	0.5	0.5	0.5
			건설인력고용	0.5	0.5	0.5
	수행능력상 결격여부		시공능력평가액	△2+α	△2+α	△2+α

IV. 적격성 심사 - 심사대상 공사

구분		적용대상
I 유형	고난이도 공종	1) 교량 2) 공항 3) 댐 축조 4) 에너지 저장시설 5) 간척공사 6) 준설 7) 항만 8) 철도 9) 지하철 10) 터널공사 11) 발전소 12) 쓰레기소각로 13) 폐수처리장 14) 하수종말처리장 15) 관람·집회시설 16) 전시시설 17) 송전공사 18) 변전공사
II 유형	일반공종	시공실적으로 입찰참가자격을 제한한 입찰
III 유형	일반공종	I, II 유형을 제외한 입찰

적용대상

• 추정가격 300억원 이상인
  공사, 지방계약법

심사원칙

• 심사는 적격성심사 분야와
  종합평가 분야로 구분하여
  심사하며 적격성 심사 통과
  자는 90점 이상자로 하고,
  적격성 심사 통과자를 대상
  으로 종합평가를 실시

| 낙찰 |

V. 종합평가 절차

계약방법의 결정 → 입찰공고 → 현장설명 → 적격성 심사 신청 → 제출서류에 대한보완요구 → 1단계 적격성 심사 실시 → 입찰적격자의 선정 → 심사결과의 통지 → 이의신청과 재심사 실시 → 가격입찰 → 2단계 종합평가 심사 신청 → 종합심사 실시 → 종합심사 결과통보 → 이의신청과 재심사 실시 → 계약체결

VI. 평가분야별 배점기준

① 입찰가격 평가의 평가산식, 균형가격 산정방법, 단가심사, 소수점 처리 등 세부평가에 필요한 사항은 기획재정부 계약예규 종합심사 낙찰제 심사기준 및 조달청 종합심사 낙찰제 심사세부기준을 준용하여 평가한 후 규모별 배점으로 환산하여 평가하되, 환산하여 소수점이 나오는 경우 소수점 넷째자리에서 반올림한다.

② 동일실적 경과정도 평가(10점)
  • 점수 = 동일실적 준공기한 경과정도 평가 기준에 의한 평점

③ 기술능력 평가(1,000억 이상 30점, 1,000억 미만 25점, 500억 미만 20점)
  • 점수 = 공사규모별 배점 한도 × 기술능력 평가 기준에 의한 평점/40

④ 시공품질 평가(500억 이상 15점, 500억 미만 10점)
  • 점수 = 공사규모별 배점한도 × 시공품질 평가기준에 의한 평점/10

⑤ 하도급관리계획의 적정성 평가(10점)
  • 추정가격 1,000억원 이상 공사: 하도급관리계획 적정성 평가기준에 의한 평점×10/12
  • 추정가격 1,000억원 미만 공사: 하도급관리계획 적정성 평가 기준에 의한 평점

⑥ 사회적 신인도 평가(가점한도 1.0점)
  • 점수 = 사회적 신인도 평가기준에 의한 평점

⑦ 수행능력 결격 여부 평가: 시공비율에 따른 추정가격이 시공능력평가액을 초과하는 구성원 1개사당 종합평가점수에서 2점씩 감점

VII. 낙찰자 결정방법

① 예정가격 이하로 입찰한 입찰자 종합 심사 합산점수가 가장 높은 자를 낙찰자로 결정

② 종합심사 점수가 최고점인 자가 둘 이상인 경우
  • 기술이행능력 점수가 높은 자
  • 입찰금액이 낮은 자
  • 추첨

10-121	종합심사낙찰제	
No. 921		유형: 제도 · 기준

낙찰

낙찰
Key Point

■ **국가표준**
– 국가계약법 시행령
– (계약예규) 적종합심사낙
  찰제 심사기준22.06.01
– 조달청 공사계약 종합심
  사낙찰제 심사세부기준
– 23.01.19

■ **Lay Out**
– 심사기준
– 낙찰자 결정방법

■ **핵심 단어**
– 공사수행능력, 입찰금액,
  계약신뢰도
– 종합평가

■ **연관용어**
– 입찰

I. 정 의

시공품질 평가결과, 기술인력, 제안서내용, 계약이행기간, 입찰가격, 공사수행능력, 사회적 책임 등을 종합적으로 평가하여 가장 높은 합산 점수를 받은 자를 낙찰자로 결정하는 제도

II. 심사기준

1) 일반공사 심사항목 및 배점기준

심사 분야	심사 항목		배 점
공사수행능력 (50점)	전문성 (28.5점)	시공실적	15점
		동일공종 전문성 비중	3.5점
		배치 기술자	10점
	역량 (20점)	시공평가점수	15점
		규모별 시공역량	3점
		공동수급체 구성	2점
	일자리 (1.5점)	건설인력고용	1.5점
	사회적책임 (0점~+2점)	건설안전	-0.8점~+0.8점
		공정거래	0.6점
		지역경제 기여도	0.8점
	소계		50점
입찰금액 (50점)	입찰금액		50점
	가격 산출의 적정성(감점)	단가	-4점
		하도급계획	-2점
	소계		50점
계약신뢰도 (감점)	배치기술자 투입계획 위반		감점
	하도급관리계획 위반		감점
	하도급금액 변경 초과비율 위반		감점
	시공계획 위반		감점
합 계			100점

대상

• 추정가격이 100억원 이상인
  공사와
• 문화재수리로서 문화재청장
  이 정하는 공사

입찰가격 평가

• 고난도 공사
– 실동일공사실적 심사공종이
  포함된 공사
• 간이형 공사
– 추정가격 100억원 이상 300
  억원 미만이면서 제17호와 제
  18호에 해당하지 않는 공사
• 실적제한공사
– 실적경쟁 입찰로 집행하는
  공사

종합심사 점수 산정

- 간이형 공사
- 공사수행력점수(경영상태점수 포함), 사회적 책임점수(공사수행능력점수의 배점한도 내에서 가산), 입찰금액점수(단가 심사점수 및 하도급 계획 심사점수 포함) 및 계약신뢰도 점수를 합산하여 종합심사 점수를 산정
- 일반 공사
- 공사수행능력점수, 사회적 책임점수(공사수행능력점수의 배점한도 내에서 가산), 입찰금액점수(단가 심사점수 및 하도급 계획 심사점수 포함) 및 계약신뢰도 점수를 합산하여 종합심사 점수를 산정
- 고난이도 공사
- 공사수행능력점수, 사회적 책임점수(공사수행능력점수의 배점한도 내에서 가산), 입찰금액점수(단가 심사점수, 하도급계획 심사점수, 물량 심사점수 및 시공계획 심사점수 포함) 및 계약신뢰도 점수를 합산하여 종합심사 점수를 산정

추첨

- 예정가격이 100억원 미만인 공사의 경우에는 입찰가격을 예정가격 중 다음에 해당하는 금액의 합계액의 100분의 98 미만으로 입찰한 자는 낙찰자에서 제외

2) 고난이도공사 심사항목 및 배점기준

심사 분야	심사 항목		배 점	
공사수행능력 (50점)	전문성 (31.5점)	시공실적	15점	
		동일공종 전문성 비중	5.5점	
		배치 기술자	11점	
	역량 (17점)	시공평가점수	15점	
		규모별 시공역량	–	
		공동수급체 구성	2점	
	일자리 (1.5점)	건설인력고용	1.5점	
	사회적책임 (0점~+2점)	건설안전	-0.8점~+0.8점	
		공정거래	0.6점	
		지역경제 기여도	0.8점	
	소계		50점	
입찰금액 (50점)	입찰금액		50점	
	가격 산출의 적정성(감점)	단가	-4점	
		하도급계획	감점	-2점
		물량심사	가점	-1점
		시공계획심사	-2점	
	소계		50점	
계약신뢰도 (감점)	배치기술자 투입계획 위반		감점	
	하도급관리계획 위반		감점	
	하도급금액 변경 초과비율 위반		감점	
	시공계획 위반		감점	
합 계			100점	

3) 실적제한공사 심사항목 및 배점기준(추정가격 300억원 이상)

심사 분야	심사 항목		배 점
공사수행능력 (50점)	전문성 (31.5점)	시공실적	15점
		동일공종 전문성 비중	5.5점
		배치 기술자	11점
	역량 (17점)	시공평가점수	15점
		규모별 시공역량	–
		공동수급체 구성	2점
	일자리 (1.5점)	건설인력고용	1.5점
	사회적책임 (0점~+2점)	건설안전	-0.8점~+0.8점
		공정거래	0.6점
		지역경제 기여도	0.8점
	소계		50점
입찰금액 (60점)	입찰금액		50점
	가격 산출의 적정성(감점)	단가	-4점
		하도급계획	-2점
	소계		50점
계약신뢰도 (감점)	배치기술자 투입계획 위반		감점
	하도급관리계획 위반		감점
	하도급금액 변경 초과비율 위반		감점
	시공계획 위반		감점
합 계			100점

낙찰

4) 실적제한공사 및 간이형 공사 심사항목 및 배점기준(추정가격 300억원 미만)

심사 분야	심사 항목		배 점
공사수행능력 (40점)	경영상태 (10점)	경영상태	10점
	전문성 (18점)	시공실적	10점
		배치 기술자	8점
	역량 (12점)	규모별 시공역량	6점
		공동수급체 구성	2점
	사회적책임 (0점~+2점)	건설안전	−0.4점~+0.4점
		공정거래	0.4점
		건설인력고용	0.4점
		지역경제 기여도	0.8점
	소계		40점
입찰금액 (60점)	입찰금액		60점
	가격 산출의 적정성(감점)	단가	−4점
		하도급계획	−2점
	소계		60점
계약신뢰도 (감점)	배치기술자 투입계획 위반		감점
	하도급관리계획 위반		감점
	하도급금액 변경 초과비율 위반		감점
	시공계획 위반		감점
합 계			100점

Ⅲ. 낙찰자 결정방법

① 예정가격 이하로 입찰한 입찰자 종합 심사 합산점수가 가장 높은 자를 낙찰자로 결정

② 종합심사 점수가 최고점인 자가 둘 이상인 경우

- 공사수행능력점수와 사회적 책임점수의 합산점수(사회적 책임점수는 공사수행능력점수의 배점한도 내에서 가산)가 높은 자
- 입찰금액이 낮은 자
- 입찰공고일을 기준으로 최근 1년간 종합심사낙찰제로 낙찰받은 계약금액(공동수급체로 낙찰받은 경우에는 전체 공사부분에 대한 지분율을 적용한 금액)이 적은 자

10-122	최고가치 낙찰제도(Best value)	
No. 922		유형: 제도·기준

낙찰

낙찰
Key Point

■ 국가표준

■ Lay Out
- 필요성 및 기대효과
- 보완사항

■ 핵심 단어
- What: LCC최소화
- Why: 최고가치 낙찰
- How: 입찰가격과 기술능력을 종합적으로 평가

■ 연관용어
- 입찰

I. 정 의

① L.C.C(Life Cycle Cost)의 최소화로 투자 효율성(value for money)의 극대화를 위해 입찰가격과 기술능력 등을 종합적으로 평가하여 발주자에게 최고가치를 줄 수 있는 입찰자(응찰자)를 낙찰자로 선정하는 제도이다.

② 최고가치 낙찰제도는 '총생애비용의 견지에서 발주자에게 최고의 투자효율성을 가져다주는 입찰자를 선별하는 조달 process 및 system'으로 정의될 수 있다.

II. 필요성 및 기대효과

구분	필요성 및 기대효과
발주기관	• 공기단축 및 품질에 대한 신뢰 • 공사의 특성에 맞는 다양한 운영과 전문성제고 • 충분한 계약이행능력을 갖춘 입찰자 선정 • 발주자에게 장기적인 비용절감으로 최고의 투자효율성 극대화
건설회사	• 시공자의 기술발전 및 경험활용 극대화 • 수주기회의 경쟁력 확보
공통사항	• 입·낙찰제도의 국제표준화로 국가경쟁력 제고 • dumping수주방지와 수익성 상승으로 건설산업 발전에 기여 • 부실시공방지로 기술발전과 품질수준 제고

III. 시행 및 확대시 보완사항

1) 국가계약법령의 보완 및 개정
   국가계약법 시행령에 근거규정 및 운영요령에 관한 제정
2) 평가항목과 방법
   ① 가격, 공기, 수행능력, 품질관리, 기술제안 등 분야별 평가항목 제시
   ② 공사특성 등을 감안한 적절한 평가항목 정비
3) 입낙찰절차의 공정성과 투명성 유지
   평가종합 및 낙찰자 선정과 탈락사유 설명으로 공정성 유지
4) 조달청과 수요기관간 역할분담
   ① 조달청: P.Q심사, 입찰가격심사, 낙찰자선정, 입찰 및 계약체결
   ② 수요기관: 대상공사선정, 평가기준 작성, 비가격 평가. 설계변경, 성과평가

10-123	Two Envelope System(TES)	
No. 923	선기술 후가격 협상제도	유형: 제도 · 기준

낙찰

낙찰
Key Point
☑ 국가표준

☑ Lay Out
- 필요성
- 문제점

☑ 핵심 단어

☑ 연관용어
- 입찰

I. 정 의

① 기술능력이 우수한 건설회사를 선정하기 위하여 기술제안서(Technical Proposal)와 가격제안서(Cost Proposal)를 제출받아 기술능력이 우수한 업체순으로 가격을 협상하여 낙찰자를 선정하는 제도

② 입찰참가자격을 사전에 심사하고, 심사에 합격한 업체 중에서 기술능력 점수가 우수한 업체에게 우선협상권을 부여하여 예정가격 내에서 입찰가를 협상하여 계약을 체결하는 방법

II. 필요성

① 업체의 기술능력 향상

② 기술능력 우선업체 시공으로 인하여 부실시공 방지

③ 공사비 절감 및 공기단축

④ 신공법개발 및 해당 project의 최적업체 선정

⑤ 기술개발 투자확대 유도

III. 문제점

① 심사기준 및 평가항목 미흡

② 심사절차 및 서류과다

③ 적용대상에 대한 조정필요

④ 순수한 기술능력 평가 미흡

⑤ 중소업체에 불리한 요소잔존

10-124	건설근로자 노무비구분관리 및 지급확인제도	
No. 924		유형: 제도 · 기준

하도급

하도급

Key Point

■ **국가표준**
- 근로자의 고용개선 등에 관한 법률
- 건설근로자법시행령
- 지방자치단체 입찰 및 계약 집행기준

■ **Lay Out**
- 적용대상
- 업무절차

■ **핵심 단어**
- 노부비를 다른공사원가와 구분관리
- 지급확인

■ **연관용어**
- 하도급관리
- 기성관리

I. 정 의

① 노무비 구분관리: 건설공사 노무비를 다른 공사원가와 구분하여 관리하는 것으로 노무비를 노무비전용계좌에 입금하고 노무비전용계좌에서 근로자 계좌로 임금을 이체하는 것
② 노무비지급확인제: 건설공사 근로자들의 노무비가 실제 지급되었는지 여부를 의무적으로 확인하는 제도

II. 적용대상

1) 적용공사
- 공공공사 중에서 공사금액 5천만원 이상, 공사기간 30일 초과하는 공사
2) 노무비 구분관리 및 지급확인제가 모두 적용제외되는 공사
 ① 직접노무비 지급대상 전원이 사용근로자로만 구성된 경우
 ② 천재지변 또는 기타사유 등으로 동 제도를 적용할 수 없다고 계약당사자가 발주기관의 승은을 받은 경우
3) 노무비 구분관리 및 지급확인제가 모두 적용제외되는 공사
 ① 노무비전액 선지급 시
 ② 계좌개설 불가 등의 사유로 현금지급하는 경우
 ③ 계약기간 1개월 미만인 공사

III. 업무절차

노무비 구분관리 대상

- 근로계약서를 통해 계약되고 사용된 모든 근로자의 임금을 대상으로 한다.
- 직접노무비에 한정되며 하수급인이 고용한 근로자 노무비를 포함
- 장비, 자재대금은 적용제외
- 일용근로자외에 상용 근로자가 직접 시공에 참여하는 경우에는 노무비 지급대상에 해당 상용근로자를 포함하여 노무비 청구 가능

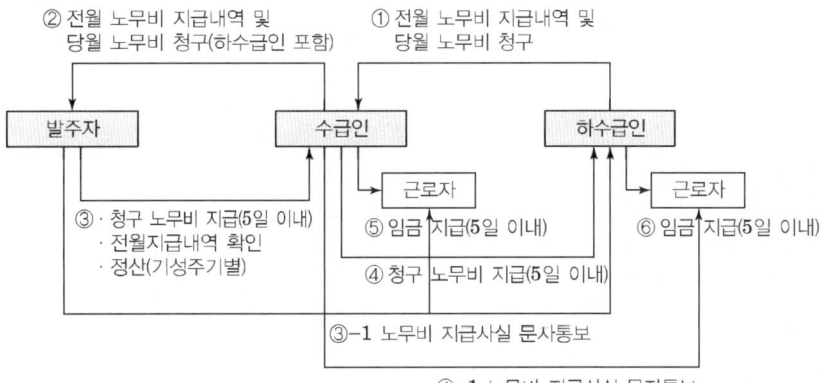

당월노무비 기성청구 및 전월 지급내역작성하여 원도급사에 체출 → 발주처에 보고 → 5일 이내(국가계약법)에 지급 및 문자통보 → 원도급사 직영근로자와 하도급사에게 문자발송 → 원수급자는 기성 수령 후 2일 이내 임급지급 → 하도급사 근로자별 문자통보 → 하수급인은 기성 수령 후 2일 이내 근로자에게 기성지급

10-125	NSC(Nominated-Sub-Contractor)	
No. 925	발주자 지명하도급 방식	유형: 제도 · 기준

하도급

Key Point

☑ 국가표준

☑ Lay Out
- 방식구분
- 특징

☑ 핵심 단어
- 노부비를 다른공사원가와 구분관리
- 지급확인

☑ 연관용어
- Cost On

• 영국과 영연방국가에서 대체로 행해지는 하도급 계약 방식

I. 정 의

① 발주자가 당해 사업을 추진함에 있어 주 시공업자 선정전에 특정업체를 지명하여 입찰서에 명기를 하고 주 시공업자와 함께 공사를 추진하는 방식

② 검증이 된 전문업체를 선정하여 발주자가 원하는 품질과 원도급 및 하도급까지 관리하기 위함이며, 설계진행시 전문적 기술사항을 사전에 반영하여 설계완성도를 향상 시킬 수 있고 공사내용을 전반적으로 숙지하고 이해할 수 있으므로 면밀한 시공계획을 수립할 수 있는 장점이 있다.

II. 방식구분

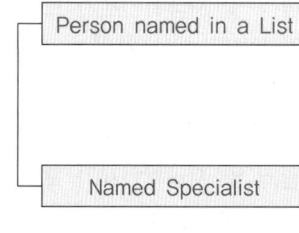

Person named in a List	• 발주자와 원도급자간 계약 체결 시점에 해당 공종을 수행할 전문업체 후보를 리스트업하고, 원도급자는 리스트에 지정된 후보 중 특정 업체에서 선택해 하도급 계약을 체결하는 방식
Named Specialist	• 하도급업체 지명에 있어서는 발주자와 원도급자가 협의는 하지만, 결과적으로 발주자가 원하는 특정 전문건설업체를 직접 지명

III. 특 징

① 도급계약조건에 특정부분의 NSC적용을 지정하고 시공사와 도급계약체결

② NSC범위의 하도급공사의 업자를 결정 후 시공사에 통보하여 시공사와 하도급계약을 체결

③ 결정된 하도급금액에 약정된 비율의 관리비를 추가하여 도급금액 결정

④ 특정공사의 전문적인 하도급 업체선정으로 품질향상

⑤ 발주자가 원도급 및 하도급관리 가능

⑥ 분리발주 및 선발주를 통해 공사기간 단축가능

10-126	시공능력평가제도	
No. 926		유형: 제도 · 기준

기술관련

기술관련
Key Point

■ **국가표준**
- 건설산업기본법 시행규칙

■ **Lay Out**
- 평가액 산정
- 평가방법

■ **핵심 단어**
- 노부비를 다른 공사원가와 구분관리
- 지급확인

■ **연관용어**

시공능력의 공시항목

1. 상호 및 성명(법인인 경우에는 대표자의 성명)
2. 주된 영업소의 소재지 및 전화번호
3. 건설업등록번호
4. 시공능력평가액과 그 산정 항목이 되는 공사실적평가액 · 경영평가액 · 기술능력 평가액 및 신인도평가액
5. 건설업종별 · 주력분야별 · 주요 공사 종류별 건설공사 실적 및 건설업종별 직접시공실적
6. 보유기술인수

I. 정 의

① 정부가 건설회사의 건설공사실적, 자본금, 건설공사의 안전 · 환경 및 품질관리 수준 등에 따라 시공능력을 평가하여 공시하는 제도
② 발주자가 적정한 건설업자를 선정할 수 있도록 하기 위하여 매년 7월 31일까지 공시되며 이 시공능력평가의 적용기간은 다음해 공사일 이전까지다.

II. 시공능력평가액 산정

시공능력평가액 = 공사실적평가액 + 경영평가액 + 기술능력평가액 + 신인도평가액

공사실적 평가액	• 최근 3년간 건설공사 실적의 연차별 가중평균액×70%
경영 평가액	• 실질자본금×경영평점×80%
기술능력 평가액	• 기술능력생산액+(퇴직공제불입금×10)+최근 3년간 기술개발 투자액
신인도 평가액	• 신기술지정, 협력관계평가, 부도, 영업정지, 산업재해율 등을 감안하여 가점 또는 감점

III. 시공능력의 평가방법

① 업종별 주력분야별로 평가
② 최근 3년간 공사실적을 평가
③ 건설업 양도신고를 한 경우 양수인의 시공능력은 새로이 평가
④ 상속인, 양수인은 종전 법인의 시공능력과 동일한 것으로 본다.
⑤ 시공능력을 새로이 평가하는 경우 합산
⑥ 건설업자의 경영평가액은 0에서 공사실적평가액의 20/100에 해당하는 금액을 뺀 금액으로 한다.

10-127	직접시공의무제도	
No. 927		유형: 제도·기준

기술관련

기술관련
Key Point

■ 국가표준
- 건설산업기본법 시행령 30조

■ Lay Out
- 시공비율
- 준수사항
- 예외

■ 핵심 단어
- 노무비를 다른 공사원가와 구분관리
- 지급확인

■ 연관용어

I. 정 의

① 건설사업자는 1건 공사의 금액이 100억원 이하로서 대통령령으로 정하는 금액(70억원 미만인 건설공사)미만인 건설공사를 도급받은 경우에는 그 건설공사의 도급금액 산출내역서에 기재된 총 노무비 중 대통령령으로 정하는 비율에 따른 노무비 이상에 해당하는 공사를 직접 시공하여야 한다.

② 건설공사를 직접 시공하는 자는 대통령령으로 정하는 바에 따라 직접시공계획을 발주자에게 통보하여야 한다.

II. 직접시공 비율

도급금액	직접시공 비율
도급금액이 3억원 미만인 경우	100분의 50
도급금액이 3억원 이상 10억원 미만인 경우	100분의 30
도급금액이 10억원 이상 30억원 미만인 경우	100분의 20
도급금액이 30억원 이상 70억원 미만인 경우	100분의 10

III. 준수사항

① 직접시공계획의 통보는 도급계약을 체결한날부터 30일 이내에 하여야 한다.

② 다음 요건을 모두 갖춘 경우에는 해당 공사의 직접시공계획을 통보하지 아니할 수 있다.
- 1건 공사의 도급금액이 4천만원 미만일 것
- 공사기간이 30일 이내일 것

③ 감리자가 있는 건설공사로서 도급계약을 체결한 자가 규정에 의한 기한내에 감리자에게 직접시공계획을 통보한 경우에는 이를 발주자에게 통보한 것으로 본다.

IV. 직접시공 예외

① 발주자가 공사의 품질이나 시공상 능률을 높이기 위하여 필요하다고 인정하여 서면으로 승낙한 경우

② 수급인이 도급받은 건설공사 중 특허 또는 신기술이 사용되는 부분을 그 특허 또는 신기술을 사용할 수 있는 건설사업자에게 하도급하는 경우

☆☆☆	3. 관련제도		74
10-128	P.F(Project Financing)		
No. 928	프로젝트 금융	유형: 제도·기준	

기타

금융기법
Key Point

☑ 국가표준

☑ Lay Out
– 참여자 역할과 관계
– 타당성 분석
– 금융기법
– 비교

☑ 핵심 단어
– What: SPC
– Why: 부동산 개발사업
– How: 출자를 받아 사업 시행

☑ 연관용어
– SOC

Special Purpose Company

• 민간투자사업법인은 특수목 적회사(SPC)로서 민간투자 사업의건설과 운영을 담당 하기 위해 만들어진 사업시 행법인
• 민간은 민간투자사업을 위한 특수목적회사에 투자하여 사회기반시설의 운영수입(정부 임대료 포함)으로 민간이 투 자한 투자금을 회수

성공의 전제조건

• 사업주와 채권자 간의 적절 한 위험배분
• 원자재 및 산출물 시장의 확보
• 정확한 현금흐름분석
• 프로젝트의 타당성 분석 능력

I. 정 의

① Project를 수행할 특수목적회사(S.P.C)를 별도로 설립하여 공공기간, 민간기업 등에서 출자를 받아 사업을 시행하는 부동산 개발사업

② 특정한 프로젝트로부터 미래에 발생하는 현금흐름을 담보로 하여 당햐 프로젝트를 수행하는 데 필요한 자금을 조달하는 금융기법을 총칭하는 개념

II. 참여자 역할과 관계

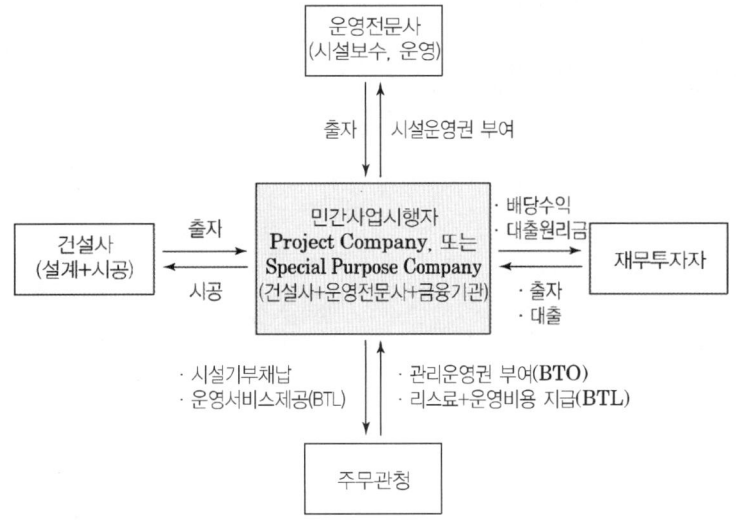

III. 타당성 분석

1) 위험 분석(Risk Analysis)
① 시공 및 운영과정에서 발생 가능한 제반 위험의 실체판별
② 각 위험의 크기 및 개별적 파급효과 분석
③ Project의 현금흐름에 미치는 영향을 평가

2) 현금흐름 분석(Cash Flow Analysis)
매년 예상현금유입과 예상현금유출을 산출하여 실행예산, 추정현금흐름표, 추정손익계산서 도출

3) 민감도 분석(Sensitivity Analysis)
자본예상기법을 사용한 Project의 타당성 분석 실시하고, 제반 변수들이 변동에 의해 목표수익률이얼마나 영향을 받을 수 있는지를 판별 가능하도록 민감도 분석 실시

Ⅳ. 금융기법

Project Financing에 사용되는 금융기법은 자기자본, 직접금융, 외부차입, 대출 등의 간접 금융으로 나눌 수 있으며, 통상 20~40%의 자기자본과 60~80%의 외부차입으로

1) 직접금융

Project Company나 사업주의 신용을 바탕으로 주식, 채권 등의 증권을 국내외에서 발행하여 소요자금을 조달하는 방법

2) 외부차입

Project Company나 사업자가 금융기관 또는 Project 이해 당사자들을 통한 간접금융에 의해 소요자금을 조달하는 방법

3) 대출

대출금융기관과 협상을 통하여 자금 대출

4) Lease

장비나 시설에 소요되는 자금조달을 위한 수단

장점

- 위험배분
- 회계처리상의 이점(부채형태로 나타나지 않음)
- 세제상의 혜택
- 기존사업과 신규사업을 분리하여 자금조달
- 프로젝트에 대한 타당성 조사에 입각한 자금조달
- 별도법인을 구성하며 프로젝트 리스크가 큰 사업에 적합
- 미래의 현금흐름을 보고 자금지원결정

Ⅴ. 회사채금융과 비교

구 분	Project Financing	Corporate Financing
차 주	• 프로젝트 회사	• 모기업(사업주의 기업)
원리금 상환의 원천	• 프로젝트 자체의 수익성과 프로젝트 회사의 재무비율	• 모기업이 보유한 상환 능력(사업주의 전체 자산 및 신용)
대출 여부 판단 기준	• 경제적 · 타당성 검토 결과	• 담보 위주의 대출 심사 결과
금융자문의 필요성	• 자금조달 절차가 복잡하므로 자문이 필요	• 자금조달 절차가 단순하므로 자문이 불 필요
위험부담	• 이해 당사자간의 위험 할당	• 차주가 전적으로 위험 부담
소구권 행사	• 모기업에 대한 소구권 행사 제한	• 모기업에 대한 소구권 행사 가능
채무 수용 능력	• 부외금융으로 채무수용능력 제고	• 부채비율 등 기존차입에 의한 제약

★★★　　4. 건설 Claim

10-129	건설 Claim	
No. 929		유형: 제도 · 기준

I. 정 의

① Claim(이의신청): 계약하의 양 당사자 중 어느 일방이 일종의 법률상 권리로서 계약하에서 혹은 계약과 관련하여 발생하는 제반 분쟁에 대해서 금전적인 지급을 구하거나, 계약조항의 조정 및 해석의 요구 또는 그 밖에 다른 구제조치를 요구하는 서면청구

② Dispute(분쟁): 제기된 클레임을 받아들이지 않음으로써 야기되는 것을 말하며, 변경된 사항에 대하여 발주자와 계약상대자 상호간에 이견이 발생하여 상호 협상에 의해서 해결하지 못하고, 제3자의 조정이나 중재 혹은 소송의 개념으로 진행하는 것

II. Claim의 유형

1) 계약문서로 인한 클레임(Contract Document Claims)

　문서간 내용 불일치, 설계도면 및 시방서 등의 기술적 결함, 물량내역서와 실제 공사수량과의 차이, 중요 계약조건의 누락

2) 현장조건의 상이로 인한 클레임(Differing Site Conditions Claims, Subsurface Problems Claims)

① 공사현장의 물리적인 상태가 발주자가 제공한 설계도서 및 기타 관련 자료에 나타난 것과 다르거나 공사 전에 객관적으로 관측 또는 예측했던 상황이 실제와 현저하게 다른 상태

② 상이한 조건을 극복하기 위해 추가적인 공사비 투입이나 공기 연장이 필요함에도 발주자와 이에 대한 협의가 이루어지지 않을 때

3) 변경에 의한 클레임(Change & Change Order Claims)

① 발주자 지시에 의한 변경(Directed Change)

② 의제(擬制) 변경(Constructive Change)
  • 시공자의 의견과 대립되는 설계에 대한 해석
  • 시방서에 규정된 수준 이상의 품질조건
  • 부적절한 Inspection과 부당한 부적합 판정
  • 작업방법 또는 순서에 대한 변경 지시
  • 불합리하거나 불가능한 작업의 지시

③ 중대(重大) 변경(Cardinal Change)
  • 공사의 성격과 범위를 극단적으로 벗어나거나 시공자가 합리적인 수준에서 예측할 수 없을 정도로 과도한 변경이 동시 다발적으로 발생하는 경우의 변경

클레임

근거자료

- 철저한 자료준비, 근거자료 추적 작업
- 공인회계기관 의견서(Audit Report)
- 전문가 보고서(Specialist Report)
- 감정서류(Survey Report)
- 분쟁처리에 필요한 서류
- 클레임의 원인 및 인과관계 분석과 증빙자료의 준비
- 설계도면(최초 및 변경도면) 및 시공 상세도
- 시방서(최초 및 변경 시방서)
- 설계변경관련 자료(설계변경 내역서, 단가산출서, 수량산출서 등)
- 지질조사 보고서 등 각종 현장여건 관련 보고서
- 발주자 지시 및 공문(접수거부 또는 반려공문 포함)과 관련 부속서류
- 시공자 회신 공문(접수거부 또는 반려공문 포함)
- 회의록
- 공정표(최초 및 변경 공정표) 및 공정보고서
- 각종 작업절차서
- 감리업무일지
- 작업일보
- 검측자료
- 현장사진
- 기성계획 및 실적
- 수량 및 단가 산출 근거서류
- 급여지급 내역
- 각종 경비 자료
- 민원관련 자료

4) 공사지연 클레임(Delay Claims)

예기치 못한 변수에 의하여 설계변경이 되거나 공기지연이 발생했을 경우

① 면책 · 비보상 지연(Excusable/Non-Compensable Delay)
  - 발주자나 시공자 모두의 잘못이 아니거나 관리능력 밖의 사유로 인해 공사가 지연되었을 경우

② 면책 · 보상 지연(Excusable/Compensable Delay)
  - 발주자의 귀책사유로 인해 공사가 지연되었을 경우

③ 비면책 지연(Non-Excusable Delay)
  - 면책 또는 보상 지연의 사유에 해당하지 않으나 시공자 귀책사유에 의한 공사지연

5) 공사 가속화에 의한 클레임(Acceleration Claims)

발주자의 의도와 지시에 의해 예정보다 공사를 일찍 끝내도록 하는 '지시에 의한 가속화(Directed Acceleration)' 또는 시공자에게 책임이 없는 면책지연(Excusable Dealy)에 해당되나 발주자가 공기연장을 인정하지 않아 결국 시공자가 공사를 가속화하여 공기 내에 공사를 마쳐야 하는 경우

6) 설계 및 엔지니어링 해석에 의한 클레임(Design & Engineering Claims)

내용상의 오류나 누락, 불일치 또는 도면이나 시방서에 대한 발주자 또는 설계자의 해석과 시공자의 해석이 일치하지 않아 클레임이 발생하는 경우

Ⅲ. Claim 해결을 위한 단계별 추진절차

1) 사전평가단계
2) 근거자료 확보단계
3) 자료분석 단계
4) Claim 문서 작성단계
5) 청구금액 산출단계
6) 문서 제출
7) 클레임의 접수
   ① 클레임 제기시기의 검토
   ② 청구내용의 검토
   ③ 자신의 입장과 해결방안 통보
8) 협 의
   ① 책임소재 구분단계: 클레임 부정, 시간 인정, 비용 인정, 시간과 비용의 인정
   ② 정량화 단계: 시간과 비용의 관점에서 양(Amount)을 산정하는 단계

클레임

Ⅳ. Claim의 발생원인

구 분	내 용
엔지니어링	부정확한 도면, 불완전한 도면, 지연된 엔지니어링
장 비	장비 고장, 장비 조달 지연, 부적절한 장비, 장비 부족
외부적요인	환경 문제, 계획된 개시일 보다 늦은 개시, 관련 법규 변경, 허가 승인 지연
노 무	노무인력 부족, 노동 생산성, 노무자 파업, 재작업
관 리	공법, 계획보다 많은 작업, 품질 보증/품질 관리, 지나치게 낙관적인 일정, 주공정선의 작업 미수행
자 재	손상된 자재, 부적절한 작업도구, 자재 조달 지연, 자재 품질
발 주 자	계획 변경 명령, 설계 수정, 부정확한 견적, 발주자의 간섭
하도급업자	파산, 하도급업자의 지연, 하도급업자의 간섭
기 상	결빙, 고온/고습, 강우, 강설

Ⅴ. 분쟁처리절차 및 해결방법

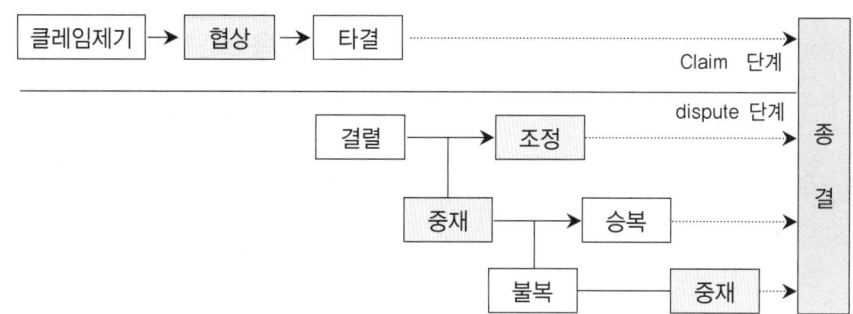

대체적 분쟁해결 방안

① 협상(Negotiation), 화해결정(Settlement Judges)
② 조정(Mediation)
③ 중재(Arbitration), 구속력 없는 중재(Non-Biding Arbitration)
④ 조정 · 중재(Mediation-Arbitration)
⑤ 분쟁처리패널(Dispute Panel)
⑥ 간이심리(Mini-Trial), 간이배심판결(Summary Jury Trial)

제3자를 통한 해결

① 협상(Negotiation)
② 조정(Mediation)
③ 중재(Arbitration)
④ 소송(Litigation)

Ⅵ. 당사자간 해결방법

1) 클레임의 포기

   클레임을 제기한 자가 청구액이 근소하거나 다른 조건에 만족하는 경우 제기한 클레임을 철회(Withdrawal)하는 것을 말한다.

2) 타협과 화해

   ① 협의(Negotiation) 또는 협상에 의한 타결은 여타의 방법과는 달리 분쟁 당사자간에 직접적인 협상에 의하여 해결하기 때문에, 최소의 비용으로서 최대로 신속한 해결이 가능하며 상호관계에서도 손상을 끼치지 않는 장점이 있다.

   ② 통상 건설계약의 실무상 클레임이란 협상의 자료로서 상대방에게 제시되는 문건 또는 그 행위를 말한다.

기타용어

☆☆☆

1	연간단가계약	
		유형: 제도

① 발주자 단가입찰을 실시하여 수급자가 단가변동없이 수량에 의해서 정산하는 단가계약 방식
② 고빈도 주요(대량)물자 수급의 원활을 도모하기 위하여 연간 단가계약을 체결함으로써 합리적인 조건을 설정하여 능률적이고 경제적인 구매 조달이 가능하다.
③ 매년 반복적으로 발생하는 차선도색, 보안등 유지·보수 등 공사에 대하여 연초에 단가입찰을 실시하여 집행의 효율성을 높일 수 있다.
④ 공공기관 토목공사에서 주로 채용되며 실적수량 및 사용시간에 약정단가를 곱해서 계약금액이 결정된다.

☆☆☆

2	최대비용보증계약	
	maximum cost contract	유형: 제도

① 설계변경(change order)에 따른 계약금액의 증감은 인정하지만, 공사원가와 시공자의 보수를 포함하여 발주처의 최대비용을 제한하는 계약
② 총액계약 부분의 공사비의 확정성과 실비정산계약에서의 융통성을 결합한 계약이다.

☆☆☆

3	공사비비례계약	
	percentage agreement	유형: 제도

① 해당 건설 project의 보수가 공사비 비율에 의하여 결정되는 전문업무에 대한 계약
② 시공계약에 적용되지 않고, 설계·감리 등의 기술용역에만 한정적으로 적용된다.

기타용어

☆☆☆

4	일식도급계약	
	percentage agreement	유형: 제도

① 해당 건설 project의 공사 전부를 한 도급자에게 맡기는 도급계약 방식으로 노무관리, 재료구입, 건설기계 수배, 현장 시공업무 등 해당 건설의 전 과정을 도급자의 책임하에 시행하는 계약

② 도급업자는 공사를 적절히 분할하여 각 전문 하도급자에 하도급하여 시공하도록 하고, 도급자는 전체공사를 감독하여 해당 건설 project의 목적물을 완성한다.

☆☆☆

5	담합(Conference)	
		유형: 관리사항 · 제도

① 도급공사의 경쟁입찰시 응찰자들이 사전에 협약 · 협정 · 의결 혹은 어떠한 방법으로 입찰가격이나 낙찰자를 미리 협의하여 낙찰할 수 있게 하는 행위

② 통상 「담합」으로 불리는 공동행위는 공정거래법상 사업자가 계약이나 협정 등의 방법으로 다른 사업자와 짜고 가격을 결정하거나 거래상대방을 제한함으로써 그 분야의 실질적인 경쟁을 제한하는 행위를 가리킨다.

☆☆☆

6	총액lumpsum contract, 내역 itemized statement bidding	
		유형: 제도

① 총액입찰: 발주자가 제시한 설계도서를 토대로 입찰자가 공사에 필요한 수량 · 단가 등이 기입된 모든 내역을 입찰자의 능력과 책임하에 계산하고, 입찰서를 총액으로 작성하여 실시하는 입찰

② 내역입찰: 발주자가 제시한 설계도서를 토대로 발주기관이 교부한 물량내역서에 입찰자가 단가를 기재하여 제출한 산출내역서를 첨부하여 제출하는 입찰

7	전자입찰	
		유형: 제도

① 입찰에 참여하는 업체가 입찰시행기관에 직접가지 않고 사무실 등에서 인터넷을 통해 전자로 입찰참여 업무를 수행하는 입찰

② 입찰서류 및 계약서류의 간소화와 입찰비용을 절감할 목적으로 입찰 및 개찰과정을 모두 internet에서 진행할 수 있는 입찰제도

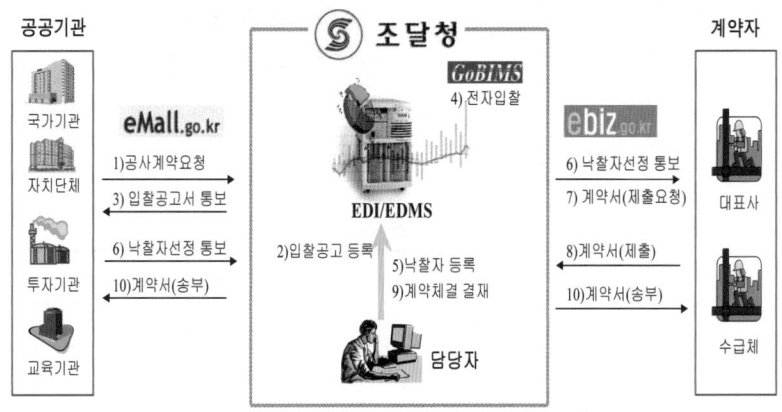

※ 모든 조달과정과 정보는 인터넷을 통해 실시간으로 공개

8	상시입찰	
		유형: 제도

① 입찰시 입찰일시에 대한 시간적 제약을 받지 않고, 입찰일 3일 전부터 입찰시간 이전까지 입찰공고상에 지정된 상시입찰 함에 입찰서를 투입하는 입찰이다.

② 총액입찰 시 적용되며, 입찰금액이 소액이고, 현장설명·질의응답 등이 생략되며, 입찰서의 분실, 훼손, 혹은 지연에 대한 책임은 입찰자에게 있다.

9	우편입찰	
		유형: 제도

① 입찰 시 우체국의 등기우편·내용증명 등을 이용하여 입찰담당자에게 입찰 집행일 전일 근무시간까지 도착되도록 하는 입찰

② 비교적 소액의 입찰금액시 적용되며 입찰서를 봉함한 봉투의 겉면에 용역관리번호·업체등록번호·용역명·입찰일시·업체명 및 대표자 성명·연락가능한 전화번호 등을 기재해야 한다.

기타용어

기타용어		

10	부대입찰	
	successful bidder	유형: 제도

① 입찰자가 입찰서 제출시 하도급 공종, 하도급 금액, 하도급 업체의 견적서와 계약서(contract agreement)를 입찰서류에 같이 첨부하여 입찰
② 하도급 업체의 보호와 원도급자와 하도급업자 상호 협력 관계로 부실공사 방지를 목적으로 하며, 낙찰된 원도급자는 응찰시에 제출한 내용에 따라 하도급자와 계약하여 공사를 수행하여야 한다.

11	기술형 입찰	
		유형: 제도

① 건설업체에서 제출한 설계나 기술제안을 기술부분과 가격부분으로 평가하여 낙찰 자를 결정하는 공사입찰방식
② 턴키(설계 · 시공 일괄입찰), 대안입찰, 기술제안(기본설계), 기술제안(실시설계) 등 4가지 방식으로 운용된다.

☆☆☆

12	최저가 낙찰제	
	Lower Limit	유형: 제도

① 예정가격 범위 내에서 최저 가격으로 입찰한 자를 선정하는 제도이다.
② 공사비 절감 효과와 자유경쟁 원리에 부합되나 직접공사비 수준에 미달되는 저가입찰(투찰, dumping), 담합 등으로 인해 부실공사의 우려가 있다.

☆☆☆

13	저가 심의제	
		유형: 제도

① 예정가격의 85% 이하 입찰자 중 최소한의 자격요건을 충족하는지 심의하여 입찰자를 선정하는 낙찰제도
② 최저가 낙찰제와 부찰제의 장점만을 취한 낙찰제도로서 부적격자를 사전배제하여 부실공사방지와 건설회사의 공사수행능력을 확인하기 위한 낙찰제도

기타용어	14	부찰제(제한적 평균가 낙찰제)	
			유형: 제도

① 예정가격의 85% 이상 금액의 입찰자들의 평균금액을 산출하여, 이 평균금액 밑으로 가장 근접한 입찰자를 낙찰자로 선정하는 제도

② Dumping 입찰에 의한 부실시공 근절과 하도급자의 적정이윤을 보장하기 위한 입찰제도

☆☆☆

15	제한적 최저가 낙찰제	
	Lower Limit	유형: 제도

① 예정가격의 90% 이상 금액의 입찰자 중, 최저 가격으로 입찰한 자를 낙찰자로 선정하는 제도이다.

② 낙찰자에게 적정이윤을 보장하고, 부실공사를 사전에 방지하기 위한 제도이나, 입찰전 예정가격을 알게 되면 낙찰이 가능하므로 비리발생의 우려가 매우 높다.

10-4장

건설
공사관리-How

마법지

건설공사관리-How

1. 공사관리 일반

- 설계 및 기준
- 공사계획
- 외주관리

2. 공정관리

- 공정계획
- 공정관리 기법
- 공기조정(공기단축, 공기지연, 진도관리)
- 자원계획과 통합관리

3. 품질관리

- 품질관리, 품질개선 도구, 품질경영,
  현장품질관리

4. 원가관리 및 적산

- 원가구성
- 적산 및 견적
- 관리기법

5. 안전관리

- 산업안전 보건법
- 건설기술 진흥법
- 안전사고

6. 실외 환경관리

- 건설공해
- 소음진동관리
- 비산먼지관리
- 폐기물관리

설계와 기준	10-130	설계관리, 설계도서	
	No. 930	Design Management	유형: 제도 · 기준

설계 및 기준
Key Point

■ 국가표준
- 건설기술 진흥법 시행규칙
- 건설기술 진흥법 시행령

■ Lay Out
- 설계도서의 작성
- 건설공사의 설계도서 작성기준

■ 핵심 단어
- 설계단계를 중심으로 설계 성과물이 작성되는 프로세스와 투입되는 각종 자원 및 설계 품질을 관리

■ 연관용어
- 시방서

설계도서 해석 우선순위

(국토 교통부 고시)
• 건축물의 설계도서 작성기준
1. 공사시방서
2. 설계도면
3. 전문시방서
4. 표준시방서
5. 산출내역서
6. 승인된 상세시공도면
7. 관계법령의 유권해석
8. 감리자의 지시사항

• 주택의 설계도서 작성기준
1. 특별시방서
2. 설계도면
3. 일반시방서 · 표준시방서
4. 수량산출서
5. 승인된 시공도면
6. 관계법령의 유권해석
7. 감리자의 지시사항

I. 정 의

① 설계서는 공사시방서, 설계도면 및 현장설명서를 말하며 다만, 공사 추정가격이 1억원 이상인 공사에 있어서는 공종별 목적물 물량이 표시된 내역서를 포함한다(by 국가를 당사자로 하는 계약에 관한 법률)

② 설계관리는 기획, 설계, 시공, 유지관리 등 프로젝트가 진행되는 과정, 특히 설계단계를 중심으로 설계 성과물이 작성되는 프로세스와 투입되는 각종 자원 및 설계 품질을 관리하기 위한 제반 활동이다.

II. 설계도서의 작성

- 설계도서는 누락된 부분이 없고 현장기술인들이 쉽게 이해하여 안전하고 정확하게 시공할 수 있도록 상세히 작성할 것
- 설계도서에는 중앙행정기관의 장이 정한 시설물별 내진설계기준에 따라 내진설계 내용을 구체적으로 밝힐 것
- 공사시방서는 표준시방서 및 전문시방서를 기본으로 하여 작성하되, 공사의 특수성, 지역여건, 공사방법 등을 고려하여 기본설계 및 실시설계 도면에 구체적으로 표시할 수 없는 내용과 공사 수행을 위한 시공방법, 자재의 성능·규격 및 공법, 품질시험 및 검사 등 품질관리, 안전관리, 환경관리 등에 관한 사항을 기술할 것
- 교량 등 구조물을 설계하는 경우에는 설계방법을 구체적으로 밝힐 것
- 설계보고서에는 신기술과 기존 공법에 대하여 시공성, 경제성, 안전성, 유지관리성, 환경성 등을 종합적으로 비교·분석하여 해당 건설공사에 적용할 수 있는지를 검토한 내용을 포함시킬 것
- 발주청은 필요한 경우에는 건설공사 분야별로 자체 설계도서 작성기준을 마련하여 시행할 수 있다. 〈개정 2021. 9. 17〉

III. 건설공사의 설계도서 작성기준-국토교통부 고시

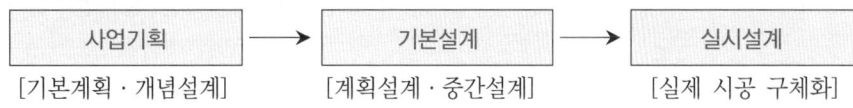

사업기획	→	기본설계	→	실시설계
[기본계획 · 개념설계]		[계획설계 · 중간설계]		[실제 시공 구체화]

1. 기획설계(pre-design)

1) 사전조사
- 발주청이 건설공사에 대한 합리적인 기본계획 및 개념설계를 수립하기 이전에 현지답사, 측량, 지장물조사, 지반조사 등의 조사업무

2) 기본계획
- 발주청이 사업의 기본구상을 토대로 사전조사 업무를 수행하여 사업수행에 적합한 발주방식을 결정하고, 사업내용, 사업예산(설계, 시공, 유지관리 등), 사업일정(설계, 시공 등 각 단계별 일정)을 합리적으로 수립하는 업무

3) 개념설계
- 사전조사 및 기본계획 사항을 기초로 설계자가 발주청의 의도, 계획, 재정, 요구시간, 업무의 범위 등을 확인하고, 필요한 최소한의 자료조사와 법규검토를 통하여 소요 실 및 면적계획, 기능 및 공간분석, 기본동선 및 유도동선에 대한 분석 및 계획작업 등을 하고, 최종적으로 배치도, 개략평면도, 개략입면도, 개략단면도, 개략조감도 등을 작성하는 단계

2. 기본설계(design development)

1) 계획설계
- 발주청의 의도, 소요공간, 예산, 공정과 배치도, 평면도, 입면도의 스케치를 준비하는 단계로서 개념설계단계에서 이루어진 대지분석자료와 사업방향을 토대로 건축물에 관한 설계의 기본목표와 방향을 수립하는 설계업무
- 이 단계에서는 설계의 틀을 정하며, 사업의 일반적인 조건, 구성요소의 규모 및 관계를 선정한다.

2) 중간설계
- 사업기획 및 계획설계의 제반조건 및 요구사항 등을 토대로 배치도, 평면도, 단면도, 입면도, 기본상세도, 내부전개도, 천정도, 구조도, 설비도, Study-Model, 재료선정표, 장비배치도, 공사비개산서 등의 기본적인 내용을 중간설계도서 형식으로 표현하여 제시하는 설계업무
- 기본설계단계의 발주는 공사의 성격에 따라 계획설계와 중간설계로 분리 또는 통합하여 발주할 수 있다.

3. 실시설계(detailed design)
- 기본설계단계에서 결정된 설계기준 등 제반사항에 따라 기본설계를 구체화하여 실제 시공에 필요한 내용을 실시설계도서 형식으로 충분히 표현하여 제시하는 설계업무를 말한다.

10-131	시방서의 종류 및 포함되어야 할 주요사항	
No. 931		유형: 제도 · 기준

설계와 기준

설계 및 기준
Key Point

■ 국가표준
- 건설기술 진흥법 시행규칙
- 건설기술 진흥법 시행령

■ Lay Out
- 시방서의 종류 및 특징
- 공사시방서에 포함될 주요사항

■ 핵심 단어
- 설계도에 도시(圖示)할 수 없는 지시

■ 연관용어
- 설계도서

I. 정 의

① 시공방법, 재료의 종류와 등급, 자재 브랜드(brand, trademaker, 상표)나 메이커(maker, 제조회사)의 지정, 공사현장에서의 주의사항 등 설계도에 표시할 수 없는 것을 기술한 문서

② 설계도에 도시(圖示)할 수 없는 지시를 문장 · 수치 등으로 나타낸 것으로, 품질 · 소요 성능 · 시공 정밀도, 제조법 · 시공법 · 브랜드나 메이커 그리고 시공업자의 지정 등이 이루어진다.

II. 시방서의 종류 및 특징

구 분	종 류	특 징	비 고
내 용	기술시방서	공사전반에 걸친 기술적인 사항을 규정한 시방서	
	일반시방서	비 기술적인 사항을 규정한 시방서	
사용목적	표준시방서	모든 공사의 공통적인 사항을 규정한 시방서	일종의 가이드
	특기시방서	공사의 특징에 따라 특기사항 등을 규정한 시방서	시방서
	공사시방서	특정 공사를 위해 작성되는 시방서 계약문서	계약문서
	가이드시방서	공사시방서를 작성하는 데 지침이 되는 시방서	SPEC TEXT, MASTER SPECT 2
	개요시방서	설계자가 사업주에게 설명용으로 작성하는 시방서	
	자재생산업자 시방서	시방서 작성 시 또는 자재 구입 시 자재의 사용 및 시공지식에 대한 정보자료로 활용토록 자재생산업자가 작성하는 시방서	
작성방법	서술시방서	자재의 성능이나 설치방법을 규정하는 시방서	
	성능시방서	제품자체보다는 제품의 성능을 설명하는 시방서	
	참조규격	자재 및 시공방법에 대한 표준규격으로서 시방서 작성 시 활용토록 하는 시방서	KS, ASTM, BS, DIN, JIS 등
명세제한	폐쇄형시방서	재료, 공법 또는 공정에 대해 제한된 몇 가지 항목을 기술한 시방서	경쟁제한
	개방형 시방서	일정한 요구기준을 만족하면 허용하는 시방서	경쟁유도

설계와 기준

표준시방서 19종

① 가설공사
② 교량공사
③ 터널공사
④ 공동구공사
⑤ 설비공사
⑥ 조경공사
⑦ 건축공사
⑧ 도로공사
⑨ 철도공사
⑩ 하천공사
⑪ 댐공사
⑫ 상수도공사
⑬ 하수관로공사
⑭ 농업생산기반공사
⑮ 공통공사
⑯ 지반공사
⑰ 구조재료공사
⑱ 내진공사
⑲ 프리스트레스 콘크리트공사

전문시방서 6종

① 고속도로공사
② 서울특별시
③ 철도건서공사
④ 한국농어촌공사
⑤ LH한국토지주택공사
⑥ K-water

Ⅲ. 설계기준(20종)

① 가시설물 설계기준
② 교량 설계기준
③ 터널 설계기준
④ 공동구 설계기준
⑤ 설비 설계기준
⑥ 조경 설계기준
⑦ 건축 구조기준
⑧ 소규모 건축 구조기준
⑨ 특수목적 건축기준
⑩ 도로 설계기준
⑪ 철도 설계기준
⑫ 하천 설계기준
⑬ 댐 설계기준
⑭ 상수도 설계기준
⑮ 하수도 설계기준
⑯ 농업생산기반시설 설계기준
⑰ 공통 설계기준
⑱ 지반설계기준
⑲ 건축측량 설계기준
⑳ 구조 설계기준

Ⅳ. 공사시방서에 포함될 주요사항

- 표준시방서와 전문시방서의 내용을 기본으로 작성
- 기술적 요건인 기자재, 허용오차, 시공방법, 시공상태 및 이행절차
- 설계도면에 표기하기 어려운 공사의 범위, 정도, 규모, 배치
- 해석상 도면에 표시한 것만으로 불충분한 부분에 대해 보완할 내용
- 표준시방서 등의 내용 중 개별공사의 특성에 맞게 정하여야 할 사항
- 표준시방서에서 위임한 사항
- 표준시방서의 내용을 추가, 변경하는 사항
- 표준시방서 등에서 제시한 다수의 재료, 시공방법 중 해당 공사에 적용되는 사항만을 선택하여 기술
- 각 시설물별 표주시방서의 기술기준 중 서로 상이한 내용은 공사의 특성, 지역여건에 따라 선택 적용
- 행정상의 요구사항 및 조건, 가설물에 대한 규정, 의사전달 방법, 품질보증, 공사계약 범위 등과 같은 시방일반조건
- 수급인이 건설공사의 진행단계별로 작성할 시공상세도면의 목록 등에 관한 사항
- 해당기준에 합당한 시험, 검사에 관한 사항
- 시공목적물의 허용오차
- 발주자가 특별히 필요하여 요구하는 사항
- 필요 시 관련기관의 요구사항

설계와 기준	10-132	건축표준시방서상의 현장관리 항목	
	No. 932		유형: 제도·기준

설계 및 기준

Key Point

☑ **국가표준**
- KCS 41 10 00 : 2021

☑ **Lay Out**
- 현장관리 항목

☑ **핵심 단어**
- 현장관리 항목

☑ **연관용어**
- 건축공사 표준시방서

I. 정 의

건축공사 시방의 기본적 체계 수립과 새로운 기술과 공법을 반영하고 표준적 지침을 제공하는 건축표준시방서에서 공사 현장에서 행하여지는 부분의 관리를 위해 지정한 현장관리항목

II. 현장관리 항목

1) 공사현장관리
   - 원칙적으로 수급인의 책임 하에 자주적으로 실시한다.

2) 담당원의 업무
   ① 담당원은 건설기술진흥법 제49조(건설공사감독자의 감독 의무)에 정하는 바에 따라 감독업무를 수행한다.
   ② 지시, 승인, 조정 및 검사는 담당원의 권한과 책임으로 간주한다. 담당원의 지시 및 승인은 문서로 하여야 한다.
   ③ 담당원은 감리원이 공사감리업무를 원만히 수행할 수 있도록 협력하여야 한다.

3) 수급인의 책무
   ① 수급인은 공사계약문서 및 설계도서 등에 따라 시공하되, 담당원의 지시, 승인, 조정 및 검사 결과에 따라야 한다.
   ② 수급인은 시공한 공사의 품질에 책임을 진다.
   ③ 수급인은 감리원이 공사감리업무를 원만히 수행할 수 있도록 협력하여야 한다.

4) 이의
   - 수급인은 다음과 같은 이의가 생긴 경우에 담당원에게 신속히 보고하고, 그 처리방법에 대하여 조정하여 결정한다.
   ① 설계도서의 내용이 명확하지 않은 경우 또는 내용에 의문이 생긴 경우
   ② 설계도서와 현장의 사정이 일치하지 않는 경우
   ③ 설계도서에 제시한 조건을 만족시킬 수 없는 경우

5) 건설기술자 등의 배치
   ① 수급인은 공사관리, 기타 기술상의 관리를 담당하는 건설기술자를 공사규모 및 특성에 맞게 적절히 배치하되 기술자격을 증명하는 자료를 제출하여 담당원의 승인을 받아야 한다.
   ② 건설기술자의 배치기준은 건설산업기본법규에 따른다.
   ③ 배치된 현장대리인과 건설기술자는 현장에 상주하여야 하며, 공사관리 및 기타 기술 상의 관리에 있어 부적당하다고 인정될 경우에 담당원은 수급인에게 그 교체를 요구할 수 있다.

설계와 기준

6) 설계도서 등의 비치
- 공사현장에는 해당 공사에 관련된 공사계약 일반조건 상의 계약문서, 관계법규, 한국산업표준, 중요가설물의 응력계산서, 공사예정공정표, 시공계획서, 기상표 및 기타 필요한 도서, 견본품 등을 비치하여야 한다.

7) 설계도서의 우선순위 및 적용규정
① 설계도서는 상호보완의 효력을 가지고 있으며, 상호 모순이 있거나 모호할 때에는 공사계약 일반조건에서 규정하는 바에 따른다.
② 이 기준과 이 기준 이외의 KCS 41 00 00 내용 간에 상호모순이 있을 경우에는 이 기준 이외에서 각 공사 시방에 명시된 내용을 우선 적용한다.

8) 관공서나 기타 기관의 수속
- 지체 없이 처리하여야 하며, 이에 소요되는 비용은 수급인 부담으로 한다.

9) 관련 및 별도공사계약 이외의 관련 및 별도공사
- 당해 공사관계자와 협의하여 공사 전체의 공정에 지장이 없게 하여야 한다.

10) 공사용 가설시설물
① 가설울타리, 비계 및 발판, 현장사무소 및 현장창고, 가설설비 등 기타 공사용 가설시설물의 설치는 당해 공사를 원만히 시행할 수 있도록 가설물설치계획서를 작성하여 담당원의 승인을 받아 설치하여야 한다.
② 가설시설물은 사용하는 동안 유지관리를 철저히 하여야 하며, 사용 종료 후 철거하고 원상 복구하되 그 철거 시기는 미리 담당원의 승인을 받아야 한다.

11) 용지의 사용
① 수급인은 담당원의 승인을 받아 공사에 필요한 용지인 경우 발주자의 토지를 무상으로 일시 사용할 수 있다.
② 공사를 위하여 발주자로부터 차용한 용지 이외의 토지를 사용해야 할 때에는 그 토지의 차용, 보상 등은 수급인의 책임과 부담으로 한다.

12) 공사용 도로 및 임시 배수로
① 수급인이 사용하는 공사용 도로는 사용하는 동안 유지관리를 철저히 해야 한다.
② 수급인은 공사용 도로 및 임시 배수로의 신설, 개량 및 보수가 필요한 때에는 그 계획을 사전에 담당원에게 제출하여 승인을 받아 해당 기관에 소정의 수속절차를 거치고 표지의 설치, 기타 필요한 조치를 수급인 부담으로 하여야 한다.

③ 수급인은 공사용 도로 및 임시 배수로의 신설, 개량, 보수 및 유지 시에 가능한 한 일반인들에게 불편이 없도록 또는 공공의 안전을 해치지 않도록 하여야 한다. 공사용 도로의 공사 및 사용으로 인하여 제3자에게 끼친 손해 및 분쟁은 시공자가 지체 없이 해결하여야 한다.

④ 수급인이 공사를 위해 가설한 공사용 도로 및 임시 배수로는 사용 완료 후 즉시 시공자 부담으로 원상복구 후, 담당원에게 그 결과를 보고토록 한다.

13) 각종 건설 부산물 및 지장물 처리

① 지중 매설물 및 건설폐기물, 건설폐재류 및 건설폐토석 등 공사 중에 발생하는 건설 부산물의 처리는 처리 방안을 첨부하여 담당원에게 인계하고 지시를 따른다.

② 지장물의 처리는 담당원과 협의하여 처리한다.

③ 건설폐기물 및 산업부산물은 관계법규에 따라 적절히 처분한다.

14) 문화재의 보호

• 수급인은 공사시행 중 문화재 보호에 주의를 기울여야 하며, 공사 중에 문화재가 발견되면 담당원에게 즉시 보고하고, 문화재보호관련 법규의 규정에 따라 처리한다.

15) 주변 구조물의 보호

• 수급인은 공사장 및 그 부근에 있는 지상이나 지하의 기존 시설 또는 가설구조물에 대하여 지장을 주지 않도록 조치하고 필요시 안전점검 등으로 방안을 강구하여야 한다.

16) 표지설치

• 수급인은 각종 안내 표지판 등을 설치하되 그 표지판의 규격, 자재, 색상, 표기내용 및 설치장소 등은 담당원의 지시에 따른다.

17) 공사현장의 출입관리

• 공사현장에서 일반인 및 근로자의 출입시간, 보건위생과 풍기 단속, 화재, 도난, 기타의 사고방지에 대하여 특히 유의하여야 한다.

18) 건물 등의 보양

① 기존 건물, 시공완료 부분 및 사용하지 않은 자재는 적절한 방법으로 보양해야 한다.

② 손상된 부분은 신속히 원상태로 복구하여야 한다.

19) 정리, 정비, 청소

• 공사현장은 항상 현장에서 사용하는 여러 자재 및 기계기구 등의 정리정돈, 정비점검, 청소 등을 철저히 하여 공사에 지장이 없도록 하고, 현장 내부 및 현장 주변을 청결히 유지하도록 한다.

20) 민원처리와 비용

• 수급인은 건설공사로 인하여 발생하는 민원에 대해서는 신속히 대처하여 공사완료 전에 해결해야 하며, 이에 소요되는 경비는 수급인이 부담한다.

10-133	사전조사/도심지공사의 착공 전 사전조사	
No. 933		유형: 제도 · 기준

공사계획

공사계획

Key Point

■ **국가표준**
- KCS 41 10 00 : 2021
- 건설기술 진흥법 시행규칙

■ **Lay Out**
- 시공계획의 사전조사 항목
- 현지여건 조사

■ **핵심 단어**
- 본 공사의 착공에 앞서 원활한 공사수행을 위한 마스터 플랜(master plan)을 수립하는 단계

■ **연관용어**
- 건축공사 표준시방서

활용

• 사전조사를 통해 계약조건이나 현장의 조건을 확인한다.
• 시공의 순서나 시공방법에 대해서 기술적 검토를 하고, 시공방법의 기본방침을 결정한다.
• 공사관리, 안전관리 조직을 편성하여 해당 관청에 신고를 한다.
• 기본방침에 따라서 공사용 장비의 선정 · 인원배치 · 일정안배 · 작업순서 등의 상세한 계획을 세운다.
• 실행예산의 편성
• 협력업체 및 사용자재를 선정한다.
• 실행예산 및 공기에 따른 기성고 검토

I. 정 의

① 공사 착공 시 시공계획의 사전조사는 현장 인력의 조직편성, 설계도면의 검토, 공정표 작성, 실행예산의 편성, 각종 대관업무, 가시설물의 설치, 하도급업체의 선정 등 다양한 공사계획을 검토 · 수립하는 공사 준비 단계이다.

② 본 공사의 착공에 앞서 원활한 공사수행을 위한 마스터 플랜(master plan)을 수립하는 단계로서, 이 기간 중의 철저한 공사계획은 해당 건설 project의 성패에 막대한 영향을 미치는 중요한 요소이다.

II. 시공계획의 사전조사 항목

조사 항목		조사 내용
설계도서		설계도면, 시방서, 구조계산서, 내역서 검토
계약조건		공사기간, 기성 청구 방법 및 시기
입지 조건	측량	대지측량, 경계측량, 현황측량, TBM, 기준점(Bench Mark)
	대지	인접대지, 도로 경계선, 대지의 고저(高低)
	매설물	잔존 구조물의 기초 · 지하실의 위치, 매설물의 위치 · 치수
	교통상황	현장 진입로(도로폭), 주변 도로 상황
지반 조사	지반	토질 단면상태
	지하수	지하수위, 지하수량, 피압수의 유무
공해		소음, 진동, 분진 등에 관한 환경기준 및 규제사항, 민원
기상조건		강우량 · 풍속 · 적설량 · 기온 · 습도 · 혹서기, 혹한기
관계법규		소음, 진동, 환경에 관한 법규

III. 현지여건 조사

1) 공사현장 여건조사
  • 감리/감독원은 공사착공 후 조속한 시일내에 공사추진에 지장이 없도록 시공자와 합동으로 다음 각호의 사항을현지 조사하여 시공자료로 활용하고 당초 설계내용의 변경이 필요한 경우에는 설계변경(change order) 절차에 의거 처리하여야 한다.

① 각종 재료원 확인   ② 지반 및 지질상태
③ 진입로 현황   ④ 인접도로의 교통규제 상황
⑤ 지하매설물 및 장애물   ⑥ 기후 및 기상상태
⑦ 하천의 최대 홍수위 및 유수상태   ⑧ 기타 필요한 사항

공사계획

2) 현장인근 피해예방대책 강구
- 감리/감독원은 현지조사 내용과 설계서의 공법등을 검토하여 인근 주민등에 대한 피해발생 가능성이 있을 경우에는 시공자에게 다음 각호의 사항에 관한 대책을 강구하도록 하고, 설계변경(change order)이 필요한 경우에는 설계변경(change order) 절차에 의거 처리하여야 한다.
  ① 인근가옥 및 가축 등의 대책
  ② 통행지장 대책
  ③ 소음, 진동 대책
  ④ 낙진, 먼지 대책
  ⑤ 우기기간중 배수 대책 등
  ⑥ 하수로 인한 인근대지, 농작물 피해 대책
  ⑦ 지하매설물, 인근의 도로, 교통시설물 등의 손괴
3) 지장물의 철거확인
- 분묘, 가옥, 과수목 등의 지장물 철거 시 철거전의 배경을 넣은 사진을 촬영하고, 철거 후 사진도 촬영한 사진첩을 제출받아 이를 검토 확인한 후 필요시 관할지사에 보고하여야 한다.
  ① 공사중에 지하매설물 등 새로운 지장물 발견시에는 시공자로부터 상세한 내용이 포함된 지장물 조서를 제출·확인한 후 보고

10-134	공사계획 및 현장관리	
No. 934		유형: 제도 · 기준

공사계획

공사계획
Key Point

■ 국가표준
- KCS 41 10 00 : 2021

■ Lay Out
- 시공계획의 주요내용
- 공사책임자로서 업무와 검토항목
- 시공관리 일반

■ 핵심 단어
- 소정의 공사기간 내에 예산에 맞는 최소의 비용으로 안전하게 시공

■ 연관용어
- 건축공사 표준시방서

시공계획 작성순서

① 사전조사를 통해 계약조건이나 현장의 조건을 확인한다.
② 시공의 순서나 시공방법에 대해서 기술적 검토를 하여 가격을 결정하고, 시공방법의 기본방침을 결정한다.
③ 공사관리, 안전관리 조직을 편성하여 해당 관청에 신고를 한다.
④ 기본방침에 따라서 공사용 기계의 선정 · 인원배치 · 일정안배 · 작업순서 등의 상세한 계획을 세운다.
⑤ 실행예산의 편성을 행한다.
⑥ 협력업체를 공사순서대로 선정한다.
⑦ 사용재료, 자재회사를 선정한다.
⑧ 인근에 대한 시공계획서를 작성한다.
⑨ 시공요령서를 체크한다.
⑩ 시공의 진전에 따라서 시공계획을 재점검한다.

I. 정 의

시공계획의 목표는 공사의 목적으로 하는 건물을 설계도면 및 시방서에 바탕을 두고, 소정의 공사기간 내에 예산에 맞는 최소의 비용으로 안전하게 시공할 수 있는 조건과 방법을 도출하는 것이다.

II. 시공계획의 주요내용

구 분	내 용
예비조사	• 설계도서 파악 및 계약조건의 검토 • 현장의 물리적 조건 등 실지조사 • 민원요소 파악
시공기술 계획	• 공법선정 • 공사의 순서와 시공법의 기본방침 결정 • 공기와 작업량 및 공사비의 검토 • 공정계획(예정공정표의 작성) • 작업량과 작업조건에 적합한 장비의 선정과 조합의 검토 • 가설 및 양중계획 • 품질관리의 계획
조달 및 외주관리 계획	• 하도급발주계획 • 노무계획(직종, 인원수와 사용기간) • 장비계획(기종, 수량과 사용기간) • 자재계획(종류, 수량과 소요시기) • 수송계획(수송방법과 시기)
공사관리 계획	• 현장관리조직의 편성 • 하도급 관리 • 공정관리: 공기단축 • 원가관리: 실행예산서의 작성, 자금계획 • 안전관리계획 • 환경관리: 폐기물 및 소음, 진동, 공해요소

III. 공사책임자로서 업무와 검토항목

① 현장 품질방침 작성   ② 품질보증계획서 승인
③ 공사현황보고 승인   ④ 공정관리, 준공정산보고 승인
⑤ 교육훈련 계획 승인   ⑥ 안전 및 환경관리
⑦ 품질기록관리 결재   ⑧ 자재, 외주관리
⑨ 현장 인원관리   ⑩ 대관업무
⑪ 현장 제반업무에 관한 사항   ⑫ 민원업무

Ⅳ. 시공관리 일반

1. 시공계획

1) 시공관리조직

① 수급인은 공사의 규모, 공사의 특징을 충분히 고려하여 적절한 시공관리 조직을 만든다.

② 수급인은 시공관리에 필요한 능력, 자격을 갖춘 관리자(현장대리인)를 선정하여 담당원에게 보고한다.

2) 하수급인 선정

① 특정 공사를 하도급하는 경우에는 해당 건설업종에 등록된 건설업체 중 그 시공에 적절한 기술, 능력이 있는 하수급인을 선정한다.

② 수급인은 하도급을 시행하기 전에 하도급으로 인한 자재 및 기술 변경 여부, 품질 및 안전 성능 확보, 친환경 확보 등에 관한 시행계획서를 발주자에 제출하여야 한다.

3) 공장의 선정

• 공사시방서에 의하여 정한다. 공사시방서에 없는 경우에는 공장제품의 종류, 시공방법에 대하여 관련 법규 등에 적합한 기술과 설비를 갖추고, 적정한 관리체제로 운영되고 있는 공장으로 선정하고 담당원의 승인을 받아야 한다.

4) 시공계획서

• 착공 전에 공정계획, 인력관리계획, 시공장비계획, 장비사용계획, 자재반입계획, 품질관리계획, 안전관리계획, 환경관리계획 등에 대한 시공계획서를 담당원에게 제출하여 그 승인을 받아야 한다.

2. 시공관리

1) 시공일반

• 현장시공은 설계도서, 그리고 담당원의 승인을 받은 공정표, 시공계획서, 원척도, 시공도 등에 따라 시행한다.

2) 공사기간

① 수급인은 특별히 정한 경우를 제외하고, 계약서상에 명기된 기간 내에 공사를 착공하여 지체 없이 계획대로 공사를 추진하여 계약공기 내에 완료하여야 한다.

② 담당원이 시공순서 변경을 요구할 때 수급인은 품질에 나쁜 영향이 없는 한, 이를 반영하여야 한다.

3) 공정표

① 수급인은 설계도서에 따라 공사 전반에 대한 상세한 계획을 세우고 소정양식의 공정표를 제출하여야 한다.

② 공정표에 변경이 생긴 경우에는 지체 없이 변경공정표를 작성하고 담당원의 승인을 받아야 한다.

공사계획

시공계획의 목적

① 시공에 관한 기본적인 방침을 정하는 것
② 시공계획은 사용목적에 따라 기본계획과 실시공계획 2가지로 나눌 수 있다.
③ 기본계획이란 공사착공 전 공사 전체를 파악하면서 공사의 시공방법을 정하는 것
④ 견적 시 첨부자료 혹은 입찰 시 제출용, 현장 설명회 등에 사용
⑤ 기본계획도 가능한 구체적이고 세부적인 검토가 필요하지만 시간적 제약으로 충분히 검토가 어렵다.
⑥ 실시공계획이란 공사의 시공 방법을 보다 구체적으로 세부까지 검토하는 것
⑦ 공사의 원활한 진행을 위한 Detail한 공정표
⑧ 구체적인 대책이 필요하며 충분한 시간을 가지고 작성한다.

착공 시 검토항목

① 착공 신고서
② 현장기술자 지정신고서
③ 경력증명서 및 자격증 사본
④ 건설공사 공정예정표
⑤ 내역서
⑥ 자재 조달계획서
⑦ 현장요원 신고서
⑧ 착공전 사진
⑨ 안전관리 기본계획서
⑩ 하도급 시행계획서
⑪ 경계측량
⑫ 비산먼지 발생 신고
⑬ 특정공사 사전신고(소음/진동)
⑭ 폐기물 배출자 신고
⑮ 가설동력 수용신고
⑯ 유해위험 방지 계획서
⑰ 지하수 개발 이용신고/허가
⑱ 품질관리 계획서
⑲ 위험물 임시저장 취급승인
⑳ 도로점용 허가 신청

공사계획

4) 수량의 단위 및 계산
- 공사수량의 단위 및 계산은 원칙적으로 표준시장단가 및 표준품셈의 수량계산 규정에 따른다.

5) 치수
- 치수는 설계도서에 표시된 치수로 한다.

6) 측량
- 수급인은 착공과 동시에 설계도면과 실제 현장의 이상 유무를 확인하기 위하여 측량을 실시한 후 측량성과표를 담당원에게 제출하여 검토 및 확인을 받아야 하며, 공사의 모든 부분에 대한 위치, 표고, 치수의 정확도에 대하여 책임을 가진다.

7) 규준틀
- 건축물의 위치, 시공범위를 표시하는 규준틀은 바르고 튼튼하게 설치하고, 담당원의 검사를 받아야 한다.

8) 시공도, 견본
- 원척도, 시공상세도, 견본원척도, 시공상세도, 견본 등은 지체 없이 작성하여 담당원에게 제출하여 승인을 받아야 한다.

9) 공사 수행
- 수급인은 공사계약문서에 따라 공사를 이행하여야 하며, 공사계약문서에 근거한 발주자의 시정 요구 또는 이행 촉구지시가 있을 때에는 즉시 이에 따라야 한다. 또한, 공사계약문서에 정해진 사항에 대하여는 발주자의 승인, 검사 또는 확인 등을 받아야 한다.
- 수급인은 설계도서에 명시되지 않은 사항에 대해 구조 또는 외관 상 시공을 요하는 부분은 담당원과 조정하여 이를 이행하여야 한다.

10) 공사협의 및 조정
- 수급인이 당해 공정과 다른 공정의 수급인들 간의 마찰을 방지하고, 전체 공사가 계획대로 완성될 수 있도록 관련 공사와의 접속부위, 공사한계, 시공순서, 공사 착수시기, 공사 진행속도 등의 적합성에 대하여 모든 공정의 관련자들과 면밀히 검토하는 행위를 말한다.
- 협의 및 조정에 따른 설계변경 수급인은 당해 공정과 다른 공정의 상호간 마찰방지를 위한 협의 및 조정 결과에 따라 발주자에게 설계변경을 요청할 수 있다.

11) 공사보고
- 공정의 진행, 작업인원의 현황, 자재의 반입, 기계기구 및 장비, 기후 등 담당원이 필요하다고 인정하여 지시한 사항에 대해서는 공사보고서를 담당원에게 제출한다. 공사보고의 서식, 제출방법, 시기 등에 대해서는 담당원의 지시에 따른다.

12) 시공의 검사
- 시공의 검사는 품질관리계획서 등에 의해 실시하고 필요에 따라 담당원의 입회를 요청한다.

공사계획

공사계획
Key Point

■ 국가표준
- 풍수해 대비 안전·보건 매뉴얼

■ Lay Out
- 풍수해로 인한 재해방지 대책

■ 핵심 단어
- 하절기 강풍·집중호우로 인한 토사유출 및 흙막이 붕괴사고를 방지

■ 연관용어
- 수방대책

집중호우

• 한 시간에 30mm 이상이나 하루에 80mm 이상의 비가 내릴 때 또는 연강수량의 10%에 상당하는 비가 하루에 내리는 정도를 말함

☆☆★　　1. 공사관리 일반

10-135	풍수해 대비 현장관리	
No. 935	하절기 태풍·장마철 현장관리	유형: 관리

I. 정 의

하절기 강풍·집중호우로 인한 토사유출 및 흙막이 붕괴사고를 방지하기 위하여 위험요소를 사전에 파악하여 신속한 조치를 실시하여 인적·물적 피해를 최소화

II. 풍수해로 인한 재해방지대책

1. 풍수해 종합방지대책 수립

• 위험지역 관리감독자 지정하여 사전점검 및 관리감독 강화
• 비상근무조 편성 및 비상연락망 운영(평일, 야간, 휴일 구분)
• 수방자재 및 장비 준비
• 수방대 편성 및 동원체제 확립(임무부여 및 행동기준 설정)
• 현장 특성별 비상사태 시나리오를 작성하여 연 1회 이상 비상훈련 실시 및 훈련결과 부적합 사항 검토·개선

2. 사면붕괴 방지대책

1) 토사사면 관리 – 표면 유입수 처리

① 절토 굴착면 경사각(기울기)유지

구분		기울기
보통흙	습지	1 : 1~1 : 1.5
	건지	1 : 0.5~1 : 1
암반	풍화암	1 : 0.8
	연암	1 : 0.5
	경암	1 : 0.3

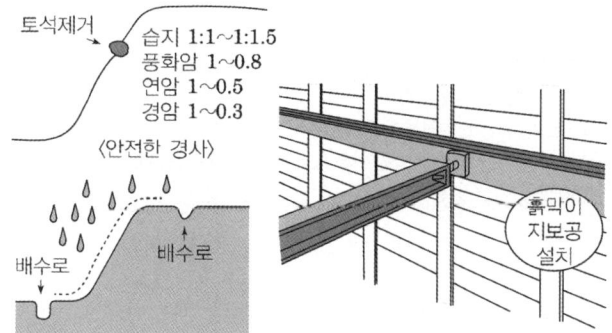

② 표면수 배수로 확보
③ 토사 유실 방지: 성토지역 표면 보양, 방수턱 설치
④ 위험예상지역 통행제한 조치
⑤ 작업재개 시 경사면 점검 후에 작업자 및 장비 투입

공사계획

사전 수방대책

- 방재체제 정비
① 비상연락망 정비
② 현장직원 및 본사, 유관기관, 현장 기능공 비상연락망 정비
③ 방재대책 업무 숙지
④ 재해방지 대책 자체 교육 실시
- 작업장 주변 조사 및 특별 관리
① 재해위험 장소 조사 지정 (수해 예상지점, 지하매설물 파손예상지점)
② 하수 시설물을 점검하여 사전준설 실시(우수처리 시설 등 경미한 시설물은 현장 자체 준설)
③ 유도수로 설치(마대 쌓기)와 양수기 배치
④ 안전점검 및 현장순찰 강화
⑤ 장비 현장 상주(B/H, 크레인)
- 방재물자 확보
① 응급 복구장비 및 자재확보
- 안전시공관리 계획 수립
① 주요공종별 안전시공 계획 수립
  - 경험이 풍부한 근로자 확보
  - 현장 여건에 적절한 재료 확보
  - 공종별 공사 착공 전 사전 점검
  - 작업장내 정리정돈 실시 및 보호대책 수립
② 공사현장의 안전관리
  - 현장 점검 전담반 구성 운영 및 근로자의 안전교육 강화
  - 교통정리원의 기능강화

2) 흙막이 관리
  ① 최하단 굴착깊이 준수
  ② 토류벽 배면 뒤채움 관리 철저
  ③ 흙막이벽 상부 표면서 처리대책 수립 및 실시
  ④ 지하수 처리대책 및 토사를 동반한 지하수 유출여부 확인 철저
  ⑤ 흙막이벽 주변 침하여부 및 균열 발생여부 수시 파악조치
3) 옹벽관리
  ① 배수공 상태 파악조치
  ② 상부 표면서 배수관리 상태관리
  ③ 균열 발생여부 및 옹벽 기울기 확인
  ④ 옹벽상부에서 옹벽과 배면토 사이 균열 발생여부 확인 조치

3. 공사장 침수예방관리
- 지역별 최대강우량 파악에 따른 양수대책 수립
- 현장 저지대 특별대책 별도 수립
- 인접 배수로 상태 사전파악 조치

4. 토사유출 예방관리
- 절·성토지역 표면보양 대책실시
- 현장 내 침전지 확보로 유수통과토록 조치
- 현장과 인접지역 토공에 대한 사전 마무리로 유사 시 민가 피해방지

5. 감전재해 방지
  ① 양수기를 포함한 모든 전기 공도구 접지실시
  ② 분전함에 누전차단기 설치 및 작동상태 확인 및 가설공도구 전선이 누전차단기 통과여부 확인 병행
  ③ 지하구간 습윤한 장소에서의 투광등 접시사용 철저

6. 강우에 대한 대책
- 예상강우 강도에 충분한 배수시설 확보 및 관리
- 절·성토구배를 완만히 하고 급한 절·성토의 경우 비닐을 씌우는 등 빗물 침투방지 조치를 취함
- 차량 및 건설기계 운영지역의 현장도로 토사유실 및 침하방지를 위한 좌우 배수 측구 및 다짐보강 실시

7. 폭풍에 대한 대책
- 높은 장소에 놓은 자재나 공구가 날아가지 않도록 조치를 취함
- 자재 적치 시 과다하게 쌓지 않도록 주의하며, 결속보강 조치를 취함

공사계획	☆☆☆	1. 공사관리 일반	
	10-136	동절기 현장관리	
	No. 936		유형: 관리

공사계획
Key Point

■ **국가표준**
- KCS 10 10 05

■ **Lay Out**
- 관리방침
- 동절기 현장공사관리

■ **핵심 단어**
- 동절기 현장에 적용되는 현장 공사관리

■ **연관용어**
- 해빙기 안전관리

I. 정 의

① 동절기 시 현장공사관리는 동절기에 걸쳐 공정, 사업비, 업무범위 그리고 품질을 관리하기 위한 목적으로 동절기 현장에 적용되는 현장 공사관리 과정이다.

② 동절기 시 공사를 진행함으로써 공기만회와 추후 원활한 공정관리를 진행하고, 골조공사의 연속성으로 근로자의 현장 이탈방지 및 마감공사의 연속성을 확보하는데 목적이 있다

II. 관리방침

1) 기본방침

- 지역별 동절기 공사중지 기간 참조
- 1일 평균기온이 4℃ 이하로 내려갈 때는 공사중지가 원칙
- 공정관리상 부득이 공사중지기간 중 공사를 속행해야할 경우, '동절기 공종별 공사계획서' 수립 후 시행

2) 중지 및 속행 기준

① 1일 최저기온: 4℃ 미만일 경우: 물사용 공사 전면중지

② 1일 최저기온: 4℃ 이상, 1일 평균기온 0℃ 미만일 경우: 물사용 공사 전면중지

③ 1일 최저기온: 4℃ 이상, 1일 평균기온 0~4℃ 미만일 경우: 부직포, 천막 및 비닐 등 보양, 보온 조치와 급열장치 본격 가동하여 속행

④ 1일 평균기온 4℃ 이상일 경우: 천막 및 비닐 등 보양 조치한 후 속행

2) 동절기 공사 속행 시 검토·확인 서류

① 시공계획서 검토요청서, OO동절기공사 속행계획서

② 기상 예보 증명서

III. 동절기 현장공사관리

1. 공종별 공사관리 계획

1) 토공사

① 터파기 작업 시 물이 고이지 않도록 배수에 유의하고, 마무리 횡단 경사는 4% 이상을 유지

② 성토작업 시 성토 재료는 과다한 함수상태, 결빙으로 인한 덩어리, 빙설이 포함된 재료가 혼입되지 않도록 관리

공사계획

2) 기초공사
　① 지면이 얼지 않도록 사전 보양처리
　② 시멘트 페이스트 또는 콘크리트 부어넣을 때의 온도는 10~20℃로 유지하고 부어넣기 후 보온덮개와 열원 설치하여 12℃에서 24시간 이상 가열보온

3) 한중 콘크리트공사
　① 재료: 냉각되지 않도록 보관
　② 배관: AE콘크리트를 사용, 물시멘트비는 60% 이하 결정
　③ 운반: 운반 장비는 사전에 보온하고 타설 온도를 확보할 수 있도록 레미콘 공장 선정
　④ 타설: 철근 및 거푸집에 부착된 빙설을 제거하고 타설시 콘크리트 온도는 10~20℃ 유지
　⑤ 양생관리: 콘크리트 온도는 5℃ 이상, 양생막 내부온도는 10~25℃ 유지하고 가열양생을 할 경우 표면이 건조되지 않도록 하고 국부적인 가열이 되지 않도록 유의

4) 마감공사
　① 시공재료는 결빙되지 않도록 보양 또는 급열
　② 작업 전 급열장치를 가동하여 시공 바탕면의 온도를 0℃ 이상 확보
　③ 콘크리트 바탕면의 온도확보가 어려울 경우 탈락, 균열 등의 하자 우려가 있으므로 바탕면 온도관리에 유의
　④ 동절기 공사 전 창호 유리설치 선시행하도록 유도하고 유리설치가 어려운 경우 천막 등으로 개구부 밀폐

2. 안전관리 계획
　① 하중에 취약한 가시설 및 가설구조물 위의 눈은 즉시 제거
　② 낙하물방지망과 방호선반위에 쌓인 눈은 제거하기가 곤란한 경우 하부에 근로자의 통행금지
　③ 강설량에 따라 작업 중지
　④ 흙막이 주변지반 및 지보공 이음부위 점검
　⑤ 화재예방: 인화성 물질은 통풍이 잘되는 곳에 보관
　⑥ 작업장 관리: 표면수 제거, 눈과 서리는 즉시 처리

10-137	하도급 관리 및 부도처리	
No. 937		유형: 관리

외주관리

외주관리

Key Point

☑ 국가표준
- 건설공사 하도급 심사 기준
- 건설산업 기본법29조

☑ Lay Out
- 하도급 선정 Process 및 평가항목
- 하도급 심사항목 및 배점기준
- 부도업체 처리

☑ 핵심 단어
- 협력업체를 전문화, 계열화하여 공사의 질적 향상 및 공사관리의 효율화

☑ 연관용어
- 건설근로자 노무비구분 관리 및 지급확인제
- NSC(Nominated-Sub-Contractor) 지명하도급 방식

하도급 관리 시 점검사항

- 작업원의 동원(투입)실적 파악
- 공사 진척도(기성고) 파악
- 상주기술자 기술능력 확인
- 공정관리: 공정회의
- 기성관리: 공사비 지불 확인
- 품질관리(Q.C), 공사중간 품질점검
- 안전관리(S.C)
- 정산
- 사후평가관리(공사수행능력, 계약 이행능력, 신용도)
- 하자이행 여부

I. 정 의

① 해당 건설 project의 원활한 공사수행을 위한 하도급업자 (sub-contractor)의 선정, 계약, 작업관리 등에 관한 일련의 관리 업무

② 하도급관리는 불합리한 하도급 공사의 제반 문제점을 해소하고 관련법규에 따라 협력업체의 등록, 선정, 계약 및 객관적인 평가를 통하여 협력업체를 전문화, 계열화하여 공사의 질적 향상 및 공사 관리의 효율화를 기하는 것이다.

II. 하도급 선정 Process 및 평가항목

1) 선정 Process

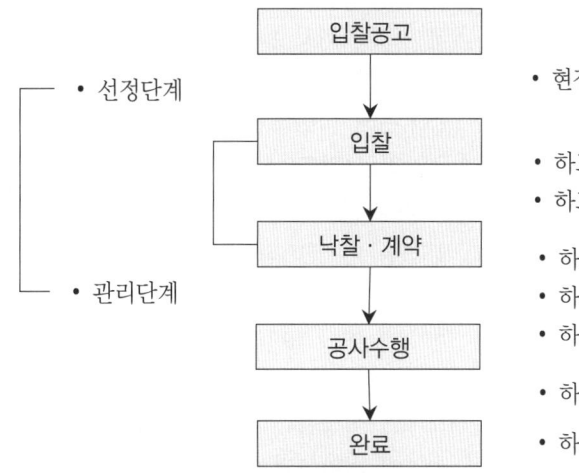

2) 평가항목: 선정 시 고려사항

- 경영상태(신용평가 등급)
- 기술적 공사이행능력 부문
- 시공경험평가(최근 10년간의 실적)
- 기술능력 평가
- 신인도

III. 하도급 심사항목 및 배점기준 - 하도급 적정성 평가

1. 하도급 가격의 적정성(50)

1) 하도급 공사의 낙찰 비율(배점한도: 30)

① 당해 하도급부분에 대한 원도급금액 대비 하도급금액의 비율

② 당해 하도급부분에 대한 발주자 예정가격 대비 하도급금액의 비율

- 모두 평가 후 낮은 점수 적용

외주관리

하도급계약통보서 첨부서류

• 계약관련
1) 하도급계약서
2) 하도급계약내역서
3) 사업자등록증
4) 전문건설업등록증
5) 건설등록수첩
6) 계약보증서
7) 하자보증서
8) 인감증명서(유효기간
9) 사용인감계
10) 법인등기부등본
    (유효기간확인)
11) 지방세, 국세완납증명서
    (유효기간확인)
12) 하도급지킴이통장개설사본
    (현장명 발급)
13) 근로자 재해보장 책임
    보험증권(현장명 발급)

• 착공관련
1) 착공계
2) 현장대리인계
3) 위임장
4) 재직증명서
5) 기술자격증 사본
6) 경력증명서
7) 실적증명서 및 예정공정표

2) 원도급공사의 낙찰 비율(배점한도: 20)

　① 예정가격대비 원도급금액의 비율

　• 예정가격이 없는 공사의 경우 기초금액(추정가격에 부가가치세를 합한 금액)을 기준으로 산정

2. 하도급 가격의 적정성(20)

1) 당해 공사규모에 대한 하수급인의 시공능력평가 공시액(배점한도: 30)

　① 3배 이상(10점)

　② 2.5배 이상 3배 미만(9점)

　③ 2배 이상 2.5배 미만(8점)

　④ 1.5배 이상 2배 미만(7점)

　⑤ 1배 이상 1.5배 미만(6점)

　⑥ 1배 미만(6점)

2) 당해 공사규모에 대한 하수급인의 동종공사 시공경험(배점한도: 10)

　① 2배 이상(10점)

　② 1.5배 이상 2배 미만(9점)

　③ 1배 이상 1.5배 미만(8점)

　④ 0.5배 이상 1배 미만(7점)

　⑤ 0.5배 이상 1배 미만(6점)

　⑥ 0.5배 미만(5점)

3. 하수급인의 신뢰도(15)

1) 협력업체 등록기간(배점한도: 10)

　① 3년 이상(10점)

　② 2년6월 이상 3년 미만(9점)

　③ 2년 이상 2년6월 미만(8점)

　④ 1년6월 이상 2년 미만(7점)

　⑤ 1년 이상 1년 6월 미만(6점)

　⑥ 1배 미만(5점)

　⑦ 미등록(4점)

2) 전문건설업 영위기간(배점한도: 5)

　① 3년 이상(5점)

　② 2년 이상 3년 미만(4점)

　③ 1년 이상 2년 미만(3점)

　④ 1년 미만(2점)

3) 임금 및 대금 상습체불 이력(배점한도: △11) 감점

　① 3년 이상(5점)

4) 대금 체불 이력

　① 1회(△)5

　② 2회(△)8

　③ 3회(△)11

외주관리

4. 하수급 공사의 여건(15)

1) 하도급 공사의 난이도(배점한도: 5)
　① 낮음(5점)
　② 보통(4점)
　③ 높음(3점)

2) 하도급 공사의 계약기간(배점한도: 4)
　① 1년 이상(4점)
　② 1년 미만(3점)

3) 하도급 공사의 하자담보 책임기간(배점한도: 5)
　① 1년 이하인 공종(5점)
　② 1년 초과 3년 이하인 공종(4점)
　③ 3년 초과 5년 이하인 공종(3점)
　④ 5년 초과 공종(2점)

4) 하도급 공사의 시공여건(배점한도: 1)
　• 하수급인이 당해 공사현장 소재 시·도 업체인 경우 또는 당해 공사현장 소재 시·군 또는 인접 시·군 공사현장에서 동종의 공사를 수행하는 경우

Ⅳ. 부도업체 처리

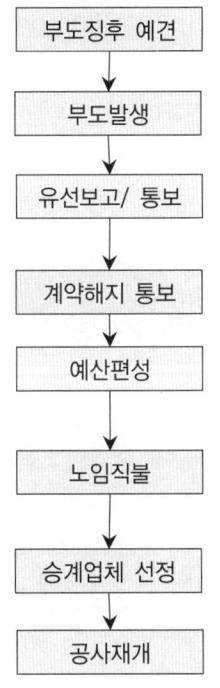

부도징후 예견

부도발생 → • 기성유보, 공사포기 각서, 직불 동의서

유선보고/ 통보 → • 공사계약서, 기성 지불 내역서, 노임 지불 대장, 자재거래 명세서, 이행증권

계약해지 통보 → • 계약해지 및 직불 통보, 내용증명 발송

예산편성 → • 체불현황 조사, 재고자재 파악, 잔여 공사 물량 산출, 계약단가 적용

노임직불 → • 노임 지불

승계업체 선정 → • 잔여공사 예산서, 부도업체 타절 계약

공사재개

공정계획	★★★	2. 공정관리	
	10-138	공정계획(절대공기/공사기간 산정방법/공사가동률)	
	No. 938	schedule management	유형: 관리 · 기법

공정계획

Key Point

☑ 국가표준

☑ Lay Out
– 공정계획의 일반사항
– 공사기간의 산정방법
– 공사 가동률 산정
– 건설공사 단계별 적정
  공기 확보 고려사항

☑ 핵심 단어
– 건설 project의 목표일까
  지 목적물이 완성되도록
  모든 활동

☑ 연관용어
– 공정관리

표준공기(절대공기) 78회

① 해당 건설 project의 시작
  부터 완료까지의 일정계획
  으로 주요관리공사(CP:
  Critical Path)를 연결하여
  산정한 공기
② 표준공기제도는 시공업체의
  무리한 부실시공을 막기 위
  해 설계와 시공에 필요한
  공기를 공정별로 표준화시
  켜 임의대로 공사기간을 단
  축하지 못하도록 발주기관
  이 설계와 시공에 필요한
  공사기간을 미리 정해놓고
  공사를 발주하는 제도
  우리나라에서는 1996년에
  도입되었다.

I. 정 의

① 공정관리는 공정계획(Schedule control)에 따라 해당 건설 project
의 목표일까지 목적물이 완성되도록 모든 활동을 관리하는 일정통
제기능이다.

② 각 공정에서의 공사기간, 시공순서, 기계 및 노무자 등의 편중을 막
고 대기시간을 줄일 수 있도록 작업을 배분하여 정해진 공기내에
완료하도록 계획하는 것

II. 공정계획의 일반사항

1) 공정관리의 기본 구성

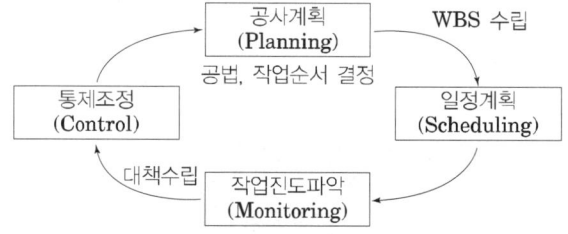

2) 공정계획 수립 시 고려해야 하는 사항

① 현황조사 및 자료분석
  • 공사현장의 특성과 주변현장을 고려해 공정계획을 수립

② 작업분류체계 수립
  • 작업 분류체계, 원가 분류체계, 조직 분류체계를 구성하고, 공정
    별 특성을 감안한 공사일력(Calendar) 구성

③ 공사일정 및 자원투입계획
  • 전체 공사계획에 따라 세부작업을 진행
  • 주공정에 영향을 최소화하도록 계획

④ Milestone 반영
  • 공종 단위가 큰 상위수준의 공사일정 또는 중요시점들의 관리계
    획으로 선 · 후행 연계공정에 관련된 일정을 고려
  • 공정의 수준을 공사규모 및 공정특성에 맞추어 적정 수준으로 구성

⑤ 주요공종별 공기분석
  • 공정별 작업량 산정 및 작업속도를 분석해 결정
  • 주공정에 대한 적정 작업인원 및 장비조합을 구성

⑥ 현장운영체계 수립
  • 공정운영체계 및 관리시스템을 도입

공정계획

Ⅲ. 공사기간의 산정방법

1) 공사기간의 산출

준비기간	→	비작업일수	→	작업일수	→	정리기간

① 설계도서 검토, 하도급업체 선정, 측량, 현장사무소 개설 등 본 공사의 착공준비 기간

② 법정공휴일수 + 기상조건으로 인한 비작업일수 − 중복일수 (≥ 최소 8일/월)

③ 발주청이 보유한 과거의 실적자료, 경험치, 동종시설 사례, 표준품셈활용하여 산출

④ 준공 전 1개월의 범위에서 청소, 정리기간 계상

2) 준비기간

- 측량, 현장사무소 · 세륜시설 · 가설건물 설치, 건설자재 · 장비 및 공장제작조달 등 본 공사 착수준비에 필요한 기간을 말하며, 각 시설물별 특성에 따라 반영하여야 한다.

3) 비작업일수

- 공정별 공사기간은 지역별 기후여건을 고려한 공정별 비작업일수를 반영하여 산정한다.
- 법정공휴일: 관공서 공휴일을 비작업일수에 포함한다.
- 주40시간 근무제: 법정 근로시간인 주 40시간(1일 8시간)을 기준으로 공사기간을 산정
- 건설공사의 주공정(critical path)에 영향을 미치는 기상조건을 반영하여 비작업일수를 산정한다. 이때 해당 지역에 대한 최근 10년 동안의 기상정보(기상청의 기상관측 데이터)를 적용
- 환경 · 안전기준: 악천후 및 강풍 시 작업중지, 타워크레인은 순간풍속 10m/s 초과시 설치 · 해체 작업중지, 15m/s 초과시 운행제한
- 미세먼지 비상저감조치 발령기준에 따라 경보발령 시 건설현장의 가동률을 조정하거나 작업시간을 단축 운영(연평균 약 5일)

4) 작업일수

- 작업일수의 산정은 공종별 표준작업량을 활용하거나 발주청에서 보유하고 있는 과거의 경험치를 활용하여 할 수 있다.
- 작업일수 산정 시 건설현장 근로자의 작업조건이 법정 근로시간(1일 8시간, 주 40시간)을 준수하는 것을 원칙으로 한다. 연속작업이 필요한 경우에는 교대근무 및 주 · 야간 공사로 구분하여 산정한다.

5) 정리기간 산정

- 정리기간은 공정상 여유기간(buffer)과는 다르며, 공사 규모 및 난이도 등을 고려하여 산정한다. 정리기간은 일반적으로 주요공종이 마무리된 이후 준공 전 1개월의 범위에서 계상할 수 있다.

공정계획

Ⅳ. 공사 가동률 산정

1) 공사가동률 산정방법

① 건축공사의 각 작업활동에 영향을 미치는 정량적인 요인과 정성적인 요인을 조사하여 1년에 실제 작업가능일수를 계산하여 공정계획을 수립할 목적으로 이용된다.(공정계획 및 설계변경 시 자료 활용)

② 공사가동률 = $\dfrac{공사가능일}{365} \times 100\%$

2) 골조공사 공사 가동률 산정(서울지역 10년간 기상 Data)

구분		월평균 작업 불능일												합계
		1월	2월	3월	4월	5월	6월	7월	8월	9월	10월	11월	12월	
한달일수		31	28	31	30	31	30	31	31	30	31	30	31	365일
월평균 작업 불능일	평균 풍속 5m/s 이상	0.6	0.9	0.6	0.5	0.2	0.0	0.7	0.2	0.1	00	0.2	0.4	4.40
	평균 기온 -5℃ 이하	6.5	1.7	0.0	0.0	0.0	0.0	0.0	0.0	0.0	0.0	0.0	3.3	11.50
	강우량 10mm 이상	0.4	0.5	1.4	2.5	2.6	3.7	7.5	7.5	2.7	2.2	1.1	0.2	32.30
	강설 10mm 이상	0.1	0.2	0.0	0.0	0.0	0.0	0.0	0.0	0.0	0.0	0.0	0.0	0.30
	일최고 기온 32℃ 이상	0.0	0.0	0.0	0.0	0.0	1.2	3.1	4.0	0.2	0.0	0.0	0.0	8.45
	매주 일요일	4.5	4.0	4.4	4.3	4.4	4.3	4.4	4.4	4.3	4.5	4.2	4.5	52.50
	명절 공휴일	3.7	1.7	1.0	1.0	2.8	1.0	1.0	1.0	3.6	1.4	0.0	1.0	19.20
	소계	15.8	9.0	7.4	8.3	10.0	10.2	16.7	17.1	10.9	8.1	5.5	9.4	128
	중복 일수	2.10	1.30	0.30	0.50	0.70	1.20	2.70	3.20	1.70	0.80	0.10	0.90	15
	비 작업일	13.7	7.7	7.1	7.8	9.3	9.0	13.95	13.9	9.2	7.3	5.4	8.5	113
	작업일	17.3	20.3	23.9	22.2	21.7	21.0	17.05	17.1	20.8	23.7	24.6	22.5	252
	평균 가동률	56%	73%	77%	74%	70%	70%	55%	55%	69%	76%	82%	73%	69.16%

① 공종별 불가능 기상조건 및 대상선정 후 가동률 산정
② 지역별 불가능 기상조건 및 대상선정 후 가동률 산정
③ 계절별 불가능 기상조건 및 대상선정 후 가동률 산정
④ 월별 불가능 기상조건 및 대상선정 후 가동률 산정

공정계획

공기에 영향을 주는 요소

• 내부적 요인
- 구조물 구조, 용도, 규모
- 부지의 정지 상태
- 구조물의 마무리 정도

• 외부적 요인
- 도급업자 시공능력
- 금융사정, 노무사정, 자재사 정 등
- 기후, 계절
- 감독의 능력

3) 공기에 미치는 작업불능일 요인

구 분	조 건	내 용
통제 불가능 요인 (정성적 요인)	기상조건	• 온도/강우/강설/바람 • 일평균기온 • 상대습도
	공휴일	• 일요일, 국경일, 기념일, 기타
통제 가능 요인 (정량적 요인)	현장조건	• 공정의 부조화 • 시공의 난이도 • 현장준비 미비
	발주자 기인 요소	• 설계변경 • 행정의 경직 및 의사결정지연
	시공자 기인 요소	• 인력투입 일관성 결여 • 기능공 수준미달 • 공사관리 능력부족 • 자금운영계획의 불합리 • 부도
	기타	• 교통 혼잡 • 자연적, 인공적 환경보존 문제 • 문화재 • 정치, 경제, 사회적 요인

4) 공사 가동률 산정 (S-Curve)예

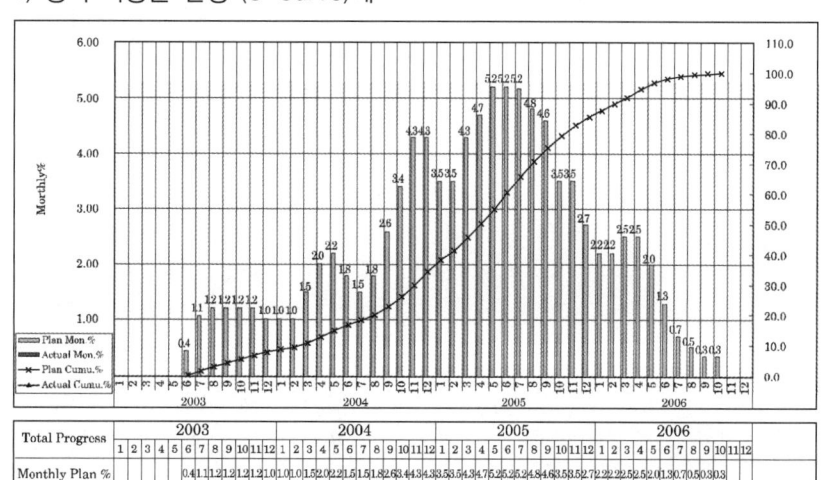

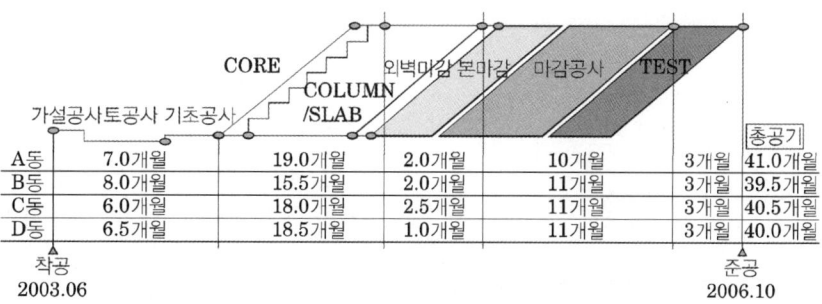

공정계획

V. 건설공사 단계별 적정 공기 확보 고려사항

1) 기획단계

① 발주자는 사업 구상 및 사업추진 방침 결정과 관련하여 국가 장기 종합계획 및 관련계획 등에 근거하여 사업을 구상하고, 충분한 조사 성과에 의한 기술적, 경제적, 사회적 타당성을 고려하여 관계부처 심의검토 및 협의가 지연되지 않도록 한다.

② 발주자는 관계기관 및 이해관계집단과의 사전의견 조정, 주민 설명회등을 충실히 이행하고, 통해 사업계획 변경 및 지연이 최소화 되도록 노력하여야 한다.

2) 조사 및 설계단계

① 발주자는 사업부지 및 시설 현황 등이 정확하게 설계도서에 반영될 수 있도록 사전조사를 충실히 실시하여야 한다.

② 발주자는 타당성조사 및 설계가 충실히 이루어지도록 관리하고, 대안선정 및 총사업비 산정, 재원조달계획 등을 충분히 검토하여야 한다.

③ 체계적인 설계관리 · 감독을 수행하여 설계지연으로 인한 공사지연, 불충분한 설계로 인한 설계오류 · 누락이나 공법변경, 공사비의 과소책정 등의 문제가 발생하지 않도록 관리한다.

3) 공사 발주단계

① 조사 및 설계 내용에 근거한 공사내용과 시공조건 등을 적절하게 반영한 공사기간을 입찰조건으로 설정하여야 한다.

② 공사의 착수부터 완성까지의 기간이 길고, 수년에 걸친 공사에 대하여 예산확보를 위해 적극적인 조치를 강구하여야 한다.

4) 입찰 · 계약 단계

① 설계도서에 관한 질의응답에서 공사의 시공 조건, 시공 절차, 기타 공기에 영향을 미치는 사항에 대해서 가능한 명확한 답변에 노력하여야하며, 발주 전에 불명확한 사항이 있으면 추가해서 조건을 명시하는 등 시공 조건의 구체적 명시에 노력하여야 한다.

② 사업 특성에 따라 공기 단축이 필요한 경우에는 공기 단축에 따른 비용을 공사비에 반영하여야 한다.

5) 시공 단계

① 발주자는 시공자가 제출한 공정계획표에 따라 시공자가 공사를 수행할 수 있도록 필요한 기한 내에 용지를 제공하고, 필요한 인 · 허가를 완료하여야 한다.

② 공정에 지연이 발생하지 않도록 시공계획, 시공도 등의 승인을 신속하게 실시하고, 수주자로부터 질의 및 협의요청이 있는 경우 최대한신속하게 답변하도록 한다.

③ 계약상대자가 작성하고 발주자가 승인한 실시공정표에 근거하여 공사진척상황을 정확하게 파악하고 지연유무를 확인하여야 한다.

공정계획	10-139	최적시공속도	
	No. 939		유형: 관리 · 기법

I. 정 의

① 직접비(direct cost)와 간접비(indirect cost)를 합한 총공사비(total cost)가 최소가 되는 가장 경제적인 공사기간

② 해당 건설 project에 가장 적합한 공기로서 공기를 준수하며 시공 정도 및 경제적인 측면에서 피해를 주지 않는 공기

II. 공기와 사업비

1) 최적공기 곡선

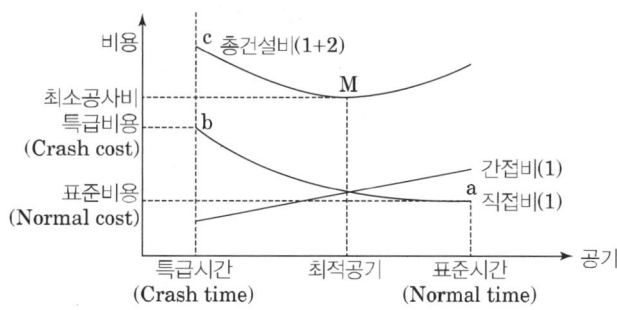

2) 최적공기의 결정요소

① 표준비용(Normal Cost)
  • 공사각 작업의 직접비가 각각 최소가 되는 전공사의 총 직접비

② 표준시간(Normal Time)
  • 공사표준비용이 될 때 필요한 공기

③ 특급시간(Crash Time)
  • 공사직접비의 증가에도 불구하고 어느 한도 이상으로 단축되지 않는 시간

④ 최적공기
  • 공사직접비(Direct Cost)와 간접비(Indirect Cost)를 합한 총공사비(Total Cost)가 최소가 되는 가장 경제적인 공사기간

☆☆☆　　2. 공정관리

10-140	공정관리 절차서	
No. 940		유형: 관리·기법

공정계획
Key Point

☑ **국가표준**

☑ **Lay Out**
- 적용범위
- 책임사항

☑ **핵심 단어**
- 전반적인 계획과 절차를 기록

☑ **연관용어**
- 공정관리

IPS

- 관리기준공정표 (IPS : Integrated Project Schedule)
- 공기내 완공하기 위해 발주자가 작성하여 사업공정관리의 기준으로 사용하는 공정표로서 설계, 용역, 구매, 시공 및 시운전의 주요업무를 포함

PMS

- 기본공정표 (PMS : Project Master Schedule)
- 건물별/시설별로 수행일정계획을 결정하여 자금수요계획 및 관리기준공정표(IPS) 작성기준이 되는 최상의 공정표

시공 시행공정표

- 시공 시행공정표 (Construction Detail Schedule)
- 6개월 단위공정표 (Three-Week Daily Schedule ; TWDS)
- 3 주간 단위공정표 (Three-Week Daily Schedule ; TWDS)

I. 정 의

① Project의 공정관리에 대한 전반적인 계획과 절차를 기록하여 공정관리 업무를 체계적으로 기술하여 공정관리 업무를 효율적으로 수행하기 위하여 작성하는 절차서

② 공정표 작성 및 운영, 진도율 관리 및 시운전 업무에 대하여 업무한계 및 책임사항 등을 규정하여 공정관리 업무에 대한 기본지침 및 절차를 제공하는데 있다

II. 적용범위

① 공정관리 조직 및 책임
② 공정표 작성 및 운영
③ 진도 관리
④ 공정 보고
⑤ 공정계획 수정
⑥ 공정 회의
⑦ 전산화업무 개발 및 운영

III. 책임사항(담당자별 주요업무사항)

1) 현장소장
   - 대표사 소장과 시공 3사(업체 1, 업체 2, 업체 3) 현장소장은 현장의 최고 관리자로서 사업관리의 총책임을 지고 공사수행계획 및 현황분석 등에 대하여 공정관리팀과 각 회사의시공부서 및 시운전에서 보고한 업무에 대하여 최종결정 및 집행을 하며 공정관리 업무를 직접통제 지시한다.

2) 공정관리 책임자
   ① 시공 우선순위 및 간섭사항 검토 및 조정, 공통장비의 사용 우선순위 조정
   ② 시공관리기준 공정표(IPS)의 운용
   ③ 시공공정율(표) 수립 및 운영
   ④ 시공 시행공정표/기타 공정표의 작성, 검토 및 주간 단위공정표 검토 및 관리
   ⑤ 시공공정 실적분석
   ⑥ 공정관련 정기보고서 작성
   ⑦ 공정회의 주관 및 회의록 작성

공정계획

일일 공정 보고

• 일일단위로 주요 작업 및 시공물량, 특기사항을 실적 대비 계획으로 작성하여 발주처에 제공하며 전일 공사진행 현황 및 금일 공사계획을 확인하기 위함이며 실적물량 및 인력, 장비투입 현장 파악에 기초자료로 활용

월간공정보고 및 월간진도보고서

• 매월 정기적으로 월간 시공실적/진도 및 계획에 대한 월간공정보고

Critical Item Report

• 공사 수행중에 중요 문제점으로 제시할 필요가 있는 사항들을 종합 작성하여, 검토 및 분석을 통해 각 책임자별로 해결토록 유도

Punch List Report

• 매월 정기적으로 월간 시공실적/진도 및 계획에 대한 월간공정보고

3) 시공회사(업체 1, 업체 2, 업체 3) 시공부서 책임자
  ① 시공관리기준공정표(IPS)의 운영에 필요한 Data 제공
  ② 6개월 단위공정표(Six-Month Rolling Schedule)의 초안작성
  ③ 3주간 단위공정표(Three-Week Daily Schedule ; TWDS) 작성 및 관리
  ④ 시공 공정(율)표 운영에 필요한 Data 제공
  ⑤ Special Schedule 작성 및 관리
  ⑥ 각 공구별 업무조정 및 간섭사항에 대한 협조
  ⑦ 시공 시행공정표에 따라 작업지시 및 감독
  ⑧ 기타 공정관리에 필요한 각종 관련 자료의 제공 등

4) 건물/지역별 시공 및 지역관리책임자
  ① 담당 건물/지역 분야별 제반 간섭사항의 조정
  ② 담당 건물/지역 공정현황 파악
  ③ 담당 건물/지역 각종 공정표의 검토
  ④ 담당 건물/지역 공정계획에 따른 인원, 장비, 자재 투입

10-141	공정관리의 Last Planner System	
No. 941		유형: 관리 · 기법

공정계획

공정계획
Key Point

■ 국가표준

■ Lay Out
- Last Planner Syatem 구성도
- 생산조정 도구
- Last Planner Syatem의 관리단계

■ 핵심 단어
- 세부작업을 통한 작업의 정의, 세부작업 일정계획과 제약조건 분석, 그리고 주간작업계획에 의해 계획된 작업들을 수행 검토

■ 연관용어
- 린건설

I. 정 의

① Process Mapping 작업을 통해 각 협력업체들의 작업량과 작업소요시간을 파악하고 공정간 선후행관계도를 작성하여 공정회의(Team Workshop)를 통해 실제작업내용과 예비 작업내용(Listing a Workable Backlog)의 일치성을 확인하고 문서화하는 기법

② 세부작업을 통한 작업의 정의, 세부작업 일정계획과 제약조건 분석, 그리고 주간작업계획에 의해 계획된 작업들을 수행 검토한다. 그리고 계획 대비 성과를 측정하며, 변이관리와 지속적인 개선을 통해 흐름 생산으로 생산성을 향상시킨다.

③ 제반요건(Constrains Analysis) 및 작업 성취율(Percent Of Plan Completed)을 분석하여 작업의 실패원인 (Failure Analysis)을 찾아 Process를 개선

II. Last Planner Syatem 구성도

[흐름생산]

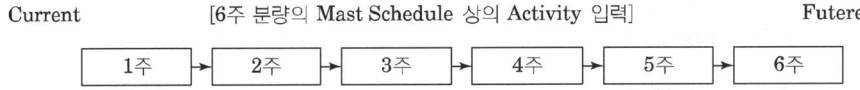

Current   [6주 분량의 Mast Schedule 상의 Activity 입력]   Futere

| 1주 | → | 2주 | → | 3주 | → | 4주 | → | 5주 | → | 6주 |

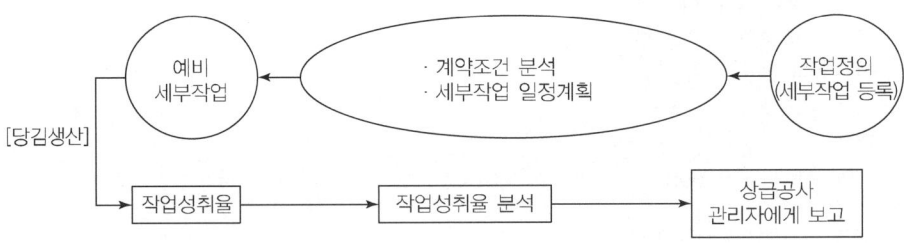

생산조정 도구

• 생산단위 조정
- 지속적인 학습과 정확한 작업행위를 위해 작업자들을 지시하기 위한 완벽한 세부작업을 만들기 위함

• 작업흐름 조절
- 최적으로 작업을 성취하기 위한 작업순서와 작업 비율에서 생산단위 들을 통해 작업을 순차적으로 흐르게 하도록 작업순서를 명확하게 하는 것이다.

III. 생산조정 도구

1) 생산단위 조정
   • 적절히 정의된 세부작업
   • 선택된 작업의 알맞은 선 · 후행 관계
   • 선택된 작업의 알맞은 양
   • 선택된 작업이 실제적이며, 수행 가능한 작업계획
   ※ 작업성취도가 저조한 부분의 계획을 검토 · 수정하여 다시 공정계획에 반영하여 프로젝트를 진행

공정계획

2) 생산단위 조정

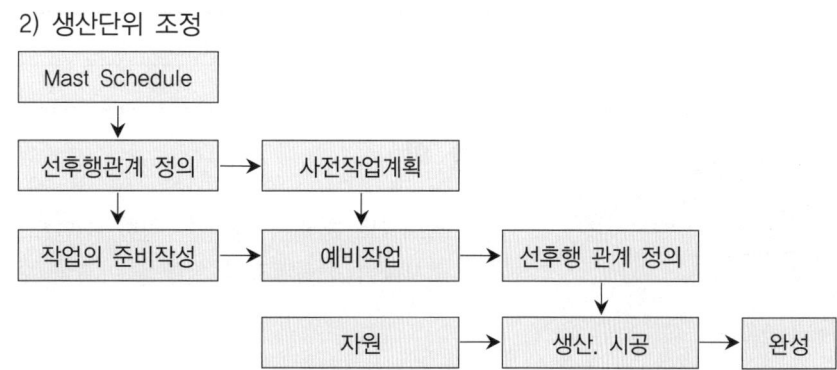

Ⅳ. Last Planner Syatem의 관리단계

구분	업무내용
전 공정 스케쥴 (Master Schedule)	• 전체 주공정을 보여주는 단계 • 공정별로 나누어 각 공정의 관계를 규정
단계별 공정스케쥴 (Phase Schedule)	• 모든 공사 인원들이 계획단계에 참여하여 각 공정에 필요한 시간과 주어진 시간의 효과적 사용방법에 대해 논의
사전 작업 공정계획 (Lookahead Schedule)	• 계획한 공정을 효율적인 업무순서로 조합하고 그 작업에 가장 적합한 인원계획 및 물적자원을 편성하는 단계
주간 작업계획 (Weekly Work Plan Schedule)	• 수행된 작업에 대해서 작업성취도를 측정하여 작업 실패에 대한 원인 분석 및 작업의 신뢰도를 향상시키기 위한 지속적인 개선작업을 수행 • Last Planner 는 변이 관리를 통하여 작업의 신뢰도 향상 및 흐름생산을 가능하게 해준다.

공정관리기법	10-142	공정관리기법	
	No. 942		유형: 관리 · 기법

공정관리기법

Key Point

■ 국가표준

■ Lay Out
– 공정관리 기법

■ 핵심 단어
– 작업의 특정한 시점과 기간을 표시하여 공정계획과 진행을 비교

■ 연관용어
– 공정관리

I. 정 의

프로젝트 계획의 평가를 위한 수단으로 작업의 특정한 시점과 기간을 표시하여 공정계획과 진행을 비교할 수 있도록 표현하는 기법

II. 공정관리기법

1. Bar Chart(횡선식공정표)

1) 정의
- 세로축에 작업 항목, 가로축에 시간(혹은 날짜)을 취하여 각 작업의 개시부터 종료까지를 막대 모양으로 표현한 공정표

2) 표현방식

3) 특징비교

구분	바차트 기법	PERT/CPM 기법
형 태	막대에 의한 진도관리	네트워크에 의한 진도관리
작업의 선 · 후 관계	선 · 후 관계의 불명확	선 · 후 관계의 명확
중점관리	공기에 영향을 주는 작업 발견 힘듬	공기관련 중점작업을 C.P로 발견
탄력성	일정의 변화에 손쉽게 대처하기 곤란	C.P 및 여유공정 파악, 수시로 변경할 수 있으며, 컴퓨터 이용 가능
통제기능	통제기능이 미약	애로공정과 여유 공정에 의한 공사통제 가능
최적안	최적안 선택 가능 전무	비용과 관련된 최적안 선택 가능

공정관리기법

2. 사선식 공정표(Banana Curve, S-Curve)

1) 정의
- 공사일정의 예정과 실시상태를 그래프에 대비하여 진도 파악

2) 표현방식

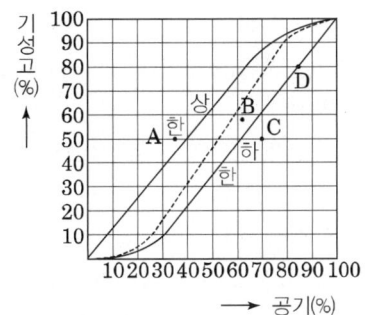

3. Pert(Program Evaluation and Review Technique)

1) 정의
- 작업이 완료되는 시점에 중점을 두는 점에서 Event중심의 공정관리

2) Pert 네트워크 표현방식

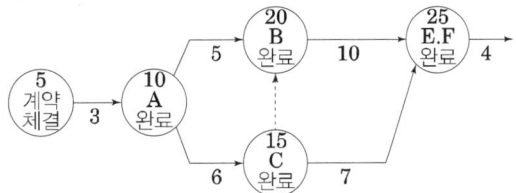

3) Pert와 CPM 비교

구분	PERT	CPM
개 발	• 미해군 군수국의 특별기획실(SPO)	• 듀폰사의 Walker, 레민턴랜드사와 Kelly
주목적	• 미해군 군수국의 특별기획실(SPO)	• 공사비 절감
이용	• 신규사업, 비반복 사업, 미경험사업	• 반복사업, 경험이 있는 사업
시간추정	• 3점시간추 추정(낙관, 정상, 비관시간)	• 1점시간 추정
소요시간	• 가중평균치 $t_e = \dfrac{t_o + 4t_m + t_p}{6}$	t_m이곧 t_e 가됨
일정계산	• Event 중심의 일정계산 • 최조시간: ET, TE • 최지시간: LT, TL	• 작업중심의 일정계산 • 최조개시시간: EST • 최지개시시간: LST • 최조완료시간: EFT • 최지완료시간: LFT
여유의 발견	• 결합점 중심의 여유(Slack) • 정여유(PS: Positive Slack) • 영여유(ZS: Zero Slack) • 부여유(NS: Negative Slack)	• 작업중심의 여유(Float) • 총여유(TF: Total Float) • 자유여유(FF: Free Float) • 간섭여유(IF 혹은 DF)
일정계획	$T_L - T_E = 0$(굵은선)	$TF = FF = 0$(굵은선)
MCX (최소비용)	• 이론이 없다.	• CPM의 핵심이론이다. • 비용구배가 최소인 작업발견

공정관리기법

4. CPM(Critical Path Method)

1) 정의

- 연결점(Node 또는 Event)과 연결선을 이용하여 크게 두 가지 방법으로 표현할 수 있다. 즉 연결선을 화살표형태로 하여 그 위에 작업을 표시하는 방법(Activity On Arrow)과 연결점에 직접작업을 표시하는 방법(Activity On Node 또는 Precedence Diagram)이 있다.

2) 표현방식

① 화살표 표기방식(ADM:Arrow Diagram Method, Activity On Arrow)

- 화살선은 작업(Activity)을 나타내고 작업과 작업이 결합되는 점이나 공사의 개시점 또는 종료점은 ○표로 표기되며 이를 결합점 또는 이벤트(Node, Event) 라 한다.

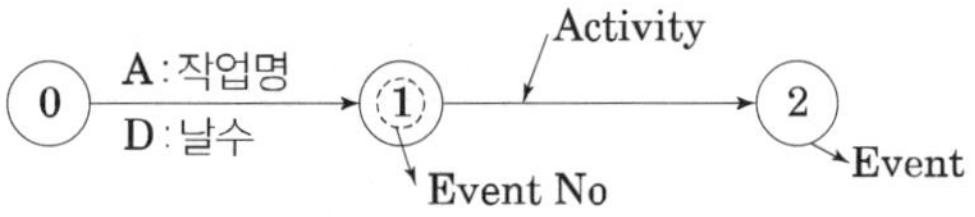

② 마디도표 표기방식(PDM: Precedence Diagram Method)

- 각 작업은 □, ○로 표시하고 작업간의 연결선은 시간적 개념을 갖지 않고 선후관계의 연결만을 의미하며, 작업간의 중복표시가 가능

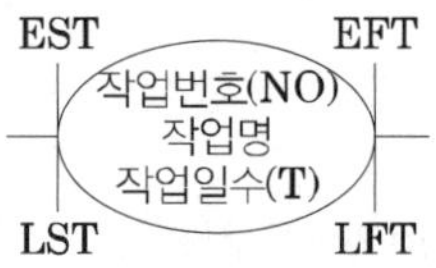

[타원형 노드]

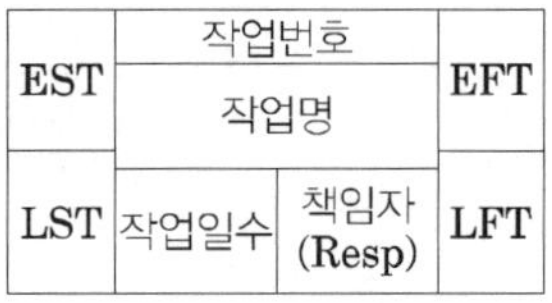

[네모형 노드]

3) ADM과 PDM 비교

구분	ADM	PDM
용어설명 표기방식	• Arrow형 표현방법(단계중심)	• Box형 표기방법 • 활동을 마디에 표현(작업중심)
Activity	• 1개의 작업 표현 시 2개의 절감 번호 사용 • 선 · 후행 연계내용 동시 표현	• 1개의 작업을 표현할 때 1개의 작업마디 사용 • Activity에 작업내용과 선 · 후행만 표현
주목적	• 공기단축	• 공사비 절감
Dummy	• 필요	• 필요 없음
연결방법	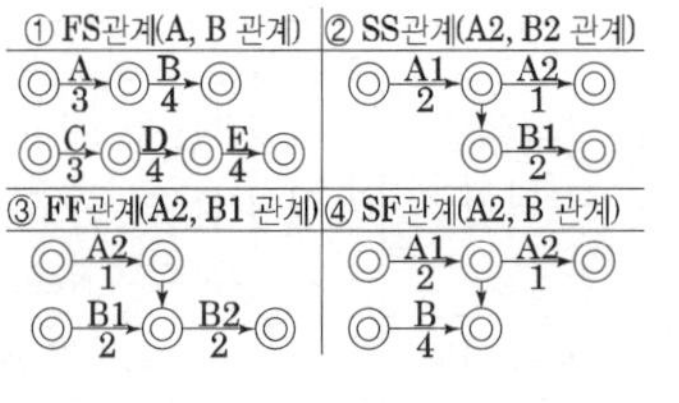	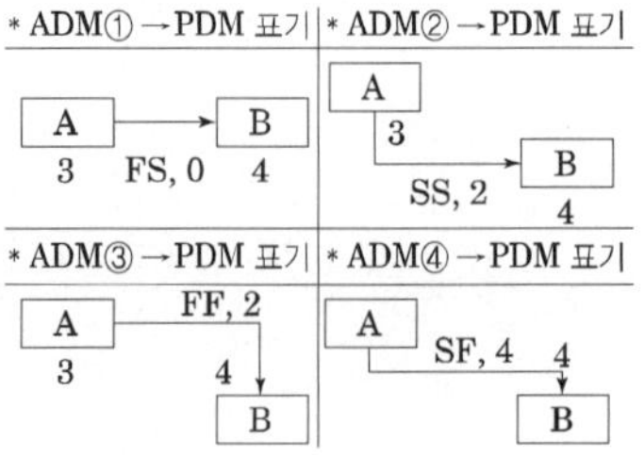

공정관리기법	10-143	PDM기법에서 Over lapping Relationship	
	No. 943	중복관계	유형: 관리 · 기법

공정관리 기법

Key Point

■ 국가표준

■ Lay Out
- 표현방식
- PDM기법에서 Over Lapping Relationship (중복관계)
- ADM기법에서 Over Lapping Relationship (중복관계)
- PDM기법의 중복관계 표현의 한계

■ 핵심 단어
- 각 작업 간 중복관계를 작업이나 노드 숫자의 증가 없이 표현

■ 연관용어
- ADM

I. 정 의

① 각 작업은 ㅁ, ㅇ로 표시하고 작업간의 연결선은 시간적 개념을 갖지 않고 선후관계의 연결만을 의미하며, 작업간의 중복표시가 가능
② 각 작업 간 중복관계를 작업이나 노드 숫자의 증가 없이 표현이 가능하다.

II. 표현방식

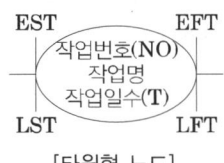

[타원형 노드]　　　　　　[네모형 노드]

III. PDM기법에서 Over Lapping Relationship(중복관계)

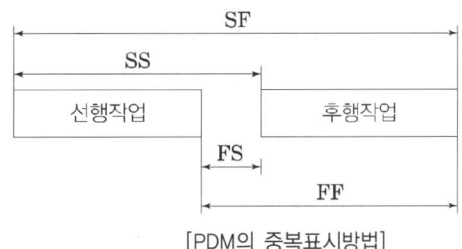

[PDM의 중복표시방법]

1) Finsh-to-Start(FS) - FS3의 관계

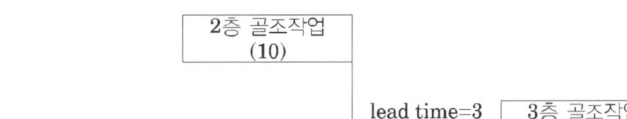

- Lead Time을 이용해 선 · 후행 작업 간 필요한 경과시간을 표시
- 선행작업이 완료되고 Lead Time만큼의 일정기간이 경과된 후 후행작업이 착수하는 관계를 표현할 수 있다.
- 자원투자 없이 시간만 소요되는 작업은 생략
- 3일의 Lead Time이 있음을 명시

공정관리기법

2) Start-to-Start(SS) – SS4의 관계

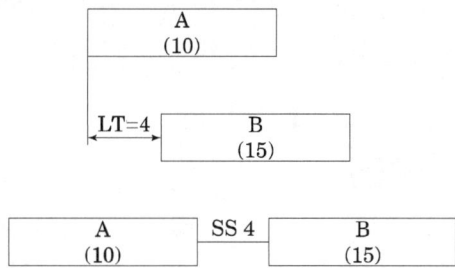

- 선행작업의 착수시점과 후행작업의 착수시점을 연계하는 관계
- Lead Time이 경과된 후 후행작업이 착수하는 관계를 의미
- 선행작업 A가 착수되고 4일 경과 후 후행작업 B가 착수되는 관계
- A작업과 B작업이 6일 동안 중복관계

3) Finsh-to-Finsh(FF) – SS4의 관계

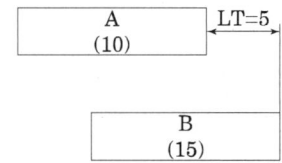

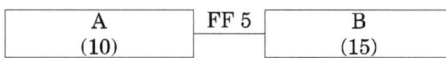

- 선행작업의 완료시점과 후행작업의 완료시점이 연계되는 관계
- 선행작업 완료 후 Lead Time이 경과된 후 후행작업이 완료되는 관계
- A작업이 완료되고 5일 경과된 후 B작업이 완료되느 ㄴ관계
- A작업과 B작병이 10일 동안 중복관계

5) Start-to-Finsh(SF) – SF18의 관계

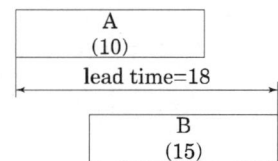

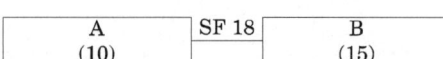

- 선행작업 착수시점과 후행작업의 완료시점이 연계되는 관계
- 선행작업이 착수되고 Lead Time이 경과된 후 후행작업이 완료되는 관계
- A작업이 착수되고 18일 경과된 후 B작업이 완료되는 관계
- A작업과 B작업이 7일 동안 중복관계

공정관리기법

6) Compound Relationshi

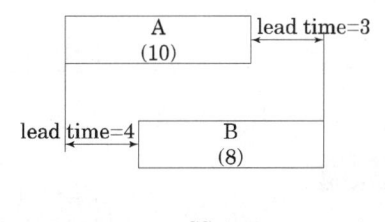

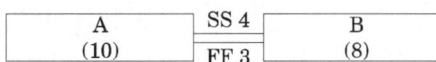

- 선·후행 작업들의 착수시점 간에는 SS관계로 연계시키고 완료시점 간에는 FF관계로 연계시킨 선·후행 작업 간 두 종류의 중복관계를 함께 표시하는 방법
- A작업이 착수되고 4일이 경과된 후 B작업이 착수하는 관계
- 동시에 선행작업이 완료되고 3일이 경과된 후 B작업이 완료되는 관계
- 중복관계를 유지하면서 항상 같이 움직이는 것을 알 수 있다.

IV. ADM기법에서 Over Lapping Relationship(중복관계)

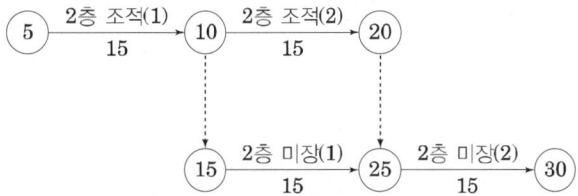

- 조적작업(1)이 끝나고 2층 미장작업(1)이 시작되고, 2층 조적작업(2)가 끝나고 2층 미장작업(2)가 시작하는 상호관계
- 2층 조적작업과 미장작업이 15일동안 중복관계

V. PDM기법의 중복관계 표현의 한계

① 선·후행 작업의 작업기간을 고려하여 작업들을 위치시키고, 그에 따른 Lead-Time을 계산하여 표현하기 쉬운 중복관계를 선택해야 하는 복잡함
② 작업의 착수시점과 완료시점 간의 조합만으로 작업 간의 중복관계를 표현하는데 한계
③ 선·후행 작업의 완료시점들 간에 연속하여 직접적인 연관관계가 발생한다면 둘 이상의 복수의 연계를 표현하는 것은 불가능

★★★	2. 공정관리	66.78.103.104.114
10-144	Line Of Balance, Linear Scheduling method	
No. 944	중복관계	유형: 관리 · 기법

공정관리기법

공정관리 기법
Key Point

☑ 국가표준

☑ Lay Out
– 공정 진행개념
– 구성요소

☑ 핵심 단어
– 생산성을 기울기로 하는

☑ 연관용어

필요조건

• 재료의 부품화
• 공법의 단순화
• 시공의 기계화
• 양중 및 시공계획의 합리화
• 최초의 단위작업에 투입되는 자원은 후속단위의 동일한 작업에 재투입

I. 정 의

① 반복작업에서 각 작업의 생산성을 유지시키면서 그 생산성을 기울기로 하는 직선으로 각 반복작업의 진행을 직선으로 표시하여 전체 공사를 도식화하는 기법

② 기준층의 기본공정을 구성하여 하층에서 상층으로 작업을 진행하면서 작업상호 간 균형을 유지하고 연속적으로 반복작업을 수행하는 방식공정의 기본이 될 선행 작업이 하층에서 상층으로 진행 시, 후행작업이 작업 가능한 시점에 착수하여 하층에서 상층으로 진행해 나가는 방식

II. 공정 진행개념

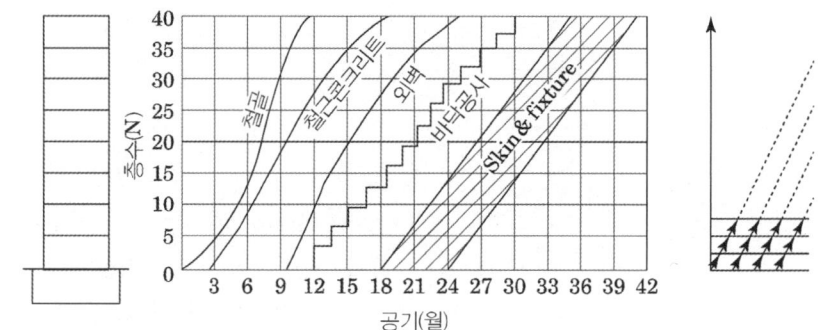

III. 구성요소

1) 발산

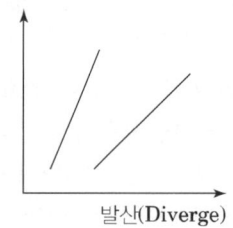

① 선행작업 기울기 > 후행작업 기울기
② 후행작업의 생산성(진도율) 기울기가 선행 작업의 기울기보다 작을 때
③ 전체 공기는 생산성(진도율) 기울기가 작은 작업에 의존한다.

2) 수렴

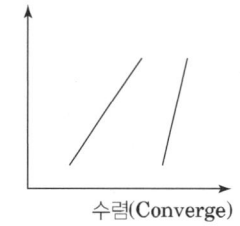

① 선행작업 기울기 < 후행작업 기울기
② 후행작업의 생산성(진도율) 기울기가 선행작업의 기울기보다 클 때
③ 선행작업과 후행작업의 간섭현상이 발생한다.

3) 간섭

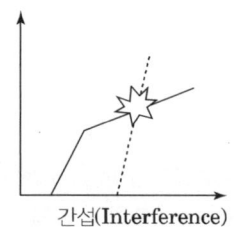

간섭(Interference)

① 선행작업 기울기 > 후행작업 기울기
  → 선행작업 기울기 < 후행작업 기울기
② 시간의 경과에 따라 선행 작업의 기울기가 후행작업의 기울기보다 작아짐
③ 작업동선의 혼선, 양중작업의 증대, 작업 능률 및 시공성 저하

4) 버퍼

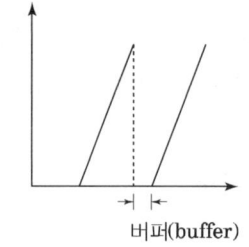

버퍼(buffer)

① 선행작업 완료 → 후행작업 실시
② 간섭을 피하기 위해 연관된 선후행작업간의 여유시간 확보
③ 주공정선(C.P)에서 최소한의 버퍼를 두어 공기연장 방지

Ⅳ. 지수층 설치위치에 따른 마감공사 시점변화

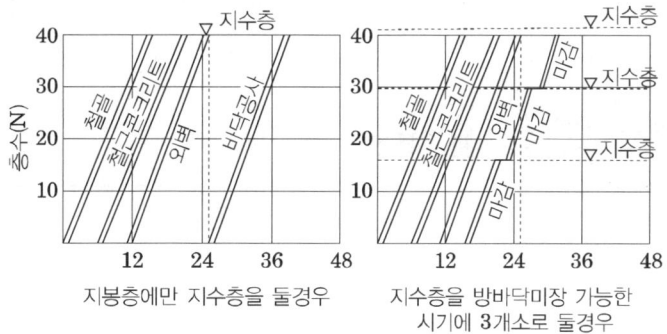

지붕층에만 지수층을 둘경우 · 지수층을 방바닥미장 가능한 시기에 3개소로 둘경우

10-145	Tact공정관리	
No. 945		유형: 관리 · 기법

공정관리기법

공정관리 기법

Key Point

■ 국가표준

■ Lay Out
- 공정진행개념
- 특징

■ 핵심 단어
- 연결된 작업을 다수 반복

■ 연관용어
- ADM

사전적 의미

• 음악에 사용되는 박자란 뜻의 영어 단어로써, 오케스트라의 지휘자처럼 작업의 흐름을 리드미컬하게 연속시킴으로써, 건축 생산을 효율적으로 하는 것이다.

I. 정 의

① 작업구역을 일정하게 구획하는 동시에 작업시간을 일정하게 통일시킴으로써 선·후행작업의 흐름을 연속적인 작업으로 만드는 공정관리 기법

② 공구별로 직렬 연결된 작업을 다수 반복하여 사용하는 방식으로 시간의 모듈을 만들고 각 작업시간을 표준 모듈시간의 배수로 하여 작업계획을 수립하는 방식

II. 공정 진행개념

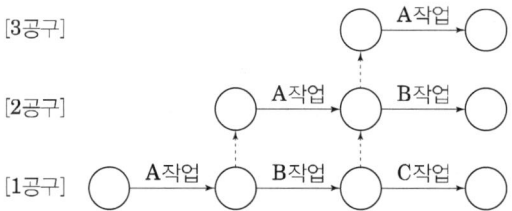

III. 특징

장점	단점
• 불필요한 작업 대기시간 감소 • 공정간 불균형 개선으로 효율 향상 • 설비와 공정간, 작업자의 낭비 최소화 • 평균화, 동기화 생산 가능 • 작업의 이상발생을 후행공정의 진행 불가로 즉시 파악	• 정해진 시간 내 작업으로 심리적 부담 증가 • 인원 변동 시, 효율저하 손실 초래 가능 • 작업자간의 실력 편차가 심하여 Tact Time 설정 곤란 • 공정 trouble 발생 시, 생산계획의 차질 • 반복생산, 흐름작업이 아니면 적용 곤란

공정관리기법	☆☆☆ 2. 공정관리

10-146	Network 공정표의 구성요소와 일정계산	
No. 946		유형: 관리·기법

Network 구성

Key Point

■ 국가표준

■ Lay Out
- Network 공정표 작성 기본요소
- Network 공정표 작성 원칙
- Network 공정표 일정계산, 여유계산

■ 핵심 단어
- 화살선(Arrow)으로 표시되는 작업(활동, activity), 더미(dummy), 결합점(node, event)으로 이루어진 연결도

■ 연관용어
- 공정표 작성
- 공정표 기본원칙

I. 정 의

① 네트워크는 화살선(Arrow)으로 표시되는 작업(활동, activity), 더미(dummy), 결합점(node, event)으로 이루어진 연결도이며 이 연결도에 의하여 작업의 순서 관계를 표현하게 된다.

② 네트워크 공정표는 공사의 목적물을 완성하기 위해서 이행에 필요한 여러 개의 요소작업으로 분할하여 여러 작업 사이에 논리적인 집합을 정의하는 관계로서 공사의 진행과정을 도표로 나타낸 것

II. Network 공정표 작성 기본요소

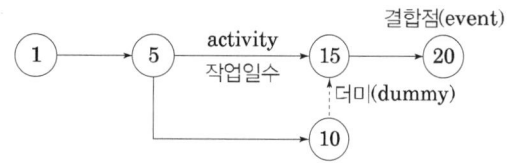

요소	표현	기본원칙
작업 (Activity) →	작업의 이름 ────── 소요일수	① 실선의 화살표 위에 작업의 이름, 화살표 아래에 작업의 소요일수가 기입되어야 한다. ② 화살표의 머리는 좌향이 될 수 없고 항상 수직 내지는 우향이 되어야 한다.
결합점 (Event) ○	⓪ 작업의 이름 ① 소요일수	① 작업의 시작과 끝은 반드시 결합점으로 처리되어야 한다. ② 결합점에는 반드시 숫자가 기입되어야 하는데, 최초는 0 또는 1번부터 시작하여 왼쪽에서 오른쪽으로 큰 번호를 기입하되, 번호가 중복되어서는 안된다. ③ 문제의 조건에서 공정관계가 제시될 경우 문제조건을 최우선으로 한다.
더미 (Dummy) - - - →▶	⓪------▶①	① 점선의 화살표 위에 작업의 이름과 작업의 소요일수가 기입되어서는 안된다. ② 더미의 종류 4가지 Numbering Dummy, Logical Dummy, Time-Lag Dummy, Connection Dummy

Ⅲ. Network 공정표 작성원칙

1. ADM방식(arrow diagram method)
- 네트워크상 activity를 표시하는 화설선은 후진 해서는 안된다.
- 가능한 한 요소 activity 상호간의 교차를 피한다.

1) 공정원칙(Dependent Activities Relationships)

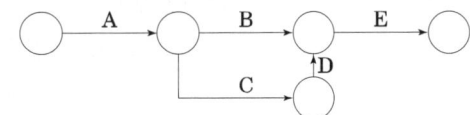

① 모든 작업은 작업의 순서에 따라 배열되도록 작성
② 모든 공정은 반드시 수행완료 되어야 한다.

2) 결합점 원칙(단계원칙: Event Relationships)

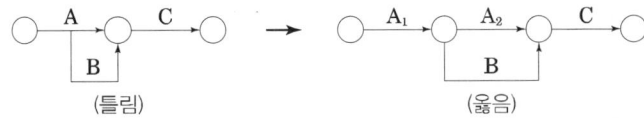

① Activity의 시작과 끝은 반드시 단계(Event)에서 시작하여 단계(Event)로 끝난다.
② 작업이 완료되기 전에는 후속작업이 개시 안 됨

3) 작업원칙(활동원칙: Activities Relationships)

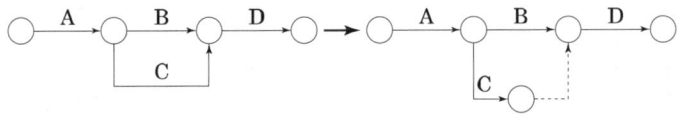

① Event와 Event 사이에 반드시 1개 Activity 존재
② 논리적 관계와 유기적 관계 확보 위해 Numbering Dummy 도입

4) 연결원칙(Link Relationships)

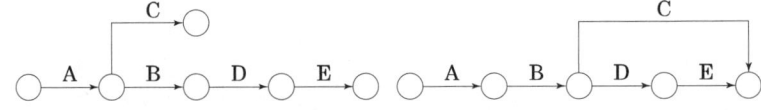

Activity는 시작점에서 종료점까지 반드시 연결한다.

2. PDM방식(Precedence Diagram Method)
- 연결관계에서 중복되는 경우 불필요한 연결선을 삭제
- 여러작업이 동시에 시작되고 끝나는 경우 각 작업들의 시작과 끝을 이어주는 지점에 더미를 적용

Ⅳ. Network 공정표 일정계산, 여유계산

1) EST(Earliest Starting Time), EFT(Earliest Finishing Time)
① 최초작업의 EST는 0이며, EST+소요일수=EFT가 된다.
② 작업의 흐름에 따라 좌에서 우로 전진하여 덧셈의 일정계산을 하는데, 결합점에서 여러 개의 숫자가 있을 경우 가장 큰값으로 선정한다.

공정관리기법

2) LST(Latest Starting Time), LFT(Latest Finishing Time)

① 최종결합점의 LFT는 전진일정에 의해 계산된 공기와 같고, LFT-소요일수=LST가 된다.

② 작업의 흐름에 역진하여 우에서 좌로 뺄셈의 일정계산을 하는데, 결합점에서 여러 개의 숫자가 있을 경우 가장 작은값으로 선정한다.

3) CP(Critical Path, 주공정선)

• 공정표 상에서 소요일수가 가장 긴 경로

4) 여유계산

① TF(Total Float, 전체여유)

• 총여유는 프로젝트의 완료를 지연시키지 않고, 작업을 완료할 때 생기는 여유

• 그 작업의 LFT-그 작업의 EFT or 그 작업의 LST-그 작업의 EST

② FF(Free Float, 자유여유)

• 어떤 작업이 주어진 시간범위 내에서 이루어지고 프로젝트의 완성을 지연시키지 않을 뿐 아니라 후속작업의 개시도 지연시키지 않은 여유

• 후속작업의 EST- 그 작업의 EFT

③ DF(Dependent Float, 종속여유), IF(Interfering float, 간섭여유)

• 어떤 작업의 여유시간 중에서 후속작업의 여유에 영향을 미치는 어떤 작업이 갖는 여유

• TF-FF or LFT-EST

10-147	C.P(주공정선)산정	
No. 947	Critical Path	유형: 관리 · 기법

공정관리기법

Network 구성

Key Point

■ 국가표준

■ Lay Out
- 주공정선 산정방법
- 특징

■ 핵심 단어
- 최초의 event에서 최종 event에 이르는 경로 중 시간적으로 가장 긴 기간

■ 연관용어
- Total Flot
- Dummy

공기에 영향을 주는 요소

• 내부적 요인
- 구조물 구조, 용도, 규모
- 부지의 정지 상태
- 구조물의 마무리 정도

• 외부적 요인
- 도급업자 시공능력
- 금융사정, 노무사정, 자재사정 등
- 기후, 계절
- 감독의 능력

I. 정 의

① 최초의 event에서 최종 event에 이르는 경로 중 시간적으로 가장 긴 기간을 요하는 경로, 즉 여유(float)가 없는 경로
② 공사의 소요기간을 결정할 수 있는 경로로, 최초작업으로부터 최종작업에 이르는 공정 중 시간적으로 가장 긴 공정들을 연결한 경로이다.

II. 주공정선 산정방법

작업명	작업일수	선행작업	비고
A	5	없음	(1) 결합점에서는 다음과 같이 표시한다.
B	4	A	
C	2	없음	
D	4	없음	
E	3	C, D	(2) 주공정선은 굵은선으로 표시한다.

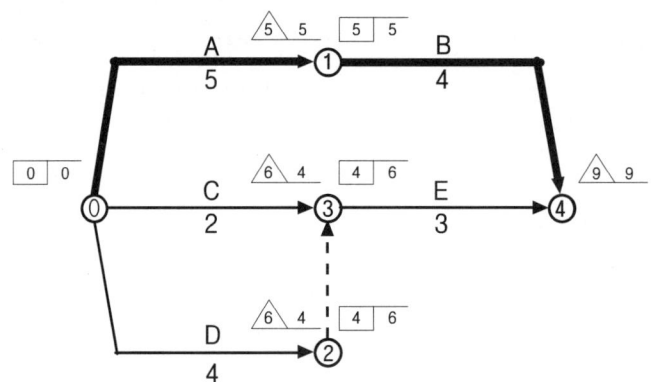

III. 특징

① 최초의 event에서 최종 event에 이르는 가장 긴 경로
② C · P에 의하여 공사의 소요기간(공기) 결정
③ C · P상의 Activity는 중점관리 대상이 된다.
④ 여유시간(TF)이 전혀 없다.

10-148	네트워크 공정표에서의 간섭여유	
No. 948	Dependent Float or Interfering Float	유형: 관리 · 기법

공정관리기법

Network 구성

Key Point

☑ 국가표준

☑ Lay Out
- 여유시간의 산정(Flat)

☑ 핵심 단어
- 후속작업의 여유에 영향을 미치는 작업이 갖는 여유

☑ 연관용어
- Total Flot

용어

• TF(Total Float, 전체여유)
- 총여유는 프로젝트의 완료를 지연시키지 않고, 작업을 완료할 때 생기는 여유

• FF(Free Float, 자유여유)
- 어떤 작업이 주어진 시간범위 내에서 이루어지고 프로젝트의 완성을 지연시키지 않을 뿐 아니라 후속작업의 개시도 지연시키지 않은 여유

• TF(Total Float, 전체여유)
- 총여유는 프로젝트의 완료를 지연시키지 않고, 작업을 완료할 때 생기는 여유

• TF(Total Float, 전체여유)
- 어떤 작업의 여유시간 중에서 후속작업의 여유에 영향을 미치는 어떤 작업이 갖는 여유

I. 정 의

어떤 작업의 여유시간 중에서 후속작업의 여유에 영향을 미치는 작업이 갖는 여유

II. 여유시간의 산정(Flat)

작업명	작업일수	선행작업	비고
A	5	없음	(1) 결합점에서는 다음과 같이 표시한다.
B	2	없음	
C	4	없음	
D	4	A, B, C	
E	3	A, B, C	
F	2	A, B, C	(2) 주공정선은 굵은선으로 표시한다.

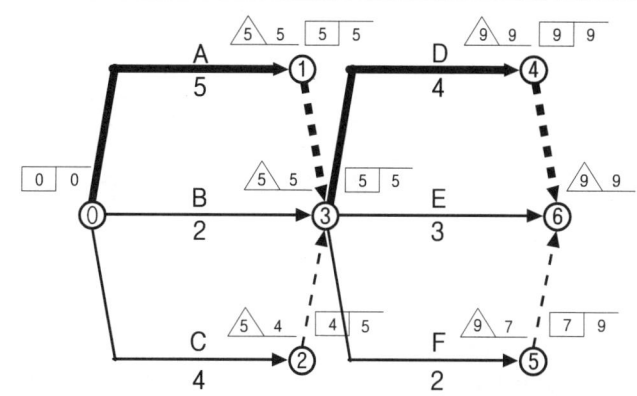

작업명	EST	EFT	LST	LFT	TF	FF	DF	CP
A	0	5	0	5	0	0	0	※
B	0	2	3	5	3	3	0	
C	0	4	1	5	1	1	0	
D	5	9	5	9	0	0	0	※
E	5	8	6	9	1	1	0	
F	5	7	7	9	2	2	0	

1) TF(Total Float, 전체여유)
 • 그작업의 LFT-그 작업의 EFT or 그 작업의 LST-그 작업의 EST
2) FF(Free Float, 자유여유)
 • 후속작업의 EST- 그 작업의 EFT
3) DF(Dependent Float, 종속여유), IF(Interfering float, 간섭여유)
 • TF-FF or LFT-EST

10-149	중간관리일(Milestone)	
No. 949		유형: 관리 · 기법

I. 정 의

① 공정계획 시 공사과정 중 관리상 특히 중요한 작업의 시작과 종료일을 설정하여 단계별 목표점으로 이용하기 위하여 지정하는 특정시점(event)

② 공정표 상에 주요 관리점인 Milestone을 명시하여 작성하는 것으로 보통은 Bar Chart 상에 Milestone 기호(○◇▽▼ 등)를 사용하여 시간축에 표시한다.

II. 중간관리일의 종류

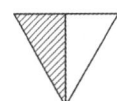 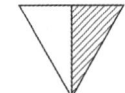 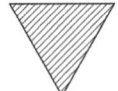

　　　　[한계착수일]　　　　[한계완료일]　　　　[절대완료일]

① 한계착수일: 지정된 날짜보다 일찍 착수할 수 없는 날짜
② 한계완료일: 지정된 날짜보다 늦게 완료되어서는 안 되는 날짜
③ 절대완료일: 지정된 날짜에 무조건 완료되어야 하는 날짜

III. 중간관리일 설정기준

관리항목	세부항목	설정기준	비고
공정관리	C · P	C · P상의 공종 선택	Float가 없는 공종
	설정간격	일정간격을 유지하여 설정	특정시점 집중금지
	병렬공종	선행공종 완료시점	
품질관리	품질시험	해체가 곤란한 경우 해당공종 완료 후	콘크리트 타설
	품질검사	품질시험 해당공종 완료시점	콘크리트 강도
원가관리	기성률 확인	기성고 산정이 용이한 시점	기성검사와 병행
	계약방식	프로젝트 유형별, 계약유형별 조정	
중간관리일	지정일 준수	지정날짜 준수여부	
	공사진척상황	건물의 전체 층수대비 25%, 50%, 75%, 100% or 5개층	진도율, 층수
	주요공종	주요공종 공사진행이 1/2되는 시점	기성률 점유율

• 설정시 유의사항: WBS 기준 산정, 적절한 수의 Milestone만 지정, Network 공정표 기준 산정

10-150	MCX(최소비용촉진기법)	
No. 950	Minimum Cost eXpediting	유형: 관리 · 기법

공기조정

단축기법
Key Point

☑ 국가표준

☑ Lay Out
- MCX 기본이론과 공기단축 Flow Chart
- 공기조정과 공사비산출 방법

☑ 핵심 단어
- 공기와 비용의 관계를 조사하여 최소의 비용으로 공기를 단축기 위한 기법으로

☑ 연관용어
- 공기단축
- 공기조정
- Cost slope
- Crash Point

I. 정 의

① 각 요소작업의 공기와 비용의 관계를 조사하여 최소의 비용으로 공기를 단축기 위한 기법으로 CPM(Critical Path Method)의 핵심이론

② 주공정상의 단위작업 중 비용구배(cost slope)가 가장 작은 단위작업부터 단축해 가며 이로 인해 변경되는 주공정 경로를 따라 단축할 단위작업을 결정한다.

II. MCX 기본이론과 공기단축 Flow Chart

1) MCX(Minimum Cost eXpediting) – 공기와 비용곡선

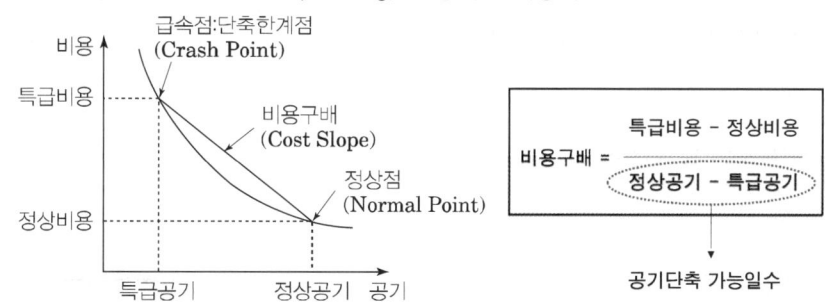

2) MCX(Minimum Cost eXpediting) 공기단축 기법의 순서

> 공정표작성 → CP를 대상으로 단축 → 작업별 여유시간을 구한 후 비용구배 계산 → Cost Slope 가장 낮은 것부터 공기단축 범위 내 단계별 단축 → 보조주공정선(보조CP)의 발생을 확인한 후, 보조주공정선의 동시단축 경로를 고려한다. → Extra Cost(추가공사비) 산출

공기에 영향을 주는 요소

• 내부적 요인
- 구조물 구조, 용도, 규모
- 부지의 정지 상태
- 구조물의 마무리 정도

• 외부적 요인
- 도급업자 시공능력
- 금융사정, 노무사정, 자재사정 등
- 기후, 계절
- 감독의 능력

III. 공기조정과 공사비산출 방법

1) 예제 1

작업명	정상계획		급속계획	
	공기(일)	비용(₩)	공기(일)	비용(₩)
A	6	60,000	4	90,000
B	10	150,000	5	200,000

1일 단축 시 15,000원의 비용이 발생

• B작업 Cost Slope $= \dfrac{200,000원 - 150,000원}{10일 - 5일} = 10,000원/일$

A작업 Cost Slope $= \dfrac{90,000원 - 60,000원}{6일 - 4일} = 15,000원/일$

1일 단축 시 10,000원의 비용이 발생

공기조정

공기단축 방법

- 기본원칙
- 자원의 추가투입: 별도의 사용가능한 자원을 추가로 투입해 공기단축
- 공정의 수순조정: 공정별 수순의 조정 및 개별공정의 분리 병행작업 등으로 공기단축

- 계산공기(지정공기)가 계약공기 보다 긴 경우
① 비용구배(Cost Slope)가 있는 경우
  MCX(Minimum Cost Expediting)에 의한 공기단축
② 비용구배(Cost Slope)가 없는 경우: 지정공기에 의한 공기단축

- 공사진행 중 공기가 지연된 경우
① 진도관리(Follow Up)에 의한 공기단축
② 바 차트(Bar Chart)에 의한 방법
③ 바나나 곡선 (Banana/S-Curve)에 의한 방법
④ 네트워크(Network) 기법에 의한 방법

2) 예제 2: 건축기사 실기 03④, 06②, 16④, 20④

- 다음 데이터를 이용하여 정상공기를 산출한 결과 지정공기보다 3일이 지연되는 결과이었다. 공기를 조정하여 3일의 공기를 단축한 네트워크공정표를 작성하고 아울러 총공사금액을 산출하시오.

작업명	선행작업	정상		특급		비고
		공기	공비	공기	공비	
A	없음	3	7,000	3	7,000	
B	A	5	7,000	3	7,000	
C	A	6	12,000	4	12,000	
D	A	7	15,000	4	15,000	
E	B	4	8,500	3	8,5000	
F	B	10	19,000	6	19,000	
G	C, E	8	12,000	5	12,000	
H	D	9	18,000	7	18,000	
I	F, G, H	2	3,000	2	3,000	

비고:
(1) 단축된 공정표에서 CP는 굵은선으로 표시하고, 결합점에서는 다음과 같이 표시한다.

EST LST   작업명   LFT EFT
소요일수

(2) 정상공기는 답지에 표기하지 않고 시험지 여백을 이용할 것

정답

(1) 공정표

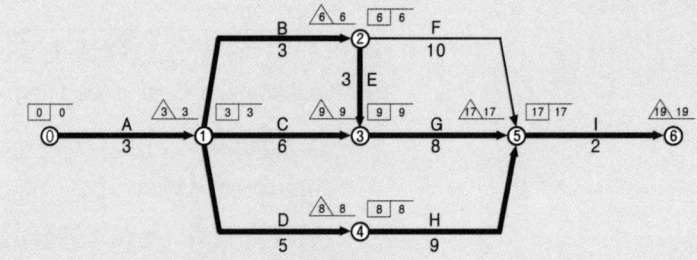

(2) 공사금액: 22일 표준공사비 + 3일 단축 시 추가공사비
= 69,000+8,500=77,500원

해설

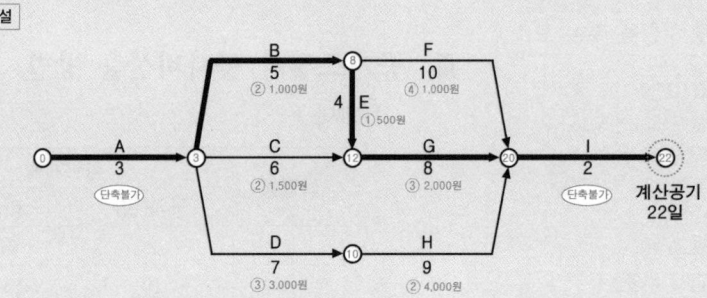

고려되어야 할 CP 및 보조CP		단축대상	추가비용
22일 ☞ 21일	A-B-E-G-I	E	500
21일 ☞ 20일	A-B-E-G-I A-D-H-I	B+D	4,000
20일 ☞ 19일	A-B-E-G-I A-D-H-I	B+D	4,000

공기조정	10-151	Cost slope(비용구배)	
	No. 951		유형: 관리 · 기법

단축기법

Key Point

■ 국가표준

■ Lay Out
- MCX 기본이론과 공기단축 Flow Chart
- Cost slope의 영향

■ 핵심 단어
- 공기 1일을 단축하는데 추가되는 비용

■ 연관용어
- 공기단축
- 공기조정
- MCX
- Crash Point

I. 정 의

① 급속공기와 급속비용이 만나는 crash point(급속점)와 정상공기와 정상비용이 만나는 normal point(정상점)을 연결한 선

② 공기 1일을 단축하는데 추가되는 비용으로 단축일수와 비례하여 비용은 증가

II. MCX 기본이론과 공기단축 Flow Chart

1) MCX(Minimum Cost eXpediting) – 공기와 비용곡선

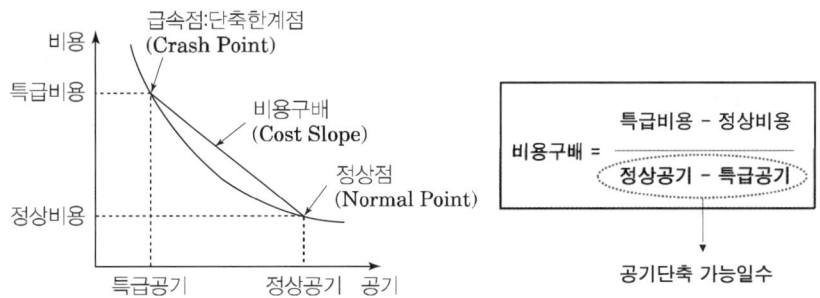

2) MCX(Minimum Cost eXpediting) 공기단축 기법의 순서

> 공정표작성 → CP를 대상으로 단축 → 작업별 여유시간을 구한 후 비용구배 계산 → Cost Slope 가장 낮은 것부터 공기단축 범위 내 단계별 단축 → 보조주공정선(보조CP)의 발생을 확인한 후, 보조 주공정선의 동시단축 경로를 고려한다. → Extra Cost(추가공사비) 산출

III. Cost slope의 영향

① Cost slope가 클수록 총공사비 증가
② 급속계획에 의해 노무비(직접비) 증가
③ 정상공기에서 공기단축 시 간접비는 감소되나 직접비는 증가
④ 공기단축 일수와 비례하여 비용증가

10-152	Crash point(특급점)	
No. 952		유형: 관리 · 기법

공기조정

단축기법

Key Point

■ 국가표준

■ Lay Out
- MCX 기본이론과 공기단축 Flow Chart
- Cost slope의 영향

■ 핵심 단어
- 공기 1일을 단축하는데 추가되는 비용

■ 연관용어
- 공기단축
- 공기조정
- MCX
- Cost Slope

I. 정 의

급속공기(crash time)와 급속비용(crash cost)이 만나는 point로, 소요 공기를 더 이상 단축할 수 없는 단축 한계점

II. MCX 기본이론과 공기단축 Flow Chart

1) MCX(Minimum Cost eXpediting) – 공기와 비용곡선

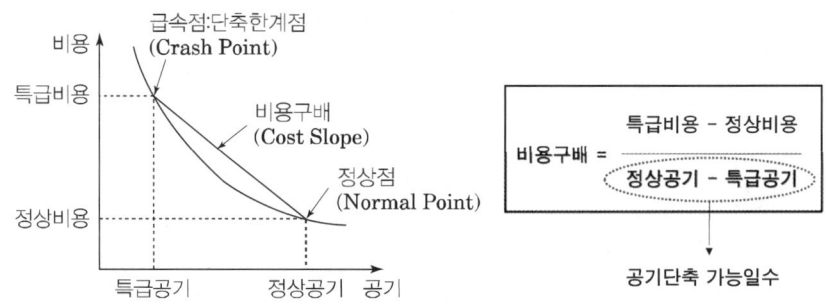

2) MCX(Minimum Cost eXpediting) 공기단축 기법의 순서

> 공정표작성 → CP를 대상으로 단축 → 작업별 여유시간을 구한 후 비용구배 계산 → Cost Slope 가장 낮은 것부터 공기단축 범위 내 단계별 단축 → 보조주공정선(보조CP)의 발생을 확인한 후, 보조 주공정선의 동시단축 경로를 고려한다. → Extra Cost(추가공사비) 산출

III. 급속계획(crash plan)시 직접비용 증가요인

① 공기단축 일수와 비례하여 비용 증가
② 야간작업 수당
③ 시간외 근무수당(잔업수당)
④ 기타 경비

공기조정

공기지연
Key Point

☑ 국가표준

☑ Lay Out
- 공기지연 일수 및 요소 분석
- 산정방법
- 공기지연 유형

☑ 핵심 단어
- 발주자의 통제범위내에 서 발주자의 잘못이나 태만으로 발생

☑ 연관용어
- 공기지연 Claim

10-153	보상가능지연	
No. 953	Compensable elay	유형: 관리 · 기법

I. 정 의

① 발주자의 통제범위내에서 발주자의 잘못이나 태만으로 발생한 것으로써 계약자에게 공기연장 및 비용보상이 가능한 공기지연

② 지연유형 및 사유
- 발주자의 설계변경
- 승인지연
- 지급자재 공급지연

II. 공기지연 일수 및 요소분석

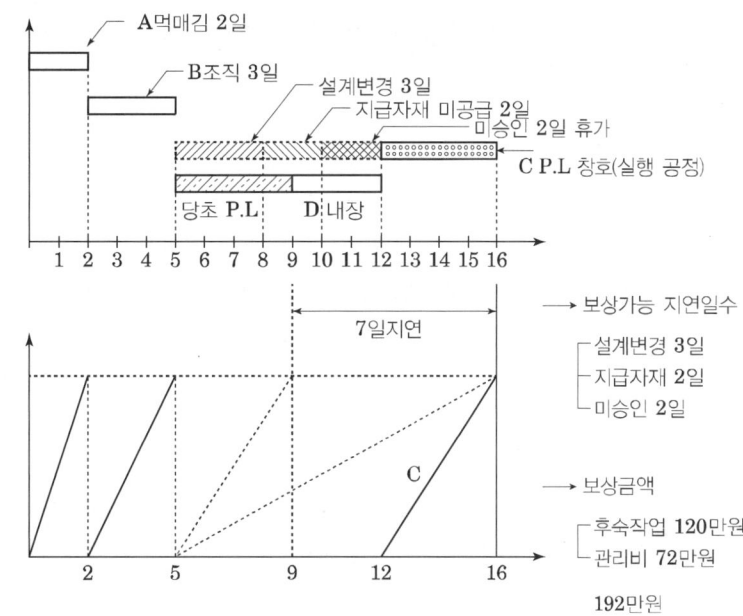

- 설계변경에 대한 처리지연 → 설계자 귀책사유
- 지급자재 지급지연 → 발주자 귀책사유
- 서류 및 공법 미승인 → 발주자 귀책사유
- 시공오류 → 시공사 귀책사유
- 시공도중 안전사고 → 시공자 귀책사유
- 부적절한 공법사용 → 시공자 귀책사유
- 관계법규 변경 → 불가항력

공기조정

산정방법

- 실제 손실비용(Actual Cost) 기준
- 견적(Estimated Cost)기준
- 계약내용 변경에 의한 계약 금액 조정 시 실비를 기준으로 산정

Ⅲ. 산정방법

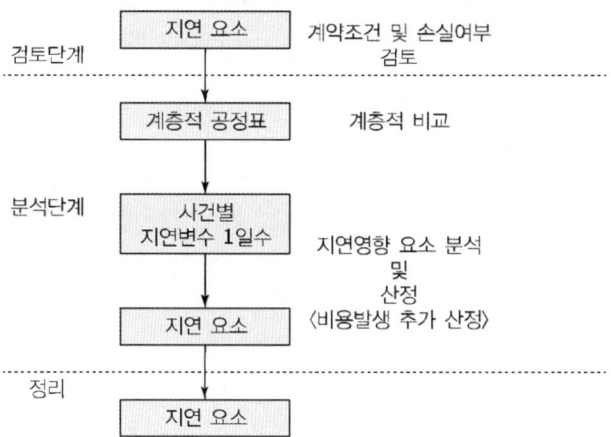

Ⅳ. 공기지연 유형

1. 수용가능 공기지연(Excusable Delay)

- 시공자에 의해 야기되지 않은 모든 지연을 말한다. 시공자가 계약 작업의 완성을 위하여 추가시간을 요구할 수 있는 지연

  1) 보상가능 공기지연(Compensable Delay)
  - 그 원인이 발주자의 통제범위 내에 있든지 혹은 발주자의 잘못, 태만 등에 있을 때 시공자는 이에 대한 배상을 청구할 수 있다.

  2) 보상불가능 공기지연(Non Compensable Delay)
  - 발주자, 또는 시공자 중 그 누구에게도 원인이 없이 발생되는 공기지연 으로 예측 불가한 사건, 발주자와 시공자의 통제범위 외의 사건, 과실 이나 태만이 없는 사건 등으로 인한 것이며, 계약서상에 '불가항력'조항 에 규정되어 유일한 해결책은 공기연장이라 할 수 있다.

2. 수용불가능 공기지연(Non Excusable Delay)

- 시공자나 하도급업자, 자재수송업자 등에 의하여 발생한다. 시공자 는 발주자에게 공기연장이나 보상금을 청구할 수 없고, 오히려 발주 자가 시공자에게 지체보상금이나 실제 손실에 대한 보상을 받을 수 있다.

3. 독립적인 공기지연(Independent Delay)

- 프로젝트 상의 다른 지연과 관련 없이 발생한 지연을 일컫는다.

4. 동시발생 공기지연(Concurrent Delay)

  1) 동시적인 동시발생 공기지연
  - 프로젝트의 최종 완공일에 영향을 줄 수 있는 두 가지 이상의 지연 들이 동일한 시점 혹은 비슷한 시점에 발생한 상황

  2) 연속적인 동시발생 공기지연
  - 선행 지연이 후속지연을 야기하였다면, 이는 연속적인 동시발생 공 기지연으로 분류되며, 이에 대한 책임을 할당하기 위해서는 선행지 연의 발생원인에 대한 책임을 고려해야만 한다.

10-154	동시지연	
No. 954	Concurrent Delay	유형: 관리 · 기법

공기조정

공기지연
Key Point

☑ 국가표준

☑ Lay Out
– 동시발생 공기지연의 유형
– 연속적인 동시발생 공기지연

☑ 핵심 단어
– 공기지연을 발생시킨 계약 당사자가 둘 또는 그 이상

☑ 연관용어
– 공기지연 Claim

I. 정 의

① 공기지연을 발생시킨 계약 당사자가 둘 또는 그 이상의 경우
② 계약일방이 계약상대자에게 공기지연으로 인한 손실 보상을 일방적으로 요구할 수 없으며, 공기지연의 원인은 하나 이상이지만 공기지연 원인들이 동시에 발생하는 것을 의미하지 않는다.

II. 동시발생 공기지연의 유형

1) 동시적인 동시발생 공기지연
   • 독립적으로 발생하였더라도 프로젝트의 최종 완공일에 영향을 줄 수 있는 두 가지 이상의 지연들이 동일한 시점 혹은 비슷한 시점에 발생한 상황
2) 연속적인 동시발생 공기지연
   • 같은 시점이 아닌 연대순으로 발생한 지연상황으로 선행지연이 없었을 경우, 분석되어지는 지연이 발생할 수 있었을 것인가에 대한 분석을 요구한다. 만일 선행 지연이 후속지연을 야기하였다면, 이는 연속적인 동시발생 공기지연으로 분류되며, 이에 대한 책임을 할당하기 위해서는 선행지연의 발생원인에 대한 책임을 고려해야만 한다.

III. 공기지연의 보상유형

• 공기연장과 손실비용 보상이 가능한 공기지연
• 동시지연이 보상 가능 지연과 보상 불가능 지연을 모두 포함하고 있을 경우, 지연으로 인한 공기연장은 가능하나 계약당사자가 지연 책임비율에 대해 분명하게 증명할 때에만 비용보상이 가능
• 지연기간을 분배하기 위하여 지연된 작업들은 주공정선상에 있어야 한다.
• 동시지연이 중복되었을 경우 계약당사자간 지연을 상쇄하기 위해 동시지연은 동일한 공정선상에 있어야 한다.

10-155	진도관리(Follow up)	
No. 955	up dating(공정갱신)	유형: 관리 · 기법

공기조정

진도관리
Key Point

☑ 국가표준

☑ Lay Out
- 진도관리 측정방법
- 진도관리 유형
- 진도관리 방법
- 진도관리 시 유의사항

☑ 핵심 단어
- 계획공정표와 실시공정
  표를 비교 · 분석

☑ 연관용어
- 공정갱신

I. 정 의

① 각 공정의 계획공정표와 실시공정표를 비교 · 분석하여, 전체 공기를 준수할 수 있도록 현재의 시점에서 공사지연 대책을 강구하고 수정조치를 하는 것

② 진도관리는 예정 공정표와 실제 공정표를 대비하여 공사의 진행을 관리하는 것

II. 진도관리 측정방법

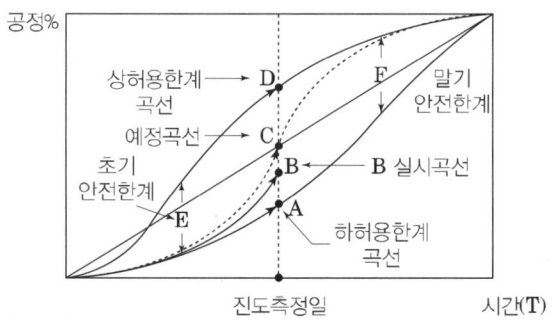

1) 진도관리 순서
   ① 진도 측정일을 기준으로 완료작업량과 잔여작업량을 조사
   ② 예정공정률과 실시공정률을 비교
   ③ 실시공정률로 수정한 다음 지연되고 있는 경로를 확인
   ④ 지연된 경로상의 작업에 대하여 LFT를 계산하여 일정 재검토
   ⑤ 예정공기내에 완료가 힘든 경우 잔여작업에 대해 최소의 비용으로 공기단축

2) 공정갱신(Schedule Updating)
   ① 여유공정에서 발생된 경우: 여유공정 일정을 수정 및 조치
   ② 주공정에서 발생된 경우: 추가적인 자원투입이나 여유공정에서 주공정으로 자원을 이동하거나 수정조치
   ③ 예정공정표에 지연된 작업을 표시하고 작업의 지연으로 인한 전체 공기의 지연기간 산정
   ④ 작업순서의 조정 및 시간견적내용 검토
   ⑤ 작업순서 및 작업기간 반영하여 공정갱신

진도율 측정방법

- 작업량 or 수량(quantity)에 의한 방법
- 백분율(percent)에 의한 방법
- 작업의 완료시점(milestone)에 의한 방법
- 시간의 흐름(level of effort)

공기조정

Ⅲ. 진도관리 유형

1) 열림형(벌림형)

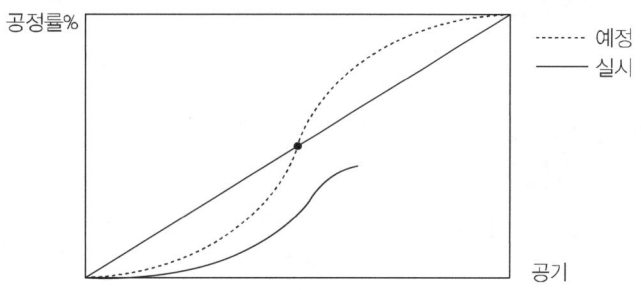

① 공사초기부터 말기에 걸쳐 지연이 점차 확대되는 형태
② 토공사 또는 기초공사에서 문화재, 업체선정 지연, 동절기 등으로 착수가 늦은 상태에서 후반부에 업체의 부도 등으로 인하여 지연

2) 후반 열림(벌림)

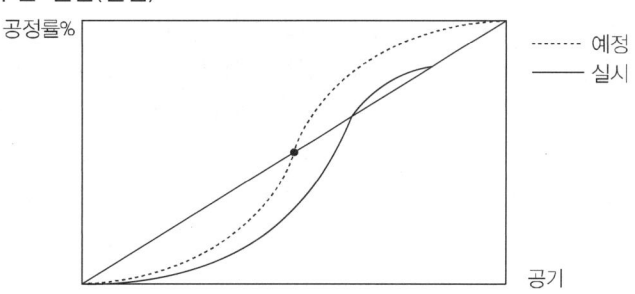

① 공사초기부터 일정하게 지연되는 형태
② 토공사 또는 기초공사에서 문화재, 업체선정 지연, 동절기 등으로 지연

3) 평행형

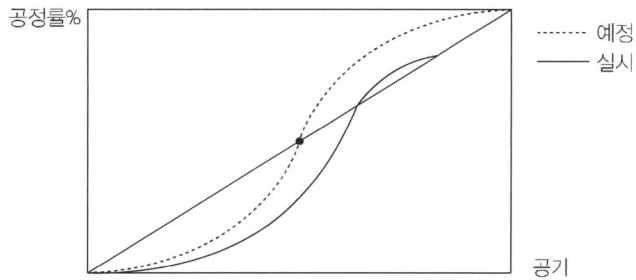

① 공사초기부터 일정하게 지연되는 형태
② 토공사 또는 기초공사에서 문화재, 업체선정 지연, 동절기 등으로 지연

공기조정

4) 후반 닫힘형

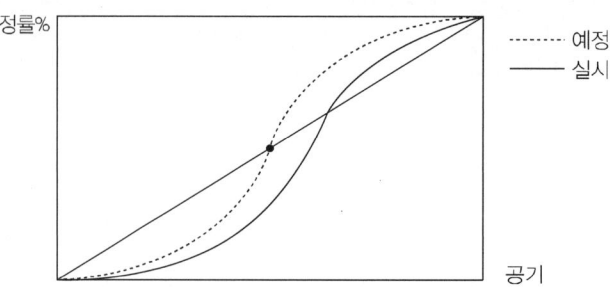

① 공사초반에 발생한 지연을 회복해 가면서 완공기일에 맞게 시행하는 형태
② 초기지연이 골조공사 후반부와 내부 마감에서 만회하는 경우

Ⅳ. 진도관리 방법

① 완료물량 측정(Units Completed)
② 진행단계별 측정(Incremental Milestone)
③ 시작·완료 구분에 의한 측정(Start/Finish)
④ 추정에 의한 측정(Supervisor Opinion)
⑤ 공사비 비율에 의한 측정(Cost Ratio)
⑥ 가중치에 의한 추정(Weighted or Equivalent Units)

Ⅴ. 진도관리 시 유의사항

① 공정계획과 실적의 차이를 명확히 검토
② 진척 사항에 대한 공정회의를 정기 혹은 수시로 개최
③ 부분 공정마다 부분 상세공정표를 작성하여 check
④ 각 작업의 실적치(소요일수, 인원, 자재수량) 기록 및 공정계획·관리에 활용

10-156	공정갱신에서 Progress Override기법	
No. 956	up dating(공정갱신)	유형: 관리 · 기법

공기조정

진도관리
Key Point

■ **국가표준**

■ **Lay Out**
– 공정갱신방법

■ **핵심 단어**
– 작업의 순서를 변경하는 방법

■ **연관용어**
– 공기조정

필요성

• 예상치 못한 변수로 인해 최초의 공정계획대로 진행되지 못하기에 계획된 공기와 작업순서의 변경을 통해 지속적으로 완료시점을 예상하고 관리하기 위해서는 정기적으로 갱신 및 수정이 필요하다.
• 공사지연과 관련된 귀책사유와 책임을 규명하고 대책마련

공정갱신 주기(frequency)

• 일반적으로 월 1회 실시
• 사업초기 토공사의 경우 공정갱신 주기가 길지만 공사 peak 시 또는 준공시점에서는 공정갱신 주기는 짧아진다.
• 공정갱신의 주기는 계약서에 명기를 한다.

I. 정 의

① 공정표에 실제 진도를 표시하고 실제 공사현장과 일치하도록 공정순서를 조정하는 것을 공정갱신(schedule updating)이라 한다.
② 공사방법 변경 등 예상치 못한 물제로 인해 공사가 지연될 경우 이를 반영하여 공정계획을 수정하는 것을 공정 재수립(rescheduling)이라 한다.
③ Progress Override 공정갱신: 작업의 순서를 변경하는 방법으로 기준일(data date)을 기준하여 각 작업의 진행현황에 따라 작업의 순서를 재조정 하는 방법

II. 공정갱신 방법

1. CPM 공정표 공정갱신
• 논리도(logic digram)에 실제 진도상황을 표시
• 최초 공기에서 실제 진행된 공기를 뺀 공기를 잔여공기로 하는 방법
• 최초 공기에서 실제 작업진도율을 감하여 비율로 잔여공기를 산정하는 방법
• 작업의 잔여공기를 현장담당자 또는 공정관리자의 경험으로 판정하는 것

1) Progress Override

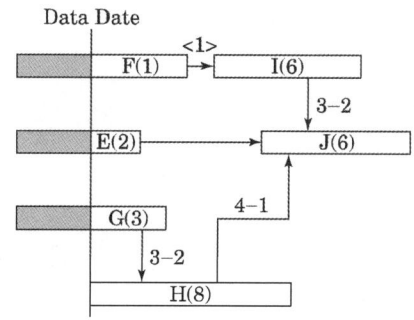

• 작업 순서를 변경하는 공정갱신방법
• 자료기준일(data date)을 기준하여 각 작업의 진행현황에 따라 작업의 순서를 재조정
• 잔여작업의 순서변화가 발생하므로 일정계산 후 공정재수립

공기조정

진도율 측정방법

- 작업량 or 수량(quantity)에 의한 방법
- 실제 작업수량을 전체 수량으로 나누어 진도율을 계산하는 방법

- 백분율(percent)에 의한 방법
- 실제 공사의 진척상황을 백분율로 추정

- 작업의 완료시점(milestone)에 의한 방법
- 작업의 착수시점, 중간시점, 완료시점에 도달할 경우 부여하는 진도율을 사전에 정의하고, 그 시점에 진도율을 부여하는 것
  (50-50은 작업을 착수하면 50% 진도율 부여 후 완료하면 나머지 50% 진도율 부여, 30-40-30은 작업 착수시점에 30%, 중간시점 40%, 완료시점 30%의 진도율 부여)

- 시간의 흐름(level of effort)
- 본사관리비, 현장관리비 등 간접비용의 경우 시간경과에 따라 자동으로 진도율을 부여하는 방법

실제로 작업이 진행된 작업 E, F, G를 자료 기준일에 정렬 → E와 F의 관계는 F가 E작업이 완료되기 전에 착수하였으므로 제거 → E와 G의 관계는 작업 G가 이미 착수하였기 때문에 역시 제거 → 작업 E의 후속작업이 없으므로 네트워크의 마지막 작업 J와 연결된다.

2) Ratained Logic
- 작업이 부분완료 또는 완전완료와 상관없이 기존의 작업순서와 공기를 유지하는 공정갱신방법
- 임시적으로 하는 공정갱신방법이며 공정재수립을 자주 할 경우 주단위 점검목적으로 사용

기존의 적업순서는 그대로 유지한 채 실제 진도만을 표시하고 전체 진도율을 산정

2. Bar Chart 공정표 공정갱신

Data Date ▽

작업번호 Activity No	작업명 Activity Description	공기 Dur.	2023				2024									
			9	10	11	12	1	2	3	4	5	6	7	8	9	9	12
10	작업 1	2 Mo														
11	작업 2	4 Mo														
12	작업 3	5 Mo														
13	작업 4	4 Mo														
14	작업 5	4 Mo														
15	작업 6	8 Mo														

- 실제 완료일을 역삼각형으로 표시하는 방법, 계획 진도바 아래에 실제 진도 바를 색과 무늬를 달리해서 표시하는 방법
- 바차트 공정표에는 주공정선이 없기 때문에 관찰자는 각각의 작업진도를 기준하여 예상되는 준공일자를 판단할 수 없다.
- 바는 작업순서가 변했더라도 다시 정렬되지 않는다.
- 갱신된 바차트 공정표는 작업이 지연된 원인, 작업지연이 전체 공정에 더떤 영향을 미치는지 표시를 하지 않는다.

3. 기타
1) 계획공정표에 의한 분석방법(As-Planned Method)
  - 계획공정표에 실제 변경된 작업을 표시하여 일정계산 후 공정갱신
2) 완료공정표에 의한 분석방법(As-Built Method)
  - 계약자의 계획공정과 실제 완료된 작업일자와 비교하여 공정갱신
3) 시간경과에 따른 분석방법(Modified As-Built Method)
  - 지연이 발생하였을 경우 실제 계획공정과 실제 완료일을 비교 분석하여 지연원인과 기간을 분석하며 정기적으로 공정갱신을 수행해야 가능하다.

☆★★	2. 공정관리		65.107
10-157	자원분배, 자원배당(Resource Allocation)		
No. 957	자원평준화(Resource Levelling	유형: 관리·기법	

자원계획

자원계획

Key Point

■ 국가표준

■ Lay Out
- 자원배당의 의미
- 자원배당 및 평준화
  순서
- 자원배당의 형태
- 자원배당 계산방법

■ 핵심 단어
- 작업의 여유시간(float)내
  에 균등 분배(allocation)

■ 연관용어
- 자원계획

I. 정 의

① 각 작업에 소요되는 투입자원을 그 작업의 여유시간(float)내에 균등 분배(allocation)시켜 전체 자원 추입 규모를 목표에 맞게 평준화(leveling)시키는 것
② 자원 소요량과 투입가능한 자원량을 상호 조정하고 자원의 허비시간(idle time)을 제거함으로써 자원의 효율화를 기하고 아울러 비용의 증가를 최소로 하는데 목적이 있다.

II. 자원배당의 의미

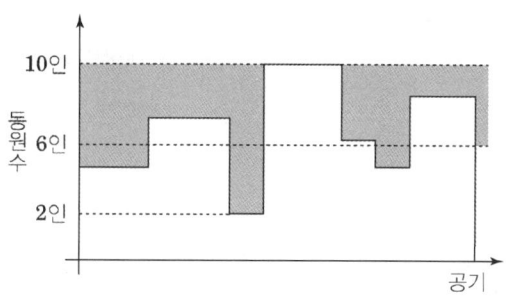

① 공사기간동안 불필요하게 많은 자원이 동원되면 잉여자원으로 인한 공사비의 증가요인이 되므로, 공사개시부터 종료까지 최소한의 자원을 동원해 자원의 투입비용을 최소화하는 것이 자원배당의 목표
② 공정표의 활동 진행 일자별로 소요되는 자원수를 계산해 현장에 동원 가능한 수준을 초과할 때는 활동의 작업일정을 조정해 자원수를 감소시키는 방법을 자원배당(Resource Allocation)이라 한다.
③ 위에 그림에서 보면 현장에 동원 가능한 인원은 6인 이지만, 계획대로 공사를 진행할 때는 최대 10인까지 인원이 소요됨을 나타내고 있으며 종료까지 최대인원 10인을 동원해 공사를 완료한다면 빗금친 부분에서 필요 없는 자원이 소요가 된다는 의미이다.
④ 상기의 경우 인원이 6인 이상 초과되는 일정에 작업을 진행하는 경우 여유기간 내에서 전, 후로 작업시간을 조정해 가능하면 6인 이내로 작업을 진행하도록 조정할 필요가 있다.

III. 자원배당 및 평준화 순서

초기공정표 일정계산 → EST에 의한 부하도 작성: EST로 시작하여 소요일수 만큼 우측으로 작성 → LST에 의한 부하도 작성: 우측에서부터 EST부하도와 반대로 일수만큼 좌측으로 작성 → 균배도 작성: 인력부하(Labor Load)가 걸리는 작업들을 공정표상의 여유시간(Flot Time)을 이용하여 인력을 균등배분

자원배당 특징

• EST에 의한 자원배당
- 프로젝트 전반부에 많은 자원 투입으로 초기 투자비용이 과다하게 들어갈 수 있지만 여유가 많아 예정공기 준수에 유리

• LST에 의한 자원배당
- 모든 작업들이 초기에 여유시간을 소비하고 주공정선처럼 작업을 시행하는 방법
- 작업의 하나라도 지연이 생기면 전체작업에 지연초래
- 초기투자비용은 적지만 후기에 자원을 동원하기 때문에 공기지연 위험

• 조합에 의한 자원배당
- 합리적인 자원배당 가능
- 가능한 범위 내에서 여유시간을 최대한 활용하여 자원을 배당

Ⅳ. 자원배당의 형태

1) 공기 제한형(지정공기 준수 목적)

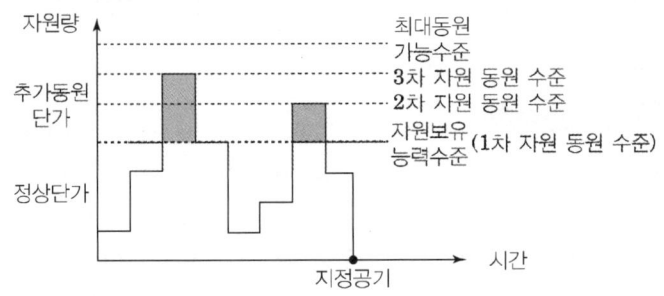

① 동원 가능한 자원수준 이내에서 일정별 자원 변동량 최소화

② 발주자의 공기가 지정되어 있는 경우 실시

③ EST와 LST에 의한 초기 인력자원 배당 실시 후 우선순위 정함

④ TF의 범위 내에서 1일 단위로하여 (TF+1)만큼의 경우수를 이동하면서 작업을 고정

2) 공자원 제한형(공기단축목적)

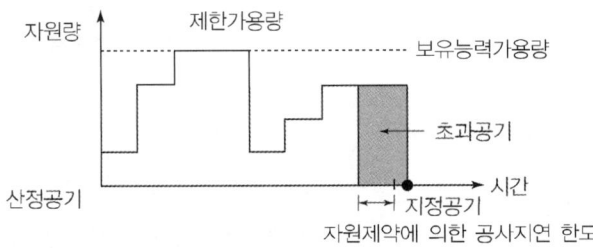

① 자원제약을 주고 여기에 다른 공기를 조정

② 동원가능한 자원수의 제약이 있을 때 실시

③ 한단계의 배당이 끝나면 공정표 조정 후 그 단계에서 계속공사의 자원량을 감안하여 해당 작업의 자원 요구량의 합계가 자원제한 한계에 들도록 배당

Ⅴ. 자원배당 계산방법

1) 예제

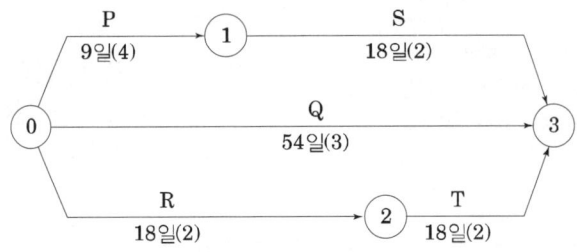

자원계획

2) 일정계산

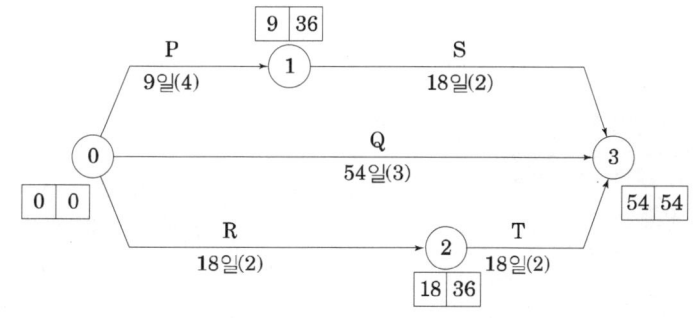

작업	EST	LFT	CP
P	0	36	
S	9	54	
Q	0	54	◉
R	0	36	
T	18	54	

3) 자원배당

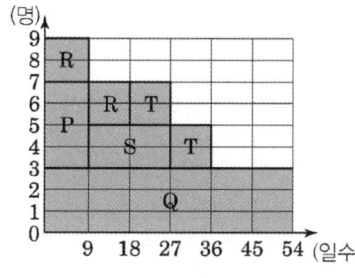

EST에 의한 자원배당

※ 1일 최대 소요인원은
  9일까지 9명

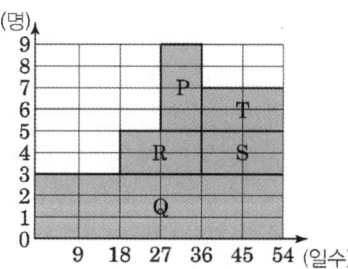

LST에 의한 자원배당

※ 1일 최대 소요인원은
  27일~36일까지 9명

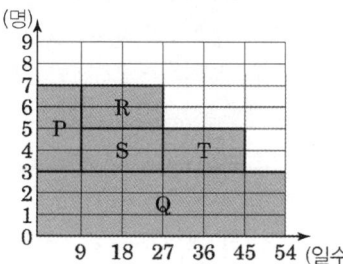

균배도에 의한 자원배당

※ 1일 최대 소요인원은
  0~27일까지 7명

통합관리

10-158	EVMS(Earned Value Management System)	
No. 958		유형: 관리 · 기법

자원계획

Key Point

■ 국가표준

■ Lay Out
- 측정요소분석
- 구성요소
- 문제점 및 활성화 방안

■ 핵심 단어
- 성과 위주 관리 체계

■ 연관용어

EVMS 활용의 기대효과

① 단일화된 관리기법의 활용을 통한 정확성, 일관성, 적시성 유지
② 일정, 비용, 그리고 업무범위의 통합된 성과 측정
③ 축적된 실적 자료의 활용을 통한 프로젝트 성과 예측
④ 사업비 효율의 지속적 관리
⑤ 예정 공정의 실제 작업 공정의 비교 관리
⑥ 비용지수를 활용한 프로젝트 총 사업비의 예측 관리
⑦ 비용지수와 일정지수를 함께 고려한 총 사업비의 예측과 동시적 관리
⑧ 잔여 사업관리의 체계적 목표 설정
⑨ 계획된 사업비 목표 달성을 위한 주간 혹은 정기적 비용 관리
⑩ 중점관리 항목의 설정과 조치

I. 정 의

① 사업비용, 일정, 수행 목표의 기준 설정과 이에 대비한 실 진도 측정을 통한 성과 위주의 관리 체계
② 비용과 일정계획 대비 성과를 미리 예측하여 현재공사수행의 문제 분석과 대책을 수립할 수 있는 예측 System이다.

II. EVMS 관리곡선 - 측정요소분석

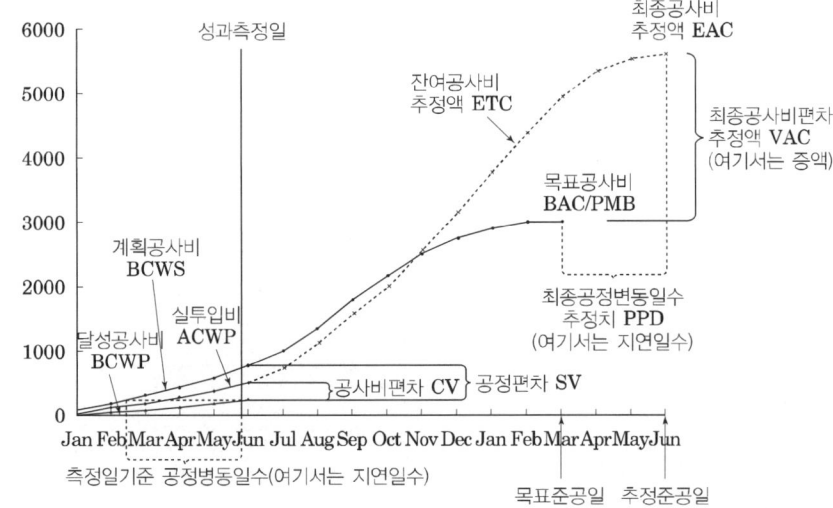

① 상기 도표는 공사의 진행별 1개월 단위로 비용누계 현황을 표현한 것으로 성과측정 시점은 5개월 시점이다.
② 위 3종류의 관리곡선에서 목표준공일 시점과 총공사비가 1년 2개월 시점에 3100 $ 정도로 그려져 있는 곡선이 계획비용(BCWS) · 공정곡선이며, 5개월 시점에 300 $ 정도로 그려져 있는 곡선이 현재시점까지의 실제비용(ACWP) · 공정곡선이고, 1년 4개월 시점에 5500 $ 정도로 그려져 있는 곡선이 현재시점에서 재추정한 비용(EAC) · 공정곡선이다.
③ 5개월이 경과한 현재시점의 실제비용(ACWP) · 공정곡선에서 현재투입비용인 300 $ 정도는 계획 비용(BCWS) · 공정곡선에 의하면 약 1.5개월 시점에 달성해야 함으로, 약 3.5개월의 공정변동일수가 발생하고 있음을 알 수 있다.
④ BCWP와 ACWP는 모두 공종별 현시점의 실제작업물량에 대한 계획단가와 실제단가의 차이이므로 성과측정일 시점에서 BCWP와 ACWP의 차이는 결국 계획 대비 실제 투입공사비의 차이가 된다. BCWS와 BCWP는 모두 공종별 계획단가에 대한 계획실행물량과 실제실행물량의 차이이므로, 성과측정일 시점에서 BCWS와 BCWP의 차이는 결국 계획 대비 작업물량의 편차 즉, 공정의 차이가 된다.

Ⅲ. EVMS 구성요소

1. EVMS 계획요소

1) 작업분류체계 (WBS: Work Breakdown Structure)
   - 작업내용을 계층적으로 분류
2) 관리계정(Control Account)
   - 공정·공사비 통합, 성과측정, 분석의 기본단위
3) 관리기준선(Performance Measurement Baseline)
   - Project의 성과를 측정하는 기준선

2. EVMS 측정요소

구분	약어	용어	내용	비고
측정 요소	BCWS	Budget Cost for Work Schedule (=pv, planned Value)	계획공사비 ∑(계약단가×계약물량) +예비비	예산
	BCWP	Budget Cost for Work Performed (=EV, Earned Value)	달성공사비 ∑(계약단가×기성물량)	기성
	ACWP	Actual Cost for Work Performed (=AC, Actual Cost)	실투입비 ∑(실행단가×기성물량)	
분석 요소	SV	Schedule Variance	일정분산	BCWP-BCWS
	CV	Cost Variance	비용분산	BCWP-ACWP
	SPI	Schedule Performance Index	일정 수행 지수	BCWP/BCWS
	CPI	Cost Performance Index	비용 수행 지수	BCWP/ACWP

1) 계획공사비(BCWS: Budgeted Cost for Work Scheduled)
   ① 실제 시공량과 관계없는 계획 당시의 요소를 측정하기 위한 기준값
   ② 공사 착수 전에 승인된 공정표에 따라 산출한 특정 시점까지 완료해야 하는 개별 작업항목의 계획단가와 계획물량을 곱한 금액
   - PV(Planned Value, 실행예산)
   - 실행(계획공사비): 실행물량×실행단가
2) 달성공사비(BCWP: Budgeted Cost for Work Performance)
   ① 공정표상 현재시점을 기준으로 완료한 작업항목들, 또는 진행 중인 작업항목들에 대한 계획단가와 실적물량을 곱한 금액
   ② BCWS와의 차이점은 계획물량이 아닌 실제실행물량을 이용
   - EV(Earned Value, 기성금액)
   - 실행기성(달성공사비): 실제물량(실 투입수량)×실행단가
3) 실투입비(ACWP: Actual Cost for Work Performed)
   - 공정표상 기준시점에서 완료한 작업항목이나 진행 중인 작업항목에 대한 실제투입 실적단가와 공사에 투입한 실적물량을 곱한 금액
   - 실투입비(실제공사비) : 실제물량×실제단

통합관리

EVM 적용 Process

- 주체별 역할 - 109회 출제
  WBS 설정
  ↓
  공사비 배분
  ↓
  일정계획 수립
  ↓
  관리기준선 확정
  ↓
  실적데이터 파악
  ↓
  성과측정
  ↓
  경영분석
  ↓
  변경사항 관리

성과측정 지표

- BCWS(계획공사비)
  - 계약단가×실행물량

- BCWP(달성공사비)
  - 계약단가×기성물량

- ACWP(실투입 비용)
  - 실투입단가×기성물량

통합관리

3. EVMS 분석요소

1) 총계획 기성(BAC: Budget At Completion)

① 공사초기에 작성한 계획기성의 공종별 합계금액
- BAC(총계획기성, Budget At Completion)
- BAC=ΣBCWS

2) 총공사비 추정액(EAC)

① 현재시점에서 프로젝트 착수일 부터 추정 준공일까지 실투입비에 대한 추정치
- EAC: 변경실행금액, Estimate At Completion
- EAC=ACWP+잔여작업 추정공사비(실제실행단가×잔여물량)
  =BAC/원가수행지수(CPI)

3) 최종공사비 편차추정액(VAC: Variance At Completion)

① 당초 계획에 의한 총공사비와 실제투입한 총공사비의 편차를 의미
- VAC(최종공사비편차, Variance At Completion)
- VAC=BAC-EAC

4) CV(원가편차, Cost Variance)

- CV=BCWP-ACWP
- (-): 원가초과상태
- (0): 원가일치
- (+): 원가미달

5) SV(공기편차, Schedule Variance)

- SV=BCWP-BCWS
- (-): 공기지연
- (0): 계획일치
- (+): 공기초과달성

6) PC(실행기성률, Percent Complete)

$$PC=\frac{BCWP}{BAC}$$

- CP<1.0: 현재까지 완료율
- CP=1.0: 완료
- PC는 총계획기성과 실행기성과의 비율이므로 실행기성율을 의미하며, 계산값은 총계획기성 대비 현재시점의 완성율을 나타낸다.

7) SPI(공기진도지수, Schedule Performance Index) - 90회 출제

$$SPI=\frac{BCWP}{BCWS}$$

- SPI<1.0: 공기지연
- SPI=1.0: 계획일치
- SPI>1.0: 계획초과

통합관리

- SPI는 현재시점의 완료공정률에 대한 공정관리의 효율성을 나타내며, BCWP와 BCWS는 모두 공종별 계획단가에 대한 실제실행물량과 계획실행물량의 차이이므로, SPI는 현재시점의 계획 대비 공정진도율 차이를 의미

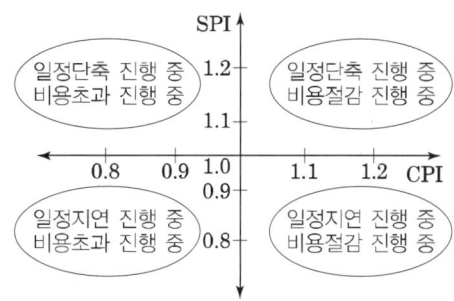

[진도관리 도표]

8) CPI(원가진도지수, Cost Performance Index) – 84회 출제

$$PC = \frac{BCWP}{BAC}$$

- CPI<1.0: 원가초과
- CPI=1.0: 계획일치
- CPI>1.0: 원가미달
- CPI는 현재시점의 완료 공정률에 대한 투입공사비의 효율성을 나타내며, BCWP와 ACWP는 모두 현재시점의 실제작업물량을 기준으로 하는 계획단가와 실행단가의 차이이므로, CPI는 실제작업물량에 대한 실제투입 공사비 대비 계획공사비의 비율을 의미

4. Cost Base Line – 82회 출제

1) 정의

① EVMS에서의 Cost Base Line은 공정계획에 의해 특정 시점(PMB: 성과측정기준선)까지 완료해야 할 작업에 배분된 계획공사비이다.

② Project의 실행 및 투입비용의 실적분석과 예측을 하기위해서 각 관리계정에 대한 성과측정 기준선

③ 실행(기성)인 BCWS(Budgeted Cost for Work Scheduled, 달성공사비)를 의미하며 실행물량×실행단가에 의해 측정된다.

2) 성과측정 기준 설정

① 관리코드 내 비용배분

- 관리코드에 내역을 할당하고 전체비용을 추출하여 비용배분(BCWS작성)한다.

② P·M·B 설정

- 각 관리코드 별 비용배분의 결과를 합산하여 현재의 보할 공정표와 동일형태로 작성

③ 관리코드 EV(실행기성) 측정계획

- Performance Measurement Technique or Earned Value Technique 적용

3) 실행기성 측정방법

실행기성 측정방법	내용
Weighted Milestone	마일스톤에 가중치 비용 분할
Fixed Formula By Task	일정비율 분할
Percement Complete & Estimates	월별실적진도에 대한 담당자의 평가를 기준
Percement Complete & Milestone Gates	마일스톤가중치+주관적 실적진도 병행
Unit Complete	개별작업 집합을 단위작업으로 분할
Apportioned Relation Ships To Discrete Work	Earned Value에 직접적인 비율을 곱하여 실적평가

적용실태

- 공공건설사업에서 비용 및 일정은 각각 관리되었으나 객관적인 성과측정 기준이 없어 투입비용과 기간에 대한 예측이 불가하거나 문제점을 사전에 파악할 수 없었다.
- 기성급 지급 및 정부예산의 집행구조 등의 제도적관행적 요인으로 부분적으로만 활용

5. 검토결과

CV	SV	평가	비고
+	+	비용 절감 일정 단축	• 가장 이상적인 진행
+	−	비용 절감 일정 지연	• 일정 지연으로 인해 계획 대비 기성금액이 적은 경우 → 일정 단축 및 생산성 향상 필요 • 일정 지연과는 무관하게 생산성 및 기술력 향상 으로 인해 실제로 비용 절감이 이루어진 상태 → 일정 단축 필요
−	+	비용 증가 일정 단축	• 일정 단축으로 인해 계획 대비 기성금액이 많은 경우 → 계획 대비 현금 흐름 확인 필요 • 일정 단축과는 무관하게 실제 투입비용이 계획 보다 증가한 경우 → 생산성 향상 필요
−	−	비용 증가 일정 지연	• 일정 단축 및 생산성 향상 대책 필요

Ⅳ. EVMS적용의 문제점 및 활성화 방안

1. 문제점

1) 제도적 관점

① 제도적 기준 미비: 규모, 방법 등의 제한사항이 없어 발주자 입장에서 해당기준에대한 정립부족

② 복잡한 시스템: 공사비 및 공사기간을 분석하기위해 방대한 기초자료 필요

③ 공사금액(500억원)에 비해 투입되는 인력과 자료 준비에 대한 부담

④ 내역위주 기성제도: 내역서 중심의 공사비 산정을 목표로 분류하고 반영하는 체제에서 발주자가 제시하는 물량내역서 중심으로 확대적용 필요

⑤ 불안정한 예산편성: 무분별한 예산편성으로 인하여 준공기한 장기화

통합관리

2) 발주자 관점
- ① 사업비 증애겡 대한 우려
- ② 기준대상 금액변화로 관리기준 불명확

3) 시행자 관점
- ① 관리인력의 부재
- ② 자료 및 정보체계 미흡

2. 활성화 방안

1) 제도적 관점
- ① 안정적인 정부예산 편성
- ② 총액계약방식에서의 EVMS활용
- ③ LCC에 확대 적용

2) 발주자 관점
- ① 공사 이해관계자별 업무 Scope 설정
- ② 적시에 설계변경 등을 반영하여 EVMS를 위한 정확한 성과 측정과 경영분석이 가능하도록 예비비 확보
- ③ 기준대상 금액변화로 관리기준 불명확

3) 시행자 관점
- ① 체계적인 정보체계 구축
- ② 원가관리 체계 통합

품질개론

품질관리

Key Point

■ 국가표준

■ Lay Out
- 품질관리의 원칙
- 품질특성
- 품질수준
- PDCA(Deming Wheel)Cycle

■ 핵심 단어
- 과학적 원리를 응용하여 제품품질의 유지·향상

■ 연관용어
- PDCA(Deming Wheel)Cycle

10-159	품질관리	
No. 959	Quality Management	유형: 관리·기준

I. 정 의

① 과학적 원리를 응용하여 제품품질의 유지·향상을 기하기 위한 관리
② 제품이나 서비스에 대해 고객의 다양한 요구사항과 기대에 부응하는 생산, 기술 및 마케팅에 대한 전체적 특성이다.

II. 품질관리의 원칙

1) 예방의 원칙
   • 제품의 불량이 발생하기 전에 미리 그 원인을 차단시키는 것
2) 스태프 조언의 원칙
   • 관리기술에 대한 전문적인 지식을 갖고 있는 스태프부서와 생산부서가 좋은 품질의 제품을 만드는데 필요한 업무를 적절하게 분담
3) 전원 참가의 원칙
   • 모든 종업원은 각자가 담당하고 있는 품질, 원가 및 수량에 관한 업무를 모두 협조하여 수행
4) 과학적 관리의 원칙

   • 문제점을 인식한다.
   • 문제점에 대한 사실을 구체화시킨다.
   • 문제 해결에 대한 계획을 세운다.
   • 계획에 의거하여 실행에 옮긴다.
   • 계획과 성과를 조사한다.

III. 품질특성(Quality Character Value)

1) 정의

   • 품질특성은 건축재료 및 제품의 물리적·화학적 특성으로, 제품의 설계·시공·유지관리 등에 중요한 성질이다.
   • 제품의 효용성(Utility)을 결정하는 제품의 구성요소가 품질이며 이 품질을 구성하는 요소를 품질특성이라 한다.

2) 품질특성 분류

구분	특성
협의의 품질특성	성능, 순도, 강도, 치수, 공차, 외관, 신뢰성, 수명, 불량률, 수리율, 포장성, 안전성
재료의 성능과 관계있는 특성	• 물리적 성질 • 재료의 화학적 특성 • 재료의 기계적 특성 • 재료의 전기적 특성

목적

- 각 공종에서 발생할 수 있는 품질의 산포를 감소시킨다.
- 공사 및 프로젝트 생산 전체에 대한 신뢰성을 증대시킨다.
- 예상되는 결점을 미연에 방지한다.
- 문제점을 발견하여 원인을 파악하고, 대책을 수립·개선하며, 그 상태가 유지될 수 있도록 작업표준을 확립하고 관리한다.

IV. 품질수준

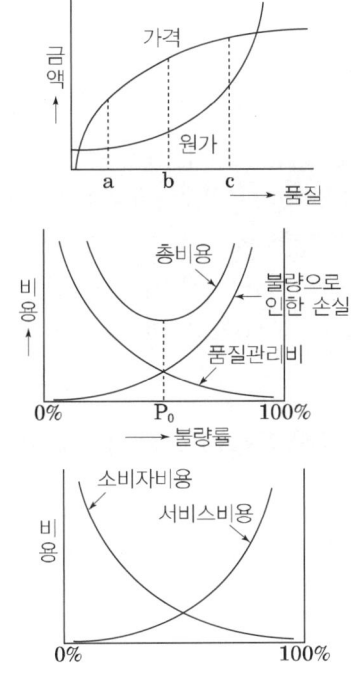

설계품질

※ 회사가 목표로 하는 품질

제조품질

※ 원자재 및 제조설비, 술력에 따른 제조품질

시장품질

※ 사용자의 만족과 판매를 고려한 품질

건축설계 · 시공품질

- 시공성을 고려한 설계
- 재료의 내구성과 공급이 원활한 재료설계
- 검증된 신기술 적용
- 사전조사 및 Data축적에 의한 설계변경 축소설계
- 법규에 제약없는 설계
- 누락없는 구조설계
- 정밀한 상세설계

V. PDCA(Deming Wheel)Cycle

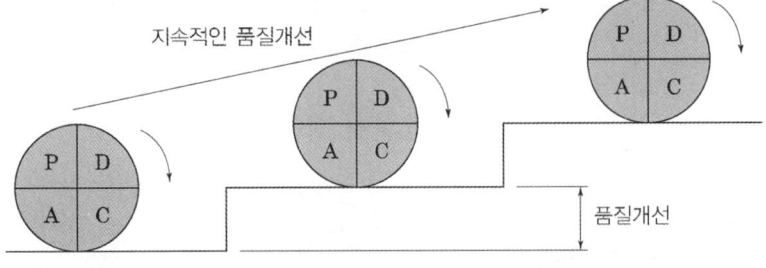

검사의 의의

- 검토
- 시공자가 수행하는 중요사항과 당해 건설공사와 관련한 발주청의 요구사항에 대해 시공자 제출서류, 현장실정 등 그 내용을 감리원이 숙지하고, 감리원의 경험과 기술을 바탕으로 하여 타당성 여부를 파악하는 것
- 확인
- 시공자가 공사를 공사계약 문서 대로 실시하고 있는지의 여부 또는 지시·조정·승인·검사 이후 실행한 결과에 대하여 발주청 또는 감리원이 원래의 의도와 규정대로 시행되었는지를 확인하는 것
- 검토 · 확인
- 공사의 품질을 확보하기 위해 기술적인 검토 뿐만 아니라, 그 실행결과를 확인하는 일련의 과정
- 검사
- 공사계약문서에 나타난 시공 등의 단계 및 재료에 대해서 완성품 및 품질을 확보하기 위해 시공자의 확인 검사에 근거하여 검사원이 완성품, 품질, 규격, 수량 등을 확인하는 것

단 계	내 용
Plan(계획) 단계	• 공정을 표준화시키고 문제인식을 위한 자료를 수집 • 다음으로 자료를 분석하고 개선을 위한 계획 개발
Do(실시 · 실행) 단계	• 계획을 이행 • 이 단계에서 어떤 변화가 있었는지 문서화한다. 평가를 위해 자료를 체계적으로 수집
Check (검사 · 확인) 단계	• 실행단계에서 모아진 자료들을 평가 • 계획단계에서 설정된 원래 목표와 결과가 얼마나 밀접히 부합되었나를 확인
Action(조치)단계	• 결과가 성공적이었다면 새로운 방법을 표준화하고 공정에 관련된 모든 사람들에게 새로운 방법을 전달한다. • 만일 결과가 성공적이지 않았다면 계획을 수정하고 공정을 되풀이하거나 계획을 중단한다.

10-160	품질관리 중 발취 검사(Sample Inspection)	
No. 960		유형: 검사 · 시험 · 기준

품질개론

품질관리

Key Point

■ 국가표준

■ Lay Out
- 발취검사 방법
- 시험실시 조건
- 샘프링 검사가
  유리한 점
- 종류

■ 핵심 단어
- 시료를 추출하여 검사하고 그 결과를 미리 정해 둔 판정기준과 비교

■ 연관용어
- 전수검사

장점

- 검사수량이 감소하여 검사비용 절감 및 검사시간 단축
- 전수검사가 불가능할 경우
- 어느 정도의 오류를 인정
- 공급자가 Lot의 품질을 확인하므로 품질관리 향상

I. 정 의

① 롯트(lot)로부터 시료를 추출하여 검사하고 그 결과를 미리 정해 둔 판정기준과 비교하여 롯트(lot)의 합격 혹은 불합격을 판정하는 검사

② 전수검사와 샘플링검사가 있는데 샘플링검사는 생산된 제품의 Lot 또는 일괄생산품에 적용되는 검사이며, 전수검사는 검사의 대상이 되는 전체를 검사하는 방법

II. 발취 검사(Sample Inspection) 방법

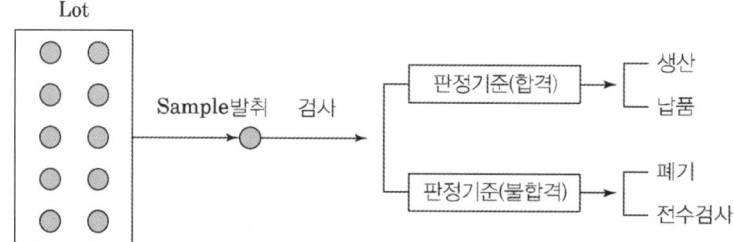

- Sampling 검사 결과 판정기준보다 적으면 그 모집단을 합격으로 판정
- Sampling 검사 결과 판정기준보다 많으면 그 모집단을 불합격 or 전수 검사 실시

III. 시험실시 조건

- 검사대상이 Lot로 처리될 수 있어야 한다.
- 합격된 Lot속에 어느 정도의 부적합품이 있음을 허용
- Lot로 부터 Sample을 random으로 발취할 수 있어야 한다.
- 객관적이고 명확한 판정기준이 있어야 한다.

IV. Sampling 검사가 유리한 점

1) 물품의 조건
  ① 물품수량이 많은 경우: 볼트, 너트 등
  ② 파괴검사의 경우: 건축물 인장강도 시험
  ③ 연속체일 경우: 코일, 전선
  ④ 액체, 분체일 경우: 약품, 시멘트

2) 샘플링 검사가 유리한 경우
  ① 다수 다량의 것으로 어느정도 부적합품이 섞여도 괜찮은 경우
  ② 기술적으로 개별검사가 무의미한 경우(프레스 부품, 성형품)
  ③ 부적합품으로 인한 손실비용의 합이 전수검사 비용보다 적을 때

V. 검사

품질개론

검사의 의의

• 발주자와 계약자간의 검사
① 인수검사
　(Acceptance Inspection)
② 종검사
　(Final Inspection)
③ 제3자 검사
　(Third Party Inspection)
④ 입회검사
　(Witness Inspection)
⑤ 자체검사
　(Spontaneous Inspection)

• 불량 방지
① 중간검사
　(In-Process Inspection)
② 순회검사
　(Patrol Inspection)

• 품질검사
① 전체검사
　(Total Inspection)
② 발취검사
　(Sampling Inspection)
③ 파괴검사
　(Destructive Inspection)
④ 비파괴검사
　(Non-Destructive Inspection)

1) 검사의 의의(국토해양부고시 2008-84호, 책임감리업무수행지침서)

구 분	내 용
검토	• 시공자가 수행하는 중요사항과 당해 건설공사와 관련한 발주청의 요구사항에 대해 시공자 제출서류, 현장실정 등 그 내용을 감리원이 숙지하고, 감리원의 경험과 기술을 바탕으로 하여 타당성 여부를 파악하는 것
확인	• 시공자가 공사를 공사계약문서 대로 실시하고 있는지의 여부 또는 지시·조정·승인·검사 이후 실행한 결과에 대하여 발주청 또는 감리원이 원래의 의도와 규정대로 시행되었는지를 확인하는 것
검토·확인	• 공사의 품질을 확보하기 위해 기술적인 검토 뿐만 아니라, 그 실행결과를 확인하는 일련의 과정
검사	• 공사계약문서에 나타난 시공 등의 단계 및 재료에 대해서 완성품 및 품질을 확보하기 위해 시공자의 확인검사에 근거하여 검사원이 완성품, 품질, 규격, 수량 등을 확인하는 것

2) 유사개념 정리

구분	내용
검사 Inspection	• 측정, 시험 또는 계측 등을 활용한 관찰 및 판정에 따른 적합 여부 평가 • 공사계약 문서에 나타난 시공 등의 단계 및 납품된 공사재료에 대해서 완성품의 품질을 확보하기 위해 계약상대자의 확인검사에 근거하여 검사자가 기성부분 또는 완성품의 품질, 규격, 수량 등을 확인하는 것을 말한다.
확인 Identification	• 공사를 공사계약문서대로 실시하고 있는지의 여부 또는 지시, 조정, 승인, 검사이후 실행한 결과에 대하여, 감독자(또는 감리자)의 원래 의도와 규정대로 시행되었는지를 확인하는 것을 말한다.
시험(試驗, Examination/Test	• 하나 또는 그 이상의 특성을 결정하는 것재료, 구성품, 지급품, 작업, 플랜트의 성능, 안전성 등이 지정된 요구사항에 적합한지를 조사하여 데이터를 만들어 내는 것을 말하며, 검사의 한 요소이다.
검측(檢測)	• 시공된 공종에 대해 검사하고 측정한 후 미리 정해 둔 판정기준(체크리스트, 품질기준, 시공순서, 공법종류)과 비교하여 합격 혹은 불합격을 판정하는 일이다.
실험(實驗, Experiment)	• 일정한 조건을 인위적으로 설정하여 기대했던 현상이 일어나는지 어떤지, 또는 어떤 현상이 일어나는지를 조사하는 일 • 보통 실험은 현상의 재현 가능성을 전제로 성립된다고 한다. 현재는 사회현상에 대해서도 어떤 조건을 인위적으로 설정하고 그 결과를 살피는 것은 실험으로 보는 생각이 일반화하고 있다.

품질개선도구

10-161	품질관리 7가지 tool	
No. 961		유형: 관리 · 기법 · 기준

품질개선도구
Key Point

☑ 국가표준

☑ Lay Out
– 품질관리 7가지 tool

☑ 핵심 단어
– 적은 데이터로부터 가능
한 한 신뢰성이 높은 객
관적인 정보를 얻는데
가장 유효한 수단

☑ 연관용어

I. 정 의

① 품질관리(QC) 7가지 도구는 적은 데이터로부터 가능한 한 신뢰성이
높은 객관적인 정보를 얻는데 가장 유효한 수단
② 품질의 개발 · 개선 · 관리 등 품질개선활동에 대한 유용한 도구로
데이터의 기초적인 정리 방법으로 널리 쓰이며, 품질관리를 하는데
있어서 가장 필수적인 통계적 방법이다.

II. 품질관리 7가지 tool

1) Pareto Diagram

- 파레토도는 항목별로 분류해서 크기 순서대로 나열한 것으로 문제
나 조건 또는 상대적인 중요성을 파악하기 위함이다.
- 현장에서 문제가 되고 있는 불량품, 결점, 클레임, 사고 등과 같은
현상이나 그러한 현상에 대한 원인별로 데이터를 분류하여 불량개
수 및 손실금액 등이 많은 순서로 정리하여 그 크기를 막대그래프
(Bar Graph)로 나타낸 것이다.

불량 항목	불량 건수	비율 (%)	누적 수량	누적비율 (%)
치수	148	44	148	44
굽힘	75	22	218	65
마무리	68	20	282	84
형상	25	7	306	92
기포	18	5	334	100
합계	334	100		

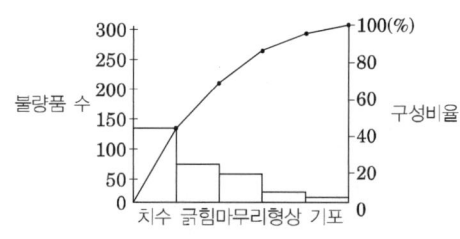

2) 산포도(산점도, Scatter Diagram)

- 산점도는 상호 관련된 두 변수에 대해서 특성과 요인의 관계를 규
명하기 위하여 데이터를 점으로 찍어 표시한 도표이다.
- 두 변수 사이의 관계로 점점 분포로 표시된다.

품질개선도구

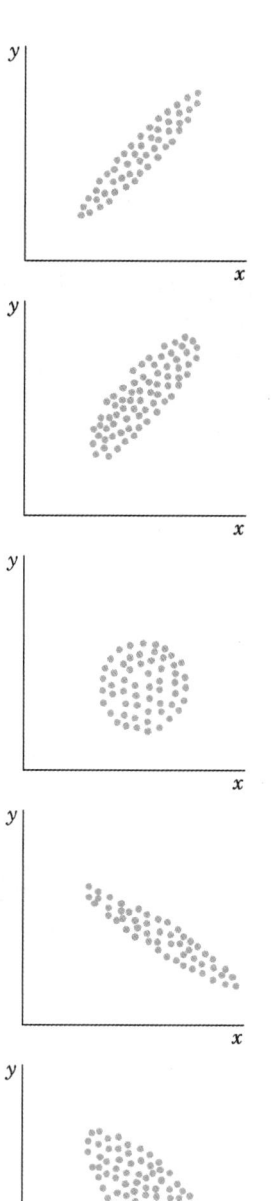

① 강한 정(양)상관
* x가 증가하면 y도 증가하는 경우이며, x를 관리하면 y도 관리 가능

② 약한 정(양)상관
* x가 증가하면 y도 증가하는 정도가 약한 경우이며, 일직선이 아닌 y의 값이 x이외에도 영향을 받고 있다고 볼 수 있으므로 x이외의 요인을 찾아 관리

③ 무상관
* x가 증가해도 y에 영향이 없으므로 무상관이다.

④ 강한 음(부)상관
* x가 감소하면 y가 비례적으로 증가하는 경향으로 뚜렷한 음상관이 있는 경우이다. 이런 경우 x를 관리하면 y도 관리 가능

⑤ 약한 음(부)상관
* x가 감소(증가)하면 y는 증가(감소)하는 음상관의 정도가 비교적 약한 경우이며, y의 요인을 찾아 관리 필요

⑥ 직선이 아닌 관계가 있는 경우
* 초기에는 정상관 관계를 유지하다가 일정시간이 지난 후 상관관계가 바뀌는 형태로 직선적인 관계가 아닌 경우

품질개선도구

3) 특성요인도C(cause) and E(effect) Diagram, 생선뼈 도표

- 특성 요인도는 효과와 그 효과를 만들어내는 원인을 시스템적으로 분석하는 도해식 분석도구로 원인과 결과의 관계를 알기 쉽게 수형상(樹形狀)으로 도식화한 것을 말하며, Fish Bone Diagram이라고도 한다.
- 특성: 일의 결과 또는 공정에서 생겨나는 결과, 즉 개선 또는 관리하려는 문제
- 요인: 여러 원인 중에서 결과(특성)에 영향을 미치는 것으로 인정되는 것

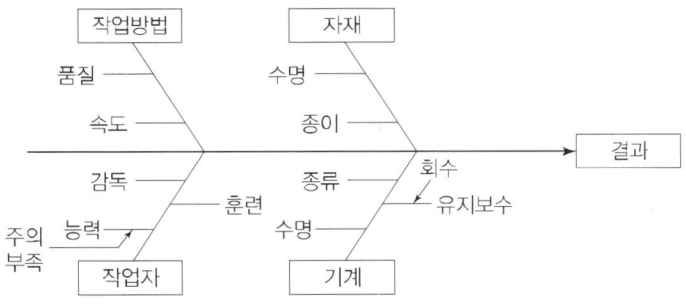

4) Histogram

- 계량치의 데이터가 어떠한 분포를 하고 있는가를 나타내는 도표
- 공사 또는 제품의 품질상태가 만족한 상태에 있는가의 여부를 판단하기 위하여 다루고자 하는 데이터의 값을 가로축에 잡고, 데이터가 있는 범위를 몇몇으로 구분하여 각각에 들어갈 데이터의 수를 세로축으로 하여 기둥모양처럼 그려 그래프로 만든다.

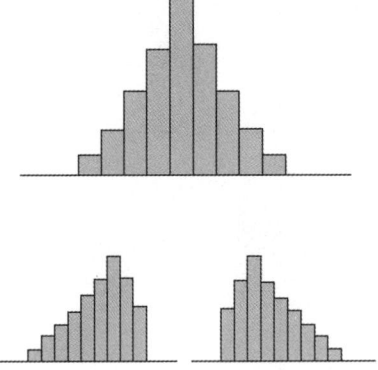

① 좌우대칭형
- 중심부 빈도수가 높고 가장자리로 갈수록 줄어드는 경우로 얼마나 분포 상태의 폭을 줄이느냐가 관심대상

② 좌우 비대칭형
- 평균치가 분포의 중심보다 좌측 또는 우측으로 밀려있는 경우로 일정한 규격제한으로 상·하한이 설정되어 있는 경우 발생한다.

품질개선도구

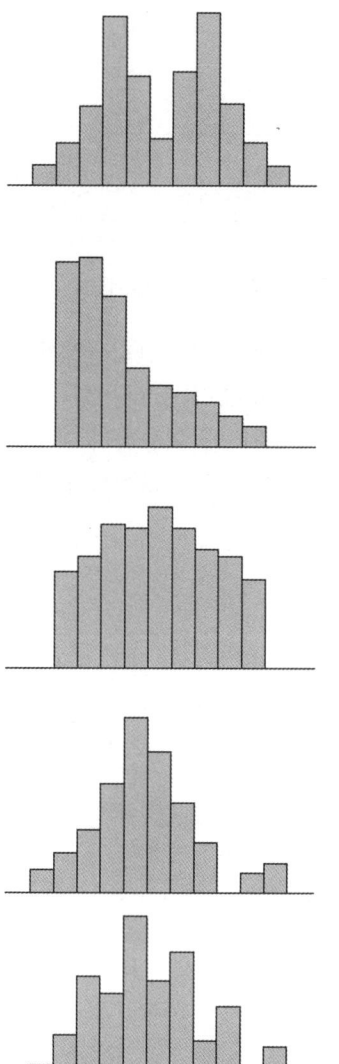

③ 쌍봉우리형
- 분포의 중심부근의 빈도수가 작아 좌우에 산모양이 형성되는 경우로 평균치가 다른 두 가지 분포가 섞여 있는 경우에 발생한다. 2대의 기계 간 원료의 차이가 있는 경우 층별한 히스토그램을 만들어서 비교해 본다.

④ 절벽형
- 평균치가 분포의 중심보다 근단으로 왼쪽에 밀려 있으며 빈도수는 왼쪽이 급하게, 오른쪽이 완만하게 경사져 있는 좌우 비대칭이며, 측정방법의 이상유무 조사

⑤ 고원형
- 각 구간에 포함되어 있는 빈도수가 거의 같은 경우로 평균치가 다소 상이한 몇 개의 분포가 섞여있는 경우이다. 층별한 히스토그램을 만들어서 비교해 본다.

⑥ 낙도형
- 한쪽에 떨어진 작은 섬이 형성되는 모양이며, 상이한 분포에서의 데이터가 섞인 경우이다. 데이터의 혼입 및 측정방법 이상유무 조사

⑦ 이빠진형
- 구간의 폭을 측정단위의 정배수인지 측정자의 눈금판독법에 습관이 있는지 검토 필요

5) 층별(Statification)

- 층별로 구분하는 것은 모든 현상을 정확하게 파악 하고자 끼리끼리 분류하는 것으로 목적하는 재료별, 기계별, 시간대별, 작업자별로 구분함으로써 불필요한 정보의 혼입을 막고자 하는데 있다. 즉 층별은 QC 7가지 Tool이라고 하기보다 데이터처리의 기본개념으로 이해할 수 있다.

6) Check Sheet

- 데이터의 사실을 조사, 확인하는 첫 단계로서 불량수, 결점수 등을 셀 수 있는 데이터(계수치)가 분류항목별로 어디에 있는가를 알아보기 쉽게 나타낸 표이다.

품질개선도구

[장비운용 및 작업기사 근무조건 예시]

장비	작업자	월	화	수	목	금	토
1호기	A	O	×	O	O	O	△
	B	O	O	×	O	O	△
2호기	C	△	O	O	×	O	O
	D	△	O	O	O	×	O

7) 관리도(Control Chart)

- 관리도는 관리상한선(UCL: Upper Control Limit)과 관리하한선(LCL: Lower Control Limit)을 설정하고, 이를 프로세스(Process) 관리에 이용하기 위한 일종의 꺾은선 그래프이다. 관리도를 사용하면 프로세스가 관리상태에 있는지 아닌지를 신속하게 판정할 수 있다.

체크시트 범례

- O: Full Time 근무
- △: Half Time 근무
- ×:   휴무

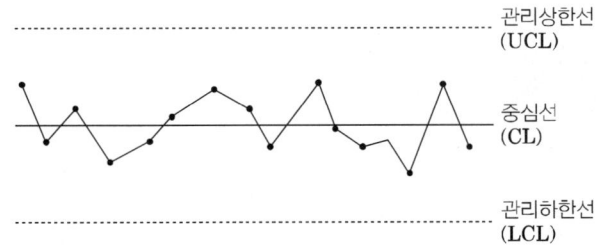

관리상한선
(UCL)

중심선
(CL)

관리하한선
(LCL)

① 계량치 관리도
- x(개개의측정치관리도)
- $\bar{x}-R$(평균치와 범위) 관리도
- $\tilde{x}-R$(중앙치와 범위) 관리도

② 계수치 관리도
- P(불량률) 관리도
- P_n(불량개수) 관리도
- C(결점수) 관리도
- U(단위 결점수) 관리도

품질경영

품질경영

Key Point

☑ **국가표준**

☑ **Lay Out**
- 품질경영의 발전단계
- TQM
- TQC
- TQM과 TQC

☑ **핵심 단어**
- 최고 경영자 중심
- 전원참가와 협력에 의한 품질관리

☑ **연관용어**
- 품질보증

TQM의 성과

- 충성스러운 고객
- 원자재 및 부품의 품질향상
- 생산성 향상
- 비용감소
- 고객서비스 시간 단축
- 생산비와 유통비 감소
- 원만한 노사관계

Feigenbaum의 TQM 기본지침

- 품질은 전사적인 활동이다.
- 품질은 고객이 말한다.
- 품질과 비용은 적이 아니라 동지다.
- 품질을 향상시키기 위해서는 개인적인 열정과 광적인 팀워크가 모두 필요하다.
- 품질은 관리하는 것이다.
- 품질과 혁신은 상호 보완적이다.
- 품질은 보편적인 윤리다.
- 품질은 지속으로 개선하는 것이다.

☆☆☆   3. 품질관리

10-162	품질경영-TQM(종합적 품질경영), TQC(종합적 품질관리)	
No. 962	전사적 품질경영, 전사적 품질관리	유형: 관리 · 기준

I. 정 의

① TQM: 최고 경영자 중심으로 전 조직원과의 의식개혁을 통하여 품질중심의 기업문화를 창출하고, 고객만족을 지향하는 시스템으로 변화하기 위한 경영활동
② TQC: 품질관리의 효과적인 실시를 위해서 시장조사, 연구개발(R&D), 제품의 기획, 생산준비, 제조, 검사, 판매, A/S, 재무, 인사, 교육 등 기업활동의 전 단계에 걸쳐, 경영에 종사하는 모든 경영자 및 감독자, 작업자 등 기업의 전원참가와 협력에 의한 품질관리

II. 품질경영의 발전단계

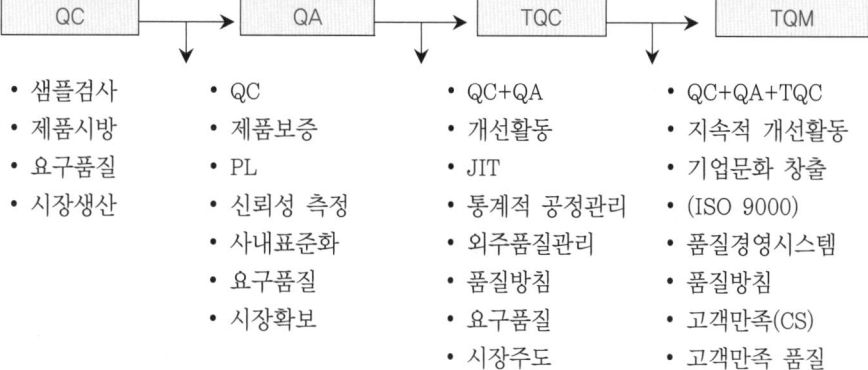

- QC → QA → TQC → TQM

- 샘플검사
- 제품시방
- 요구품질
- 시장생산

- QC
- 제품보증
- PL
- 신뢰성 측정
- 사내표준화
- 요구품질
- 시장확보

- QC+QA
- 개선활동
- JIT
- 통계적 공정관리
- 외주품질관리
- 품질방침
- 요구품질
- 시장주도

- QC+QA+TQC
- 지속적 개선활동
- 기업문화 창출
- (ISO 9000)
- 품질경영시스템
- 품질방침
- 고객만족(CS)
- 고객만족 품질

III. TQM(Total Quality Management)

1) TQM의 원칙 및 기본 구성요소

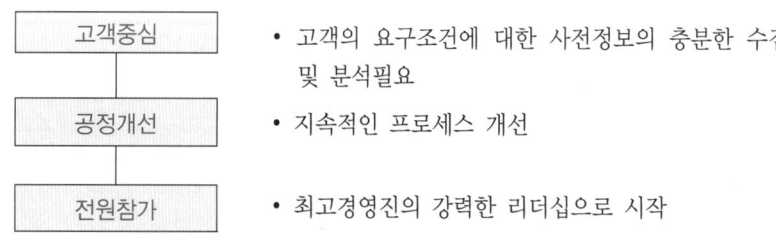

- 고객중심 → 고객의 요구조건에 대한 사전정보의 충분한 수집 및 분석필요
- 공정개선 → 지속적인 프로세스 개선
- 전원참가 → 최고경영진의 강력한 리더십으로 시작

2) TQM의 절차

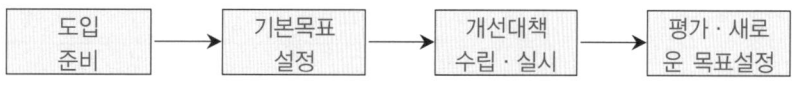

도입 준비 → 기본목표 설정 → 개선대책 수립 · 실시 → 평가 · 새로운 목표설정

품질경영

Ⅳ. TQC(Total Quality Control)

1) TQC의 개념

    ① Life Cycle 모든 단계에서 전개되는 품질관리

    ② 전 부문이 참가하는 품질관리

    ③ 전원참가의 품질관리

    ④ 통계적 방법을 비롯한 모든 QC기법을 활용하는 품질관리

    ⑤ 종합품질시스템을 기반으로 하는 기능별 관리 (품질, 납기, 원가를 종합적으로 관리)

2) TQC의 특징

    ① 최저의 품질코스트로 품질을 보증하는 TQC의 목표 달성은 전사적 품질관리 활동에 의해 이루어진다.

    ② Life Cycle 모든 단계에서 요구품질 설계품질 제조품질 사용품질의 계통적인 관리를 통하여 소비자가 요구하는 품질의 급부(재화 또는 서비스)가 산출. 제공되도록 활동이 전개된다.

    ③ 전원참가에 의한 품질관리를 빼놓을 수 없다.

    ④ 계획. 집행. 통제기능인 관리기능을 일반화하여 품질관리의 방법으로 확립한 것도 특징이다.

    ⑤ TQC는 종합품질시스템을 기반으로 하는 시스템 접근방법에 입각하고 있다.

Ⅴ. TQC와 TQM

구분	TQC	TQM
품질보증 시스템	공급자 입장에서 일반적인 품질보증시스템	구매자 요구를 충족시키기 위한 품질 보증시스템
진행형식	Buttom-up형	Top-down형
품질보증	설계로부터 서비스 제공까지의 전 단계 QA 시스템	설계로부터 서비스 제공까지의 전 단계 QA 시스템
참가자	최고경영자를 포함한 전원참가	최고경영자를 포함한 전원참가
일차적 관심	조정	전략적 영향
품질견해 강조사항	• 해결되어야 할 과제이나 선행 노력이 필요 • 품질불량을 예방하기 위해 설계로부터 마케팅까지 전 부문의 기능적 연계	• 경쟁기회 • 전략적 계획목표설정
접근방향	품질구축	품질경영

TQC의 목표

• 기업의 체질개선
• 전사의 총력결집
• 품질보증체제의 확립
• 세계최고 품질의 신제품 개발
• 변화에 대처하는 경영의 확립
• 인간성의 존중과 인재육성
• QC기법의 활용

• TQM
 – 사회참여 유도
• TQC
 – 기업내 구성원

10-163	6-시그마 경영	
No. 963		유형: 관리 · 검사 · 기준

품질경영

품질경영

Key Point

■ 국가표준

■ Lay Out
- 추진기법 5단계 Process
- 6-(Sigma)의 5대 성공 요소
- 관리 및 개선대상
- 기존비법과 비교

■ 핵심 단어
- 100만개 중 3.4개의 결점수준인 무결점 (Zero Defects) 품질을 달성하는 것을 목표

■ 연관용어
- 품질경영

I. 정 의

① 고객의 관점에서 품질에 결정적인 요소를 찾고 과학적인 기법을 적용, 100만개 중 3.4개의 결점수준인 무결점 (Zero Defects) 품질을 달성하는 것을 목표로 삼아 제조현장 뿐 아니라 Marketing, Engineering, Service, 계획 책정 등 경영활동 전반에 있어서 업무 Process를 개선하는 체제를 구축하고자 하는 것
② 통계학적 용어로 표준편차를 의미하며 상품이나 서비스의 error나 miss의 발생 확률을 가리키는 통계용어로서 고객에게 고성능, 가치 및 신뢰도를 전달하기 위한 것

II. 결함수준

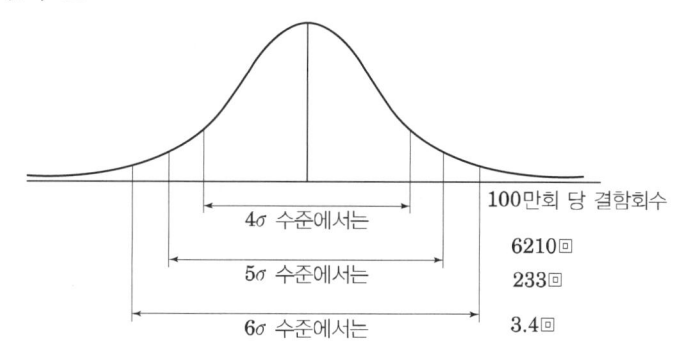

	100만회 당 결함회수
4σ 수준에서는	6210회
5σ 수준에서는	233회
6σ 수준에서는	3.4회

III. 추진기법 5단계 Process

단계	추진내용
1단계: 정의(Define)	• 주요 고객 정의 • 고객 요구사항 파악 • 개선 프로젝트 선정
2단계: 측정(Measure)	• 불량정도 파악 • 문제에 대한 계량적 규명 • 프로세스 맵핑
3단계: 분석(Analyze)	• 불량형태와 원인규명 • 불량의 잠재원인들에 대한 자료확보
4단계: 개선(Improve)	• 불량 프로세스개선 방법 모색 • 브레인 스토밍 • 가능한 해결방법의 실험적 실시
5단계: 통제(Control)	• 개선프로세스의 지속방법 모색 • 새 프로세스에 대한 절차 제도화 • 적절한 프로세스의 측정방법 확인

품질경영

Ⅳ. 6-(Sigma)의 5대 성공요소

성공요소	세부사항
최고경영자의 Leadership	• 6시그마에 대한 신념 • 강력한 통솔력 필요
Data에 의한 관리	• 정확한 Data 수집 • Data의 효과적인 적용
종업원 교육	• 강 전 직원 대상의 교육 • 전문기관, 전문가 활용
훈련 System 구축	• 6시그마 운동, 경영활동의 하나로 정착 • 모든 직원들을 대상으로 함.
충분한 준비	• 강현재의 품질수준과 목표를 명확히 함 • 6개월 이상 준비 기간 필요

V. 관리 및 개선대상

① 품질에 핵심적인 것(Critical To Quality): 고객에게 가장 중요한 속성들
② 결함(Defect): 고객이 원하는 바를 제공하지 못함.
③ 프로세스 능력(Process Capability): 귀하의 프로세스가 전달할 수 있는 것
④ 변동(Variation): 고객이 보고 느끼는 것
⑤ 안정적 운영(Stable Operation): 일관되고 예측 가능한 프로세스로 고객이 보고 느낀 것을 확실히 개선
⑥ 시그마 설계(Design for Six sigma): 고객의 욕구와 프로세스 능력을 충족시키는 설계

Ⅵ. 기존비법과 비교

구분	기존 관리기법(Q.C)%	6-Sigma σ
목표	제조공정 만족	고객만족
품질수준	현상의 품질	경영의 질
개선기법	임기응변적 대처, 제조업의 Miss, Error	경영 프로세스 총체적 디자인, 전사적 업무 Process
추진방법	Bottom Up(下 → 上)	Tow Down(下 → 上)
적용범위	제조공정	구매/마케팅/서비스 등 전 부문

품질경영	10-164	품질보증(Quality Assurance)	
	No. 964	품질감리	유형: 관리 · 기준

I. 정 의

① KSA 3001: 소비자가 요구하는 품질을 충부히 만족시키게 되어 있다는 것을 보증하기 위해서 생산자가 하는 체계적 활동
② 소비자가 제품이나 서비스가 주어진 품질요건을 만족시킬 것이라는 적절한 신뢰감을 주는데 필요한 모든 계획적이고 체계적인 행위로 프로젝트 관련 정책의 수립, 절차, 표준, 훈련, 지침서, 품질확보를 위한 시스템 등을 포함한 개념

Ⅱ. 품질경영의 구성도

1) 품질관리(QM)
• 프로젝트에 주어진 요구사항을 충족시키는데 필요한 품질정책, 품질목표, 품질관련 책임사항등를 결정하는 회사 차원의 모든 활동
2) 품질계획(QP)
• 프로젝트와 관련된 품질기준을 명시하고 이를 충족시키는 방법을 결정
• 적용해야 할 품질 요구사항 및 표준식별

3) 품질보증(QA)
• 프로젝트가 관련 품질기준을 충족시킬 것이라는 신뢰를 제공하기 위하여 프로젝트의 전반적 성과를 평가, 보증하는 활동
• 품질 정책과 절차, 표준 제조 프로세스가 준수되는 지 감시
• QC절차를 포함하여 표준절차를 준수하는지 감사
• 결함예방에 의존

4) 품질통제(QC)
• 특정 프로젝트 결과가 관련 품질기준을 준수하는지 감시하고, 불만족 성과원인을 제거하기 위한방법 식별
• 산출물을 검사하고 결함을 교정하며 재발방지
• 제조 프로세스 감시, 불안정적일 경우 원인찾아 조치
• 결함발견에 의존

품질경영

품질보증의 필요한 요건

- 보증(Assurance)
- 회사의 방침이나 완비된 시스템의 활동에 이해서 달성되는 것

- 보상(Compensation)
- 사용자가 곤란을 느끼지 않도록 할 것
- 소비자의 만족을 얻을 능력이 없는 기업이 행하는 소극적 활동(무상수리, 무료교환)

Ⅲ. 품질보증의 주요기능

① 품질보증 방침과 보증기준의 설정
② 품질정보의 수집, 해석, 활용
③ 품질보증 시스템의 설정과 운영
④ 각 단계에서의 품질보증 업무의 명확화
⑤ 설계품질의 확보
⑥ 품질조사와 클레임 처리

Ⅳ. 품질보증 업무의 대책

1) 사전대책
- 시장조사
- 품질설계
- 공정관리
2) 사후대책
- 제품검사
- 클레임 처리
- 에프터 서비스보증기간 및 방법 선정

Ⅴ. 비교

구분	품질보증(QA)	품질통제(QC)
Key Word	보증	부적합 사항 제거
차이점	QC의 output 프로세스 변경 결과물	Check List 산출물
output	Process 개선 (Open Policy Agent updates)	재작업을 통한 검증된 결과물 (Deliverables)
핵심 Tool	Quality Audit	Inspection

☆☆☆   3. 품질관리   70

10-165	PL법(제작물 책임법, 제조물 책임법)	
No. 965	Product Liability Law	유형: 제도 · 관리 · 기준

품질경영

품질보증

Key Point

☑ 국가표준

☑ Lay Out
- 제품결함의 분류

☑ 핵심 단어
- 제조물의 제조 · 판매의 일련 과정에 관여한 자가 부담

☑ 연관용어
- 품질경영
- 품질보증
- 품질비용

I. 정 의

① 결함이 있는 제품에 의하여 소비자 도는 제 3자의 신체상 · 재산상의 손해가 발생한 경우 제조자 · 판매자 등 그 제조물의 제조 · 판매의 일련 과정에 관여한 자가 부담하여야 하는 손해배상책임

② PL법은 제품의 결함으로 인하여 소비자 또는 사용자에게 손해를 입혔을 경우 제조자 또는 판매자가 피해자에게 지는 민법상의 배상책임

II. 제품 결함의 분류

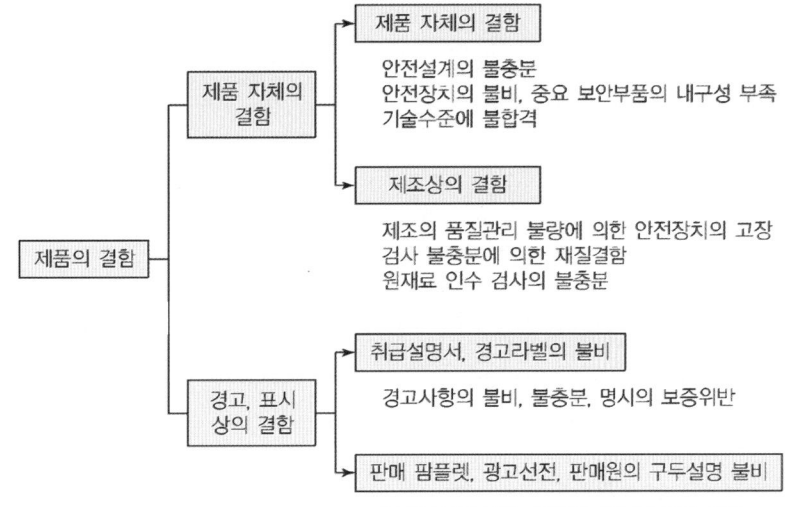

1) 3가지 기본법리

구 분	내 용
과실책임 (Negligence)	주의의무 위반과 같이 소비자에 대한 보호 의무를 불이행한 경우 피해자에게 손해배상을 해야 할 의무
보증책임 (Breach Of Warranty)	제조자가 제품의 품질에 대하여 명시적, 묵시적 보증을 한 후에 제품의 내용이 사실과 명백히 다른 경우 소비자에게 책임을 짐
엄격책임 (Strict Liability)	제조자가 자사제품이 더 이상 점검되어지지 않고 사용될 것을 알면서 제품을 시장에 유통시킬 때, 그 제품이 인체에 상해를 줄 수 있는 결함이 있는 것으로 입증되면 제조자는 과실유무에 상관없이 불법행위법상의 엄격책임이 있음

품질경영

2) 결함의 종류

구 분	내 용
결 함	제조·설계 또는 표시상의 결함이나 기타 통상적으로 기대할 수 있는 안전성이 결여되어 있는 것
제조상의 결함	제조업자의 제조물에 대한 제조·가공상의 주의의무의 이행여부에 불구하고 제조물이 원래 의도한 설계와 다르게 제조·가공됨으로써 안전하지 못하게 된 경우
설계상의 결함	제조업자가 합리적인 대체설계를 채용하였더라면 피해나 위험을 줄이거나 피할 수 있었음에도 대체설계를 채용하지 아니하여 당해 제조물이 안전하지 못하게 된 경우
표시상의 결함	제조업자가 합리적인 설명·지시·경고 기타의 표시를 하였더라면 당해 제조물에 의하여 발생될 수 있는 피해나 위험을 줄이거나 피할 수 있었음에도 이를 하지 아니한 경우

10-166	품질비용	
No. 966	Quality Cost	유형: 관리 · 기준

품질보증

품질보증
Key Point

☑ 국가표준

☑ Lay Out
- 품질비용의 구성
- 품질개선과 비용과의 연계성

☑ 핵심 단어
- 품질을 관리하는데 소요되는 비용

☑ 연관용어
- 품질경영
- 품질보증

I. 정 의

① 품질을 구현하기 위해 품질을 관리하는데 소요되는 비용과 품질관리 실패로 인해 추가적으로 발생하는 비용의 합계
② 품질비용은 품질 좋은 제품과 서비스를 만드는데 사용된 모든 비용

II. 품질비용의 구성

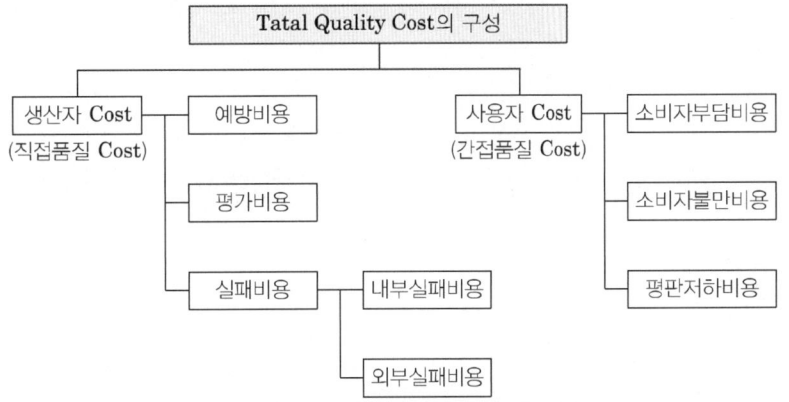

구 분		내 용	
적 합 품질비용	예방 비용 (Prevention Cost. P-Cost)	정 의	불량 발생을 예방하기 위한 비용
		종 류	• 품질관리 운영을 위한 비용 • 품질관련 교육훈련 비용 • 계측기관리 등의 정도 • 유지를 위한 비용
	평가 비용 (Appraisal Cost. A-Cost)	정 의	시험 · 검사 · 평가 등의 품질수준을 유지하기 위해 공정에서의 품질관리 비용
		종 류	• 원재료의 수입검사나 시험에 든 비용 • 기타 품질평가에 든 비용 • 공정에서의 품질관리 비용 • 검사기기의 보수나 교정 · 검정 비용
비 적 합 품질비용	내 적 실 패 비용 (Internal Failure Cost)	정 의	• 제품을 고객에게 배달하기 전에 문제를 발견하여 수정하는 것과 관련된 비용
		종 류	• 폐기, 재생산, 라인 정지시간, 품질미달로 인한 염가판매 등의 비용 • 사내 실패 비용(Internal F-Cost)
	외 적 실 패 비용 (External Failure Cost)	정 의	• 제품이나 서비스가 고객에게 배달된 후 발견된 문제와 관련된 비용
		종 류	• 사외 실패 비용(External F-Cost) 품질보증, 교환비용, 환불, 고객불만 처리비용

품질보증

Ⅲ. 품질개선과 비용과의 연계성

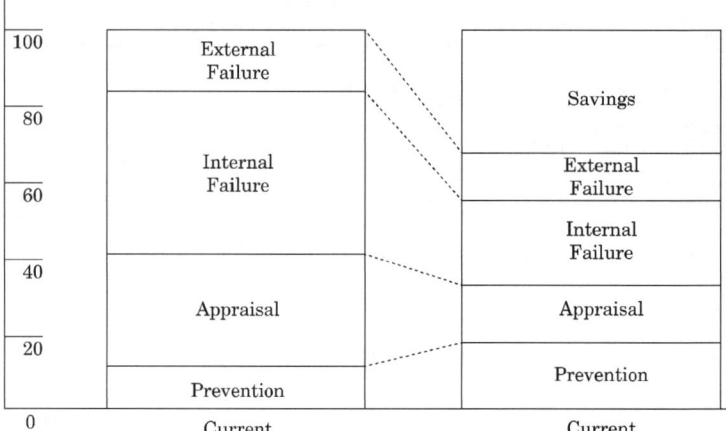

- Savings 비용: 약 30% 절감
- 예방비용 P-cost: 10% → 20% (10% 증가)
- 평가비용 A-cost: 30% → 15% (15% 감소)
- 내적 실패비용 IF-cost: 45% → 25% (20% 감소)
- 외적 실패비용 EF-cost: 15% → 10% (5% 감소)

① 예방비용이 증가하면 실패비용은 감소
② 평가비용이 증가되면 실패비용은 감소
③ 고품질일수록 예방비용 및 평가비용은 증가
④ 지속적인 품질개선 → 품질비용 감소 → 생산성 향상 → 이익 증대

10-167	작업표준	
No. 967	operation standard	유형: 관리 · 기준

I. 정 의

① 제품 또는 부품의 각 제조공정을 대상으로 안전확보를 위해 적용자재, 적용장비, 작업공정, 작업방법 등 작업절차의 규정을 만들고 표준화한 것(재료 및 자재의 표준화는 KS)
② 각 공장별 작업 단위별로 작업자들이 준수해야 할 작업순서, 운전요령, 이상 시 조치방법 등을 표준화한 것

II. 표준화를 통한 개선 절차

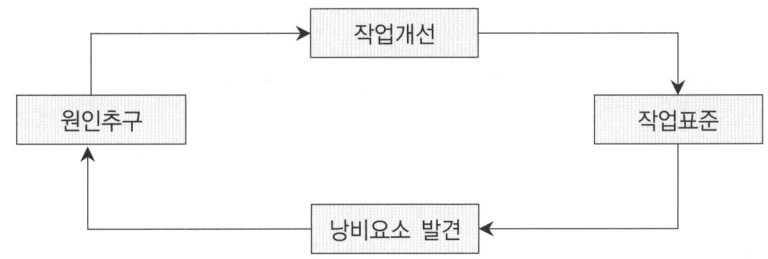

III. 작업표준의 주요내용

① 작업표준 작성: 작업개요, 작업절차, 작업절차 Guidance
② 작업개요 작성: 작성자, 심의자, 작업목적, 요소작업명, 주요설비, 주요확인사항, 작업준비사항
③ 작업절차 작성: 제목명, 작업순서, 작업방법, 안전사항, 이상조치, 설비 일상점검 표준
④ 작업절차 Guidance 작성: 보충내용, 작업절차 순서대로 재구성
⑤ 위험성 평가

IV. 작업표준서 작성 시 유의사항

① 최대한 간결하게 작성
② 시각화: 글로 표현보다는 사진, 도형, 기호 등 알기 쉽게 표현
③ 추상적인것이 아닌 구체적이면서 단계적으로 작성.
④ 공정순서도를 기준으로 세분화하여 누락없이 작성

10-168	건설자재 표준화의 필요성	
No. 968		유형: 관리 · 기준

I. 정 의

건설자재의 가공시간을 단축하고 현장 폐기물을 줄이기 위해 건설에 사용되는 각 자재의 치수 규격 및 성능 기준을 표준화 한것

II. 건설 표준화의 범위

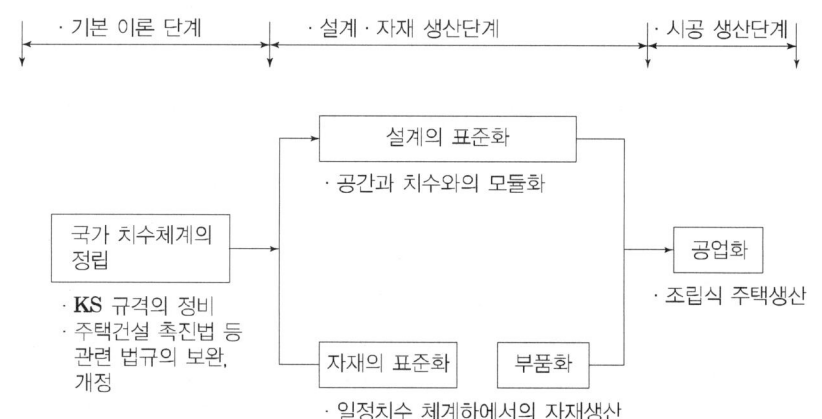

III. 건설표준화의 종류

구분	
표준화 참여 범위에 따른 분류	• 국제표준(ISO), 지역표준(APEC), 국가표준(KS)
표준화 주체에 따른 분류	• 공식표준(ISO, KS), 포럼표준
표준화 구현정도에 따른 분류	• 기본표준(Base Standard), 기능표준(Functional Standard), 이용자표준(User Profile), 시험규격(Test Specification)

IV. 건설자재 표준화의 필요성

① 생산성 향상: 표준규격에 의한 대량생산 가능
② 품질향상: 표준규격에 의한 균일한 품질확보
③ 원가절감: 대량생산 및 자재의 호환성으로 원가절감
④ 환경공해 저감: 불필요한 잔여물 축소 및 현장작업 최소화
⑤ 공사관리 편리: 부품조립에 의한 시공성 우수

10-169	MC (Modular Coordination)	
No. 969	공업화 공법의 척도조정	유형: 관리·기준

품질경영

I. 정 의

① 기준치수(Module)를 사용해서 건축물의 재료 부품에서 설계 시공에 이르기까지 건축생산 전반에 걸쳐 치수상 유기적인 연계성과 정합을 만들기 위한 치수체계의 표준화

② 모듈(Module)은 기준치수를 말하며 건축의 생산 수단으로서 기준치수의 집성이다.

II. 척도조정의 목적

① 구성재의 종류를 한정

② 구성재의 상호조합에 의한 호환성을 확보

③ 건축 생산의 합리화와 건설비를 인하

④ 건축 설계방법을 조직화

III. Module의 종류

종류	모듈의 정합을 위한 치수의 단위기준
기본모듈	• 모듈정합에서 기본이 되는 단위로서 "1M"으로 표시 • 1M=100mm로 표시
증대모듈	• 기본모듈의 정수배가 되는 모듈 • 3M, 6M, 9M, 12M, 15M, 30M, 60M
계획모듈	• 수평계획모듈: 적용공간의 크기에 따라 3M, 6M, 9M, 12M, 15M, 30M, 60M 중에서 산정 • 수직계획모듈: 적용공간의 크기에 따라 증대모듈 중에서 설정하는 것을 원칙, 주택의 경우에는 기본모듈 1M 증분치수를 적용
보조모듈 증분치	• 기본모듈을 정수로 나눈 모듈 • 기본모듈보다 작은 증분치수를 필요할 때 사용 • M/2, M/4, mM/5을 적용

IV. Module 사용방법

① 모든치수는 10cm 또는 1M의 배수가 되게 한다.

② 건물의 높이는 20cm 또는 2M의 배수가 되게 한다.

③ 건축물의 평면치수는 30cm 또는 3M의 배수가 되게 한다.

④ 모든 module상의 치수는 공칭치수를 말한다.

⑤ 창호의 치수는 문틀과 벽 사이의 줄눈 중심선간의 치수가 module 치수에 일치해야 한다.

V. 치수표시

품질경영

[안목치수 설계]

구분		내용	사용기호
치수 기준선	중심선	구조체의 구조계산, 면적, 견적 시 기준으로 사용	
	모듈대 기준선	기준선 사이 치수가 모듈치수일 경우 사용	
	조절대 기준선	기준선 사이 치수가 비모듈 치수일 경우 사용	
	보조 기준선	기준선을 기점으로 한 이격거리로 표시되며, 구성재의 위치 및 영역을 지정	
	연속치수	어떤 기점을 기준으로 하여 설정된 간격을 동일 직선상에 단계적으로 합한 치수를 표시하여 부정확한 치수계산을 최소화	
	위치 기준선	시공오차를 최소화 시킬 수 있는 위치에 설정되는 기준선으로 현장 먹줄치기의 기준으로 활용	
공간대	비모듈대	모듈치수가 좌우에 인접할 경우의 모듈대 표시	
		모듈치수와 비모듈 치수가 인접할 경우의 모듈대 표시	
	모듈대	모듈치수와 비모듈 치수가 인접할 경우의 비모듈대 표시	
모듈부품 (창호부품)		창호적용시 기준으로 활용	

	3. 품질관리	
☆☆★		

10-170	품질관리 및 시험계획서	
No. 970		유형: 제도 · 관리 · 기준

품질관리

Key Point

☑ **국가표준**
- 건설공사 품질관리 업무 지침
- 건설기술 진흥법 시행령
- 건설기술 진흥법 시행 규칙

☑ **Lay Out**
- 품질관리계획서 작성기준
- 현장품질관리계획
- 품질관리규정 작성기준

☑ **핵심 단어**
- 품질과 관련된 법령, 설계도서 등의 요구사항을 충족시키기 위한 활동

☑ **연관용어**
- 품질관리

품질관리계획 대상 23.01.06

• 수립공사
- 총공사비 500억원 이상 이상인 건축물의 건설공사
- 연면적 3만m² 이상 다중이용건축물
- 계약에 품질관리계획을 수립하도록 되어 있는 건설공사

• 미수립공사
- 조경식재공사
- 철거공사

I. 정 의

품질과 관련된 법령, 설계도서 등의 요구사항을 충족시키기 위한 활동으로서, 시공 및 사용자재에 대한 품질시험 · 검사활동뿐 아니라 설계도서와 불일치된 부적합공사를 사전 예방하기 위한 활동을 포함한다.

II. 품질관리계획서 작성기준(제 7조 제1항 관련)

① 건설공사 정보
② 현장 품질방침 및 품질목표
③ 책임 및 권한
④ 문서관리
⑤ 기록관리
⑥ 자원관리
⑦ 설계관리
⑧ 건설공사 수행준비
⑨ 계약변경관리
⑩ 교육훈련관리
⑪ 의사소통관리
⑫ 기자재 구매관리
⑬ 지급자재 관리
⑭ 하도급 관리
⑮ 공사관리
⑯ 중점 품질관리
⑰ 식별 및 추적관리
⑱ 기자재 및 공사 목적물의 보존
⑲ 검사, 측정, 시험장비 관리
⑳ 검사, 시험, 모니터링 관리

기타: 부적합공사 관리, 시정조치 및 예방조치 관리, 자체 품질점검 관리, 건설공사 운영성과의 검토 관리

III. 현장품질관리 계획

- 설계
  - 설계도서
  - 구조계산서
  - 시방서시공상세도
- 품질관리 계획
  - 품질관리 및 시험계획서
  - 품질관리자 배치
- 시공
  - 공정관리
  - 원가관리
  - 품질시험
  - 품질관리자 배치
  - Sample 시공

현장품질관리

품질관리규정 수립

* 품질관리규정의 관리
– 품질검사를 대행하는 건설 기술용역사업자는 제13조에 따라 작성한 품질관리규정이 계속 실행되고 개선할 사항이 있는 지를 확인하기 위하여 매년 자체점검 등 품질관리를 하여야 한다.
* 기록유지
– 품질검사를 대행하는 건설 기술용역사업자는 제13조에 따라 수립한 품질관리규정을 실행한 증거를 기록하여 유지하여야 한다.
* 시험장비 보유기준
– 품질검사를 대행하는 건설 기술용역사업자는 세부분야별로 시험 및 검사를 실시하는 데에 필요한 필수 시험장비를 보유하여야 한다.
– 품질검사를 대행하는 건설 기술용역사업자는 세부분야별로 별표6의 선택 시험장비를 보유한 경우에 한정하여 해당 시험을 수행하고 품질검사성적서를 발급할 수 있다

품질시험계획의 내용

[건설기술 진흥법 시행령 18.12.11]
* 개요
– 공사명, 시공자, 현장대리인

* 시험계획
– 공종, 시험 종목, 시험 계획 물량, 시험 빈도, 시험 횟수

* 시험시설
– 장비명, 규격, 단위, 수량, 시험실 배치 평면도

* 품질관리를 수행하는 건설기술인 배치계획
– 성명, 품질관리 업무 수행기간, 건설기술인 자격 및 학력·경력 사항

Ⅳ. 품질관리규정 작성기준(제13조제1항 관련)

항목	내용
1. 책임 및 권한	• 최고경영자는 시험조직을 갖추고 구성원에 대한 책임과 권한을 규정할 것
2. 문서관리	• 시험·검사와 관련된 문서의 작성, 검토, 승인, 등록, 이용, 변경 및 폐기를 포함한 문서관리절차를 갖출 것
3. 기록관리	• 시험·검사와 관련된 기록의 수집, 식별, 보관, 보호, 열람 및 처분을 포함한 기록관리절차를 갖출 것
4. 교육훈련 및 자격부여	• 교육훈련계획 수립, 실시 및 기록유지를 포함한 교육훈련절차를 갖출 것 • 책임기술인과 시험·검사자의 분야별 자격기준 및 자격부여 절차를 갖출 것
5. 숙련도관리	• 시험·검사자에 대한 숙련도평가절차를 갖출 것
6. 신청서 관리	• 품질시험 의뢰신청서의 접수, 검토, 보완, 변경 및 반려를 포함한 신청서검토절차를 갖출 것
7. 시료 및 환경 조건관리	• 시험·검사를 위해 제공된 시료의 수령, 봉인확인, 취급, 보호, 보관 및 처분을 포함한 시료관리절차를 갖출 것. • 시료의 수령시 발주자 또는 건설사업관리를 수행하는 건설기술용역사업자의 봉인 또는 확인을 거친 시료임이 확인되는 사진을 기록으로 남길 것
8. 구매관리	• 시험·검사와 관련된 시약, 소모품과 장비의 구매, 수령, 검사 및 보관을 포함한 구매관리절차를 갖출 것
9. 장비관리	• 시험·검사와 관련된 장비의 식별, 취급, 운송, 보관, 교정, 보정, 점검, 사용 및 유지관리를 포함한 장비관리절차를 갖출 것
10. 시험·검사의 실시	• 시험·검사자 지정, 시험장비 선정, 시험일정관리, 고객의 시험·검사과정입회, 원시데이터 및 시험·검사일지 관리, 시험결과 보고 등을 포함한 시험검사 실시 절차를 갖출 것 • 시험·검사항목별로 시험·검사방법을 정하고 문서화할 것 • 시험·검사항목별로 시험·검사프로세스(절차)를 갖출 것. 다만 KS 등의 표준을 최신본으로 보유관리하는 경우는 예외로 한다. • 시험·검사 종목별로 시험·검사과정에 대해 품질검사의뢰자의 정보(접수번호, 의뢰자, 현장명 등)가 포함된 전, 후의 사진을 기록으로 남길 것
11. 시험·검사 결과의 검증	• 시험·검사가 유효한 방법 및 품질관리규정에 적합하게 실시되었는지 여부를 확인하기 위한 검증절차를 갖출 것
12. 시험·검사 성적서 발급	• 성적서의 작성, 검토, 승인 및 발행을 포함한 시험·검사성적서관리절차를 갖출 것 • 성적서를 수정하여 발급할 필요가 있는 경우 수정된 성적서임을 표시하고 대체하는 원본에 대한 설명을 포함
13. 부적합사항의 관리	• 부적합 사항의 발견, 시정조치 및 예방조치를 포함한 부적합관리절차를 갖출 것

10-171	현장시험실 규모 및 품질관리 기술인 배치기준	
No. 971		유형: 제도 · 관리 · 기준

현장품질관리

품질관리
Key Point

■ 국가표준
- 건설공사 품질관리 업무 지침
- 건설기술 진흥법 시행령
- 건설기술 진흥법 시행규칙

■ Lay Out
- 건설기술자 배치기준
- 품질관리 기술인의 등급 분류

■ 핵심 단어
- 건설공사로 구축되는 시설물의 품질을 확보

■ 연관용어
- 품질관리

품질관리 기술인 업무

- 건설자재 · 부재 등 주요 사용자재의 적격품 사용 여부 확인
- 공사현장에 설치된 시험실 및 시험 · 검사 장비의 관리
- 공사현장 근로자에 대한 품질교육
- 공사현장에 대한 자체 품질점검 및 조치
- 부적합한 제품 및 공정에 대한 지도 · 관리

Ⅰ. 정 의

① 품질관리기술인은 건설공사로 구축되는 시설물의 품질을 확보하기 위하여 공사현장 내 품질시험실을 별도 마련하고 해당 품질시험 및 기타 품질과 관련된 일련의 업무를 책임진다.

② 건설공사의 품질확보를 위하여 품질 및 공정관리 등 건설공사의 품질관리계획 또는 시험시설 및 인력 등 건설공사의 품질시험계획을 수립하고 이에 따라 품질시험 및 검사를 실시하여야 한다.

Ⅱ. 건설공사 품질관리를 위한 시설 및 건설기술인 배치기준

대상공사 구 분	공사규모	시험 · 검사장비	시험실 규 모	건설기술인
특급 품질관리 대상공사	영 제89조제1항제1호 및 제2호에 따라 품질관리계획을 수립해야 하는 건설공사로서 총공사비가 1,000억원 이상인 건설공사 또는 연면적 5만m² 이상인 다중이용 건축물의 건설공사	영 제91조제1항에 따른 품질검사를 실시하는 데에 필요한 시험 · 검사장비	50m² 이상	• 품질관리 경력 3년 이상인 특급기술인 1명 이상 • 중급기술인 이상인 사람 1명 이상 • 초급기술인 이상인 사람 1명 이상
고급 품질관리 대상공사	영 제89조제1항제1호 및 제2호에 따라 품질관리계획을 수립해야 하는 건설공사로서 특급품질관리 대상 공사가 아닌 건설공사		50m² 이상	• 품질관리 경력 2년 이상인 고급기술인 이상인 사람 1명 이상 • 중급기술인 이상인 사람 1명 이상 • 초급기술인 이상인 사람 1명 이상
중급 품질관리 대상공사	총공사비가 100억원 이상인 건설공사 또는 연면적 5,000m² 이상인 다중이용건축물의 건설공사로서 특급 및 고급품질관리대상공사가 아닌 건설공사		20m² 이상	• 품질관리 경력 1년 이상인 중급기술인 이상인 사람 1명 이상 • 초급기술인 이상인 사림 1명 이상
초급 품질관리 대상공사	영 제89조제2항에 따라 품질시험계획을 수립해야 하는 건설공사로서 중급품질관리 대상 공사가 아닌 건설공사		20m² 이상	• 초급기술인 이상인 사람 1명 이상

현장품질관리

※ 비고: 건설기술 진흥법 시행규칙[개정 2022. 12. 30.]

- 건설공사 품질관리를 위해 배치할 수 있는 건설기술인은 법 제 21제1항에 따른 신고를 마치고 품질관리 업무를 수행하는 사람으로 한정하며, 해당 건설기술인의 등급은 영 별표 1에 따라 산정된 등급에 따른다.
- 발주청 또는 인·허가기관의 장이 특히 필요하다고 인정하는 경우에는 공사의 종류·규모 및 현지 실정과 법 제60조제1항에 따른 국립·공립 시험기관 또는 건설엔지니어링사업자의 시험·검사대행의 정도 등을 고려하여 시험실 규모 또는 품질관리 인력을 조정할 수 있다.

Ⅲ. 품질관리 기술인의 등급분류

구분 기술등급	설계·시공 등의 업무를 수행하는 건설기술자	품질관리업무를 수행하는 건설기술자	건설사업관리업무를 수행하는 건설기술자
특급	역량지수 75점 이상	역량지수 75점 이상	역량지수 80점 이상
고급	역량지수 75점 미만 ~65점 이상	역량지수 75점 미만 ~65점 이상	역량지수 80점 미만 ~70점 이상
중급	역량지수 65점 미만 ~55점 이상	역량지수 65점 미만 ~55점 이상	역량지수 70점 미만 ~60점 이상
초급	역량지수 55점 미만 ~35점 이상	역량지수 55점 미만 ~35점 이상	역량지수 60점 미만 ~40점 이상

☆☆☆　　3. 품질관리　　　　　　　　　　　　114

10-172	건설산업기본법 상 현장대리인 배치기준	
No. 972		유형: 제도 · 관리 · 기준

품질관리
Key Point

☑ **국가표준**
– 건설산업 기본법 시행령
　2023. 5. 9

☑ **Lay Out**
– 배치기준

☑ **핵심 단어**

☑ **연관용어**

비고

- 1) 법 제93조제1항이 적용되는 시설물이 포함된 공사인 경우에 한정한다.
- "해당 직무분야"란 「국가기술자격」의 직무분야 중 중직무분야 또는 「건설기술 진흥법 시행령」 별표1에 따른 직무분야를 말한다.
- "해당 공사와 같은 종류의 공사현장"이란 건설기술인을 배치하려는 해당 건설공사의 목적물과 종류가 같거나 비슷하고 시공기술상의 특성이 비슷한 공사를 말한다.
- "시공관리업무"란 건설공사의 현장에서 공사의 설계서 검토 · 조정, 시공, 공정 또는 품질의 관리, 검사 · 검측 · 감리, 기술지도 등 건설공사의 시공과 직접 관련되어 행하여지는 업무를 말한다.
- "시공관리업무" 및 "실무"에 종사한 기간에는 기술자격취득 이전의 경력이 포함된다.
- 건설사업자가 시공하는 1건 공사의 공사예정금액이 5억원 미만의 공사인 경우에는 해당 업종에 관한 등록기준 중 기능능력에 해당하는 사람으로서 해당 직무분야에서 3년 이상 종사한 사람을 배치할 수 있다.
- 전문공사를 시공하는 업종을 등록한 건설사업자가 전문공사를 시공하는 경우로서 1건 공사의 공사예정금액이 1억원 미만의 공사인 경우에는 해당 업종에 관한 등록기준 중 기능능력에 해당하는 사람을 배치할 수 있다.

I. 정 의

① 공사규모 및 특성에 맞게 적절히 배치하여 공사관리, 기타 기술상의 관리를 담당하는 건설기술자를 배치하여 관리한다.
② 건설공사의 현장에 배치하여야 하는 건설기술인은 해당 공사의 공종에 상응하는 건설기술인이어야 하며, 해당 건설공사의 착수와 동시에 배치하여야 한다.

II. 공사예정금액의 규모별 건설기술인 배치기준

공사예정금액의 규모	건설기술인의 배치기준
700억원 이상[1]	1. 기술사
500억원 이상	1. 기술사 또는 기능장 2. 「건설기술 진흥법」에 따른 건설기술인 중 해당 직무분야의 특급기술인으로서 해당 공사와 같은 종류의 공사현장에 배치되어 시공관리업무에 5년 이상 종사한 사람
300억원 이상	1. 기술사 또는 기능장 2. 기사 자격취득 후 해당 직무분야에 10년 이상 종사한 사람 3. 「건설기술 진흥법」에 따른 건설기술인 중 해당 직무분야의 특급기술인으로서 해당 공사와 같은 종류의 공사현장에 배치되어 시공관리업무에 3년 이상 종사한 사람
100억원 이상	1. 기술사 또는 기능장 2. 기사 자격취득 후 해당 직무분야에 5년 이상 종사한 사람 3. 「건설기술 진흥법」에 따른 건설기술인 중 다음 각 목의 어느 하나에 해당하는 사람 　가. 해당 직무분야의 특급기술인 　나. 해당 직무분야의 고급기술인으로서 해당 공사와 같은 종류의 공사현장에 배치되어 시공관리업무에 3년 이상 종사한 사람 4. 산업기사 자격취득 후 해당 직무분야에서 7년 이상 종사한 사람
30억원 이상	1. 기사 이상 자격취득자로서 해당 직무분야에 3년 이상 실무에 종사한 사람 2. 산업기사 자격취득 후 해당 직무분야에 5년 이상 종사한 사람 3. 「건설기술 진흥법」에 따른 건설기술인 중 다음 각 목의 어느 하나에 해당하는 사람 　가. 해당 직무분야의 고급기술인 이상인 사람 　나. 해당 직무분야의 중급기술인으로서 해당 공사와 같은 종류의 공사현장에 배치되어 시공관리업무에 3년 이상 종사한 사람
30억원 미만	1. 산업기사 이상 자격취득자로서 해당 직무분야에 3년 이상 실무에 종사한 사람 2. 「건설기술 진흥법」에 따른 건설기술인 중 다음 각 목의 어느 하나에 해당하는 사람 　가. 해당 직무분야의 중급기술인 이상인 사람 　나. 해당 직무분야의 초급기술인으로서 해당 공사와 같은 종류의 공사현장에 배치되어 시공관리업무에 3년 이상 종사한 사람

현장품질관리	10-173	건축현장에서 시험(Sample)시공	
	No. 973		유형: 시험 · 검사 · 관리

품질관리

Key Point

■ 국가표준

■ Lay Out
– 샘플시공 목적
– 샘플시공의 종류

■ 핵심 단어
– 공사전에 시공

■ 연관용어
– Mock up Test

샘플시공 제외항목

• 짚어보기와 시험터파기는 본 시공을 간략하게 확인하는 정도이며, 최종결과물 확인을 할 수 없다.

I. 정 의

본 공사전에 시공하여 설계의 적정성, 시공성, 안전성 등을 확인하고 문제점이나 개선사항을 파악하기위하여 현장에서 샘플로 시공하는 것

II. Sample시공 목적

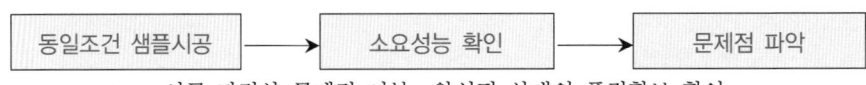

시공 과정상 문제점 여부 · 완성된 상태의 품질확보 확인

III. Sample시공의 종류

1) 기초공사
   • 시험말뚝박기: 기초공사에서 본항타전에 미리 말뚝박아 보는 방법
2) 노출콘크리트 공사
   • Mock-up Test: 콘크리트의 색상, 거푸집의 변형 등을 확인
3) Pumping 장비
   • Mock-up Test: 압송높이 및 거리를 계산하여 장비선정
4) Curtain Wall
   • Mock-up Test: 현장 시공 전 성능평가
   • Field Test: 현장 시공 중 성능평가
5) 공동주택 Sample House
   • 모델하우스와 동일한 Sample 시공
   • 각 공종별로 샘플하우스에 선시공을 통하여 문제점 파악

★★★	4. 원가관리	75,112,116

10-174	원가 구성체계/건축공사 원가계산서	
No. 974		유형: 관리·기준

원가구성

원가관리

Key Point

☑ **국가표준**
- 국가계약법 시행규칙
- (계약예규) 예정가격작성 기준

☑ **Lay Out**
- 건설 원가구성체계
- 원가계산방식에 의한 공사비 구성요소
- 건축공사 원가계산에 의한 예정가격의 결정
- 원가계산서의 작성
- 간접공사비

☑ **핵심 단어**
- 원가계산에 의한 예정가격 작성 및 표준시장단가에 의한 예정가격 작성

☑ **연관용어**
- 원가관리
- 예정가격

I. 정 의

건설사업을 수행하는 과정에서 발생하는 자재비, 장비비, 노무비 등을 포함한 총 비용으로 분류한 구성체계로 원가계산에 의한 예정가격 작성 및 표준시장단가에 의한 예정가격 작성을 위해서는 원가계산서를 작성하여야 한다.

II. 건설 원가구성체계

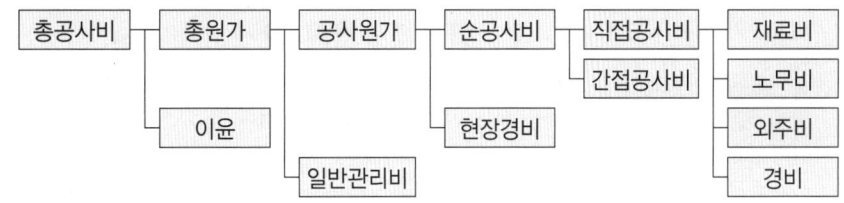

III. 원가계산방식에 의한 공사비 구성요소(116회 기출)

① 재료비: 규격별 재료량×단위당 가격
② 노무비: 공종별 노무량×단위당 가격
③ 외주비: 공사재료, 반제품, 제품의 제작공사의 일부를 따로 위탁하고 그 비용을 지급하는 것
④ 경비: 비목별 경비의 합계액
⑤ 간접공사비
  - 공사의 시공을 위하여 공통적으로 소요되는 법정경비 및 기타 부수적인 비용
  - 산재보험료, 고용보험료, 국민건강보험료, 국민연금보험료, 건설근로자퇴직공제부금비, 산업안전보건관리비, 환경보전비, 기타 관련법령에 규정되어 있거나 의무지워진 경비로서 공사원가계산에 반영토록 명시된 법정경비
  - 기타 간접공사경비(수도광열비, 복리후생비, 소모품비, 여비, 교통비, 통신비, 세금과 공과, 도서인쇄비 및 지급수수료)
⑥ 현장경비
  - 현장에서 현장관리에 투입되는 경비(전력비, 운반비, 품질관리비, 기계경비, 폐기물 처리비 등)
⑦ 일반관리비: (재료비+노무비+경비)×일반관리비율
⑧ 이윤: (노무비+경비+일반관리비)×이윤율
⑨ 공사손해보험료: (총공사원가+관급자자대)×요율

IV. 건축공사 원가계산에 의한 예정가격의 결정

구분			산출식
예정가격	총공사원가	순공사원가 재료비	규격별 재료량×단위당 가격
		노무비	공종별 노무량×노임단가
		경비	비목별 경비의 합계액
		일반관리비	(재료비+노무비+경비)×일반관리비율
		이윤	(노무비+경비+일반관리비)×이윤율
	공사손해 보험료		(총공사원가+관급자재대)×요율
	부가가치세		(총공사원가+공사손해보험료)×요율

※ 일반관리비율: 6/100 이하, 이윤율: 15/100 이하

V. 원가계산서의 작성(112회 기출)

- 공공기관이 자산의 100분의 50 이상을 출자 또는 출연한 연구기관 (학교의 연구소, 산학협력단, 주무관청의 허가등을 받아 설립된 법인, 회계법인)
- 원가계산용역기관의 요건(신설 2018.12.04.)
  - 정관 또는 학칙의 설립목적에 원가계산 업무가 명시되어 있을 것
  - 원가계산 전문인력 10명 이상을 상시 고용하고 있을 것
  - 기본재산이 2억원(제2항제2호 및 제3호의 경우에는 1억원) 이상일 것

VI. 간접공사비(75회 기출)

1) 정의

- 시공상 필요하나 직접 그 건축에 사용되지 않는 것에 대한 비용
- 공사의 시공을 위하여 공통적으로 소요되는 법정경비 및 기타 부수적인 비용, 직접공사비의 총액에 비용별로 일정요율을 곱하여 산정

2) 항목

① 간접노무비: 직접 제조작업에 종사하지는 않으나, 작업현장에서 보조작업에 종사하는 노무자, 종업원과 현장감독자 등의 기본급과 제수당, 상여금, 퇴직급여충당금의 합계액

② 산재보험료: 노무비×3.7%

③ 고용보험료: 노무비×요율

④ 국민건강보험료: 직접노무비×3.43%

⑤ 건설근로자퇴직공제부금비: 직접노무비×2.3%

⑥ 산업안전보건관리비: (재료비+직접노누비+도급자관급)×율과 (재료비+직접노무비)×율×1.2 중 작은값

원가계산 시 단위당 가격기준

- 감정가격: 「부동산가격공시 및 감정평가에 관한 법률」에 의한 감정평가법인 또는 감정평가사(「부가가치세법」 제8조에 따라 평가업무에 관한 사업자등록증을 교부받은 자에 한한다)가 감정평가한 가격
- 유사한 거래실례가격: 기능과 용도가 유사한 물품의 거래실례가격
- 견적가격: 계약상대자 또는 제3자로부터 직접 제출받은 가격짚어보기와 시험터파기는 본 시공을 간략하게 확인하는 정도이며, 최종결과물 확인을 할 수 없다.

직접비와 간접비의 관계

- 공기를 단축하면 직접비는 증가하고 간접비는 감소한다.
- 공기가 연장되면 직접비는 감소되고 간접비는 증가한다.
- 직접비와 간접비 간의 균형을 이루는 어느 기간에서 total cost는 최소가 되며, 이때의 공기가 최적공기가 된다.

원가구성

⑦ 환경보전비: 직접공사비×요율

⑧ 기타 관련법령에 규정되어 있거나 의무지원 경비로서 공사원가계산에 반영토록 명시된 법정경비

⑨ 기타간접공사경비(수도광열비, 복리후생비, 소모품비, 여비, 교통비, 통신비, 세금과 공과, 도서인쇄비 및 지급수수료)

원가구성	☆★★	4. 원가관리	
	10-175	원가산정 및 예측(비용견적)/ 실행예산	
	No. 975		유형: 관리 · 기준

원가관리

Key Point

☑ 국가표준

☑ Lay Out
- 사업비 산정방법
- Cost Planning
- 실행예산
- 원가절감 관리 및 방안

☑ 핵심 단어
- 원가계산에 의한 예정가격 작성 및 표준시장단가에 의한 예정가격 작성

☑ 연관용어
- 원가관리
- 예정가격

I. 정 의

건설사업을 수행하는 과정에서 발생하는 자재비, 장비비, 노무비 등을 포함한 총 비용으로 분류한 구성체계로 원가계산에 의한 예정가격 작성 및 표준시장단가에 의한 예정가격 작성을 위해서는 원가계산서를 작성하여야 한다.

II. 사업비 산정방법

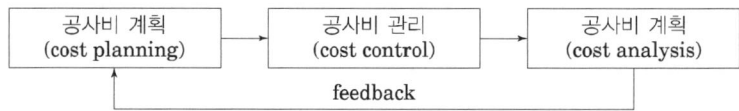

① 실제상황 반영(경험)
② 동일한 상세수준 유지(정보의 정확성)
③ 모든 비용요소 포함
④ 가변성 있는 서류양식 작성(공식적인 서류)
⑤ 직접비용과 간접비용 구분
⑥ 변동비용과 고정비용 구분(설계변경에 대처)
⑦ 변수에 대비한 예비비 포함

III. Cost Planning

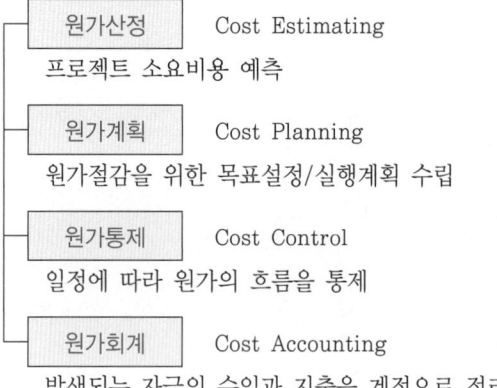

- 해당 건설 Project 공사 전에 기획, 타당성 조사, 기본설계 및 실시설계 단계에서 예산범위를 초과하지 않는 최적의 기획, 설계, 시공이 되도록 건설의 전 과정에 걸쳐 원가를 적절히 배분

원가구성

Ⅳ. 실행예산

- 실행예산은 건설회사가 수주한 공사를 수행하기 위하여 선정된 계획공사비용이다.
- 공사를 진행함에 있어서 직·간접적으로 순수하게 투입되는 비용으로 실행예산의 각 항목은 재료비, 노무비, 외주비, 경비 등으로 구분되는 직접공사비와 현장관리비, 안전관리비, 산재보험료 등 직접공사비 이외의 공사 투입금액을 적용하는 간접공사비로 구성된다.
- 건설 Project 공사현장의 주위여건, 시공상의 조건을 조사하여 종합적으로 검토, 분석한 후 계약내역과는 별도로 작성한 실제 소요공사비이다.

원가절감 요소파악

- 비능률 작업 제거
- 재작업 방지
- 과설계 부분 설계변경
- 공기단축

Ⅴ. 원가절감 관리 및 방안

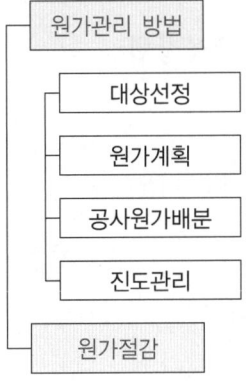

1. 공정관리와 연계
2. 원가관리의 전산화
3. 생산성 향상(신기술, 신공법, 기계화, 린건설)
4. VE적용
5. 계약제도
6. BIM설계
7. 유지관리
8. 경영차원에서의 접근

10-176	건설소송에서 기성고 비율	
No. 976		유형: 관리 · 기준

원가구성

원가관리
Key Point

■ 국가표준

■ Lay Out
- 기성고 비율 산정방법
- 기성고 산정 시 단가의 결정
- 기성관리

■ 핵심 단어
- 완성된 부분에 소요된 비용이 차지하는 비율

■ 연관용어
- 부도

I. 정 의

① 기성고 비율은 공사비 지급의무가 발생한 시점을 기준으로 하여 이미 완성된 부분에 소요되는 공사비에 미시공 부분을 완성하는 데 소요될 공사비를 합친 전체 공사비 가운데 완성된 부분에 소요된 비용이 차지하는 비율

② 공사대금 소송에서 소송의 청구원인과 건축공사 도급계약에 있어서 수급인이 공사를 완성하지 못한 상태로 계약이 해제되어 도급인이 그 기성고에 따라 수급인에게 공사대금을 지급하여야 할 경우 적용된다.

II. 기성고 비율 산정방법

1) 기성고 비율

$$기성고 비율 (\%) = \frac{기시공\ 부분에\ 소요된\ 공사비}{기시공\ 부분에\ 소요된\ 공사비 + 미시공\ 부분에\ 소요될\ 공사비}$$

2) 기성고 공사대금

$$기성고\ 공사대금 = 약정금액 \times 기성고\ 비율$$

III. 기성고 산정 시 단가의 결정

1) 단가의 결정
- 동일시점 기준으로 적용
2) 공사비 내역서가 있는 경
- 개별단가약정 있는 경우 참조, 표준품셈, 물가정보 가격 반
3) 공사비 내역서가 없는 경우
- 실제현장 조사 후 산출, 표준품셈 적용

IV. 기성관리

1. 산정방법

1) 추정 진도 측정 방법(Estimated Percent Complete Method)
- 단위 공종이나 Activity별 관리 책임자가 작업진행 상태를 파악한 후 주관적 판단에 따라 진도율 혹은 달성도(%)를 부여하는 방법

원가구성

2) 실 작업량 측정방법(Physical Progress Measurement Method)
- 단위 공종이나 Activity별 총 예상 작업물량 대비 실제시공이나 설치물량의 비율로써 진척도(%)를 산정하는 방법으로 건설공사에 소요되는 자재 중에서 대량자재로써 수량측정을 위한 단위부여가 가능한 공종에 도입하는 방법

3) 달성진도 인정방법(Earned Value Method)
- 단위 작업 범위를 측정 가능한 규모로 세분화 시켜 작업 진행 단계별로 일정한 달성진도 값(Earned Value)을 부여 또는 인정함으로써 작업진도를 산정하는 방법. 추정진도 산정방법의 단순성과 편의성, 실 작업량 측정방법의 객관성을 혼합한 방법

2. 기성고 산정방법

1) 확정금 계약 방식(Lump Sum Contract)

① 실적 진도율에 의한 방식(Progress Measurement Payment Method)
- 단위 건설공사에 소요되는 총 소요금액을 확정하여 계약하는 방식
- 기성금액=확정금액×누계 진도율(%)-(전회 지급누계)

② 계획 진도율에 의한 방식(Scheduled Progress Payment Method)
- 일정한 비율로 일정기간별 지급하는 방식

③ Milestone에 의한 지급방식(Milestone Payment)
- 공사규모가 크고 공기가 촉박할 때 지급 하는 방식으로 건물의 중요한 시점을 지정하여 완료하였을 때 지급하는 방식
- 기성금액=확정금액×누계 진도율(%)-(전회 지급누계)

3. 단가 계약 방식(Unit Rate Contract)

1) 실적물량에 의한 방식(Installed Quantity)
- 국내에서 가장 흔하게 도입하고 있는 방식으로 계약 시에 첨부된 공사내역서 물량의 항목별로 실제 건설현장에서 설치된 물량의 기준으로 해당 계약 단가를 곱하여 기성고를 산정하는 방식
- 기성금액=실적(시공/설치)물량×계약단가

2) 대표 물량에 의한 방식(Major Commodity Quantity
- 일반적으로 세부 공종별 실적 물량에 집계에 의한 방식은 공사 규모가 크고 공종의 종류가 다양할수록 집계와 확인에 상당한 인력이 소모됨으로 주공종의 부속이 되는 공종은 별도 집계를 하지 않고 주공종이 설치될 경우 주공종에 이를 포함시켜 기성고를 산정하는 방식
- 기성금액=실적물량(대표물량)×환산단가

적산 및 견적

10-177	개산견적/적산에서의 수량개산법	
No. 977	approximate estimate	유형: 관리 · 기준

적산 및 견적
Key Point

■ **국가표준**

■ **Lay Out**
– 견적방법
– 견적의 종류

■ **핵심 단어**
– 완성된 부분에 소요된
  비용이 차지하는 비율

■ **연관용어**
– 적산

I. 정 의

① 개산견적은 기존의 비슷한 시설물의 실적, 각종 data 등의 기초자료를 참고로 해당 project의 공사비를 개략적으로 산출하는 것
② 개념견적(conceptual estimates), 기본견적(preliminary estimates), 예산견적(budget estimates), 급속견적(quick estimates) 등으로 표현

II. 견적방법

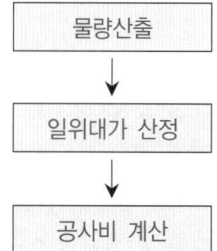

- 물량산출 : 각 작업 공종에 대한 재료의 소요량, 노무자의 소요수, 가설재 및 장비의 기간 등 구체적 산출
- 일위대가 산정 : 각 항목별 단가를 산정하는 작업으로 자재와 노무에 대한 단위가격과 품의 수량을 곱하여 산정
- 공사비 계산 : 항공사수행에 필요한 모든 금액을 포함하여 산정

1. 단위기준에 의한 방법
   1) 단위설비에 의한 견적
   - 학교: 1인당 통계치 가격×학생수+총공사비
   - 호텔: 1객실당 통계치 가격×객실수-총공사비
   - 병원: 1Bed당 통계치 가격×Bed수=총공사비
   2) 단위면적에 의한 견적
   - m²당 개략적으로 개산견적
   - 실적데이터에 의한 비교적 근접한 결과
   3) 단위체적에 의한 견적
   - m³당 개략적으로 견적
   - 거푸집, 철근, 콘크리트 등

2. 단위기준에 의한 방법
   1) 가격비율에 의한 견적
   - 전체 공사비에 대한 각 부분공사비의 토게치의 비율에 따라 견적하는 방법
   2) 수량비율에 의한 방법
   - 유사한 건축물의 면적당 거의 동일한 비율을 이용하여 견적하는 방법

3. 공종별 수량개산법에 의한 견적
   - 적산된 물량×학생수+총공사비

적산 및 견적

III. 견적의 종류

개산견적   Approximate Estimates

비용 지수법   Cost Indexes Method

기준이 되는 시간과 장소의 값과 다른 시간과
장소에서의 값에 대한 비율

비용 용량법   Cost Capacity Method

공사수량과 자원과의 관계

계수 견적법   Factor Estimating Method

각 요소에 대한 비용과 기준요소에 대한 비용의 비율

변수 견적법   Parameter Estimating method

설계변수의 수량과 각 변수의 수량단위에 대하여 견적된 시스템
비용을 곱하여 구함

기본 단가법   Base Unit Price Method

기본단위에 대한 비용자료
(건물의 단위면적 및 체적 등에 근거하여 비용산출

상세견적   Detailed Estimates

완성된 도면과 시방서에 근거하여 비용결정

실적공사비

이미 수행한 공사의 공종별 계약단가를 기초로 하여 예정가격을
산정하는 방식

| | PE | Professional Engineer |

적산 및 견적
Key Point
☑ 국가표준

☑ Lay Out
– 부위별 적산내역서 분류
– 특징

☑ 핵심 단어
– 건축물을 구성하는 요소
 와 부분을 기능별로 분류

☑ 연관용어
– 공종별 적산

I. 정 의

건축물을 구성하는 요소와 부분을 기능별로 분류하고, 각 부분을 집합체로하여 공사비를 산출하는 적산방식

II. 부위별 적산내역서 분류

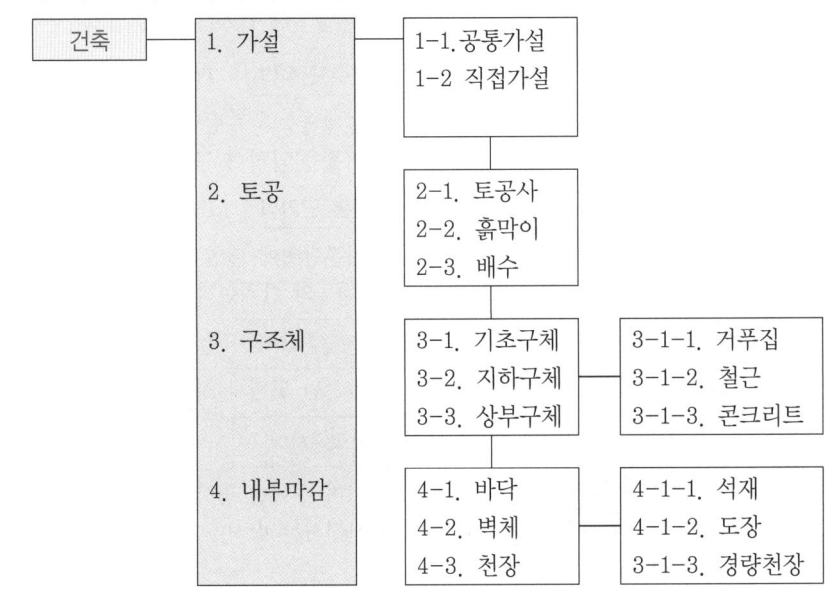

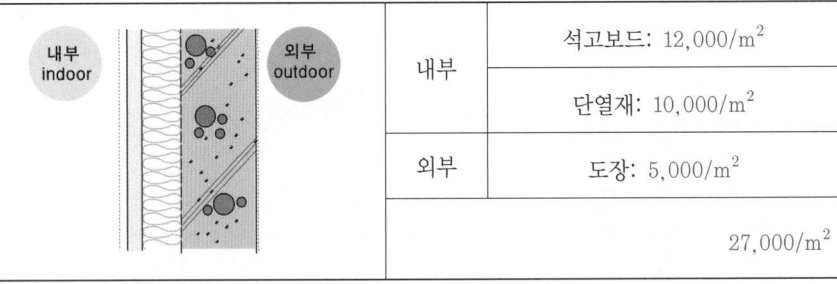

	내부	석고보드: 12,000/m²
		단열재: 10,000/m²
	외부	도장: 5,000/m²
		27,000/m²

III. 특징

• 건축물의 공사비를 공종별 분류 후 부위별로 분석가능
• Cost를 1m²(1m당) 합성단가로 표시할 수 있다.
• 공사비 및 수량산출 용이
• 개산견적의 기본데이터
• 부위별 설계변경 용이

10-179	표준시장단가제도	
No. 979	실적공사비 적산	유형: 제도 · 관리 · 기준

적산 및 견적

적산 및 견적
Key Point

■ **국가표준**
- 국가계약법 시행령
- (계약예규) 예정가격작성 기준

■ **Lay Out**
- 예정가격 결정기준
- 표준품셈과 표준시장단가 적산방식의 비교
- 실적공사비 제도
- 문제점
- 개선방안

■ **핵심 단어**
- 세부 공종별로 계약단가, 입찰단가, 시공단가 등을 토대로 시장 및 시공 상황을 반영

■ **연관용어**
- 실적공사비 제도

I. 정 의

① 건설공사를 구성하는 세부 공종별로 계약단가, 입찰단가, 시공단가 등을 토대로 시장 및 시공 상황을 반영할 수 있도록 중앙관서의 장이 정하는 예정가격 작성기준
② 표준시장단가에 의한 예정가격은 직접공사비, 간접공사비, 일반관리비, 이윤, 공사손해보험료 및 부가가치세의 합계액으로 한다.
③ 추정가격이 100억원 미만인 공사에는 표준시장단가를 적용하지 아니한다.

II. 예정가격 결정기준

① 적정한 거래가 형성된 경우에는 그 거래실례가격
② 신규개발품이거나 특수규격품등의 특수한 물품·공사·용역등 계약의 특수성으로 인하여 적정한 거래실례가격이 없는 경우에는 원가계산에 의한 가격
③ 공사의 경우 이미 수행한 공사의 종류별 시장거래가격 등을 토대로 산정한 표준시장단가로서 중앙관서의 장이 인정한 가격
④ 제① 내지 제③의 규정에 의한 가격에 의할 수 없는 경우에는 감정가격, 유사한 물품·공사·용역등의 거래실례가격 또는 견적가격

III. 표준품셈과 표준시장단가 적산방식의 비교

구분	품셈제도	표준시장단가제도
내역서 작성방식	설계자 및 발주기관에 따라 상이함	표준분류체계인 "수량산출기준"에 의해 내역서 작성 통일
단가산출방법	품셈을 기초로 원가계산	계약단가를 기초로 축적한 공종별 실적 단가에 의해 계산
직접공사비	재·노·경 단가 분리	재·노·경 단가 포함
간접공사비(제경비)	비목(노무비 등)별 기준	직접공사비 기준
설계변경	품목조정방식, 지수조정방식	지수조정방식(공사비지수 적용)

기대효과
① 시공환경 및 현장여건 반영으로 적정공사비 확보
② 적정공사비 확보로 시공품질 향상
③ 적산능력 배양으로 견적 및 기술능력 향상과 거래가격 투명성 확보
④ 예정가격 산정업무 간소화로 행정업무 효율 극대화

Ⅳ. 실적공사비 제도

1) 정의

> ① 건설공사를 계약할 경우 공사의 예정가격을 각 공사의 특성을 감안하여 조정한 다음 입찰을 통해서 계약된 시장가격을 그대로 적용하는 방법
> ② 이미 수행한 공사의 공종별 계약단가를 기초로 하여 예정가격을 산정하는 방식

2) 실적공사비의 분석 및 확정절차

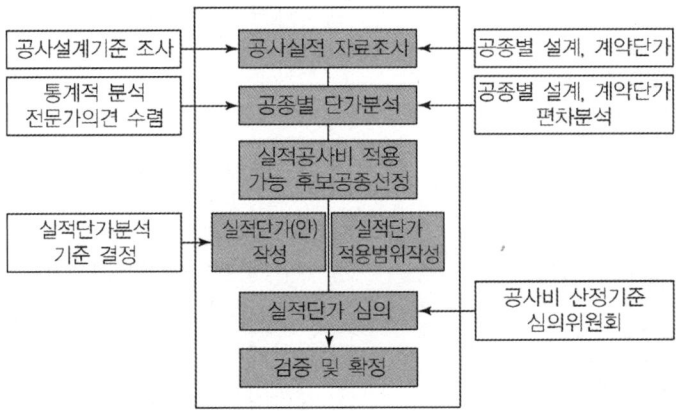

Ⅴ. 문제점

① 발주자가 시행하는 상세적산: 불필요한 부분으로 인해 재원낭비
② 표준품셈: 신기술, 신공법 적용 곤란
③ 정부고시 노임관련: 표준품셈 및 시중노임 단가의 현실적인 격차
④ 수량산출 기준: 발주자의 수량조서 내역에 의해 다양성 저해

Ⅵ. 개선방안

① 예정가격 작성방식: 실적공사비에 의한 적산방식으로 전환
② 표준품셈: 지속적인 보완 및 관리
③ 정부고시 노임관련: 시장상황 상시조사
④ 수량산출 기준: 표준산축기준 및 수량조서 작성기준 제정

☆☆★	4. 원가관리	
10-180	**MBO기법**	
No. 980		유형: 관리 · 기법 · 기준

원가관리기법

관리기법

Key Point

■ 국가표준

■ Lay Out
- MBO의 원리 · 목표관리의 유형
- 목표관리의 기본단계

■ 핵심 단어
- Teamwork를 조성하게 해서 관리원칙에 따라 관리하고 자기통제 하는 행위과정

■ 연관용어

MBO의 전제조건

• 연도별 목표가 구체적이고, 전체목표가 명확할 것
• 업무평가체계 확립
• 종업원의 소질이 일정수준 이상
• 최고경영층의 이해와 의욕 비능률 작업 제거

I. 정 의

① 개인의 능력발휘와 책임소재를 명확히 하고, 미래의 전망과 노력에 대한 지침을 제공하여 Teamwork를 조성하게 해서 관리원칙에 따라 관리하고 자기통제하는 행위과정(by Peter Ferdinand Drucker)

② 관리자 자신이 자기개발과 조직에 공헌하기 위해서 설정된 기업의 이익과 목표를 효과적으로 달성시키기 위한 기업의 욕구를 통합조정하는 동태적 시스템(by 험블 John W. Humble)

II. MBO의 원리

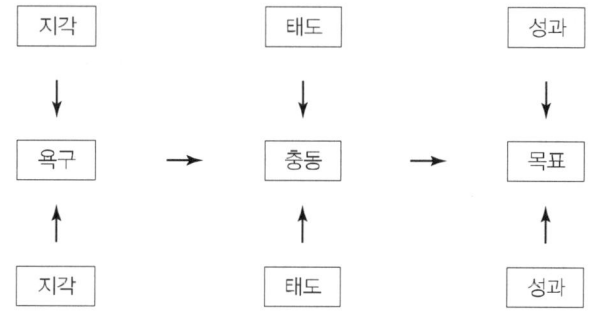

III. 목표관리의 유형

① 양적 목표(Quantitative Objectives)
  • MBO가 이익이나 생산에 있어 그 목표를 설정하고 이행함에 있어서 그 목표를 수량화, 숫자로 나타낼 수 있어야 한다는 것을 의미

② 질적 목표(Qualitative Objectives)
  • 수량화하기 어렵지만 일부는 검증 가능한 성격을 가지고 있다. 종업원의 성장을 위해 새로이 컴퓨터 프로그램을 배우게 하는 것

③ 예산 목표(Budgetary Objectives)
  • 현재의 수준에서 이루어지는 MBO의 성과를 계속 유지하기 위해서 공식적으로 표현되는 목표를 가지고 있다.

IV. 목표관리의 기본단계

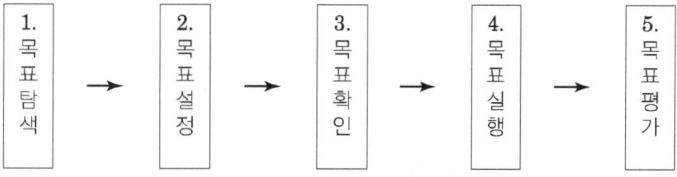

10-181	산업안전 보건관리비	
No. 981		유형: 관리 · 제도 · 기준

산업안전보건법

산업안전보건법
Key Point

■ 국가표준
- 산업안전보건법 시행규칙
- 건설업 산업안전보건관리비 계상 및 사용기준

■ Lay Out
- 공사종류 및 규모별 안전관리비 계상기준표
- 계상방법 및 계상시기
- 공사진척에 따른 안전관리비 사용기준
- 산업안전보건관리비 사용내역서
- 사용기준

■ 핵심 단어
- 산업재해의 예방을 위하여 법령에 규정된 사항의 이행에 필요한 비용

■ 연관용어
- 건설기술진흥법 안전관리비

적용범위

• 「산업재해보상보험법」의 적용을 받는 공사 중 총공사금액 2천만원 이상인 공사에 적용한다. 다만, 다음 각 호의 어느 하나에 해당되는 공사 중 단가계약에 의하여 행하는 공사에 대하여는 총계약금액을 기준으로 적용

I. 정 의

① 건설사업장과 본사 안전전담부서에서 산업재해의 예방을 위하여 법령에 규정된 사항의 이행에 필요한 비용
② 사용기준에 따라 건설사업장에서 근무하는 근로자의 산업재해 및 건강장해 예방을 위한 목적으로만 사용하여야 한다.

II. 공사종류 및 규모별 안전관리비 계상기준표

[개정, 2018.10.5]

구분	5억원 미만 적용 비율	5억원 이상 50억원 미만		50억원 이상 적용비율	보건관리자 선임대상 건설공사의 적용비율(%)
		적용 비율	기초액		
일반건설공사(갑)	2.93%	1.86%	5,349,000원	1.97%	2.15%
일반건설공사(을)	3.09%	1.99%	5,499,000원	2.10%	2.29%
중 건 설 공 사	3.43%	2.35%	5,400,000원	2.44%	2.66%
철도·궤도신설공사	2.45%	1.57%	4,411,000원	1.66%	1.81%
특수 및 기타건설공사	1.85%	1.20%	3,250,000원	1.27%	1.38%

• 하나의 사업장 내에 건설공사 종류가 둘 이상인 경우(분리발주한 경우를 제외한다)에는 공사금액이 가장 큰 공사종류를 적용
• 발주자 또는 자기공사자는 설계변경 등으로 대상액의 변동이 있는 경우에 지체 없이 안전보건관리비를 조정 계상하여야 한다.

III. 계상방법 및 계상시기

• 발주자는 원가계산에 의한 예정가격 작성 시 안전보건관리비를 계상하여야 한다.
• 자기공사자는 원가계산에 의한 예정가격을 작성하거나 자체 사업계획을 수립하는 경우에 안전보건관리비를 계상하여야 한다.
• 대상액이 구분되어 있지 않은 공사는 도급계약 또는 자체사업계획상의 총공사금액의 70%를 대상액으로 하여 제4조에 따라 안전보건관리비를 계상하여야 한다.

산업안전보건법

Ⅳ. 공사진척에 따른 안전관리비 사용기준

기성 공정률	50% 이상 70% 미만	70% 이상 90% 미만	90% 이상
사용기준	50% 이상	70% 이상	90% 이상

Ⅴ. 산업안전보건관리비 사용내역서

항 목	월사용금액	누계사용금액
1. 안전관리자 등 인건비 및 각종 업무수당		
2. 안전시설비 등		
3. 개인보호구 및 안전장구 구입비 등		
4. 안전진단비 등		
5. 안전보건교육비 및 행사비 등		
6. 근로자 건강관리비 등		
7. 건설재해예방 기술지도비		
8. 본사사용비		

안전보건관리비 대상액

- 「예정가격 작성기준」(기획재정부 계약예규) 및 「지방자치단체 입찰 및 계약집행기준」(행정자치부 예규) 등 관련 규정에서 정하는 공사원가계산서 구성항목 중 직접재료비, 간접재료비와 직접노무비를 합한 금액(발주자가 재료를 제공할 경우에는 해당 재료비를 포함한다)

Ⅵ. 사용기준

1) 안전관리자 등의 인건비 및 각종 업무 수당 등
   - 전담 안전·보건관리자의 인건비, 업무수행 출장비 및 건설용리프트의 운전자 인건비. 다만, 유해·위험방지계획서 대상으로 공사금액이 50억원 이상 120억원 미만인 공사현장에 선임된 안전관리자가 겸직하는 경우 해당 안전관리자 인건비의 50% 초과하지 않는 범위 내에서 사용 가능
   - 공사장 내에서 양중기·건설기계 등의 움직임으로 인한 위험으로부터 주변 작업자를 보호하기 위한 유도자 또는 신호자의 인건비나 비계 설치 또는 해체, 고소작업대 작업 시 낙하물 위험예방을 위한 하부통제, 화기작업 시 화재감시 등 공사현장의 특성에 따라 근로자 보호만을 목적으로 배치된 유도자 및 신호자 또는 감시자의 인건비
   - 안전보건 업무 수행 시 수당지급 작업을 직접 지휘·감독하는 직·조·반장 등 관리감독자의 직위에 있는 자가 업무를 수행하는 경우에 지급하는 업무수당(월 급여액의 10% 이내)
2) 안전시설비: 시설 및 그 설치비용
3) 개인보호구 및 안전장구 구입비
4) 사업장의 안전·보건진단비
5) 안전보건교육비 및 행사비
6) 근로자의 건강관리비
7) 기술지도비: 재해예방전문지도기관에 지급하는 기술지도 비용
8) 본사 사용비: 안전전담부서의 인건비·업무수행 출장비(계상된 관리비의 5% 이내)

산업안전보건법

산업안전보건법
Key Point

■ 국가표준
- 산업안전보건법 시행 규칙
- 산업안전보건법 시행규칙 안전보건교육규정 2023.02.21
- 산업안전보건법 시행규칙 산업안전 보건법
- 산업안전보건법 시행규칙 산업안전 보건법 시행령

■ Lay Out
- 산업안전보건법 시행규칙 건설업 기초 안전보건 교육기관의 기준
- 산업안전보건법 시행규칙 안전보건교육에 대한 내용 및 시간
- 산업안전보건법 시행규칙 건설업 기초안전보건교육 에 대한 내용 및 시간

■ 핵심 단어
- 산업안전보건법 시행규칙 건설 일용근로자를 채용 할 때 해당 근로자로 하 여금 안전보건교육기관이 실시하는 안전보건교육을 이수

■ 연관용어

10-182	건설업 기초안전보건교육	
No. 982		유형: 관리 · 제도 · 기준

I. 정 의

① 건설업의 사업주가 건설 일용근로자를 채용할 때 해당 근로자로 하여금 안전보건교육기관이 실시하는 안전보건교육을 이수하도록 하는 제도

② 타 현장으로 이동할 때마다 받아야 하는 건설현장 단위의 채용시 교육을 대체하여 건설업 차원에서 받도록 한 교육

II. 건설업 기초 안전보건교육기관의 기준

구분	자격기준	인원
인력기준	• 건설안전 분야 산업보건지도사 자격을 가진 사람, 건설안전기술사 또는 산업위생관리기술사 • 건설안전기사 또는 산업안전기사 자격을 취득한 후 건설안전 분야 실무경력이 7년 이상인 사람 • 대학의 조교수 이상으로서 건설안전 분야에 관한 학식과 경험이 풍부한 사람 • 5급 이상 공무원, 산업안전 · 보건 분야 석사 이상의 학위를 취득하거나 산업전문간호사 자격을 취득한 후 산업안전 · 보건 분야 실무경력이 3년 이상인 사람	1명이상
	• 건설안전 분야 산업안전지도사 · 산업보건지도사 자격을 가진 사람, 건설안전기술사 또는 산업위생관리기술사 • 건설안전기사 또는 산업위생관리기사 자격을 취득한 후 해당 실무경력이 1년 이상인 사람 • 건설안전산업기사 또는 산업위생관리산업기사 자격을 취득한 후 해당 실무경력이 3년 이상인 사람 • 산업안전산업기사 이상의 자격을 취득한 후 건설안전 실무경력이 산업안전기사 이상의 자격은 1년, 산업안전산업기사 자격은 3년 이상인 사람 • 건설 관련 기사 자격을 취득한 후 건설 관련 실무경력이 1년 이상인 사람 • 특급건설기술인 또는 고급건설기술인 • 4년제 대학의 건설안전 또는 산업보건 · 위생 관련 분야 학위를 취득한 후 해당 실무경력이 1년 이상인 사람 • 전문대학의 건설안전 또는 산업보건 · 위생 관련 분야 학위를 취득한 후해당 실무경력이 3년 이상인 사람	2명 이상 (건설안전 및 산업보건 · 위생 분야별로 각 1명 이상)
시설	• 사무실: 연면적 $30m^2$ • 강의실: 연면적 $120m^2$이고, 의자, 책상, 빔 프로젝터 등 교육에 필요한 비품과 방음 · 채광 · 환기 및 냉난방을 위한 시설 또는 설비를 갖출 것	

산업안전보건법

비고

- 상시근로자 50명 미만의 도매업과 숙박 및 음식점업은 위 표의 가목부터 라목까지의 규정에도 불구하고 해당 교육과정별 교육시간의 2분의 1이상을 실시해야 한다.
- 근로자가 유해화학물질 안전교육을 받은 경우에는 그 시간만큼 해당 분기의 정기교육을 받은 것으로 본다.
- 방사선작업종사자가 방사선작업종사자 정기교육을 받은 때에는 그 해당시간 만큼 가목에 따른 해당 분기의 정기교육을 받은 것으로 본다.

비고

- 정기교육: 정기적으로 실시하여야 하는 교육
- 채용시 교육
- 사업주가 근로자를 채용하는 경우
- 현장실습산업체의 장이 현장실습생과 현장실습계약을 체결하는 경우
- 사용사업주가 파견근로자로부터 근로자파견의 역무를 제공받는 경우
- 작업내용 변경 시 교육
- 근로자등이 기존에 수행하던 작업내용과 다른 작업을 수행하게 될 경우 변경된 작업을 수행하기 전 실시하여야 하는 교육
- 특별 교육
- 교육 외에 추가로 실시하여야 하는 교육

Ⅲ. 안전보건교육에 대한 내용 및 시간

1) 안전보건교육 내용 및 교육시간

구분	교육내용		교육시간
정기교육	사무직 종사 근로자		매분기 3시간 이상
	사무직 종사 근로자 외의 근로자	판매업무에 직접 종사하는 근로자	매분기 6시간 이상
		판매업무에 직접 종사하는 근로자 외의 근로자	연간 16시간 이상
	관리감독자의 지위에 있는 사람		1시간 이상
채용 시 교육	일용근로자		8시간 이상
	일용근로자를 제외한 근로자		1시간 이상
작업내용 변경 시 교육	일용근로자		2시간 이상
	일용근로자를 제외한 근로자일용근로자		2시간 이상
	타워크레인 신호작업에 종사하는 일용근로자		8시간 이상
특별교육	일용근로자를 제외한 근로자		– 16시간 이상(최초 작업에 종사하기 전 4시간 이상 실시하고 12시간은 3개월 이내에서 분할하여 실시가능) – 단기간 작업 또는 간헐적 작업인 경우에는 2시간 이상
건설업 기초 안전·보건교육	건설 일용근로자		4시간 이상

2) 안전보건관리책임자 등에 대한 교육

교육대상	교육시간	
	신규교육	보수교육
1. 안전보건관리책임자	6시간 이상	6시간 이상
2. 안전관리자, 안전관리전문기관의 종사자	34시간 이상	24시간 이상
3. 보건관리자, 보건관리전문기관의 종사자	34시간 이상	24시간 이상
4. 건설재해예방전문지도기관의 종사자	34시간 이상	24시간 이상
5. 석면조사기관의 종사자	34시간 이상	24시간 이상
6. 안전보건관리담당자	–	8시간 이상
7. 안전검사기관, 자율안전검사기관의 종사자	34시간 이상	24시간 이상

3) 검사원 성능검사 교육

- 성능검사교육: 28시간 이상

Ⅳ. 건설업 기초안전보건교육에 대한 내용 및 시간

구분	교육내용	교육시간
공통	산업안전보건법령 주요내용	1시간
	안전의식 제고에 관한 사항	
교육대상별	작업별 위험요인과 안전작업 방법	2시간
	건설 직종별 건강장해 위험요인과 건강관리	1시간
합계		4시간

10-183	안전인증 · 자율안전 확인 · 안전검사 · 자율검사프로그램인정	
No. 983	성능검정 가설 기자재(폐지)	유형: 관리 · 제도 · 기준

산업안전보건법

산업안전보건법
Key Point

☑ **국가표준**
- 산업안전보건법 시행규칙
- 산업안전 보건법
- 안전인증 · 자율안전확인 신고의 절차에 관한 고시
- 위험 기계 · 기구 자율 안전 확인 고시

☑ **Lay Out**
- 안전인증 심사종류 및 내용
- 업무처리 절차
- 대상 및 적용범위
- 안전검사
- 자율검사프로그램인정

☑ **핵심 단어**

☑ **연관용어**

안전인증제도(S 마크)

- S 마크 제도는 산업재해예방을 위한 임의인증제도안전인증제도(S 마크)는 제품의 안전성과 신뢰성 및 제조자의 품질관리능력을 안전인증기관(한국산업안전보건공단)에서 종합심사하여,안전인증기준에 적합한 경우 인증을 받은 자로 하여금 기계 · 기구의 포장 · 용기 등에 안전인증 표시(S 마크)를 표시하거나 인증받은 사실을 광고할 수 있도록 하는 제도
- S 마크 안전인증제도는 강제(의무)제도가 아닌 임의인증제도이며 인증을 받지 않더라도 규제나 불이익을 받지 않는다.

I. 정 의

① 안전인증: 안전인증대상기계등의 안전성능과 제조자의 기술능력 및 생산체계가 안전인증 기준에 맞는지에 대하여 고용노동부장관이 종합적으로 심사하는 제도(수입품)

② 자율안전확인신고: 자율안전확인대상기계등을 제조 또는 수입하는 자가 해당 제품의 안전에 관한 성능이 자율안전기준에 맞는 것임을 확인하여 고용노동부장관에게 신고하는 제도

③ 안전검사: 유해하거나 위험한 기계 · 기구 · 설비를 사용하는 사업주가 유해 · 위험기계 등의 안전에 관한 성능이 안전검사기준에 적합한지 여부에 대하여 안전검사기관으로부터 안전검사를 받도록 함으로써 사용 중 재해를 예방하기 위한 제도

④ 자율검사프로그램 인정: 산업안전보건법 제98조에 따라 사업주가 안전검사대상기계 등에 대해 검사프로그램을 정하여 고용노동부장관으로부터 인정을 받아 자체적으로 안전에 관한 검사를 실시하는 제도

II. 안전인증 심사종류 및 내용

심사종류		내용
서면심사		• 안전인증대상기계등의 종류별 또는 형식별로 설계도면 등 제품기술과 관련된 서가 안전인증기준에 적합한지에 대한 심사
기술능력 및 생산체계심사		• 안전인증대상기계등의 안전성능을 지속적으로 지 · 보증하기 위하여 사업장에서 갖추어야 할 기술능력과 생산체계가 안전인증기준에 적합한지에 대한 심사 • 형식별 제품심사 대상품만 해당하며, 개별제품심사 대상기계는 제외
제품심사		• 안전인증대상기계등이 서면심사 내용과 일치하는지 여부와 안전에 관한 성능이 안전인증기준에 적합한지 여부에 대한 심사
	개별 제품심사	• 리프트(이삿짐 운반용 리프트 제외), 크레인(호이스트 및 차량탑재용 크레인 제외), 압력용기, 곤돌라(좌석식 곤돌라 제외)
	형식별 제품심사	• 프레스, 전단기, 절곡기, 크레인(호이스트 및 차량탑재용 크레인만 해당),롤러기, 리프트(이삿짐 운반용 리프트만 해당), 사출성형기, 고소작업대, 곤돌라(좌석식 곤돌라만 해당)
확인심사		• 안전인증을 받은 제조자가 안전인증기준을 준수하고 있는지 여부를 정기적으로 확인하는 심사 • 제조자가 형식별로 안전인증을 받은 안전인증대상기계등만 해당 • 확인심사주기: 매 2년마다(안전인증기준 등의 준수가 우수한 경우는 3년에 1회 실시 가능)

III. 업무처리절차

산업안전보건법

1) 안전인증(법 제 84조)

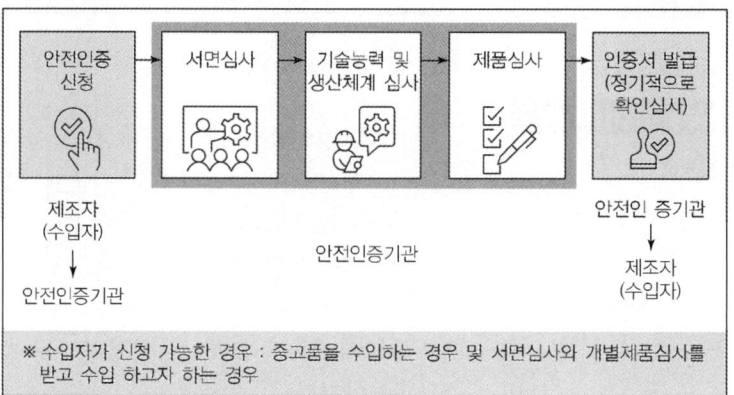

2) 자율안전확인신고(법 제89조)

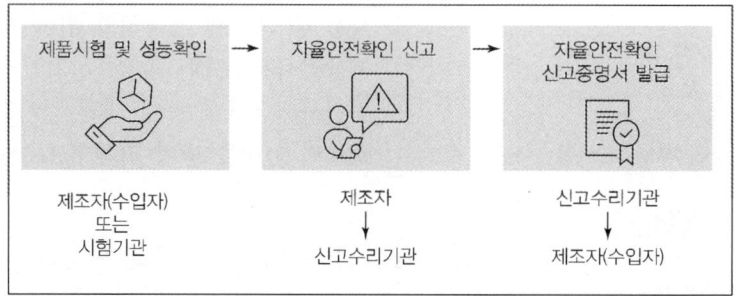

3) 처리기간

구분		처리기간
안전 인증	서면 심사	• 신청서 접수일로부터 15일 (외국에서 제조한 경우 30일)
	기술능력 및 생산체계 심사	• 신청서 접수일로부터 30일 (외국에서 제조한 경우 45일)
	제품심사	• 개별 제품심사 – 신청서 접수일로부터 15일 • 형식별 제품심사 – 신청서 접수일로부터 30일
자율안전확인신고		신고한 날로부터 15일

	산업안전보건법

Ⅳ. 대상 및 적용범위

1) 안전인증

대상	적용범위
프레스/ 전단기/절곡기	• 동력으로 구동되는 프레스, 전단기 및 절곡기
크레인	• 동력으로 구동되는 정격하중 0.5톤 이상 크레인(호이스트 및 차량탑재용 크레인 포함). 다만, 「건설기계관리법」의 적용을 받는 기중기는 제외
리프트	• 동력으로 구동되는 리프트. 다만, 다음 중 어느 하나에 해당하는 리프트는 제외 ① 적재하중이 0.49톤 이하인 건설용 리프트, 0.09톤 이하인 이삿짐운반용 리프트 ② 운반구의 바닥면적이 0.5m² 이하이고 높이가 0.6m 이하인 리프트 ③ 자동차정비용 리프트 ④ 자동이송설비에 의하여 화물을 자동으로 반출입하는 자동화 설비의 일부로 사람이 접근할 우려가 없는 전용설비는 제외
압력용기	• 화학공정 유체취급용기 또는 그 밖의 공정에 사용하는 용기(공기 또는 질소취급용기)로써 설계압력이 게이지 압력으로 0.2MPa (2kgf/cm²)을 초과한 경우. 다만, 용기의 길이 또는 압력에 상관없이 안지름, • 폭, 높이 또는 단면 대각선 길이가 150mm(관(管)을 이용하는 경우 • 호칭지름 150A) 이하인 것 제외
롤러기	• 롤러의 압력에 따라 고무·고무화합물 또는 합성수지를 소성변형시키거나 연화시키는 롤러기로서 동력에 의하여 구동되는 롤러기에대하여 적용. 다만, 작업자가 접근할 수 없는 밀폐형 구조로 된 롤러기는 제외
사출성형기	• 플라스틱 또는 고무 등을 성형하는 사출성형기로서 동력에 의하여구동되는 사출성형기
고소작업대	• 동력에 의해 사람이 탑승한 작업대를 작업 위치로 이동시키기 위한 모든 종류와 크기의 고소작업대(차량 탑재용 포함)
곤돌라	• 동력에 의해 구동되는 곤돌라. 다만, 크레인에 설치된 곤돌라, 엔진을 이용하여 구동되는 곤돌라, 지면에서 각도가 45° 이하로 설치된 곤돌라 및 같은 사업장 안에서 장소를 옮겨 설치하는 곤돌라는 제외

산업안전보건법

2) 자율안전확인신고

대상	적용범위
연삭기 또는 연마기 (휴대형은 제외)	• 동력에 의해 회전하는 연삭숫돌 또는 연마재 등을 사용하여 금속이나그 밖의 가공물의 표면을 깎아내거나 절단 또는 광택을 내기 위해 사용되는 것
산업용 로봇	• 직교좌표로봇을 포함하여 3축 이상의 메니퓰레이터(엑츄에이터, 교시펜던트를 포함한 제어기 및 통신 인터페이스를 포함한다)를 구비하고전용의 제어기를 이용하여 프로그램 및 자동제어가 가능한 고정식 로봇
파쇄기 또는 분쇄기	• 암석이나 금속 또는 플라스틱 등의 물질을 필요한 크기의 작은 덩어리 또는 분체로 부수는 것. 다만, 식품용 및 시간당 파쇄 또는 분쇄용량이 50kg 미만인 것은 제외
컨베이어	• 재료·반제품·화물 등을 동력에 의하여 자동적으로 연속 운반하는 벨트 또는 체인, 롤러, 트롤리, 버킷, 나사 컨베이어.다만, 이송 거리가 3m 이하인 컨베이어는 제외
자동차정비용 리프트	• 하중 적재장치에 차량을 적재한 후 동력을 사용하여 차량을 들어올려 점검 및 정비 작업에 사용되는 장치
공작기계 (선반, 드릴기, 평삭·형삭기, 밀링기)	• 선반: 회전하는 축(주축)에 공작물을 장착하고 고정되어 있는 절삭공구를 사용하여 원통형의 공작물을 가공하는 공작기계 • 드릴기: 공작물을 테이블 위에 고정시키고 주축에 장착된 드릴공구를 회전시켜서 축방향으로 이송시키면서 공작물에 구멍 가공하는 공작기계 • 평삭기: 공작물을 테이블 위에 고정시키고 절삭공구를 수평왕복시키면서 공작물의 평면을 가공하는 공작기계 • 형삭기: 공작물을 테이블 위에 고정시키고 램(ram)에 의하여 절삭공구가 상하 운동하면서 공작물의 수직면을 절삭하는 공작기계 • 밀링기: 여러 개의 절삭날이 부착된 절삭공구의 회전운동을 이용하여 고정된 공작물을 가공하는 공작기
고정용 목재가공용 기계 (둥근톱·대패· 루타기·띠톱· 모떼기 기계)	• 둥근톱기계: 고정된 둥근톱 날의 회전력을 이용하여 목재를 절단 가공을 하는 기계 • 기계대패: 공작물을 이송시키면서 회전하는 대팻날로 평면 깎기, 홈깎기 또는 모떼기 등의 가공을 하는 기계 • 루타기: 고속 회전하는 공구를 이용하여 공작물에 조각, 모떼기, 잘라내기 등의 가공작업을 하는 기계 • 띠톱기계: 프레임에 부착된 상하 또는 좌우 2개의 톱바퀴에 엔드레스형 띠톱을 걸고 팽팽하게 한 상태에서 한쪽 구동 톱바퀴를 회전시켜 목재를 가공 하는 기계 • 모떼기기계: 공구의 회전운동을 이용하여 곡면절삭, 곡선절삭, 홈붙이 작업 등에 사용되는 기계

산업안전보건법

V. 안전검사

1) 업무처리절차

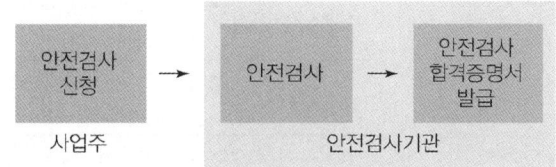

| 안전검사 신청 | → | 안전검사 | → | 안전검사 합격증명서 발급 |

사업주   안전검사기관

- 업무처리기한: 신청서 접수일로부터 30일 이내

2) 인력기준: 안전검사 대상별 관련 분야 구분

안전검사 대상	관련 분야
• 크레인, 리프트, 곤돌라, 프레스, 전단기, 사출성형기, 롤러기, 원심기, 화물자동차 또는 특수자동차에 탑재한 고소작업대, 컨베이어, 산업용 로봇	• 기계, 전기·전자, 산업안전(기술사는 기계·전기안전으로 한정함)
• 압력용기	• 기계, 전기·전자, 화공, 산업안전(기술사는 기계·화공안전으로 한정함)
• 국소배기장치	• 기계, 전기, 화공, 산업안전, 산업위생관리(기술사는 기계·화공안전, 산업위생관리로 한정함)
• 종합안전검사	• 기계, 전기·전자, 화공, 산업안전, 산업위생관리(기술사는 기계·전기·화공안전, 산업위생관리로 한정함)

3) 안전검사의 주기

안전검사 대상	관련 분야
크레인 리프트 곤돌라	설치가 끝난 날부터 3년 이내 최초안전검사 실시 최초안전검사 실시 이후 매 2년마다 정기적으로 실시 ※ 건설현장에 사용되는 것은 최초 설치한 날부터 6개월마다 실시
이동식크레인 이삿짐운반용리프트 고소작업대	「자동차관리법」제8조에 따른 신규등록 이후 3년 이내 최초안전검사 실시 최초안전검사 실시 이후 매 2년마다 정기적으로 실시
프레스 전단기 압력용기 국소배기장치 원심기 롤러기 사출성형기 컨베이어 산업용로봇	• 설치가 끝난 날부터 3년 이내 최초안전검사 실시 • 최초안전검사 실시 이후 매 2년마다 정기적으로 실시 ※ 공정안전보고서를 제출하여 확인을 받은 압력용기는 4년마다 실시

산업안전보건법

4) 안전검사 대상 및 적용범위

대상	적용범위
프레스/전단기	• 동력으로 구동되는 프레스 및 전단기로서 압력능력이 3톤 이상은 적용
크레인	• 동력으로 구동되는 것으로서 정격하중이 2톤 이상은 적용 다만, 「건설기계 관리법」의 적용을 받는 기중기는 제외
리프트	• 적재하중이 0.5톤 이상인 리프트(이삿짐 운반용 리프트는 적재하중이 0.1톤 이상인 경우)는 적용 다만, 자동차정비용 리프트, 운반구 운행거리가 3m 이하인 산업용 리프트, 자동이송설비에 의하여 화물을 자동으로 반출입하는 자동화설비의 일부로 사람이 접근할 우려가 없는 전용설비는 제외
압력용기	• 화학공정 유체취급용기 또는 그 밖의 공정에 사용하는 용기(공기 또는 질소취급용기)로써 설계압력이 게이지 압력으로 0.2MPa $(2kgf/cm^2)$을 초과한 경우. 다만, 용기의 길이 또는 압력에 상관없이 안지름, 폭, 높이 또는 단면 대각선 길이가 150mm 이하인 경우는 제외 ※ 사용압력이 $2kgf/cm^2$ 미만인 경우 등 제외
곤돌라	• 동력으로 구동되는 곤돌라에 한정하여 적용 다만, 크레인에 설치된 곤돌라, 동력으로 엔진구동 방식을 사용하는 곤돌라, 지면에서 각도가 $45°$ 이하로 설치된 곤돌라는 제외
국소배기장치	• 유해물질(49종)에 따른 건강장해를 예방하기 위하여 설치한 국소배기장치에 한정하여 적용 다만, 최근 2년 동안 작업환경측정결과가 노출기준 50% 미만인 경우에는 적용 제외
원심기	• 액체 · 고체 사이에서의 분리 또는 이 물질들 중 최소 2개를 분리하기 위한 목적으로 쓰이는 동력에 의해 작동되는 산업용 원심기는 적용 다만, 다음 각 목의 어느 하나에 해당하는 원심기는 제외 가. 회전체의 회전운동에너지가 750J 이하인 것 나. 최고 원주속도가 300m/s를 초과하는 원심기 다. 원자력에너지 제품 공정에만 사용되는 원심기 라. 자동조작설비로 연속공정과정에 사용되는 원심기 마. 화학설비에 해당되는 원심기
롤러기	• 롤러의 압력에 의하여 고무, 고무화합물 또는 합성수지를 소성변형 시키거나 연화시키는 롤러기로서 동력에 의하여 구동되는 롤러기는 적용 다만, 작업자가 접근할 수 없는 밀폐형 구조로 된 롤러기는 제외
사출성형기	• 플라스틱 또는 고무 등을 성형하는 사출성형기로서 동력에 의하여 구동되는 사출성형기는 적용(형 체결력 294kN 미만 제외)
고소작업대	• 동력에 의해 사람이 탑승한 작업대를 작업 위치로 이동시키는 것으로서 차량 • 탑재형 고소작업대에 한정하여 적용. 다만, 다음 각 목의 어느 하나에 해당하는 경우는 제외 가. 테일 리프트(tail lift) 나. 승강 높이 2m 이하의 승강대 다. 항공기 지상 지원 장비 라. 「소방기본법」에 따른 소방장비 마. 농업용 고소작업차(「농업기계화촉진법」에 따른 검정제품에 한함)

대상	적용범위
컨베이어	• 재료 · 반제품 · 화물 등을 동력에 의하여 단속 또는 연속 운반하는 벨트 · 체인 · 롤러 · 트롤리 · 버킷 · 나사 컨베이어가 포함된 컨베이어 시스템. 다만, 다음 각 목의 어느 하나에 해당하는 것 또는 구간은 제외 가. 구동부 전동기 정격출력의 합이 1.2kW 이하인 것 나. 컨베이어 시스템 내에서 벨트 · 체인 · 롤러 · 트롤리 · 버킷 · 나사 컨베이어의 총 이송거리 합이 10m 이하인 것 다. 무빙워크 등 사람을 운송하는 것 라. 항공기 지상지원 장비 마. 식당의 식판운송용 등 일반대중이 사용하는 것 또는 구간 바. 항만법, 광산안전법 및 공항시설법의 적용을 받는 구역에서 사용하는 것 또는 구간 사. 컨베이어 시스템 내에서 벨트 · 체인 · 롤러 · 트롤리 · 버킷 · 나사 컨베이어가 아닌 구간 아. 밀폐 구조의 것으로 사람의 접근이 불가능한 것 또는 구간 자. 산업용 로봇 셀 내에 설치된 것으로 사람의 접근이 불가능한 것 또는 구간 차. 최대 이송속도가 150mm/s 이하인 것 또는 구간 카. 도장공정 등 생산 품질 등을 위하여 사람의 출입이 금지되는 장소에 사용되는 것 또는 구간 타. 동력에 의하여 스스로 이동이 가능한 이동식 컨베이어 (mobile equipment) 시스템 또는 구간 파. 개별 자력추진 오버헤드 컨베이어(self propelled overhead conveyor) 시스템 또는 구간 ※ 검사의 단위구간은 컨베이어 시스템 내에서 제어구간단위(제어반 설치 단위)로 구분한다. 다만, 필요한 경우 공정구간단위로 구분할 수 있다.
산업용 로봇	• 3개 이상의 회전관절을 가지는 다관절 로봇이 포함된 산업용 로봇 셀에 적용. 다만, 다음 각 목의 어느 하나에 해당하는 경우는 제외 가. 공구중심점(TCP)의 최대 속도가 250mm/s 이하인 로봇으로만 구성된 산업용 로봇 셀 나. 각 구동부 모터의 정격출력이 80W 이하인 로봇으로만 구성된 산업용 로봇 셀 다. 최대 동작영역이 로봇 중심축으로부터 0.5m 이하인 로봇으로만 구성된 산업용 로봇 셀 라. 설비 내부에 설치되어 사람의 접근이 불가능한 셀 마. 재료 등의 투입구와 배출구를 제외한 상 · 하 · 측면이 모두 격벽으로 둘러싸인 셀 바. 도장공정 등 생산 품질 등을 위하여 정상운전 중 사람의 출입이 금지되는 장소에 설치된 셀 사. 로봇 주위 전 둘레에 높이 1.8m 이상의 방책이 설치된 것으로 방책의 출입문을 열면 로봇이 정지되는 셀 아. 연속적으로 연결된 셀과 셀 사이에 인접한 셀로서, 셀 사이에는 방책, 감응형 방호장치 등이 설치되고, 셀 사이를 제외한 측면에 높이 1.8m 이상의 방책이 설치된 것으로 출입문을 열면 로봇이 정지되는 셀

산업안전보건법

VI. 자율검사 프로그램인정

1) 인정절차

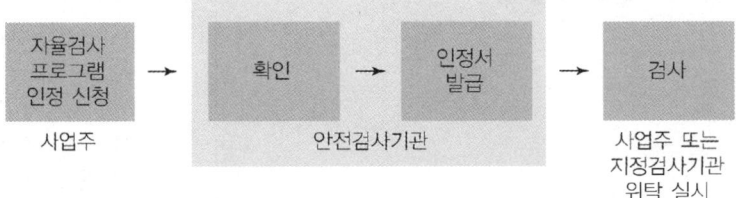

• 업무처리기한: 신청서 접수일로부터 15일 이내

> • 자율검사프로그램인정 신청서와 관련서류 2부를 첨부하여 안전
>   보건공단에 제출
> • 안전보건공단은 자율검사프로그램을 제출받은 15일 이내에 인정
>   여부를 결정
> • 자율검사프로그램을 신청한 사업주가 안전보건공단으로부터 부
>   적합 통지서를 교부 받은 경우 사업주는 안전검사기관에 안전검
>   사를 신청하여야 함

2) 검사방법
   • 사업주 스스로 검사 실시 또는 지정검사기관에 위탁하여 검사 실시업
3) 자율검사프로그램인정에 따른 검사주기
   • 안전검사 주기의 2분의 1에 해당하는 주기
   • 다만, 크레인 중 건설현장 외에서 사용하는 크레인의 경우 6개월 주기
4) 자율검사프로그램인정 대상품 안전검사
   • 대상품과 동일함
5) 자율검사프로그램인정 유효기간
   • 2년마다 정기적으로 재인정

10-184	밀폐공간보건작업 프로그램	
No. 984		유형: 제도 · 관리 · 기준

산업안전보건법

산업안전보건법
Key Point

☑ **국가표준**
- 산업안전보건기준에 관한 규칙 2023.07.01

☑ **Lay Out**
- 밀폐공간 작업장소 위치도
- 프로그램 추진팀 역할
- 프로그램 추진절차
- 밀폐공간 작업 프로그램의 수립 · 시행
- 밀폐공간 항목
- 밀폐공간 작업 기본 작업절차
- 밀폐공간 작업방법
- 산소 및 유해가스 농도의 측정 및 환기

☑ **핵심 단어**

☑ **연관용어**
- 작업환경 측정

용어

1. "유해가스"란 탄산가스 · 일산화탄소 · 황화수소 등의 기체로서 인체에 유해한 영향을 미치는 물질을 말한다.
2. "적정공기"란 산소농도의 범위가 18퍼센트 이상 23.5퍼센트 미만, 탄산가스의 농도가 1.5퍼센트 미만, 일산화탄소의 농도가 30피피엠 미만, 황화수소의 농도가 10피피엠 미만인 수준의 공기를 말한다.
3. "산소결핍"이란 공기 중의 산소농도가 18퍼센트 미만인 상태를 말한다.
4. "산소결핍증"이란 산소가 결핍된 공기를 들이마심으로써 생기는 증상을 말한다.

I. 정 의

① 산소결핍, 유해가스로 인한 질식 · 화재 · 폭발 등의 위험이 있는 장소로서 사업주는 밀폐공간에서 근로자에게 작업을 하도록 하는 경우 밀폐공간 작업프로그램을 수립하여 시행하여야 한다.

② 밀폐공간 작업시 산소결핍 또는 유해가스로 인한 질식재해를 예방하는데 그 목적을 두고 있다.

II. 밀폐공간 작업장소 위치도

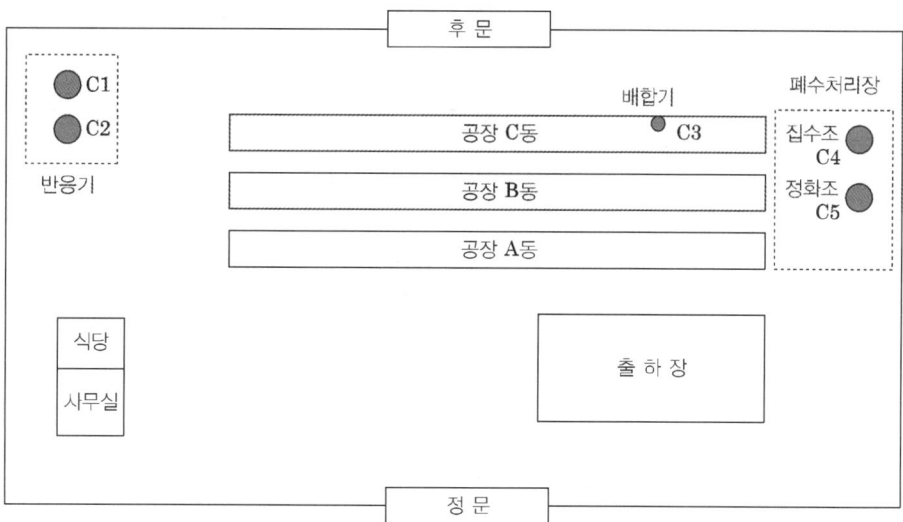

- 밀폐공간 작업장소 위치도는 해당 사업장에서 작성하고, 맨홀 등 거리에서 이루어지는 작업에 대해서는 소재지 등의 위치를 별도로 작성하여 관리

III. 프로그램 추진팀 역할

- 프로그램의 수립 및 수정에 관한 사항 결정
- 교육 및 훈련에 관한 사항을 결정하고 실행
- 밀폐공간작업계획의 수립 및 시행에 관한 사항을 결정하고 실행
- 밀폐공간작업 허가증 등 발급 및 작업 지시· 감독 업무 수행
- 공기호흡기 등 보호구의 선정, 사용 및 유지관리

Ⅳ. 프로그램 추진절차

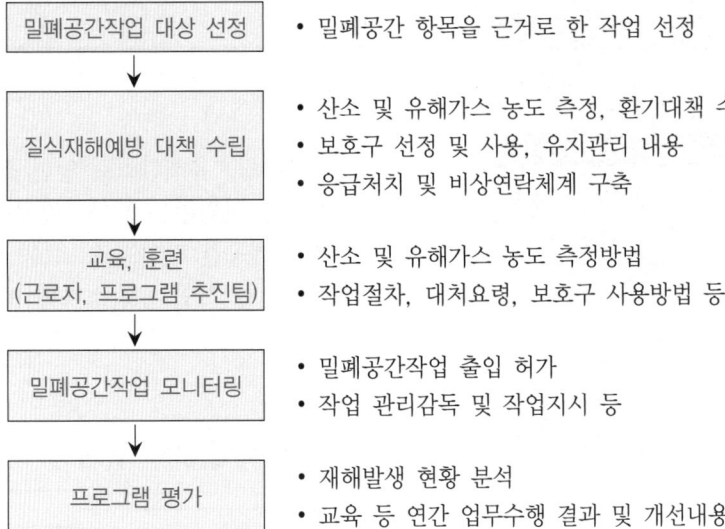

밀폐공간작업 대상 선정	• 밀폐공간 항목을 근거로 한 작업 선정
질식재해예방 대책 수립	• 산소 및 유해가스 농도 측정, 환기대책 수립 • 보호구 선정 및 사용, 유지관리 내용 • 응급처치 및 비상연락체계 구축
교육, 훈련 (근로자, 프로그램 추진팀)	• 산소 및 유해가스 농도 측정방법 • 작업절차, 대처요령, 보호구 사용방법 등
밀폐공간작업 모니터링	• 밀폐공간작업 출입 허가 • 작업 관리감독 및 작업지시 등
프로그램 평가	• 재해발생 현황 분석 • 교육 등 연간 업무수행 결과 및 개선내용

Ⅴ. 밀폐공간 작업 프로그램의 수립 · 시행

1) 프로그램에 포함될 내용
   ① 사업장 내 밀폐공간의 위치 파악 및 관리 방안
   ② 밀폐공간 내 질식·중독 등을 일으킬 수 있는 유해·위험 요인의 파악 및 관리 방안
   ③ 밀폐공간 작업 시 사전 확인이 필요한 사항에 대한 확인 절차
   ④ 안전보건교육 및 훈련
   ⑤ 그 밖에 밀폐공간 작업 근로자의 건강장해 예방에 관한 사항

2) 작업을 시작하기 전 확인사항
   ① 작업 일시, 기간, 장소 및 내용 등 작업 정보
   ② 관리감독자, 근로자, 감시인 등 작업자 정보산소 및 유해가스 농도의 측정결과 및 후속조치 사항
   ③ 작업 중 불활성가스 또는 유해가스의 누출·유입·발생 가능성 검토 및 후속조치 사항
   ④ 작업 시 착용하여야 할 보호구의 종류
   ⑤ 비상연락체계

3) 작업이 종료될 때까지 해당 작업장 출입구에 게시

[밀폐공간 출입금지 표지]
• 규격: 밀폐공간의 크기에 따라 최소한 가로 21cm, 세로 29.7cm 이상으로 한다.
• 전체바탕은 흰색, 글씨는 검정색, 위험 글씨는 노란색, 전체 테두리 및 위험글자 영역의 바탕은 빨간색으로 한다.

VI. 밀폐공간 항목

산업안전보건법

구분	밀폐공간항목
1	• 지층에 접하거나 통하는 우물·수직갱·터널·잠함·피트 또는 그밖에 이와 유사한 것의 내부 가) 상층에 물이 통과하지 않는 지층이 있는 역암층 중 함수 또는 용수가 없 거나 적은 부분 나) 제1철 염류 또는 제1망간 염류를 함유하는 지층 다) 메탄·에탄 또는 부탄을 함유하는 지층 라) 탄산수를 용출하고 있거나 용출할 우려가 있는 지층
2	• 장기간 사용하지 않은 우물 등의 내부
3	• 케이블·가스관 또는 지하에 부설되어 있는 매설물을 수용하기 위하여 지하에 부설한 암거·맨홀 또는 피트의 내부
4	• 빗물·하천의 유수 또는 용수가 있거나 있었던 통·암거·맨홀 또는 피트의 내부
5	• 바닷물이 있거나 있었던 열교환기·관·암거·맨홀·둑 또는 피트의 내부
6	• 장기간 밀폐된 강재(鋼材)의 보일러·탱크·반응탑이나 그 밖에 그 내벽이 산화하기 쉬운 시설(그 내벽이 스테인리스강으로 된 것 또는 그 내벽의 산화를 방지하기 위하여 필요한 조치가 되어 있는것은 제외한다)의 내부
7	• 석탄·아탄·황화광·강재·원목·건성유(乾性油)·어유(魚油) 또는 그 밖의 공기 중의 산소를 흡수하는 물질이 들어 있는 탱크 또는 호퍼(hopper) 등의 저장시설이나 선창의 내부
8	• 천장·바닥 또는 벽이 건성유를 함유하는 페인트로 도장되어 그 페인트가 건조 되기 전에 밀폐된 지하실·창고 또는 탱크 등 통풍이 불충분한 시설의 내부
9	• 곡물 또는 사료의 저장용 창고 또는 피트의 내부, 과일의 숙성용 창고 또는 피트의 내부, 종자의 발아용 창고 또는 피트의 내부, 버섯류의 재배를 위하여 사용하고 있는 사일로(silo), 그 밖에 곡물 또는 사료종자를 적재한 선창의 내부
10	• 간장·주류·효모 그 밖에 발효하는 물품이 들어 있거나 들어 있었던 탱크·창고 또는 양조주의 내부
11	• 분뇨, 오염된 흙, 썩은 물, 폐수, 오수, 그 밖에 부패하거나 분해되기 쉬운 물질이 들어있는 정화조·침전조·집수조·탱크·암거·맨홀·관 또는 피트의 내부
12	• 드라이아이스를 사용하는 냉장고·냉동고·냉동화물자동차 또는 냉동컨테이너의 내부
13	• 헬륨·아르곤·질소·프레온·탄산가스 또는 그 밖의 불활성기체가 들어 있거나 있었던 보일러·탱크 또는 반응탑 등 시설의 내부
14	• 산소농도가 18% 미만 23.5% 이상, 탄산가스농도가 1.5% 이상, 일산화탄소농도가 30ppm 이상 또는 황화수소농도가 10ppm 이상인 장소의 내부
15	• 갈탄·목탄·연단난로를 사용하는 콘크리트 양생장소(養生場所) 및 가설숙소 내부
16	• 화학물질이 들어있던 반응기 및 탱크의 내부
17	• 유해가스가 들어있던 배관이나 집진기의 내부
18	• 근로자가 상주(常住)하지 않는 공간으로서 출입이 제한되어 있는 장소의 내부

VII. 밀폐공간 작업 기본 작업절차

산업안전보건법

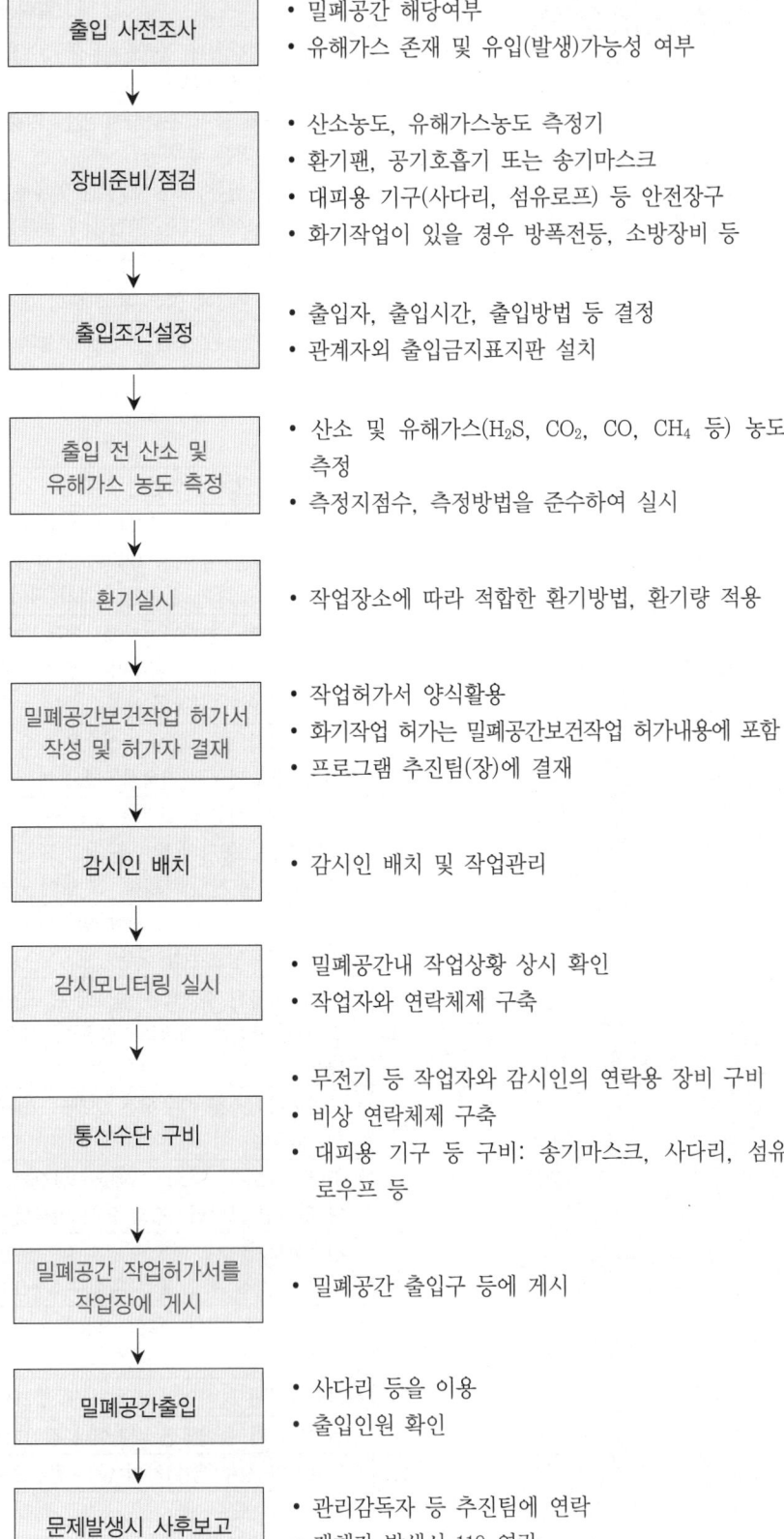

출입 사전조사	• 밀폐공간 해당여부 • 유해가스 존재 및 유입(발생)가능성 여부
장비준비/점검	• 산소농도, 유해가스농도 측정기 • 환기팬, 공기호흡기 또는 송기마스크 • 대피용 기구(사다리, 섬유로프) 등 안전장구 • 화기작업이 있을 경우 방폭전등, 소방장비 등
출입조건설정	• 출입자, 출입시간, 출입방법 등 결정 • 관계자외 출입금지표지판 설치
출입 전 산소 및 유해가스 농도 측정	• 산소 및 유해가스(H_2S, CO_2, CO, CH_4 등) 농도 측정 • 측정지점수, 측정방법을 준수하여 실시
환기실시	• 작업장소에 따라 적합한 환기방법, 환기량 적용
밀폐공간보건작업 허가서 작성 및 허가자 결재	• 작업허가서 양식활용 • 화기작업 허가는 밀폐공간보건작업 허가내용에 포함 • 프로그램 추진팀(장)에 결재
감시인 배치	• 감시인 배치 및 작업관리
감시모니터링 실시	• 밀폐공간내 작업상황 상시 확인 • 작업자와 연락체제 구축
통신수단 구비	• 무전기 등 작업자와 감시인의 연락용 장비 구비 • 비상 연락체제 구축 • 대피용 기구 등 구비: 송기마스크, 사다리, 섬유로우프 등
밀폐공간 작업허가서를 작업장에 게시	• 밀폐공간 출입구 등에 게시
밀폐공간출입	• 사다리 등을 이용 • 출입인원 확인
문제발생시 사후보고	• 관리감독자 등 추진팀에 연락 • 재해자 발생시 119 연락

산업안전보건법

Ⅷ. 밀폐공간 작업방법

1) 출입 전 확인사항

확 인 사 항	확인	비고
① 작업허가서에 기재된 내용을 충족하고 있는가?		
② 밀폐공간 출입자가 안전한 작업방법 등에 대한 사전교육을 받았는가?		
③ 감시인에게 각 단계의 안전을 확인하게 하며 작업수행 중 상주토록 조치하였는가?		
④ 입구의 크기가 응급상황시 쉽게 접근하고 빠져올 수 있는 충분한 크기인가?		
⑤ 밀폐공간내 유해가스 존재 여부 대한 사전 측정을 실시하였는가?		
⑥ 화재·폭발의 우려가 있는 장소인가? 방폭형 구조장비는 준비되었는가?		
⑦ 보호구, 응급구조체계, 구조장비, 연락·통신장비, 경보설비 정상여부를 점검하였는가?		
⑧ 작업중 유해가스의 계속발생으로 가스농도의 연속측정이 필요한 작업인가?		

2) 밀폐공간 작업방법

- 밀폐공간 출입자는 개인 휴대용 측정기구를 휴대하여 작업 중 산소 및 유해가스 농도에 대하여 수시로 측정한다.
- 밀폐공간내에서 양수기 등의 내연기관 사용 또는 슬러지제거, 콘크리트 양생작업과 같이 작업을 하는 과정에서 유해가스가 계속 발생한 가능성이 있을 경우에는 산소농도 및 유해가스 농도를 연속 측정한다.
- 밀폐공간 출입자는 휴대용 측정기구가 경보를 울리면 즉시 밀폐공간을 떠난다.
- 경보음이 울릴 때 출입자가 작업현장에서 떠나는 것을 감시인은 필히 확인한다.
- 작업현장 상황이 구조활동을 요구할 정도로 심각할 때 출입자는 반드시 감시인으로 하여금 즉시 비상구조 요청을 한다.
- 재해자 발생시 구조를 위해 호흡용 보호구 착용 등 안전조치 없이 절대로 밀폐공간에 들어가지 않는다.
- 밀폐공간 출입자는 다음사항을 꼭 실천한다.
  - 가) 출입자는 작업 전 유해가스 존재여부를 확인하는 등 안전작업 수칙 준수
  - 나) 유해가스가 존재 가능한 장소에서는 수시 측정 및 적정한 공기가 유지되도록 환기조치하고 비상시를 대비하여 응급구조설비를 비치
  - 다) 공기공급식 호흡용보호구를 착용하고 안전작업수칙에 따라 작업수행

IX. 산소 및 유해가스 농도의 측정 및 환기

1) 사전준비
- 가스농도 측정기에 이상이 없는지 확인
- 표준가스를 이용하여 측정기의 이상유무 확인
- 정기적인 검교정을 통해 정상상태 유지

2) 측정방법

• 좁은 원형 맨홀인 경우		• 넓은 원형 공간인 경우	
	원칙적으로 3가지 깊이로 각 3개소 측정		전 맨홀의 밑을 3가지 깊이로 측정
• 장방형 공간인 경우		• 구형 공간인 경우	
	우선 맨홀의 바로 밑 ①~③을 측정하고 ①는 공기호흡기 등을 장착하고 측정		정사의 맨홀 바로 밑 3점과 적도상의 샘플링 구멍을 측정

측정 지점	• 작업장소에 대해서 수직방향 및 수평방향으로 각각 3개소 이상 • 작업에 따라 근로자가 출입하는 장소로서 작업 시 근로자의 호흡위치를 중심
측정 방법	• 휴대용측정기 또는 검지관을 이용하여 산소 및 유해가스 농도를 측정 • 탱크 등 깊은 장소의 농도를 측정시에는 고무호스나 PVC로 된 채기관을 사용 ※ 채기관은 1m마다 작은 눈금으로, 5m마다 큰 눈금으로 표시를 하여 깊이측정 • 산소 및 유해가스 농도 측정시에는 면적, 깊이를 고려하여 밀폐공간 내부를 골고루 측정 • 공기 채취시에는 채기관의 내부용적 이상의 피검공기로 완전히 치환 후 측정

3) 측정 시 유의사항

- 측정자(보건관리자, 안전관리자, 관리감독자 등)는 측정방법을 충분하게 숙지
- 밀폐공간 외부에서 측정하는 것을 원칙으로 하되 측정자는 안전에 유의
- 긴급사태에 대비 측정자의 보조자를 배치토록 하고 보조자도 구명밧줄을 준비
- 밀폐공간내에 들어가 측정할 경우 측정자 및 보조자는 공기호흡기와 송기마스크 등 호흡용보호구를 필요시 착용
- 측정에 필요한 장비 등은 방폭형 구조로 된 것을 사용

적정공기/ 기준농도

① 산소농도의 범위가 18% 이상 23.5% 미만
② 탄산가스(이산화탄소)의 농도가 1.5% 미만
③ 일산화탄소 농도가 30 ppm 미만
④ 황화수소의 농도가 10 ppm 미만
※ 인화성물질: 인화하한계값의 25% 미만(이 외의 유해물질은 노출기준 이내인지 확인

측정시기

① 밀폐공간 작업허가를 받기 전
② 밀폐공간에 작업을 위해 들어가기 전
③ 일정시간 작업장소를 떠났다가 다시 작업을 시작하기 전(예, 점심시간)
④ 장시간 작업이나 불활성가스 또는 유해가스의 누출·유입·발생 가능성이 있는 경우 수시 또는 일정 시간 간격으로(예, 2시간)
⑤ 근로자의 신체, 환기장치 등에 이상이 있을 때 등

농도측정을 위한 필수조건

① 밀폐공간 내 산소 및 유해가스 특성에 맞는 적절한 측정기 선택하여 구비한다.
② 측정기는 유지보수관리를 통하여, 정밀도를 유지한다.
③ 측정기기의 사용 및 취급방법, 유지 및 보수방법을 충분히 습득한다.
④ 측정 전에 기준농도, 경보설정농도를 정확하게 교정하여 측정기를 사용한다.

4) 환기

① 작업장소에 따른 환기량

작업장소	환기량
잠함, 압기실 등의 압기공법의 작업실	기관실 및 작업실에 대하여 사전에 환기설비를 이용하여 당해 기적의 5배 이상의 신선한 외부공기로 환기 후 근로자가 작업하는 동안 계속 급기 한다.
피트 내부	피트 내를 균일하게 환기하고 적정한 공기가 유지되도록 계속하여 급기 한다.
황화수소가 발생할 우려가 있는 탱크, 보일러 등의 내부	기적의 5배 이상 신선한 공기로 급기한 후 출입하고 작업 동안에는 적정한 공기가 유지되도록 계속하여 급기 한다.
탱크 내 퇴적물 제거작업	작업개시 전 탱크 등 용적의 3~5배 이상의 신선한 외부공기를 사용하여 환기 후 출입하고 작업 중에는 계속 환기장치를 가동한다.
기타 밀폐공간	작업전 기적의 5배 이상의 신선한 공기로 급기한 후 출입하고 작업동안에는 적정한 공기가 유지되도록 계속 급기 한다.

② 환기 시 유의사항

- 작업 전에는 산소 및 유해가스의 농도가 기준농도를 만족할 수 있도록 충분한 환기를 실시한다.
- 정전 등에 의한 환기 중단 시에는 즉시 외부로 대피한다.
- 밀폐공간의 환기시에는 급기구와 배기구를 적절하게 배치하여 작업장내 환기가 효과적으로 이루어지도록 한다.
- 급기구는 작업자에 근접하여 설치한다.
- 이동식 환기장치 사용시 폭발 위험 구역 내에서는 방폭형 구조를 사용한다.
- 이동식 환기장치의 송풍관은 가급적 구부리는 부위가 적게 하고 용접불꽃 등에 의한 구멍이 나지 않도록 난연 재질을 사용한다.

10-185	물질안전 보건자료(MSDS)	
No. 985	Material Safety Data Sheets	유형: 제도·관리·기준

산업안전보건법

산업안전보건법
Key Point

☑ **국가표준**
– 산업안전보건법 시행규칙
  2023.01.01.

☑ **Lay Out**
– MSDS 구성과 활용방법
– 관련규정
– 유해성 위험성 분류

☑ **핵심 단어**

☑ **연관용어**
– 작업환경 측정

(MSDS 관리요령 게시)

• 제품명
• 건강 및 환경에 대한 유해성, 물리적 위험성
• 안전 및 보건상의 취급주의사항
• 적절한 보호구
• 응급조치 요령 및 사고 시 대처방법

I. 정 의

① 화학물질의 유해성·위험성, 응급조치요령, 취급방법 등을 설명한 자료
② 사업주는 MSDS상의 유해성·위험성 정보, 취급·저장방법, 응급조치요령, 독성 등의 정보를 통해 사업장에서 취급하는 화학물질에 대한 관리를 한다.

II. MSDS 구성과 활용방법

1) MSDS의 구성

• 물질안전보건자료에는 아래의 순서대로 16개 항목 및 72개 세부항목으로 구성되어 있으며, 상황에 따라 해당 항목의 필요한 정보를 이용할 수 있습니다.

16개 항목
① 화학제품과 회사에 관한 정보
② 유해성·우험성
③ 구성성분의 명칭 및 함유량
④ 응급조치 요령
⑤ 폭발·화재 시 대처방법
⑥ 누출 사고 시 대처방법
⑦ 취급 및 저장방법
⑧ 노출방지 및 개인보호구
⑨ 물리화학적 특성
⑩ 안전성 및 반응성
⑪ 독성에 관한 정보
⑫ 환경에 미치는 영향
⑬ 폐기시 주의사항
⑭ 운송에 필요한 정보
⑮ 법적 규제현황
⑯ 그 밖에 참고사항

산업안전보건법

2) MSDS의 항목별 활용방법

화학물질에 대한 일반정보와 물리·화학적 성질, 독성정보 등을 알고 싶을 때	→	2번항목(유해성·위협성), 3번항목(구성성분의 명칭 및 함유량), 9번항목(물리화학적 특성), 10번항목(안정성 및 반응성), 11번항목(독성에 관한 정보)을 활용
사업장 내 화학물질을 처음 취급·사용하거나 폐기 또는 타 저장소 등으로 이동시킬 때	→	7번항목(취급 및 저장방법), 8번항목(노출방지 및 개인보호구), 13번항목(폐기시 주의사항), 14번항목(운송에 필요한 정보)을 활용
화학물질이 외부로 누출되고 근로자에게 노출 된 경우 	→	2번항목(유해성위협성), 4번항목(응급조치 요령), 6번항목(누출 사고시 대처방법), 12번항목(환경에 미치는 영향)을 활용
화학물질로 인하여 폭발화재 사고가 발생한 경우 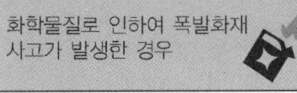	→	2번항목(유해성위협성), 4번항목(응급조치 요령), 5번항목(폭발·화재시 대처방법), 10번항목(안정성 및 반응성)을 활용
화학물질 규제현황 및 제조 공급자에게 MSDS에 대한 문의사항이 있을 경우	→	1번항목(화학제품과 회사에 관한 정보), 15번항목(법적규제현황), 16번항목(그 밖의 참고사항)을 활용

교육의 시기·내용·방법

- 근로자 교육
1. 물질안전보건자료대상물질을 제조·사용·운반 또는 저장하는 작업에 근로자를 배치하게 된 경우
2. 새로운 물질안전보건자료대상물질이 도입된 경우
3. 유해성·위험성 정보가 변경된 경우

- 사업주는 교육을 하는 경우에 유해성·위험성이 유사한 물질안전보건자료대상물질을 그룹별로 분류하여 교육할 수 있다.
- 사업주는 제1항에 따른 교육을 실시하였을 때에는 교육시간 및 내용 등을 기록하여 보존해야 한다.

Ⅲ. 관련 규정

1) 경고표시 방법 및 기재항목

명칭
위험/경고

유해위험문구 인화성가스를 흡입하면 치명적임
암을 일으킬 수 있음

예방조치문구 · 용기를 단단히 밀폐하시오
· 보호장갑, 보안경을 착용하시오
· 호흡용 보호구를 착용하시오
· 환기가 잘 되는 곳에서 취급하시오
· 환기가 잘 되는 곳에서 취급하시오
· 피부에 묻으면 다량의 물로 씻으시오
· 흡입시 신선한 공기가 있는 곳으로 옮기시오
· 밀폐된 용기에 보관하시오

공급자정보 : 화학, 000-0000-0000

① 명칭: MSDS상의 대상화학물질의 제품명
② 그림문자: 대상화학물질의 유해·위험의 내용을 나타내는 그림
③ 신호어: 유해·위험의 심각성 정도에 따라 "위험" 또는 "경고"를 표시
④ 유해·위험문구: 대상화학물질의 분류에 따라 유해·위험을 알리는 문구
⑤ 예방조치문구: 대상화학물질에 노출되거나 부적절한 저장·취급 등으로 발생하는 유해·위험을 방지하기 위한 주요 유의사항
⑥ 공급자 정보: 대상화학물질 공급자의 이름 및 전화번호

2) 작업공정별 관리요령 게시
① 대상화학물질의 명칭
② 유해성·위험성
③ 취급상의 주의사항
④ 적절한 보호구
⑤ 응급조치 요령 및 사고 시 대처방법
3) 관리대상 유해물질의 명칭 등의 게시
• 사업주는 관리대상 유해물질을 취급하는 작업장의 보기 쉬운 장소에 명칭 등을 게시하여야 한다.
① 관리대상 유해물질의 명칭
② 인체에 미치는 영향
③ 취급상 주의사항
④ 착용하여야 할 보호구
⑤ 응급조치와 긴급 방재 요령

Ⅳ. 유해성·위험성 분류

물리적 위험성		건강 및 환경 유해성	
폭발	• 폭발성 물질 • 자기반응성 물질 • 유기과산화물	건강 유해성	• 급성독성(경구, 경피, 흡입) • 피부 부식성 또는 자극성 • 심한 눈 손상 또는 자극성 • 호흡기 과민성 • 피부 과민성 • 발암성 • 생식세포 변이원성 • 생식독성 • 특정표적장기 독성(1회 및 반복 노출) • 흡인 유해성
화재 (가연성)	• 인화성 가스, 액체, 고체, 에어로졸 • 자연발화성 액체, 고체 • 물반응성 물질 • 자기발열성 물질		
화재 (산화성)	• 산화성 가스, 액체, 고체		
기타	• 고압가스 • 금속부식성 물질 • 고압가스 • 금속부식성 물질	환경 유해성	• 수생환경 유해성

10-186	위험성평가	
No. 986	Risk assessment	유형: 제도 · 관리 · 기준

I. 정 의

사업주가 스스로 유해 · 위험요인을 파악하고 해당 유해 · 위험요인의 위험성 수준을 결정하여, 위험성을 낮추기 위한 적절한 조치를 마련하고 실행하는 과정

II. 위험성 평가의 절차와 실시시기

1) 위험성 평가의 추진절차

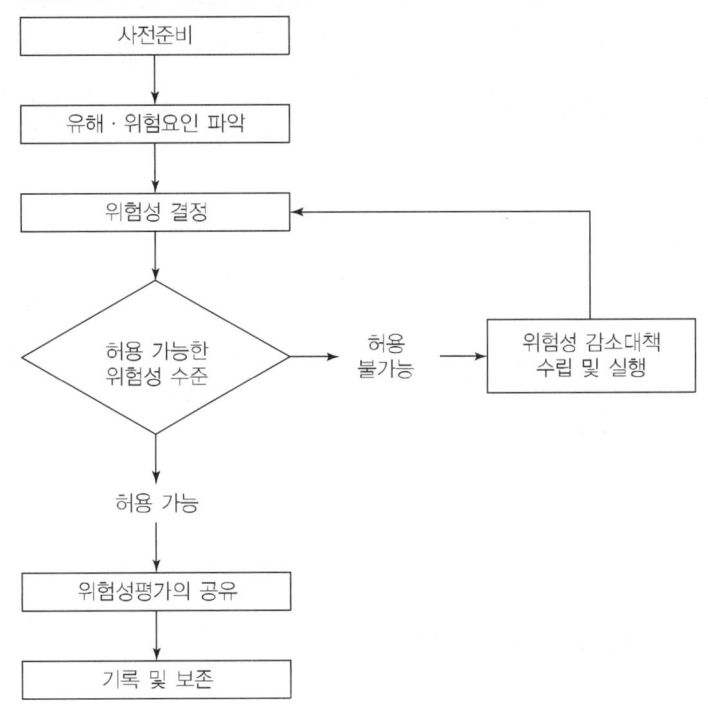

2) 위험성평가 실시시기

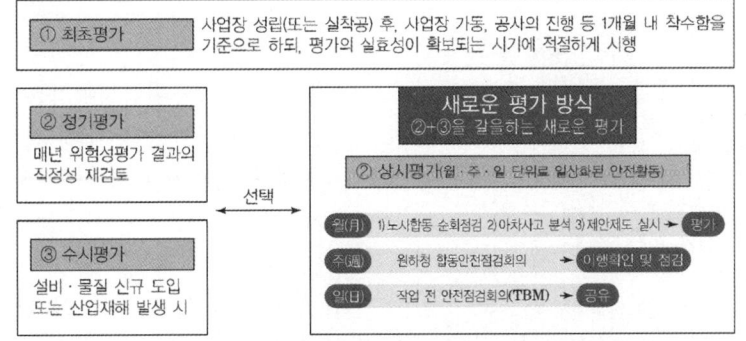

산업안전보건법

Ⅲ. 위험성평가 추진절차의 세부내용

1) 1단계: 사전준비
   - 정확한 작업(공정)의 분류가 중요, 작업(공정) 흐름도에 따라 평가대상 작업(공정)들을 정의한다.
   - 위험성평가 담당자는 위험성평가에 필요한 안전보건 정보를 수집하여 정리한다.
   - 사업주, 위험성평가 담당자, 근로자가 모두 함께 위험성의 수준 및 그 판단기준을 설정한다.

2) 2단계: 유해·위험요인 파악
   - 가장 중요한 단계로, 작업공정(단위작업)별 유해·위험요인을 상세히 파악한다. 베테랑 근로자들을 참여시킨다.

3) 3단계: 위험성 결정
   - 파악된 유해·위험요인과 현재의 조치 사항이 산업안전보건법에서 정한 기준 이상을 만족하도록 합리적으로 실행 가능한 조치가 모두 이루어졌는지를 확인하여 허용할 수 있는 위험성 인지, 허용할 수 없는 위험성 인지를 결정한다.

4) 4단계: 위험성 감소대책 수립 및 실행
   - 위험성의 크기가 허용 불가능한 것으로 결정된 위험성에 대해서는 위험성 감소대책을 수립·실행하여 허용가능한 위험성의 범위로 들어오도록 하고, 필요시 추가 감소대책을 수립·실행한다.

5) 5단계: 위험성평가 결과의 기록 및 공유
   - 위험성평가를 수행한 결과를 관계자들에게 교육하거나 공유하기 위하여 기록한다.

Ⅳ. 위험성평가의 실시흐름

1) 일반적인 위험성평가 절차

- 처음 실시하는 위험성평가는 사업장이 성립된 날(사업개시일·실착공일)로부터 1개월 이내에 착수하여야 한다.
- 최초평가 이후에는 그 결과를 근로자들에게 게시·주지 등의 방법을 통해 공유하고, 작업 전 안전점검회의(TBM) 등을 통해서 상시적으로 알린다.
- 최초평가 시에는 사업장의 전체 공정·작업별 유해·위험요인을 빠짐없이 찾아내어 위험성평가를 실시

위험성평가의 실시원칙

① 사업주가 위험성평가 실시를 총괄 관리한다.
② 위험성평가 전담직원을 지정하는 등 위험성평가를 위한 체제를 구축한다.
③ 작업내용 등을 상세하게 파악하고 있는 관리감독자가 유해·위험요인을 파악하고 그 결과에 따라 개선조치를 실행한다.
④ 위험성평가의 전체 과정에 근로자의 참여를 보장한다.
⑤ 위험성평가의 결과는 게시 등을 통해 전체 근로자에게 알리고, 근로자 안전보건교육 내용 및 작업 전 안전점검회의 내용에 포함한다.
⑥ 필요 시 전담직원들에게 위험성평가 전문교육을 실시한다

• 새로운 기계·기구·설비·원재료를 도입하거나 공정의 변경 등이 있어 유해·위험요인이 추가되거나 위험성의 수준이 변경되는 경우에는 해당 유해·위험요인에 대한 수시 위험성평가를 실시

• 새로운 기계·기구·설비·원재료를 도입하거나 공정의 변경 등이 있어 유해·위험요인이 추가되거나 위험성의 수준이 변경되는 경우에는 해당 유해·위험요인에 대한 수시 위험성평가를 실시

2) 상시평가를 실시하는 사업장의 경우

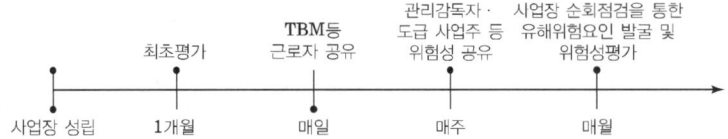

• 처음 실시하는 위험성평가는 사업장이 성립된 날(사업개시일·실착공일)로부터 1개월 이내에 착수하여야 한다.

• 최초평가 시에는 사업장의 전체 공정·작업별 유해·위험요인을 빠짐없이 찾아내어 위험성평가를 실시

• 매월 1회 이상 작업을 수행하는 근로자들을 포함시켜 사업장 순회점검을 실시

• 평소에 근로자 상시 제안제도 및 아차사고를 발굴하고, 이를 통해 새로 생기거나 위험성의 수준이 바뀐 유해·위험요인을 찾아내어 이에 대한 위험성평가를 실시

• 위험성이 높은 유해·위험요인에 대해서는 위험성 감소대책을 마련

• 매주, 안전보건관리책임자, 안전관리자, 보건관리자, 관리감독자 등을 중심으로 최초평가 및 매월 실시하는 위험성평가의 결과를 공유하고 위험을 줄이기 위해 지켜야 할 사항들을 논의

• 위험을 줄이기 위한 조치사항과 그 조치기한, 진행상황 등을 점검하고 공유

• 근로자들에게는 모든 위험성평가에 대한 결과를 게시·주지 등의 방법을 통해 공유

• 매일 작업 전 안전점검회의(TBM) 등을 활용하여 위험성 감소대책 및 근로자들이 주의하거나 준수하여야 할 사항을 공유할 수 있도록 조치

산업안전보건법

위험성평가의 방법

가. 체크리스트(Check List)
나. 상대위험순위 결정(Dow and Mond Indices)
다. 작업자 실수 분석(HEA)
라. 사고 예상 질문 분석(What-if)
마. 위험과 운전 분석(HAZOP)
바. 이상위험도 분석(FMECA)
사. 결함 수 분석(FTA)
아. 사건 수 분석(ETA)
자. 원인결과 분석(CCA)
차. 가목부터 자목까지의 규정과 같은 수준 이상의 기술적 평가기법

V. 위험성 수준 3단계 판단법

1) 정의
- 위험성 수준 3단계 판단법은, 위험성 결정을 위해 유해·위험요인의 위험성을 가늠하고 판단할 때
- 위험성 수준을 "상·중·하" 또는 "고·중·저"와 같이 간략하게 구분하고, 직관적으로 이해할 수 있도록 위험성의 수준을 표시하는 방법

2) 유해·위험요인 파악

◎ 평가대상: 비계설치공사 　　　　　　　◎ 평가자: 김대한, 김민국

번호	유해·위험요인 파악 (위험한 상황과 결과)	위험성의 수준 (상, 중, 하)	개선 대책	개선 예정일	개선 완료일	담당자
1	비계의 작업발판 위에서 이동 또는 작업 중 떨어짐 위험	☐ ☐ ☐ 상 중 하				
2	비계 조립 작업 중 강관 등 자재가 떨어져 이동하는 근로자에게 맞음 위험	☐ ☐ ☐ 상 중 하				

- "위험에 노출되는 근로자가 어떤 작업을 하는 몇 명인지"
- "어떻게 위험한 상황이 발생하는지"
- 그로 인해 어떤 부상·질병 등의 잠재적 부정적 결과가 나타나는지를 파악

3) 위험성의 결정

◎ 평가대상: 비계설치공사 　　　　　　　◎ 평가자: 김대한, 김민국

번호	유해·위험요인 파악 (위험한 상황과 결과)	위험성의 수준 (상, 중, 하)	개선 대책	개선 예정일	개선 완료일	담당자
1	비계의 작업발판 위에서 이동 또는 작업 중 떨어짐 위험	■ ☐ ☐ 상 중 하				
2	비계 조립 작업 중 강관 등 자재가 떨어져 이동하는 근로자에게 맞음 위험	☐ ■ ☐ 상 중 하				

- "위험성의 수준을 상·중·하" 또는 빨강·노랑·초록 등과 같이 3단계 등의 등급으로 구분
- 파악한 각각의 유해·위험요인이 어느 등급에 해당하는지 근로자의 경험 등을 들어 판단하고, 기록 양식에 표시
- 유해·위위험요인별로 등급을 매겼다면, 그 등급이 우리 사업장에서 "허용 가능한 위험성 수준"인지 여부를 결정

4) 위험성 감소대책 수립 · 실행

◎ 평가대상: 비계설치공사　　　　　　　◎ 평가자: 김대한, 김민국

번호	유해 · 위험요인 파악 (위험한 상황과 결과)	위험성의 수준 (상, 중, 하)	개선 대책	개선 예정일	개선 완료일	담당자
1	비계 조립 작업 중 강관 등 자재가 떨어져 이동하는 근로자에게 맞음 위험	■ □ □ 상 중 하	• 작업발판 단부에 안전난간을 설치 • 임의 해체구간에서 작업 시 반드시 부착설비에 안전대 체결	23. 08.15	23. 08.15	김민국
2	비계 조립 작업 중 강관 등 자재가 떨어져 이동하는 근로자에게 맞음 위험	□ ■ □ 상 중 하	• 비계설치 작업 중 비계 하부에 작업자 출입하지 못하도록 감시자 배치	23. 08.15	23. 08.15	김대한

- "위험성의 수준을 상 · 중 · 하"또는 빨강 · 노랑 · 초록 등과 같이 3단계 등의 등급으로 구분
- 파악한 각각의 유해 · 위험요인이 어느 등급에 해당하는지 근로자의 경험 등을 들어 판단하고, 기록 양식에 표시
- 유해 · 위위험요인별로 등급을 매겼다면, 그 등급이 우리 사업장에서 "허용 가능한 위험성 수준"인지 여부를 결정

VI. 유해 · 위험요인 판단 기준표

1) 유해 · 위험요인에 의한 분류

	위험요인	유해요인
분류 (예시)	1. 기계·기구, 설비 등에 의한 위험요인 2. 폭발성 물질, 발화성 물질, 인화성 물질, 부식성 물질 등에 의한 위험요인 3. 전기, 열, 그 밖의 에너지에 의한 위험요인 4. 작업방법으로부터 발생하는 위험요인(굴착, 채석, 하역, 벌목, 철골조립 등) 5. 작업 장소에 관계된 위험요인 (추락, 토사붕괴, 미끄러짐, 낙하 등) 6. 작업행동 등으로부터 발생하는 위험요인 7. 그 외의 위험요인(폭력, 교통사고 등 근로로 외의 작용)	1. 원재료, 가스, 증기, 분진 등에 의한 유해요인(산소결핍, 병원체, 배기, 배액, 잔재물 등) 2. 방사선, 고온 저온, 초음파, 소음, 진동, 이상기압 등에 의한 유해요인(적외선, 자외선, 레이저광선 등) 3. 작업행동 등으로부터 발생하는 유해요인(계기감시, 정밀공작, 중량물, 작업자세 등) 4. 그 외의 유해요인

2) 위험원에 의한 분류

1. 기계적인 위험성
• 기계적 동작에 의한 위험
  (예 : 압착, 절단, 충격 등)
• 이동식 작업도구에 의한
  위험(예 : 전기톱 등)
• 운반수단 및 운반로에 의한
  위험(예 : 적하시 안전 표시)
• 표면에 의한 위험
  (예 : 돌출, 뾰족한 부분, 미끄
  러운 부분)
• 통제되지 않고 작동되는 부분
  에 위한 위험
• 미끄러짐, 헛디딤, 추락 등에
  의한 위험
	2. 위험물질에 의한 위험성
	• 가연, 발화성물질에, 유독물질
	  등에 의한 위험
	• 고위험성 속성을 가진 물질에
	  의한 위험
	  (예 : 폭발, 발암 등)

3. 전기에너지에 의한 위험성
• 전압, 감전 등에 의한 위험
• 고압활선 등에 의한 위험
	4. 생물학적 작업물질에 의한
	  위험
	• 유기물질에 의한 위험
	• 유전자 조작물질에 의한 위험
	• 알레르기, 유독성 물질에 의
	  한 위험

5. 화재 및 폭발의 위험성
• 가연성 있는 물질에 의한 화
  재위험
• 폭발성 물질에 의한 위험
• 폭발력 있는 대기에 의한 위험
	6. 특수한 신체적 영향에 의한
	  위험
	• 청각장애를 유발하는 소음 등
	  에 의한 위험
	• 진동에 의한 위험
	• 이상기압 등에 의한 위험

7. 열에 의한 위험
• 뜨겁거나 차가운 표면에 의한
  위험
• 화염, 뜨거운 액체, 증기에 의
  한 위험
• 냉각가스 등에 의한 위험
	8. 방사선에 의한 위험
	• 뢴트겐선, 원자로 등에 의한
	  위험
	• 자외선, 적외선 등에 의한 위험
	• 전자기장에 의한 위험

9. 작업환경에 의한 위험
• 실내온도, 습도에 의한 위험
• 조명에 의한 위험
• 작업면적, 통로, 비상구 등에
  의한 위험
	10. 신체적 부담에 의한 위험
	• 인력에 의한 중량물 이동으로
	  인한 위험
	• 강제적인 신체 자세에 의한
	  위험
	• 불리한 장소적 조건에 의한
	  동작상의 위험

11. 불충분한 정보, 취급부주의
  에 의한 위험
• 신호·표시 등의 불충분으로
  인한 위험
• 정보 부족으로 인한 위험
• 취급상의 결함 등으로 인한
  위험
	12. 심리적 부담에 의한 위험
	• 잘못된 작업조직에 의한 부담
	• 과중/과소 요구에 의한 부담
	• 조직 내부적 문제로 인한 부담

13. 그 밖의 위험 • 개인용 보호장구의 사용에 관 한 위험 • 동물/식물의 취급상 위험	

3) 재해 유형별 분류

산업안전보건법

번호	재해유형	내용
1	떨어짐(높이가 있는 곳에서 사람이 떨어짐)	• 사람이 인력(중력)이 의하여 건축물, 구조물, 가설물, 수목, 사다리 등의 높은 장소에서 떨어지는 것을 말함
2	넘어짐(사람이 미끄러지거나 넘어짐)	• 사람이 거의 평면 또는 경사면, 층계 등에서 구르거나 넘어진 경우를 말함
3	깔림(물체의 쓰러짐이나 뒤집힘)	• 기대어져 있거나 세워져 있는 물체 등이 쓰러진 경우 및 지게차 등의 건설기계 등이 운행·작업 중 뒤집혀진 경우를 말함
4	부딪힘(물체에 부딪힘)	• 재해자 자신의 움직임·동작으로 인하여 가인물에 접촉 또는 부딪히거나, 물체가 고정부에서 이탈하지 않은 상태로 움직임(규칙, 불규칙) 등에 의하여 접촉·충돌한 경우를 말함
5	맞음(날아오거나 떨어진 물체에 맞음)	• 구조물, 기계 등에 고정되어 있는 물체가 중력, 원심력, 관성력 등에 의하여 고정부에서 이탈하거나 또는 설비 등으로부터 물질이 분출되어 사람을 가해하는 경우를 말함
6	무너짐(건축물이나 쌓여진 물체가 무너짐)	• 토사, 적재물, 구조물, 건축물, 가설물 등이 전체적으로 허물어져 내리거나 주요 부분이 꺾어져 무너지는 경우를 말함
7	끼임 (기계설비에 끼이거나 감김)	• 두 물체 사이의 움직임에 의하여 일어난 것으로 직선운동하는 물체 사이의 끼임. 회전부와 고정체 사이의 끼임, 로울러 등의 회전체 사이에 물리거나 회전체·돌기부 등에 감긴 경우를 말함
8	절단·베임·찔림	• 사람과 물체간의 직접적인 접촉에 의한 것으로서 칼 등 날카로운 물체의 취급 또는 톱, 절단기 등의 회전날 부위에 접촉되어 신체가 절단되거나 베어진 경우를 말함
9	감전	• 전기가 흐르고 있는 설비의 충전부에 직접 접촉하거나 누설전류(누전)에 의해 인체에 전류가 흘러 사람에게 전기적인 충격이 가해진 경우를 말하며, 충전부 접촉과정에서 발생하는 전기 아크에 의한 화상 등을 포함함
10	폭발·파열	• 「폭발」이라 함은 건축물, 용기 내 또는 대기 중에서 물질의 화학적, 물리적 변화가 급격히 진행되어 열, 폭음, 폭발압이 동반하여 발생하는 경우를 말함 • 「파열」이라 함은 배관, 용기 등이 물리적인 압력에 의하여 찢어지거나 터진 경우로서 폭풍압이 동반되지 않은 경우를 말함
11	화재	• 가연물에 점화원이 가해져 불이 일어난 경우를 말함

번호	재해유형	내용
12	불균형 및 무리한 동작	• 재해자가 물체의 취급 없이 일시적이고 급격한 행위·동작 등 신체동작(반응)에 의한 경우나, 물체의 취급과 관련하여 근육의 힘을 많이 사용하는 경우로서 과도한 힘·동작을 사용하는 경우를 말함
13	이상온도·물체접촉	• 고·저온환경 또는 물체에 노출·접촉된 경우를 말함
14	화학물질 누출·접촉	• 화학물질의 누출사고(엎지르거나 튀는 경우 포함)에 의한 급성중독, 화상 등의 경우를 말함 ※ 화재나 폭발 사고에 의한 급성중독, 화상 등은「화재」또는「폭발」로 분류
15	산소결핍	• 「산소결핍·질식」이라 함은 유해물질과 관련 없이 산소가 부족한 상태·환경에 노출되었거나 이물질 등에 의하여 신체의 기도가 막힌 경우를 말함
16	빠짐·익사	• 바다, 호수, 맨홀, 피트, 하수처리장, 정화조, 용기내, 구덩이 등의 수중에 빠지거나 익사한 경우를 말함
17	사업장내 교통사고	• 사업장 내의 도로에서 발생된 교통사고를 말함
18	사업장외 교통사고	• 사업장 외의 도로에서 발생된 모든 교통사고를 말함
19	해상항공 교통사고	• 선박 충돌, 항공기 추락 등 해상·항공 교통사고를 말함
20	체육행사 등의 사고	• 업무와 관련한 체육행사, 워크샵, 회식 등에서 상해를 입는 경우를 말함
21	폭력행위	• 의도적인 또는 의도가 불분명한 위험행위(마약, 정신질환 등)로 자신 또는 타인에게 상해를 입힌 폭력·폭행 또는 협박·언어·성폭력을 당하는 경우를 말함
22	동물상해	• 동물에 의해 근로자가 상해를 입은 경우를 말함
23	기타	• 재해정보는 명시되어 있으나 상기의 해당 분류된 코드로 분류가 곤란한 경우를 말함

산업안전보건법

10-187	유해위험 방지계획서	
No. 987		유형: 제도 · 관리 · 기준

I. 정 의

건설공사의 안전성을 확보하기 위해 사업주 스스로 유해위험방지계획서를 작성하고, 공단에 제출토록 하여 그 계획서를 심사하고 공사중 계획서 이행여부를 주기적인 확인을 통해 근로자의 안전 · 보건을 확보하기 위한 제도

II. 수립대상공사

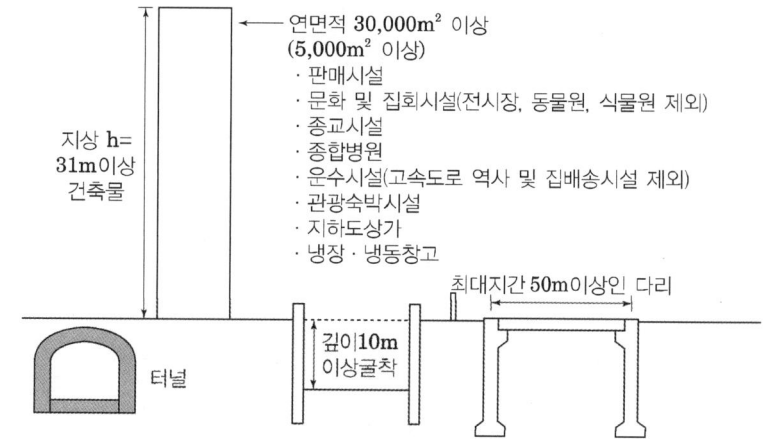

연면적 30,000m² 이상
(5,000m² 이상)
· 판매시설
· 문화 및 집회시설(전시장, 동물원, 식물원 제외)
· 종교시설
· 종합병원
· 운수시설(고속도로 역사 및 집배송시설 제외)
· 관광숙박시설
· 지하도상가
· 냉장 · 냉동창고

지상 h=31m이상 건축물

터널

깊이10m 이상굴착

최대지간 50m이상인 다리

· 다목적댐, 발전용댐, 저수용량 2천만톤 이상의 용수 전용 댐
· 지하방수도 전용댐의 건설공사

III. 제출서류

① 공사개요
② 안전보건관리계획
③ 추락방지계획
④ 낙하, 비례 예방계획
⑤ 붕괴방지계획
⑥ 차량계 건설기계 및 양중기에 관한 안전작업계획
⑦ 감전재해 예방계획
⑧ 유해, 위험기계기구등에 관한 재해예방계획
⑨ 보건, 위생 시설 및 작업환경 개선계획
⑩ 화재, 폭발에 의한 재해방지 계획
※ 계획서의 항목을 각 현장별로 해당되는 항목에 대하여 제출한다.

Ⅳ. 심사확인 및 절차

1) 심사절차

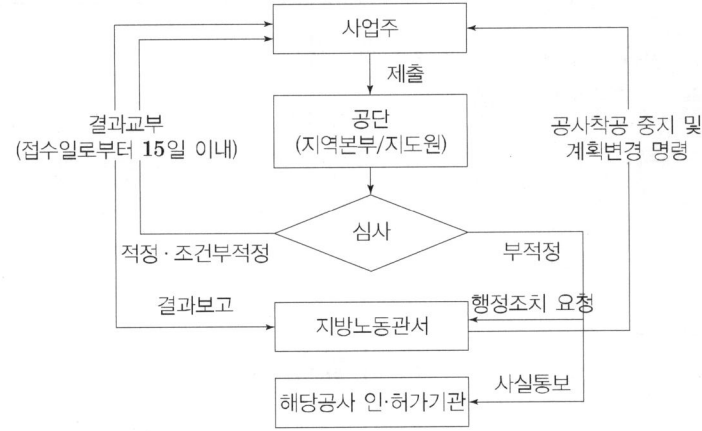

2) 확인절차

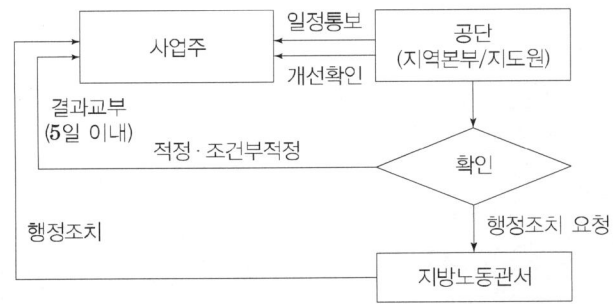

Ⅴ. 심사내용

1) 심사기간

산업안전공단은 접수일로부터 15일 이내에 심사하여 사업주에게 그 결과를 통지

2) 심사결과 구분 및 조치

① 적정: 근로자의 안전과 보건상 필요한 조치가 구체적으로 확보되었다고 인정되는 경우

② 조건부 적정: 근로자의 안전과 보건을 확보하기 위하여 일부 개선이 필요하다고 인정되는 경우

③ 부적정

- 기계·설비 또는 건설물이 심사기준에 위반되어 공사 착공시 중대한 위험 발생의 우려가 있는 경우
- 계획에 근본적 결함이 있다고 인정되는 경우

건설기술진흥법	10-188	건설기술진흥법상 안전관리비	
	No. 988		유형: 제도 · 관리 · 기준

건설기술진흥법상
Key Point

☑ **국가표준**
- 건설기술진흥법 시행
규칙

☑ **Lay Out**
- 안전관리비

☑ **핵심 단어**
- 사업주 <u>스스로 유해위험</u>
방지계획서를 작성

☑ **연관용어**
- 안전관리계획서

추가 안전관리비 계상

• 발주자의 요구 또는 귀책사
유로 인한 경우로 한정
1. 공사기간의 연장
2. 설계변경 등으로 인한 건설
공사 내용의 추가
3. 안전점검의 추가편성 등 안
전관리계획의 변경
4. 그 밖에 발주자가 안전관리
비의 증액이 필요하다고 인
정하는 사유

I. 정 의

건설공사의 발주자는 건설공사 계약을 체결할 때에 건설공사의 안전관
리에 필요한 비용

Ⅱ. 안전관리비

안전검사 대상	관련 분야
1. 안전관리계획의 작성 및 검토 비용 또는 소규모안전관리계획의 작성 비용	• 작성 대상과 공사의 난이도 등을 고려하여 「엔지니어링산업 진흥법」 제31조에 따른 엔지니어링사업 대가기준을 적용하여 계상
2. 안전점검 비용	• 안전점검 대가의 세부 산출기준을 적용하여 계상
3. 발파 · 굴착 등의 건설공사로 인한 주변 건축물 등의 피해방지대책 비용	• 건설공사로 인하여 불가피하게 발생할 수 있는 공사장 주변 건축물 등의 피해를 최소화하기 위한 사전보강, 보수, 임시이전 등에 필요한 비용을 계상
4. 공사장 주변의 통행안전관리대책 비용	• 공사시행 중의 통행안전 및 교통소통을 위한 시설의 설치비용 및 신호수(信號手)의 배치비용에 관해서는 토목 · 건축 등 관련 분야의 설계기준 및 인건비기준을 적용하여 계상
5. 계측장비, 폐쇄회로 텔레비전 등 안전 모니터링 장치의 설치 · 운용 비용	• 공정별 안전점검계획에 따라 계측장비, 폐쇄회로 텔레비전 등 안전 모니터링 장치의 설치 및 운용에 필요한 비용을 계상
6. 가설구조물의 구조적 안전성 확인에 필요한 비용	• 가설구조물의 구조적 안전성을 확보하기 위하여 같은 항에 따른 관계전문가의 확인에 필요한 비용을 계상
7. 무선설비 및 무선통신을 이용한 건설공사 현장의 안전관리체계 구축 · 운용 비	• 건설공사 현장의 안전관리체계 구축 · 운용에 사용되는 무선설비의 구입 · 대여 · 유지 등에 필요한 비용과 무선통신의 구축 · 사용 등에 필요한 비용을 계상

★★★ 5. 안전관리

10-189	안전관리 계획서	
No. 989		유형: 제도 · 관리 · 기준

건설기술진흥법

건설기술진흥법
Key Point

■ 국가표준
- 건설기술진흥법 시행
  규칙

■ Lay Out
- 수립대상 공사
- 목적 및 개념
- 제출시기 및 적용대상
- 안전관리 수준평가

■ 핵심 단어
- 사업주 스스로 유해위험
  방지계획서를 작성

■ 연관용어
- 유해위험방지 계획서
- 안전관리 수준평가

수립대상

1. 1종 시설물 및 2종 시설물
   의 건설공사
2. 지하 10M 이상을 굴착하는
   건설공사
3. 폭발물 사용으로 주변에 영
   향이 예상되는 건설공사
3. 주변 20M 내 시설물 또는
   100M 내 가축 사육
4. 10층 이상 16층 미만인 건
   축물의 건설공사
5. 10층 이상인 건축물의 리모
   델링 또는 해체공사
6. 수직증축형 리모델링
7. 건설기계: 천공기(높이 10M
   이상), 항타 및 항발기, 타
   워크레인
※ 리프트카 해당 없음

I. 정 의

착공 전에 건설사업자 등이 시공과정의 위험요소를 발굴하고, 건설현장에 적합한 안전관리계획을 수립·유도함으로써 건설공사 중의 안전사고를 예방하기 위함

II. 수립대상 공사

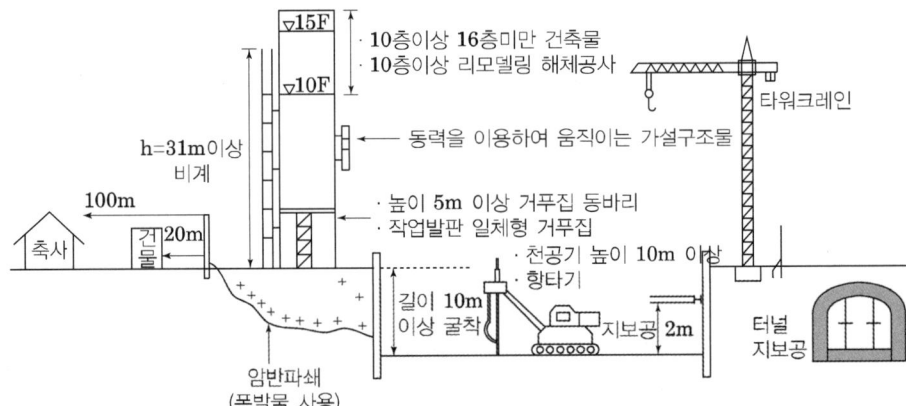

가설구조물	안전관리계획 수립대상 내용
비계	• 높이 31m 이상 • 브라켓(bracket) 비계
거푸집 및 동바리	• 작업발판 일체형 거푸집(갱폼 등) • 높이가 5m 이상인 거푸집 • 높이가 5m 이상인 동바리
지보공	• 터널 지보공 • 높이 2m 이상 흙막이 지보공
가설구조물	• 높이 10m 이상에서 외부작업을 하기 위하여 작업발판 및 안전시설물을 일체화하여 설치하는 가설구조물(SWC, RCS, ACS, WORKFLAT FORM 등) • 공사현장에서 제작하여 조립·설치하는 복합형 가설구조물(가설벤트, 작업대차, 라이닝폼, 합벽지지대 등) • 동력을 이용하여 움직이는 가설구조물(FCM, ILM, MSS 등) • 발주자 또는 인·허가기관의 장이 필요하다고 인정하는 가설구조물

- 발주자가 안전관리가 특히 필요하다고 인정하는 건설공사
- 해당 지방자치단체의 조례로 정하는 건설공사 중에서 인·허가기관의 장이 안전관리가 특히 필요하다고 인정하는 건설공사

III. 목적 및 개념

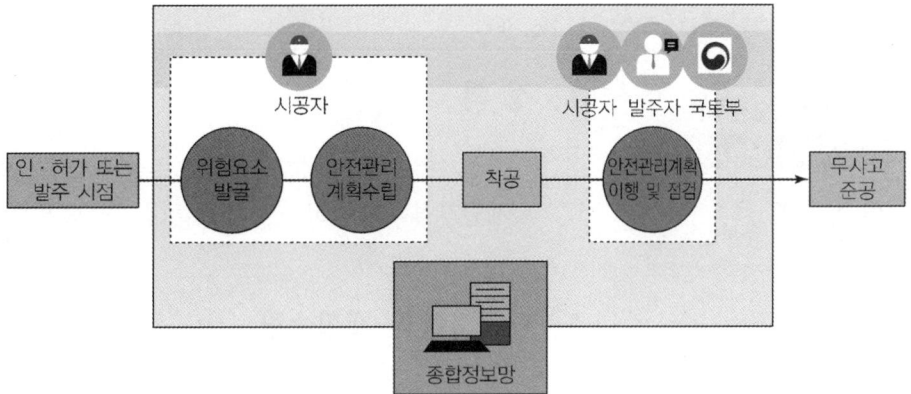

IV. 작성·제출 주체, 제출시기 및 적용대상

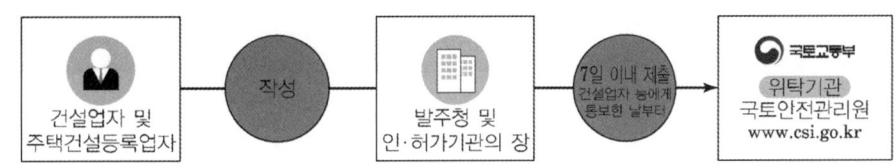

- 제출처: 건설공사 안전관리 종합정보망(www.csi.go.kr)
- 계획서 작성 주체: 건설사업자 및 주택건설등록업자
- 제출주체: 발주청 및 인·허가기관의 장
- 제출시기: 건설사업자 등에게 통보한 날부터 7일 이내

V. 안전관리 수준평가

1) 국토부 수준평가 대상통보
    ① 수준평가 대상
        - 총공사비 200억원 이상 건설공사 중 공기가 20% 이상의 건설공사 현장을 보유한 발주청
    ② 매년 11월30일까지 대상선정 및 12월31일까지 통보
2) 발주청 자료 제출 및 평가기관(국토안전관리원)수준평가 실시
    ① 평가대상: 공기 20% 이상의 건설공사 현장 보유발주청
    ② 평가시기: 공기 20% 진행 시, 회계연도별로 1회 실시
    ③ 발주청은 평가기관이 요청한 수준평가 자료를 20일 이내 제출
    ④ 평가결과 통보받은 후 10일 이내 이의신청가능(1회)

안전관리 수준평가

- 건설기술진흥법, 건설공사 안전관리 업무수행 지침)

	☆☆☆　　5. 안전관리	
10-190	**안전점검**	
No. 990		유형: 제도 · 관리 · 기준

건설기술진흥법

건설기술진흥법
Key Point
◼ 국가표준
- 건설기술진흥법 시행령
- 건설공사 안전관리 업무 수행 지침

◼ Lay Out
- 안전점검의 계획수립수립
- 안전점검의 실시시기
- 안전점검의 점검내용

◼ 핵심 단어
- 건설공사의 공사기간 동 안 매일 자체안전점검

◼ 연관용어
- 시설물 안전점검

안전점검의 종류와 절차

1. 자체안전점검
2. 정기안전점검
3. 정밀안전점검
4. 초기점검
5. 공사재개 전 안전점검

I. 정 의

건설사업자와 주택건설등록업자는 건설공사의 공사기간 동안 매일 자 체안전점검을 하고, 정기안전점검 및 정밀안전점검 등을 해야 한다.

II. 안전점검의 계획수립

1. 이미 발생된 결함의 확인을 위한 기존 점검자료의 검토
2. 점검 수행에 필요한 인원, 장비 및 기기의 결정
3. 작업시간
4. 현장기록 양식
5. 비파괴 시험을 포함한 각종시험의 실시목록
6. 붕괴우려 등 특별한 주의를 필요로 하는 부재의 조치사항
7. 수중조사 등 그 밖의 특기사항

III. 안전점검의 실시시기

1) 자체안전점검
- 건설공사의 공사기간동안 매일 공종별 실시
2) 정기안전점검
- 구조물별로 정기안전점검 실시시기를 기준으로 실시
- 다만, 발주청 또는 인 · 허가기관의 장은 안전관리계획의 내용을 검 토할 때 건설공사의 규모, 기간, 현장여건에 따라 점검시기 및 횟수 를 조정할 수 있다.
3) 정밀안전점검
- 정기안전점검결과 건설공사의 물리적 · 기능적 결함 등이 발견되어 보수 · 보강 등의 조치를 취하기 위하여 필요한 경우에 실시
4) 초기점검
- 건설공사를 준공하기 전에 실시
5) 공사재개 전 안전점검
- 건설공사를 시행하는 도중 그 공사의 중단으로 1년 이상 방치된 시 설물이 있는 경우 그 공사를 재개하기 전에 실시

Ⅳ. 안전점검의 점검내용

건설기술진흥법

1) 자체안전점검
- 해당 공종의 시공상태를 점검하고 안전성 여부를 확인하기 위하여 해당 건설공사 안전관리계획의 자체안전점검표에 따라 자체안전점검을 실시
- 점검자는 점검시 해당 공종의 전반적인 시공 상태를 관찰하여 사고 및 위험의 가능성을 조사하고, 지적사항을 안전점검일지에 기록하며, 지적사항에 대한 조치 결과를 다음날 자체안전점검에서 확인해야 한다. 건설공사의 공사기간동안 매일 공종별 실시

2) 정기안전점검
- 공사 목적물의 안전시공을 위한 임시시설 및 가설공법의 안전성
- 공사목적물의 품질, 시공상태 등의 적정성
- 인접건축물 또는 구조물 등 공사장주변 안전조치의 적정성
- 건설기계의 설치·해체 등 작업절차 및 작업 중 건설기계의 전도·붕괴 등을 예방하기 위한 안전조치의 적절성 구조물별로 정기안전점검 실시시기를 기준으로 실시
- 다만, 발주청 또는 인·허가기관의 장은 안전관리계획의 내용을 검토할 때 건설공사의 규모, 기간, 현장여건에 따라 점검시기 및 횟수를 조정할 수 있다.
- 이전 점검에서 지적된 사항에 대한 조치사항

3) 정밀안전점검
① 시공자는 정기안전점검 결과 건설공사의 물리적·기능적 결함 등이 있는 경우에는 보수·보강 등의 필요한 조치를 취하기 위하여 건설안전점검기관에 의뢰하여 정밀안전점검을 실시하여야 한다.
② 정밀안전점검은 정기안전점검에서 지적된 점검대상물에 대한 문제점을 파악할 수 있도록 수행되어야 하며, 육안검사 결과는 도면에 기록하고, 부재에 대한 조사결과를 분석하고 상태평가를 하며, 구조물 및 가설물의 안전성 평가를 위해 구조계산 또는 내하력 시험을 실시하여야 한다.
③ 점검과정에서 필요한 경우에는 구조물의 종류에 따라 점검대상물 하부 점검용 장비, 비계, 작업선과 같은 특수장비 및 잠수부와 같은 특수기술자를 활용하여야 한다.
④ 정밀안전점검 완료 보고서 내용
- 물리적·기능적 결함 현황
- 결함원인 분석
- 구조안전성 분석결과
- 보수·보강 또는 재시공 등 조치대책 이전 점

4) 초기점검의 실시

① 건설공사를 준공하기 전에 문제점 발생부위 및 붕괴유발부재 또는 문제점 발생 가능성이 높은 부위 등의 중점유지관리사항을 파악하고 향후 점검·진단 시 구조물에 대한 안전성평가의 기준이 되는 초기치를 확보하기 위하여 정밀점검 수준의 초기점검을 실시

② 초기점검에는 기본조사 이외에 공사목적물의 외관을 자세히 조사하는 구조물 전체에 대한 외관조사망도 작성과 초기치를 구하기 위하여 필요한 추가조사 항목이 포함되어야 한다.

③ 준공 전에 완료되어야 한다. 다만, 준공 전에 점검을 완료하기 곤란한 공사의 경우에는 발주자의 승인을 얻어 준공 후 3개월 이내에 실시할 수 있다.

5) 공사재개 전 안전점검의 실시

• 시공자는 건설공사의 중단으로 1년 이상 방치된 시설물의 공사를 재개하는 경우 건설공사를 재개하기 전에 해당 시설물에 대한 안전점검을 실시하여야 한다.

• 정기안전점검의 수준으로 실시하여야 하며, 점검결과에 따라 적절한 조치를 취한 후 공사를 재개하여야 한다.

10-191	지하안전평가	
No. 991		유형: 제도 · 관리 · 기준

건설기술진흥법

Key Point

■ 국가표준
- 지하안전관리에 관한 특별법
- 지하안전관리에 관한 특별법 시행령

■ Lay Out
- 지하안전평가의 평가항목 및 방법
- 착공 후 지하안전조사의 조사항목 및 방법
- 지반침하위험도평가의 평가항목 및 방법

■ 핵심 단어
- 지하안전에 영향

■ 연관용어
- 위험성 평가

비고

1. "시추조사"란 시추기계나 기구 등을 사용하여 지반을 시추하여 시료를 조사하는 것을 말한다.
2. "투수시험"이란 일정한 수위차에서 일정한 시간 내에 침투하는 물의 양을 측정하여 시험하는 것을 말한다.
3. "지하물리탐사"란 지하의 상태나 변화를 물리적인 특성을 이용하여 조사하는 것을 말한다.
4. "지반안전성 분석"이란 별표 8 제3호에 따른 해석 프로그램 등을 이용한 공학적 해석을 통해 해당 지반의 침하가능성 등을 분석하는 것을 말한다.

I. 정 의

지하안전에 영향을 미치는 사업의 실시계획 · 시행계획 등의 허가 · 인가 · 승인 · 면허 · 결정 또는 수리 등을 할 때에 해당 사업이 지하안전에 미치는 영향을 미리 조사 · 예측 · 평가하여 지반침하를 예방하거나 감소시킬 수 있는 방안을 마련하는 것

II. 지하안전평가의 평가항목 및 방법

조사항목	조사방법
지반 및 지질 현황	• 지하정보통합체계를 통한 정보분석 • 시추조사 • 투수(透水)시험 • 지하물리탐사(지표레이더탐사, 전기비저항탐사, 탄성파탐사 등)
지하수 변화에 의한 영향	• 관측망을 통한 지하수 조사(흐름방향, 유출량 등) • 지하수 조사시험(양수시험, 순간충격시험 등) • 광역 지하수 흐름 분석
지반안전성	• 굴착공사에 따른 지반안전성 분석 • 주변 시설물의 안전성 분석

III. 착공 후 지하안전조사의 조사항목 및 방법

조사항목	조사방법
지반 및 지질 현황	• 지하안전평가 검토 • 지하물리탐사(지표레이더탐사, 전기비저항탐사, 탄성파탐사 등
지하수 변화에 의한 영향	• 지하안전평가 검토 • 지하수 관측망 자료, 주변 계측 자료 등 분석
지하안전확보방안의 이행 여부	• 지하안전평가의 지하안전확보방안 적정성 분석 • 지하안전확보방안 이행 여부 검토
지반안전성	• 지중경사계, 지표침하계, 하중센서, 균열측정기 등을 통한 계측 • 계측자료 분석을 통한 지반안전성 및 주변 시설물 영향 분석

건설기술진흥법

Ⅳ. 지반침하위험도평가의 방법 및 절차

1) 지반침하위험도평가의 방법

평가항목	평가방법
지반 및 지질 현황	• 지하정보통합체계를 통한 정보분석 • 시추조사
지층(地層)의 빈 공간	• 지하물리탐사(지표레이더탐사, 전기비저항탐사, 탄성파 탐사 등) • 내시경카메라 조사
지반안전성	• 공동 등으로 인한 지반안전성 분석

2) 지반침하위험도평가의 절차

1. 지반침하위험도평가 대상지역의 설정
2. 지반 및 지질 현황 조사
3. 공동 등 조사
4. 지반안전성 검토
5. 지하안전확보방안 수립
6. 종합평가 및 결론

Ⅴ. 표준메뉴얼 개정 주요내용 - 23.06.01

1) 연약지반 굴착공사평가기준 마련

① 연약지반 굴착공사
- (소규모)지하안전평가 대상사업으로 근입깊이까지의 토사층(풍화암, 발파암 제외) 중 연약지반 층두께가 연속적으로 5m이상 분포하는 굴착공사건설공사

② 지하안전 확보방안
- 입도분석결과와 히빙안전율 검토결과를 반영한 지하안전 확보방안 제안

③ 차수강화
- 입도분석결과 입자크기 $0.075mm(No.200) \sim 0.150mm(No.100)$ 사이 구성비율이 25%이상이면 해당 지층 에 차수강화 공법(2열 차수그라우팅 등) 제안

④ 차수강화
- 근입부 안전성 확보) 굴착저면에 연약지반(점성토)이 분포하면 히빙안전율 3.0 이상 확보 후 흙막이벽체 수평변위 관리기준 $0.003H$(H: 굴착깊이) 적용 제안

2) 자동화계측의 적용기준 마련

① 대상: 지하안전평가 대상사업
② 위치: 지반침하 취약구간 및 3차원 수치해석 대상(우각부 뒷면의 시설물 위치구간 등)에 불리한 단면 최소 1개소 이상

지하안전평가 대상사업의 규모

1. 굴착깊이[공사 지역 내 굴착깊이가 다른 경우에는 최대 굴착깊이를 말하며, 굴착깊이를 산정할 때 집수정(물저장고), 엘리베이터 피트 및 정화조 등의 굴착부분은 제외한다. 이하 같다]가 20미터 이상인 굴착공사를 수반하는 사업
2. 터널[산악터널 또는 수저(水底)터널은 제외한다] 공사를 수반하는 사업

지하안전평가의 실시대상

1. 도시의 개발사업
2. 산업입지 및 산업단지의 조성사업
3. 에너지 개발사업
4. 항만의 건설사업
5. 도로의 건설사업
6. 수자원의 개발사업
7. 철도(도시철도를 포함한다)의 건설사업
8. 공항의 건설사업
9. 하천의 이용 및 개발 사업
10. 관광단지의 개발사업
11. 특정 지역의 개발사업
12. 체육시설의 설치사업
13. 폐기물 처리시설의 설치사업
14. 국방·군사 시설의 설치사업
15. 토석·모래·자갈 등의 채취사업
16. 지하안전에 영향을 미치는 시설로서 대통령령으로 정하는 시설의 설치사업

지반침하위험도평가

• 지반침하와 관련하여 구조적·지리적 여건, 지반침하 위험요인 및 피해예상 규모, 지반침하 발생 이력 등을 분석하기 위하여 경험과 기술을 갖춘 자가 탐사장비 등으로 검사를 실시하고 정량(定量)·정성(定性)적으로 위험도를 분석·예측하는 것

③ 계측항목: 지중경사계, 지하수위계, 지표침하계, 축력계(하중계), 건물경사계 등

3) 비탈면 구간의 검토범위 기준

① 검토범위 산정 기준: 수치해석에 의한 방법(침하량 수렴범위)과 한계평형해석에 의한 방법(최소안전율에 해당되는 예상파괴면까지의 거리)중 안전측으로 결정

② 검토범위 시점: 검토범위 시점은 비탈어깨부터 시작

4) 수치해석 해석영역 기준

① 해석영역: 굴착면 좌,우 검토범위+1H(H:최대굴착깊이), 하부 2H이상을 해석영역에 포함, 검토범위내 위치하는 시설물만 수치해석 수행

② 검토범위 경계에 시설물이 분할 위치하는 경우 포함하여 수행

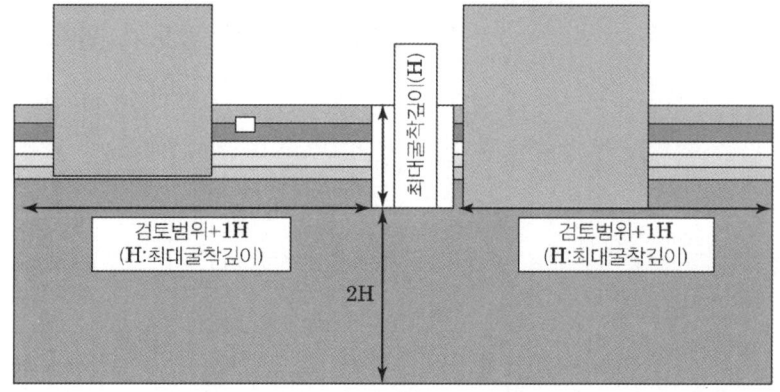

[수치해석 해석영역 기준 검토]

5) 시추조사 깊이 기준

• 기반암 3m 이상 확인을 원칙으로 하며(최소 1공은 굴착깊이 이상 확인), 기반암이 출현하지 않은 토사지반(풍화암 포함)은 굴착저면 하부 H(H: 최대굴착깊이)이상 확인(연약지반 제외)

10-192	설계 안전성 검토	
No. 992	Design For Safety	유형: 제도 · 관리 · 기준

건설기술진흥법

건설기술진흥법
Key Point

■ 국가표준
- 건설기술진흥법 시행령

■ Lay Out
- 설계의 안전성 검토가 필요한 안전관리계획의 수립대상
- 설계안전성 검토보고서 작성기준
- 검토과정

■ 핵심 단어
- 설계자가 시공과정의 위험요소를 찾아내어

■ 연관용어
- 위험성 평가

안전관리계획 수립대상

1. 1종 시설물 및 2종 시설물의 건설공사
2. 지하 10M 이상을 굴착하는 건설공사
3. 폭발물 사용으로 주변에 영향이 예상되는 건설공사
3. 주변 20M 내 시설물 또는 100M 내 가축 사육
4. 10층 이상 16층 미만인 건축물의 건설공사
5. 10층 이상인 건축물의 리모델링 또는 해체공사
6. 수직증축형 리모델링
7. 건설기계: 천공기(높이 10M 이상), 항타 및 항발기, 타워크레인
※ 리프트카 해당 없음

I. 정 의

① 설계단계에서 설계자가 시공과정의 위험요소를 찾아내어 제거 · 회피 · 감소를 목적으로 하는 안전설계

② 안전관리계획을 수립해야 하는 건설공사 실시설계를 할 때에는 시공과정의 안전성 확보 여부를 확인하기 위해 법 설계의 안전성 검토를 국토안전관리원에 의뢰해야 한다.

II. 설계의 안전성 검토가 필요한 안전관리계획의 수립대상

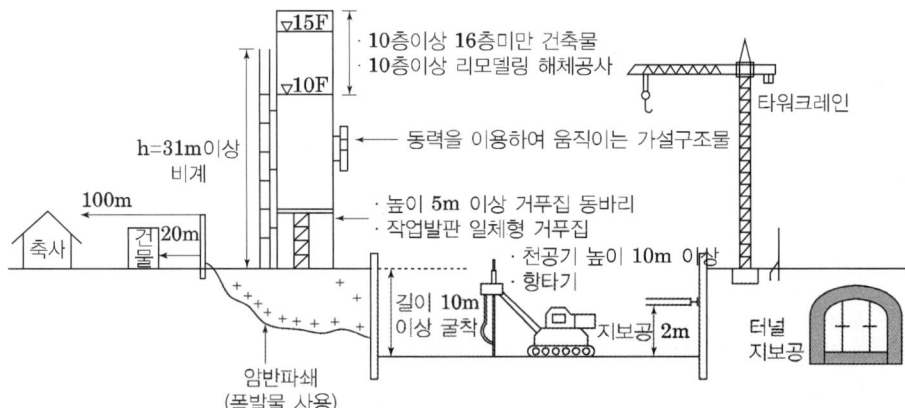

가설구조물	안전관리계획 수립대상 내용
비계	• 높이 31m 이상 • 브라켓(bracket) 비계
거푸집 및 동바리	• 작업발판 일체형 거푸집(갱폼 등) • 높이가 5m 이상인 거푸집 • 높이가 5m 이상인 동바리
지보공	• 터널 지보공 • 높이 2m 이상 흙막이 지보공
가설구조물	• 높이 10m 이상에서 외부작업을 하기 위하여 작업발판 및 안전시설물을 일체화하여 설치하는 가설구조물(SWC, RCS, ACS, WORKFLAT FORM 등) • 공사현장에서 제작하여 조립 · 설치하는 복합형 가설구조물(가설벤트, 작업대차, 라이닝폼, 합벽지지대 등) • 동력을 이용하여 움직이는 가설구조물(FCM, ILM, MSS 등) • 발주자 또는 인 · 허가기관의 장이 필요하다고 인정하는 가설 구조물

- 발주자가 안전관리가 특히 필요하다고 인정하는 건설공사
- 해당 지방자치단체의 조례로 정하는 건설공사 중에서 인 · 허가기관의 장이 안전관리가 특히 필요하다고 인정하는 건설공사

Ⅲ. 설계안전성 검토보고서 작성기준

| 발주자 | —— | 설계자 |

발주자
- 설계안전성 검토 과정의 관련 자료 제출
- 위험요소의 도출과 관련된 정보 제공
- 설계안전검토보고서의 작성검토 및 승인업무가 제대로 이행되고 있는지를 총괄관리

설계자
- 설계서의 설계조건을 바탕으로 설계 과정 중에 건설안전에 치명적인 위험요소를 도출
- 위험요소 제거 또는 감소방안 마련

- 검토시기: 설계도면과 시방서, 내역서, 구조 및 수리계산서가 완료된 시점에서 실시하는 것을 원칙으로 하나 실시시기는 발주청이 별도로 정할 수 있다.

Ⅳ. 시공자의 업무

1) 설계 안전성 검토 결과를 반영한 안전관리계획서 작성 – 착공 전
- 발주자로부터 전달 받은 설계 안전성 검토 결과를 포함시켜야 하며, 안전관리계획에 대한 검토의견이 포함된 건설사업관리기술자의 확인서를 첨부하여 건설공사 착공 전에 발주자에게 제출
- 설계에 가정된 각종 시공방법과 시공절차에 관한 사항
- 설계에 잔존하여 시공단계에서 반드시 고려해야 하는 위험요소, 위험성, 저감대책에 관한 사항
- 설계에서 확인하지 못한 위험요소, 위험성, 저감대책에 관한 사항

2) 안전관리계획서 이행 – 공사시행
- 시공자는 설계 안전성 검토 결과가 반영된 안전관리계획서에 따라 건설현장의 안전관리업무를 수행하여야 한다.
- 시공자는 안전관리계획서 이행여부에 관한 보고서를 건설사업관리기술자에게 서면으로 보고하여야 한다.

3) 안전관리 문서의 제출 – 공사완료
- 설계단계에서 넘겨받았거나 시공단계에서 검토한 위험요소, 위험성, 저감대책에 관한 사항
- 시공단계에서 도출되어 유지관리단계에서 반드시 고려해야 하는 위험요소, 위험성, 저감대책에 관한 사항

건설기술진흥법

검토항목

1. 현장특성 분석
1) 현장여건 분석
2) 시공단계의 위험 요소
3) 위험성 및 그에 대한 저감대책
4) 공사장 주변 안전관리대책
5) 통행안전시설의 설치 및 교통소통계획

2. 현장운영계획
1) 안전점검
2) 계측 및 모니터링계획
3) 안전관리비 집행계획
4) 안전교육계획
5) 비상 시 긴급조치계획

3. 공종별 세부 안전관리계획
1) 가설공사(설치개요, 절차, 점검 등)
2) 굴착 및 발파(개요 및 상세도, 시공절차 및 주의사항, 점검표 등)
3) 콘크리트 공사(철근 거푸집 콘크리트 공사개요 및 시공상세도, 점검, 안전성 계산서)
4) 강구조물(개요 및 상세, 시공절차, 점검)
5) 성토 및 절토(상동)
6) 해체(개요 및 상세도, 해체순서, 안전시설 및 조치에 대한 계획)
7) 설비
8) 타워크레인

건설기술진흥법

V. 검토과정

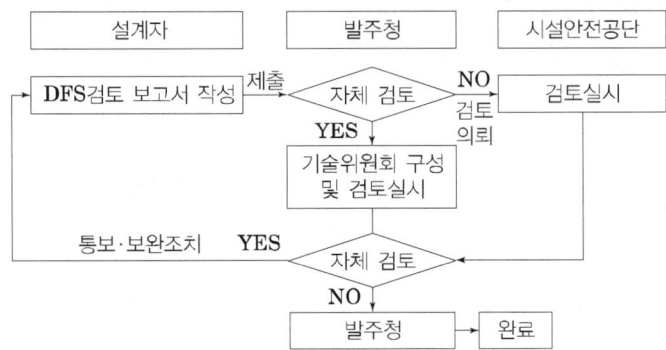

건설기술진흥법	10-193	건설기술진흥법상 가설구조물의 구조적 안전성 확인 대상
	No. 993		유형: 제도 · 관리 · 기준

건설기술진흥법
Key Point

☑ **국가표준**
- 건설기술진흥법 시행령
- 기술사법

☑ **Lay Out**
- 가설구조물의 구조적 안전성 확인 대상
- 구조적 안전성 확인 전문가의 범위

☑ **핵심 단어**
- 설계자가 시공과정의 위험요소를 찾아내어

☑ **연관용어**
- 안전관리 계획서
- 설계안전성 검토
- 위험성 평가

I. 정 의

가설구조물의 사용하는 건설공사는 그 대상에 따라 착공 15일전에 안전관리계획을 수립하여 인허가기관에 제출하여 구조적 안전성을 확인받아야 한다.

II. 가설구조물의 구조적 안전성 확인 대상

- 높이가 31m 이상인 비계
- 브라켓(bracket) 비계
- 작업발판 일체형 거푸집 또는 높이가 5m 이상인 거푸집 및 동바리
- 터널의 지보공(支保工) 또는 높이가 2m 이상인 흙막이 지보공
- 동력을 이용하여 움직이는 가설구조물
- 높이 10m 이상에서 외부작업을 하기 위하여 작업발판 및 안전시설물을 일체화하여 설치하는 가설구조물
- 공사현장에서 제작하여 조립·설치하는 복합형 가설구조물
- 그 밖에 발주자 또는 인·허가기관의 장이 필요하다고 인정하는 가설구조물
- 지반침하와 관련하여 구조적·지리적 여건, 지반침하 위험요인 및 피해예상 규모, 지반침하 발생 이력

III. 구조적 안전성 확인 전문가의범위

- 건축구조, 토목구조, 토질 및 기초와 건설기계 직무 범위 중 공사감독자 또는 건설사업관리기술인이 해당 가설구조물의 구조적 안전성을 확인하기에 적합하다고 인정하는 직무 범위의 기술사일 것
- 해당 가설구조물을 설치하기 위한 공사의 건설사업자나 주택건설등록업자에게 고용되지 않은 기술사일 것

10-194	중대재해처벌법, 안전보건관리체계	
No. 994		유형: 제도 · 관리 · 기준

안전사고

안전사고
Key Point

▣ 국가표준
- 중대재해 처벌 등에 관한 법률
- 중대재해 처벌 등에 관한 법률 시행령

▣ Lay Out
- 중대산업재해
- 중대재해처벌법 적용대상
- 사업주와 경영책임자등의 안전 및 보건 확보의무
- 중대산업재해 사업주와 경영책임자등의 처벌
- 안전보건관리체계의 구축 및 이행 조치
- 3대 사고유형 8대 위험요인 핵심 안전수칙 안내

▣ 핵심 단어
- 안전보건관리체계 구축 · 이행 등 안전보건 확보의무를 위반하여 인명피해를 발생

▣ 연관용어
- 안전관리 계획서
- 설계안전성 검토
- 위험성 평가

적용범위

- 상시근로자가 5명 이상인 사업 또는 사업장

Ⅰ. 정 의

① 안전보건관리체계 구축 · 이행 등 안전보건 확보의무를 위반하여 인명피해를 발생하게 한 경영책임자 등을 처벌함으로써 중대재해를 예방하고 시민과 종사자의 생명과 신체를 보호하기 위한 법
② 경영책임자가 안전 및 보건 확보의무를 다하지 않아 중대산업재해가 발생하면 처벌을 받을 수 있다.

Ⅱ. 중대산업재해

- 사망자가 1명 이상 발생
- 동일한 사고로 6개월 이상 치료가 필요한 부상자가 2명 이상 발생
- 동일한 유해요인으로 급성중독 등 대통령령으로 정하는 직업성 질병자가 1년 이내에 3명 이상 발생
  - 급성중독, 독성간염, 혈액전파성질병, 산소결핍증, 열사병 등 24개 질병

Ⅲ. 중대재해처벌법 적용대상

1. 책임주체
1) 법인 또는 기관의 경영책임자
- 대표이사 등 사업을 대표하고 총괄하는 권한과 책임이 있는 사람
- 대표이사 등에 준하는 책임자로서 사업 또는 사업장 전반의 안전 · 보건 관련조직, 인력, 예산을 결정하고 총괄 관리하는 사람
2) 개인사업주
- 중앙행정기관 · 지방자치단체 · 지방공기업 · 공공기관의 장
- 자신의 사업을 영위하는 자, 타인의 노무를 제공받아 사업을 하는 자

2. 보호대상
1) 종사자
- 근로자
- 도급, 용역, 위탁 등 계약의 형식에 관계없이 그 사업의 수행을 위해 대가를 목적으로 노무를 제공하는 자
- 사업을 여러 차례 도급할 경우 각 단계의 수급인과 수급인의 근로자 · 노무 제공자

Ⅳ. 사업주와 경영책임자등의 안전 및 보건 확보의무

> 안전사고

- 재해예방에 필요한 인력 및 예산 등 안전보건관리체계의 구축 및 그 이행에 관한 조치
- 재해 발생 시 재발방지 대책의 수립 및 그 이행에 관한 조치
- 중앙행정기관·지방자치단체가 관계 법령에 따라 개선, 시정 등을 명한 사항의 이행에 관한 조치
- 안전·보건 관계 법령에 따른 의무이행에 필요한 관리상의 조치

중대재해 처벌 등에 관한 법률

- 사업 또는 사업장, 공중이용 시설 및 공중교통수단을 운영하거나 인체에 해로운 원료나 제조물을 취급하면서 안전·보건 조치의무를 위반하여 인명피해를 발생하게 한 사업주, 경영책임자, 공무원 및 법인의 처벌 등을 규정함으로써 중대재해를 예방하고 시민과 종사자의 생명과 신체를 보호함을 목적으로 한다.

Ⅴ. 중대산업재해 사업주와 경영책임자등의 처벌

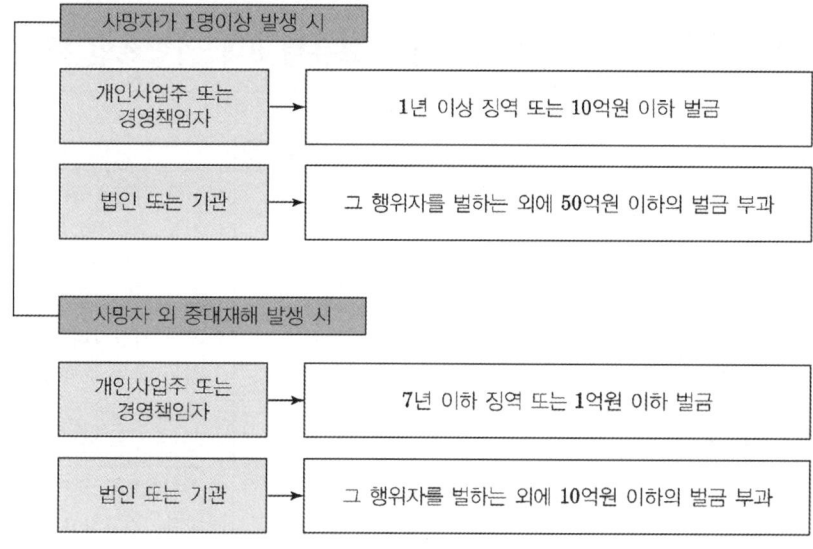

*징역과 벌금 임의적 병과 가능, 5년 내 재범 시 형의 1/2까지 가중

손해배상

- 개인사업주 또는 경영책임자 등이 고의 또는 중대한 과실로 안전 및 보건 확보의무를 위반하여 중대재해를 발생하게 한 겨우 개인사업주나 법인, 기관은 손해를 입은 사람에게 손해액의 5배 내에서 배상책임을 진다.

Ⅵ. 안전보건관리체계의 구축 및 이행 조치

1) 안전보건관리체계의 구축 및 이행에 관한 조치
- 안전보건에 관한 목표와 경영방침을 설정
- 유해·위험요인 확인·점검 및 개선 가능한 업무처리절차를 마련하고 이행상황을 점검 (위험성평가 실시로 갈음 가능)
- 매년 안전 및 보건에 관한 인력, 시설 및 장비 등을 갖출 수 있는 적정 예산을 편성하고 용도에 따라 집행 및 관리하는 체계를 마련
- 상시근로자 수가 500명 이상인 사업 또는 사업장이거나 시공능력 순위 상위 200위 이내의 건설회사는 안전보건 업무를 전담하는 조직을 둘 것
- 제3자에게 업무를 도급, 용역, 위탁하는 경우 재해예방, 안전관리 등에 관한 사항을 확인하기 위한 평가기준과 절차를 마련하고 그 이행상황을 확인·점검

교육 이수

- 중대산업재해가 발생한 법인 도는 기관의 경영책임자 등은 고용노동부에서 실시하는 안전보건 교육(20시간)을 이수해야 한다.
- ※ 정당한 사유없이 교육에 참여하지 않은 경우 5천만원 이하의 과태료 부과

주요내용

- 안전보건관리체계의 구축 등 안전·보건에 관한 경영방안
- 중대산업재해 원인 분석과 재해방지방안

안전사고

안전보건관리체계구축 핵심요소

• 경영자 리더십
• 근로자의 참여
• 위험요인 파악
• 위험요인 제거·대체 및 통제
• 비상조치계획 수립
• 도급·용역·위탁 시 안전보건 확보
• 평가 및 개선

3대사고 유형

• 3대사고 유형
− 전체 중대재해의 65.4%를 차지
− 추락: 41.6%
− 끼임: 14%
− 부딪힘: 9.8%

2) 재해발생 시 재발방지 대책의 수립 및 이행에 관한 조치
3) 중앙행정기관 등이 관계 법령에 따라 시정 등을 명한 사항의 이행에 관한 조치
4) 안전·보건 관계 법령상 의무이행에 필요한 관리상의 조치
  • 반기 1회 이상 안전·보건 관계법령 이행 여부를 점검하고 그 결과를 보고받아야 함
  • 점검결과, 이행되지 않는 내용이 있는 경우 인력, 예산 등을 지원하여 법령상 의무가 이행되도록 조치
  • 안전보건 관계 법령에 따라 유해하고 위험한 작업에 필요한 안전보건교육을 실시하고 있는지 확인하고 교육 예산을 확보

Ⅶ. 3대 사고유형 8대 위험요인 핵심 안전수칙 안내

3대 사고유형	8대 위험요인	핵심 안전수칙
추락	지붕	• 지붕 진입을 위한 승강설비 설치 및 안전성 확인 • 지붕 위 작업 시 작업통로용 발판 및 채광창(Sun-Light) 등에 견고한 덮개 설치 • 경사지붕 최상단에 안전대 부착설비 설치, 안전대 착용·걸기 • 지붕 가장자리에는 안전난간을 설치하며, 안전난간 설치가 어려운 경우 추락방호망이나 안전대 부착설비 설치 • 작업 근로자 안전모, 안전대 등 보호구 착용 및 관리감독 실시 • 일기예보를 확인하고 눈, 비 및 강풍 등이 예보되면 작업 중지
	사다리	• 원칙적으로 오르내리는 이동통로로만 사용 • 평탄·견고하고 미끄럼이 없는 바닥에 설치 • 작업 근로자 안전모, 안전대 등 보호구 착용 및 관리감독 실시 • 쐐기, 결속, 전도방지조치 등 넘어짐 방지조치
	비계	• (비계) 작업발판을 견고히 고정하고 발판 단부에 안전난간 설치 • (비계) 조립기준을 준수하고 벽이음을 견고히 설치 • (비계) 조립·해체 시 안전대 체결 및 작업구역 출입금지 • (이동식 비계) 평탄한 바닥에 설치 및 적합한 규격의 비계 사용 • (이동식 비계) 하부 아웃트리거 및 승강용 사다리를 견고히 설치 • (이동식 비계) 안전한 구조의 작업발판 및 안전난간 설치 • (달비계) 작업대 탑승 전 안전대 착용 및 구명줄에 체결 • (달비계) 로프는 2개 이상 견고한 고정부에 결속 • (달비계) 로프 및 작업대 손상, 안전대 체결 여부 등 관리감독
	고소 작업대	• (공통) 작업지휘자 또는 유도자 배치 • (공통) 작업 근로자 안전모, 안전대 등 보호구 착용 및 관리감독 실시 • (공통) 아웃트리거 최대 확장(확실하게 설치) 및 수평 유지 • (차량탑재형) 붐길이와 각도에 적합한 적재하중 및 허용 작업반경 준수 • (시저형) 작업대 과상승방지장치 설치 및 작동유무 확인

3대 사고유형	8대 위험요인	핵심 안전수칙
끼임	방호장치	• 기계의 동력전달부 또는 가동 부분 등에 덮개 · 울 · 건널사다리 등 설치 • 기계 · 기구별 적합한 방호장치 설치 및 정상 작동상태 유지 ※ 예) (프레스) 광전자식방호장치, 양수조작식방호장치 등 • (산업용로봇) 1.8m 이상 울타리, 감응형 방호장치, 연동장치 설치된 출입문 등 • (혼합기) 연동장치가 설치된 호퍼 덮개 • 안전인증기준, 안전검사기준 및 자율안전기준에 적합한 상태 사용
	점검 · 수리 시 전원잠금 및 표지부착 (Lock-Out, Tag-Out)	• 기계의 운전 시작할 때 위험구역에 다른 근로자가 있는지 확인 • 정비 · 보수작업 시 기계의 운전정지(전기, 공압 등 에너지원 차단) • 기동장치 잠금장치 설치, 전원투입 금지를 안내하는 표지판 설치 • 차량계 건설기계 점검 · 수리작업 시 안전지지대 또는 안전블럭 사용
부딪힘	충돌방지장치 혼재작업	• 차량계 건설기계(굴착기 등)가 작업하는 장소에 근로자 출입통제 • 또는 유도자 배치 • 차량계 하역운반기계(화물자동차 등)가 이동하는 작업장소에 근로자 • 출입 통제 또는 유도자 배치 • 지게차 후방감지기 또는 후진경보기와 경광등 설치 ※ 기타 충돌방지 방호장치 설치 권장 • 지게차 등 무자격자 운전 금지 • 지게차 화물 과다적재 및 편하중 적재 금지하고 운전자의 시야 확보 • 이동식크레인 중량물 취급 시 주변 근로자 출입 통제 • 이동식크레인 사용 시 신호수 배치

안전사고

시고조사/ 보고

• 최초사고신고: 건설공사 참여자는 건설사고 발생 즉시 조치 후 6시간 이내
• 발주청 및 인 · 허가기관에 통보
※ 천재지변 등 부득이한 사유 발생 시 사유 소멸 후 지체없이 보고
• 사고보고: 건설사고 발생 통보받은 발주청 및 인 · 허가기관은 48시간 이내 국토부(CSI)에 사고내용 제출

Ⅷ. 건설사고현장 사고조사 및 재해원인

• 사고발생 → 초기현장조사 → 위원회 구성 필요성 검토 → 위원회 구성 및 사고조사계획 수립 → 정밀현장조사 → 위원회 심의 → 결과보고

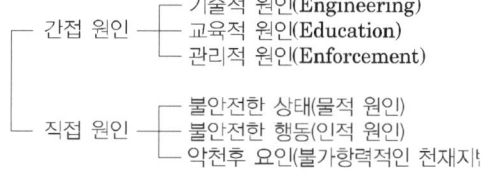

```
          ┌ 기술적 원인(Engineering)
간접 원인 ─┼ 교육적 원인(Education)
          └ 관리적 원인(Enforcement)

          ┌ 불안전한 상태(물적 원인)
직접 원인 ─┼ 불안전한 행동(인적 원인)
          └ 악천후 요인(불가항력적인 천재지)
```

10-195	Tool box meeting	
No. 995	T · B · M	유형: 관리 · 기준

안전사고

안전관리
Key Point

☑ 국가표준

☑ Lay Out
- TBM 기본원칙
- TBM 단계별 활동 내용

☑ 핵심 단어
- 작업자들이 모여 작업의 내용과 안전 작업 절차 등에 대해 서로 확인 및 의논

☑ 연관용어
- 안전관리 계획서
- 위험성 평가

TBM의 필요성

• 주기적인 TBM 활동은 작업자가 안전하게 작업하는데 많은 도움을 준다.
• 위험성평가에 기반한 TBM을 통해 작업자는 위험요인을 재확인하며 예방대책도 잊지 않게 된다.
• 작업자 간 안전 대화는 안전보건에 관한 새로운 지식과 정보를 얻는 기회이며 이를 최신의 상태로 유지하게 해준다.
• TBM은 조직의 안전 문화와 인식 수준을 향상
• 구성원 간 존중하는 마음으로 안전에 대한 자유로운 질문을 통해 해결책을 찾는 것은 그 자체가 안전 문화 구축

I. 정 의

① 작업 현장 근처에서 작업 전에 관리감독자(작업반장, 직장, 팀장 등)를 중심으로 작업자들이 모여 작업의 내용과 안전 작업 절차 등에 대해 서로 확인 및 의논하는 활동
② 국내에서는 안전 브리핑, 작업 전 안전점검회의, 안전 조회, 위험예지 훈련으로, 해외에서는 Tool Box Talks, Tool Box Safety training 등으로 사용되고 있다.

II. TBM 기본원칙

1) 실행시간과 장소
• TBM은 작업자가 작업을 하는 현장에서 작업 전에 10분 내외로 실행하는 것이 효과적
• 장소는 작업장이 될 것이나, 가급적 소음과 기타 방해요소가 없는 곳에서 대화

2) 실행주기
① 매일 작업 전 개최하는 것이 효과적일 경우
• 현장 또는 작업장에 새로운 작업자가 정기적으로 유입되어 작업을 수행하는 대형 프로젝트 사업
• 작업에 위험한 분야가 있거나 해당 공정이 수시로 변경되는 경우
② 작업의 특성을 고려해서 매주, 격주 단위로 실시하는 것이 효과적인 경우도 있다.

3) 참여자 수
• 4명~10명 사이가 가장 효과적이며 최대 20인 이내로 하되, 해당 작업의 수행자는 가급적 모두 참여시키도록 한다.

4) TBM 논의 주제

> • 작업 절차변경 내용
> • 새로운 위험의 식별 및 기존 위험 검토
> • 위험요인 통제방안
> • 최근 이슈와 사건 · 사고 사례
> • 작업 일정(일일 또는 주간)
> • 안전 작업절차
> • 새로 도입되는 장비와 설비의 사용법
> • 날씨 · 계절 변화에 따른 위험요인(폭염 · 탈수)
> • 교대 근무에 따라 다음 근무자에 전달해야 할 안전 사항

안전사고

Ⅲ. TBM 단계별 활동 내용

TBM 사전 준비	• 작업 · 공정별 위험성평가 실시 • 최근 현장에서 발생한 사건 · 사고 내용 확인 • 작업 현황 파악 ① 작업 물량, ② 작업 범위, ③ 작업내용 ④ 필요한 보호구 • TBM 전달자료 작성 및 내용 숙지 ① 위험성평가 결과, ② 사고보고서, ③ 안전작업 지침 및 규
TBM 실행 과정	• 작업자 건강 상태 확인 * 과도한 음주, 37℃ 이상 체온, 약물 복용 여부 등 이상 유무 • 작업내용 / 위험요인 / 안전 작업절차 / 대책 공유 · 전달 ① 최근 작업장 사고사례 공유 ② 긍정적이고 칭찬하는 분위기로 작업자의 발표 적극 권장 ③ 다양한 매체, 방법(스마트폰, App 등)으로 전달력 제고 • 작업자가 TBM 내용 숙지하였는지 확인 ① 중점(One point) 위험요인과 대책 숙지 여부 ② 외국인 포함 시 통 · 번역 등 효과적인 전달 방안 마련 * 지적하거나 확인할 사항을 작업자가 구호로 복창할 수 있음 • 위험요인, 불안전한 상태 발견 시 행동 요령 확인 ① 멈춘다(Stop) → ② 확인한다(Look) → ③ 평가한다(Assess) → ④ 관리한다(Manage)
TBM 환류 조치	• 작업자의 불만, 질문, 제안사항 검토 • TBM 결과의 충실한 기록 · 보관 • 관련 조치 결과 피드백

10-196	스마트 안전관제시스템	
No. 996		유형: 관리 · 기준

안전사고

안전관리
Key Point

■ **국가표준**
- 건설기술진흥법 시행령

■ **Lay Out**
- 스마트 안전기술 작용 문제점
- 스마트 안전관제 시스템의 목표

■ **핵심 단어**
- 재해를 IoT기반의 각종 센서와 무선네트워크 기술을 이용

■ **연관용어**
- 안전관리 계획서
- 설계안전성 검토
- 위험성 평가
- 안전사고
- IOT 기술

스마트 안전관제 기술

- 지능형영상관제기술, 빅데이터분석기술, AI
- BIM 기술(디지털트윈), Virtual Prototyping, AR/VR/MR
- IoT센싱기술, 통신네트워크 구축 기술, Mobile Technology
- 드론, 로보틱스
- 블록체인, Cyber security

I. 정 의

산업현장에서 발생할 수 있는 각종 재해를 IoT기반의 각종 센서와 무선네트워크 기술을 이용하여 수집한 데이터를 가공하므로 근로자가 안전사항을 인지하도록 모바일장비와 통합 관제시스템을 통해 위험정보를 송출하는 시스템

II. 스마트 안전기술 적용 문제점

- 통신 인프라구축 비용과다, 무선통신 기술 Coverage 한계
- 현장 스마트 장비 관리 인력부재
- 건물공사 시, 각 층별, 호수별 근로자 위치관제 적용한계
- 현장 장비 이동설치 및 Hardware 문제 시 즉각 대응한계(IT 개발사 유지보수 인력지원 제한)
- 스마트 안전관리자 도입 필요
- 플렛폼 및 통신체계 표준화 필요
- 스마트기술의 현장 적용 의무화 및 스마트 안전기술의 안전관리 계상을 위한 구체적 가이드라인 필요

III. 스마트 안전관제 시스템의 목표

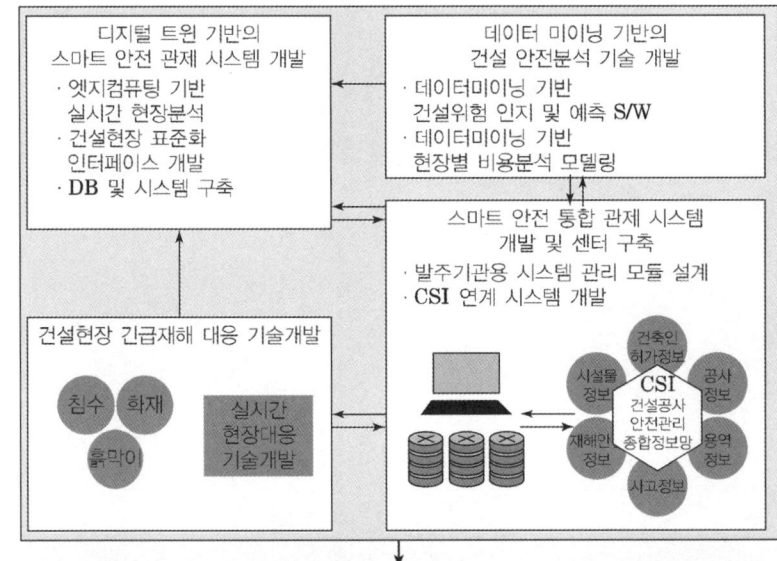

10-197	건설공해	
No. 997		유형: 관리 · 기준

환경관리

환경관리
Key Point

☑ 국가표준
- KCS 44 80 15
- 대기환경보전법 시행규칙

☑ Lay Out
- 건설공해의 종류
- 환경관리 항목

☑ 핵심 단어

☑ 연관용어

I. 정 의

건축공사 및 토목공사 등의 건설공사로 인해 해당 지역주민이 입게되는 인위적인 재해로써, 건설현장 주변의 자연환경 및 생활환경이 손상되어 인간의 건강 또는 쾌적한 생활을 저해하는 공해

II. 건설공해의 종류

1. 건설환경
   - 대기오염: 비산먼지
   - 수질오염: 공사장 폐수, 오수
   - 토양오염: 토사유출
   - 소음 · 진동: 항타, 발파, 공사장비 소음
   - 폐기물
2. 건축물 공해
   - 일조방해
   - 전파방해
   - 빌딩풍해
   - 경관방해

III. 환경관리 항목(저감 대책은 공종별 접근)

구 성	항 목	비 고
건설환경 오염방지	• 비산먼지 방지시설공사	가시설 공사
	• 공사장 폐수처리시설공사	가시설 공사
	• 토사유출 저감시설공사	가시설 공사
	• 가설사무실 오수처리시설공사	가시설 공사
	• 항타, 발파시 소음 · 진동방지시설공사	요령
	• 공사장비 소음저감시설공사	가시설 공사
자연생태계보전 및 복원	• 오염토양처리	처리공정
	• 표토 모으기 및 활용	조경공사
	• 수목이식공사(수목가이식)	조경공사
	• 자생식생복원	조경공사
	• 비탈면 녹화	조경공사
	• 시설물(구조물) 설치 시 경관 보호	요령, 조경공사
	• 수자원 보호	요령

10-198	소음 · 진동관리	
No. 998		유형: 관리 · 기준

환경관리

Key Point

■ **국가표준**
- 소음 · 진동관리법
  2023.07.01
- 소음 · 진동관리법
  시행규칙
- 소음지도의 작성방법

■ **Lay Out**
- 소음진동규제기준
- 특정공사 사전신고

■ **핵심 단어**

■ **연관용어**
- 건설공해
- 소음지도(기타용어 참조)

기준

- 소음의 측정 및 평가기준은 환경오염공정시험기준에서 정하는 바에 따른다.
- 규제기준치는 생활소음의 영향이 미치는 대상 지역을 기준으로 하여 적용

동일건물

- 동일 건물이란 지붕과 기둥 또는 벽이 일체로 되어 있는 건물(체력단련장업, 체육도장업, 무도학원업, 무도장업, 골프연습장업 및 야구장업, 학원 및 교습소 중 음악교습을 위한 학원 및 교습소, 단란주점영업 및 유흥주점영업, 노래연습장업, 콜라텍업)

I. 정 의

① 소음(騷音): 기계 · 기구 · 시설, 그 밖의 물체의 사용 또는 공동주택 등 환경부령으로 정하는 장소에서 사람의 활동으로 인하여 발생하는 강한 소리

② 진동(振動): 기계 · 기구 · 시설, 그 밖의 물체의 사용으로 인하여 발생하는 강한 흔들림

II. 소음진동 규제기준

1) 생활소음 규제기준

[단위: dB(A)]

대상 지역	소음원	시간대별	아침, 저녁 (05:00~07:00, 18:00~22:00)	주간 (07:00~18:00)	야간 (22:00~05:00)
주거지역, 녹지지역, 관리지역 중 취락지구 · 주거개발진흥지구 및 관광 · 휴양개발진흥지구, 자연환경보전지역, 그 밖의 지역에 있는 학교 · 종합병원 · 공공도서관	확성기	옥외설치	60이하	65 이하	60 이하
		옥내에서 옥외로 소음이 나오는 경우	50 이하	55 이하	45 이하
		공장	50 이하	55 이하	45 이하
	사업장	동일 건물	45 이하	50 이하	40 이하
		기타	50 이하	55 이하	45 이하
		공사장	60 이하	65 이하	50 이하
그 밖의 지역	확성기	옥외설치	65 이하	70 이하	60 이하
		옥내에서 옥외로 소음이 나오는 경우	60 이하	65 이하	55 이하
		공장	60 이하	65 이하	55 이하
	사업장	동일 건물	50 이하	55 이하	45 이하
		기타	60 이하	65 이하	55 이하
		공사장	65 이하	70 이하	50 이하

- 공사장 소음규제기준은 주간의 경우 특정공사 사전신고 대상 기계 · 장비를 사용하는 작업시간이 1일 3시간 이하일 때는 +10dB을, 3시간 초과 6시간 이하일 때는 +5dB을 규제기준치에 보정
- 발파소음의 경우 주간에만 규제기준치에 +10dB을 보정
- 공사장의 규제기준 중 (주거지역, 종합병원, 학교, 공공도서관의 부지경계로부터 직선거리 50m 이내의 지역은 공휴일에만 −5dB을 규제기준치에 보정

2) 생활진동 규제기준

[단위: dB(V)]

대상지역	주간(06~22시)	야간(22~6시)
주거지역, 녹지지역, 관리지역 중 취락지구 및 관광·휴양개발진흥지구, 자연환경보전지역, 그 밖의 지역에 있는 학교·병원·공공도서관	65 이하	60 이하
그 밖의 지역	70 이하	65 이하

- 공사장의 진동 규제기준은 주간의 경우 특정공사 사전신고 대상 기계·장비를 사용하는 작업시간이 1일 2시간 이하일 때는 +10dB을, 2시간 초과 4시간 이하일 때는 +5dB을 규제기준치에 보정
- 발파진동의 경우 주간에만 규제기준치에 +10dB을 보정

3) 공사장 방음시설 설치기준

① 방음벽시설 전후의 소음도 차이(삽입손실)는 최소 7dB 이상 되어야 하며, 높이는 3m 이상 되어야 한다.

② 공사장 인접지역에 고층건물 등이 위치하고 있어, 방음벽시설로 인한 음의 반사피해가 우려되는 경우에는 흡음형 방음벽시설을 설치하여야 한다.

③ 방음벽시설에는 방음판의 파손, 도장부의 손상 등 금지

Ⅲ. 특정공사 사전신고 대상

1) 신고대상

- 연면적이 1,000㎡ 이상인 건축물의 건축공사 및 연면적이 3,000㎡ 이상인 건축물의 해체공사
- 구조물의 용적 합계가 1,000㎥ 이상 또는 면적 합계가 1,000㎡ 이상인 토목건설공사
- 면적 합계가 1,000㎡ 이상인 토공사·정지공사
- 총연장이 200m 이상 또는 굴착(땅파기) 토사량의 합계가 200㎥ 이상인 굴정(구멍뚫기)공사

2) 첨부서류 제출

- 특정공사의 개요(공사목적과 공사일정표 포함)
- 공사장 위치도(공사장의 주변 주택 등 피해 대상 표시)
- 방음·방진시설의 설치명세 및 도면
- 그 밖의 소음·진동 저감대책

3) 변경신고: 중요한 사항

- 특정공사 사전신고 대상 기계·장비의 30% 이상의 증가
- 특정공사 기간의 연장
- 방음·방진시설의 설치명세 변경
- 소음·진동 저감대책의 변경
- 공사 규모의 10% 이상 확대

환경관리	10-199	비산먼지관리
	No. 999	유형: 관리 · 기준

환경관리
Key Point

☑ 국가표준
- 대기환경보전법 시행규칙
- KCS 44 80 15

☑ Lay Out
- 비산먼지의 분류
- 건설업 비산먼지 발생 사업
- 비산먼지 발생 억제를 위한 시설의 설치 및 필요한 조치

☑ 핵심 단어
- 일정한 배출구 없이 대기 중에 직접 배출

☑ 연관용어
- 환경관리
- 건설공해

I. 정 의

① '먼지'란 대기 중에 떠다니거나 흩날려 내려오는 입자상물질(粒子狀物質)을 말하며, 일정한 배출구 없이 대기 중에 직접 배출되는 경우 '비산먼지'라고 총칭

② 비산분진, 날림먼지라고도 하며, 주로 건설업, 시멘트 · 석탄 · 토사 · 골재 공장 등에서 발생함한다.

II. 비산먼지의 분류

- TSP(Total Suspended Particles): 지름이 50μm 이하인 대기 중에 부유하는 총먼지
- PM-10(Particulate Matter-10): 지름이 10μm 이하인 미세먼지
  - 건축 및 건물해체, 석탄 및 석유연소, 산업공정, 비포장도로 등에서 발생
- PM-2.5(Particulate Matter-2.5): 지름이 2.5μm 이하인 초미세먼지로 주로 대기 중 화학반응을 통해 발생
  - 석탄, 석유, 휘발유, 디젤, 나무의 연소, 제련소, 제철소 등에서 발생

III. 건설업 비산먼지 발생사업

- 건축물축조공사: 건축물의 증 · 개축, 재축 및 대수선을 포함하고, 연면적이 1,000m^2 이상인 공사
- 토목공사
  1) 구조물의 용적 합계가 1,000m^3 이상, 공사면적이 1,000m^2 이상 또는 총 연장이 200m 이상인 공사
  2) 굴정(구멍뚫기)공사의 경우 총 연장이 200m 이상 또는 굴착(땅파기)토사량이 200m^3 이상인 공사
- 조경공사: 면적의 합계가 5,000m^2 이상인 공사
- 지반조성공사
  1) 건축물해체공사의 경우 연면적이 3,000m^2 이상인 공사
  2) 토공사 및 정지공사의 경우 공사면적의 합계가 1,000m^2 이상인 공사
  3) 농지조성 및 농지정리 공사의 경우 흙쌓기(성토) 등을 위하여 운송차량을 이용한 토사 반출입이 함께 이루어지거나 농지전용 등을 위한 토공사, 정지공사 등이 복합적으로 이루어지는 공사로서 공사면적의 합계가 1,000m^2 이상인 공사
- 도장공사: 장기수선계획을 수립하는 공동주택에서 시행하는 건물외부 도장공사

환경관리

Ⅳ. 비산먼지 발생 억제를 위한 시설의 설치 및 필요한 조치

1) 야적(분체상 물질을 야적하는 경우에만 해당한다)
   ① 야적물질을 1일 이상 보관하는 경우 방진덮개로 덮을 것
   ② 야적물질의 최고 저장높이의 1/3 이상의 방진벽을 설치하고, 최고 저장높이의 1.25배 이상의 방진망(막)을 설치할 것
   ③ 야적물질로 인한 비산먼지 발생억제를 위하여 물을 부리는 시설을 설치할 것
   ④ 야적설비를 이용하여 작업 시 낙하거리를 최소화 하고, 야적 설비 주위에 물을 뿌려 비산먼지가 흩날리지 않도록 할 것

2) 싣기 및 내리기
   ① 싣거나 내리는 장소 주위에 고정식 또는 이동식 물을 뿌리는 시설 (살수반경 5m 이상, 수압 3kg/cm² 이상)을 설치 및 운영
   ② 풍속이 평균초속 8m 이상일 경우에는 작업을 중지할 것

3) 수송
   • 적재함 상단으로부터 5cm 이하까지 적재물을 수평으로 적재할 것

4) 이송
   ① 야외 이송시설은 밀폐화 하여 이송 중 먼지의 흩날림이 없도록 할 것
   ② 이송시설은 낙하, 출입구 및 국소배기부위에 적합한 집진시설을 설치

5) 채광·채취
   ① 발파 시 발파공에 젖은 가마니 등을 덮거나 적절한 방지시설을 설치한 후 발파할 것
   ② 발파 전후 발파 지역에 대하여 충분한 살수를 실시
   ③ 풍속이 평균 초속 8m 이상인 경우에는 발파작업을 중지할 것

6) 야외절단
   ① 야외 절단 시 비산먼지 저감을 위해 간이 칸막이 등을 설치할 것
   ② 야외 절단 시 이동식 집진시설을 설치하여 작업할 것
   ③ 풍속이 평균 초속 8m 이상인 경우에는 작업을 중지할 것

7) 건축물 내 작업
   ① 바닥청소, 벽체연마작업, 절단작업, 분사방식에 의한 도장작업을 할 때에는 해당 작업 부위 혹은 해당 층에 대하여 방진막 등을 설치할 것
   ② 철골구조물의 내화피복작업 시에는 먼지발생량이 적은 공법을 사용하고 비산먼지가 외부로 확산되지 아니하도록 방진막을 설치할 것

★★★　　6. 환경관리

10-200	폐기물관리	
No. 1000		유형: 관리 · 기준

I. 정 의

건설공사로 인하여 건설현장에서 발생하는 5톤 이상의 폐기물(공사를 시작할 때부터 완료할 때까지 발생하는 것

II. 폐기물의 분류

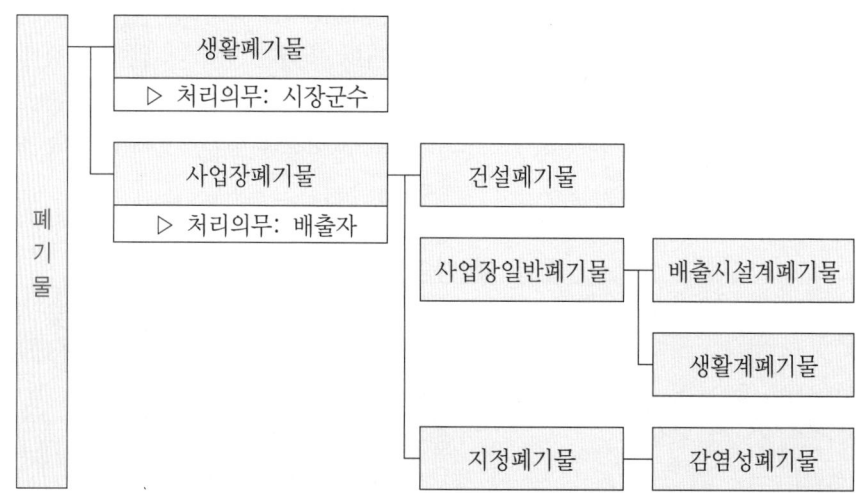

III. 폐기물 처리 시설

1) 처리시설

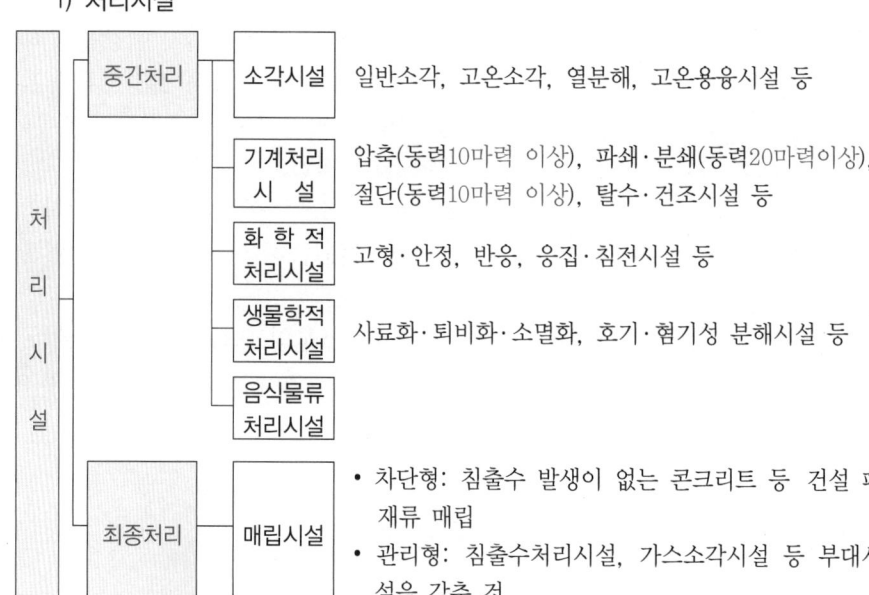

- 폐기물의 중간처리 시설과 최종처리 시설로써 대통령령이 정하는 시설

환경관리

폐기물 처리업

- 수집 · 운반업
- 폐기물을 수집하여 운반 장소로 운반하는 영업
- 중간처리업
- 건설폐기물을 분리·선별·파쇄하는 영업
- 최종처리업
- 매립 등의 방법에 의하여 최종처리 하는 영업
- 종합처리업
- 중간처리+최종처리 하는 영업

사업장 폐기물 배출자 신고

- 지정폐기물 외의 사업장폐기물 [생활폐기물로 만든 중간가공 폐기물 외의 중간가공 폐기물, 폐지, 고철, 비철금속을 포함한다. 왕겨 및 쌀겨는 제외한다.] 을 배출하는 자
- 배출시설을 설치 · 운영하는 자로서 폐기물을 1일 평균 100킬로그램 이상 배출하는 자
- 폐기물 처리시설 등을 설치 · 운영하는 자로서 폐기물을 1일 평균 100킬로그램 이상 배출하는 자
- 폐기물을 1일 평균 300킬로그램 이상 배출하는 자
- 일련의 공사 또는 작업 등으로 인하여 폐기물을 5톤 이상 배출하는 자

2) 폐기물 감량화 시설

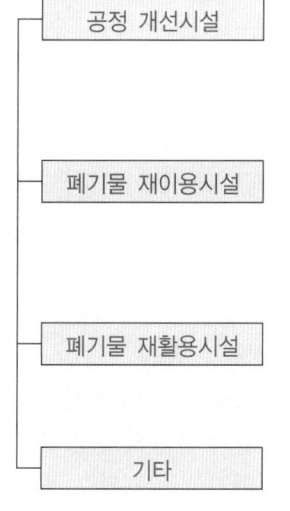

- 물질정제, 물질대체에 의한 원료변경과 해당 제조공정 일부 또는 전체공정의 변경, 설비변경 등의 방법으로 배출되는 폐기물의 총량을 줄이는 시설
- 제조공정에서 발생되는 폐기물을 해당 공정의 원료 또는 부원료로 재사용하거나 다른 공정의 원료로 사용하기 위하여 같은 사업장에 설치하는 시설
- 제조공정에서 발생되는 폐기물을 재활용하기 위하여 같은 사업장에서 제조시설과 연속선상에 설치하는 시설
- 폐기물의 발생과 배출을 줄이는 효과가 있다고 환경부 장관이 정하여 고시하는 시설

IV. 현장 폐기물 관리

1) 신축현장 폐기물 처리

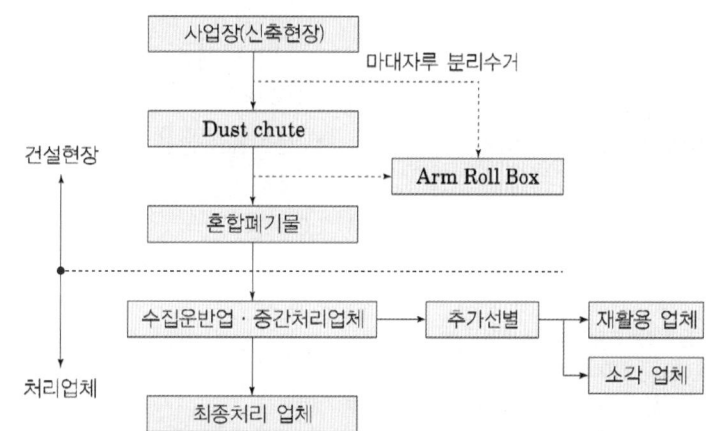

2) 폐기물 처리 Process

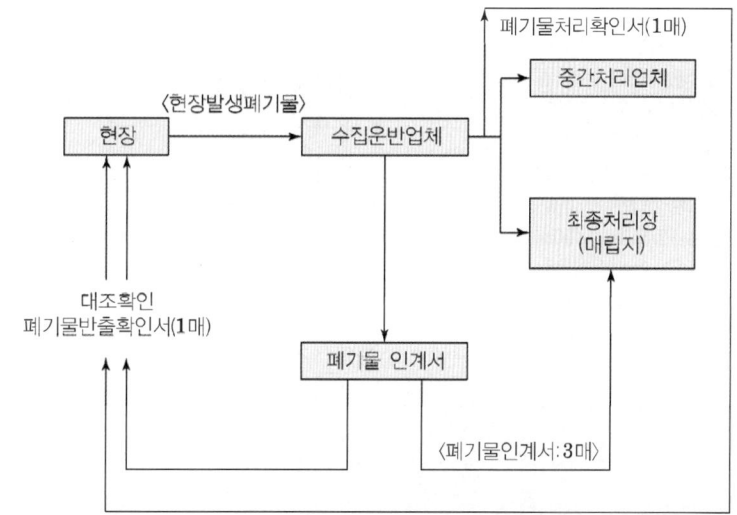

지정폐기물 배출자 신고

1. 오니를 월 평균 500킬로그램 이상 배출하는 사업자
2. 폐농약, 광재, 분진, 폐주물사, 폐사, 폐내화물, 도자기조각, 소각재, 안정화 또는 고형화처리물, 폐촉매, 폐흡착제, 폐흡수제, 폐유기용제 또는 폐유를 각각 월 평균 50킬로그램 또는 합계 월 평균 130킬로그램 이상 배출하는 사업자
3. 폐합성고분자화합물, 폐산, 폐알칼리, 폐페인트 또는 폐래커를 각각 월 평균 100킬로그램 또는 합계 월 평균 200킬로그램 이상 배출하는 사업자, 폐석면을 월 평균 20킬로그램 이상 배출하는 사업자
4. 폴리클로리네이티드비페닐 함유폐기물을 배출하는 사업자
5. 폐유독물질을 배출하는 사업자
6. 의료폐기물을 배출하는 사업자
7. 수은폐기물을 배출하는 사업자
8. 천연방사성제품폐기물을 배출하는 사업

Allbaro System

• 폐기물적법처리시스템의 새로운 브랜드로 '폐기물처리의 모든 것(All)'과 '초일류수준 폐기물처리의 기준·척도(Barometer)'의 의미를 갖는다. IT기술을 적용하여 폐기물의 발생에서부터 수집·운반·최종처리까지의 전과정을 인터넷상에서 실시간 확인할 수 있다. 시스템 운영으로 인해 폐기물 처리과정의 투명성이 제고되어 폐기물 불법투기 등을 예방할 수 있으며, 아울러 폐기물 처리와 관련한 재활용·소각·매립 등의 정보를 과학적이고 정확하게 얻을 수 있다.

V. 저감방안

1) 분리배출
   • 건설폐기물을 성상별·종류별로 분리하여 배출하는 행위
   • 건설폐재류, 가연성, 불연성, 혼합건설폐기물 등)·처리방법별(소각, 중화, 파쇄, 매립)로 한다. 건설폐기물 재활용을 위한 분별해체 폐기물은 개별 성상별 배출을 실시
   • 건설폐기물은 분류에 따라 재활용 대상은 재활용시설 또는 중간처리시설로, 소각대상은 소각시설로, 매립대상은 매립시설 등으로 배출
   • 재활용이 가능한 경우 재활용시설로 배출하고 재활용이 불가능한 경우 소각시설로 배출
   • 불연성폐기물 중 건설폐재류는 순환골재로 재활용 촉진을 위해 다른 건설폐기물과 혼합되지 않도록 한다.
   • 혼합건설폐기물은 재활용 증대 및 매립량 감소를 위하여 기준에 적합하게 배출

2) 건축물 내 작업
   ① 도로공사용 순환골재
   ② 건설공사용 순환골재(콘크리트용, 콘크리트제품제조용, 되메우기 및 뒷채움 용도에 한함)

3) 순환골재
   • 건설폐기물을 물리적 또는 화학적 처리과정 등을 거쳐 순환골재의 품질기준에 적합하게 한 것

4) LCA 평가
   • 공사 진행 단계별 폐기물 발생저감을 위한 평가

5) 설계
   • 모듈화 설계를 통해 Loss축소

6) 시공
   • 적정공기 준수
   • 시공오류 축소

7) 재활용
   • 재활용 가능한 자재선정
   • 내구성 있는 자재 선정
   • 친환경 자재 선정

기타용어

준공도서 범위

- 준공도면
- 공사 시방서
- 준공 내역서
- 각종 계산서 및 산출서
- 각종 인허가 사항

준공도서 작성기준

- 시공자와 협의를 거친 후 유지관리지침서를 사전 검토 후 제출
- 확약내용과 조치내용을 간략히 집계하고 조치결과 자료를 첨부
- 각 분야별 시운전 계획에 따라 시운전 결과를 문서로 제출
- 실제 시공한 부분의 시공상세도 반영
- 표준도 등으로 설계된 공종은 실 시공 치수 기재
- 설계변경에 따른 도면 수정과 반영 여부 확인
- 지하매설물의 위치를 지상구조물에 대한 이격거리로 표시
- 공사 중 수행한 기존 시설물의 개조, 재설치, 위치이동 등의 상세도
- 공사 중 설치한 가 시설물의 매몰 위치, 수량 등의 상세도
- 굴착 범위 및 되 메우기 재료 등에 대한 사항
- 굴착, 매립, 용수 등 지반조건에 대한 특기사항
- 기타 규정하는 사항

☆☆☆

1	준공도서	
		유형: 제도 · 관리 · 기준

① 설계자 및 시공자는 준공도서 원본 및 사본을 제작하여 발주자(관리주체)에게 제출하여야한다.
② 발주자(관리주체)는 이중 준공도서 사본 1식은 '안전점검 및 정밀안전진단 · 세부지침'에 의해 작성한 시설 관리 대장과 함께 설계자 및 시공자가 시설 안전 기술 공단에 준공 후 3개월 이내에 제출토록 하여야한다.

☆☆☆

2	공정관리 용어	
		유형: 제도 · 관리 · 기준

1) 네트워크(network)
- 하나의 공사가 이루어지는 과정을 가각의 공정으로 순서 있게 조직적으로 연결한 공정 설계 도표

2) 네트워크 구성요소
① 단위작업/요소작업(Activity)
② 결합점(node, event)
③ 명목상활동(dummy)
④ 주공정선(critical path)
⑤ 선행작업(predecessor)
⑥ 후행작업(successor)
⑦ 상호관계(relationship)
   SS(Start to Start)
   SF(Start to Finish)
   FS(Finish to Start)
   FF(Finish to Finish)
⑧ Schedule Finish Date(작업종료일)
⑨ Earliest start Time(최조개시일, ES, EST)
⑩ Earliest Finish Time(최조완료일, EF, EFT)
⑪ Latest Start Time(최지개시일, LS, LST)
⑫ Latest Finish Time(최지완료일, LF, LFT)
⑬ Milestone(이정표, 중요 관리점)
⑭ Time Now Date(Date date)

기타용어

☆☆☆

3	품질관리 용어
	유형: 제도 · 관리 · 기준

1) ISO인증제도
- ISO인증제도는 인증자격을 갖춘 인증기관이 ISO규격을 기준으로 인증신청기업 및 조직을 평가하고 해당 규격에 적합함을 보증해 주는 제도

☆☆☆

4	원가관리 용어
	유형: 제도 · 관리 · 기준

1) 물량내역 서(BOQ)
- 물량내역서는 공사의 세목별 수량과 단가에서 금액을 산출하고, 이들의 합계로서 총공사비를 나타낸 서류

☆☆☆

5	안전관리 용어
	유형: 제도 · 관리 · 기준

1) 작업환경 측정
- 작업환경 실태 파악을 위해 해당 근로자 또는 작업장에 대해 사업주가 측정계획을 수립한 후 시료(試料)를 채취하고 분석 · 평가하는 것
2) 작업허가제(Permit To Work)
- 수급인은 재해발생위험이 높은 현장의 고위험작업 시작전 작업계획에 따른 적정한 안전대책 수립여부를 안전관리자/ 현장관리 감독자 확인 및 허가 또는 제출 후 작업을 실시하여야 한다.
- 2m 이상의 고소작업, 1.5m 이상의 출착 가설공사, 가설구조물 설치 해체 작업, 밀폐공간 작업, 타워크레인 설치 · 해체 상승작업, 이동식 크레인 고소작업대 사용, 철골 구조물 공사 및 악천후 발생 시, 일요일 공휴일 작업

기타용어	☆☆☆	
	6	환경관리 용어
		유형: 제도·관리·기준

1) 열섬현상

- 인구와 건물이 밀집되어 있는 도심지는 일반적으로 다른 지역보다 온도가 높게 나타나는데, 이처럼 주변의 온도보다 특별히 높은 기온을 나타내는 지역을 열섬이라 한다.

2) 소음지도

- 정의: 일정지역을 대상으로 도로·건물 등 정보와 측정 또는 예측된 소음도를 등음선이나 색을 이용하여 시각화한 지도
- 적용대상: 도로소음, 철도소음, 공장소음, 사업장소음 등 기타 소음

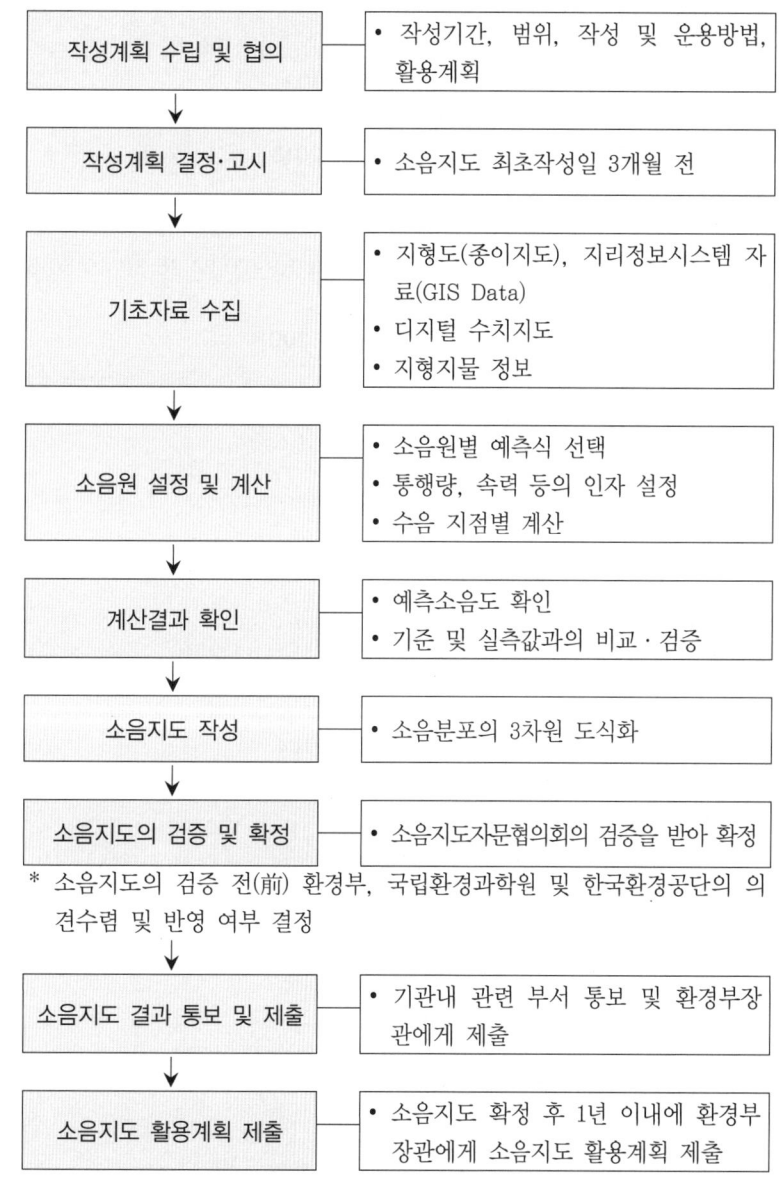

작성계획 수립 및 협의	• 작성기간, 범위, 작성 및 운용방법, 활용계획
작성계획 결정·고시	• 소음지도 최초작성일 3개월 전
기초자료 수집	• 지형도(종이지도), 지리정보시스템 자료(GIS Data) • 디지털 수치지도 • 지형지물 정보
소음원 설정 및 계산	• 소음원별 예측식 선택 • 통행량, 속력 등의 인자 설정 • 수음 지점별 계산
계산결과 확인	• 예측소음도 확인 • 기준 및 실측값과의 비교·검증
소음지도 작성	• 소음분포의 3차원 도식화
소음지도의 검증 및 확정	• 소음지도자문협의회의 검증을 받아 확정

* 소음지도의 검증 전(前) 환경부, 국립환경과학원 및 한국환경공단의 의견수렴 및 반영 여부 결정

소음지도 결과 통보 및 제출	• 기관내 관련 부서 통보 및 환경부장관에게 제출
소음지도 활용계획 제출	• 소음지도 확정 후 1년 이내에 환경부장관에게 소음지도 활용계획 제출

참고 문헌

1. 가설공사 및 건설기계
   - KCS 21 00 00 ~ KCS 21 70 15
   - KOSHA Guide
   the # Star City 건설기록지, (주)포스코건설, 2007

2. 토공사
   - KCS 11 00 00 ~ KCS 11 80 10
   - KS F 2307, KS F 2342, KS F 2317, kS F 2519, KS F 2322
   건축기술지침, 대우건설, 2017

3. 기초공사
   - KCS 11 00 00 ~ KCS 11 80 10
   - KS F 2591, KS F 2445, KS F 7003
   건축기술지침, 대우건설, 2017
   공사감독핸드북, 한국토지주택공사, 2013

4. 철근콘크리트 공사
   - KCS 14 20 01 ~ KCS 14 20 70
   - KDS 14 00 00 ~ 01, KDS 14 20 10~20.24.26.30.40.50.52.54.60.62.64.66.70.74.80.90
   건축기술지침, 대우건설, 2017
   거푸집공사 길라잡이, 대한주택공사, 2008
   건축구조, 한솔아카데미, 2023

5. P·C 공사
   - KCS 14 20 52
   - KCS 14 20 53

6. 강구조 공사
   - KCS 14 00 ~ KCS 14 31 70
   - KS B 2819
   건축기술지침, 대우건설, 2017

7. 초고층 및 대공간 공사
   - KCS 70 01 ~ KCS 41 70 04
   초고층 요소기술, 삼성중공업건설, 2004
   초고층건물 공사계획, 신현식

8. Curtain Wall 공사
   - KCS 41 54 02, KCS 41 54 03
   건축기술지침, 대우건설, 2017

9. 마감공사 및 실내환경
   - KCS 41 33 01 ~ KCS 41 70 01
   건축기술지침, 대우건설, 2017
   건축재료, 대한건축학회, 2010
   친환경건축, 임만택, 2011

10. 총론

- 국가계약법 시행령
- 건설산업기본법 시행령
- 건설기술진흥법 시행령
- (계약예규)정부 입찰·계약 집행기준
- 자연환경보전법 시행규칙
- 시설물의 안전 및 유지관리에 관한 특별법
- 건축물의 에너지절약설계기준
- 공공기관 에너지이용 합리화 추진에 관한 규정
- 도시 및 주거환경정비법
- 건축물관리법 시행령
- 주택법시행령
- 주택 재건축 판정을 위한 안전진단 기준
- KS C 8577
- 공동주택 하자의 조사, 보수비용산정 및 하자판정기준 해설서 - 국토교통부
- 적정 공사기간 확보를 위한 가이드라인 - 국토교통부
- 건설산업 BIM 기본지침 - 국토교통부
- 건설산업 BIM 시행지침 시공자편 - 국토교통부
- 환경영향평가 관련 규정집 - 환경부
- 한국형 녹색분류체계 가이드라인 - 환경부
- 건물일체형 태양광 산업생태계 활성화 방안 - 산업통상자원부
- 건설공사의 설계도서 작성기준 - 국토교통부
- 석면해체제거작업지침 - 환경부, 고용부
- 해체공사 감리업무 매뉴얼 - 국토교통부 국토안전관리원

건축공사관리, 대한건축학회, 2010

공정관리 특론, 김선규, 2010

건축공정관리학, 2003

친환경건축의 이해, 대한건축학회, 2009

생산관리론, 나중경, 정봉길, 2004

건설사업의 리스크관리, 김인호, 2004

건설VE특론(중앙대학교 대학원 강의자료), 박찬식, 2007

경제성 평가기법(중앙대학교 대학원 강의자료), 김경주, 2007

※ 참조 사이트

· 백종엽 건축시공기술사 Academy(네이버), http://cafe.naver.com/gisulsacafe
· 국가건설표준원
· 국가법령정보센터
· 국가표준인증종합센터
· 국토교통부
· 기획재정부
· 환경부

Detail 용어설명 1000
PE 건축시공기술사(下)

———————————————————— 定價 70,000원

저 자 백 종 엽
발행인 이 종 권

2023年 8月 23日 초 판 인 쇄
2023年 8月 31日 초 판 발 행

發行處 (주) 한솔아카데미

(우)06775 서울시 서초구 마방로10길 25 트윈타워 A동 2002호
TEL : (02)575-6144/5   FAX : (02)529-1130
〈1998. 2. 19 登錄 第16-1608號〉

※ 본 교재의 내용 중에서 오타, 오류 등은 발견되는 대로 한솔아
카데미 인터넷 홈페이지를 통해 공지하여 드리며 보다 완벽한
교재를 위해 끊임없이 최선의 노력을 다하겠습니다.

※ 파본은 구입하신 서점에서 교환해 드립니다.

www.inup.co.kr / www.bestbook.co.kr

ISBN 979-11-6654-386-9 14540
ISBN 979-11-6654-384-5 (세트)